岩土工程西湖论坛系列丛书

本书受国家重点研发计划项目（2016YFC0800200）资助

岩土工程计算与分析

龚晓南　杨仲轩　主编

中国建筑工业出版社

图书在版编目（CIP）数据

岩土工程计算与分析/龚晓南，杨仲轩主编．—北京：中国建筑工业出版社，2021.10 （2024.11重印）
（岩土工程西湖论坛系列丛书）
ISBN 978-7-112-26540-4

Ⅰ．①岩… Ⅱ．①龚… ②杨… Ⅲ．①岩土工程-工程计算 Ⅳ．①TU4

中国版本图书馆 CIP 数据核字（2021）第 187995 号

本书为“岩土工程西湖论坛系列丛书”第 5 册，介绍岩土工程计算与分析方法。全书分 11 章，主要内容为：总论；有限单元法；岩土工程中其他主要数值方法（有限差分法、离散元数值模拟方法、无网格方法、非连续变形分析方法、离散-连续分析方法）；地基承载力和变形计算分析；桩基工程计算与分析；复合地基计算与分析；岩体隧道稳定三维精细化数值计算与分析；基坑工程计算与分析；边坡工程计算与分析；海洋岩土工程中的数值模拟；发展展望。

本书可供土木工程设计、施工、监测、研究、工程管理单位技术人员和大专院校土木工程及其相关专业师生参考。

责任编辑：辛海丽
责任校对：焦　乐

岩土工程西湖论坛系列丛书
岩土工程计算与分析
龚晓南　杨仲轩　主编

*

中国建筑工业出版社出版、发行（北京海淀三里河路 9 号）
各地新华书店、建筑书店经销
霸州市顺浩图文科技发展有限公司制版
北京凌奇印刷有限责任公司印刷

*

开本：787 毫米×1092 毫米　1/16　印张：33¾　字数：841 千字
2021 年 10 月第一版　　2024 年 11 月第二次印刷
定价：**118.00** 元
ISBN 978-7-112-26540-4
（38071）

岩土工程西湖论坛理事会

（排名不分先后，持续增补）

中国土木工程学会土力学及岩土工程分会
浙江省岩土力学与工程学会
浙江省力学学会岩土力学与工程专业委员会
中交公路长大桥建设国家工程研究中心有限公司
浙江省交通运输科学研究院
深圳市工勘岩土集团有限公司
中交四航工程研究院有限公司
浙江大学建筑设计研究院有限公司
北京荣创岩土工程股份有限公司
浙江省工程勘察设计院集团有限公司
浙江省建筑设计研究院
浙江省建投交通基础建设集团有限公司
浙江开天工程技术有限公司
宁波高新区围海工程技术开发有限公司
浙江有色地球物理技术应用研究院有限公司
宁波中淳高科股份有限公司
北京中岩大地科技股份有限公司
浙江吉通地空建筑科技有限公司
东通岩土科技股份有限公司
兆弟集团有限公司
浙江大学滨海和城市岩土工程研究中心
中国建筑西南勘察设计研究院有限公司
山西机械化建设集团有限公司
中国 PC 工法技术交流会
浙江省智慧轨道交通工程技术研究中心
浙江大地勘测设计有限公司
中国兵器工业北方勘察设计研究院有限公司
建华建材科技（浙江）有限公司
浙江大学-中天控股集团联合研究中心
中科院广州化灌工程有限公司
天津鼎元软地基科技发展股份有限公司
上海巨鲲科技有限公司
浙江交工集团股份有限公司

前 言

岩土工程西湖论坛是由中国工程院院士、浙江大学龚晓南教授发起，由中国土木工程学会土力学及岩土工程分会、浙江省科学技术协会、浙江大学滨海和城市岩土工程研究中心、岩土工程西湖论坛理事会和“地基处理”理事会共同主办，中国工程院土木、水利、建筑学部指导的一年一个主题的系列学术讨论会。自 2017 年起，今年是第五届。2017 年岩土工程西湖论坛的主题是“岩土工程测试技术”，2018 年论坛的主题是“岩土工程变形控制设计理论与实践”，2019 年论坛的主题是“地基处理新技术、新进展”，2020 年论坛的主题是“岩土工程地下水控制理论、技术及工程实践”，今年论坛的主题是“岩土工程计算与分析”。每次岩土工程西湖论坛召开前，由浙江大学滨海和城市岩土工程研究中心邀请全国有关专家编著论坛丛书，并由中国建筑工业出版社出版发行。

2021 年丛书分册《岩土工程计算与分析》由浙江大学龚晓南教授和杨仲轩教授任主编。全书共 11 章，编写分工如下：第 1 章，总论，编写人：龚晓南（浙江大学滨海和城市岩土工程研究中心）；第 2 章，有限单元法，编写人：黄茂松、吕玺琳、时振昊、俞剑（同济大学）；第 3 章，岩土工程中其他主要数值方法，3.1 有限差分法，编写人：陈育民（河海大学土木与交通学院），3.2 离散元数值模拟方法，编写人：蒋明镜（苏州科技大学；天津大学；同济大学），3.3 无网格方法，编写人：郭宁（浙江大学滨海和城市岩土工程研究中心；浙江大学岩土工程计算中心），3.4 非连续变形分析方法，编写人：郑宏（北京工业大学建筑工程学院），张朋（河南工业大学土木建筑学院），3.5 离散-连续分析方法，编写人：刘福深（浙江大学滨海和城市岩土工程研究中心；浙江大学岩土工程计算中心），尚肖楠（浙江大学滨海和城市岩土工程研究中心）；第 4 章，地基承载力和变形计算分析，编写人：杨光华（广东省水利水电科学研究院）；第 5 章，桩基工程计算与分析，编写人：高文生，王涛，朱春明，赵晓光（建筑安全与环境国家重点实验室；中国建筑科学研究院有限公司地基基础研究所；北京市地基基础与地下空间开发利用工程技术研究中心）；第 6 章，复合地基计算与分析，编写人：龚晓南（浙江大学滨海和城市岩土工程研究中心）；第 7 章，岩体隧道稳定三维精细化数值计算与分析，编写人：朱合华，蔡武强，武威（同济大学土木工程学院）；第 8 章，基坑工程计算与分析，编写人：王卫东，徐中华（华东建筑设计研究院有限公司上海地下空间与工程设计研究院；上海基坑工程环境安全控制工程技术研究中心）；第 9 章，边坡工程计算与分析，编写人：殷跃平（中国地质环境监测院），卢应发（湖北工业大学），梁志荣（上海申元岩土工程有限公司），王文沛（中国地质环境监测院），赵瑞欣（长安大学），张晨阳（中国地质大学，武汉），高敬轩（长安大学）；第 10 章，海洋岩土工程中的数值模拟，编写人：王栋（中国海洋大学环境科学与工程学院）；第 11 章，发展展望，编写人：龚晓南（浙江大学滨海和城市岩土工程研究中心）。

书中引用了许多科研院所、高校、工程单位及研究生的研究成果和工程实例。在成书过程中浙江大学滨海和城市岩土工程研究中心宋秀英女士在组稿联系，以及汇集、校稿等方面做了大量工作。在此一并表示感谢。

由于作者水平有限，书中难免有错误和不当之处，敬请读者批评指正。

龚晓南

2021 年 8 月于杭州景湖苑

目　录

1　总论

龚晓南
（浙江大学滨海和城市岩土工程研究中心，浙江 杭州 310058）

1.1　岩土工程的特殊性

20 世纪 60 年代末至 70 年代，将土力学及基础工程学、工程地质学、岩体力学应用于工程建设和灾害治理的统一称为岩土工程。岩土工程包括工程勘察、地基处理及土质改良、地质灾害治理、基础工程、地下工程、海洋岩土工程、地震工程等。岩土工程译自 Geotechnical Engineering，在我国台湾译为大地工程。

人类岩土工程的历史可以追溯到很久，人类的进化一直得到大地的恩施。现代岩土工程作为学科的出现应该在建立牛顿力学以后。有人将 20 世纪 60 年代 ASCE 杂志的土力学与基础工程分册改名为土力学与岩土工程分册作为标志也是有道理的。

随着现代土木工程的快速发展，岩土工程发展迅速，但人们对岩土工程的认识，特别是对岩土工程特殊性的认识有待进一步深入和提高。岩土工程的特殊性主要受岩土工程研究对象——岩土体的特殊性的影响。

与其他土木工程材料不同，土是自然、历史的产物。土体的形成年代、形成环境和形成条件不同可能使土体的矿物成分和土体结构产生很大的差异，而土体的矿物成分和结构等因素对土体性质有很大的影响。这就决定了土体性质不仅区域性强，而且即使在同一场地，同一层土，土体的性质沿深度、水平方向也存在差异。

沉积条件、应力历史和土体性质等对天然地基中的初始应力场的形成均有较大影响，因此地基中的初始应力场分布也很复杂。一般情况下，地基土体中的初始应力随着深度增加不断增大。天然地基中的初始应力场对地基承载力和变形特性有很大影响，但是地基中的初始应力场分布不仅复杂，而且难以精确测定。特别是岩基中初始应力场更为复杂。土是多相体，一般由固相、液相和气相三相组成。土体中的三相有时很难区分，土中水的存在形态很复杂。以黏性土中的水为例，土中水有自由水、弱结合水、强结合水、结晶水等不同形态。黏性土中这些不同形态的水很难严格区分和定量测定，而且随着条件的变化，土中不同形态的水相互之间可以产生转化。土中固相一般为无机物，但有的还含有有机质。土中有机质的种类、成分和含量对土的工程性质也有较大影响。土的形态各异，有的呈散粒状，有的呈连续固体状，也有的呈流塑状。有干土、饱和状态的土、非饱和状态的土，而且处于不同状态的土因周围环境条件的变化，相互之间可以发生转化。如当荷载、渗流、排水条件、温度等环境条件发生变化时，干土、饱和状态的土和非饱和状态的土可以互相转化。天然地基中的土体具有结构性，其强弱与土的矿物成分、形成历史、应力历史和环境条件等因素有较大关系，性状也十分复杂。

土体的强度特性、变形特性和渗透特性需要通过试验测定。在室内试验中，原状土样的代表性、取样和制作试样过程中对土样的扰动、室内试验边界条件与现场边界条件的不同等客观原因，使得通过土工室内试验测定的土性指标与地基中土体实际性状产生差异，而且这种差异难以定量估计。在原位测试中，现场测点的代表性、埋设测试元件过程中对土体的扰动以及测试方法的可靠性等所带来的误差也难以被定量估计。

各类土体的应力应变关系都很复杂，而且相互之间差异也很大。同一土体的应力应变关系与土体中的应力水平、边界排水条件、应力路径等都有关系。大部分土的应力应变关系曲线基本上不存在线性弹性阶段。土体的应力应变关系与线弹性体、弹塑性体、黏弹塑性体等的应力应变关系都有很大的差距。土体的结构性强弱对土的应力应变关系也有很大影响。

岩土工程研究对象的特殊性对岩土工程特性有决定性的影响。

岩土工程主要包括下述三类问题：稳定问题、变形问题和渗流问题。岩土体稳定性问题是指在建（构）筑物荷载（包括静、动荷载的各种组合）及自重作用下，岩土体能否保持稳定。如：自然边坡的稳定、人工边坡的稳定以及地基极限承载力等。岩土工程稳定性问题主要与岩土体的抗剪强度有关，也与基础形式、基础尺寸大小等有关。变形问题是指在建（构）筑物的荷载（包括静、动荷载的各种组合）作用下，地基土体产生的变形（包括沉降、水平位移，特别是不均匀沉降）是否超过相应的允许值。岩土工程变形问题主要与荷载大小和地基土体的变形特性有关，也与基础形式、基础尺寸大小等有关。渗透问题主要有两类：一类是蓄水构筑物地基渗流量是否超过其允许值。如：水库坝基渗流问题；另一类是地基中水力比降是否超过其允许值。地基中水力比降超过其允许值时，地基土会因潜蚀和管涌产生稳定性破坏。岩土工程渗流问题主要与地基中水力比降大小和土体的渗透性高低有关。

顾宝和（2007）在《岩土工程界》第 1 期一文中谈到，由于岩土工程问题对自然条件的依赖性和条件的不确知性、计算条件的模糊性和信息的不完全性、岩土参数的不确定性和测试方法的多样性，采用单纯力学计算并不能解决实际问题，需要定性分析和定量分析相结合，进行综合工程判断。

岩土工程特性确定了岩土工程分析不可能只依靠力学计算，还要结合试验研究和工程经验的积累，需要岩土工程师进行综合工程判断。岩土工程实用性强、技术性强，是一门工程技术学科，这些可以说是岩土工程的主要特点。土力学创始人太沙基晚年强调“Geotechnology is an art rather than a science（岩土工程是一门应用科学，更是一门艺术)”，可理解为对岩土工程特点的阐述。我理解这里艺术（art）不同于一般绘画、书法等艺术。岩土工程分析在很大程度上取决于工程师的判断，具有很高的艺术性。岩土工程分析应将艺术和技术美妙地结合起来。

1.2 岩土工程计算与分析方法

针对岩土工程的特点，岩土工程计算与分析要求详细了解场地工程地质和水文地质条件，了解土层形成年代和成因，掌握土的工程性质，运用土力学基本概念，结合工程经验，运用经验公式、数值分析方法和解析分析方法进行多种计算分析。在计算分析中强调定性分析和定量分析相结合，抓住问题的主要矛盾。宜粗不宜细，宜简不宜繁。应在计算分析的基础上进行工程判断。在工程判断时进行工程类比分析，强调综合判断。在正确的工程判断基础上完成岩土工程设计。岩土工程问题分析过程如图 1.2-1 所示。不少学者将岩土工程问题分析视为中医诊断，通过望、闻、问、切、诊，然后综合判断。也有的学者将岩土工程问题分析视为制作油画。这些比喻都很有道理。岩土工程问题分析在很大程度上取决于工程师的判断，具有很高的艺术性。

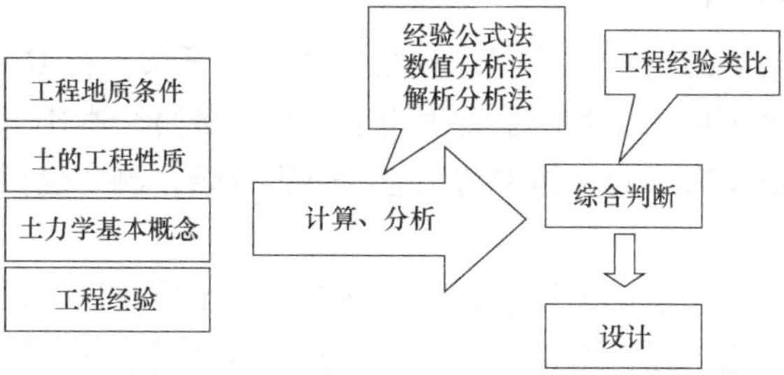

图 1.2-1　土工问题分析

岩土工程设计强调概念设计。顾宝和认为："土工设计应在充分了解功能要求和掌握必要资料的基础上，通过设计条件的概化，先定性分析，再定量分析，提出一个框架，从技术方法的适宜性和有效性、施工的可操作性和质量的可控制性、环境限制和可能产生的负面影响、经济性等方面进行论证，从概念上选择一个或几个方案，进行必要的计算和验算，通过施工检测和监测，逐步完善设计。"

岩土工程分析中，人们常常用简化的物理模型去描述复杂的工程问题，再将其转化为数学问题并用数学方法求解。一个典型的例子是，饱和软黏土地基大面积堆载作用下的沉降问题被简化为太沙基一维固结物理模型，再转化为太沙基固结方程求解。在这个典型的例子中，建立太沙基一维固结物理模型中作了 9 个假定，可以看到太沙基是如何将一个复杂的工程问题简化的。

前面提到在进行岩土工程分析中，人们经常需要运用经验公式、数值和解析分析方法进行多种计算分析。下面谈谈笔者的一些思考，请读者批评指正。

采用连续介质力学模型求解工程问题一般包括下述方程：①运动微分方程式（动力和静力分析两大类）；②几何方程（小应变分析和大应变分析两大类）；③本构方程（即力学本构方程）。理论上，对一个具体的岩土工程问题，根据具体的边界条件和初始条件求解上述方程即可得到解答。对复杂的工程问题，也可采用数值分析法求解。对不同的工程问题采用连续介质力学模型求解，所用的运动微分方程式和几何方程是相同的，不同的是本构方程、边界条件和初始条件。

在计算分析中，将岩土材料视为线性弹性体，本构方程可采用广义胡克定律。若将岩土材料视为多相体，采用连续介质力学模型分析岩土工程问题一般包括下述方程：①运动微分方程式（动力和静力分析两大类）；②总应力＝有效应力＋孔隙压力（有效应力原理）；③连续方程（总体积变化为各相体积变化之和）；④几何方程（小应变分析和大应变分析两大类）；⑤本构方程（即力学和渗流本构方程）。

将多相体与单相体比较，基本方程多了 2 个，即有效应力原理和连续方程，且本构方程中多了渗流本构方程。对不同的岩土工程问题，基本方程中运动微分方程式、有效应力原理、连续方程和几何方程的表达式是相同的，不同的是本构方程。理论上，对于一具体岩土工程问题，根据具体的边界条件和初始条件求解上述方程即可得到解答。对复杂的工程问题，也可采用数值分析法求解。从上面分析可知，采用连续介质力学模型分析不同的岩土工程问题时，不同的是本构模型、边界条件和初始条件。

对一个具体的岩土工程问题，岩土体的本构模型、边界条件和初始条件都不易确定，特别是本构模型和初始条件。

岩土体是自然、历史的产物，其应力应变关系十分复杂，自 Roscoe 和他的学生建立剑桥模型至今已过半个多世纪，各国学者理论上已提出数百个本构方程，但得到工程应用认可的极少，或者说还没有。岩土体中初始应力场很复杂，测定也很困难。岩土工程分析中确定边界条件也不容易。

前面已谈到，岩土工程包括工程勘察、地基处理及土质改良、地质灾害治理、基础工程、地下工程、海洋岩土工程、地震工程等。它们大多是复杂的三维问题，很难采用解析分析方法。

基于对岩土材料特性的分析，并考虑岩土工程材料本构关系、初始条件和边界条件的复杂性，还有岩土工程问题几何形状的复杂性，岩土工程分析很少能得到解析解，而目前岩土工程数值分析也只能用于定性分析。所以岩土工程计算与分析要求在详细了解场地工程地质和水文地质条件基础上，综合采用经验公式分析方法、数值分析方法和解析分析方法进行多种计算分析，结合工程经验进行工程师判断。

虽然近年来，在岩土工程计算与分析领域新技术、新方法不断发展，但远不能满足工程建设的需要。工程建设迫切要求我们不断努力，进一步提高岩土工程计算与分析水平。2021 年“岩土工程西湖论坛”以“岩土工程计算与分析”为主题，目的就是为了进一步促进岩土工程计算与分析水平的提高。

1.3 全书内容简介

全书共 11 章，可分为 4 部分：总论，岩土工程数值分析方法，岩土工程计算与分析，发展展望。近年来岩土工程数值分析方法发展很快，出现了许多新的方法。在岩土工程数值分析方法部分，首先介绍了在岩土工程中应用最多的数值分析方法——有限元分析方法，然后介绍了在岩土工程中应用的其他主要数值分析方法，包括：有限差分法，离散元方法，无网格方法，非连续变形方法，离散-连续分析方法等。在岩土工程计算与分析部分，首先介绍地基承载力和变形计算与分析，然后按工程类别分别介绍，包括：桩基工程计算与分析，复合地基计算与分析，隧道工程计算与分析，基坑工程计算与分析，边坡工程计算与分析，海洋岩土工程计算与分析等。在发展展望部分，主要介绍笔者的思考，抛砖引玉，不妥之处请读者指正。

2 有限单元法

黄茂松，吕玺琳，时振昊，俞剑
（同济大学，上海，200092）

有限单元法对于众多工程分支都是重要而不可或缺的数值计算手段，在解决岩土工程问题上也发挥了巨大的作用。本章围绕有限单元法在岩土工程领域中应用这一主题，首先介绍了基于弹塑性本构模型的有限元方法，重点论述了通过结合具有土力学特色的本构模型和非线性有限元解决具体岩土工程问题，其次以岩土材料常见的应变局部化和渐进性破坏现象为重点，总结了相关的有限元分析技术，阐述了基于固结理论进行岩土体这类多孔介质动静力分析的有限元技术，并针对多孔介质中颗粒渗流侵蚀和胶体颗粒溶液流动这两类特殊问题介绍了其有限元模拟方法。本章期望可以为有限单元法在岩土工程中的应用提供借鉴和参考。

2.1 基于弹塑性本构模型的有限元分析方法

土体是具有高度非线性的材料且力学性质复杂，为了在弹塑性理论框架内准确描述土体的变形、承载特性及稳定性，土体的本构模型经历了从借鉴经典固体力学塑性模型（von Mises 模型、Mohr-Coulomb 模型等）向研发具有土力学特色（砂土的材料状态相关本构模型、黏土的修正剑桥模型等）的塑性模型的发展历程，而这些本构模型与非线性有限元法的结合无疑是解决岩土工程问题的有效手段。本节将首先介绍基于弹塑性本构模型的有限元分析方法的基本原理和非线性迭代方法，然后对弹塑性有限元方法在土体承载特性、稳定性、大变形问题、循环加载和动力问题以及非共轴特性等方面的具体应用进行讨论。

2.1.1 静动力基本方程和非线性迭代

在弹性固体力学中几何方程（应变-位移关系）和本构方程（应力-应变关系）对应的微分控制方程是线性的，因此得到了标准的二次型泛函。在许多重要的实际固体力学问题中都不具有这样的线性特性，对于塑性力学问题、蠕变问题以及其他复杂本构关系代替了线弹性本构关系的情况（材料非线性），往往可以简单地加以处理，不必修改整个问题的基本变分原理，可以通过“试探-修正”的方法获得相应“线性”问题的解，在此过程中通过调整材料常数到满足给定的非线性本构关系，从而求得非线性问题的一个解。

单向固体介质的静动力平衡方程可表示为：

$$\boldsymbol{L}^{\mathrm{T}}\boldsymbol{\sigma}-\rho\ddot{\boldsymbol{u}}+\rho\boldsymbol{b}=0 \tag{2.1-1}$$

式中　ρ——密度；

$\boldsymbol{b}$——单位质量的体力；

对于二维问题，$\boldsymbol{L}^{\mathrm{T}}=\begin{bmatrix} \dfrac{\partial}{\partial x} & 0 & \dfrac{\partial}{\partial y} \\ 0 & \dfrac{\partial}{\partial y} & \dfrac{\partial}{\partial x} \end{bmatrix}$

对于三维问题，$\boldsymbol{L}^{\mathrm{T}}=\begin{bmatrix} \dfrac{\partial}{\partial x} & 0 & 0 & \dfrac{\partial}{\partial y} & 0 & \dfrac{\partial}{\partial z} \\ 0 & \dfrac{\partial}{\partial y} & 0 & \dfrac{\partial}{\partial x} & \dfrac{\partial}{\partial z} & 0 \\ 0 & 0 & \dfrac{\partial}{\partial z} & 0 & \dfrac{\partial}{\partial y} & \dfrac{\partial}{\partial x} \end{bmatrix}$

相应的边界条件可表示为：

$$\boldsymbol{u}=\widetilde{\boldsymbol{u}}(\Gamma_{\mathrm{u}}\text{ 边界}) \tag{2.1-2}$$

$$t_i=\sigma_{ij}n_j=\widetilde{t}_i(\Gamma_{\mathrm{t}}\text{ 边界}) \tag{2.1-3}$$

现在采用标准 Galerkin 方法对式（2.1-1）进行有限元空间离散，可得到：

$$\boldsymbol{M}\ddot{\boldsymbol{u}}+\int_{\Omega}\boldsymbol{B}^{\mathrm{T}}\boldsymbol{\sigma}\,\mathrm{d}\Omega=\boldsymbol{f} \tag{2.1-4}$$

式中　$\boldsymbol{M}=\int_{\Omega}\boldsymbol{N}_{\mathrm{u}}^{\mathrm{T}}\rho\boldsymbol{N}_{\mathrm{u}}\mathrm{d}\Omega$，$\boldsymbol{f}=\int_{\Omega}\boldsymbol{N}_{\mathrm{u}}^{\mathrm{T}}\rho\boldsymbol{b}\mathrm{d}\Omega+\int_{\Gamma}\boldsymbol{N}_{\mathrm{u}}^{\mathrm{T}}\widetilde{\boldsymbol{t}}\mathrm{d}\Gamma$

对于静力问题，有限元方程可以简化为：

$$\int_{\Omega}\boldsymbol{B}^{\mathrm{T}}\boldsymbol{\sigma}\mathrm{d}\Omega=\boldsymbol{f} \tag{2.1-5}$$

对于增量非线性问题，离散化的非线性方程组可表示为：

$$\boldsymbol{\Psi}_{n+1}=\boldsymbol{\Psi}(\boldsymbol{u}_{n+1})=\boldsymbol{f}_{n+1}-\boldsymbol{P}_{n+1}=0 \tag{2.1-6}$$

其中，$\boldsymbol{P}_{n+1}=\boldsymbol{P}(\boldsymbol{u}_{n+1})=\int_{\Omega}\boldsymbol{B}^{\mathrm{T}}\boldsymbol{\sigma}_{n+1}\mathrm{d}\Omega$。

令 $\boldsymbol{a}=\boldsymbol{u}_{n+1}$，$\boldsymbol{f}=\boldsymbol{f}_{n+1}$，$\boldsymbol{P}=\boldsymbol{P}(\boldsymbol{u}_{n+1})$，则有：$\boldsymbol{\Psi}(\boldsymbol{a})=\boldsymbol{f}-\boldsymbol{P}(\boldsymbol{a})=0$。

对于弹塑性本构模型，常用非线性迭代的方法有 Newton-Raphson 方法、修正 Newton-Raphson 方法、拟 Newton 方法等（Zienkiewicz 和 Taylor，2000）。

（1）Newton-Raphson 方法（N-R 方法）

令 $\boldsymbol{a}=\boldsymbol{u}_{n+1}$，为了得到近似解 $\boldsymbol{a}^{i+1}$，可以将 $\boldsymbol{\Psi}(\boldsymbol{a}^{i+1})$ 表示成在 $\boldsymbol{a}^i$ 附近的仅保留线性项的 Taylor 展开式，即：

$$\boldsymbol{\Psi}(\boldsymbol{a}^{i+1})\approx\boldsymbol{\Psi}(\boldsymbol{a}^i)+\left(\frac{\partial\boldsymbol{\Psi}}{\partial\boldsymbol{a}}\right)^i\delta\boldsymbol{a}^i=0 \tag{2.1-7}$$

且有：

$$\boldsymbol{a}^{i+1}=\boldsymbol{a}^i+\delta\boldsymbol{a}^i \tag{2.1-8}$$

$\boldsymbol{K}_{\mathrm{T}}(\boldsymbol{a})$为切线矩阵（或 Jacob 矩阵），$\boldsymbol{K}_{\mathrm{T}}(\boldsymbol{a})=\dfrac{\partial\boldsymbol{P}}{\partial\boldsymbol{a}}=-\dfrac{\partial\boldsymbol{\psi}}{\partial\boldsymbol{a}}$。

改进的 $\boldsymbol{a}^{i+1}$ 可通过下式计算 $\delta\boldsymbol{a}^i$ 得到：

$$\delta \boldsymbol{a}^{i}=(\boldsymbol{K}_{\mathrm{T}}^{i})^{-1}\boldsymbol{\Psi}^{i}=(\boldsymbol{K}_{\mathrm{T}}^{i})^{-1}(\boldsymbol{f}-\boldsymbol{P}^{i}) \tag{2.1-9}$$

$$或\quad (\boldsymbol{K}_{\mathrm{T}})_{n+1}^{i}\delta \boldsymbol{u}_{n+1}^{i}=-\boldsymbol{G}_{n+1}^{i}$$

式中 $\boldsymbol{K}_{\mathrm{T}}=\int_{\Omega}\boldsymbol{B}^{\mathrm{T}}\boldsymbol{D}_{\mathrm{T}}\boldsymbol{B}\mathrm{d}\Omega$——切向弹塑性刚度矩阵；

$\boldsymbol{D}_{\mathrm{T}}=\dfrac{\partial \boldsymbol{\sigma}}{\partial \boldsymbol{\varepsilon}}$，$\boldsymbol{G}_{n+1}^{i}=\int_{\Omega}\boldsymbol{B}^{\mathrm{T}}\boldsymbol{\sigma}_{n+1}^{i}\mathrm{d}\Omega-\boldsymbol{f}_{n+1}$。

需要指出的是 $\boldsymbol{a}^{i+1}$ 仍是近似解，应重复上述迭代求解过程直至满足收敛要求。一般情况下，Newton-Raphson 方法具有良好的收敛性。当然，也存在可能的发散情况。N-R 方法的缺点在于每次迭代也需要重新形成和求逆一个新的切线矩阵 $\boldsymbol{K}_{\mathrm{T}}^{i}$。

(2) 修正 Newton-Raphson 方法（mN-R 方法）

为了克服 N-R 方法对于每次迭代需要重新形成并求逆新的切线矩阵所带来的麻烦，常常可以采用一种修正的方案，即 mN-R 方法，通常作如下近似：

$$\boldsymbol{K}_{\mathrm{T}}^{i}=\boldsymbol{K}_{\mathrm{T}}^{0} \tag{2.1-10}$$

式（2.1-9）的算法可以修正为：

$$\delta \boldsymbol{a}^{i}=(\boldsymbol{K}_{\mathrm{T}}^{0})^{-1}\boldsymbol{\Psi}^{i}=(\boldsymbol{K}_{\mathrm{T}}^{0})^{-1}(\boldsymbol{f}-\boldsymbol{P}^{i}) \tag{2.1-11}$$

显然，现在的算法中系数矩阵只需要分解一次，每次迭代只进行一次回代即可，计算是比较经济的。付出的代价是收敛速度较低，但总体上可能仍是合算的。

对于弹塑性问题的非相关联流动法则，弹塑性刚度矩阵不对称，一般只能采用这种 mN-R 方法。如果和加速收敛的方法相结合，计算效率还可以进一步改进。另一种折中方案是在迭代若干次以后（比如 m 次），更新 $\boldsymbol{K}_{\mathrm{T}}$ 为 $\boldsymbol{K}_{\mathrm{T}}^{m}$，再进行以后的迭代；在某些情况下，这种方案是很有效的。

(3) 割线法-拟 Newtwon 方法（qN-R 方法）

对于第一次迭代，有：

$$\delta \boldsymbol{a}^{0}=(\boldsymbol{K}_{\mathrm{T}}^{0})^{-1}\boldsymbol{\Psi}^{0} \tag{2.1-12}$$

然后利用计算得到 $\delta \boldsymbol{a}^{0}$ 求割线斜率 $\boldsymbol{K}_{\mathrm{S}}^{1}$：

$$\delta \boldsymbol{a}^{0}=(\boldsymbol{K}_{\mathrm{S}}^{1})^{-1}(\boldsymbol{\Psi}^{0}-\boldsymbol{\Psi}^{1}) \tag{2.1-13}$$

其中，$\boldsymbol{\Psi}^{1}$ 由 $\boldsymbol{a}^{1}$ 计算得到，$\boldsymbol{a}^{1}=\boldsymbol{a}^{0}+\delta \boldsymbol{a}^{0}$。再利用 $\boldsymbol{K}_{\mathrm{S}}^{1}$ 计算 $\delta \boldsymbol{a}^{1}$，

$$\delta \boldsymbol{a}^{1}=(\boldsymbol{K}_{\mathrm{S}}^{1})^{-1}\boldsymbol{\Psi}^{1} \tag{2.1-14}$$

对于 $i>1$，有：

$$\delta \boldsymbol{a}^{i}=(\boldsymbol{K}_{\mathrm{S}}^{i})^{-1}\boldsymbol{\Psi}^{i} \tag{2.1-15}$$

而其中的 $(\boldsymbol{K}_{\mathrm{S}}^{i})^{-1}$ 可由下式得到：

$$\delta \boldsymbol{a}^{i-1}=(\boldsymbol{K}_{\mathrm{S}}^{i})^{-1}(\boldsymbol{\Psi}^{i-1}-\boldsymbol{\Psi}^{i}) \tag{2.1-16}$$

对于单自由度问题，确定 $\boldsymbol{K}_{\mathrm{S}}^{i}$ 是容易的，收敛性与 N-R 方法相近，但对于多自由度体系而言，要决定 $\boldsymbol{K}_{\mathrm{S}}^{i}$ 以及对其求逆是比较困难的，而且可能不是唯一的，有些可能是对称的，有些可能是不对称的，但一般来说可以找到一个对称的 $\boldsymbol{K}_{\mathrm{S}}^{i}$。常用的 $\boldsymbol{K}_{\mathrm{S}}^{i}$ 形成方法有 BFGS 法和 DFP 法，均能保证系数矩阵的对称性和正定性。对于基于非相关联流动法则的弹塑性问题，拟 Newton 法不仅可以保证系数矩阵的对称性，而且一般来说，收敛速度比 mN-R 方法要好。

对于动力问题，需要进行时间差分，通常采用 Newmark 积分方法，即：

$$\boldsymbol{u}_{n+1}=\boldsymbol{u}_n+\Delta t\dot{\boldsymbol{u}}_n+\left(\frac{1}{2}-\beta\right)\Delta t^2\ddot{\boldsymbol{u}}_n+\beta\Delta t^2\ddot{\boldsymbol{u}}_{n+1}=\boldsymbol{u}_{n+1}^{\mathrm{p}}+\beta\Delta t^2\ddot{\boldsymbol{u}}_{n+1} \tag{2.1-17}$$

$$\dot{\boldsymbol{u}}_{n+1}=\dot{\boldsymbol{u}}_n+(1-\gamma)\Delta t\ddot{\boldsymbol{u}}_n+\gamma\Delta t\ddot{\boldsymbol{u}}_{n+1}=\dot{\boldsymbol{u}}_{n+1}^{\mathrm{p}}+\gamma\Delta t\ddot{\boldsymbol{u}}_{n+1} \tag{2.1-18}$$

那么，采用 N-R 方法以后的非线性迭代方程可以表示为：

$$(\boldsymbol{M}+\boldsymbol{K}_{\mathrm{T}}\beta\Delta t^2)_{n+1}^{i}\delta\ddot{\boldsymbol{u}}_{n+1}^{i}=-\boldsymbol{G}_{n+1}^{i} \tag{2.1-19}$$

式中 $\boldsymbol{G}_{n+1}^{i}=\boldsymbol{M}\ddot{\boldsymbol{u}}_{n+1}^{\mathrm{p}}+\int_{\Omega}\boldsymbol{B}^{\mathrm{T}}\boldsymbol{\sigma}_{n+1}^{i}\mathrm{d}\Omega-\boldsymbol{f}_{n+1}$

下面介绍一下应力 $\boldsymbol{\sigma}_{n+1}^{i}$ 的更新方法，也就是弹塑性本构方程的数值积分。在经典弹塑性理论的框架内，土的应变 $\boldsymbol{\varepsilon}$ 可分为可恢复的弹性变形 $\boldsymbol{\varepsilon}^{\mathrm{e}}$ 和不可恢复的塑性变形 $\boldsymbol{\varepsilon}^{\mathrm{p}}$，即：

$$\dot{\boldsymbol{\varepsilon}}=\dot{\boldsymbol{\varepsilon}}^{\mathrm{e}}+\dot{\boldsymbol{\varepsilon}}^{\mathrm{p}} \tag{2.1-20}$$

其中，弹性应变率 $\dot{\boldsymbol{\varepsilon}}^{\mathrm{e}}$ 由广义 Hooke 定律确定，

$$\dot{\boldsymbol{\varepsilon}}^{\mathrm{e}}=\boldsymbol{D}_{\mathrm{e}}^{-1}\dot{\boldsymbol{\sigma}} \tag{2.1-21}$$

式中 $\boldsymbol{D}_{\mathrm{e}}$——弹性刚度矩阵。

根据流动法则，塑性应变率定义为：

$$\dot{\boldsymbol{\varepsilon}}^{\mathrm{p}}=\dot{\lambda}\frac{\partial Q}{\partial\boldsymbol{\sigma}} \tag{2.1-22}$$

式中 $\dot{\lambda}$——塑性加载因子；

Q——塑性势函数。

这样，增量应力-应变关系可以表示为：

$$\dot{\boldsymbol{\sigma}}=\boldsymbol{D}_{\mathrm{e}}\dot{\boldsymbol{\varepsilon}}^{\mathrm{e}}=\boldsymbol{D}_{\mathrm{e}}\left(\dot{\boldsymbol{\varepsilon}}-\dot{\lambda}\frac{\partial Q}{\partial\boldsymbol{\sigma}}\right) \tag{2.1-23}$$

对屈服面函数 $F(\boldsymbol{\sigma},\kappa)=0$，由一致性（相容性）条件可推导得到：

$$\dot{\boldsymbol{\sigma}}=\left[\boldsymbol{D}_{\mathrm{e}}-\frac{\boldsymbol{D}_{\mathrm{e}}\left\{\frac{\partial Q}{\partial\boldsymbol{\sigma}}\right\}\left\{\frac{\partial F}{\partial\boldsymbol{\sigma}}\right\}^{\mathrm{T}}\boldsymbol{D}_{\mathrm{e}}}{H_{\mathrm{p}}+\left\{\frac{\partial F}{\partial\boldsymbol{\sigma}}\right\}^{\mathrm{T}}\boldsymbol{D}_{\mathrm{e}}\left\{\frac{\partial Q}{\partial\boldsymbol{\sigma}}\right\}}\right]\dot{\boldsymbol{\varepsilon}}=\boldsymbol{D}_{\mathrm{ep}}\dot{\boldsymbol{\varepsilon}} \tag{2.1-24}$$

式中 $\boldsymbol{D}_{\mathrm{ep}}$——弹塑性刚度矩阵；

H_{p}——塑性硬化模量，$H_{\mathrm{p}}=-\frac{\partial F}{\partial\kappa}\frac{\partial\kappa}{\partial\lambda}$，$\kappa$ 为硬化参数。

上述增量应力-应变关系可以通过显式积分格式或隐式积分格式，限于篇幅，这里不作详细介绍，详见 Zienkiewicz 和 Taylor（2000）。

2.1.2 黏土承载变形特性分析

本小节只讨论不排水和完全排水分析（不涉及 Biot 固结理论）。饱和土体是由土骨架颗粒和水组成的两相材料，无论是工程实践还是有效应力原理都表明土的抗剪强度是与土受力后的排水固结状态有关，因而在岩土工程有限元分析中所采用的强度指标和相应的本构模型需与现场的施工加载实际相符合。由于黏土的渗透性低，在分析快速加载条件下岩土体的强度和稳定问题时，通常认为处于不排水状态。饱和软黏土的不排水分析方法有两

种：①基于不排水总应力的经典弹塑性模型，比如 Tresca 和 von Mises 模型；②基于有效应力的经典弹塑性模型，比如 Mohr-Coulomb 模型、Drucker-Prager 模型或修正剑桥模型等，并考虑不排水的体变约束条件。对于慢速加载或者加荷以后的长期效应可以考虑完全排水分析方法，直接采用 Mohr-Coulomb 模型、Drucker-Prager 模型或修正剑桥模型等。

1. 不排水总应力分析

由于总应力模型将饱和土体简化为不排水单相介质，土体的本构模型可简单表述为 $d\boldsymbol{\sigma}=\boldsymbol{D}_{\mathrm{T}}d\boldsymbol{\varepsilon}$，可以直接应用 2.1.1 节中标准有限元理论进行求解。考虑到不排水黏土不存在体变，所以在有限元计算中泊松比 ν 应设置为 0.5，但这会导致刚度矩阵无限大从而无法进行数值运算，因此实际泊松比通常取大于 0.49 的值近似代替。地基承载力问题是土力学中的经典问题之一，Potts 和 Zdravković（1999）基于 Tresca 模型采用弹塑性有限元法调查了均质不排水黏土地基的承载力，吕艳平等（2007）分析了条形基础作用下不排水条件的双层黏性土地基极限承载力问题。天然黏土由于土体的分层沉积历史通常处于 K_0 固结状态。合理确定饱和软黏土尤其是 K_0 固结饱和软黏土的不排水抗剪强度对岩土工程实践而言尤为重要。众所周知，固结不排水剪切试验可以确定 Mohr-Coulomb 模型下的总应力强度参数 c_{cu} 和 φ_{cu}，也可以确定有效应力强度参数 c' 和 φ'。从土力学原理来说，固结不排水剪切试验得到的不宜直接使用，应该根据原位的有效固结压力换算成不排水强度 c_{u}，然后按 $\varphi_{\mathrm{u}}=0$ 的方法进行分析。基于此，杜佐龙（2010）、Gourvene 等（2006）以及 Feng 等（2014）分别开展平面应变和三维弹塑性有限元调查了黏土不排水抗剪强度非均质分布对地基承载力的影响。图 2.1-1 展示了 c_{u} 的非均质模式，其中 ζ 为 c_{u} 随深度 y 线性变化的斜率，定义无量纲参数（非均质系数）$\eta=\zeta B/c_{\mathrm{u0}}$，$c_{\mathrm{u0}}$ 为地表处的不排水抗剪强度，B 为基底宽度。杜佐龙（2010）分析基底粗糙程度对非均质黏土地基极限承载力的影响，无论是光滑解还是粗糙解，承载力系数 N_{c} 都随 η 的增加而迅速增加，但增加幅度在逐渐减缓；另外，非均质系数越大，则粗糙解和光滑解间的区别就越大。图 2.1-2 给出了不同非均质系数时光滑和粗糙条件下的用等效塑性应变区表示的地基破坏面分布示意图。地基破坏面的位置随非均质系数的增大而逐渐变浅；粗糙基础总是比光滑基础得到的破坏面更深更宽。

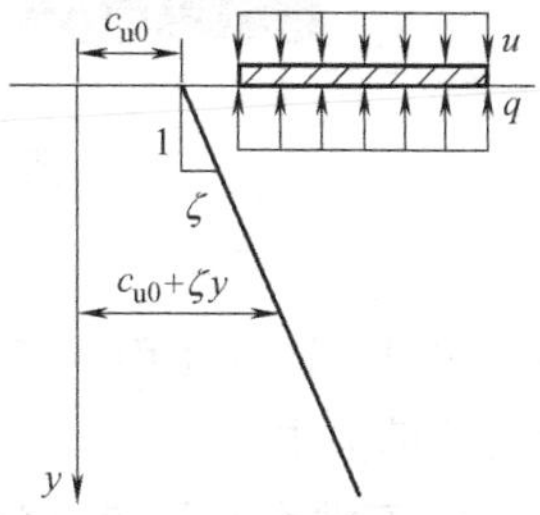

图 2.1-1 不排水强度的非均质模式

借由 Tresca 总应力模型分析的黏土不排水响应已经深入到岩土工程的方方面面。Rowe 和 Davis（1982）及 Yu（2011）借助有限元技术调查了均质和非均质黏土中锚板各向拉拔的承载特性，类似的还包括吸力桶的承载特性（Yun 和 Bransby，2007）和隧道开挖支护压力（周维祥，2011；Ukritchon 等，2017）等。Klar（2008）结合双曲线硬化规律研究不排水黏土中水平受荷桩的荷载-位移曲线，Yu 等（2018）模拟了正常固结黏土中水平受荷大直径单桩的离心模型试验。需要指出的是，除了 Tresca 模型，von Mises 弹塑性模型也不失为一种选择，尤其是 ABAQUS 内置的基于 von Mises 准则的非线性运动硬化总应力模型，Karapiperis 和 Gerolymos（2014）、Huang 和 Liu（2015）采用这种非线性运动硬化总应力模型研究了不排水黏土中沉井基础和大直径单桩的承载特性，Huang

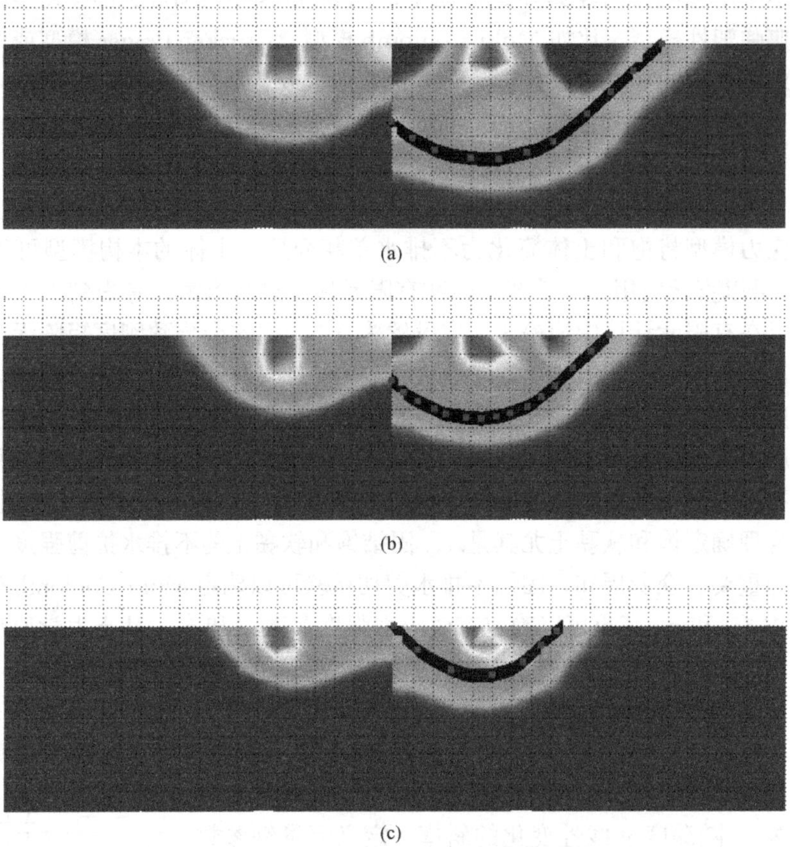

图 2.1-2 不同 η 值时刚性条形基础的破坏面对比图

(a) $\eta=0.2$；(b) $\eta=1.0$；(c) $\eta=3.0$

等（2021）进一步引入各向异性硬化准则对此本构模型进行了改进，并应用于单桩离心试验结果模拟中。

2. 不排水有效应力分析

尽管总应力分析通常可以简单有效地获得黏土总体的不排水响应，但无法真正观察土体中有效应力和孔隙水压力的变化。而且，由于 Tresca 和 von Mises 模型中土体的强度为常数，所以无法反映超固结黏土的软化特性。为了实现有效应力分析，需要在标准有限元基础上引入有效应力原理，将总应力分解为有效应力和孔隙水压力，即：$\mathrm{d}\boldsymbol{\sigma}=\mathrm{d}\boldsymbol{\sigma}'+\boldsymbol{m}\mathrm{d}p$，这里 $\mathrm{d}\boldsymbol{\sigma}'=\boldsymbol{D}_{\mathrm{T}}'\mathrm{d}\boldsymbol{\varepsilon}$，$\mathrm{d}p=(K_{\mathrm{w}}/n)\boldsymbol{m}^{\mathrm{T}}\mathrm{d}\boldsymbol{\varepsilon}$，其中 n 为孔隙率，K_{w} 为孔隙水体变模量。这样有 $\mathrm{d}\boldsymbol{\sigma}=\boldsymbol{D}_{\mathrm{T}}\mathrm{d}\boldsymbol{\varepsilon}$，式中 $\boldsymbol{D}_{\mathrm{T}}=\boldsymbol{D}_{\mathrm{T}}'+\boldsymbol{m}(K_{\mathrm{w}}/n)\boldsymbol{m}^{\mathrm{T}}$。由于孔隙水的压缩性很小，这样就相当于在不排水分析中引入体变约束条件。从理论上，可采用基于有效应力强度参数 c' 和 φ' 的 Mohr-Coulomb 模型或 Drucker-Prager 模型，但由于剪胀性的存在导致其无法合理预测黏土在不排水状态下的破坏。因而，在现实中至少需要采用基于临界状态理论的修正剑桥模型（MCC）并考虑不排水的体变约束条件。当然也可以采用在饱和多孔介质计算中，取很小的渗透系数，且所有边界均设为不排水。该模型已被广泛应用于岩土工程的不排水分析中，比如黏土中隧道开挖引起的瞬时地表沉降（Karakus 和 Fowell，2003）、快速高填方路基引发黏土地基的沉降变形（Zdravkovic 等，2002）、软黏土中基坑开挖挡墙变形及周边土体沉降（Hashash，1992）、不排水黏土中深基础的承载特性（Amerasinghe 和 Kraft，1983）以及浅基础的承载特性（Zdravkovic 等，2003）。有些学者还采用更为复杂修正剑桥模型的扩展形式，比如可以描述土体的结构性和各向异性的运动硬化和旋转硬化本构模型，Zdravković 等（2002）采用了 MIT-E3 模型、Grammatikopoulou（2004）采用了 M2-SKH 模型分析了快速高填方路基引发黏土地基的沉降变形，Grammatikopoulou 等（2008）和 Avgerinos 等（2016）则分别采用 M3-SKH 和 M2-SKH 模型分析了隧道开挖引起的地层不排水沉降。

下面的不排水黏土上条形基础承载特性算例（黄茂松，2016）主要是为了说明基于 Tresca 或 von Mises 模型与基于修正剑桥模型不排水分析的区别，当采用 Tresca 或 von Mises 模型时，将利用修正剑桥模型参数确定与上覆有效应力有关的不排水抗剪强度的非均质特性。对于 Tresca 理想弹塑性和 von Mises 运动硬化模型，根据初始 K_0 固结应力状态和修正剑桥模型计算初始孔隙比，然后计算体变模量 $K=(1+e_0)p'/\kappa$，再根据泊松比计算出剪切模量，并利用不排水单相介质的泊松比计算不排水单相介质的杨氏模量。而不排水抗剪强度的非均质可表示为深度的关系，如图 2.1-3 所示。在不排水单相介质有限元计算中取泊松比 $\nu=0.499$。图 2.1-3 为采用上述三种模型计算得到的荷载-位移曲线，可以发现获得的地基极限承载力是基本一致的，说明了在不排水单相介质计算中考虑不排水抗剪强度非均质性的必要性。

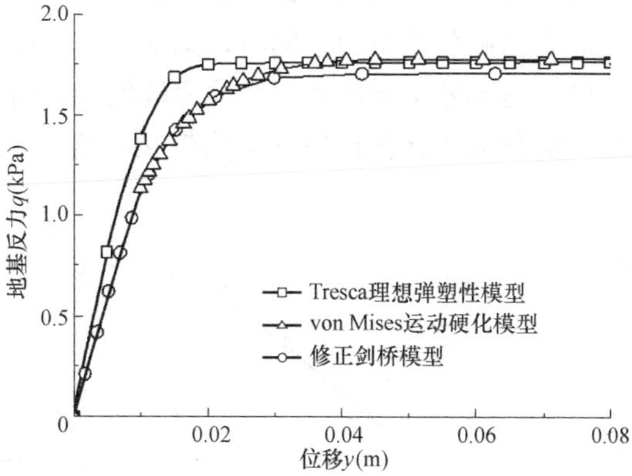

图 2.1-3　各种模型计算得到的地基承载力

3. 排水分析

对于完全排水状态，由于没有孔隙水压力的变化，有效应力的变化和总应力是一致的，所以弹塑性刚度 $\boldsymbol{D}_{\mathrm{T}}$ 仅包含有效应力弹塑性刚度矩阵 $\boldsymbol{D}'_{\mathrm{T}}$。因此，饱和黏土可基于此特性开展排水分析，以模拟地基在荷载长期作用下排水固结后的受力和变形状态。基于有效应力强度参数 c' 和 φ' 的 Mohr-Coulomb 模型或 Drucker-Prager 模型，强度参数可根据固结排水试验（或带孔压结果的固结不排水试验）获得相应的强度参数。但由于此类模型无法合理描述黏土的剪胀性，因此原则上只适合于极限承载力的分析。Griffiths（1982）、Frydman 和 Burd（1997）以及杜佐龙等（2010）采用 Mohr-Coulomb 模型分析了条形基础的承载力，重点讨论基底宽度对承载力系数 N_γ 的影响。其他研究还包括圆形和矩形浅基础（Erickson 和 Drescher，2002，Zhu 和 Michalowski，2005）以及桩筏基础（Lee 等，

2010）的长期承载特性、吸力桶（Zeinoddini 和 Nabipour，2006）的长期抗拔承载力等。对于涉及长期变形的排水分析，通常采用修正剑桥模型（MCC）。Finno 等（1991）对芝加哥某基坑开挖时引起邻近群桩基础的长期响应展开了分析；Barker 等（1997）结合修正剑桥模型（MCC）研究了高填方路基引发黏土地基的长期沉降变形特性，并和不排水分析结果对比以说明快速填筑路基引起的瞬时沉降和长期沉降差异；Potts 和 Zdravkovic（1999）分析了浅基础的长期承载特性；Liyanapathirana 等（2009）基于可考虑黏土结构性的扩展型剑桥模型探讨了黏土结构性对浅基础长期变形特性的影响。

2.1.3 砂土承载变形特性分析

如果采用相关联理想弹塑性本构模型，将不能合理考虑剪胀性。而实际的剪胀角介于 0 和摩擦角之间，如假定剪胀角为 0，会得到比较保守的结果；而假定剪胀角等于摩擦角，会过高估计体积应变且强度也会有所提高。事实上砂土的摩擦角和剪胀性都不是固定不变的，不同密实度的砂土的摩擦角和剪胀角是不同的，采用恒定的摩擦角和剪胀角并不能反映土体加载过程中的强度和剪胀特性的变化。

在有限元分析中，基于非相关联理想弹塑性本构模型，如果采用常数剪胀角，也不能完全真实反映砂土的剪胀特性。对于密砂（图 2.1-4a），常数剪胀角较为合理；对于中密砂（图 2.1-4b），实际剪胀角不断变化；对于松砂（图 2.1-4c），实际剪胀角为负，计算中只能取零。基于理想弹塑性模型和平均剪胀角概念，适合密砂，过高估计中密砂及松砂剪切引起的体积膨胀，从而高估极限承载力。同时，无法基于一组参数模拟同一种砂土在不同密实状态下的力学响应。密实砂土强度达到摩擦力峰值后，由于剪胀作用，密实度降低导致摩擦角也相应出现一定程度的软化现象（本构软化特性），而理想弹塑性本构模型无法模拟密砂软化。

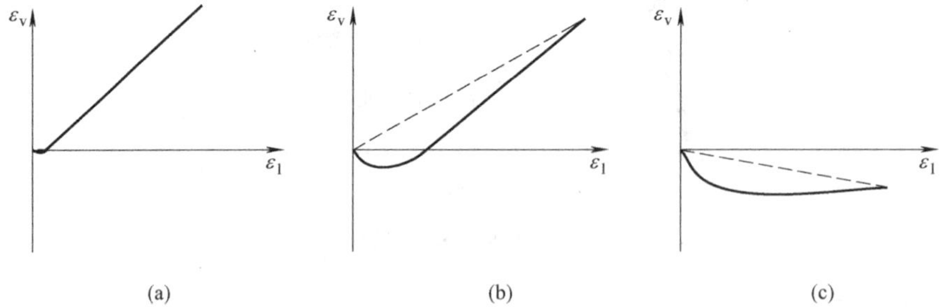

图 2.1-4　不同密实度砂土的剪胀特性

（a）密砂；（b）中密砂；（c）松砂

目前的砂土承载特性有限元分析大多采用 Drucker-Prager 或者 Mohr-Coulomb 模型，这类模型采用摩擦角和剪胀角来反映土体的强度和剪胀特性。已有的分析表明这两个因素会显著影响土体的承载特性。例如，Loukidis 和 Salgado（2009）采用 Mohr-Coulomb 模型分析了不同摩擦角和剪胀角情况下条形和圆形浅基础的承载特性，发现摩擦角越大、剪胀角越大则承载能力越强。Acharyya 和 Dey（2018）分析了采用不同的剪胀角对于条形浅基础破坏机构的影响。他们总结到采用关联流动时，条形基础的破坏模式对称；而采用非关联流动时得到的破坏滑移面左右不对称。总体来讲，Mohr-Coulomb 模型或者 Drucker-Prager 模型不能完全真实地反映砂土的剪胀和强度特性。

改进的方法主要有两类，其一是采用材料状态相关的砂土强度参数，比如目前广泛使用的 Bolton（1986）提出的简化公式，可以确定与围压和相对密实度有关的峰值摩擦角和最大剪胀角，还可以进一步建立硬化软化两个不同阶段砂土摩擦角和剪胀角与塑性剪应变的函数关系（Roy 等，2016）。作为一种半显式模型，只是在原有的经典 Mohr-Coulomb 模型上进行改进，提取增量步的应变修正当前状态的强度参数即可，避免了状态相关临界状态模型对每个增量步平衡方程的迭代计算，大大降低了数值计算的实现难度。目前该模型的有限元数值模拟实现被用于管土相互作用分析（Roy 等，2016，2018a，2018b）、圆形和环形基础的地基承载力问题（Lee 等，2005；Tang 和 Phoon，2018）、由砂和黏土构成的双层土层上的基础的承载特性（Tang 等，2017）、大直径单桩的水平向承载特性分析（Ahmed 和 Hawlader，2016）、锚板抗拔（Roy，2018b；陈榕等，2019）以及 CPT 贯入过程（Huang 等，2004）等。但这些文献对状态相关强度参数的考虑并没有引入常用的状态参数（Yang 和 Li，2004；黄茂松，2016），密实砂土的软化特性也不应简单地仅采用与塑性剪应变直接相关的软化曲线。

其二是采用材料状态相关的临界状态本构模型。材料状态相关砂土本构模型在表征土体强度和剪胀性随压力和密实度变化方面更具优势，其突出特点在于能够采用一组统一的模型参数来描述不同密实度和围压条件下砂土的变形特性，具体来讲就是通过在剪胀方程中引入状态参数来准确把握砂土在加载过程中的体变规律。这类模型在本构模型研究领域相当热门，但直接应用于有限单元法分析中的文献并不多见。Loukidis 和 Salgado（2011）分析了不同密实度和应力水平条件下砂土条形基础的承载特性。Kouretzis 等（2014）对砂土中 CPT 贯入过程进行 ALE 有限元分析；曲勰（2016）分析了不同密实度砂土地基中条形基础和圆形基础的承载特性以及条形锚板的抗拔承载力；陈洲泉（2019）对各向同性和各向异性砂土地基承载特性进行了有限元分析；Chen 等（2020）和陈洲泉（2019）采用 ALE 有限元方法分析了各向同性和各向异性砂土中 CPT 贯入过程；Liao 等（2021）采用了考虑状态相关剪胀性和组构演化的 J_2 变形理论模型对含薄弱区域的双轴试验以及条形基础地基承载力问题进行了有限元模拟。

2.1.4　大变形有限元分析

在岩土工程领域中，从地基勘探确定岩土层分布及其物理力学性质，到基础工程（尤其海洋基础工程）的承载力和变形预测，均面临着大变形问题的困扰。采用大变形有限元技术研究复杂岩土问题，呈现变形的全过程、揭示背后的机理、预测合理的影响范围方面对岩土勘探、基础建设有着重要的意义。

1. 大变形有限元分析方法

采用有限元法解决岩土工程大变形问题，根据其考虑土体变形过程中的构形变化（几何非线性）的方法不同，对几何非线性的处理包括拉格朗日描述和欧拉描述。拉格朗日方法中空间网格的节点与材料点是一致的，即网格点与材料点在物体的变形过程中始终保持重合，因此物质点与网格点之间不存在相对运动，如图 2.1-5（a）所示。这可以简化控制方程的求解过程，而且能准确描述物体的移动界面，容易建立高精度、高稳定性的格式，但拉格朗日方法在大变形情况，会引起网格扭曲、畸变以至相互扭结，甚至可能出现网格相交，这使得计算无法继续进行，同时网格的扭曲又会引起误差迅速增长，使得拉格朗日方法失去精确性。

欧拉描述更容易处理材料的大变形问题，Noh（1964）最早提出了耦合欧拉-拉格朗日法（Coupled Eulerian-Lagrangian，CEL），它在计算时可以认为有两层网格重叠在一起，空间网格固定不动，另一层附着在材料上随材料在空间网格中运动，实现步骤有二：（1）材料网格先以一个拉格朗日计算步变形；（2）然后拉格朗日材料网格的状态变量被映射到固定的空间网格中去，以实现材料在网格中移动，如图 2.1-5（b）所示。但 CEL 对运动界面需要引入非常复杂的数学映射，计算结果的振荡性和误差通常较大，同时对界面和自由面的分辨能力较差。

Hirt 等（1974）在 CEL 思想的基础上提出了任意拉格朗日-欧拉方法（Arbitrary Lagrangian-Eulerian，ALE），首先解决了具有任意流动速度的二维流体流动问题。Haber 和 Abe（1983）进一步将 ALE 方法引入到固体力学中模拟了柔性结构的大变形接触问题。ALE 的计算网格是基于参考坐标系划分的，可在空间中以任意的形式运动（独立于材料坐标系和空间坐标系运动），这样便于准确地描述物体的移动界面，并使网格在整个分析过程中保持合理形状，不出现巨大的扭曲与变形，克服了纯拉格朗日方法和 CEL 的缺陷。经典的 ALE 方法实现步骤有三：（1）拉格朗日计算步；（2）对变形后的材料网格重构步；（3）物理量重映步，即物理量的守恒插值计算。实际上，纯粹的拉格朗日描述和 CEL 是 ALE 的两个特例，即网格点与材料点始终保持一致时就退化为拉格朗日描述，而当网格固定在空间不动时就退化为 CEL。

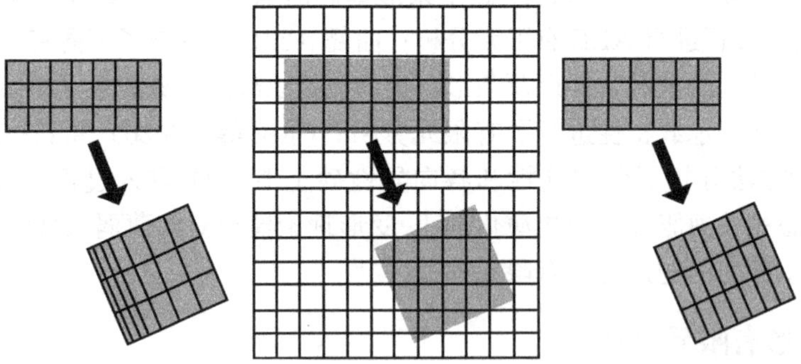

(a) (b) (c)

图 2.1-5　典型大变形有限元技术的差异对比

(a) 拉格朗日法；(b) 耦合欧拉-拉格朗日法（CEL）；(c) 任意拉格朗日欧拉法（ALE）

Hu 和 Randolph（1998）在传统小变形有限元基础上发展了可用于大变形分析的网格重剖分和插值技术 RITSS（Remeshing and Interpolation Technique by Small Strain）。该方法实质上属于 ALE 范畴，它将小变形计算模型同全自动网格重划分和线性应力插值技术相结合，每进行一定步骤的小变形计算后，根据变形后的计算边界重新划分网格并插值应力变量，这就避免了计算网格的进一步扭曲。但需指出的是，RITSS 方法实际上是基于小变形有限元的，在每个小变形计算步内，并没有考虑刚体转动对应力变化的影响。

2. 不排水黏土的大变形有限元分析

对于饱和黏土，原位测试技术的一个很重要应用是根据探头反力获取土层沿深度连续的不排水抗剪强度剖面，这就要求与探头形状相应的承载力系数，因此岩土工程勘察领域较早引入了大变形有限元技术用于分析各类原位测试探头的连续贯入问题（CPT，T-bar，Ball-bar 等）。由于这类问题中主要关心贯入探头的总体反力与土体不排水抗剪强度的关系，所以基于 Tresca 或 Von Mises 总应力模型显然是更为直观的。Zhou 和 Randolph（2009）结合 Tresca 总应力模型和 ALE 大变形有限元技术研究了 T-bar 和 Ball-bar 在深层土体中贯入的承载力系数。Tho 等（2012）结合 Tresca 总应力模型和 CEL 大变形有限元技术模拟了 T-bar 从地表开始的全贯入过程，并对浅层的承载力系数进行修正以更好地帮助地勘人员更准确地评价地表附近的土体强度。

Wang 等（2015）分别采用 CEL、ALE 和 RITSS 方法模拟了 CPT 连续贯入以说明三种大变形技术的差异。分析中模拟了标准尺寸 CPT 探头（投影面积 A 为 $1000mm^2$、直径 D 为 35.7mm，锥角 60°）贯入不排水抗剪强度 s_u 为 10kPa 的均匀土层中，选用 von Mises 总应力模型，土体刚度因子 G/s_u 取为 100。为便于对比说明，分析中土体假定为无重、CPT 和土体界面设为光滑。通常为了保证解有足够的精度，土体单元的尺寸要求小于结构物特征尺寸的 5%。图 2.1-6 显示了 CPT 贯入一定深度后三种大变形技术所呈现的土体变形状态，三种方法都可以反映土体 CPT 贯入后地表土体的隆起，但相比 ALE 和 RITSS，CEL 无法准确描述土体的边界。图 2.1-7 进一步对比了三者的归一化贯入位移-抗力曲线，CEL、ALE 和 RITSS 的承载力系数分别为 11.1、10.2 和 9.8，相比 Teh 和 Houlsby（1991）给出解析系数 9.7，RITSS 的精度最高，ALE 次之，CEL 误差最大，同时 CEL 解的振荡幅度也最大，这主要是因为 CEL 依赖于显式算法造成的。但需要指出，由于 ALE 和 RITSS 在计算过程中网格需要不断重构，因此计算成本相较 CEL 要大得多。

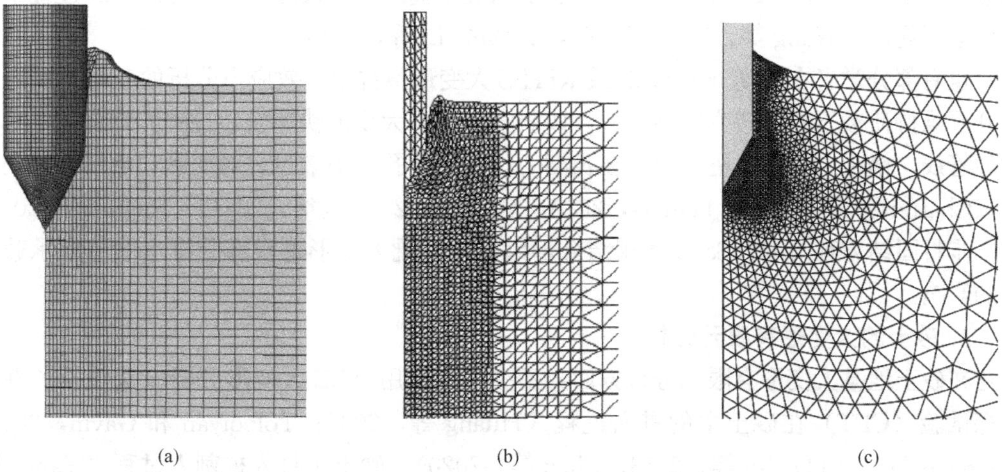

图 2.1-6 CPT 贯入过程模拟有限元网格对比（Wang 等，2015）
(a) CEL；(b) ALE；(c) RITSS

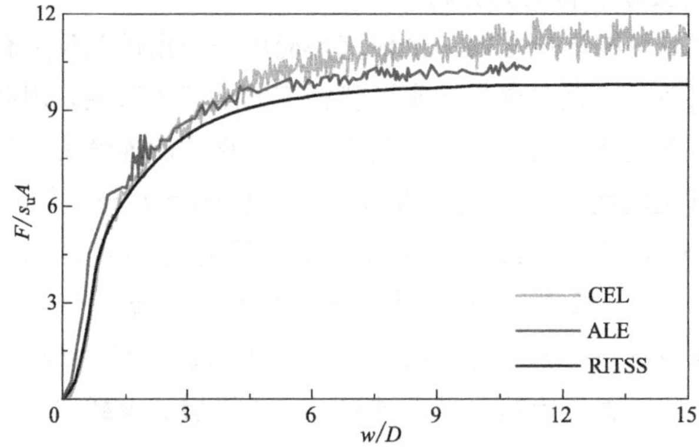

图 2.1-7 CPT 贯入土体抗力对比（Wang 等，2015）

除了在地勘中的应用，目前大变形技术还被应用到岩土工程的诸多领域，尤其是更为看重安装快捷性和承载力有效发挥的海洋基础工程中。比如海洋漂浮式平台的锚固系统承载力的发挥依赖于板锚在海床中的大位移拖曳和旋转，因此需要采用大变形有限元对该类基础的承载特性进行模拟。Tho 等（2014）以及 Fan 和 Wang（2018）结合 Tresca 总应力模型和 CEL 大变形有限元技术分别模拟了海洋固定式平台桩靴基础（Spudcan）快速刺入黏质海床安装过程和漂浮式平台锚板基础大位移过程中不排水抗力的变化规律，也可采用 RITSS 对上述两类海洋基础的安装和承载特性进行模拟（Song 等，2008；Yu 等，2011）。ALE 技术也可结合 Tresca 总应力模型模拟海底输油管线和刚性浅基础大变形安装过程（Merifield 等，2009；Bakroon 等，2020）。

图 2.1-7 采用了总应力模型对 CPT 的贯入过程进行模拟，事实上大变形有限元技术也可以结合修正剑桥模型开展不排水有效应力分析，Yi 等（2012a）采用 ALE 技术探讨了 CPT 贯入过程对海洋黏土中超静孔隙水压力沿桩周的分布特征。类似的有效应力不排水分析也常和 CEL 或 RITSS 相结合，以模拟桩靴基础和锚板的快速大变形安装过程中超孔压累积规律（Wang 等，2008；Yi 等，2012b；Li 等，2018）。

也有部分学者在先期开展 CEL 或 RITSS 大变形不排水有效应力分析的基础上，进一步开展维持荷载下的小应变固结分析，以研究经历了大变形快速安装过程的结构物（海底输油管线、锚板、桩靴、桩基等）在长期工作状态下孔压消散过程对变形和承载特性的影响（Chatterjee 等，2012；Han 等，2016；Yi 等，2020；Yi 等，2021）。Ragni 等（2016）进一步将固结方程与 RITSS 技术相结合，以研究桩靴大变形过程部分排水对后期承载特性的影响。

3. 砂土的大变形有限元分析

在砂土地基大变形有限元分析方面，不少学者采用 ALE 大变形分析方法模拟了静力触探试验（CPT）在砂土中的贯入过程（Huang 等，2004；Tolooiyan 和 Gavin，2011；Kouretzis 等，2014；Jin 等，2018；Chen 等，2020）、砂土中打入桩刺入过程（Yang 等，2020）、砂土中管线水平和竖向运动（Kouretzis 等，2013，2014；Roy 等，2016，2018a，2018b）、砂土中的圆形和条形锚板（Al Hakeem 和 Aubeny，2019；陈榕等，2019；Roy 等，2018b）以及砂土中扩底桩抗拔承载特性（陈佳茹，2020）等。

这里以CPT中锥体贯入砂土过程的数值模拟为例，这是岩土有限元分析中的一类重要问题，其中CPT端部承载力分析则是这类研究的重点。Huang等（2004）基于ABAQUS有限元软件，建立了二维轴对称模型，采用摩尔-库仑模型分析了土体上覆压力，剪切刚度、内摩擦角和剪胀角等因素对于达到稳定状态时的贯入深度和锥尖阻力的影响，并指出CPT稳态贯入过程的锥尖阻力更适用于小孔扩张理论而非极限承载力分析。Kouretzis等（2014）则采用状态相关临界状态砂土模型分析了不同相对密实度、应力水平和砂土压缩性对于锥尖阻力的影响，并与实际砂土试验进行了对比，总结出了锥尖阻力同砂土相对密实度的关系式。Jin等（2018）采用考虑颗粒破碎的临界状态砂土模型研究了CPT贯入硅质砂土的过程，模拟了Yang等（2010）观察到的颗粒破碎分层现象，并指出未考虑颗粒破碎的稳定状态锥尖阻力远大于考虑颗粒破碎的情况，同时最后得到的锥尖阻力同相对密实的关系与Kouretzis等（2014）的结果较为相近。Fan等（2018）采用考虑状态相关的亚塑性砂土模型研究了不同加载速率，增量步放大因子以及质量放大系数等ABAQUS/Explicit分析模块中分析步选项对于模拟结果的影响。陈洲泉（2019）及Chen等（2020）基于状态相关弹塑性本构模型结合ALE大变形分析方法对CPT和桩基贯入过程数值模拟，可自然地考虑砂土密实度和各向异性对CPT贯入阻力的影响（图2.1-8和图2.1-9）。

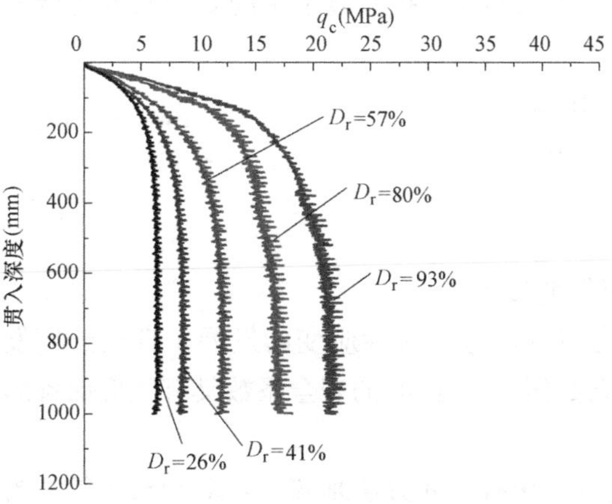

图2.1-8　不同初始状态时锥尖阻力随贯入深度的变化

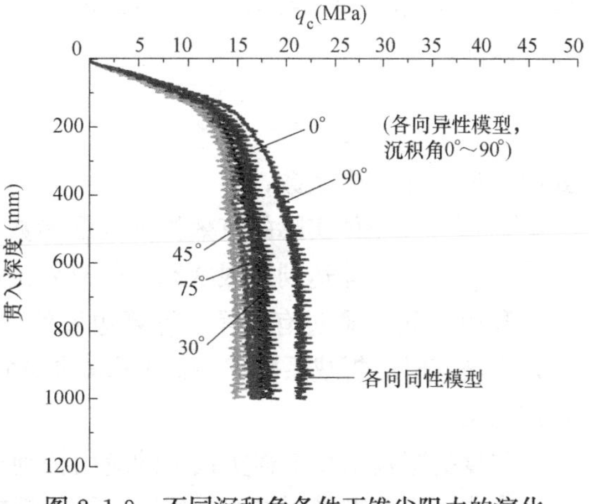

图2.1-9　不同沉积角条件下锥尖阻力的演化

还有一些学者采用了CEL大变形分析方法，比如Pucker等（2013）利用CEL技术同时模拟了CPT和海上固定式平台桩靴基础在砂土层中的贯入过程，并建立了根据CPT锥尖阻力预测桩靴安装阻力的方法。Qiu和Grabe（2012）采用亚塑性模型分析了砂覆盖在黏土层上的桩靴基础的承载特性。之后，Hu等（2014）和Zhao等（2016）分别调查了桩靴基础刺穿中密砂和松砂覆盖层并贯入下卧软黏土过程中贯入抗力发展过程，Hu等（2015）研究了桩靴锥角对刺穿上覆砂土层所需抗力及进入黏土持力层后承载力的影响。Wu等（2018）利用CEL研究了砂土颗粒破碎对桩基贯入过程的影响。Lee等（2020）调查了吸力桶砂土层中安装过程阻力的变化规律。事实上，基于小应变有限元的RITSS技术可更为便捷地推广到砂土地层中，Yu等（2011）和Yu等（2012）基于Mohr-Coulomb模型分别研究了桩靴刺穿表层砂土和黏土夹砂地层时的安装阻力变化规律，Xie等（2020）进一步模拟了CPT连续贯入过程中遭遇密砂层时锥尖阻力的突变现象。

2.1.5 强度折减有限单元法

对于非承载力问题，如土坡稳定、基坑抗隆起稳定以及地下连续墙成槽稳定等，工程稳定分析中通常需要安全系数来评价其强度剩余，一般采用极限平衡法进行分析。然而传统的极限平衡法在其方法本身和土体破坏机理方面需要作一些假定，故存在一定的局限性。另外，在稳定分析中采用常规有限单元法进行计算时面临的最大问题是安全系数的确定。由 Zienkiewicz 等（1975）首先提出的强度折减技术无疑为此提供了一个相当有效的途径，这种技术后来在土坡稳定分析中得到了广泛的应用。强度折减法将土的抗剪强度参数 c'和 $\tan\varphi'$按下式等比例减小，即：

$$c_t' = c'/F_t,\ \varphi_t' = \arctan(\tan\varphi'/F_t) \tag{2.1-25}$$

式中 F_t——折减系数；

c'、φ'——土体实际的有效抗剪强度参数；

c_t'、φ_t'——折减后的有效抗剪强度参数。

Duncan（1996）定义的安全系数为使边坡刚好达到临界破坏状态时，对土的剪切强度进行折减的程度，即为土的实际剪切强度与临界破坏时折减后的剪切强度的比值［式(2.1-26)］，这实质上与 Zienkiewicz 等（1975）提出的强度折减技术中的安全系数的定义是一致的。

$$F_s = \frac{c'}{c_s'} = \frac{\tan\varphi'}{\tan\varphi_s'} \tag{2.1-26}$$

式中 F_s——安全系数；

c'、φ'——土体实际的有效抗剪强度参数；

c'_s、φ_s'——土体达到极限状态时的有效抗剪强度参数。

利用 c_t'和 φ_t'通过有限元法计算边坡的应力应变，考察塑性应变的发展，直至破坏发生，则破坏时的折减系数 F_t 即为所求的安全系数值 F_s，此时的安全系数具有强度储备的物理意义。

强度折减技术在工程实践中的应用特别适合采用有限元方法来实现，对于较为复杂的砂土本构而言较难采用强度折减法。强度折减法的前提是参数的折减只改变本构关系的强度，不改变刚度，否则土体中应力分布规律也将改变。状态相关砂土本构模型中强度参数和刚度参数相互影响，只改变强度而不改变刚度的目标很难实现，强度折减有限元法一般采用相关联流动法则的理想弹塑性本构模型。强度折减有限元法（SSRFEM）在土坡稳定问题方面代表性的研究有 Ugai（1989）、Matsui 和 San（1992）、Ugai 和 Leshchinsky（1995）、Griffiths 和 Lane（1999）、Dawson 等（1999）、宋二祥（1997）、连镇营等（2001）、赵尚毅等（2002）、Cheng 等（2007）、Griffiths 和 Marquez（2007）、Wei 等（2009）等。事实上采用相关联的流动法则即塑性势函数与屈服函数采用相同的函数并不符合土体的实际情况，但是若采用非相关联流动准则又会增加计算的难度，为便于计算，许多计算模型仍采用相关联流动准则。当采用非相关联流动法则时，强度折减有限元分析中的非线性迭代的收敛性变得相当困难，为了提高非线性迭代的收敛性，这里采用非对称矩阵方程组求解器以及基于非对称弹塑性矩阵的完全 Newton-Raphson 迭代方法，这样的措施应该说大大提高了收敛性，计算结果也更为可靠些，但显然非线性迭代的收敛性还是远远没有达到令人满意的程度。

强度折减有限元方法在土坡稳定分析中得到了广泛的采用，但是用于考虑非饱和非稳定渗流的土坡稳定分析中的研究相对比较少。Lane 和 Griffiths（2000）采用强度折减技术用于确定水位缓降以及水位刚骤降瞬时这两种极端情况的土坡稳定性，但其中没有考虑非饱和非稳定渗流的影响。Griffiths 和 Lane（1999）分析了一个稳定渗流对土坝稳定性影响的算例，但文中假定土体内的浸润线为直线且没有采用非饱和渗流分析以及没有考虑非饱和区的影响。Cai 和 Ugai（2004）采用该技术并结合非饱和非稳定渗流有限元程序用于分析降雨作用下的土坡稳定性，但没有与极限平衡法结果作详细的比较分析。

从计算角度来看，考虑非饱和非稳定渗流影响的强度折减有限元分析要复杂一些，计算工作量会大得多，因为对于每一个时间步都要进行强度折减分析。考虑非饱和非稳定渗流对土坡稳定性影响的最合理的分析方法无疑是采用渗流和变形耦合的方法，即直接采用非饱和土固结理论分析每一时刻的安全系数。采用渗流和变形耦合分析方法理论上是比较完善的，但是实现起来计算量非常大。而且与单相固体介质有限元分析相比，耦合分析使得非线性迭代的收敛性难度大大增加。鉴于此，黄茂松和贾苍琴（2006）、Huang 和 Jia（2009）采用相对比较简单的渗流与变形分离的分析方法用于研究强度折减有限元法在非饱和非稳定渗流作用下土坡稳定分析中的应用。所谓渗流和变形分离的分析方法，就是首先利用非饱和非稳定渗流有限元程序算出土坡内不同时刻的渗流场，然后基于每一时刻的渗流场，结合强度折减技术，利用单相固体介质有限元程序分析每一时刻的安全系数。以 Griffiths 和 Lane（1999）的均质土坝作为算例，得到水位骤降后不同时刻的安全系数和临界破坏面（图 2.1-10～图 2.1-12），可见强度折减有限元法合理地揭示了非饱和非稳定渗流作用下土坡失稳机制。

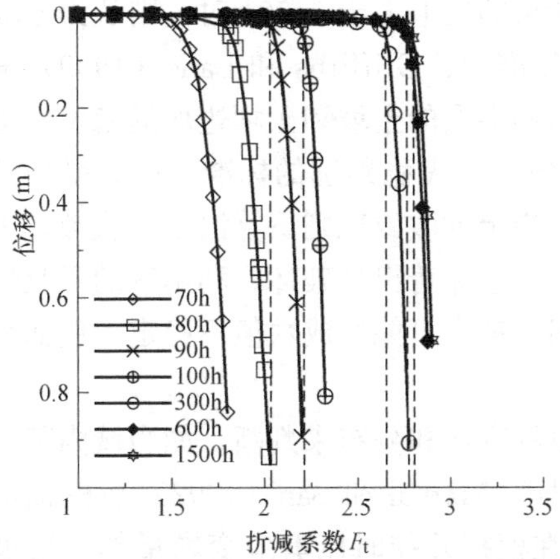

图 2.1-10　水位骤降后不同时刻折减系数与特征结点位移之间的关系曲线（上游边坡）

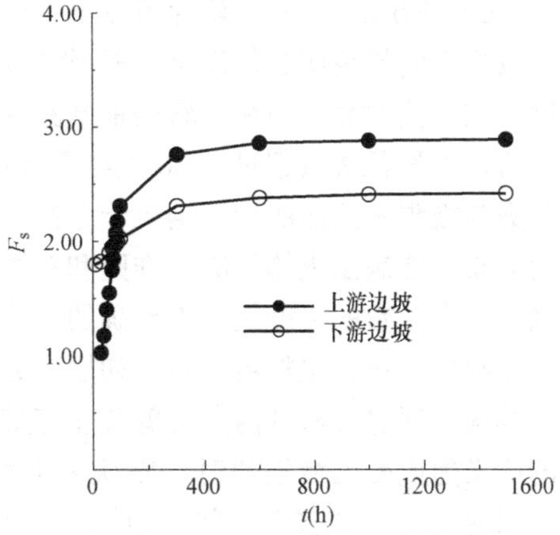

图 2.1-11　上下游边坡的安全系数与时间的关系曲线（SSRFEM）

强度折减有限元方法用于土坡稳定分析已被证明是一种比较有效的方法，但这种方法是否成功的关键是破坏标准的定义。目前判断土坡破坏的标准可概括为三类：

首先利用有限元解的不收敛性，即给定非线性迭代的次数，当最大位移或不平衡力的残差值不满足收敛条件即可认为土体失稳破坏。Ugai（1989）认为非线性迭代次数超过

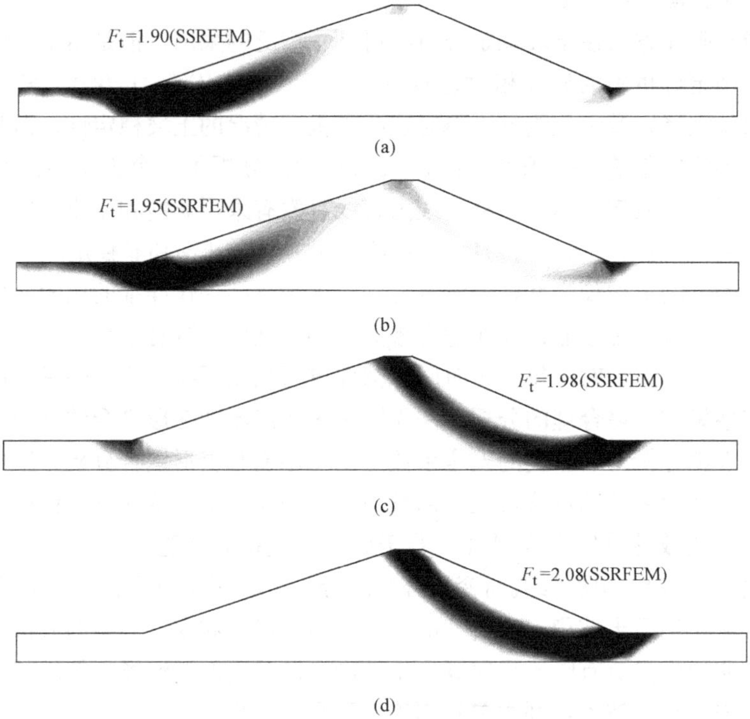

图 2.1-12 水位骤降后不同时刻 SSRFEM 确定的临界破坏机理

(a) $t=70$h；(b) $t=75$h；(c) $t=85$h；(d) $t=90$h

某一限值（如 500 次）位移残差值仍不能收敛，则认为土坡破坏；赵尚毅等（2002）、Dawson 和 Roth（1999）认为节点不平衡力与外荷载的比值大于 0.001 时，则认为土坡失稳，其中也间接说明必须以某一迭代次数作为收敛准则；Griffiths 和 Lane（1999）采用强度折减方法对简单边坡、软弱地基路堤、存在软弱夹层的土坡和土坝边坡的稳定性进行了分析，以迭代次数超过 1000 次结果计算仍未收敛作为失稳判别的标准，计算得到的安全系数与极限平衡法的计算结果十分接近。在用户指定的收敛准则下算法不能收敛，表示应力分布不能满足土体的破坏准则和总体平衡要求，意味着出现破坏。利用解的不收敛作为确定安全系数的标准是很不准确的，因为许多因素都有可能造成数值不稳定，例如荷载增量步数的大小、粗粒料土体、初始应力场等条件。

其次，通过分析域内广义剪应变等某些物理量的变化和分布来判断，如当域内某一幅值的广义剪应变区域连通时，则认为土坡发生破坏。Matsui 和 San（1992）在模拟填土时，当剪应变超过 15%时作为边坡失稳的判据，在模拟开挖时以剪应变增量作为边坡失稳破坏的依据；连镇营等（2001）采用强度折减有限元方法对开挖边坡的稳定性进行分析时，利用图形可视化技术绘制出边坡内广义剪应变分布图，当土体内某一幅值的广义剪应变自坡脚底部向坡顶上方贯通即认为边坡失稳，但广义剪切应变的临界幅度如何确定，实际上很困难；栾茂田等（2003）将强度折减概念与弹塑性有限元数值分析及结果的计算机实时显示技术结合起来，以塑性应变作为边坡失稳的判别指标，根据塑性区的范围及其连通状态来确定潜在滑裂面和相应的安全系数。

第三类则根据计算得到的域内某一部位的位移与折减系数之间关系的变化特征确定失

稳状态，如当折减系数增大到某一特定值时，某一部位位移突然急剧增大，这时可认为土坡失稳。Griffiths 和 Lane（1999）以及宋二祥（1997）通过绘制边坡内某一点的位移（或位移增量）与折减系数的关系曲线来确定安全系数。

自从强度折减有限元方法使用以来，大多数判别土体失稳时采用的是解的不收敛性，这存在着明显的缺点：物理意义不明确，需要进行一定的计算假定，有很大的人为因素。而如果采用广义剪应变的贯通作为判别标准，本文也认为不是很确切。由于广义剪应变包括弹性剪应变和不可恢复的塑性剪应变，虽然采用广义剪应变在一定程度上可以反映土体的相对变形状态，但并不能准确地描述实际塑性区的发生和发展过程。考虑到土体失稳主要发生在强度软化区域或应力集中区域，该区域的土体会发生不同程度的不可恢复的塑性变形，一旦发生塑性变形的区域相互贯通则表明土坡将在相互贯通的剪切破坏面上发生整理失稳。塑性剪应变的发生和发展反映了土体屈服或破坏的发生和发展程度，因此塑性剪应变的大小能够从本质上描述土体的屈服或破坏发展过程，采用塑性区的相互贯通作为标准还是比较合理的。因此 Huang 和 Jia（2009）在采用强度折减有限元方法进行土坡稳定性分析时，采用塑性剪应变作为边坡失稳的判别参数，根据塑性区的发生、发展以及贯通情况确定潜在滑裂面，并且与某特征节点的位移与折减系数的关系相结合作为判断土坡失稳的依据，以便确定相应的安全系数。

强度折减有限元方法还成功应用于基坑抗隆起稳定性，代表性的研究有 Goh（1994）、Cai 等（2002）、Faheem 等（2003，2004）、黄茂松等（2011）、杜佐龙和黄茂松（2013）、Do 等（2013，2016）、Goh（2017）等。

2.1.6 循环加载与动力响应分析

饱和软黏土不排水动力弹塑性有限元分析可以采用以下几种本构模型：①基于总应力的经典弹塑性模型，比如 Tresca 和 von Mises 模型，再加上不排水循环累积形变的经验公式或不排水强度循环弱化的经验公式；②基于总应力的动力弹塑性模型，比如基于运动硬化准则的套叠屈服面模型（Prevost，1977；王建华和要明伦，1996），这类模型的边界面方程仍然是基于 Tresca 或 von Mises 准则，只是采用运动硬化的概念来模拟不排水循环累积形变；③基于有效应力的经典弹塑性模型，比如 Mohr-Coulomb 模型、Drucker-Prager 模型或修正剑桥模型再加上不排水循环累积形变和排水循环累积体变的经验公式，排水循环累积体变也可以利用不排水循环累积孔压来计算（Zienkiewicz 等，1978）；④基于有效应力的修正剑桥模型的扩展形式，比如边界面模型和套叠屈服面模型等。

如采用第一种总应力的本构模型，即：$\mathrm{d}\boldsymbol{\sigma}=\boldsymbol{D}_{\mathrm{T}}(\mathrm{d}\boldsymbol{\varepsilon}-\mathrm{d}\boldsymbol{\varepsilon}^{\mathrm{u}})$，其中不排水循环累积形变 $\mathrm{d}\boldsymbol{\varepsilon}^{\mathrm{u}}=\{\mathrm{d}\varepsilon_1^{\mathrm{u}}, -\mathrm{d}\varepsilon_1^{\mathrm{u}}/2, -\mathrm{d}\varepsilon_1^{\mathrm{u}}/2\}^{\mathrm{T}}$，那么就可以完全按照一般的单相介质来处理。如果采用基于第三种有效应力的本构模型，即：$\mathrm{d}\boldsymbol{\sigma}'=\boldsymbol{D}_{\mathrm{T}}(\mathrm{d}\boldsymbol{\varepsilon}-\mathrm{d}\boldsymbol{\varepsilon}^{\mathrm{u}}-\boldsymbol{m}\mathrm{d}\varepsilon_{\mathrm{v}}^{\mathrm{d}}/3)$，其中 $\mathrm{d}\varepsilon_{\mathrm{v}}^{\mathrm{d}}$ 为排水循环累积体变；或 $\mathrm{d}\boldsymbol{\sigma}'=\boldsymbol{D}_{\mathrm{T}}(\mathrm{d}\boldsymbol{\varepsilon}-\mathrm{d}\boldsymbol{\varepsilon}^{\mathrm{u}})-\boldsymbol{m}\mathrm{d}p_{\mathrm{g}}$，其中 $\mathrm{d}p_{\mathrm{g}}=K_{\mathrm{T}}\mathrm{d}\varepsilon_{\mathrm{v}}^{\mathrm{d}}$ 为不排水循环累计孔压，K_{T} 为土骨架体变模量。采用第三种或第四种有效应力的本构模型，都必须要引入不排水的体变约束条件：$\mathrm{d}p=(K_{\mathrm{w}}/n)\mathrm{d}\varepsilon_{\mathrm{v}}$，$\mathrm{d}\boldsymbol{\sigma}=\mathrm{d}\boldsymbol{\sigma}'+\boldsymbol{m}\mathrm{d}p$，其中 n 为孔隙率，K_{w} 为孔隙水体变模量。

不排水循环加载分析可采用不排水强度的循环弱化代替不排水循环累积形变，强度循环弱化公式可表示为：$c_u=c_{u0}+(c_{ures}-c_{u0})(1-e^{-b\varepsilon^p_{eff,c}})$，式中 b 为衰减系数，$\varepsilon^p_{eff,c}$ 为循环加载期间产生的等效塑性变形，c_{u0} 为黏土初始不排水抗剪强度，c_u 为循环荷载后衰减的不排水抗剪强度，c_{ures} 为循环荷载后的最终残余强度。目前无论经典的 Tresca 准则还是 ABAQUS 内置的基于 von Mises 准则的非线性运动硬化总应力模型，都可以通过累积塑性应变考虑不排水抗剪强度的循环弱化，利用 ABAQUS 软件的用户子程序 USDFLD 中的场变量实现。但如果需要考虑土体的小应变特性、各向异性、刚度和强度的循环弱化，以便更加合理地模拟循环加载的滞回特性，则需要 ABAQUS 的 UMAT 二次开发。

饱和黏土基于总应力的经典弹塑性模型，再加上不排水循环累积形变的经验公式或不排水强度循环弱化的经验公式，这种模型可以应用于交通往复荷载作用下软土路基的长期累积沉降以及海洋环境循环荷载下风机基础的长期累积变形。Anastasopoulos 等（2011）采用 ABAQUS 内置的 von Mises 非线性运动硬化总应力模型分析了浅基础循环加载特性；Zafeirakos、Gerolymos（2013）以及 Gerolymos 等（2015）则分析了沉井基础的循环加载特性和地震响应；Huang 和 Liu（2015）进一步结合土体强度循环弱化模型研究了不排水黏土中大直径单桩的竖向循环加载特性；Huang 等（2021）引入各向异性硬化准则改进了此本构模型，并研究大直径单桩的水平循环加载特性。图 2.1-13 为有限元计算结果与离心试验结果的比较。

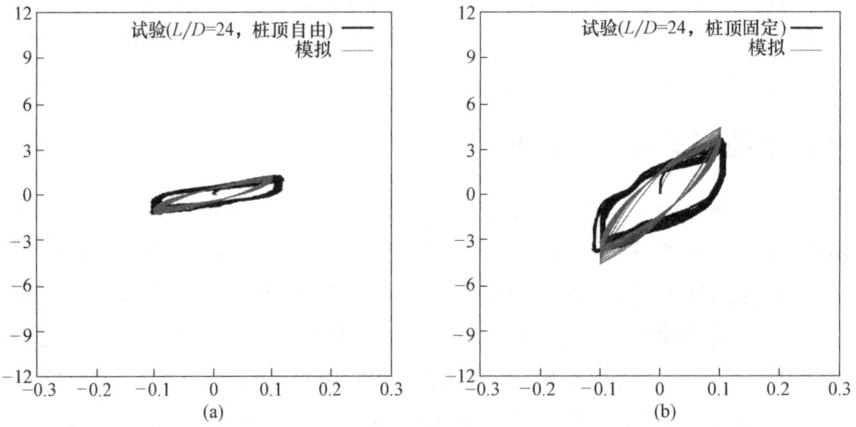

图 2.1-13　有限元计算结果与离心试验结果的比较

也有少量的研究采用直接基于总应力的动力弹塑性模型，比如 Prevost 等（1985）采用基于运动硬化准则的套叠屈服面弹塑性模型进行了土坝地震响应的总应力分析。如果更关注的是长期累积变形，则需要直接采用第四种有效应力本构模型，即基于有效应力的修正剑桥模型的扩展形式，比如边界面模型和套叠屈服面模型等，可以进行不排水和排水分析，至于采用 Biot 饱和多孔介质理论的排水有效应力分析将在 2.3 节中介绍。Charlton 和 Rouainia（2021）基于 Rouainia-Muir Wood 的运动硬化准则边界面模型分析了随机分布非均质黏土层中海上风机大直径单桩的不排水循环累积变形。Hau 等（2005）采用 3-SKH 模型分析了交通往复荷载作用下排水黏土路基的长期累积沉降。

对于饱和砂土完全排水或干砂的动力弹塑性有限元分析，只有两种有效应力模型：①基于有效应力的经典弹塑性模型，比如 Mohr-Coulomb 模型、Drucker-Prager 模型或砂土状态相关临界状态弹塑性模型再加上排水循环累积应变的经验公式；②基于有效应力的砂土状态相关临界状态弹塑性模型的扩展形式，比如边界面模型和套叠屈服面模型等。如果采用基于第一种有效应力的本构模型，有以下几种处理方法：只采用循环累积体变 $\mathrm{d}\boldsymbol{\sigma}'=\boldsymbol{D}^{\mathrm{e}}\left(\mathrm{d}\boldsymbol{\varepsilon}-\frac{1}{3}\boldsymbol{m}\mathrm{d}\varepsilon_{\mathrm{v}}^{\mathrm{d}}-\mathrm{d}\boldsymbol{\varepsilon}^{\mathrm{p}}\right)$，其中 $\mathrm{d}\varepsilon_{\mathrm{v}}^{\mathrm{d}}$ 为排水循环累积体应变，这种表达形式不是太合理；或同时采用循环累积体变和轴向应变，$\mathrm{d}\boldsymbol{\sigma}'=\boldsymbol{D}^{\mathrm{e}}(\mathrm{d}\boldsymbol{\varepsilon}-\mathrm{d}\boldsymbol{\varepsilon}^{\mathrm{d}}-\mathrm{d}\boldsymbol{\varepsilon}^{\mathrm{p}})$，$\mathrm{d}\boldsymbol{\varepsilon}^{\mathrm{d}}=\frac{1}{3}\boldsymbol{m}\mathrm{d}\varepsilon_{\mathrm{v}}^{\mathrm{d}}+\frac{3}{2}\frac{\mathrm{d}\varepsilon_{\mathrm{s}}^{\mathrm{d}}}{q'}\boldsymbol{s}'$（Pasten 等，2013），$\boldsymbol{s}'=\boldsymbol{\sigma}'-p'\boldsymbol{m}$，其中 $\mathrm{d}\varepsilon_{\mathrm{v}}^{\mathrm{d}}$ 为排水循环累积广义剪应变，这种表达形式比较合理，但累积应变方向为自行假定，仍有不足。

在砂土排水循环加载有限元分析中最为广泛的应用应该是海上风机大直径单桩的水平循环加载累积变形分析。Achmus 等（2009）采用循环加载割线刚度 SDM 模型，张陈蓉等（2020）推导了循环加载条件下砂土加卸载割线刚度演化模型，运用于砂土中水平循环受荷桩的有限元数值模拟。但这些方法属于等效线性的分析方法，并没有考虑砂土的弹塑性特性。为此，Niemunis 等（2005）利用 Wichtmann 等（2005）提出的适合大数目循环次数的累积应变 HCA 模型结合 Matsuoka-Nakai 屈服准则进行砂土地基长期循环荷载沉降有限元分析。Pasten 等（2013）将剑桥模型与土体显式累积变形模型相结合，得到了用于计算循环荷载作用下砂土累积变形的等效有限元模型。张凯（2017）基于 Wichtmann 等（2005）的砂土累积应变 HCA 模型，利用修正剑桥模型的剪胀性表达式以及 Pasten 等（2013）的轴向累积应变三维化方法，对砂土中大直径单桩循环加载进行了有限元分析，并与 Zhu 等（2016）福建标准砂水平循环受荷单桩离心机模型试验进行了比较（图 2.1-14）。

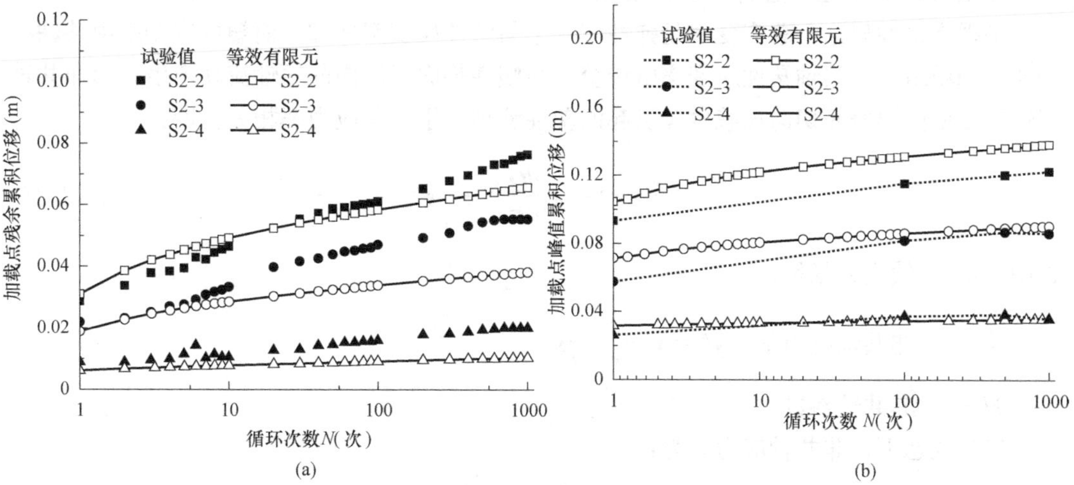

图 2.1-14　加载点累积位移计算值与试验值比较

（a）加载点残余累积位移；（b）加载点峰值累积位移

有关饱和砂土不排水循环加载和动力响应方面的分析主要集中在饱和砂土地震液化，早期采用的是不排水有效应力分析方法，之后再采用 Biot 饱和多孔介质理论进行排水有效应力分析，有关排水有效应力分析方法将在 2.3 节中介绍。Zienkiewicz 等（1978）采用经典的非相关联 Mohr-Coulomb 准则和累积体变模型相结合的方法进行了不排水有效应力分析。

2.1.7 基于非共轴理论有限元数值模拟

非共轴塑性主要产生于两个方面。一是主应力旋转对材料响应的影响，在主应力旋转或反复旋转条件下，颗粒材料的主应力和塑性应变增量方向会发生显著偏离；二是材料各向异性的影响，可以认为非共轴塑性是岩土体各向异性的一个重要方面（Yu等，2006）。余海岁团队将Rudnicki和Rice（1975）的屈服顶点（yield vertex）非共轴理论与Spencer（1964）提出的理想塑性颗粒材料在完全流动背景下的“双剪”运动模型引入土力学界，突破了两种理论仅停留在解析处理阶段的局限（Papmichos和Vardoulakis，1995）。Huang等（2010）将非共轴模型推广到三维应力空间，并将其用于变形分叉分析中，证实了其改进应变局部化预测结果的能力。Lu等（2018）将非共轴理论用于分析三维应力状态下各向异性砂土的应变局部化失稳，获得了应力状态和加载方向对失稳触发点的影响规律。近年来，基于非共轴理论的有限元数值解法得以开发，并在土与结构相互作用模拟中得到了应用（Yu和Yuan，2006；Yang和Yu，2006，袁冉等，2018）。Yang和Yu（2010）以及杨蕴明等（2011）应用角点非共轴本构模型结合有限元方法分析浅基础沉降，将非共轴塑性模量视为累积塑性剪应变的函数改进了角点非共轴模型，从而克服了数值模拟不收敛问题。罗强等（2012）将非共轴本构模型应用到桶形基础地基承载力有限元分析，结果表明非共轴模型对整体剪切破坏模式无影响，但对极限承载力有降低作用。袁冉等（2018）建立了考虑初始强度各向异性和非共轴特性的本构模型，并基于ABAQUS计算平台编制了用户材料子程序，对城市浅埋土质隧道开挖施工进行了数值模拟。

根据弹塑性理论，总应变率是弹性应变率与塑性应变率之和，而塑性应变率由共轴项和非共轴项组成。共轴塑性应变率由传统的与塑性势面成法向的塑性流动产生，而非共轴塑性应变率由屈服面切向加载效应引起的塑性流动产生，与应力率相关。即：

$$\dot{\boldsymbol{\varepsilon}}=\dot{\boldsymbol{\varepsilon}}^{\mathrm{e}}+\dot{\lambda}\frac{\partial \boldsymbol{Q}}{\partial \boldsymbol{\sigma}}+\frac{1}{H_{\mathrm{t}}}\dot{\boldsymbol{s}}^{n} \tag{2.1-27}$$

式中 $\boldsymbol{s}$——偏应力张量；

$\dot{\boldsymbol{s}}^{n}$——非共轴应力率，$\dot{\boldsymbol{s}}^{n}=\dot{\boldsymbol{s}}-\frac{\dot{\boldsymbol{s}}:\boldsymbol{s}}{\boldsymbol{s}:\boldsymbol{s}}\boldsymbol{s}$；

H_{t}——非共轴参数。

三维状态下，非共轴应力率为：

$$\dot{\boldsymbol{s}}^{n}=\dot{\boldsymbol{s}}-\frac{\dot{\boldsymbol{s}}:\boldsymbol{s}}{\boldsymbol{s}:\boldsymbol{s}}\boldsymbol{s}-\frac{\dot{\boldsymbol{s}}:\boldsymbol{S}}{\boldsymbol{S}:\boldsymbol{S}}\boldsymbol{S} \tag{2.1-28}$$

式中 $\boldsymbol{S}=\boldsymbol{s}\cdot\boldsymbol{s}-\frac{2}{3}J_2\boldsymbol{\delta}-\frac{3}{2}\frac{J_3}{J_2}\boldsymbol{s}$，$J_2$、$J_3$为第二、第三偏应力不变量。

一般应力状态下，非共轴弹塑性本构方程为：

$$\dot{\boldsymbol{\sigma}}=\boldsymbol{D}^{\mathrm{ep}}\dot{\boldsymbol{\varepsilon}} \tag{2.1-29}$$

通过弹性理论及一致性条件，可推导得到非共轴弹塑性模量张量D_{ijkl}^{ep}为：

$$\boldsymbol{D}^{\mathrm{ep}}=\boldsymbol{D}^{\mathrm{e}}-\boldsymbol{D}^{\mathrm{e}}\left(\frac{\dfrac{\partial Q}{\partial \boldsymbol{\sigma}}\dfrac{\partial F}{\partial \boldsymbol{\sigma}}}{H_{\mathrm{p}}+\dfrac{\partial F}{\partial \boldsymbol{\sigma}}\boldsymbol{D}^{\mathrm{e}}\dfrac{\partial F}{\partial \boldsymbol{\sigma}}}+\frac{H_{\mathrm{t}}}{H_{\mathrm{t}}+2G}\boldsymbol{C}^{n\mathrm{p}}\right)\boldsymbol{D}^{\mathrm{e}} \tag{2.1-30}$$

式中 $\boldsymbol{D}^{\mathrm{e}}$——弹性模量矩阵，$\boldsymbol{D}^{\mathrm{e}}=\left(K-\frac{2}{3}G\right)\boldsymbol{\delta}\otimes\boldsymbol{\delta}+G(\boldsymbol{\delta}\otimes\boldsymbol{\delta}+\boldsymbol{\delta}\otimes\boldsymbol{\delta})$；

K、G——弹性体积模量和剪切模量；

$\boldsymbol{C}^{n\mathrm{p}}$——三维状态纯非共轴塑性的柔度张量。

非共轴塑性的柔度张量为

$$\boldsymbol{C}^{n\mathrm{p}}=\frac{1}{H_{\mathrm{t}}}\left(\frac{\boldsymbol{\delta}\otimes\boldsymbol{\delta}+\boldsymbol{\delta}\otimes\boldsymbol{\delta}}{2}-\frac{\boldsymbol{\delta}\otimes\boldsymbol{\delta}}{\boldsymbol{\delta}:\boldsymbol{\delta}}-\frac{\boldsymbol{s}\otimes\boldsymbol{s}}{\boldsymbol{s}:\boldsymbol{s}}-\frac{\boldsymbol{S}\otimes\boldsymbol{S}}{\boldsymbol{S}:\boldsymbol{S}}\right) \tag{2.1-31}$$

有关非共轴模型数值计算，应力应变增量关系表达式可写为（Yu 和 Yuan，2006；Yang 和 Yu，2010；杨蕴明等，2011）：

$$\begin{cases}\Delta\boldsymbol{\sigma}_1=\boldsymbol{D}^{\mathrm{e}}\Delta\boldsymbol{\varepsilon}_n-\Delta\lambda_1\boldsymbol{D}^{\mathrm{e}}\boldsymbol{R}_{n-1}-\dfrac{H_{\mathrm{t}}}{H_{\mathrm{t}}+2G}\boldsymbol{C}^{n\mathrm{p}}\Delta\boldsymbol{\varepsilon}_n\\ \Delta\kappa_1=\Delta\lambda_1 B_{n-1}\\ \Delta\lambda_1=\dfrac{\boldsymbol{l}_{n-1}\boldsymbol{D}^{\mathrm{e}}\Delta\boldsymbol{\varepsilon}_n}{H_{\mathrm{p},n-1}+\boldsymbol{l}_{n-1}\boldsymbol{D}^{\mathrm{e}}\boldsymbol{R}_{n-1}}\end{cases} \tag{2.1-32}$$

式中 $\boldsymbol{R}$——塑性流动方向；

$\boldsymbol{l}$——屈服面正交方向；

H_{p}——传统塑性模量；

$\Delta\lambda$——加载指数；

κ——硬化系数；

$\boldsymbol{C}$——柔度张量。

1 次欧拉积分后，可获得第 n 步的所有变量。根据 1 次欧拉积分的结果，采用 2 次精度改进欧拉积分：

$$\begin{cases}\Delta\boldsymbol{\sigma}_2=\boldsymbol{D}^{\mathrm{e}}\Delta\boldsymbol{\varepsilon}_n-\Delta\lambda_2\boldsymbol{D}^{\mathrm{e}}\boldsymbol{R}_n-\dfrac{H_{\mathrm{t}}}{H_{\mathrm{t}}+2G}\boldsymbol{C}^{n\mathrm{p}}\Delta\boldsymbol{\varepsilon}_n\\ \Delta\kappa_2=\Delta\lambda_2 B_n\\ \Delta\lambda_2=\dfrac{\boldsymbol{l}_n\boldsymbol{D}^{\mathrm{e}}\Delta\boldsymbol{\varepsilon}_n}{H_{\mathrm{p},n}+\boldsymbol{l}_n\boldsymbol{D}^{\mathrm{e}}\boldsymbol{R}_n}\end{cases} \tag{2.1-33}$$

第 n 步的应力和强化系数是 1 次与 2 次积分的平均值：

$$\begin{cases}\bar{\boldsymbol{\sigma}}_n=\boldsymbol{\sigma}_{n-1}+\dfrac{1}{2}(\Delta\boldsymbol{\sigma}_1+\Delta\boldsymbol{\sigma}_2)\\ \bar{\kappa}_n=\kappa_{n-1}+\dfrac{1}{2}(\Delta\kappa_1+\Delta\kappa_2)\end{cases} \tag{2.1-34}$$

积分后的相对误差定义为

$$\boldsymbol{R}_n=\max\left[\frac{\|\Delta\boldsymbol{\sigma}_1-\Delta\boldsymbol{\sigma}_2\|}{2\|\bar{\boldsymbol{\sigma}}_n\|},\frac{|\Delta k_1-\Delta k_2|}{2\bar{k}_n}\right] \tag{2.1-35}$$

若 $\boldsymbol{R}_n$ 大于规定的误差精度 STOL，则减小目前步长，并重新积分；如果 $\boldsymbol{R}_n <$ STOL，开始计算下一步，即第 $n+1$ 步，而且相应的积分步长增大。

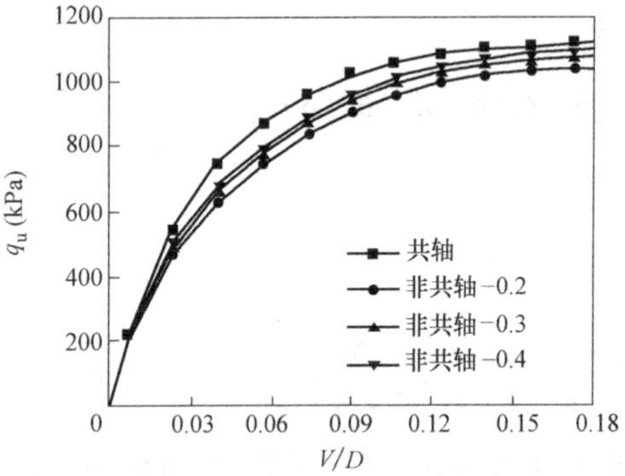

图 2.1-15　地基承载力-位移关系
（罗强等，2012）

罗强等（2012）将非共轴本构模型应用到砂土地基中桶形基础的竖向承载力问题分析中，并对非共轴因素对地基承载力影响进行了探讨。考虑不同非共轴模量 H_t 和弹性剪切模量 G 的比值，综合对比由非共轴模型计算得到的地基承载力-位移曲线关系如图 2.1-15 所示，共轴与非共轴模型计算得到的地基承载力-位移曲线均有明显的水平阶段，即非共轴模型对地基的整体剪切破坏模式没有影响。同时，非共轴模型对地基承载力具有显著软化作用，且 H_t/G 越小，软化作用显著，并对地基竖向承载力具有降低作用，这种降低趋势证明非共轴模型得到的计算结果是比较安全的。

袁冉等（2018）将非共轴本构模型通过用户材料子程序接入到 ABAQUS 软件，并开展了城市浅埋土质隧道开挖施工的有限元分析。结合离心模型试验，分析了不同地层损失率条件下隧道开挖施工造成的地表沉降的变化特征，探讨了初始各向异性土体非共轴特性参数对地表沉降的影响。建立的有限元数值分析模型如图 2.1-16 所示，分析得到的非共轴对地表沉降槽影响如图 2.1-17 所示，模拟结果表明沿隧道中轴线的地表最大竖向位移随非共轴影响因子 $k=1/H_t$ 的增大而增大。

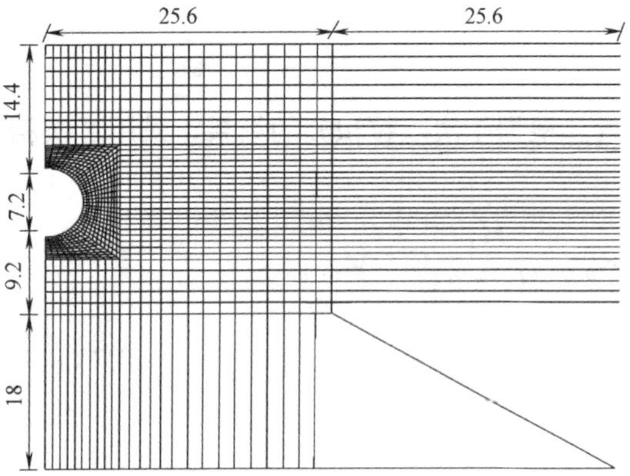

图 2.1-16　隧道模型有限元网格（m）
（袁冉等，2018）

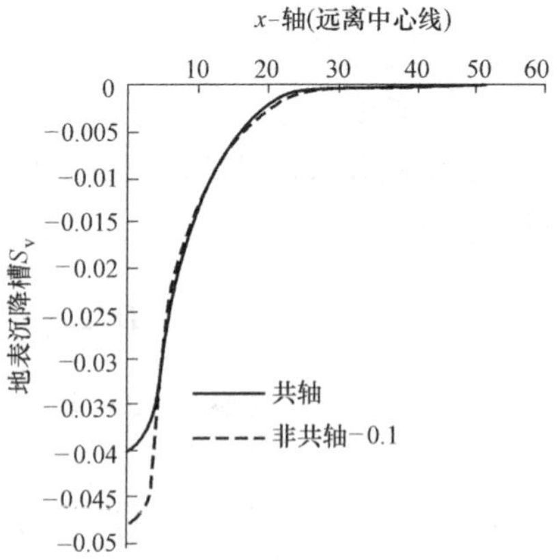

图 2.1-17　非共轴塑性对地表沉降槽的影响（m）
（袁冉等，2018）

2.2　应变局部化和渐进破坏有限元分析方法

岩土体渐进破坏过程常见于自然结构及各种人造构筑物中，在其达到塑性极限前发生的破坏通常表现为“扩散性失稳破坏”和“局部化失稳破坏”。扩散性失稳破坏时，岩土体的位移场分布几乎是均匀的，而局部化失稳破坏表现为局部塑性或损伤应变和位移场的集中。岩土材料渐进破坏过程模拟结果的可靠性对于工程问题至关重要，例如边坡、地基和隧道等的稳定性问题，天然气回收以及二氧化碳等气体储存过程引起的岩土介质变形失稳都涉及这一问题。

由于天然岩土体存在空间变异性，局部化失稳破坏比扩散性失稳破坏更常见。对于扩散性失稳破坏的分析可利用常规数值方法，而局部化失稳破坏过程的研究则更具挑战性。从材料角度来看，应变局部化通常被视为分叉问题，即在不违反平衡或相容性的情况下，非线性场方程的非均匀解成为可能条件。这种非均匀解可通过常规变形分叉理论或可控性原理进行判别。前者基于声学张量行列式的消失，而后者根据变形带内普遍存在的静力运动条件来确定即将发生的局部化变形。从全尺度数值分析角度来看，由于在应变局部化带中岩土体强度会随着应变增长而降低，在边坡渐进破坏中残余强度沿滑移面并非均匀分布，因此，通常的极限平衡法不适用于分析这种现象。另外，当岩土体发生软化时，Drucker 公式条件不再满足，极限分析法的上限和下限定理不再成立，同时基于经典的连续体模型的应变局部化有限元数值模拟通常遇到网格依赖性。网格依赖性的数学起源在于控制偏微分方程类型的转换；对于静力（动力）问题，当材料行为从硬化变为软化时，控制偏微分方程从椭圆形（双曲线形）变为双曲线形（椭圆形），导致应变解不连续分布，从而造成边值问题病态。病态边值问题网格细化时，耗散能量逐渐消失，变形局部化带厚度逐渐减小，这与实际物理现象不符。当前已有不少方法被用于克服数值模拟中网格依赖性的问题，如扩展有限元法、Cosserat 连续体模型、应变梯度塑性模型、积分型非局部模型及复合体理论。

2.2.1 扩展有限元法

为克服单元尺寸依赖性带来的困难，有一些学者则将非连续形式引入常规有限元法，然后采用假设应变有限元形式进行求解，这些方法可以分为两类：一是弱非连续有限元方法；二是强非连续有限元法。弱非连续形式的假设应变有限元法（应变场非连续）首先由 Ortiz 等（1987）提出，Belytschko 等（1988）对 Ortiz 等提出的方法作了一些修正，Leroy 和 Ortiz（1989）又进一步推广到摩擦黏性材料。Sluys 和 Berends（1998）以及 de Borst（1999）对弱非连续有限元形式给出更为准确详细的理论描述。强非连续形式的假设应变有限元法（位移场非连续）首先由 Simo 等（1993）提出，Regueiro 和 Borja（1999，2001）、Borja 和 Regueiro（2001）又进一步推广到非相关联 Drucker-Prager 模型。

1. 弱非连续有限元法

Ortiz 等（1987）提出的弱非连续有限元法假设应变局部化变形区域边缘的位移速度梯度不连续（图 2.2-1），但局部区域的位移速度仍然是连续的。

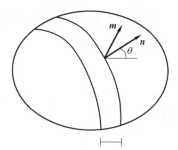

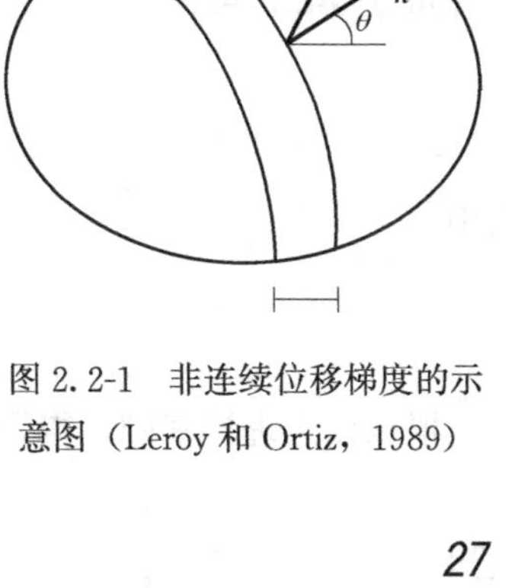

图 2.2-1 非连续位移梯度的示意图（Leroy 和 Ortiz，1989）

下面参考 Sluys 和 Berends（1998）的研究工作对弱非连续有限元形式进行介绍。具体来讲，剪切带内外区域位移速度梯度 $\dot{u}_{i,j}$ 可定义为（“+”号和“−”号代表不连续带两侧的位移速度）：

$$[\dot{u}_{i,j}]=\dot{u}_{i,j}^{+}-\dot{u}_{i,j}^{-}=\bar{\alpha}m_i n_j \neq 0 \tag{2.2-1}$$

式中 $\boldsymbol{n}$——不连续剪切带平面的法向单位向量；

$\boldsymbol{m}$——定义了不连续剪切带的变形性质；

$\bar{\alpha}$——速度跳跃参数。

剪切带方向角 θ 如图 2.2-1 所示，根据速度梯度跳跃，其跳跃值为：

$$[\dot{\varepsilon}_{ij}]=\frac{\bar{\alpha}}{2}(m_i n_j+m_j n_i) \tag{2.2-2}$$

或表示为：

$$\begin{bmatrix}\dot{\varepsilon}_{xx}\\ \dot{\varepsilon}_{yy}\\ \dot{\gamma}_{xy}\end{bmatrix}=\bar{\alpha}\begin{pmatrix}m_x\cos\theta\\ m_y\sin\theta\\ m_x\sin\theta+m_y\cos\theta\end{pmatrix}=\bar{\alpha}\boldsymbol{q} \tag{2.2-3}$$

式中 $(n_x, n_y)^{\mathrm{T}}=(\cos\theta,\sin\theta)^{\mathrm{T}}$。

可通过定义跳跃参数 $\bar{\alpha}_1$ 和 $\bar{\alpha}_2$，来确定剪切带附加应变场，其中 $\bar{\alpha}_1$ 代表了弹性区域应变的减少，而 $\bar{\alpha}_2$ 代表了非弹性区域应变的增加。带外和带内的应变率 $\dot{\varepsilon}_1$ 和 $\dot{\varepsilon}_2$ 可表示为：

$$\begin{cases}\dot{\boldsymbol{\varepsilon}}_1=\boldsymbol{L}\dot{\boldsymbol{u}}-\bar{\alpha}_1\boldsymbol{q}\\ \dot{\boldsymbol{\varepsilon}}_2=\boldsymbol{L}\dot{\boldsymbol{u}}-\bar{\alpha}_2\boldsymbol{q}\end{cases} \tag{2.2-4}$$

式中 $\boldsymbol{L}$——偏微分算子矩阵，对于平面问题可定义如下：

$$\boldsymbol{L}=\begin{bmatrix}\frac{\partial}{\partial x} & 0\\ 0 & \frac{\partial}{\partial y}\\ \frac{\partial}{\partial y} & \frac{\partial}{\partial x}\end{bmatrix} \tag{2.2-5}$$

对连续位移场进行离散，可以得到：

$$\dot{\boldsymbol{u}}=\boldsymbol{H}\dot{\boldsymbol{a}} \tag{2.2-6}$$

式中 $\boldsymbol{H}$——插值多项式矩阵；

$\dot{\boldsymbol{a}}$——节点速度。

将式（2.2-6）以及应变节点位移矩阵 $\boldsymbol{B}=\boldsymbol{L}\boldsymbol{H}$ 代入式（2.2-4），并在等式两边乘以一个标量 $\boldsymbol{q}^{\mathrm{T}}\boldsymbol{B}\dot{\boldsymbol{a}}$，可得：

$$\begin{cases}\dot{\boldsymbol{\varepsilon}}_1=\overline{\boldsymbol{B}}_1\dot{\boldsymbol{a}}\\ \dot{\boldsymbol{\varepsilon}}_2=\overline{\boldsymbol{B}}_2\dot{\boldsymbol{a}}\end{cases} \tag{2.2-7}$$

式中

$$\begin{cases}\overline{\boldsymbol{B}}_1=[1-\alpha_1\boldsymbol{q}\boldsymbol{q}^{\mathrm{T}}]\boldsymbol{B}\\ \overline{\boldsymbol{B}}_2=[1+\alpha_2\boldsymbol{q}\boldsymbol{q}^{\mathrm{T}}]\boldsymbol{B}\end{cases} \tag{2.2-8}$$

根据以上理论基础，得到弱非连续有限元法的力平衡方程为：

$$\boldsymbol{L}^{\mathrm{T}}\boldsymbol{\sigma}^{t+\Delta t}=0 \tag{2.2-9}$$

考虑计算域内存在单元既包含弹性区域 Ω_1，又包含应变局部化区域 Ω_2，则上述方程弱形式可表达为：

$$\int_{\Omega_1}\delta\dot{\boldsymbol{\varepsilon}}_1^{\mathrm{T}}\boldsymbol{D}^{\mathrm{e}}\Delta\boldsymbol{\varepsilon}_1\mathrm{d}\Omega_1+\int_{\Omega_2}\delta\dot{\boldsymbol{\varepsilon}}_2^{\mathrm{T}}(\boldsymbol{D}^{\mathrm{e}}-\boldsymbol{D}^*)\Delta\boldsymbol{\varepsilon}_2\mathrm{d}\Omega_2$$
$$=\int_S\delta\dot{\boldsymbol{u}}^{\mathrm{T}}\boldsymbol{p}^{t+\Delta t}\mathrm{d}S-\int_{\Omega_1}\delta\dot{\boldsymbol{\varepsilon}}_1^{\mathrm{T}}\boldsymbol{\sigma}_1^t\mathrm{d}\Omega_1-\int_{\Omega_2}\delta\dot{\boldsymbol{\varepsilon}}_2^{\mathrm{T}}\boldsymbol{\sigma}_2^t\mathrm{d}\Omega_2 \tag{2.2-10}$$

式中　$\boldsymbol{p}$——边界上的面力，上标 t 和 $t+\Delta t$ 分别代表前一个计算步和当前计算步；

$\boldsymbol{D}^{\mathrm{e}}$——弹性矩阵；

$\boldsymbol{D}^*$——非弹性矩阵，对于服从相关联流动法则的弹塑性理论，该矩阵可表示为：

$$\boldsymbol{D}^*=\frac{\boldsymbol{D}^{\mathrm{e}}\left\{\dfrac{\partial F}{\partial\boldsymbol{\sigma}_2}\right\}\left\{\dfrac{\partial F}{\partial\boldsymbol{\sigma}_2}\right\}^{\mathrm{T}}\boldsymbol{D}^{\mathrm{e}}}{-\dfrac{\partial F}{\partial\lambda}+\left\{\dfrac{\partial F}{\partial\boldsymbol{\sigma}_2}\right\}^{\mathrm{T}}\boldsymbol{D}^{\mathrm{e}}\left\{\dfrac{\partial F}{\partial\boldsymbol{\sigma}_2}\right\}} \tag{2.2-11}$$

式中

$$\begin{cases}\dot{\boldsymbol{\sigma}}_1=\boldsymbol{D}^{\mathrm{e}}\dot{\boldsymbol{\varepsilon}}_1\\ \dot{\boldsymbol{\sigma}}_2=[\boldsymbol{D}^{\mathrm{e}}-\boldsymbol{D}^*]\dot{\boldsymbol{\varepsilon}}_2\end{cases} \tag{2.2-12}$$

式（2.2-12）分别为带外（弹性）和带内（非弹性）力学响应。利用式（2.2-6）和式（2.2-8）可推得：

$$\boldsymbol{K}\Delta\boldsymbol{a}=\boldsymbol{f}_{\mathrm{e}}-\boldsymbol{f}_i \tag{2.2-13}$$

式中

$$\begin{cases}\boldsymbol{K}=\int_{\Omega_1}\overline{\boldsymbol{B}}_1^{\mathrm{T}}\boldsymbol{D}^{\mathrm{e}}\overline{\boldsymbol{B}}_1\mathrm{d}\Omega_1+\int_{\Omega_2}\overline{\boldsymbol{B}}_2^{\mathrm{T}}(\boldsymbol{D}^{\mathrm{e}}-\boldsymbol{D}^*)\overline{\boldsymbol{B}}_2\mathrm{d}\boldsymbol{\Omega}_2\\ \boldsymbol{f}_{\mathrm{e}}=\int_S\boldsymbol{H}^{\mathrm{T}}\boldsymbol{p}^{t+\Delta t}\mathrm{d}S\\ \boldsymbol{f}_i=\int_{\Omega_1}\overline{\boldsymbol{B}}_1^{\mathrm{T}}\boldsymbol{\sigma}_1^{\mathrm{t}}\overline{\boldsymbol{B}}_1\mathrm{d}\Omega_1-\int_{\Omega_2}\overline{\boldsymbol{B}}_2^{\mathrm{T}}\boldsymbol{\sigma}_2^{\mathrm{t}}\overline{\boldsymbol{B}}_2\mathrm{d}\Omega_2\end{cases} \tag{2.2-14}$$

通过上述方程建立了弹塑性弱非连续有限元正则化方法，需要注意的是，在该理论中，还需要引入一个独立材料参数 l 来限制剪切带的宽度。Sluys 和 Berends（1998）的研究结果表明弱非连续有限元法能起到很好的正则化效果，得出与网格无关的客观数值解。然而，弱非连续有限元方法并没有真正地引入剪切带材料的力学性质，且现有的文献均未采用更加真实的岩土材料本构模型。

2. 强非连续有限元方法

与弱非连续有限元法思路类似，强非连续有限元方法假设剪切带宽度为零，且剪切带两侧位移（而非位移速度）呈现不连续分布（图 2.2-2），不连续位移场可表示为：

$$\boldsymbol{u}(x,t)=\overline{\boldsymbol{u}}(x,t)+[\boldsymbol{u}(t)]H_{\varphi}(x) \tag{2.2-15}$$

式中，第一项为连续位移场，第二项为不连续位移场，其中 $[\boldsymbol{u}(t)]$ 可表示为 $[\boldsymbol{u}]=\boldsymbol{u}^+-\boldsymbol{u}^-=\zeta m$，为穿越不连续面时的位移跳跃，$m$ 为指定跳跃方向的单位向量，$H_{\varphi}(x)$ 由下式给出：

$$H_{\varphi}(x)H_{\varphi}(x)=\begin{cases}1 & x\in\Omega_+\\ 0 & x\in\Omega_-\end{cases} \tag{2.2-16}$$

根据上式，应变向量可以表达为：

$$\boldsymbol{\varepsilon}=\nabla^{s}\boldsymbol{u}=\underbrace{\nabla^{s}\overline{\boldsymbol{u}}}_{regular}+\underbrace{([\boldsymbol{u}]\otimes\boldsymbol{n})^{s}\delta_{\varphi}}_{singular}=\underbrace{\nabla^{s}\boldsymbol{u}}_{compatible}+\underbrace{\tilde{\boldsymbol{\varepsilon}}}_{enhanced} \tag{2.2-17}$$

式中 $\boldsymbol{n}$——垂直于不连续面 φ 的法向单位向量，如图 2.2-2 所示；

δ_{φ}——不连续面 φ 上的 Dirac-delta 函数，即$\nabla H_{\varphi}=\boldsymbol{n}\delta_{\varphi}$，$\nabla^{s}(\cdot)=\frac{1}{2}\left(\frac{\partial}{\partial x_j}+\frac{\partial}{\partial x_i}\right)$。

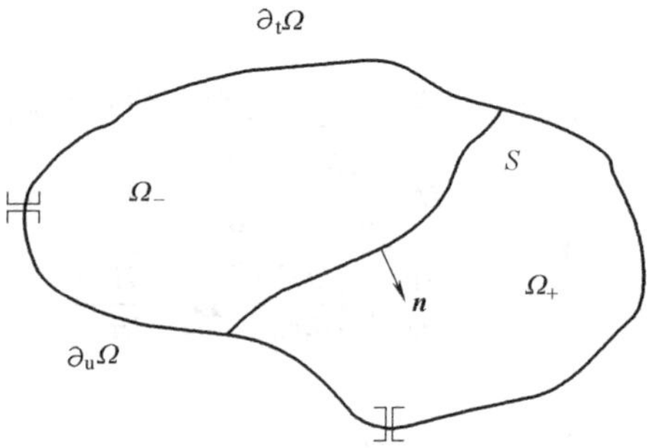

图 2.2-2 强非连续理论示意图（Regueiro 和 Borja，1999）

在强非连续有限元方法中，不连续面以外的区域处于弹性变形，而在不连续面上则呈现非弹性力学响应。在非弹性变形过程中，强非连续有限元方法的控制方程为：

$$\begin{cases}\nabla\boldsymbol{\sigma}+b=0 & \text{in}\Omega\\ \boldsymbol{\sigma}\boldsymbol{v}=t & \text{on }\partial_t\Omega\\ \boldsymbol{u}=\boldsymbol{g} & \text{on }\partial_u\Omega\end{cases} \tag{2.2-18}$$

$$[\boldsymbol{\sigma}]\boldsymbol{n}=[\boldsymbol{t}_{\varphi}]\text{across}\varphi \tag{2.2-19}$$

式中 b——体力；

$\boldsymbol{v}$——垂直于$\partial_t\Omega$ 的法向单位向量；

$\boldsymbol{n}$——垂直于 φ 的法向向量；

t——面力；

$\boldsymbol{g}$——边界位移。

可以注意到，式（2.2-18）为标准弹塑性有限元法的控制方程，而式（2.2-19）为一个不连续面上的附加力平衡方程。通过利用变分方法以及式（2.2-17），上述式子可以写成以下控制方程组：

$$\begin{cases}\int_{\Omega}\nabla^{s}(\delta\boldsymbol{u}):\boldsymbol{\sigma}\,\mathrm{d}\Omega=\int_{\Omega}\delta\boldsymbol{u}\cdot b\,\mathrm{d}\Omega+\int_{\partial_t\Omega}\delta\boldsymbol{u}\cdot t\,\mathrm{d}\Gamma\\ \int_{\Omega}\delta\boldsymbol{\sigma}:\tilde{\boldsymbol{\varepsilon}}\,\mathrm{d}\Omega=\int_{\Omega}\boldsymbol{\sigma}:\delta\tilde{\boldsymbol{\varepsilon}}\,\mathrm{d}\Omega=\int_{\Omega}\delta\tilde{\boldsymbol{\varepsilon}}\,\mathrm{d}\Omega=0\end{cases} \tag{2.2-20}$$

进一步地，可表示为：

$$\begin{cases}\int_{\Omega}\nabla^{s}\overline{\boldsymbol{\eta}}:\boldsymbol{\sigma}\,\mathrm{d}\Omega=\int_{\Omega}\overline{\boldsymbol{\eta}}\cdot b\,\mathrm{d}\Omega+\int_{\partial_t\Omega}\overline{\boldsymbol{\eta}}\cdot t\,\mathrm{d}\Gamma\\ \int_{\Omega_{loc}}\tilde{\gamma}\,\mathrm{d}\Omega=0\end{cases} \tag{2.2-21}$$

式中 $\overline{\boldsymbol{\eta}}=\delta\,\overline{\boldsymbol{u}}$，并且 $\tilde{\gamma}=\delta\,\tilde{\boldsymbol{\varepsilon}}=-\eta\frac{l_{\varphi}}{A}(\boldsymbol{m}\otimes\boldsymbol{n})^{s}+\eta(\boldsymbol{m}\otimes\boldsymbol{n})^{s}\delta_{\varphi}$；

Ω——代表整个计算域；

Ω_{loc}——变形局部化的单元区域；

l_{φ}——单元滑移线的长度；

A——单元面积；

$\boldsymbol{m}$——定义了不连续剪切带的变形性质（与弱非连续有限元法类似）；

$\boldsymbol{\eta}$——$\boldsymbol{m}$ 与大主应力方向的夹角。

对于给定单元 e，非线性有限元方程可以表示为如下残差形式：

$$\begin{cases} r_{e}=\int_{\Omega_{e}}\boldsymbol{B}_{e}^{T}\boldsymbol{\sigma}\,d\Omega-\int_{\Omega_{e}}\boldsymbol{N}_{e}^{T}b\,d\Omega-\int_{\partial_{t}\Omega_{e}}\boldsymbol{N}_{e}^{T}t\,d\Gamma \\ b_{e}=\dfrac{1}{A_{e}}\int_{\Omega_{loc,e}}\boldsymbol{F}_{e}^{T}\boldsymbol{\sigma}\,d\Omega-(q_{\varphi_{e}}+\boldsymbol{n}_{e}\cdot\boldsymbol{m}_{e}p_{\varphi_{e}})=0 \end{cases} \tag{2.2-22}$$

式中　q_{φ_e}、p_{φ_e}——剪切带区域单元内的偏应力和球应力。

通过对上述各式线性化处理，可得：

$$\begin{cases} -r_{e}=\boldsymbol{K}_{dd}^{e}\Delta\boldsymbol{d}_{e}+\boldsymbol{K}_{d\zeta}^{e}\Delta\zeta_{e} \\ -b_{e}=(\boldsymbol{K}_{\zeta d}^{e}+\boldsymbol{K}_{d}^{e})\Delta\boldsymbol{d}_{e}+(K_{\zeta\zeta}^{e}+K_{\zeta}^{e})\Delta\zeta_{e} \end{cases} \tag{2.2-23}$$

式中

$$\begin{cases} \boldsymbol{K}_{dd}^{e}=\int_{\Omega_{e}}\boldsymbol{B}_{e}^{T}\dfrac{\partial\boldsymbol{\sigma}}{\partial\boldsymbol{\varepsilon}}\boldsymbol{B}_{e}\,d\Omega \\ \boldsymbol{K}_{d\zeta}^{e}=-\int_{\Omega_{e}}\boldsymbol{B}_{e}^{T}\dfrac{\partial\boldsymbol{\sigma}}{\partial\boldsymbol{\varepsilon}}\boldsymbol{G}_{e}\,d\Omega \\ \boldsymbol{K}_{\zeta d}^{e}=\dfrac{1}{\boldsymbol{A}_{e}}\int_{\Omega_{e,loc}}\boldsymbol{F}_{e}^{T}\dfrac{\partial\hat{\boldsymbol{\sigma}}}{\partial\boldsymbol{\varepsilon}}\boldsymbol{B}_{e}\,d\Omega \\ \boldsymbol{K}_{d}^{e}=-\boldsymbol{K}_{\zeta d}^{e} \\ \boldsymbol{K}_{\zeta\zeta}^{e}=-\dfrac{1}{A_{e}}\int_{\Omega_{e,loc}}\boldsymbol{F}_{e}^{T}\dfrac{\partial\hat{\boldsymbol{\sigma}}}{\partial\boldsymbol{\varepsilon}}\boldsymbol{G}_{e}\,d\Omega \\ \boldsymbol{K}_{\zeta}^{e}=-\dfrac{h\delta_{\varphi}}{3-b^{2}},\quad h=-\dfrac{\partial f}{\partial\lambda} \end{cases} \tag{2.2-24}$$

在岩土工程的应用方面，Regueiro 和 Borja（1999）通过将上述包含位移不连续的强非连续有限元方法以及应变软化 Drucker-Prager 模型相结合，提出了可行的渐进失稳破坏数值模拟方法，结果显示网格敏感性能够被消除。但强非连续有限元法剪切带宽度为零的假设与砂土试验相悖，从土力学的角度来看，弱非连续有限元法可能更加合理些。

2.2.2 Cosserat 连续体模型

Cosserat 连续体理论又被称为偶应力理论或微极理论。该理论认为常规连续体力学中的应力应变不足以描述散粒体材料的力学特性，需要引入旋转自由度和偶应力。以平面应变问题为例，微极固体中的每个材料点具备三个自由度，即：

$$\boldsymbol{u}=(u_{x},u_{y},\omega_{z}) \tag{2.2-25}$$

式中　u_x、u_y、ω_z——两个平移自由度及旋转自由度。

de Borst 和 Sluys（1991）、de Borst（1993）基于 von-Mises 屈服准则提出了 Cosserat

连续体增强模型，通过有限元数值算例论证了 Cosserat 理论能够消除网格敏感性，如图 2.2-3 所示。在岩土工程的应用方面，李锡夔和唐洪祥（2005）推导了非关联 Drucker-Prager 屈服准则下的弹塑性 Cosserat 连续体公式，并推导出压力相关弹塑性 Cosserat 连续体本构模型的一致性算法。数值模拟分析结果表明他们所提出的模型在岩土工程数值模拟应用中能够成功消除网格敏感性，如图 2.2-4 和图 2.2-5 所示。

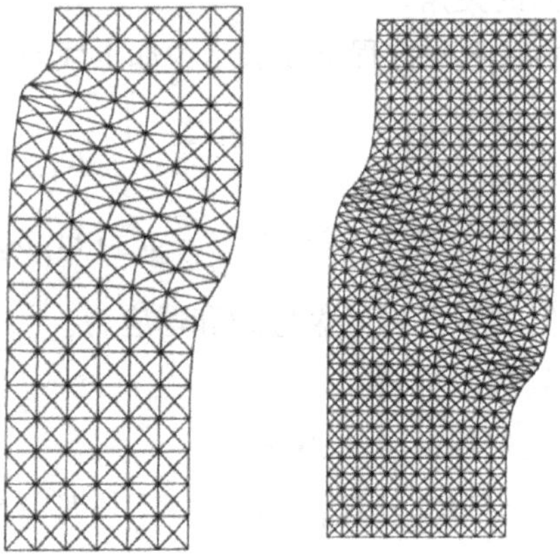

(a) (b)

图 2.2-3　平面应变双轴试验变形模式计算结果（de Borst，1993）

（a）疏网格；（b）密网格

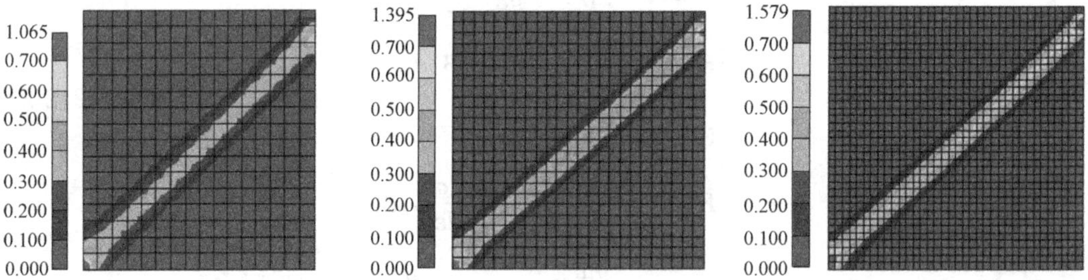

(a) (b) (c)

图 2.2-4　平面应变加载试验等效塑性应变计算结果（李锡夔和唐洪祥，2005）

（a）256 网格；（b）576 网格；（c）1296 网格

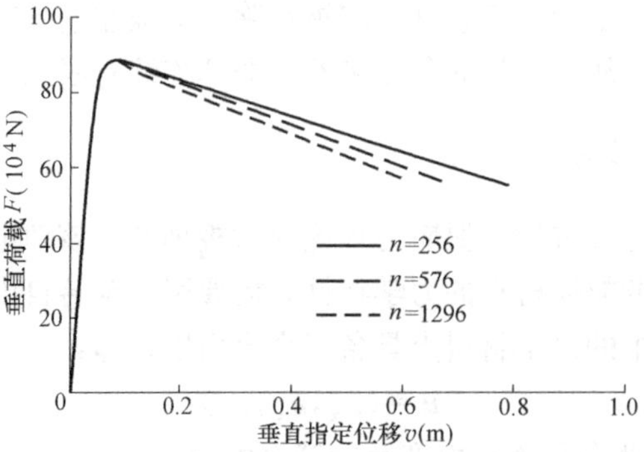

图 2.2-5　平面应变加载试验力学响应计算结果（李锡夔和唐洪祥，2005）

唐洪祥等（2019）进一步将该模型扩展到各向异性黏性土应变局部化模拟分析中，验证了 Cosserat 连续体的正则化能力。并通过对平面压缩问题和挡土墙被动破坏问题两个算例模拟，阐明了承载力极限值与黏聚力各向异性程度间的密切联系。竖向黏聚力与水平向黏聚力发挥程度与土体主要承受的加载方向关系密切，当土体主要以承受竖向压力为主时，竖向黏聚力发挥的权重较大；当土体主要以承受水平向压力为主时，水平向黏聚力发挥的权重较大。

这些研究开拓了 Cosserat 理论在岩土工程中的应用前景。但需要指出的是，Cosserat 模型在受到纯拉荷载作用下，偶应力项不能发挥作用，所以受拉失效时无法起到正则化效果。

2.2.3 应变梯度塑性模型

应变梯度弹性理论认为理想的连续介质体是不存在的，现实中的物质都是由微观胞元组成，这些胞元不仅会有宏观位移和变形，而且会发生微观变形与错位。因此，物体的应变能不仅依赖于应变张量，而且也应是应变梯度的函数。有关文献的研究表明（Aifantis，1987；Muhlhaus 和 Aifantis，1991；de Borst 和 Muhlhaus，1992；de Borst 和 Pamin，1996）在屈服函数中引入硬化参数（通常是等效塑性应变）的二阶梯度，可以起到正则化控制方程和消除网格敏感性的作用。这类理论的屈服函数表达式可写为：

$$F(\boldsymbol{\sigma},\bar{\kappa})=\sigma_{\mathrm{e}}(\boldsymbol{\sigma})-\sigma_{\mathrm{y}}(\bar{\kappa}) \tag{2.2-26}$$

式中 $\boldsymbol{\sigma}$——当前应力张量；

σ_{e}——等效应力；

σ_{y}——应力强度；

$\bar{\kappa}$——非局部硬化参数，其表达式可写为：

$$\bar{\kappa}=\kappa+g(l)\nabla^2\kappa \tag{2.2-27}$$

式中 l——内部尺寸参数；

κ——局部硬化参数。

在岩土工程的应用方面，杜修力等（2012）基于有限元自动生成系统（FEPG），开发了使用梯度塑性理论的有限元程序，提出带阻尼因子的有限元算法，避免了广泛使用的应力返回算法中的应力拉回运算，计算结果验证了模型的正则化能力。

采用显式梯度理论的特点是梯度塑性中的等效硬化参数可以直接计算，但由于需计算硬化参数的高阶梯度，因而塑性乘子形函数的构造需要采用 C_1 连续的双变量场插值，故高阶形函数的构造在数值实现上是十分困难的。当然，也可以采用 C_0 连续的三变量场插值来实现，但这种方法又增加了自由度个数。此外，显式梯度塑性模型的一致条件只能定义在塑性区域，并不能延伸到弹性区域，所以塑性乘子的离散化区域和边界条件在计算过程中是变化的，这也增加了数值实现的难度。

为了克服显式梯度理论的缺点，隐式梯度理论得以提出。隐式梯度方法使用非局部正值微变量的高阶梯度，该变量通过假定的 Helmholtz 偏微分方程在适当的边界条件下与局部内变量（例如，等效塑性剪切应变）耦合（Engelen 等，2003），可表达为：

$$\bar{\kappa}-g(l)\nabla^2\bar{\kappa}=\kappa \tag{2.2-28}$$

这样塑性梯度模型的一致性条件可以定义在弹性区域和塑性区域中，这样塑性乘子的离散化就可以定义在整个域中，不需要每一步随着塑性区域变化而更改。其次，在式(2.2-28)中也没有引入硬化参数的高阶梯度，故可以采用 C_0 连续的两变量场离散。

以隐式应变梯度理论为例，连续体内部的控制方程为：

$$\begin{cases}\nabla\boldsymbol{\sigma}+b=0 & \text{in } B\\ \boldsymbol{\sigma}\cdot\boldsymbol{n}=\bar{\boldsymbol{t}} & \text{on } S\end{cases}\tag{2.2-29}$$

$$\begin{cases}\bar{\kappa}-\kappa=g(l)\nabla^2\bar{\kappa} & \text{in } B\\ \nabla\bar{\kappa}\cdot\boldsymbol{n}=\bar{T} & \text{on } S\end{cases}\tag{2.2-30}$$

式中 $\boldsymbol{n}$——边界法向单位向量；

b——体力。

忽略体力，通过引入在边界处消失的权函数 $\boldsymbol{\omega}$ 和 $\tilde{\boldsymbol{\omega}}$，这两个控制方程的弱形式可以写为：

$$\int_{S_t}(\boldsymbol{\omega})^{\mathrm{T}}\bar{\boldsymbol{t}}\,\mathrm{d}a=\int_B(\nabla\omega)^{\mathrm{T}}\boldsymbol{\sigma}\,\mathrm{d}v\tag{2.2-31}$$

$$\int_{S_T}(\tilde{\boldsymbol{\omega}})^{\mathrm{T}}\bar{T}\,\mathrm{d}a=\int_B(\nabla\tilde{\boldsymbol{\omega}})^{\mathrm{T}}\tilde{h}\cdot g(l)\,\nabla\bar{\kappa}\,\mathrm{d}v-\int_B(\tilde{\boldsymbol{\omega}})^{\mathrm{T}}\tilde{h}(\bar{\kappa}-\kappa)\,\mathrm{d}v\tag{2.2-32}$$

仅考虑平面应变条件，位移和非局部正值微变量的求解通过以下方式在每个单元内插值：

$$\boldsymbol{u}=\boldsymbol{N}^{\mathrm{T}}\boldsymbol{u}^{\mathrm{A}}\tag{2.2-33}$$

$$\bar{\kappa}=\boldsymbol{N}^{\mathrm{T}}\bar{\kappa}^{\mathrm{A}}\tag{2.2-34}$$

式中 A——单元节点编号，$\boldsymbol{u}^{\mathrm{A}}$ 和 $\bar{\kappa}^{\mathrm{A}}$ 分别表示节点位移和非局部正值微变量；

$\boldsymbol{N}^{\mathrm{T}}$——形状函数。

考虑利用等参单元，式（2.2-31）和式（2.2-32）可以转换为：

$$\int_S\boldsymbol{N}_{\mathrm{u}}{}^{\mathrm{T}}\bar{\boldsymbol{t}}\,\mathrm{d}a=\int_B\boldsymbol{G}_{\mathrm{u}}{}^{\mathrm{T}}\boldsymbol{\sigma}\,\mathrm{d}v\tag{2.2-35}$$

$$\int_S\boldsymbol{N}_{\xi}{}^{\mathrm{T}}T\,\mathrm{d}a=\int_B\boldsymbol{G}_{\xi}{}^{\mathrm{T}}\tilde{h}\cdot g(l)\boldsymbol{G}_{\xi}{}^{\mathrm{T}}\bar{\kappa}\,\mathrm{d}v+\int_B\boldsymbol{N}_{\xi}{}^{\mathrm{T}}\tilde{h}(\bar{\kappa}-\kappa)\,\mathrm{d}v\tag{2.2-36}$$

为了求得刚度矩阵，进一步可将上式转换为：

$$\int_B\boldsymbol{G}_{\mathrm{u}}{}^{\mathrm{T}}\frac{\partial\boldsymbol{\sigma}}{\partial\boldsymbol{\varepsilon}}\boldsymbol{G}_{\mathrm{u}}\mathrm{d}v\delta\boldsymbol{u}+\int_B\boldsymbol{G}_{\mathrm{u}}{}^{\mathrm{T}}\frac{\partial\boldsymbol{\sigma}}{\partial\bar{\boldsymbol{\kappa}}}\boldsymbol{N}_{\xi}\mathrm{d}v\delta\bar{\kappa}=0\tag{2.2-37}$$

$$\int_B\boldsymbol{N}_{\xi}{}^{\mathrm{T}}\left(-\tilde{h}\frac{\partial\boldsymbol{\kappa}}{\partial\boldsymbol{\varepsilon}}\right)\boldsymbol{G}_{\mathrm{u}}\mathrm{d}v\delta\boldsymbol{u}+\int_B\boldsymbol{N}_{\xi}{}^{\mathrm{T}}\tilde{h}\left(1-\frac{\partial\boldsymbol{\kappa}}{\partial\bar{\boldsymbol{\kappa}}}\right)\boldsymbol{N}_{\xi}\mathrm{d}v\delta\bar{\kappa}+\int_B\boldsymbol{G}_{\xi}{}^{\mathrm{T}}\tilde{h}\cdot g(l)\boldsymbol{G}_{\xi}\mathrm{d}v\delta\bar{\kappa}=0\tag{2.2-38}$$

根据上述推导，可以得到以下数值残差：

$$\{\boldsymbol{w}^{\mathrm{T}}\quad\tilde{\boldsymbol{\omega}}^{\mathrm{T}}\}\left(\begin{bmatrix}\boldsymbol{K}_{\mathrm{uu}} & \boldsymbol{K}_{\mathrm{u}\xi}\\ \boldsymbol{K}_{\xi\mathrm{u}} & \boldsymbol{K}_{\xi\xi}\end{bmatrix}\begin{Bmatrix}\boldsymbol{u}\\ \bar{\boldsymbol{\kappa}}\end{Bmatrix}-\begin{Bmatrix}\boldsymbol{r}_{\mathrm{u}}\\ \boldsymbol{r}_{\xi}\end{Bmatrix}\right)=0\tag{2.2-39}$$

式中

$$\begin{cases}\boldsymbol{K}_{\mathbf{uu}}=\int_B\boldsymbol{G}_{\mathrm{u}}{}^{\mathrm{T}}\dfrac{\partial\boldsymbol{\sigma}}{\partial\boldsymbol{\varepsilon}}\boldsymbol{G}_{\mathrm{u}}\mathrm{d}v\\ \boldsymbol{K}_{\mathbf{u}\xi}=\int_B\boldsymbol{G}_{\mathrm{u}}{}^{\mathrm{T}}\dfrac{\partial\boldsymbol{\sigma}}{\partial\bar{\boldsymbol{\kappa}}}\boldsymbol{N}_{\xi}\mathrm{d}v\\ \boldsymbol{K}_{\xi\mathbf{u}}=\int_B\boldsymbol{N}_{\xi}{}^{\mathrm{T}}\left(-\tilde{h}\dfrac{\partial\boldsymbol{\kappa}}{\partial\boldsymbol{\varepsilon}}\right)\boldsymbol{G}_{\mathrm{u}}\mathrm{d}v\\ \boldsymbol{K}_{\xi\xi}=\int_B\boldsymbol{N}_{\xi}{}^{\mathrm{T}}\left(-\tilde{h}\dfrac{\partial\boldsymbol{\kappa}}{\partial\boldsymbol{\varepsilon}}\right)\boldsymbol{N}_{\xi}\mathrm{d}v+\int_B\boldsymbol{G}_{\xi}{}^{\mathrm{T}}\tilde{h}\cdot g(l)\boldsymbol{G}_{\xi}\mathrm{d}v\end{cases}\tag{2.2-40}$$

上述有限元框架目前已被用于损伤模型以及应变软化塑性模型中，并可与网格自适应框架结合以正则化病态边值问题。对于隐式梯度理论而言，由于通过 Helmholtz 偏微分方程获得的非局部正值微变量与整个域内局部状态变量的大小有关，抑或具有长距离交互作用。因此，这种模型具备较强的非局部性，亦被称为与下一节积分型非局部理论类似的梯度型非局部理论。

在岩土工程领域，已经提出一些包含脆性（或准脆性）摩擦材料（例如混凝土和岩石）渐进破坏隐式梯度数值模拟方法。Lü 等（2020）提出一种压力相关的软化梯度塑性模型及其数值算法，模拟到了土体中的应变局部化现象，并成功克服了计算结果的网格敏感性。他们将广义微态（Micromorphic）热力学理论扩展至包括岩土材料压力依赖性的情形，并从物理意义角度推导了隐式梯度理论的 Helmholtz 偏微分方程，利用双曲屈服函数及塑性势建立了正则化的非相关联塑性流动本构模型。在该模型中，屈服函数和非相关联塑性势分别为：

$$F=\sqrt{q^2+l_0^2}-(c+p\cdot\tan\varphi)-H\kappa-\widetilde{h}(\kappa-\xi) \tag{2.2-41}$$

$$Q=\sqrt{q^2+l_0^2}-(c+p\cdot\tan\Psi)-H\kappa-\widetilde{h}(\kappa-\xi) \tag{2.2-42}$$

式中 $q=\sqrt{3s_{ij}s_{ij}/2}$——等效切应力，$s_{ij}=\sigma_{ij}-\delta_{ij}\sigma_{kk}/3$ 为偏应力，$p=\sigma_{kk}/3$ 为平均应力；

c——土体黏聚力；

φ、Ψ——内摩擦角和剪胀角；

κ——在模型中为等效塑性应变。

在数值实现方面，编写了本构应力回射算法，模型中的未知量 $\boldsymbol{x}$ 及残余向量 $\boldsymbol{r}$ 可由下式给出：

$$\boldsymbol{x}=\begin{Bmatrix}\sigma_{ij}\\ \overline{\chi}\\ \kappa^{\mathrm{p}}\\ \Delta\lambda\end{Bmatrix}\quad \boldsymbol{r}=\begin{Bmatrix}r_1\\ r_2\\ r_3\\ r_4\end{Bmatrix}=\begin{Bmatrix}\varepsilon_{ij}^{\mathrm{e}}-\varepsilon_{ij}^{\mathrm{e,tr}}+\Delta\varepsilon_{ij}^{\mathrm{p}}(\sigma,\chi,\Delta\lambda)\\ \overline{\chi}-\overline{\chi}^{\mathrm{tr}}-(\kappa-\kappa^n)\\ \kappa-\kappa^n-\Delta\kappa(\sigma,\chi,\Delta\lambda)\\ F(\sigma,\chi,\Delta\lambda)\end{Bmatrix} \tag{2.2-43}$$

式中 $\overline{\chi}=\kappa-\overline{\kappa}$；

κ^n——上一计算步收敛的等效塑性剪应变；

上标 tr——代表试变量。

通过对残差进行线性化，可以获得：

$$\begin{cases}\left(\boldsymbol{C}^{\mathrm{e}}+\dfrac{\partial\Delta\boldsymbol{\varepsilon}^{\mathrm{p}}}{\partial\boldsymbol{\sigma}}\right)\mathrm{d}\boldsymbol{\sigma}+\dfrac{\partial\Delta\boldsymbol{\varepsilon}^{\mathrm{p}}}{\partial\overline{\chi}}\mathrm{d}\overline{\chi}+\dfrac{\partial\Delta\boldsymbol{\varepsilon}^{\mathrm{p}}}{\partial\Delta\lambda}\mathrm{d}\Delta\lambda=\mathrm{d}\boldsymbol{\varepsilon}\\ \mathrm{d}\overline{\chi}-\mathrm{d}\kappa=\mathrm{d}\overline{\chi}^{\mathrm{tr}}=-\mathrm{d}\xi\\ -\dfrac{\partial\Delta\kappa}{\partial\boldsymbol{\sigma}}\mathrm{d}\sigma_{kl}-\dfrac{\partial\Delta\kappa}{\partial\overline{\chi}}\mathrm{d}\overline{\chi}+\mathrm{d}\kappa-\dfrac{\partial\Delta\kappa}{\partial\Delta\lambda}\mathrm{d}\Delta\lambda=0\\ \dfrac{\partial F}{\partial\boldsymbol{\sigma}}\mathrm{d}\boldsymbol{\sigma}+\dfrac{\partial F}{\partial\overline{\chi}}\mathrm{d}\overline{\chi}+\dfrac{\partial F}{\partial\kappa}\mathrm{d}\kappa+\dfrac{\partial F}{\partial\Delta\lambda}\mathrm{d}\Delta\lambda=0\end{cases} \tag{2.2-44}$$

式中　C^{e}——弹性矩阵。

矩阵形式可以写为：

$$[\boldsymbol{J}]\{\boldsymbol{x}\}=\{\widetilde{\boldsymbol{\varepsilon}}\} \tag{2.2-45}$$

式中　$\{\widetilde{\boldsymbol{\varepsilon}}\}=\{\mathrm{d}\boldsymbol{\varepsilon},-\mathrm{d}\bar{\kappa},0,0\}^{\mathrm{T}}$

$[\boldsymbol{J}]$——残余向量 $\boldsymbol{r}$ 的雅可比矩阵，由下式得出：

$$[\boldsymbol{J}]=\begin{bmatrix} \left(\boldsymbol{C}^{e}+\dfrac{\partial\Delta\boldsymbol{\varepsilon}^{p}}{\partial\boldsymbol{\sigma}}\right) & \dfrac{\partial\Delta\boldsymbol{\varepsilon}^{p}}{\partial\bar{\chi}} & 0 & \dfrac{\partial\Delta\boldsymbol{\varepsilon}^{p}}{\partial\Delta\lambda} \\ 0 & 1 & -1 & 0 \\ -\dfrac{\partial\Delta\kappa}{\partial\boldsymbol{\sigma}} & -\dfrac{\partial\Delta\kappa}{\partial\bar{\chi}} & 1 & -\dfrac{\partial\Delta\kappa}{\partial\Delta\lambda} \\ \dfrac{\partial F}{\partial\boldsymbol{\sigma}} & \dfrac{\partial F}{\partial\bar{\chi}} & \dfrac{\partial F}{\partial\kappa} & \dfrac{\partial F}{\partial\Delta\lambda} \end{bmatrix} \tag{2.2-46}$$

根据以上算法，采用耗散能量分析验证了模型的正则化效果，如图 2.2-6 所示。进一步地，该模型被应用到地基承载力分析中，研究结果表明：相对于理想弹塑性模型，软化模型得到的破坏范围更接近于基础，如图 2.2-7 所示。在地表变形方面，土体软化导致基础附近有更大的竖向隆起和水平位移，但地表变形影响范围较小；极限承载力演化方面，理想弹塑性模型得到的极限承载力大于软化条件下的值，如图 2.2-8 所示。

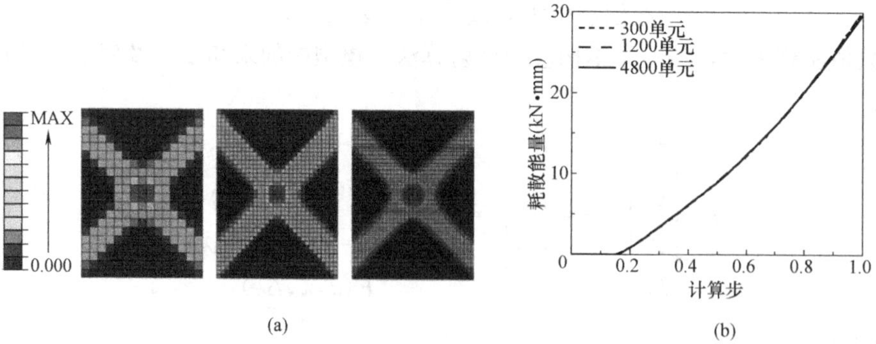

图 2.2-6　单轴压缩试验耗散能量分析（Lü 等，2020）

（a）不同网格划分耗散能量云图；（b）耗散能量历史

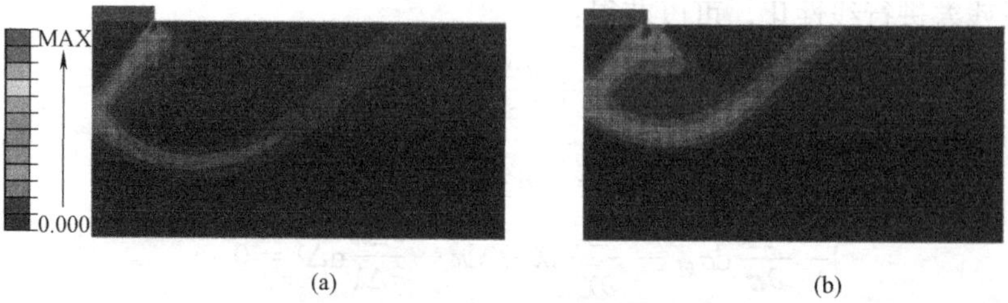

图 2.2-7　条形基础地基承载力分析数值模拟（Lü 等，2020）

（a）理想弹塑性模型；（b）梯度塑性软化模型

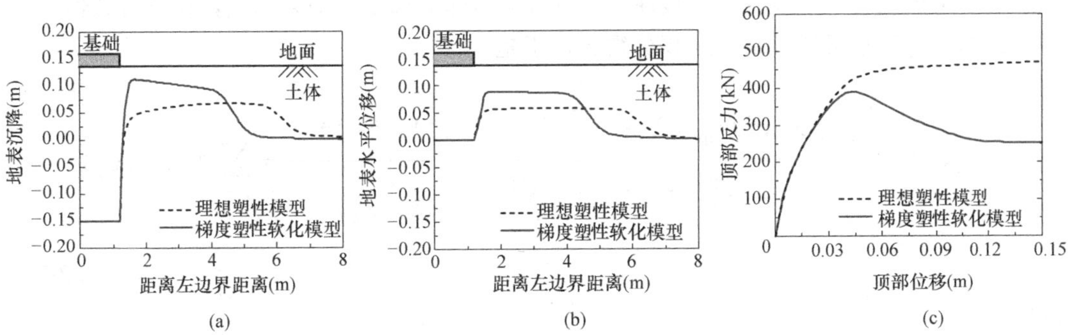

图 2.2-8　条形基础地基力学响应（Lü 等，2020）

(a) 地表竖向变形；(b) 地表水平变形；(c) 极限承载力变化曲线

2.2.4　积分型非局部模型

非局部理论的提出可以追溯到 19 世纪，该理论认为一个材料点的力学性质不仅与该点本身力学状态相关，还应与其邻域内的状态有关。起初，该模型并非用来模拟软化和应变局部化现象，而是为了描述断裂力学中弹塑性体裂纹尖端应力场中的非局部效应。早期大多数非局部模型都是将弹性应变张量、应变张量、塑性应变张量或塑性乘子等作为非局部量，屈服函数或一致性条件方程中的变量都是局部量。每个荷载步中，塑性乘子增量可在各高斯积分点独立求解，然后再计算非局部量，数值计算过程比较简单，只需将原有的本构积分迭代算法稍做修改即可起到正则化的效果。

Bažant 等（1976）最早将非局部理论用于损伤应变局部化模拟，结果表明能克服数值模拟的网格敏感性。然而非局部理论对于塑性软化问题却并不适用，需采用过非局部（over-nonlocal）模型才能起到完全正则化的效果。Vermeer 和 Brinkgreve（1994）提出采用过非局部修正解决了这一问题。Strömberg 和 Ristinmaa（1996）将修正后的非局部理论用于双轴应变局部化问题的有限元数值模拟。Luzio 和 Bažant（2005）通过波的传播特性分析表明，只有采用过非局部理论时，波才能在软化材料中保持传播和耗散特性。

此类模型将硬化参数视作非局部量，并将非局部量和原来的局部量再做一次线性组合，该表达式为：

$$\hat{\kappa}(\boldsymbol{x})=(1-m)\kappa(\boldsymbol{x})+m\int_V \alpha(\boldsymbol{x},\xi)\kappa(\xi)\mathrm{d}\xi \tag{2.2-47}$$

式中　$\hat{\kappa}$——过非局部变量；

κ——局部变量；

V——整个空间区域；

$\alpha(\boldsymbol{x},\boldsymbol{\xi})$——平均函数，它是一个包含了特征长度并对称于 x 的正的函数，表示为

$$\alpha(\boldsymbol{x},\boldsymbol{\xi})=\frac{\alpha_\infty(\boldsymbol{x},\boldsymbol{\xi})}{\int_V \alpha_\infty(\boldsymbol{x},\boldsymbol{\xi})\mathrm{d}V} \tag{2.2-48}$$

式中　$\alpha_\infty(\boldsymbol{x},\boldsymbol{\xi})$ 可选为多种形式，如可采用双线性指数函数形式

$$\alpha_\infty(\boldsymbol{x},\boldsymbol{\xi})=\mathrm{e}^{\frac{-|\boldsymbol{\xi}-\boldsymbol{x}|}{l}} \tag{2.2-49}$$

对于土体而言，一般将广义塑性剪应变视为过非局部量，即 $\bar{\kappa}=\hat{\varepsilon}_{ep}$，在进行数值计算时，过非局部变量可通过 Gauss 积分得到，于是

$$\hat{\varepsilon}_{ep}^{m}(\boldsymbol{x}_p)=\frac{\int_V \alpha_m(\boldsymbol{x}_p,\boldsymbol{\xi})\varepsilon_{ep}(\boldsymbol{\xi})d\xi}{\int_V \alpha_m(\boldsymbol{x}_p,\boldsymbol{\xi})d\eta}=\frac{\sum_{q=1}^{N_{GP}} w_q\alpha_m(\boldsymbol{x}_p,\boldsymbol{x}_q)\varepsilon_{ep}(\boldsymbol{x}_q)}{\sum_{k=1}^{N_{GP}} w_k\alpha_m(\boldsymbol{x}_p,\boldsymbol{x}_q)}=\sum_{q=1}^{N_{GP}} A_{pq}\varepsilon_{ep}(\boldsymbol{x}_q) \tag{2.2-50}$$

式中

$$A_{pq}=\frac{w_q\alpha_m(\boldsymbol{x}_p,\boldsymbol{x}_q)}{\sum_{k=1}^{N_{GP}} w_k\alpha_m(\boldsymbol{x}_p,\boldsymbol{x}_q)} \tag{2.2-51}$$

非局部模型软化塑性中，只需将屈服函数中局部形式的内变量替换为非局部量即可。基于 J_2 各向同性硬化（或软化）的非局部塑性模型为：

$$F(\boldsymbol{\sigma},\kappa)=\sigma_e-(\sigma_y+H\hat{\varepsilon}_{ep}^{m})=0 \tag{2.2-52}$$

在计算过程中，非局部等效塑性应变 $\hat{\varepsilon}_{ep}^{m}$ 通过如下非局部塑性乘积因子进行更新：

$$\Delta\hat{\lambda}_m(\boldsymbol{x}_p)=\sum_{q=1}^{N_{GP}} A_{pq}\Delta\lambda(\boldsymbol{x}_q) \tag{2.2-53}$$

由于式（2.2-50）是一个空间积分，使得非局部理论的应力更新不再像局部理论一样是各个 Gauss 积分点独立进行的，而是将塑性区中所有 Gauss 积分点耦合成一个系统进行整体计算。吕玺琳和黄茂松（2011）采用该模型对双轴压缩试验应变局部化问题进行数值模拟，并利用 Newton-Raphson 进行增量平衡迭代。采用两种理论得到荷载响应如图 2.2-9（a）所示，局部理论只有在采用粗网格情形得到收敛解，中、细网格在当材料刚进入塑性阶段解就发散了，而采用非局部理论时，三种网格情形都得到了收敛解答。接下来再分析数值模拟过程的收敛特性，采用起点切线模量和一致切线模量进行平衡迭代的误差分析结果如图 2.2-9（b）所示。通过对比表明，采用 Newton-Raphson 进行增量平衡迭代时，一致切线模量的采用能大大加速平衡迭代收敛速度，提高其收敛性，这与局部塑

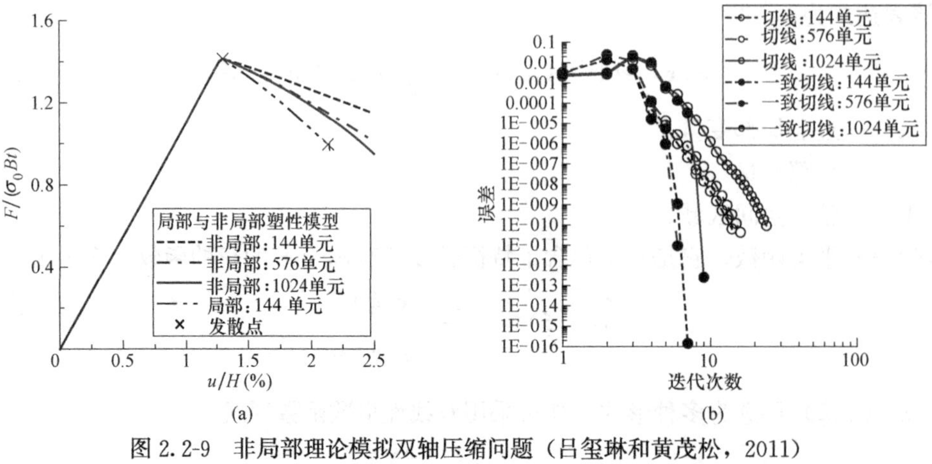

图 2.2-9 非局部理论模拟双轴压缩问题（吕玺琳和黄茂松，2011）

（a）荷载响应；（b）收敛特性

性硬化理论得出的结论相同。

Huang 等（2018）将非局部理论推广到 Mohr-Coulomb 塑性模型中。采用非局部理论，各向同性硬化准则下的屈服函数和塑性势函数为：

$$\begin{cases}F=Y(\boldsymbol{\sigma})-H\hat{\kappa}-Y_0\\Q=Z(\boldsymbol{\sigma})-H\hat{\kappa}-Y_0\end{cases}\tag{2.2-54}$$

式中 H——硬化模量；

Y_0——屈服应力；

$Y(\boldsymbol{\sigma})$、$Z(\boldsymbol{\sigma})$——应力状态相关的函数，对于相关联塑性模型有 $Y(\boldsymbol{\sigma})=Z(\boldsymbol{\sigma})$。

根据流动法则：

$$\mathrm{d}\boldsymbol{\varepsilon}^{\mathrm{p}}=\mathrm{d}\lambda\frac{\partial Q}{\partial\boldsymbol{\sigma}}\tag{2.2-55}$$

硬化参数定义为累积塑性应变，其增量表达式为：

$$\mathrm{d}\kappa=\sqrt{(\mathrm{d}\boldsymbol{\varepsilon}^{\mathrm{p}})^{\mathrm{T}}\mathrm{d}\boldsymbol{\varepsilon}^{\mathrm{p}}}=\sqrt{\left(\frac{\partial Q}{\partial\boldsymbol{\sigma}}\right)^{\mathrm{T}}\frac{\partial Q}{\partial\boldsymbol{\sigma}}}\mathrm{d}\lambda\tag{2.2-56}$$

在弹塑性加载的数值计算中，其内变量应满足 Kuhn-Tucker 条件：

$$F\leqslant0,\ \mathrm{d}\lambda\geqslant0,\ \mathrm{d}\lambda\cdot F=0\tag{2.2-57}$$

Huang 等（2018）进一步提出一种改进的非局部模型全隐式应力回代迭代算法，该算法具有在迭代计算过程中逐步确定弹塑性点的特点，克服了现有算法误差较大及不稳定的缺点。在传统塑性模型计算当中，可以在迭代计算前就确定任一积分点是否进入塑性状态。令：

$$F^{\mathrm{tr}}=Y(\boldsymbol{\sigma}^{\mathrm{tr}})-H\kappa_1-Y_0\tag{2.2-58}$$

若该积分点加载后处于弹性阶段，即假定 $\Delta\lambda=0$，则应该满足 $F_2=F^{\mathrm{tr}}<0$，所以如果 $F^{\mathrm{tr}}>0$，$\Delta\lambda$ 必然不能为 0，即该积分点加载后进入塑性阶段。在非局部塑性模型中，这种在迭代计算前就能确定塑性区域的判别方法是不可行的，因为任一点 F 包含其邻近点的塑性乘子的影响，假定该点 $\Delta\lambda=0$ 也得不出 F^{tr} 的值。但在迭代计算过程中逐步确定塑性区域是可能的，定义第 i 个积分点处在第 $n+1$ 个迭代步时的屈服试函数 $(F^{\mathrm{tr}})_i^{n+1}$ 为：

$$(F^{\mathrm{tr}})_i^{n+1}=Y(\boldsymbol{\sigma}^{\mathrm{tr}})-(1-m)H(\kappa_1)_i-\sum_j mHW_{ij}(\kappa_1)_j-\sum_{j\neq i}mHk_jW_{ij}\Delta\lambda_j^{n+1}-Y_0\tag{2.2-59}$$

根据一致性条件并进行泰勒级数展开，得到：

$$0=(F_2)_i^{n+1}=(F_2)_i^n+\frac{\partial F}{\partial\boldsymbol{\sigma}}(\mathrm{d}\boldsymbol{\sigma})_i^n-(1-m)Hk_i\mathrm{d}\lambda_i^n-\sum_j mHk_jW_{ij}\mathrm{d}\lambda_j^n\tag{2.2-60}$$

于是得到塑性乘子为：

$$\mathrm{d}\lambda_i^n=\frac{(F_2)_i^n}{\left(\dfrac{\partial F}{\partial\boldsymbol{\sigma}}\right)^{\mathrm{T}}\boldsymbol{D}^{\mathrm{e}}\dfrac{\partial Q}{\partial\boldsymbol{\sigma}}+(1-m)Hk_i+mHW_{ii}k_i}\tag{2.2-61}$$

所建立的模型被用于条形基础承载力和三角形荷载下边坡稳定性问题，如图 2.2-10

和图 2.2-11 所示。计算结果表明，采用了非局部塑性模型的计算结果消除了网格尺寸敏感性。

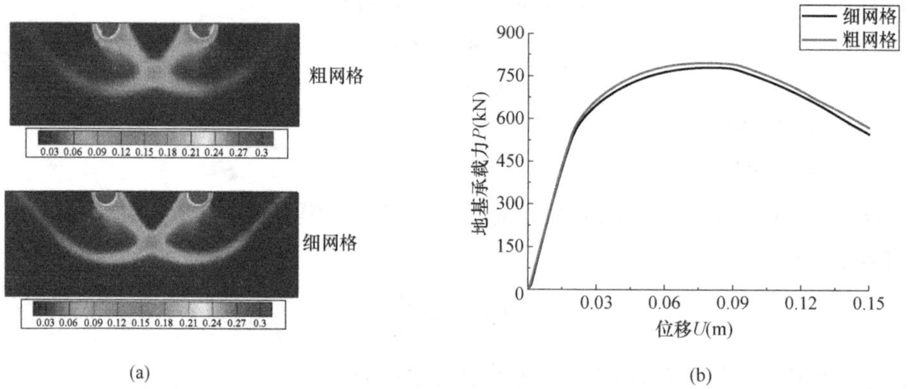

图 2.2-10　地基承载力非局部模型数值模拟结果（Huang 等，2018）

（a）等效塑性应变云图；（b）力-位移曲线

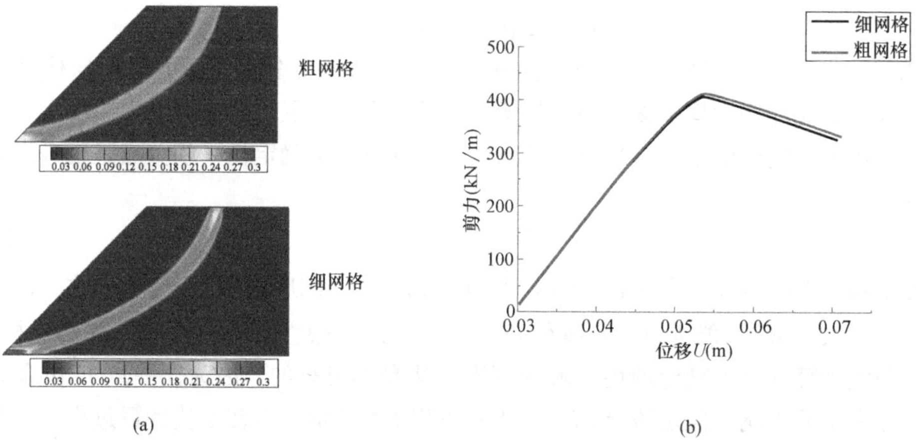

图 2.2-11　边坡失稳非局部模型数值模拟结果（Huang 等，2018）

（a）等效塑性应变云图；（b）力-位移曲线

2.2.5　复合体理论

由于土体应变局部化发生，应力应变曲线的峰值点不能根据强度准则确定，峰后软化不能直接反映材料本构特性。虽然将应变局部化考虑成等效的软化塑性模型也能预测简单模型试验的总体荷载位移关系，但与砂土应变局部化带来的软化这一机理有本质不同。若计算边值问题较为复杂，对未出现局部化的塑性区域也采用等效的软化塑性模型，计算结果就过于保守。因而有必要建立一种更真实反映土体性质的应变局部化和渐进破坏有限元分析方法。为了使所提出的理论框架能更准确地描述含剪切带土体的宏观性质，而且模型参数可以通过室内试验来确定，Pietruszczak 和 Niu（1993）提出了所谓的应变局部化复合体理论，此理论采用一种描述剪切带出现后带内土体和带外土体的平均力学特性的均匀化方法来进行分析。若土体已产生了剪切带，则可将土样看作是带内土和带外土的复合体，这两种介质在微观力学特性上是不同的。复合体理论不仅可以描述剪切带出现后的软化现象，而且可以克服有限元分析的网格敏感性问题。在有限元分析中只有达到应变局部化判别公式的高斯积分点，才考虑陡降软化特性，对未达到应变局部化判别公式的塑性区域无影响。Pietruszczak 等（1995）进一步将复合体理论推广到不排水饱和土体中，但他们的理论是建立在局部坐标系上的，因此在推广到三维问题时会带来一些困难。Huang 和 Pietruszczak（1997）、Pietruszczak 和 Huang（1997）以及黄茂松等（2002，2005）对原有的表达形式做了一些修正，将所有的应力、应变和位移分量均直接采用总体坐标来描述，使得模型的数值实现更为有效。黄茂松等（2007）通过一维杆件例子证明了采用复合体理论将能解决有限元方法的单元尺寸依赖性问题，以及在一维情况下弱非连续有限单元法与复合体理论是完全一致的。曲勰（2016）结合砂土状态相关本构模型和复合体理论的隐式迭代计算格式，形成有效的砂土渐近破坏有限元分析方法。

对于弹塑性固体介质，应变局部化可通过所谓分叉理论得到（Rudnicki 和 Rice，1975；Rudnicki，1982）。考虑弹塑性固体处于均匀应力状态 $\boldsymbol{\sigma}$，承受均匀的应变率 $\dot{\boldsymbol{\varepsilon}}$，通常这个固体的变形是均匀的。但在某些情况下，分叉现象可能会出现，从而产生不均匀的变形。固体内产生局部变形一般仅局限于一个很窄的区域，称之为剪切带。弱非连续形式是假定穿过剪切带的应变场不连续，出现跳跃，而位移场仍然是保持连续的，实际上位移梯度在平行剪切带平面还是保持连续的。剪切带内的应变场可以表示为带外均匀应变场加上一个能描述应变场跳跃的附加应变场，这种附加位移梯度 $\langle u_{i,j}\rangle$ 可以表示为：

$$\langle u_{i,j}\rangle = q_i n_j \tag{2.2-62}$$

式中 n——剪切带的法向矢量；

q——某一跳跃矢量。

那么对应的应变矢量为：

$$\langle \varepsilon_{ij}\rangle = \frac{1}{2}(q_i n_j + q_j n_i) \tag{2.2-63}$$

剪切带内的应变场可以表示为带外均匀应变场加上一个能描述应变场跳跃的附加应变场，那么剪切带内部的应变率 $[\dot{\varepsilon}^{(2)}]$ 为：

$$[\dot{\varepsilon}^{(2)}] = [\dot{\varepsilon}^{(1)}] + \frac{1}{2b}(\boldsymbol{n}\dot{\boldsymbol{g}}^{\mathrm{T}} + \dot{\boldsymbol{g}}\boldsymbol{n}^{\mathrm{T}}) \tag{2.2-64}$$

式中 $[\dot{\varepsilon}^{(1)}]$——带外土体的应变率；

$\dot{\boldsymbol{g}}$——整体坐标体系下的剪切带上下面的速度差值（改变量）矢量；

b——剪切带的宽度和长度。

将土样看成有带内土体介质和带外土体介质构成的复合体，由于剪切带的厚度比试样的总体尺寸要小得多，那么复合体的平均应变率为：

$$[\dot{\varepsilon}] = [\dot{\varepsilon}^{(1)}] + \frac{\mu}{2}(\boldsymbol{n}\dot{\boldsymbol{g}}^{\mathrm{T}} + \dot{\boldsymbol{g}}\boldsymbol{n}^{\mathrm{T}}) \tag{2.2-65}$$

式中 $\mu = l/A$，A 为试样的截面积，μ^{-1} 可以认为是一个特征长度参数（对应于非局部应变理论）。

复合体的平均应力率 $\dot{\boldsymbol{\sigma}}$ 可以简化为：

$$\dot{\boldsymbol{\sigma}} = \dot{\boldsymbol{\sigma}}^{(1)} \tag{2.2-66}$$

此外，在带内外接触面上的应力还应该满足以下连续条件

$$[\dot{\sigma}^{(1)}]\boldsymbol{n}=\dot{\boldsymbol{t}}^{(2)}=\dot{\boldsymbol{t}} \tag{2.2-67}$$

〗可以通过整体坐标系下的剪切带上下面的速度差值 $\dot{\boldsymbol{g}}$ 和作用在剪切带上的应力率 $\dot{\boldsymbol{t}}$ 建立剪切带材料的本构方程：

$$\dot{\boldsymbol{t}}=[K_{\mathrm{ep}}]\dot{\boldsymbol{g}} \tag{2.2-68}$$

式中 $[K_{\mathrm{ep}}]$——剪切带材料的弹塑性刚度矩阵，具体表达式详见 Huang 和 Pietruszczak (1997)、黄茂松等（2002）。

剪切带材料假设为软化型，由局部化变形开始产生时的应力状态 m_0 降低至剪切带材料的残余应力状态 m_r。利用剪切带内外接触面上的应力连续条件，可以推导出含剪切带土体的宏观应力-应变关系为：

$$\dot{\boldsymbol{\sigma}}=\{[D_{\mathrm{ep}}]-\mu[D_{\mathrm{ep}}][N]([K_{\mathrm{ep}}]+\mu[N]^{\mathrm{T}}[D_{\mathrm{ep}}][N])^{-1}[N]^{\mathrm{T}}[D_{\mathrm{ep}}]\}\dot{\boldsymbol{\varepsilon}} \tag{2.2-69}$$

式中 $[N]^{\mathrm{T}}=\begin{bmatrix} n_1 & 0 & n_2 \\ 0 & n_2 & n_1 \end{bmatrix}$（二维问题）；

$[N]^{\mathrm{T}}=\begin{bmatrix} n_1 & 0 & 0 & n_2 & 0 & n_3 \\ 0 & n_2 & 0 & n_1 & n_3 & 0 \\ 0 & 0 & n_3 & 0 & n_2 & n_1 \end{bmatrix}$（三维问题）；

$[D_{\mathrm{ep}}]$——剪切带外土体的弹塑性刚度矩阵。

上面介绍的排水条件下的变形局部化复合体理论可以比较方便地推广到不排水情况。为简便起见，假设剪切带内外两种介质均处于不排水条件，也就是孔隙水不能在两种介质之间自由流动。根据 Terzaghi 有效应力原理，带外土体介质的力学特性可以描述为：

$$\begin{gathered}\dot{\boldsymbol{\sigma}}=\dot{\boldsymbol{\sigma}}'+\boldsymbol{m}\dot{p}_{\mathrm{w}}^{(1)} \\ \dot{\boldsymbol{\sigma}}'=[D^{\mathrm{ep}}]\dot{\boldsymbol{\varepsilon}}^{(1)} \\ \dot{p}_{\mathrm{w}}^{(1)}=(K_{\mathrm{w}}/n^{(1)})(\boldsymbol{m}^{\mathrm{T}}\dot{\boldsymbol{\varepsilon}}^{(1)})\end{gathered} \tag{2.2-70}$$

式中 $\boldsymbol{m}^{\mathrm{T}}=\{1,1,0\}$（二维问题），$\boldsymbol{m}^{\mathrm{T}}=\{1,1,1,0,0,0\}$（三维问题）；

$\dot{p}_{\mathrm{w}}^{(1)}$——带外土体的孔隙水压力；

$n^{(1)}$——带外土体的孔隙率。

联合上述方程式得到：

$$\begin{gathered}\dot{\boldsymbol{\sigma}}=[\overline{D}^{\mathrm{ep}}]\dot{\boldsymbol{\varepsilon}}^{(1)} \\ [\overline{D}^{\mathrm{ep}}]=[D^{\mathrm{ep}}]+(K_{\mathrm{w}}/n^{(1)})(\boldsymbol{m}\boldsymbol{m}^{\mathrm{T}})\end{gathered} \tag{2.2-71}$$

式中 $[\overline{D}^{\mathrm{ep}}]$——不排水的弹塑性刚度矩阵。

对于剪切带内土体介质，由 Terzaghi 有效应力分解可以导出：

$$\begin{gathered}\dot{\boldsymbol{t}}=\dot{\boldsymbol{t}}'+\boldsymbol{n}p_{\mathrm{w}}^{(2)} \\ \dot{\boldsymbol{t}}'=[K^{\mathrm{ep}}]\dot{\boldsymbol{g}} \\ p_{\mathrm{w}}^{(2)}=\frac{K_{\mathrm{w}}}{n^{(2)}b}(\boldsymbol{n}^{\mathrm{T}}\dot{\boldsymbol{g}})\end{gathered} \tag{2.2-72}$$

式中 $\dot{\boldsymbol{t}}$、$\dot{\boldsymbol{t}}'$——作用于剪切带的总应力和有效应力；

$n^{(2)}$、b——剪切带内土体的孔隙率和剪切带的厚度。

将上述各式联合可得：

$$\dot{\boldsymbol{t}}=[\overline{K}^{\mathrm{ep}}]\dot{\boldsymbol{g}}$$

$$[\overline{K}^{\mathrm{ep}}]=[K^{\mathrm{ep}}]+\frac{K_{\mathrm{w}}}{n^{(2)}b}(\boldsymbol{n}\boldsymbol{n}^{\mathrm{T}}) \tag{2.2-73}$$

联合式（2.2-71）、式（2.2-73）、式（2.2-65）和式（2.2-67），可以得到下列宏观本构关系：

$$\dot{\boldsymbol{\sigma}}=\{[\overline{D}^{\mathrm{ep}}]-\mu[\overline{D}^{\mathrm{ep}}][N]([\overline{K}^{\mathrm{ep}}]+\mu[N]^{\mathrm{T}}[\overline{D}^{\mathrm{ep}}][N])[N]^{\mathrm{T}}[\overline{D}^{\mathrm{ep}}]\}\dot{\boldsymbol{\varepsilon}} \tag{2.2-74}$$

利用复合体理论，针对 Ottawa 干密砂平面应变试验（Han 和 Drescher，1993）以及 St Peter 饱和密砂平面应变试验（Han 和 Vardoulakis，1991）进行数值模拟，试验曲线与所得模拟曲线符合较好，如图 2.2-12 所示。

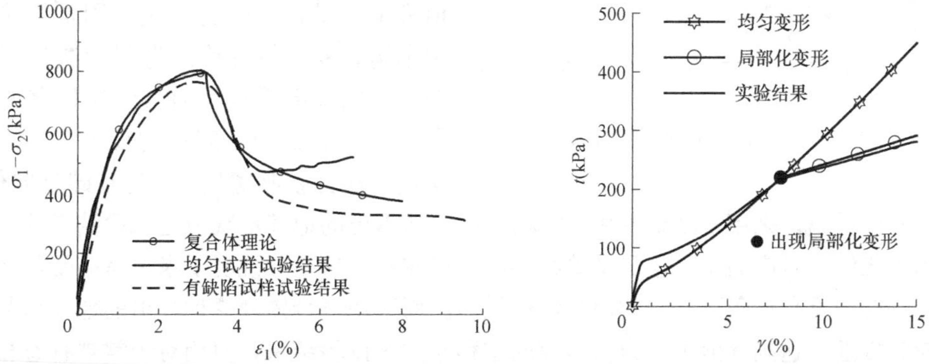

图 2.2-12　平面应变压缩试验干密砂和饱和密砂力学特性

曲勰（2016）采用基于复合体理论的应变局部化有限元分析方法，进行了砂土地基中圆形锚板抗拔承载力模型试验的模拟和砂土地基上条形基础地基承载力模型试验的模拟。下面与圆形锚板抗拔承载问题 1g 物理模型试验结果进行比较。Sakai 和 Tanaka（1998）进行了密实 Toyoura 砂土中浅埋圆形锚板的抗拔试验，计算模型如图 2.2-13 所示。图 2.2-14 为分别采用常规状态相关本构和复合体理论的有限元法计算出的承载力系数与位移的关系曲线。P 为抗拔拉力，A 为锚板面积，h 为锚板埋深，D 为锚板直径。从图

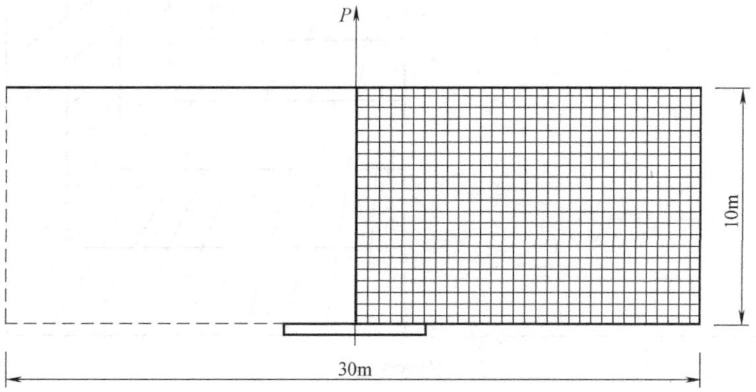

图 2.2-13　圆形抗拔锚板计算模型

中可以看出，状态相关本构得出的抗拔承载力明显偏大，而且达到峰值荷载的位移要大于试验结果，峰值过后的软化现象较不明显。而采用复合体理论计算出的抗拔承载力、达到峰值的位移和峰值后的软化程度都与试验结果相当接近。说明了应变局部化现象对密实砂土地基中锚板抗拔承载力的计算结果的影响十分明显，未考虑应变局部化的有限元法会过高估计砂土地基中锚板的抗拔承载力以及与达到峰值强度时的位移，从而低估了峰值后的应变软化程度。

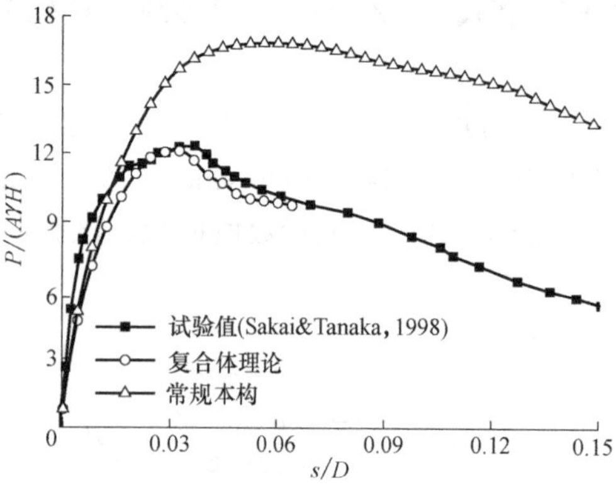

图 2.2-14　锚板荷载位移曲线

Siddiquee 和 Tanaka 等（1999）进行了密实 Toyoura 砂土地基上条形基础承载力问题的 1g 物理模型试验。采用如图 2.2-15 所示的计算模型对该试验进行数值模拟。图 2.2-16 为分别采用常规状态相关本构和复合体理论的有限元法计算出的条形基础底部平均反力与竖向位移的关系曲线。图中 q 为基底平均反力，γ 为砂土重度，B 为基础宽度，s 为基础竖向位移。从图中可以看出，采用常规状态相关本构有限元法得出的地基承载力是试验结果的 3 倍左右，达到峰值所对应的位移也是试验结果的 3 倍左右。这充分说明了未考虑应变局部化的有限元法会严重高估条形基础的地基承载能力。而采用复合体理论计算出的地基承载力与试验较为接近，达到峰值承载力所对应的位移略大于试验结果，但相对于常规状态相关本构的有限元计算结果已有很大的改善。本算例结果表明，在采用有限元法计算密实砂土地

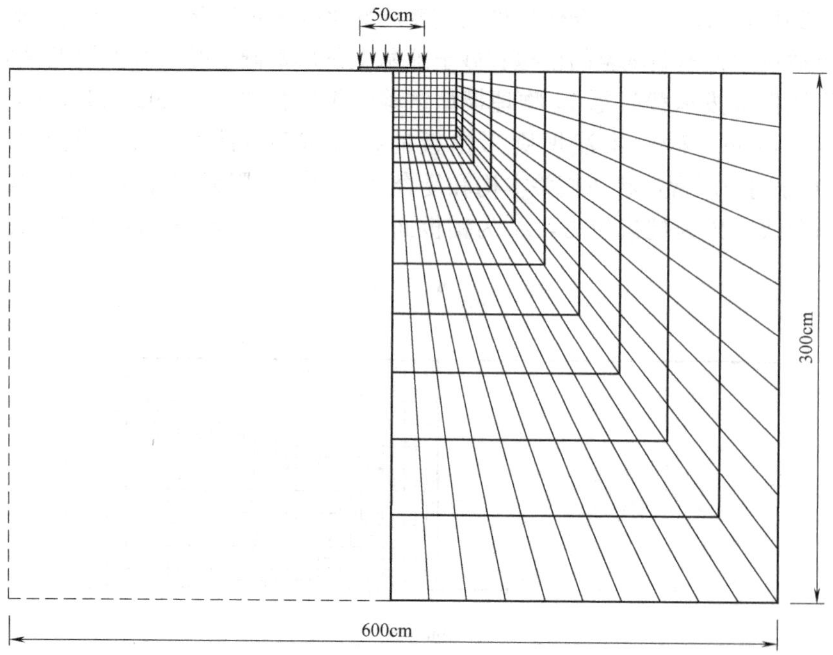

图 2.2-15　地基承载问题计算模型

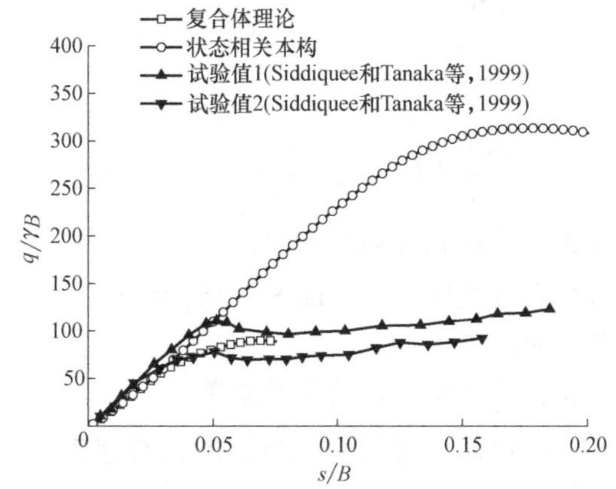

图 2.2-16 砂土地基条形基础底部平均反力与竖向位移的关系曲线

基上条形基础的承载力问题时必须考虑应变局部化的影响。

2.3 多孔介质土静动力有限元分析方法

自从 Biot（1956）提出描述饱和多孔介质动力学的基本方程以来，多孔介质动力方程已经广泛地应用于岩土工程的数值分析中。饱和多孔介质动力方程的第一个有限元数值解法是由 Ghaboussi 和 Wilson（1972）提出的，当时以固相的位移 $\boldsymbol{u}$ 和相对于固相的液相速度 $\boldsymbol{w}_{\mathrm{w}}$ 为基本变量。计算结果表明像地震作用这样非高频的情况下可以采用以固相位移 $\boldsymbol{u}$ 和孔隙水压力 p 为基本变量的所谓 $\boldsymbol{u}$-p 形式。这种 $\boldsymbol{u}$-p 的形式由 Zienkiewicz 等（1980）首先提出，之后进一步推广到弹塑性和大变形的分析中（Zienkiewicz，1982；Zienkiewicz 和 Shiomi，1984；Zienkiewicz 等，1990a）。Prevost（1985）以及 Lacy 和 Prevost（1987）采用了 $\boldsymbol{u}$-$\boldsymbol{w}_{\mathrm{w}}$ 形式，而 Zienkiewicz 和 Shiomi（1984）则重点讨论了 $\boldsymbol{u}$-$\boldsymbol{u}_{\mathrm{w}}$ 形式，其中 $\boldsymbol{u}_{\mathrm{w}}$ 为液相的绝对速度。$\boldsymbol{u}$-$\boldsymbol{w}_{\mathrm{w}}$ 或 $\boldsymbol{u}$-$\boldsymbol{u}_{\mathrm{w}}$ 与 $\boldsymbol{u}$-p 形式在基本方程上虽然有所不同，但求解方法基本上是一致的，限于篇幅这里就不一一介绍了。为考虑土坝非饱和区域的影响，基于气相处于大气压力状态的假设，Zienkiewicz 等（1990b），Zienkiewicz 和 Xie（1991）以及 Zienkiewicz 和 Huang 等（1994a）将饱和土的 $\boldsymbol{u}$-p 方程进一步推广到非饱和情况。Li 等（1990）则给出了固、液和气三相介质的多孔介质动力方程以及有限元离散形式。

2.3.1 有限元基本方程

本文将基于混合物的均匀化理论，从有效应力原理、质量守恒方程和动量平衡方程等基本定律出发，建立多相介质固结基本控制方程。这种基本方程的建立方式具有理论严密且易于推广到多相介质的特点。

这里固相、液相和气相的质量守恒方程可以分别表示为：

固相

$$\frac{\partial[(1-n)\rho_{\mathrm{s}}]}{\partial t}+(1-n)\rho_{\mathrm{s}}(\nabla\cdot\dot{\boldsymbol{u}})=0 \tag{2.3-1}$$

液相

$$\frac{\partial(nS_{\mathrm{w}}\rho_{\mathrm{w}})}{\partial t}+nS_{\mathrm{w}}\rho_{\mathrm{w}}(\nabla\cdot\dot{\boldsymbol{u}}_{\mathrm{w}})=0 \tag{2.3-2}$$

气相

$$\frac{\partial(nS_{\mathrm{g}}\rho_{\mathrm{g}})}{\partial t}+nS_{\mathrm{g}}\rho_{\mathrm{g}}(\nabla\cdot\dot{\boldsymbol{u}}_{\mathrm{g}})=0 \tag{2.3-3}$$

式中 ρ_{s}、ρ_{w}、ρ_{g}——固相、液相和气相的密度；

S_{w}、S_{g}——液相和气相饱和度，即 $S_{\mathrm{w}}+S_{\mathrm{g}}=1$；

n——孔隙率；

$\dot{\boldsymbol{u}}$、$\dot{\boldsymbol{u}}_{\mathrm{w}}$、$\dot{\boldsymbol{u}}_{\mathrm{g}}$——固相、液相和气相的绝对速度。

为了便于应用广义 Darcy 定律，这里引入液相的相对速率 $\dot{\boldsymbol{w}}_{\mathrm{w}}$ 和气相的相对速率 $\dot{\boldsymbol{w}}_{\mathrm{g}}$（相对于固相而言），定义如下：

$$\dot{\boldsymbol{w}}_{\mathrm{w}}=nS_{\mathrm{w}}(\dot{\boldsymbol{u}}_{\mathrm{w}}-\dot{\boldsymbol{u}}) \tag{2.3-4}$$

$$\dot{\boldsymbol{w}}_{\mathrm{g}}=nS_{\mathrm{g}}(\dot{\boldsymbol{u}}_{\mathrm{g}}-\dot{\boldsymbol{u}}) \tag{2.3-5}$$

假设土颗粒本身是不可压缩的，式（2.3-1）、式（2.3-2）和式（2.3-3）可以分别简化为：

$$-\frac{\partial n}{\partial t}+(1-n)(\nabla\cdot\dot{\boldsymbol{u}})=0 \tag{2.3-6}$$

$$\frac{\partial n}{\partial t}+\frac{n}{K_{\mathrm{w}}}\dot{p}_{\mathrm{w}}+\frac{n}{S_{\mathrm{w}}}\dot{S}_{\mathrm{w}}+\frac{1}{S_{\mathrm{w}}}(\nabla\cdot\dot{\boldsymbol{w}}_{\mathrm{w}})+n(\nabla\cdot\dot{\boldsymbol{u}})=0 \tag{2.3-7}$$

$$\frac{\partial n}{\partial t}+\frac{n}{K_{\mathrm{g}}}\dot{p}_{\mathrm{g}}+\frac{n}{S_{\mathrm{g}}}\dot{S}_{\mathrm{g}}+\frac{1}{S_{\mathrm{g}}}(\nabla\cdot\dot{\boldsymbol{w}}_{\mathrm{g}})+n(\nabla\cdot\dot{\boldsymbol{u}})=0 \tag{2.3-8}$$

式中 $\dot{p}_{\mathrm{w}}$、K_{w}——液相压力和液相的体变模量；

$\dot{p}_{\mathrm{g}}$、K_{g}——气相压力和气相的体变模量。

将式（2.3-6）代入式（2.3-7）和式（2.3-8）可以得到：

$$\frac{nS_{\mathrm{w}}}{K_{\mathrm{w}}}\dot{p}_{\mathrm{w}}+n\dot{S}_{\mathrm{w}}+\nabla\cdot\dot{\boldsymbol{w}}_{\mathrm{w}}+S_{\mathrm{w}}(\nabla\cdot\dot{\boldsymbol{u}})=0 \tag{2.3-9}$$

$$\frac{nS_{\mathrm{g}}}{K_{\mathrm{g}}}\dot{p}_{\mathrm{g}}+n\dot{S}_{\mathrm{g}}+\nabla\cdot\dot{\boldsymbol{w}}_{\mathrm{g}}+S_{\mathrm{g}}(\nabla\cdot\dot{\boldsymbol{u}})=0 \tag{2.3-10}$$

对于气相处于大气压力的特殊状态，可以建立孔隙水压和毛细吸力 p_{c} 的关系，即 $p_{\mathrm{c}}=p_{\mathrm{g}}-p_{\mathrm{w}}=-p_{\mathrm{w}}$。考虑到大量的试验表明液相饱和度 S_{w} 与毛细压力 p_{c} 有关，可以进一步建立 S_{w} 与 p_{w} 的联系：

$$p_{\mathrm{c}}=-p_{\mathrm{w}}=p_{\mathrm{c}}(S_{\mathrm{w}}) \qquad \text{或} \qquad S_{\mathrm{w}}=S_{\mathrm{w}}(p_{\mathrm{w}}) \tag{2.3-11}$$

为了方便起见，通常引入参数 C_{s}，用下式表示：

$$C_{\mathrm{s}}=n\,\frac{\mathrm{d}S_{\mathrm{w}}}{\mathrm{d}p_{\mathrm{w}}} \tag{2.3-12}$$

这样，式（2.3-9）［这里因为假设气相处于大气压力状态，所以无需考虑式（2.3-10）中的气相的质量守恒］可以简化为：

$$\frac{\dot{p}_{\mathrm{w}}}{Q^{*}}+\nabla\cdot\dot{\boldsymbol{w}}_{\mathrm{w}}+S_{\mathrm{w}}(\nabla\cdot\dot{\boldsymbol{u}})=0 \tag{2.3-13}$$

其中：

$$\frac{1}{Q^*}=C_s+n\frac{S_w}{K_w}$$

需要特别注意的是，对于饱和土，$S_w=1$ 且 $C_s=0$，相应地：$1/Q^*=n/K_w$。

针对整个土体和其中的液相和气相可建立如下动量平衡方程，即：

$$\boldsymbol{L}^{\mathrm{T}}\boldsymbol{\sigma}+\rho\boldsymbol{b}-\rho\ddot{\boldsymbol{u}}=0 \tag{2.3-14}$$

$$-\nabla p_w-\boldsymbol{R}_w-\rho_w\ddot{\boldsymbol{u}}_w+\rho_w\boldsymbol{b}=0 \tag{2.3-15}$$

$$-\nabla p_g-\boldsymbol{R}_g-\rho_g\ddot{\boldsymbol{u}}_g+\rho_g\boldsymbol{b}=0 \tag{2.3-16}$$

式中，土体密度为 $\rho=(1-n)\rho_s+nS_w\rho_w+nS_g\rho_g$，$\boldsymbol{R}_w$ 和 $\boldsymbol{R}_g$ 表示固相和液相之间的耦合（或者说相互作用引起）动量以及固相和气相之间的耦合动量。基于 Darcy 定律，可以建立 $\boldsymbol{R}_w$ 和 $\boldsymbol{R}_g$ 与液相相对于固相速度 $\dot{\boldsymbol{w}}_w$ 和气相对于固相速度 $\dot{\boldsymbol{w}}_g$ 之间的关系：

$$\bar{k}_w\boldsymbol{R}_w=\dot{\boldsymbol{w}}_w \tag{2.3-17}$$

$$\bar{k}_g\boldsymbol{R}_g=\dot{\boldsymbol{w}}_g \tag{2.3-18}$$

其中，假设渗透系数是各向同性的，$\bar{k}_w=k_w/(\rho_w g)$，$\bar{k}_g=k_g/(\rho_g g)$，k_w 和 k_g 分别为液相和气相的渗透系数。

现在剩下来的是有效应力的定义，这里可以采用 Bishop 有效应力原理，即：

$$\boldsymbol{\sigma}'=\boldsymbol{\sigma}-\boldsymbol{m}(S_wp_w+S_gp_g) \tag{2.3-19}$$

由式（2.3-6）、式（2.3-13）、式（2.3-14）、式（2.3-15）、式（2.3-17）以及式（2.3-19）可以得到最后的方程组为（注意这里假设气相处于大气压力状态，并用 p 和 $\bar{k}$ 分别代替 p_w 和 $\bar{k}_w$）：

$$\boldsymbol{L}^{\mathrm{T}}(\boldsymbol{\sigma}'-\boldsymbol{m}S_wp)+\rho\boldsymbol{b}-\rho\ddot{\boldsymbol{u}}=0 \tag{2.3-20}$$

$$S_w\boldsymbol{m}^{\mathrm{T}}\boldsymbol{L}\dot{\boldsymbol{u}}-\nabla^{\mathrm{T}}\bar{k}\nabla p+\frac{1}{Q^*}\dot{p}+\nabla^{\mathrm{T}}\bar{k}\rho_w\boldsymbol{b}=0 \tag{2.3-21}$$

注意到，式（2.3-15）中的液相加速度 $\rho_w\ddot{\boldsymbol{u}}_w$ 在式（2.3-21）中被忽略不计。

在求解上述有限元方程时，还必须引入以下边界条件：

$$\Gamma_u\text{ 边界}:\boldsymbol{u}=\tilde{\boldsymbol{u}};\quad \Gamma_t\text{ 边界}:t_i=\sigma'_{ij}n_j-n_ip=\tilde{t}_i;$$

$$\Gamma_p\text{ 边界}:p=\tilde{p};\quad \Gamma_q\text{ 边界}:(-\bar{k}\nabla p+\bar{k}\rho_w\boldsymbol{b})^{\mathrm{T}}\boldsymbol{n}=\tilde{q}。$$

采用标准 Galerkin 方法对式（2.3-20）和式（2.3-21）进行有限元空间离散，可得到如下有限元方程：

$$\boldsymbol{M}\ddot{\boldsymbol{u}}+\int_\Omega\boldsymbol{B}^{\mathrm{T}}\boldsymbol{\sigma}'\mathrm{d}\Omega-\boldsymbol{Q}\boldsymbol{p}=\boldsymbol{f}_s \tag{2.3-22}$$

$$\boldsymbol{Q}^{\mathrm{T}}\dot{\boldsymbol{u}}+\boldsymbol{H}\boldsymbol{p}+\boldsymbol{S}\dot{\boldsymbol{p}}=\boldsymbol{f}_p \tag{2.3-23}$$

式中，矩阵 $\boldsymbol{M}$、$\boldsymbol{B}$ 以及向量 $\boldsymbol{f}_s$ 的定义可参见 2.1 节，其他项可表示为：

$$\boldsymbol{Q}=\int_\Omega\boldsymbol{B}^{\mathrm{T}}S_w\boldsymbol{m}\boldsymbol{N}_p\mathrm{d}\Omega$$

$$\boldsymbol{H}=\int_\Omega(\nabla\boldsymbol{N}_p)^{\mathrm{T}}\bar{\boldsymbol{k}}(\nabla\boldsymbol{N}_p)\mathrm{d}\Omega$$

$$\boldsymbol{S}=\int_\Omega\boldsymbol{N}_p^{\mathrm{T}}\frac{1}{Q^*}\boldsymbol{N}_p\mathrm{d}\Omega$$

$$f_{\mathrm{p}}=-\int_{\Gamma}\boldsymbol{N}_{\mathrm{p}}^{\mathrm{T}}\tilde{q}\mathrm{d}\Gamma+\int_{\Omega}(\nabla\boldsymbol{N}_{\mathrm{p}})^{\mathrm{T}}\bar{\boldsymbol{k}}\rho_{\mathrm{w}}\boldsymbol{b}\mathrm{d}\Omega$$

式（2.3-22）和式（2.3-23）中的 $\boldsymbol{u}$-p 形式时域有限元方程可以利用直接解法进行求解（Zienkiewicz 和 Taylor，1985；Zienkiewicz 等，1990a），如广义的 Newmark 积分方法。在这一方法中，可以基于 Taylor 展开写出如下递归关系：

$$\boldsymbol{u}_{n+1}=\boldsymbol{u}_{n}+\Delta t\dot{\boldsymbol{u}}_{n}+\left(\frac{1}{2}-\beta\right)\Delta t^{2}\ddot{\boldsymbol{u}}_{n}+\beta\Delta t^{2}\ddot{\boldsymbol{u}}_{n+1}=\boldsymbol{u}_{n+1}^{\mathrm{p}}+\beta\Delta t^{2}\ddot{\boldsymbol{u}}_{n+1} \tag{2.3-24}$$

$$\dot{\boldsymbol{u}}_{n+1}=\dot{\boldsymbol{u}}_{n}+(1-\gamma)\Delta t\ddot{\boldsymbol{u}}_{n}+\gamma\Delta t\ddot{\boldsymbol{u}}_{n+1}=\dot{\boldsymbol{u}}_{n+1}^{\mathrm{p}}+\gamma\Delta t\ddot{\boldsymbol{u}}_{n+1} \tag{2.3-25}$$

$$p_{n+1}=p_{n}+(1-\theta)\Delta t\dot{p}_{n}+\theta\Delta t\dot{p}_{n+1}=p_{n+1}^{\mathrm{p}}+\theta\Delta t\dot{p}_{n+1} \tag{2.3-26}$$

将上述各式代入式（2.3-22）和式（2.3-23）可得：

$$\boldsymbol{M}\ddot{\boldsymbol{u}}_{n+1}+\left(\int_{\Omega}\boldsymbol{B}^{\mathrm{T}}\boldsymbol{\sigma}'\mathrm{d}\Omega\right)_{n+1}-\boldsymbol{Q}(\boldsymbol{p}_{n+1}^{\mathrm{p}}+\dot{\boldsymbol{p}}_{n+1}\theta\Delta t)=(\boldsymbol{f}_{\mathrm{s}})_{n+1} \tag{2.3-27}$$

$$\boldsymbol{Q}^{\mathrm{T}}(\dot{\boldsymbol{u}}_{n+1}^{\mathrm{p}}+\gamma\Delta t\ddot{\boldsymbol{u}}_{n+1})+\boldsymbol{S}\dot{\boldsymbol{p}}_{n+1}+\boldsymbol{H}(\boldsymbol{p}_{n+1}^{\mathrm{p}}+\dot{\boldsymbol{p}}_{n+1}\theta\Delta t)=(\boldsymbol{f}_{\mathrm{p}})_{n+1} \tag{2.3-28}$$

为了考虑土体的材料非线性特性，可采用 Newton-Raphson 迭代方法对上式进行求解：

$$\begin{bmatrix}\boldsymbol{M}+\boldsymbol{K}_{\mathrm{T}}\beta\Delta t^{2} & -\boldsymbol{Q}\theta\Delta t\\ \boldsymbol{Q}^{\mathrm{T}}\gamma\Delta t & \boldsymbol{H}\theta\Delta t+\boldsymbol{S}\end{bmatrix}_{n+1}^{i}\begin{Bmatrix}\delta\ddot{\boldsymbol{u}}_{n+1}\\ \delta\dot{\boldsymbol{p}}_{n+1}\end{Bmatrix}^{i}=-\begin{Bmatrix}\boldsymbol{G}^{\mathrm{s}}\\ \boldsymbol{G}^{\mathrm{p}}\end{Bmatrix}_{n+1}^{i} \tag{2.3-29}$$

式中　$\boldsymbol{K}_{\mathrm{T}}=\int_{\Omega}\boldsymbol{B}^{\mathrm{T}}\boldsymbol{D}_{\mathrm{T}}\boldsymbol{B}\mathrm{d}\Omega$——切向刚度矩阵。

上述直接解法在满足 $\gamma\geqslant1/2$，$\beta\geqslant1/4$ 及 $\theta\geqslant1/2$ 的条件下是无条件稳定的。但当涉及三维问题时，直接解法太费时，因此分步解法是一种应该考虑的选择。分步解法存在的最大问题是时间积分的稳定性。Huang 和 Zienkiewicz（1998）提出了一个能保证时间积分无条件稳定的分步解，感兴趣的读者可参阅该文。另外，有关半显式时间积分方法以及不可压缩问题的数值处理可参考 Zienkiewicz 等（1993a，1994b）、Huang 等（2000，2004）。

1. 静力固结方程

上述多孔介质动力有限元方程通过引入特定假设后，可以退化为适于分析静力荷载作用下岩土材料固结现象的有限元形式。对一般涉及静力作用的土力学问题，可以忽略动量平衡方程中固相和液相的加速度［式（2.3-14）和式（2.3-15）中的 $\ddot{\boldsymbol{u}}$ 和 $\ddot{\boldsymbol{u}}_{\mathrm{w}}$，注意，这里假设气相处于大气压力状态］。在此基础上，得到静力固结的基本控制方程：

$$\boldsymbol{L}^{\mathrm{T}}(\boldsymbol{\sigma}'-\boldsymbol{m}S_{\mathrm{w}}p)+\rho\boldsymbol{b}=0 \tag{2.3-30}$$

$$S_{\mathrm{w}}\boldsymbol{m}^{\mathrm{T}}\boldsymbol{L}\dot{\boldsymbol{u}}-\nabla^{\mathrm{T}}\bar{k}\,\nabla p+\frac{1}{Q^{*}}\dot{p}+\nabla^{\mathrm{T}}\bar{k}\rho_{\mathrm{w}}\boldsymbol{b}=0 \tag{2.3-31}$$

式（2.3-30）和式（2.3-31）经过有限元离散，可以得到静力固结有限元方程：

$$\int_{\Omega}\boldsymbol{B}^{\mathrm{T}}\boldsymbol{\sigma}'\mathrm{d}\Omega-\boldsymbol{Q}\boldsymbol{p}=\boldsymbol{f}_{\mathrm{s}} \tag{2.3-32}$$

$$\boldsymbol{Q}^{\mathrm{T}}\dot{\boldsymbol{u}}+\boldsymbol{H}\boldsymbol{p}+\boldsymbol{S}\dot{\boldsymbol{p}}=\boldsymbol{f}_{\mathrm{p}} \tag{2.3-33}$$

式中　各系数项 $\boldsymbol{Q}$、$\boldsymbol{H}$ 和 $\boldsymbol{S}$ 及等号右侧节点外力 $\boldsymbol{f}_{\mathrm{s}}$ 和 $\boldsymbol{f}_{\mathrm{p}}$ 的含义同上文。

针对非饱和土静力固结问题，除了上述基于 Bishop 有效应力原理考虑土体应力-应变关系，也可以采用基于 Fredlund 提出的双变量理论建立土体应力-应变关系，即认为应变

是由净应力 $\boldsymbol{\sigma}^*=\boldsymbol{\sigma}-\boldsymbol{m}p_a$ 和吸力 $p_c=p_a-p_w$ 同时控制的。以土体为弹性材料且孔隙气体处于大气压力状态为例，说明基于有效应力原理和双变量理论建立的固结方程的异同。基于 Bishop 有效应力原理和双变量理论可以分别建立如下应力-应变关系：

基于 Bishop 有效应力原理：

$$\boldsymbol{\sigma}=\boldsymbol{\sigma}'+\boldsymbol{m}S_w p_w=\boldsymbol{D}_e\boldsymbol{\varepsilon}+\boldsymbol{m}S_w p_w \tag{2.3-34}$$

基于双变量理论：

$$\boldsymbol{\sigma}=\boldsymbol{\sigma}^*=\boldsymbol{D}_e\boldsymbol{\varepsilon}_e=\boldsymbol{D}_e(\boldsymbol{\varepsilon}-\boldsymbol{\varepsilon}_s)=\boldsymbol{D}_e\boldsymbol{\varepsilon}+\boldsymbol{D}_e\boldsymbol{m}_H p_w \tag{2.3-35}$$

式中 $\boldsymbol{D}_e$——弹性刚度矩阵；

$\boldsymbol{\varepsilon}_s$——吸力变化引起的应变；

$\boldsymbol{m}_H=\left\{\frac{1}{H},\frac{1}{H},\frac{1}{H},0,0,0\right\}^{\mathrm{T}}$，$H$ 为与吸力变化有关的土体弹性压缩模量。

基于上述应力-应变关系可以建立如下非饱和土静力固结方程：

基于 Bishop 有效应力原理：

$$\begin{cases}-\boldsymbol{L}^{\mathrm{T}}\boldsymbol{D}_e\boldsymbol{L}\boldsymbol{u}+\boldsymbol{L}^{\mathrm{T}}\boldsymbol{m}S_w p+\rho\boldsymbol{b}=0\\ S_w\boldsymbol{m}^{\mathrm{T}}\boldsymbol{L}\dot{\boldsymbol{u}}-\nabla^{\mathrm{T}}\bar{k}\,\nabla p+\dfrac{1}{Q^*}\,\dot{p}+\nabla^{\mathrm{T}}\bar{k}\rho_w\boldsymbol{b}=0\end{cases} \tag{2.3-36}$$

基于双变量理论：

$$\begin{cases}-\boldsymbol{L}^{\mathrm{T}}\boldsymbol{D}_e\boldsymbol{L}\boldsymbol{u}+\boldsymbol{L}^{\mathrm{T}}\boldsymbol{D}_e\boldsymbol{m}_H p+\rho\boldsymbol{b}=0\\ S_w\boldsymbol{m}^{\mathrm{T}}\boldsymbol{L}\dot{\boldsymbol{u}}-\nabla^{\mathrm{T}}\bar{k}\,\nabla p+\dfrac{1}{Q^*}\,\dot{p}+\nabla^{\mathrm{T}}\bar{k}\rho_w\boldsymbol{b}=0\end{cases} \tag{2.3-37}$$

上述基于双变量理论的固结方程通过有限单元法离散后得到的总体矩阵是不对称的，因此如果采用直接解法，将不得不采用适用于非对称矩阵的方程求解器，这样会大大降低计算效率，同时会明显增加非线性迭代的不收敛性，所以通常采用相对比较容易实现的分步解法。基于 Bishop 有效应力原理建立的固结方程则可以通过对连续性方程作简单的修改来保证总体矩阵的对称性。

2. 渗流方程

当土体固相的变形较小，可以忽略不计时，通过令式（2.3-14）～式（2.3-16）中的固相加速度和速度为零（即 $\ddot{\boldsymbol{u}}=0$ 和 $\dot{\boldsymbol{u}}=0$）以及忽略液相和气相的加速度，得到多孔介质中气液两相流问题的控制方程：

$$\frac{nS_w}{K_w}\dot{p}_w+n\dot{S}_w+\nabla\cdot(-\bar{k}_w\,\nabla p_w+\bar{k}_w\rho_w\boldsymbol{b})=0 \tag{2.3-38}$$

$$\frac{nS_g}{K_g}\dot{p}_g+n\dot{S}_g+\nabla\cdot(-\bar{k}_g\nabla p_g+\bar{k}_g\rho_g\boldsymbol{b})=0 \tag{2.3-39}$$

注意，这里可以利用上述饱和度 S_w 与毛细压力 p_c 的关系，进一步将上述两式进行耦合：

$$\frac{\dot{p}_w}{Q_w^*}-C_s\dot{p}_g+\nabla\cdot(-\bar{k}_w\,\nabla p_w+\bar{k}_w\rho_w\boldsymbol{b})=0 \tag{2.3-40}$$

$$\frac{\dot{p}_g}{Q_g^*}-C_s\dot{p}_w+\nabla\cdot(-\bar{k}_g\,\nabla p_g+\bar{k}_g\rho_g\boldsymbol{b})=0 \tag{2.3-41}$$

其中，$\frac{1}{Q_w^*}=\frac{nS_w}{K_w}+C_s$，$\frac{1}{Q_g^*}=\frac{nS_g}{K_g}+C_s$，$C_s=-n\frac{dS_w}{dp_c}$。

上述基本控制方程经空间离散后的有限元方程可以表示为：

$$\boldsymbol{H}_w\boldsymbol{p}_w+\boldsymbol{S}_w\dot{\boldsymbol{p}}_w+\boldsymbol{C}\dot{\boldsymbol{p}}_g=\boldsymbol{f}_w \tag{2.3-42}$$

$$\boldsymbol{H}_g\boldsymbol{p}_g+\boldsymbol{S}_g\dot{\boldsymbol{p}}_g+\boldsymbol{C}\dot{\boldsymbol{p}}_w=\boldsymbol{f}_g \tag{2.3-43}$$

其中，

$$\boldsymbol{H}_w=\int_\Omega(\nabla\boldsymbol{N}_p)^T\overline{\boldsymbol{k}}_w(\nabla\boldsymbol{N}_p)d\Omega;\quad \boldsymbol{H}_g=\int_\Omega(\nabla\boldsymbol{N}_p)^T\overline{\boldsymbol{k}}_g(\nabla\boldsymbol{N}_p)d\Omega$$

$$\boldsymbol{S}_w=\int_\Omega\boldsymbol{N}_p^T\frac{1}{Q_w^*}\boldsymbol{N}_p d\Omega;\quad \boldsymbol{S}_g=\int_\Omega\boldsymbol{N}_p^T\frac{1}{Q_g^*}\boldsymbol{N}_p d\Omega$$

$$\boldsymbol{f}_w=-\int_\Gamma\boldsymbol{N}_p^T\widetilde{q}_w d\Gamma+\int_\Omega(\nabla\boldsymbol{N}_p)^T\overline{\boldsymbol{k}}_w\rho_w\boldsymbol{b}d\Omega;\quad \boldsymbol{f}_g=-\int_\Gamma\boldsymbol{N}_p^T\widetilde{q}_g d\Gamma+\int_\Omega(\nabla\boldsymbol{N}_p)^T\overline{\boldsymbol{k}}_g\rho_g\boldsymbol{b}d\Omega$$

$$\boldsymbol{C}=\int_\Omega-\boldsymbol{N}_p^T C_s\boldsymbol{N}_p d\Omega$$

式中　$\widetilde{q}_w$、$\widetilde{q}_g$——分别代表液相和气相在边界处的流速。

当多孔介质中气相处于大气压力状态时（即 $p_g=0$），上述渗流控制方程可变为：

$$\frac{\dot{p}_w}{Q_w^*}+\nabla\cdot(-\overline{k}_w\nabla p_w+\overline{k}_w\rho_w\boldsymbol{b})=0 \tag{2.3-44}$$

对应的有限元方程为：

$$\boldsymbol{H}_w\boldsymbol{p}_w+\boldsymbol{S}_w\dot{\boldsymbol{p}}_w=\boldsymbol{f}_w \tag{2.3-45}$$

当令液相饱和度 $S_w=1$ 且参数 $C_s=0$，式（2.3-44）中$\frac{1}{Q_w^*}=\frac{n}{K_w}$，上述方程变为饱和多孔介质渗流有限元方程。

2.3.2 渗流分析

对于堤坝和地下水渗流问题，属于自由面渗流问题，这是渗流计算的难题之一。由于自由面或浸润面事先不知道，也就是饱和土的渗流计算域本身是未知的，因此通常采用网格修正法与单元渗透矩阵修改法。其实，堤坝和地下水渗流可以按饱和-非饱和渗流问题进行分析。自从 Neuman（1973）首次提出统一考虑饱和区和非饱和区土体的有限元分析方法以来，国内外致力于饱和-非饱和渗流有限元分析的研究愈来愈多（Fredlund 和 Rahardjo，1993；Ng 和 Shi，1998；吴梦喜和高莲士，1999 等）。基于 2.3.1 节介绍的多孔介质渗流有限元分析方法，Huang 和 Zienkiewicz（1998）对 Lower San Fernando 土坝中的非饱和稳态渗流进行了分析。当气相处于大气压力状态时，可以建立孔隙负水压（吸力）与饱和度的对应关系，以及孔隙水渗透系数随负孔压的变形规律。图 2.3-1 给出了 Lower San Fernando 土坝中土体材料的上述水力特性以及在有限元分析中所采用的具体关系。图 2.3-2 是上述非饱和渗流有限元计算所给出的孔隙水压和饱和度的稳态分布。上述分析表明在类似的土坝渗流问题中，自由水面以上可存在相当范围的非饱和区域（即图中孔隙水压为负和饱和度小于 1 的区域）。该区域中吸力的存在可为土体提供显著的黏聚力，进而影响坝体的稳定性。Huang 和 Jia（2009）基于非饱和渗流有限元分析方法进一步研究了库区水位下降引起的土坝中渗流规律。与上述案例不同的地方在于，Huang 和 Jia（2009）关注的是非饱和、非稳态流。坝身中的孔压和饱和度的分布在库区水位下降后的不同时间会呈现不同的分布规律。另外，还可以直接采用非饱和土水气两相渗流理论进行有限元数值分析（Fredlund 和 Rahardjo，1993；张丙印等，2002）。

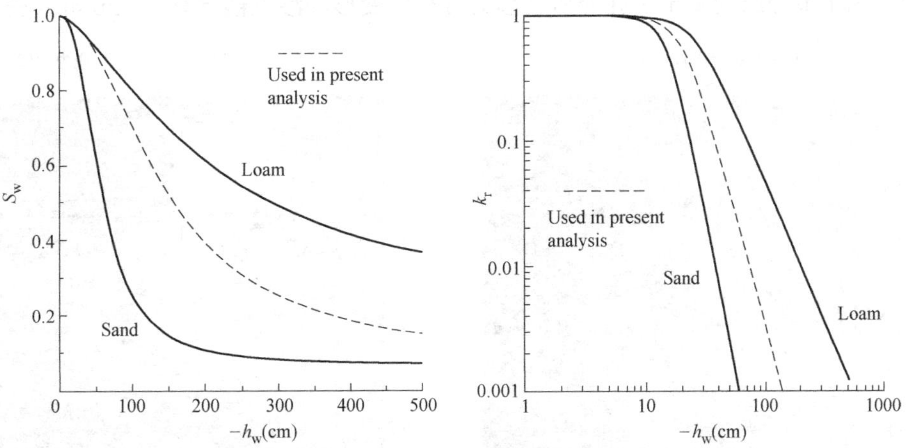

图 2.3-1 孔隙负水压与土体饱和度和渗透系数关系（Huang 和 Zienkiewicz，1998）

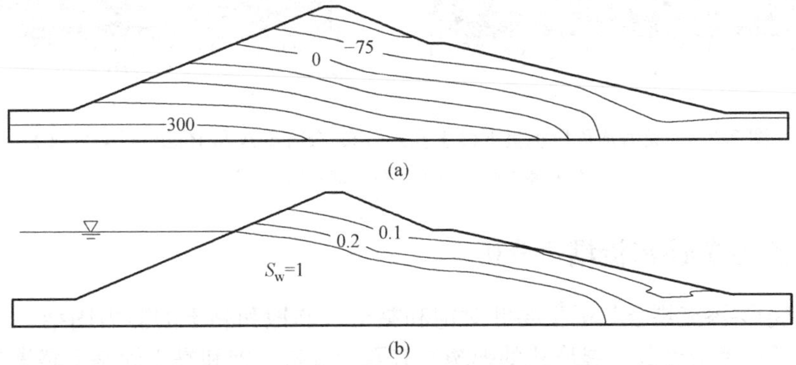

图 2.3-2 Lower San Fernando 土坝非饱和稳态渗流有限元分析

（a）孔压分布；（b）饱和度分布（Huang 和 Zienkiewicz，1998）

适于饱和多孔介质渗流分析的有限元方法在海上风电基础工程和地下工程领域都有较为广泛的应用。例如，针对砂性海床中海上风电吸力桶基础负压沉贯施工，有限元渗流分析常被用来估计临界沉贯负压（Erbrich 和 Tjelta，1999；Houlsby 和 Byrne，2004；Senders 和 Randolph，2009）。图 2.3-3 是 Senders 和 Randolph 计算的吸力桶在不同插入比（入土深度与桶径的比值）时，桶内外砂土中孔压分布。上述计算结果可以用来进一步确定吸力桶内特定位置的特征水力梯度（如图 2.3-3 选取了吸力桶壁内侧桶盖处的出露水力梯度），并通过令上述特征水力梯度等于砂土发生管涌的临界梯度，进而确定吸力桶负压沉贯的临界负压。在地下工程领域，饱和多孔介质渗流有限元分析方法也已经被应用于分析盾构施工和基坑开挖引起的地下水流动规律和水头空间分布，具体内容可参见 Anagnostou 和 Kovari（1996）、Perazzelli 等（2014）、Lu 等（2017）、Pratama 等（2020）以及 Veiskarami 和 Zanj（2014）。

渗流分析有限元方法可以便利地考虑具体工程可能涉及的地层复杂几何特征和边界条件，也可以直接考虑土体渗透特性的非均质、各向异性。但是值得注意的是，渗流计算将孔压和土体变形过程分开考虑，是一种简化处理方式，主要适用于孔压的改变对土体应力状态改变相对较小的情况。当孔隙水压力的变化过程与土体变形过程具有强耦合时，有必要采用 2.3.1 节介绍的基于多孔介质动静力方程的变形和渗流耦合有限元分析方法。

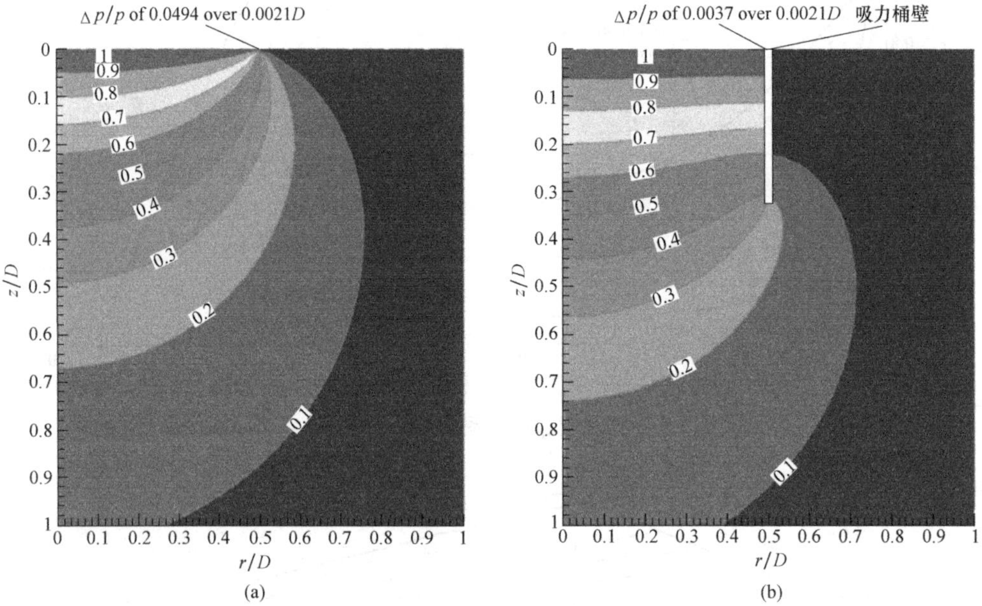

图 2.3-3　吸力桶负压沉贯下砂土孔压分布（Senders 和 Randolph，2009）

（a）插入比=0.017；（b）插入比=0.33

2.3.3　拟静力变形-渗流耦合分析

拟静力变形-渗流耦合分析主要针对饱和黏土或非饱和黏土的静力固结，这里仅介绍采用修正剑桥模型或者其扩展形式的弹塑性有限元分析。饱和黏土地基上路堤的长期沉降是静力固结计算的一个基本问题，Huang 等（2006）采用 MCC 模型分析了澳大利亚 Teven Road 试验路堤固结沉降，Karstunen 等（2005）采用 S-CLAY1、S-CLAY1S 和 MCC 模型分析了芬兰 Murro 试验路堤固结沉降，Karstunen 和 Yin（2010）利用弹黏塑性本构模型 EVP-SCLAY1S 进一步分析了芬兰 Murro 试验路堤长期沉降，Rezania 等（2016，2018）利用弹黏塑性本构模型 EVP-SANICLAY 分别对澳大利亚 Ballina 试验路堤和加拿大 Saint Alban 试验路堤长期沉降进行模拟分析，Muthing 等（2018）基于 S-CLAY1、S-CLAY1S 及 Plaxis 内置 Soft Soil Creep 模型对 Ballina 试验路堤的工后沉降进行有限元分析。如图 2.3-4 和图 2.3-5 所示，上述有限元分析可以有效地反映出软土路基的长期沉降和变形发展。

除了路堤长期沉降问题，拟静力变形-渗流耦合分析也经常用于预测诸如盾构施工和基坑开挖等地下过程诱发的土体固结变形。Kasper 和 Meschek（2004）利用 MCC 模型对盾构隧道施工引起的土体长期沉降进行了拟静力耦合分析，Wongsaroj 等（2013）基于

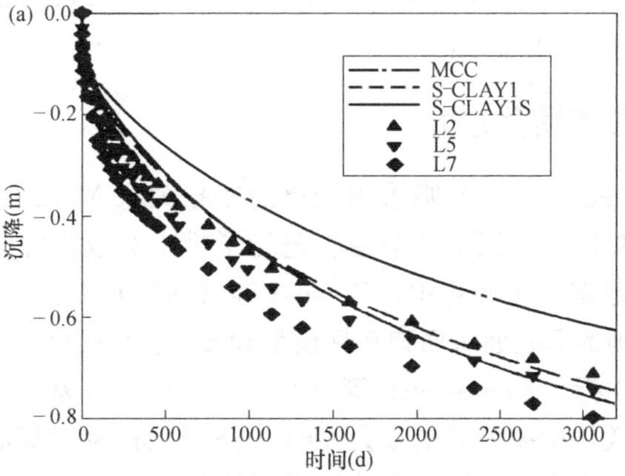

图 2.3-4 芬兰 Murro 试验路堤沉降时程曲线（Karstunen 等，2005）

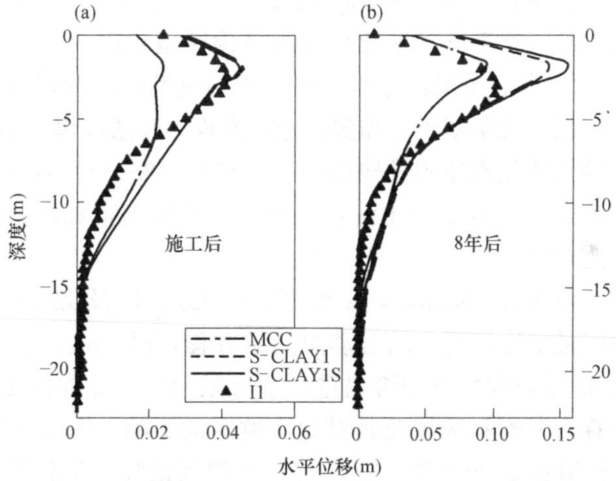

图 2.3-5 芬兰 Murro 试验路堤坡面以下土体水平位移（Karstunen 等，2005）

Hashiguchi 的次加载面模型对伦敦 St James's Park 站地铁盾构的长期固结进行了模拟，Whittle 等（1993）和 Ling 等（2016）利用 MIT-E3 模型和基于旋转硬化的剑桥类边界面模型针对基坑开挖进行变形和渗流静力耦合分析。除了上述应用，拟静力分析也被应用于计算桥梁基础（Zaman 等，1991）及海洋工程基础（Gourvenec 和 Randolph，2010）的长期沉降特性。

非饱和土巴塞罗那基本模型（Barcelona Basic Model，BBM）将剑桥模型扩展到非饱和状态（Alonso 等，1990），是描述非饱和土力学特性较为成功的弹塑性本构模型。基于 BBM 模型的非饱和土拟静力变形-渗流耦合分析开始于 Alonso 及其合作者（Costa，2000；Kogho，2003；Alonso 等，2005）。他们利用 BBM 模型，对土石坝在降雨和库区蓄水作用下的沉降变形问题进行了分析。在国内，陈正汉等（2001）较早地进行了基于类 BBM 模型的非饱和变形-渗流分析，研究了非饱和地基在分级加载条件下动态固结发展。Pinyol 等（2008）利用 BBM 模型结合变形-渗流耦合分析对水位快速下降作用下的非饱和边坡和路堤的变形特性进行了模拟。Nagel 和 Mescheke（2010）利用改进 BBM 模型结合非饱和土静力固结方法对气压支护盾构施工引起的土体变形进行了分析。卢再华等

(2006）和 Yao 等（2019）基于考虑土体损失的 BBM 模型分析了降雨入渗引起的边坡变形以及湿陷性黄土地基的沉降问题。

2.3.4 动力变形-渗流耦合分析

Zienkiewicz 等（1981，1982）则采用经典的非相关联 Mohr-Coulomb 准则和累积体变模型相结合的方法对饱和砂层的地震液化进行了排水有效应力分析，并应用于 Lower San Fernando 土坝的地震反应计算中。Prevost 等（1985）以及 Lacy 和 Prevost（1987）采用基于运动硬化准则的套叠屈服面弹塑性模型和 $\boldsymbol{u}$-$\boldsymbol{w}_{\mathrm{w}}$ 形式对饱和砂层和土坝的地震响应进行了有效应力分析。Zienkiewicz 等（1993b，1994c）基于广义塑性模型，利用 SWANDYNE 程序对美国国家科学基金会 VELACS 项目的动力离心机试验模型进行了弹塑性理论分析，并与试验结果中的观测值进行了比较。Popescu 和 Prevost（1993）则基于套叠屈服面模型利用 DYNAFLOW 进行了分析比较，Yang 和 Elgamal（2002）基于套叠屈服面模型和 $\boldsymbol{u}$-p 形式分析了 VELACS 离心试验中渗透系数对饱和砂层地震液化的影响，王刚和张建民（2007）基于砂土液化大变形本构模型利用 SWANDYNE 程序分析了 VELACS 离心试验。这些数值模拟较好地再现了离心模型试验测得的加速度响应、超静孔压响应及变形累积过程，表明基于饱和多孔介质方程和弹塑性模型的有效应力分析方法是解释动荷载作用下砂土液化现象的最佳选择。王刚等（2011）、Wang 等（2016，2017）以及杨春宝等（2017）研究了基于砂土液化大变形本构模型饱和砂层中桩基础、地下结构、海上风电等的地震响应。

Zienkiewicz 等（1990b），Zienkiewicz 和 Xie（1991）以及 Zienkiewicz 和 Huang 等（1994a，1998）利用广义塑性模型，结合动力固结方程，对 Lower San Fernando 土坝在 1971 年 San Ferdinando 地震作用下的垮塌进行了有限元分析。如图 2.3-1 所示为在上述有限元分析中土坝中存在非饱和区域及其对地震响应的影响。图 2.3-6 给出了 Huang 和 Zienkiewicz（1998）计算的 Lower San Fernando 土坝坝顶竖向位移发展的时程曲线和坝身土体孔压累积结果。这些计算结果表明，多孔介质动力固结有限元方法可以合理反映地震荷载作用下土体孔压累积并伴随土体永久变形的过程，以及地震后孔压的消散。

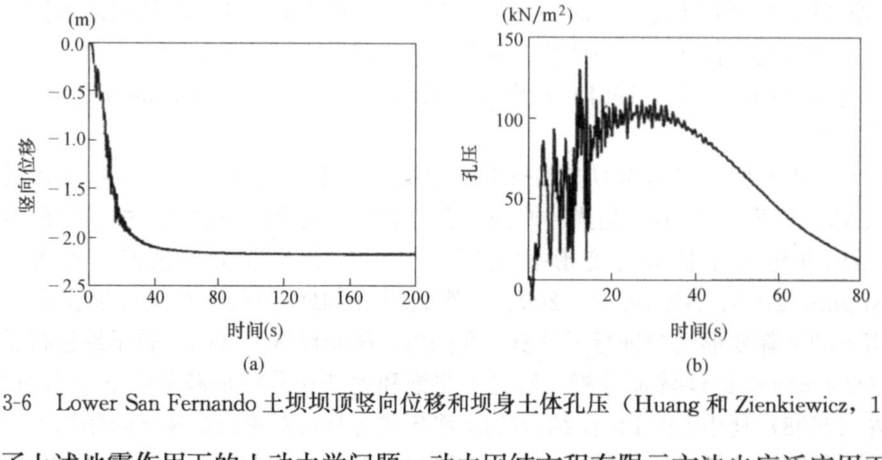

图 2.3-6 Lower San Fernando 土坝坝顶竖向位移和坝身土体孔压（Huang 和 Zienkiewicz，1998）

除了上述地震作用下的土动力学问题，动力固结方程有限元方法也广泛应用于涉及其他类型动载的岩土工程问题。Cuellar 等（2014）对海上风电大直径单桩基础在风暴潮荷载下的动力响应以及桩周土体的孔压累积进行动力有限元分析。Bayat 等（2015）对海上风电大直径单桩在波浪荷载下的瞬态响应进行二维有限元模拟。Kementzetzidis 等（2019）对海上风电风机-大直径单桩-土体一体化系统的动力响应进行了有限元分析。

2.4 多孔介质土颗粒侵蚀有限元分析方法

在多孔介质中，固相颗粒可因液相渗流而脱离土骨架，随液相一起流动，发生颗粒侵蚀和运移。这类现象对于岩土工程实践具有重要意义。例如，土石坝中颗粒渗流侵蚀可以引起管涌和流砂，最终引发坝体力学特性弱化和堤坝的破坏（Foster 等，2000；Richard 和 Reddy，2007；胡亚元和马攀，2015）。在富水砂性地层中进行地下工程开挖也常伴随颗粒渗流侵蚀和漏水漏砂（郑刚等，2014）。这类水土流失问题可严重影响地下工程本身的安全、诱发周围地层和既有结构的过大变形，甚至形成危及城市安全的地下空洞。

多相耦合是多孔介质中颗粒侵蚀运移的关键特征，也是造成该问题复杂的原因之一。一方面，固相颗粒的侵蚀是由液相的水力作用诱发和驱动，脱离了土骨架的颗粒可随液相流动发生运移。另一方面，颗粒侵蚀会导致土体孔隙结构发生变化（如孔隙比的增大），引起多孔介质渗透特性的改变，进而影响液相渗流和孔压分布特性。颗粒运移问题的复杂性还源于固相颗粒可发生侵蚀和沉积两类作用。当液相流速较大时，附着于土骨架上的颗粒被渗流侵蚀是主导现象。当液相流速较低时，悬浮于液相中的颗粒会沉积于土骨架上。对多孔介质中的颗粒侵蚀的模拟可基于离散元等细观力学方法，通过耦合离散元和计算流体力学或玻尔兹曼粒子法分析颗粒在渗流作用下的运移规律。然而，上述细观力学方法以土颗粒为基本分析对象，难以应用于实际岩土工程问题。后者往往具有较大几何尺寸。基于连续介质力学的有限元方法是分析具体工程实践中颗粒侵蚀运移更为合适的方法。

2.4.1 有限元基本方程

多孔介质中颗粒侵蚀有限元分析多基于如下基本假定，即多孔介质可以被划分为四相混合物（图 2.4-1），具体包括不可发生侵蚀的固相骨架（图 2.4-1 中 f^{sn}）、液相（图 2.4-1 中 f^{l}）、可侵蚀的固相骨架（图 2.4-1 中 f^{sa}）和悬浮于液相中的固相颗粒（图 2.4-1 中 f^{a}）。类似于 2.3 节，可以基于混合物理论，通过考虑上述四相介质的质量守恒，建立适于分析多孔介质中颗粒侵蚀运移的基本控制方程［具体推导过程参见 Vardoulakis 等（1996），Stavropoulou 等（1998）］。

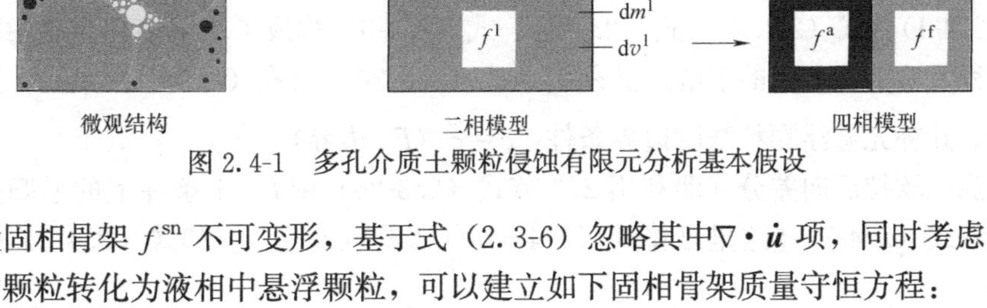

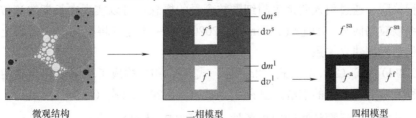

图 2.4-1 多孔介质土颗粒侵蚀有限元分析基本假设

假设固相骨架 f^{sn} 不可变形，基于式（2.3-6）忽略其中 $\nabla\cdot\dot{\boldsymbol{u}}$ 项，同时考虑固相骨架上吸附的颗粒转化为液相中悬浮颗粒，可以建立如下固相骨架质量守恒方程：

$$\frac{\partial n}{\partial t}-\dot{m}=0 \tag{2.4-1}$$

其中，$\dot{m}$ 描述了可侵蚀固相骨架转化为液相中悬浮颗粒的速率。假定悬浮于液相中的固相颗粒随液相以相同的流速在多孔介质中运移，得到悬浮颗粒的质量守恒方程（类似于 2.3 节中固结方程的建立，这里忽略孔隙比空间梯度的影响）：

$$\frac{\partial (cn)}{\partial t}-\dot{m}+\nabla c\cdot\dot{\boldsymbol{w}}_{\mathrm{w}}=0 \tag{2.4-2}$$

式中　c——液相中悬浮颗粒的体积浓度。

液相相对速度可以通过 Darcy 定律与孔压建立联系，将式（2.4-2）中基本未知量转变为孔压（这里假设土体处于饱和状态）：

$$\frac{\partial (cn)}{\partial t}-\dot{m}+\nabla c\cdot(-\bar{k}\ \nabla p+\bar{k}\rho_{\mathrm{w}}\boldsymbol{b})=0 \tag{2.4-3}$$

以液相和其中悬浮颗粒为整体，最后引入式（2.3-21）中连续性方程，建立完整的方程组（这里假设土骨架不发生变形，且忽略液相的压缩性 $K_{\mathrm{w}}=\infty$）：

$$-\nabla\cdot\bar{k}\ \nabla p+\nabla\cdot\bar{k}\rho_{\mathrm{w}}\boldsymbol{b}=0 \tag{2.4-4}$$

对式（2.4-2）中 $\dot{m}$ 的描述可以看作是多孔介质颗粒侵蚀问题的本构方程，可以建立其与液相流速、孔隙比以及悬浮颗粒浓度的联系：

$$\dot{m}=\dot{m}(\dot{\boldsymbol{w}}_{\mathrm{w}},c,n) \tag{2.4-5}$$

上述本构关系可以包含颗粒侵蚀和沉积这两种相反作用。颗粒侵蚀与一般与流速 $\dot{\boldsymbol{w}}_{\mathrm{w}}$ 成正相关，而颗粒沉积则与流速呈负相关。另外，$\dot{m}$ 描述的是土单元中总体固相质量的变化，考虑到悬浮于液相中的固相颗粒会随水流迁移，因此 $\dot{m}$ 会随当前液相中悬浮颗粒的浓度 c 的增加而变大。Vardoulakis 等（1996）给出了一个简单的描述 $\dot{m}$ 与流速和液相中颗粒浓度关系的线性经验表达式，其中考虑了颗粒侵蚀与沉积的净作用：

$$\dot{m}=\lambda(1-n)c\parallel\dot{\boldsymbol{w}}_{\mathrm{w}}\parallel \tag{2.4-6}$$

式中　λ——材料参数。

Stavroupoulou 等（1998）在式（2.4-6）的基础上引入了临界悬浮颗粒浓度 c_{cr}（即 c 会最终收敛至 c_{cr}），以考虑了 c 对侵蚀速率 $\dot{m}$ 的非线性影响。Yang 等（2020）建议将 $\dot{m}$ 与吸附在土骨架上的细颗粒含量建立联系，而不是像式（2.4-6）中与悬浮液相中的细颗粒含量进行关联，通过引入残余吸附细颗粒含量的概念，可以实现在长期渗流侵蚀下土骨架上吸附细颗粒趋向某一稳定值。Yin 等（2020）进一步建议将上述残余值与土体应力状态和渗流强弱程度建立关系。

式（2.4-1）、式（2-4.3）、式（2.4-4）、式（2.4-6）构成了求解多孔介质中颗粒侵蚀的基本方程。对上述方程的求解还必须引入式（2.3-20）和式（2.3-21）中的孔压和流量边界条件，并补充悬浮颗粒浓度边界条件：$c=\tilde{c}$（Γ_{c} 边界）。

采用隐式欧拉后向差分（即利用 2.3 节式（2.3-26）中 $\theta=1$ 条件下的递归关系）处理控制方程式（2.4-1）［这里已将式（2.4-6）代入式（2.4-1）］和式（2.4-3）中时间离散，可得：

$$\frac{c_{n+1}n_{n+1}-c_n n_n}{\Delta t}-\frac{n_{n+1}-n_n}{\Delta t}+\nabla c_{n+1}\cdot(-\bar{k}\ \nabla p_{n+1}+\bar{k}\rho_{\mathrm{w}}\boldsymbol{b})=0 \tag{2.4-7}$$

$$\frac{n_{n+1}-n_n}{\Delta t}-\lambda(1-n_{n+1})c_{n+1}\ \|\dot{\boldsymbol{w}}_{\mathrm{w},n+1}\|=0 \tag{2.4-8}$$

对上述基本控制方程利用 Galerkin 方法进行有限元空间离散，可得到：

$$\boldsymbol{\Psi}_1^{n+1}=\int_\Omega \boldsymbol{N}^{\mathrm{T}}\left[\frac{\boldsymbol{N}\boldsymbol{c}_{n+1}\boldsymbol{N}\boldsymbol{n}_{n+1}-\boldsymbol{N}\boldsymbol{c}_n\boldsymbol{N}\boldsymbol{n}_n}{\Delta t}-(\nabla\boldsymbol{N}\boldsymbol{c}_{n+1})^{\mathrm{T}}\bar{\boldsymbol{k}}(\nabla\boldsymbol{N}\boldsymbol{p}_{n+1}-\rho_{\mathrm{w}}\boldsymbol{b})-\frac{\boldsymbol{N}\boldsymbol{n}_{n+1}-\boldsymbol{N}\boldsymbol{n}_n}{\Delta t}\right]\mathrm{d}\Omega=0$$

$$\boldsymbol{\Psi}_2^{n+1}=\int_\Omega \boldsymbol{N}^{\mathrm{T}}\left[\frac{\boldsymbol{N}\boldsymbol{n}_{n+1}-\boldsymbol{N}\boldsymbol{n}_n}{\Delta t}-\lambda(1-\boldsymbol{N}\boldsymbol{n}_{n+1})\boldsymbol{N}\boldsymbol{c}_{n+1}\sqrt{(\nabla\boldsymbol{N}\boldsymbol{p}_{n+1}-\rho_{\mathrm{w}}\boldsymbol{b})^{\mathrm{T}}\bar{\boldsymbol{k}}^{\mathrm{T}}\bar{\boldsymbol{k}}(\nabla\boldsymbol{N}\boldsymbol{p}_{n+1}-\rho_{\mathrm{w}}\boldsymbol{b})}\right]\mathrm{d}\Omega=0$$

$$\boldsymbol{\Psi}_3^{n+1}=\int_\Omega(\nabla\boldsymbol{N})^{\mathrm{T}}\bar{\boldsymbol{k}}(\nabla\boldsymbol{N}\boldsymbol{p}_{n+1}-\rho_{\mathrm{w}}\boldsymbol{b})\mathrm{d}\Omega+\int_\Gamma \boldsymbol{N}^{\mathrm{T}}\tilde{q}\,\mathrm{d}\Gamma=0 \tag{2.4-9}$$

式中 $\boldsymbol{n}_{n+1}$、$\boldsymbol{c}_{n+1}$、$\boldsymbol{p}_{n+1}$——代表单元节点处的孔隙率、悬浮颗粒浓度和孔压，其他符号同 2.3 节。

式（2.4-9）可以采用标准 Newton-Raphson 非线性迭代方法进行求解：

$$\begin{bmatrix}\partial\boldsymbol{\Psi}_1^{n+1}/\partial\boldsymbol{n}_{n+1} & \partial\boldsymbol{\Psi}_1^{n+1}/\partial\boldsymbol{c}_{n+1} & \partial\boldsymbol{\Psi}_1^{n+1}/\partial\boldsymbol{p}_{n+1}\\ \partial\boldsymbol{\Psi}_2^{n+1}/\partial\boldsymbol{n}_{n+1} & \partial\boldsymbol{\Psi}_2^{n+1}/\partial\boldsymbol{c}_{n+1} & \partial\boldsymbol{\Psi}_2^{n+1}/\partial\boldsymbol{p}_{n+1}\\ \partial\boldsymbol{\Psi}_3^{n+1}/\partial\boldsymbol{n}_{n+1} & \partial\boldsymbol{\Psi}_3^{n+1}/\partial\boldsymbol{c}_{n+1} & \partial\boldsymbol{\Psi}_3^{n+1}/\partial\boldsymbol{p}_{n+1}\end{bmatrix}^i\begin{Bmatrix}\delta\boldsymbol{n}_{n+1}\\ \delta\boldsymbol{c}_{n+1}\\ \delta\boldsymbol{p}_{n+1}\end{Bmatrix}^i=-\begin{Bmatrix}\boldsymbol{\Psi}_1^{n+1}\\ \boldsymbol{\Psi}_2^{n+1}\\ \boldsymbol{\Psi}_3^{n+1}\end{Bmatrix}^i \tag{2.4-10}$$

需要注意上述基本方程不考虑土体固相的变形。若要进行渗流侵蚀与土体变形耦合分析，需要在式（2.4-1）的土体骨架的质量守恒方程中考虑固相速度影响，即：

$$\frac{\partial n}{\partial t}-(1-n)(\nabla\cdot\dot{\boldsymbol{u}})-\dot{m}=0 \tag{2.4-11}$$

同时，在式（2.4-2）的悬浮颗粒的质量守恒方程中考虑由于土体变形而引起的单位体积内悬浮颗粒的质量的改变：

$$\frac{\partial(cn)}{\partial t}-\dot{m}+\nabla c\cdot\dot{\boldsymbol{w}}_{\mathrm{w}}+c\nabla\cdot\dot{\boldsymbol{w}}_{\mathrm{w}}+cn\ \nabla\cdot\dot{\boldsymbol{u}}+n\ \nabla c\cdot\dot{\boldsymbol{u}}=0 \tag{2.4-12}$$

并在连续性方程中考虑土体固结变形的贡献，对于饱和土体忽略液相的压缩性（$K_{\mathrm{w}}=\infty$），参照 2.3 节固结方程得到：

$$\boldsymbol{m}^{\mathrm{T}}\boldsymbol{L}\dot{\boldsymbol{u}}-\nabla^{\mathrm{T}}\bar{k}\ \nabla p+\nabla^{\mathrm{T}}\bar{k}\rho_{\mathrm{w}}\boldsymbol{b}=0 \tag{2.4-13}$$

最后，需要补充 2.3 节中的土体动量平衡方程：

$$\boldsymbol{L}^{\mathrm{T}}(\boldsymbol{\sigma}'-\boldsymbol{m}p)+\rho\boldsymbol{b}=0 \tag{2.4-14}$$

进而可以对式（2.4-11）和式（2.4-12）[注意，这里已经引入了式（2.4-6）中的侵蚀规律] 进行时间离散，得到：

$$\frac{c_{n+1}n_{n+1}-c_n n_n}{\Delta t}-\frac{n_{n+1}-n_n}{\Delta t}+(1-c_{n+1})(1-n_{n+1})\frac{\nabla\cdot\boldsymbol{u}_{n+1}-\nabla\cdot\boldsymbol{u}_n}{\Delta t}+$$
$$n_{n+1}\ \nabla c_{n+1}\cdot\left(\frac{\boldsymbol{u}_{n+1}-\boldsymbol{u}_n}{\Delta t}\right)+\nabla c_{n+1}\cdot\dot{\boldsymbol{w}}_{\mathrm{w},n+1}=0 \tag{2.4-15}$$

$$\frac{n_{n+1}-n_n}{\Delta t}-(1-n_{n+1})\frac{\nabla\cdot\boldsymbol{u}_{n+1}-\nabla\cdot\boldsymbol{u}_n}{\Delta t}-\lambda(1-n_{n+1})c_{n+1}\ \|\dot{\boldsymbol{w}}_{\mathrm{w},n+1}\|=0 \tag{2.4-16}$$

进一步利用 Galerkin 方法建立上述渗透侵蚀变形耦合分析的空间离散形式：

$$\boldsymbol{\Psi}_1^{n+1}=\int_\Omega \boldsymbol{N}^{\mathrm{T}}\left[\frac{\boldsymbol{N}\boldsymbol{c}_{n+1}\boldsymbol{N}\boldsymbol{n}_{n+1}-\boldsymbol{N}\boldsymbol{c}_n\boldsymbol{N}\boldsymbol{n}_n}{\Delta t}-(\nabla\boldsymbol{N}\boldsymbol{c}_{n+1})^{\mathrm{T}}\left[(\boldsymbol{N}\boldsymbol{n}_{n+1})\frac{\boldsymbol{N}\boldsymbol{n}_{n+1}-\boldsymbol{N}\boldsymbol{n}_n}{\Delta t}-\bar{\boldsymbol{k}}(\nabla\boldsymbol{N}\boldsymbol{p}_{n+1}-\rho_{\mathrm{w}}\boldsymbol{b})\right]\right\}\mathrm{d}\Omega$$

$$+\int_\Omega\left[(1-\boldsymbol{N}\boldsymbol{c}_{n+1})(1-\boldsymbol{N}\boldsymbol{n}_{n+1})\boldsymbol{B}^{\mathrm{T}}\boldsymbol{m}\frac{\boldsymbol{N}\boldsymbol{u}_{n+1}-\boldsymbol{N}\boldsymbol{u}_n}{\Delta t}-\boldsymbol{N}^{\mathrm{T}}\left(\frac{\boldsymbol{N}\boldsymbol{n}_{n+1}-\boldsymbol{N}\boldsymbol{n}_n}{\Delta t}\right)\right]\mathrm{d}\Omega=0$$

$$\boldsymbol{\Psi}_2^{n+1}=\int_\Omega \boldsymbol{N}^{\mathrm{T}}\left[\frac{\boldsymbol{N}\boldsymbol{n}_{n+1}-\boldsymbol{N}\boldsymbol{n}_n}{\Delta t}-\lambda(1-\boldsymbol{N}\boldsymbol{n}_{n+1})\boldsymbol{N}\boldsymbol{c}_{n+1}\sqrt{(\nabla\boldsymbol{N}\boldsymbol{p}_{n+1}-\rho_{\mathrm{w}}\boldsymbol{b})^{\mathrm{T}}\bar{\boldsymbol{k}}^{\mathrm{T}}\bar{\boldsymbol{k}}(\nabla\boldsymbol{N}\boldsymbol{p}_{n+1}-\rho_{\mathrm{w}}\boldsymbol{b})}\right]\mathrm{d}\Omega$$

$$-\int_\Omega(\boldsymbol{N}\boldsymbol{n}_{n+1}-1)\boldsymbol{B}^{\mathrm{T}}\boldsymbol{m}\frac{\boldsymbol{N}\boldsymbol{u}_{n+1}-\boldsymbol{N}\boldsymbol{u}_n}{\Delta t}\mathrm{d}\Omega=0$$

$$\boldsymbol{\Psi}_3^{n+1}=\boldsymbol{Q}^{\mathrm{T}}\left(\frac{\boldsymbol{u}_{n+1}-\boldsymbol{u}_{\mathrm{n}}}{\Delta t}\right)+\boldsymbol{H}\boldsymbol{p}_{n+1}-(\boldsymbol{f}_{\mathrm{p}})_{n+1}=0$$

$$\boldsymbol{\Psi}_4^{n+1}=\int_\Omega\boldsymbol{B}^{\mathrm{T}}\boldsymbol{\sigma}'_{n+1}\mathrm{d}\Omega-\boldsymbol{Q}\boldsymbol{p}_{n+1}-(\boldsymbol{f}_{\mathrm{s}})_{n+1}=0 \tag{2.4-17}$$

类似于上述非耦合渗流侵蚀分析，式（2.4-17）可以通过标准 Newton-Raphson 非线性迭代方法进行求解：

$$\begin{bmatrix}\partial\boldsymbol{\Psi}_1^{n+1}/\partial\boldsymbol{n}_{n+1} & \partial\boldsymbol{\Psi}_1^{n+1}/\partial\boldsymbol{c}_{n+1} & \partial\boldsymbol{\Psi}_1^{n+1}/\partial\boldsymbol{p}_{n+1} & \partial\boldsymbol{\Psi}_1^{n+1}/\partial\dot{\boldsymbol{u}}_{n+1}\\ \partial\boldsymbol{\Psi}_2^{n+1}/\partial\boldsymbol{n}_{n+1} & \partial\boldsymbol{\Psi}_2^{n+1}/\partial\boldsymbol{c}_{n+1} & \partial\boldsymbol{\Psi}_2^{n+1}/\partial\boldsymbol{p}_{n+1} & \partial\boldsymbol{\Psi}_2^{n+1}/\partial\dot{\boldsymbol{u}}_{n+1}\\ \partial\boldsymbol{\Psi}_3^{n+1}/\partial\boldsymbol{n}_{n+1} & \partial\boldsymbol{\Psi}_3^{n+1}/\partial\boldsymbol{c}_{n+1} & \partial\boldsymbol{\Psi}_3^{n+1}/\partial\boldsymbol{p}_{n+1} & \partial\boldsymbol{\Psi}_3^{n+1}/\partial\dot{\boldsymbol{u}}_{n+1}\\ \partial\boldsymbol{\Psi}_4^{n+1}/\partial\boldsymbol{n}_{n+1} & \partial\boldsymbol{\Psi}_4^{n+1}/\partial\boldsymbol{c}_{n+1} & \partial\boldsymbol{\Psi}_4^{n+1}/\partial\boldsymbol{p}_{n+1} & \partial\boldsymbol{\Psi}_4^{n+1}/\partial\dot{\boldsymbol{u}}_{n+1}\end{bmatrix}^i\begin{Bmatrix}\delta\boldsymbol{n}_{n+1}\\ \delta\boldsymbol{c}_{n+1}\\ \delta\boldsymbol{p}_{n+1}\\ \delta\dot{\boldsymbol{u}}_{n+1}\end{Bmatrix}^i=-\begin{Bmatrix}\boldsymbol{\Psi}_1^{n+1}\\ \boldsymbol{\Psi}_2^{n+1}\\ \boldsymbol{\Psi}_3^{n+1}\\ \boldsymbol{\Psi}_4^{n+1}\end{Bmatrix}^i \tag{2.4-18}$$

最后需要注意的是，上述渗流侵蚀基本控制方程将固相骨架和可被侵蚀但仍吸附于固相骨架上的细颗粒视为整体考虑。Yang 等（2020）和 Yin 等（2020）将颗粒侵蚀有限元方法与考虑细颗粒含量对土体力学特性影响的本构关系结合在一起，这时就需要显式地区分不可被侵蚀的固相骨架和潜在可被侵蚀的细颗粒，分别建立上述两类固相颗粒的质量守恒，有兴趣的读者可以参见上述文献。

2.4.2 渗流侵蚀分析

上述颗粒侵蚀有限元方法在分析堤防工程中管涌形成和发展问题上有较为广泛的应用（罗玉龙等，2008，2010；胡亚元和马攀，2013；2015；Yin 等，2020）。例如，胡亚元和马攀（2015）对二维均质土石坝中渗流引发管涌的过程进行数值模拟（图 2.4-2 和图 2.4-3）。图 2.4-2 中给出了不同渗流时间后土坝坝身中的土体孔隙率的分布。孔隙率的增大反映了土体中细颗粒发生渗流冲蚀。从图 2.4-2 的模拟计算可见，渗流冲蚀首先发生在土坝渗流溢出面附近，即水力梯度较大的区域。随着侵蚀时间的增加，发生侵蚀的区域逐渐向上游扩展，直至管涌侵蚀在土坝中贯通，即图 2.4-2（b）所示。图 2.4-3 中给出了与图 2.4-2 中分布对应时刻的坝身中渗流流速的分布。对比上述两图，可见在发生渗流侵蚀区域，由于土体孔隙的扩大，导致多孔介质渗透系数的增大和相应地渗流的加速。另外，从式（2.4-6）可知，渗流流速的上升可进一步加快颗粒侵蚀的发展。上述过程构成了多孔介质中渗流与颗粒侵蚀的主要耦合形式，而 2.4.1 节中介绍的有限元方法可以充分反映上述耦合机理。除了用于上述堤坝中管涌过程模拟，渗流侵蚀有限元分析方法也被用于管涌控制技术（如悬挂式防渗墙）应用效果的评估分析（罗玉龙和速宝玉，2010），地下水渗流侵蚀诱发地表沉降和边坡失稳变化的计算（Sterpi，2003；Cividini 和 Gioda，2004；张磊等，2014）。在渗流侵蚀与土体变形耦合分析方面，Stavropoulou 等（1998）分析了油井出砂后对井本身变形和稳定性的影响，Yang 等（2020）分析含细粒砂土试样在不同程度侵蚀后力学特性的变化，Yin 等（2020）研究了土坝中细颗粒在渗流作用下的侵蚀和运移规律及对土坝稳定性的影响。

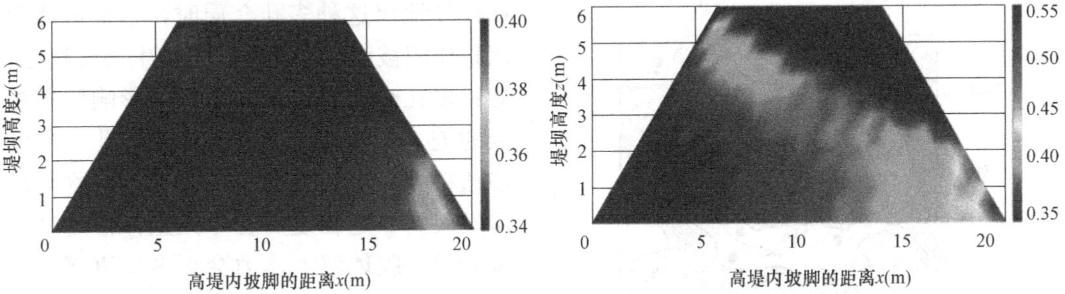

(a) (b)

图 2.4-2 不同时刻坝身土体孔隙率分布（胡亚元和马攀，2015）

(a) 时间 $t=10000$s；(b) 时间 $t=50000$s

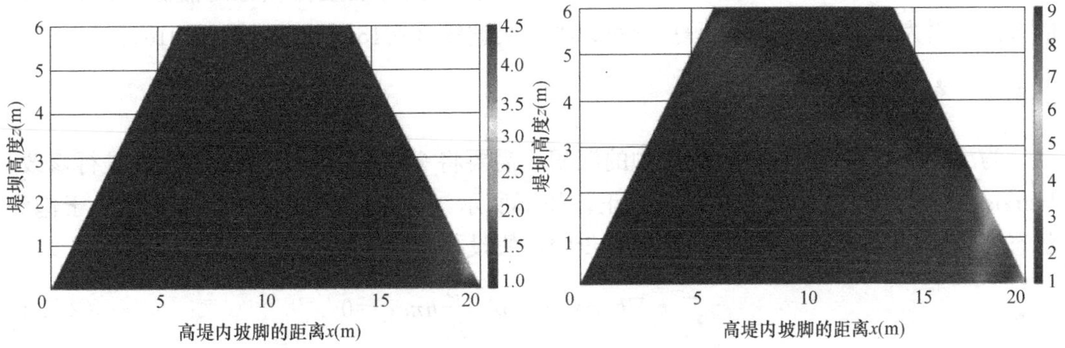

(a) (b)

图 2.4-3 不同时刻坝身渗流流速分布（胡亚元和马攀，2015）

(a) 时间 $t=10000$s；(b) 时间 $t=50000$s

2.5 多孔介质土胶体颗粒溶液渗透有限元分析方法

在多孔介质中，悬浮胶体颗粒溶液（如泥浆）可以随着液相流动向外扩散，并会被土体骨架留置，发生颗粒沉积现象，进而影响后续渗流的发展。这类多孔介质土中的胶体颗粒溶液流动现象对于岩土工程实践具有重要意义。例如，在地下连续墙槽段开挖、钻孔灌注桩或防渗墙成孔或成槽中，为维持槽段和成孔的稳定性采用的泥浆护壁措施，需要分析泥浆在周围土层中的渗透情况。在渗透性好的砂性地层中，泥浆可能发生大量滤失，进而影响泥皮形成和泥浆护壁效果。在泥水盾构隧道施工时，泥浆性能需要与地层特性匹配，避免泥浆颗粒直接透过地层孔隙渗出而无法及时形成有效的支护压力。此外，钻孔灌注桩施工中采用的压力注浆和注浆法地基加固时，浆液细颗粒在压力作用下在原位土骨架的孔隙中运移和沉积也属于这类问题。

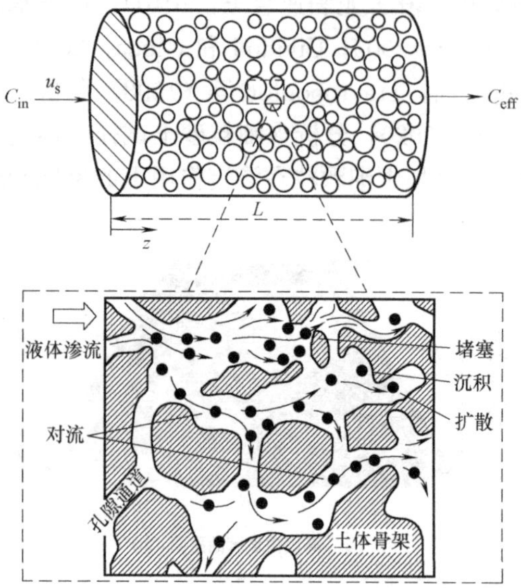

图 2.5-1 多孔介质土中胶体颗粒溶液渗透过程

如图 2.5-1 所示，胶体颗粒溶液流动问题涉及土体应力场、液相流速、胶体浓度三场耦合。悬浮胶体颗粒的尺寸会影响其在多孔介质中的流动和运移，而胶体颗粒的浓度会影响其在液相中的扩散。液相的流动会携带悬浮固相胶体颗粒发生运移，在流经地层这种多孔介质时，颗粒可能因沉积作用被留置在孔隙中而发生物理堵塞，导致多孔介质渗透特性降低，影响胶体溶液的进一步渗流。另一方面，多孔介质的渗透特性又会影响孔压的传递。当物理堵塞发展到一定程度后会导致土体渗透性大幅降低，胶体溶液压力会更多地直接作用到介质骨架之上，使其有效应力增加。下文将简介基于连续介质力学有限元方法对分析多孔介质胶体颗粒溶液流动进行分析的方法，更为详细的介绍和方程推导可以参见吴迪等（2015）、Zhou 等（2018）。

2.5.1 有限元基本方程

为了考虑胶体颗粒在多孔介质中的沉积，需要将 2.3 中的液相连续性方程进行修改，Herzig 等（1970）引入沉积项进行修正，如下所示（注意，这里假设多孔介质处于饱和状态，且液相不可压缩；在各时间计算步中，假设孔隙率 n 保持不变）：

$$-\nabla^{\mathrm{T}}\bar{k}\ \nabla p+\nabla^{\mathrm{T}}\bar{k}\rho_{\mathrm{w}}\boldsymbol{b}-\frac{\beta}{\rho_{\mathrm{s}}}hnc_{\mathrm{L}}=0 \tag{2.5-1}$$

最后一项考虑了胶体沉积的影响，其中 n 为颗粒留置后的孔隙率；$1/\beta$ 是胶体颗粒的紧密度系数，与颗粒形状和排列方式相关；ρ_{s} 是固相颗粒的密度；c_{L} 为颗粒悬浮液的质量浓度；h 为沉积系数，hc_{L} 表征了单位时间内单位液体体积中沉积的颗粒质量，可根据 Herzig 等（1970）提出的胶体沉积特性 $\frac{\partial c_{\mathrm{T}}}{\partial t}=hc_{\mathrm{L}}$ 换算得到，c_{T} 为单位悬浮液体积内被俘获的颗粒质量，这部分颗粒被俘获后就滞留在孔隙中不再迁移。在不同的增量步中采用下式更新孔隙率 n：

$$n=n_0-\beta\frac{c_{\mathrm{T}}n}{\rho_{\mathrm{s}}} \tag{2.5-2}$$

式中 n_0——孔隙介质初始孔隙率。

需要特别注意的是，式（2.5-1）中的渗透系数会因颗粒沉积堵塞孔隙而降低。这里可采用 Maroudas 和 Eisenklam（1965）所提出的渗透系数与孔隙率的公式进行计算：

$$k=k_0\left(\frac{1-n}{1-n_0}\right)^{-4/3}\left(\frac{n}{n_0}\right)^3 \tag{2.5-3}$$

式中 k_0——孔隙介质初始渗透系数；

k——颗粒留置后的渗透系数，联合式（2.5-2）即可得出 k 与 c_L 的关系。

胶体颗粒在多孔介质中的迁移特性不仅受到液相渗流的影响，也与自身颗粒的扩散有关，因此还需要建立胶体颗粒的浓度扩散方程（这里忽略颗粒悬浮液的空间变化的二阶效应）：

$$nhc_L+n\dot{c}_L+\nabla\cdot(c_L\dot{w}_w)-D_L\nabla^T\nabla c_L=0 \tag{2.5-4}$$

式中 D_L——扩散系数（这里假设各向同性扩散）。

对式（2.5-1）和式（2.5-4）进行有限元离散，可以建立如下有限元方程：

$$\boldsymbol{Hp}+\boldsymbol{E}_c\boldsymbol{c}_L=\boldsymbol{f}_p \tag{2.5-5}$$

$$\boldsymbol{H}_c\boldsymbol{c}_L+\boldsymbol{S}_c\dot{\boldsymbol{c}}_L=\boldsymbol{f}_c \tag{2.5-6}$$

其中，

$$\boldsymbol{E}_c=\int_\Omega \boldsymbol{N}^T\left(-\frac{\beta hn}{\rho_s}\right)\boldsymbol{N}d\Omega$$

$$\boldsymbol{H}_c=\int_\Omega \boldsymbol{N}^T(nh)\boldsymbol{N}+(\nabla\boldsymbol{N})^T\overline{\boldsymbol{D}}_L(\nabla\boldsymbol{N})-(\nabla\boldsymbol{N})^T\dot{\boldsymbol{w}}_w\boldsymbol{N}d\Omega$$

$$\boldsymbol{S}_c=\int_\Omega \boldsymbol{N}^T(n)\boldsymbol{N}d\Omega;\quad \boldsymbol{f}_c=\int_\Gamma -\boldsymbol{N}^T\tilde{q}_{wc}+\boldsymbol{N}^T\tilde{q}_c d\Gamma$$

式中 $\tilde{q}_{wc}$、$\tilde{q}_c$——边界上颗粒悬浮液随水流的对流流量和扩散流量。

注意，$\boldsymbol{H}_c$ 中包含孔隙液相流速 $\dot{\boldsymbol{w}}_w$，可以利用 Darcy 定律建立其与孔压的联系：

$$\dot{\boldsymbol{w}}_w=-\bar{k}\nabla p+\bar{k}\rho_w\boldsymbol{b} \tag{2.5-7}$$

同时，因为 $\boldsymbol{H}_c$ 中存在 $\dot{\boldsymbol{w}}_w$，式（2.5-5）和式（2.5-6）中有限元方程不是基本未知量（即孔压 p 和悬浮颗粒浓度 c_L）及其导数的线性组合形式。对上述有限元方程的求解可以如 2.4 节中直接对有限元方程进行仅保留线性项的泰勒展开，利用 N-R 方法进行求解。具体过程包括假设悬浮颗粒浓度 c_L 的初值求解式（2.5-5）中渗流方程，利用得到的孔压结果通过式（2.5-5）求解孔隙水流速，代入式（2.5-6）中求解颗粒浓度 c_L。重复上述迭代过程，直至 c_L 收敛。

最后需要注意，上述有限元方程不考虑土体变形。若需要进行胶粒悬浮液流动与土体变形耦合分析，需要在式（2.5-1）的连续性方程里面考虑土体固结变形的贡献，对于饱和土体，可以不考虑孔隙液体的压缩性（$K_w=\infty$），参照 2.3 节固结方程式（2.3-21）可以写成：

$$\boldsymbol{m}^T\boldsymbol{L}\dot{\boldsymbol{u}}-\nabla^T\bar{k}\nabla p+\nabla^T\bar{k}\rho_w\boldsymbol{b}-\frac{\beta h}{\rho_s}nC_L=0 \tag{2.5-8}$$

另外，需要补充整体动量平衡方程，参照式（2.3-20）：

$$\boldsymbol{L}^T(\boldsymbol{\sigma}'-\boldsymbol{m}p)+\rho\boldsymbol{b}=0 \tag{2.5-9}$$

对式（2.5-8）和式（2.5-9）进行有限元离散，可以建立如下有限元方程：

$$\int_\Omega \boldsymbol{B}^T\boldsymbol{\sigma}'d\Omega-\boldsymbol{Qp}=\boldsymbol{f}_s \tag{2.5-10}$$

$$\boldsymbol{Q}^T\dot{\boldsymbol{u}}+\boldsymbol{Hp}+\boldsymbol{E}_c\boldsymbol{c}_L=\boldsymbol{f}_p \tag{2.5-11}$$

式中，$\boldsymbol{Q}=\int_\Omega \boldsymbol{B}^T\boldsymbol{mN}_p d\Omega$。联合式（2.5-10）、式（2.5-11）和式（2.5-6）就可以进行胶粒悬浮液流动与土体变形耦合分析了。

2.5.2 泥浆渗透分析

以地连墙槽段施工中泥浆渗透为例，说明上述多孔介质土中胶体颗粒溶液流动有限元分析方法的应用。建立平面应变模型（图 2.5-2a），模型长 10m，高 30m，槽段开挖深度设定为 20m。设定模型长 10m 以充分保证泥浆颗粒全部沉积在模型当中。因此左上 20m 边界设定为泥浆浓度渗透边界，左下 10m 边界设定为无通量边界。泥浆比重设定为 1.17，底部位移边界设置为固定约束，右侧和左侧下 10m 设定为法向支撑，其他位移边界为自由边界。图 2.5-2（b）～(d) 显示出了时间 $t=30$s，300s，600s 时土层中孔隙率变化情况。一方面可以看出随着泥浆逐渐渗透扩散，颗粒沉积范围逐渐增大，孔隙率减少的范围也逐渐增大，另一方面在 $t=30$s 时，泥浆与土体接触边界处的孔隙率已经减少至初始孔隙率的一半，在 $t=300$s 时孔隙率减少至 0.1，基本上可认为已经形成泥皮，即可以充分利用泥浆和土壤的接触表面上的泥浆的压力。图 2.5-2（e）～(g) 显示出了与图 2.5-2 (b)～(d) 相对应时刻的孔隙水压力变化情况，随着泥浆渗透与颗粒沉积的进行，在逐渐形成泥皮后，土层中的超孔隙水压力逐渐消散趋于静水压力，土层中的有效应力逐步发挥，泥浆提供的支护压力就可完全作用于泥皮之上，达到泥浆护壁维持槽段稳定的作用。

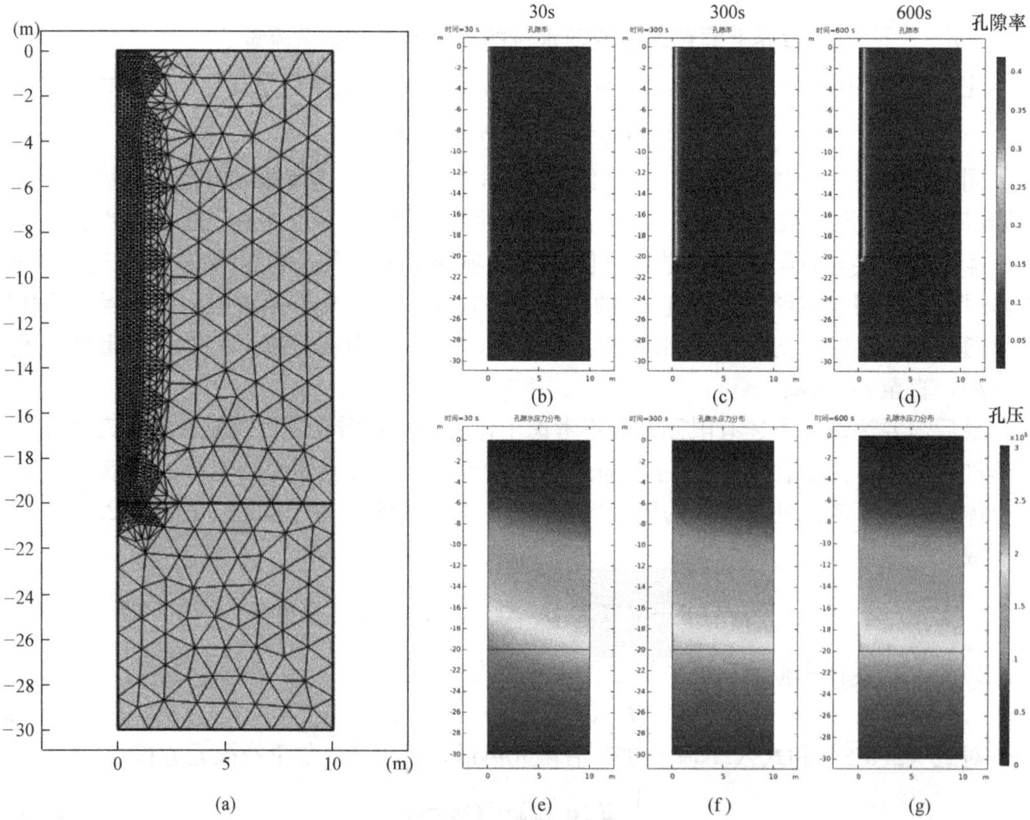

图 2.5-2 地连墙槽段施工中泥浆渗透有限元分析

(a) 网格划分；(b)～(d) 土体孔隙率变化；(e)～(g) 孔隙水压力变化

利用 2.5.1 节介绍的有限元方法，周顺华（2019）研究了不同地层中地连墙成槽过程中泥浆颗粒填充和有效支护压力转化随时间的变化关系，以便动态制定成槽开挖方案。毛家骅等（2020）研究了砂土地层中泥水盾构开挖面泥浆渗透时间、泥浆浓度、泥浆压力和地层初始孔隙率对泥浆成膜的影响。Zhou 等（2020）利用考虑注浆中水泥颗粒沉积体积的渗流模型来研究加固岩土材料的渗透注浆法，研究了注浆渗透中的渗流压降的变化情况，并将其推广到注浆设计中。

参考文献

[1] Zienkiewicz O C，Taylor R L. The Finite Element Method [M]. 5th edition，Vol. 2，Solid Mechanics，Oxford：Butterworth-Heinemann，2000.

[2] Potts D M，Zdravkovic L. Finite Element Analysis in Geotechnical Engineering [M]. Thomas Telford，London，1999.

[3] 吕艳平，陈福全，雷金山. 不排水双层黏性土地基极限承载力的数值分析 [J]. 工程地质学报，2007，15（6）：766-771.

[4] 杜佐龙. 非均质与各向异性黏土地基稳定性分析 [D]. 上海：同济大学，2010.

[5] Gourvenec S，Randolph M，Kingsnorth O. Undrained bearing capacity of square and rectangular footings [J]. International Journal of Geomechanics，2006，6（3）：147-157.

[6] Feng X，Randolph M F，Gourvenec S，Wallerand R. Design approach for rectangular mudmats under fully three-dimensional loading [J]. Geotechnique，2014，64（1）：51-63.

[7] Rowe R K，Davis E H. The behaviour of anchor plates in clay [J]. Geotechnique，1982，32（1）：9-23.

[8] Yu L，Liu J，Kong X，Hu Y. Numerical study on plate anchor stability in clay [J]. Geotechnique，2011，61（3）：235-246.

[9] Yun G，Bransby M. The undrained vertical bearing capacity of skirted foundations [J]. Soils and Foundations，2007，47：493-505.

[10] 周维祥. 非均质黏土地基隧道开挖面稳定性分析 [D]. 上海：同济大学，2011.

[11] Ukritchon B，Yingchaloenkitkhajorn K，Keawsawasvong S. Three-dimensional undrained tunnel face stability in clay with a linearly increasing shear strength with depth [J]. Computers and Geotechnics，2017，88：146-151.

[12] Klar A. Upper bound for cylinder movement using "elastic" fields and its possible application to pile deformation analysis [J]. International Journal of Geomechanics，2008，8（2）：162-167.

[13] Yu J，Leung C F，Huang M，Goh S C J. Application of T-bar in numerical simulations of a monopile subjected to lateral cyclic load [J]. Marine Georesources and Geotechnology，2018，36（6）：643-651.

[14] Karapiperis K，Gerolymos N. Combined loading of caisson foundations in cohesive soil：finite element versus Winkler modeling [J]. Computers and Geotechnics，2014，56：100-20.

[15] Huang M，Liu Y. Axial capacity degradation of single piles in soft clay under cyclic loading [J]. Soils and Foundations，2015，55（2）：315-328.

[16] Huang M，Liu L，Shi Z，Li S. Modeling of laterally cyclic loaded monopile foundation by anisotropic undrained clay model [J]. Ocean Engineering，2021，228：108915.

[17] Karakus M，Fowell R J. Effect of different tunnel face advance excavation on the settlement by FEM [J]. Tunnelling and Underground Space Technology，2003，18（5）：513-523.

[18] Zdravković L，Potts D M，Hight D W. The effect of strength anisotropy on the behaviour of em-

bankments on soft ground [J]. Geotechnique, 2002, 52 (6): 447-457.
[19] Hashash, Y. Analysis of deep excavations in clay [M]. Doctoral dissertation, Massachusetts Institute of Technology, USA, 1992.
[20] Amerasinghe S F, Kraft J L M. Application of a Cam-Clay model to overconsolidated clay [J]. International Journal for Numerical and Analytical Methods in Geomechanics, 1983, 7 (2): 173-186.
[21] Zdravkovic L, Potts D M, Jackson C. Numerical study of the effect of preloading on undrained bearing capacity [J]. International Journal of Geomechanics, 2003, 3 (1): 1-10.
[22] Grammatikopoulou A. Development, implementation and application of kinematic hardening models for overconsolidated clays [D]. Imperial College, University of London, UK, 2004.
[23] Grammatikopoulou A, Zdravkovic L, Potts D M. The influence of previous stress history and stress path direction on the surface settlement trough induced by tunnelling [J]. Geotechnique, 2008, 58 (4): 269-281.
[24] Avgerinos V, Potts D M, Standing J R. The use of kinematic hardening models for predictingtunnelling-induced ground movements in London Clay [J]. Geotechnique, 2016, 66 (2): 106-120.
[25] 黄茂松. 土体稳定与承载特性的分析方法 [J]. 岩土工程学报, 2016, 38 (01): 1-34.
[26] Griffiths D V. Computation of bearing capacity factors using finite elements [J]. Geotechnique, 1982, 32 (3): 195-202.
[27] Frydman S, Burd H J. Numerical studies of bearing capacity factor Nγ [J]. Journal of Geotechnical and Geoenvironmental Engineering, 1997, 123 (1): 20-29.
[28] 杜佐龙, 黄茂松, 秦会来. 基底宽度对承载力系数 Nγ 的影响分析 [J]. 岩土工程学报, 2010, 32 (3): 408-414.
[29] Erickson H L, Drescher A. Bearing capacity of circular footings [J]. Journal of Geotechnical and Geoenvironmental Engineering, 2002, 128 (1): 38-43.
[30] Zhu M, Michalowski R L. Shape factors for limit loads on square and rectangular footings. Journal of Geotechnical and Geoenvironmental Engineering, 2005, 131 (2): 223-231.
[31] Lee J H, Kim Y, Jeong S. Three-dimensional analysis of bearing behavior of piled raft on soft clay [J]. Computers and Geotechnics, 2010, 37: 103-114.
[32] Zeinoddini M, Nabipour M. Numerical investigation on the pull-out behaviour of suction caissons in clay [J]. International Conference on Offshore Mechanics and Arctic Engineering, 2006, 47462: 33-40.
[33] Finno R J, Lawrence S A, Allawh N F, Harahap I S. Analysis of performance of pile groups adjacent to deep excavation [J]. Journal of Geotechnical Engineering, 1991, 117 (6): 934-955.
[34] Barker H, Sartain N, Schofield A N, Soga K. Modelling of embankment construction on soft clay in the Mk II Mini-Drum centrifuge [R]. Cambridge University Engineering Department Technical Report, CUED/D-SOILS/TR303, 1997.
[35] Liyanapathirana D S, Carter J P, Airey D W. Drained bearing response of shallow foundations on structured soils [J]. Computers and Geotechnics, 2009, 36: 493-502.
[36] Loukidis D, Salgado R. Bearing capacity of strip and circular footings in sand using finite elements [J]. Computers and Geotechnics, 2009, 36 (5): 871-879.
[37] Acharyya R, Dey A. Importance of dilatancy on the evolution of failure mechanism of a strip footing resting on horizontal ground [J]. INAE Letters, 2018, 3 (3): 131-142.
[38] Bolton M D. The strength and dilatancy of sands [J]. Geotechnique, 1986, 36 (1): 65-78.
[39] Roy K, Hawlader B, Kenny S, Moore I. Finite element modeling of lateral pipeline-soil interactions

in dense sand [J]. Canadian Geotechnical Journal, 2016, 53 (3): 490-504.
[40] Roy K, Hawlader B, Kenny S, Moore I. Upward pipe-soil interaction for shallowly buried pipelines in dense sand [J]. Journal of Geotechnical and Geoenvironmental Engineering, 2018a, 144 (11): 04018078.
[41] Roy K, Hawlader B, Kenny S, Moore I. Lateral resistance of pipes and strip anchors buried in dense sand [J]. Canadian Geotechnical Journal. 2018b, 55: 1812-1823.
[42] Lee J, Salgado R, Kim S. Bearing capacity of circular footings under surcharge using state-dependent finite element analysis [J]. Computers and Geotechnics, 2005, 32 (6): 445-457.
[43] Tang C, Phoon K K. Prediction of bearing capacity of ring foundation on dense sand with regard to stress level effect [J]. International Journal of Geomechanics, 2018, 18 (11): 04018154.
[44] Tang C, Phoon K K, Zhang L, Li D Q. Model uncertainty for predicting the bearing capacity of sand overlying clay [J]. International Journal of Geomechanics, 2017, 17 (7): 04017015.
[45] Ahmed S S, Hawlader B. Numerical analysis of large-diameter monopiles in dense sand supporting offshore wind turbines [J]. International Journal of Geomechanics, 2016, 16 (5): 04016018.
[46] 陈榕，符胜男，郝冬雪，史旦达. 密砂中圆形锚上拔承载力尺寸效应分析 [J]. 岩土工程学报，2019，41 (1)：78-85.
[47] Huang W, Sheng D, Sloan S W, Yu H S. Finite element analysis of cone penetration in cohesionless soil [J]. Computers and Geotechnics, 2004, 31: 517-528.
[48] Yang J, Li X. State-dependent strength of sands from the perspective of unified modeling [J]. Journal of Geotechnical and Geoenvironmental Engineering, 2004, 130 (2): 186-198.
[49] Loukidis D, Salgado R. Effect of relative density and stress level on the bearing capacity of footings on sand [J]. Geotechnique, 2011, 61 (2): 107-119.
[50] Kouretzis G P, Sheng D C, Wang D. Numerical simulation of cone penetration testing using a new critical state constitutive model for sand [J]. Computers and Geotechnics, 2014, 56: 50-60.
[51] 曲勰. 砂土应变局部化与分散性失稳数值分析方法 [D]. 上海：同济大学，2016.
[52] 陈洲泉. 砂土各向异性行为的本构模拟及承载特性数值分析 [D]. 上海：同济大学，2019.
[53] Chen Z, Huang M, Shi Z. Application of a state-dependent sand model in simulating the cone penetration tests [J]. Computers and Geotechnics, 2020, 127: 103780.
[54] Liao D, Yang Z, Xu T. J2-deformation-type soil model coupled with state-dependent dilatancy and fabric evolution: multiaxial formulation and FEM implementation [J]. Computers and Geotechnics, 2021, 129: 103674.
[55] Noh W D. CEL: A Time-Dependent Two-space-Dimensional Eulerian-Lagrangian Code [M]. Methods in Computational Physics, 3, New York: Academic Press, 1964.
[56] Hirt C W, Amaden A A, Cook J L. An arbitrary Lagrangian-Eulerian computing method for all flow speeds [J]. Journal of Computational Physics, 1974, 14 (3): 227-253.
[57] Haber R B, Abel J F. Contact-slip analysis using mixed displacements [J]. Journal of Engineering Mechanics, 1983, 109 (2): 411-29.
[58] Hu Y, Randolph M F. A practical numerical approach for large deformation problems in soil [J]. International Journal for Numercial and Analytical Methods in Geomechanics, 1998, 22 (5): 327-350.
[59] Zhou H, Randolph M F. Numerical investigations into cycling of full-flow penetrometers in soft clay [J]. Geotechnique, 2009, 59 (10): 801-812.
[60] Tho K K, Leung C F, Chow Y K, Palmer A C. Deep cavity flow mechanism of pipe penetration in

clay [J]. Canadian Geotechnical Journal, 2012, 49 (1): 59-69.

[61] Wang D, Bienen B, Nazem M, et al. Large deformation finite element analyses in geotechnical engineering [J]. Computers and Geotechnics, 2015, 65: 104-114.

[62] Teh C I, Houlsby G T. An analytical study of the cone penetration test in clay [J]. Geotechnique, 1991, 41 (1): 17-34.

[63] Tho K K, Chen Z, Leung C F, Chow Y K. Pullout behaviour of plate anchor in clay with linearly increasing strength [J]. Canadian Geotechnical Journal, 2014, 51 (1): 92-102.

[64] Fan Y, Wang J. Lateral response of piles subjected to a combination of spudcan penetration and pile head loads [J]. Ocean Engineering, 2018, 156: 468-478.

[65] Song Z, Hu Y, Randolph M F. Numerical simulation of vertical pullout of plate anchors in clay [J]. Journal of Geotechnical and Geoenvironmental Engineering, 2008, 134 (6): 866-875.

[66] Yu L, Liu J, Kong X J, Hu Y. Numerical study on plate anchor stability in clay [J]. Geotechnique, 2011, 61 (3), 235-246.

[67] Merifield R S, White D J, Randolph M F. Effect of surface heave on response of partially embedded pipelines on clay [J]. Journal of Geotechnical and Geoenvironmental Engineering, 2009, 135 (6): 819-829.

[68] Bakroon M, Daryaei R, Aubram D, Rackwitz F. Investigation of mesh improvement in multimaterial ale formulations using geotechnical benchmark problems [J]. International Journal of Geomechanics, 2020, 20 (8): 04020114.

[69] Yi J, Goh S H, Lee F H, Randolph M F. A numerical study of cone penetration in fine-grained soils allowing for consolidation effects [J]. Geotechnique, 2012a, 62 (8): 707-719.

[70] Wang D, Hu Y, Randolph M F. Effect of loading rate on the uplift capacity of plate anchors [C]. Proceedings of the Eighteenth International Offshore and Polar Engineering Conference Vancouver, BC, Canada, 2008: ISOPE-I-08-338.

[71] Yi J, Lee F H, Goh S H, et al. Eulerian finite element analysis of excess pore pressure generated by spudcan installation into soft clay [J]. Computers and Geotechnics, 2012b, 42: 157-170.

[72] Li Y, Yi J , Lee F H, et al. Effect of lattice leg and sleeve on the transient vertical bearing capacity of deeply penetrated spudcans in clay [J]. Journal of Geotechnical and Geoenvironmental Engineering, 2018, 144 (5): 04018019-1.

[73] Chatterjee S, Yan Y, Randolph M F, et al. Elastoplastic consolidation beneath shallowly embedded offshore pipelines [J]. Geotechnique Letters, 2012, 2, 73-79.

[74] Han C, Wang D, Gaudin C O, et al. Behaviour of vertically loaded plate anchors under sustained uplift [J]. Geotechnique, 2016, 66 (8), 681-693.

[75] Yi J, Pan Y, Qiu Z, et al. The post-installation consolidation settlement of jack-up spudcan foundations in clayey seabed soils [J]. Computers and Geotechnics, 2020, 123: 103611.

[76] Yi J, Liu F, Zhang T, et al. A large deformation finite element investigation of pile group installations with consideration of intervening consolidation [J]. Applied Ocean Research, 2021, 112: 102698.

[77] Ragni R, Wang D, Mašín D, et al. Numerical modelling of the effects of consolidation on jack-up spudcan penetration [J]. Computers and Geotechnics, 2016, 78, 25-37.

[78] Tolooiyan A, Gavin K. Modelling the cone penetration test in sand using cavity expansion and Arbitrary Lagrangian Eulerian finite element methods [J]. Computers and Geotechnics, 2011, 38: 482-490.

[79] Jin Y, Yin Z, Wu Z, et al. Numerical modeling of pile penetration in silica sands considering the effect of grain breakage [J]. Finite Elements in Analysis and Design, 2018, 144: 15-29.

[80] Yang Z, Gao Y, Jardine R J, et al. Large deformation finite-element simulation of displacement-pile installation experiments in sand [J]. Journal of Geotechnical and Geoenvironmental Engineering, 2020, 146 (6): 04020044.

[81] Kouretzis G P, Sheng D, Sloan S. Sand-pipeline-trench lateral interaction effects for shallow buried pipelines [J]. Computers and Geotechnics, 2013, 54: 53-59.

[82] Al Hakeem N, Aubeny C. Numerical investigation of uplift behavior of circular plate anchors in uniform sand [J]. Journal of Geotechnical and Geoenvironmental Engineering, 2019, 145 (9): 1-16.

[83] 陈佳茹. 砂土中扩底桩抗拔承载特性的数值模拟和承载力计算 [D]. 上海：同济大学，2020.

[84] Yang Z, Jardine R J, Zhu B, et al. Sand grain crushing and interface shearing during displacement pile installation in sand [J]. Geotechnique, 2010, 60 (6): 469-482.

[85] Fan S, Bienen B, Randolph M F. Stability and efficiency studies in the numerical simulation of cone penetration in sand [J]. Geotechnique Letters, 2018, 8: 13-18.

[86] Pucker T, Bienen B, Henke S. CPT based prediction of foundation penetration in siliceous sand [J]. Applied Ocean Research, 2013, 41: 9-18.

[87] Qiu G, Grabe J. Numerical investigation of bearing capacity due to spudcan penetration in sand overlying clay [J]. Canadian Geotechnical Journal, 2012, 49 (12): 1393-1407.

[88] Hu P, Wang D, Cassidy M J, Stanier S A. Predicting the resistance profile of a spudcan penetrating sand overlying clay [J]. Canadian Geotechnical Journal, 2014, 51: 1151-1164.

[89] Zhao J, Jang B, Duanb M, Song L. Simplified numerical prediction of the penetration resistance profile of spudcan foundation on sediments with interbedded medium-loose sand layer [J]. Applied Ocean Research, 2016, 55: 89-101.

[90] Hu P, Wang D, Stanier S A, Cassidy M J. Assessing the punch-through hazard of a spudcan on sand overlying clay [J]. Géotechnique, 2015, 65 (11): 883-896.

[91] Wu Z, Yin Z, Jin Y. Analysis of Pile Penetration into crushable sand using coupled Eulerian-Lagrangian method [C]. Proceedings of GeoShanghai 2018 International Conference: Fundamentals of Soil Behaviours, 2018: 201-208.

[92] Lee J M, Kim Y H, Hossain M S, et al. Mitigating punch-through on sand-over-clay using skirted foundations [J]. Ocean Engineering, 2020, 201: 107133.

[93] Yu L, Zhou H, Gao W, Liu J, Hu Y. Spudcan Penetration in Clay-Sand-Clay Soils [C]. International Conference on Offshore Mechanics and Arctic Engineering, 2011, OMAE2011-49316.

[94] Yu L, Hu Y, Liu Y, et al. Numerical study of spudcan penetration in loose sand overlying clay [J]. Computers and Geotechnics, 2012, 46, 1-12.

[95] Xie Q, Hu Y, Cassidy M J. Effect of large deformation analysis for site investigation tool-CPT in layered soils [C]. International Conference on Offshore Mechanics and Arctic Engineering, 2020, OMAE2020-19099.

[96] Zienkiewicz O C, Humpheson C, Lewis R W. Associated and non-associated visco-plasticity and plasticity in soil mechanics [J]. Geotechnique, 1975, 25 (4): 671-689.

[97] Duncan J M. State of the art: limit equilibrium and finite-element analysis of slopes [J]. Journal of Geotechnical engineering. 1996, 122 (7): 577-596.

[98] Ugai K. A method of calculation of global safety factor of slopes by elasto-plastic FEM [J]. Soils and Foundations, 1989, 29 (2): 190-195.

[99] Matsui T, San K C. Finite element slope stability analysis by shear strength reduction technique [J]. Soils and Foundations, 1992, 32 (1): 59-70.

[100] Ugai K, Leshchinsky D. Three-dimensional limit equilibrium method and finite element analysis: a comparison of results [J]. Soils and Foundations, 1995, 35 (4): 1-7.

[101] Griffiths D V, Lane P A. Slope stability analysis by finite elements [J]. Geotechnique, 1999, 49 (3): 387-403.

[102] Dawson E M, Roth W H, Drescher A. Slope stability analysis by strength reduction [J]. Geotechnique, 1999, 49 (6): 835-840.

[103] 宋二祥. 土工结构安全系数的有限元计算 [J]. 岩土工程学报, 1997, 19 (2): 1-7.

[104] 连镇营, 韩国城, 孔宪京. 强度折减有限元法研究开挖边坡的稳定性 [J]. 岩土工程学报, 2001, 23 (4): 407-411.

[105] 赵尚毅, 郑颖人, 时卫民, 王敬林. 用有限元强度折减法求边坡稳定安全系数 [J]. 岩土工程学报, 2002, 24 (3): 343-346.

[106] Cheng Y, Lansivaara T, Wei W. Two-dimensional slope stability analysis by limit equilibrium and strength reduction methods [J]. Computers and Geotechnics, 2007, 34 (3): 137-50.

[107] Griffiths D V, Marquez R M. Three-dimensional slope stability analysis by elasto-plastic finite elements [J]. Geotechnique, 2007, 57 (6): 537-546.

[108] Wei W, Cheng Y, Li L. Three-dimensional slope failure analysis by the strength reduction and limit equilibrium methods [J]. Computers and Geotechnics, 2009, 36: 70-80.

[109] Lane P A, Griffiths D V. Assessment of stability of slopes under drawdown conditions [J]. Journal of Geotechnical and Geoenvironmental Engineering, 2000, 126 (5): 443-450.

[110] Cai F, Ugai K. Numerical analysis of rainfall effects on slope stability [J]. International Journal of Geomechanics, 2004, 4 (2): 69-78.

[111] 黄茂松, 贾苍琴. 考虑非饱和非稳定渗流的土坡稳定分析 [J]. 岩土工程学报, 2006, 28 (2): 202-206.

[112] Huang M, Jia C. Strength reduction FEM in stability analysis of soil slopes subjected to transient unsaturated seepage [J]. Computers and Geotechnics, 2009, 36: 93-101.

[113] 栾茂田, 武亚军, 年廷凯. 强度折减有限元法中边坡失稳的塑性区判据及其应用 [J]. 防灾减灾工程学报, 2003, 23 (3): 1-8.

[114] Goh A T C. Estimating basal-heave stability for braced excavations in soft clay [J]. Journal of Geotechnical Engineering, 1994, 120 (8): 1430-1436.

[115] Cai F, Ugai K, Hagiwara T. Base stability of circular excavations in soft clay [J]. Journal of Geotechnical Engineering, 2002, 128 (8): 702-706.

[116] Faheem H, Cai F, Ugai K, Hagiwarab T. Two-dimensional base stability of excavations in soft soils using FEM [J]. Computers and Geotechnics, 2003, 30 (2): 141-163.

[117] Faheem H, Cai F, Ugai K. Three-dimensional base stability of rectangular excavations in soft soils using FEM [J]. Computers and Geotechnics, 2004, 31 (2): 67-74.

[118] 黄茂松, 杜佐龙, 宋春霞. 支护结构入土深度对黏土基坑抗隆起稳定的影响分析 [J]. 岩土工程学报, 2011, 33 (7): 1097-1103.

[119] 杜佐龙, 黄茂松. 非均质与各向异性黏土基坑抗隆起稳定分析 [J]. 岩土力学, 2013, 34 (2): 455-461.

[120] Do T N, Ou C Y, Lim A. Evaluation of factors of safety against basal heave for deep excavations in soft clay using the finite element method [J]. Journal of Geotechnical and Geoenvironmental

Engineering，2013，139：2125-2135.

[121] Do T N，Ou C Y，Chen R P. A study of failure mechanisms of deep excavations in soft clay using the finite element method [J]. Computers and Geotechnics，2016，73：153-163.

[122] Goh A T C. Basal heave stability of supported circular excavations in clay [J]. Tunnelling and Underground Space Technology，2017，61：145-149.

[123] Prevost J H. Mathematical modeling of monotonic and cyclic undrained clay behavior [J]. International Journal for Numerical and Analytical Methods in Geomechanics，1977，1 (2)：195-216.

[124] 王建华，要明伦. 软黏土不排水循环特性的弹塑性模拟 [J]. 岩土工程学报，1996，18 (3)：11-18.

[125] Zienkiewicz O C，Chang C T，Hinton E. Nonlinear seismic response and liquefaction [J]. International Journal for Numerical and Analytical Methods in Geomechanics，1978，2：381-404.

[126] Anastasopoulos I，Gelagoti F，Kourkoulis R，Gazetas G. Simplified constitutive model for simulation of cyclic response of shallow foundations：validation against laboratory tests [J]. Journal of Geotechnical and Geoenvironmental Engineering，2011，137：1154-1168.

[127] Zafeirakos A，Gerolymos N. On the seismic response of under-designed caisson foundations [J]. Bulletin of Earthquake Engineering，2013，11：1337-1372.

[128] Gerolymos N，Zafeirakos A，Karapiperis K. Generalized failure envelope for caisson foundation in cohesive soil：Static and dynamic loading [J]. Soil Dynamics and Earthquake Engineering，2015，78：154-174.

[129] Prevost J H，Abdel-Gaffar A M，Lacy S J. Nonlinear dynamic analysis of earth dam：a comparative study [J]. Journal of Geotechnical and Geoenvironmental Engineering，ASCE，1985，111 (7)：882-897.

[130] Charlton T S，Rouainia M. Cyclic performance of a monopile in spatially variable clay using an advanced constitutive model [J]. Soil Dynamics and Earthquake Engineering. 2021，140：106437.

[131] Hau K W，McDowell G R，Zhang G，Brown S F. The application of a three-surface kinematic hardening modelto repeated loading of thinly surfaced pavements [J]. Granular Matter，2005，7：145-156.

[132] Pasten C，Shin H，Santamarina J C. Long-term foundation response to repetitive loading [J]. Journal of Geotechnical and Geoenvironmental Engineering，2013，140 (4)：80-90.

[133] Achmus M，Kuo Y S，Abdel-Rahman K. Behavior of monopile foundations under cyclic lateral load [J]. Computers and Geotechnics，2009，36 (5)：725-735.

[134] 张陈蓉，朱治齐，于锋，王博伟，黄茂松. 砂土中大直径单桩的长期水平循环加载累积变形 [J]. 岩土工程学报，2020，42 (6)：1076-1084.

[135] Niemunis A，Wichtmann T，Triantafyllidis T. A high-cycle accumulation model for sand [J]. Computers and Geotechnics，2005，32：245-263.

[136] Wichtmann T. Explicit accumulation model for non-cohesive soils under cyclic loading [M]. die Bundesrepublik Deutschland：Des Institutes Für Grundbau und Bodenmechanik der Ruhr-universität Bochum，2005.

[137] 张凯. 基于砂土累积变形的大直径单桩长期水平循环效应研究 [D]. 上海：同济大学，2020.

[138] Zhu B，Li T，Xiong G，Liu J. Centrifuge model tests on laterally loaded piles in sand [J]. International Journal of Physical Modelling in Geotechnics，2016，16 (4)：1-13.

[139] Yu H S. Plasticity and Geotechnics [M]. Springer：USA，2006.

[140] Rudnicki J W，Rice J R. Conditions for the localization of deformation in pressure-sensitive dilatant

materials [J]. Journal of the Mechanics and Physics of Solids, 1975, 23 (6): 371-394.

[141] Spencer A J M. A theory of the kinematics of ideal soils under plane strain conditions [J]. Journal of the Mechanics and Physics of Solids, 1964, 12 (5): 337-351.

[142] Papamichos E, Vardoulakis I. Shear band formation in sand according to non-coaxial plasticity model [J]. Geotechnique, 1995, 45 (4): 649-661.

[143] Huang M, Lu X, Qian J. Non-coaxial elasto-plasticity model and bifurcation prediction of shear banding in sands [J]. International Journal for Numerical and Analytical Methods in Geomechanics. 2010, 34 (9): 906-919.

[144] Lu X, Huang M, Qian J. Influences of loading direction and intermediate principal stress ratio on the initiation of strain localization in cross-anisotropic sand [J]. Acta Geotechnica, 2018, 13 (3), 619-633

[145] Yu H S, Yuan X. On a class of non-coaxial plasticity models for granular soils [C]. Proceedings of the Royal Society A: Mathematical, Physical and Engineering Sciences, 2006, 462 (2067): 725-748.

[146] Yang Y, Yu H S. Numerical simulations of simple shear with non-coaxial soil models [J]. International Journal for Numerical and Analytical Methods in Geomechanics, 2006, 30 (1): 1-19.

[147] 袁冉，杨文波，余海岁，周波. 土体非共轴各向异性对城市浅埋土质隧道诱发地表沉降的影响 [J]. 岩土工程学报，2018，40 (04): 673-680.

[148] Yang Y, Yu H S. Numerical aspects of non-coaxial model implementations [J]. Computers and Geotechnics. 2010, 37: 93-102.

[149] 杨蕴明，柴华友，韦昌富. 非共轴本构模型的数值计算问题 [J]. 岩土力学，2011，31 (s2): 373-377.

[150] 罗强，栾茂田，杨蕴明，王忠涛. 非共轴本构模型在吸力式桶形基础承载力数值计算中应用 [J]. 大连理工大学学报. 2012，54 (4): 553-558.

[151] Ortiz M, Leroy Y, Needleman A. A finite element method for localized failure analysis [J]. Computer Methods in Applied Mechanics and Engineering, 1987, 61: 189-214.

[152] Belytschko T, Fish J, Engelmann B E. A finite element with embedded localization zones [J]. Computer Methods Applied Mechanics and Engineering, 1988, 70: 59-89.

[153] Leroy Y, Ortiz M. Finite element analysis of strain localization in frictional materials [J]. International Journal for Numerical & Analytical Methods in Geomechanics, 1989, 13: 53-74.

[154] Sluys L J, Berends A H. Discontinuous failure analysis for Mode-I and Mode-Ⅱ localization problems [J]. International Journal of Solids and Structures, 1998, 35: 4257-4274.

[155] de Borst R. Embedded discontinuity approaches for shear band analysis [M]. In: Pande eds. Numerical Models in Geomechanics-NUMOG Ⅶ. Rotterdam: Balkema, 1999. 103-108.

[156] Simo J C, Oliver J, Armero F. An analysis of strong discontinuities induced by strain-softening in rate-independent inelastic solids [J]. Computational Mechanics, 1993, 12 (5): 277-296.

[157] Regueiro R A, Borja R I. A finite element model of localized deformation in frictional materials taking a strong discontinuity approach [J]. Finite Elements in Analysis and Design, 1999, 33: 285-315.

[158] Regueiro R A, Borja R I. Plane strain finite element analysis of pressure sensitive plasticity with strong discontinuity [J]. International Journal of Solids and Structures, 2001, 38 (21): 3647-3672.

[159] Borja R I, Regueiro R A. Strain localization in frictional materials exhibiting displacement jumps

[J]. Computer Methods in Applied Mechanics and Engineering, 2001, 190 (20): 2555-2580.

[160] de Borst R, Sluys L J. Localisation in a Cosserat continuum under static and dynamic loading conditions [J]. Computer Methods in Applied Mechanics and Engineering, 1991, 90: 805-827.

[161] de Borst R. A generalisation of J2-flow theory for polar continua [J]. Computer Methods in Applied Mechanics and Engineering, 1993, 103 (3): 347-362.

[162] 李锡夔，唐洪祥. 压力相关弹塑性 Cosserat 连续体模型与应变局部化有限元模拟 [J]. 岩石力学与工程学报，2005，24 (9)：1497-1505.

[163] 唐洪祥，韦文成，林荣烽. 考虑强度各向异性的黏性土应变局部化有限元分析 [J]. 岩石力学与工程学报，2019，38 (7)：1485-1497.

[164] Aifantis E C. The physics of plastic deformation [J]. International Journal of Plasticity, 1987, 3: 211-247.

[165] Muhlhaus H B, Aifantis E C. A variational principle for gradient plasticity [J]. International Journal of Solids and Structures, 1991, 28: 845-858.

[166] de Borst R, Muhlhaus H B. Gradient-dependent plasticity: formulation and algorithmic aspects [J]. International Journal for Numerical Methods in Engineering, 1992, 35: 521-539.

[167] de Borst R, Pamin J. Some novel developments in Enite element procedures for gradient-dependent plasticity [J]. International Journal for Numerical Methods in Engineering, 1996, 39: 2477-2505.

[168] 杜修力，侯世伟，路德春，梁国平，安超. 梯度塑性理论的计算方法与应用 [J]. 岩土工程学报，2012，34 (6)：1094-1101.

[169] Engelen R A B, Geers M G D, Baaijens F P T. Nonlocal implicit gradient-enhanced elasto-plasticity for the modelling of softening behaviour [J]. International Journal of Plasticity, 2003, 19: 403-433.

[170] Lü X, Xue D, Lim K W. Implicit gradient softening plasticity for the modeling of strain localization in soils [J]. Computer Methods in Applied Mechanics and Engineering. 2020, 364: 112934.

[171] Bažant Z P. Instability, ductility, and size effect in strain softening concrete [J]. Journal of Engineering Mechanics, 1976, 102 (2): 331-344.

[172] Vermeer P A, Brinkgreve R B J. A new effective non-local strain measure for softening plasticity [J]. Localization and Bifurcation Theory for Soil and Rocks. 1994, 89-100.

[173] Strömberg L, Ristinmaa M. FE-formulation of a nonlocal plasticity theory [J]. Computer Methods in Applied Mechanics and Engineering, 1996, 136 (1-2): 127-144.

[174] Luzio G D, Bažant Z P. Spectral analysis of localization in nonlocal and over-nonlocal materials with softening plasticity or damage [J]. International journal of solids and structures, 2005, 42 (23): 6071-6100.

[175] 吕玺琳，黄茂松. 基于非局部塑性模型的应变局部化理论分析及数值模拟 [J]. 计算力学学报，2011，28 (5)：743-748.

[176] Huang M, Qu X, Lü X. Regularized finite element modeling of progressive failure in soils within nonlocal softening plasticity [J]. Computational Mechanics, 2018, 62 (3): 347-358.

[177] Pietruszczak S, Niu X. On the description of localized deformation [J]. International Journal of Numerical Analytical Methods in Geomechanics, 1993, 17: 791-805.

[178] Pietruszczak S. On the undrained response of granular soil involving localized deformation [J]. Journal of Engineering Mechanics, 1995, 114: 1292-1298.

[179] Huang M, Pietruszczak S. Numerical modelling of localized deformation in saturated soils [C]. In: Proceedings of 9th International Conference on Computer Methods and Advances in Geome-

chanics, Vol. 1. Rotterdam: Balkema, 1997, 427-432.

[180] Pietruszczak S, Huang M. On the localized deformation in fluid-infiltrated soils. In: Proc. 6th Int. Symp. on Numerical Models in Geomechanics. Rotterdam: Balkema, 1997, 205-211.

[181] 黄茂松，钱建固，吴世明. 饱和土应变局部化的复合体理论. 岩土工程学报，2002，24（1）：21-25.

[182] 黄茂松，钱建固. 平面应变条件下饱和土体分叉后的力学性状［J］. 工程力学，2005，22（1）：48-53.

[183] 黄茂松，贾苍琴，钱建固. 岩土材料应变局部化的有限元分析方法［J］. 计算力学学报，2007，24（4）：465-471.

[184] Rudnicki J W. A formulation for studying coupled deformation pore fluid diffusion effects on localization of deformation [M]. In: ASME AMD-57 Geomechanics. New York: ASME, 1982. 35-44.

[185] Han C, Drescher A. Shear bands in biaxial tests on dry coarse sand [J]. Soils and Foundations, 1993, 33 (1): 118-132.

[186] Han C, Vardoulakis I G. Plane-strain compression experiments on water-saturated fine-grained sand [J]. Geotechnique, 1991, 41 (1): 49-78.

[187] Sakai T, Tanaka T. Scale effect of a shallow circular anchor in dense sand [J]. Soils and Foundations, 1998, 38 (2): 93-99.

[188] Siddiquee M S A, Tanaka T, Tatsuoka F, Tani K, Morimoto T. Numerical simulation of bearing capacity characteristics of strip footing on sand [J]. Soils and Foundations, 1999, 39 (4): 93-109.

[189] Biot M. Theory of propagation of elastic waves in a fluid-saturated porous solid [J]. Journal of the Acoustical Society of America, 1956, 28: 168-191.

[190] Ghaboussi J, Wilson E L. Variational formulation of dynamics of fluid-saturated porous elastic solids [J]. Journal of Engineering Mechanics Division ASCE, 1972, 98: 947-963.

[191] Zienkiewicz O C, Chang C T, Bettess P. Drained, undrained, consolidating and dynamic behaviour assumptions in soils [J]. Geotechnique, 1980, 30: 385-395.

[192] Zienkiewicz O C. Basic formulation of static and dynamic behaviour of soil and other porous material [M]. In: Martins J B ed. Numerical Methods in Geomechanics. London: D. Riedel, 1982. 39-55.

[193] Zienkiewicz O C, Shiomi T. Dynamic behaviour of saturated porous media: the generalised Biot formulation and Its numerical solution [J]. International Journal of Numerical and Analytical Methods in Geomechanics, 1984, 8: 71-96.

[194] Zienkiewicz O C, Chan A H C, Pastor M, Paul D K, Shiomi T. Static and dynamic behaviour of soils: a rational approach to quantitative solutions, Part. I: Fully saturated problems [J]. Proceedings of the Royal Society of London, 1990a, A 429: 285-309.

[195] Prevost J H. Wave propagation in fluid-saturated porous media: an efficient finite element procedure [J]. Soil Dynamics and Earthquake Engineering, 1985, 4 (4): 183-202.

[196] Lacy S J, Prevost J H. Nonlinear seismic response analysis of earth dams [J]. Soil Dynamics and Earthquake Engineering, 1987, 6 (1): 48-63.

[197] Zienkiewicz O C, Xie Y, Schrefler B A, Ledesma A, Bicanic N. Static and dynamic behaviour of soils: a rational approach to quantitative solutions, Part Ⅱ: Semi-saturated problems [J]. Proceedings of the Royal Society of London, 1990b, A 429: 311-321.

[198] Zienkiewicz O C, Xie Y. Analysis of the Lower San Fernando dam failure under earthquake [J]. Dam Engineering, 1991, 2: 307-322.

[199] Zienkiewicz O C, Huang M, Pastor M. Numerical modelling of soil liquefaction and similar phenomena in earthquake engineering: State of the art [C]. In: Arulanandan K, Scott R F eds. Proceedings of International Conference on the Verification of Numerical Procedures for Analysis of Soil Liquefaction Problems, Vol 2. Rotterdam: Balkema, 1994a. 1401-1413.

[200] Li X, Zienkiewicz O C, Xie Y. A numerical model for immiscible two-phase fluid flow in a porous medium and its time domain solution [J]. International Journal for Numerical Methods in Engineering, 1990, 30: 1195-1212.

[201] Zienkiewicz O C, Taylor R L. Coupled problems-a simple time-stepping procedure [J]. Communications in Applied Numerical Methods, 1985, 1: 233-239.

[202] Huang M, Zienkiewicz O C. New unconditionally stable staggered solution procedures for coupled soil-pore fluid dynamic problems [J]. International Journal for Numerical Methods in Engineering, 1998, 43: 1029-1052.

[203] Zienkiewicz O C, Huang M, Wu J, Wu S. A new algorithm for the coupled soil-pore fluid problem [J]. Shock and Vibration, 1993a, 1: 3-13.

[204] Zienkiewicz O C, Huang M, Pastor M. Computational Soil Dynamics-A new algorithm for drained and undrained conditions [C]. Computer Methods and Advances in Geomechanics, Vol I. Rotterdam: Balkema, 1994b. 47-59.

[205] Huang M, Wu S, Zienkiewicz O C. Incompressible or nearly incompressible soil dynamic behaviour- A new staggered algorithm to circumvent restrictions of mixed formulation [J]. Soil Dynamics and Earthquake Engineering, 2000, 21: 169-179.

[206] Huang M, Yue Z, Tham L G, Zienkiewicz O C. On the stable finite element procedures for dynamic problems of saturated porous media [J]. International Journal for Numerical Methods in Engineering, 2004, 61 (9): 1421-1450.

[207] Neuman S P. Saturated-unsaturated seepage by finite elements [J]. Journal of the Hydraulics Division, 1973, 99 (12): 2233-2250.

[208] Fredlund D G, Rahardjo H. Soil Mechanics for Unsaturated Soils [M]. Wiley, New York, 1993.

[209] Ng C W W, Shi Q. A numerical investigation of the stability of unsaturated soil slopes subjected to transient seepage [J]. Computers and Geotechnics, 1998, 22 (1): 1-28.

[210] 吴梦喜，高莲士. 饱和-非饱和土体非稳定渗流数值分析 [J]. 水利学报，1999，(12)：38-42.

[211] 张丙印，朱京义，王昆泰. 非饱和土水气两相渗流有限元数值模型 [J]. 岩土工程学报，2002，24 (6)：701-705.

[212] Erbrich C T, Tjelta T I. Installation of bucket foundations and suction caissons in sand-geotechnical performance [C]. In: Offshore Technology Conference. 1999, OTC 10990.

[213] Houlsby G T, Byrne B W. Design procedures for installation of suction caissons in sand [J]. Proceedings of the Institution of Civil Engineers-Geotechnical Engineering, 2005, 158: 135-144.

[214] Senders M, Randolph M F. CPT-based method for the installation of suction caissons in sand [J]. Journal of Geotechnical and Geoenvironmental Engineering, 2009, 135: 14-25.

[215] Anagnostou G, Kovári K. Face stability conditions with earth-pressure-balanced shields [J]. Tunnelling and Underground Space Technology, 1996, 11: 165-173.

[216] Perazzelli P, Leone T, Anagnostou G. Tunnel face stability under seepage flow conditions [J]. Tunnelling and Underground Space Technology, 2014, 43: 459-469.

[217] Lu X, Zhou Y, Huang M, Li F. Computation of the minimum limit support pressure for the shield tunnel face stability under seepage condition [J]. International Journal of Civil Engineering. 2017, 15: 849-863.

[218] Pratama I T, Ou C Y, Ching J. Calibration of reliability-based safety factors for sand boiling in excavations [J]. Canadian Geotechnical Journal, 2020, 57: 742-753.

[219] Veiskarami M, Zanj A. Stability of sheet-pile walls subjected to seepage flow by slip lines and finite elements [J]. Geotechnique, 2014, 64: 759-775.

[220] Huang W, Fityus S, Bishop D, et al. Finite-element parametric study of the consolidation behavior of a trial embankment on soft clay [J]. International Journal of Geomechanics, 2006, 6: 328-341.

[221] Karstunen M, Krenn H, Wheeler S J, et al. Effect of anisotropy and destructuration on the behaviour of Murro test embankment [J]. International Journal of Geomechanics, 2005, 5 (2): 87-97.

[222] Karstunen M, Yin Z Y. Modelling time-dependent behaviour of Murro test embankment [J]. Geotechnique, 2010, 60 (10): 735-749.

[223] Rezania M, Taiebat M, Poletti E. A viscoplastic SANICLAY model for natural soft soils [J]. Computers and Geotechnics, 2016, 73: 128-41.

[224] Rezania M, Nguyen H, Zanganeh H, Taiebat M. Numerical analysis of Ballina test embankment on a soft structured clay foundation [J]. Computers and Geotechnics, 2018, 93: 61-74.

[225] Müthing N, Zhao C, Hölter R, Schanz T. Settlement prediction for an embankment on soft clay [J]. Computers and Geotechnics, 2018, 93: 87-103.

[226] Kasper T, Meschke G. A 3D finite element simulation model for TBM tunnelling in soft ground [J]. International Journal for Numerical and Analytical Methods in Geomechanics. 2004, 28: 1441-1460.

[227] Wongsaroj J, Soga K, Mair R J. Tunnelling-induced consolidation settlements in London Clay [J]. Geotechnique. 2013, 63: 1103-1115.

[228] Whittle A J, Hashash Y M, Whitman R V. Analysis of deep excavation in Boston [J]. Journal of Geotechnical Engineering, 1993, 119 (1): 69-90.

[229] Ling H I, Hung C, Kaliakin V N. Application of an enhanced anisotropic bounding surface model in simulating deep excavations in clays [J]. Journal of Geotechnical and Geoenvironmental Engineering, 2016, 142: 04016065.

[230] Zaman M, Gopalasingam A, Laguros J G. Consolidation settlement of bridge approach foundation [J]. Journal of Geotechnical Engineering, 1991, 117: 219-240.

[231] Gourvenec S, Randolph M F. Consolidation beneath circular skirted foundations [J]. International Journal of Geomechanics, 2010, 10: 22-29.

[232] Alonso E E, Gens A, Josa A. A constitutive model for partially saturated soils [J]. Geotechnique. 1990, 40 (3): 405-430.

[233] Costa L D. Análise hidro-mecânica de solos não saturados com aplicação a barragem de terra [D]. Doctoral dissertation, COPPE/UFRJ, Rio de Janeiro, 2000.

[234] Kogho Y. Review of constitutive models for unsaturated soils [C]. In: Proceedings of 2nd Asian Conference on Unsaturated Soils, Osaka, 2003, 21-40.

[235] Alonso E E, Olivella S, Pinyol N M. A review of Beliche Dam [J]. Géotechnique. 2005, 55 (4): 267-85.

[236] 陈正汉，黄海，卢再华. 非饱和土的非线性固结模型和弹塑性固结模型及其应用 [J]. 应用数学和力学，2001，22：93-103.

[237] Pinyol N M，Alonso E E，Olivella S. Rapid drawdown in slopes and embankments [J]. Water Resources Research. 2008，44 (5)：W00D03.

[238] Nagel F，Meschke G. An elasto-plastic three phase model for partially saturated soil for the finite element simulation of compressed air support in tunnelling [J]. International Journal for Numerical and Analytical Methods in Geomechanics，2010，34 (6)：605-25.

[239] 卢再华，陈正汉，方祥位，等. 非饱和膨胀土的结构损伤模型及其在土坡多场耦合分析中的应用 [J]. 应用数学和力学，2006，27：781-788.

[240] Yao Z，Chen Z，Fang X，Wang W，Li W，Su L. Elastoplastic damage seepage-consolidation coupled model of unsaturated undisturbed loess and its application [J]. Acta Geotechnica，2019，15：1637-1653.

[241] Zienkiewicz O C，Leung K H，Hinton E，Chang C T. Earth dam analysis earthquakes：Numerical solution and constitutive relations for non-linear (damage) analysis [C]. In：Proceedings of International Conference On Dams and Earthquake，London，1981，179-194.

[242] Zienkiewicz O C，Leung K H，Hinton E，Chang C T. Liquefaction and permanent deformation under dynamic conditions-numerical solution and constitutive relations [C]. In：Pande G N，Zienkiewicz O C eds. Soil Mechanics-Transient and Cyclic Loading. UK：John Wiley and Son，1982，71-103.

[243] Zienkiewicz O C，Huang M，Pastor M. Numerical predictions for models No 1，2，3，4a，4b，6 7，11 [C]. In：Arulanandan K，Scott R F eds. Proceedings of International Conference on the Verification of Numerical Procedures for Analysis of Soil Liquefaction Problems，Vol 1. Rotterdam：Balkema，1993b.

[244] Zienkiewicz O C，Huang M，Pastor M. Geotechnical Engineering：Computation and verification of dynamic behaviour and liquefaction [C]. Proceedings of International Conference on Computational Methods in Structural and Geotechnical Engineering，Vol 1. The University of Hong Kong，1994c，21-38.

[245] Popescu R，Prevost J H. Centrifuge validation of a numerical model for dynamic soil liquifaction [J]. Soil Dynamics and Earthquake Engineering 1993，12 (2)：73-90.

[246] Yang Z，Elgamal A. Influence of permeability on liquefaction-induced shear deformation [J]. Journal of Engineering Mechanics，2002，128 (7)：720-729.

[247] 王刚，张建民. 砂土液化变形的数值模拟 [J]. 岩土工程学报，2007，29：403-409.

[248] 王刚，张建民，魏星. 可液化土层中地下车站的地震反应分析 [J]. 岩土工程学报. 2011，33 (10)：1623-1626.

[249] Wang R，Fu P，Zhang J. Finite element model for piles in liquefiable ground [J]. Computers and Geotechnics. 2016，72：1-14.

[250] Wang R，Liu X，Zhang J. Numerical analysis of the seismic inertial and kinematic effects on pile bending moment in liquefiable soils [J]. Acta Geotechnica，2017，12：773-791.

[251] 杨春宝，张建民，王睿. 海上风电吸力桶基础地震变形分析 [J]. 清华大学学报（自然科学版），2017，57 (11)：1207-1211.

[252] Cuellar P，Mira P，Pastor M，et al. A numerical model for the transient analysis of offshore foundations under cyclic loading [J]. Computers and Geotechnics. 2014，59：75-86.

[253] Bayat M，Ghorashi S S，Amani J，et al. Recovery-based error estimation in the dynamic analysis

of offshore wind turbine monopile foundations [J]. Computers and Geotechnics, 2015, 70: 24-40.

[254] Kementzetzidis E, Corciulo S, Versteijlen W G, Pisanò F. Geotechnical aspects of offshore wind turbine dynamics from 3D non-linear soil-structure simulations [J]. Soil Dynamics and Earthquake Engineering, 2019, 120: 181-199.

[255] Foster M, Fell R, Spannagle M. The statistics of embankment dam failures and accidents [J]. Canadian Geotechnical Journal, 2000, 37: 1000-1024.

[256] Richards K S, Reddy K R. Critical appraisal of piping phenomena in earth dams [J]. Bulletin of Engineering Geology and the Environment, 2007, 66: 381-402.

[257] 胡亚元，马攀. 二维堤坝管涌的数值模拟研究 [J]. 工程力学，2015，32：110-118.

[258] 郑刚，戴轩，张晓双. 地下工程漏水漏砂灾害发展过程的试验研究及数值模拟 [J]. 岩石力学与工程学报，2014，33：2458-2471.

[259] Vardoulakis I, Stavropoulou M, Papanastasiou P. Hydro-mechanical aspects of the sand production problem [J]. Transport in porous media, 1996, 22: 225-244.

[260] Stavropoulou M, Papanastasiou P, Vardoulakis I. Coupled wellbore erosion and stability analysis [J]. International Journal for Numerical and Analytical Methods in Geomechanics, 1998, 22: 749-769.

[261] Yang J, Yin Z, Laouafa F, Hicher P Y. Hydromechanical modeling of granular soils considering internal erosion [J]. Canadian Geotechnical Journal, 2020, 57: 157-172.

[262] Yin Z, Yang J, Laouafa F, Hicher P Y. A framework for coupled hydro-mechanical continuous modelling of gap-graded granular soils subjected to suffusion [J]. European Journal of Environmental and Civil Engineering, 2020, 28: 1-22.

[263] 罗玉龙，彭华，张晋. 一维三相渗流侵蚀耦合管涌程序的研制与验证 [J]. 固体力学学报，2008，29：118-121.

[264] 罗玉龙，速宝玉. 基于溶质运移的悬挂防渗墙管涌控制效果 [J]. 浙江大学学报（工学版），2010，44：1870-1875.

[265] 胡亚元，马攀. 三相耦合渗流侵蚀管涌机制研究及有限元模拟 [J]. 岩土力学，2013，34：913-921.

[266] Sterpi D. Effects of the erosion and transport of fine particles due to seepage flow [J]. International Journal of Geomechanics, 2003, 3: 111-122.

[267] Cividini A, Gioda G. Finite-element approach to the erosion and transport of fine particles in granular soils [J]. International Journal of Geomechanics, 2004, 4: 191-198.

[268] 张磊，张璐璐，程演，王建华. 考虑潜蚀影响的降雨入渗边坡稳定性分析 [J]. 岩土工程学报，2014，36（9）：1680-1687.

[269] 吴迪，周顺华，李尧臣. 饱和砂土中泥浆渗透的变形-渗流-扩散耦合计算模型 [J]. 力学学报. 2015，47：1026-1036.

[270] Zhou S, Zhang X, Wu D, Di H. Mathematical modeling of slurry infiltration and particle dispersion in saturated sand [J]. Transport in Porous Media, 2018, 124: 91-116.

[271] Herzig J P, Leclerc D M, Le Goff P. Flow of suspension through porous media: application to deep bed filtration [J]. Industrial and Engineering Chemistry, 1970, 62: 8-35.

[272] Maroudas A, Eisenklam P. Clarification of suspensions: a study of particle deposition in granular media: part Ⅰ—some observations on particle deposition [J]. Chemical Engineering Science, 1965, 20 (10): 867-873.

[273] 周顺华. 地下工程开挖问题计算方法的再认识 [J]. 科学通报. 2019，64：2608-2616.
[274] 毛家骅，袁大军，杨将晓，张兵. 砂土地层泥水盾构开挖面孔隙变化特征理论研究 [J]. 岩土力学. 2020，41：2283-2292.
[275] Zhou Z，Zang H，Wang S，Cai X，Du X. Filtration-induced pressure evolution in permeation grouting [J]. Structural Engineering and Mechanics. 2020，75：571-583.

3 岩土工程中其他主要数值方法

3.1 有限差分法

陈育民
（河海大学土木与交通学院，江苏 南京 210024）

3.1.1 引言

有限差分法（Finite Difference Method，FDM）是基于差分原理的一种数值计算法，其基本思想是：将场域离散为许多小网格，用差分代替微分，用差商代替求导，将求解连续函数的微分方程问题转换为求解网格节点上的差分方程组的问题，网格划分越细，差分解就越逼近原微分方程的精确解。

有限差分法最早用于数学问题[1]，20 世纪 20 年代末就已经有采用有限差分方法解决数学物理问题和波动方程问题，在 20 世纪 30 年代开始有基于拉普拉斯方程的差分方法解决椭圆问题的误差近似。对于工程问题，20 世纪 40 年代后期，差分法成功地应用于岩土工程中渗流及固结问题计算，如土坝渗流及浸润线的求法、土坝及地基的固结等，20 世纪 50 年代初，弹性地基上的梁与板以及板桩也采用差分法来求解。20 世纪 60 年代以后，有限差分法在岩土工程中的应用暂时趋于停滞，但是随着计算机运算速度的飞速提高，有限差分法在偏微分方程的数值解的理论和应用方面都取得了很大的进展[2]。

本节将介绍有限差分法的基本原理以及在岩土工程中的应用，重点讨论近年来在岩土工程问题的有限差分解法、基于有限差分法程序的工程应用等方面取得的成果，并提出进一步发展有限差分法研究和应用的相关建议。

3.1.2 有限差分法的基本原理

有限差分法的主要解题步骤如下：①建立微分方程：根据问题的性质选择计算区域，建立微分方程式，写出初始条件和边界条件。②构建差分格式：首先对求解域进行离散化，确定计算节点，选择网格布局、差分形式和步长；然后以有限差分代替无限微分，以差商代替微商，以差分方程代替微分方程及边界条件。③求解差分方程：差分方程通常是一组数量较多的线性代数方程，其求解方法主要包括两种：精确法和近似法。其中精确法又称直接法，主要包括矩阵法、高斯消元法及主元素消元法等；近似法又称间接法，以迭代法为主，主要包括直接迭代法、间接迭代法以及超松弛迭代法等。④精度分析和检验：对所得到的数值进行精度与收敛性分析和检验。本小节主要讨论有限差分网格的剖分以及主要常用的差分格式。

（1）有限差分网格的剖分[2]

有限差分法求解偏微分方程组时先要把连续问题离散化，即把连续的求解区域作网格划分。下面以二维问题为例来说明网格划分。假设所研究的问题是关于空间变量 x 和时间变量 t 的偏微分方程组，而研究的区域是 $x\in[a,b]$，$t\in[0,T]$，如图 3.1-1 所示。在 x-t 平面上画两组平行于坐标轴的直线，把上述区域划分为矩形网格，这些直线的交点称为网格点或节点。以等距的网格为例，设空间方向的距离为 Δx，记为 h，称其为空间步长；时间步长为 Δt，记为 τ。为方便起见，网格划分中的每一个节点 $(x_i,\ t_j)$ 简记为 $(i,\ j)$。经过网格剖分，把连续的区域离散为以下区域（离散点的集合）。

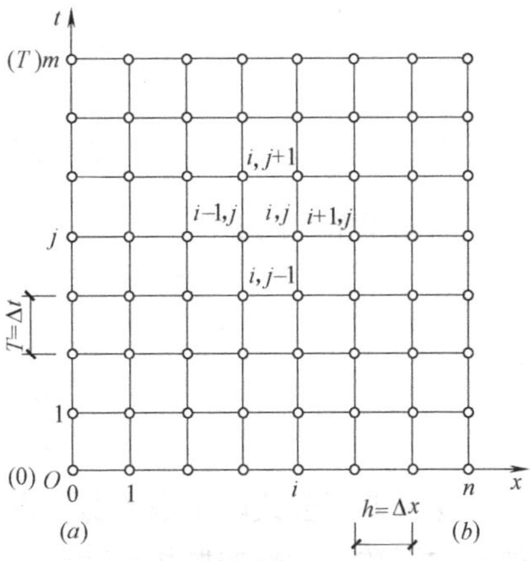

图 3.1-1　差分法网格划分

$$D=\left\{(x_i,t_j)\left|\begin{matrix}x_i=a+ih & i=0,1,2,\cdots,n\\ t_j=j\tau & j=0,1,2,\cdots,m\end{matrix}\right.\right\} \tag{3.1-1}$$

（2）常用的差分格式

用差商来近似代替导数可得差分公式。设 $f(x,t)$ 为所要求解的某一连续函数。函数在平行于 x 轴的一根网线上［如直线 $(i-1,j)$—(i,j)—$(i+1,j)$上］，只随 x 坐标的变化而变化，可将函数展开为泰勒级数形式：

$$f=f_i+\left(\frac{\partial f}{\partial x}\right)_i(x-x_i)+\frac{1}{2!}\left(\frac{\partial^2 f}{\partial x^2}\right)_i(x-x_i)^2+\frac{1}{3!}\left(\frac{\partial^3 f}{\partial x^3}\right)_i(x-x_i)^3+\cdots \tag{3.1-2}$$

在节点 $(i-1,\ j)$，有：

$$f_{i-1}=f_i-\left(\frac{\partial f}{\partial x}\right)_i h+\frac{1}{2!}\left(\frac{\partial^2 f}{\partial x^2}\right)_i h^2-\frac{1}{3!}\left(\frac{\partial^3 f}{\partial x^3}\right)_i h^3+\cdots\approx f_i-\left(\frac{\partial f}{\partial x}\right)_i h \tag{3.1-3}$$

可得：

$$\left(\frac{\partial f}{\partial x}\right)_i=\frac{f_i-f_{i-1}}{h}\text{（向前差分）} \tag{3.1-4}$$

也可利用节点 $(i+1,\ j)$ 得到上述偏导数的另一种差商形式：

$$\left(\frac{\partial f}{\partial x}\right)_i=\frac{f_{i+1}-f_i}{h}\text{（向后差分）} \tag{3.1-5}$$

以上两种差商的计算中略去了步长 h 的二次幂及其以后各项，在连续的某一网格区间内，把函数 f 简化为按直线变化。向前差分和向后差分被称为偏心差分，是一种最简单、最基本的构造差商的方法，常用来对非对称性变量（例如时间变量等）进行差分计算。用差商来近似代替导数的前提条件是步长 h 充分小，即网格划分得越细，差分法计算结果越接近精确解答。但是，受计算机存储量和计算速度的限制，网格往往不能划分得过细，也就是说单靠细化网格来提高计算精度不现实。在同样的网格划分下，为了得到精度较高的解答，可以通过提高差分公式精度的方法来实现。即在泰勒级数展开式中，可以多取几项，例如分别在节点 $(i-1,j)$ 和 $(i+1,j)$ 多取一项得到：

$$f_{i-1} \approx f_i - \left(\frac{\partial f}{\partial x}\right)_i h + \frac{1}{2}\left(\frac{\partial^2 f}{\partial x^2}\right)_i h^2 \tag{3.1-6}$$

$$f_{i+1} \approx f_i + \left(\frac{\partial f}{\partial x}\right)_i h + \frac{1}{2}\left(\frac{\partial^2 f}{\partial x^2}\right)_i h^2 \tag{3.1-7}$$

联立求解可得：

$$\left(\frac{\partial f}{\partial x}\right)_i = \frac{f_{i+1} - f_{i-1}}{2h} \tag{3.1-8}$$

$$\left(\frac{\partial^2 f}{\partial x^2}\right)_i = \frac{f_{i+1} + f_{i-1} - 2f_i}{h^2} \tag{3.1-9}$$

这种差分公式叫中心差分，其特点是在连续的两段网格区间内，把函数 f 简化为 x 的二次函数，看作按抛物线变化。如果还要得到更高精度的差分公式，只要在函数的级数展开式中再多取几项即可。由于高精度的差分格式中涉及的节点数目太多，应用不便，因而较少采用高精度的差分公式来解决实际问题。

同理可得沿 t 方向的差分公式及 x 和 t 的混合导数的差分公式（以中心差分为例）：

$$\left(\frac{\partial f}{\partial t}\right)_i^j = \frac{f_i^{j+1} - f_i^{j-1}}{2h} \tag{3.1-10}$$

$$\left(\frac{\partial f}{\partial t}\right)_i^j = \left[\frac{\partial}{\partial x}\left(\frac{\partial f}{\partial t}\right)\right]_i^j = \frac{\left(\frac{\partial f}{\partial t}\right)_{i+1}^j - \left(\frac{\partial f}{\partial t}\right)_{i-1}^j}{2h} = \frac{\frac{f_{i+1}^{j+1} - f_{i+1}^{j-1}}{2\tau} - \frac{f_{i-1}^{j+1} - f_{i-1}^{j-1}}{2\tau}}{2h}$$

$$= \frac{1}{4h\tau}\left[\left(f_{i-1}^{j-1} + f_{i+1}^{j+1}\right) - \left(f_{i-1}^{j+1} + f_{i+1}^{j-1}\right)\right] \tag{3.1-11}$$

几种常见的差分公式如表 3.1-1 所示[2]。

常见差分公式表 **表 3.1-1**

i,j 点导数	向前差分	向后差分	中心差分
$\frac{\partial f}{\partial x}$	$\frac{f_{i+1}^j - f_i^j}{h}$	$\frac{f_i^j - f_{i-1}^j}{h}$	$\frac{f_{i+1}^j - f_{i-1}^j}{2h}$
$\frac{\partial^2 f}{\partial x^2}$	$\frac{f_{i+2}^j - 2f_{i+1}^j + f_i^j}{h^2}$	$\frac{f_i^j - 2f_{i-1}^j + f_{i-2}^j}{h^2}$	$\frac{f_{i+1}^j - 2f_i^j + f_{i-1}^j}{(2h)^2}$
$\frac{\partial^3 f}{\partial x^3}$	$\frac{f_{i+3}^j - 3f_{i+2}^j + 3f_{i+1}^j - f_i^j}{h^3}$	$\frac{f_i^j - 3f_{i-1}^j + 3f_{i-2}^j - f_{i-3}^j}{h^3}$	$\frac{f_{i+2}^j - 3f_{i+1}^j + 3f_{i-1}^j - f_{i-2}^j}{(2h)^3}$
$\frac{\partial^4 f}{\partial x^4}$	$\frac{f_{i+4}^j - 4f_{i+3}^j + 6f_{i+2}^j - 4f_{i+1}^j}{h^4}$	$\frac{f_i^j - 4f_{i-1}^j + 6f_{i-2}^j - 4f_{i-3}^j + f_{i-4}^j}{h^4}$	$\frac{f_{i+4}^j - 4f_{i+2}^j + 6f_i^j - 4f_{i-2}^j + f_{i-4}^j}{(2h)^4}$
$\frac{\partial^2 f}{\partial x \partial t}$	$\frac{f_{i+1}^{j+1} - f_{i+1}^j - f_i^{j+1} + f_i^j}{h\tau}$	$\frac{f_i^j - f_i^{j-1} - f_{i-1}^j + f_{i-1}^{j-1}}{h\tau}$	$\frac{f_{i+1}^{j+1} - f_{i+1}^{j-1} - f_{i-1}^{j+1} + f_{i-1}^{j-1}}{4h\tau}$

3.1.3 抛物线型偏微分方程的差分解法

抛物线型偏微分方程，简称抛物型方程，物理学中的热传导方程就是一种典型的抛物型方程。在土力学领域，Terzaghi 曾于 20 世纪 20 年代提出饱和土的一维渗透固结理论，其数学表达即为抛物型方程[3]。下面以抛物线型偏微分方程［式（3.1-12）］为例，介绍一些主要的差分格式以及它们的截断误差及稳定性条件。

$$\frac{\partial u}{\partial t}-a\frac{\partial^2 u}{\partial x^2}=0(a>0) \tag{3.1-12}$$

在 x-t 平面上作分别平行于 x 轴和 t 轴的两组平行线：

$$x_j=jh \quad j=0,\pm1,\pm2,\cdots$$

$$t_n=n\tau \quad n=0,1,2,\cdots$$

通常，h 称为空间步长，τ 称为时间步长。取 $\lambda=\frac{\tau}{h^2}$。

(1) 截断误差

将一次中心差分公式及一次向前差分公式代入扩散方程式（3.1-12）得：

$$\frac{u_j^{n+1}-u_j^n}{\tau}=a\frac{u_{j+1}^n-2u_j^n+u_{j-1}^n}{h^2} \tag{3.1-13}$$

式（3.1-13）称为求解该微分方程的显式格式。

设 E 是差分格式［式（3.1-13）］的截断误差，可得：

$$E=\frac{u_j^{n+1}-u_j^n}{\tau}-a\frac{u_{j+1}^n-2u_j^n+u_{j-1}^n}{h^2}-\left(\frac{\partial u_j^n}{\partial t}-a\frac{\partial^2 u_j^n}{\partial h^2}\right) \tag{3.1-14}$$

在此式中，带括号部分为零，其余部分代入下列在节点（j,n）的带余项的泰勒级数展开式：

$$u_j^{n+1}=u_j^n+\tau\frac{\partial u_j^n}{\partial t}+O(\tau^2)$$

$$u_{j+1}^n=u_j^n+h\frac{\partial u_j^n}{\partial x}+\frac{h^2}{2}\frac{\partial^2 u_j^n}{\partial x^2}+\frac{h^3}{3!}\frac{\partial^3 u_j^n}{\partial x^3}+O(h^4)$$

$$u_{j-1}^n=u_j^n-h\frac{\partial u_j^n}{\partial x}+\frac{h^2}{2}\frac{\partial^2 u_j^n}{\partial x^2}-\frac{h^3}{3!}\frac{\partial^3 u_j^n}{\partial x^3}+O(h^4)$$

注意到 u 满足式（3.1-12），可得：

$$E=O(\tau+h^2) \tag{3.1-15}$$

即该差分格式对时间 t 的精度是一阶的，对空间 x 的精度是二阶的。

(2) 稳定性判别

判别差分格式稳定性的方法有 Fourier 方法、能量方法、单调矩阵方法及离散 Green 函数方法等。下面以最常用的 Fourier 分析方法来研究显式差分格式［式（3.1-13）］的稳定性。

先把差分格式［式（3.1-13）］改写为：

$$u_j^{n+1}=u_j^n+a\lambda(u_{j+1}^n-2u_j^n+u_{j-1}^n) \tag{3.1-16}$$

令 $u_j^n=v^n e^{iwjh}$，并将它代入上式就得到：

$$v^{n+1}e^{iwjh}=v^n e^{iwjh}+a\lambda(\mathrm{e}^{iwh}-2+\mathrm{e}^{-iwh})\mathrm{e}^{iwjh} \tag{3.1-17}$$

消去公因子 e^{iwjh}，有：

$$v^{n+1}=v^n[1+a\lambda v^n(\mathrm{e}^{iwh}-2+\mathrm{e}^{-iwh})] \tag{3.1-18}$$

由此得增长因子：

$$G(\tau,\omega)=1+a\lambda(\mathrm{e}^{iwh}-2+\mathrm{e}^{-iwh})=1-4a\lambda\sin^2\frac{\omega h}{2} \tag{3.1-19}$$

如果 $a\lambda \leqslant \frac{1}{2}$，则有 $|G(\tau,\omega)| \leqslant 1$，即 von Neumann 条件满足。这是单个方程，所以 von Neumann 条件也是稳定的充分条件，即差分格式［式（3.1-13）］的稳定性条件是：

$$a\lambda \leqslant \frac{1}{2} \tag{3.1-20}$$

3.1.4 有限差分法在岩土工程中的应用

（1）在桩基内力计算中的应用

当桩基处于均质地基中时，地基土的剪切模量为常数，因此可求得解析解，但是求解过程较为繁琐。由于一般工程均位于非均质土中，土体的剪切模量是变化的，因此寻求方程的解析解是很困难的，也是不实用的。为此可以运用数值分析的方法求解二阶微分方程，而最简单常用的就是有限差分法。有限差分法的主要手段是用差商逼近方程中的一、二阶导数，从而将微分方程离散为差分方程求解。

传统的弹性地基系数“m-k”法在计算抗滑桩内力时，需分受荷段和锚固段分别查表计算，计算过程烦琐，而且误差较大。针对这些问题，戴自航等[4,5]基于“m-k”法的原理，提出了便于编程的有限差分法，可对弹性抗滑桩全桩内力进行统一分析，并用一算例与传统方法进行了验证和对比。杨佑发等[6]基于地基系数“K-K”法的原理，提出了进行锚索抗滑桩全桩内力计算的有限差分法，同时，编写了该法的计算和图形处理程序。吴润泽等[7]针对现有预应力锚索抗滑桩计算模型及其相应计算理论存在的问题，基于有限差分法的原理，提出了改进的锚索桩计算模型并进行了理论推导，并利用 Matlab 编制成相应的计算程序进行计算，该方法可对桩前滑面以上存在任意厚度滑体和任意复杂地基条件的情况进行合理的设计计算。

（2）在支护结构中的应用

土体与支挡结构的变形与稳定一直都是岩土工程界关注的重要问题，对于深基坑工程采用内撑式支护结构，因其无需额外占用坑外场地，支撑强度和刚度大，可以有效控制变形，并且适用于各种复杂地质条件下以及深度开挖情况，从而在工程上得到越来越多的关注和广泛应用。

为克服现行规范建议采用单参数 m 法的缺点，陈林靖等[8]将分析水平推力桩的综合刚度原理和双参数法延伸至作用有水平分布荷载的基坑内撑式支护结构变形和内力计算中，建立了一种改进的弹性地基梁有限差分算法。此外，为考虑动态施工过程，引入增量法对各工况进行计算分析，并根据现场实测数据，反演出合适的综合刚度和双参数。

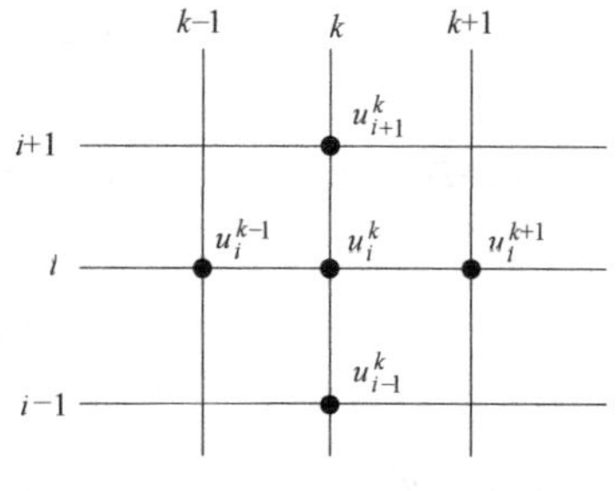

图 3.1-2　3 层 5 点古典差分格式

（3）在动力分析中的应用

平面波的传播问题通常可以归结为一维波动方程的定解问题。在非均匀介质中，即使简单的一维波动方程也需要借助于数值方法获得近似解。3 层 5 点古典差分格式（图 3.1-2）是计算偏微分方程一种常用算法，作为一种显式迭代格式，需要满足稳定性条件 $a=v\Delta t/\Delta x \leqslant 1$，其中 v 为波速，Δx 为空间采样间隔，Δt 为时间采样间隔。当 $a=1$ 时，$\Delta x = v\Delta t$，古典差分格式达到临界稳定状态。在这种情况下，平面波在 Δt 时间内的传播距离恰好等于空间采样间隔，差分格式真实地反映了平面波的传播原理，因而可以得到一维波动方程的精确解。但是，由于在非均匀介质中存在不连续的波阻抗界面，此方法不适于计算非均匀介质的波场。

为了将临界稳定情况下的古典差分格式推广应用至非均匀层状介质，范留明[9] 提出了一种能够处理波阻抗界面的有限差分格式，并应用傅里叶分析法得到其稳定性条件。在桩基动力学领域，刘华瑄等[10] 在传统差分方法的基础上，将变步长交错网格有限差分法（图 3.1-3）引入三维桩土模型的数值计算中，通过对三维弹性波动方程进行差分，并在计算模型界面处引入吸收边界条件，计算得到了桩在瞬态纵向激振力作用下的低应变数值模拟响应。

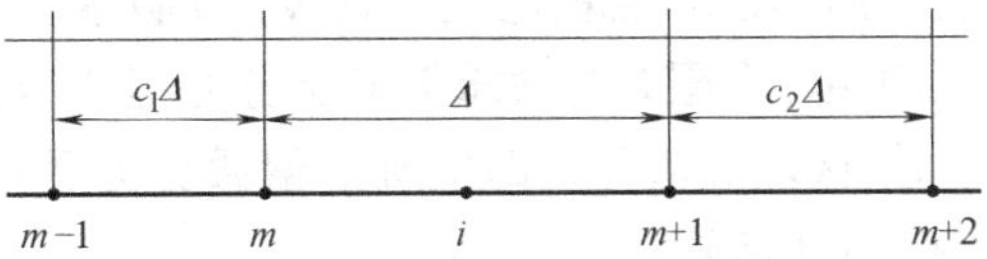

图 3.1-3 变步长交错网格有限差分示意图

（4）在渗流和固结分析中的应用

土的固结和渗流问题的基本偏微分方程，多数情况下只能借助数值方法得到数值解。目前固结问题的数值解法最常用的是有限单元法，但对于单向固结问题，采用有限差分法求解能满足要求且可节省大量的工作量。

吹填软土发生自重固结的物理本质在于超孔隙水压力的消散与有效应力的增长，以往有关土体大变形自重固结问题的求解方法多基于 Gibson 大变形固结理论，未从物理本质上反映土体的固结过程。江文豪等[11] 基于 Gibson 大变形固结理论的有关假定，推导建立以超孔隙水压力为变量的一维大变形自重固结控制方程，结合吹填软土自重固结的边界条件及初始条件，采用修正隐式差分格式的有限差分法求解得到方程的有限差分数值解，该数值解能够求解任意 $e\text{-}\sigma'$ 和 $e\text{-}k$ 函数关系下吹填软土的自重固结过程。

地下水在土体中的输运过程及渗流特性也符合抛物线型微分方程，在实际工程中遇到的土体大多处在非饱和状态（地下水位以上）。考虑到 Richards 方程与扩散方程形式上的相似性，王睿等[12] 从反常扩散方程的角度分析地下水在非饱和土中的输运过程，引入 Conformable 导数，得到了一维情况下非饱和土空间分数阶渗流方程，并使用全隐式形式的有限差分法求解渗流方程离散格式，得到了求解的迭代矩阵。

3.1.5 基于有限差分法的 FLAC/FLAC3D 程序

有限差分法在岩土工程中的广泛应用，主要得益于基于有限差分方法的 FLAC/FLAC3D 程序。该程序最早在 20 世纪 90 年代引入国内[13]，并在岩土工程、岩石力学与工程、水利工程、采矿工程等多个领域取得了大量应用[14]。本小节主要介绍 FLAC/FLAC3D 程序的基本原理、求解过程、功能特征和计算特征等内容。

1. 程序简介

FLAC（Fast Lagrangian Analysis of Continua）是由 Itasca 公司研发推出的连续介质力学分析软件，是该公司旗下最知名的软件系统之一。FLAC 目前已在全球 70 多个国家得到广泛应用，在国际土木工程（尤其是岩土工程）学术界和工业界享有盛誉。

FLAC 有二维和三维计算软件两个版本，即 FLAC2D 和 FLAC3D。一般地，以

FLAC统一称谓 FLAC2D 和 FLAC3D；分述 FLAC2D 和 FLAC3D 时，FLAC 仅指代 FLAC2D。FLAC V3.0 以前的版本为 DOS 版本，V2.5 版本仅仅能够使用计算机的基本内存（64K），因而求解的最大节点数仅限于 2000 个以内。FLAC 目前已发展到 V8.1 版本。FLAC3D 作为 FLAC 的扩展程序，不仅包括了 FLAC 的所有功能，并且在其基础上进行了进一步开发，使之能够模拟计算三维岩、土体及其他介质中工程结构的受力与变形形态。FLAC3D 目前已发展到 V7.0 版本。

FLAC 有限差分法求解偏微分方程的步骤如下：

① 区域离散化，即把所给偏微分方程的求解区域细分成由有限个格点组成的网格，如图 3.1-4 所示；

② 近似替代，即采用有限差分公式替代每一个格点的导数；

③ 逼近求解。换而言之，这一过程可以看作是用一个插值多项式及其微分来代替偏微分方程的解的过程。

由于岩土工程问题的基本方程（平衡方程、几何方程、本构方程）和边界条件多以微分方程的形式出现，对此，FLAC/FLAC3D 采用有限差分法求解。

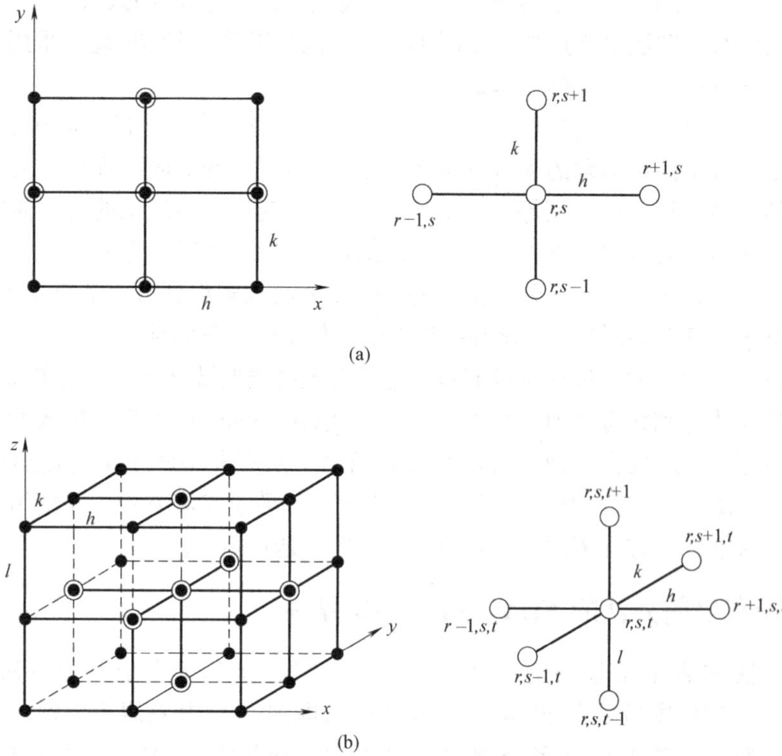

图 3.1-4　标准的有限差分网格（r，s，t 为节点编号；h，k，l 为步长）

（a）标准的五点格式二维有限差分网格；（b）标准的七点格式三维有限差分网格

2. 混合离散法

在三维常应变单元中，四面体具有不产生沙漏变形的优点（例如，节点合速度引起的变形不产生应变率，自然也不会产生节点力增量）。但是，将其应用于塑性结构中时，四面体单元提供不了足够的变形模式。例如，在特殊情况下，某些本构方程要求单元在不产生体积变形的情况下发生单独变形，但四面体单元无法满足这一要求。因为在这种情况下，单元通常会表现出比理论要求的刚度大得多的响应特性。为解决这一难题，FLAC3D采用了“混合离散化法”。

混合离散化法的基本原理是通过适当调整四面体应变率张量中的第一不变量，来给予单元更多体积变形方面的灵活性。在这一方法中，区域先离散为常应变多面体单元；接着，在计算过程中，每个多面体又进一步离散为以该多面体顶点为顶点的常应变四面体，如图 3.1-5 所示，并且所有变量均在四面体上进行计算；最后，取多面体内四面体应力、应变的加权平均值作为多面体单元的应力、应变值。在此特定变形模式下，单个常应变单元将经历一个与不可压缩塑性流动理论不符的体积改变过程。在这一过程中，四面体组（或称区域）的体积保持不变，并且每个四面体都能映射区域的性质，以使其力学行为符合理论预期。

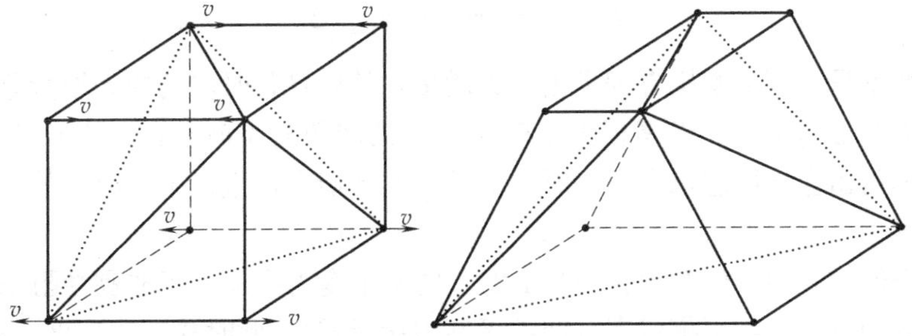

图 3.1-5 有限差分区域的四面体离散

(a) 标准六面体的四面体离散；(b) 多面体的四面体离散

3. FLAC 求解过程

以 FLAC3D 为例，有限差分的计算均在四面体上进行，以一四面体说明计算时导数的有限差分近似过程。如图 3.1-6 所示的四面体，节点编号为 1～4，第 n 面表示与节点 n 相对的面，设其内任一点的速率分量为 v_i，则可由高斯公式得：

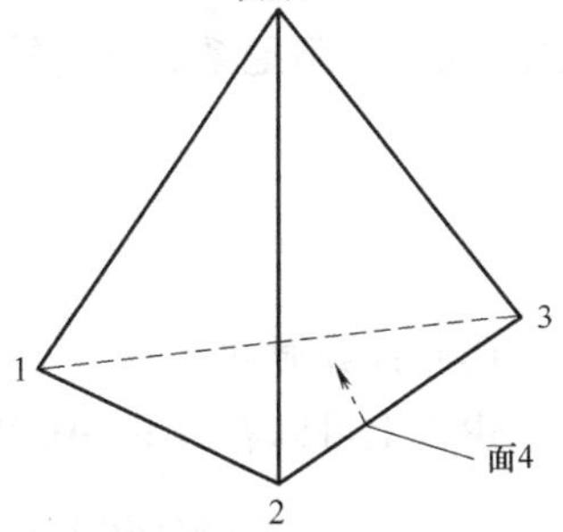

图 3.1-6 FLAC3D 的计算微元四面体

$$\int_V v_{i,j}\,\mathrm{d}V = \int_S v_i n_j\,\mathrm{d}S \tag{3.1-21}$$

式中 V——四面体的体积；

S——四面体的外表面积；

n_j——外表面的单位法向向量分量。

对于常应变单元，v_i 为线性分布，n_j 在每个面上为常量，由式（3.1-21）可得：

$$v_{i,j} = -\frac{1}{3V}\sum_{i=1}^{4} v_i^l n_j^{(l)} S^{(l)} \tag{3.1-22}$$

式中 上标 l 表示节点 l 的变量，上标（l）表示面 l 的变量。

（1）运动方程

FLAC3D 以节点为计算对象，将力和质量均集中在节点上，然后通过运动方程在时域内进行求解。节点运动方程可表示为如下形式：

$$\frac{\partial v_i^l}{\partial t}=\frac{F_i^l(t)}{m^l} \tag{3.1-23}$$

式中 $F_i^l(t)$——在 t 时刻 l 节点在 i 方向的不平衡力分量，可由虚功原理导出；

m^l——i 节点的集中质量，在分析静态问题时，采用虚拟质量以保证数值稳定，而在分析动态问题时则采用实际的集中质量。

将式（3.1-23）左端用中心差分来近似，则可得到：

$$v_t^l\left(t+\frac{\Delta t}{2}\right)=v_t^l\left(t-\frac{\Delta t}{2}\right)+\frac{F_i^l(t)}{m^l}\Delta t \tag{3.1-24}$$

（2）应变、应力及节点不平衡力

FLAC3D 由速率来求某一时步的单元应变增量，如下式：

$$\Delta e_{ij}=\frac{1}{2}(v_{i,j}+v_{j,i})\Delta t \tag{3.1-25}$$

有了应变增量，可由本构方程求出应力增量，然后将各时步的应力增量叠加即可得到总应力。在大变形情况下，尚需根据本时步单元的转角对本时步前的总应力进行旋转修正。随后，即可由虚功原理求出下一时步的节点不平衡力，进入下一时步的计算。

（3）阻尼力

对于静态问题，FLAC3D 在式（3.1-23）的不平衡力中加入了非黏性阻尼，以使系统的振动逐渐衰减直至达到平衡状态（即不平衡力接近零）。此时式（3.1-23）变为：

$$\frac{\partial v_i^l}{\partial t}=\frac{F_i^l(t)+f_i^l(t)}{m^l} \tag{3.1-26}$$

阻尼力 $F_i^l(t)$ 为：

$$f_i^l(t)=-\alpha\,|F_i^l(t)|\,\mathrm{sign}(v_i^l) \tag{3.1-27}$$

式中 α——阻尼系数，其默认值为 0.8；而：

$$\mathrm{sign}(y)=\begin{cases}+1(y>0)\\-1(y<0)\\0(y=0)\end{cases} \tag{3.1-28}$$

（4）计算循环

由以上可以看出 FLAC3D 的计算循环如图 3.1-7 所示。

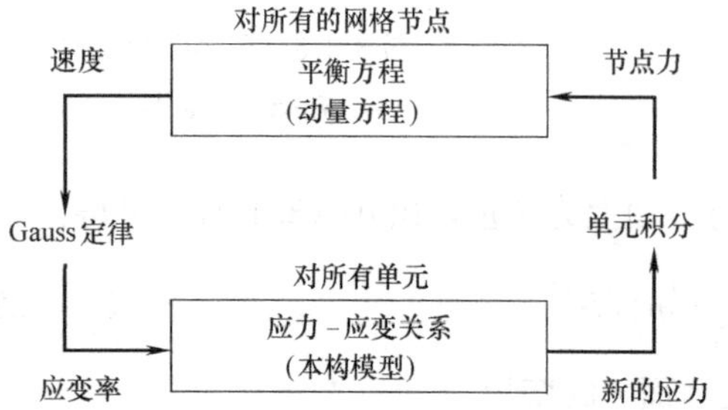

图 3.1-7 FLAC3D 的计算循环图

4. 功能特征

（1）专业性

FLAC/FLAC3D 专为岩土工程力学分析开发，内置丰富的弹、塑性材料本构模型（其中 FLAC 内置 15 个，FLAC3D 内置 19 个），有静力、动力、蠕变、渗流、温度 5 种计算模式，各种模式间可以相互耦合，以模拟各种复杂的工程力学行为。

FLAC/FLAC3D 可以模拟多种结构形式，如岩体、土体或其他材料实体（梁、锚元、桩、壳以及人工结构，如支护、衬砌、锚索、岩栓、土工织物、摩擦桩、板桩等)。通过设置界面单元，可以模拟节理、断层或虚拟的物理边界等。

借助其强大的绘图功能，用户能绘制各种图形和表格。用户可以通过绘制计算时步函数关系曲线来分析、判断体系何时达到平衡与破坏状态，并在瞬态计算或动态计算中进行量化监控，从而通过图形直观地进行各种分析。

(2) 开放性

FLAC/FLAC3D几乎是一个全开放的系统，为用户提供了广阔的研究平台。通过其独特的命令驱动模式，用户几乎参与了从网格模型的建立、边界条件的设置、参数的调试到计算结果输出等全部求解过程，自然能更深刻理解分析的实现过程。

利用其内置程序语言FISH，用户可以定义新的变量或函数，以适应特殊分析的需要。例如，利用FISH，用户可以设计自己的材料本构模型；用户可以在数值试验中进行伺服控制；可以指定特殊的边界条件；自动进行参数分析；可以获得计算过程中节点、单元的参数，如坐标、位移、速度、材料参数、应力、应变和不平衡力等。此外，用户还可以利用C++程序语言自定义新的本构模型，编译成DLL(动态链接库)，在需要时载入FLAC/FLAC3D，且运行速度与内置模型相差不大。

5. 计算特征

作为有限差分软件，相对于其他有限元软件，在算法上，FLAC/FLAC3D有以下几个优点：

① 采用"混合离散法"来模拟材料的塑性破坏和塑性流动。这种方法比有限元法中通常采用的"离散集成法"更为准确、合理。

② 即使模拟静态系统，也采用动态运动方程进行求解，这使得FLAC在模拟物理上的不稳定过程不存在数值上的障碍。

③ 采用显式差分法求解微分方程。对显式法来说，非线性本构关系与线性本构关系并无算法上的差别，根据已知应变增量，可很方便地求得应力增量、不平衡力并跟踪系统的演化过程。此外，由于显式法不形成刚度矩阵，每一时步计算所需内存很小，因而使用较少的内存就可以模拟大量的单元，特别适于在计算机上操作。

④ 在大变形问题的求解过程中，由于每一时步变形很小，因此可采用小变形本构关系，将各时步的变形叠加，得到大变形。这就避免了推导并应用大变形本构关系时所遇到的麻烦，也使得它的求解过程与小变形问题一样。

3.1.6 FLAC/FLAC3D在岩土工程中的应用

目前FLAC3D在国内的应用领域非常广泛，通过CNKI数据库检索，在主要中文期刊中(包括《岩土工程学报》《岩土力学》《岩石力学与工程学报》和《土木工程学报》)检索到相关的期刊论文650多篇，通过主要关键词分析可以发现(图3.1-8)，其应用领域包括岩石力学、隧道工程、稳定性分析、本构模型二次开发、地下厂房、开挖过程、地下洞室群、深基坑等研究和应用。

在本构模型方面，FLAC3D本身已经带有较多的模型，比如1个开挖模型、3个弹性模型、15个弹塑性模型，还有一些专业模块中的本构模型，可以说基本满足岩土工程方面的各种计算需要。但在实际工程和科学研究中，还是需要做一些本构模型的二次开发。

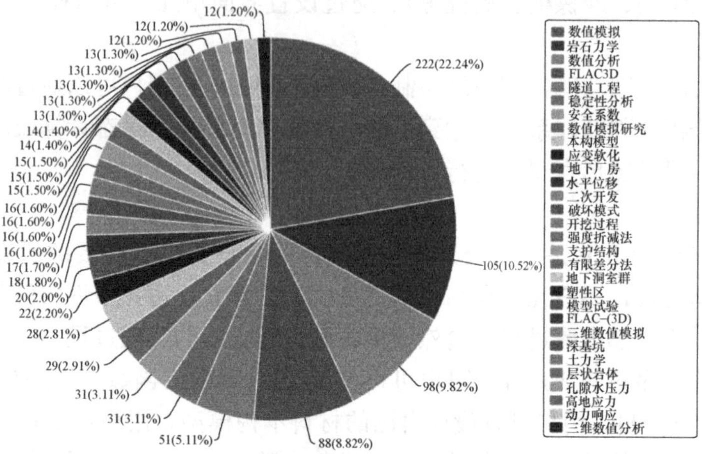

图 3.1-8　FLAC3D 程序在国内的应用领域

需要开发的模型可以分为两类：一类是广泛应用而 FLAC3D 并未提供的模型，比如邓肯-张非线性弹性模型、南京水科院弹塑性模型、殷宗泽椭圆-抛物双屈服面模型、清华弹塑性模型等。这类模型在国内岩土工程领域中具有重要的地位，且已经积累了大量的计算经验。另一类是新近开发的模型，比如特殊材料的本构模型、对已有模型进行改进得到的本构模型等。这些本构模型的理论研究完成后，一个重要的工作就是利用研究得到的本构模型进行计算与应用。研究者可以自行编程来应用这些本构模型，也可以在成熟的商业软件基础上进行二次开发。相对于自行编程而言，在成熟软件上进行本构模型的二次开发，花费的时间少，工作效率高，而且可以利用原有软件成熟而强大的计算功能。近年来，国内学者开发了较多的本构模型，包括水利工程常用的邓肯-张模型[15]、反映堆石料三维特性的边界面模型[16]、液化大变形本构模型[17]、动力弹塑性本构模型[18,19]、基于空间滑动面的本构模型[20,21]、反映蠕变损伤特性的本构模型[22] 等，这些模型丰富了 FLAC3D 程序在国内工程领域的应用。值得一提的是，张建民等提出的液化大变形本构模型[17] 已经纳入了 FLAC3D 程序官方推荐的本构模型范畴，可供用户下载和使用。

在水利工程中，地下厂房是水电站中安装水轮机、水轮发电机和各种辅助设备的建筑物，由于结构和受力复杂，往往需要借助数值分析方法来研究其变形和稳定特性。在 FLAC3D 应用中，包括地下厂房的施工开挖过程模拟[23]、支护过程与内力分析[24] 以及洞室岩体流变特性等[25]。

近年来，随着交通工程的发展，隧道设计和施工中的技术难题也常用 FLAC3D 进行模拟分析，包括胶州湾的小净距海底隧道工程[26]、舟山灌门水道海底隧道工程[27]、大连地铁盾构隧道工程等[28]，分析内容涉及岩石隧道的爆破方案优化、隧道施工过程的动力稳定以及隧道开挖对周围岩土体的影响等。

对于土体动力问题，由于 FLAC 具有较强的非线性动力分析功能，可以考虑动力作用下岩土体的模量衰减和阻尼特性，因此取得了广泛的应用。张雨霆等[29] 利用汶川地震中卧龙台强震测站监测到的数据分析了映秀湾水电站的震害机理。王莉等[30] 以某土石坝为研究对象，采用 FLAC3D 模拟了土石坝上游排土场滑坡对土石坝稳定和变形的影响。言志信等[31] 以红黏土边坡为对象，对边坡中锚杆、灌浆体（水泥砂浆）和边坡自身的受力和变形特性进行了动力分析，揭示了锚杆对于提高动力稳定性的作用机理。

FLAC3D 的另一个重要优势在于具有比较全面的结构体系单元，具体包括梁（beam）单元、锚索（cable）单元、桩（pile）单元、壳（shell）单元、土工格栅（geogrid）单元和初衬（liner）单元，这些结构单元通过设置不同的连接和相互作用，可以模拟岩土工程中的各种复杂的支护和结构与土的相互作用问题，因此在深基坑工程中得到了较多应用[32-35]。

3.1.7 FLAC3D 的应用实例

FLAC 最初开发主要是用于岩石力学和采矿工程的力学分析，但由于该软件具有很强的解决复杂力学问题的能力，因此，应用范围现已拓展到土木建筑、交通、水利、地质、核废料处理、石油及环境工程等多个领域。本小节给出一个基于 FLAC3D 开发的液化后流动变形模型算例，旨在演示本构模型开发和动力分析的计算过程。

（1）问题描述

陈育民[36] 提出了一种针对液化砂土变形的流动本构模型，并开发到有限差分程序 FLAC3D 中，建立了耦合的饱和砂土液化大变形非线性动力分析方法，可以考虑饱和砂土液化后零有效应力状态下的流动变形及非零有效应力状态下的强度恢复。具体做法是，在 FLAC3D 软件自带的 Finn 模型基础上，加入了通过试验得到的液化后流动特性本构模型，得到了能够反映土体液化后特性的 PL-Finn（Post Liquefaction Finn）模型。PL-Finn 模型能够考虑土体在动荷载作用下的孔压积累与消散，以及土体达到液化时强度的降低及液化后强度的恢复。

计算的对象是阪神地震中的神户港，神户港是日本第二大国际港口。1995 年 1 月 17 日凌晨 5 时 46 分，日本兵库县南部发生了 7.2 级大地震，这是“二战”以来破坏最严重的地震之一。在神户港区地面最大地震加速度达到 $0.6g$，导致大量沉箱岸壁严重破坏。

FLAC3D 提供了可以计算土体液化的 Finn 模型，该模型是在 Mohr-Coulomb 模型的基础上增加了孔压的上升模式，可以模拟土体在动力作用下的超孔隙水压力的积累直至土体液化。土体的应力-应变关系主要遵守 Mohr-Coulomb 准则，在计算中不能反映完全液化状态下土体的流动变形以及液化后土体的强度增长。作者根据空心圆柱样的动扭剪液化大变形试验和饱和砂土流动特性振动台试验的结果，总结出了一个液化及液化后流动特性本构模型，该模型考虑了液化及液化后状态下土体的变形特性。为了使该模型能够应用于实践，作者在 FLAC3D 软件的 Finn 模型基础上进行了改进，将液化及液化后的变形特性加入 Finn 模型中。

（2）液化后流动本构模型

液化后砂土流动特性本构模型的建立主要根据砂土的两种不同的状态：零有效应力状态和非零有效应力状态。对于零有效应力状态，可以用幂律函数来描述其剪应力-剪应变率之间的关系：

$$\tau = k_0^s (\dot{\gamma})^{n_0^s} \tag{3.1-29}$$

式中 k_0^s、n_0^s——拟合参数。

对于非零有效应力状态，根据试验发现，对于一定的应变率下，可以归纳出其表观动力黏度与超孔压比的关系：

$$\log(\eta)=k_1^{s}(1-r_u)^{n_1^{s}} \tag{3.1-30}$$

或

$$\log\left(\frac{\tau}{\dot{\gamma}}\right)=k_1^{s}(1-r_u)^{n_1^{s}} \tag{3.1-31}$$

式中 k_1^s、n_1^s——拟合参数。

式（3.1-30）、式（3.1-31）为建立的一维本构模型，为了便于编程和软件实现，需要将这个本构方程推广至三维情况。采用广义剪应力 q 来代替方程式（3.1-30）和式（3.1-31）中的剪应力 τ。

$$q=\sqrt{\frac{3}{2}S_{ij}S_{ij}} \tag{3.1-32}$$

式中 S_{ij}——应力张量 σ_{ij} 的偏张量。

对于剪应变率张量 $\dot{\varepsilon}_{ij}$ 可以分解为球应变率张量和偏应变率张量，再将偏应变率张量 $\dot{\varepsilon}_{ij}^{d}$ 分解为两个分量：弹性分量 $\dot{\varepsilon}_{ij}^{de}$ 和流动变形分量 $\dot{\varepsilon}_{ij}^{df}$。

$$\dot{\varepsilon}_{ij}^{d}=\dot{\varepsilon}_{ij}^{de}+\dot{\varepsilon}_{ij}^{df} \tag{3.1-33}$$

用流动剪应变率的概念来表示流动变形中的应变率，由于偏应变率张量的流动变形部分与偏应力张量是同轴的，因此流动剪应变率表示为：

$$\dot{\varepsilon}=\frac{2}{3}\dot{\varepsilon}_{ij}^{df}\left(\frac{q}{S_{ij}}\right) \tag{3.1-34}$$

用流动剪应变率的概念 $\dot{\varepsilon}$ 来代替本构方程中的剪应变率 $\dot{\gamma}$。则式（3.1-29）和式（3.1-31）可改写为：

$$q_0=k_0(\dot{\varepsilon}_0)^{n_0} \tag{3.1-35}$$

和

$$\log\left(\frac{q_1}{\dot{\varepsilon}_1}\right)=k_1(1-r_u)^{n_1} \tag{3.1-36}$$

式中 $\dot{\varepsilon}_0$、$\dot{\varepsilon}_1$——分别表示零有效应力状态和非零有效应力状态下的应变率；

q_0、q_1——分别表示零有效应力状态和非零有效应力状态下的广义剪应力。

（3）一般应力条件下饱和砂土液化的判定准则

饱和砂土发生液化是从固态转变为液态，当不考虑液体的黏滞力时，其抗剪强度为0。把这个液化的定义和特征表示为动荷载作用过程中广义剪应力 q 和有效球应力 p 的变化时，则有：

$$q=\frac{1}{2}\sqrt{(\sigma_1'-\sigma_2')^2+(\sigma_2'-\sigma_3')^2+(\sigma_3'-\sigma_1')^2}=0$$

$$p=\frac{1}{3}(\sigma_1'+\sigma_2'+\sigma_3')=0 \tag{3.1-37}$$

满足式（3.1-36）的解只能是：

$$\sigma_1'=\sigma_2'=\sigma_3'=0 \tag{3.1-38}$$

式中 $\sigma_i'(i=1,2,3)$——液化时的三个有效主应力。这表明，当有效应力均为零时，饱和砂土发生液化。

根据有效应力原理，式（3.1-38）还可以改写为：

$$\sigma_1=\sigma_2=\sigma_3=u \tag{3.1-39}$$

式中 $\sigma_i(i=1,2,3)$——液化时的三个总主应力；

u——液化时的孔隙水压力。

这表明，当作用在土单元三个方向的总主应力相等（处于均压状态）且等于该时刻的孔压时，饱和砂土发生液化。上述式（3.1-38）和式（3.1-39）的液化准则既符合液化定义，又与试验方法和仪器无关，是一个客观的统一准则。

在数值计算中由于计算精度的影响，常用超孔压比的概念来描述液化。在三维数值计算中超孔压比 r_{u} 的定义为：

$$r_{\mathrm{u}}=1-\frac{\sigma_{\mathrm{m}}'}{\sigma_{\mathrm{m0}}'} \tag{3.1-40}$$

式中 σ_{m0}'——动力计算前单元的平均有效应力；

σ_{m}'——动力计算过程中单元的平均有效应力，定义为：

$$\sigma_{\mathrm{m0}}'=\sigma_{10}'+\sigma_{20}'+\sigma_{30}' \tag{3.1-41}$$

$$\sigma_{\mathrm{m}}'=\sigma_1'+\sigma_2'+\sigma_3' \tag{3.1-42}$$

式中 $\sigma_{j0}'(j=1,2,3)$——动力计算之前的应力张量的三个主应力；

$\sigma_j'(j=1,2,3)$——动力计算过程中应力张量的三个主应力。

（4）PL-Finn 模型的开发过程

Finn 模型中考虑了应变反转的问题。对于三维分析问题，至少存在六个应变率张量分量。在 Finn 模型中这六个应变率张量定义为：

$$\left.\begin{aligned}
\varepsilon_1&=\varepsilon_1+\Delta e_{12}\\
\varepsilon_2&=\varepsilon_2+\Delta e_{23}\\
\varepsilon_3&=\varepsilon_3+\Delta e_{31}\\
\varepsilon_4&=\varepsilon_4+\frac{(\Delta e_{11}-\Delta e_{22})}{\sqrt{6}}\\
\varepsilon_5&=\varepsilon_5+\frac{(\Delta e_{22}-\Delta e_{33})}{\sqrt{6}}\\
\varepsilon_6&=\varepsilon_6+\frac{(\Delta e_{33}-\Delta e_{11})}{\sqrt{6}}
\end{aligned}\right\} \tag{3.1-43}$$

式中 Δe_{ij}——应变增量张量。

在应变空间中寻找应变轨迹的极值点。用上标（^{0}）定义前一个点，用上标（^{00}）定义前面第 2 个点，应变空间中前一个单位矢量 n_i^0 的计算方法为：

$$v_i=\varepsilon_i^0-\varepsilon_i^{00} \tag{3.1-44}$$

$$n_i^0=\frac{v_i}{\sqrt{v_i v_i}} \tag{3.1-45}$$

式中 v_i——各分量上的应变增量，下标 i 表示 1～6 个分量。

新的应变增量 $\varepsilon_i-\varepsilon_i^0$ 在前一个单位矢量上的投影 d 为：

$$d=(\varepsilon_i-\varepsilon_i^0)n_i^0 \tag{3.1-46}$$

若 d 为负值，则表示应变发生了反转。计算中监测 d 的绝对值，当达到最小计算周期（计算中两次反转之间最小的时间步）时，如果 $|d|$ 达到最大值 d_{max}，则进行反转计算，即：

$$\gamma=d_{max} \tag{3.1-47}$$

$$\left.\begin{aligned}\varepsilon_i^{00}&=\varepsilon_i^0\\ \varepsilon_i^0&=\varepsilon_i\end{aligned}\right\} \tag{3.1-48}$$

得到剪应变 γ 后，得到塑性体积应变增量 $\Delta\varepsilon_{vd}$，从而对塑性体积应变 ε_{vd} 进行更新：

$$\varepsilon_{vd}=\varepsilon_{vd}+\Delta\varepsilon_{vd} \tag{3.1-49}$$

根据 $\Delta\varepsilon_{vd}$ 对剪应变增量进行修正：

$$\left.\begin{aligned}\Delta e_{11}&=\Delta e_{11}+\frac{\Delta\varepsilon_{vd}}{3}\\ \Delta e_{22}&=\Delta e_{22}+\frac{\Delta\varepsilon_{vd}}{3}\\ \Delta e_{33}&=\Delta e_{33}+\frac{\Delta\varepsilon_{vd}}{3}\end{aligned}\right\} \tag{3.1-50}$$

FLAC3D 中压缩应变增量是负值，塑性体积应变是正值，因此，随着塑性体积应变积累的增加，平均有效应力逐渐减小。

(5) 前处理

利用 FLAC3D 进行动力计算时，其前处理的内容包括网格划分、动力荷载的调整、网格最大尺寸的确定等，下面根据具体的实例对上述前处理内容进行描述。

计算采用的范围为长 170m，高 50m，厚度方向（y 方向）取 10m。计算中采用水位线为海底粉砂（sea silt）以上 14m。模型中沉箱（caisson）高 18m，宽 12m，在沉箱与基础毛石（foundation）之间设置了接触面单元来模拟两者之间的相互作用。由于在动力计算中要使用自由场边界条件，而设置接触面对生成自由场边界存在一定的困难，所以分析中使沉箱的 z 方向的尺寸略小于 10m。计算中考虑置换砂（replaced sand）与回填砂土（land sand）为可液化层。动力荷载以加速度时程的方式施加到模型底部的黏土层（clay）上。模型的具体尺寸如图 3.1-9 所示。计算中采用的力学参数、接触面参数、流体参数和

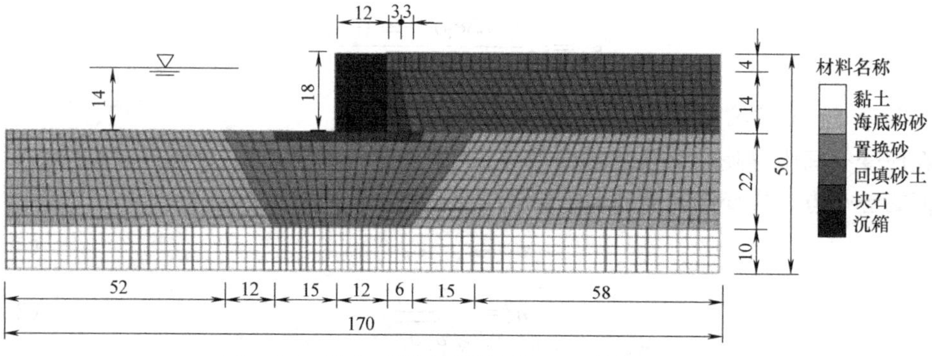

图 3.1-9 Kobe 码头计算模型尺寸（单位：m）

液化参数分别见表 3.1-2～表 3.1-4。

Kobe 地震分析采用的力学参数 **表 3.1-2**

材料名称	本构模型	ρ (kg/m³)	E (MPa)	μ	c (kPa)	φ (°)
黏土	MC	1350	50	0.33	30	20
海底粉砂	MC	1250	20	0.33	0	30
置换砂	MC	1350	15	0.33	0	37
回填砂土	MC	1350	13.7	0.33	0	36
块石	MC	1550	100	0.33	0	40
沉箱	Elastic	3500	2000	0.17	—	—

Kobe 地震分析采用的接触面参数 **表 3.1-3**

最大单元尺寸 (m)	法向刚度 k_n (Pa/m)	切向刚度 k_s (Pa/m)	黏聚力 c_{if} (kPa)	内摩擦角 φ_{if} (°)
1.5	1.00E8	1.00E8	0	5

Kobe 地震分析采用的流体参数及液化参数 **表 3.1-4**

材料名称	流体模型	渗透系数 K (cm/s)	孔隙率 n	阻尼比 D	液化参数
黏土	fl_iso	1.0E-06	0.45	0.05	—
海底粉砂	fl_iso	1.0E-05	0.45	0.05	—
置换砂	fl_iso	1.0E-03	0.45	0.05	Byrne 模型 D_r=40% C_1=0.751 C_2=0.533 C_3=0
回填砂土	fl_iso	1.0E-03	0.45	0.05	Byrne 模型 D_r=25% C_1=2.432 C_2=0.164 C_3=0
块石	fl_iso	1.0E-01	0.45	0.05	—
沉箱	fl_null	—	—	0.05	—

（6）地震波的调整

采用水平向（模型中的 x 方向）和竖直向（模型中的 z 方向）同时振动，水平向地震波峰值为 0.6g，竖直向地震波峰值为 0.2g。由于地震波每次往返作用的周期约为 0.2～1.0s，地震作用的频率约为 1～5Hz，因此计算中对地震波进行了滤波调整，过滤了地震波中频率大于 5Hz 的成分，如图 3.1-10～图 3.1-15 所示。

对地震波进行滤波处理以后，再进行基线校正，即通过在地震波时程曲线上添加一个多项式，使积分得到的累积速度和累积位移近似为零。表 3.1-5 为地震波基线校正前后的对比，可以发现校正前两条地震波的累积位移较大，分别为 0.16m 和−0.10m，校正后累积位移均小于 1.5cm，且累积速度也较小。

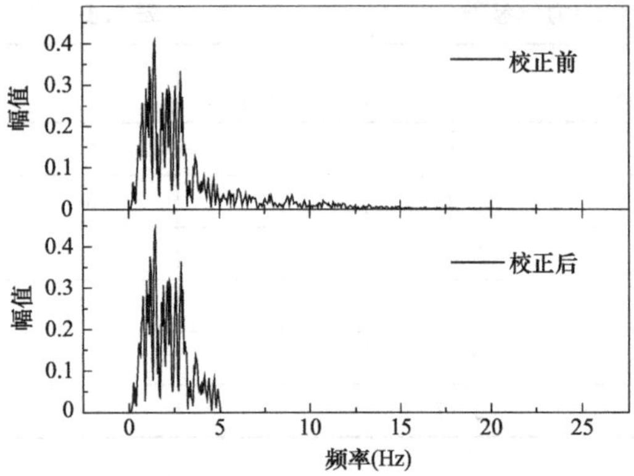

图 3.1-10　水平向加速度滤波前后谱分析

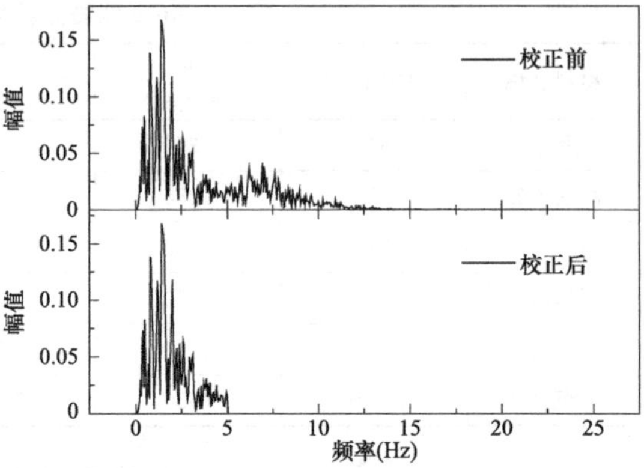

图 3.1-11　竖向加速度滤波前后谱分析

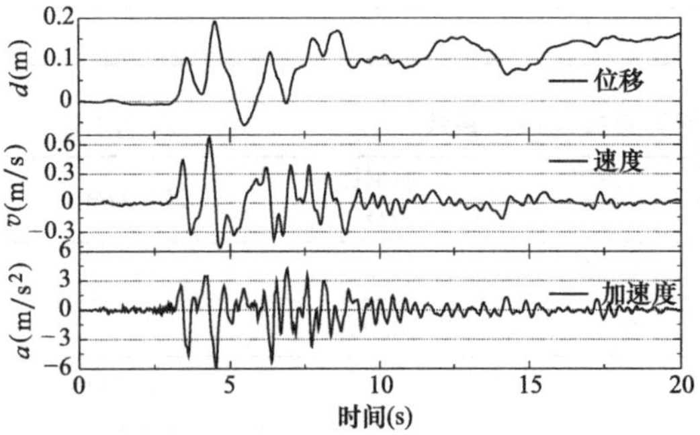

图 3.1-12　水平向地震波校正前数据

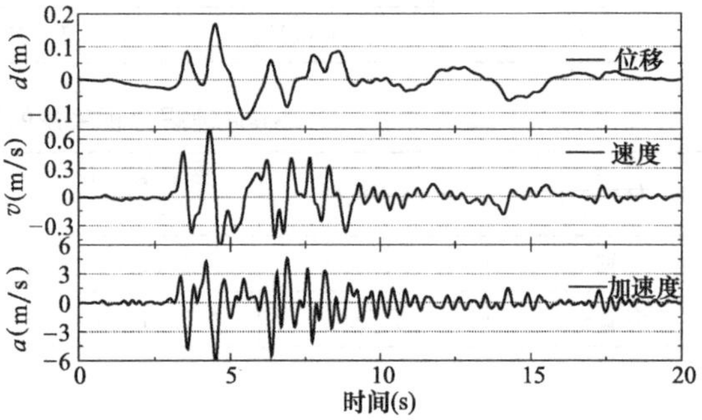

图 3.1-13　水平向地震波基线校正后数据

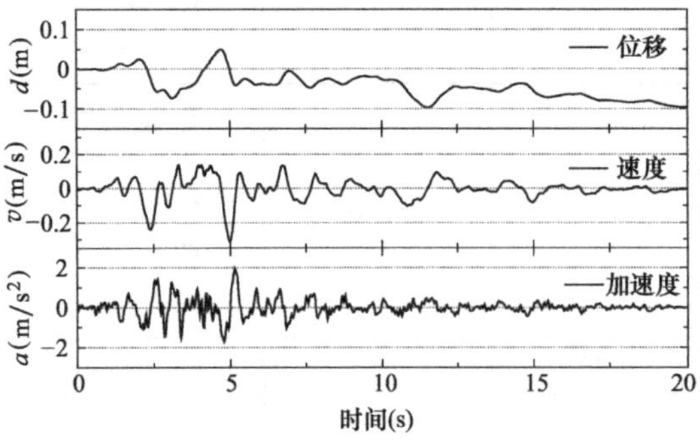

图 3.1-14　竖向地震波基线校正前数据

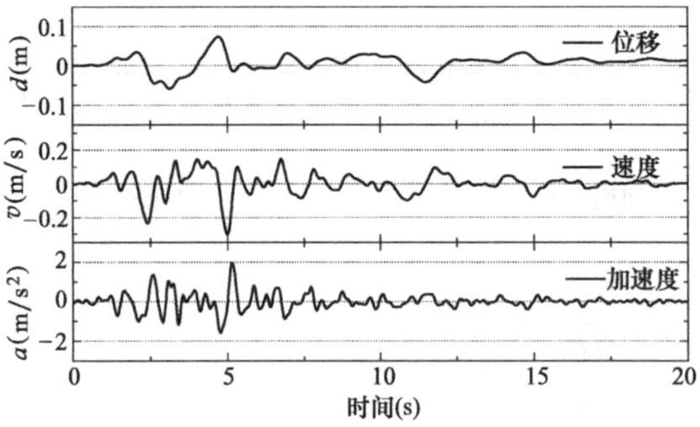

图 3.1-15　竖向地震波基线校正后数据

地震波基线校正前后对比　　　　**表 3.1-5**

地震波		加速度 (m/s^2)	速度 (m/s)	位移 (m)
水平向	校正前	3.51E-03	2.68E-02	1.62E-01
	校正后	−6.33E-03	1.55E-04	1.88E-03
竖向	校正前	7.63E-04	−5.36E-03	−9.71E-02
	校正后	−7.45E-02	1.46E-03	1.47E-02

按照各种材料在动力计算中满足精度的最大单元尺寸，如表 3.1-6 所示。由于 16.3.2 节对地震波采用了滤波处理，因此使用较少的单元就可以满足动力计算精度的需要。按照表 3.1-6 的要求对模型进行了单元划分。共划分 8050 个单元，10386 个节点，880 个接触面单元。

Kobe 地震分析中网格尺寸的要求 **表 3.1-6**

材料名称	ρ(kg/m^3)	地震最大频率 (Hz)	剪切波速 C_s (m/s)	最大单元尺寸 (m)
黏土	1800	5	102.19	2.555
海底粉砂	1700		66.50	1.663
置换砂	1800		55.97	1.399
回填砂土	1800		53.49	1.337
块石	2000		137.10	3.428
沉箱	3500		494.17	12.354

(7) 动力计算结果

为了吸收地震过程中地震波在边界上的反射，在动力计算中设置了自由场（free field）边界，设置自由场边界后，程序会自动在模型的四周生成一圈自由场网格，通过自由场网格与主体网格的耦合作用来近似模拟自由场地振动的情况。施加自由场边界后的网格如图 3.1-16 所示。计算结果主要分析沉箱在动力作用过程中的变形情况及可液化砂土的液化情况。

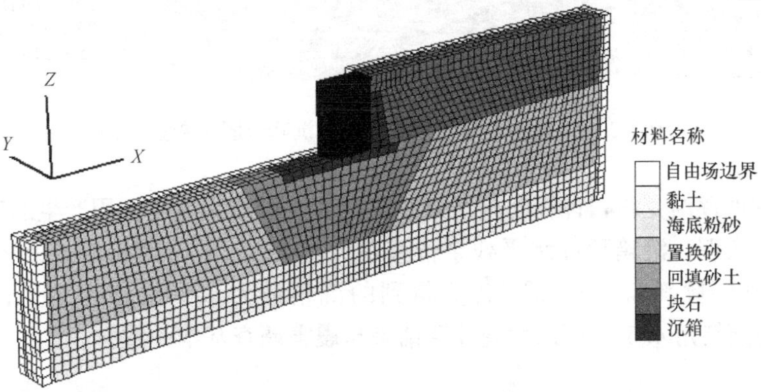

图 3.1-16 施加自由场（free field）边界条件后的网格

1) 变形分析

图 3.1-17 为动力计算前后的网格变形对比，图 3.1-18 和图 3.1-19 分别为动力计算结束时刻的水平位移和竖向沉降云图。可以发现最大水平位移和沉降均发生在沉箱附近。模型的最大水平位移为 3.41m，最大沉降为 1.95m。另外，回填砂土层发生了较大的沉降。

图 3.1-20 沉箱附近网格的位移矢量图，可以看出沉箱整体发生了转动。计算中对沉箱顶部的一个节点进行了位移监测，图 3.1-21 为监测得到的计算过程中水平位移和沉箱的时程曲线。可见，随着地震作用时间的增长，水平位移和沉降均逐渐增大，且位移和沉降主要发生在 5～10s 的范围，在这个范围内加速度的幅值较大。随着加速度幅值的减小，

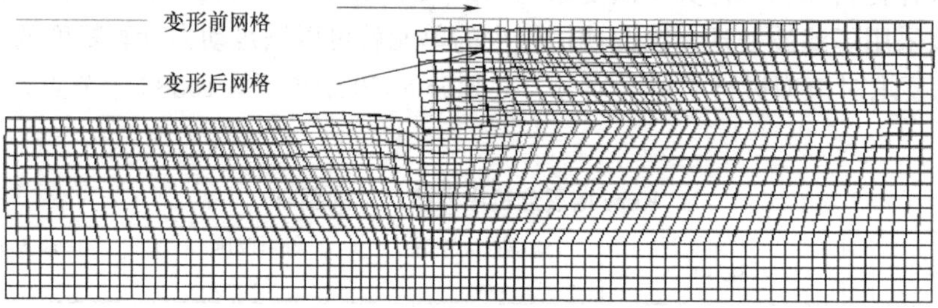

图 3.1-17　动力计算前后的网格变形

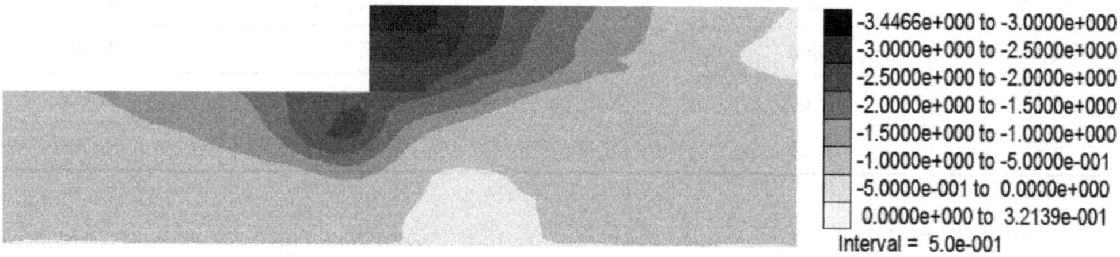

图 3.1-18　动力计算结束时刻水平位移云图（单位：m）

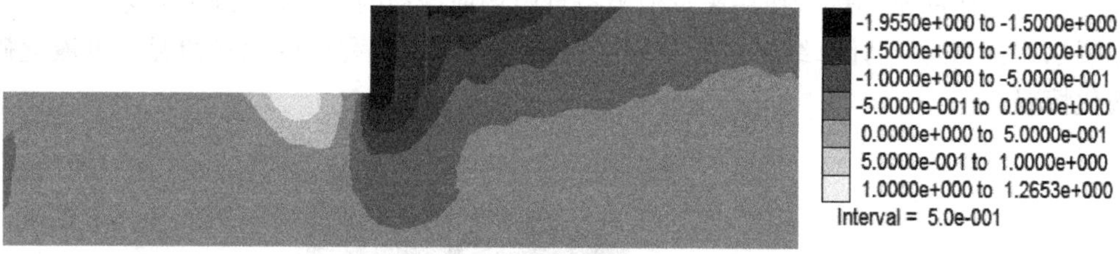

图 3.1-19　动力计算结束时刻竖向沉降云图（单位：m）

沉箱的变形发展逐渐变缓，计算时刻结束时得到的变形即为地震作用产生的残余变形。根据地震后调查表明，沉箱顶部水平残余位移最大达 5m，平均为 3.5m，残余沉降为 1～2m，沉箱向海侧倾斜角 3°～ 5°。计算得到的沉箱最大水平位移为 3.41m，最大沉降 1.95m，海侧倾斜角 4.5°，可以发现计算结果与震害调查基本一致。

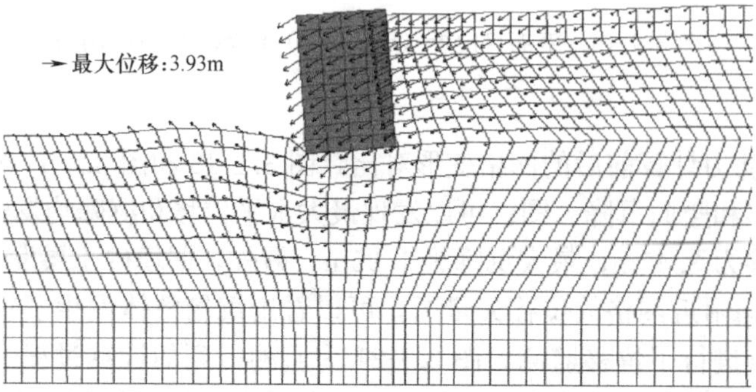

图 3.1-20　计算结束时刻的变形矢量图（局部）

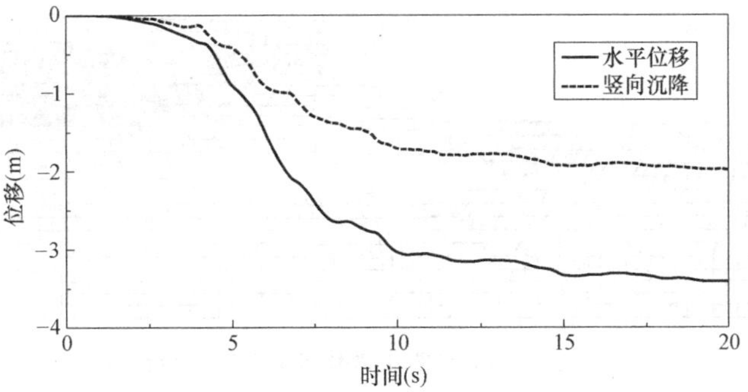

图 3.1-21 沉箱顶部的变形曲线

2）液化区比较

为了分析地震作用过程中两层可液化砂土的液化情况，计算中对置换砂和回填砂土层中典型单元的超孔压比进行了监测，监测位置如图 3.1-22 所示，计算得到的三个典型单元的超孔压比时程曲线如图 3.1-23 所示。可以发现，置换砂土（图 3.1-22 中的 A 单元）的最大超孔压比在 0.3 左右，而回填土（图 3.1-22 中的 B 和 C 单元）中的超孔压比较大，C 单元在地震作用第 6s 时已发生液化。

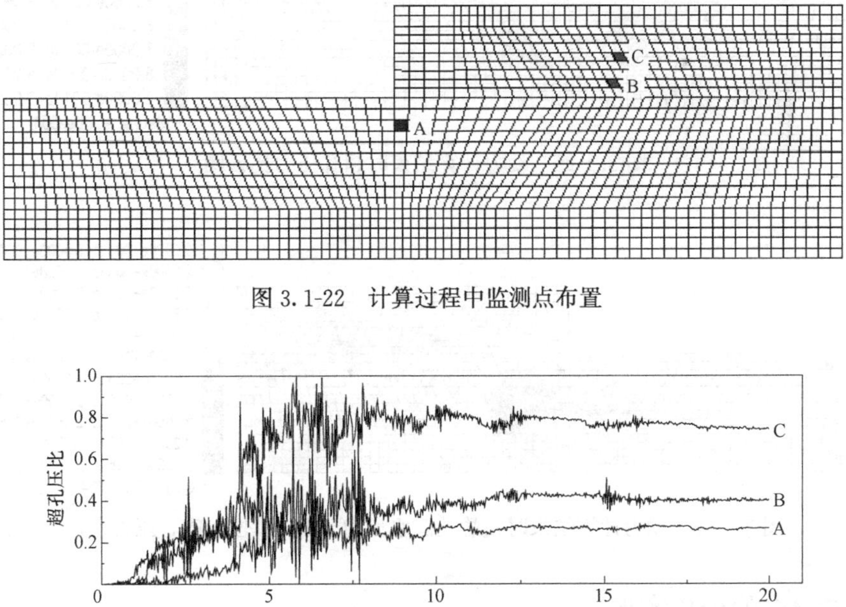

图 3.1-22 计算过程中监测点布置

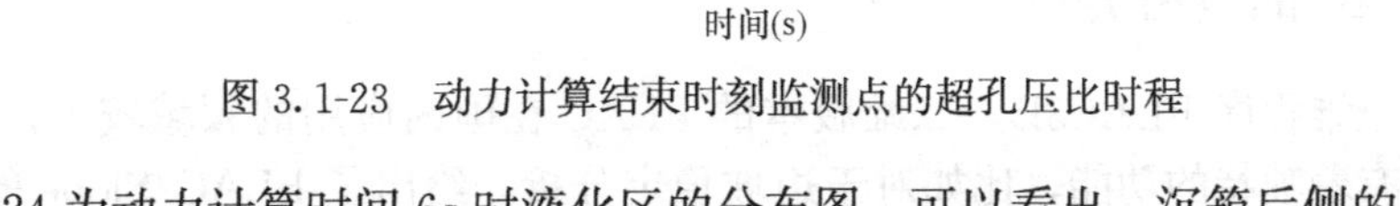

图 3.1-23 动力计算结束时刻监测点的超孔压比时程

图 3.1-24 为动力计算时间 6s 时液化区的分布图，可以看出，沉箱后侧的回填砂土发生了大面积的液化，而置换砂土基本没有发生液化现象。这主要是因为回填砂土的相对密度较小，标贯击数较小，因此在动荷载作用下更易发生液化。另外，置换砂土位于沉箱的底部，由于沉箱的重力作用使置换砂中的平均有效应力大于回填砂土的平均有效应力，因此较难发生液化。

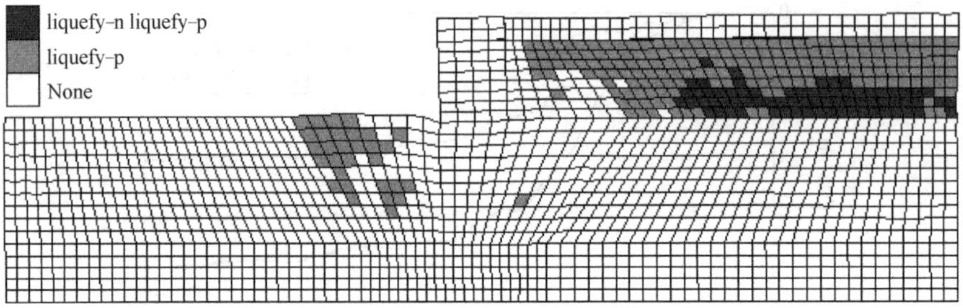

图 3.1-24　动力计算中液化区的分布（t=6s）

图 3.1-25 和图 3.1-26 分别为计算结束时刻模型的残余超孔压力比云图和超静孔隙水压力云图，也可以看出，回填砂土的残余超孔压比较高，达到了 0.8～0.9，而置换砂土中的超孔压比较小。因此可以认为，沉箱发生的大变形主要是由于沉箱后侧回填砂土的液化造成的，这也与现场调查的结果相符合。

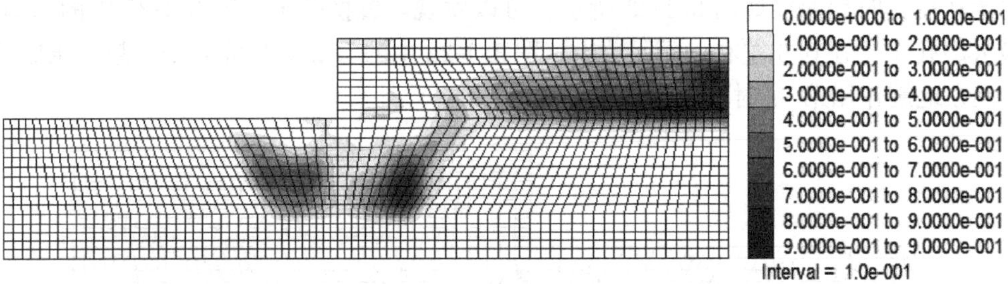

图 3.1-25　动力计算结束时超孔压力比云图

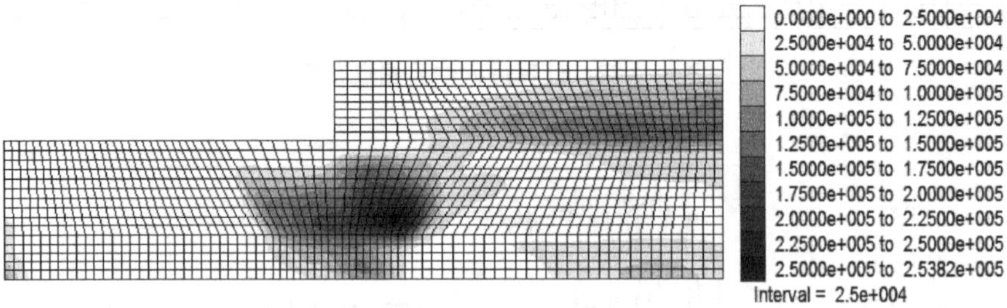

图 3.1-26　动力计算结束时超静孔隙水压力云图（单位：Pa，压为正）

3.1.8　FLAC 的应用实例

相对于三维程序 FLAC3D，二维版本的 FLAC 在国内应用的领域较少，但是 FLAC 在某些方面有着独特的功能，比如对于边坡稳定分析，给出了 FLAC/Slope 的计算模块，可以对各种概念化的边坡快速进行强度折减法分析；对于多孔介质渗流问题，FLAC 可以考虑两相不相溶的流体相互作用，即两相流计算方法。本小节给出了基于两相流的静态液化计算实例[37]，以演示 FLAC 在非饱和土力学特性方面的应用。

（1）两相流基本原理

由于 FLAC3D 只能考虑单相流体，所以采用 FLAC 程序中的两相流模块进行数值模拟研究，水-气两相流模型可以描述多孔介质中两种互不相溶的流体的相互运动，且孔隙完全由孔隙水和孔隙气组成，假设固体颗粒不可压缩的前提下，两者在多孔介质孔隙中的运动满足达西定律。FLAC 中的两相流模型的规律方程如下所述。

1）流体运动规律

两相流模型中孔隙水和孔隙气的运动可以用达西定律来描述：

$$q_i^{\mathrm{w}}=-\kappa_{ij}^{\mathrm{w}}\kappa_{\mathrm{r}}^{\mathrm{w}}\frac{\partial}{\partial x_j}(u_{\mathrm{w}}-\rho_{\mathrm{w}}g_{\mathrm{k}}x_{\mathrm{k}}) \tag{3.1-51}$$

$$q_i^{\mathrm{a}}=-\kappa_{ij}^{\mathrm{w}}\kappa_{\mathrm{r}}^{\mathrm{a}}\frac{\mu_{\mathrm{w}}}{\mu_{\mathrm{a}}}\frac{\partial}{\partial x_j}(u_{\mathrm{a}}-\rho_{\mathrm{a}}g_{\mathrm{k}}x_{\mathrm{k}}) \tag{3.1-52}$$

式中 q_i——渗流量；

κ_{ij}——饱和渗透系数；

μ——动力黏滞系数；

u——孔隙压力；

ρ——流体密度；

g——重力加速度；

κ_{r}——相对渗透率；

上下标 w、a——分别表示液相和气相。

2）相对渗透率

相对渗透率与饱和度之间的关系用 VG 公式来描述：

$$\kappa_{\mathrm{r}}^{\mathrm{w}}=S_{\mathrm{e}}^{\mathrm{b}}[1-(1-S_{\mathrm{e}}^{1/\mathrm{a}})^{\mathrm{a}}]^2 \tag{3.1-53}$$

$$\kappa_{\mathrm{r}}^{\mathrm{a}}=(1-S_{\mathrm{e}})^{\mathrm{c}}S_{\mathrm{e}}^{\mathrm{b}}[1-S_{\mathrm{e}}^{1/\mathrm{a}}]^{2\mathrm{a}} \tag{3.1-54}$$

式中 $\kappa_{\mathrm{r}}^{\mathrm{w}}$、$\kappa_{\mathrm{r}}^{\mathrm{a}}$——分别为孔隙水和孔隙气的相对渗透率；

a、b、c——常数；

S_{e}——有效饱和度。

3）毛细压力规律

毛细压力规律表明了流体孔隙压力与饱和度的关系：

$$u_{\mathrm{a}}-u_{\mathrm{w}}=P_{\mathrm{c}}(S_{\mathrm{w}}) \tag{3.1-55}$$

式中 P_{c}——毛细压力。

在 FLAC 中，常用 VG 模型来表征二者之间的关系：

$$P_{\mathrm{c}}(S_{\mathrm{w}})=P_{\mathrm{c}}^0[S_{\mathrm{e}}^{-1/\mathrm{a}}-1]^{1-\mathrm{a}} \tag{3.1-56}$$

式中 P_{c}^0——模型参数，会随着材料材质的提高而变大，可由表面张力和土水特征曲线得出。

4）饱和度

两相流模型中假定孔隙完全被水和气体占据，即：

$$S_{\mathrm{w}}+S_{\mathrm{a}}=1 \tag{3.1-57}$$

式中 S_{w}——孔隙水的饱和度；

S_{a}——孔隙气的饱和度。

5）力学本构关系

两相流模型中有效应力的改变被定义为：

$$\sigma'_{ij}=\sigma_{ij}+u\delta_{ij} \tag{3.1-58}$$

$$u=S_{w}u_{w}+S_{a}u_{a} \tag{3.1-59}$$

式中 σ'_{ij}——有效应力；

σ_{ij}——总应力；

u——孔隙压力；

δ_{ij}——有效应力参数。

从上述公式中可以发现总应力保持不变时，只有孔隙压力变化的时候，有效应力才会发生变化。

(2) 减饱和砂土静力特性两相流分析

何稼等[38] 通过三轴试验研究了减饱和砂土的静力特性，试验选用 Ottawa 标准砂（表 3.1-7），对围压 200kPa，反压 100kPa，相对密实度约为 10% 的条件下，孔隙压力系数 B 值分别为 0.967、0.685、0.548、0.431 和 0.351 的五组减饱和砂土试样进行了三轴固结不排水试验研究。

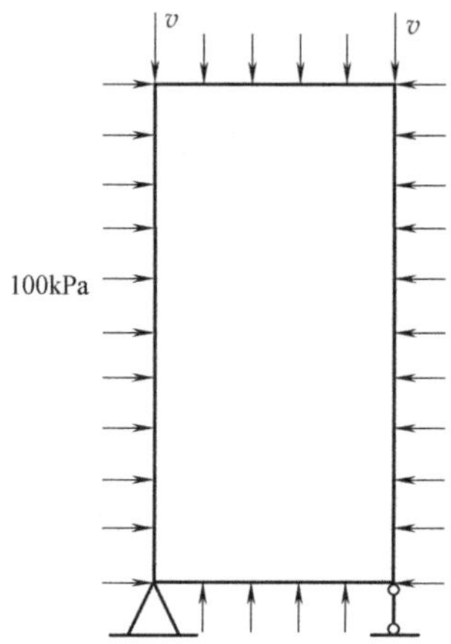

图 3.1-27 CU 试验数值模拟模型示意图

为了验证减饱和砂土静态液化的两相流数值模拟方法的合理性，采用如图 3.1-27 所示的边界条件和加载条件进行了与室内试验相匹配的五组不同饱和度的数值模拟试验。模型四周设置 100kPa 围压，底部固定，顶部施加匀速荷载，约束底部竖向位移，边界条件为不透水边界。

数值模拟中采用的 UBCSAND 本构模型参数，其中相对密实度 D_r、初始剪切模量 G_0、初始体积模量 B_0 和常体积内摩擦角 φ_{cv} 的取值直接取自何稼等[38] 文中或通过文中相关参数计算得出，两相流分析中 VG 模型参数 a、b 和 c 分别取 0.336、0.5 和 0.5，其他模型参数由相对密实度计算得出或参考模型中参数取值范围选取，具体可见 Byrne 等的文献[39,40]。

Ottawa 标准砂本构参数　　表 3.1-7

参数类型	参数符号	单位	本文参数	参数意义
通用参数	D_r	—	10%	相对密实度
	P_{atm}	kPa	100	大气压
弹性参数	G_0	kPa	1.00×10^4	初始剪切模量
	B_0	kPa	2.00×10^4	初始体积模量
	ne	—	0.5	模型参数
	me	—	0.5	模型参数
塑性参数	np	—	0.4	模型参数
	R_f	—	0.99	双曲线拟合系数
	φ_{cv}	°	30	常体积内摩擦角

图 3.1-28 为减饱和松砂的三轴不排水压缩试验（CU 试验）结果，为了图示结果更加清晰，选取了初始饱和度为 96.3%、98.1%和 100%的三组试样的 CU 试验与数值模拟结果的对比。图 3.1-28（a）为 CU 试验和数值分析中减饱和砂试样的应力-应变关系曲线，从中可以发现，两者在趋势上保持一致，峰值偏应力与残余偏应力都随着饱和度的降低而增长，初始饱和度为 96.3%的试样的峰值偏应力约为初始饱和度为 100%的试样的 2 倍。孔压-应变曲线如图 3.1-28（b）所示，试验与数值分析结果都表明，随着饱和度的减小，最大超孔隙压力也随之减小，两条曲线的重合度较高。根据图 3.1-28（c）所示，有效应力路径在主要规律上也保持一致，即初始饱和度为 100%的试样随着剪应变的积累，有效应力趋于 0，表现出了饱和砂土静态液化的特性；在单调荷载作用下，随着砂土初始饱和度的降低，土体的有效应力和强度会增加，孔隙压力减小，松散砂土从完全液化状态转化为部分液化，表明了减饱和法对于减小砂土静态液化的可能性有着显著的效果。

通过上述分析可知，数值分析结果与试验结果基本一致，说明两相流模型能够准确描述减饱和砂土加载过程中的应力-应变关系、孔压增长规律及应力路径。

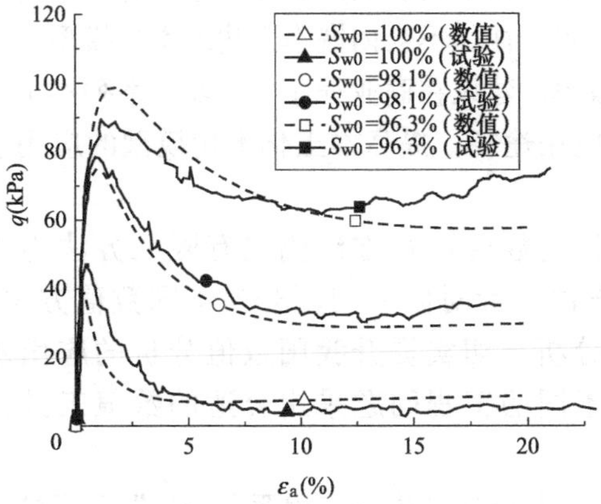

(a)

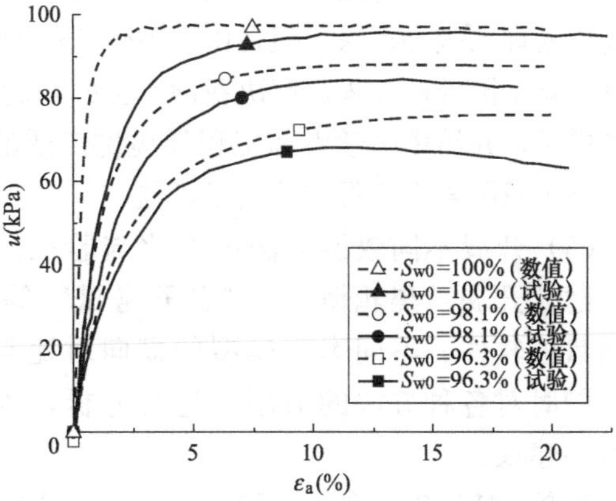

(b)

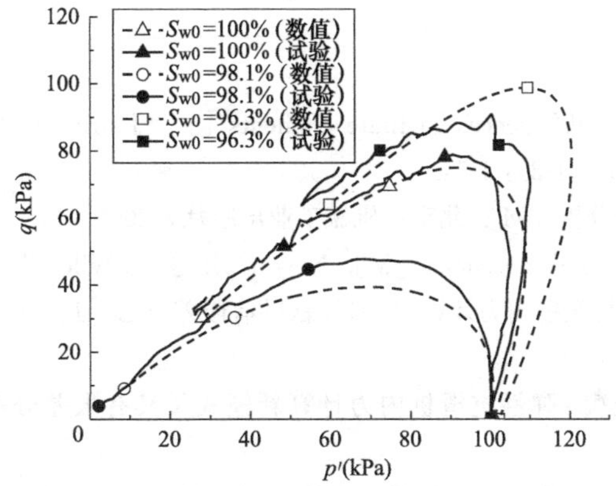

(c)

图 3.1-28 Ottawa 砂土计算结果与 CU 试验结果对比

（a）应力-应变；（b）孔压应变；（c）应力路径

3.1.9 小结

本小节介绍了有限差分法的基本原理以及在岩土工程中的应用。从数值分析方法来说，有限差分法的应用远不及有限单元法广泛，但在一些传统岩土工程问题（如桩基和支护结构内力、动力分析、固结与渗流问题）仍有很多的研究和应用。随着基于有限差分法的商业程序 FLAC/FLAC3D 的大量推广[41]，基于该程序的科学研究和工程应用已非常普遍，这进一步提升了有限差分法在解决复杂工程问题中的作用。对于有限差分法的发展，作者认为可以在以下几个方面进一步开展研究：

（1）开展基于有限差分法的自主知识产权的专有软件设计与研发。国家“十四五”规划纲要中明确提出了“加强工业软件研发应用”的任务部署，中国岩石力学与工程学会等组织也正在开展扶持国产软件的工作，因此开展基于有限差分法的国产软件的设计与研发是一项重要而迫切的工作，对于提高岩土工程国产软件自主研发能力，加速推动国产自主软件产业化发展，具有重要的理论意义和应用意义。

（2）开展基于有限差分法商业程序的本土化本构模型的研发。商业程序具有比较完善的前后处理和核心算法，但是由于国外软件的设置，往往不会内嵌本土化的本构模型，这严重影响了国外商业程序解决我国本土问题的效率。建议在商业程序中开发一系列本土化本构模型，并给中国学者和工程界提供广泛的应用途径，提高本土化本构模型的应用领域，解决我国岩土工程中的技术难题。

（3）开展不同数值方法的对比与验证。目前数值计算方法仍以有限元方法为主导，建议开展“黑箱测试”“公开考试”等方法，针对同一问题开展不同数值方法、不同数值软件、不同本构模型的横向对比与分析，切实提升我国数值分析的应用水平，同时对各种方法的适用性进行分析，为不同的工程问题采用合适的数值工具提供重要建议。

致谢：特别感谢龚晓南院士提供宝贵机会，参与此次“岩土工程西湖论坛”丛书的编写，感谢我的研究生蒋可欣、郭军伟等为本节内容整理给予的帮助。

参考文献

[1] Thomée V. From finite differences to finite elements [J]. Journal of Computational and Applied Mathematics，2001，128 (1-2)：1-54.

[2] 廖红建. 岩土工程数值分析 [M]. 北京：机械工业出版社，2009.

[3] Terzaghi K. Theoretical soil mechanics [M]. New York：John Wiley & Sons，Inc.，1943.

[4] 戴自航，彭振斌. 抗滑桩全桩内力计算“*m-k*”法的有限差分法 [J]. 岩土力学，2002，2 (5)：321-328.

[5] 戴自航，沈蒲生，彭振斌. 弹性抗滑桩内力计算新模式及其有限差分解法 [J]. 土木工程学报，2003，36 (4)：99-104.

[6] 杨佑发，许绍乾. 锚索抗滑桩内力计算的有限差分“K-K”法 [J]. 岩土力学，2002，24 (1)：61-64.

[7] 吴润泽，周海清，胡源，等. 基于有限差分原理的预应力锚索抗滑桩改进计算方法 [J]. 岩土力学，2015，36 (6)：1791-1800.

[8] 陈林靖，孙永佳，王志刚. 深基坑内撑式支护结构的有限差分算法研究 [J]. 岩石力学与工程学报，2016，35 (S1)：3315-3322.
[9] 范留明. 非均匀层状介质一维波动方程精确解的有限差分算法 [J]. 岩土力学，2013，34 (9)：2715-2720.
[10] 刘华瑄，刘东甲，卢志堂，等. 桩基三维弹性波动方程变步长交错网格有限差分数值计算 [J]. 岩土工程学报，2014，36 (9)：1754-1760.
[11] 江文豪，詹良通，郭晓刚. 吹填软土一维大变形自重固结的有限差分数值解 [J]. 土木工程学报，2020，53 (12)：114-123.
[12] 王睿，周宏伟，卓壮，等. 非饱和土空间分数阶渗流模型的有限差分方法研究 [J]. 岩土工程学报，2020，42 (9)：1759-1764.
[13] 罗济章. 开洞地基对地面框架的影响及相应结构措施 [A]. 重庆岩石力学与工程学会第一届学术讨论会论文集 [C]. 1992：95-103.
[14] 龚晓南. 对岩土工程数值分析的几点思考 [J]. 岩土力学，2011，32 (2)：321-325.
[15] 陈育民，刘汉龙. 邓肯-张本构模型在 FLAC3D 中的开发与实现 [J]. 岩土力学，2007，28 (10)：2123-2126.
[16] 陶惠，陈育民，肖杨，等. 堆石料三维边界面模型在 FLAC3D 中的开发与验证 [J]. 岩土力学，2014，35 (6)：1801-1808.
[17] 邹佑学，王睿，张建民. 砂土液化大变形模型在 FLAC3D 中的开发与应用 [J]. 岩土力学，2018，39 (4)：1525-1534.
[18] 徐令宇，蔡飞，陈国兴，等. 考虑循环软化的非线性动力本构模型在 FLAC3D 中的实现 [J]. 岩土力学，2016，37 (11)：3329-3335.
[19] 张如林，楼梦麟. 基于达维坚科夫骨架曲线的软土非线性动力本构模型研究 [J]. 岩土力学，2012，33 (9)：2588-2594.
[20] 李涛，廖红建，谢永利. 基于 FLAC3D 的空间滑动面准则计算格式与实现 [J]. 岩石力学与工程学报，2011，30 (S2)：3779-3785.
[21] 何利军，吴文军，孔令伟. 基于 FLAC3D 含 SMP 强度准则黏弹塑性模型的二次开发 [J]. 岩土力学，2012，33 (5)：1549-1559.
[22] 杨文东，张强勇，张建国，等. 基于 FLAC3D 的改进 Burgers 蠕变损伤模型的二次开发研究 [J]. 岩土力学，2010，31 (6)：1956-1964.
[23] 曾静，盛谦，廖红建等. 佛子岭抽水蓄能水电站地下厂房施工开挖过程的 FLAC3D 数值模拟 [J]. 岩土力学，2006，27 (4)：637-642.
[24] 杨为民，李术才，陈卫忠，等. 琅琊山抽水蓄能电站地下厂房洞室开挖与支护数值模拟 [J]. 岩石力学与工程学报，2004，23 (S2)：4966-4970.
[25] 刘建华，朱维申，李术才，等. 小浪底水利枢纽地下厂房岩体流变与稳定性 FLAC3D 数值分析 [J]. 岩石力学与工程学报，2005，24 (14)：2484-2489.
[26] 蔚立元，李术才，徐帮树. 青岛小净距海底隧道爆破振动响应研究 [J]. 土木工程学报，2010，43 (8)：100-108.
[27] 蔚立元，李术才，徐帮树. 舟山灌门水道海底隧道钻爆法施工稳定性分析 [J]. 岩土力学，2009，30 (11)：3453-3459.
[28] 马春景，姜谙男，江宗斌，等. 基于单元状态指标的盾构隧道水-力耦合模拟分析 [J]. 岩土力学，2017，38 (6)：1762-1770.
[29] 张雨霆，肖明，李玉婕. 汶川地震对映秀湾水电站地下厂房的震害影响及动力响应分析 [J]. 岩石力学与工程学报，2010，29 (增 2)：3663-3671.

[30] 王莉，谭卓英，朱博浩，等．淤泥冲击挤压作用下软基土石坝动力响应分析［J］．岩土力学，2014，35（3）：827-834.
[31] 言志信，张刘平，江平，等．锚固上覆红黏土岩体边坡的地震动力响应［J］．岩土力学，2014，35（3）：753-758.
[32] 吴意谦，朱彦鹏．兰州市湿陷性黄土地区地铁车站深基坑变形规律监测与数值模拟研究［J］．岩土工程学报，2014，36（S2）：404-411.
[33] 刘继国，曾亚武．FLAC3D在深基坑开挖与支护数值模拟中的应用［J］．岩土力学，2006，27（3）：505-508.
[34] 谢秀栋．邻近建筑物超载时深基坑施工变形特性研究［J］．岩土工程学报，2008，30（S）：68-72.
[35] 艾鸿涛，高广运，冯世进．临近地铁隧道的深基坑工程的变形分析［J］．岩土工程学报，2008，30（S）：31-36.
[36] 陈育民．砂土液化后流动大变形试验与计算方法研究［D］．南京：河海大学，2007.
[37] 方志，陈育民，何森凯．基于单相流的减饱和砂土流固耦合改进算法［J］．岩土力学，2018，39（5）：1851-1857.
[38] He J，Chu J. Undrained Responses of Microbially Desaturated Sand under Monotonic Loading［J］. Journal of Geotechnical and Geoenvironmental Engineering，2014，140（5）：04014003.
[39] Byrne P M，Park S S，Beaty M. Numerical modeling of liquefaction and comparison with centrifuge tests［J］. Canadian Geotechnical Journal，2004，41（2）：193-211.
[40] Beaty M H，Byrne P M. UBCSAND Constitutive Model on Itasca UDM Web Site［R］. 2011.
[41] 陈育民，徐鼎平．FLAC/FLAC3D基础与工程实例［M］．2版．北京：中国水利水电出版社，2013.

3.2 离散元数值模拟方法

蒋明镜[1,2,3]
（1. 苏州科技大学，江苏 苏州 215009；2. 天津大学，天津 300072；3. 同济大学，上海 210092）

1979年，Cundall和Strack[1]提出了颗粒离散元法（Distinct Element Method，DEM），形成了散粒体材料模拟的理论与方法，是继有限单元法（Finite Element Method，FEM）、计算流体动力学（Computational Fluid Dynamics，CFD）之后，用于分析物质系统静、动力学问题的又一经典数值计算方法。离散元法为建立宏观和微观土力学之间的联系提供了重要工具，在宏、微观土力学发展史上具有里程碑意义，包括块体离散元法（如商业软件UDEC）和颗粒离散元法（如商业软件PFC）两类[2]。本章将简要介绍离散元数值模拟方法，包括基本原理、一般模拟步骤、微观接触本构理论框架、耦合模拟方法与技术。

3.2.1 离散元法基本原理

经典离散元法[1]基本思想是将材料视为不连续颗粒的集合，其基本假设包括：①用刚性圆盘（圆球）单元模拟颗粒，颗粒本身不可变形；②颗粒间接触发生在无限小的面积内，颗粒接触点允许微小的重叠；③颗粒间重叠量的大小与接触力线性相关；④相邻颗粒可以接触或分开；⑤颗粒间的滑动条件由摩尔库仑准则确定。

近年来，离散元数值模拟方法取得了显著发展：①颗粒形状可以更为复杂，如多面体、球团簇等；②颗粒间相互作用关系稍复杂但更真实，如颗粒间接触被认为是有限范围面域并能传递力矩；③颗粒可变形；④模拟对象由散粒体材料扩展为更加复杂的特殊岩土体材料，并发展了相应的接触模型，3.2.3 节将对此加以介绍。本节着重介绍经典离散元数值模拟方法中的相关理论。

3.2.1.1 离散元法计算原理

离散元法中每个颗粒的运动根据该单元所受合力和合力矩，按牛顿运动定律，运用中心差分法计算，其中合力与合力矩由接触力、体力和阻尼力产生。具体而言，对质量为 m、半径为 R 的颗粒，在平动方向有：

$$F_{u,i}=m\ddot{x}_i \tag{3.2-1}$$

式中 $F_{u,i}$——i 方向（$i=1，2，3$）不平衡力；

$\ddot{x}_i$——颗粒质心在 i 方向加速度。

在转动方向有：

$$\begin{aligned}M_{u,1}&=I_1\ddot{\theta}_1+(I_3-I_2)\dot{\theta}_3\dot{\theta}_2\\M_{u,2}&=I_2\ddot{\theta}_2+(I_1-I_3)\dot{\theta}_1\dot{\theta}_3\\M_{u,3}&=I_3\ddot{\theta}_3+(I_2-I_1)\dot{\theta}_2\dot{\theta}_1\end{aligned} \tag{3.2-2}$$

式中 I_1、I_2、I_3——三个主方向上的转动惯量；

$\ddot{\theta}_1$、$\ddot{\theta}_2$、$\ddot{\theta}_3$——三个主惯性轴上的角加速度；

$\dot{\theta}_1$、$\dot{\theta}_2$、$\dot{\theta}_3$——角速度；

$M_{u,1}$、$M_{u,2}$、$M_{u,3}$——三个主惯性轴上的合力矩。

对于球形颗粒，$I=I_1=I_2=I_3$，上式可简化为：

$$M_{u,i}=I\ddot{\theta}_i=\frac{2mR^2\ddot{\theta}_i}{5} \tag{3.2-3}$$

在中心差分解法中，t 时刻颗粒的加速度可用 $t+\Delta t/2$、$t-\Delta t/2$ 时刻的速度 $\dot{x}_i$、$\dot{\theta}_i$ 表示为：

$$\begin{aligned}\ddot{x}_i^{(t)}&=\frac{1}{\Delta t}\left[\dot{x}_i^{(t+\Delta t/2)}-\dot{x}_i^{(t-\Delta t/2)}\right]\\\ddot{\theta}_i^{(t)}&=\frac{1}{\Delta t}\left[\dot{\theta}_i^{(t+\Delta t/2)}-\dot{\theta}_i^{(t-\Delta t/2)}\right]\end{aligned} \tag{3.2-4}$$

将上式代入式（3.2-1）、式（3.2-3）可得：

$$\begin{aligned}\dot{x}_i^{(t+\Delta t/2)}&=\dot{x}_i^{(t-\Delta t/2)}+\frac{F_i^{(t)}}{m}\Delta t\\\dot{\theta}_i^{(t+\Delta t/2)}&=\dot{\theta}_i^{(t-\Delta t/2)}+\frac{M_i^{(t)}}{I}\Delta t\end{aligned} \tag{3.2-5}$$

此即速度的更新方式：以 t 时刻为中心，用 $t-\Delta t/2$ 时刻的速度计算 $t+\Delta t/2$ 时刻的速度。最后，利用速度更新颗粒质心位置 x_i 和颗粒转角 θ_i：

$$x_i^{(t+\Delta t)}=x_i^{(t)}+\dot{x}_i^{(t+\Delta t/2)}\Delta t$$
$$\theta_i^{(t+\Delta t)}=\theta_i^{(t)}+\dot{\theta}_i^{(t+\Delta t/2)}\Delta t \tag{3.2-6}$$

可见，离散单元法采用显式格式求解颗粒动力学方程，即所有方程式一侧的量是已知的，另一侧的量只要用简单的代入法就可求得。采用显式求解时，要求时步的选取必须足够小才能保证求解的稳定。

3.2.1.2 宏、微观参量的关联方法

表征散粒体材料宏观力学特性的宏观参量与其微观参量具有密切的联系，这种联系是从微观角度出发认识、描述散粒体材料的力学特性，发展跨尺度本构理论与模拟方法的关键，本节对此加以介绍。

(1) 应力张量

对散粒体材料应力张量的定义有多种，最终导出的结果一致。Drescher 和 de Josselin de Jong[3] 提出的定义与连续介质力学的定义方式很接近。考虑一个任意形状颗粒组成的体积为 V 的球形集合体。集合体在边界点 x_i^k 处受外力 F_i^k 作用（$k=1, 2, \cdots, n$）。根据高斯公式，体积为 V 的等价连续介质中的平均应力 $\bar{\sigma}_{ij}$ 为：

$$\bar{\sigma}_{ij}=\frac{1}{V}\sum_{k=1}^{n}x_i^kF_j^k \tag{3.2-7}$$

这个表达式给出的是基于外力作用的散粒体材料应力张量。

Rothenburg 和 Selvadurai[4] 基于不同的理论提出了类似定义。首先考虑一个任意形状的散粒体材料，假想一个连续封闭的壳包围这个集合体。壳受到表面荷载 $\bar{t}_i$ 作用，该荷载在壳的每一点满足如下条件：$\bar{t}_i=\bar{\sigma}_{ij}n_j$，其中，$n_j$ 是壳外法线单位向量。接触力 F_i^k（$k=1, 2, \cdots, n$）作用在颗粒间接触点。分析颗粒的平衡状态发现 $\bar{\sigma}_{ij}$ 与集合体内部的接触力有如下关系：

$$\bar{\sigma}_{ij}=\frac{1}{V}\sum_{k=1}^{n}l_i^kF_j^k \tag{3.2-8}$$

式中　l_i^k——两颗粒中心连线矢量。

该方程是由特定边界荷载导出的接触力需满足的约束条件，它同时也是基于内力（接触力）的散粒体材料应力张量表达式。

(2) 应变张量

由于应力和应变之间的相关性，以及接触力和颗粒相对位移之间的相关性，人们预计应变张量的微观尺度定义会比较容易得到。但事实上，颗粒系统与连续体之间变形方面联系直到 20 世纪 90 年代才建立起来。

Kruyt 和 Rothenburg[5] 提出了二维散粒体材料应变的概念。首先，散粒体材料所在的平面根据接触划分成很多个多边形，平均位移梯度张量 $\bar{a}_{ij}$ 可用所求区域边界上各边的相对位移来表达：

$$\bar{a}_{ij}=\frac{1}{S}\sum_{k=1}^{n}\Delta u_{\text{p-p},i}^kt_j^k \tag{3.2-9}$$

式中　S——研究区域的面积；

$\Delta u_{\mathrm{p\text{-}p},i}^{k}$——第 k 条边上两个颗粒中心的相对平移；

ι_{j}^{k}——所谓的多边形矢量。

$\overline{a}_{ij}$ 的斜对称部分表达了材料的刚体转动，与变形无关；$\overline{a}_{ij}$ 的对称部分表达了材料的变形，因此被定义为散粒体材料的微观结构应变张量（下同）。

Bagi[6] 推导的平均位移梯度张量 $\overline{a}_{ij}$ 可以用离散形式表达为：

$$\overline{a}_{ij}=\frac{1}{V}\sum_{k=1}^{n}\zeta_{i}^{k}\Delta u_{\mathrm{p\text{-}p},j}^{k} \tag{3.2-10}$$

式中 ζ_{i}^{k}——所谓的互补面积矢量（一个描述第 k 边邻边信息的局部几何变量)。这个应变定义用于 2D 情况时与 Kruyt 和 Rothenburg[5] 得到的结果相同。

此外，Cambou 等[7] 采用最佳拟合方法推导了位移梯度张量。假定最优拟合位移梯度张量为 $\overline{a}_{ij}$，两颗粒中心连线矢量为 l_{j}，两颗粒中心相对位移为 Δu_{i}。按照均匀应变假设应有 $\Delta u_{\mathrm{p\text{-}p},i}=\overline{a}_{ij}l_{j}$，而由于实际散粒体材料的内部非均匀变形特征，两者并不相等。在体积为 V 的试样内部存在 N_{c} 个颗粒对（不一定发生实接触)，最优拟合位移梯度张量应使得下式所表示的误差最小：

$$Er=\frac{1}{V}\sum_{k=1}^{N_{\mathrm{c}}}(\overline{a}_{ij}l_{j}^{k}-\Delta u_{\mathrm{p\text{-}p},i}^{k})^{2} \tag{3.2-11}$$

即：

$$\frac{\partial Er}{\partial\overline{a}_{\mathrm{mn}}}=0 \tag{3.2-12}$$

展开有：

$$\begin{aligned}\frac{\partial Er}{\partial\overline{a}_{\mathrm{mn}}}&=\frac{1}{V}\sum_{k=1}^{N_{\mathrm{c}}}\frac{\partial[(\overline{a}_{ij}l_{j}^{k}-\Delta u_{\mathrm{p\text{-}p},i}^{k})(\overline{a}_{i\mathrm{p}}l_{\mathrm{p}}^{k}-\Delta u_{\mathrm{p\text{-}p},i}^{k})]}{\partial\overline{a}_{\mathrm{mn}}}\\&=\frac{1}{V}\sum_{k=1}^{N_{\mathrm{c}}}[(\overline{a}_{ij}l_{j}^{k}-\Delta u_{\mathrm{p\text{-}p},i}^{k})\delta_{i\mathrm{m}}\delta_{\mathrm{pn}}l_{\mathrm{p}}^{k}+(\overline{a}_{i\mathrm{p}}l_{\mathrm{p}}^{k}-\Delta u_{\mathrm{p\text{-}p},i}^{k})\delta_{i\mathrm{m}}\delta_{j\mathrm{n}}l_{j}^{k}]\\&=\frac{2}{V}\sum_{k=1}^{N_{\mathrm{c}}}(\overline{a}_{\mathrm{m}j}l_{j}^{k}l_{\mathrm{n}}^{k}-\Delta u_{\mathrm{p\text{-}p,m}}^{k}l_{\mathrm{n}}^{k})=0\end{aligned} \tag{3.2-13}$$

式中 δ_{ij}——克罗尼克尔（Kronecker）张量，当 $i=j$ 时 $\delta_{ij}=1$，当 $i\neq j$ 时 $\delta_{ij}=0$。上式可转化为：

$$\overline{a}_{\mathrm{m}j}\frac{1}{V}\sum_{k=1}^{N_{\mathrm{c}}}l_{j}^{k}l_{\mathrm{n}}^{k}=\frac{1}{V}\sum_{k=1}^{N_{\mathrm{c}}}\Delta u_{\mathrm{p\text{-}p,m}}^{k}l_{\mathrm{n}}^{k} \tag{3.2-14}$$

定义以下 Branch 组构张量：

$$F_{\mathrm{b},j\mathrm{n}}=\frac{1}{V}\sum_{k=1}^{N_{\mathrm{c}}}l_{j}^{k}l_{\mathrm{n}}^{k} \tag{3.2-15}$$

则最优拟合位移梯度张量为：

$$\overline{a}_{\mathrm{m}j}=\frac{1}{V}\sum_{k=1}^{N_{\mathrm{c}}}\Delta u_{\mathrm{p\text{-}p,m}}^{k}l_{\mathrm{n}}^{k}(F_{\mathrm{b,n}j})^{-1} \tag{3.2-16}$$

(3) 配位数

配位数为散粒体材料中每个颗粒与周围颗粒接触的平均数量：

$$C_N=\frac{2N_c}{N_p} \tag{3.2-17}$$

式中 N_c——接触数；

N_p——颗粒数。

在散粒体材料中，部分颗粒可能与周围颗粒没有接触（处于悬浮状态），或只有一个接触，它们对散粒体材料的内力传递无贡献。为此，Thornton[8] 对配位数计算公式进行修正，提出了力学配位数：

$$C_{N,M}=\frac{2N_c-N_{p,1}}{N_p-N_{p,1}-N_{p,0}} \tag{3.2-18}$$

式中 $N_{p,0}$——悬浮颗粒数；

$N_{p,1}$——只有一个接触的颗粒数量。

(4) 组构张量

散粒体材料内部结构状态可用组构张量来表征[9]。例如，对接触方向可定义接触组构为：

$$F_{c,ij}=\frac{1}{N_c}\sum_{k=1}^{N_c}n_i^k n_j^k \tag{3.2-19}$$

式中 $n_i^k(i=1,2,3)$——第 k 个接触的法向单位矢量。

对于非球形颗粒，也可用 n_i^k 表示颗粒长轴方向，则所定义的组构张量可用于表征颗粒的方向分布[10]。同理，可定义胶结接触组构等[11,12] 各类组构张量，用于分析胶结散粒体材料内部结构在宏观变形过程中的演化规律。

(5) 平均纯转动率（APR）

蒋明镜团队[13] 认为土体颗粒间的能量消散与颗粒相对转动有关，颗粒间的转动率可以分为两部分：颗粒纯平动引起的转动率及颗粒纯转动引起的转动率，后者可以作为表征散粒体材料内部结构变化的微观参量。在某个接触处，用 $\dot{\theta}^c$ 表示颗粒纯转动引起的转动率：

$$\dot{\theta}^c=\frac{1}{\overline{R}}(R_1\dot{\theta}_1+R_2\dot{\theta}_2) \tag{3.2-20}$$

式中 $\dot{\theta}_1$、$\dot{\theta}_2$——两接触颗粒的转动速度；

R_1、R_2——相接触两颗粒的半径；

$\overline{R}$——调和平均半径，即 $\overline{R}=2R_1R_2/(R_1+R_2)$。

据此可引入与颗粒转动和颗粒粒径相关的新参量：平均纯转动率 Average Pure Rotation Rate（APR），用 ω_3^c 表示，定义为代表性单元中接触纯转动率平均值：

$$\omega_3^c=\frac{1}{N_c}\sum_{i=1}^{N_c}\dot{\theta}^{c,i} \tag{3.2-21}$$

APR 可以很好地描述散粒体材料本构模型中转动率参量的变化规律，可将离散介质力学和连续介质力学有机结合，是散粒体材料本构模型合理且重要的参数。需要注意的是当散粒体材料为单一粒径时，APR 在数值上是集合体平均颗粒转动率两倍。

(6) 做功、储能与耗能

离散元模拟的散粒体材料在受力变形过程中涉及的（功）能量包括外界输入功、储存于接触处的弹性能、接触滑动耗散能、数值阻尼耗散能、接触阻尼耗散能和颗粒体系动能。

外界输入功增量 ΔW 为某一增量过程试样边界及外力对试样做的功，可用下式计算：

$$\Delta W=\sum_{i=1}^{N_{\mathrm{w}}}\boldsymbol{F}_{\mathrm{w}}^{i}\cdot\Delta\boldsymbol{u}_{\mathrm{w}}^{i}+\sum_{i=1}^{N_{\mathrm{p}}}\boldsymbol{F}_{\mathrm{a}}^{i}\cdot\Delta\boldsymbol{u}_{\mathrm{p}}^{i} \tag{3.2-22}$$

式中 N_{w}——边界墙数量；

$\boldsymbol{F}_{\mathrm{w}}^{i}$——边界墙 i 施加给试样的作用力；

$\Delta\boldsymbol{u}_{\mathrm{w}}^{i}$——墙体 i 的位移增量；

$\boldsymbol{F}_{\mathrm{a}}^{i}$——颗粒受到的外部荷载（包括体力）；

$\Delta\boldsymbol{u}_{\mathrm{p}}^{i}$——颗粒 i 的位移增量。

颗粒接触弹性储存能 E_{e} 可用下式计算：

$$E_{\mathrm{e}}=\sum_{i=1}^{N_{\mathrm{c}}}\left[\left(\frac{F_{\mathrm{n}}^{\mathrm{p},i}}{2K_{\mathrm{n}}^{\mathrm{p},i}}\right)^{2}+\left(\frac{F_{\mathrm{s}}^{\mathrm{p},i}}{2K_{\mathrm{s}}^{\mathrm{p},i}}\right)^{2}\right] \tag{3.2-23}$$

式中 $F_{\mathrm{n}}^{\mathrm{p}}$、$F_{\mathrm{s}}^{\mathrm{p}}$——颗粒间接触的法向和切向力；

$K_{\mathrm{n}}^{\mathrm{p}}$、$K_{\mathrm{s}}^{\mathrm{p}}$——法向和切向接触刚度。

当接触模型中存在抗转动接触力矩时，还应增加抗转动力矩部分的弹性储能；当接触模型中存在胶结作用时，还应增加胶结部分的弹性储能。

接触滑动耗散能增量 ΔD_{p} 可用下式计算：

$$\Delta D_{\mathrm{p}}=\sum_{i=1}^{N_{\mathrm{c}}}F_{\mathrm{s}}^{\mathrm{p},i}\,\Delta u_{\mathrm{s,slide}}^{\mathrm{p},i} \tag{3.2-24}$$

式中 $\Delta u_{\mathrm{s,slide}}^{\mathrm{p}}$——两颗粒接触滑动位移增量，当接触模型中存在抗转动接触力矩时，还应增加抗转动力矩部分的塑性耗散能。

数值阻尼耗散能增量 ΔD_{nd} 源自为加速散粒体体系快速向静态变化而施加的阻尼力，该力施加于颗粒形心，方向与平动速度相反，可由下式确定：

$$\Delta D_{\mathrm{nd}}=\sum_{i=1}^{N_{\mathrm{p}}}\boldsymbol{F}_{\mathrm{nd}}^{i}\cdot\Delta\boldsymbol{u}^{i} \tag{3.2-25}$$

式中 $\boldsymbol{F}_{\mathrm{nd}}$——阻尼作用力；

$\Delta\boldsymbol{u}$——相应颗粒位移增量。

接触阻尼耗散能增量 ΔD_{vd} 源自接触处的黏滞阻尼力，该力作用于接触处，方向与接触速度相反：

$$\Delta D_{\mathrm{vd}}=\sum_{i=1}^{N_{\mathrm{p}}}(F_{\mathrm{n}}^{\mathrm{d},i}\Delta u_{\mathrm{n}}^{\mathrm{p},i}+F_{\mathrm{s}}^{\mathrm{d},i}\Delta u_{\mathrm{s}}^{\mathrm{p},i}) \tag{3.2-26}$$

式中 $F_{\mathrm{n}}^{\mathrm{d}}$、$F_{\mathrm{s}}^{\mathrm{d}}$——法向、切向黏滞阻尼力。当接触模型中存在抗转动接触力矩时，还应增加抗转动力矩部分的接触阻尼耗能。

颗粒体系动能 E_{k} 可由各个颗粒的平动和转动动能之和求得：

$$E_{\mathrm{k}}=\frac{1}{2}\sum_{i=1}^{N_{\mathrm{p}}}\{m^{i}[(\dot{x}_{1}^{i})^{2}+(\dot{x}_{2}^{i})^{2}+(\dot{x}_{3}^{i})^{2}]+[I_{1}^{i}(\dot{\theta}_{1}^{i})^{2}+I_{2}^{i}(\dot{\theta}_{2}^{i})^{2}+I_{3}^{i}(\dot{\theta}_{3}^{i})^{2}]\}$$

(3.2-27)

(7) 胶结破损参数

胶结散粒体材料的损伤可通过定义具有微观意义的胶结破损参数来表征。在采用离散元方法研究、验证结构性土的破损规律时，有必要基于不同宏观本构模型中破损参数的内涵建立对应的微观表达式[14]。这些宏观模型大致可分为基于损伤力学的本构模型和修正弹塑性本构模型。

对于第一类具有代表性的损伤力学模型[15,16]来说，依其建模思想的不同，破损参数的求解方法分为两类：

① 基于应变分担建立的二元介质本构模型[15]中，破损参数 $\bar{\omega}_{\mathrm{b}}$ 的定义可表示为：

$$\bar{\omega}_{\mathrm{b}}=\lambda_{\mathrm{v}}\cdot\bar{\varepsilon}_{ij}^{\mathrm{d}}/\bar{\varepsilon}_{ij} \tag{3.2-28}$$

式中 λ_{v}——体积破损率，采用胶结数量破坏率计算；

$\bar{\varepsilon}_{ij}^{\mathrm{d}}$、$\bar{\varepsilon}_{ij}$——损伤部分的应变和散粒体材料整体的应变（可选择应变张量中起破坏驱动作用的分量代入计算）。

② 基于应力分担建立的二元介质本构模型[16]中，破损参数 $\bar{\omega}_{\mathrm{B}}$ 的定义可表示为：

$$\bar{\omega}_{\mathrm{B}}=\lambda_{\mathrm{v}}\cdot\bar{\sigma}_{ij}^{\mathrm{d}}/\bar{\sigma}_{ij} \tag{3.2-29}$$

式中 $\bar{\sigma}_{ij}^{\mathrm{d}}$、$\bar{\sigma}_{ij}$——损伤部分的应力和散粒体材料整体的总应力（可选择应力张量中起破坏驱动作用的分量代入计算）。

对于第二类本构模型（以上负荷面剑桥模型[17]、Nova 结构性土模型[18]、Rouainia-Wood 结构性土模型[19]以及 Liu-Carter 结构性剑桥模型[20]为例），需将修正弹塑性模型的硬化参数定义式转化为具有微观力学基础且能够在离散元中直接求解的表达形式。

① 上负荷面剑桥模型[17]中破损参数（内变量）R^{*} 定义为重塑土应力状态（p^{*}，q^{*}）与原状土应力状态（$\bar{p}$，$\bar{q}$）的比值。在离散元模拟中，重塑土应力状态可由无胶结颗粒分担的平均应力 $\lambda_{\mathrm{v}}\bar{\sigma}_{ij}^{\mathrm{d}}$ 表示，而原状土应力状态可由代表性单元平均应力 $\bar{\sigma}_{ij}$ 表示：

$$R^{*}=\frac{p^{*}}{\bar{p}}=\frac{q^{*}}{\bar{q}}=\frac{\lambda_{\mathrm{v}}\bar{\sigma}_{ij}^{\mathrm{d}}}{\bar{\sigma}_{ij}} \tag{3.2-30}$$

② 在 Nova 结构性土模型[18]中，其硬化参数 p_{s}、p_{m} 分别定义为重塑土的屈服应力与结构性所引起的土体结构屈服应力。在离散元模拟中，p_{s} 可由无胶结颗粒分担应力 $\lambda_{\mathrm{v}}\bar{\sigma}_{ij}^{\mathrm{d}}$ 表示，p_{m} 可由胶结颗粒分担应力（$1-\lambda_{\mathrm{v}}$）$\bar{\sigma}_{ij}^{\mathrm{in}}$ 表示：

$$p_{\mathrm{s}}=\lambda_{\mathrm{v}}\bar{\sigma}_{ij}^{\mathrm{d}}$$
$$p_{\mathrm{m}}=(1-\lambda_{\mathrm{v}})\bar{\sigma}_{ij}^{\mathrm{in}} \tag{3.2-31}$$

式中 $\bar{\sigma}_{ij}^{\mathrm{in}}$——未损伤部分的应力。

③ Rouainia-Wood 结构性土模型[19]中破损参数（内变量）R^{*} 定义为重塑土的屈服应力与原状土屈服应力的比值。在离散元模拟中，该参数可以用无胶结颗粒分担的应力 $\lambda_{\mathrm{v}}\bar{\sigma}_{ij}^{\mathrm{d}}$ 与代表性单元平均应力 $\bar{\sigma}_{ij}$ 的比值来表示：

$$R^{*}=\lambda_{\mathrm{v}}\bar{\sigma}_{ij}^{\mathrm{d}}/\bar{\sigma}_{ij} \tag{3.2-32}$$

④ 在 Liu-Carter 结构性剑桥模型[20] 中，其硬化参数 p_0'、p_s'分别定义为重塑土屈服应力以及原状土屈服应力。在离散元模拟中，p_0'可由无胶结颗粒分担应力 $\lambda_v\bar{\sigma}_{ij}^{d}$ 表示，p_s'可由代表性单元平均应力 $\bar{\sigma}_{ij}$ 表示：

$$\begin{aligned} p_0' &= \lambda_v\bar{\sigma}_{ij}^{d} \\ p_s' &= \bar{\sigma}_{ij} \end{aligned} \tag{3.2-33}$$

以上给出了几种常用结构性土本构模型中破损参数的微观定义式，可方便地由离散元模拟结果处理得到。

3.2.2　离散单元法的模拟步骤

离散元模拟过程需与室内试验、模型试验和实际工程保持一致。为模拟散粒体材料的宏观力学特性，需要遵循一定的步骤，包括合理地选择颗粒形状、级配及数量，制备均匀的试样，选择接触模型及其参数，施加与控制边界条件等，以下对这些关键步骤做逐一介绍。

3.2.2.1　颗粒形状、级配、数量的确定

颗粒形状直接影响材料的宏微观力学特性。土体种类繁多，颗粒形状复杂。目前针对无黏性土的颗粒形状模拟主要有两种方法：一种是直接模拟复杂颗粒形状[21,22]；另一种是建立考虑颗粒形状影响的完整接触模型[23,24]。第一种方法计算效率很低，而第二种方法计算速度较快。对于一般土力学与工程问题，若土体各向异性不明显，可用球（圆）形颗粒与含抗弯转、抗扭转接触模型来模拟；若土体各向异性明显，可用椭球（椭圆）形颗粒与含抗弯转、抗扭转接触模型来模拟。

颗粒级配也是反映土体力学和工程特性的重要物理参量。对于与颗粒迁移相关的岩土工程问题（如管涌），尽量使用真实颗粒级配进行模拟；对于一般的工程问题，可以在保证颗粒中值粒径 d_{50} 不变的前提下，调整颗粒级配，提高计算效率。

实际土体的颗粒数目巨大，难以用当前普通计算机模拟。理论分析表明，只要选取尺度相关的微观本构[25]，放大粒径的试样与原粒径试样具有相同的力学响应。对于无黏性土，可采用级配平移、放大粒径的方法来减小颗粒数目，采用密度放大法[8] 来增加时步。对于干砂的变形问题，单元试验二维模拟中颗粒数目宜大于 2000，单元试验三维模拟中宜大于 40000；研究剪切带问题时，二维模拟中所需颗粒宜为 20000 以上，三维情况下最少颗粒数目取决于试样形状。对于流固耦合单元试验模拟，最少颗粒数目取决于研究目的。对于边值问题，颗粒数目应根据分析域大小而定，颗粒大小应与关键边界的尺寸相关。用离散元模拟动力过程时，不应使用密度放大法以确保惯性质量正确，应选择合适的阻尼模型以确保系统的阻尼正确。

3.2.2.2　离散元数值试样生成

离散元模拟的单元试样或边值问题中的场地模型生成有多种方法，试样的均匀性是进行离散元模拟的基础，也是检验各种成样方法适用性的重要依据。目前常用的制样方法包括定点成样法[26]、等向压密法[1]、粒径放大法[27] 和模块组装法[28]。定点成样法主要用于验证离散元方法本身，不符合土颗粒随机分布的特点；等向压密法适用于生成密样，制备松样时会出现中间疏松、边缘密实的现象；粒径放大法与实际土体沉积和室内试验制样过程不符。

蒋明镜团队[29] 根据能量耗散原理及室内试验分层成样方法提出了分层欠压法(Multi-Layer Under-Compaction Method，UCM)，是目前国际上应用最广泛的离散元成样方法之一。分层欠压法克服了其他方法的各种缺陷，可用于制备均匀性较好的不同密实度的颗粒试样。其主要过程分以下几个步骤实现：

(1) 分层。层数的选取是成样过程中较为关键的一步，层数不能太少，否则能量传递不均匀，也不宜过多。蒋明镜团队[31] 根据大量的模拟结果提出分层一般在 5～8 层为宜。

(2) 欠压。每层颗粒生成后对试样盒中所有散粒体材料进行压缩至目标孔隙比。根据能量传递原理，在对本层进行压缩的同时，压缩能量下传，对本层以下所形成的试样孔隙也存在压密作用。为考虑这种效应，在生成第 1 层颗粒时目标孔隙比 $e_{(1)}$ 应小于试样整体的目标孔隙比 e_t。以此类推，制样孔隙比满足 $e_{(1)} > e_{(1+2)} > e_{(1+2+3)} > e_{(1+2+3)} > \cdots > e_{(1+2+\cdots+n)} = e_t$，如图 3.2-1 所示。

(3) 调整欠压比。通过调整各层欠压程度[29] 可以制备均匀性良好的试样，一般认为最终孔隙比同目标孔隙比误差介于±10%之间为宜。

此处以生成某高宽比为 2∶1 的二维试样为例说明分层欠压法的制样效果。将试样分为 5 层生成，各层生成后压缩目标孔隙比分别为 0.2405、0.2395、0.2260、0.2195、0.2000。在生成的试样中布置 4×8 个测量圆测量内部孔隙比，如图 3.2-2 (a) 所示。每个测量圆包含约 500～600 颗粒，具有较好的代表性。取每个测量圆的孔隙比数值作为该

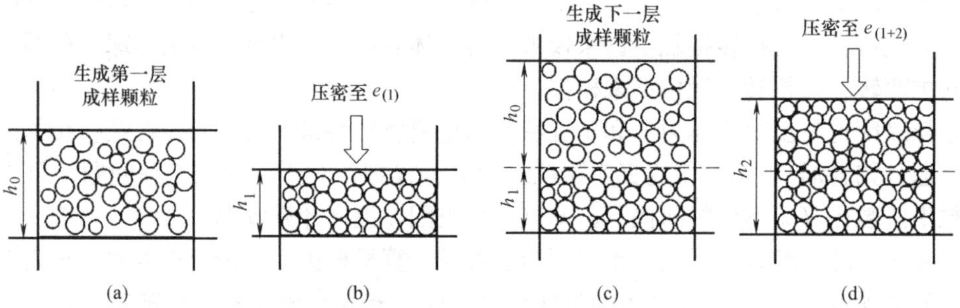

图 3.2-1 分层欠压法示意图

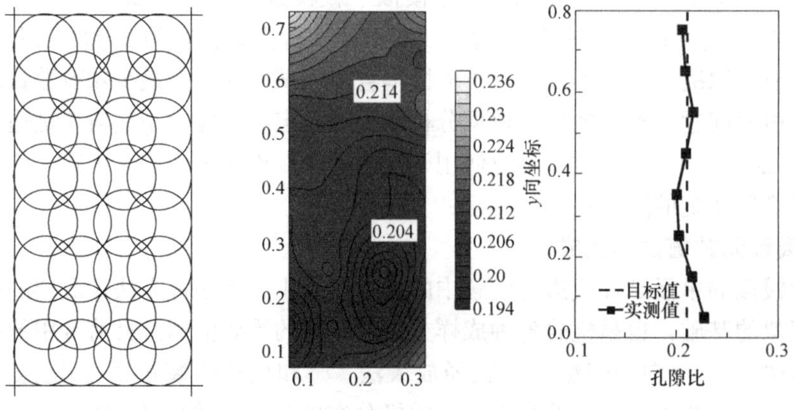

图 3.2-2 试样孔隙比分布

(a) 测量圆位置；(b) 孔隙比分布云图；(c) 孔隙比沿试样竖向的分布

测量圆处的孔隙比值，试样孔隙比云图及沿试样高度的变化如图 3.2-2（b）、（c）所示。可以看到，试样内部孔隙比基本均匀，满足制样要求。

3.2.2.3 微观接触本构模型的选择与参数标定

微观接触本构模型选择及其参数标定是离散元模拟的关键问题。需根据模拟材料的特点选取合适的微观接触本构模型，以模型能否反映微观力学机理为模型适用性的判断标准，本章 3.2.3 节将介绍微观接触本构模型的类型以供读者参考。

关于模型参数选取，对于颗粒随机排列且有多种粒径的试样，微观接触参数尚无法由宏观参数直接确定，需要根据目标试样宏观力学特性采用反演法确定。对于参数较多的接触模型，反演应遵循由简到繁的原则。以结构性砂土为例，胶结接触模型参数的反演步骤为：首先根据净砂的宏观弹性参数标定粒间接触刚度，由内摩擦角确定粒间摩擦系数和抗转动系数；而后根据宏观弹性参数确定胶结刚度，由黏聚力和压缩屈服应力反演胶结强度。这一过程需要多次重复调整试算。为了提高反演效率，粒间刚度选值范围可以参考最松、最密规则排列颗粒试样的理论公式。此外，部分参数选取需考虑土体实际特点。例如，土体的体变主要是由颗粒的重新排列引起，土体颗粒自身变形引起的不超过总变形的 1/400；因此，颗粒刚度选取需要满足接触重叠量很小的要求，如最大颗粒间重叠量小于试样平均粒径的 4.5‰[30]。对于岩石等其他材料的模拟，模型参数确定原则与模拟土体试样基本一致。

3.2.3 微观接触本构模型框架

颗粒间接触本构模型是离散单元法中的物理方程（又称颗粒间的力-位移关系），它定义了颗粒间接触力（广义力，包括力和力矩）与接触点相对位移（广义位移，包括平动和转动位移）的关系。接触模型是离散元模拟的核心，也是研究的热点之一。已提出的接触模型数量众多，种类繁杂。根据接触的几何特征，可以分为点接触和面接触。根据接触作用的力学特点，本节将接触模型分为无胶结、软胶结、硬胶结和软硬复合胶结四种类型，以下逐一介绍。

3.2.3.1 无胶结接触模型

无胶结接触模型是最基本的模型，仅考虑颗粒直接接触而产生的作用力，可用于砂土、砾石等材料的模拟。经典的接触模型[1] 仅包括法向和切向力学响应，不含弯转和扭转力学响应（即接触被看作点接触），仅适合模拟低强度净砂[8,32]。在此基础上，一些学者针对动力问题提出了可考虑刚度变化的接触模型[33,34]。但以上这些模型由于没考虑弯扭响应，无法考虑颗粒形状的影响，无法模拟高内摩擦角材料。为克服这一问题，一些学者提出了考虑抗转动效应的接触模型。

蒋明镜团队[23] 引入抗转动系数，从理论上严密推导了二维含抗转动接触模型，并进一步引入粗糙度和接触点数两个参数，建立了能够模拟反映颗粒间的多点接触的含抗转动接触模型。蒋明镜团队[24] 还假设接触面为圆形面，进一步提出了三维含抗弯转和抗扭转接触模型。物理元件如图 3.2-3 所示。图中，线（弯、扭）弹簧用于描述颗粒间平移（转动）方向的弹性作用，黏壶用于描述颗粒运动过程中能量的耗散，分离器用于描述颗粒不能承担拉作用，滑片（滚、扭筒）用于描述粒间切向力（弯、扭矩）达到最大值后的抗滑（弯、扭）作用。力学响应如图 3.2-4 所示，包含法向、切向、弯转和扭转全部四个方向

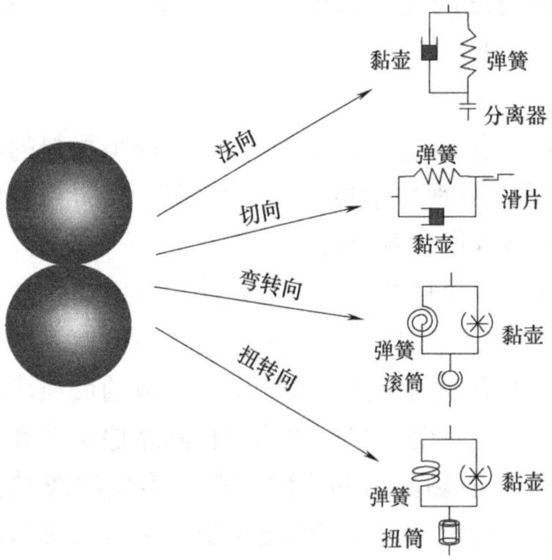

图 3.2-3　三维含抗弯转和抗扭转接触模型物理元件图

的力学响应，可作为粒间力学响应的“完整接触模型”。其中 F_n^p、F_s^p、M_r^p 和 M_t^p 分别为法向力、切向力、弯矩和扭矩，K_n^p、K_s^p、K_r^p 和 K_t^p 分别为法向、切向、弯转向和扭转向刚度，u_n、u_s、θ_r、θ_t 分别为接触处法向重叠量、切向位移、相对弯转角和相对扭转角。该模型能够模拟粗糙颗粒高内摩擦角的特性，在分析与颗粒形状密切相关的问题上具有突出优势，如剪切带形成等。引入其他作用力，如毛细力[35,36]、范德华力[37]、双电层斥力和胶结物质作用力[38] 等后可形成针对不同材料的微观接触本构。

3.2.3.2　软胶结接触模型

软胶结指作用力随颗粒分离（或分离一定距离）而消失，在颗粒重新接触（或小于某一距离）后又恢复作用力的胶结。软胶结直接提供法向作用力，并间接影响抗剪、抗弯和抗扭强度。剪力、弯矩和扭矩作用下软胶结不会失效。软胶结可用于模拟非饱和土[35,36]、月壤[37] 和黏土[38] 等。

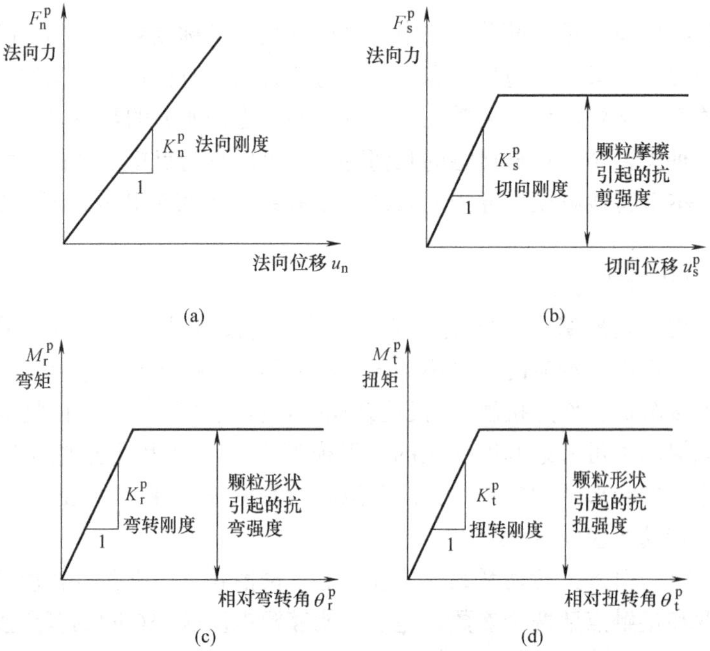

图 3.2-4　三维含抗弯转和抗扭转接触模型力学响应

(a) 法向力学响应；(b) 切向力学响应；(c) 弯转向力学响应；(d) 扭转向力学响应

在模拟土颗粒时，软胶结作用力 F_r 主要包括吸引力（毛细力、范德华力等）和斥力（双电层斥力等），可根据接触距离、颗粒尺寸等进行计算，也可适当进行简化。假设颗粒分离时软胶结作用力 F_r 为零，则 F_n^p 数学表达式为：

$$F_n^p=\begin{cases}K_n^p u_n \pm F_r & u_n \geqslant 0 \\ 0 & u_n<0\end{cases} \tag{3.2-34}$$

软胶结接触模型可看作无胶结接触模型在引入软胶结作用后形成，其物理元件如图 3.2-5 所示，相比于无胶结接触模型，其添加了软胶结元元件；其力学响应如图 3.2-6 所示，切向、弯转向和扭转向力学响应与无胶结接触模型类似，但在法向接触相应上增加了软胶结力的作用。

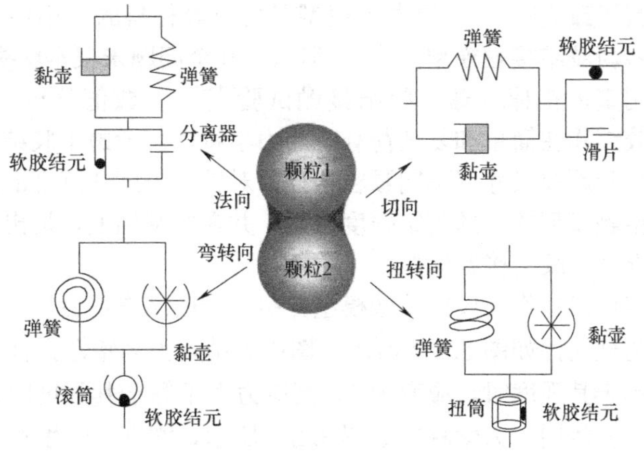

图 3.2-5 软胶结接触模型中的物理元件

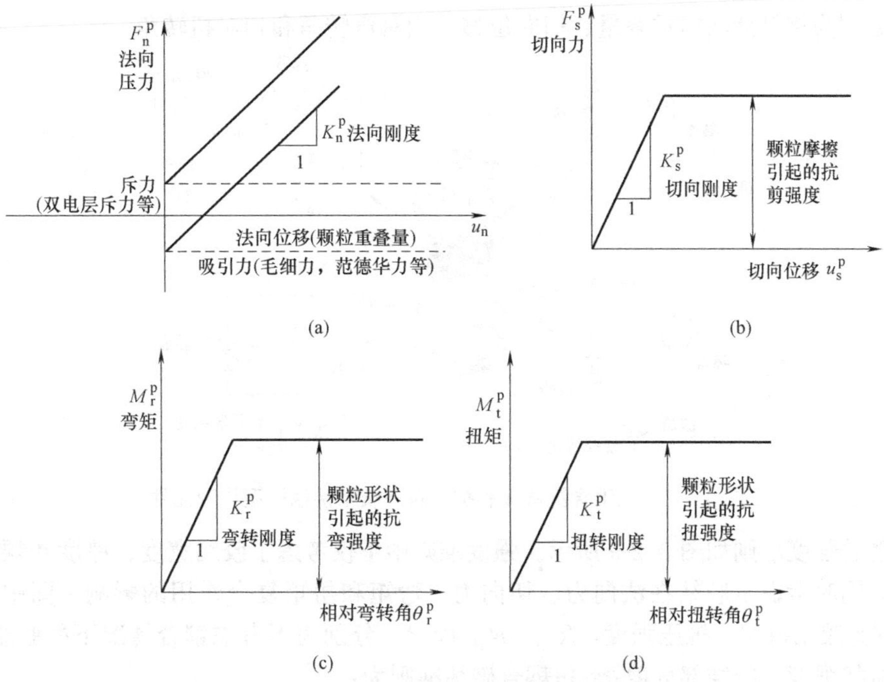

图 3.2-6 软胶结接触模型中的力学响应

(a) 法向力学响应；(b) 切向力学响应；(c) 弯转向力学响应；(d) 扭转向力学响应

3.2.3.3 硬胶结接触模型

在胶结砂土、岩石、能源土等材料中存在各种矿物胶结、水泥胶结、水合物胶结等，胶结在破坏后不能恢复。此类胶结接触模型称为硬胶结模型。硬胶结接触模型按胶结物厚度可分为有厚度胶结（颗粒未接触）和无厚度胶结（颗粒接触）；按胶结物宽度可分为点胶结（胶结宽度较小，不考虑弯转和扭转力学响应）和面胶结（胶结具有一定宽度，考虑弯转和扭转力学响应）。经典的平行胶结模型[39]（Parallel Bond Model，PBM）包含了全部四个方向的力学响应，得到了广泛的应用，但该模型未考虑接触刚度与胶结厚度的关系，且胶结强度准则仅针对简单受力情况，缺少试验依据。一些学者针对 PBM 的不足在强度准则等方面进行了改进[40-42]，提高了模型对岩石等材料的适用性。一些学者基于不同的理论提出了一些新胶结接触模型[43,44]，但以上几个问题未根本解决。

蒋明镜团队采用室内铝棒（球）胶结接触试验[45-47]、数值分析[48]和理论分析[49]方法，系统研究了胶结物在简单和复杂荷载下的力学特性，考虑了胶结尺寸（不同胶结宽度、不同胶结厚度）和颗粒尺寸（不同颗粒半径）对胶结强度和刚度的影响，提出了可分别用于二维和三维接触模型的新的胶结强度准则；并在此基础上，提出了二维完整胶结接触模型[50,51]和三维完整胶结接触模型[52]。

硬胶结接触模型可以看作无胶结接触模型在引入硬胶结作用后形成，其中，三维完整硬胶结接触模型的物理元件如图 3.2-7 所示，图中胶结元为刚塑性元件，可描述胶结的脆性破坏：即当应力小于其强度时，应变为 0，当应力大于等于其强度时，位移无限大，其他物理元件作用与前文相同。力学响应如图 3.2-8 所示，刚度、强度均与胶结宽度、厚度和颗粒半径相关。其中 $F_{\mathrm{n}}^{\mathrm{b}}$、$F_{\mathrm{s}}^{\mathrm{b}}$、$M_{\mathrm{r}}^{\mathrm{b}}$ 和 $M_{\mathrm{t}}^{\mathrm{b}}$ 分别为胶结承担的法向力、切向力、弯矩和扭矩，$K_{\mathrm{n}}^{\mathrm{b}}$、$K_{\mathrm{s}}^{\mathrm{b}}$、$K_{\mathrm{r}}^{\mathrm{b}}$ 和 $K_{\mathrm{t}}^{\mathrm{b}}$ 分别为胶结的法向、切向、弯转向和扭转向刚度，u_{n}、u_{s}、θ_{r}、θ_{t} 分别为接触处法向重叠量、切向位移、相对弯转角和相对扭转角。

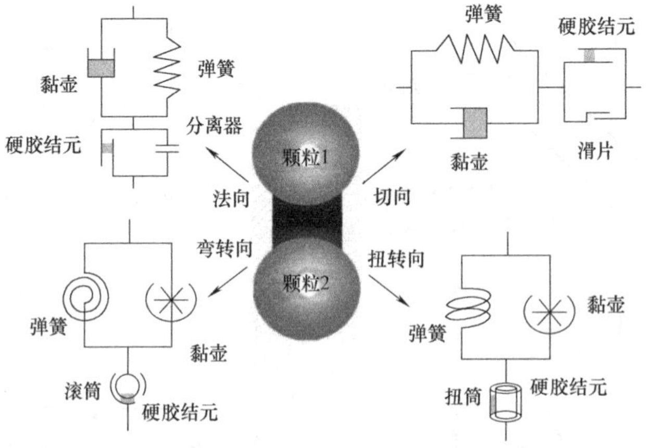

图 3.2-7 三维含抗弯转和抗扭转硬胶结接触模型物理元件

模型总强度准则如图 3.2-9 所示。强度准则中不仅考虑了胶结宽度、厚度和颗粒半径的影响，同时考虑了胶结在法向力、切向力、弯矩和扭矩复合作用的影响。图中，R_{tb}、R_{cb} 分别为胶结抗拉、抗压强度，R_{sb}、R_{rb} 和 R_{tb} 分别为不考虑耦合情况下的胶结抗剪、抗弯和抗扭强度。胶结部分剪-弯-扭耦合破坏准则为：

$$\left(\frac{F_{\mathrm{s}}^{\mathrm{b}}}{R_{\mathrm{sb}}}\right)^2+\left(\frac{M_{\mathrm{t}}^{\mathrm{b}}}{R_{\mathrm{rb}}}\right)^2+\left(\frac{M_{\mathrm{t}}^{\mathrm{b}}}{R_{\mathrm{tb}}}\right)^2=1 \tag{3.2-35}$$

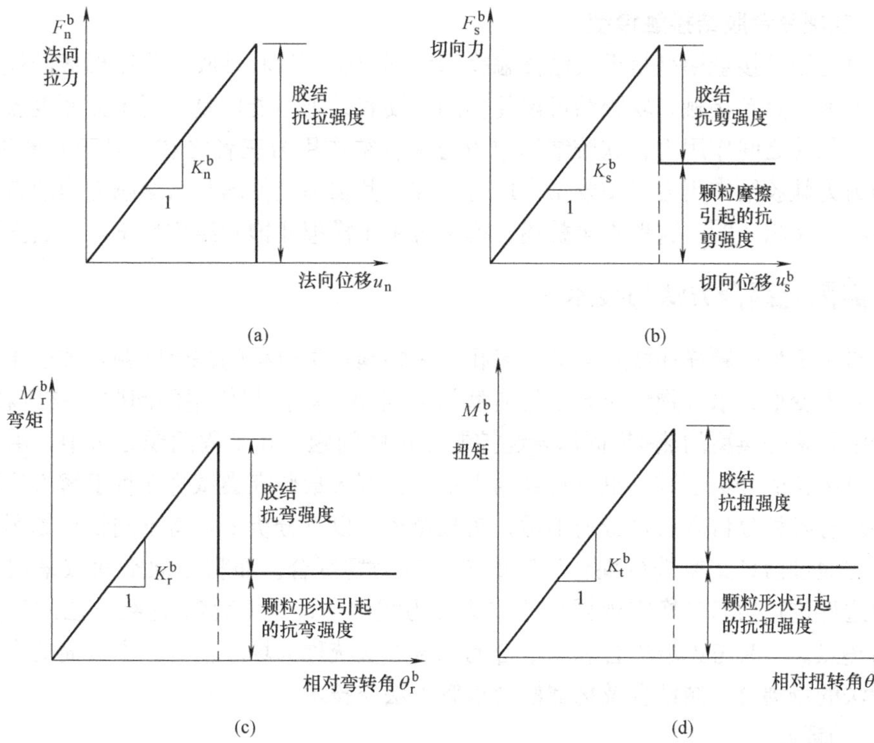

图 3.2-8　三维含抗弯转和抗扭转硬胶结接触模型力学响应

（a）法向力学响应；（b）切向力学响应；（c）弯转向力学响应；（d）扭转向力学响应

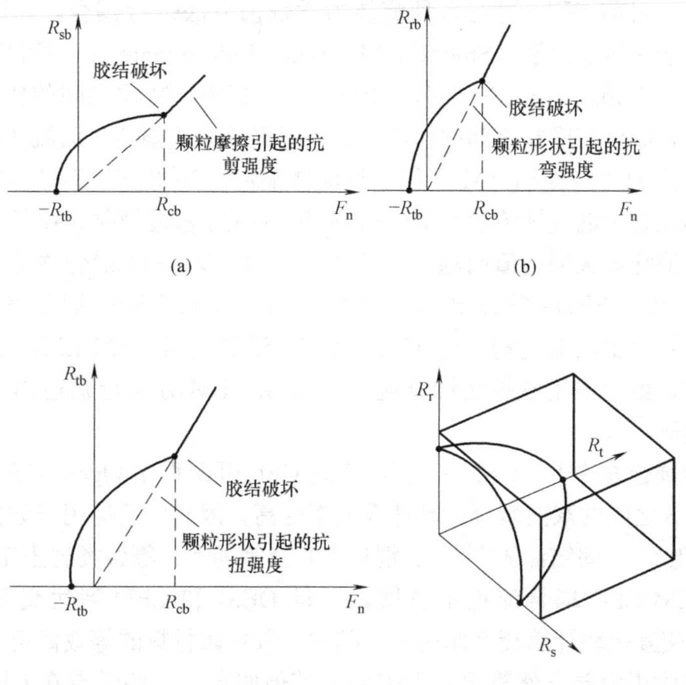

图 3.2-9　三维含抗弯转和抗扭转硬胶结接触模型的强度准则[52]

（a）抗剪强度；（b）抗弯强度；（c）抗扭强度；（d）剪-弯-扭包面

3.2.3.4 软硬复合胶结接触模型

软硬复合胶结接触模型是无胶结接触模型中同时引入软和硬胶结作用形成的模型。胶结破坏后若颗粒重新接触，软胶结可恢复作用，硬胶结则不能恢复。对于无厚度胶结，法向接触力为颗粒之间作用力、软胶结作用力与硬胶结作用力三者之和；对于有厚度胶结，法向接触力为软胶结作用力与硬胶结作用力之和。其物理元件图与力学响应由两者组合得到，具体参考文献［2］，这里不再赘述。模型可用于模拟非饱和结构性土，如黄土等[53]。

3.2.4 离散元耦合方法与技术

实际岩土工程问题往往涉及多场、多相、多物理化学过程的耦合问题，如砂土地震液化及液化后大变形、水合物降压开采是典型的流固耦合起控制作用的问题，核废料埋置、水合物升温开采是典型的热-流-固耦合起控制作用的问题。在工程问题分析中，由于各类方法有各自擅长的分析领域，也有自身的不足，已有大量研究尝试将多种求解方法联合使用，突破现有各种分析方法自身的不足，扬长避短。以下分析中，将不同物理场用不同方法模拟，并通过信息交换进行耦合计算的方法称为场耦合。而将不同空间域采用不同方法，在域边界进行信息交换实现耦合的方法称为域耦合，其中离散-连续方法的耦合是当前研究的热点。同时考虑域耦合和场耦合的求解方法统称为场域耦合。本节简要介绍围绕离散单元法的场耦合、域耦合及场域耦合求解方法与技术。

3.2.4.1 场耦合

1. 流固耦合

地震液化、管涌、海底滑坡和水库大坝的渗透破坏等岩土工程问题均涉及土颗粒与水的流固耦合问题。目前 DEM 可与多种流体力学数值方法进行耦合，如计算流体动力学（CFD）、光滑粒子流体动力学（Smoothed Particle Hydrodynamics，SPH）以及格子玻尔兹曼方法（Lattice Boltzmann Method，LBM）等。其中，颗粒之间的作用力由 DEM 中的接触模型计算，流体与颗粒之间的作用一般采用经验公式描述，而流体部分一般需求解 Navier-Stokes（N-S）方程或 LBM 方程获得流体响应。1993 年，DEM-CFD 耦合方法首次用于模拟固体颗粒中的气体流动行为[54]，而后 N-S 方程被简化，使得 DEM-CFD 耦合法能够计算地震液化等大型边值问题[55]。2001 年，DEM-SPH 耦合法首次用于多相流耦合分析问题[56]，由于 SPH 擅长处理自由表面流问题，DEM-SPH 耦合法在自由表面流体中流固耦合等问题上更具有优势[57]。Cook 等[58] 最先应用 DEM-LBM 方法研究固-液两相介质相互作用，由于采用欧拉法计算流体，DEM-LBM 方法特别适用于复杂边界条件下的多相作用问题[59]。

在上述三种耦合方法中，DEM-CFD 已实现 CFD 开源程序 OpenFOAM 与 DEM 开源程序 LIGGGHTS 之间的双向耦合，且计算效率更高，因此广泛应用于如饱和土的稳定渗流[60]、动力液化[61]、固结渗流[62,63]、滑坡[64] 及管涌[65] 等各类岩土工程问题分析中。图 3.2-10 为 DEM-CFD 耦合流程示意图，一旦 DEM 和 CFD 到达交互时刻，则启动 DEM-CFD 数据交互模块计算相互作用力。其中，散粒体材料的等效渗透系数可以通过流固耦合产生的流体压力差自然算出，无需引入其他假定。一些学者在 CFD-DEM 耦合算法将流体密度视为定常，其参考值一般为边界处的孔压。对于边界处孔压不易确定的岩土工程问题，该方法具有明显不足。蒋明镜团队通过引入视密度为非定常的 N-S 方程和描述流体体变-压力非线性关系的 Tait 状态方程，分别建立了可模拟二维和三维弱可压缩流体的 DEM-CFD 耦合方法。对管涌和生物胶结砂土不排水动力特性进行模拟分析[66-68]。

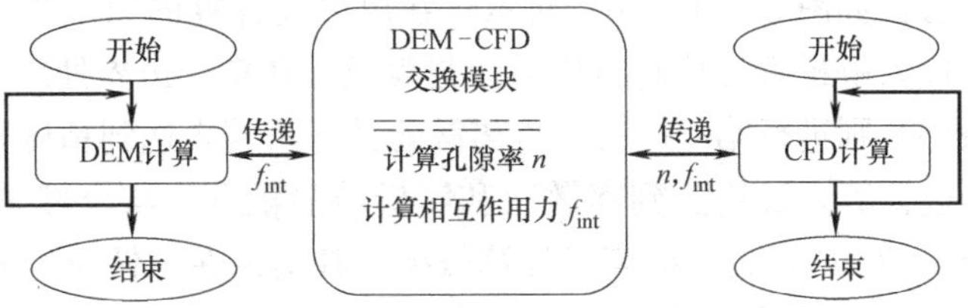

图 3.2-10　DEM-CFD 耦合流程

2. 热力耦合

核废料埋置、水合物、地热等新能源开发等工程问题中存在温度与力场的耦合作用。离散元中的热力耦合分析模块，将颗粒间的接触视为热量传递管道，基于离散颗粒将连续介质的热传导方程进行离散化求解。获得温度场后，考虑颗粒因温度变化导致的体积变化进行力场的计算，然后在后续温度场计算中更新热传递管道信息进行温度场计算，如此交替重复而达到温度场和力场的耦合。已有研究将其用于变温引起岩石破裂和损伤分析[69,70]，但该方法只能考虑颗粒间的热传导。为此，Tomac 等[71] 将热对流方程引入 DEM，拓展了热-流-力耦合模拟方法。蒋明镜团队[72] 基于 PFC 温度模块提出了深海能源土工程的温度场-力场耦合 DEM 方法，如图 3.2-11 所示。根据 PFC 计算的温度场，通过后文将介绍的考虑温-压-力影响的深海能源土微观接触本构模型更新能源土地基的胶结强度空间分布，进而由力场计算获得升温开采后的地基响应。

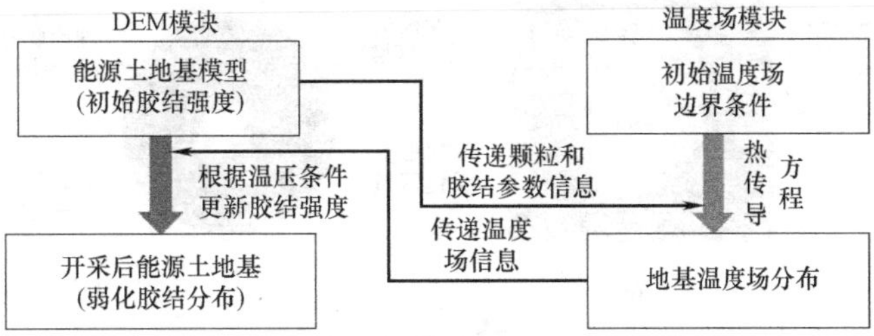

图 3.2-11　深海能源土温度场-力场耦合 DEM 模拟方法

3.2.4.2　域耦合

离散元虽然在模拟岩土大变形和破坏等问题中具有很大的优势，但由于计算时复杂的数据结构、分格检索、接触生成与删除判定等都将占用大量的内存和计算时间，应用于大型实际工程时明显受当前计算能力限制。围绕离散元法的域耦合（主要指连续-非连续耦合）是解决这一困境的有效方法。即在关键区域采用离散元模拟，在其他区域采用其他数值方法模拟或解析解的分域耦合法，从而在保证离散元分析精度的同时，提高计算效率。

域耦合算法自 Felippa 和 Park [73]提出以来，在岩土工程领域得到了长足的发展，已实现了离散元与多种数值方法的耦合，如图 3.2-12 所示，包括有限元法（FEM）[73-75]、有限差分法（FDM）[76-79]、边界元法（BEM）[80] 的耦合计算等，已广泛应用于隧道开挖、桩土作用、滑坡、静力触探等静动力问题分析中。然而，各类数值模拟方法与离散元耦合本身在处理大尺度问题时也占用一定的计算时间，且在模型上无法完全准确模拟无限域问题。而理论解析解计算快速、高效，可以真实模拟无限域问题，适合于大尺度工程问题的简化分析。因此，蒋明镜团队[81] 提出了适用于深埋圆形隧道开挖过程分析的 DEM-理论解分区耦合方法：如图 3.2-12（d）所示，在离散元计算的第 i 步中，捕捉离散元在耦合边界处位移并代入解析解计算解析应力，与离散元在耦合边界处应力进行比较；若两者相对误差满足条件，则进行第（$i+1$）步离散元计算，若未达到精度则重新捕捉新的耦合边界位移进行上述计算，最终达到离散元和解析域的耦合。与全域采用 DEM 相比较，该方法计算时间减少约 2/3，大大提高了计算效率，其结果在定性及定量上都具有足够的精度。图 3.2-13 为采用该耦合得到的锚固岩体（近场）力链图，揭示了锚杆在远端锚固和近端拉伸的作用机理。但对于边界条件及地质环境较复杂的问题，采用离散元与数值方法耦合更为适用。

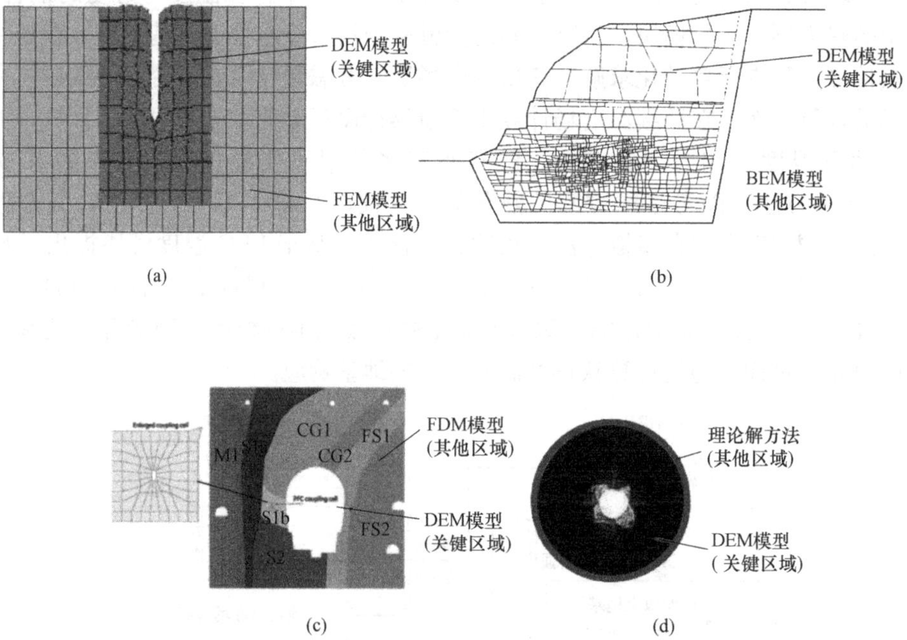

图 3.2-12　常见域耦合方案

（a）DEM-FEM 耦合[75]；（b）DEM-BEM 耦合[80]；（c）DEM-FDM 耦合[78]（d）DEM-理论解耦合[81]

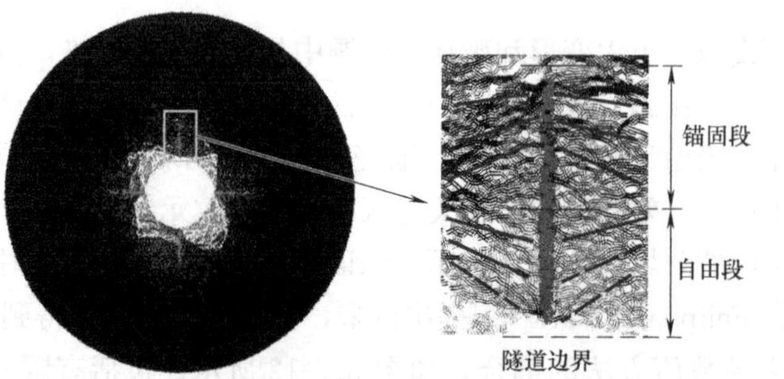

图 3.2-13　DEM-理论解耦合得到的锚固岩体力链图[81]

3.2.4.3　场域耦合

场域耦合综合了前述场耦合与域耦合，用于求解多场作用下的非连续大变形问题。由于涉及多种方法的耦合，在各个耦合界面的处理存在一定的困难且对计算资源要求较高，当前研究成果相对较少。如倪小东等[82] 采用 PFC-FLAC 两个软件进行耦合，分析了堤防工程渗透变形，采用 FLAC 软件进行连续固相域和流体全域分析，采用 PFC 软件进行离散固相分析，PFC 与 FLAC 中的流体交换数据实现流体-离散固相耦合、PFC 与 FLAC 在界面交换数据实现连续-非连续耦合，而 FLAC 自身的流固耦合则负责流体-连续固相耦合。金炜枫和周健[83] 提升了这一模拟框架的理论完备性，考虑了流体边界网格移动，统一了流体方程组与离散颗粒和连续土体耦合的表达式，并将其用于可液化场地中地下管线地震响应的离心机试验模拟。窦晓峰等[84] 采用 TOUGH＋HYDRATE＋FLAC3D 构建了水合物-热-流-固多场耦合宏观预测模型，并采用 PFC 进行离散-连续流固耦合以模拟水合物开采井壁附近出砂过程。随着岩土工程问题的日益复杂，必然有更多问题涉及非连续大变形和流固耦合，围绕离散元开展的场域耦合模拟将是未来研究的热点（图 3.2-14）。

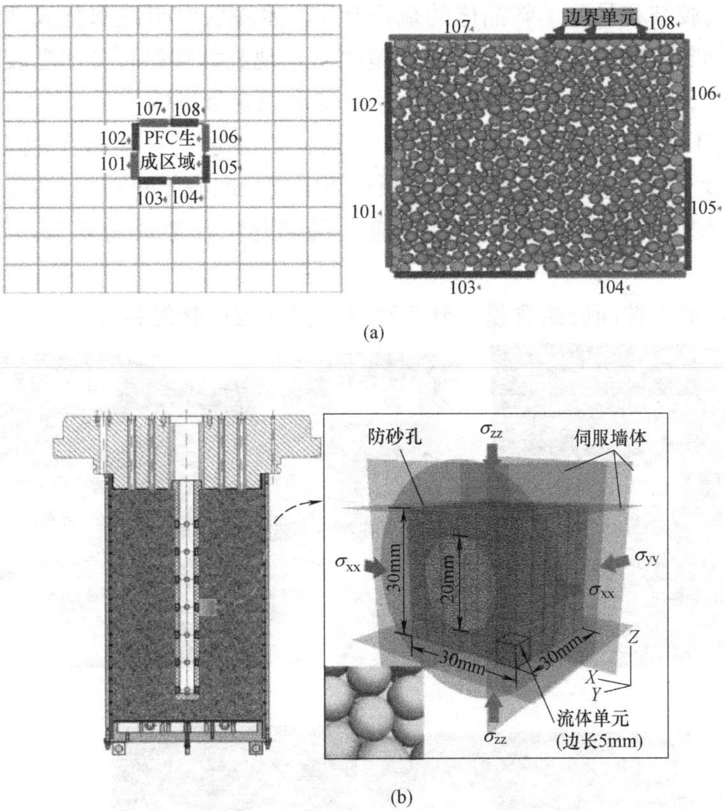

图 3.2-14 常见场域耦合解决方案

(a) 倪小东等[82]；(b) 窦晓峰等[84]

3.2.5 代表性疑难土的离散元应用

微（粒）观本构理论的应用思路是：先以颗粒尺度的观察为基础，总结颗粒形态、点或面接触形式等几何特征，接触处胶结物、毛细水等物质特征，颗粒间相互作用力学特征，确定控制土体宏观力学特性的关键微观机理，如胶结控制机理，毛细水控制机理等，再从 3.2.3 节中选择合适的模型框架，完善具体数学描述，形成适用于特定土体的微观本构理论；再将建立的微观本构理论引入离散元软件中，如 PFC、EDEM 等，用以解决岩土力学与工程中的疑难与关键科学问题，帮助提高工程实践水平。下面将介绍几种代表性疑难土的微观本构及其应用。

3.2.5.1 结构性砂土

天然砂颗粒间的胶结一般源于方解石、二氧化硅、氧化铁、黏粒等的沉积[85]。对于人工制备结构性砂土或胶结颗粒材料，颗粒间胶结物主要由特定固化物（如水泥、石膏、微生物及营养盐等）形成[86-88]。天然砂土存在空间变异性高、取样难度大等问题，对其微观结构特征开展的研究还很少，大多采用 SEM、CT、X 射线等技术观测分析人工制备结构性砂土的微观结构及其演化规律。胶结物含量较少时，其主要附着在接触点周围[89]（图 3.2-15a）或颗粒表面[90]（图 3.2-15b）；随胶结含量增加，胶结物逐渐填充孔隙。石膏胶结可形成弱胶结和易碎单斜晶体的疏松基质，水泥胶结形成水化或部分水化颗粒团块，石灰胶结则附着在颗粒表面[91]。蒋明镜团队发现胶结接触百分比随胶结厚度增加表现出先线性增大、后指数型衰减的规律，且不受水泥含量影响[92]（图 3.2-15c）。此外，一些学者对人工结构性砂土试样进行了无损、动态观测。在微生物诱导钙质胶结（MICP）加固砂土过程中，碳酸钙在砂土颗粒间生成粒间胶结物[93]（图 3.2-15d）；在峰值强度前变形均匀，在峰值强度时出现应变局部化，并形成剪切带，带内胶结破坏显著[94]。

根据结构性砂土粒间胶结含量，分三种情况描述粒间接触特性：（1）不存在胶结物

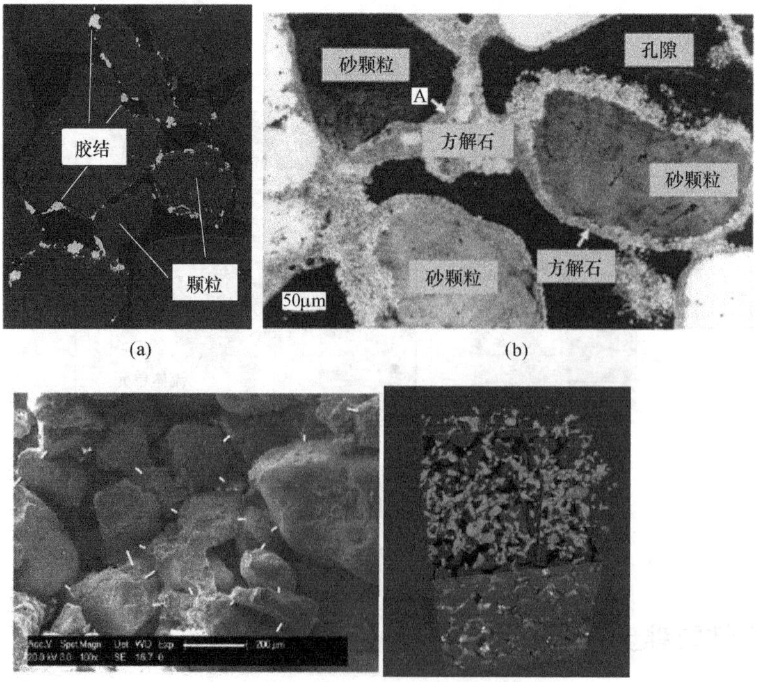

图 3.2-15 结构性砂土微观结构图片

(a) 天然砂土[89]；(b) 人工制备结构性砂土[90]；(c) 人工制备结构性砂土[92]；(d) MICP 加固砂土[93]

时，可采用简单接触模型和完整接触模型；（2）胶结物含量较少且主要分布在颗粒接触处时：采用硬胶结接触模型中的简单胶结接触模型；（3）胶结物质含量较多时（颗粒接触处分布大量胶结），采用硬胶结接触模型中的完整胶结接触模型。其力学响应如图 3.2-8 所示。

对于完整胶结接触模型，法向、弯曲和扭转刚度可统一表示为：

$$K_{i,\mathrm{b}}=f_i(D_\mathrm{b},H_\mathrm{b},D_\mathrm{p},E_\mathrm{b}) \qquad i=n,r,t \tag{3.2-36}$$

式中 n、r、t——法向、弯曲、扭转向；

D_b、H_b、D_p、E_b——胶结直径、胶结最薄处厚度、颗粒直径及胶结材料弹性模量。

胶结切向刚度可由法向刚度与胶结材料泊松比求得。

最大压缩荷载可表示为：

$$R_\mathrm{nc}=f(H_\mathrm{b},D_\mathrm{b},D_\mathrm{p})\sigma_\mathrm{c}\pi(D_\mathrm{b}/2)^2 \tag{3.2-37}$$

式中 σ_c——胶结材料压缩强度。

Bjerrum[95] 采用超固结概念对结构性土屈服现象进行了解释，沈珠江认为是不合理的[96]。基于试验结果，一些学者认识到结构性土屈服与胶结破坏可能有极大关系[97-99]；然而，受微观测试技术限制，极少有文献加以论证，并且颗粒破碎会使这一问题更加复杂。基于二维 DEM 模拟分析，蒋明镜团队等[100] 发现微观尺度上的胶结破坏起始应力、大量胶结破坏应力与宏观尺度上的初始屈服应力（压缩曲线偏离初始线性压缩段的起始点）、结构屈服应力（压缩曲线上斜率的最大点）相对应（图 3.2-16），证实了屈服与胶结破坏紧密相关的推断，解决了 20 世纪 80 年代以来关于土体结构性产生原因的争论。

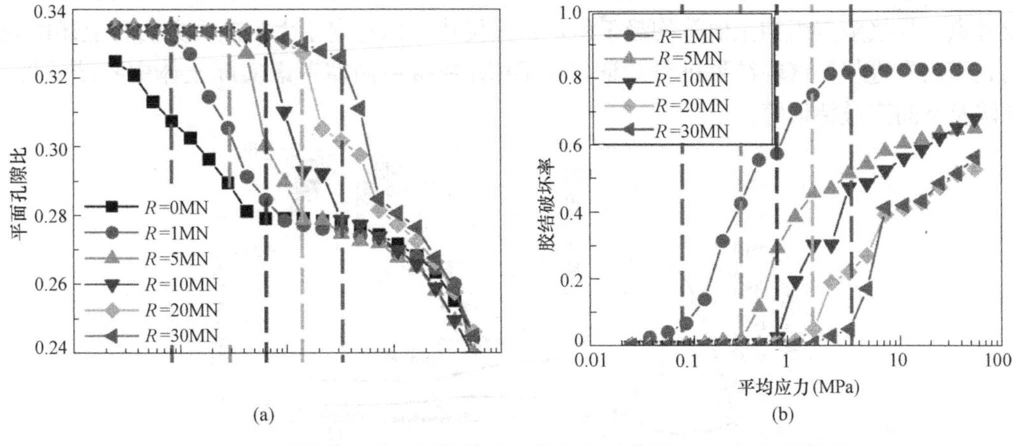

图 3.2-16 不同胶结强度的松散砂土的等向压缩试验 DEM 模拟结果

（a）等向压缩线；（b）胶结破坏率[100]

DEM 模拟结果还表明[101,102]：在较高应力下，胶结作用会降低颗粒破碎程度；胶结强度分布范围的扩大会延缓结构性砂土屈服后的压缩线趋向重塑砂土正常压缩线的速率；胶结破坏与颗粒破碎的相互作用决定了结构性砂土与重塑砂土等向压缩线相交或平行的位置关系。

Coop 和 Willson[103] 指出胶结强度、参考压缩线（NCL）位置及初始孔隙比是影响宏观强、弱胶结的三个主要因素。当胶结土的屈服强度位于 NCL 之下即为弱胶结，当其位于 NCL 之上即为强胶结。蒋明镜团队等[100] 采用二维 DEM 证实了 Coop-Willson 准则。如图 3.2-17 所示（以胶结强度为例），$R=1$MN 试样的屈服强度位于 NCL 之下，可判定为弱胶结，而 $R=10$MN 试样的屈服强度在 NCL 之上，为强胶结。

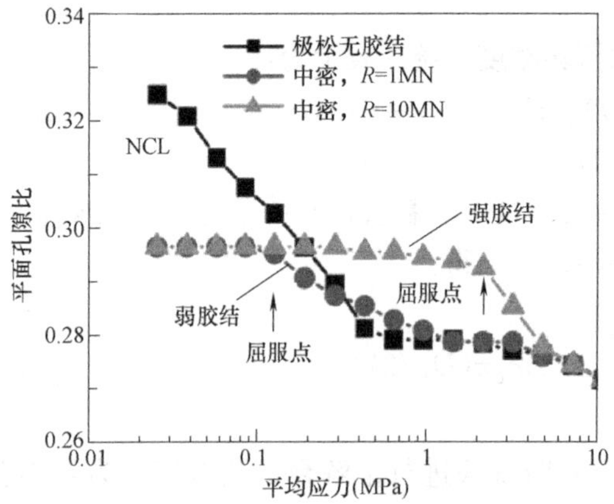

图 3.2-17　胶结强度对结构性砂土压缩力学特性的影响[100]

在结构性砂土剪切力学特性研究方面，二维 DEM 模拟结果（图 3.2-18）表明[104]：当胶结破坏速率达到最大值时（F 点），试样开始屈服，体积变形由剪缩转变为剪胀；随后，胶结破坏速率逐渐减少，试样于 G 点达到峰值应力；当胶结不再破坏时，试样达到临界状态（K 点）。蒋明镜团队[100] 通过 DEM 模拟还揭示了小围压时结构性较强的砂土发生应变局部化的微观机理：胶结破坏集中发生在剪切带内，且带内颗粒转动显著；并采用 APR（定义详见 3.2.1.2）来表征带内颗粒转动，丰富了结构性砂土应变局部化的微观表征手段。有一些学者采用二维和三维离散元分别考虑了颗粒破碎、胶结强度分布及胶结含量对宏观力学性质的影响[106-108]。当结构性砂土在经历足够大剪切变形后，试样整体（出现变形均匀情况）或局部（出现应变局部化情况）会达到临界状态[109]。通过真三轴试验 DEM 模拟[109] 认为，试样在达到临界状态时，总接触点、胶结接触点、强接触点组构主值等均趋于稳定，其优势方向趋向于大主应力方向。上述微观机制宜采用先进仪器试验结果进行验证，在 DEM 模拟中尚需考虑实际土体中胶结的形态、缺陷及空间离散特征等。

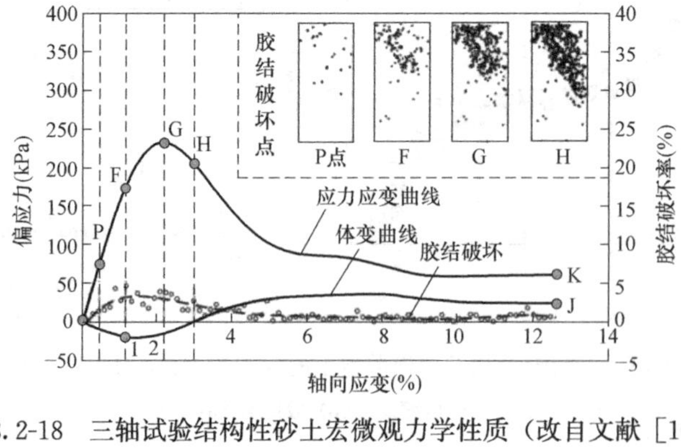

图 3.2-18　三轴试验结构性砂土宏微观力学性质（改自文献［104］）

3.2.5.2　湿陷性黄土

黄土通常表现有明显的湿陷特征，针对黄土加荷和增湿等过程中微观结构演化等难点问题，不少学者开展了黄土的 MIP 试验[110,111]、SEM 扫描[111,112] 和 CT 扫描[113,114] 等微观试验，获取了黄土颗粒形态、孔隙结构以及加荷和增湿过程中的微观结构变化，阐明了黄土加荷变形和浸水湿陷的微观原因。黄土颗粒形态观测表明黄土骨架颗粒中有内部胶结强度较高的团粒、棱角状和片状颗粒等，骨架颗粒通常附着许多细小颗粒（1μm），碳酸钙胶结物质倾向于聚集生长而非包裹颗粒[112-115]。黄土孔隙主要以次生大孔隙和原生支架孔隙（架空孔隙）为主，镶嵌孔隙（粒间孔隙）较少[110]。加荷过程中黄土力学性质与其微观结构变化相关。加荷前后，黄土大、中孔隙体积改变较大，而粒内微孔隙及封闭孔隙体积改变较小[111]。剪切荷载作用下黄土裂隙自缺损处开始扩大、衍生和扩展[113]。微结构变化可分为微压密阶段、结构微调整阶段和压密快速发展阶段，屈服前后CT数（反映扫描断面上物质点的平均密度）变化规律明显不同[114]。黄土湿陷与其微观结构特征有关，如图3.2-19所示，黄土湿陷受骨架颗粒的形态（粒状、粒状-凝块、凝块）、排列状况（架空、架空-镶嵌、镶嵌）和连接形式（接触、接触-胶结、胶结）的影响[115]。黄土的粒状架空结构是黄土湿陷的基本条件[115]，中孔隙（架空孔隙）的体积减小是引起黄土湿陷性的主要因素[110]，接触连接形式（少量的碳酸钙胶结）容易导致较大湿陷变形[115]。黄土湿陷过程中，浸水可使各种尺寸的孔隙变小[116]，水通过毛细孔隙渗入，团粒可能发生湿崩，最终瓦解土骨架导致湿陷[113]。

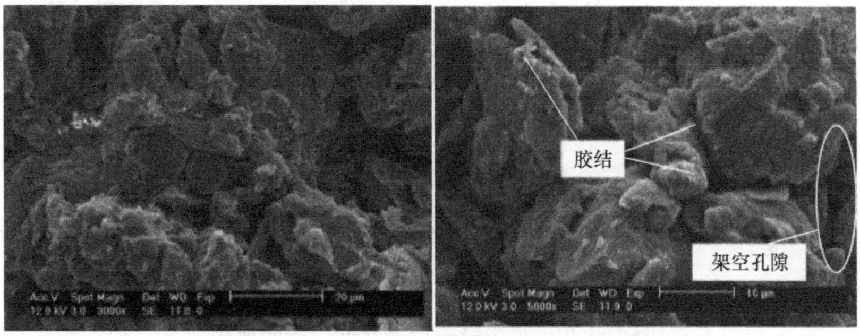

图3.2-19 天然黄土微观结构SEM照片[111]

由于仅采用硬胶结模拟不能反映黄土粒间胶结的部分可恢复性[117,118]，蒋明镜团队针对黄土采用了软硬复合胶结模型综合考虑软胶结（范德华力、毛细力）和硬胶结（碳酸钙等），发展了湿陷性黄土微观本构[119]。该本构考虑了胶结尺寸对接触刚度和强度的影响，以及水对毛细力大小和硬胶结强度的影响，忽略了水对接触刚度的影响，其力学响应如图3.2-20所示。下面简要介绍范德华力、毛细力和硬胶结强度的确定方法。

为形成黄土大孔隙架空结构，DEM制样中引入范德华力，采用下式计算[120]：

$$F_{\mathrm{v}}=\sigma_{\mathrm{van}}d_{50}^{2} \tag{3.2-38}$$

式中 σ_{van}——范德华力系数。

黄土微观本构中毛细力和硬胶结使黄土在宏观上表现出非饱和性和结构性。一般情况下，粒间毛细力随颗粒间距呈非线性变化，颗粒接触后毛细力保持不变。液桥引起的毛细力 F_{c} 由下式计算[121]：

$$F_{\mathrm{c}}=\pi R_{2}^{2}S+2\pi R_{2}T_{\mathrm{s}} \tag{3.2-39}$$

式中 T_{s}——孔隙水的表面张力；

S——基质吸力，$S=T_{\mathrm{s}}(1/R_{1}-1/R_{2})$；$R_{1}=r_{0}(\sec\theta_{\mathrm{w}}-1)$，$R_{2}=r_{0}(1+\tan\theta_{\mathrm{w}}-\sec\theta_{\mathrm{w}})$，其中 r_{0} 为颗粒半径，θ_{w} 为持水角。

式（3.2-39）适用于毛细水属于悬垂域状态（Pendular Regime）的低饱和度土体。为了使DEM能在全饱和度域模拟黄土力学特性，假定毛细力由黄土的基质吸力决定，通

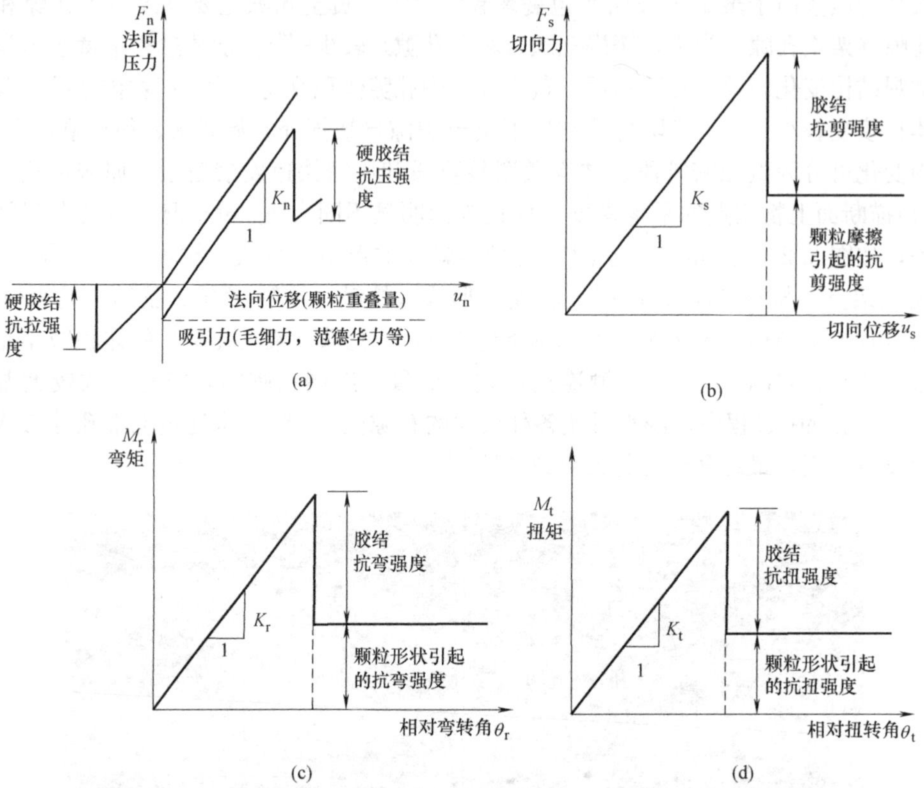

图 3.2-20　黄土湿陷性颗粒间力学响应图

(a) 法向力学响应；(b) 切向力学响应；(c) 弯转向力学响应；(d) 扭转向力学响应

过参数反演，确定黄土 DEM 试样毛细力如下：

$$F_c=\frac{Sd_{50}^2}{\xi_a[1+(S/a_{st})^{b_s}]^{1-1/b_s}} \tag{3.2-40}$$

式中　ξ_a、a_{st}、b_s——拟合参数。

开展三维球体 DEM 分析时，该公式适用于多种非饱和土[122]。对于黄土，参数 a_{st} 与初始孔隙比 e_0 呈幂函数关系[120]。

假定硬胶结强度由黄土的有效饱和度决定，且结构性黄土一维压缩屈服应力为重塑黄土（仅毛细力）屈服应力和胶结黄土（仅硬胶结）屈服应力之和。参数反演可得胶结抗压强度如下[119]：

$$\sigma_c=c_{y1}\exp(c_{y2}S_e e_0^2)-c_{un}(1-S_e)/\xi_b \tag{3.2-41}$$

式中　S_e——有效饱和度，$S_e=(S_r-S_r^r)/(1-S_r^r)$；$S_r$ 和 S_r^r 分别为饱和度和残余饱和度；

c_{y1}、c_{y2}、c_{un}、ξ_b——拟合参数。

该微观本构已经用于重塑/结构性黄土压缩和三轴加载及湿陷试验的 DEM 分析，能够反映黄土的复杂路径湿陷特性及其微观机制。在实际工程应用中需针对不同区域黄土（如马兰黄土）确定微观本构参数取值范围。

黄土湿陷机理及变形预测一直是岩土研究者的关注重点[123]。在一维应力状态下，室内试验常用应力控制单线法或双线法测试黄土湿陷性[124]。蒋明镜团队认为试样差异与扰动是结构性黄土单双线法差异的主要原因，建议采用应变控制法测定湿陷系数[125]，并通过高质量人工结构性黄土验证了一维增湿单双线法的一致性[126]。但工程问题应力状态复杂，黄土单双线法增湿变形的一致性受试验路径的影响，三维增湿变形计算对研究者提出了新的挑战[127]。室内开展黄土三维增湿试验对设备要求高，可重复性差。蒋明镜团队分别基于简单胶结模型和黄土微观本构模型开展了非饱和重塑/结构性黄土的二维[117,118]和三维[119,120] DEM分析，模拟了黄土在不同应力状态下的增湿试验，分析了增湿过程中试样微观结构的演变。在一维压缩试验下增湿，单双线法获得的湿陷系数相同（图 3.2-21a）。在三轴试验下增湿（应力比 $q/p\neq0$），试样的轴向应变大于该应力-比下饱和土的应变值；增湿后再加载的应力-应变曲线逐步靠近相应饱和土应力-应变曲线（图 3.2-21b）。微观分析表明增湿过程中体应变的增加与胶结破坏相对应，增湿过程中胶结弯矩对胶结破坏贡献逐渐加大。目前如何利用 DEM 和室内试验分析增湿边界条件和实际工程中黄土广义应力路径（加荷、增湿）的影响，值得进一步研究。

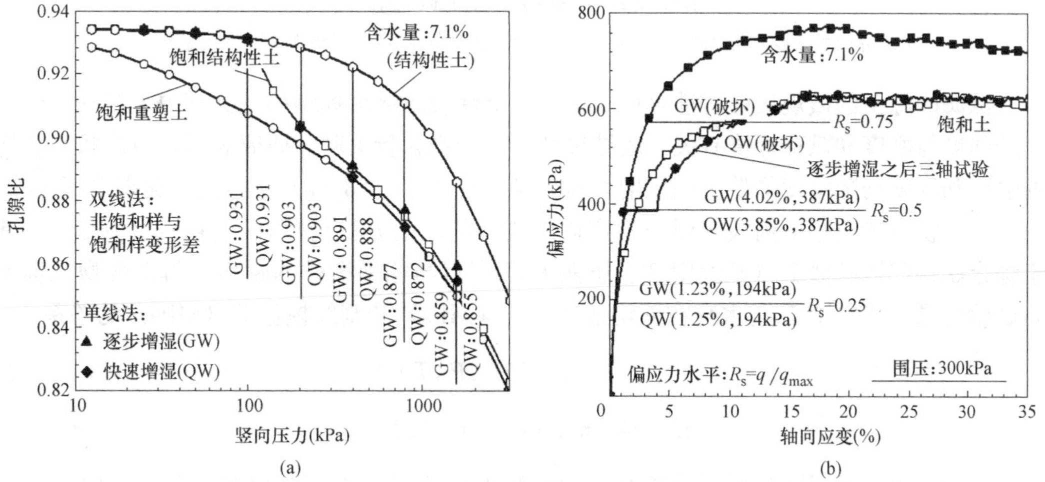

图 3.2-21 非饱和结构性黄土 DEM 试样增湿试验[119,120]

(a) 一维压缩试验中单双线法增湿孔隙比变化；(b) 三轴试验中单双线法增湿轴向变形

3.2.5.3 深海能源土

深海能源土指含天然气水合物（可燃冰）的深海土体，其中的水合物因巨大的开采潜力而引起全球关注[128]。由于能源土取样和保存难度极大，现有研究很少针对天然试样[129]，而主要采用人工仿造的赋存条件，通过显微技术观察水合物的生长、分解过程。水合物在土体孔隙中的生长、赋存受多种因素影响：(1) 水合物饱和度：净砂沉积物中水合物饱和度小于 20%时，水合物主要为孔隙填充型；饱和度超过 40%后，水合物以胶结或骨架填充形式存在[130]。(2) 气体供应速率：当气流充足、沉积物中气流通性较好时，水合物常形成粒间胶结[131]。(3) 沉积物颗粒形态：有孔虫壳体沉积物中水合物主要在壳体内壁附着生长[132]。从对能源土力学特性的影响上看，水合物可分为四种赋存形式：填充型、胶结型、裹附型和颗粒骨架型[133,134]，且往往多种形式同时存在[135]，如图 3.2-22(a) 所示。初步研究表明，水合物一般先从小孔隙处分解[136]，分解首先从水合物外部开始，颗粒接触处水合物最后分解[137]，如图 3.2-22（b）所示。但尚未弄清孔隙中水合物分解顺序的控制机理。

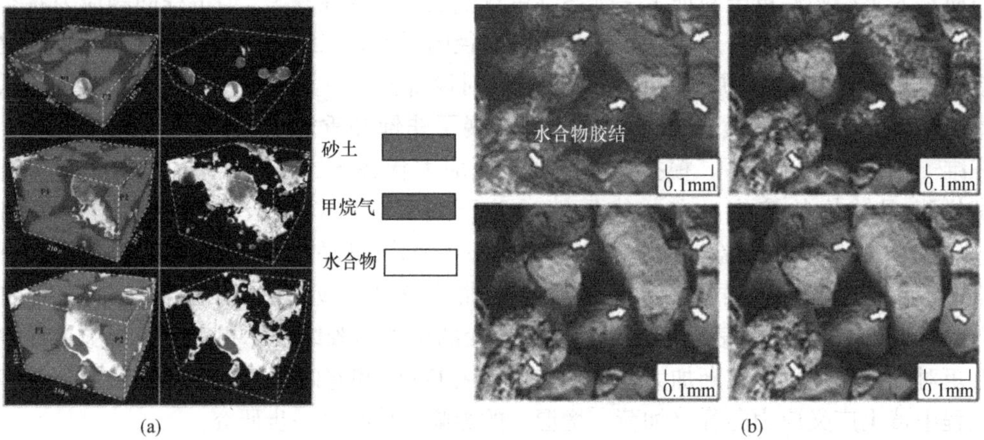

图 3.2-22　深海能源土的微观结构

（a）水合物在砂土孔隙间的赋存形态[135]；（b）天然气水合物的分解顺序（裹附型）[137]

深海能源土的微观接触特性可用 3.2.3.3 节硬胶结接触模型描述。其中天然气水合物胶结强度与刚度和赋存环境有关，胶结尺寸与水合物含量关联。研究表明，块体状水合物的强度和刚度均随温度降低、围压增大而增大。在图 3.2-23（a）所示归一化温度-压强图中，水合物只能在相平衡线（温压稳定边界线）的左上方稳定赋存。蒋明镜团队[138] 基于综合赋存环境参数 L（某温度 T、压强 P 状态点与相平衡线的距离）与水合物三轴剪切试验结果，建立了 L 与水合物剪切强度 q_{max}（MPa）和割线模量 E（MPa）的关系：

$$q_{max}=74.75L(P,T) \tag{3.2-42}$$

$$E=947.69L(P,T)+157.95 \tag{3.2-43}$$

随后，蒋明镜团队分析了孔隙水盐溶液浓度变化与相平衡线位置的关系，如图 3.2-23（b）所示，采用与图 3.2-23（a）相同的方法定义了综合考虑温度、压强、化学因素的赋存环境参数 L[139]，其力学响应如图 3.2-24 所示。

硬胶结接触模型中的水合物相当于纯水合物块体三轴剪切试验中的试样，能源土孔隙水压相当于三轴试验水合物承受的围压。用孔压 σ_w 取代式（3.2-42）、式（3.2-43）中的 P，即可得硬胶结接触模型中的胶结强度与模量。以强度为例，用 C 表征化学作用，胶结抗压强度 σ_c（MPa）即为式（3.2-42）中的 q_{max}：

$$\sigma_c=\sigma_{c,f}-\sigma_w=74.75L(\sigma_w,T,C) \tag{3.2-44}$$

抗拉强度 σ_t 可表示为：

$$\sigma_t=\sigma_w-\sigma_{t,f}=74.75L(\sigma_{t,f},T,C) \tag{3.2-45}$$

式中　$\sigma_{c,f}$——水合物受压破坏时大主应力；

$\sigma_{t,f}$——受拉破坏时小主应力（此时 σ_w 相当于受压破坏的大主应力）。

此外，可方便地将胶结物尺寸与水合物饱和度关联[138-140]，并考虑水合物强度的率相关性[141]，得到能源土静、动力微观本构。上述静、动力微观本构的准确性尚需试验验

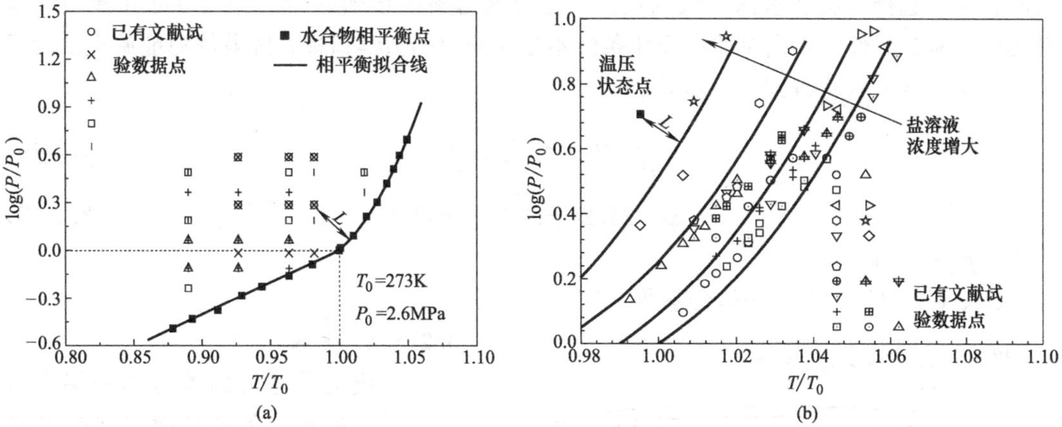

图 3.2-23　水合物的力学特性与环境参数 L 的关系[139]

（a）温压状态距离参数 L 的定义[138]；（b）盐溶液浓度对相平衡线位置的影响

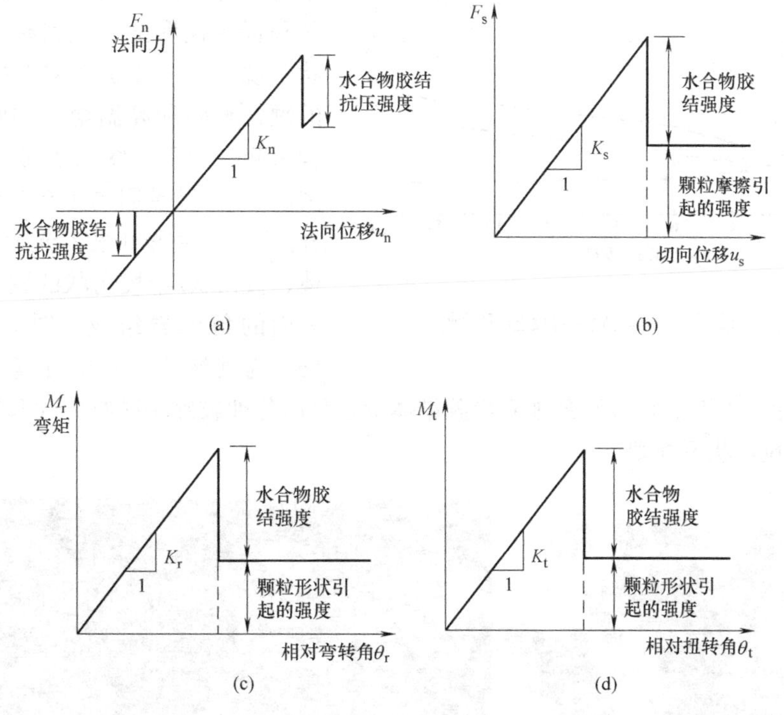

图 3.2-24　深海能源土颗粒间力学响应图[139]

（a）法向力学响应；（b）切向力学响应；（c）弯转向力学响应；（d）扭转向力学响应

证，且其研究思路可供冻土研究借鉴[142]。

常规土力学认为，三轴试验中用于提高试样饱和度的反压不影响试验测得的土体力学特性。然而，Hyodo 等[137] 用人工合成能源土进行三轴剪切试验时，试验反压（相当于原位孔隙水压力）越大，能源土的强度与剪胀性都有一定程度的增长，如图 3.2-25 所示，这与反压中性原则相悖，使得有效应力原理不能适用于能源土。蒋明镜团队[143] 采用能源土微观本构理论通过 DEM 模拟再现并解释了这一试验现象。今后在进行能源土试验研究时，应当选择与实际水深一致的反压，也可参考蒋明镜团队[143] 基于 DEM 模拟结果总结的经验公式修正室内试验中反压条件不足时测得的力学指标。随着深海能源土试验成果的积累，该公式将得到进一步验证。

$$\frac{c}{p_a}=C_1(\sigma_w/p_a)+C_2 \tag{3.2-46}$$

$$\varphi=23.2°+C_3(\sigma_w/p_a)^{C_4} \tag{3.2-47}$$

式中 $p_a=100\text{kPa}$；

C_1、C_2、C_3、C_4——拟合系数。

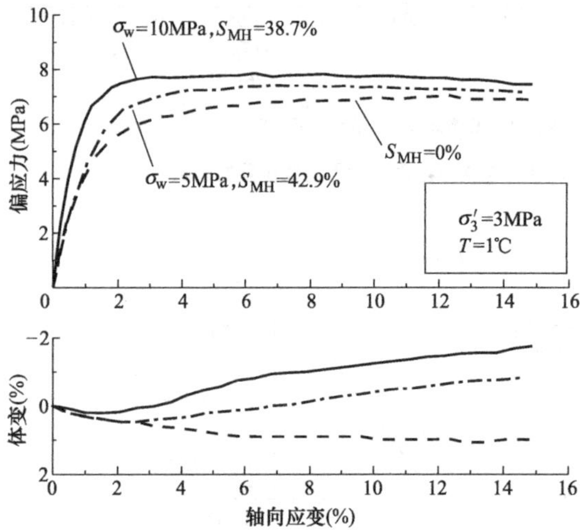

图 3.2-25 能源土力学特性的反压相关性[137]

3.2.5.4 月壤

月壤是月球表面覆盖的一层由岩石碎屑、粉末、角砾和撞击熔融玻璃等组成的成分复杂、结构松散的风化层，具有松散、非固结、细颗粒和易于开采的特点，是月球基地建设、修路和资源提取的首选目标。其颗粒形状不规则，主要是由陨石撞击等引起的颗粒破碎和高温熔融物胶结两个过程引起[144,145]。图 3.2-26（a）所示为阿波罗 11 号带回的 10085 号月壤颗粒样品[146]，主要由相对光滑的球形玻璃体、棱角状/半棱角状的胶结体和粗糙表面的角砾岩组成。图 3.2-26（b）、（c）为阿波罗计划中月壤样品的胶结体 SEM 照片[147,148]。可以清楚地看出胶结体颗粒是由各种破碎小矿物碎片和熔融的胶结物组成，颗粒形状不规则。

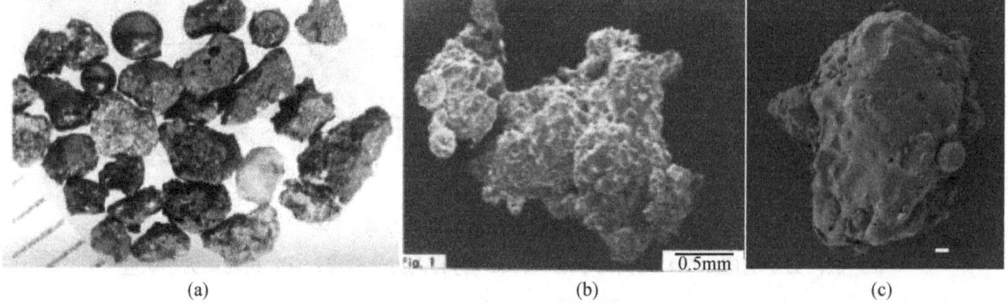

(a) (b) (c)

图 3.2-26 真实月壤颗粒微观照片

（a）月壤颗粒[146]；（b）14003 样品[147]；（c）10084 样品[148]

高真空环境下颗粒表面会吸附一层厚度在分子量级的气体分子层，导致颗粒间存在明显的范德华力和电荷力。相比于范德华力，电荷力可以忽略不计[149]。据此蒋明镜团队等[37] 基于软胶结模型，引入了由颗粒粗糙而引起的抗转动作用和由高真空引起的范德华

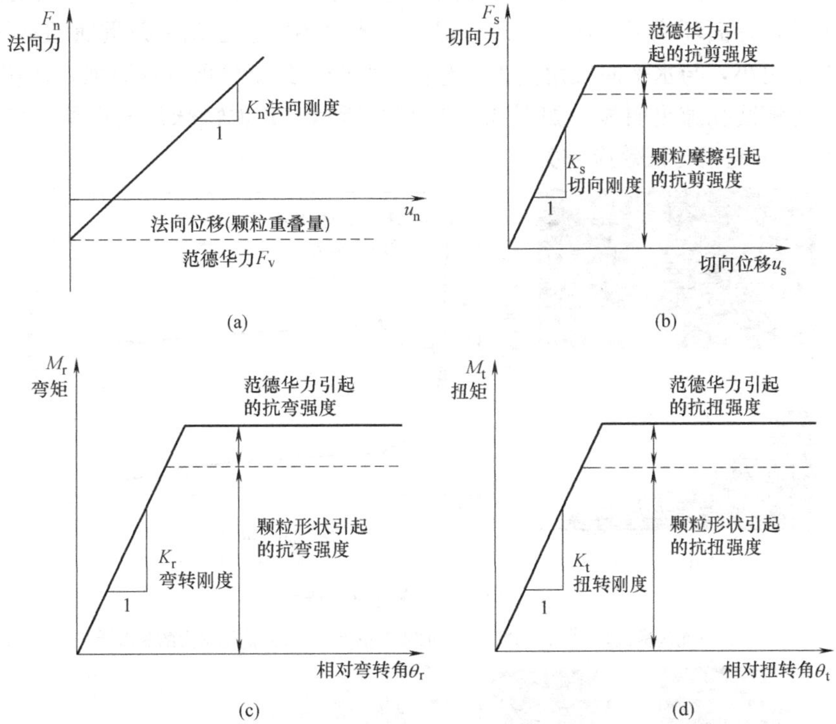

图 3.2-27 月壤颗粒间力学响应图

(a) 法向力学响应；(b) 切向力学响应；(c) 弯转向力学响应；(d) 扭转向力学响应

力，建立了月壤微观本构，如图 3.2-27 所示。其中范德华力计算如下：

$$F_v=\begin{cases}\dfrac{A\beta^2r^2}{24D_v^3} & \text{三维球-球接触}\\[2ex] \dfrac{A\beta r}{6\pi D_v^3} & \text{二维圆盘-圆盘接触}\end{cases} \tag{3.2-48}$$

式中 A——Hamaker 系数；

D_v——两颗粒间吸附分子层厚度；

β——抗转动系数；

r——两颗粒的等效半径，$r=2r_1r_2/(r_1+r_2)$，r_1、r_2 为两颗粒的半径。

月壤微观本构可以较好模拟月壤的力学特性和工程特性[150,151]。在二维模型基础上建立的三维月壤微观本构[152] 可以更好地应用于边值问题模拟分析。根据真实月壤的级配曲线，月壤可归类于粉质砂土。因颗粒粗糙，月壤具有较高的内摩擦角 44°～47°和低黏聚力 0.26～1.8kPa，在月面环境下可形成稳定的沟槽[149]，如图 3.2-28 (a) 所示，该现象可采用添加粒间化学吸引力或者胶结的模型来模拟月壤的低黏聚力，从而模拟月面下的沟槽现象[153]，如图 3.2-28 (b) 所示。蒋明镜团队认为月壤低黏聚力是由月面环境的“太空效应”引起。“太空效应”包括高真空引起的粒间范德华力和低重力场引起的低围压等。蒋明镜团队等[37] 采用文中月壤微观本构进行了月壤双轴试验 DEM 模拟，发现范德华力可使干燥的月壤表现出明显的黏聚力，且范德华力越大，黏聚力越大，如图 3.2-28

(c) 所示。在低围压作用下，范德华力对试样强度的提升更为明显。范德华力会改变试样的细观均匀性，月面环境下出现了两条剪切带（地面环境下出现一条贯通的剪切带），且剪切带的厚度更小，与水平向夹角更大。范德华力会导致试样剪胀性更强，剪切带内颗粒转动更大，力链间孔隙更明显，如图 3.2-29[150] 所示。其他特殊月面现象，如“月尘环境效应”[145]，可能也与该效应有关。

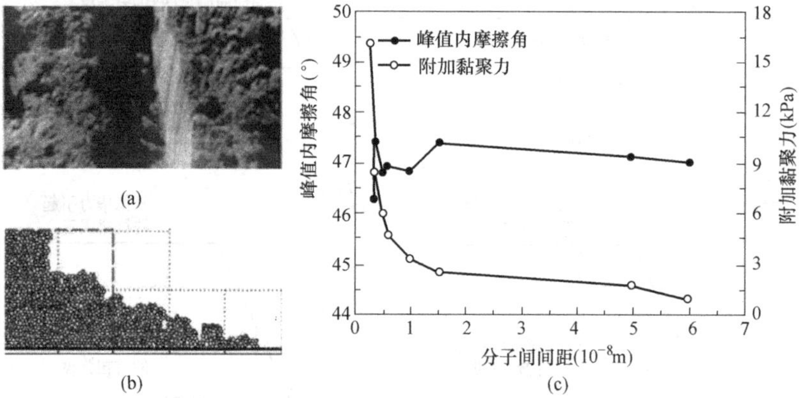

图 3.2-28　月壤的力学特性

(a) 月面沟槽试验[149]；(b) 沟槽 DEM 模拟[153]；(c) 范德华力的影响[37]

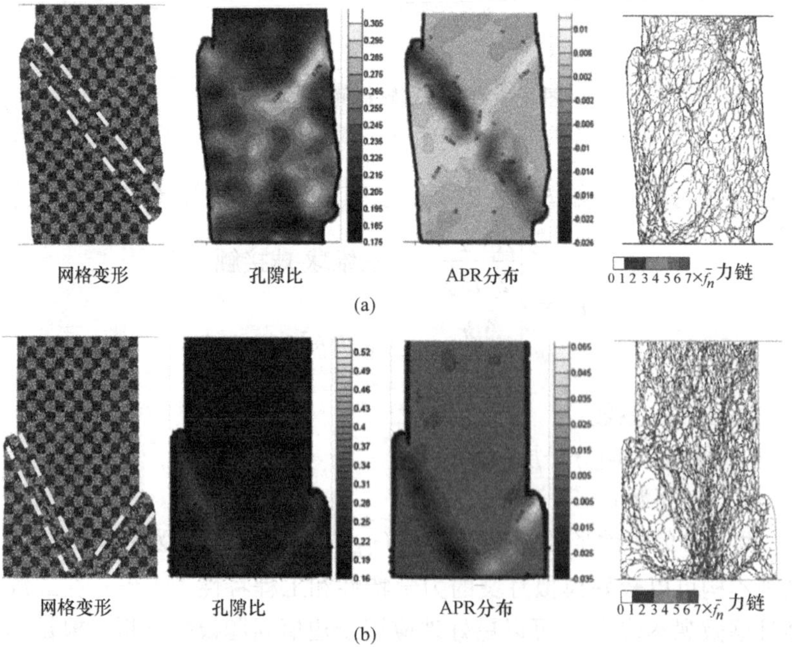

图 3.2-29　地面和月面环境下的剪切带[150]

(a) 地面环境；(b) 月面环境

表 3.2-1 所示为代表性疑难土的微观本构对比信息，其中颗粒形态均采用球形颗粒，以提升计算效率。各个疑难土微观本构建立的关键在于其微观控制因素的合理表征，如月壤的范德华力、结构性砂土的碳酸钙等硬胶结、深海能源土中温度-压力-化学环境相关的水合物胶结、湿陷性黄土的范德华力、毛细力、碳酸钙胶结等作用。只有在土体的微观本构中合理表征各控制因素的影响规律，就可以合理地模拟各疑难土体的特殊宏观力学特

性，从而进一步用于各疑难土的岩土工程问题分析。

典型疑难土体微观本构主要特点 表 3.2-1

土类	颗粒形态	控制因素	本构特点
结构性砂土	规则球	碳酸钙胶结等	弹脆塑性/不可恢复
黄土		范德华力、毛细吸力、碳酸钙胶结	
深海能源土		水合物胶结(温度-压力-化学环境)	
月壤		范德华力(月面环境)	弹塑性/可恢复

3.2.6 本章小结

离散元法是将材料视为不连续散粒体材料的一种数值分析方法，在模拟岩土工程中土体破坏、大变形等疑难问题时具有显著优势，且可以较为方便地从宏、细和微观角度对土体受力变形全过程进行分析研究，已经成为岩土工程领域使用最为广泛的数值模拟方法之一。

离散元法中每个颗粒的运动都采用牛顿运动定律描述，运用中心差分法计算每个颗粒的位置与运动，颗粒间接触力、力矩与颗粒间重叠量、相对滑移和相对转角相关。其中散粒体材料的宏观力学特性是微观颗粒间接触特性的整体性、宏观表现，由此形成了一系列宏、微观参量的关联方法，这些方法是宏、微观土力学研究的重要理论基础。

离散元模拟需遵循一定的步骤和原则，运用离散元模拟的特定技术才能保证模拟结果与试验结果具有较高水平的一致性，这包括选择颗粒形状、调整颗粒级配及数量，采用分层欠压法制备均匀试样，接触模型的选择与参数，边界条件的施加与控制。接触模型是离散元模拟的核心，文献中已报道过各类接触模型实例，蒋明镜团队将接触模型归纳为无胶结、软胶结、硬胶结和软硬复合胶结四种类型，逐一介绍了四类模型的框架，并以结构性土、湿陷性黄土、深海能源土和月壤为例，介绍了代表性疑难土微观接触模型，为读者理解接触模型理论并发展自己的模型提供参考。此外，在采用离散元法模拟复杂岩土工程问题时，还需考虑与流体、温度、浓度等物理化学场的耦合，与其他数值模拟或解析求解方法的域耦合，以及更加复杂的场域耦合，本章简要讨论了围绕离散元法的耦合方法与技术。

在过去 40 年里，国内外研究人员从微观上对土体颗粒几何与力学特性、粒间本构理论等进行了探索，从细观上对土体应变局部化等开展了研究，并借助离散元分析建立土体宏观力学特性与其微观机制之间的关联，拓清土体复杂宏观力学性质的内在机理，建立相应的宏观本构理论，取得了较为丰富的科学成果。在未来的研究中仍需建立适用于各种岩土工程问题的多场、多过程、多种计算方法耦合的计算效率高的离散元法，特别是适合结构性黏土、裂隙土等疑难土的多场耦合离散元法，建立基于微、细观机制的、能够反映复杂应力路径影响的实用化本构理论，解决各种复杂、疑难岩土力学与工程中的核心问题，帮助提高工程设计水平。

参考文献

[1] Cundall P A, Strack O D L. A discrete numerical model for granular assemblies [J]. Géotechnique, 1979,

29 (1): 47-65.
[2] 蒋明镜. 现代土力学研究的新视野——宏微观土力学 [J]. 岩土工程学报, 2019, 41 (02): 6-65.
[3] Drescher A, de Josselin de Jong G. Photoelastic verification of a mechanical model for the flow of a granular material [J]. Journal of the Mechanics and Physics of Solids, 1972, 20 (5): 337-340.
[4] Rothenburg L, Selvadurai A. Micromechanical definition of the Cauchy stress tensor for particulate media [M]. In A. Selvadurai (Ed.), Mechanics of Structured Media, Elsevier Scientific, 1981, 469-486.
[5] Kruyt N, Rothenburg L. Micromechanical definition of the strain tensor for granular materials [J]. Journal of Applied Mathematics, 1996, 63 (3): 706-711.
[6] Bagi K. Analysis of microstructural strain tensors for granular assemblies [J]. International Journal of Solids and Structures, 2006, 43 (10): 3166-3184.
[7] Cambou B, Chaze M, Dedecker F. Change of scale in granular materials [J]. European Journal of Mechanics-A/Solids, 2000, 19 (6): 999-1014.
[8] Thornton C. Numerical simulations of deviatoric shear deformation of granular media [J]. Geotehnique, 2000, 50 (1): 43-53.
[9] Oda M. Initial fabrics and their relations to mechanical properties of granular material [J]. Soils and Foundations, 1972, 12 (1): 17-36.
[10] Oda M. An introduction to mechanics of granular materials [M]. Rotterdam: A A Balkema, 1999.
[11] Shen Z F, Jiang M J, Thornton C. DEM simulation of bonded granular material. Part I: Contact model and application to cemented sand [J]. Computers & Geotechnics, 2016, 75 (May): 192-209.
[12] Shen Z F, Jiang M J. DEM simulation of bonded granular material. Part Ⅱ: Extension to grain-coating type methane hydrate bearing sand [J]. Computers & Geotechnics, 2016, 75 (May): 225-243.
[13] Jiang M J, Harris D, Yu H S. Kinematic models for non-coaxial granular materials: Part I theory [J]. International Journal for Numerical and Analytical Methods in Geomechanics, 2005, 29 (7): 643-661.
[14] Jiang M J, Zhang F G, Sun Y G. An evaluation on the degradation evolutions in three constitutive models for bonded geomaterials by DEM analyses. Computers and Geotechnics. 2014, 57: 1-16.
[15] 沈珠江. 结构性粘土的非线性损伤力学模型 [J]. 水利水运科学研究, 1993, (3): 247-255.
[16] 沈珠江. 结构性粘土的弹塑性损伤模型 [J]. 岩土工程学报, 1993, 15 (3): 21-28.
[17] Asaoka A, Nakano M, Noda T. Superloading yield surface concept for highly structured soil behavior [J]. Soils and Foundations, 2000, 40 (2): 99-110.
[18] Nova R, Castellanza R, Tamagnini C. A constitutive model for bonded geomaterials subject to mechanical and/or chemical degradation [J]. International Journal for Numerical and Analytical Methods in Geomechanics, 2003, 27 (9): 705-732.
[19] Rouainia M, Muir Wood D. A kinematic hardening constitutive model for natural clays with loss of structure [J]. Geotechnique, 2000, 50 (2): 153-164.
[20] Liu M D, Carter J P. Virgin compression of structured soils [J]. Geotechnique, 1999, 49 (1): 43-57.
[21] Mollon G, Zhao J D. Generating realistic 3d sand particles using fourier descriptors [J]. Granular Matter, 2013, 15 (1): 95-108.
[22] Li X, Yang D, Yu H S. Macro deformation and micro structure of 3D granular assemblies subjec-

ted to rotation of principal stress axes [J]. Granular Matter, 2016, 18 (3).

[23] Jiang M J, Yu H S, Harris D. A novel discrete model for granular material incorporating rolling resistance [J]. Computers and Geotechnics, 2005, 32 (5): 340-357.

[24] Jiang M J, Shen Z F, Wang J F. A novel three-dimensional contact model for granulates incorporating rolling and twisting resistances [J]. Computers and Geotechnics, 2015, 65: 147-163.

[25] Feng Y T, Owen D R J. Discrete element modelling of large scale particle systems: I exact scaling laws [J]. Computational Particle Mechanics, 2014, 1 (2): 159-168.

[26] Katsuki S, Ishikawa N, Ohira Y, et al. Shear strength of rod material [J]. Journal of Civil Engineering, 1989, 410 (8): 1-12. (in Japanese)

[27] Rothenburg L, Bathurst R J. Micromechanical features of granular assemblies with planar elliptical particles [J]. Géotechnique, 1992, 42 (1): 79-95.

[28] Ciantia M O, Boschi K, Shire T, et al. Numericaltechniques for fast generation of large discrete-elementmodels [J]. Engineering and Computational Mechanics, 2018: 1-15.

[29] Jiang M J, Konrad J M, Leroueil S. An efficient technique for generating homogeneous specimens for DEM studies [J]. Computers and Geotechnics, 2003, 30 (5): 579-597.

[30] 申志福，蒋明镜，朱方园，等. 离散元微观参数对砂土宏观参数的影响 [J]. 西北地震学报，2011，33 (S1): 160-165.

[31] Jiang M J, Li T, Hu H J, et al. DEM analyses ofone-dimensional compression and collapse behaviour ofunsaturated structural loess [J]. Computers and Geotechnics, 2014, 60: 47-60.

[32] Bardet J P. Observations on the effects of particle rotations on the failure of idealized granular materials [J]. Mechanics of Materials, 1994, 18 (2): 159-182.

[33] Cundall P A. Computer simulations of dense sphere assemblies [J]. Studies in Applied Mechanics, 1988, 20: 113-123.

[34] Thornton C, Cummins S J, Cleary P W. An investigation of the comparative behaviour of alternative contact force models during inelastic collisions [J]. Powder Technology, 2013, 233: 30-46.

[35] Jiang M J, Leroueil S, Konrad J M. Insight into shear strength functions of unsaturated granulates by DEM analyses [J]. Computers and Geotechnics, 2004, 31 (6): 473-489.

[36] Li T, Jiang M J, Thornton C. Three-dimensional discrete element analysis of triaxial tests and wetting tests on unsaturated compacted silt [J]. Computers and Geotechnics, 2018, 97: 90-102.

[37] Jiang M J, Shen Z F, Thornton C. Microscopic contact model of lunar regolith for high efficiency discrete element analyses [J]. Computers and Geotechnics, 2013, 54: 104-116.

[38] Lu N, Anderson M T, Likos W J, et al. A discrete element model for kaolinite aggregate formation during sedimentation [J]. International Journal for Numerical and Analytical Methods in Geomechanics, 2008, 32 (8): 965-980.

[39] Potyondy D O, Cundall P A. A bonded-particle model for rock [J]. International Journal of Rock Mechanics and Mining Sciences, 2004, 41 (8): 1329-1364.

[40] Potyondy D O. Parallel-bond refinements to match macroproperties of hard rock [C]. Proceedings of Second Internationl FLAC/DEM Symposium. Melbourne, 2011.

[41] Ding X, Zhang L. A new contact model to improve the simulated ratio of unconfined compressive strength to tensile strength in bonded particle models [J]. International Journal of Rock Mechanics and Mining Sciences, 2014, 69: 111-119.

[42] Ma Y F, Huang H Y. A displacement-softening contact model for discrete element modeling of quasi-brittle materials [J]. International Journal of Rock Mechanics and Mining Sciences, 2018,

104：9-19.
[43] Brendel L，Török J，Kirsch R，et al. A contact model for the yielding of caked granular materials [J]. Granular Matter，2011，13 (6)：777-786.
[44] Brown N J，Chen J F，Ooi J Y. A bond model for DEM simulation of cementitious materials and deformable structures [J]. Granular Matter，2014，16 (3)：299-311.
[45] Jiang M J，Sun Y G，Li L Q，et al. Contact behavior of idealized granules bonded in two different interparticle distances：an experimental investigation [J]. Mechanics of Materials，2012，55 (14)：1-15.
[46] Jiang M J，Zhang N，Cui L，et al. A size-dependent bond failure criterion for cemented granules based on experimental studies [J]. Computers and Geotechnics，2015，69：182-198.
[47] Jiang M J，Liu F，Zhou Y P. A bond failure criterion for DEM simulations of cemented geomaterials considering variable bond thickness [J]. International Journal for Numerical and Analytical Methods in Geomechanics，2014，38 (18)：1871-1897.
[48] Shen Z F，Jiang M J，Wan R. Numerical study of inter-particle bond failure by 3D discrete element method [J]. International Journal for Numerical and Analytical Methods in Geomechanics，2016，40 (4)：523-545.
[49] Wang H N，Gong H，Liu F，et al. Size-dependent mechanical behavior of an intergranular bond revealed by an analytical model [J]. Computers and Geotechnics，2017，89：153-167.
[50] Jiang M J，Chen H，Crosta G B. Numerical modeling of rock mechanical behavior and fracture propagation by a new bond contact model [J]. International Journal of Rock Mechanics and Mining Sciences，2015，78：175-189.
[51] Jiang M J，Jiang T，Crosta G B，et al. Modeling failure of jointed rock slope with two main joint sets using a novel DEM bond contact model [J]. Engineering Geology，2015，193：79-96.
[52] Shen Z F，Jiang M J，Thornton C. DEM simulation of bonded granular material：Part I contact model and application to cemented sand [J]. Computers and Geotechnics，2016，75：192-209.
[53] 李涛，蒋明镜，张鹏. 非饱和结构性黄土侧限压缩和湿陷试验三维离散元分析 [J]. 岩土工程学报，2018，40 (S1)：39-44.
[54] Tsuji Y，Kawaguchi T，Tanaka T. Discrete particle simulation of two-dimensional fluidized bed [J]. Powder Technology，1993，77 (1)：79-87.
[55] El Shamy U，Zeghal M. Coupled continuum-discretemodel for saturated granular soils [J]. Journal of Engineering Mechanics，2005，131 (4)：413-426.
[56] Potapov A V，Hunt M L，Campbell C S. Liquid-solidflows using smoothed particle hydrodynamics and thediscrete element method [J]. Powder Technology，2001，116 (2)：204-213.
[57] Tan H，Chen S. A hybrid DEM-SPH model for deformablelandslide and its generated surge waves [J]. Advances in Water Resources，2017，108：256-276.
[58] Cook B K，Noble D R，Preece D S，et al. Directsimulation of particle-laden fluids [C]. Pacific RocksRotterdam，2000：279-286.
[59] Tran D K，Prime N，Froiio F，et al. Numericalmodelling of backward front propagation in piping erosion byDEM-LBM coupling [J]. European Journal of Environmentaland Civil Engineering，2017，21 (7-8)：960-987.
[60] 罗勇，龚晓南，吴瑞潜. 颗粒流模拟和流体与颗粒相互作用分析 [J]. 浙江大学学报（工学版），2007，41 (11)：1932-1936.
[61] Zeghal M，El Shamy U. Liquefaction of saturated loose and cemented granular soils [J]. Powder

Technology，2008，184 (2)：254-265.
[62] Zhao J D，Shan T. Coupled CFD-DEM simulation of fluid-particle interaction in geomechanics [J]. Powder Technology，2013，239：248-258.
[63] 王胤，艾军，杨庆. 考虑粒间滚动阻力的 CFD-DEM 流-固耦合数值模拟方法 [J]. 岩土力学，2017，38 (6)：1771-1780.
[64] Zhao T，Dai F，Xu N W. Coupled DEM-CFD investigation on the formation of landslide dams in narrow rivers [J]. Landslides，2017，14 (1)：189-201.
[65] Cheng K，Wang Y，Yang Q. A semi-resolved CFD-DEM model for seepage-induced fine particle migration in gap-graded soils [J]. Computers and Geotechnics，2018，100：30-51.
[66] 蒋明镜，张望城. 一种考虑流体状态方程的土体 CFD-DEM 耦合数值方法 [J]. 岩土工程学报，2014，36 (5)：793-801.
[67] 沈亚男. 净砂管涌理论的三维 CFD-DEM 耦合分析 [D]. 南京：河海大学，2017.
[68] 谭亚飞鸥. 考虑循环荷载的三维微观胶结模型及微生物处理砂土循环三轴 CFD-DEM 耦合模拟 [D]. 上海：上海理工大学，2018.
[69] Wanne T S，Young R P. Bonded-particle modeling of thermally fractured granite [J]. International Journal of Rock Mechanics and Mining Sciences，2008，45 (5)：789-799.
[70] Xia M，Zhao C，Hobbs B E. Particle simulation of thermally-induced rock damage with consideration of temperature-dependent elastic modulus and strength [J]. Computers and Geotechnics，2014，55：461-473.
[71] Tomac I，Gutierrez M. Formulation andimplementation of coupled forced heat convection and heat-conduction in DEM [J]. Acta Geotechnica，2015，10 (4)：421-433.
[72] 朱方园. 深海能源土温-压-力微观胶结模型及水合物升温分解锚固桩承载特性离散元分析 [D]. 上海：同济大学，2013.
[73] Felippa C A，Park K C. Staggered transient analysis procedures for coupled mechanical systems：Formulation [J]. Computer Methods in Applied Mechanics & Engineering，1980，24 (1)：61-111.
[74] Trivino L F，Mohanty B. Assessment of crack initiation and propagation in rock from explosion-induced stress waves and gas expansion by cross-hole seismometry and FEM-DEM method [J]. International Journal of Rock Mechanics and Mining Sciences，2015，77：287-299.
[75] Tu F，Ling D，Hu C，et al. DEM-FEM analysis of soil failure process via the separate edge coupling method [J]. International Journal for Numerical & Analytical Methods in Geomechanics，2017，41 (9).
[76] Mohammadi S，Owen D R J，Peric D. A combined finite/discrete element algorithm for delamination analysis of composites [J]. Finite Elements in Analysis & Design，1998，28 (4)：321-336.
[77] Indraratna B，Ngo N T，Rujikiatkamjorn C，et al. Coupled discrete element-finite difference method for analysing the load-deformation behaviour of a single stone column in soft soil [J]. Computers and Geotechnics，2015，63：267-278.
[78] Cai M，Kaiser P K，Morioka H，et al. FLAC/PFC coupled numerical simulation of AE in large-scale underground excavations [J]. International Journal of Rock Mechanics and Mining Sciences，2007，44 (4)：550-564.
[79] Zhao X，Xu J，Zhang Y，et al. Coupled DEM and FDM Algorithm for Geotechnical Analysis [J]. International Journal of Geomechanics，2018，18 (6).
[80] 金峰，王光纶，贾伟伟. 离散元-边界元动力耦合模型在地下结构动力分析中的应用 [J]. 水利学

报，2001，46（2）：24-28.

［81］ Wang H N，Xiao G，Jiang M J，et al. Investigation of rock bolting for deeply buried tunnels via a new efficient hybrid DEM-Analytical model ［J］. Tunnelling and Underground Space Technology，2018，82：366-379.

［82］ 倪小东，朱春明，王媛. 基于三维离散-连续耦合方法的堤防工程渗透变形数值模拟方法［J］. 土木工程学报，2015，48（S1）：159-165.

［83］ 金炜枫，周健. 引入流体方程的离散颗粒-连续土体耦合方法研究［J］. 岩石力学与工程学报，2015，34（6）：1135-1147.

［84］ 窦晓峰，宁伏龙，李彦龙，等. 基于连续-离散介质耦合的水合物储层出砂数值模拟［J］. 石油学报，2020，41（5）：629-642.

［85］ Santamarina J C，Klein A，Fam M A. Soils and Waves ［M］. New York：John Wiley and Sons，2001.

［86］ Mitchell J K，Soga K. Fundamentals of soil behavior ［M］. 3rd ed. New York：John Wiley and Sons，2005.

［87］ Voottipruex P，Bergado D T，Suksawat T，et al. Behavior and simulation of deep cement mixing（DCM）and stiffened deep cement mixing（SDCM）piles under full scale loading ［J］. Soils and Foundations，2011，51（2）：307-320.

［88］ 贾金生，郑璀莹，王月，等. 胶结颗粒料坝筑坝理论探讨与实践进展［J］. 中国科学：技术科学，2018，48（10）：1049-1056.

［89］ Cuccovillo T，Coop M R. Yielding and pre-failure deformation of structured sands ［J］. Géotechnique，1997，47（3）：491-508.

［90］ Ismail M A，Joer H A，Randolph M F，et al. Cementation of porous materials using calcite ［J］. Géotechnique，2002，52（5）：313-324.

［91］ Ismail M A，Joer H A，Sim W H，et al. Effect of cement type on shear behavior of cemented calcareous soil ［J］. Journal of Geotechnical and Geoenvironmental Engineering，2002，128（6）：520-529.

［92］ 蒋明镜，刘静德. 结构性砂土胶结厚度分布特性试验研究［J］. 地下空间与工程学报，2016，12（2）：362-368.

［93］ Terzis D，Laloui L. 3-D micro-architecture and mechanical response of soil cemented via microbial-induced calcite precipitation ［J］. Scientific reports，2018，8（1）：1416.

［94］ Tagliaferri F，Waller J，Andò E，et al. Observing strain localisation processes in bio-cemented sand using x-ray imaging ［J］. Granular Matter，2011，13（3）：247-250.

［95］ Bjerrum L. Engineering geology of normally consolidated marine clays as related to the settlement of buildings ［J］. Geotechnique，1967，17（2）：83-118.

［96］ 沈珠江. 软土工程特性和软土地基设计［J］. 岩土工程学报，1998，20（1）：100-111.

［97］ Burland J B. On the compressibility and shear strength of natural clays ［J］. Géotechnique，1990，40（3）：329-378.

［98］ Leroueil S，Vaughan P R. The general and congruent effects of structure in natural soils and weak rocks ［J］. Géotechnique，1990，40（3）：467-488.

［99］ Cuccovillo T，Coop M R. On the mechanics of structured sands ［J］. Géotechnique，1999，49（6）：741-760.

［100］ Jiang M J，Yu H S，Leroueil S. A simple and efficient approach to capturing bonding effect in naturally microstructured sands by discrete element method ［J］. International Journal for Numerical Methods in Engineering，2007，69 (6)：1158-1193.

[101] De Bono J P，Mcdowell G R. Discrete element modelling of one-dimensional compression of cemented sand [J]. Granular Matter，2014，16 (1)：79-90.

[102] Zhang F G，Jiang M J. Do the normal compression lines of cemented and uncemented geomaterials run parallel or converge to each other after yielding? [J]. European Journal of Environmental and Civil Engineering，DOI：10.1080/19648189.2018.1531788.

[103] Coop M R，Willson S W. Behavior of hydrocarbon reservoir sands and sandstones [J]. Journal of Geotechnical and Geoenvironmental Engineering，2003，129 (11)：1010-1019.

[104] Wang Y H，Leung S C. Characterization of cemented sand by experimental and numerical investigations [J]. Journal of Geotechnical and Geoenvironmental Gngineering，2008，134 (7)：992-1004.

[105] Ning Z，Khoubani A，Evans T M. Particulate modeling of cementation effects on small and large strain behaviors in granular material [J]. Granular Matter，2017，19 (1)：7.

[106] De Bono J，Mcdowell G，Wanatowski D. DEM of triaxial tests on crushable cemented sand [J]. Granular Matter，2014，16 (4)：563-572.

[107] 蒋明镜，廖优斌，刘蔚，等. 考虑胶结强度正态分布下砂土力学特性离散元模拟 [J]. 岩土工程学报，2016，38 (S2)：1-6.

[108] Yang P，O' donnell S，Hamdan N，et al. 3D DEM simulations of drained triaxial compression of sand strengthened using microbially induced carbonate precipitation [J]. International Journal of Geomechanics，2017，17 (6)：04016143.

[109] 张伏光. 基于微观破损机理的结构性砂土三维本构模型研究 [D]. 上海：同济大学，2017.

[110] 雷祥义. 中国黄土的孔隙类型与湿陷性 [J]. 中国科学 (B 辑)，1987，(12)：1309-1318.

[111] Jiang M J，Zhang F G，Hu H J，et al. Structural characterization of natural loess and remolded loess under triaxial tests [J]. Engineering Geology，2014，181：249-260.

[112] Smalley I J，Cabrera J G. The shape and surface texture of loess particles [J]. Geological Society of America Bulletin，1970，81 (5)：1591-1596.

[113] 蒲毅彬，陈万业，廖全荣. 陇东黄土湿陷过程的 CT 结构变化研究 [J]. 岩土工程学报，2000，22 (1)：49-54.

[114] 方祥位，陈正汉，申春妮，等. 非饱和原状 Q_2 黄土屈服硬化过程的细观结构演化分析 [J]. 岩土工程学报，2008，30 (7)：1044-1050.

[115] 高国瑞. 黄土显微结构分类与湿陷性 [J]. 中国科学，1980，(12)：1203-1208.

[116] 蒋明镜，沈珠江，ADACHI T 等. 人工制造湿陷性黄土的微结构分析 [J]. 岩土工程学报，1999，21 (4)：486-491.

[117] Jiang M J，Li T，Hu H J，et al. DEM analyses of one-dimensional compression and collapse behaviour of unsaturated structural loess [J]. Computers and Geotechnics，2014，60：47-60.

[118] Jiang M J，Li T，Thornton C，et al. Wetting-induced collapse behavior of unsaturated and structural loess under biaxial tests using distinct element method [J]. International Journal of Geomechanics (ASCE)，2016，17 (1)：06016010.

[119] 李涛，蒋明镜，张鹏. 非饱和结构性黄土侧限压缩和湿陷试验三维离散元分析 [J]. 岩土工程学报，2018，40 (S1)：39-44.

[120] Li T，Jiang M J，Thornton C. Three-dimensional discrete element analysis of triaxial tests and wetting tests on unsaturated compacted silt [J]. Computers and Geotechnics，2018，97：90-102.

[121] Fisher R A. On the capillary forces in an ideal soil [J]. Journal of Agricultural Science，1926，

16：492-505.
[122] Vanapalli S K，Fredlund D G，Pufahl D E，et al. Model for the prediction of shear strength with respect to soil suction [J]. Canadian Geotechnical Journal，1996，33 (3)：379-392.
[123] Li P，Vanapalli S，Li T L. Review of collapse triggering mechanism of collapsible soils due to wetting [J]. Journal of Rock Mechanics and Geotechnical Engineering，2016，8 (2)：256-274.
[124] Jennings J E，Knight K. The additional settlement of foundation due to collapse of sandy soils on wetting [C]. Proceedings of 4th International Conference on Soil Mechanics and Foundation Engineering，Butterworths Scientific Publications，London，1957：316-319.
[125] 蒋明镜，沈珠江，赵魁芝，等. 结构性黄土湿陷性指标室内测定方法的探讨 [J]. 水利水运科学研究，1999 (1)：65-71.
[126] Jing M J，Hu H J，Liu F. Summary of collapsible behaviour of artificially structured loess in oedometer and triaxial wetting tests [J]. Canadian Geotechnical Journal，2012，49 (10)：1147-1157.
[127] 谢定义. 试论我国黄土力学研究中的若干新趋向 [J]. 岩土工程学报，2001，23 (01)：3-13.
[128] Chong Z R，Yang S H B，Babu P，et al. Review of natural gas hydrates as an energy resource：Prospects and challenges [J]. Applied Energy，2016，162：1633-1652.
[129] Jin Y，Hayashi J，Nagao J，et al. New method of assessing absolute permeability of natural methane hydrate sediments by microfocus X-ray computed tomography [J]. Japanese Journal of Applied Physics. 2007，46 (5A)：3159-3162.
[130] Santamarina J C，Jang J. Gas production from hydrate bearing sediments：geomechanical implications [J]. NETL Methane Hydrate Newsletter：Fire in the ice，2009，9 (4)：18-22.
[131] Winters W J，Waite W F，Mason D，et al. Methane gas hydrate effect on sediment acoustic and strength properties [J]. Journal of Petroleum Science and Engineering，2007，56 (1-3)：127-135.
[132] 李承峰，胡高伟，张巍，等. 有孔虫对南海神狐海域细粒沉积层中天然气水合物形成及赋存特征的影响 [J]. 中国科学：地球科学，2016，46 (9)：1223-1230.
[133] Waite W F，Santamarina J C，Cortes D D，et al. Physical properties of hydrate-bearing sediments [J]. Reviews of Geophysics，2009，47 (4)，RG4003.
[134] Soga K，Lee S L，Ng M，et al. Characterisation and engineering properties of methane hydrate soils [J]. Characterisation and Engineering Properties of Natural Soils 2007，4：2591-2642.
[135] Sahoo S K，Madhusudhan B N，Maríning. Properties of Natural Soils on elastic wave velocity from time-lapse 4D synchrotron X-ray computed tomography [J]. Geochemistry，Geophysics，Geosystems，2018，19 (11)：4502-4521.
[136] 田慧会，韦昌富，颜荣涛，等. 粉土中二氧化碳水合物分解过程的核磁试验研究 [J]. 中国科学：物理学力学天文学.，2019，49 (3)：034615.
[137] Hyodo M，Yoneda J，Yoshimoto N，et al. Mechanical and dissociation properties of methane hydrate-bearing sand in deep seabed [J]. Soils and Foundations，2013，53 (2)：299-314.
[138] Shen Z F，Jiang M J. DEM simulation of bonded granular material. Part Ⅱ：Extension to grain-coating type methane hydrate bearing sand [J]. Computers and Geotechnics，2016，75：225-243.
[139] 杜文浩. 胶结型深海能源土温-压-力-化微观接触模型及其多尺度离散元模拟 [D]. 上海：同济大学，2018.
[140] Jiang M J，He J，Wang J F，et al. DEM analysis of geomechanical properties of cemented meth-

ane hydrate-bearing soils at different temperatures and pressures [J]. International Journal of Geomechanics, 2016, 16 (3): 04015087.

[141] Jiang M J, Shen Z F, Wu D. CFD-DEM simulation of submarine landslide triggered by seismic loading in methane hydrate rich zone [J]. Landslides, 2018, 15 (11), 2227-2241.

[142] 周凤玺，赖远明. 冻结砂土力学性质的离散元模拟 [J]. 岩土力学，2010，31 (12)：4016-4020.

[143] Jiang M J, Zhu F Y, Utili S. Investigation into the effect of backpressure on the mechanical behavior of methane-hydrate-bearing sediments via DEM analyses [J]. Computers and Geotechnics, 2015, 69: 551-563.

[144] Heiken G, Vaniman D, French B M. Lunar sourcebook: A user's guide to the Moon [M]. Cambridge, Cambridge University Press, 1991.

[145] 欧阳自远. 月球科学概论 [M]. 北京：中国宇航出版社，2005.

[146] Lunar and Planetary Institute. Lunar samples by category, soil: 10085 Coarse-fines [Z]. <http://curator.jsc.nasa.gov/lunar/lsc/10085.pdf>.

[147] Mckay D S, Heiken G H, Taylor R M, et al. Apollo 14 soils: Size distribution and particle types [J]. Geochimica et Cosmochimica Acta (Third Lunar Science Conference Proceedings, Houton), 1972, 1 (S3): 983-994.

[148] Chiaramonti A N, Goguen J D, Garboczi E J. Quantifying the 3-dimensional shape of lunar regolith particles using x-ray computed tomography and scanning electron microscopy at sub-γ resolution [J]. Microscopy and Microanalysis, 2017, 23 (S1): 2194-2195.

[149] Perko H A, Nelson J D, Sadeh W Z. Surface cleanliness effect on lunar soil shear strength [J]. Journal of Geotechnical and Geoenvironmental Engineering. 2001, 127 (4): 371-383.

[150] Jiang M J, Yin Z Y, Shen Z F. Shear band formation in lunar regolith by discrete element analyses [J]. Granular Matter, 2016, 18: 32.

[151] Jiang M J, Dai Y S, Cui L, et al. Experimental and DEM analyses on wheel-soil interaction [J]. Journal of Terramechanics, 2017, 76: 15-28.

[152] Xi B L, Jiang M J. 3D DEM analysis of the effects of low confining pressure on mechanical behavior of lunar regolith [C]. Atlanta Symposium on Geo-mechanics from Micro to Macro in Research and Practice, Atlanta, 2018.

[153] Bui H H, Kobayashi T, Fukagawa R, et al. Numerical and experimental studies of gravity effect on the mechanism of lunar excavations [J]. Journal of Terramechanics. 2009, 46 (3): 115-124.

3.3 无网格方法

郭宁[1,2,3]

(1. 浙江大学滨海和城市岩土工程研究中心，浙江 杭州 310058；2. 浙江省城市地下空间开发工程技术研究中心，浙江 杭州 310058；3. 浙江大学岩土工程计算中心，浙江 杭州 310058)

3.3.1 概述

传统的基于网格的计算方法，如有限单元法（Finite Element Method，FEM）、有限体积法（Finite Volume Method，FVM）、有限差分法（Finite Difference Method，FDM），在求解连续介质静动力学、传热、传质、电磁学等问题上取得了极大的成功，相关的理论与应用研究发展越来越完善，并以此为基础形成了很多成熟的计算机辅助工程（Computer-Aided Engineering，CAE）商业或开源软件（如 ABAQUS，ANSYS，PLAXIS，FLUENT，OpenFOAM，FLAC 等），在众多工程领域得到了广泛应用。然而，上述方法同样存在网格构建计算成本高昂、自适应分析困难等局限性，尤其在分析极端大变形、裂纹扩展等问题时面临巨大挑战，无法获得较为理想的结果。无网格方法（meshfree/meshless methods）正是在此背景下得到迅速发展，通过采用基于粒子的近似，可彻底或部分消除网格，避免了网格的初始划分和畸变后的重构，不仅可以保证计算精度，还可以大幅度减小网格生成工作量，因而逐渐受到研究人员与工程界的重视。

无网格方法最早可追溯至 1977 年由 Gingold 和 Monaghan[1] 以及 Lucy[2] 提出的光滑粒子流体动力学法（Smoothed Particle Hydrodynamics，SPH），用于研究无边界天体物理现象。SPH 采用核函数（kernel function）近似物理量，配点法（collocation method）离散控制方程。但由于精度较低且易出现数值不稳定，其后续发展相对缓慢。直至 20 世纪 90 年代，Libersky 和 Petschek[3] 首次将 SPH 运用到固体力学领域模拟材料的强度破坏问题。另外，在移动最小二乘法（Moving Least Squares，MLS）[4] 的基础上，Nayroles 等[5] 提出漫射单元法（Diffuse Element Method，DEM，注：离散单元法的简称也是 DEM，但与本节中 DEM 的含义不同），以及美国西北大学 Belytschko 教授提出无网格伽辽金法（Element Free Galerkin Method，EFGM）[6]，对 DEM 进行了形函数导数计算与本质边界（essential boundary）条件施加方法上的改进，展现了 EFGM 在模拟动态裂纹扩展以及高速撞击、金属加工成形等大变形问题上的巨大优势和潜力。国际计算力学界因此掀起了无网格方法的研究热潮，相继涌现出十余种无网格方法，主要还包括物质点法（Material Point Method，MPM）[7]、再生核粒子法（Reproducing Kernel Particle Method）[8]、有限质点法（Finite Point Method）[9]、HP 云法（HP-Clouds）[10]、无网格局部彼得洛夫-伽辽金法（Meshless Local Petrov-Galerkin）[11]、近场动力学法（Peridynamics，PD）[12]、径向基点插值法（Radial Point Interpolation Method，RPIM）[13] 等。

上述无网格方法之间（除 PD 外）的主要区别在于各自采用的试函数（如移动最小二乘近似、重构核函数、径向基函数等）和控制方程等效形式（如伽辽金法、配点法、最小二乘法、彼得洛夫-伽辽金法等）不同。如 EFGM 和 RKPM 均采用伽辽金法离散控制方程，但其试函数的建立分别选用移动最小二乘法和重构核函数法。紧支试函数加权余量法（Weighted Residual Method）可作为无网格方法的基础，通过它可建立所有的无网格方法[14,15]。本章节将选取 EFGM、SPH 和 MPM 三种无网格方法，简要回顾其中的数学原理，并逐一介绍这三种方法在岩土工程领域的应用。其中，EFGM 使用最小二乘近似和伽辽金法；而 SPH 则使用核函数近似和配点法；MPM 虽然依赖背景网格构建形函数（与有限元法更加接近），但网格与材料几何变形分离，仅用于动量方程的求解，因此 MPM 仍被归为无网格法。且由于 MPM 结合了欧拉法和拉格朗日法的优势，计算效率较完全无网格法高（无需邻近粒子搜索），近年来在岩土工程大变形分析中发展势头强劲。

据谷歌学术搜索不完全统计，三种无网格方法在岩土工程领域的年发文量如图 3.3-1 所示，可见 EFGM 的研究较为平稳，年发文量在 100 以内，且有逐年下降趋势；SPH 与 MPM 的研究则在近几年迅速发展，尤其是 MPM 自 2016 年以来的研究呈现快速上涨的趋势（注：2017 年 1 月于荷兰代尔夫特举办了第一届物质点法大变形与土-水-结构相互作用模拟国际会议）。

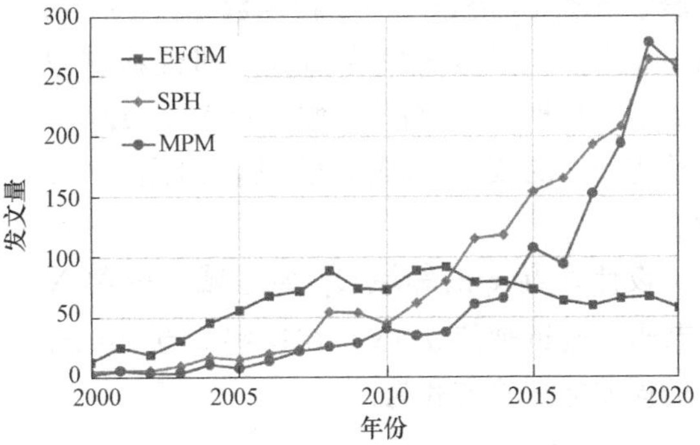

图 3.3-1 三种无网格法在岩土工程领域年发文量（据谷歌学术不完全统计）

另外值得注意的是，PD 虽然也是采用粒子离散材料，计算过程中无需网格，因而可称为无网格法，但其与其他无网格法存在根本区别，本节不做详细介绍。PD 理论基于非局部作用思想，求解空间积分方程而非传统连续介质力学中的偏微分方程，由于无需计算偏导数，因此非常适合描述断裂等非连续问题，近几年在岩石、混凝土等脆性材料的断裂破碎，以及非饱和土渗流等问题中的应用逐渐增多[16]。关于各种无网格法的发展历史及区别的详细介绍，感兴趣的读者可参考张雄和刘岩的专著[15] 以及 Chen 等的综述性文章[17]。

3.3.2 无网格伽辽金法（EFGM）

EFGM、RKPM、HP 云法、RPIM 等皆基于伽辽金法离散控制方程，不同之处在于采用的试函数不同。虽然 EFGM 在岩土工程领域的应用研究已不十分活跃（图 3.3-1），但考虑到无网格法的研究热潮自 EFGM 始[6]，且其同时是伽辽金法和移动最小二乘近似法的典型代表，故本小节以其为例，讨论伽辽金型无网格方法的基本理论，以及在岩土工程领域的若干应用。

3.3.2.1 移动最小二乘近似

假设未知量 $u(\boldsymbol{x})$ 在求解域 Ω 内给定的 N 个节点$\boldsymbol{x}_I$（$I=1, 2, \cdots, N$）处的值已知，为 $u_I=u(\boldsymbol{x}_I)$，对该未知量的全局移动最小二乘近似 $u^{\mathrm{h}}(\boldsymbol{x})$ 表达式为：

$$u^{\mathrm{h}}(\boldsymbol{x})=\sum_{i=1}^{m} p_i(\boldsymbol{x})a_i(\boldsymbol{x}) \equiv \boldsymbol{p}^{\mathrm{T}}(\boldsymbol{x})\boldsymbol{a}(\boldsymbol{x}) \tag{3.3-1}$$

式中 $p_i(\boldsymbol{x})$——基函数；

m——基函数单项式个数；

$a_i(\boldsymbol{x})$——待定系数。

$\boldsymbol{p}^{\mathrm{T}}(\boldsymbol{x})$ 和 $\boldsymbol{a}(\boldsymbol{x})$ 分别为 $p_i(\boldsymbol{x})$ 和 $a_i(\boldsymbol{x})$ 的矩阵形式。对于二维空间，采用线性基函数 $\boldsymbol{p}^{\mathrm{T}}(\boldsymbol{x})=[1,x,y]$ 时，$m=3$；基函数为二次多项式 $\boldsymbol{p}^{\mathrm{T}}(\boldsymbol{x})=[1,x,y,x^2,xy,y^2]$ 时，$m=6$。

计算点 $\boldsymbol{x}$ 在伽辽金型无网格法中为高斯点，而在配点型无网格法中为节点。MLS 中系数 $a_i(\boldsymbol{x})$ 的选取要求满足近似值在计算点 $\boldsymbol{x}$ 邻域 $\Omega_{\boldsymbol{x}}$ 内的误差加权平方和最小。在每

个给定节点 $\boldsymbol{x}_I$ 处定义一个权函数 $w_I(\boldsymbol{x})=w(\boldsymbol{x}-\boldsymbol{x}_I)$。权函数为紧支函数，即仅在有限区域 Ω_I 中大于0，而在区域外等于0。Ω_I 称为节点 $\boldsymbol{x}_I$ 的支撑域或影响域，如图 3.3-2 所示。

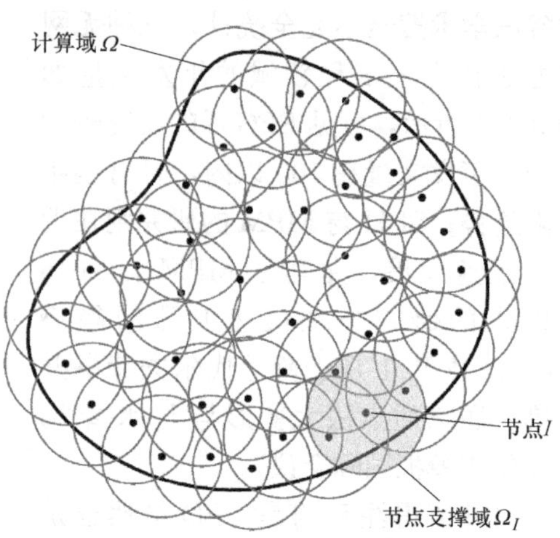

图 3.3-2 节点支撑域

设计算点 $\boldsymbol{x}$ 的邻域 Ω_x 为全域，包含 N 个节点，则近似值 $u^{\mathrm{h}}(\boldsymbol{x})$ 在这些节点 $\boldsymbol{x}=\boldsymbol{x}_I$ 处的误差加权平方和为：

$$
\begin{aligned}
J &= \sum_{I=1}^{N} w_I(\boldsymbol{x})[u^{\mathrm{h}}(\boldsymbol{x}_I)-u(\boldsymbol{x}_I)]^2 \\
&= \sum_{I=1}^{N} w_I(\boldsymbol{x})[\boldsymbol{p}^{\mathrm{T}}(\boldsymbol{x}_I)\boldsymbol{a}(\boldsymbol{x})-u_I]^2
\end{aligned} \tag{3.3-2}
$$

为求 J 的最小值，令：

$$
\frac{\partial J}{\partial \boldsymbol{a}(\boldsymbol{x})}=2\sum_{I=1}^{N} w_I(\boldsymbol{x})[\boldsymbol{p}^{\mathrm{T}}(\boldsymbol{x}_I)\boldsymbol{a}(\boldsymbol{x})-u_I]\boldsymbol{p}(\boldsymbol{x}_I)=0 \tag{3.3-3}
$$

可得：

$$
\boldsymbol{A}(\boldsymbol{x})\boldsymbol{a}(\boldsymbol{x})=\boldsymbol{B}(\boldsymbol{x})\boldsymbol{u} \tag{3.3-4}
$$

式中

$$
\boldsymbol{A}(\boldsymbol{x})=\sum_{I=1}^{N} w_I(\boldsymbol{x})\boldsymbol{p}^{\mathrm{T}}(\boldsymbol{x}_I)\boldsymbol{p}(\boldsymbol{x}_I) \tag{3.3-5}
$$

$$
\boldsymbol{B}(\boldsymbol{x})=[w_1(\boldsymbol{x})\boldsymbol{p}(\boldsymbol{x}_1),w_2(\boldsymbol{x})\boldsymbol{p}(\boldsymbol{x}_2),\cdots,w_N(\boldsymbol{x})\boldsymbol{p}(\boldsymbol{x}_N)] \tag{3.3-6}
$$

$$
\boldsymbol{u}^{\mathrm{T}}=[u_1,u_2,\cdots,u_N] \tag{3.3-7}
$$

由式（3.3-4）可得待定系数 $\boldsymbol{a}(\boldsymbol{x})$：

$$
\boldsymbol{a}(\boldsymbol{x})=\boldsymbol{A}^{-1}(\boldsymbol{x})\boldsymbol{B}(\boldsymbol{x})\boldsymbol{u} \tag{3.3-8}
$$

将式（3.3-8）代入式（3.3-1），得：

$$
u^{\mathrm{h}}(\boldsymbol{x})=\boldsymbol{p}^{\mathrm{T}}(\boldsymbol{x})\boldsymbol{A}^{-1}(\boldsymbol{x})\boldsymbol{B}(\boldsymbol{x})\boldsymbol{u}\equiv\boldsymbol{N}(\boldsymbol{x})\boldsymbol{u} \tag{3.3-9}
$$

式中 $\boldsymbol{N}(\boldsymbol{x})$——形函数，且其计算公式为：

$$
\boldsymbol{N}(\boldsymbol{x})=\boldsymbol{p}^{\mathrm{T}}(\boldsymbol{x})\boldsymbol{A}^{-1}(\boldsymbol{x})\boldsymbol{B}(\boldsymbol{x}) \tag{3.3-10}
$$

对其求一阶偏导数，可得

$$
\boldsymbol{N}_{,i}=\boldsymbol{p}_{,i}^{\mathrm{T}}(\boldsymbol{A}^{-1}\boldsymbol{B})+\boldsymbol{p}^{\mathrm{T}}(\boldsymbol{A}_{,i}^{-1}\boldsymbol{B}+\boldsymbol{A}^{-1}\boldsymbol{B}_i) \tag{3.3-11}
$$

若待定系数 $\boldsymbol{a}(\boldsymbol{x})$ 为常数，则由式（3.3-8）可知 $\boldsymbol{A}_{,i}^{-1}\boldsymbol{B}+\boldsymbol{A}^{-1}\boldsymbol{B}_i=0$，$\boldsymbol{N}_{,i}=\boldsymbol{p}_{,i}^{\mathrm{T}}(\boldsymbol{A}^{-1}\boldsymbol{B})$ 称为漫射导数，为漫射单元法（DEM）[5] 所采用的形函数导数。Belytschko 等[6] 证实，忽略 $\boldsymbol{a}(\boldsymbol{x})$ 的空间差异，可导致计算精度显著下降。

对于有限元方法来说，其近似函数在区域中点 $\boldsymbol{x}$ 处的定义域为该点所在单元，因此其近似函数是建立在各单元上的局部近似函数，待定系数 $a_i(\boldsymbol{x})$ 的个数 m 等于单元节点数，可直接令局部近似值在该单元各节点处的值相等，即：

$$\sum_{i=1}^{m} p_i(\boldsymbol{x}_I)a_i(\boldsymbol{x})=u_I \tag{3.3-12}$$

将上式写成矩阵形式：

$$\boldsymbol{Ca}=\boldsymbol{u} \tag{3.3-13}$$

式中

$$\boldsymbol{C}=\begin{bmatrix} p_1(\boldsymbol{x}_1) & p_2(\boldsymbol{x}_1) & \cdots & p_m(\boldsymbol{x}_1) \\ p_1(\boldsymbol{x}_2) & p_2(\boldsymbol{x}_2) & & p_m(\boldsymbol{x}_2) \\ \vdots & & \ddots & \vdots \\ p_1(\boldsymbol{x}_m) & p_2(\boldsymbol{x}_m) & \cdots & p_m(\boldsymbol{x}_m) \end{bmatrix} \tag{3.3-14}$$

由式（3.3-13）可得待定系数：

$$\boldsymbol{a}=\boldsymbol{C}^{-1}\boldsymbol{u} \tag{3.3-15}$$

与式（3.3-9）类似，可得有限元形函数为

$$\boldsymbol{N}(\boldsymbol{x})=\boldsymbol{p}^{\mathrm{T}}(\boldsymbol{x})\boldsymbol{C}^{-1} \tag{3.3-16}$$

对比式（3.3-15）和式（3.3-8），有限元待定系数 $\boldsymbol{a}$ 为常向量，常矩阵 $\boldsymbol{C}$ 的逆只需计算一次，且一般可得到 $\boldsymbol{C}^{-1}$ 的解析表达式；而 MLS 中 $\boldsymbol{a}(\boldsymbol{x})$ 是空间坐标的函数，在每个计算点 $\boldsymbol{x}$ 处均需计算 $\boldsymbol{A}^{-1}(\boldsymbol{x})$。因此，MLS 的近似计算量远大于有限元方法。

3.3.2.2 权函数

MLS 中权函数 $w(\boldsymbol{x}-\boldsymbol{x}_I)$ 对近似效果影响较大，具有随距离 $|\boldsymbol{x}-\boldsymbol{x}_I|$ 衰减的特性，即在节点 $\boldsymbol{x}_I$ 处的值最大，且具有紧支性，即当 $|\boldsymbol{x}-\boldsymbol{x}_I|/d_{\mathrm{m}I}>1$ 时为 0，式中 $d_{\mathrm{m}I}$ 为支撑域 Ω_I 的半径（如果支撑域为圆形）。几种常用的权函数有：

$$w(r)=\begin{cases} \dfrac{\mathrm{e}^{-r^2\beta^2}-\mathrm{e}^{-\beta^2}}{1-\mathrm{e}^{-\beta^2}} & r\leqslant 1 \\ 0 & r>1 \end{cases} \tag{3.3-17}$$

$$w(r)=\begin{cases} \mathrm{e}^{-\left(\frac{r}{\alpha}\right)^2} & r\leqslant 1 \\ 0 & r>1 \end{cases} \tag{3.3-18}$$

$$w(r)=\begin{cases} 1-6r^2+8r^3-3r^4 & r\leqslant 1 \\ 0 & r>1 \end{cases} \tag{3.3-19}$$

式中　α、β——常数。

由式（3.3-10）可见，MLS 形函数 $\boldsymbol{N}(\boldsymbol{x})$ 的光滑性取决于 $\boldsymbol{p}(\boldsymbol{x})$ 及矩阵 $\boldsymbol{A}(\boldsymbol{x})$ 和 $\boldsymbol{B}(\boldsymbol{x})$ 的光滑性。而由式（3.3-5）和式（3.3-6）可知，$\boldsymbol{A}(\boldsymbol{x})$ 和 $\boldsymbol{B}(\boldsymbol{x})$ 与权函数 $w_I(\boldsymbol{x})$ 拥有相同的连续阶数。当基函数 $\boldsymbol{p}(\boldsymbol{x})$ 为线性基时，形函数 $\boldsymbol{N}(\boldsymbol{x})$ 的连续阶次仅取决于权函数的连续阶次。因此可通过增加权函数的连续阶次，方便地构造具有高阶连续性的 MLS 近似函数。而在有限元中，构造高阶近似函数较为困难，因此有限元得到的应力场在单元间不连续，后处理时需做光滑处理。而基于 MLS 的无网格法可得到全求解域内连续应力场，无需借助后处理光滑化操作。

另外，与有限元不同，MLS 近似的形函数不满足狄拉克特性，即 $\boldsymbol{N}_I(\boldsymbol{x}_J)\neq\delta_{IJ}$，式中 δ_{IJ} 为克罗内克函数，导致 u_I 仅仅是虚拟节点参数，而不是代求近似函数在节点 $\boldsymbol{x}_I$ 处

的值，即 $u^{h}(\boldsymbol{x}_I)\neq u_I$。因此，施加本质边界条件较为困难。Belytschko 等[6] 通过拉格朗日乘子施加本质边界条件，Lancaster 等的工作则表明可以使用具有奇异性的权函数使 MLS 具有插值特性。奇异权函数 $\widetilde{w}_I(\boldsymbol{x})$ 可以利用普通权函数 $w_I(\boldsymbol{x})$ 构造，如：

$$\widetilde{w}_I(\boldsymbol{x})=\frac{w_I(\boldsymbol{x})}{|\boldsymbol{x}-\boldsymbol{x}_I|^{\alpha_I}+\varepsilon} \tag{3.3-20}$$

式中 α_I——正偶数；

ε——消除奇异性的小量，如 $\varepsilon=10^{-5}$。

具体使用时，可以在所有节点处均使用奇异权函数，也可以仅在需要施加本质边界条件的节点处采用奇异权函数，而在其他节点处使用普通权函数。

3.3.2.3 伽辽金法

伽辽金型无网格法采用伽辽金法对控制方程进行离散。对于静力平衡问题，控制方程为：

$$\sigma_{ij,j}+\overline{f}_i=0 \tag{3.3-21}$$

式中 σ_{ij}——应力张量；

$\overline{f}_i$——体力矢量。

式（3.3-21）在整个求解域 Ω 上满足，且同时需满足下述边界条件：

$$\sigma_{ij}n_j-\overline{t}_i=0 \tag{3.3-22}$$

$$u_i=\overline{u}_i \tag{3.3-23}$$

式中 n_j——自然边界 Γ_t 的外法线单位矢量；

$\overline{t}_i$——自然边界 Γ_t 上的面力；

u_i——位移矢量，为代求基本未知量；

$\overline{u}_i$——本质边界 Γ_u 上的给定位移。

式（3.3-22）和式（3.3-23）分别称为自然边界条件和本质边界条件。

为使控制方程完备，还需几何方程（3.3-24）和物理方程（3.3-25）：

$$\varepsilon_{ij}=\frac{1}{2}(u_{i,j}+u_{j,i}) \tag{3.3-24}$$

$$\sigma_{ij}=D_{ijkl}\varepsilon_{kl} \tag{3.3-25}$$

式中 ε_{ij}——应变张量；

D_{ijkl}——本构张量（如弹性材料的弹性模量）。

取权函数为位移的变分 δu_i，由加权余量法得控制方程的积分形式：

$$\delta\Pi(u_i)=\int_{\Omega}\delta u_i(\sigma_{ij,j}+\overline{f}_i)\mathrm{d}\Omega-\int_{\Gamma_t}\delta u_i(\sigma_{ij}n_j-\overline{t}_i)\mathrm{d}\Gamma=0 \tag{3.3-26}$$

对上式分部积分并考虑到 Γ_u 上 $\delta u_i=0$，得：

$$\delta\Pi(u_i)=\int_{\Omega}(-\delta\varepsilon_{ij}\sigma_{ij}+\delta u_i\overline{f}_i)\mathrm{d}\Omega+\int_{\Gamma_t}\delta u_i\overline{t}_i\mathrm{d}\Gamma=0 \tag{3.3-27}$$

式（3.3-27）也即为虚位移原理，为平衡方程式（3.3-21）和自然边界条件式（3.3-22）等效的积分弱形式。将无网格近似函数（3.3-9）代入式（3.3-27），可得如下矩阵形式：

$$\boldsymbol{Kd}=\boldsymbol{P} \tag{3.3-28}$$

其中：

$$K=\int_{\Omega}B^{T}DB\mathrm{d}\Omega \tag{3.3-29}$$

$$P=\int_{\Omega}N^{T}\bar{f}\mathrm{d}\Omega+\int_{\Gamma_t}N^{T}\bar{t}\mathrm{d}\Gamma \tag{3.3-30}$$

$$B=[B_1,B_2,\cdots,B_N],B_I=\begin{bmatrix}N_{I,x} & 0\\ 0 & N_{I,y}\\ N_{I,y} & N_{I,x}\end{bmatrix} \tag{3.3-31}$$

$$d=[u_1,u_2,\cdots,u_N]^{T},u_I=[u_x,u_y]^{T} \tag{3.3-32}$$

以上可见，伽辽金型无网格法的格式与有限元法类似，所不同的是形函数及其导数的计算，具体可对比式（3.3-10）和式（3.3-16）。

对于式（3.3-29）和式（3.3-30）的积分，有限元采用网格离散域Ω，因此域的积分可转化为网格单元积分之和。另外，有限元被积函数是多项式，单元积分可通过高斯积分精确计算；而在无网格法中，域采用节点离散，不存在单元，且近似函数一般不是多项式，无法通过高斯积分计算，因此需借助特殊的积分方案。目前常用的几种积分方案有：背景网格积分[6]、节点积分[18,19]、质点（质点为额外引入的辅助点）积分[20] 等。本节介绍 Belytschko 教授最初使用的背景网格积分。

在背景网格积分中，求解域Ω被规则网格覆盖，则对Ω的积分可转化为对各规则单元积分之和，而各单元积分可使用高斯积分。如图 3.3-3 所示，每个单元可能出现三种情况：完全位于域Ω内、部分位于域Ω内、完全位于域Ω外。积分流程如下［以式（3.3-29）为例］：

1. 刚度矩阵归零$K=0$。

2. 对所有单元循环。

（1）对该单元中所有高斯点循环。

1）判断该高斯点是否位于域Ω外，如果是，忽略该高斯点。

2）如该高斯点位于域Ω内，计算其$wB^{T}DB$（其中w为该高斯点权系数），并组装到矩阵K中。

（2）结束对单元高斯点循环。

3. 结束对单元循环。

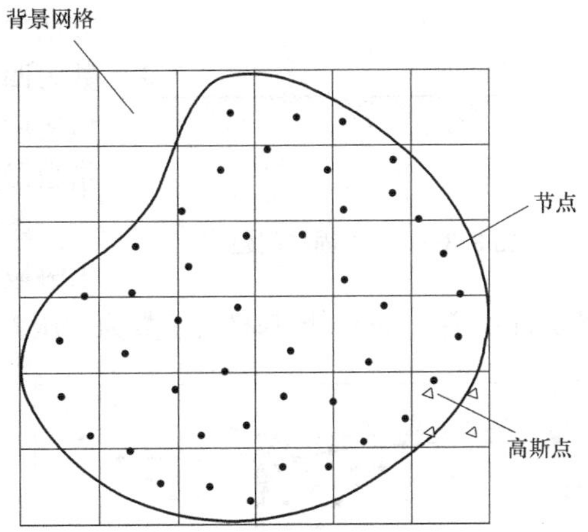

图 3.3-3 背景网格积分

上述方案在对部分位于域Ω内单元积分时误差较大，可对该类单元（即边界处单元）进一步细分。另外无网格法形函数$N_I(x)$只在节点I的支撑域内不为 0，因此计算矩阵分量K_{IJ}时，只需在节点I和节点J的支撑域相交区域内积分。

3.3.2.4 算例

Murakami 等[21] 使用 EFGM 模拟了有限应变水土耦合问题，包括一维固结以及饱和土的平面应变条形基础问题。试验中土体本构采用剑桥模型；EFGM 使用移动最小二乘近似，背景网格积分。其中背景网格随计算域的改变而自动调整，且在边界处加密以改善积分精度，如图 3.3-4 所示。

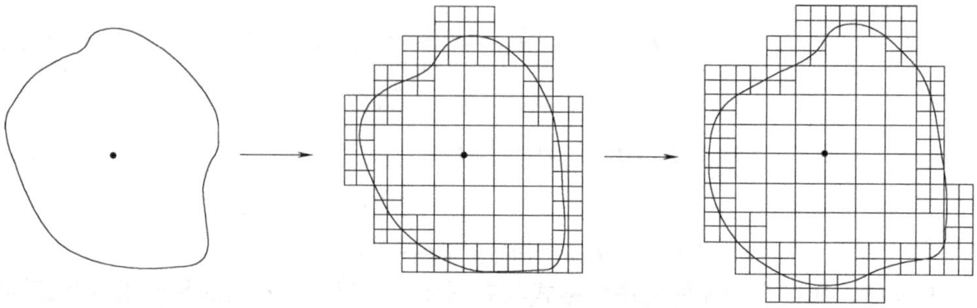

图 3.3-4　背景网格的自动调整[21]

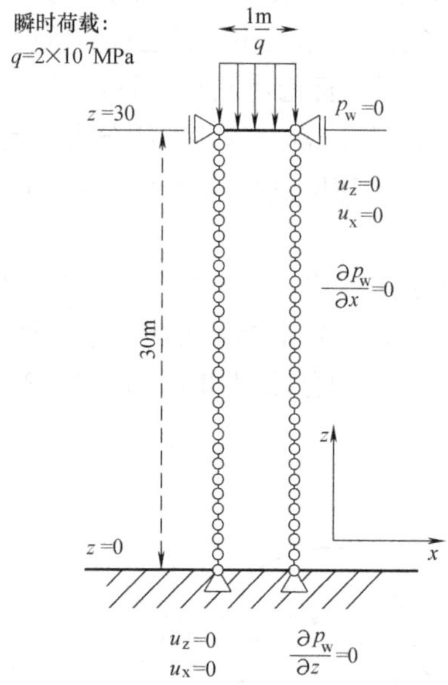

图 3.3-5　一维固结问题[21]

对于一维固结问题，几何尺寸与边界条件如图 3.3-5 所示。材料为正常固结土，剑桥模型参数如下：压缩系数 $\lambda=0.11$，回弹系数 $\kappa=0.04$，临界状态应力比 $M=1.42$，泊松比 $\nu=0.333$，参照孔隙比 $e_{\Gamma}=0.83$，正常固结围压 $p_0'=3\text{Pa}$。首先分析了不同渗透系数的影响，如图 3.3-6 (a) 所示。可见当渗透系数较大（0.01m/s）时，数值结果是稳定的；而当渗透系数较小时，存在明显数值振荡，且渗透系数越小，振荡越剧烈。为了模拟渗透系数较小的情况（如 0.0001m/s），可采用不同的权函数以及加密节点的方法使数值结果稳定，如图 3.3-6 (b) 所示。当权函数为四次样条型时，数值振荡非常剧烈，而改为指数型之后结果有明显改善，且可以通过调整节点间距和指数函数参数进一步稳定结果。

条形基础问题如图 3.3-7 所示，由于对称性，取求解域的一半进行分析。基础半宽为 11cm，地基半宽 50cm，深 24cm。地基材料参数为：压缩系数 $\lambda=0.231$，回弹系数 $\kappa=0.042$，临界状

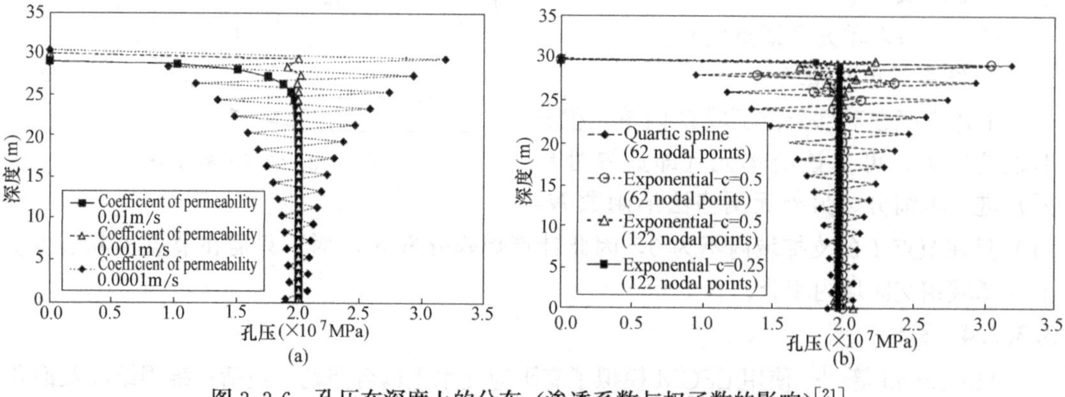

图 3.3-6　孔压在深度上的分布（渗透系数与权函数的影响）[21]

(a) 中权函数为四次样条型；(b) 中渗透系数为 0.0001m/s

态应力比 $M=1.43$，泊松比 $\nu=0.333$，参照孔隙比 $e_{\Gamma}=1.5$，正常固结围压 $p'_0=98.07\text{Pa}$，渗透系数 $k=3.87\times10^{-5}\text{cm/s}$。当基础沉降达 1.3cm 时，地基等效应变云图如图 3.3-8 所示，图中可见基础边缘开始有剪切带形成。图 3.3-9 比较了有限元与 EFGM 预测的基础荷载-沉降曲线，并与 Prandtl 承载力的解析解进行对比，可见两种数值方法预测的荷载-沉降曲线基本一致。EFGM 较有限元法的主要优势在于即使沉降变形较大，依然可以进行计算。

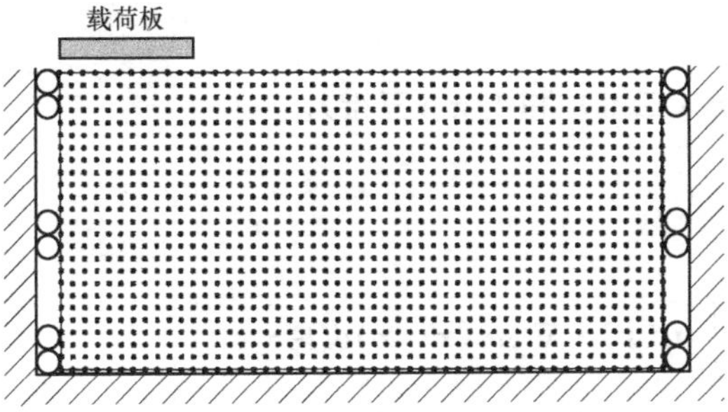

图 3.3-7 条形基础问题[21]

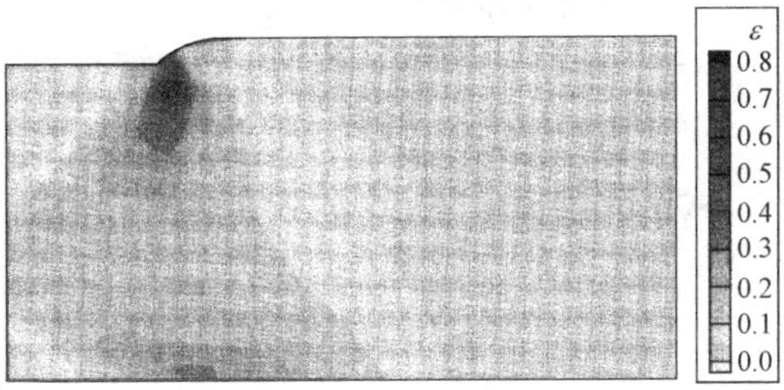

图 3.3-8 基础沉降 1.3cm 时地基等效应变云图[21]

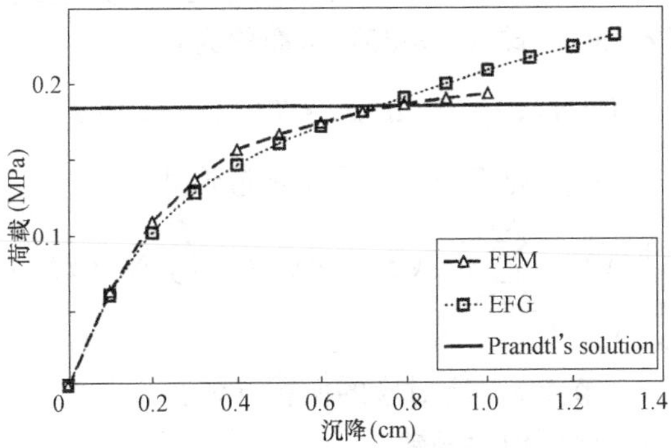

图 3.3-9 荷载-沉降曲线[21]

3.3.3 光滑粒子流体动力学法（SPH）

3.3.3.1 核函数近似

SPH 采用核函数近似物理量，即函数 $u(\boldsymbol{x})$ 可近似为

$$u(\boldsymbol{x})\approx u^{\mathrm{h}}(\boldsymbol{x})=\int_{\Omega}u(\bar{\boldsymbol{x}})w(\boldsymbol{x}-\bar{\boldsymbol{x}})\mathrm{d}\Omega_{\bar{x}} \tag{3.3-33}$$

式中 $w(\boldsymbol{x}-\bar{\boldsymbol{x}})$——核函数（kernel function）或称为光滑函数（smoothing function），其应满足以下条件：

（1）半正定性，即在紧支域内满足 $w(\boldsymbol{x}-\bar{\boldsymbol{x}})\geqslant0$；

（2）紧支性，即在紧支域外满足 $w(\boldsymbol{x}-\bar{\boldsymbol{x}})=0$；

（3）归一性，即 $\int_{\Omega}w(\boldsymbol{x}-\bar{\boldsymbol{x}})\mathrm{d}\Omega_{\bar{x}}=1$；

（4）$w(\boldsymbol{x}-\bar{\boldsymbol{x}})$ 随距离 $d=|\boldsymbol{x}-\bar{\boldsymbol{x}}|$ 单调递减；

（5）当紧支域大小 h 趋于 0 时，$w(\boldsymbol{x}-\bar{\boldsymbol{x}})\rightarrow\delta(|\boldsymbol{x}-\bar{\boldsymbol{x}}|)$。

SPH 常用的核函数有 B 样条函数：

$$w(r)=\begin{cases}\dfrac{G}{h^{\mathrm{d}}}\left[1-\dfrac{3}{2}r^{2}+\dfrac{3}{4}r^{3}\right] & r<1\\ \dfrac{G}{4h^{\mathrm{d}}}[2-r]^{3} & 1\leqslant r<2\\ 0 & 2\leqslant r\end{cases} \tag{3.3-34}$$

式中 $r=|\boldsymbol{x}-\overline{\boldsymbol{x}}|/h$；

d——空间维数；

G——归一化常数，取 2/3（一维）、10/7π（二维）和 1/π（三维）。

向量函数 $\boldsymbol{u}(\boldsymbol{x})$ 的散度核函数近似为：

$$\begin{aligned}\nabla\cdot\boldsymbol{u}(\boldsymbol{x})&\approx\int_{\Omega}\nabla_{\overline{\boldsymbol{x}}}\cdot\boldsymbol{u}(\overline{\boldsymbol{x}})w(\boldsymbol{x}-\overline{\boldsymbol{x}})\mathrm{d}\Omega_{\overline{\boldsymbol{x}}}\\ &=\int_{\Omega}\nabla\cdot[\boldsymbol{u}(\overline{\boldsymbol{x}})w(\boldsymbol{x}-\overline{\boldsymbol{x}})]\mathrm{d}\Omega_{\overline{\boldsymbol{x}}}-\int_{\Omega}\boldsymbol{u}(\overline{\boldsymbol{x}})\cdot\nabla_{\overline{\boldsymbol{x}}}w(\boldsymbol{x}-\overline{\boldsymbol{x}})\mathrm{d}\Omega_{\overline{\boldsymbol{x}}}\\ &=\int_{\Gamma}\boldsymbol{u}(\overline{\boldsymbol{x}})w(\boldsymbol{x}-\overline{\boldsymbol{x}})\cdot\overline{\boldsymbol{n}}\mathrm{d}\Gamma_{\overline{\boldsymbol{x}}}-\int_{\Omega}\boldsymbol{u}(\overline{\boldsymbol{x}})\cdot\nabla_{\overline{\boldsymbol{x}}}w(\boldsymbol{x}-\overline{\boldsymbol{x}})\mathrm{d}\Omega_{\overline{\boldsymbol{x}}}\end{aligned} \tag{3.3-35}$$

由于核函数的紧支性，$w(\boldsymbol{x}-\overline{\boldsymbol{x}})$ 在面上的积分为 0，则上式右边第一项为 0。且有 $\nabla_{\overline{\boldsymbol{x}}}w(\boldsymbol{x}-\overline{\boldsymbol{x}})=-\nabla_{\boldsymbol{x}}w(\boldsymbol{x}-\overline{\boldsymbol{x}})$，式（3.3-35）可简化为：

$$\nabla\cdot\boldsymbol{u}(\boldsymbol{x})\approx\int_{\Omega}\boldsymbol{u}(\overline{\boldsymbol{x}})\cdot\nabla w(\boldsymbol{x}-\overline{\boldsymbol{x}})\mathrm{d}\Omega_{\overline{\boldsymbol{x}}} \tag{3.3-36}$$

数值计算时，式（3.3-33）的积分一般采用离散形式：

$$u^{\mathrm{h}}(\boldsymbol{x})=\sum_{J=1}^{N}w_{J}(\boldsymbol{x})u_{J}\Delta V_{J}=\sum_{J=1}^{N}N_{J}(\boldsymbol{x})u_{J} \tag{3.3-37}$$

式中 $w_{J}(\boldsymbol{x})\equiv w(\boldsymbol{x}-\boldsymbol{x}_{J})$；

ΔV_{J}——节点 $\boldsymbol{x}_{J}$ 所对应的面积（体积）；

$N_{J}(\boldsymbol{x})=w_{J}(\boldsymbol{x})\Delta V_{J}$——核近似形函数。

一般情况下，$u_{J}\neq u^{\mathrm{h}}(\boldsymbol{x}_{J})$，因此与 EFGM 类似，SPH 在施加本质边界条件时需做特殊处理。

另外，对于高维问题，各节点所对应的面积（体积）ΔV_{J} 的计算较为困难，通常通过各节点质量求得。式（3.3-37）可写为：

$$u^{\mathrm{h}}(\boldsymbol{x})=\sum_{J=1}^{N}w_{J}(\boldsymbol{x})\frac{m_{J}}{\rho_{J}}u_{J} \tag{3.3-38}$$

式中 m_{J}——节点 J 质量；

ρ_{J}——节点 J 密度，其也由核函数近似，即：

$$\rho^{\mathrm{h}}(\boldsymbol{x})=\sum_{J=1}^{N}w_{J}(\boldsymbol{x})m_{J} \tag{3.3-39}$$

上式表明，粒子密度是通过对其有影响的所有粒子质量经光滑化得到，这也是为什么该方法被称为“光滑粒子”（smoothed particle）的原因。

同理，式（3.3-36）可离散为：

$$\nabla\cdot\boldsymbol{u}^{\mathrm{h}}(\boldsymbol{x})=\sum_{J=1}^{N}\frac{m_{J}}{\rho_{J}}\nabla w_{J}(\boldsymbol{x})\cdot\boldsymbol{u}_{J} \tag{3.3-40}$$

另外，矢量 $\boldsymbol{u}(\boldsymbol{x})$ 的散度还可以写为：

$$\nabla \cdot \boldsymbol{u}(\boldsymbol{x})=\frac{1}{\rho}\{\nabla \cdot [\rho \boldsymbol{u}(\boldsymbol{x})]-\boldsymbol{u}(\boldsymbol{x}) \cdot \nabla \rho\} \tag{3.3-41}$$

$$\nabla \cdot \boldsymbol{u}(\boldsymbol{x})=\rho\left\{\nabla \cdot \left[\frac{\boldsymbol{u}(\boldsymbol{x})}{\rho}\right]+\frac{\boldsymbol{u}(\boldsymbol{x})}{\rho^2} \cdot \nabla \rho\right\} \tag{3.3-42}$$

则式（3.3-41）和式（3.3-42）在 $\boldsymbol{x}_I$ 处的离散形式为：

$$\nabla \cdot \boldsymbol{u}(\boldsymbol{x}_I)=-\frac{1}{\rho_I}\sum_{J=1}^{N} m_J[\boldsymbol{u}(\boldsymbol{x}_I)-\boldsymbol{u}(\boldsymbol{x}_J)] \cdot \nabla w_{IJ} \tag{3.3-43}$$

$$\nabla \cdot \boldsymbol{u}(\boldsymbol{x}_I)=\rho_I\sum_{J=1}^{N} m_J\left(\frac{\boldsymbol{u}(\boldsymbol{x}_I)}{\rho_I^2}+\frac{\boldsymbol{u}(\boldsymbol{x}_J)}{\rho_J^2}\right) \cdot \nabla w_{IJ} \tag{3.3-44}$$

式中　$\nabla w_{IJ}=\nabla w(\boldsymbol{x}-\boldsymbol{x}_J)|_{\boldsymbol{x}=\boldsymbol{x}_I}$。

3.3.3.2 SPH 求解格式

对于动力问题的控制方程，与式（3.3-21）相似，可写为：

$$\sigma_{ij,j}+\bar{f}_i=\rho\dot{v}_i \tag{3.3-45}$$

SPH 求解域采用 N 个粒子离散，其空间坐标为 $\boldsymbol{x}_I(I=1,2,\cdots,N)$。SPH 为配点法，要求式（3.3-45）在各节点处满足，并将应力对空间坐标的散度 $\sigma_{ij,j}$ 用式（3.3-40）做核函数近似，得：

$$\dot{\boldsymbol{v}}_I=\frac{1}{\rho_I}\left(\sum_{J=1}^{N}\frac{m_J}{\rho_J}\boldsymbol{\sigma}_J \cdot \nabla w_{IJ}+\bar{\boldsymbol{f}}_I\right) \tag{3.3-46}$$

也可以利用式（3.3-44）对 $\sigma_{ij,j}$ 做近似，得：

$$\dot{\boldsymbol{v}}_I=\sum_{J=1}^{N} m_J\left(\frac{\boldsymbol{\sigma}_I}{\rho_I^2}+\frac{\boldsymbol{\sigma}_J}{\rho_J^2}\right) \cdot \nabla w_{IJ}+\frac{1}{\rho_I}\bar{\boldsymbol{f}}_I \tag{3.3-47}$$

式（3.3-47）较式（3.3-46）的优点为粒子 $\boldsymbol{x}_I$ 对粒子 $\boldsymbol{x}_J$ 的作用力等于粒子 $\boldsymbol{x}_J$ 对粒子 $\boldsymbol{x}_I$ 的作用力。

同样，对速度梯度张量的近似可表达为［采用式（3.3-40）近似］：

$$\nabla \boldsymbol{v}_I=\sum_{J=1}^{N}\frac{m_J}{\rho_J}\boldsymbol{v}_J \cdot \nabla w_{IJ} \tag{3.3-48}$$

也可利用式（3.3-43）近似，得：

$$\nabla \boldsymbol{v}_I=-\frac{1}{\rho_I}\sum_{J=1}^{N} m_J(\boldsymbol{v}_I-\boldsymbol{v}_J) \cdot \nabla w_{IJ} \tag{3.3-49}$$

式（3.3-49）较式（3.3-48）的好处是当粒子 $\boldsymbol{x}_I$ 和粒子 $\boldsymbol{x}_J$ 之间无相对速度时，两粒子间也无速度梯度。一般情况下，原始形式［式（3.3-46）、式（3.3-48）］和改进形式［式（3.3-47）、式（3.3-49）］差别不大，但在边界处可能有较大差别。

对式（3.3-46）或式（3.3-47）的时间域积分，可采用中心差分法、蛙跳法、龙格-库塔法等。以蛙跳法为例，可以由时刻 t^n 时的应力张量 $\boldsymbol{\sigma}_I^n$ 求出该时刻加速度 $\dot{\boldsymbol{v}}_I^n$，则可得时刻 $t^{n+1/2}$ 的速度 $\boldsymbol{v}_I^{n+1/2}$ 和时刻 t^{n+1} 的坐标 $\boldsymbol{x}_I^{n+1}$：

$$\boldsymbol{v}_I^{n+1/2}=\boldsymbol{v}_I^{n-1/2}+\frac{1}{2}(\Delta t^{n+1/2}+\Delta t^{n-1/2})\dot{\boldsymbol{v}}_I^n \tag{3.3-50}$$

$$\boldsymbol{x}_I^{n+1}=\boldsymbol{x}_I^n+\Delta t^{n+1/2}\boldsymbol{v}_I^{n+1/2} \tag{3.3-51}$$

由式（3.3-48）或式（3.3-49）可进一步求得时刻 $t^{n+1/2}$ 的速度梯度和应变率：

$$\dot{\boldsymbol{\varepsilon}}_I^{n+1/2}=\frac{1}{2}[\nabla\boldsymbol{v}+\nabla^{\mathrm{T}}\boldsymbol{v}]_I^{n+1/2} \tag{3.3-52}$$

由连续方程求得时刻 t^{n+1} 的密度：

$$\dot{\rho}+\rho\nabla\cdot\boldsymbol{v}=0 \tag{3.3-53}$$

用式（3.3-49）对速度散度离散得：

$$\rho_I^{n+1}=\rho_I^n+\Delta t^{n+1/2}\left\{\sum_{J=1}^{N}m_J(\boldsymbol{v}_I-\boldsymbol{v}_J)\cdot\nabla w_{IJ}\right\}^{n+1/2} \tag{3.3-54}$$

t^{n+1} 时刻的应力 $\boldsymbol{\sigma}_I^{n+1}$ 可由材料本构方程求得。

3.3.3.3 人工黏性和拉伸失稳

在求解高速碰撞等动态问题时需要引入人工黏性对冲击波进行光滑化，以避免产生不连续性。另外，即使是非高速动态问题，在初始时刻，边界约束的释放也会产生冲击波，从而导致数值振荡。通过引入人工黏性可以很好地消除数值振荡，改善数值稳定性。其中使用较为广泛的是由 Monaghan[22] 提出的人工黏性计算表达式：

$$\Pi_{IJ}=\begin{cases}\dfrac{\alpha c_{IJ}\mu_{IJ}-\beta\mu_{IJ}^2}{\rho_{IJ}} & \boldsymbol{v}_{IJ}\cdot\boldsymbol{x}_{IJ}<0\\ 0 & \boldsymbol{v}_{IJ}\cdot\boldsymbol{x}_{IJ}\geqslant 0\end{cases} \tag{3.3-55}$$

式中

$$\mu_{IJ}=\frac{h\boldsymbol{v}_{IJ}\cdot\boldsymbol{x}_{IJ}}{|\boldsymbol{x}_{IJ}|^2+0.01h^2} \tag{3.3-56}$$

$$c_{IJ}=\frac{1}{2}(c_I+c_J),\rho_{IJ}=\frac{1}{2}(\rho_I+\rho_J),\boldsymbol{x}_{IJ}=\boldsymbol{x}_I-\boldsymbol{x}_J,\boldsymbol{v}_{IJ}=\boldsymbol{v}_I-\boldsymbol{v}_J$$

$\boldsymbol{v}_{IJ}\cdot\boldsymbol{x}_{IJ}<0$ 表明仅在材料受压时引入人工黏性。α 和 β 为常数，c_I 为粒子 $\boldsymbol{x}_I$ 处的声波速度。式（3.3-47）应改写为：

$$\dot{\boldsymbol{v}}_I=\sum_{J=1}^{N}m_J\left(\frac{\boldsymbol{\sigma}_I}{\rho_I^2}+\frac{\boldsymbol{\sigma}_J}{\rho_J^2}+\Pi_{IJ}\boldsymbol{I}\right)\cdot\nabla w_{IJ}+\frac{1}{\rho_I}\bar{\boldsymbol{f}}_I \tag{3.3-57}$$

人工黏性 Π_{IJ} 的贡献有两项：第一项（与 α 相关的项）主要提供剪切黏性与体积黏性；第二项（与 β 相关的项）则是为了防止粒子间穿透。

除了冲击波易引起数值振荡外，SPH 还可能出现拉伸失稳（tensile instability）现象，即当材料处于拉伸态时，粒子会由于相互吸引而形成团块，宏观上造成断裂假象。为了改善这一数值不稳定性，学者们提出了很多方法，其中 Gray 等[23] 的方法最为成功且应用最广。该方法的主要思想是在相邻粒子间引入一个较小的互斥力（与原子间互斥力相似），且该互斥力应随着两粒子间距离的缩短而增大，可表示为：

$$\boldsymbol{S}_{IJ}=f_{IJ}^{\mathrm{n}}(\boldsymbol{R}_I+\boldsymbol{R}_J) \tag{3.3-58}$$

式中 $f_{IJ}=w_{IJ}/w(\Delta d)$，$\Delta d$ 是初始粒子间距，指数 $n=w(0)/w(\Delta d)$。

若支撑域尺寸与初始粒子间距关系为 $h/\Delta d=1.2$，n 的值大约为 2.55，此时当粒子间距 $|\boldsymbol{x}_{IJ}|$ 从 Δd 缩小为 0 时，互斥力将增大 11 倍。互斥力在 $h\leqslant|\boldsymbol{x}_{IJ}|\leqslant 2h$ 范围内急剧减小，且只有在 $|\boldsymbol{x}_{IJ}|<\Delta d$ 时才发挥作用。对于 $\boldsymbol{R}_I$ 和 $\boldsymbol{R}_J$，其一般由主应力张量在笛卡

尔坐标系中经旋转求得，此处采用一种简化方法[24]：

$$R_I^{mn}=\begin{cases}\dfrac{-b\sigma_I^{mn}}{\rho_I^2} & \sigma_I^{mn}>0\\ 0 & \sigma_I^{mn}\leqslant 0\end{cases} \tag{3.3-59}$$

式中 R_I^{mn}、σ_I^{mn}——分别为 $\boldsymbol{R}_I$ 和 $\boldsymbol{\sigma}_I$ 的分量，b 为大于 0 的系数。

则式（3.3-57）进一步改写为：

$$\dot{\boldsymbol{v}}_I=\sum_{J=1}^{N}m_J\left(\frac{\boldsymbol{\sigma}_I}{\rho_I^2}+\frac{\boldsymbol{\sigma}_J}{\rho_J^2}+\Pi_{IJ}\boldsymbol{I}+\boldsymbol{S}_{IJ}\right)\cdot\nabla w_{IJ}+\frac{1}{\rho_I}\bar{\boldsymbol{f}}_I \tag{3.3-60}$$

3.3.3.4 边界条件

SPH 在处理自由边界时无需额外操作，但在处理墙边界时会遇到支撑域粒子不够的问题，这是因为在边界处的粒子仅有部分支撑域位于求解域 Ω 内，在 Ω 外没有粒子，从而导致积分不准确。通常针对两种不同的墙边界（无滑动边界和光滑边界），可采取如下两种方法，见图 3.3-10。

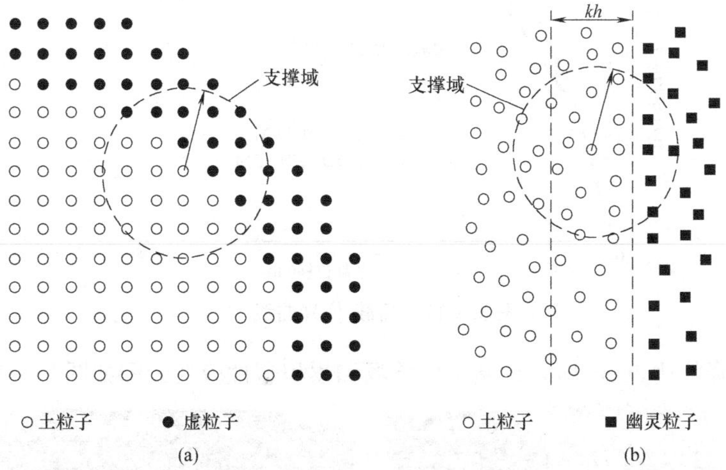

图 3.3-10 SPH 边界粒子[25]

(a) 虚粒子模拟无滑动边界；(b) 幽灵粒子模拟光滑边界

对于无滑动（no-slip）边界采用虚粒子（dummy particle）法，即使用若干层（通常采用 3 层）虚粒子模拟墙体，虚粒子速度与墙边界一致，在空间固定或按给定速度移动，不受材料粒子影响。但对于材料粒子，若其支撑域与边界相交，则支撑域中的虚粒子与支撑域中的其他材料粒子一样，都对该材料粒子的速度与应力散度产生影响。另外，虽然虚粒子速度不受材料粒子影响，其应力张量需根据边界处的材料粒子应力张量调整，以防止材料粒子穿透墙体。Bui 等[26] 通过假设墙体周围应力均匀分布，将虚粒子应力设为与墙体周围材料粒子一样，而 Peng 等[25] 则将虚粒子应力张量的对角元素设为周围所有材料粒子应力张量对角元素的最大值，以充分保证粒子间无穿透。

对于光滑（free-slip）边界则使用幽灵粒子（ghost particle）法，即对距边界 kh（通常 $k=2$）范围内的粒子关于边界做对称映射，生成幽灵粒子。幽灵粒子与材料粒子除边界法向速度相反之外，其他性质均完全相同（即镜像对称）。

3.3.3.5 算例

算例一：Bui 等[26] 模拟了浅基础承载力问题，并与 Chen 和 Mizuno[27] 有限元结果做了比较。条形基础宽 3.14m，底部假设完全粗糙，地基半宽 7.32m，深 3.66m。地基土采用 Drucker-Prager 模型，杨氏模量 $E=207$MPa，泊松比 $\nu=0.3$，黏聚力 $c=69$kPa，内摩擦角 $\varphi=20°$。计算过程中不考虑土的重量。求解域共离散成 7371 个粒子，基础底部与地基底部均采用虚粒子模拟无滑动边界，两侧则采用幽灵粒子模拟光滑边界。研究比较了采用关联流动法则与非关联流动法则本构关系的差异。

荷载-位移结果如图 3.3-11 所示，可见无论使用关联流动法则还是非关联流动法则（剪胀角取为 0°），SPH 模拟结果都与有限元结果相近，其中非关联流动法则预测的地基承载力较使用关联流动法则预测结果低，且数值预测结果处于 Terzaghi 解（上限）和 Prandtl 解（下限）之间。

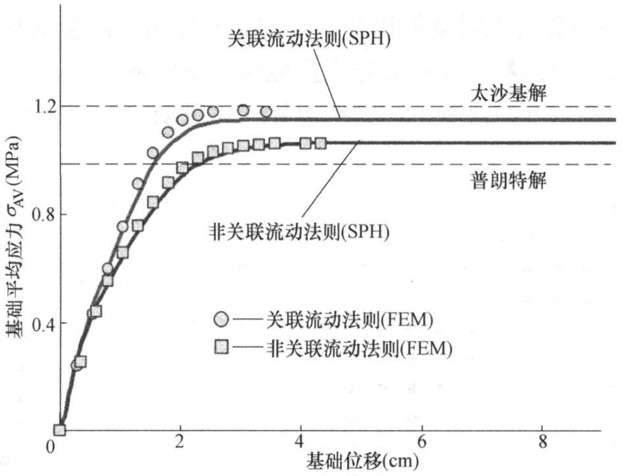

图 3.3-11 荷载-位移曲线[26]

当基础沉降值达 30cm 时，地基土位移场和累积塑性应变云图如图 3.3-12 所示。图中

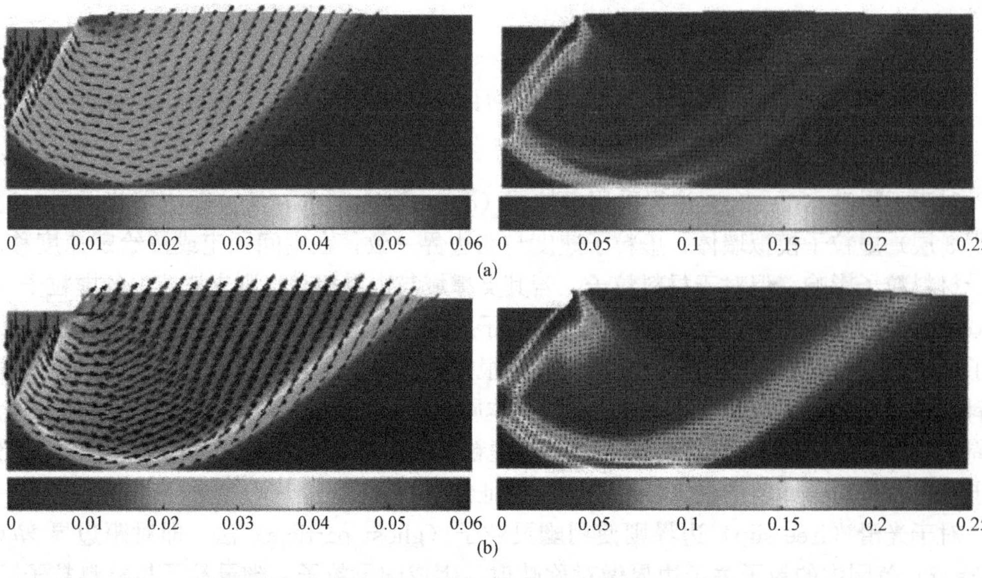

图 3.3-12 基础沉降值为 30cm 时位移场（左）与累积塑性应变云图（右）

（a）非关联流动法则；（b）关联流动法则

表明使用非关联流动法则时，地基土的位移较使用关联流动法则明显偏小。从累积塑性应变云图可以看出，基础此时处于整体失稳状态，地基土中出现两条明显的剪切带。

算例二来自 Chen 和 Qiu[28]，为地震诱发滑坡模拟。边坡初始构型如图 3.3-13 所示，由两种黏土组成，均为 75%高岭土和 25%膨润土。其中软黏土密度为 1390kg/m^3，剪切波速为 7.5m/s。硬黏土与软黏土密度相同，但剪切波速为 17.7m/s。两种黏土均采用率相关应变软化黏塑性本构模型，因涉及模型参数过多，其他参数不一一介绍，感兴趣的读者可参考文献 [28]。

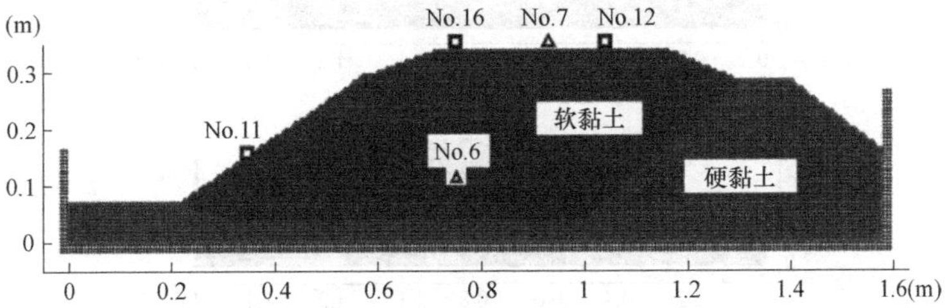

图 3.3-13 边坡初始构型[28]

选取 1995 年神户人工岛记录的地震波经处理后（仅截取 0.5～60Hz 范围）作为输入地震，如图 3.3-14 所示。边坡在地震作用下破坏发展如图 3.3-15 所示，可见在软黏土与硬黏土界面处形成剪切破坏面，并逐步发展形成滑移面，引起边坡的大尺度滑移。最终破坏形式与模型试验结果吻合较好。另外，如图 3.3-16 所示，不同观测点（6、7 号加速度计位置见图 3.3-13）记录的谱加速度数值模拟结果与模型试验结果也比较一致。

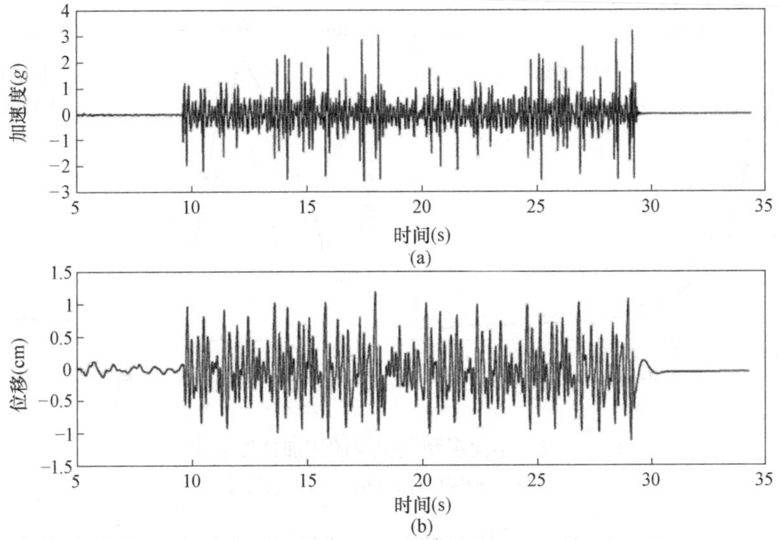

图 3.3-14 输入地震波曲线[28]

(a) 加速度；(b) 位移

3.3.4 物质点法（MPM）

Sulsky 等[7] 在流体动力学方法粒子网格法（particle-in-cell，PIC）和流体隐式粒子

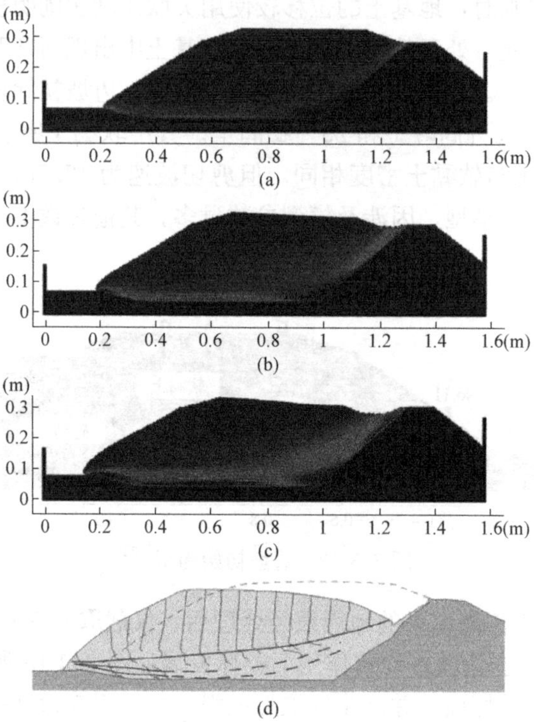

图 3.3-15 边坡不同时间段破坏形式与模型试验结果对比[28]

(a) t=13.4s；(b) t=20.2s；(c) t=32s；(d) 模型试验结果

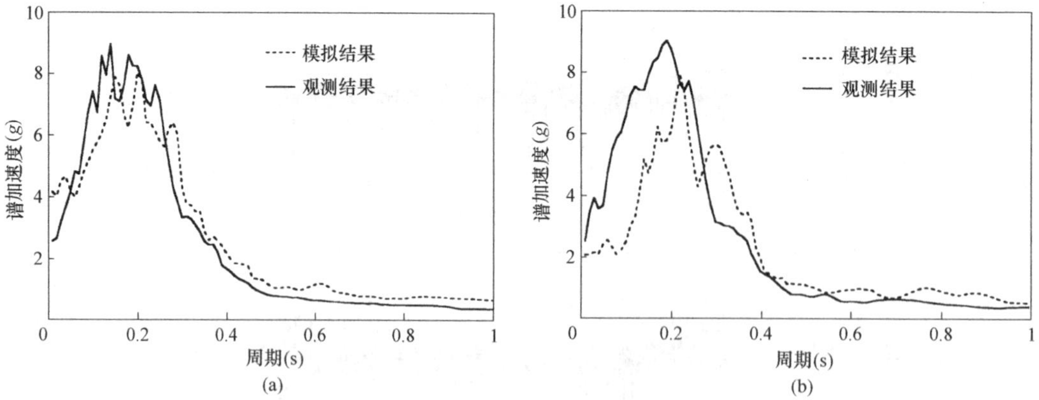

图 3.3-16 不同观测点记录的谱加速度响应[28]

(a) 6 号加速度计；(b) 7 号加速度计

(FLuid Implicit Particle，FLIP) 法的基础上，发展出用于固体力学的物质点法 (MPM)。一方面，MPM 与 SPH 类似，都将材料离散成一系列带有质量的粒子，粒子携带材料所有的物质信息，如密度、速度、应力等，其运动代表了材料的变形；另一方面，SPH 为完全无网格法，其时间积分步长取决于粒子间距，当变形较大时，造成粒子分布极端不均匀，临界时间步长有可能急剧下降，影响计算效率。SPH 每个时间步还需要搜索各粒子支撑域内的影响粒子，这部分操作也较为耗时。与之相反，MPM 则使用背景网格 (通常在空间上固定），求解动量守恒方程和空间导数。在每个计算时间步中，首先采用拉格朗日形式，将粒子信息映射到背景网格上，通过背景网格求解动量方程，所得结果再映射回粒子，仅更新粒子的物质信息而忽略网格的变形。下一个时间步依然采用未变形的网格，因此 MPM 兼具拉格朗日法和欧拉法的优点，无需欧拉法中对流项的处理，即使与有限元相比也拥有较高的求解效率。

3.3.4.1 计算步骤

MPM 中的质点携带所有物理量，在内力与外力的共同作用下在背景网格中运动。每个质点携带的质量固定，因此系统的质量守恒方程自动满足，质点密度可近似为：

$$\rho(\boldsymbol{x}_i)=\sum_{p=1}^{n_p} m_p\delta(\boldsymbol{x}_i-\boldsymbol{x}_{ip}) \tag{3.3-61}$$

式中 n_p——物质点个数；

m_p——质点 p 的质量；

δ——狄拉克函数；

$\boldsymbol{x}_{ip}$——质点 p 的坐标。

质点与背景网格节点间的信息映射通过背景网格有限元形函数 $\boldsymbol{N}_I(\boldsymbol{x}_i)$ 实现，令 $\boldsymbol{N}_{Ip}=\boldsymbol{N}_I(\boldsymbol{x}_{ip})$，$\boldsymbol{N}_I=\boldsymbol{N}_I(\boldsymbol{x}_i)$（下标 I 和 p 分别代表网格节点和质点上的变量），则网格节点坐标和物质点坐标之间的映射关系为：

$$\boldsymbol{x}_{ip}=\sum_{I=1}^{n_g}\boldsymbol{N}_{Ip}\boldsymbol{x}_{iI} \tag{3.3-62}$$

式中 n_g——背景网格节点个数。

将式（3.3-61）和式（3.3-62）代入虚功率方程中，可得：

$$\dot{p}_{iI}=f_{iI}^{\text{int}}+f_{iI}^{\text{ext}},I=1,2,\cdots,n_g;i=1,2,3 \tag{3.3-63}$$

其中：

$$p_{iI}=\sum_{J=1}^{n_g}m_{IJ}v_{iJ}=\sum_{p=1}^{n_p}m_p v_{ip}N_{Ip} \tag{3.3-64}$$

$$f_{iI}^{\text{int}}=-\sum_{p=1}^{n_p}N_{Ip,j}\sigma_{ij}(\boldsymbol{x}_p)\frac{m_p}{\rho_p} \tag{3.3-65}$$

$$f_{iI}^{\text{ext}}=\sum_{p=1}^{n_p}m_p N_{Ip}b_{ip}+\int_{\Gamma_t}N_I t_i\,\mathrm{d}\Gamma \tag{3.3-66}$$

式（3.3-64）中背景网格的质量矩阵为：

$$m_{IJ}=\sum_{p=1}^{n_p}m_p N_{Ip}N_{Jp} \tag{3.3-67}$$

通常采用集中质量矩阵提高求逆计算效率，式（3.3-64）可改写为：

$$p_{iI}=m_I v_{iI} \tag{3.3-68}$$

集中质量矩阵为：

$$m_I=\sum_{J=1}^{n_g}m_{IJ}=\sum_{p=1}^{n_p}m_p N_{Ip} \tag{3.3-69}$$

虽然每个质点 m_p 为常数，网格节点质量 m_I 在每个时间步需重新计算。式（3.3-63）

的求解通常使用显式时间步积分，设 t^n 时刻各质点所有物理量已知，求 t^{n+1} 时刻质点各物理量，具体求解过程如下：

（1）将质点信息映射到网格节点

$$m_I^n=\sum_{p=1}^{n_p} m_p N_{Ip}^n \tag{3.3-70}$$

$$p_{iI}^n=\sum_{p=1}^{n_p} m_p v_{ip}^n N_{Ip}^n \tag{3.3-71}$$

$$f_{iI}^n=f_{iI}^{\text{int},n}+f_{iI}^{\text{ext},n} \tag{3.3-72}$$

（2）在背景网格节点上积分动量方程

$$p_{iI}^{n+1}=p_{iI}^n+f_{iI}^n\Delta t \tag{3.3-73}$$

固定边界上有 $p_{iI}^{n+1}=f_{iI}^{n+1}=0$。

（3）更新质点位置和速度

$$\bar{v}_{ip}^{n+1}=\sum_{I=1}^{n_g}\frac{p_{iI}^{n+1}}{m_I^n}N_{Ip}^n \tag{3.3-74}$$

$$a_{ip}^n=\sum_{I=1}^{n_g}\frac{f_{iI}^n}{m_I^n}N_{Ip}^n \tag{3.3-75}$$

$$x_{ip}^{n+1}=x_{ip}^n+\bar{v}_{ip}^{n+1}\Delta t \tag{3.3-76}$$

$$v_{ip}^{n+1}=v_{ip}^n+a_{ip}^n\Delta t \tag{3.3-77}$$

式（3.3-77）采用 FLIP 方法更新质点速度，也可以直接用式（3.3-74）更新得 $v_{ip}^{n+1}=\bar{v}_{ip}^{n+1}$，该方法称为 PIC 法。通常 PIC 法更加稳定，但在求解动态问题时会带来过阻尼；而 FLIP 法可以很好地保证能量守恒，但同时有可能造成数值不稳定。

（4）将速度映射回背景网格节点

$$v_{iI}^{n+1}=\frac{\sum_p m_p v_{ip}^{n+1}N_{Ip}^n}{m_I^n} \tag{3.3-78}$$

（5）计算应变增量和旋率增量

$$\Delta\varepsilon_{ijp}^n=\frac{1}{2}\sum_{I=1}^{n_g}\left[N_{Ip,j}^{n+1}v_{iI}^{n+1}+N_{Ip,i}^{n+1}v_{jI}^{n+1}\right]\Delta t \tag{3.3-79}$$

$$\Delta\Omega_{ijp}^n=\frac{1}{2}\sum_{I=1}^{n_g}\left[N_{Ip,j}^{n+1}v_{iI}^{n+1}-N_{Ip,i}^{n+1}v_{jI}^{n+1}\right]\Delta t \tag{3.3-80}$$

（6）更新质点密度和应力

$$\rho_p^{n+1}=\frac{\rho_p^n}{1+\Delta\varepsilon_{iip}^n} \tag{3.3-81}$$

$$\sigma_{ijp}^{n+1}=\sigma_{ijp}^n+\Delta\Omega_{ikp}^n\sigma_{kjp}^n-\sigma_{ikp}^n\Delta\Omega_{kjp}^n+\Delta\sigma_{ijp}^n \tag{3.3-82}$$

式中　$\Delta\varepsilon_{iip}^n=\Delta\varepsilon_{11}^n(\boldsymbol{x}_p)+\Delta\varepsilon_{22}^n(\boldsymbol{x}_p)+\Delta\varepsilon_{33}^n(\boldsymbol{x}_p)$；

$\Delta\sigma_{ijp}^n$——根据材料本构关系更新。

整体来看，MPM 与 FEM 比较接近，都使用有限单元形函数做插值近似，不过由于 MPM 积分点为移动的质点，而非 FEM 中相对网格固定的高斯点，其求解精度较 FEM 略低。尽管如此，MPM结合了基于网格和基于粒子两种方法的优点，在求解大变形、不连续问题上有明显优势，且由于映射的单值性，MPM中不同物体间不会发生穿透现象，自动满足无滑动接触条件，在处理接触问题上也更为方便。目前，MPM的应用非常广泛，除岩土工程外，还在计算机图形学、游戏电影产业应用中受到普遍认可。关于MPM的详细介绍，感兴趣的读者可参考张雄等的专著[29] 以及de Vaucorbeil等的文章[30]。

3.3.4.2 算例

Li等[31] 采用MPM和剪切转变区（Shear-Transformation-Zone，STZ）模拟了土与管道相互作用问题。几何尺寸与边界条件如图3.3-17所示，地基宽3m，深1.2m，离散成36000个四边形单元，初始时刻每个单元含一个物质点。采用底部固定、两侧滑动边界。管道直径$D=0.3$m，初始时刻位于地基中线正上方。其按指定运动轨迹移动：首先向下移动0.24m(0.8D)，然后紧接着向左侧平移0.18m(0.6D)，加载时间轴如图3.3-18所示。

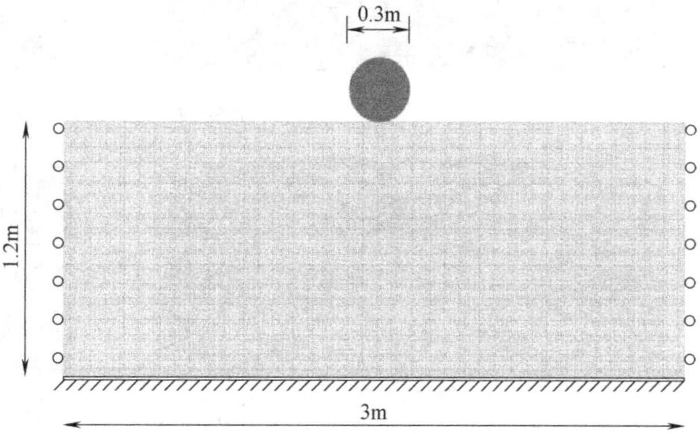

图3.3-17 土-管道相互作用问题几何尺寸与边界条件[31]

地基土初始应力状态为重力场作用下k_0应力状态，其中$k_0=1-\sin\varphi$，$\varphi=21.9°$为内摩擦角。整个过程中管道受到的土的阻力如图3.3-19所示，首先在垂直运动过程中竖向阻力急剧升高至17kN，然后由于土的软化，阻力稍有下降至12.4kN，在此过程中水平阻力保持为0（无水平向运动）。在接下来的水平运动过程中，竖向阻力持续下降至$t=$6s时的2.8kN附近，而水平阻力则快速升高至3.6kN，后续缓慢增长至最终的4.5kN。

管道运动过程中地基土变形云图如图3.3-20所示。当管道下沉到0.12m（0.4D）时，出现W形剪切带；当管道继续下沉至0.24m，出现多组W形剪切带，同时位移场呈现对称的蝴蝶形。当管道开始水平移动时，左侧的土受到挤压，相应的应变增大，相反右侧的土的隆起被抵消。

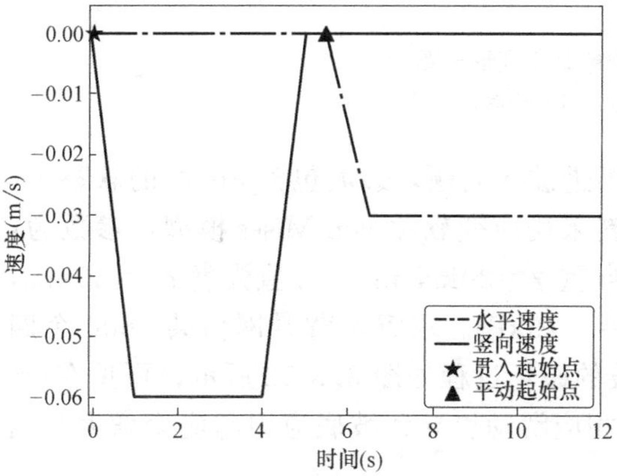

图3.3-18 管道移动方式[31]

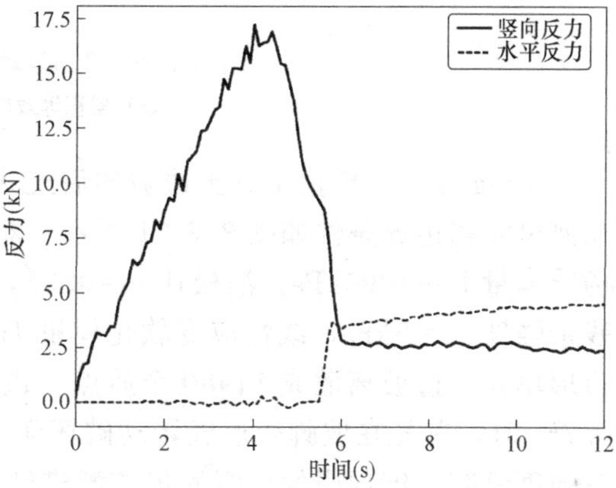

图3.3-19 管道受到的土的阻力[31]

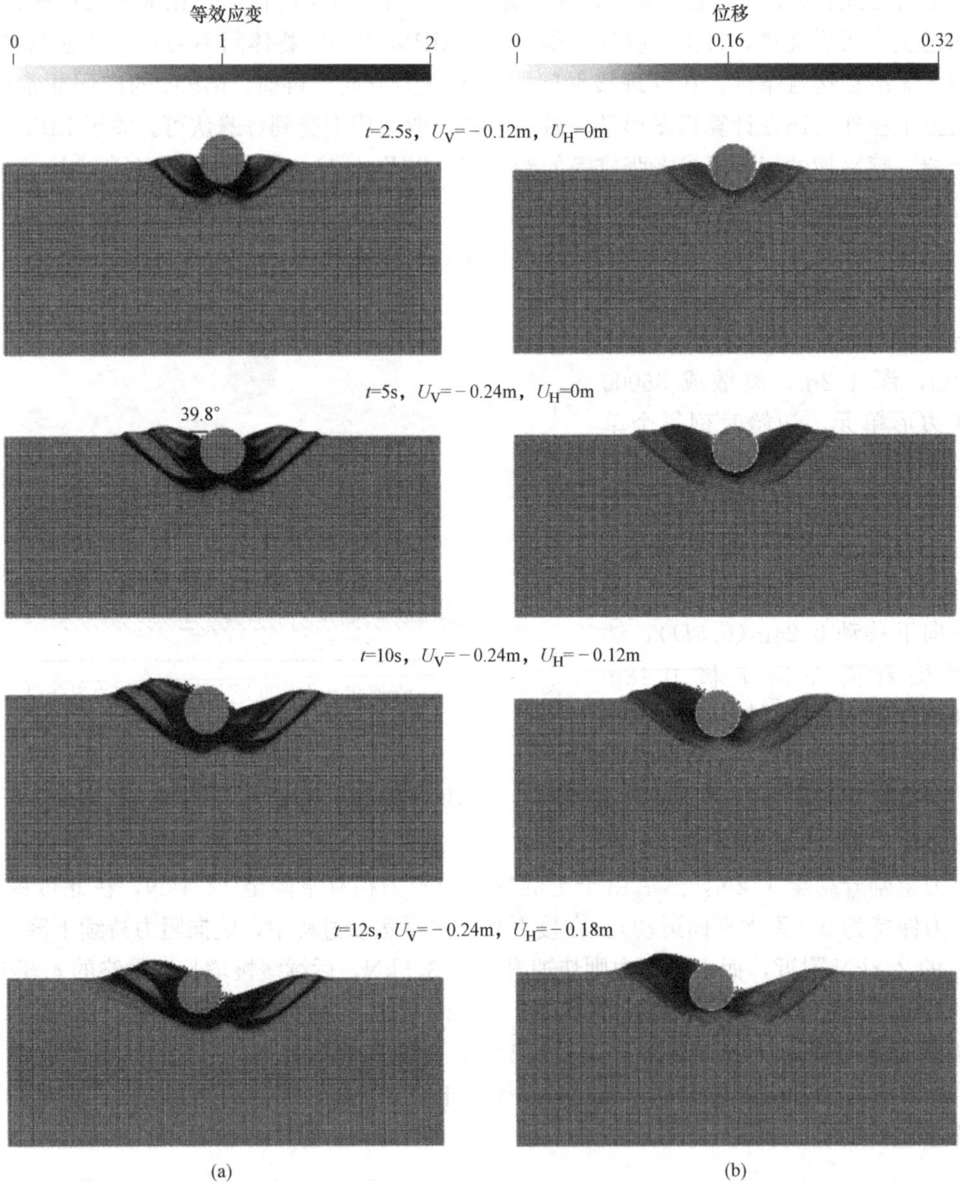

图 3.3-20 管道运动中地基土变形云图[31]

(a) 累积等效应变；(b) 位移场

Wang 等[32] 模拟了黏土边坡的后退式渐进破坏问题，边坡包含 5m 厚的软黏土，几何尺寸和边界条件如图 3.3-21 所示。材料采用应变软化 von Mises 模型，参数为：杨氏模量 E=1000kPa，泊松比 ν=0.33，自重 γ=20kN/m^3，峰值强度 c_0=20kPa，残余强度 c_r=5kPa，线性应变软化模量 H=－75kPa。求解域背景网格共 4600 个四边形单元，边坡离散成 14980 个质点。边坡的破坏过程如图 3.3-22 所示，可见在t=1.75s 时，首先在坡脚处形成转动破坏面，相应滑动块导致坡底应力与应变增大，相应强度衰减，继而引发后续后退式渐进破坏。

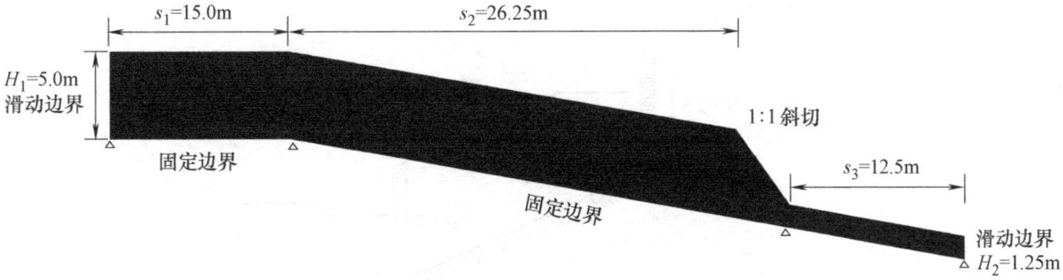

图 3.3-21　软黏土边坡几何尺寸和边界条件[32]

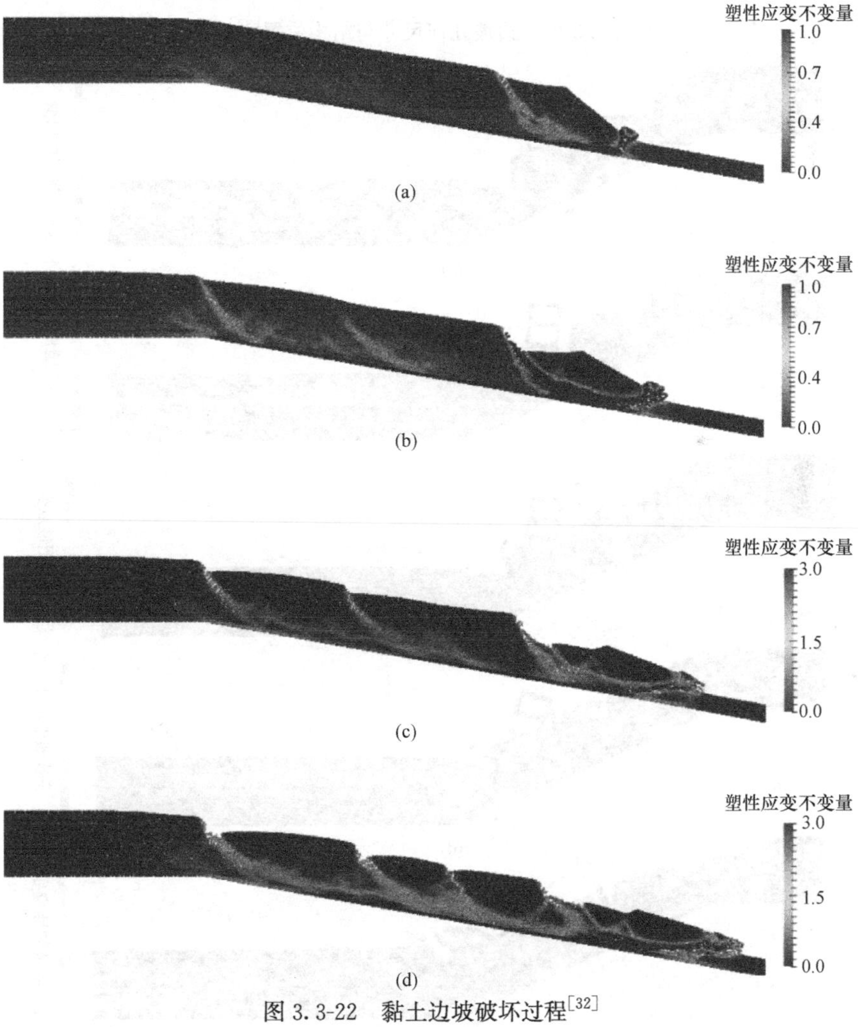

图 3.3-22　黏土边坡破坏过程[32]

(a) $t=1.75$s，形成首条（转动）滑移面；(b) $t=2.75$s，形成平动破坏面；(c) $t=4.00$s，形成二次移动；(d) $t=6.00$s，坍塌边坡形状呈梯状特征

González Acosta 等[33] 采用与 Wang 等[32] 相同的材料本构关系，以及开发隐式物质点法，研究了滑坡与结构相互作用的问题（图 3.3-23）。材料峰值强度随深度变化，表层 $c_0=15$kPa，底部 $c_0=80$kPa；残余强度 $c_r=5$kPa，软化模量 $H=-30$kPa，杨氏模量和泊松比分别为 $E=1.5$MPa，$\nu=0.4$。结构假设为理想弹性体，参数取为 $E=50$MPa，$\nu=0.35$。边坡因开挖而引发滑坡，其与结构相互作用变形发展过程如图 3.3-24 所示。

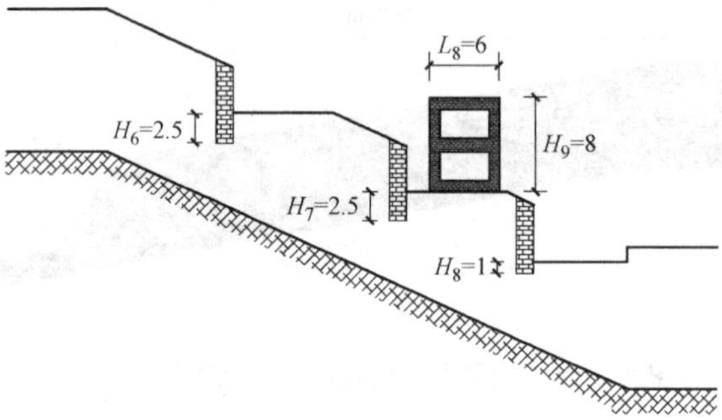

图 3.3-23　边坡几何尺寸与结构位置[33]

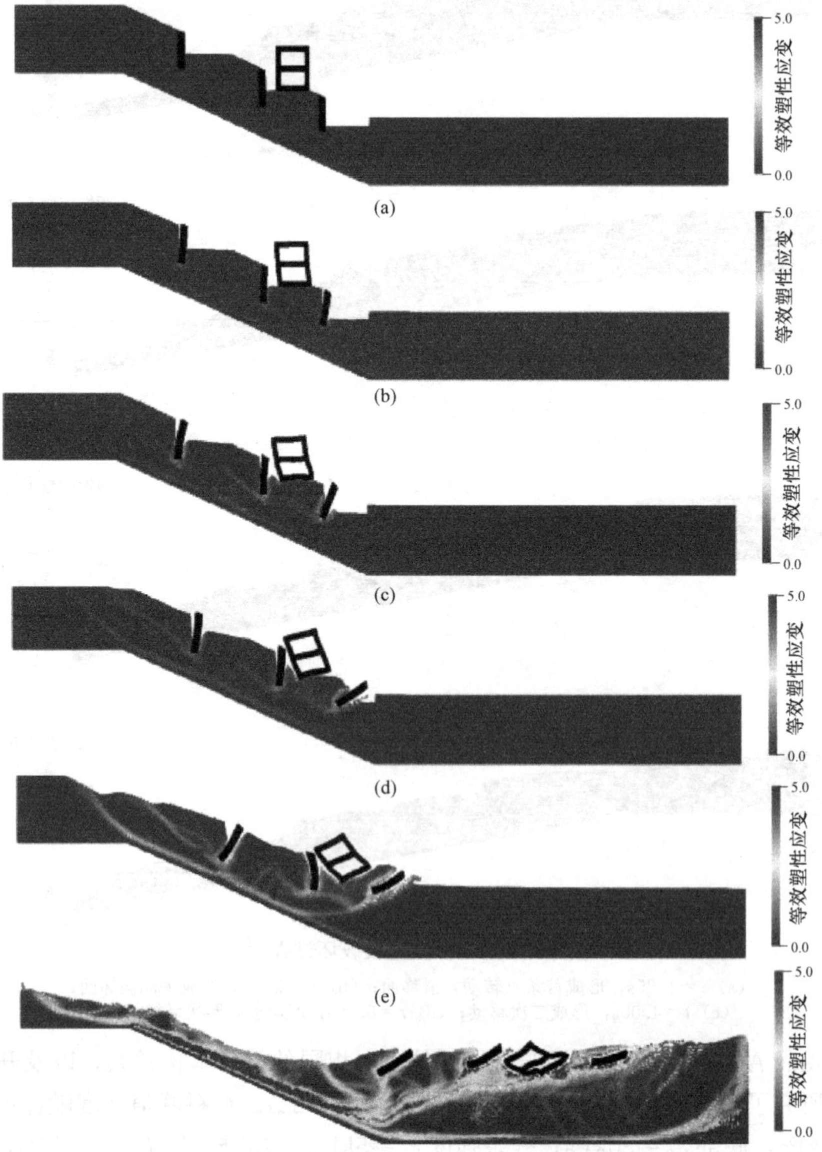

图 3.3-24　滑坡与结构相互作用等效塑性应变云图[33]

(a) 0.14s；(b) 0.70s；(c) 1.10s；(d) 1.75s；(e) 3.05s；(f) 10s

3.3.5 小结

无网格方法自从 1977 年 SPH 的面世，至今已有 40 多年的发展历史，虽然在超大变形、裂纹扩展、冲击爆炸、流固耦合等问题的求解上取得了一定的成绩，展示了其具有的独特优势，然而在严密数学论证、计算效率、边界条件处理以及实际工程应用方面尚不足以与成熟的有限元、有限体积法等相媲美。另外，要想获得各行各业工程师们的青睐，让他们在实际工程应用中能够方便地使用无网格法，并得到可靠、鲁棒的分析计算结果，发展通用的商业软件也至关重要。目前，以 SPH 为代表的无网格方法已成功嵌入到 LS-DYNA、ABAQUS、PowerFLOW 等行业主流商业软件中，学界也在积极开发无网格方法的开源程序，如 MPM 的 CB-Geo、SPH 的 DualSPHysics 等，正成为未来 CAE 领域的一种发展趋势。

参考文献

[1] Gingold R A, Monaghan J J. Smoothed particle hydrodynamics: theory and application to non-spherical stars [J]. Monthly Notices of the Royal Astronomical Society, 1977, 181 (3): 375-389.

[2] Lucy L B. A numerical approach to the testing of the fission hypothesis [J]. Astronomical Journal, 1977, 82: 1013-1024.

[3] Libersky L D, Petschek A G. Smooth particle hydrodynamics with strength of materials [C]. Advances in the Free-Lagrange Method Including Contributions on Adaptive Gridding and the Smooth Particle Hydrodynamics Method. Lecture Notes in Physics, 1991, 395: 248-257.

[4] Lancaster P, Salkauskas K. Surfaces generated by moving least squares methods [J]. Mathematics of Computation, 1981, 37 (155): 141-158.

[5] Nayroles B, Touzot G, Villon P. Generalizing the finite element method: Diffuse approximation and diffuse elements [J]. Computational Mechanics, 1992, 10: 307-318.

[6] Belytschko T, Lu Y Y, Gu L. Element-free Galerkin methods [J]. International Journal for Numerical Methods in Engineering, 1994, 37 (2): 229-256.

[7] Sulsky D, Chen Z, Schreyer H L. A particle method for history-dependent materials [J]. Computer Methods in Applied Mechanics and Engineering, 118 (1-2): 179-196.

[8] Liu W K, Jun S, Zhang Y F. Reproducing kernel particle methods [J]. International Journal for Numerical Methods in Fluids, 1995, 20 (8-9): 1081-1106.

[9] Oñate E, Idelsohn S, Zienkiewicz O C, Taylor R L. A finite point method in computational mechanics. Applications to convective transport and fluid flow [J]. International Journal for Numerical Methods in Engineering, 1996, 39 (22): 3839-3866.

[10] Duarte C A, Oden J T. H-p clouds—An *h-p* meshless method [J]. Numerical Methods for Partial Differential Equations, 1996, 12: 673-705.

[11] Atluri S N, Zhu T. A new Meshless Local Petrov-Galerkin (MLPG) approach in computational mechanics [J]. Computational Mechanics, 1998, 22: 117-127.

[12] Silling S A. Reformulation of elasticity theory for discontinuities and long-range forces [J]. Journal of the Mechanics and Physics of Solids, 2000, 48: 175-209.

[13] Wang J G, Liu G R. A point interpolation meshless method based on radial basis functions [J].

International Journal for Numerical Methods in Engineering，2002，54 (11)：1623-1648.
[14] 张雄，宋康祖，陆明万. 无网格法的研究进展及其应用 [J]. 计算力学学报，2003，20 (6)：730-742.
[15] 张雄，刘岩. 无网格法 [M]. 北京：清华大学出版社，2004.
[16] Zhu F，Zhao J. Peridynamic modelling of blasting induced rock fractures [J]. Journal of the Mechanics and Physics of Solids，2021，153：104469.
[17] Chen J S，Hillman M，Chi S W. Meshfree methods：Progress made after 20 years [J]. Journal of Engineering Mechanics，2017，143 (4)：04017001.
[18] Beissel S，Belytschko T. Nodal integration of the element-free Galerkin method [J]. Computer Methods in Applied Mechanics and Engineering，1996，139：49-74.
[19] Chen J S，Wu C T，Yoon S，You Y. A stabilized conforming nodal integration for Galerkin meshfree methods [J]. International Journal for Numerical Methods in Engineering，2001，50：435-466.
[20] 潘小飞. 高效稳定的无网格法若干问题的研究 [D]. 北京：清华大学，2006.
[21] Murakami A，Setsuyasu T，Arimoto S I. Mesh-free method for soil-water coupled problem within finite strain and its numerical validity [J]. Soils and Foundations，2005，45 (2)：145-154.
[22] Monaghan J J. Smoothed particle hydrodynamics [J]. Annual Review of Astronomy and Astrophysics，1992，30：543-574.
[23] Gray J P，Monaghan J J，Swift R P. SPH elastic dynamics [J]. Computer Methods in Applied Mechanics and Engineering，2001，190 (49)：6641-6662.
[24] Xu X Y，Ouyang J，Yang B X，Liu Z J. SPH simulations of three-dimensional non-Newtonian free surface flows [J]. Computer Methods in Applied Mechanics and Engineering，2013，256：101-116.
[25] Peng C，Wu W，Yu H S，Wang C. A SPH approach for large deformation analysis with hypoplastic constitutive model [J]. Acta Geotechnica，2015，10：703-717.
[26] Bui H H，Fukagawa R，Sako K，Ohno S. Lagrangian meshfree particles method (SPH) for large deformation and failure flows of geomaterial using elastic-plastic soil constitutive model [J]. International Journal for Numerical and Analytical Methods in Geomechancis，2008，32：1537-1570.
[27] Chen W F，Mizuno E. Nonlinear Analysis in Soil Mechanics：Theory and Implementation [M]. Elsevier：Amsterdam，1990.
[28] Chen W，Qiu T. Simulation of earthquake-induced slope deformation using SPH method [J]. International Journal for Numerical and Analytical Methods in Geomechanics，2014，38：297-330.
[29] 张雄，廉艳平，刘岩，周旭. 物质点法 [M]. 北京：清华大学出版社，2013.
[30] deVaucorbeil A，Nguyen V P，Sinaie S，Wu J Y. Material point method after 25 years：Theory, implementation，and applications [J]. Advances in Applied Mechanics，2020，53：185-398.
[31] Li W L，Guo N，Yang Z X，Helfer T. Large-deformation geomechanical problems studied by a shear-transformation-zone model using the material point method [J]. Computers and Geotechnics，2021，135：104153.
[32] Wang B，Vardon P J，Hicks M A. Investigation of retrogressive and progressive slope failure mechanisms using the material point method [J]. Computers and Geotechnics，2016，78：88-98.
[33] González Acosta J L，Vardon P J，Hicks M A. Study of landslides and soil-structure interaction problems using the implicit material point method [J]. Engineering Geology，2021，285：106043.

3.4 非连续变形分析方法

郑宏[1]，张朋[2]

（1. 北京工业大学建筑工程学院，北京 100124；2. 河南工业大学土木建筑学院，河南郑州 450001）

3.4.1 引言

处于地球浅表的岩石在经历了漫长的地质作用后，形成了断层、节理、裂隙等非连续结构面，进而形成了所谓的岩体。岩体内的非连续结构面影响或控制着岩体的变形和破坏。传统的基于连续介质假定的方法，如有限元法（Finite Element Method，FEM）、有限差分法（Finite Difference Method，FDM）、边界元法（Boundary Element Method，BEM）等，在模拟岩体的不连续变形时存在天然的局限性，更难以模拟岩体破坏而导致的大位移和大转动。基于离散块体系统假定的分析方法，如离散元法（Discrete Element Method，DEM）、非连续变形分析方法（Discontinuous Deformation Analysis，DDA），能描述岩体的非连续性，可以模拟岩体的大位移及大转动，所以在岩石工程得到了大量的应用和研究。DDA 晚于 DEM，但通常认为 DDA 在理论上比 DEM 严密。

1971 年 Cundall 创立了离散元法[1]，视每个块体为一个单元，块体可以有平动、转动和变形，相邻块体可以分离、接触、滑动。各个块体的运动由该块体所受的不平衡力和不平衡力矩的大小按牛顿第二定律确定，主要采用显示差分格式的动态松弛法求解[2-6]。王泳嘉[7] 最先将离散元法引入国内，而后得到了大量的应用和研究[8-17]。Munjiza 综合离散元和有限元各自的特点，提出了有限元离散元耦合方法[18]。该方法在块体内部划分有限元网格，在相邻单元公共边上插入起粘结作用的节理单元，通过节理单元的断裂来模拟裂隙的扩展，也得到了比较广泛的研究和应用[19-20]。

1984 年石根华创立了非连续变形分析方法[21]，其研究对象是同离散元一样的块体系统。块体间的接触力是利用块体间的相对位移来表示的，其间引入了接触弹簧。在接触条件约束下，通过极小化块体系统的势能来求得块体的位移。然而，一般情况下接触条件是未知的，因此 DDA 利用开-闭迭代来确定正确的接触条件。

DDA 和 DEM 在处理接触条件时都引入了“虚拟的”接触弹簧，而且接触弹簧的刚度对解的精度有重要的影响，对于复杂的工程问题，选取合理的弹簧刚度并不容易，所以制约着它们在工程中取得更广泛的应用。本节在 DDA 框架下，通过将接触条件用等价的（拟）变分不等式表示，彻底摒弃了接触弹簧，在保证求解效率和鲁棒性的前提下大幅度地改善了 DDA 解答的精度。

3.4.2 块体分析

本节取一典型块体 Ω_i 来作为研究对象，导出块体的位移自由度向量与其上的接触力与接触之间的关系。

为简单起见，采用了和经典 DDA 一样的小变形位移模式并假设块体为常应变模式，从而块体内部任一点的位移增量可表示为：

$$\boldsymbol{u}_i(x,y)=\boldsymbol{T}_i\boldsymbol{d}^i \tag{3.4-1}$$

其中，

$$\boldsymbol{d}^i=(u_0^i \quad v_0^i \quad r_0^i \quad \varepsilon_{\mathrm{x}}^i \quad \varepsilon_{\mathrm{y}}^i \quad \gamma_{\mathrm{xy}}^i)^{\mathrm{T}} \tag{3.4-2}$$

代表 Ω_i 的广义位移自由度向量。$\boldsymbol{d}^i$ 的所有分量都是增量；u_0^i、v_0^i 分别是块体 Ω_i 水平方向和垂直方向上的平移位移；r_0^i 是块体 Ω_i 绕其内参考点（x_0^i，y_0^i）的转动角；$\varepsilon_{\mathrm{x}}^i$、$\varepsilon_{\mathrm{y}}^i$、$\gamma_{\mathrm{xy}}^i$ 是基于小变形的块体 Ω_i 的平均应变分量。

$\boldsymbol{T}_i$ 为 2×6 形函数矩阵：

$$\boldsymbol{T}_i(x,y)=\begin{bmatrix}1 & 0 & -(y-y_0^i) & (x-x_0^i) & 0 & (y-y_0^i)/2\\ 0 & 1 & (x-x_0^i) & 0 & (y-y_0^i) & (x-x_0^i)/2\end{bmatrix} \tag{3.4-3}$$

DDA 中所有类型的接触实际上都可归结为从块体 Ω_{s} 的一个顶点 V 和另一个主块体 Ω_{m} 的一条边 E 之间的接触，如图 3.4-1 所示，这里的顶点实际上是 Ω_{s} 的一个凸角。Ω_{s} 的顶点 V 和 Ω_{m} 的边 E 构成接触对，记为 $E-V$，V' 是顶点 V 在边 E 上的投影点。接触对 $E-V$ 的局部标架为 $[\boldsymbol{n},\ \boldsymbol{\tau}]$，其中，$\boldsymbol{n}$ 为边 E 的单位法向向量并指向块体 Ω_{m} 的内部；$\boldsymbol{\tau}$ 是边 E 的单位切向向量且沿块体 Ω_{m} 逆时针走向。由从块体 Ω_{s} 的顶点 V 施加在主块体 Ω_{m} 的边 E 上的力被称作接触力，包括法向力 $p^{\mathrm{n}}\boldsymbol{n}$ 和切向力 $p^{\tau}\boldsymbol{\tau}$；相应地顶点 V 所受的力就为接触反力。

显然，块体 Ω_i 的一些边上可能有接触力（$p_{\mathrm{m}}^{\mathrm{n}}\boldsymbol{n}_{\mathrm{m}}$，$p_{\mathrm{m}}^{\tau}\boldsymbol{\tau}_{\mathrm{m}}$），一些顶点处可能有接触反力（$-p_{\mathrm{s}}^{\mathrm{n}}\boldsymbol{n}_{\mathrm{s}}$，$-p_{\mathrm{s}}^{\tau}\boldsymbol{\tau}_{\mathrm{s}}$），其中 $[\boldsymbol{n}_{\mathrm{s}},\ \boldsymbol{\tau}_{\mathrm{s}}]$ 是以块体 Ω_i 为从块体、以另一与 Ω_i 相接触的块体为主块体的局部标架，如图 3.4-2 所示。$-\boldsymbol{n}_{\mathrm{s}}$ 指向 Ω_i 内部，$-\boldsymbol{\tau}_{\mathrm{s}}$ 沿 Ω_i 的逆时针方向。这两种情况下 Ω_i 所受的力被统一记为（$p^{\mathrm{n}}\boldsymbol{n}$，$p^{\tau}\boldsymbol{\tau}$），在其作用下所产生的位移为（$u^{\mathrm{n}}\boldsymbol{n}$，$u^{\tau}\boldsymbol{\tau}$）。

因为 DDA 是以集中力来反映接触的，因此块体 Ω_i 的动量守恒需采用弱形式，即：

$$\int_{\Omega_i}[(\delta\boldsymbol{v})^{\mathrm{T}}(\rho\ddot{\boldsymbol{u}})+(\delta\boldsymbol{\varepsilon})^{\mathrm{T}}\hat{\boldsymbol{\sigma}}]\mathrm{d}\Omega=\int_{\Omega_i}(\delta\boldsymbol{v})^{\mathrm{T}}\boldsymbol{b}\,\mathrm{d}\Omega+\int_{S_i^{\mathrm{p}}}(\delta\boldsymbol{v})^{\mathrm{T}}\boldsymbol{p}\,\mathrm{d}\Omega+\sum_{j=1}^{n_i}(\delta\boldsymbol{v}_{\mathrm{c}}^{j})^{\mathrm{T}}\boldsymbol{p}_j \tag{3.4-4}$$

从块体 Ω_i 的动量守恒的弱形式出发，可以得到它的离散形式：

$$\boldsymbol{M}_i\ddot{\boldsymbol{d}}^i+\boldsymbol{E}_i\boldsymbol{d}^i-\boldsymbol{C}_i\boldsymbol{p}^i=\boldsymbol{b}^i \tag{3.4-5}$$

式中 $\boldsymbol{b}^i$——6 维广义荷载矩阵，其对应于广义位移矢量 $\boldsymbol{d}^i$；

$\boldsymbol{p}^i$——$2n_i$ 维接触力矢量，包含块体 Ω_i 上的 n_i 对接触对的 $2n_i$ 个接触力。

$$\boldsymbol{p}^i=(p_1^{\mathrm{n}},p_1^{\tau},\cdots,p_{n_i}^{\mathrm{n}},p_{n_i}^{\tau})^{\mathrm{T}} \tag{3.4-6}$$

$\boldsymbol{M}^i$ 为 6×6 质量矩阵：

$$\boldsymbol{M}_i=\bar{\rho}\int_{\Omega_i}\boldsymbol{T}_i^{\mathrm{T}}\boldsymbol{T}_i\,\mathrm{d}\Omega \tag{3.4-7}$$

$\boldsymbol{E}^i$ 为 6×6 刚度矩阵：

$$\boldsymbol{E}_i=\begin{pmatrix}\boldsymbol{0}_{3\times3} & \boldsymbol{0}_{3\times3}\\ \boldsymbol{0}_{3\times3} & S_i\boldsymbol{D}_{3\times3}\end{pmatrix} \tag{3.4-8}$$

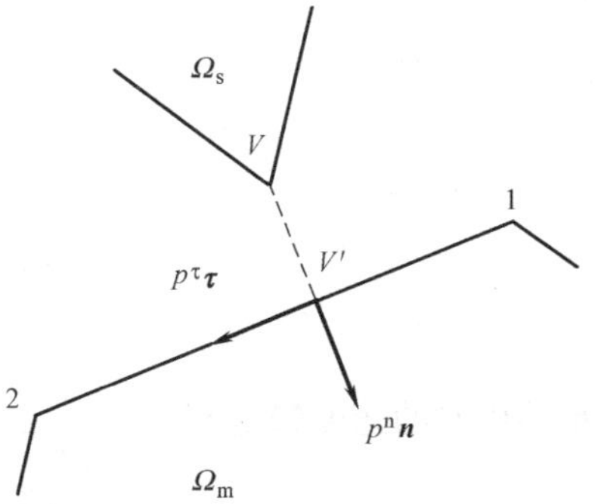

图 3.4-1　接触对 E-V 和局部标架 $[\boldsymbol{n},\ \boldsymbol{\tau}]$

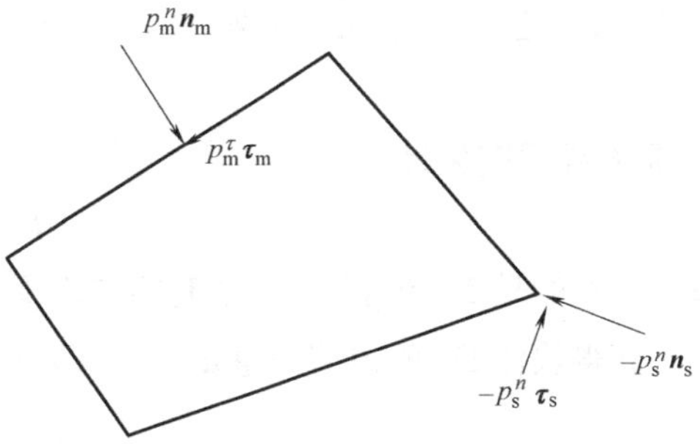

图 3.4-2　块体 Ω_i 的边上的接触力和顶点处的接触力

S_i 为块体 Ω_i 的面积，$\boldsymbol{D}$ 为 3×3 弹性矩阵；$\boldsymbol{C}_i$ 为 $6\times 2n_i$ 矩阵：

$$\boldsymbol{C}_i=[\boldsymbol{C}_i^1,\boldsymbol{C}_i^2,\cdots,\boldsymbol{C}_i^j,\cdots,\boldsymbol{C}_i^{n_i}] \tag{3.4-9}$$

$\boldsymbol{C}_i^j$ 为块体 Ω_i 上的第 j 对接触对 E_j-V_j 对应的 6×2 矩阵：

$$\boldsymbol{C}_i^j(x_j,y_j)=s_j\boldsymbol{T}_i^{\mathrm{T}}(x_j,y_j)[\boldsymbol{n}_j,\boldsymbol{\tau}_j] \tag{3.4-10}$$

式中　$[\boldsymbol{n}_j,\ \boldsymbol{\tau}_j]$——第 j 对接触对 E_j-V_j 的局部标架；

$(x_j,\ y_j)$——第 j 对接触对 E_j-V_j 接触点的坐标：如果边 E_j 属于块体 Ω_i，V_j 在边 E_j 的投影点 V_j' 是接触点，s_j 等于 1；如果顶点 V_j 属于块体 Ω_i，顶点 V_j 是接触点，s_j 等于-1。

注意由于本算法包含了所有可能的接触点对，包括角-角接触中的两个可能的接触点对，见 3.4.5.2 小节解释，所以矩阵 $\boldsymbol{C}_i$ 在本时间步内将不发生改变，这是本算法相对于经典 DDA 的另一优势。

上述推导是基于块体 Ω_i 是弹性的假定，具体细节见文献 [23]。块体采用更复杂的本构关系时，实现起来没有本质的困难。在本节中我们更为关注的是接触非线性。

时间积分采用原 DDA 的处理方式，即：

$$\ddot{\boldsymbol{d}}^i=\frac{2}{\Delta^2}\boldsymbol{d}^i-\frac{2}{\Delta}\boldsymbol{v}_0^i \tag{3.4-11}$$

式中　Δ——该时间步步长；

$\boldsymbol{v}_0^i$——该时间步开始时块体 Ω_i 的速度矢量。

将式 (3.4-11) 代入式 (3.4-5) 并加以整理可得：

$$\boldsymbol{K}_i\boldsymbol{d}^i-\boldsymbol{C}_i\boldsymbol{p}^i=\boldsymbol{q}^i \tag{3.4-12}$$

其中，$\boldsymbol{K}_i$ 为 6×6 等效块体刚度矩阵，

$$\boldsymbol{K}_i=\frac{2}{\Delta^2}\boldsymbol{M}_i+\boldsymbol{E}_i \tag{3.4-13}$$

$\boldsymbol{q}^i$ 为 6 维等效块体荷载矩阵，

$$\boldsymbol{q}^i=\frac{2}{\Delta}\boldsymbol{M}_i\boldsymbol{v}_0^i+\boldsymbol{b}^i \tag{3.4-14}$$

因为 $\boldsymbol{K}_i$ 是可逆的[24]，通过对式 (3.4-11) 左乘 $\boldsymbol{K}_i^{-1}$，可以得到以块体 Ω_i 的接触力 $\boldsymbol{p}^i$ 表示的 $\boldsymbol{d}^i$，即：

$$\boldsymbol{d}^i=\boldsymbol{F}_i\boldsymbol{p}^i+\boldsymbol{f}^i \tag{3.4-15}$$

其中，$\boldsymbol{F}_i$ 是 $6\times 2n_i$ 柔度矩阵，

$$\boldsymbol{F}_i=\boldsymbol{K}_i^{-1}\boldsymbol{C}_i \tag{3.4-16}$$

$\boldsymbol{f}^i$ 是 6 维柔度矢量，

$$\boldsymbol{f}^i=\boldsymbol{K}_i^{-1}\boldsymbol{q}^i \tag{3.4-17}$$

值得注意的是 $\boldsymbol{F}_i$ 和 $\boldsymbol{f}^i$ 在一个时间步内保持不变。

获得块体 Ω_i 的位移矢量 $\boldsymbol{d}^i$ 后，即可获得时间步结束时的速度矢量 $\boldsymbol{v}^i$：

$$\boldsymbol{v}^i=\boldsymbol{v}_0^i+\Delta\ddot{\boldsymbol{d}}^i \tag{3.4-18}$$

$\boldsymbol{v}^i$ 将被作为下一时间步开始时的速度矢量 $\boldsymbol{v}_0^i$。

因为本节取接触力为基本未知量，块体的位移可由各块体上的接触力通过式（3.4-15）来求得，故而称本节所建议的方法为 DDA 的对偶形式，DDA-d。

3.4.3 接触条件的变分不等式表示

在每个时步开始时，首先通过接触检测得到所有的接触对，这可以通过原 DDA 代码实现。在本节中，我们将推导一个接触对在一个时步结束时必须遵循的用变分不等式表示的接触条件。下面将以第 k 对接触对 E_k-V_k 为例，边 E_k 属于块体 Ω_i，顶点 V_k 属于块体 Ω_j，$[\boldsymbol{n}_k,\ \boldsymbol{\tau}_k]$ 为局部标架，如图 3.4-3 所示。

1. 法向接触条件

在一个时间步结束时，接触对 E_k-V_k 的法向接触距离 g_k^{n} 为向量 $\overrightarrow{V_kV_k'}$ 在 $\boldsymbol{n}_k$ 上的投影：

$$g_k^{\mathrm{n}}=\boldsymbol{n}_k^{\mathrm{T}}(\boldsymbol{x}_i-\boldsymbol{x}_j) \tag{3.4-19}$$

式中 $\boldsymbol{x}_i$、$\boldsymbol{x}_j$——分别是时间步结束时 V_k' 和 V_k 的位置坐标：

$$\boldsymbol{x}_i=\boldsymbol{x}_i^0+\boldsymbol{T}_i(x_i^0,y_i^0)\boldsymbol{d}^i \tag{3.4-20}$$

$$\boldsymbol{x}_j=\boldsymbol{x}_j^0+\boldsymbol{T}_j(x_j^0,y_j^0)\boldsymbol{d}^j \tag{3.4-21}$$

$\boldsymbol{x}_i^0=(x_i^0,\ y_i^0)^{\mathrm{T}}$ 是时间步开始时 V_k' 的位置坐标，$\boldsymbol{x}_j^0=(x_j^0,\ y_j^0)^{\mathrm{T}}$ 是时间步开始时 V_k 的位置坐标。

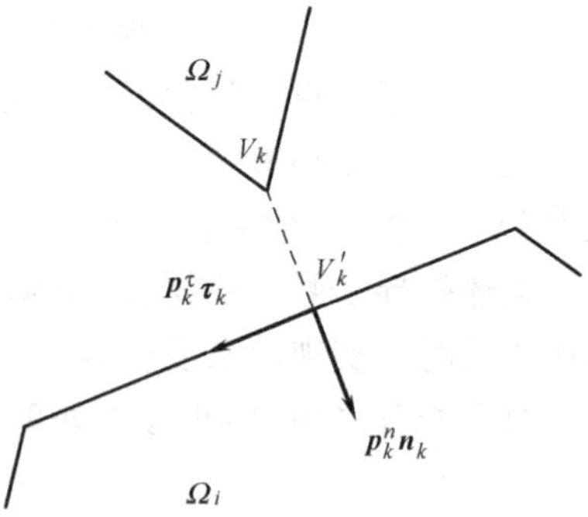

图 3.4-3 接触对 E_k-V_k 的接触条件示意图

通过以 $\boldsymbol{p}^i$ 和 $\boldsymbol{p}^j$ 来分别表示式（3.4-20）中的 $\boldsymbol{d}^i$ 和式（3.4-21）中的 $\boldsymbol{d}^j$，然后将它们代回到式（3.4-19），即可得到以原始变量 $\boldsymbol{p}^i$（块体 Ω_i 的接触力矢量）和 $\boldsymbol{p}^j$（块体 Ω_j 的接触力矢量）表示的法向接触间隙函数 $g_k^{\mathrm{n}}(\boldsymbol{p}^i,\ \boldsymbol{p}^j)$：

$$g_k^{\mathrm{n}}=p_{ij}^{\mathrm{n}}+g_{ij}^{\mathrm{n}} \tag{3.4-22}$$

其中，

$$p_{ij}^{\mathrm{n}}=\boldsymbol{n}_{ki}^{\mathrm{T}}\boldsymbol{p}^i-\boldsymbol{n}_{kj}^{\mathrm{T}}\boldsymbol{p}^j \tag{3.4-23}$$

$$\boldsymbol{n}_{ki}^{\mathrm{T}}=\boldsymbol{n}_k^{\mathrm{T}}\boldsymbol{T}_i\boldsymbol{F}_i,\boldsymbol{n}_{kj}^{\mathrm{T}}=\boldsymbol{n}_k^{\mathrm{T}}\boldsymbol{T}_j\boldsymbol{F}_j \tag{3.4-24}$$

和

$$g_{ij}^{\mathrm{n}}=\boldsymbol{n}_k^{\mathrm{T}}(\boldsymbol{x}_i^0-\boldsymbol{x}_j^0+\boldsymbol{T}_i\boldsymbol{f}^i-\boldsymbol{T}_j\boldsymbol{f}^j) \tag{3.4-25}$$

式中　$\boldsymbol{n}_{ki}$、$\boldsymbol{n}_{kj}$——分别为 $2n_i$ 维和 $2n_j$ 维矢量；

n_i、n_j——分别是块体 Ω_i 和块体 Ω_j 的接触对的数量；

$\boldsymbol{F}_i$、$\boldsymbol{F}_j$——分别是块体 Ω_i 和块体 Ω_j 的柔度矩阵，定义见式（3.4-15）；

$\boldsymbol{f}^i$、$\boldsymbol{f}^j$——分别是块体 Ω_i 和块体 Ω_j 的柔度矢量，定义见式（3.4-17）。

为了使得 g_k^{n} 与法向接触力 p_k^{n} 有大致相同的数量级，在求得 g_k^{n} 后，应对其进行缩放：

$$g_k^{\mathrm{n}} \leftarrow k_{\mathrm{p}} g_k^{\mathrm{n}}$$

k_{p} 可取等效刚度矩阵 $\mathbf{K}_i$ 的任意对角元，例如 $\mathbf{K}_i(1,1)$，见式（3.4-13）。

无嵌入和无拉伸的约束产生的互补性条件为：

$$g_k^{\mathrm{n}} \geqslant 0, p_k^{\mathrm{n}} \geqslant 0, g_k^{\mathrm{n}} p_k^{\mathrm{n}} = 0 \tag{3.4-26}$$

它等价于变分不等式，记为 VI-$n(k)$，求 $p_k^{\mathrm{n}} \geqslant 0$，使得：

$$(q_k^{\mathrm{n}} - p_k^{\mathrm{n}}) g_k^{\mathrm{n}} \geqslant 0, \forall q_k^{\mathrm{n}} \geqslant 0 \tag{3.4-27}$$

其中，g_k^{n} 为 $\boldsymbol{p}^i$ 和 $\boldsymbol{p}^j$ 的函数，定义见式（3.4-22）；$\forall$ 表示“对于任意的”。

2. 切向接触条件

在一个时步结束时，接触对 E_k-V_k 的切向滑动距离 g_k^{τ} 为 V_k' 沿边 E_k 相对于 V_k 的移动距离：

$$g_k^{\tau} = \boldsymbol{\tau}_k^{\mathrm{T}} (\boldsymbol{x}_i - \boldsymbol{x}_j) \tag{3.4-28}$$

将式（3.4-20）和式（3.4-21）代入式（3.4-28），即可得到以独立变量 $\boldsymbol{p}^i$（块体 Ω_i 的接触力矢量）和 $\boldsymbol{p}^j$（块体 Ω_j 的接触力矢量）表示的切向滑动距离函数 $g_k^{\tau}(\boldsymbol{p}^i, \boldsymbol{p}^j)$：

$$g_k^{\tau} = p_{ij}^{\tau} + g_{ij}^{\tau} \tag{3.4-29}$$

其中，

$$p_{ij}^{\tau} = \boldsymbol{\tau}_{ki}^{\mathrm{T}} \boldsymbol{p}^i - \boldsymbol{\tau}_{kj}^{\mathrm{T}} \boldsymbol{p}^j \tag{3.4-30}$$

$$\boldsymbol{\tau}_{ki}^{\mathrm{T}} = \boldsymbol{\tau}^{\mathrm{T}} \boldsymbol{T}_i \boldsymbol{F}_i, \boldsymbol{\tau}_{kj}^{\mathrm{T}} = \boldsymbol{\tau}^{\mathrm{T}} \boldsymbol{T}_j \boldsymbol{F}_j \tag{3.4-31}$$

$$g_{ij}^{\tau} = \boldsymbol{\tau}^{\mathrm{T}} (\boldsymbol{T}_i \boldsymbol{f}^i - \boldsymbol{T}_j \boldsymbol{f}^j) \tag{3.4-32}$$

式中　$\boldsymbol{\tau}_{ki}$、$\boldsymbol{\tau}_{kj}$——分别为 $2n_i$ 维和 $2n_j$ 维矢量；

n_i、n_j——分别是块体 Ω_i 和块体 Ω_j 的接触对的数量。

同样，为了使得 g_k^{τ} 与法向接触力 p_k^{τ} 有大致相同的数量级，在求得 g_k^{τ} 后，应对其进行缩放：

$$g_k^{\tau} \leftarrow k_{\mathrm{p}} g_k^{\tau}$$

遵循的库仑摩擦定律等价于以下条件：

$$g_k^{\tau} \begin{cases} \geqslant 0, \mathrm{if}\, p_k^{\tau} = -\tau(p_k^{\mathrm{n}}) \\ = 0, \mathrm{if}\, |p_k^{\tau}| < \tau(p_k^{\mathrm{n}}) \\ \leqslant 0, \mathrm{if}\, p_k^{\tau} = \tau(p_k^{\mathrm{n}}) \end{cases} \tag{3.4-33}$$

g_k^{τ} 和 p_k^{τ} 之间的关系如图 3.4-4 所示。其中，切向滑动距离 g_k^{τ} 为 $\boldsymbol{p}^i$ 和 $\boldsymbol{p}^j$ 的函数，见式（3.4-29）、式（3.4-30）的定义，$\tau(p_k^{\mathrm{n}})$ 对应于法向接触力 p_k^{n} 的剪切强度，即：

$$\tau(p_k^{\mathrm{n}}) = c_k + \mu_k p_k^{\mathrm{n}} \tag{3.4-34}$$

式中 μ_k——摩擦系数；

c_k——黏聚力。

易证式（3.4-33）等价于拟变分不等式，记为 QVI-$\tau(k)$，求$|p_k^\tau|\leqslant\tau(p_k^n)$，使

$$(q_k^\tau-p_k^\tau)g_k^\tau\geqslant 0, \forall |q_k^\tau|\leqslant\tau(p_k^n) \quad (3.4\text{-}35)$$

这里 VI 加前缀“Q”是因为约束区间 $[-\tau(p_k^n), \tau(p_k^n)]$ 依赖于未知的法向接触力 p_k^n，因此，它不再是标准的变分不等式，而是拟变分不等式。

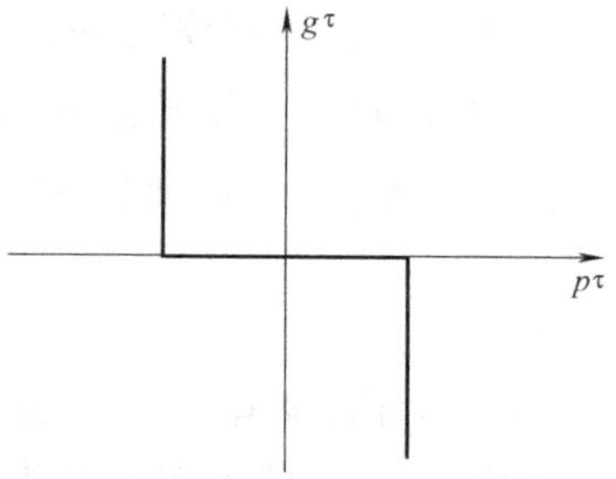

图 3.4-4 切向接触力 p^τ 和切向滑动距离 g^τ 的关系

我们先证变分不等式（3.4-35）意味着式（3.4-33）。

若 $p_k^\tau=-\tau(p_k^n)$，则 $q_k^\tau-p_k^\tau=q_k^\tau+\tau(p_k^n)\geqslant 0$，$\forall|q_k^\tau|\leqslant\tau(p_k^n)$；由式（3.4-35）可得 $g_k^\tau\geqslant 0$；此即式（3.4-33）第一式；

若$|p_k^\tau|<\tau(p_k^n)$，可选择不同的 q_k^τ，使得 $q_k^\tau-p_k^\tau$ 可正可负，欲使式（3.4-35）对于任意的 q_k^τ 都成立，必须有 $g_k^\tau=0$；此即式（3.4-33）第二式；

若 $p_k^\tau=\tau(p_k^n)$；则 $q_k^\tau-p_k^\tau=q_k^\tau-\tau(p_k^n)\leqslant 0$，$\forall|q_k^\tau|\leqslant\tau(p_k^n)$；由式（3.4-35）可得 $g_k^\tau\leqslant 0$，此即式（3.4-33）第三式。

再证式（3.4-33）意味着变分不等式（3.4-35）。

若 $p_k^\tau=-\tau(p_k^n)$，由式（3.4-33）第一式可知 $g_k^\tau\geqslant 0$；同时，$\forall|q_k^\tau|\leqslant\tau(p_k^n)$，$q_k^\tau-p_k^\tau=q_k^\tau+\tau(p_k^n)\geqslant 0$，所以式（3.4-35）成立；

若$|p_k^\tau|<\tau(p_k^n)$，由式（3.4-33）第二式可知 $g_k^\tau=0$，所以式（3.4-35）取等号（也成立）；

若 $p_k^\tau=\tau(p_k^n)$，由式（3.4-33）第三式可知 $g_k^\tau\leqslant 0$；同时，$\forall|q_k^\tau|\leqslant\tau(p_k^n)$，$q_k^\tau-p_k^\tau=q_k^\tau-\tau(p_k^n)\leqslant 0$，所以式（3.4-35）成立。

变分不等式（3.4-35）与式（3.4-33）的等价性得证。

3.4.4 DDA-d 的变分不等式提法

假设当前时步有 N 个接触对，因此需要确定 $2N$ 个接触力分量，记接触力向量为 $\boldsymbol{p}\in\boldsymbol{R}^{2N}$，$\boldsymbol{p}^{\mathrm{T}}=(p_1^n, p_1^\tau, \cdots, p_N^n, p_N^\tau)$，其中，$p_k^n$ 和 p_k^τ 分别为第 k 对接触对的法向和切向接触力分量。

从第 3.4.2 节可知，第 k 个接触对具有两个独立的变量：p_k^n、p_k^τ，和两个不等式：VI-$n(k)$、QVI-$\tau(k)$。变分不等式的数量等于接触力分量的数量，所以问题定解。通过令下标 k 遍历所有 N 个接触对，并依次将这 $2N$ 个变分不等式连接起来，即可得到只有一个变分不等式的紧凑形式，DDA-d：求接触力矢量 $\boldsymbol{p}\in X(\boldsymbol{p})\subset R^{2N}$，使对任意的 $\boldsymbol{q}\in X(\boldsymbol{p})$ 都有：

$$(\boldsymbol{q}-\boldsymbol{p})^{\mathrm{T}}\boldsymbol{G}(\boldsymbol{p})\geqslant 0 \quad (3.4\text{-}36)$$

这个问题标记为 QVI(X，$\boldsymbol{G}$)。

约束 $X(\boldsymbol{p})$ 为 R^{2N} 的闭子集，它依赖于解 $\boldsymbol{p}$，定义如下：

$$X(\boldsymbol{p})=X_1(p_1^n)\times X_2(p_2^n)\times\cdots\times X_N(p_N^n) \quad (3.4\text{-}37)$$

式中 $X_k(p_k^{\mathrm{n}})\subset R^2$——第 k 个接触对的接触力 p_k^{n} 和 p_k^{τ} 的约束集，其依赖于第 k 个接触对的法向接触力 p_k^{n}，定义为：

$$X_k(p_k^{\mathrm{n}})=\{(q^{\mathrm{n}},q^{\tau})\mid q^{\mathrm{n}}\geqslant 0,\mid q^{\tau}\mid\leqslant\tau(p_k^{\mathrm{n}})\}=[0,\infty)\times[-\tau(p_k^{\mathrm{n}}),\tau(p_k^{\mathrm{n}})] \tag{3.4-38}$$

下标 $k=1$，…，N，$\tau(p_k^{\mathrm{n}})$ 的定义见式（3.4-34）。

向量值函数 $\boldsymbol{G}$：$R^{2N}\rightarrow R^{2N}$，称为接触间隙函数，定义为：

$$\boldsymbol{G}^{\mathrm{T}}(\boldsymbol{p})=[g_1^{\mathrm{n}}(\boldsymbol{p}),g_1^{\tau}(\boldsymbol{p}),\cdots,g_N^{\mathrm{n}}(\boldsymbol{p}),g_N^{\tau}(\boldsymbol{p})] \tag{3.4-39}$$

式中 $g_k^{\mathrm{n}}(\boldsymbol{p})$、$g_k^{\tau}(\boldsymbol{p})$——分别为第 k 个接触对的法向接触间隙和切向滑动距离，只与第 k 个接触对相关的块体 Ω_i 和块体 Ω_j 上的接触力 $\boldsymbol{p}^i$ 和 $\boldsymbol{p}^j$ 相关，定义分别见式（3.4-22）和式（3.4-29）。

显然，只含一个变分不等式的式（3.4-36）与 $2N$ 个类似于式（3.4-27）和式（3.4-35）的变分不等式组是完全等价的。事实上，若 $2N$ 个类似于式（3.4-27）和式（3.4-35）的变分不等式都成立，则把它们依次相加就得到式（3.4-36）；反之，若式（3.4-36）对于任意的 $\boldsymbol{q}\in X(\boldsymbol{p})$ 都成立，则依次令：

1）q_k^{n} 自由，对所有的 $j\neq k$：$q_j^{\mathrm{n}}=p_j^{\mathrm{n}}$；和所有的 j：$q_j^{\tau}=p_j^{\tau}$，得式（3.4-27）；

2）q_k^{τ} 自由，对所有的 j：$q_j^{\mathrm{n}}=p_j^{\mathrm{n}}$；和所有的 $j\neq k$：$q_j^{\tau}=p_j^{\tau}$，得式（3.4-35）。等价性得证。

我们已经得出以接触力为基本变量的 DDA 的对偶形式 DDA-d。从变分法的角度看，原 DDA 以块体位移为基本变量，它是原形式。DDA-d 中的基本变量的数量是 $2N$，而 DDA 中基本变量的数目是 $6M$，其中 M 是块体的数量。一般情况下，没有规则可以说明 $2N$ 和 $6M$ 谁比较大，在大多数应用中 $2N\approx 6M$。但是，DDA-d 中基本变量的数量远远小于文献［23～25］中的基本变量的数量。

3.4.5 DDA-d 的求解

DDA-d 的大部分求解过程与 DDA 一致，但是 DDA-d 不用组装整体刚度矩阵，DDA 的开闭迭代被 QVI(X，$\boldsymbol{G}$) 的求解所替代，称为相容性迭代，迭代的目的是寻求真实的接触状态。一旦相容性迭代完成，块体系统的动量守恒和接触条件都得到满足。首先介绍 DDA-d 一个时步的求解算法，然后具体介绍其中的相容性迭代。

3.4.5.1 一个时间步的求解算法

求解 DDA-d 一个时步的步骤如下：

步骤 1：通过接触判断收集所有接触对。

步骤 2：计算并存储每一个块体的 $6\times 2n_i$ 柔度矩阵 $\boldsymbol{F}_i$ 和 6 维柔度矢量 $\boldsymbol{f}^i$，$\boldsymbol{F}_i$ 按照式（3.4-16）计算，$\boldsymbol{f}^i$ 按照式（3.4-17）计算。

步骤 3：计算并存储每一对接触对的四个矢量：$\boldsymbol{n}_{ki}$、$\boldsymbol{n}_{kj}$、$\boldsymbol{\tau}_{ki}$、$\boldsymbol{\tau}_{kj}$；其中，$\boldsymbol{n}_{ki}$ 和 $\boldsymbol{n}_{kj}$ 按照式（3.4-24）计算，$\boldsymbol{\tau}_{ki}$ 和 $\boldsymbol{\tau}_{kj}$ 按照式（3.4-30）计算；两个标量：g_{ij}^{n}、g_{ij}^{τ}；其中，g_{ij}^{n} 按照式（3.4-25）计算，g_{ij}^{τ} 按照式（3.4-32）计算。

步骤 4：进行相容性迭代求解接触力矢量 $\boldsymbol{p}$。此步骤是 DDA-d 的主要计算步骤，将在下一小节详述。

步骤 5：计算并存储每一个块体的 6 维位移矢量 $\boldsymbol{d}^i$，按照式（3.4-15）计算。

步骤 6：按照文献［29］更新所有块体的构型。

主要过程，步骤 2～6，都可以高度并行化。例如步骤 3，第 k 对接触对的四个矢量 $\boldsymbol{n}_{ki}$、$\boldsymbol{n}_{kj}$、$\boldsymbol{\tau}_{ki}$、$\boldsymbol{\tau}_{kj}$，$\boldsymbol{n}_{ki}$ 的计算，可以和其他接触对独立地进行。

步骤 6 之所以要按照文献［29］更新块体的构型，是因为位移矢量 $\boldsymbol{d}^i$ 的直接累加导致了错误的体积膨胀，这可以通过在每一个块体上固定一个随块体运动的局部标架，在局部标架下累加应变和转角来解决。更多细节见文献［29］。

3.4.5.2 相容性迭代

相容性迭代用来求解 3.4.4 节提出的 QVI(X，$\boldsymbol{G}$)。QVI 是 VI 的延伸，也是一个非常活跃的领域。但是，还没有成熟的算法可用于 QVI(X，$\boldsymbol{G}$)，即使在文献［27］中，也没有给出求解 QVI 的算法。在 QVI(X，$\boldsymbol{G}$）中，式（3.4-38）中定义的集合 $X(\boldsymbol{p})$，是 R^{2N} 中的矩形区域。$X(\boldsymbol{p})$ 的偶数维约束区间随解矢量 $\boldsymbol{p}$ 而变化，从而在确定 $X(\boldsymbol{p})$ 的投影时产生了困难。如果确定了 $\boldsymbol{p}$，则根据式（3.4-38）即可确定 $X(\boldsymbol{p})$，这里的 $\boldsymbol{p}$ 是一个近似解。为了求解 QVI(X，$\boldsymbol{G}$)，我们基于标准的 VI 的投影-收缩算法，设计了一种迭代算法，称为相容性迭代。

本节首先介绍算法的基础——投影；然后讲授相容性迭代中需重复调用的两个函数：计算矢量 $\boldsymbol{q}$ 在 $X(\boldsymbol{p})$ 上的投影函数 $\overline{\boldsymbol{q}}=P(\boldsymbol{q};\ \boldsymbol{p})$ 和计算接触间隙函数 $\boldsymbol{G}(\boldsymbol{p})$，以及在计算接触间隙时奇异接触的处理。最后介绍相容性迭代算法。

1. 投影

有大量关于求解有限维变分不等式的文献，其中大部分都是牛顿类解法[27]。尽管牛顿类解法非常高效，但它们不能用来求解解向量的维数随迭代变化的问题，如裂缝扩展的模拟[28]。同时，如果雅可比矩阵在迭代过程中突然变化，例如在处理角角接触时由一个接触对切换到另一接触对，牛顿法的效率将变得极低，甚至不收敛。在这种情况下，我们只得借助于投影类算法。这里给出投影的定义。

设 K 为欧氏 n 维空间 R^n 的一个闭子集。对于每一个点 $\boldsymbol{x}\in R^n$，至少存在一个点 $\overline{\boldsymbol{x}}\in K$ 最接近 $\boldsymbol{x}$。最接近的点 $\overline{\boldsymbol{x}}$ 称为 $\boldsymbol{x}$ 在 K 上的投影，记为 $\boldsymbol{P}_k(\boldsymbol{x})$。$P_K$ 称为 K 的投影算子。

图 3.4-5 是向一个二维子集 Ω 投影的示意图，其中某些点可能有不止一个投影点。

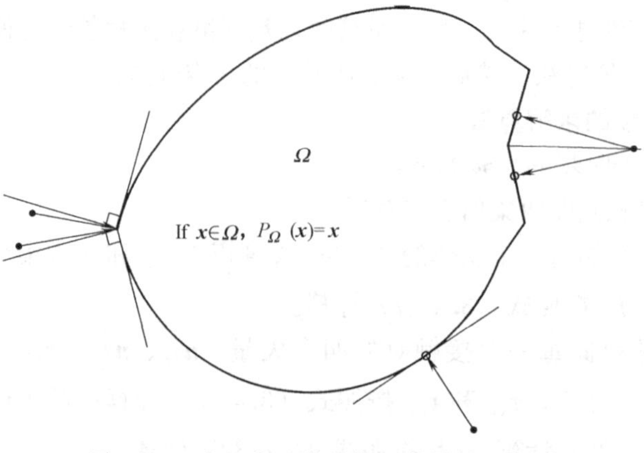

图 3.4-5　向一个二维子集 Ω 投影的示意图

$P_K(\boldsymbol{x})$ 的计算强烈依赖于集合 K，而且通常都比较复杂。当 K 为 R^n 中的密闭矩形区域，$K=\prod_{i=1}^{n}[a_i, b_i]$ 时，则非常容易；其中，$-\infty\leqslant a_i<b_i\leqslant+\infty$，$P_K(\boldsymbol{x})$ 则为：

$$P_K^{\mathrm{T}}(\boldsymbol{x})=[P_{[a_1,b_1]}(x_1),\cdots,P_{[a_n,b_n]}(x_n)] \tag{3.4-40}$$

$P_{[a,b]}(x)$ 表示 $x\in R$ 在闭区间 $[a, b]$ 上的投影，即：

$$P_{[a,b]}(x)=\begin{cases}a & x<a\\ x & a\leqslant x\leqslant b\\ b & x>b\end{cases} \tag{3.4-41}$$

特别地，对于 $[a, b]=[0, \infty)$，

$$P_{[0,\infty)}(x)=\max(0,x)=\begin{cases}0 & x<0\\ x & x\geqslant 0\end{cases} \tag{3.4-42}$$

2. 计算投影 $\bar{\boldsymbol{q}}=\boldsymbol{P}(\boldsymbol{q};\boldsymbol{p})$

该函数计算矢量 $\boldsymbol{q}$ 在 $X=X(\boldsymbol{p})$ 上的投影 $\bar{\boldsymbol{q}}$，$X(\boldsymbol{p})$ 是与矢量 $\boldsymbol{p}$ 对应的约束，见式(3.4-38)。

输入参数为 $2N$ 维矢量 $\boldsymbol{q}$，$\boldsymbol{q}^{\mathrm{T}}=(q_1^{\mathrm{n}}, q_1^{\tau};\cdots;q_k^{\mathrm{n}}, q_k^{\tau};\cdots;q_N^{\mathrm{n}}, q_N^{\tau})$，和近似解向量 $\boldsymbol{p}$，$\boldsymbol{p}^{\mathrm{T}}=(p_1^{\mathrm{n}}, p_1^{\tau};\cdots;p_k^{\mathrm{n}}, p_k^{\tau};\cdots;p_N^{\mathrm{n}}, p_N^{\tau})$。

输出结果为 $2N$ 维投影 $\bar{\boldsymbol{q}}$，$\bar{\boldsymbol{q}}^{\mathrm{T}}=(\bar{q}_1^{\mathrm{n}}, \bar{q}_1^{\tau};\cdots;\bar{q}_k^{\mathrm{n}}, \bar{q}_k^{\tau};\cdots;\bar{q}_N^{\mathrm{n}}, \bar{q}_N^{\tau})$。

算法如下：

for $k=1$ to N //对所有接触对做循环

$\bar{q}_k^{\mathrm{n}}=\max(0,q_k^{\mathrm{n}})$; //$q_k^{\mathrm{n}}$ 在$[0,\infty)$上投影

$\tau(p_k^{\mathrm{n}})=c_k+\mu_k\max(0,p_k^{\mathrm{n}})$; //$p_k^{\mathrm{n}}$ 对应的剪切强度

$\tau_k=[-\tau(p_k^{\mathrm{n}}),\tau(p_k^{\mathrm{n}})]$; //切向接触力区间

$\bar{q}_k^{\tau}=\prod_{\tau_k}(q_k^{\tau})$; //$q_k^{\tau}$ 在区间 τ_k 上的投影

end for

算法结束后，$\boldsymbol{q}$ 和 $\boldsymbol{p}$ 都未发生改变。

上述算法中对 N 个接触对的投影可以由不同的处理器并行处理，因为所述第 i 个接触对的 $(p_i^{\mathrm{n}}, p_i^{\tau})$ 的投影和第 j 个接触对的 $(p_j^{\mathrm{n}}, p_j^{\tau})$ 的投影没有关系，但本文的代码是串行的。

3. 计算接触间隙向量 $\boldsymbol{Gp}=\boldsymbol{G}(\boldsymbol{p})$

该函数计算接触力矢量 $\boldsymbol{p}$ 对应的接触间隙矢量 $\boldsymbol{Gp}$。

输入参数为接触力矢量 $\boldsymbol{p}$。

输出结果为接触距离间隙矢量 $\boldsymbol{Gp}$，$\boldsymbol{Gp}=(g_1^{\mathrm{n}}, g_1^{\tau}, \cdots, g_k^{\mathrm{n}}, g_k^{\tau}, \cdots g_N^{\mathrm{n}}, g_N^{\tau})^{\mathrm{T}}$。

算法如下：

for $k=1$ to N' //对所有接触对（包括角-角接触中的非活动接触对）做循环

分别按照式（3.4-22）和式（3.4-28）计算 g_k^{n} 和 g_k^{τ}；

end for

V_V_Treat($\boldsymbol{p}$)；//检查并更改角-角接触中的活动对并设置新的接触力

算法结束后，角-角接触的活动接触对可能会改变，接触力向量 $\boldsymbol{p}$ 中仅那些活动接触对发生了变更的接触力分量发生变化。

角-角接触是指接触对 E-V 中的顶点 V 非常靠近边 E 的一端，且边 E 的这端也是一个

顶点（凸角）。每个角-角接触有两个可能的接触对，但在一个时刻只有一个是激活的。在相容性迭代中，激活的接触对可能会在这两个可能的接触对之间切换，从而保证在这个时步结束时角-角接触选择正确的接触对。下面将详细阐述角-角接触时如何进行接触对切换。

4. 角-角接触的处理 V_V_Treat($\boldsymbol{p}$)

如前所述，DDA 把所有类型的接触实际上都归结为一条边 E 和一个顶点 V 构成的接触对 E-V 之间的接触。当接触对 E-V 的顶点 V 非常接近边 E 的一端（边 E 的这端是一个凸顶点），即二者间的距离小于最大允许位移时，存在两个可能的接触对。但在任一时刻只能选择其中的一个接触对，这个被选择的接触对称为活动的接触对。在一般情况下，无法事先确定角-角接触中的两个接触对中的哪一个应该被激活。这就是所谓的角-角接触问题。

DDA 规定：两个角-角接触的块体仅传递法向接触力。

根据两个相近顶点的相对位置，存在如图 3.4-6 所示的四种情况，其中两个可能接触对的边都用粗线表示。一旦选择了接触对中的一条边，那另一个块体的顶点就是活动接触对的顶点。

但是，为了方便处理，我们在算法中将角-角接触的两个潜在的接触对都视为有效接触对，其中一个接触对是活动接触对，而另一个就是非活动接触对。这样式（3.4-15）中的 $\boldsymbol{F}_i$ 和 $\boldsymbol{f}^i$ 就不会因这角-角接触的两个接触对间的切换而发生改变。

记角-角接触所关联的两个接触边的法向分别为 $\boldsymbol{n}_i$ 和 $\boldsymbol{n}_j$。若在计算完接触间隙后发现这两个接触对应进行切换，不妨假设切换前的活动接触边为 $\boldsymbol{n}_i$，$i=1$ 或 2，法向接触力为 q_i^{n}；那么切换后的活动接触边就是 $\boldsymbol{n}_j$，$j=\mathrm{mod}(i+1,\ 2)$，切换后在进行下一步接触间隙计算时 $\boldsymbol{n}_j$ 上的法向接触力就应该变成：

$$q_j^n = \pm q_i^n \boldsymbol{n}_i \cdot \boldsymbol{n}_j$$

正负号按这样的规定：若 $\boldsymbol{n}_i$ 和 $\boldsymbol{n}_j$ 属于同一块体（称为第一类型的角-角接触，如图 3.4-6b、c 所示）取“+”，否则（称为第二类型的角-角接触，如图 3.4-6a、d 所示）取“−”。上式的意义在于：切换成 $\boldsymbol{n}_j$ 后的法向接触力 q_j^{n} 是切换前作用在 $\boldsymbol{n}_i$ 边上的法向接触力 $q_i^{\mathrm{n}}\boldsymbol{n}_i$ 在 $\boldsymbol{n}_j$ 上的投影。然后，置 $\boldsymbol{n}^i$ 为非活动的接触边，且令 $q_i^{\mathrm{n}}=0$。

角-角接触的这种切换是在算法“计算接触间隙向量 $\boldsymbol{Gp}=\boldsymbol{G}(\boldsymbol{p})$”的最后完成的，所以才有语句：

V_V_Treat($\boldsymbol{p}$)；//检查并更改角-角接触中的活动对并设置新的接触力

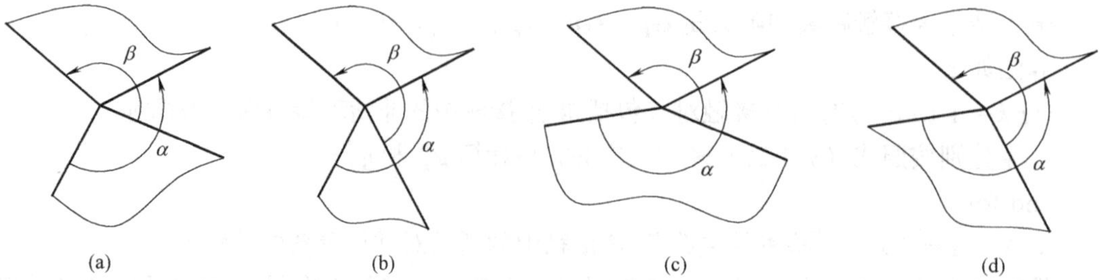

图 3.4-6　角-角接触的四种情形

(a) $\alpha<\pi$，$\beta<\pi$；(b) $\alpha<\pi$，$\beta>\pi$；(c) $\alpha>\pi$，$\beta<\pi$；(d) $\alpha>\pi$，$\beta>\pi$

活动边的确定同原 DDA。假设 E_1 和 E_2 分别代表可能的边，V_1 和 V_2 分别代表可能的顶点。如果 $d_1 \geqslant d_2$，E_1 设置为激活边；否则，E_2 设置为激活边。这里，d_1 表示 V_2 到 E_1 的代数距离：如果 V_2 在 E_1 外，则其为正；如果 V_2 在 E_1 内，则其为负。图 3.4-7 表示选择活动边的示意图。

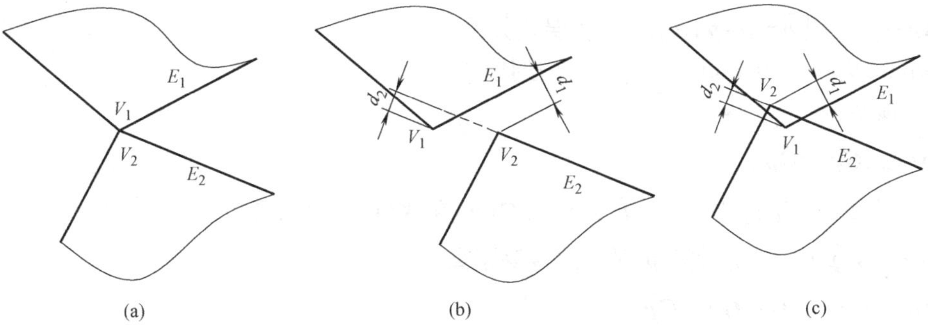

图 3.4-7 从角-角接触中选择活动边示意图

(a) 角-角接触；(b) $d_1 > d_2$ 时 E_1 为活动边；(c) $d_2 > d_1$ 时 E_2 为活动边

故而有如下伪代码：V_V_Treat(**p**)

```
for  所有的角-角接触
  i=活动边号码；
  if [(d1≥ d2 and i=2)or (d1 < d2 and i=1)]
  {
      j=mod(i+1,2)
      q_j^n=q_i^n n_i · n_j；
      if(第二类型的角-角接触)q_j^n=-q_j^n；
      置第 j 边为活动边,第 i 边非活动；
      q_i^n=0；
  }
end for
```

5. 相容性迭代

对于标准的变分不等式问题 VI(K，$\boldsymbol{F}$)，其基于投影的算法是：$\boldsymbol{x}$ 是 VI(K，$\boldsymbol{F}$) 的解当且仅当 $\boldsymbol{x}$ 为 $\boldsymbol{x}-\beta\boldsymbol{F}(\boldsymbol{x})$ 在 K 上的投影这样一个命题[27]，即：

$$\boldsymbol{x}=P_K[\boldsymbol{x}-\beta\boldsymbol{F}(\boldsymbol{x})] \tag{3.4-43}$$

这里 β 是一正数，用于缩放 $\boldsymbol{F}(\boldsymbol{x})$ 以改善问题的数值性能。

求解式 (3.4-36) 定义的 QVI(X，$\boldsymbol{G}$) 的算法改自于 He 和 Liao 为标准的有限维变分不等式所提出的投影-收缩算法[30]。算法结束后，即可获得接触力矢量 $\boldsymbol{p}$，同时满足动量守恒和接触条件。因此，该算法被称为相容性迭代。

输入：初始接触力 $\boldsymbol{p} \in R^{2N}$，停机误差 ε，最大允许迭代次数 k_a，参数 k_p。

输出：满足接触条件的接触力 $\boldsymbol{p}$。

算法如下。

① 给定：$v \in (0,1)$，$\mu \in (0,1)$ 且 $\mu < v$，$\gamma \in [1, 2)$，$k=0$；

$\beta=1$;　　　//随迭代变化的标量参数

② 评估输入接触力矢量 $\boldsymbol{p}$ 的误差

$\tilde{\boldsymbol{p}}=\boldsymbol{p}$;

$\boldsymbol{G}\tilde{\boldsymbol{p}}=\boldsymbol{G}(\tilde{\boldsymbol{p}})$;　　//计算 $\tilde{\boldsymbol{p}}$ 对应的接触距离并在需要时切换接触对

$\boldsymbol{dp}=\boldsymbol{p}-P[\tilde{\boldsymbol{p}}-\beta\boldsymbol{G}\tilde{\boldsymbol{p}};\tilde{\boldsymbol{p}}]$;　　//误差矢量

while $\|\boldsymbol{dp}\|_{\infty}>\varepsilon$ and $k\leqslant k_{\mathrm{a}}$　　//迭代

③ 预测

$\boldsymbol{p}=\tilde{\boldsymbol{p}};\boldsymbol{Gp}=\boldsymbol{G}\tilde{\boldsymbol{p}}$;

$\tilde{\boldsymbol{p}}=P[\boldsymbol{p}-\beta\boldsymbol{Gp};\boldsymbol{p}]$;　　//$\tilde{\boldsymbol{p}}$ 为 $\boldsymbol{p}-\beta\boldsymbol{G}(\boldsymbol{p})$在 $\boldsymbol{X}(\boldsymbol{p})$上的投影

$\boldsymbol{G}\tilde{\boldsymbol{p}}=\boldsymbol{G}(\tilde{\boldsymbol{p}})$;　　//计算 $\tilde{\boldsymbol{p}}$ 对应的接触距离

$\boldsymbol{dp}=\boldsymbol{p}-\tilde{\boldsymbol{p}};\boldsymbol{dG}=\boldsymbol{Gp}-\boldsymbol{G}\tilde{\boldsymbol{p}}$;

$\delta=\beta\dfrac{\|\boldsymbol{dG}\|_2}{\|\boldsymbol{dp}\|_2}$;

④ 收缩

while $\delta>\nu$

$\beta=0.7*\beta*\min\left(1,\dfrac{1}{r}\right)$;

$\tilde{\boldsymbol{p}}=P[\boldsymbol{p}-\beta\boldsymbol{Gp};\boldsymbol{p}]$;　　//$\tilde{\boldsymbol{p}}$ 为 $\boldsymbol{p}-\beta\boldsymbol{G}(\boldsymbol{p})$在 $X(\boldsymbol{p})$上的投影

$\boldsymbol{G}\tilde{\boldsymbol{p}}=\boldsymbol{G}(\tilde{\boldsymbol{p}})$;　　//计算 $\tilde{\boldsymbol{p}}$ 对应的接触距离

$\boldsymbol{dp}=\boldsymbol{p}-\tilde{\boldsymbol{p}};\boldsymbol{dG}=\boldsymbol{Gp}-\boldsymbol{G}\tilde{\boldsymbol{p}}$;

$\delta=\beta\dfrac{\|\boldsymbol{dG}\|_2}{\|\boldsymbol{dp}\|_2}$;

end while

$\boldsymbol{dpG}=\boldsymbol{dp}-\beta\boldsymbol{dG};\alpha=\dfrac{(\boldsymbol{dp})^{\mathrm{T}}(\boldsymbol{dpG})}{\|\boldsymbol{dpG}\|_2^2}$;

$\tilde{\boldsymbol{p}}=\boldsymbol{p}-\gamma\alpha\boldsymbol{dpG}$;//$\tilde{\boldsymbol{p}}$ 是比 $\boldsymbol{p}$ 更准确的近似值

$\tilde{\boldsymbol{p}}=P[\tilde{\boldsymbol{p}};\tilde{\boldsymbol{p}}]$;　//使 $\tilde{\boldsymbol{p}}$ 在容许范围内

$\boldsymbol{G}\tilde{\boldsymbol{p}}=\boldsymbol{G}(\tilde{\boldsymbol{p}})$;　//计算 $\tilde{\boldsymbol{p}}$ 对应的接触距离并在需要时切换接触对

⑤ 计算新的误差矢量

$\boldsymbol{dp}=\boldsymbol{p}-P[\tilde{\boldsymbol{p}}-k_p\boldsymbol{G}\tilde{\boldsymbol{p}};\tilde{\boldsymbol{p}}]$;//误差矢量

if $\delta\leqslant\mu$, then $\beta=1.5*\beta$;

$k=k+1$;

end while

此算法中的控制参数同文献［30］，即 $\nu=0.9$，$\mu=0.4$，$\gamma=1.9$。

3.4.6　算例验证

本节的基本内容与文献［31］相同，但推导更为详细。这里将选择一些典型的例子来验证本节所提出的方法。

3.4.6.1　动量守恒验证

如图 3.4-8 所示，在一水平光滑滑道上，有两个大小相同的块体，左侧块体以速度 $v=5.0\times10^{-1}$m/s 匀速水平向右滑动，将与静止的右侧块体发生碰撞。两个块体与滑道取相同的材料参数：密度 $\bar{\rho}=2.8\times10^3$kg/m^3，弹性模量 $E=20$GPa，泊松比为 $\nu=0.25$。固定滑道的 4 个顶点，固定弹簧刚度取 2.0×10^{14}N/m，块体与滑道之间以及两个块体之间的摩擦力和黏聚力都取 0，重力加速度 $g=9.8$m/s^2。

控制参数为：步最大位移率取 0.1，时间步长 $\Delta=0.05$s，共计算 160 步，停机误差 $\varepsilon=1.0\times10^{-10}$。

碰撞后，左右侧块体均向右滑动，速度分别为 1.7301×10^{-5}m/s、4.9998×10^{-1}m/s，与理论值 0m/s、5.0×10^{-1}m/s 相比，误差非常小。碰撞前后两个块的动量变化如图 3.4-9 所示。

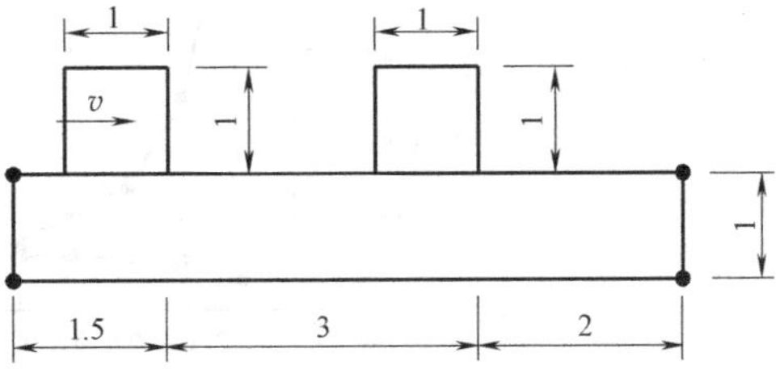

图 3.4-8　动量守恒验证试验模型（单位：m）

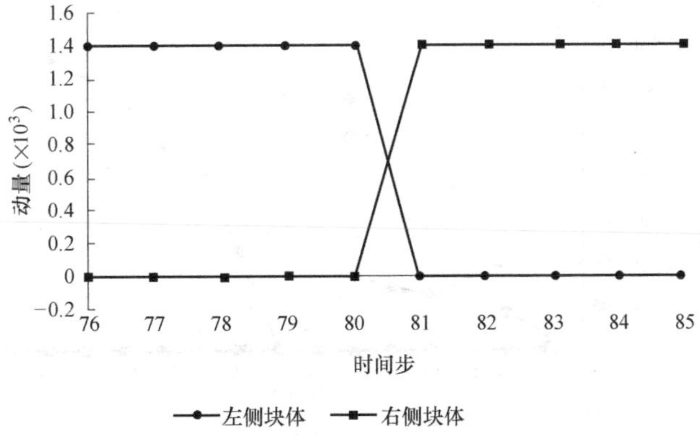

图 3.4-9　碰撞前后两块体的动量变化

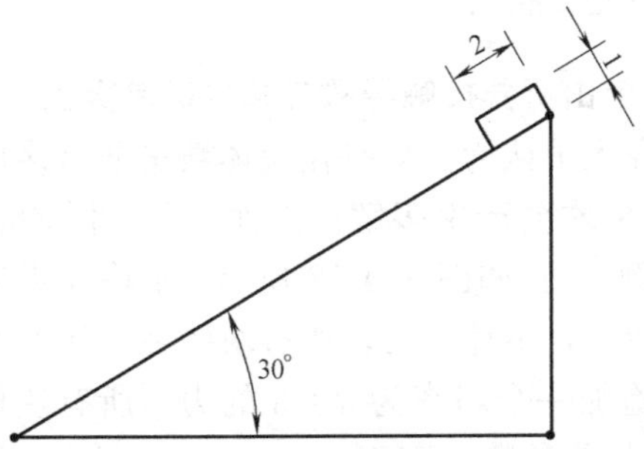

图 3.4-10　斜面滑块试验（单位：m）

3.4.6.2　斜面滑块试验

斜面滑块试验是测试 DDA 精度的一个经典算例，如图 3.4-10 所示，一个矩形小滑块从一个 30°斜面的顶端向下滑。滑块与斜面取同样的力学参数：密度 $\bar{\rho}=2.75\times10^3$kg/m^3，弹性模量 $E=20$GPa，泊松比 $\nu=0.25$。块体与滑道之间不计黏聚力，摩擦角取 20°。固定滑道的 3 个顶点，固定弹簧刚度取 2.0×10^{14}N/m。重力加速度 $g=9.8$m/s^2。

计算控制参数为：步最大位移率取 0.1，时间步长 $\Delta=0.01$s，共计算 300 步。分别使用 DDA 和 DDA-d 做两组计算，调整 DDA 的接触弹簧刚度和 DDA-d 的停机误差，使两方法中两个块体之间的嵌入量级相同。

图 3.4-11 为 DDA 和 DDA-d 的计算结果比较，可以看到：当容许嵌入量设置的不是很严格时，DDA 具有可接受的位移精度，如图 3.4-11（a）所示，当容许嵌入量设置非常严格时，DDA 的精度变差且结果不稳定，如图 3.4-11（b）所示；而 DDA-d 在这两种情况下效果都很好，精度比 DDA 高得多。

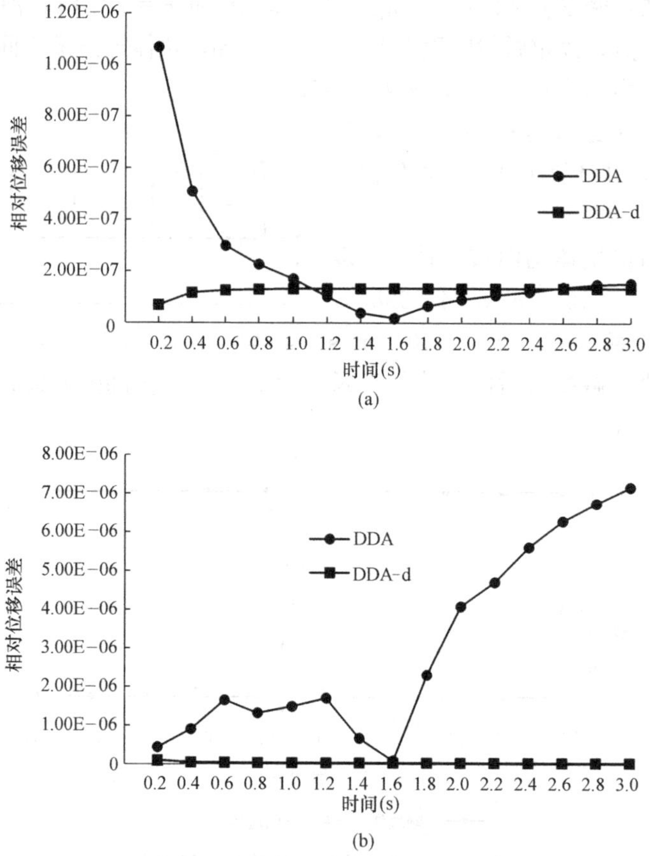

图 3.4-11 斜面滑块实验 DDA 和 DDA-d 的比较

（a）嵌入量数量级为−11；（b）嵌入量数量级为−12

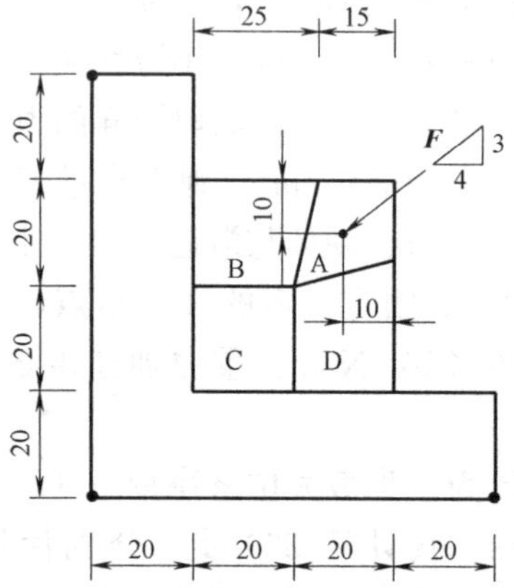

图 3.4-12 一个多解的简单算例模型（单位：m）

3.4.6.3 一个由奇异接触导致多解的简单算例

一些研究人员认为，只有在块体数量非常多的情况下，DDA 才会产生多解。然而，Bao 和 Zhao 给了一个反例[32]。如图 3.4-12 所示，4 块体系统在一个固定台上，不计重力，所有块体在开始时都静止，然后施加一个斜率为 4∶3 的力。所有块体都取同样的力学参数：密度 $\bar{\rho}=2.3\times10^3\text{kg/m}^3$，弹性模量 $E=10\text{GPa}$，泊松比 $\upsilon=0.3$。所有块体之间摩擦角 $\varphi=15°$，不计黏聚力。固定台的 3 个顶点，固定弹簧刚度取 $4.0\times10^{13}\text{N/m}$。作用在块体 A 上的点荷载 $\boldsymbol{F}^{\mathrm{T}}=(-4\times10^7,\ -3\times10^7)\text{kN}$。

采用静力学计算，计算控制参数为：步最大位移率取 0.05，时间步长 $\Delta=0.01s$，共计算 20 步。用 DDA 和 DDA-d 分别计算此算例，DDA 的法向接触弹簧刚度为 $4.0\times10^{11}N/m$，DDA-d 的停机误差 $\varepsilon=1.0\times10^{-10}$。

DDA 和 DDA-d 的计算结果如图 3.4-13 所示。Bao 和 Zhao 认为，DDA 的计算结果不正确，因为 $F_x/F_y=4/3$，即 $|F_x|>|F_y|$，所以沿水平方向的变形应该比沿垂直方向的变形大。因此，块体 A 上的顶点应沿着块体 C 的顶边水平移动，而不是沿侧边垂直运动。为了达到这样的状态，Bao 和 Zhao 建议在块体 A 和块体 C 两个顶点之间施加临时弹簧[32]。

我们认为如图 3.4-13 所示的两种解都是可以接受的，虽然 DDA-d 给出了一个更可能的解，如图 3.4-13（b）所示。

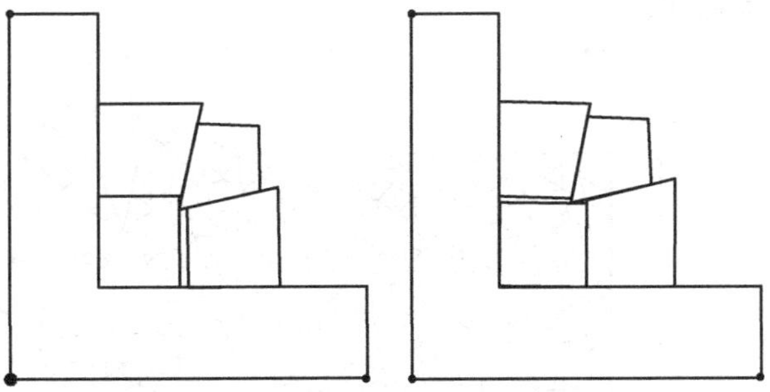

图 3.4-13 多解的简单算例计算结果
（a）DDA 计算结果图；（b）DDA-d 计算结果图

3.4.6.4 一个有大量奇异接触的算例

在彻底摒弃接触弹簧方面我们付出了巨大而艰辛的努力，得到了基于互补理论的算法[23,24]和基于变分不等式的算法[25]。尽管取得了进步，但如果存在大量角-角接触时，这些算法都将变得非常低效。现在低效问题已被改进，现以一个由发明者本人所设计的导弹下穿地下基础设施的例子来说明[22]。如图 3.4-14 所示，系统共有 1689 个块体，多达 11000 对接触。大多数接触都是角-角接触，所以这个问题的奇异性极强。

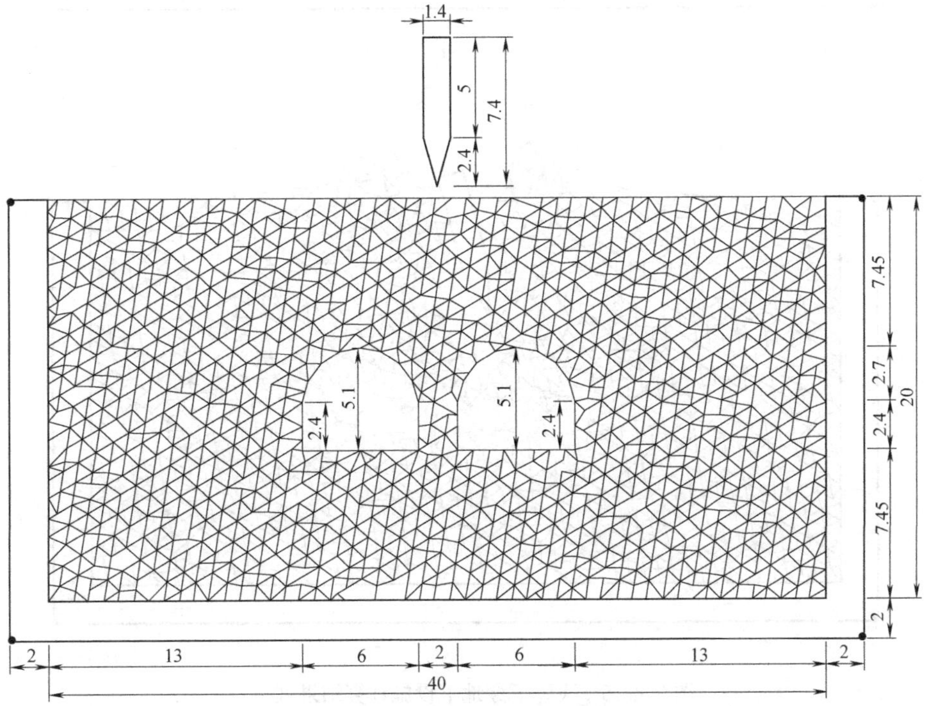

图 3.4-14 飞弹下穿地下设施模型

导弹的力学参数：密度 $\bar{\rho}_m=0.5$，弹性模量 $E=4.0\times10^5$，泊松比 $\upsilon=0.25$。其他块体的力学参数：密度 $\bar{\rho}_b=0.3$，弹性模量和泊松比的取值同导弹。所有块体之间摩擦角 $\varphi=0$，不计黏聚力。重力加速度 $g=8.0$。导弹以 274 的初始速度垂直下穿地面。步最大位移率取 0.003，停机误差 $\varepsilon=1.0\times10^{-4}$，共计算 280 步，时间步长自动选择。图 3.4-15 所示分别是第 100 步、第 200 步、第 280 步的计算结果。

运行这个例子的电脑配置如下：4G 内存和 3.4GHz 的英特尔酷睿 i7 处理器。本例题，DDA-d 共耗时 8.2min，在可接受范围，DDA 耗时为 4.3min。考虑到 DDA-d 可以高度并行化，我们相信在未来通过使用 GPU 技术或并行化的手段，该方法的计算效率还会大大提高。

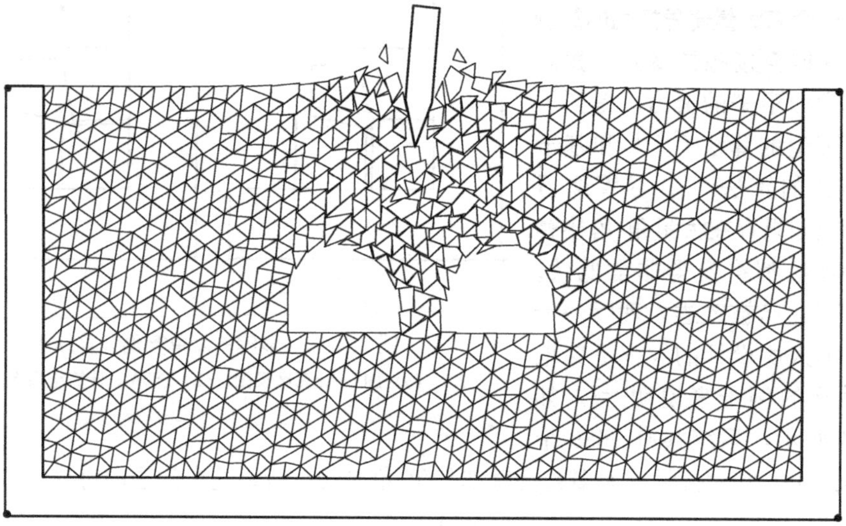

(a)

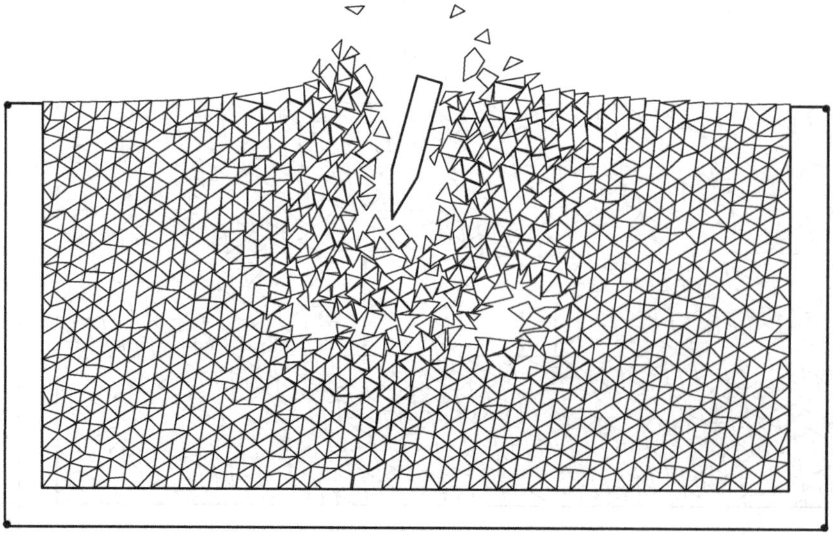

(b)

图 3.4-15 飞弹下穿地下设施计算结果（一）

(a) 第 100 步；(b) 第 200 步

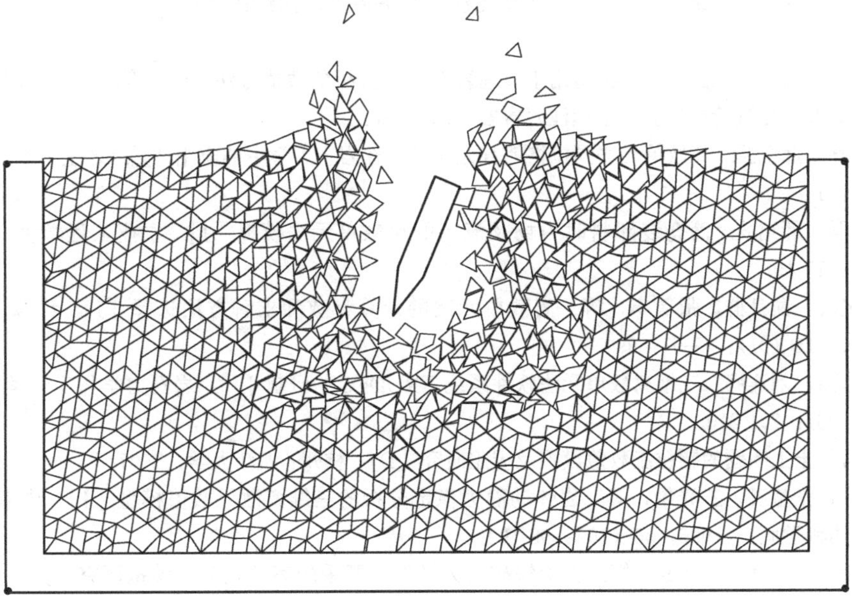

(c)

图 3.4-15 飞弹下穿地下设施计算结果（二）
(c) 第 280 步

3.4.7 结论

以接触力为原始变量并去掉了虚拟弹簧的 DDA 的对偶形式 DDA-d，不仅准确地满足了系统的定量守恒律，还严格满足了接触条件，而接触条件在 DDA 中仅是被近似地满足的。

为 DDA-d 所设计的投影-收缩算法无论在精度上，还是在效率和鲁棒性上都经受住了严格的考验。

DDA-d 在精度和数值稳定性方面都明显优于 DDA，在计算效率上也可与之相匹配。考虑到为 DDA-d 所设计的投影-收缩算法可以在高度并行方式下运行，DDA-d 的计算时间还可进一步地缩短，甚至在解决工程问题的实践中超过 DDA。

致谢：
本节研究得到国家基金（批准号：5213000723 和 52079002）的资助。

参考文献

［1］ Cundall P A. A computer model for simulating progressive large scale movements in blocky rock systems ［C］. Proceedings of the Proc Symp Rock Fracture (ISRM), Nancy, F, 1971.
［2］ 王泳嘉. 离散单元法及其在岩土力学中的应用 ［M］. 沈阳：东北工学院出版社，1991.
［3］ 卓家寿，赵宁. 离散单元法的基本原理、方法及应用 ［J］. 河海科技进展，1993，13 (02)：1-11.
［4］ 刘凯欣，高凌天. 离散元法研究的评述 ［J］. 力学进展，2003，33 (04)：483-490.
［5］ 孔德森，栾茂田. 岩土力学数值分析方法研究 ［J］. 岩土工程技术，2005，19 (05)：249-253.

[6] 周先齐，徐卫亚，钮新强，等. 离散单元法研究进展及应用综述 [J]. 岩土力学，2007，(S1)：408-416.

[7] 王泳嘉. 离散单元法——一种适用于节理岩石力学分析的数值方法 [C]. 第一届全国岩石力学数值计算及模型试验讨论会，中国江西吉安，F，1986.

[8] 王泳嘉，邢纪波. 离散单元法同拉格朗日元法及其在岩土力学中的应用 [J]. 岩土力学，1995，16(02)：1-14.

[9] 俞良群，邢纪波. 筒仓装卸料时力场及流场的离散单元法模拟 [J]. 农业工程学报，2000，16(04)：15-19.

[10] 邢纪波，俞良群，张瑞丰，等. 离散单元法的计算参数和求解方法选择 [J]. 计算力学学报，1999，16 (01)：47-51，99.

[11] 王泳嘉，刘连峰. 三维离散单元法软件系统 TRUDEC 的研制 [J]. 岩石力学与工程学报，1996，15 (03)：201-210.

[12] 罗勇. 土工问题的颗粒流数值模拟及应用研究 [D]. 杭州：浙江大学，2007.

[13] 鲁军，张楚汉，王光纶，等. 岩体动静力稳定分析的三维离散元数值模型 [J]. 清华大学学报(自然科学版)，1996，36 (10)：98-104.

[14] 刘辉，陈文胜，冯夏庭，等. 大冶铁矿露天转地下开采的离散元数值模拟研究 [J]. 岩土力学，2004，25 (09)：1413-1417.

[15] 李世海，高波，燕琳. 三峡永久船闸高边坡开挖三维离散元数值模拟 [J]. 岩土力学，2002，23(03)：272-277.

[16] 焦玉勇，葛修润. 基于静态松弛法求解的三维离散单元法 [J]. 岩石力学与工程学报，2000，19(04)：453-458.

[17] 贺续文，刘忠，廖彪，等. 基于离散元法的节理岩体边坡稳定性分析 [J]. 岩土力学，2011，32(07)：2199-2204.

[18] Munjiza A. The combined finite-discrete element method [M]. London：John Wiley and Sons，Ltd.，2004.

[19] Yan Z C，Zheng H，Sun G H，Ge X R. Combined Finite-Discrete Element Method for Simulation of Hydraulic Fracturing [J]. Rock Mechanics and Rock Engineering 49 (4)：1389-1410，2016.

[20] Yan C Z，Zheng H. A two-dimensional coupled hydro-mechanical finite-discrete model considering porous media flow for simulating hydraulic fracturing [J]. International Journal of Rock Mechanics and Mining Sciences 88：115-128，2016.

[21] Shi G H，Goodman R. Discontinuous deformation analysis [C]. Proceedings of the Presented at 25th US Symp on Rock Mech，Evanston，Ill，25 Jun 1984，F，1984.

[22] Shi G H. Discontinuous deformation analysis-A new numerical model for the statics and dynamics of block systems [D]. University of California，Berkeley，1988.

[23] Zheng H，Li X. Mixed linear complementarity formulation of discontinuous deformation analysis [J]. International Journal of Rock Mechanics and Mining Sciences，2015，75：23-32.

[24] Li X，Zheng H. Condensed form of complementarity formulation for discontinuous deformation analysis [J]. Science China Technological Sciences，2015，58：1509-1519.

[25] Jiang W，Zheng H. Discontinuous deformation analysis based on variational inequality theory [J]. International journal of computational methods，2011，8：193-208.

[26] Jiang W，Zheng H. An efficient remedy for the false volume expansion of DDA when simulating large rotation [J]. Computers and Geotechnics，2015，70：18-23.

[27] Facchinei F，Pang J S. Finite-dimensional variational inequalities and complementarity problems

[J]. Springer Science & Business Media, 2007.

[28] Zheng H, Liu F, Du X. Complementarity problem arising from static growth of multiple cracks and MLS-based numerical manifold method [J]. Computer Methods in Applied Mechanics and Engineering, 295: 150-171, 2015.

[29] Jiang W, Zheng H. An efficient remedy for the false volume expansion of DDA when simulating large rotation [J]. Computers and Geotechnics, 70: 18-23, 2015.

[30] He B, Liao L Z. Improvements of some projection methods for monotone nonlinear variational inequalities [J]. Journal of Optimization Theory and Applications 112: 111-128, 2002.

[31] Zheng H, Zhang P, Du XL. Dual form of discontinuous deformation analysis [J]. Computer Methods in Applied Mechanics and Engineering 305: 196-216, 2016.

[32] Bao H R, Zhao Z Y. Indeterminacy of the Vertex-vertex Contact in the 2D Discontinuous Deformation Analysis [C]. International Conference on Analysis of Discontinues Deformation: New Developments & Applications. 2009.

3.5 离散-连续分析方法

刘福深[1,2,3]，尚肖楠[1]

(1. 浙江大学滨海和城市岩土工程研究中心，浙江 杭州 310058；2. 浙江省城市地下空间开发工程技术研究中心，浙江 杭州 310058；3. 浙江大学岩土工程计算中心，浙江 杭州 310058)

3.5.1 概述

岩土工程材料的破坏过程经常伴随着应变局部化与位移不连续（裂纹）。传统的有限元方法模拟这类离散与连续并存的现象会存在困难，包括：(1) 传统有限元方法要求裂纹面与有限元单元的边界一致，因此在模拟裂纹扩展时需要不断调整网格形态以适应裂纹的演化，对于复杂的三维裂纹扩展问题，在程序实现上往往很不容易；(2) 调整网格后，还需要对新位置的应力和位移等变量进行重新赋值，会不可避免地带来数值误差。离散元等基于粒子运动的数值方法能够反映细观颗粒的行为，但存在着精度和计算效率等的不足，所以对于大尺度的岩土工程问题往往更倾向于运用高效的基于连续体力学和偏微分方程描述的数值方法。本节将简要介绍岩土工程中模拟岩土材料破坏断裂问题的离散-连续分析方法，着重讨论三种基于连续体力学和偏微分方程描述的数值分析方法，包括相场法 (Phase field method)、近场动力学法 (Peridynamics method) 和扩展有限元法 (Extended finite element method)。

3.5.2 相场法 (Phase field method)

3.5.2.1 相场法对裂纹的描述

近年来，利用相场法模拟裂纹演化已经受到了学术界和工程界的广泛关注。该方法在变分方程中引入一个连续的场变量 ϕ，通过求解整体控制方程获得场变量的分布，并从中提取裂纹位置以及变形等信息。基于格里菲斯 (Griffith) 热力学的计算模型[1,2] 已经成功模拟脆性和延性断裂演化，并被广泛应用于各种工程领域里的断裂破坏问题，例如水力压裂、氢脆断裂、复合材料表面剥离等。从力学角度看，场变量 ϕ 可以理解为一个损伤因子：$\phi=0$ 对应无损材料，而 $\phi=1$ 对应材料彻底破坏。

对于一维问题，假设横截面为 Γ_l 无限水平杆件在 $x=0$ 处存在强不连续，如图 3.5-1 (a) 所示，相应的场变量可以定义为[4]：

$$\phi(x)=\begin{cases}1, & \text{如果 } x=0\\ 0, & \text{如果 } x\neq 0\end{cases} \tag{3.5-1}$$

可以看出式 (3.5-1) 描述的场变量 $\phi(x)$ 是不连续的，但是可以通过如下连续场变量近似：

$$\phi(x)=e^{-|x|/l} \tag{3.5-2}$$

如图 3.5-1 (b) 所示，通过定义特征长度 l 可以描述弥散性不连续的弥散裂纹宽度的尺度。当特征长度 $l\to0$ 时，式 (3.5-2) 与式 (3.5-1) 等价。

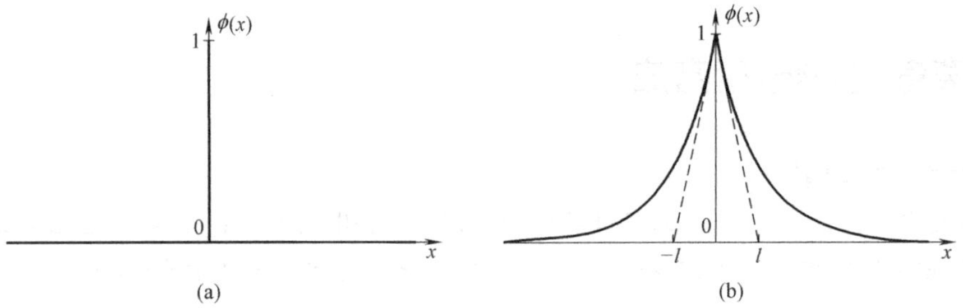

图 3.5-1 相场法一维裂纹表达[3]

(a) 强不连续；(b) 弥散型不连续

通过构造如下微分方程：

$$\phi-l^2\phi''=0 \tag{3.5-3}$$

和相应的边界条件：

$$\phi(0)=1,\phi(\pm\infty)=0 \tag{3.5-4}$$

不难验证式 (3.5-2) 是微分方程式 (3.5-3) 的解，而且对应着如下泛函的极小值点：

$$F(\phi)=\frac{1}{2}\int_{-\infty}^{+\infty}[\phi^2(x)+l^2\phi'^2(x)]\Gamma_l\,\mathrm{d}x \tag{3.5-5}$$

把场变量方程式 (3.5-2) 代入泛函方程式 (3.5-5) 中可得该泛函的极小值为：

$$F_{\min}=l\Gamma_l \tag{3.5-6}$$

这里 Γ_l 代表该杆件的截面，也表示了裂纹面。类似地，对于一般三维问题也可以采用如下形式泛函：

$$\Gamma_l(\phi)=\frac{1}{l}F(\phi)=\int_\Omega\left[\frac{1}{2l}\phi^2(x)+\frac{l}{2}\phi'^2(x)\right]\mathrm{d}V \tag{3.5-7}$$

通过比较式 (3.5-7) 与式 (3.5-5)，可以看到通过引入比例因子 l，泛函 $\Gamma_l(\phi)$ 直接定义了裂纹面。相应的被积函数：

$$\gamma_l(\phi,\phi')=\frac{1}{2l}\phi^2(x)+\frac{l}{2}\phi'^2(x) \tag{3.5-8}$$

代表了裂纹面密度函数，在裂纹面上的任何积分都可以通过裂纹面密度函数式 (3.5-8) 转化为容易处理的体积积分如下：

$$\int_{\Gamma}[A]\mathrm{d}S=\int_{\Omega}[A]\gamma_l\mathrm{d}V \tag{3.5-9}$$

式中 A——定义在面上的任意常数。

相场法通过体积积分的概念省去了传统运用计算几何方法处理复杂裂纹面 Γ_l 演化的烦琐，对于模拟裂纹的相交与分叉过程具有天然的优势。上述推导给出了传统相场法对裂纹描述的基本格式，但该格式在数值上还存在一些特征长度敏感性问题，相应的解决方法可参考文献［1,5,8］。

3.5.2.2 裂纹扩展的相场控制方程

相场法的基本思想是把场变量与连续介质力学里的损伤变量建立联系：场变量的值越大，对材料的弱化作用就越强。当场变量的值 ϕ 取到 1 时，材料的刚度会弱化到 0。有鉴于此，可定义如下材料刚度衰减函数 $d(\phi)$：

$$d(\phi)=(1-\phi)^2+k \tag{3.5-10}$$

式中 k——残余刚度系数。在保证求解体系适定的条件下，一般 k 的取值越小越好。如图 3.5-2 所示，对于各向同性含有裂纹的弹性体而言，考虑刚度弱化的弹性势能可以表达为：

$$E=\int_{\Omega}d(\phi)E_0\mathrm{d}V \tag{3.5-11}$$

E_0 是初始无损的弹性应变能密度，定义为：

$$E_0=\frac{1}{2}\boldsymbol{\varepsilon}:\boldsymbol{C}^{\mathrm{e}}:\boldsymbol{\varepsilon} \tag{3.5-12}$$

式中 $\boldsymbol{\varepsilon}$——二阶小应变张量；

$\boldsymbol{C}^{\mathrm{e}}$——四阶弹性张量。

根据格里菲斯断裂力学理论，断裂过程中释放的能量 G 可以表示为临界能量释放率 G_{c} 对裂纹面的积分，结合式（3.5-9）可得体积积分表达如下：

$$G=\int_{\Gamma}G_{\mathrm{c}}\mathrm{d}S=\int_{\Omega}G_{\mathrm{c}}\gamma_l\mathrm{d}V \tag{3.5-13}$$

式（3.5-11）和式（3.5-13）相加可以得到描述变形与断裂过程的总势能泛函：

$$\psi=E+G=\int_{\Omega}[d(\phi)E_0+G_{\mathrm{c}}\gamma_l]\mathrm{d}V \tag{3.5-14}$$

对总势能泛函求变分，并利用变分的任意性，可获得如下相场控制方程：

$$-2(1-\phi)E_0+G_{\mathrm{c}}\left(\frac{\phi}{l}-l\,\nabla\cdot\nabla\phi\right)=0 \tag{3.5-15}$$

式中 E_0——反映了裂纹扩展的驱动力；

G_{c}——反映了裂纹扩展的阻力。

从式（3.5-11）和式（3.5-12）可以获得柯西应力张量的表达式如下：

$$\boldsymbol{\sigma}=d(\phi)\boldsymbol{C}^{\mathrm{e}}:\boldsymbol{\varepsilon}=d(\phi)\boldsymbol{\sigma}_0 \tag{3.5-16}$$

式中 $\boldsymbol{\sigma}_0$——弹性试应力。

忽略体力的准静态应力平衡方程可以写为：

$$\nabla\cdot\boldsymbol{\sigma}(\boldsymbol{\varepsilon})=\boldsymbol{0} \tag{3.5-17}$$

式（3.5-15）和式（3.5-17）分别给出了能量和应力平衡关系，这两个方程的耦合便完整地定义了相场法控制方程。

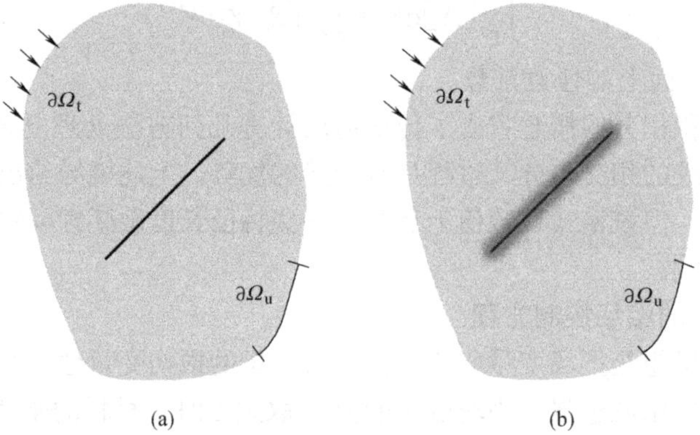

图 3.5-2　二维相场法示意图

(a) 强不连续裂纹模型；(b) 相场法弥散裂纹模型

3.5.2.3　相场法求解算法

本小节讨论如何通过有限元方法求解相场法耦合方程式（3.5-15）和式（3.5-17）。首先定义位移场与相场的试函数空间如下：

$$T_{\mathrm{u}}=\{\boldsymbol{u}\,|\,\boldsymbol{u}\in H^1,\boldsymbol{u}=\overline{\boldsymbol{u}}\text{ on }\partial\Omega_{\mathrm{u}}\}\tag{3.5-18}$$

$$T_{\phi}=\{\phi\,|\,\phi\in H^1\}\tag{3.5-19}$$

式中　H^1——一阶索伯列夫（Soblev）空间；

$\boldsymbol{u}$——位移场；

$\overline{\boldsymbol{u}}$——在位移边界 $\partial\Omega_{\mathrm{u}}$ 上的给定位移，如图 3.5-2 所示。类似地，定义位移场和相场的权函数空间如下：

$$W_{\mathrm{u}}=\{\boldsymbol{\eta}\,|\,\boldsymbol{\eta}\in H^1,\boldsymbol{\eta}=\boldsymbol{0}\text{ on }\partial\Omega_{\mathrm{u}}\}\tag{3.5-20}$$

$$W_{\phi}=\{\psi\,|\,\psi\in H^1\}\tag{3.5-21}$$

通过标准的加权余量法可得等价弱形式：对于任何 $\boldsymbol{\eta}\in W_{\mathrm{u}}$，$\psi\in W_{\phi}$，寻找 $\boldsymbol{u}\in T_{\mathrm{u}}$，$\phi\in T_{\phi}$，使得如下两个变分方程恒成立：

$$\int_{\Omega}\nabla^{\mathrm{s}}\boldsymbol{\eta}:\boldsymbol{\sigma}\mathrm{d}V-\int_{\partial\Omega_{\mathrm{t}}}\boldsymbol{\eta}\cdot\bar{\boldsymbol{t}}\mathrm{d}\Gamma=0\tag{3.5-22}$$

$$\int_{\Omega}-2\psi(1-\phi)E_0\mathrm{d}V+\int_{\Omega}G_{\mathrm{c}}\left(\psi\frac{\phi}{l}+l\,\nabla\psi\cdot\nabla\phi\right)\mathrm{d}V=0\tag{3.5-23}$$

式中　$\bar{\boldsymbol{t}}$——定义在牵引力边界 $\partial\Omega_{\mathrm{t}}$ 上给定的牵引应力。

不难看出，式（3.5-22）和式（3.5-23）描述的平衡过程和本构关系，对于拉伸和压缩是对称的。也就是说，上述方程存在着裂纹压缩扩展的可能。文献［4］描述了如何通过定义各向异性能量泛函避免压缩性裂纹扩展的出现。

采用标准有限元节点插值近似位移场和相场如下：

$$\boldsymbol{u}=\sum_{i=1}^{m}\boldsymbol{N}_i\boldsymbol{d}_i,\phi=\sum_{i=1}^{m}N_ia_i\tag{3.5-24}$$

式中　$\boldsymbol{N}_i$——形函数插值矩阵；

m——代表节点数目。

类似地，应变场和相场梯度可以近似为：

$$\boldsymbol{\varepsilon}=\sum_{i=1}^{m}\boldsymbol{B}_i^{\mathrm{u}}\boldsymbol{d}_i, \nabla\phi=\sum_{i=1}^{m}\boldsymbol{B}_i a_i \tag{3.5-25}$$

式中 $\boldsymbol{B}_i^{\mathrm{u}}$——标准应变位移矩阵；

$\boldsymbol{B}_i$——形函数梯度向量；

$\boldsymbol{d}_i$、a_i——分别是在节点 i 对应位移场和相场的节点未知量。

将有限元插值关系式（3.5-24）和式（3.5-25）代入应力平衡方程式（3.5-22），可以得到如下位移场余量方程：

$$\boldsymbol{r}^{\mathrm{u}}(\boldsymbol{u},\phi)=\int_{\Omega}(\boldsymbol{B}^{\mathrm{u}})^{\mathrm{T}}d(\phi)\boldsymbol{\sigma}_0\mathrm{d}V-\int_{\partial\Omega_{\mathrm{t}}}\boldsymbol{N}^{\mathrm{T}}\bar{\boldsymbol{t}}\mathrm{d}\Gamma \tag{3.5-26}$$

类似地，将有限元插值关系式（3.5-24）和式（3.5-25）代入能量平衡方程式（3.5-23）可得相场余量方程：

$$\boldsymbol{r}^{\phi}(\boldsymbol{u},\phi)=\int_{\Omega}\left\{\boldsymbol{N}^{\mathrm{T}}\left[-2(1-\phi)H+G_{\mathrm{c}}\frac{\phi}{l}\right]+\boldsymbol{B}^{\mathrm{T}}lG_{\mathrm{c}}\nabla\phi\right\}\mathrm{d}V \tag{3.5-27}$$

为了保持裂纹扩展的不可恢复性，这里采用历史变量 H 代替 E_0，定义如下：

$$H=\begin{cases}E_0(\boldsymbol{\varepsilon}) & E_0>H_{\mathrm{t}}\\ H_{\mathrm{t}} & E_0\leqslant H_{\mathrm{t}}\end{cases} \tag{3.5-28}$$

式中 H_{t}——在前一个时间步体系所保留的应变能。

求解过程等价于寻找位移场 $\boldsymbol{u}$ 和相场 ϕ 使得 $\boldsymbol{r}^{\mathrm{u}}(\boldsymbol{u}, \phi)=\boldsymbol{0}$ 和 $\boldsymbol{r}^{\phi}(\boldsymbol{u}, \phi)=\boldsymbol{0}$ 成立。显而易见，式（3.5-26）和式（3.5-27）是关于位移场 $\boldsymbol{u}$ 和相场 ϕ 的非线性函数，所以需要采用标准的牛顿切线法求解。线性化式（3.5-26）和式（3.5-27）可得：

$$\delta\boldsymbol{r}^{\mathrm{u}}=\int_{\Omega}(\boldsymbol{B}^{\mathrm{u}})^{\mathrm{T}}[d\boldsymbol{D}^{\mathrm{e}}\boldsymbol{B}^{\mathrm{u}}\delta\boldsymbol{d}-2(1-\phi)\boldsymbol{\sigma}_0\boldsymbol{N}\delta\boldsymbol{a}]\mathrm{d}V \tag{3.5-29}$$

$$\delta\boldsymbol{r}^{\phi}=\int_{\Omega}\left\{-2\boldsymbol{N}^{\mathrm{T}}(1-\phi)\boldsymbol{\sigma}_0\boldsymbol{B}^{\mathrm{u}}\delta\boldsymbol{d}+\left[\boldsymbol{N}^{\mathrm{T}}\left(2H+\frac{G_{\mathrm{c}}}{l}\right)\boldsymbol{N}+\boldsymbol{B}^{\mathrm{T}}lG_{\mathrm{c}}\boldsymbol{B}\right]\delta\boldsymbol{a}\right\}\mathrm{d}V \tag{3.5-30}$$

从式（3.5-29）和式（3.5-30）可得线性化有限元方程组如下：

$$\begin{bmatrix}\boldsymbol{K}_{\mathrm{dd}} & \boldsymbol{K}_{\mathrm{da}}\\ \boldsymbol{K}_{\mathrm{ad}} & \boldsymbol{K}_{\mathrm{aa}}\end{bmatrix}\begin{bmatrix}\Delta\boldsymbol{d}\\ \Delta\boldsymbol{a}\end{bmatrix}=-\begin{bmatrix}\boldsymbol{r}^{\mathrm{u}}\\ \boldsymbol{r}^{\phi}\end{bmatrix} \tag{3.5-31}$$

其中子矩阵为：

$$\boldsymbol{K}_{\mathrm{dd}}=\int_{\Omega}(\boldsymbol{B}^{\mathrm{u}})^{\mathrm{T}}d\boldsymbol{D}^{\mathrm{e}}\boldsymbol{B}^{\mathrm{u}}\mathrm{d}V \tag{3.5-32}$$

$$\boldsymbol{K}_{\mathrm{da}}=-\int_{\Omega}2(1-\phi)(\boldsymbol{B}^{\mathrm{u}})^{\mathrm{T}}\boldsymbol{\sigma}_0\boldsymbol{N}\mathrm{d}V \tag{3.5-33}$$

$$\boldsymbol{K}_{\mathrm{ad}}=-\int_{\Omega}2(1-\phi)\boldsymbol{N}^{\mathrm{T}}\boldsymbol{\sigma}_0\boldsymbol{B}^{\mathrm{u}}\mathrm{d}V \tag{3.5-34}$$

$$\boldsymbol{K}_{\mathrm{aa}}=\int_{\Omega}\left[\boldsymbol{N}^{\mathrm{T}}\left(2H+\frac{G_{\mathrm{c}}}{l}\right)\boldsymbol{N}+\boldsymbol{B}^{\mathrm{T}}lG_{\mathrm{c}}\boldsymbol{B}\right]\mathrm{d}V \tag{3.5-35}$$

可以看出全耦合求解体系式（3.5-31）是对称的。有些学者倾向采用弱耦合方式求解，也就是忽略耦合项 $\boldsymbol{K}_{\mathrm{da}}$ 和 $\boldsymbol{K}_{\mathrm{ad}}$，并且认为这种算法更具有鲁棒性[6]。

3.5.2.4 相场法模拟摩擦接触

岩土材料区别于其他材料的最大特点就是其摩擦性质，在本小节里将介绍运用相场法模拟压剪裂纹的摩擦接触算法。裂纹在拉伸和压缩状态下的力学行为或刚度表现是不同的。摩擦接触算法首先需要判断是否存在接触，然后判断是否存在摩擦滑移。因为相场法无法显示定义两个裂纹面，所以裂纹的开度也很难直接定义，文献［7］建议采用沿裂纹界面法向的正应变 ε_{nn} 作为判断裂纹张开或闭合的依据：

$$\varepsilon_{nn}=\boldsymbol{\varepsilon}:(\boldsymbol{n}\otimes\boldsymbol{n}) \tag{3.5-36}$$

当正应变 $\varepsilon_{nn}>0$ 时，裂纹面张开，裂纹面上没有牵引应力；当正应变 $\varepsilon_{nn}\leqslant 0$ 时，裂纹面闭合，根据不同的界面应力条件，裂纹可能发生粘结或滑移。如图 3.5-3 所示，描述裂纹面摩擦行为的标准库仑屈服函数 f 定义如下：

$$f=|\tau_f|+\mu t_N\leqslant 0 \tag{3.5-37}$$

式中 τ_f——裂纹面上的剪应力；

μ——摩擦系数；

t_N——裂纹面的法向正应力。通过柯西应力可分别获得剪切和法方向的应力分量如下：

$$t_T=\boldsymbol{\sigma}_0:(\boldsymbol{n}\otimes\boldsymbol{m}) \tag{3.5-38}$$

$$t_N=\boldsymbol{\sigma}_0:(\boldsymbol{n}\otimes\boldsymbol{n}) \tag{3.5-39}$$

屈服函数 $f<0$ 对应粘结状态，裂纹面没有相对位移；$f=0$ 对应滑移状态，裂纹面发生相对滑动。

在粘结状态下，总应力张量可以写为：

$$\boldsymbol{\sigma}=\boldsymbol{\sigma}_0 \tag{3.5-40}$$

也就是说裂纹不发生扩展。与式（3.5-16）相比，$d(\phi)=1$，粘结状态下式（3.5-40）柯西应力张量无损伤衰减。在滑移状态下，根据经典库仑摩擦准则，裂纹面摩擦引起的剪应力可以写为：

$$\tau_f=\mathrm{sign}(t_T)\mu t_N \tag{3.5-41}$$

式中 sign（ ）是符号函数。在相场法的框架下，总剪应力可以写为如下格式：

$$\tau=d(\phi)t_T+[1-d(\phi)]\tau_f \tag{3.5-42}$$

当刚度衰减函数 $d=0$ 时，总剪应力与裂纹面上的摩擦剪应力 τ_f 一致；当刚度衰减函数$d=1$ 时，总剪应力与体应力的剪切分量 t_T 一致。在粘结状态下，总体法方向的正应力 t_N 和裂纹面方向的正应力 t_M 并不衰减，这里：

$$t_M=\boldsymbol{\sigma}_0:(\boldsymbol{m}\otimes\boldsymbol{m}) \tag{3.5-43}$$

将不衰减的正应力部分写成二阶张量形式如下：

$$\boldsymbol{\sigma}_N=t_N(\boldsymbol{n}\otimes\boldsymbol{n})+t_M(\boldsymbol{m}\otimes\boldsymbol{m}) \tag{3.5-44}$$

正应力张量 $\boldsymbol{\sigma}_N$ 也可以通过如下公式获得：

$$\boldsymbol{\sigma}_N=\boldsymbol{\sigma}_0-t_T[(\boldsymbol{n}\otimes\boldsymbol{m})+(\boldsymbol{m}\otimes\boldsymbol{n})]/2 \tag{3.5-45}$$

将总剪应力写成对称的二阶张量形式如下：

$$\boldsymbol{\tau}=\tau[(\boldsymbol{n}\otimes\boldsymbol{m})+(\boldsymbol{m}\otimes\boldsymbol{n})]/2 \tag{3.5-46}$$

综上，在滑移状态下，总应力张量可以写为：

$$\boldsymbol{\sigma}=\boldsymbol{\sigma}_N+\boldsymbol{\tau}=\boldsymbol{\sigma}_0-[1-d(\phi)](t_T-\tau_f)[(\boldsymbol{n}\otimes\boldsymbol{m})+(\boldsymbol{m}\otimes\boldsymbol{n})]/2 \tag{3.5-47}$$

考虑摩擦接触裂纹扩展的总势能密度泛函的增量可以写成如下形式[8]：

$$P=E+G+J \tag{3.5-48}$$

与式（3.5-14）所描述的格式相比，这里增加了滑移引起的摩擦能量损耗密度 J。其增量形式可以描述为：

$$\Delta J=\begin{cases}0 & 张开\\ 0 & 粘结\\ [1-\phi(d)]\tau_{\mathrm{f}}\Delta\zeta & 滑移\end{cases} \quad (3.5\text{-}49)$$

相应地，弹性应变能密度的增量形式可写为：

$$\Delta E=\begin{cases}\phi(d)\boldsymbol{\sigma}_0:\Delta\boldsymbol{\varepsilon} & 张开\\ \boldsymbol{\sigma}_0:\Delta\boldsymbol{\varepsilon} & 粘结\\ \boldsymbol{\sigma}_0:\Delta\boldsymbol{\varepsilon}-[1-\phi(d)]t_{\mathrm{T}}\Delta\zeta & 滑移\end{cases}$$

(3.5-50)

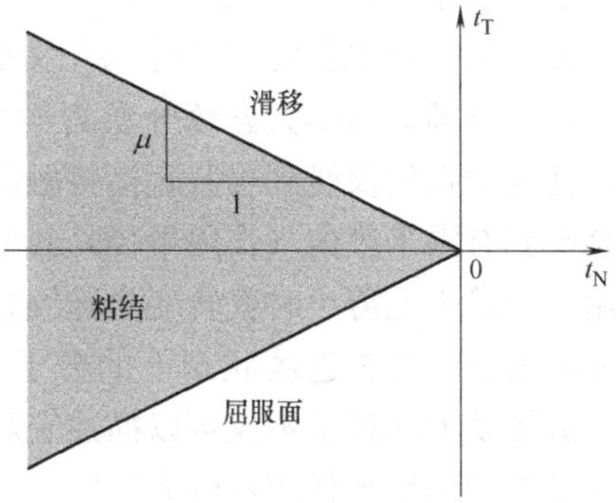

图 3.5-3 摩擦型裂纹屈服面示意图

其中剪切增量应变 $\Delta\zeta=\Delta\boldsymbol{\varepsilon}:[(\boldsymbol{n}\otimes\boldsymbol{m})+(\boldsymbol{m}\otimes\boldsymbol{n})]/2$。对于Ⅱ型裂纹，式（3.5-48）中的断裂能密度 G 可以写为如下形式：

$$G=\frac{3G_{\mathrm{c}}^{\mathrm{II}}}{8}\left[\frac{\phi}{l}+l\,\boldsymbol{\nabla}\phi\cdot\boldsymbol{\nabla}\phi\right] \quad (3.5\text{-}51)$$

这里假设压剪型裂纹为主要破坏模式，所以式（3.5-51）中采用了Ⅱ型能量释放率 $G_{\mathrm{c}}^{\mathrm{II}}$。另外，该格式与式（3.5-13）与式（3.5-8）也略有不同，主要目的是减少黏聚型裂纹对长度尺度 l 的依赖。在忽略体力作用时，给出考虑摩擦接触的相场控制方程如下：

（1）在裂纹未生成时，摩擦滑移引起的能量耗散是零，此时可得标准相场方程

$$\begin{cases}\nabla\cdot\boldsymbol{\sigma}_0=\boldsymbol{0}\\ d'(\phi)H+\dfrac{3G_{\mathrm{c}}^{\mathrm{II}}}{8}\left(\dfrac{1}{l}-2l^2\,\nabla\cdot\nabla\phi\right)=0\end{cases} \quad (3.5\text{-}52)$$

（2）在裂纹生成后，发生摩擦滑移，剪应力水平下降到残余强度，此时控制方程为

$$\begin{cases}\nabla\cdot\{\boldsymbol{\sigma}_0-[1-d(\phi)](t_{\mathrm{T}}-\tau_{\mathrm{f}})[(\boldsymbol{n}\otimes\boldsymbol{m})+(\boldsymbol{m}\otimes\boldsymbol{n})]/2\}=\boldsymbol{0}\\ d'(\phi)H+\dfrac{3G_{\mathrm{c}}^{\mathrm{II}}}{8}\left(\dfrac{1}{l}-2l^2\,\nabla\cdot\nabla\phi\right)=0\end{cases} \quad (3.5\text{-}53)$$

（3）在粘结过程中，可以看作无损材料，其控制方程为

$$\begin{cases}\nabla\cdot\boldsymbol{\sigma}_0=\boldsymbol{0}\\ d'(\phi)\max(H)+\dfrac{3G_{\mathrm{c}}^{\mathrm{II}}}{8}\left(\dfrac{1}{l}-2l^2\,\nabla\cdot\nabla\phi\right)=0\end{cases} \quad (3.5\text{-}54)$$

3.5.2.5 相场法小结

相场法将岩土体的变形与断裂破坏通过变分方程有机地结合在一起，对处理岩土材料的复杂破坏与滑移过程具有很强大的优势，在边坡、基坑、高坝等复杂岩土结构的整体稳定计算方面具有良好的应用前景。该方法的不足在于其通过高维场变量描述破坏面，所需计算量相对较大，但可以借助并行计算平台实现大尺度模拟。

3.5.3 近场动力学方法（Peridynamics method）

3.5.3.1 近场动力学方法概述

近场动力学是由美国桑迪亚国家实验室的 Silling[9] 于 2000 年提出的理论，属于连续介质

力学中的非局部方法。近20年来，近场动力学理论不断发展，已经可以应用于实际工程问题中。关于该方法的更多技术细节参见文献［10，11］。近场动力学理论主要有两个优势：

（1）近场动力学为连续介质力学与分子动力学之间建立联系。在经典连续介质模型中，任意质点仅仅受到与其直接接触的质点的作用；而在近场动力学理论模型中，任意质点会受到有限半径内（作用半径）其他质点的作用[10]。因此，当近场动力学理论模型的作用半径趋于无穷小时就转变为连续介质模型；同理，当近场动力学理论模型的作用半径增大时就会转变为连续状态下的分子动力学模型，如图3.5-4所示。从以上分析可以看出，近场动力学理论不仅可以描述宏观尺度效应（作用半径相对较小），还可以描述微观尺度效应（作用半径相对较大）。

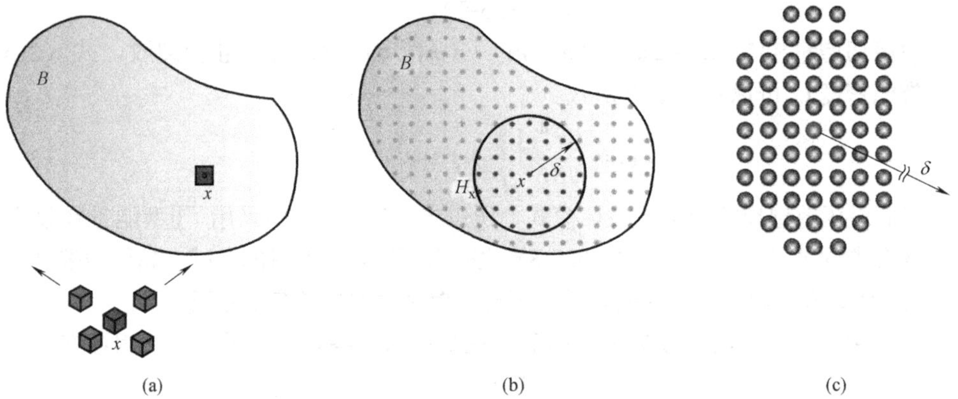

图3.5-4　局部连续介质理论、近场动力学理论和分子动力学理论的对比[11]

（a）连续介质模型；（b）近场动力学模型；（c）分子动力学模型

（2）近场动力学采用空间积分形式构建其基本力学方程，从而替换了传统固体力学理论中位移分量的偏微分项，使得该方法在不连续介质中应用时，可以避免应力场在裂纹尖端出现奇异性；同时，近场动力学理论从微观角度出发，利用质点之间的相对位矢伸长率超过其临界伸长率为损伤产生的准则，使得裂纹可以在物体中自由产生与扩展。因为近场动力学理论这些突出的特点，使其在不连续变形模拟中表现出非比寻常的优势。目前近场动力学理论已经被广泛应用在多个领域，包括冲击问题[12,13]、混凝土的压碎[14]、薄膜撕裂[15]和生物领域[16,17]等工程与科学问题，如图3.5-5所示。

近期很多学者将近场动力学方法应用在水力劈裂领域，例如：Hattori等[18]指出近场动力学理论对于裂纹扩展和裂纹分叉有很好的计算结果，但是该方法的应用也存在一些问题，例如如何选择局部区域半径的大小（近场范围的大小）；Ouchi等[19]基于近场动力学理论建立了水力劈裂裂缝扩展的模型，证实了该模型可以更加真实地模拟水力劈裂裂缝在多孔弹性各向异性的介质中传播；Nadimi[20]通过线性-黏弹性近场动力学模型对水力劈裂裂缝在各向异性岩土介质中的引发和传播进行了三维模拟，并研究了诱导裂缝和初始裂缝之间的相互作用对裂缝扩展行为的影响，其结果和试验结果基本类似；Wu[21]应用近场动力学方法模拟页岩的水力劈裂现象，表明初始裂缝的数量和间距对最终的劈裂模式有很大影响，其数值模拟的部分结果如图3.5-6所示。

近场动力学理论也被应用在研究岩石的开裂破坏，例如：Zhou[22,23]应用近场动力学理论模拟了含有多个初始缺陷的岩石试样在单轴拉力的作用下裂缝的扩展过程，探讨了初始缺陷的排列方式以及初始的宏观缺陷和微观缺陷之间的相互作用对裂缝传播过程的影响，验证了近场动力学在模拟岩石裂缝扩展的有效性；Ha[24] 利用近场动力学理论提出了岩石类材料在压缩状态下的断裂模式并仔细研究了初始缺陷倾角对裂缝起始位置的影响；Zhang 等[25] 模拟了带有孔径的环形岩石试样在动荷载的作用下的裂纹扩展形态，并讨论了试样的孔径的大小对试样破坏模式的影响，模拟结果如图 3.5-7 所示。

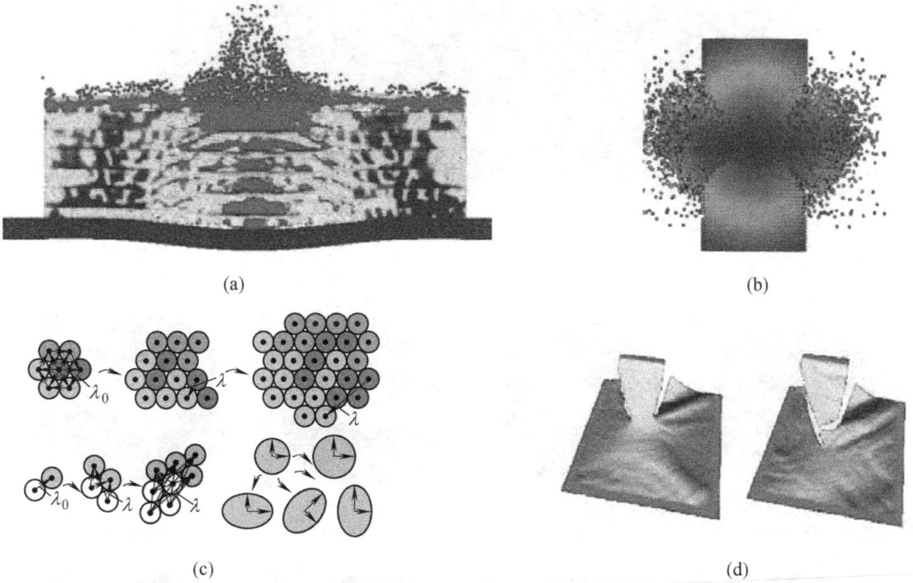

图 3.5-5　近场动力学理论的应用

(a) 冲击问题[13]；(b) 混凝土的压碎[14]；(c) 生物领域[16]；(d) 薄膜撕裂[15]

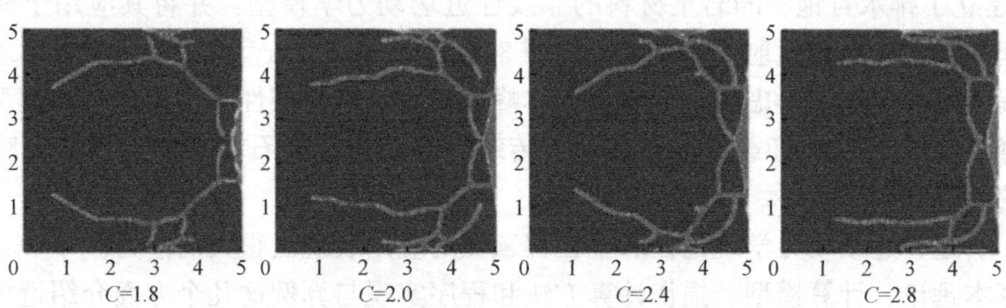

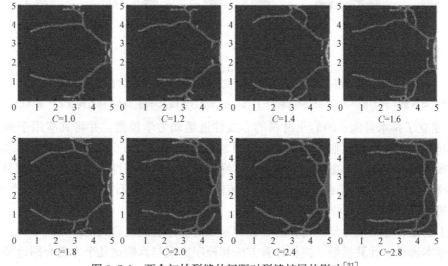

图 3.5-6　两个初始裂缝的间距对裂缝扩展的影响[21]

为了扩展近场动力学方法的应用范围，很多适合近场动力学的材料本构模型也逐渐被提出，例如：Ghajari[27] 基于键型近场动力学提出了一个可以应用于各向异性材料动态断裂分析的新材料模型，该模型能够预测复杂的断裂现象，如裂纹分叉、弯曲和停止；

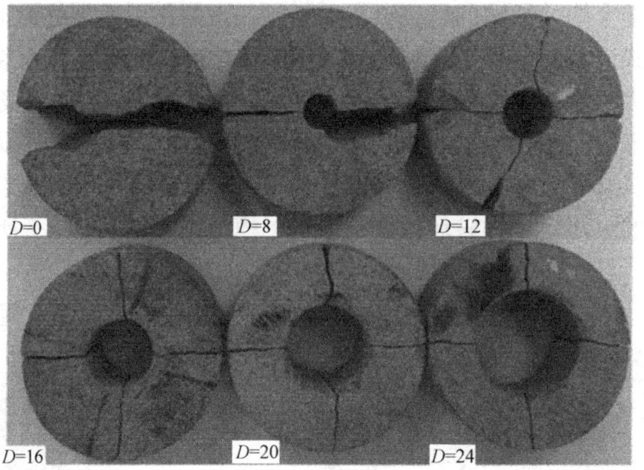

(a)

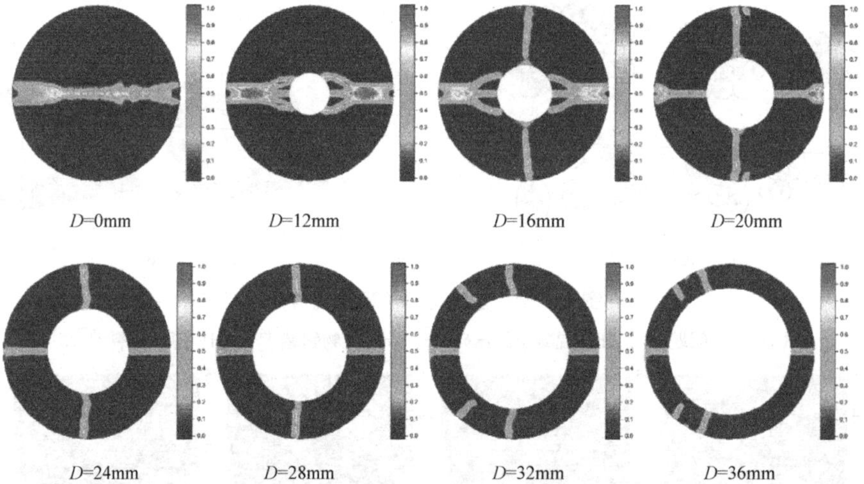

(b)

图 3.5-7 破坏形态的试验结果和数值结果对比

(a) 试样在动荷载下典型破坏形式的试验结果[26]；(b) 近场动力学模拟环形试样在动力荷载下的破坏形态结果[25]

Lai[28] 建立了排水且饱和的岩土材料的非线性近场动力学模型，并将其应用于模拟脉冲载荷引起的动态碎裂和喷射物的形成，如图 3.5-8 所示；Zhou[29] 在近场动力学理论的基础上，提出了一个可以考虑压缩荷载下岩体峰后阶段的微弹塑性本构模型，该模型可以考虑岩石峰后阶段的加载-卸载路径，弥补了传统近场动力学岩石本构模型不能反映岩石峰后强度的缺点。

综上所述，近场动力学理论在岩土工程领域的应用表现出很大的潜力。本节将从近场动力学基本理论、计算模型、损伤计算方法和程序实现与算例这几个方面介绍近场动力学理论及其应用。

3.5.3.2 近场动力学基本理论

在笛卡尔坐标系中，每个质点在任意时刻的坐标为 $\boldsymbol{x}_{(k)}$ （其中 $k=1, 2, \cdots, \infty$），质点体积为 $V_{(k)}$，质量密度为 $\rho[\boldsymbol{x}_{(k)}]$；当物体发生变形后，质点 $\boldsymbol{x}_{(k)}$ 发生的位移定义为

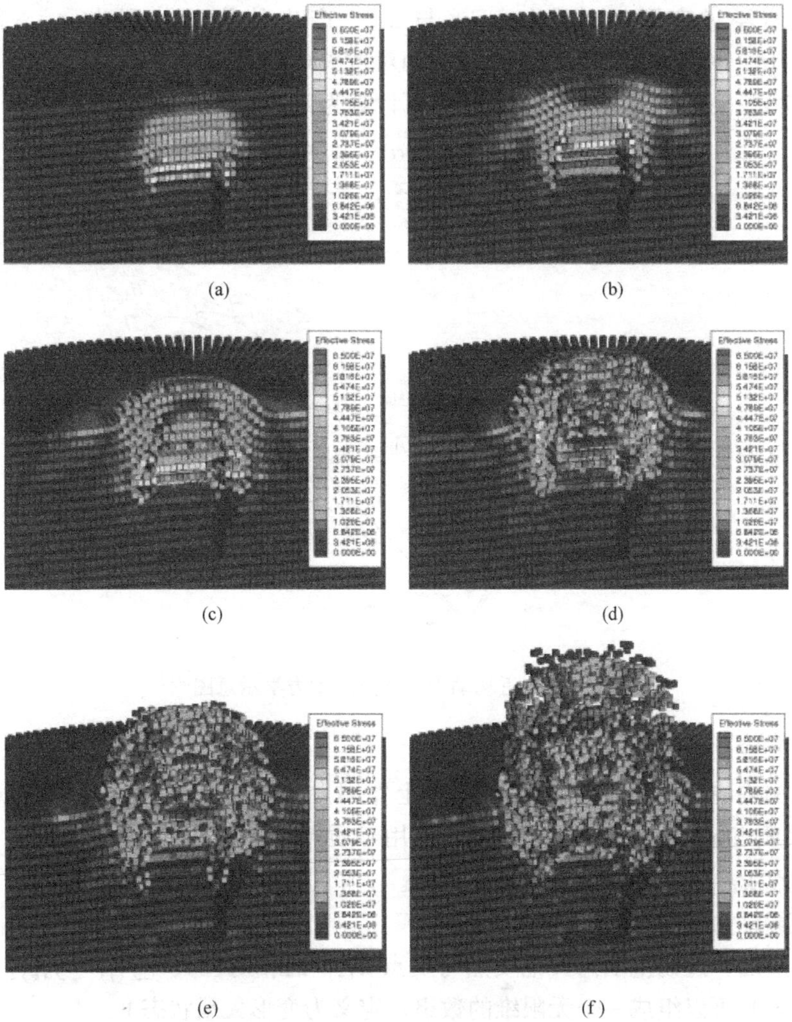

图 3.5-8 饱和黏土的破碎过程[28]

(a) t=17.4ms；(b) t=35.4ms；(c) t=53.4ms；(d) t=71.4ms；(e) t=89.4ms；(f) t=124.8ms

$\boldsymbol{u}_{(k)}$，质点 $\boldsymbol{x}_{(k)}$ 新的位置定义为 $\boldsymbol{y}_{(k)}$，并称 $\boldsymbol{y}_{(k)}$ 为位置矢量（简称位矢）。质点 $\boldsymbol{x}_{(k)}$ 的位移矢量和体力矢量定义为 $\boldsymbol{u}_{(k)}[\boldsymbol{x}_{(k)},\boldsymbol{t}]$ 和 $\boldsymbol{b}_{(k)}[\boldsymbol{x}_{(k)},\boldsymbol{t}]$，其运动采用拉格朗日坐标描述。

由前所述，近场动力学理论认为质点 $\boldsymbol{x}_{(k)}$ 会受到其他质点 $\boldsymbol{x}_{(j)}$（其中 $j=1,\ 2,\ \cdots,\ \infty$）的影响，但这种影响会随着质点之间距离的增大而逐渐减弱。因此，可以假定在某个局部区域之外的质点对质点 $\boldsymbol{x}_{(k)}$ 无相互作用，这个局部区域称为近场范围[10]，如图 3.5-9 所示，近场范围内的点组成的集合定义为 $\boldsymbol{H}_{\boldsymbol{x}(k)}$。

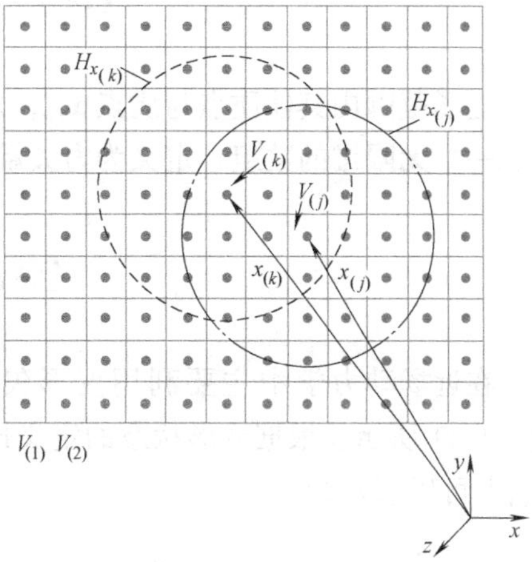

图 3.5-9 质点 $\boldsymbol{x}_{(k)}$ 与 $\boldsymbol{x}_{(j)}$ 之间的相互作用[11]

(1) 质点之间的伸长率

假设物体经过变形后，质点 $\boldsymbol{x}_{(k)}$ 与 $\boldsymbol{x}_{(j)}$ 产生的位移分别为 $\boldsymbol{u}_{(k)}$ 和 $\boldsymbol{u}_{(j)}$，如图 3.5-10 所示。因此，它们在变形前后的相对位矢可以表示为 $[\boldsymbol{x}_{(j)}-\boldsymbol{x}_{(k)}]$ 和 $[\boldsymbol{y}_{(j)}-\boldsymbol{y}_{(k)}]$。质点 $\boldsymbol{x}_{(k)}$ 与 $\boldsymbol{x}_{(j)}$ 之间的伸长率就可计算为：

$$\boldsymbol{s}_{(k)(j)}=\frac{|\boldsymbol{y}_{(j)}-\boldsymbol{y}_{(k)}|-|\boldsymbol{x}_{(j)}-\boldsymbol{x}_{(k)}|}{|\boldsymbol{x}_{(j)}-\boldsymbol{x}_{(k)}|} \tag{3.5-55}$$

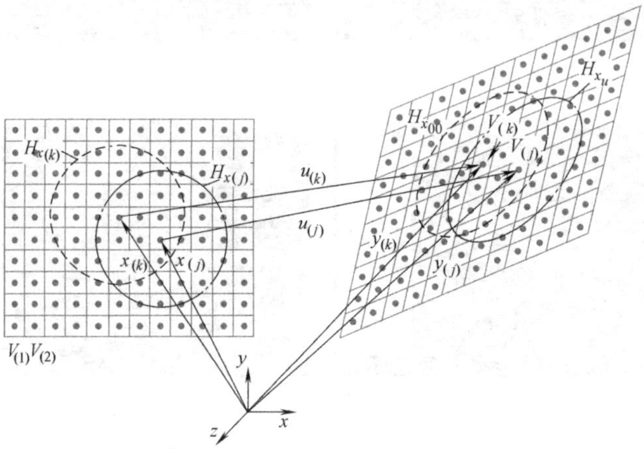

图 3.5-10 近场动力学质点的动力学示意图[11]

(2) 力密度

近场范围内的任一质点会在质点 $\boldsymbol{x}_{(k)}$ 上作用力密度矢量 $\boldsymbol{t}_{(j)(k)}$，其物理意义是质点 $\boldsymbol{x}_{(j)}$ 施加在质点 $\boldsymbol{x}_{(k)}$ 上的力。类似地，作用于质点 $\boldsymbol{x}_{(j)}$ 的力密度矢量为 $\boldsymbol{t}_{(j)(k)}$，其物理意义为质点 $\boldsymbol{x}_{(k)}$ 施加在质点 $\boldsymbol{x}_{(j)}$ 上的力。

(3) 近场动力学的状态表达

物体变形后，近场范围内其他质点与质点 $\boldsymbol{x}_{(k)}$ 的相对位矢 $[\boldsymbol{y}_{(j)}-\boldsymbol{y}_{(k)}]$（其中 $j=1, 2, \cdots, \infty$）可以组成一个无限维的数组，定义为变形矢量状态 $\underline{\boldsymbol{Y}}$：

$$\underline{\boldsymbol{Y}}[\boldsymbol{x}_{(k)},t]=\begin{Bmatrix}[\boldsymbol{y}_{(1)}-\boldsymbol{y}_{(k)}]\\ \vdots \\ [\boldsymbol{y}_{(\infty)}-\boldsymbol{y}_{(k)}]\end{Bmatrix} \tag{3.5-56}$$

近场范围内其他质点与质点 $\boldsymbol{x}_{(k)}$ 之间的力密度矢量 $\boldsymbol{t}_{(k)(j)}$（其中 $j=1, 2, \cdots, \infty$）组成一个无限维的数组，定义为力矢量状态 $\underline{\boldsymbol{T}}$：

$$\underline{\boldsymbol{T}}[\boldsymbol{x}_{(k)},t]=\begin{Bmatrix}\boldsymbol{t}_{(k)(1)}\\ \vdots \\ \boldsymbol{t}_{(k)(\infty)}\end{Bmatrix} \tag{3.5-57}$$

在近场动力学中主要利用变形矢量状态 $\underline{\boldsymbol{Y}}$ 和力矢量状态 $\underline{\boldsymbol{T}}$ 描述质点的状态，如图 3.5-11 所示。根据变形状态的定义即式 (3.5-56)，变形后质点间的相对位矢 $[\boldsymbol{y}_{(j)}-\boldsymbol{y}_{(k)}]$ 可以表示为：

$$[\boldsymbol{y}_{(j)}-\boldsymbol{y}_{(k)}]=\underline{\boldsymbol{Y}}[\boldsymbol{x}_{(k)},t]\langle\boldsymbol{x}_{(j)}-\boldsymbol{x}_{(k)}\rangle \tag{3.5-58}$$

注：等式最右端为提取信息的运算符，其数学意义为：$\boldsymbol{X}\langle\boldsymbol{x}'-\boldsymbol{x}\rangle=\boldsymbol{x}'-\boldsymbol{x}$

根据之前力状态的定义即式（3.5-57），力密度矢量 $\boldsymbol{t}_{(k)(j)}$ 可以表示为：

$$\boldsymbol{t}_{(k)(j)}[\boldsymbol{u}_{(j)}-\boldsymbol{u}_{(k)},\boldsymbol{x}_{(j)}-\boldsymbol{x}_{(k)},t]=\underline{\boldsymbol{T}}[\boldsymbol{x}_{(k)},t]\langle\boldsymbol{x}_{(j)}-\boldsymbol{x}_{(k)}\rangle \tag{3.5-59}$$

力状态与变形状态的关系构成了近场动力学方法的本构关系。

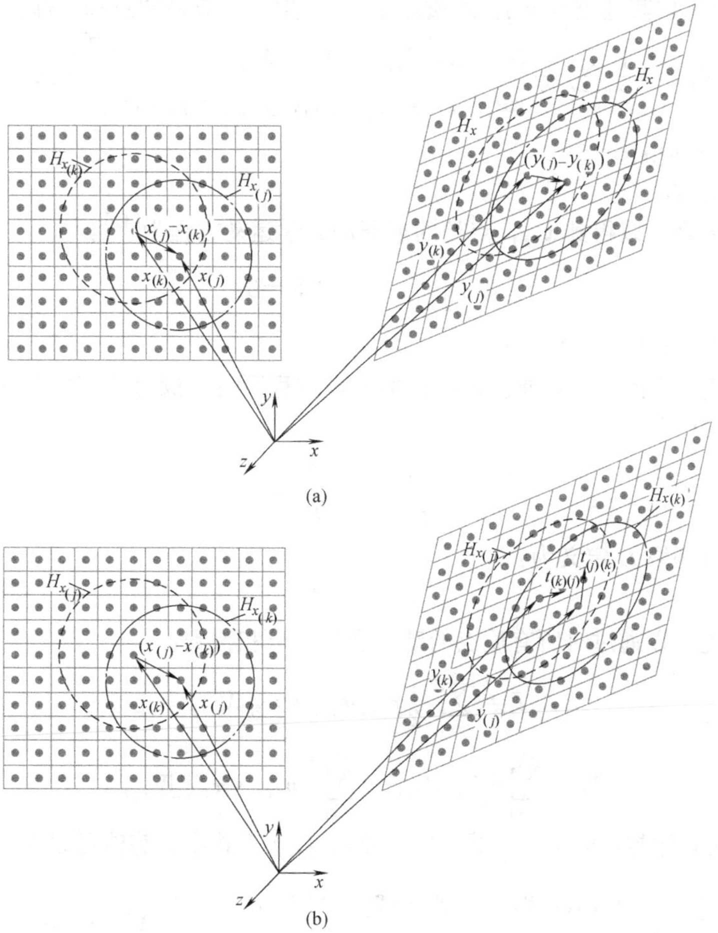

图 3.5-11　近场动力学矢量状态[11]

(a) 变形 $\underline{Y}$；(b) 力 $\underline{T}$

（4）应变能密度

从能量的角度，质点 $\boldsymbol{x}_{(j)}$ 对质点 $\boldsymbol{x}_{(k)}$ 的相互作用可以用微势能 $\boldsymbol{w}_{(k)(j)}$ 来衡量；类似地，质点 $\boldsymbol{x}_{(k)}$ 对质点 $\boldsymbol{x}_{(j)}$ 的相互作用用微势能 $\boldsymbol{w}_{(j)(k)}$ 来衡量。但是，由于 $\boldsymbol{w}_{(k)(j)}$ 的大小与 $\boldsymbol{x}_{(k)}$ 近场范围内质点的状态相关；$\boldsymbol{w}_{(j)(k)}$ 的大小与 $\boldsymbol{x}_{(j)}$ 近场范围内质点的状态相关，而质点 $\boldsymbol{x}_{(k)}$ 与质点 $\boldsymbol{x}_{(j)}$ 的近场范围内质点的状态是不一样的，导致微势能也不同，即 $\boldsymbol{w}_{(k)(j)}\neq\boldsymbol{w}_{(j)(k)}$。因此，质点之间的微势能可以定义为：

$$\boldsymbol{w}_{(k)(j)}=\boldsymbol{w}_{(k)(j)}[\boldsymbol{y}_{(1^k)}-\boldsymbol{y}_{(k)},\boldsymbol{y}_{(2^k)}-\boldsymbol{y}_{(k)},\cdots] \tag{3.5-60}$$

$$\boldsymbol{w}_{(j)(k)}=\boldsymbol{w}_{(j)(k)}[\boldsymbol{y}_{(1^j)}-\boldsymbol{y}_{(j)},\boldsymbol{y}_{(2^j)}-\boldsymbol{y}_{(j)},\cdots] \tag{3.5-61}$$

式中　$\boldsymbol{y}_{(k)}$——质点 $\boldsymbol{x}_{(k)}$ 变形后的位矢；

$\boldsymbol{y}_{(1^k)}$——第一个与质点 $\boldsymbol{x}_{(k)}$ 产生相互作用的质点变形后的位矢；

$\boldsymbol{y}_{(j)}$——质点 $\boldsymbol{x}_{(j)}$ 变形后的位矢；

$\boldsymbol{y}_{(1^j)}$——第一个与点 $\boldsymbol{x}_{(j)}$ 产生相互作用的质点变形后的位矢。

根据作用在质点 $\boldsymbol{x}_{(k)}$ 的微势能可以求出其应变能密度。质点 $x_{(k)}$ 的应变能密度 $W_{(k)}$ 为近场范围内其他质点 $\boldsymbol{x}_{(j)}$ 对质点 $\boldsymbol{x}_{(k)}$ 产生的微势能的总和，即：

$$W_{(k)}=\frac{1}{2}\sum_{j=1}^{\infty}\frac{1}{2}\begin{Bmatrix}w_{(k)(j)}[\boldsymbol{y}_{(1^k)}-\boldsymbol{y}_{(k)},\boldsymbol{y}_{(2^k)}-\boldsymbol{y}_{(k)},\cdots]+\\ w_{(j)(k)}[\boldsymbol{y}_{(1^j)}-\boldsymbol{y}_{(j)},\boldsymbol{y}_{(2^j)}-\boldsymbol{y}_{(j)},\cdots]\end{Bmatrix}V_{(j)} \tag{3.5-62}$$

当 $k=j$ 时，$w_{(k)(j)}=0$。

(5) 运动方程

利用虚功原理可以得到 $\boldsymbol{x}_{(k)}$ 点处的近场动力学运动方程为[11]：

$$\delta\int_{t_0}^{t_1}(T-U)\mathrm{d}t=0 \tag{3.5-63}$$

式中 T——代表物体的总动能；

U——代表物体的总势能。求解拉格朗日方程可得到满足式 (3.5-63) 的质点运动方程为：

$$\frac{\mathrm{d}}{\mathrm{d}t}\left[\frac{\partial L}{\partial\dot{\boldsymbol{u}}_{(k)}}\right]-\frac{\partial L}{\partial\boldsymbol{u}_{(k)}}=0 \tag{3.5-64}$$

其中，拉格朗日函数 L 定义为：

$$L=T-U \tag{3.5-65}$$

总动能和总势能可以通过对所有质点的动能和势能求和得到：

$$T=\sum_{i=1}^{\infty}\frac{1}{2}\rho_{(i)}\dot{\boldsymbol{u}}_{(i)}\cdot\dot{\boldsymbol{u}}_{(i)}V_{(i)} \tag{3.5-66}$$

$$U=\sum_{i=1}^{\infty}W_{(i)}V_{(i)}-\sum_{i=1}^{\infty}[\boldsymbol{b}_{(i)}\cdot\boldsymbol{u}_{(i)}]V_{(i)} \tag{3.5-67}$$

将质点 $\boldsymbol{x}_{(i)}$ 的应变能密度 $W_{(i)}$ [式 (3.5-62)] 代入上式中，势能可以表示为：

$$U=\sum_{i=1}^{\infty}\left\{\frac{1}{2}\sum_{j=1}^{\infty}\frac{1}{2}\begin{bmatrix}w_{(i)(j)}(\boldsymbol{y}_{(1^i)}-\boldsymbol{y}_{(i)},\boldsymbol{y}_{(2^i)}-\boldsymbol{y}_{(i)},\cdots)+\\ w_{(j)(i)}(\boldsymbol{y}_{(1^j)}-\boldsymbol{y}_{(j)},\boldsymbol{y}_{(2^j)}-\boldsymbol{y}_{(j)},\cdots)\end{bmatrix}V_{(j)}-[\boldsymbol{b}_{(i)}\cdot\boldsymbol{u}_{(i)}]\right\}V_{(i)} \tag{3.5-68}$$

将以上各式代入拉格朗日方程 [式 (3.5-64)] 中得：

$$\rho_{(k)}\ddot{\boldsymbol{u}}_{(k)}=\sum_{j=1}^{\infty}\begin{Bmatrix}\boldsymbol{t}_{(k)(j)}[\boldsymbol{u}_{(j)}-\boldsymbol{u}_{(k)},\boldsymbol{x}_{(j)}-\boldsymbol{x}_{(k)},t]-\\ \boldsymbol{t}_{(j)(k)}[\boldsymbol{u}_{(k)}-\boldsymbol{u}_{(j)},\boldsymbol{x}_{(k)}-\boldsymbol{x}_{(j)},t]\end{Bmatrix}V_{(j)}+\boldsymbol{b}_{(k)} \tag{3.5-69}$$

其中，

$$\boldsymbol{t}_{(k)(j)}[\boldsymbol{u}_{(j)}-\boldsymbol{u}_{(k)},\boldsymbol{x}_{(j)}-\boldsymbol{x}_{(k)},t]=\frac{1}{2}\frac{1}{V_{(j)}}\left\{\sum_{i=1}^{\infty}\frac{\partial w_{(k)(i)}}{\partial[\boldsymbol{y}_{(j)}-\boldsymbol{y}_{(k)}]}V_{(i)}\right\} \tag{3.5-70}$$

$$\boldsymbol{t}_{(j)(k)}[\boldsymbol{u}_{(k)}-\boldsymbol{u}_{(j)},\boldsymbol{x}_{(k)}-\boldsymbol{x}_{(j)},t]=\frac{1}{2}\frac{1}{V_{(j)}}\left\{\sum_{i=1}^{\infty}\frac{\partial w_{(i)(k)}}{\partial[\boldsymbol{y}_{(k)}-\boldsymbol{y}_{(j)}]}V_{(i)}\right\} \tag{3.5-71}$$

力密度 $\boldsymbol{t}_{(k)(j)}$ 和 $\boldsymbol{t}_{(j)(k)}$ 用质点 $\boldsymbol{x}_{(k)}$ 与质点 $\boldsymbol{x}_{(j)}$ 的力矢量状态表示为：

$$\boldsymbol{t}_{(k)(j)}[\boldsymbol{u}_{(j)}-\boldsymbol{u}_{(k)},\boldsymbol{x}_{(j)}-\boldsymbol{x}_{(k)},t]=\underline{\boldsymbol{T}}[\boldsymbol{x}_{(k)},t]\langle\boldsymbol{x}_{(j)}-\boldsymbol{x}_{(k)}\rangle \tag{3.5-72}$$

$$\boldsymbol{t}_{(j)(k)}[\boldsymbol{u}_{(k)}-\boldsymbol{u}_{(j)},\boldsymbol{x}_{(k)}-\boldsymbol{x}_{(j)},t]=\underline{\boldsymbol{T}}[\boldsymbol{x}_{(j)},t]\langle\boldsymbol{x}_{(k)}-\boldsymbol{x}_{(j)}\rangle \tag{3.5-73}$$

将上式代入式（3.5-69）中可得：

$$\rho_{(k)}\ddot{\boldsymbol{u}}_{(k)}=\sum_{j=1}^{\infty}\{\underline{\boldsymbol{T}}[\boldsymbol{x}_{(k)},t]\langle\boldsymbol{x}_{(j)}-\boldsymbol{x}_{(k)}\rangle-\underline{\boldsymbol{T}}[\boldsymbol{x}_{(j)},t]\langle\boldsymbol{x}_{(k)}-\boldsymbol{x}_{(j)}\rangle\}V_{(j)}+\boldsymbol{b}_{(k)} \tag{3.5-74}$$

当$V_{(j)}$趋于0时，式（3.5-74）的结果趋近于积分的结果。所以，上式可以写为积分形式：

$$\rho(\boldsymbol{x})\ddot{\boldsymbol{u}}(\boldsymbol{x},t)=\int_H[\underline{\boldsymbol{T}}[\boldsymbol{x},t]\langle\boldsymbol{x}'-\boldsymbol{x}\rangle-\underline{\boldsymbol{T}}[\boldsymbol{x}',t]\langle\boldsymbol{x}-\boldsymbol{x}'\rangle]\mathrm{d}H+\boldsymbol{b}(\boldsymbol{x},t) \tag{3.5-75}$$

3.5.3.3 近场动力学计算模型

从式（3.5-75）中可以看出，求解该方程的关键是要得到质点之间的力密度矢量的表达式，即得到 $\underline{\boldsymbol{T}}[\boldsymbol{x},t]\langle\boldsymbol{x}'-\boldsymbol{x}\rangle$ 与 $\underline{\boldsymbol{T}}[\boldsymbol{x},t]\langle\boldsymbol{x}-\boldsymbol{x}'\rangle$。基于这一目的，Silling[9,30] 通过假设力密度的大小和方向提出了三种实现方式：键型近场动力学、基于普通状态的近场动力学和基于非普通状态的近场动力学。

（1）键型近场动力学

键型近场动力学是近场动力学理论的一个特例，它将质点间的力密度矢量假设为弹簧力，即力密度矢量 $\boldsymbol{f}$ 和 $\boldsymbol{f}'$的大小相等，方向相反，力密度矢量的方向沿着两个质点连线的方向，如图 3.5-12 所示。因此，力密度可以表示为：

$$\underline{\boldsymbol{T}}(\boldsymbol{x},t)\langle\boldsymbol{x}'-\boldsymbol{x}\rangle=\frac{1}{2}C\frac{\boldsymbol{y}'-\boldsymbol{y}}{|\boldsymbol{y}'-\boldsymbol{y}|}=\frac{1}{2}\boldsymbol{f}(\boldsymbol{u}'-\boldsymbol{u},\boldsymbol{x}'-\boldsymbol{x},t) \tag{3.5-76}$$

$$\underline{\boldsymbol{T}}(\boldsymbol{x}',t)\langle\boldsymbol{x}-\boldsymbol{x}'\rangle=-\frac{1}{2}C\frac{\boldsymbol{y}'-\boldsymbol{y}}{|\boldsymbol{y}'-\boldsymbol{y}|}=-\frac{1}{2}\boldsymbol{f}(\boldsymbol{u}'-\boldsymbol{u},\boldsymbol{x}'-\boldsymbol{x},t) \tag{3.5-77}$$

式中　C——材料参数。

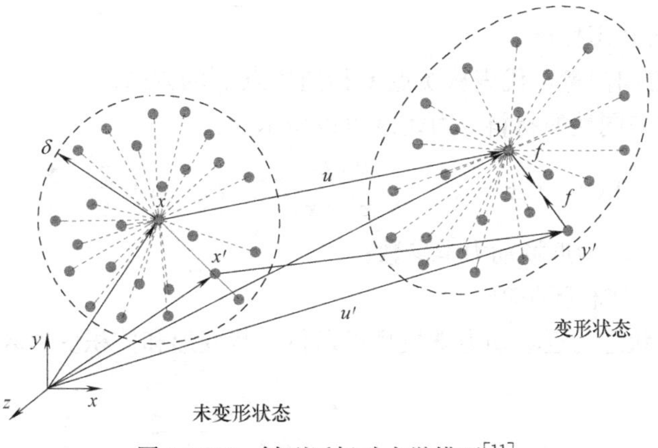

图 3.5-12　键型近场动力学模型[11]

将式（3.5-76）和式（3.5-77）代入近场动力学运动方程式（3.5-75），可得：

$$\rho(\boldsymbol{x})\ddot{\boldsymbol{u}}(\boldsymbol{x},t)=\int_H\boldsymbol{f}(\boldsymbol{u}'-\boldsymbol{u},\boldsymbol{x}'-\boldsymbol{x},t)\mathrm{d}H+\boldsymbol{b}(\boldsymbol{x},t) \tag{3.5-78}$$

其中，$\boldsymbol{f}(\boldsymbol{u}'-\boldsymbol{u},\ \boldsymbol{x}'-\boldsymbol{x})$ 为质点间力的响应函数，它定义为质点 $\boldsymbol{x}'$施加在质点 $\boldsymbol{x}$ 上的单位体积平方的力矢[31]。由于质点之间的力密度矢量假设为弹簧力，所以力密度矢量与质点之间的伸长率为线性关系（该伸长率不仅要考虑质点之间在外荷载作用下产生的伸长率，还要考虑温度变化产生的伸长率）。基于以上考虑，其表达式可以写为：

$$\boldsymbol{f}(\boldsymbol{u}'-\boldsymbol{u},\boldsymbol{x}'-\boldsymbol{x},t)=[c_1 s(\boldsymbol{u}'-\boldsymbol{u},\boldsymbol{x}'-\boldsymbol{x})-c_2 T]\frac{\boldsymbol{y}'-\boldsymbol{y}}{|\boldsymbol{y}'-\boldsymbol{y}|} \tag{3.5-79}$$

式中 T——质点 $\boldsymbol{x}'$ 和质点 $\boldsymbol{x}$ 相对于温度变化量的平均值；

$s(\boldsymbol{u}'-\boldsymbol{u},\boldsymbol{x}'-\boldsymbol{x})$——质点之间的伸长率。

Silling 和 Askari[31] 指出对于各向同性材料，式（3.5-79）中材料参数 c_1 和 c_2 可以通过如下关系获得：

$$c_1=c=\frac{18\kappa}{\pi\delta^4} \tag{3.5-80}$$

$$c_2=c\alpha \tag{3.5-81}$$

式中 κ——体积模量；

α——材料的热膨胀系数；

c——键常数。

键型近场动力学原理简单，易于理解，但是做了较多理想化的假设，使得该模型在二维情况下适用于泊松比为 1/3 的材料，在三维情况下适用于泊松比为 1/4 的材料，而且它只能反映物体的总变形，不能分别计算物体几何形状的变化和体积的变化，也不支持塑性和不可压缩的材料本构模型，同时该模型只考虑了质点间轴向的作用力，忽略了切向的作用力。

（2）基于普通状态的近场动力学

基于普通状态的近场动力学假设力密度矢量 $\boldsymbol{t}$ 和 $\boldsymbol{t}'$ 的大小不相等，力密度矢量的方向沿着两个质点连线的方向，如图 3.5-13 所示，也是近场动力学的一个特殊形式，其力密度矢量假设为：

$$\underline{\boldsymbol{T}}(\boldsymbol{x},t)\langle\boldsymbol{x}'-\boldsymbol{x}\rangle=\underline{t}\,\underline{\boldsymbol{M}}(\underline{\boldsymbol{Y}}) \tag{3.5-82}$$

式中 $\underline{t}$——定义为状态标量；

$\underline{\boldsymbol{M}}(\underline{\boldsymbol{Y}})$——单位方向向量，代表从质点 $\boldsymbol{y}$ 指向质点 $\boldsymbol{y}'$ 的方向。

对于线弹性各向同性的材料，力密度可以表示为：

$$\underline{\boldsymbol{T}}(\boldsymbol{x},t)\langle\boldsymbol{x}'-\boldsymbol{x}\rangle=\left(\frac{2ad\delta}{|\boldsymbol{x}'-\boldsymbol{x}|}\theta(\boldsymbol{x},t)+bs\right)\frac{\boldsymbol{y}'-\boldsymbol{y}}{|\boldsymbol{y}'-\boldsymbol{y}|} \tag{3.5-83}$$

式中 a、b、d——均为近场动力学参数；

$\theta(\boldsymbol{x},t)$——体积膨胀项。

这种基于普通状态的近场动力学模型可以将形状变形和体积变形区分开来，可以对塑

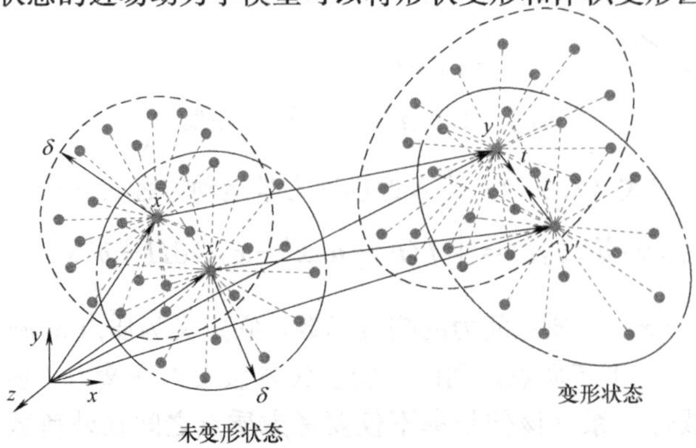

图 3.5-13　基于普通状态的近场动力学模型[11]

性和不可压缩材料进行计算，同时弥补了键型近场动力学对材料泊松比限制的不足。

(3) 基于非普通状态的近场动力学

基于非普通状态的近场动力学是近场动力学一般的形式，力密度矢量 $\boldsymbol{t}$ 和 $\boldsymbol{t}'$ 的大小不等，力密度矢量的方向也是任意的（图 3.5-14）。该模型可以实现一些复杂的本构模型，其力密度矢量可以表示为：

$$\underline{\boldsymbol{T}}(\boldsymbol{x},t)\langle\boldsymbol{x}'-\boldsymbol{x}\rangle=\underline{w}\langle\boldsymbol{x}'-\boldsymbol{x}\rangle\boldsymbol{P}\boldsymbol{K}^{-1}(\boldsymbol{x}'-\boldsymbol{x}) \tag{3.5-84}$$

式中　$\boldsymbol{P}$——Piola-Kirchhoff 应力张量；

$\boldsymbol{K}$——形状张量，定义为：

$$\boldsymbol{K}=\int_{H_x}\underline{w}\langle\boldsymbol{x}'-\boldsymbol{x}\rangle(\underline{\boldsymbol{X}}\langle\boldsymbol{x}'-\boldsymbol{x}\rangle\otimes\underline{\boldsymbol{X}}\langle\boldsymbol{x}'-\boldsymbol{x}\rangle)\mathrm{d}V' \tag{3.5-85}$$

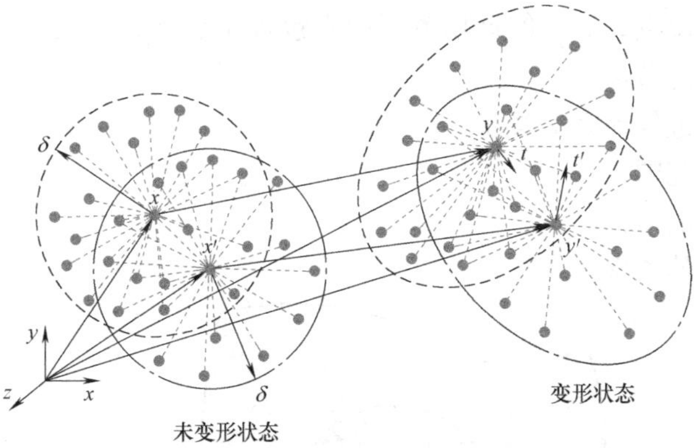

图 3.5-14　非普通状态型近场动力学模型[11]

通过上面介绍可以看出，三种模型主要的区别在于力密度的大小和方向。总体来说，基于非普通状态的近场动力学模型具有普适性，可以应用于各种情况；基于普通状态的近场动力学模型是基于非普通状态的近场动力学模型的一种特殊情况；键型近场动力学模型又属于基于普通状态的近场动力学模型的特例，三者的关系如图 3.5-15 所示。

图 3.5-15　三种近场动力学模型之间的相互关系[32]

3.5.3.4　损伤计算方法

在近场动力学理论中，材料损伤是从微观的角度描述的，主要依靠质点之间的伸长率来判断，当质点之间的伸长率超过临界伸长率时，损伤便会开始产生，同时该质点间的相互作用随即消失。接着外力将会在剩下存在相互作用的质点对中重新分配，进行新一轮质点间伸长率的计算并重新与临界伸长率比较，依次循环下去，直至材料发生破坏。随着荷载作用时间的增加，超过临界伸长率的质点之间的相互作用力将会依次消失，损伤便会在物体中扩展。质点之间的临界伸长率主要从能量的角度来计算。根据文献［10，11］，如图 3.5-16 所示，新增裂纹面 A 所需的临界应变能为：

$$W^{c}=s_{c}^{2}\sum_{k=1}^{K^{+}}\sum_{j=1}^{J^{-}}\left\{ad^{2}\delta^{2}\left[\sum_{i=1}^{K^{-}}V_{(i)}+\sum_{i=1}^{J^{+}}V_{(i)}\right]+2\delta b\mid \boldsymbol{x}_{(j^{-})}-\boldsymbol{x}_{(k^{+})}\mid\right\}V_{(k^{+})}V_{(j^{-})} \tag{3.5-86}$$

式中 W^{c}——临界应变能；

K^{+}——位于质点 $\boldsymbol{x}_{(k^{+})}$ 的近场范围中包含质点 $\boldsymbol{x}_{(k^{+})}$ 一侧（即裂纹面上方）质点的数量；

K^{-}——位于质点 $\boldsymbol{x}_{(k^{+})}$ 的近场范围中未包含质点 $\boldsymbol{x}_{(k^{+})}$ 一侧（即裂纹面下方）质点的数量；

J^{+}——位于质点 $\boldsymbol{x}_{(j^{-})}$ 的近场范围中包含质点 $\boldsymbol{x}_{(j^{-})}$ 的一侧（即裂纹面下方）质点的数量；

J^{-}——位于质点 $\boldsymbol{x}_{(j^{-})}$ 的近场范围中未包含质点 $\boldsymbol{x}_{(k^{+})}$ 的一侧（即裂纹面上方）质点的数量；

a、b、d——均为近场动力学参数；

δ——近场范围；

V——质点的体积；

s_{c}——临界伸长率。

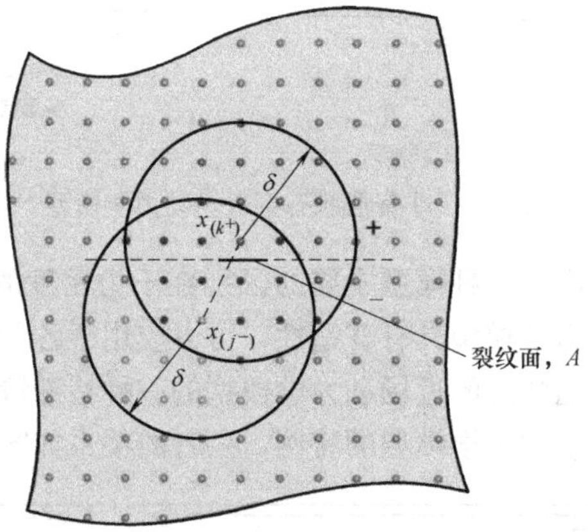

图 3.5-16 材料损伤计算示意图[11]

临界应变能 W^{c} 应等于临界能量释放率 G_{c} 与裂纹面积 A 的乘积，因此临界能量释放率 G_{c} 可以表示为：

$$G_{c}=\frac{s_{c}^{2}\sum_{k=1}^{K^{+}}\sum_{j=1}^{J^{-}}\left\{ad^{2}\delta^{2}\left[\sum_{i=1}^{K^{-}}V_{(i)}+\sum_{i=1}^{J^{+}}V_{(i)}\right]+2\delta b\mid \boldsymbol{x}_{(j^{-})}-\boldsymbol{x}_{(k^{+})}\mid\right\}V_{(k^{+})}V_{(j^{-})}\boldsymbol{x}_{(k^{+})}}{A} \tag{3.5-87}$$

根据上式，临界伸长率 s_{c} 可以表示为：

$$s_{c}=\sqrt{\frac{G_{c}A}{\sum_{k=1}^{K^{+}}\sum_{j=1}^{J^{-}}\left\{ad^{2}\delta^{2}\left[\sum_{i=1}^{K^{-}}V_{(i)}+\sum_{i=1}^{J^{+}}V_{(i)}\right]+2\delta b\mid \boldsymbol{x}_{(j^{-})}-\boldsymbol{x}_{(k^{+})}\mid\right\}V_{(k^{+})}V_{(j^{-})}\boldsymbol{x}_{(k^{+})}}} \tag{3.5-88}$$

从而可得临界伸长率的表达式为：

三维
$$s_{c}=\sqrt{\frac{G_{c}}{\left[3\mu+\left(\frac{3}{4}\right)^{4}\left(\kappa-\frac{5\mu}{3}\right)\right]\delta}} \tag{3.5-89}$$

二维
$$s_{c}=\sqrt{\frac{G_{c}}{\left[\frac{6\mu}{\pi}+\frac{16}{9\pi^{2}}(\kappa-2\mu)\right]\delta}} \tag{3.5-90}$$

3.5.3.5 程序实现和算例

(1) Peridigm 程序实现[33]

Peridigm 是近场动力学的一个开源的程序，由美国桑迪亚国家实验室开发，并于2011年实现开源。它主要用于解决固体力学中普遍存在的材料破坏问题。Peridigm 程序主要用 C++语言编写，其利用桑迪亚国家工程实验室 Trilinos 项目的基础软件为其提供并行求解能力；Peridigm 还可以与网格生成工具 Trelis 和可视化程序 Paraview 完全兼容，提高前处后处理的效率。Peridigm 程序的运行环境为 Mac 或 Linux 操作系统，其代码以及安装步骤可以在 https：//github. com/peridigm/ peridigm 中下载。

(2) 算例

本小节利用 Peridigm 程序计算两个演示算例。

第一个算例模拟的是一个膨胀的圆柱体的碎裂过程。离散的每个节点的初始速度是通过给定的表达式实现的。材料的密度为 7800kg/m^3，体积模量为 130GPa，剪切模量为 78GPa，近场范围 4.2mm，临界伸长率 0.02，模拟时间为 2.5×10^{-4}s。模拟结果如图 3.5-17 所示，

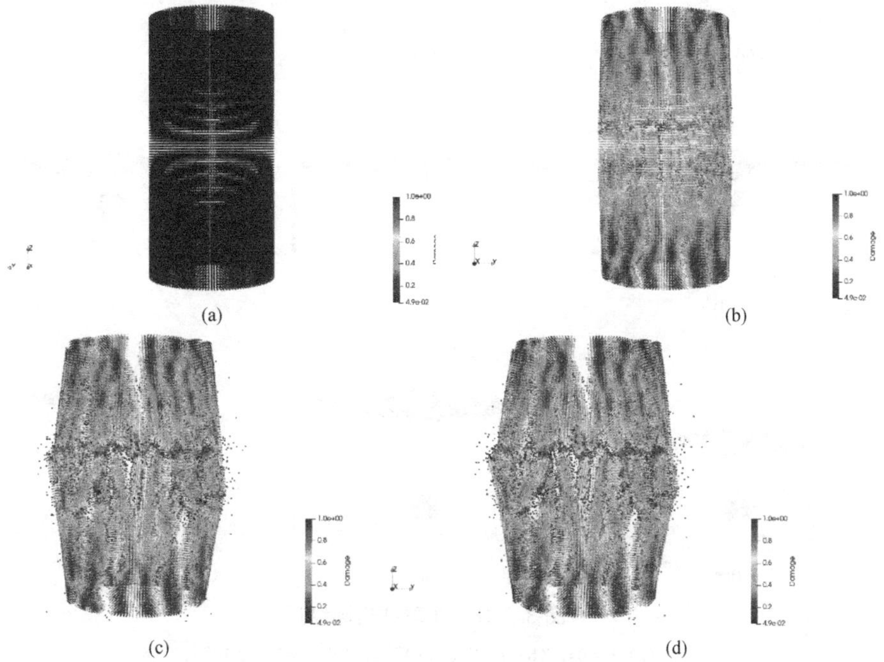

图 3.5-17 圆柱体膨胀破碎过程（一）

(a) $t=0$s；(b) $t=1.9\times10^{-5}$s；(c) $t=9.3\times10^{-5}$s；(d) $t=1.11\times10^{-4}$s

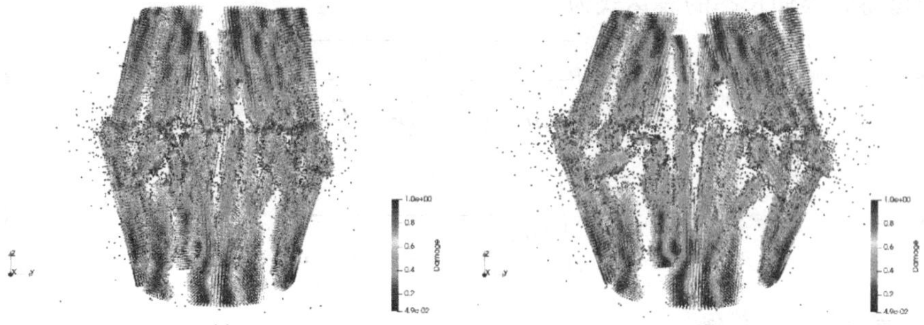

(e) (f)

图 3.5-17　圆柱体膨胀破碎过程（二）

(e) $t=1.68\times10^{-4}$s；(f) $t=2.5\times10^{-4}$s

通过该算例可以看出近场动力学法能够模拟复杂裂纹的动力破裂过程。

第二个算例模拟的是一个圆盘受到刚性小球冲击后的破坏过程。圆盘的密度为 7700kg/m^3，体积模量为 14.9GPa，剪切模量为 8.94GPa；刚性小球的密度为 2200kg/m^3，体积模量为 160GPa，剪切模量为 78.3GPa；近场范围 3.1mm，临界伸长率 0.0005，模拟时间为 8×10^{-4}s，模拟结果如图 3.5-18 和图 3.5-19 所示。该算例说明了近场动力学方法可以考虑碰撞接触等引起的结构动力破坏过程。

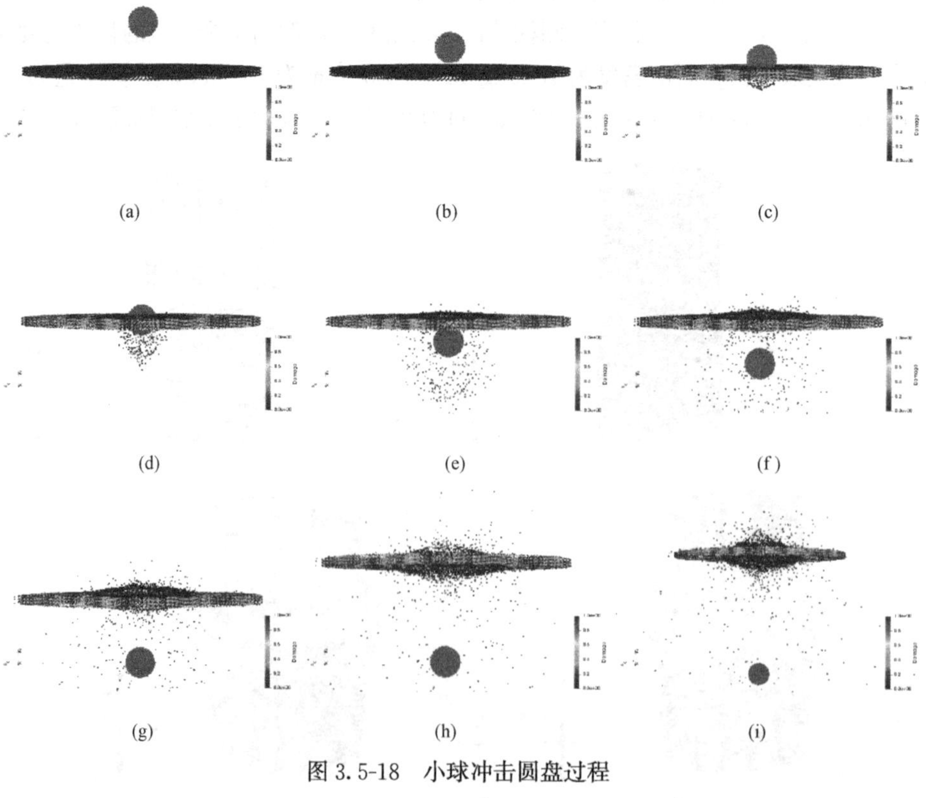

(a) (b) (c) (d) (e) (f) (g) (h) (i)

图 3.5-18　小球冲击圆盘过程

(a) $t=0$s；(b) $t=7.8\times10^{-5}$s；(c) $t=1.2\times10^{-4}$s；

(d) $t=1.6\times10^{-4}$s；(e) $t=2.3\times10^{-4}$s；(f) $t=3.1\times10^{-4}$s；

(g) $t=3.9\times10^{-4}$s；(h) $t=5\times10^{-4}$s；(i) $t=8\times10^{-4}$s

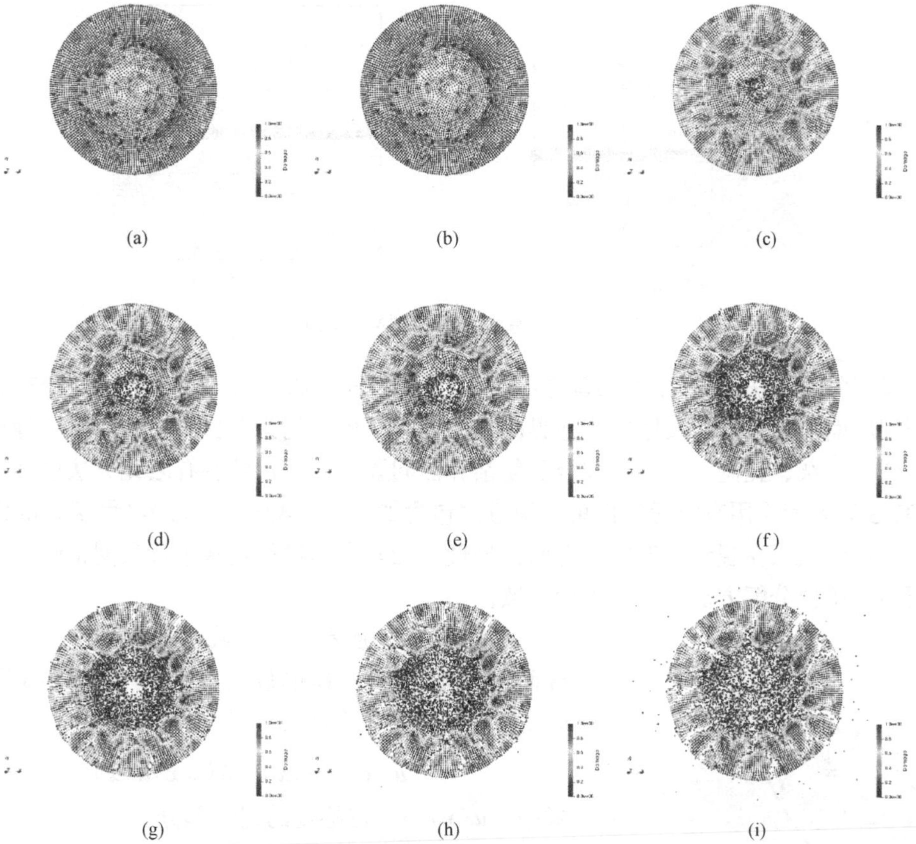

图 3.5-19 圆盘损伤破坏过程

(a) $t=0$s；(b) $t=7.8\times10^{-5}$s；(c) $t=1.2\times10^{-4}$s；
(d) $t=1.6\times10^{-4}$s；(e) $t=2.3\times10^{-4}$s；(f) $t=3.1\times10^{-4}$s；
(g) $t=3.9\times10^{-4}$s；(h) $t=5\times10^{-4}$s；(i) $t=8\times10^{-4}$s

3.5.3.6 近场动力学方法小结

近场动力学方法适合模拟固体复杂的动力断裂破坏过程，可应用于水力压裂、矿山爆破、盾构掘进等动荷载作用下的岩土工程问题。该方法依然需要损伤变量描述裂纹的几何与演化，因此需要非常精细的网格才能获得相对高精度的裂纹形态预测。此外，在计算实现上需要特定的算法提取裂纹面的形态和开度等相关信息，在裂纹面上施加荷载还相对不成熟。

3.5.4 扩展有限元法（Extended finite element method）

3.5.4.1 扩展有限元法概述

近几年，一类允许裂纹在单元内部扩展的有限元方法得到了国内外学者的关注，这类方法叫作扩展有限元方法[34]，如图 3.5-20 所示。其基本思路是在有限元位移场形函数插值空间内引入不连续的富集形函数（Enriched shape functions），达到在单元内部模拟因裂纹扩展变形引起的位移强不连续的目的。

扩展有限元法（XFEM）是一种以单位分解法（Partition of unity method）[35] 为基

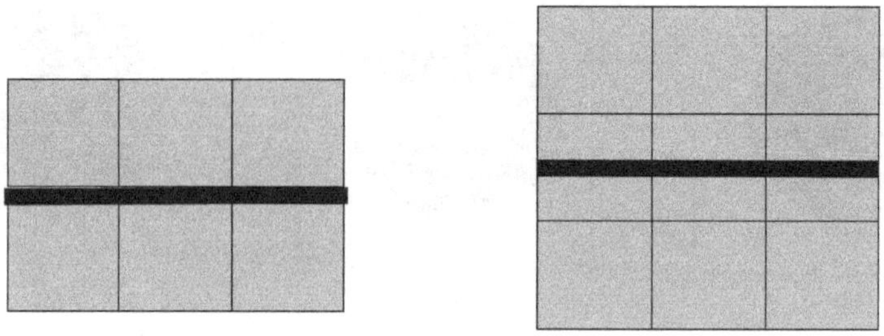

传统有限元法　　　　扩展有限元法

图 3.5-20　有限元法模拟裂纹示意图

础的广义有限元方法[36]。该方法首先由美国西北大学的 Belytschko 团队[34] 针对裂纹扩展模拟问题而提出，而后又用在其他界面相关的问题里，例如多材料、剪切带、静动态摩擦、位错、夹杂、孔洞以及多场耦合等复杂界面问题。如今，扩展有限元方法已经普及在 ABAQUS 等大型通用有限元软件里。该方法包含如下两个特点：(1) 富集函数的定义是局部的，也就是只在裂纹附近才进行增强处理；(2) 富集过程是基于背景网格的，也就是说需要通过单位分解方法构造富集形函数。

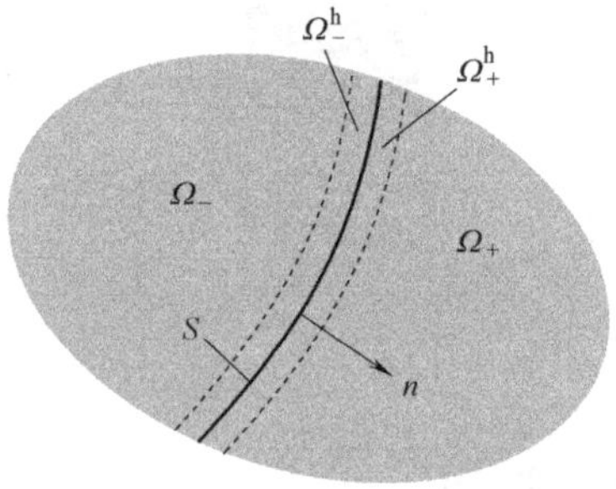

图 3.5-21　位移强不连续示意图

如图 3.5-21 所示，在区域中包含一个位移强不连续面或裂纹面 S，其单位法向量为 $\boldsymbol{n}$。域内位移场 $\boldsymbol{u}(\boldsymbol{x})$ 可以写为如下形式：

$$\boldsymbol{u}(\boldsymbol{x})=\bar{\boldsymbol{u}}(\boldsymbol{x})+M_{\mathrm{s}}(\boldsymbol{x})\tilde{\boldsymbol{u}}(\boldsymbol{x}) \tag{3.5-91}$$

式中　$\bar{\boldsymbol{u}}(\boldsymbol{x})$——位移场的连续部分；

$\tilde{\boldsymbol{u}}(\boldsymbol{x})$——位移场的不连续部分。

标量 $M_{\mathrm{s}}(\boldsymbol{x})$ 是一个定义在裂纹附近区域里的不连续函数：

$$M_{\mathrm{s}}(\boldsymbol{x})=H_{\mathrm{s}}(\boldsymbol{x})-f^{\mathrm{h}}(\boldsymbol{x}) \tag{3.5-92}$$

$H_{\mathrm{s}}(\boldsymbol{x})$ 是阶跃函数：

$$H_{\mathrm{s}}(\boldsymbol{x})=\begin{cases}1, \boldsymbol{x}\in\Omega_{+}^{\mathrm{h}}\\0, \boldsymbol{x}\in\Omega_{-}^{\mathrm{h}}\end{cases} \tag{3.5-93}$$

$f^{\mathrm{h}}(\boldsymbol{x})$ 是满足如下条件的连续函数：

$$f^{\mathrm{h}}(\boldsymbol{x})=\begin{cases}1, \boldsymbol{x}\in\Omega_{+}^{\mathrm{h}}\backslash\Omega_{+}^{\mathrm{h}}\\0, \boldsymbol{x}\in\Omega_{-}^{\mathrm{h}}\backslash\Omega_{-}^{\mathrm{h}}\end{cases} \tag{3.5-94}$$

使得 $M_{\mathrm{s}}(\boldsymbol{x})$ 仅在裂纹附近区域 $\Omega_{+}^{\mathrm{h}}\cup\Omega_{-}^{\mathrm{h}}$ 非零，在其他区域均为零，这样在裂纹面处的位移跳跃正是 $\tilde{\boldsymbol{u}}(\boldsymbol{x})|_{\mathrm{S}}$。对位移场 (3.5.4-1) 对称求导可得小应变张量矩阵如下：

$$\boldsymbol{\varepsilon}(\boldsymbol{x})=\boldsymbol{\nabla}^{\mathrm{s}}\boldsymbol{u}(\boldsymbol{x})=\boldsymbol{\nabla}^{\mathrm{s}}\bar{\boldsymbol{u}}+H_{\mathrm{s}}(\boldsymbol{x})\boldsymbol{\nabla}^{\mathrm{s}}\tilde{\boldsymbol{u}}-\boldsymbol{\nabla}^{\mathrm{s}}(f^{\mathrm{h}}(\boldsymbol{x})\tilde{\boldsymbol{u}})+\delta_{\mathrm{s}}(\tilde{\boldsymbol{u}}\otimes\boldsymbol{n})^{\mathrm{s}} \tag{3.5-95}$$

式中　$\boldsymbol{\nabla}^{\mathrm{s}}$——对称空间梯度算子；

δ_{s}——Dirac-Delta 函数。

有些扩展有限元方法中采用 $f^{\mathrm{h}}(\boldsymbol{x})=0$，同样可以模拟裂纹的不连续变形，只是节点的连续自由度数值与该节点的位移不相等。

3.5.4.2 扩展有限元法模拟准静态摩擦接触[39]

直接给出准静态加载的控制方程如下：

$$\boldsymbol{\nabla}\cdot\boldsymbol{\sigma}=\mathbf{0}\text{，在 }\Omega\backslash S\text{ 里} \tag{3.5-96}$$

$$\boldsymbol{\sigma}\cdot\boldsymbol{v}=\bar{\boldsymbol{t}}\text{，在}\partial\Omega_{\mathrm{t}}\text{ 上} \tag{3.5-97}$$

这里，$\boldsymbol{v}$ 是牵引应力边界的单位法向量，$\bar{\boldsymbol{t}}$ 是给定的牵引应力。通过如下权函数：

$$\boldsymbol{\eta}(\boldsymbol{x})=\bar{\boldsymbol{\eta}}(\boldsymbol{x})+M_{\mathrm{s}}(\boldsymbol{x})\tilde{\boldsymbol{\eta}}(\boldsymbol{x}) \tag{3.5-98}$$

可得标准变分形式包含连续部分：

$$\int_{\Omega}\nabla^{\mathrm{s}}\bar{\boldsymbol{\eta}}:\boldsymbol{\sigma}\mathrm{d}V=\int_{\partial\Omega_{\mathrm{t}}}\bar{\boldsymbol{\eta}}\cdot\boldsymbol{t}\mathrm{d}\Gamma \tag{3.5-99}$$

不连续部分：

$$\int_{\Omega}[H_{\mathrm{s}}(\boldsymbol{x})\nabla^{\mathrm{s}}\tilde{\boldsymbol{\eta}}-\boldsymbol{\nabla}^{s}(\mathrm{f}^{h}(\boldsymbol{x})\tilde{\boldsymbol{\eta}})]:\boldsymbol{\sigma}\mathrm{d}V+\int_{\mathrm{S}}\tilde{\boldsymbol{\eta}}\cdot\boldsymbol{t}_{\mathrm{S}}\mathrm{d}\Gamma=\int_{\partial\Omega_{\mathrm{t}}}M_{\mathrm{s}}(\boldsymbol{x})\tilde{\boldsymbol{\eta}}\cdot\bar{\boldsymbol{t}}\mathrm{d}\Gamma \tag{3.5-100}$$

可见连续位移部分的变形方程式（3.5-99）与式（3.5-22）一致。裂纹面积分 $\int_{\mathrm{S}}\boldsymbol{\eta}\cdot\boldsymbol{t}_{\mathrm{S}}\mathrm{d}\Gamma$ 中的 $\boldsymbol{t}_{\mathrm{S}}$ 表示接触牵引应力。从能量角度看，接触应力与位移跳跃互为共轭关系，其做功与绝对位移无关。式（3.5-100）中的接触应力需要合适的界面本构关系描述，这里依然采用公式（3.5-37）定义的经典库仑摩擦定律。首先定义裂纹的开度如下：

$$g_{\mathrm{N}}(\boldsymbol{x})=\tilde{\boldsymbol{u}}(\boldsymbol{x})\cdot\boldsymbol{n}(\boldsymbol{x})\quad\text{任给 }\boldsymbol{x}\in S \tag{3.5-101}$$

裂纹的相对滑移如下：

$$g_{\mathrm{T}}(\boldsymbol{x})=\tilde{\boldsymbol{u}}(\boldsymbol{x})\cdot\boldsymbol{m}(\boldsymbol{x})\quad\text{任给 }\boldsymbol{x}\in S \tag{3.5-102}$$

裂纹法向接触条件可以写成如下库恩塔克条件：

$$g_{\mathrm{N}}\geqslant 0,\ t_{\mathrm{N}}\leqslant 0,\ g_{\mathrm{N}}t_{\mathrm{N}}=0,\ t_{\mathrm{N}}=\boldsymbol{t}_{\mathrm{S}}\cdot\boldsymbol{n} \tag{3.5-103}$$

当裂纹开度 $g_{\mathrm{N}}>0$，法向接触力 $t_{\mathrm{N}}=0$；当裂纹开度 $g_{\mathrm{N}}=0$，法向接触力 $t_{\mathrm{N}}<0$。在裂纹面方向上，需要区分粘接和滑移条件，下面定义切向牵引应力如下：

$$t_{\mathrm{T}}=|\boldsymbol{t}_{\mathrm{S}}\cdot\boldsymbol{m}| \tag{3.5-104}$$

并定义屈服函数：

$$f=t_{\mathrm{T}}+\mu t_{\mathrm{N}}\leqslant 0 \tag{3.5-105}$$

需要指出的是，屈服函数式（3.5-105）与式（3.5-37）一致。假设塑性滑移方向与切向牵引应力一致，可得率形式的相对塑性滑移如下：

$$\dot{\boldsymbol{g}}_{\mathrm{T}}(\boldsymbol{x})=\dot{\lambda}\frac{t_{\mathrm{T}}}{\|t_{\mathrm{T}}\|} \tag{3.5-106}$$

式中 $\dot{\lambda}$——塑性滑移率；

$\frac{t_{\mathrm{T}}}{\|t_{\mathrm{T}}\|}$——滑移方向。

据此，粘结和滑移条件也可以写成库恩塔克条件如下：

$$\dot{\lambda}\geqslant 0,\ f\leqslant 0,\dot{\lambda}f=0 \tag{3.5-107}$$

当 $\dot{\lambda}=0$ 和 $f<0$ 时，满足粘结条件；当 $\dot{\lambda}>0$ 和 $f=0$ 时，满足界面滑移条件。定义

接触积分 G_c 如下：

$$G_c=\int_S \tilde{\boldsymbol{\eta}}\cdot\boldsymbol{t}_S\mathrm{d}\Gamma=\int_S(\tilde{\eta}_N t_N+\tilde{\eta}_T t_T)\mathrm{d}\Gamma \tag{3.5-108}$$

式中 $\tilde{\eta}_N$、$\tilde{\eta}_T$——分别为权函数的法向和切向分量。

通过罚函数法可以得到法向应力 t_N：

$$t_N=\varepsilon_N g_N \tag{3.5-109}$$

ε_N 是法向罚参数，用来施加接触条件，其物理意义类似法向弹簧刚度，允许接触面存在小量的交叠。对于切向应力分量 $\boldsymbol{t}_T$，需要有合适的本构关系表达粘接和滑移，这里采用其率形式如下：

$$\dot{\boldsymbol{t}}_T=\varepsilon_T\left(\dot{\boldsymbol{g}}_T-\dot{\lambda}\frac{\boldsymbol{t}_T}{\|\boldsymbol{t}_T\|}\right) \tag{3.5-110}$$

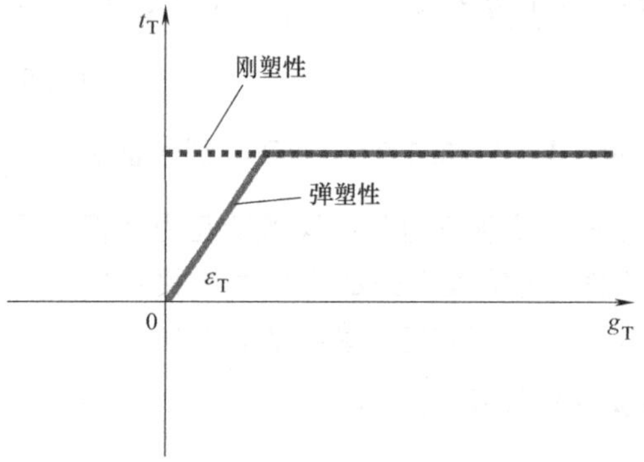

图 3.5-22　切向应力与滑移关系

ε_T 是切向罚参数，代表了切向弹簧刚度。当 ε_T 趋于无穷大时，式（3.5-110）退化成式（3.5-106），这里把$\dot{\lambda}$称为塑性滑移率。如图 3.5-22 所示，通过罚函数方法，把难以求解的刚塑性问题转化为一个容易求解的弹塑性问题，因此可以采用经典的弹塑性回映算法求解。

假定在时间 t_n，已知收敛的切向应力 $(\boldsymbol{t}_T)_n$，增量滑移 $\Delta\boldsymbol{g}_T$ 和法向交叠 $g_N<0$，目标是确定满足屈服条件式（3.5-105）的当前切向应力 $\boldsymbol{t}_T$。首先利用切向罚参数 ε_T 定义弹性试切应力如下：

$$\boldsymbol{t}_T^{tr}=(\boldsymbol{t}_T)_n+\varepsilon_T\Delta\boldsymbol{g}_T \tag{3.5-111}$$

然后检查屈服条件 $f\leqslant 0$ 是否满足。如果满足屈服条件，则弹性试切应力就是当前的剪切应力值，意味着裂纹处于粘接状态：

$$\boldsymbol{t}_T=\boldsymbol{t}_T^{tr} \tag{3.5-112}$$

如果屈服条件不满足，意味着裂纹处于滑移状态。此时采用传统塑性理论，当前应力可以写为弹性试应力与塑性应力之差如下：

$$\boldsymbol{t}_T=\boldsymbol{t}_T^{tr}-\varepsilon_T\Delta\lambda\frac{\boldsymbol{t}_T}{\|\boldsymbol{t}_T\|} \tag{3.5-113}$$

通过一致性条件 $f=0$ 计算增量塑性滑移如下：

$$\Delta\lambda=\frac{\|\boldsymbol{t}_T^{tr}\|+\mu\varepsilon_N g_N}{\varepsilon_T} \tag{3.5-114}$$

将上式代入式（3.5-113）中，可得滑动状态下的切应力如下：

$$\boldsymbol{t}_T=-\mu\varepsilon_N g_N\frac{\boldsymbol{t}_T}{\|\boldsymbol{t}_T\|} \tag{3.5-115}$$

综上，接触牵引应力 $\boldsymbol{t}_S$ 可以写为：

$$\boldsymbol{t}_S=t_N\boldsymbol{n}+\boldsymbol{t}_T \tag{3.5-116}$$

将上式代入式（3.5-101）中可以得到最终的弱形式。因为摩擦接触的存在，式（3.5-101）是非线性的，所以需要采用牛顿迭代法求解，其矩阵形式与方程（3.5-31）类似如下：

$$\begin{bmatrix} \boldsymbol{K}_{\mathrm{dd}} & \boldsymbol{K}_{\mathrm{da}} \\ \boldsymbol{K}_{\mathrm{ad}} & \boldsymbol{K}_{\mathrm{aa}} \end{bmatrix} \begin{bmatrix} \Delta d \\ \Delta a \end{bmatrix} = - \begin{bmatrix} \boldsymbol{r}^{\mathrm{d}} \\ \boldsymbol{r}^{\mathrm{a}} \end{bmatrix} \tag{3.5-117}$$

其中，$\boldsymbol{r}^{\mathrm{d}}$ 代表连续变分方程［式（3.5-99）］的余量如下：

$$\boldsymbol{r}^{\mathrm{d}} = \int_{\partial\Omega_{\mathrm{t}}} \boldsymbol{N}^{\mathrm{T}} \bar{\boldsymbol{t}} \mathrm{d}\Gamma - \int_{\Omega} \boldsymbol{B}^{\mathrm{T}} \boldsymbol{\sigma} \mathrm{d}V \tag{3.5-118}$$

$\boldsymbol{r}^{\mathrm{a}}$ 代表不连续变分方程［式（3.5-100）］的余量如下：

$$\boldsymbol{r}^{\mathrm{a}} = \int_{\partial\Omega_{\mathrm{t}}} \widetilde{\boldsymbol{N}}^{\mathrm{T}} \bar{\boldsymbol{t}} \mathrm{d}\Gamma - \int_{\Omega} \widetilde{\boldsymbol{B}}^{\mathrm{T}} \boldsymbol{\sigma} \mathrm{d}V - \int_{S} \boldsymbol{N}^{\mathrm{T}} \boldsymbol{t}_{\mathrm{S}} \mathrm{d}\Gamma \tag{3.5-119}$$

切线刚度矩阵具有如下形式：

$$\boldsymbol{K}_{\mathrm{dd}} = \int_{\Omega} \boldsymbol{B}^{\mathrm{T}} \boldsymbol{D} \boldsymbol{B} \mathrm{d}V \tag{3.5-120}$$

$$\boldsymbol{K}_{\mathrm{da}} = \int_{\Omega} \boldsymbol{B}^{\mathrm{T}} \boldsymbol{D} \widetilde{\boldsymbol{B}} \mathrm{d}V \tag{3.5-121}$$

$$\boldsymbol{K}_{\mathrm{ad}} = \int_{\Omega} \widetilde{\boldsymbol{B}}^{\mathrm{T}} \boldsymbol{D} \boldsymbol{B} \mathrm{d}V \tag{3.5-122}$$

$$\boldsymbol{K}_{\mathrm{aa}} = \int_{\Omega} \widetilde{\boldsymbol{B}}^{\mathrm{T}} \boldsymbol{D} \widetilde{\boldsymbol{B}} \mathrm{d}V + \int_{S} \boldsymbol{N}^{\mathrm{T}} \boldsymbol{E} \boldsymbol{N} \mathrm{d}\Gamma \tag{3.5-123}$$

式中 $\boldsymbol{D}$——代表应力应变矩阵，一般来自本构关系的推导；

$\boldsymbol{B}$——通常的应变位移关系矩阵；

$\widetilde{\boldsymbol{B}}$——增强的应变位移关系矩阵，来自增强/富集形函数的导数；

$\boldsymbol{E}$——代表接触应力的刚度矩阵定义如下：

$$\boldsymbol{E} = \begin{cases} \boldsymbol{0} & \text{张开} \\ \varepsilon_{\mathrm{N}} \boldsymbol{n}\boldsymbol{n}^{\mathbf{T}} + \varepsilon_{\mathrm{T}} \boldsymbol{m}\boldsymbol{m}^{\mathbf{T}} & \text{粘结} \\ \varepsilon_{\mathrm{N}} (\boldsymbol{n}\boldsymbol{n}^{\mathbf{T}} - \mu \boldsymbol{m}\boldsymbol{n}^{\mathbf{T}}) & \text{滑移} \end{cases} \tag{3.5-124}$$

【算例】

如图 3.5-23 所示，在边长 1m 的正方形区域内，有一条倾斜 45°的裂纹。域内杨氏模量为 E＝10000MPa，泊松比 ν＝0.3，裂纹面上摩擦系数为 μ＝0.1。区域的顶部和底部为固定位移边界，左侧和右侧为无牵引应力边界。底部两个方向的位移均为零，顶部的竖向位移为－0.1m。当该裂纹不扩展时，预测的竖向位移云图如图 3.5-24（a）所示，可见因为裂纹面上的滑移而表现的位移跳跃是非常显著的。在顶部的竖向位移为－0.05m 时，研究裂纹扩展过程如图 3.5-24（b）所示，裂纹最终会沿着最大主应力方向扩展。通过该算例可以看出，扩

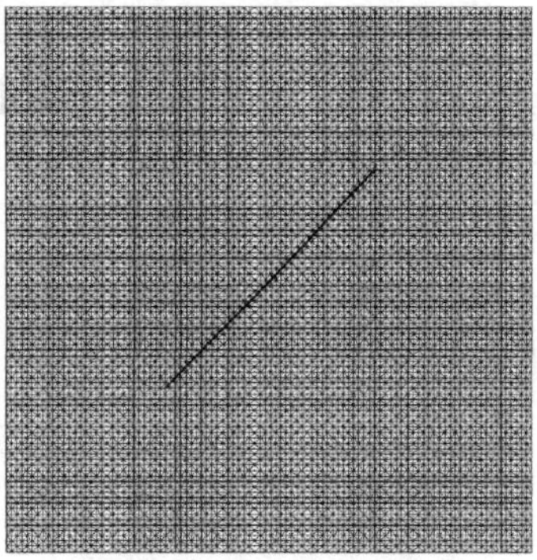

图 3.5-23 含倾斜裂纹的有限单元网格

展有限元法可以模拟静态摩擦型裂纹扩展。

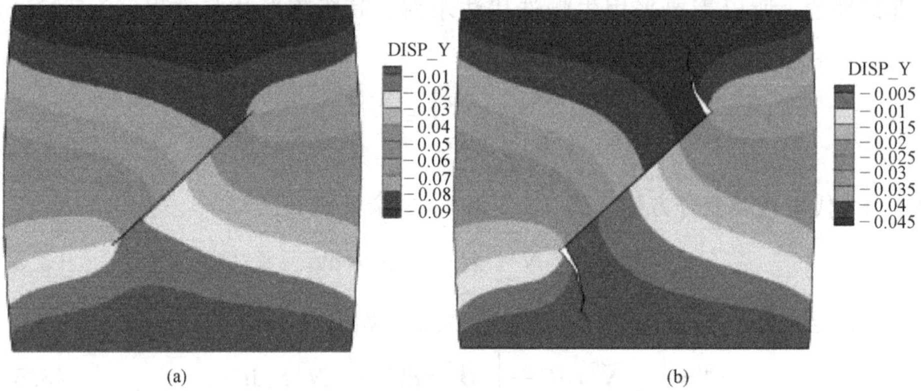

图 3.5-24　竖向位移云图

（a）裂纹不扩展；（b）裂纹扩展

3.5.4.3　扩展有限元法模拟动力摩擦接触[40]

岩土材料在弱带或断层的动力摩擦过程往往会伴随着震动或波动，这类问题当考虑岩体塑性和非线性摩擦本构的时候，解析解很难获得。因此，数值方法成为求解这类问题的主要手段。本小节将讨论如何运用扩展有限元法模拟动力摩擦接触现象。与前一小节不同，该小节会考虑惯性作用以及非线性界面摩擦本构。忽略体力的动力条件下的控制方程为：

$$\boldsymbol{\nabla} \cdot \boldsymbol{\sigma}=\rho \ddot{\boldsymbol{u}} \tag{3.5-125}$$

式中　ρ——材料的密度；

$\ddot{\boldsymbol{u}}$——加速度向量。

牵引应力边界条件定义如式（3.5-97）所示，结合位移边界条件：

$$\boldsymbol{u}=\overline{\boldsymbol{u}}, \text{在} \partial \Omega_{\mathrm{u}} \text{上} \tag{3.5-126}$$

并假定如下初始位移场和速度场：

$$\boldsymbol{u}(\boldsymbol{x}, 0)=\boldsymbol{u}_{0}(\boldsymbol{x}) \tag{3.5-127}$$

$$\dot{\boldsymbol{u}}(\boldsymbol{x}, 0)=\dot{\boldsymbol{u}}_{0}(\boldsymbol{x}) \tag{3.5-128}$$

与式（3.5-99）和式（3.5-100）类似，可以写出两个独立的变分方程，包括连续位移部分：

$$\int_{\Omega} \boldsymbol{\eta} \cdot \rho \ddot{\boldsymbol{u}} \mathrm{d} V=\int_{\partial \Omega_{\mathrm{t}}} \boldsymbol{\eta} \cdot \bar{\boldsymbol{t}} \mathrm{d} \Gamma-\int_{\Omega} \nabla^{\mathrm{s}} \boldsymbol{\eta}: \boldsymbol{\sigma} \mathrm{d} V \tag{3.5-129}$$

与不连续位移部分：

$$\int_{\Omega} H_{\mathrm{s}}(\boldsymbol{x}) \tilde{\boldsymbol{\eta}} \cdot \rho \ddot{\boldsymbol{u}} \mathrm{d} V=\int_{\partial \Omega_{\mathrm{t}}} H_{\mathrm{s}}(\boldsymbol{x}) \tilde{\boldsymbol{\eta}} \cdot \bar{\boldsymbol{t}} \mathrm{d} \Gamma-\int_{\Omega} H_{\mathrm{s}}(\boldsymbol{x}) \nabla^{\mathrm{s}} \tilde{\boldsymbol{\eta}}: \boldsymbol{\sigma} \mathrm{d} V-\int_{S} \tilde{\boldsymbol{\eta}} \cdot \boldsymbol{t}_{\mathrm{S}} \mathrm{d} \Gamma \tag{3.5-130}$$

类似式（3.5-118）与式（3.5-119），可以写出相应的矩阵形式如下：

$$\boldsymbol{M}\left\{\begin{array}{l}\ddot{\boldsymbol{d}} \\ \ddot{\boldsymbol{a}}\end{array}\right\}=\left\{\begin{array}{l}\boldsymbol{r}^{\mathrm{d}} \\ \boldsymbol{r}^{\mathrm{a}}\end{array}\right\} \tag{3.5-131}$$

其中，$\boldsymbol{r}^{\mathrm{d}}$ 为连续变分对应的不平衡力向量：

$$\boldsymbol{r}^{\mathrm{d}}=\int_{\partial\Omega_{\mathrm{t}}}\boldsymbol{N}^{\mathrm{T}}\bar{\boldsymbol{t}}\mathrm{d}\Gamma-\int_{\Omega}\boldsymbol{B}^{\mathrm{T}}\boldsymbol{\sigma}\mathrm{d}V \tag{3.5-132}$$

$\boldsymbol{r}^{\mathrm{a}}$ 代表不连续变分对应的不平衡力向量：

$$\boldsymbol{r}^{\mathrm{a}}=\int_{\partial\Omega_{\mathrm{t}}}\widetilde{\boldsymbol{N}}^{\mathrm{T}}\bar{\boldsymbol{t}}\mathrm{d}\Gamma-\int_{\Omega}\widetilde{\boldsymbol{B}}^{\mathrm{T}}\boldsymbol{\sigma}\mathrm{d}V-\int_{S}\boldsymbol{N}^{\mathrm{T}}\boldsymbol{t}_{\mathrm{S}}\mathrm{d}\Gamma \tag{3.5-133}$$

质量矩阵 $\boldsymbol{M}$ 具有如下格式：

$$\boldsymbol{M}=\begin{bmatrix}\int_{\Omega^{\mathrm{h}}}\rho\boldsymbol{N}^{\mathrm{T}}\boldsymbol{N}\mathrm{d}\Omega, & \int_{\Omega^{\mathrm{h}}}\rho\boldsymbol{N}^{\mathrm{T}}\widetilde{\boldsymbol{N}}\mathrm{d}\Omega\\ \int_{\Omega^{\mathrm{h}}}\rho\widetilde{\boldsymbol{N}}^{\mathrm{T}}\boldsymbol{N}\mathrm{d}\Omega, & \int_{\Omega^{\mathrm{h}}}\rho\widetilde{\boldsymbol{N}}^{\mathrm{T}}\widetilde{\boldsymbol{N}}\mathrm{d}\Omega\end{bmatrix} \tag{3.5-134}$$

这里为了节约计算量，采用显式时间积分，也就是在时间 t_n 已知位移向量 $\boldsymbol{D}_n$ 可以计算加速度向量 $\boldsymbol{A}_n$ 如下：

$$\boldsymbol{A}_n=\boldsymbol{M}^{-1}\begin{Bmatrix}\boldsymbol{r}^{\mathrm{d}}\\ \boldsymbol{r}^{\mathrm{a}}\end{Bmatrix}_n \tag{3.5-135}$$

并且根据加速度向量，得到时间 t_{n+1} 的位移向量 $\boldsymbol{D}_{n+1}$ 如下

$$\boldsymbol{V}_{n+1/2}=\boldsymbol{V}_{n-1/2}+\Delta t\boldsymbol{A}_n \tag{3.5-136}$$

$$\boldsymbol{D}_{n+1}=\boldsymbol{V}_n+\Delta t\boldsymbol{V}_{n+1/2} \tag{3.5-137}$$

可见式（3.5-135）主要的计算量是质量矩阵 $\boldsymbol{M}$ 的求逆过程。通过质量矩阵的集中技术可以进一步减少计算量。在扩展有限元法里，如何集中富集自由度对应的质量分量可以参考文献［37］。根据动能守恒，可以得到任意富集函数 ψ 对应的集中质量 m_{L} 如下：

$$m_{\mathrm{L}}=\frac{1}{\sum_{i=1}^{NEN}\psi^2}\int_{\Omega_{\mathrm{e}}}\rho\psi^2 d\Omega_{\mathrm{e}} \tag{3.5-138}$$

所采用的富集函数的平方为 $\psi^2=H_{\mathrm{S}}^2=1$，所以富集集中质量式（3.5-138）可以简化为：

$$m_{\mathrm{L}}=\frac{1}{NEN}\int_{\Omega_{\mathrm{e}}}\rho\mathrm{d}\Omega_{\mathrm{e}} \tag{3.5-139}$$

在程序实现上，可以忽略式（3.5-134）中的耦合项，直接应用经典的行元素相加技术获得集中质量。

动力裂纹摩擦过程中经常伴随着剪切强度折减，这个过程可以通过线性滑移弱化模型描述。下面采用罚函数方法显式更新裂纹面上的接触力。从式（3.5-137）获得当前位移后，可以写出当前裂纹开度增量如下：

$$\Delta g_{\mathrm{N},n+1}=(\Delta u_{n+1}^{+}-\Delta u_{n+1}^{-})\cdot\boldsymbol{n} \tag{3.5-140}$$

式中　Δu_{n+1}^{+}、Δu_{n+1}^{-}——分别是上、下裂纹面上的增量位移；

$\boldsymbol{n}$——裂纹面上的单位法向量。

当前裂纹滑移增量为：

$$\Delta g_{\mathrm{T},n+1}=(\Delta u_{n+1}^{+}-\Delta u_{n+1}^{-})\cdot\boldsymbol{m} \tag{3.5-141}$$

式中　$\boldsymbol{m}$——裂纹面上的单位切向量。

由此可以更新时间 t_{n+1} 的法向接触应力和切向接触试应力如下：

$$t_{N,n+1}=t_{N,n}-\varepsilon_N\Delta g_{N,n+1} \tag{3.5-142}$$

$$t_{T,n+1}^{\mathrm{tr}}=t_{T,n}-\varepsilon_T\Delta g_{T,n+1} \tag{3.5-143}$$

仍然需要式（3.5-105）判断裂纹是否发生摩擦滑移，只是此时裂纹的摩擦系数 μ 不再是恒量，而是关于滑移的函数，如图 3.5-25 所示。在时间 t_{n+1} 的摩擦系数可以表达为：

$$\mu_{n+1}=\begin{cases}\mu_d & g_{T,n+1}>D_c\\ \mu_s-\dfrac{(\mu_s-\mu_d)g_{T,n+1}}{D_c} & g_{T,n+1}\leqslant D_c\end{cases}\tag{3.5-144}$$

式中 μ_s——静力摩擦系数；

μ_d——动力摩擦系数；

D_c——特征滑移距离，超过这个距离摩擦系数就达到了动力摩擦系数。

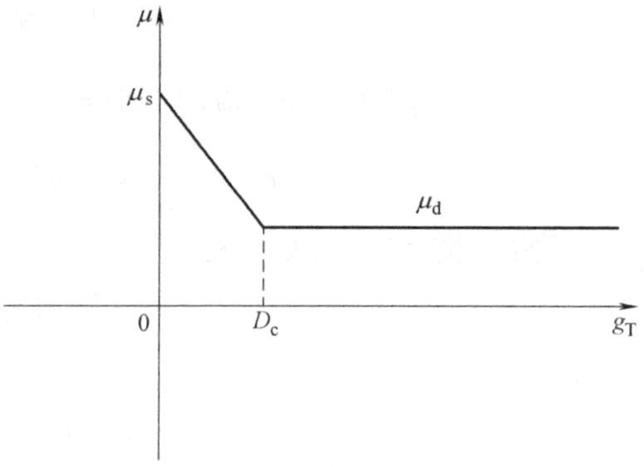

图 3.5-25 线性滑移弱化摩擦本构关系

根据式（3.5-105），当屈服函数 $f_{n+1}=t_{T,n+1}+\mu_{n+1}t_{N,n+1}\leqslant 0$ 时，有裂纹粘接条件如下：

$$t_{T,n+1}=t_{T,n+1}^{tr}\tag{3.5-145}$$

否则有裂纹摩擦滑移条件如下：

$$t_{T,n+1}=\mu_{n+1}t_{N,n+1}\frac{t_{T,n+1}}{\|t_{T,n+1}\|}\tag{3.5-146}$$

【算例 1】

在这个算例里，采用显式扩展有限元方法，研究弹塑性体内的动力裂纹断裂过程。研究范围为 0.5km×8.0km，边界为 PML 吸能边界，并假定材料是均质的、各向同性的，密度 $\rho=2700\text{kg/m}^3$，压缩波的波速 $V_p=5196\text{m/s}$，剪切波的波速 $V_s=3000\text{m/s}$。假设初始原位应力是均匀的，包括正应力 $\sigma_{11}=\sigma_{22}=-50\text{MPa}$ 和剪应力 $\sigma_{12}=10\text{MPa}$。静力摩擦系数为 $\mu_s=0.5$，动力摩擦系数为 $\mu_d=0$。该算例采用了文献［38］中提到的时间弱化模型，动力断裂的成核点在（4.0km，0.25km），成核距离为 60m，单元尺寸 $h=2\text{m}$。这里主要研究不同的岩体本构模型对动力断裂过程的影响，假设摩擦角 $\varphi=36.78°$，剪胀角为 $\psi=15°$，黏聚力系数为 $c=5.0\text{MPa}$，初始椭圆半径 $a=40\text{MPa}$，半径比 $\beta=0.5$，塑性硬化参数 $H=0.1$。图 3.5-26 绘制了在时间 $t=0.6\text{s}$ 时，摩尔-库仑模型与德鲁克-普拉格模型在动力剪切断裂过程的塑性区分布，可见这两个本构模型所预测塑性区的形状和大小基本一致。如图 3.5-27 和图 3.5-28 所示，因为压缩塑性的存在，修正剑桥模型和德鲁克-普拉格帽盖模型会得到更大的塑性区。如图 3.5-29 所示，因为压缩塑性对能量的消耗，修正剑桥模型和德鲁克-普拉格帽盖模型会得到更小的滑移速率、滑移距离和滑移区。

【算例 2】

本算例主要研究动力摩擦型裂纹的扩展过程。计算域为 60km×40km，中间有一水平摩擦裂纹，其初始长度 $L=8\text{km}$。假设域内压缩波速 $V_p=6000\text{m/s}$，剪切波的波速 $V_s=3464\text{m/s}$，密度 $\rho=2670\text{kg/m}^3$。假设初始原位应力是均匀的，包括正应力 $\sigma_{11}=\sigma_{22}=-120\text{MPa}$ 和剪应力 $\sigma_{12}=70\text{MPa}$。动力断裂的成核区定义在区间 $L_n:=\{x\mid 28.5\text{km}\leqslant x\leqslant 31.5\text{km}\}$，在此区间通过减少摩擦系数值至动力摩擦系数使得该裂纹开始摩擦滑移。假设

材料的抗剪强度 $c_0=3.5\text{MPa}$，通过库仑应力准则获得该动力摩擦裂纹的扩展过程如图 3.5-30 所示。可见，扩展有限元方法不但可以模拟已有Ⅱ型裂纹的摩擦断裂过程，还可以模拟生成新裂纹的过程。

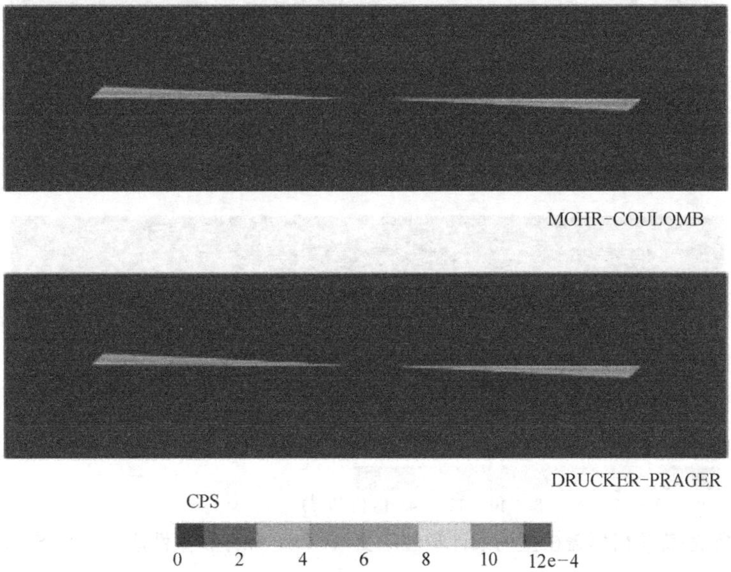

图 3.5-26 摩尔-库仑模型与德鲁克-普拉格模型塑性区比较（$t=0.6\text{s}$）

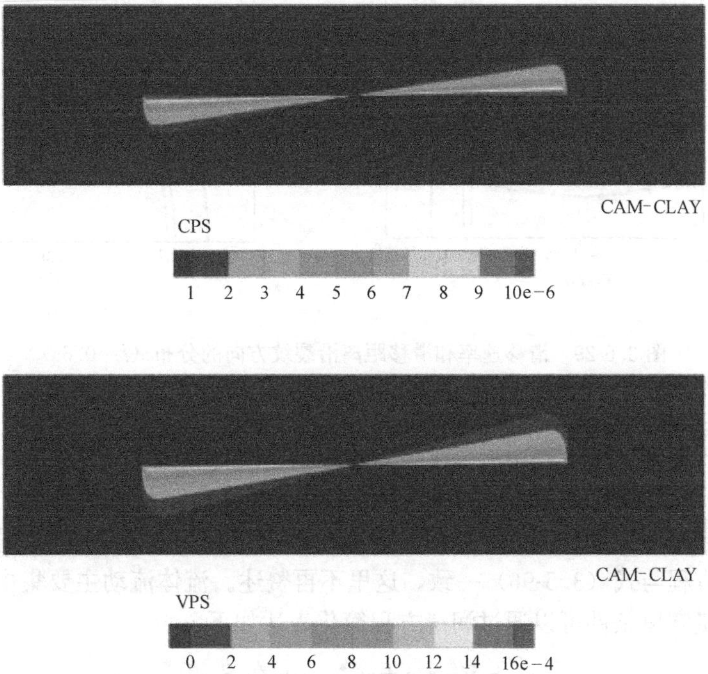

图 3.5-27 修正剑桥模型的累计塑性应变（CPS）和体积塑性应变（VPS）分布（$t=0.6\text{s}$）

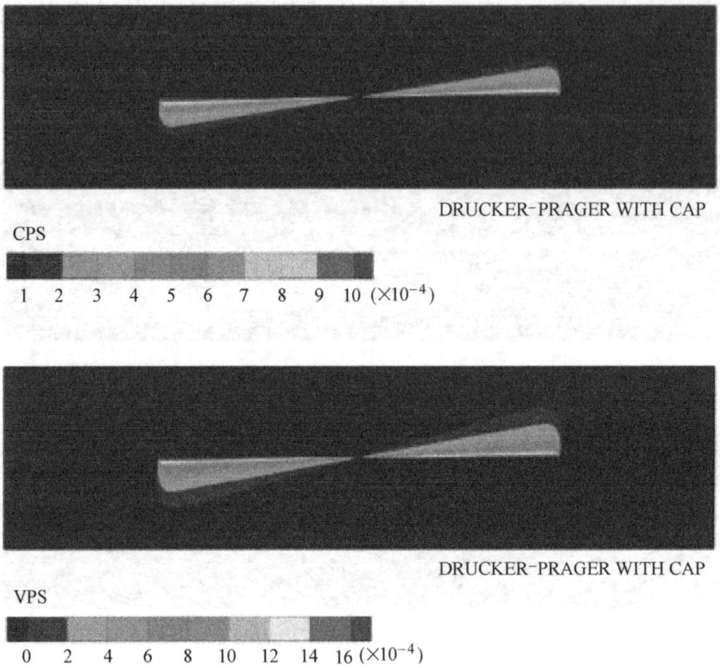

图 3.5-28　德鲁克-普拉格帽盖模型的累计塑性应变（CPS）和体积塑性应变（VPS）分布（$t=0.6$s）

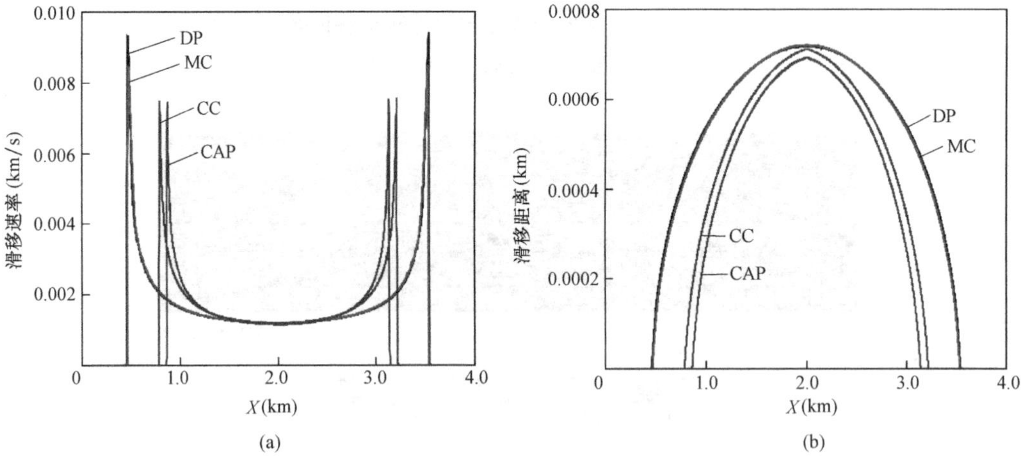

图 3.5-29　滑移速率和滑移距离沿裂纹方向的分布（$t=0.6$s）

3.5.4.4　扩展有限元法模拟水力压裂[41,42]

水力压裂现象在岩土工程中比较常见，本小节主要讨论如何运用扩展有限元方法模拟水力压裂过程。水力压裂过程是一个时间相关的流固耦合问题，这里首先给出其控制方程。控制方程包括两个部分：固体控制方程和流体控制方程。假设固体保持准静态变形，因此固体控制方程与式（3.5-96）一致，这里不再赘述。流体流动主要集中在裂纹内，裂纹内流体的质量守恒条件可以通过润滑方程简化表达如下：

$$\dot{w}+\boldsymbol{\nabla}_{\mathrm{S}}\cdot\boldsymbol{q}+v_{\mathrm{leak}}=0,\text{在 } S_{\mathrm{f}} \text{ 上} \tag{3.5-147}$$

式中　S_{f}——代表了裂纹面 S 被水淹到的部分；

$\dot{w}$——裂纹的张开率；

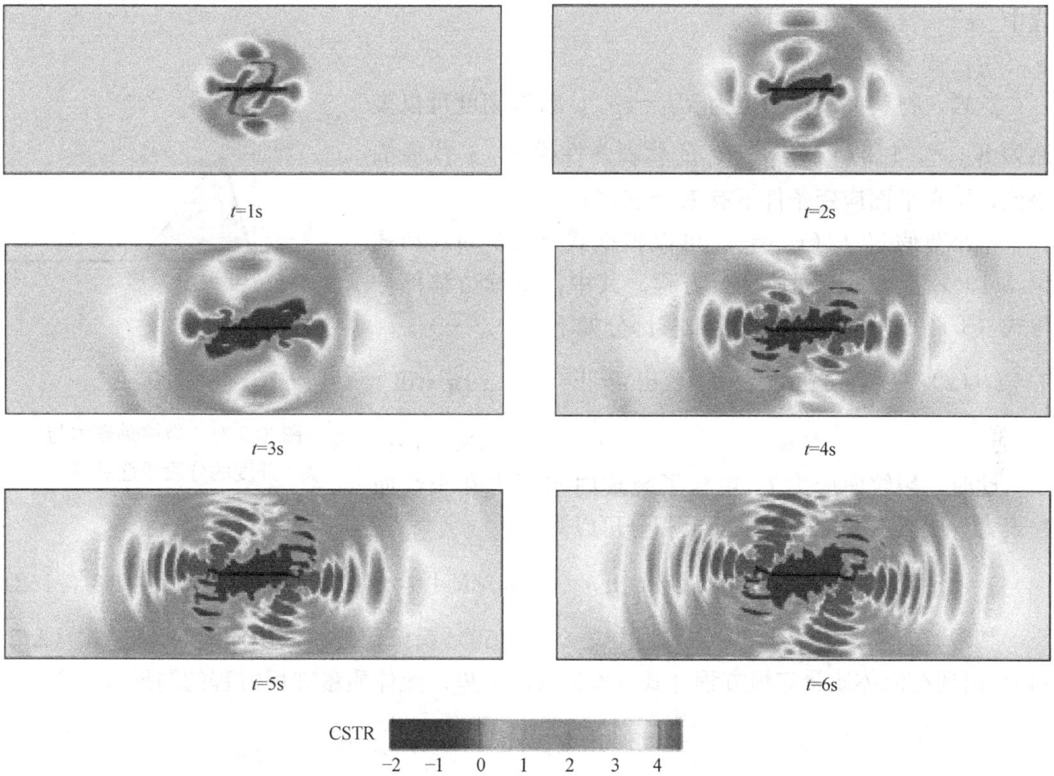

图 3.5-30 动力摩擦型裂纹扩展及库仑应力分布（MPa）

$\boldsymbol{q}$——流体的流量；

v_{leak}——滤失速率，代表了裂纹内流体的损失速率，一般假定卡特滤失准则如下：

$$v_{\text{leak}}=\frac{2C_l}{\sqrt{t-t_0}}+2S_{\text{p}}\delta(t-t_0) \tag{3.5-148}$$

式中 C_l——滤失系数；

S_{p}——瞬时滤失系数；

$\delta(\cdot)$——Dirac-Delta 函数；

t_0——代表了首次被水淹到的时间。

裂纹内的流量和裂纹内的水压梯度之间可以通过经典的三次方准则联系如下：

$$\boldsymbol{q}=-\frac{w^3}{12\eta}\boldsymbol{\nabla}_{\text{S}}p \tag{3.5-149}$$

式中 η——流体黏度。

本小节采用黏聚裂纹模型模拟水压裂纹的扩展，假设水力压裂的扩展模式为 I 型，也就是说裂纹的黏聚力 t_{c} 在裂纹面的法向上。

如图 3.5-31 所示，本小节里裂纹黏聚力与开度满足如下分段线性关系

$$t_{\text{c}}=\begin{cases}\varepsilon w & \text{当 } w<g_0 \text{ 时}\\ \dfrac{\varepsilon g_0(g_1-w)}{g_1-g_0} & \text{当 } g_0\leqslant w\leqslant g_1 \text{ 时}\\ 0 & \text{当 } w>g_1 \text{ 时}\end{cases} \tag{3.5-150}$$

式中　ε——罚参数；

g_0、g_1——材料参数。

这样，材料的抗拉强度为 $T_{ts}=\varepsilon g_0$，断裂韧度可以表达为 $K_{IC}=\sqrt{1/2T_{ts}E'g_1}$。令 E 代表弹性模量，ν 代表泊松比，则在平面应变条件下有 $E'=E/(1-\nu^2)$。

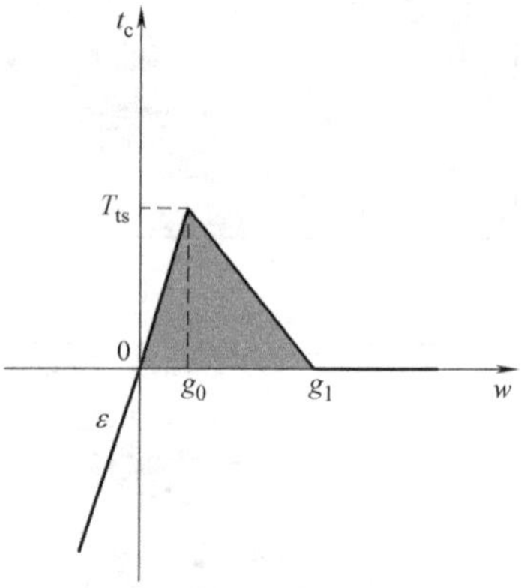

图 3.5-31　裂纹黏聚力与开度的分段线性关系

本小节假定 $f^h(\boldsymbol{x})=0$，可以根据式（3.5-99）和式（3.5-100）直接写出固体变分方程。其中，连续位移部分与式（3.5-99）相同，不连续位移部分如下：

$$\int_{\Omega}[H_s(\boldsymbol{x})\nabla^s\tilde{\boldsymbol{\eta}}]:\boldsymbol{\sigma}\mathrm{d}V+\int_{S}\tilde{\boldsymbol{\eta}}\cdot t_S\mathrm{d}\Gamma=\int_{\partial\Omega_t}H_s(\boldsymbol{x})\tilde{\boldsymbol{\eta}}\cdot\bar{t}\mathrm{d}\Gamma \tag{3.5-151}$$

此时，裂纹面应力 $\boldsymbol{t}_S$ 包含了裂纹内水压力和裂纹面黏聚力。所以上式中的裂纹面上积分可以写为：

$$\int_S\tilde{\boldsymbol{\eta}}\cdot\boldsymbol{t}_S\mathrm{d}\Gamma=\int_{S_f}\tilde{\boldsymbol{\eta}}\cdot(-p\boldsymbol{n})\mathrm{d}\Gamma+\int_S\tilde{\boldsymbol{\eta}}\cdot(t_c\boldsymbol{n})\mathrm{d}\Gamma \tag{3.5-152}$$

其中，裂纹面黏聚力 t_c 可以通过式（3.5-150）获得，裂纹内水压力 p 通过式（3.5-149）出现在流体质量守恒方程［式（3.5-147）］里。流体质量守恒方程的弱形式如下：

$$-\int_{S_f}\psi\dot{w}\mathrm{d}\Gamma-\int_{S_f}\frac{w^3}{12\eta}\boldsymbol{\nabla}_s\psi\cdot\boldsymbol{\nabla}_s p\,\mathrm{d}\Gamma-\int_{S_f}\psi v_{leak}\mathrm{d}\Gamma=-\int_{\Gamma_q}\psi q_l\,\mathrm{d}\Gamma \tag{3.5-153}$$

式中　q_l——在边界 Γ_q 上施加的流量荷载。

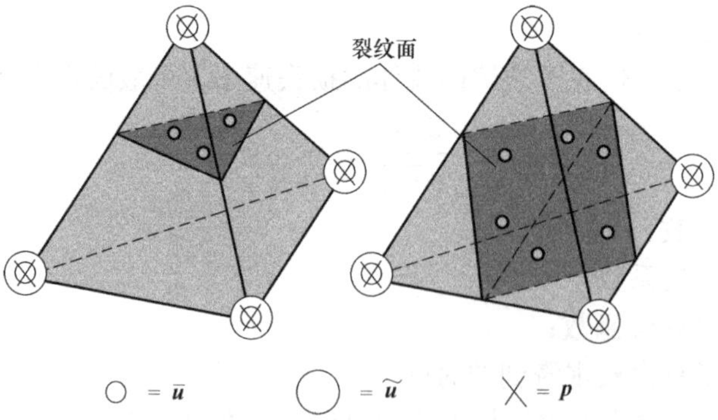

图 3.5-32　裂纹切割四节点四面体扩展有限单元

将变分方程式（3.5-99）、式（3.5-151）和式（3.5-153）采用如图 3.5-32 所示的方式进行空间离散，并通过标准的线性化过程可以得到如下矩阵求解格式

$$\begin{bmatrix}\boldsymbol{K}_{dd} & \boldsymbol{K}_{da} & \boldsymbol{0}\\ \boldsymbol{K}_{ad} & \boldsymbol{K}_{aa} & \boldsymbol{K}_{af}\\ \boldsymbol{0} & \boldsymbol{K}_{fa} & \boldsymbol{K}_{ff}\end{bmatrix}_k\begin{bmatrix}\Delta d\\ \Delta a\\ \Delta p\end{bmatrix}_{k+1}=\begin{bmatrix}\boldsymbol{r}^d\\ \boldsymbol{r}^a\\ \boldsymbol{r}^p\end{bmatrix}_k \tag{3.5-154}$$

其中，下标 k 代表迭代次数，右端项代表了当前余量。对应连续位移的余量为：

$$\boldsymbol{r}^d=\int_{\partial\Omega_t}\boldsymbol{N}^T\bar{\boldsymbol{t}}\mathrm{d}\Gamma-\int_{\Omega}\boldsymbol{B}^T\boldsymbol{\sigma}\mathrm{d}V \tag{3.5-155}$$

对应不连续位移的余量为：

$$\boldsymbol{r}^{\mathrm{a}}=\int_{\partial\Omega_{\mathrm{t}}}\widetilde{\boldsymbol{N}}^{\mathrm{T}}\bar{\boldsymbol{t}}\mathrm{d}\Gamma-\int_{\Omega}\widetilde{\boldsymbol{B}}^{\mathrm{T}}\boldsymbol{\sigma}\mathrm{d}V-\int_{S}\boldsymbol{N}^{\mathrm{T}}\boldsymbol{t}_{\mathrm{S}}\mathrm{d}\Gamma \tag{3.5-156}$$

对应水压力的余量为：

$$\boldsymbol{r}^{\mathrm{p}}=\int_{S_{\mathrm{f}}}\Delta t\boldsymbol{N}^{\mathrm{T}}v_{\mathrm{leak}}\mathrm{d}\Gamma-\int_{\Gamma_{\mathrm{q}}}\Delta t\boldsymbol{N}^{\mathrm{T}}q_{l}\mathrm{d}V+\int_{S_{\mathrm{f}}}\boldsymbol{N}^{\mathrm{T}}\Delta w\mathrm{d}\Gamma-\int_{S_{\mathrm{f}}}\Delta t\boldsymbol{E}^{\mathrm{T}}\boldsymbol{q}\mathrm{d}\Gamma \tag{3.5-157}$$

刚度子矩阵定义如下：

$$\boldsymbol{K}_{\mathrm{dd}}=\int_{\Omega}\boldsymbol{B}^{\mathrm{T}}\boldsymbol{D}\boldsymbol{B}\mathrm{d}V \tag{3.5-158}$$

$$\boldsymbol{K}_{\mathrm{da}}=\int_{\Omega}\boldsymbol{B}^{\mathrm{T}}\boldsymbol{D}\widetilde{\boldsymbol{B}}\mathrm{d}V \tag{3.5-159}$$

$$\boldsymbol{K}_{\mathrm{ad}}=\int_{\Omega}\widetilde{\boldsymbol{B}}^{\mathrm{T}}\boldsymbol{D}\boldsymbol{B}\mathrm{d}V \tag{3.5-160}$$

$$\boldsymbol{K}_{\mathrm{aa}}=\int_{\Omega}\widetilde{\boldsymbol{B}}^{\mathrm{T}}\boldsymbol{D}\widetilde{\boldsymbol{B}}\mathrm{d}V+\int_{S}k_{\mathrm{c}}\boldsymbol{N}^{\mathrm{T}}[\boldsymbol{n}\boldsymbol{n}^{\mathrm{T}}]\boldsymbol{N}\mathrm{d}\Gamma \tag{3.5-161}$$

$$\boldsymbol{K}_{\mathrm{ap}}=-\int_{S_{\mathrm{f}}}\boldsymbol{N}^{\mathrm{T}}\boldsymbol{n}\boldsymbol{N}^{\mathrm{p}}\mathrm{d}\Gamma \tag{3.5-162}$$

$$\boldsymbol{K}_{\mathrm{pa}}=-\int_{S_{\mathrm{f}}}(\boldsymbol{n}\boldsymbol{N}^{\mathrm{p}})^{\mathrm{T}}\boldsymbol{N}\mathrm{d}\Gamma-\int_{S_{\mathrm{f}}}\Delta t\theta\frac{w^{2}}{4\eta}\boldsymbol{J}^{\mathrm{T}}[(\boldsymbol{\nabla}_{\mathrm{s}}p)\boldsymbol{n}^{\mathrm{T}}]\boldsymbol{N}\mathrm{d}\Gamma \tag{3.5-163}$$

$$\boldsymbol{K}_{\mathrm{pp}}=-\int_{S_{\mathrm{f}}}\Delta t\theta\boldsymbol{J}^{\mathrm{T}}\frac{w^{3}}{12\eta}\boldsymbol{J}\mathrm{d}\Gamma \tag{3.5-164}$$

式中　$\boldsymbol{J}$——代表裂纹面梯度矩阵；

k_{c}——内聚力刚度矩阵。

对式（3.5-150）求导很容易得到：

$$k_{\mathrm{c}}=\begin{cases}\varepsilon & \text{当 } w\leqslant g_{0}\text{ 时}\\ \dfrac{-\varepsilon g_{0}}{g_{1}-g_{0}} & \text{当 } g_{0}\leqslant w\leqslant g_{1}\text{ 时}\\ 0 & \text{当 } w>g_{1}\text{ 时}\end{cases} \tag{3.5-165}$$

【算例 1】

本算例研究二维水压裂纹扩展过程。如图 3.5-33 所示，计算域大小为 6.0m×2.0m，中间有一水平黏聚裂纹，竖向应力 $\sigma_0=0$。裂纹左侧为注水边界，注水速率为 0.0005m^2/s。假设固体是线弹性材料，杨氏模量为 $E=10000$MPa，泊松比 $\nu=0.3$。裂纹的抗拉强度 $T_{\mathrm{ts}}=2.0$MPa，断裂韧度 $K_{\mathrm{IC}}=1.0\mathrm{MPa}\cdot\sqrt{\mathrm{m}}$。这里比较流体黏度对水压裂纹扩展的影响，为此流体黏度值分别选择 $\eta=1$cP 和 $\eta=100$cP。图 3.5-34 绘制了水压裂纹沿水平线扩展的分布曲线，从左到右分别绘制了裂纹开度、水压力和黏聚力分布，其中虚线代表低流体黏度的水压裂纹扩展，实线代表高流体黏度的水压裂纹扩展。为了显示裂纹扩展过程，在图 3.5-34 中每隔 1s 绘制一条分布曲线直到第 6s。从图中可见，当流体黏度值较大时，水压前缘滞后于裂纹前缘，存在着所

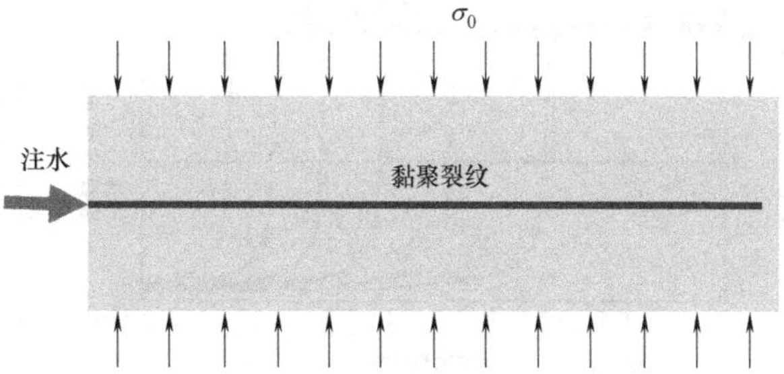

图 3.5-33　水力压裂二维模型示意图

谓的流体滞后区。当流体黏度值较小时，水压前缘与裂纹前缘基本一致，此时流体的滞后效应并不明显。

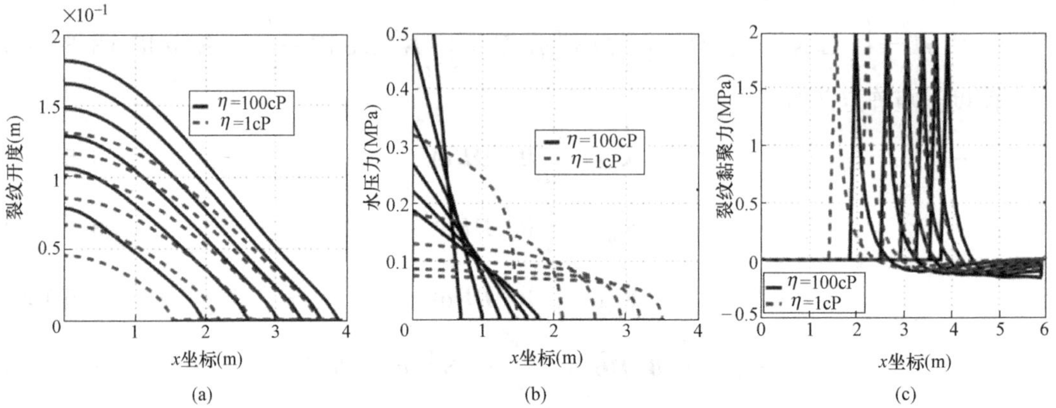

图 3.5-34　水压裂纹沿水平线扩展分布曲线

（a）裂纹开度分布；（b）流体水压分布；（c）裂纹面黏聚力分布

【算例 2】

本算例模型设置与前面算例类似，只是流体的黏度设为 $\eta=50\text{cP}$。此时还考虑了竖向压应力 $\sigma_0=10\text{MPa}$，以及流体的滤失效应。算例中采用了滤失系数 $C_l=3.5\times10^{-5}\text{m}/\sqrt{\text{s}}$，瞬时滤失系数 $S_p=3.5\times10^{-5}\text{m}$。图 3.5-35 绘制了水压裂纹沿水平方向扩展的分布曲线，包括流体压力、黏聚力和裂纹开度分布。其中虚线代表流体压力，实线代表裂纹黏聚力。图中每隔 1s 绘制一条分布曲线直到 6s。如图 3.5-35 所示，因为竖向压应力的作用，流体前缘与裂纹前缘基本一致，流体的滞后效应不明显。图 3.5-36 绘制了流体前缘位置时间与注水点水压力时间历史曲线，可见当考虑滤失作用的时候流体前进的速度会变小，但是注水点的水压会略有升高。

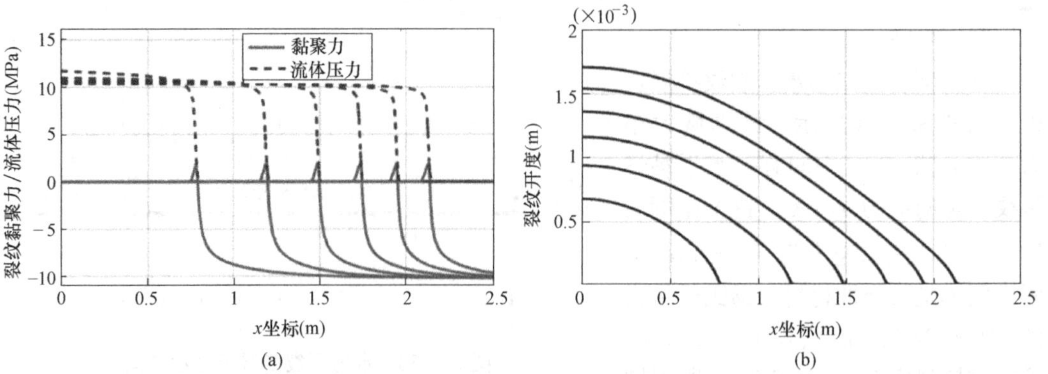

图 3.5-35　水压裂纹沿水平方向扩展分布曲线

（a）流体压力分布/裂纹面黏聚力分布；（b）裂纹开度分布

3.5.4.5　扩展有限元法小结

扩展有限元法通过单位分解原理增强了形函数插值空间，使其具有在单元内部模拟不连续位移跳跃的能力，在模拟岩土材料静、动力多场耦合条件下的压剪破坏演化方面具有

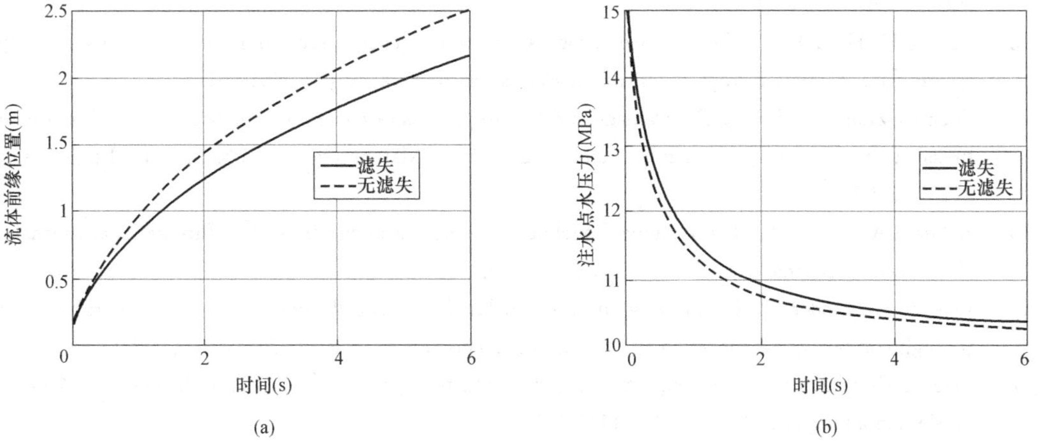

图 3.5-36 流体前缘位置时间和注水点水压力时间历史曲线

一定优势。该方法可以显式定义裂纹面，能够直接获得裂纹的开度和滑移等变形信息，但当处理复杂三维裂纹网络演化问题时，在程序实现上仍然非常具有挑战性。

参考文献

[1] Bourdin B, Francfort G A, Marigo J J. Numerical experiments in revisited brittle fracture [J]. Journal of the Mechanics and Physics of Solids, 2000, 48: 797-826.

[2] Borden M J, Verhoosel C V, Scott M A, et al. A phase-field description of dynamic brittle fracture [J]. Computer Methods in Applied Mechanics and Engineering, 2012, 217-220: 77-95.

[3] Martínez-Pañeda E, Golahmarb A, Niordsonb C F. A phase field formulation for hydrogen assisted cracking [J]. Computer Methods in Applied Mechanics and Engineering, 2018, 342: 742-761.

[4] Miehe C, Welschinger F, Hofacker M. Thermodynamically consistent phase-field models of fracture: variational principles and multi-field fe implementations [J]. International Journal for Numerical Methods in Engineering, 2010, 83: 1273-1311.

[5] Tkm A, Vpn A, Jyw B. Length scale and mesh bias sensitivity of phase-field models for brittle and cohesive fracture [J]. Engineering Fracture Mechanics, 2019, 217: 106532.

[6] Martínez-Paeda E, Golahmar A, Niordson C F. A phase field formulation for hydrogen assisted cracking [J]. Computer Methods in Applied Mechanics and Engineering, 2018, 342: 742-761.

[7] Fei F, Choo J. A phase-field method for modeling cracks with frictional contact [J]. International Journal for Numerical Methods in Engineering, 2020, 121: 740-762.

[8] Fei F, Choo J. A phase-field model of frictional shear fracture in geologic materials [J]. Computer Methods in Applied Mechanics and Engineering, 2020, 369: 113265.

[9] Silling S A. Reformulation of elasticity theory for discontinuities and long-range forces [J]. Journal of the Mechanics and Physics of Solids, 2000, 48 (1): 175-209.

[10] 余音，胡祎乐. 近场动力学理论及其应用 [M]. 上海：上海交通大学出版社，2019.

[11] Madenci E, Oterkus E. Peridynamic Theory and Its Applications [M]. New York, NY: Springer New York, 2014.

[12] Silling S A, Askari E. Peridynamic modeling of impact damage [C]. ASME Pressure Vessels and

Piping Conference, 2004, 46849: 197-205.

[13] Bobaru F, Ha Y D, Hu W. Damage progression from impact in layered glass modeled with peridynamics [J]. Central European Journal of Engineering, 2012, 2 (4): 551-561.

[14] Shen F, Zhang Q, Huang D. Damage and failure process of concrete structure under uniaxial compression based on peridynamics modeling [J]. Mathematical Problems in Engineering, 2013, 631074.

[15] Silling S A, Bobaru F. Peridynamic modeling of membranes and fibers [J]. International Journal of Non-Linear Mechanics, 2005, 40 (2-3): 395-409.

[16] Lejeune E, Linder C. Quantifying the relationship between cell division angle and morphogenesis through computational modeling [J]. Journal of Theoretical Biology, 2017, 418: 1-7.

[17] Lejeune E, Linder C. Modeling tumor growth with peridynamics [J]. Biomechanics and Modeling in Mechanobiology, 2017, 16 (4): 1141-1157.

[18] Hattori G, Trevelyan J, Augarde C E, et al. Numerical simulation of fracking in shale rocks: current state and future approaches [J]. Archives of Computational Methods in Engineering, 2017, 24 (2): 281-317.

[19] Ouchi H, Katiyar A, York J, et al. A fully coupled porous flow and geomechanics model for fluid driven cracks: a peridynamics approach [J]. Computational Mechanics, 2015, 55 (3): 561-576.

[20] Nadimi S, Miscovic I, McLennan J. A 3D peridynamic simulation of hydraulic fracture process in a heterogeneous medium [J]. Journal of Petroleum Science and Engineering, 2016, 145: 444-452.

[21] Wu F, Li S, Duan Q, et al. Application of the method of peridynamics to the simulation of hydraulic fracturing process. International Conference on Discrete Element Methods [C]. Springer, Singapore, 2016: 561-569.

[22] Zhou X P, Shou Y D. Numerical simulation of failure of rock-like material subjected to compressive loads using improved peridynamic method [J]. International Journal of Geomechanics, 2017, 17 (3): 04016086.

[23] Zhou X P, Gu X B, Wang Y T. Numerical simulations of propagation, bifurcation and coalescence of cracks in rocks [J]. International Journal of Rock Mechanics and Mining Sciences, 2015, 80: 241-254.

[24] Ha Y D, Lee J, Hong J W. Fracturing patterns of rock-like materials in compression captured with peridynamics [J]. Engineering Fracture Mechanics, 2015, 144: 176-193.

[25] Zhang Y, Deng H, Deng J R, et al. Peridynamics simulation of crack propagation of ring-shaped specimen like rock under dynamic loading [J]. International Journal of Rock Mechanics and Mining Sciences, 2019, 123: 104093.

[26] Li X, Wu Q, Tao M, et al. Dynamic Brazilian splitting test of ring-shaped specimens with different hole diameters [J]. Rock Mechanics and Rock Engineering, 2016, 49 (10): 4143-4151.

[27] Ghajari M, Iannucci L, Curtis P. A peridynamic material model for the analysis of dynamic crack propagation in orthotropic media [J]. Computer Methods in Applied Mechanics and Engineering, 2014, 276: 431-452.

[28] Lai X, Ren B, Fan H, et al. Peridynamics simulations of geomaterial fragmentation by impulse loads [J]. International Journal for Numerical and Analytical Methods in Geomechanics, 2015, 39 (12): 1304-1330.

[29] Zhou Z, Li Z, Gao C, et al. Peridynamic micro-elastoplastic constitutive model and its application in the failure analysis of rock masses [J]. Computers and Geotechnics, 2021, 132: 104037.

[30] Silling S A, Epton M, Weckner O, et al. Peridynamic states and constitutive modeling [J]. Journal of Elasticity, 2007, 88 (2): 151-184.

[31] Silling S A, Askari E. A meshfree method based on the peridynamic model of solid mechanics [J]. Computers & structures, 2005, 83 (17-18): 1526-1535.

[32] Javili A, Morasata R, Oterkus E, et al. Peridynamics review [J]. Mathematics and Mechanics of Solids, 2019, 24 (11): 3714-3739.

[33] Parks M L, Littlewood D J, Mitchell J A, Silling S A. Peridigm Users' Guide. V1.0.0 [R]. Office of Scientific and Technical Information Technical Reports, 2012.

[34] Moës N, Dolbow J, Belytschko T. A finite element method for crack growth without remeshing [J]. International Journal for Numerical Methods in Engineering, 1999, 46: 131-150.

[35] Babuska I, Melenk JM. The partition of unity method [J]. International Journal for Numerical Methods in Engineering, 1997, 40: 727-758.

[36] Duarte C A, Babuska I, Oden J T. Generalized finite element methods for three-dimensional structural mechanics problems [J]. Computers and Structures, 2000, 77: 215-232.

[37] Elguedj T, Gravouil A, Maigre H. An explicit dynamics extended finite element method Part 1: mass lumping for arbitrary enrichment functions [J]. Computer Methods in Applied Mechanics and Engineering, 2009, 198: 2297-2317.

[38] Andrews D J. Test of two methods for faulting in finite-difference calculations [J]. Bulletin of the Seismological Society of America, 1999, 89: 931-937.

[39] Liu F, Borja R I. A contact algorithm for frictional crack propagation with the extended finite element method [J]. International Journal for Numerical Methods in Engineering, 2008, 76: 1489-1512.

[40] Liu F, Borja R I. Extended finite element framework for fault rupture dynamics including bulk plasticity [J]. International Journal for Numerical and Analytical Methods in Geomechanics, 2013, 37: 3087-3111.

[41] Liu F, Valiveti D, Gordon P. Modeling fluid-driven fractures using the generalized finite element method (GFEM) [C]. The 49th US Rock Mechanics/Geomechanics Symposium, 2015, ARMA 15-120.

[42] Liu F, Gordon P, Meier H, Valiveti D. A stabilized extended finite element framework for hydraulic fracturing simulations [J]. International Journal for Numerical and Analytical Methods in Geomechanics, 2017, 41: 654-681.

4 地基承载力和变形计算分析

杨光华
（广东省水利水电科学研究院，广东 广州 510635）

4.1 前言

地基承载力与沉降变形问题是土力学的基本问题，也是工程设计中最常遇到的问题。但如何合理确定地基的承载力和如何准确计算地基的沉降变形，则是土力学创立近百年以来尚未很好解决的问题。之所以是难题，一是土的力学特性的复杂性，尚存在认识的不充分；二是场地地质的复杂性，目前的勘察手段尚不够精细化，对地质分布的了解不够精细；三是计算方法，虽然目前计算手段先进，有高速计算机，能解决复杂的计算，但一方面缺乏能合适描述土的本构特性的本构模型，另一方面是缺乏能全面反映土的强度和变形特征的计算方法，如变形的连续性和非连续性等。因此，虽然已发展了各种数值方法，如有限元、离散元等，但工程实践中，地基承载力与沉降变形的计算一直还是半理论半经验状态，沉降计算一直停留在线弹性状态，与现代土力学的发展很不相称，也不能满足现代工程建设的需求。未来的地基承载力与沉降变形计算应该是能计算地基真实受力的非线性过程，能掌握地基变形直到破坏的全过程性状，根据性状进行地基设计，并实现变形控制设计，提高设计水平。这就是土力学发展的现状和未来。本章的内容，首先对地基承载力与变形的研究进行回顾，然后介绍作者在现代土力学理论基础上所做的一些探索和发展。内容包括传统土力学的地基承载力计算、传统土力学的地基沉降计算、现代土力学的地基沉降计算、按变形控制确定地基承载力的方法、地基承载力与变形计算的数值方法以及结语与展望。

4.2 传统土力学的地基承载力计算

4.2.1 地基的破坏模式

通常认为地基的破坏模式有三种，即整体剪切破坏、局部剪切破坏和刺入式剪切破坏。其破坏模式和荷载-沉降曲线如图 4.2-1、图 4.2-2 所示。一般整体剪切破坏地面有明显隆起，形成整体滑动面，如图 4.2-1（a）所示，破坏时变形曲线具有脆性特点和突然性，如图 4.2-2 中 A 所示。局部剪切破坏则如图 4.2-1（b）所示，土体破坏时表面隆起相对没有整体破坏的明显，略有隆起之后刺入变形，当变形较大时，地面才有所隆起，荷载-沉降曲线具有塑性特点，没有明显的突变，如图 4.2-2 中 B 所示。刺入剪切破坏时，地面破坏状态不明显，主要是基础向下的刺入变形，地面不隆起，随着荷载的增加保持向下的刺入变形，如图 4.2-1（c）所示，荷载-沉降曲线没有明显的突变，如图 4.2-2 中 C 所示。

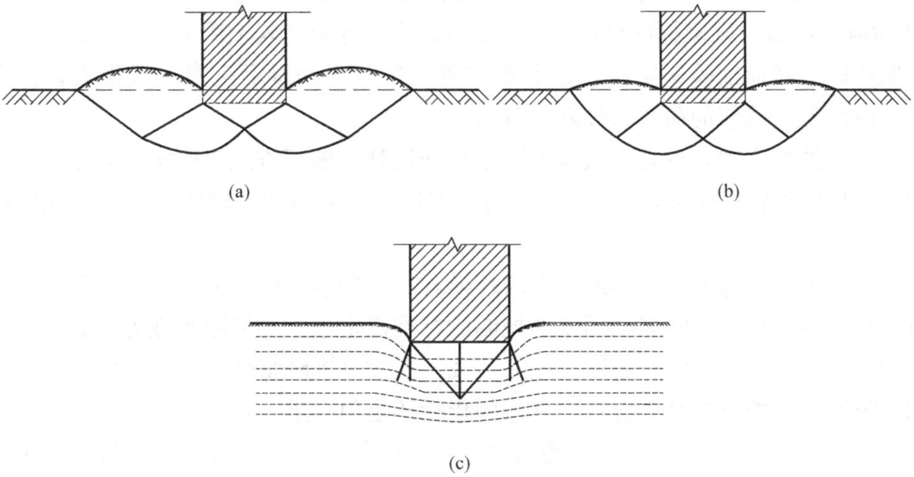

图 4.2-1　地基的破坏模式

（a）整体剪切；（b）局部剪切；（c）刺入剪切

地基的破坏模式与土的类型和围压有关，通常认为与土的压缩性关系较大。一般对于密实的砂土和坚硬黏土，通常是整体剪切破坏，而对于压缩性较大的松砂和软土，通常的破坏模式是局部剪切破坏或刺入剪切破坏。当基础埋深较大时，相当于土的围压较大，即使是硬土也会出现局部剪切破坏的模式，这与土的本构特性有关。另外，当加荷速率较大时，如冲击荷载下，土体的压缩不易发挥，也可能会出现整体剪切破坏的模式。所以，地基破坏的模式体现了土的变形特性，以压缩变形为主时，表现地基的破坏模式是局部剪切或刺入剪切，荷载-沉降曲线表现为渐变式，无明显突变。

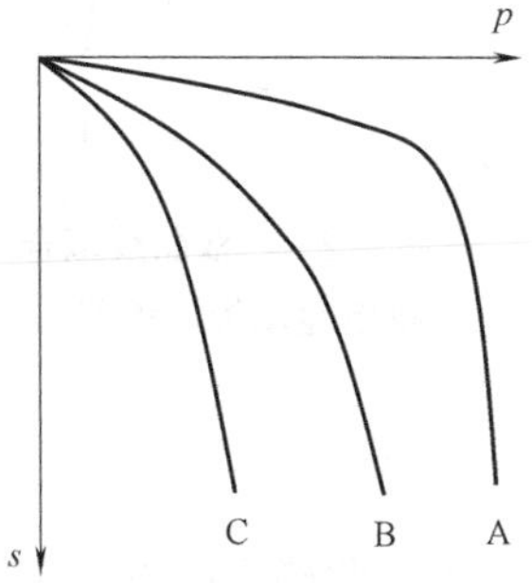

图 4.2-2　不同破坏模式的荷载-沉降曲线

4.2.2　极限荷载的判别标准

地基极限承载力最可靠的方法是现场原位压板试验，可以较合适地模拟实际基础的受力状态，获得地基受荷过程的 p-s（荷载-沉降）曲线，如上节的图 4.2-2 所示，但如何根据试验的 p-s 曲线确定地基的极限承载力，还缺乏明确的标准，国家标准《建筑地基基础设计规范》GB 50007—2011 中对浅层平板载荷试验的规定为：

当出现下列情况之一时，即可终止加载：

（1）承压板周围的土明显地侧向挤出；

（2）沉降 s 急骤增大，p-s 曲线出现陡降段；

（3）在某一级荷载下，24h 内沉降速率不能达到稳定标准；

（4）沉降量与压板宽度或直径之比大于或等于 0.06。

当满足（1）～（3）的情况之一时，其对应的某一级荷载为极限荷载。

刘陕南等在上海软土天然地基承载力试验中，用变形控制确定极限承载力时，采用的终止加荷条件为：(1) 累计沉降量大于载荷板宽度的 0.1 倍；(2) 在某级荷载作用下载荷板的累计沉降已达压板宽度的 0.07，且沉降已达到稳定标准，极限承载力按沉降比 $s/b=0.07$ 所对应的荷载，国家标准是用 $s/b=0.06$，这里可能是软土用 $s/b=0.07$。

极限荷载的载荷试验确定：理论上是在较小的荷载增量下沉降变形很大，甚至不稳定，则对应增量荷载前的荷载为极限承载力。

极限承载的判定中，现有方法也主要是根据地基的破坏方式来确定。对于整体破坏情况，地基现场破坏特征明显，p-s 曲线具有突变性，如果施加足够大的荷载，相应的极限承载力较明确。

一般情况下的局部剪切破坏或刺入破坏模式时，则 p-s 曲线突变性不明显，现场地基破坏特征也不够明显，这时多采用变形控制的标准确定地基的极限承载力。如国家标准采用沉降比为 $s/b=0.06$ 的沉降量所对应的荷载。但按总沉降量似乎不够全面，应该用总沉降量和沉降增量双控可能会更合理，具体的指标还是值得进一步研究的。

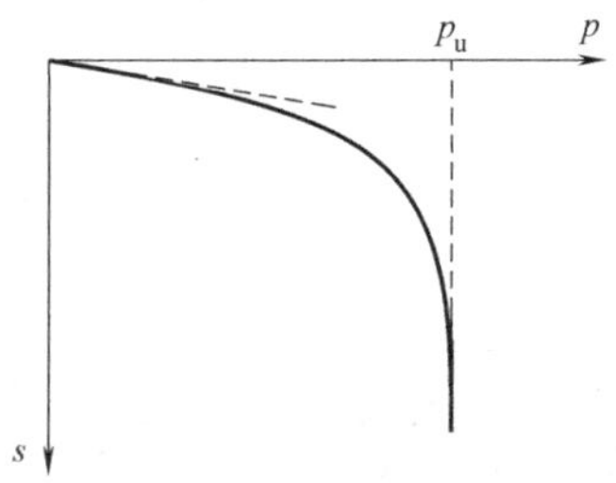

图 4.2-3 双曲线拟合确定地基极限承载力

也可以把压板载荷试验假设为一双曲线方程，如图 4.2-3 所示。

$$p=\frac{s}{a+bs} \tag{4.2-1}$$

式中 p——荷载；

s——沉降。

通过试验点，可以确定 $\frac{s}{p}=a+bs$ 的系数 a，b 值，则理论极限荷载为 $s\to\infty$ 对应的压力 p_u 为：

$$p_u=\frac{1}{b} \tag{4.2-2}$$

但由此确定的 p_u 相当于是双曲线的渐近线，往往会偏大。通常实际极限承载力要取 0.8～0.9 的折减系数。

4.2.3 地基的极限承载力计算

地基的极限承载力目前主要是依据刚塑性体假定，用土的强度指标黏聚力 c 和内摩擦角 φ 来计算。主要是 20 世纪西方和苏联学者的研究，提出了很多地基极限承载力计算公式。对于浅基础，各种极限承载力公式可以统一写成以下的形式：

$$f_u=cN_c\zeta_c+qN_q\zeta_q+\frac{1}{2}\gamma BN_\gamma\zeta_\gamma \tag{4.2-3}$$

式中 N_c、N_q、N_γ——以内摩擦角 φ 为函数的承载力系数（表 4.2-1），分别为：

$$N_c=(N_q-1)\cot\varphi$$

$$N_q=\exp(\pi\tan\varphi)\tan^2(45°+\varphi/2)$$

$$N_\gamma=2(N_q+1)\tan\varphi$$

c——地基土的黏聚力；

q——基础底面以上的覆土压力；

γ——地基土的重度；

ζ_c、ζ_q、ζ_γ——形状系数，分别表示如下：

矩形基础

$$\zeta_c=1+\frac{B}{L}\frac{N_q}{N_c}$$

$$\zeta_q=1+\frac{B}{L}\tan\varphi$$

$$\zeta_\gamma=1-0.4\frac{B}{L}$$

方形和圆形基础

$$\zeta_c=1+\frac{N_q}{N_c}$$

$$\zeta_q=1+\tan\varphi$$

$$\zeta_\gamma=0.6$$

B——基础的宽度；

L——基础的长度。

普朗特尔公式的承载力系数表 **表 4.2-1**

φ	0°	5°	10°	15°	20°	25°	30°	35°	40°	45°
N_r	0	0.62	1.75	3.82	7.71	15.2	30.1	62.0	135.5	322.7
N_q	1.00	1.57	2.47	3.94	6.40	10.7	18.4	33.3	64.2	134.9
N_c	5.14	6.49	8.35	11.0	14.8	20.7	30.1	46.1	75.3	133.9

式（4.2-3）的极限承载力主要是依据图 4.2-4 所示的 Prantle 破坏面而推导出来的极限平衡状态的压力值。

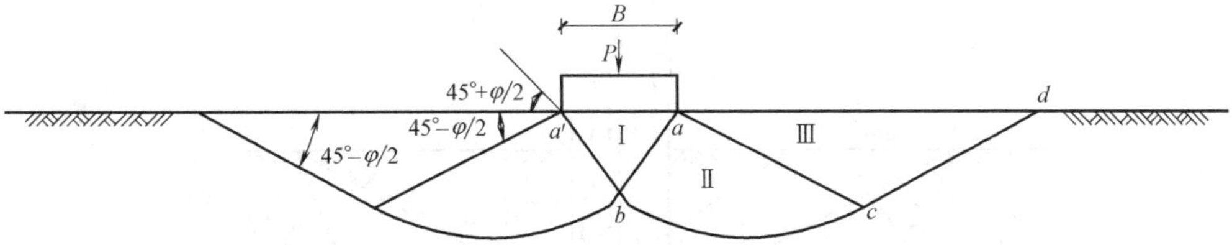

图 4.2-4 地基土极限状态下滑移线

图 4.2-4 所示为刚性基础地基土的极限平衡状态下的滑动线，滑动区Ⅰaba'为朗肯主动区，acd 为朗肯被动区Ⅲ，Ⅱ区是介于朗肯主动区和朗肯被动区的过渡区，bc 为对数螺旋线，如图 4.2-5 所示，对数螺旋线可表示为：

$$r=r_0\exp(\theta\tan\varphi) \tag{4.2-4}$$

r 为 O 点到经过的点的距离，r_0 是选择起点 n 的轴线距离 On，θ 为 On 与 Om 间的夹角，φ 为经一点 m 的半径与起点法线的夹角。

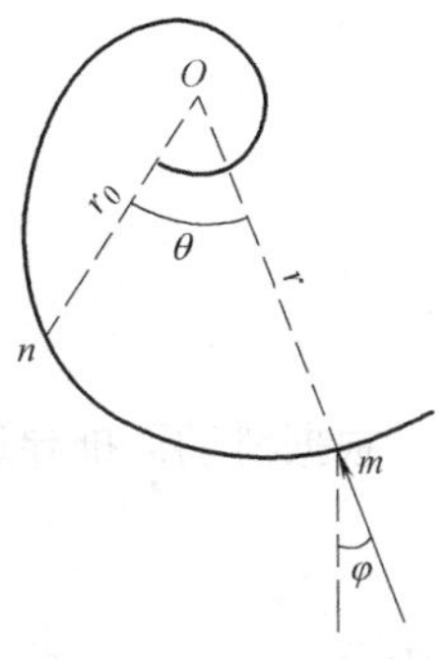

图 4.2-5 对数螺旋线

考虑基础的埋置深度为 d 时，则基础底面以上土重用均布超载 $q=\gamma d$ 代替（图 4.2-6）。

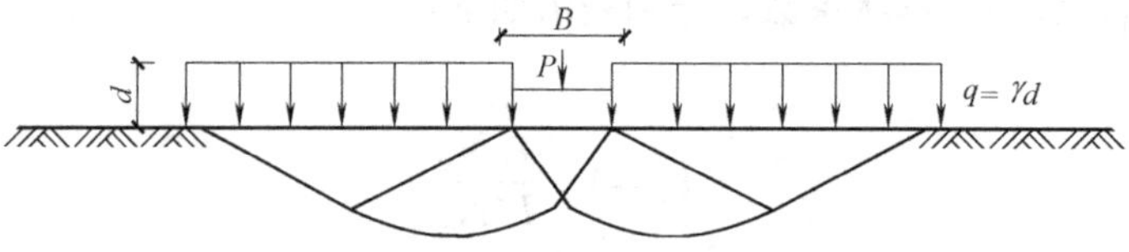

图 4.2-6　基础埋置深度 d 时的土重超载

另一种破坏图式则是希尔模式，这两种破坏模式承载力的差异主要在于重力项 N_{γ}，相差一倍（图 4.2-7）。

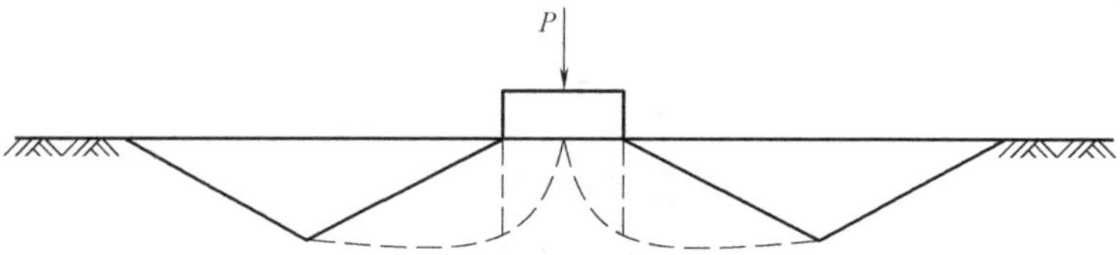

图 4.2-7　希尔地基破坏模式

迈耶霍夫（Meyerhoff）极限承载力公式：

太沙基极限承载力不考虑基底以上填土的抗剪强度，把它仅看成作用在基底平面上的超载，由此将引起误差。迈耶霍夫为此开展研究，提出了考虑地基土塑性平衡区随着基础埋置深度的不同而扩展到最大可能的程度及两侧土体抗剪强度对承载力影响的地基承载力计算方法。

其基本假定为：①基础底面完全粗糙，条形地基为整体剪切破坏，地基土为均质非饱和土，且地下水位处于地基滑动面以下，基质吸力沿深度均匀不变；②滑动面上的土体处于塑性极限平衡状态。基础侧面上的法向应力按静止土压力计算。

迈耶霍夫条形基础滑动面（图 4.2-8）：

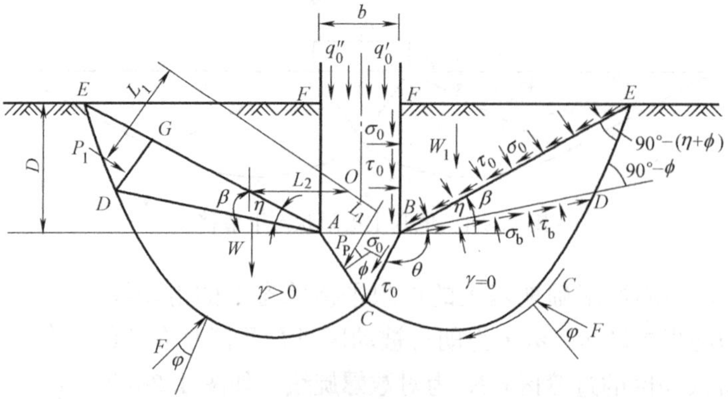

图 4.2-8　迈耶霍夫条形基础承载力确定方法示意图

根据滑动面推导迈耶霍夫极限承载力公式为：

$$p_{u}=cN_{c}+\sigma_{o}N_{q}+\frac{1}{2}\gamma bN_{\gamma}+\frac{2fd}{b} \tag{4.2-5}$$

式中　　σ_{o}——旁压荷载；

f——土与基础侧面单位面积上的摩擦力；

N_c、N_q、N_γ——承载力系数。

在一般情况下公式的最后一项与其他三项相比，可以忽略不计。

各种承载力理论都是在一定的假设前提下导出的，它们之间的结果不尽一致，各公式承载力系数和特定条件下极限承载力比较见表 4.2-2、表 4.2-3。可知，迈耶霍夫考虑到基础两侧超载土抗剪强度的影响，其值最大；太沙基考虑基底摩擦，其值相对较大；魏锡克和汉森假定基底光滑，其值相对较小，计算结果偏安全。

承载力系数比较表 **表 4.2-2**

N 值 \ φ		0°	10°	20°	30°	40°	45°
N_c	迈耶霍夫公式	—	10.00	18.0	39.0	100.00	185.00
	太沙基公式	5.70	9.10	17.30	36.40	91.20	169.00
	魏锡克公式	5.14	8.35	14.83	30.14	75.32	133.87
	汉森公式	5.14	8.35	14.83	30.14	75.32	133.87
N_q	迈耶霍夫公式	—	3.00	8.00	27.00	85.00	190.00
	太沙基公式	1.00	2.60	7.30	22.00	77.50	170.00
	魏锡克公式	1.00	2.47	6.40	18.40	64.20	134.87
	汉森公式	1.00	2.47	6.40	18.40	64.20	134.87
N_γ	迈耶霍夫公式	—	0.75	5.50	25.50	135.00	330.00
	太沙基公式	0	1.20	4.70	21.00	130.00	330.00
	魏锡克公式	0	1.22	5.39	22.40	109.41	271.76
	汉森公式	0	0.47	3.54	18.08	95.45	241.00

注：表中太沙基公式指基底完全粗糙的情况。

极限承载力 q_u 比较表 **表 4.2-3**

计算公式 \ d/b	0	0.25	0.50	0.75	1.00
迈耶霍夫公式	712.0	908.0	1126.5	1360.0	1612.0
太沙基公式	673.0	868.0	1063.0	1258.0	1453.0
魏锡克公式	616.0	811.0	1029.0	1273.0	1541.5
汉森公式	532.0	731.0	844.0	1185.0	1389.0

注：1. 表中计算值所用资料：$\gamma=19.5\text{kN/m}^3$，$c=20\text{kPa}$，$b=4\text{m}$。
2. 极限承载力单位为 kPa。
3. 表中公式的情况如同表 4.2-2。

4.2.4 复杂条件下地基的各种极限承载力

4.2.4.1 斜坡地基极限承载力的计算

复杂边界条件下的地基承载力，可以依据破坏面与地质边界的关系推导得到。如图 4.2-9 所示。

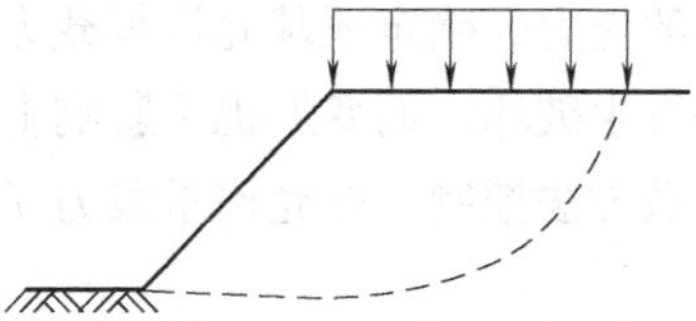

图 4.2-9 斜坡地基极限承载力

4.2.4.2 梯形荷载下地基极限承载力计算

通常高速公路路堤两侧采用放坡甚至有分级的反压护道，如图 4.2-10 所示，此时地基的极限承载力要高于无放坡时的矩形荷载下地基的极限承载力。计算这种情况下的地基极限承载力可以考虑破坏面与荷载图的关系，如图 4.2-11 所示，推导其极限承载力的公式（杨光华，1994）。如考虑图 4.2-11（b）坡脚位置与地基破坏面的关系，路堤的极限填土高度 H 计算公式如式（4.2-6）所示，当坡脚位置为 0 处时，相当于原来的矩形荷载情况，此时式（4.2-6）中的 $\alpha=0$，当坡脚到达 E 处时，$\alpha=\frac{1}{2.4}$。

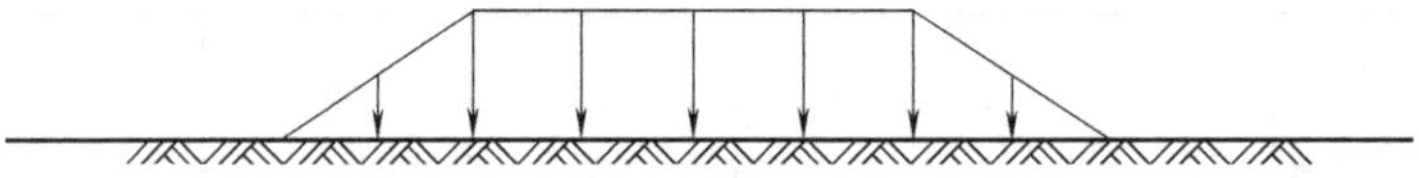

图 4.2-10　梯形荷载下地基承载力计算

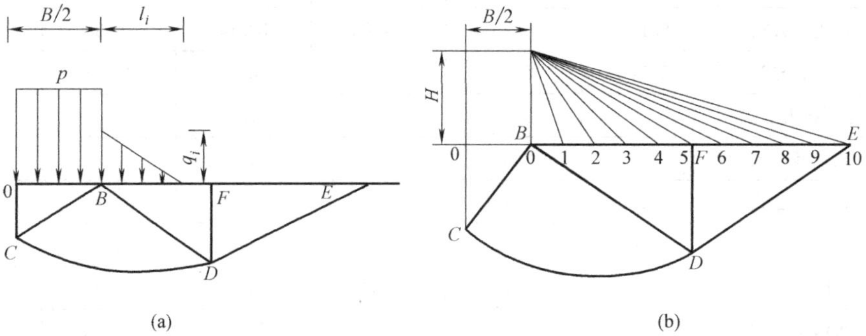

图 4.2-11　复杂荷载下地基承载力计算

$$H=\frac{N''r\cdot\gamma_0\cdot B+N_c\cdot C}{\gamma(1-\alpha N_q)} \tag{4.2-6}$$

坡脚处于不同位置时，α 的取值如表 4.2-4 所示。

α 的取值　　　　表 4.2-4

坡脚位置	0	1	2	3	4	5	6	7	8	9	10
KH/BE	0	0.1	0.2	0.3	0.4	0.5	0.6	0.7	0.8	0.9	1
α	$\frac{1}{\infty}$	$\frac{1}{150}$	$\frac{1}{38}$	$\frac{1}{17}$	$\frac{1}{6}$	$\frac{1}{9.4}$	$\frac{1}{4.5}$	$\frac{1}{3.7}$	$\frac{1}{3.2}$	$\frac{1}{2.8}$	$\frac{1}{2.4}$

4.2.5 地基的弹塑性承载力计算

地基设计除了要确定极限承载力外，还要选择合适的允许地基承载力，作为控制基础底的应力。确定地基允许承载力的基本原则是两个：保证承载力安全和控制沉降，不使地基发生破坏，而变形也不影响上部结构的安全使用。如何控制承载力安全，通常是用安全系数方法控制，即允许承载力 f_a 为：

$$f_a=f_u/K \tag{4.2-7}$$

式中　f_u——地基极限承载力；

K——安全系数，$K=2\sim3$。

安全系数法多是欧美国家应用，我国有些规范也采用安全系数法确定地基允许承载力，如北京地基规范。由于安全系数 $K=2\sim3$，这样，即使极限承载力计算有误差，也不至于造成地基的破坏，所以，这种方法是较安全的。

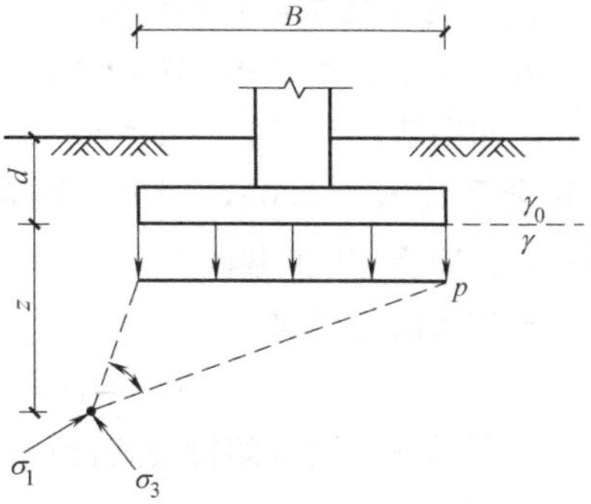

图 4.2-12 均布条形荷载作用下地基中的主应力

另外一种方法是用地基的弹塑性应力控制的允许承载力，如图 4.2-12 所示条形基础荷载下任意点 M 的最大和最小主应力为：

$$\frac{\sigma_1}{\sigma_2}=\frac{p}{\pi}(2\alpha\pm\sin2\alpha)+\gamma z+\gamma_0 d$$

应力处于极限状态下的 M-C 准则为：

$$\sin\varphi=\frac{\frac{1}{2}(\sigma_1-\sigma_3)}{\frac{1}{2}(\sigma_1-\sigma_3)+c\tan\varphi} \tag{4.2-8}$$

代入得到极限状态下的深度 z 为：

$$z=\frac{p-\gamma_0 d}{\gamma\pi}\left(\frac{\sin2\alpha}{\sin\varphi}-2\alpha\right)-\frac{c\tan\varphi}{\gamma}-d\,\frac{\gamma_0}{\gamma}$$

地基中塑性区开展最大深度 z_{max} 公式为：

$$z_{max}=\frac{p-\gamma_0 d}{\gamma\pi}\left[c\tan\varphi-\left(\frac{\pi}{2}-\varphi\right)\right]-\frac{c\tan\varphi}{\gamma}-d\,\frac{\gamma_0}{\gamma} \tag{4.2-9}$$

由上式可以得到相应的压力 p 与塑性区开展最大深度的关系：

$$p=\frac{\pi}{c\tan\varphi+\varphi-\pi/2}\gamma z_{max}+\frac{c\tan\varphi+\varphi+\pi/2}{c\tan\varphi+\varphi-\pi/2}\gamma_0 d+\frac{\pi c\tan\varphi}{\tan\varphi+\varphi-\pi/2}c \tag{4.2-10}$$

如令 $z_{max}=0$，则对应的 p 为临塑荷载 p_{cr}：

$$p_{cr}=N_q\gamma_0 d+N_c c \tag{4.2-11}$$

$$N_q=\frac{\tan\varphi+\varphi+\pi/2}{\tan\varphi+\varphi-\pi/2}$$

$$N_c=\frac{\pi\tan\varphi}{\tan\varphi+\varphi-\pi/2}$$

如允许地基塑性区最大深度 $z_{max}=\frac{b}{4}$，b 为基础宽度，则对应的临界荷载为：

$$p_{1/4}=\gamma BN_\gamma+\gamma_0 dN_q+cN_0 \tag{4.2-12}$$

$$N_\gamma=\frac{\pi}{4(\tan\varphi+\varphi-\pi/2)}$$

N_q、N_c 定义同前。

但这个公式是用弹性应力解代入单元体的强度准则得到的，据研究，这是偏于保守的。有文献计算了条形基础宽度为 2^m，无埋深情况下，$p_{1/4}$ 与极限承载力的对比，得到不同 c、φ 的土的 $p_{1/4}$ 的安全系数，发现 c 值影响不大，主要是 φ 值的影响。不同的 φ

值，$p_{1/4}$ 的安全系数是不同的，对黏性土，当 $\varphi>25°$时，安全系数 $K\approx4.0$，当 $\varphi=10°$ 时，安全系数 $K\approx2.0$，对于砂土，当 $\varphi>28°$时，$K>4.0$。因此，对于黏性土，同样是 $p_{1/4}$，如果是 $c=30\text{kPa}$，$\varphi=25°$，则安全系数 $K=3.90$，而对于$c=10\text{kPa}$，$\varphi=10°$的土，则安全系数 $K=2.09$，理论上同是 $p_{1/4}$，但其安全系数是不同的。如对于 $c=10\text{kPa}$，$\varphi=10°$，宽为 2^m 的基础。

无埋深时可计算：

$$p_{1/4}=20\times2\times0.18+10\times4.17=48.9\text{kPa}$$

极限承载力按普朗特公式计算：

$$\begin{aligned}p_u&=\frac{1}{2}\gamma bN_\gamma+qN_q+cN_c\\&=\frac{1}{2}\times20\times2\times1.75+0+10\times8.35=118.5\text{kPa}\end{aligned}$$

则 $p_{1/4}$ 的安全系数为：$K=p_u/p_{1/4}=118.5/48.9=2.42$

对于硬土，设 $c=30\text{kPa}$，$\varphi=25°$，则：

$$p_{1/4}=20\times20\times0.78+30\times6.67=231.3\text{kPa}$$

极限承载力按普朗特公式计算：

$$p_u=\frac{1}{2}\times20\times2\times15.2+30\times20.7=925\text{kPa}$$

则其 $p_{1/4}$ 的安全系数为：$K=p_u/p_{1/4}=925/231.3=4.0$

因此，如果按 $p_{1/4}$ 取定地基承载力允许值，对于硬土地基可能是偏保守的，软土则可能会沉降过大。

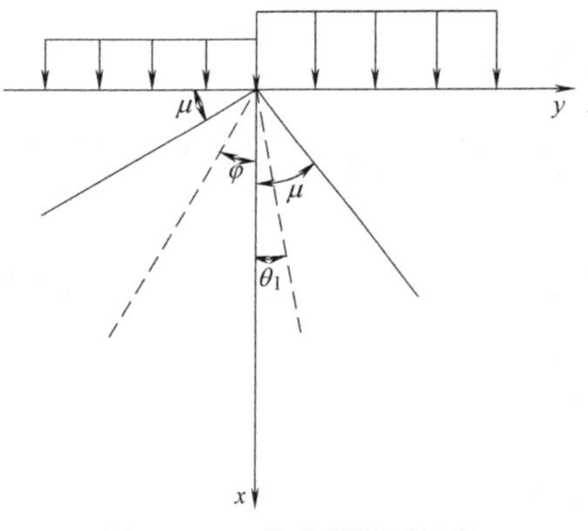

图 4.2-13 地基塑性开展角

对于地基弹塑性应力解的问题，陆培炎推导了地基的弹塑性压力解，并以塑性角开展的范围引入危险度λ，如图 4.2-13 所示，定义危险度λ为塑性开展 θ_1 与总塑性角 $\varphi+\mu$ 之比，即：

$$\lambda(0°)=\frac{\varphi+\theta_1}{\mu+\varphi}$$

当 $\theta_1=-\varphi$，则$\lambda(0°)=0$，表示为临塑状态。

当 $\theta_1=\mu$，则$\lambda(0°)=1$，表示为极限状态。

φ 为土的内摩擦角，$\mu=45°-\frac{\varphi}{2}$

$\lambda=0$、0.2、0.4、0.6、0.8、1 则表示塑性角开展程度，计算其对应的弹塑性压力，其对应的弹塑性压力公式为：

(1) 假定滑裂面的解（适用于黏性土）

$$p_\lambda=A'_\lambda\gamma B+B_\lambda\gamma_0h+D_\lambda c \tag{4.2-13}$$

(2) 有压密核存在的解（适用于砂土地基）

$$p_\lambda=A''_\lambda\gamma B+B_\lambda\gamma_0h+D_\lambda c \tag{4.2-14}$$

$p_{1/4}$ 由以上讨论可知，是以弹性应力解代入单元体屈服条件而得到的，其与危险度所对应的压应力比较如图 4.2-14 所示，对应于 $\varphi=10°$、$20°$、$30°$、$36°$时的 $p_{1/4}$ 值，相当于 $\lambda=0.13$、0.1、0.07、0.06 所对应的弹塑性压力值，相对于弹塑性压力值是较安全的。而陆培炎的经验是，对于高压缩性地基，承载力主要是变形控制，宜选用较小的λ，如$\lambda=0.2\sim0.4$；对于中等压缩地基，可选择$\lambda=0.3\sim0.6$；对于低压缩性地基，可选择$\lambda=0.4\sim0.7$。显然这就可以获得更大的地基承载力，尤其是低压缩地基。

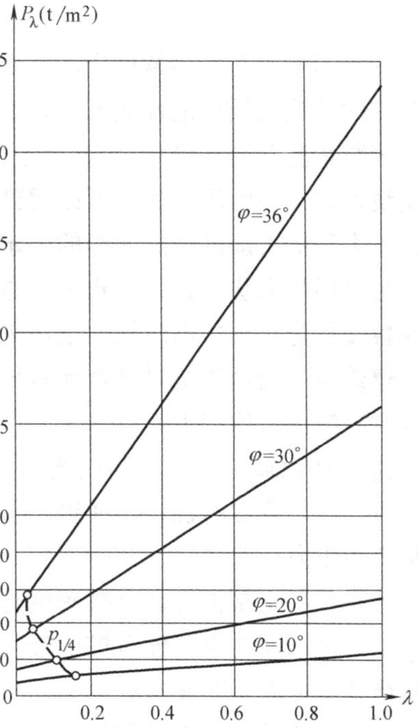

图 4.2-14　承载力 $p_{1/4}$ 与危险度λ 的关系

例如，对于以上的案例，当 $c=10$kPa，$\varphi=10°$时，按滑裂面的解，如选用$\lambda=0.2$，则：

$$p_{\lambda=0.2}=A'_\lambda\gamma B+B'_\lambda\gamma_0 d+D'_\lambda c$$

$$=0.07\times20\times2+0+5.19\times10=54.7\text{kPa}$$

相应的安全系数为 $K=p_u/p_{\lambda=0.2}=118.5/54.7=2.17$

对于 $c=30$kPa，$\varphi=25°$的黏性土，也按滑裂面的解，选用$\lambda=0.4$，则：

$$p_{\lambda=0.4}=A'_\lambda\gamma B+B'_\lambda\gamma_0 d+D'_\lambda c$$

$$=1.415\times20\times2+0+12.04\times30=416.9\text{kPa}$$

相应的安全系数为 $K=p_u/p_{\lambda=0.2}=925/416.9=2.2$

显然还是安全的，应该也是可行的。如果用$\lambda=0.7$，则：

$$p_{\lambda=0.7}=2.48\times20\times2+0+16.28\times30=587.6\text{kPa}$$

安全系数 $k=\dfrac{p_u}{p_{\lambda=0.7}}=\dfrac{925}{587.6}=1.57$

安全系数稍偏低了一点，但总体而言，无论是从安全系数法，或是弹塑性应力解，对于硬土地基，$p_{1/4}$ 作为允许承载力是偏低的；而对于高压缩性土，即使取 $p_{1/4}$，沉降也不一定满足要求，则按变形控制确定地基的允许承载力更合适。

4.2.6 现场压板试验确定地基承载力

理论上采用现场压板试验模拟基础的受力状态，测定地基的承载力是最可靠的方法。但由于实际基础的尺寸、埋深不同，不可能对真实基础进行载荷试验。常采用小尺寸无埋深的压板载荷试验。如何由小尺寸载荷试验估算实际基础下地基的承载力则要进行研究了。

针对由压板载荷试验确定地基承载力的方法，我国《建筑地基基础设计规范》GB 50007—2011 是最为具体的，其对于承载力特征值（相当于允许承载力）提出了以下的确定方法：

（1）当 p-s 曲线上有明显比例界限时，取该比例界限对应的荷载值；

（2）当极限荷载能确定，且该值小于对应比例界限的荷载值的两倍时，取极限荷载值的一半；

（3）不能按上述两款确定时，如压板面积为 0.25～0.5m^2，可取 s/b=0.01～0.015 所对应的荷载（低压缩性取低值，高压缩性取高值），但其值不应大于最大加载量的一半。

多数情况下是按第（3）款确定的多，这就涉及沉降比 s/b 的取值问题了。同一条试验曲线，取不同的沉降比则可以得到不同的承载力特征值。理论上，这样取定的特征值因为有不大于最大加载量的一半的限定，故地基强度的安全是没问题的。但地基的沉降是否能满足则还是无法保证的。再者，这个沉降比，广东的规范采用 s/b=0.015～0.02，宰金珉教授认为对于中高压缩性土可采用 s/b=0.03～0.04。显然，这还是一个经验值，同样，建筑地基处理规范对复合地基压板载荷试验的 s/b 取值还规定了不同复合地基的沉降比所对应的压力值如下：

当压力-沉降曲线是平缓的光滑曲线时，可按相对变形值确定，并应符合下列规定：

（1）对沉管砂石桩、振冲碎石桩和柱锤冲扩桩复合地基，可取 s/b 或 s/d 等于 0.01 所对应的压力；

（2）对灰土挤密桩、土挤密桩复合地基，可取 s/b 或 s/d 等于 0.008 所对应的压力；

（3）对水泥粉煤灰碎石桩或夯实水泥土桩复合地基，对以卵石、圆砾、密实粗中砂为主的地基，可取 s/b 或 s/d 等于 0.008 所对应的压力；对以黏性土、粉土为主的地基，可取 s/b 或 s/d 等于 0.01 所对应的压力；

（4）对水泥土搅拌桩或旋喷桩复合地基，可取 s/b 或等于 0.006～0.008 所对应的压力，桩身强度大于 1.0MPa 且桩身质量均匀时可取高值；

（5）对有经验的地区，可按当地经验确定相对变形值，但原地基土为高压缩性土层时，相对变形值的最大值不应大于 0.015；

（6）复合地基荷载试验，当采用边长或直径大于 2m 的承压板进行试验时，b 或 d 按 2m 计；

（7）按相对变形值确定的承载力特征值不应大于最大加载压力的一半。

注：s 为静载荷试验承压板的沉降量；b 和 d 分别为承压板宽度和直径。

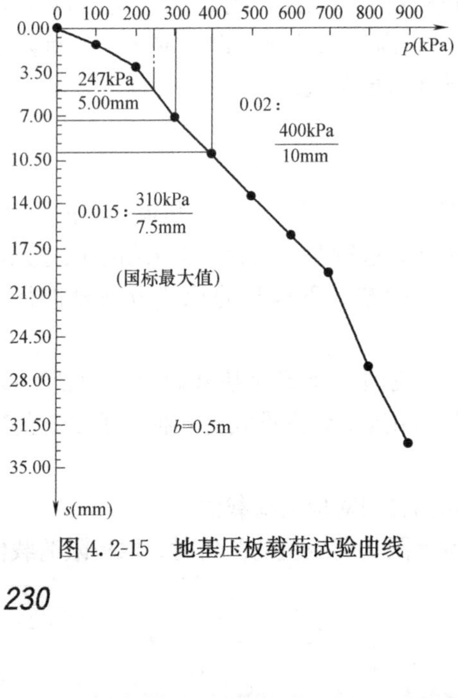

图 4.2-15 地基压板载荷试验曲线

显然这也是一个安全的经验值。以一个工程的一个压板载荷试验为例，压板直径 D=50cm，该场地要求地基承载力特征值为 300kPa，试验荷载达到 900kPa，为要求的 3 倍，试验曲线如图 4.2-15 所示。

按此曲线，取不同的沉降比值，则可以得到不同的承载力特征值。

取 s/b=0.01，f_a=247kPa

取 s/b=0.015，f_a=310kPa

取 s/b=0.02，f_a=400kPa

都满足规范的取值要求。如果按 s/b=0.01，则确定的承载力特征值不满足 300kPa 的要求；按 s/b=0.015，则可以满足。但是否真满足，其实还需要看基础的沉降变形，必须要由具体基础的变形控制，而不能由压板试验的沉降控制。

上海展览馆就是一个很典型的案例（杨敏），基础为 46.5m×46.5m 的箱形基础，埋深 2m，基底压力为 130kPa，$p_{1/4}$=150kPa，$p_{0.02}$=140kPa，无论是 $p_{1/4}$ 或 $p_{0.02}$ 均大于基地压力。但是建筑物最后沉降了 160cm，如图 4.2-16 所示。因此，直接按压板试验确定地基承载力，对地基强度安全是可以的，但对沉降控制还是不够的。如何合理确定，后面会介绍。

(a)

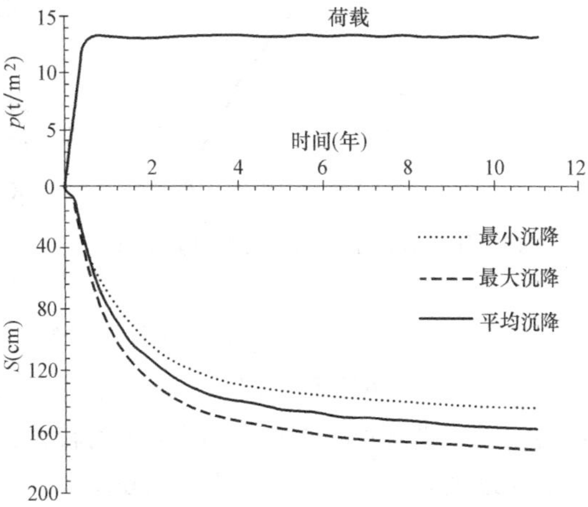

(b)

图 4.2-16　上海展览馆的荷载沉降曲线（杨敏）

确定地基承载力的其他方法：

其他一些间接确定地基允许承载力的方法如土的物理指标法、标准贯入法和静力触探法（CPT）等，一些规范对不同的土依据地区经验给出了对应的土的承载力特征值或允许承载力，包括早期的国家地基规范和一些地方的地基规范。

基础埋深和宽度的修正问题：

由于压板载荷试验通常是小尺寸、无埋深的情况。由其确定的承载力特征值或允许值用于实际基础时尚要考虑基础的宽度和埋深的影响。我国建筑地基规范采用了宽深修正项，在国际上应是最具体的修正方法了。为了比较这种修正方法与 $p_{1/4}$ 的关系，对一个场地案例进行验证比较如下：

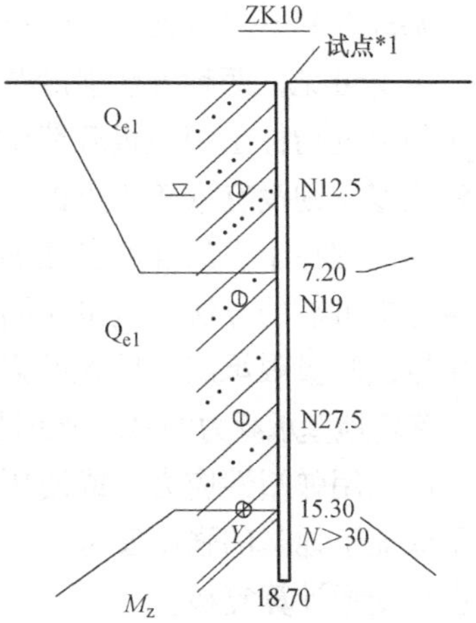

图 4.2-17　试验土层

土的物理力学指标　　表 4.2-5

编号	含水率(%)	孔隙比	塑性指数	凝聚力(kPa)	摩擦角(°)	压缩模量(MPa)	取样深度(m)	典型土名	标贯击数
1号	31.8	1.07	16.7	50	16.6	5.71	1.5	粉质黏土	11

压板载荷试验压力与沉降 **表 4.2-6**

p(kPa)	100	200	300	400	500	600	700	800
s(mm)	1.01	2.58	4.51	8.03	14.25	23.44	36.71	54.56

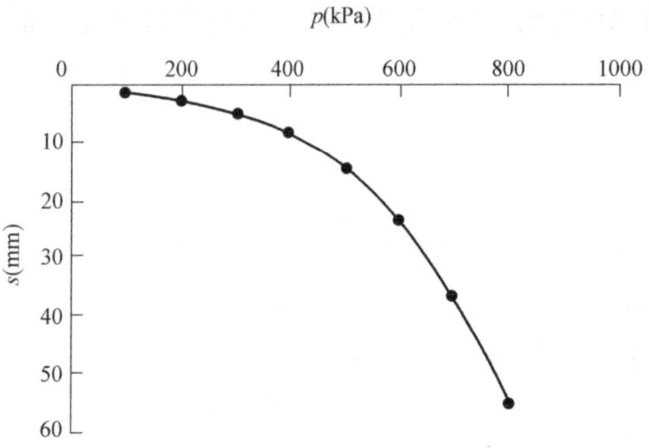

图 4.2-18 压板载荷试验的压力与沉降曲线

该场地（图 4.2-17）进行了直径为 0.8m 的压板载荷试验（表 4.2-6），依据沉降比 $s/b=0.01$ 取定承载力特征值 $f_a=399.14$kPa，试验荷载最大 800kPa，按双曲线模型拟合试验曲线（图 4.2-18）。用曲线渐近线推得压板极限 $p_u=915.19$kPa，设 $\varphi=20°$，用太沙基极限承载力公式反算得 $c=51.52$kPa，这个指标大于表 4.2-5 的室内试验指标。对三个条形基础，采用 $p_{1/4}$ 和规范的宽深修正公式计算其修正地基承载力特征值。

$$p_{1/4}=M_b\gamma b+M_d\gamma_m d+M_c c \tag{4.2-15}$$

$$\text{宽深修正：}f_{ak}=f_a+\eta_b\gamma(b-3)+\eta_d\gamma_m(d-0.5) \tag{4.2-16}$$

$\gamma=\gamma_m=20\text{kN/m}^3$，考虑 φ 不大，c 值较大，按粉土取 $\eta_b=0.3$，$\eta_d=1.5$；

当 $\varphi=20°$时，$M_b=0.51$，$M_d=3.06$，$M_c=5.66$；各基础方案及比较如下：

基础方案 1：$b=1.5$m，$d=0$m，$p_{1/4}=322.2$kPa，$f_{ak}=399.14$kPa，$p_u/2=485.95$kPa。

基础方案 2：$b=3$m，$d=2$m，$p_{1/4}=444.6$kPa，$f_{ak}=444.14$kPa，$p_u/2=664.75$kPa。

基础方案 3：$b=6$m，$d=2$m，$p_{1/4}=475.2$kPa，$f_{ak}=462.14$kPa，$p_u/2=724.75$kPa。

基础方案 4：$b=3$m，$d=3$m，$p_{1/4}=475.2$kPa，$f_{ak}=474.14$kPa，$p_u/2=739.15$kPa。

由上可见，两种方法强度是安全的，安全系数约为 3，结果接近。关键在于 $p_{1/4}$ 计算所用的强度指标是用压板载荷试验外推极限承载力反算所得，关键在于土的强度指标值，而深宽修正则没有依赖于土的强度参数。深宽修正依赖于修正系数的取值。而按 $p_{1/4}$ 计算，则关键在于土的强度参数的可靠性，这里采用压板载荷试验反算地基土的强度参数，应该是更可靠的方法。这也说明基于压板载荷试验按基础深宽修正确定的承载力特征值与用压板试验极限承载力反算的强度指标计算的 $p_{1/4}$ 结果是接近的。

确定地基承载力的另一个方法是用极限承载力除以安全系数 k，一般安全系数 $K=2\sim3$。

以上用弹塑性应力，或用压板试验及极限承载力除以安全系数等方法确定的承载力，仅是保证了地基的强度安全，尚不能保证变形的安全，按强度确定承载力允许值后，还需要进行变形计算复核。

4.3 传统土力学的地基沉降变形计算

4.3.1 土的变形特性和地基沉降计算

通常认为地基的沉降是由三部分组成的，如图 4.3-1 所示，即瞬时沉降 s_a、固结沉降

s_c 和次固结沉降 s_s，总沉降 s 为三部分的沉降之和：

$$s=s_a+s_c+s_s$$

瞬时沉降认为是加荷后即时发生的沉降，此时地基土只产生剪切变形，体积变形还来不及变化，通常采用线弹性力学公式计算瞬时沉降，固结沉降主要认为是土中孔隙水排出引起的沉降，相当于体积变形引起的沉降，次固结是在完成固结后土骨架的蠕变而产生的沉降。

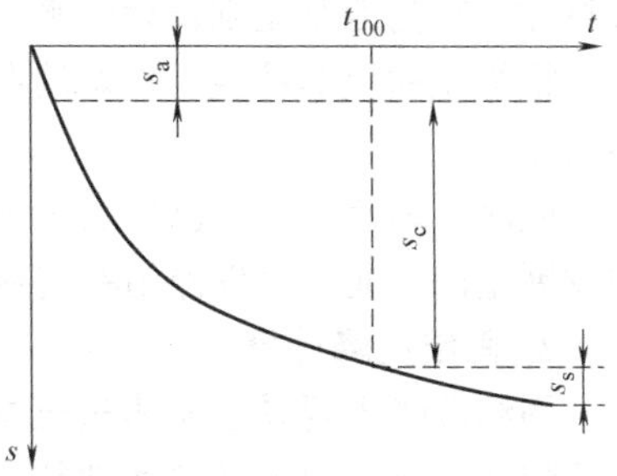

图 4.3-1 地基沉降的三个组成部分

一般地基沉降计算方法：

对以上的沉降，一般分别计算其三部分的沉降：

1. 弹性沉降 s_a 的计算

弹性沉降通常采用弹性力学的 Boussinesq 解计算，例如对于矩形基础宽度为 b，基底应力为 p_0 时的基础，其沉降为：

$$s=bp_0\frac{1-\mu^2}{E}\omega \tag{4.3-1}$$

式中 μ——土的泊松比；

E——土的弹性模量；

ω——沉降影响系数，按基础的刚度，形状而定。

弹性沉降计算的准确性在于土体弹性模量的确定，要合理确定不容易。另外，这个公式是按半无限弹性体考虑的，若土的变形层厚度相对基础宽度是有限的，则按这个公式计算可能是偏大的；同时对于分层土体，各层土的弹性模量也是不同的，按这个公式也是较困难的。这时采用分层综合法计算可能更合适。

不同的土，沉降变形特性有差异。饱和软土孔隙比大，沉降主要是固结沉降部分；砂土或非饱和硬土，排水固结较快，沉降主要是弹性沉降或剪切变形沉降，固结沉降和次固结沉降较小。

传统土力学沉降计算中主要是研究饱和土的固结沉降，固结沉降是相对较简单的问题，目前沉降计算不准确主要是剪切变形引起的沉降。剪切变形机理复杂，变形存在非线性，涉及复杂的本构模型问题，是地基基础中还未解决好的难题。通常用线弹性力学方法计算土的瞬时沉降 s_a 是远不够的。

工程中常遇到的基础沉降问题，如果对基础或采用小尺寸的压板进行加载试验，如图 4.3-2（a）所示，则随着荷载的增加，地基逐渐进入非线性，直到破坏，可以测到基础的荷载-沉降（p-s）曲线如图 4.3-2（b）所示，这是真实的基础荷载作用下的地基沉降过程。其中进入非线性变形阶段主要是剪切变形，显然，如果还是按线弹性的方法，则很难获得完整的 p-s 曲线。现代土力学的发展应该能够研究地基变形的全过程，才可以更好地掌握地基的变

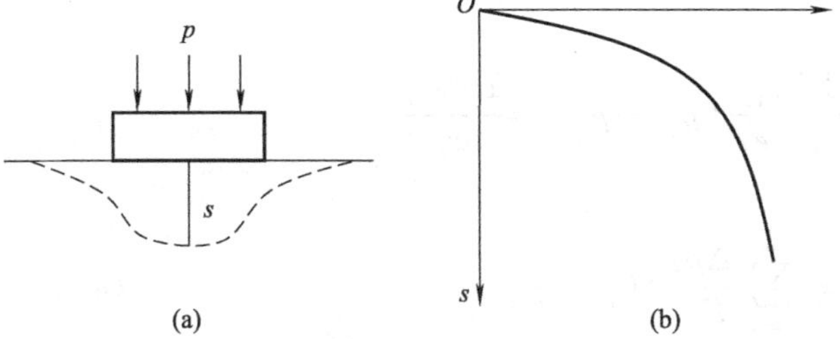

图 4.3-2 压板载荷试验

形特性，提高地基基础设计的水平。

根据土的变形特性，地基的沉降变形可根据不同的土考虑分别研究，分为饱和软土与砂质硬土。

同时，现代土力学已发展了计算机和本构模型，应该在地基沉降变形计算方面有更大的发展空间，而不是仅停留在传统计算的方法。

2. 固结沉降计算

固结沉降主要是土体体积压缩引起的沉降，通常对土样进行一维压缩试验，获得土体的孔隙比 e 与压力 p 的关系曲线，如图 4.3-3 所示，由 e-p 曲线计算土体的压缩沉降。

对于一个基础下的土体，分成 n 层多层土体，第 i 层的压缩沉降为：

$$\Delta s_i=\frac{e_{i1}-e_{i2}}{1+e_{i1}}\Delta h_i \tag{4.3-2}$$

式中　e_{i1}、e_{i2}——p_{i1}、p_{i2} 荷载对应的孔隙比；从 e-p 曲线上获得；

p_{i1}、p_{i2}——第 i 层土体上覆的总压力值。

各分层土的沉降总和，即为总的压缩沉降（图 4.3-4）：

$$s=\sum_{i=1}^{n}\Delta s_i \tag{4.3-3}$$

定义土的压缩系数 a：

$$a=\frac{\Delta e}{\Delta p}=\frac{e_1-e_2}{p_2-p_1} \tag{4.3-4}$$

通常用 $p_1=100\text{kPa}$ 到 $p_2=100\text{kPa}$ 时对应的压缩系数 $a_{1\text{-}2}$ 来评价土的压缩性。

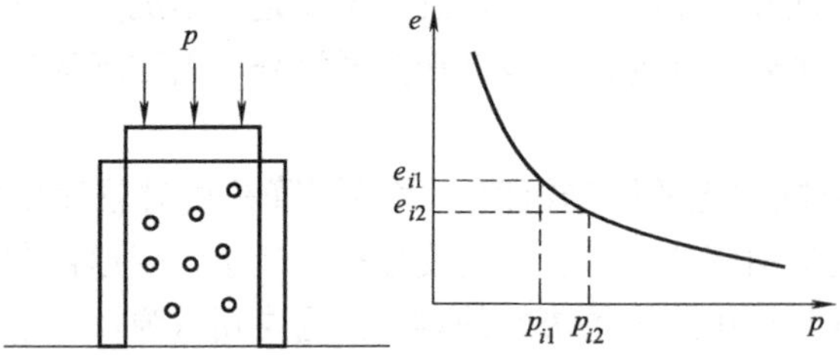

图 4.3-3　土的压缩试验

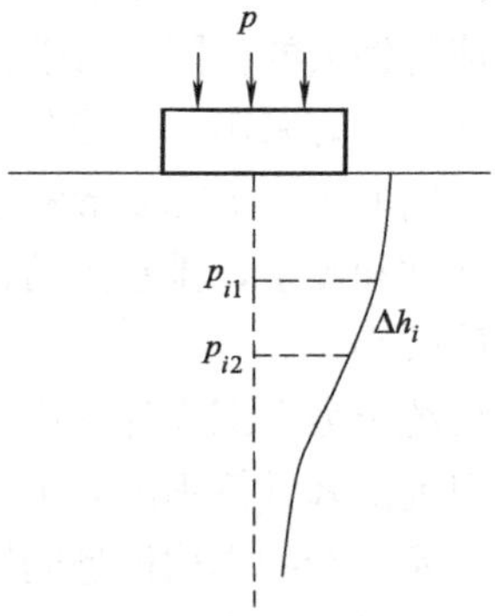

图 4.3-4　分层总和法计算

当 $a_{1\text{-}2}<0.1\text{MPa}^{-1}$ 时，属于低压缩性土；当 $0.1\leqslant a_{1\text{-}2}<0.5\text{MPa}^{-1}$ 时，属于中压缩性土；当 $a_{1\text{-}2}\geqslant 0.5\text{MPa}^{-1}$ 时，属于高压缩性土。

定义土的压缩模量：

$$E_{si}=\frac{\Delta p_i}{\Delta \varepsilon_i}=\frac{1+e_{i1}}{e_{i1}-e_{i2}}(p_{i2}-p_{i1})=\frac{1+e_{i1}}{a_i}$$

则：

$$s=\sum_{i=1}^{n}\frac{\Delta p_i}{E_{si}}\Delta h_i \tag{4.3-5}$$

$$\Delta p_i=p_{i2}-p_{i1}$$

以上计算的是总沉降，对于饱和土体，以上的沉降其实是有效应力所产生的沉降，荷载作用在土体上，只有随着孔隙水的排出，外荷载才转为有效应力，这就要进行土体的排水固结计算。如果定义土的固结度 U_t 为某时刻有效应力与总应力之比，通过计算固结度，就可知不同时刻的有效应力，这样，考虑土体固结后，不同固结度 U_t 对应的固结沉降为：

$$S_t = S_c \cdot U_t \tag{4.3-6}$$

$S_c = S$，S 为式（4.3-5）计算的压缩沉降。

考虑固结特性的沉降计算：

把压缩试验的 e-p 曲线用 e-lg$p$ 表示，则为图 4.3-5 所示曲线，A 点对应的 p_c 为前期固结压力，当 $p > p_c$ 时，e-lg$p$ 可以近似为一直线，直线的斜率 C_c 称为压缩指数。

$$C_c = \frac{e_1 - e_2}{\lg p_2 - \lg p_1} = \frac{\Delta e}{\lg \dfrac{p_2}{p_1}} \tag{4.3-7}$$

低压缩性土 $C_c < 0.2$，高压缩性土一般 $C_c > 0.4$。

回弹再压缩指数 C_e 为回弹再压缩线的斜率，一般黏性土 $C_e \approx (0.1 \sim 0.2) C_c$。

土的压缩卸载再加载的 e-lg$p$ 曲线和 e-p 曲线如图 4.3-6、图 4.3-7 所示。

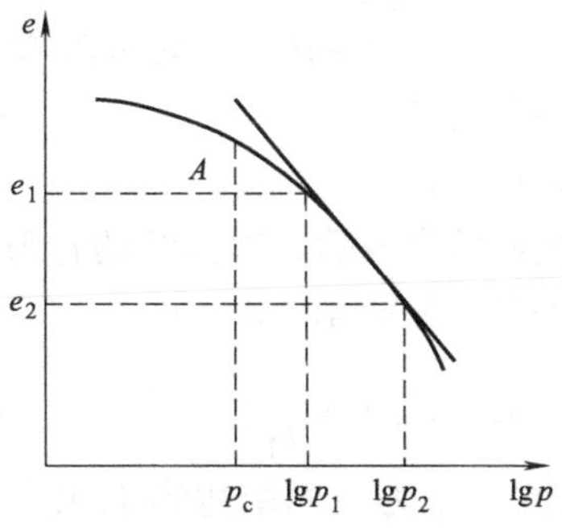

图 4.3-5　压缩试验的 e-lg$p$ 曲线

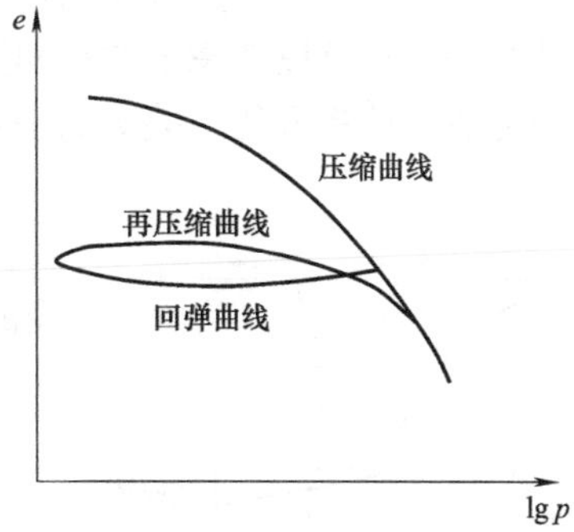

图 4.3-6　土的压缩卸载再加载的 e-lg$p$ 曲线

这样，用 e-lg$p$ 曲线计算沉降时则更方便且可考虑前期固结压力的特点，依据实际土的受荷压力 p 与前期压力 p_c 的比较，可以把土分为：

正常固结土：$p = p_c$；超固结土：$p < p_c$；欠固结土：$p > p_c$。

如果把 e-lg$p$ 曲线简化成两段直线，如图 4.3-8 所示，则依据土的上覆压力 p_1 与前期固结压力 p_c 的关系，对不同固结状态的土的沉降计算可分别表示为：

（1）正常固结土，$p_{i1} = p_c$，荷载 $p_{i2} = p_{i1} + \Delta p_i$

由于 Δp_i 产生的沉降为：

$$S_c = \sum_{i=1}^{n} \varepsilon_i \Delta h_i = \sum_{i=1}^{n} \frac{\Delta e_i}{1 + e_{i0}} \Delta h_i = \sum_{i=1}^{n} \frac{\Delta h_i}{1 + e_{i0}} \left(C_c \cdot \lg \frac{p_{i1} + \Delta p_i}{p_{i1}} \right) \tag{4.3-8}$$

（2）欠固结土，$p_{i1} > p_c$，由 p_c 到 p_{i1} 阶段尚未完成沉降，即使在 p_{i1} 基础上，压力由 p_{i1} 到 $p_{i2} = p_{i1} + \Delta p_i$，但沉降包括 $p_{i1} - \Delta p_c$ 部分，因此：

$$S_c = \sum_{i=1}^{n} \varepsilon_i \Delta h_i = \sum_{i=1}^{n} \frac{\Delta h_i}{1 + e_{i0}} \left(C_c \cdot \lg \frac{p_{i1} + \Delta p_i}{p_c} \right) \tag{4.3-9}$$

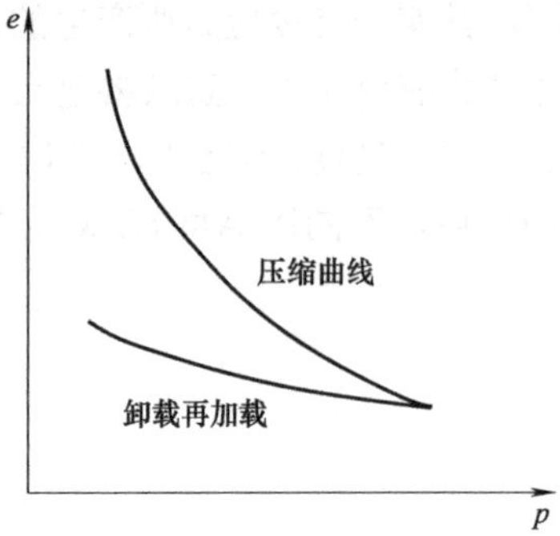

图 4.3-7　土的压缩卸载再加载的 e-p 曲线

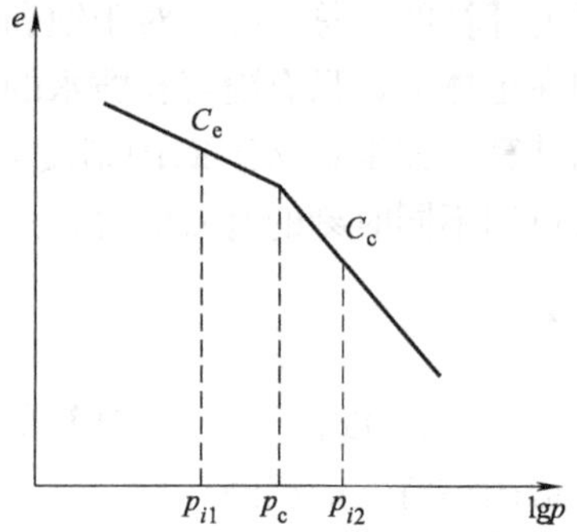

图 4.3-8　土的固结压力关系

(3) 超固结土，当前压力 $p_{i1}<p_c$，则分两种情况，即 $p_{i1}+\Delta p_i<p_c$ 和 $p_{i1}+\Delta p_i>p_c$。

当 $p_{i1}+\Delta p_i<p_c$，则斜率为再压缩指数 C_e 段：

$$S_{ce}=\sum_{i=1}^{n}\frac{\Delta h_i}{1+e_{i0}}\left(C_e\cdot \lg\frac{p_c}{p_{i1}}\right) \tag{4.3-10}$$

当 $p_{i1}+\Delta p_i>p_c$，则荷载跨越 p_c，要分成两段斜率计算：

$$S_c=\sum_{i=1}^{n}\frac{\Delta h_i}{1+e_{i0}}\left(C_e\cdot \lg\frac{p_c}{p_{i1}}+C_c\cdot \lg\frac{p_{i1}+\Delta p_i}{p_c}\right) \tag{4.3-11}$$

这种方法一是可以考虑土的前期固结压力的影响，二是压缩指数 C_c 或再压缩指数 C_e 都是一个常数，计算方便。关键的是要确定土的前期固结压力 p_c。

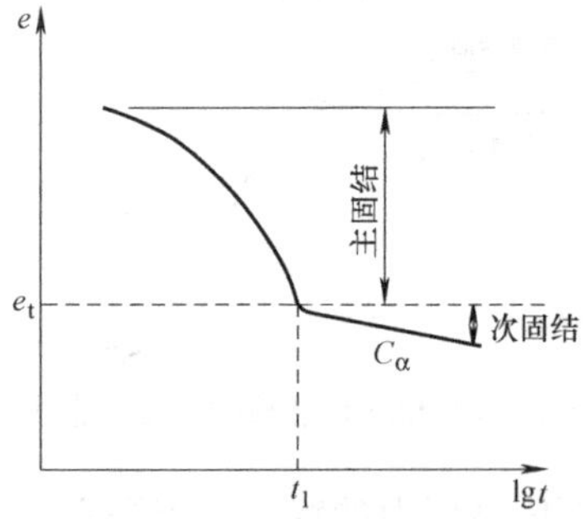

图 4.3-9　主固结次固结 e-lg$t$ 关系

土的次固结沉降计算：

试验表明，当主固结完成后，次固结的孔隙比与时间的对数具有线性关系，如图 4.3-9 所示：

$$\Delta e=C_\alpha\cdot \lg\frac{t}{t_1} \tag{4.3-12}$$

C_α 为次固结系数，t_1 为主固结达到 100%的时间，这样，次固结的沉降为：

$$S_s=\sum_{i=1}^{n}\frac{\Delta h_i}{1+e_{i0}}\cdot C_\alpha\cdot \lg\frac{t}{t_1} \tag{4.3-13}$$

4.3.2　规范的沉降计算方法及其他实用计算方法

1. 中国规范公式

地基的沉降计算多数是基于弹性力学理论的应力和应变计算，再通过实测结果的对比，对理论计算结果进行修正而得到。最典型的是我国《建筑地基基础设计规范》GB 50007—2011 的计算方法，其采用压缩试验所得的压缩模量，用弹性力学计算地基的竖向应力分布，采用分层总和法计算地基的压缩变形量，然后乘以经验系数，计算简图如图 4.3-10 所示，计算公式如下：

$$S=\psi_s s'=\psi_s\sum_{i=1}^{n}\frac{P_0}{E_{si}}(z_i\bar{\alpha}_i-z_{i-1}\bar{\alpha}_{i-1}) \tag{4.3-14}$$

$$\bar{E}_s=\frac{\Sigma A_i}{\Sigma\frac{A_i}{E_{si}}}$$

式中 $A_i = z_i\overline{\alpha}_i - z_{i-1}\overline{\alpha}_{i-1}$

s'——按分层总和法计算出的地基变形量；

ψ_s——沉降计算经验系数，通常按表 4.3-1 所示确定；

E_{si}——基础底面下第 i 层土的压缩模量，应取土的自重压力至土的自重压力与附加压力之和的压力段计算；

$\overline{E}_s$——变形计算深度范围内压缩模量的当量值；

A_i——第 i 层土附加应力系数沿土层厚度的积分值。

由经验系数表可见，修正系数为 1.4～0.2。对于软土，压缩模量一般小于 4MPa，其修正系数为 1.0～1.4，主要是考虑压缩模量是无侧限变形的，实际地基是有侧向变形的，侧向变形也产生竖向的变形沉降，这样，用压缩模量计算时理论上计算值是偏小的，故乘以大于 1 的经验系数进行修正，其他行业的修正系数相对要更大一些，如水利的堤防和交通的路堤沉降计算等。而对于压缩模量大于 4MPa 的硬土，经验系数小于 1，是由于室内取样试验所得到的压缩模量偏小，计算沉降偏大，尤其是对于结构性强的硬土和砂质土，偏小更多，因而广东地区的标准对南方地区的残积土建议采用依据现场原位压板载荷试验获得的变形模量取代压缩模量进行沉降计算，采用弹性力学方法计算竖向应力。

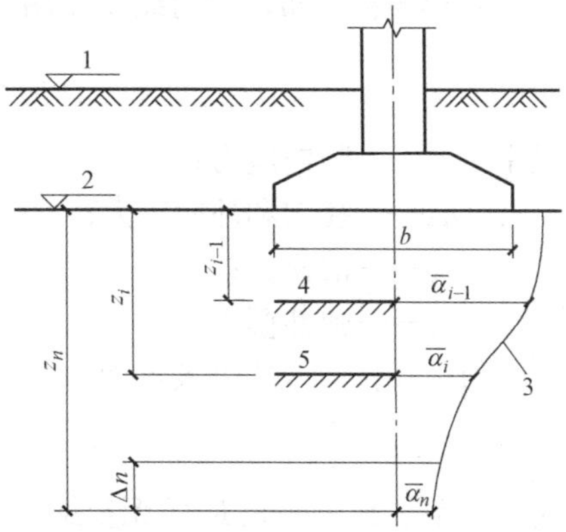

图 4.3-10 基础沉降计算的分层示意

1—天然地面标高；2—基底标高；
3—平均附加应力系数$\overline{\alpha}$ 曲线；
4—i-1 层；5—i 层

沉降计算经验系数 Ψ_s **表 4.3-1**

$\overline{E}_s$(MPa) / 基地附加应力	2.5	4.0	7.0	15.0	20.0
$p_0 \geqslant f_{ak}$	1.4	1.3	1.0	0.4	0.2
$p_0 \leqslant 0.75f_{ak}$	1.1	1.0	0.7	0.4	0.2

《高层建筑筏形与箱形基础技术规范》JGJ 6—2011 建议了如下沉降计算公式，当采用土的变形模量计算箱形与筏形基础的最终沉降量 s 时，可按下式计算：

$$s = p_k b\eta \sum_{i=1}^{n} \frac{\delta_i - \delta_{i-1}}{E_{0i}} \tag{4.3-15}$$

式中 p_k——长期效应组合下的基础底面处的平均压力标准值；

b——基础底面宽度；

δ_i、δ_{i-1}——与基础长宽比 L/b 及基础底面至第 i 层土和第 $i-1$ 层土底面的距离深度 z 有关的无因次系数，相当于应力分布系数；

E_{0i}——基础地面下第 i 层土变形模量，通过试验或地区经验确定；

η——修正系数，可按表 4.3-2 确定。

我国的规范方法是理论与经验结合得比较好的方法，是前辈们大量积累的结果，总体较可靠。

修正系数 η　　　　**表 4.3-2**

$m=\frac{2z_n}{b}$	$0<m\leqslant 0.5$	$0.5<m\leqslant 1$	$1<m\leqslant 2$	$2<m\leqslant 3$	$3<m\leqslant 5$	$5<m\leqslant\infty$
η	1.00	0.95	0.90	0.80	0.75	0.70

2. 西方规范公式

欧美等国家对软土的沉降多是按 e-lg$p$ 曲线法，但对于砂土地基，由于取样困难，多采用原位试验按经验确定参数进行计算。具有代表性的如薛迈脱曼（Schmertman）方法，对于圆形柔性分布均匀荷载 q 作用下（图 4.3-11），荷载中心点地基的竖向应变为：

$$\varepsilon_z=\frac{1}{E_s}[\sigma_z-\nu(\sigma_r+\sigma_\theta)] \tag{4.3-16}$$

式中　σ_z——竖向应力；

σ_r，σ_θ——径向和环向应力；

ν——泊松比；

E_s——弹性模量。

通过计算，上式可表示为：

$$\varepsilon_z=\frac{q(1+\nu)}{E_s}[(1-2\nu)A'+B'] \tag{4.3-17}$$

式中　A'、B'——z/R 的无量纲系数。

定义应变影响系数为：

$$I_z=\frac{\varepsilon_z E_s}{q} \tag{4.3-18}$$

得到 I_z 沿深度的分布如图 4.3-12（a）所示。为方便，设基础宽度 $b=2R$，I_z 沿深度简化为图 4.3-12（b）的方式：

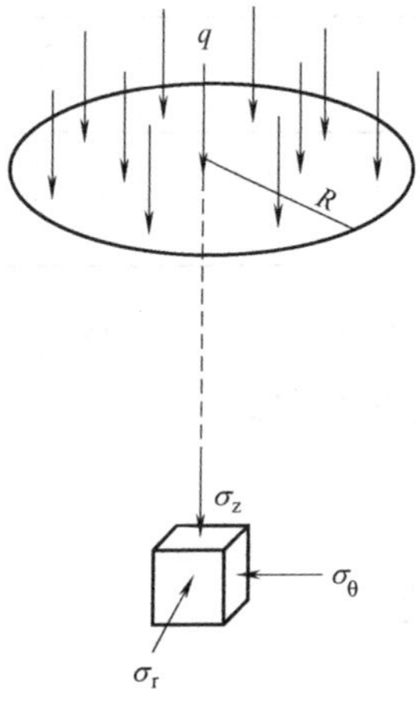

图 4.3-11　荷载中心点地基应力示意图

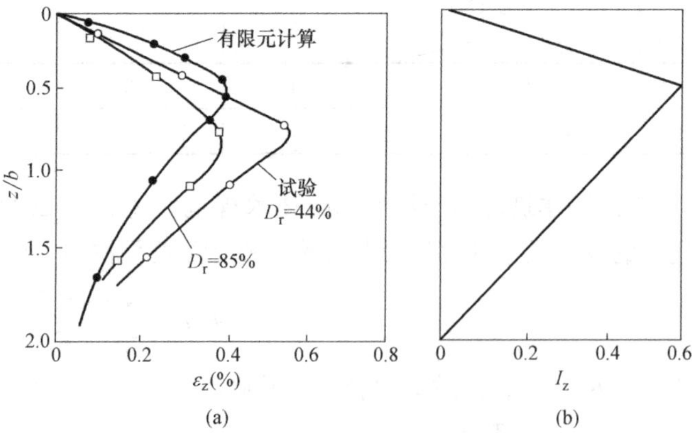

图 4.3-12　应变影响系数沿深度的分布

$$\frac{z}{b}\leqslant 0.5,\ I_z=1.2\frac{z}{b}$$

$$0.5<\frac{z}{b}\leqslant 2,\ I_z=0.4\left(2-\frac{z}{b}\right) \tag{4.3-19}$$

$$\frac{z}{b}>2,\ I_z=0$$

即计算影响深度为基础宽度 b 的 2 倍，对 $2b$ 范围内将土分成若干层（图 4.3-13），按分层计算变形，然后总和计算沉降：

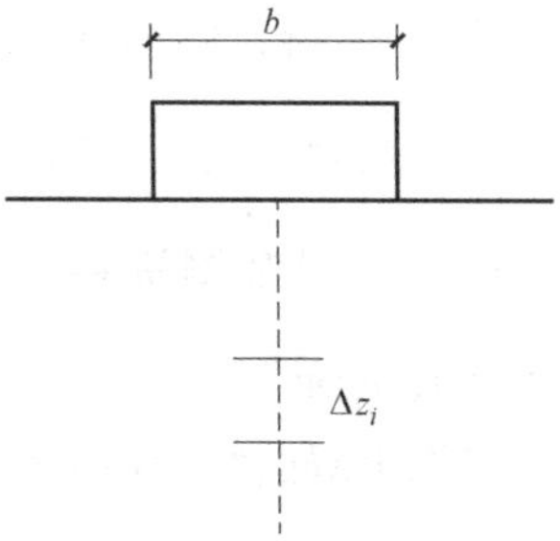

图 4.3-13　计算深度土层分层示意图

$$s=c_1c_2p\sum_{i=1}^{n}\left(\frac{I_{zi}}{E_{si}}\Delta z_i\right) \tag{4.3-20}$$

式中　p——基底净压力（MPa）；

I_{zi}——各分层中心处对应的 I_z 值；

E_{si}——各分层土的弹性模量（MPa），可用静力触探阻力 q_c 计算，$E_s=kq_c$；

q_c——某土层的平均贯入阻力（MPa）；

k——与土性有关的经验系数，粉砂，粉质粉砂，$k=2$；中砂，细砂，$k=3.5$；粗砂，砾质砂 $k=5$；砾石，$k=6$；

c_1——考虑基础埋深的修正系数，$c_1=1-0.5(p_0/p)$，p_0 为基础底面处的自重应力（MPa）；

c_2——考虑流变作用的修正系数，$c_2=1+0.2\lg(10t)$，t 为时间（年）。

地基沉降计算通常是用弹性力学方法计算应力分布，按分层计算各分层土的沉降，然后将各分层土的沉降求总和而得。对沉降计算准确性影响很大的是土的变形参数，通常变形参数有弹性模量或变形模量。由于室内取样做试验确定参数时会存在取样扰动等各种影响，为此，很多人开展了各种现场原位试验间接确定土的变形模量的研究，也建立了各种经验公式。但这些计算基本上都是线弹性计算，真正要更好地解决地基沉降计算，则要考虑土的非线性弹塑性本构模型，现在的各种在弹性力学基础上按线弹性方法的计算都难以严格计算地基真实的全过程变形沉降。

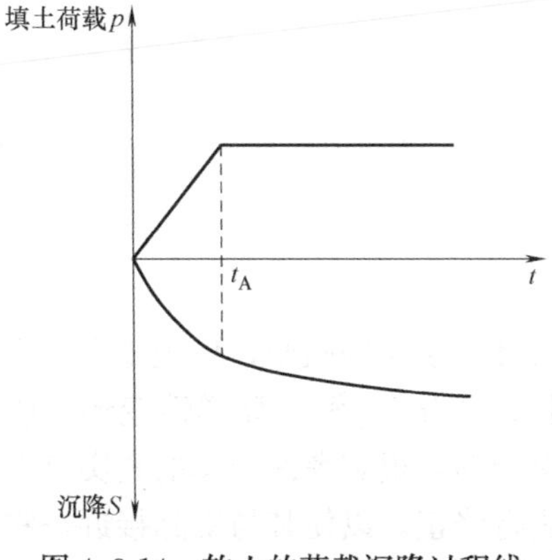

图 4.3-14　软土的荷载沉降过程线

3. 依据观测数据预测软土的沉降

软土地基的沉降较大，尤其在软土地基上修筑的高速公路和水利堤防工程，沉降大，沉降稳定时间长，主要是固结时间长。人们更关心的是沉降稳定的时间和总沉降量。由于土的沉降计算涉及地质分布、土的变形参数、渗透系数等众多因素。因此，为更科学地预测沉降量，很多学者提出了依据沉降观测数据预测沉降发展趋势的方法。比较简单的是假设荷载 p 稳定后的沉降符合双曲线方程，如图 4.3-14 和式（4.3-20）所示。

$$S_t=\frac{t'}{a+t'}\cdot S_\infty \tag{4.3-21}$$

$$t'=t-t_A$$

式中　t_A——荷载稳定后的起点时间；

S_t——t_A 后 t' 时刻对应的沉降；

S_∞——最终沉降。

利用堆载完成后时刻 t_A 后的沉降观测资料，由式（4.3-20）可见：

当 $t=0$ 时，$S_t=\frac{S_\infty}{a}$

当 $t=\infty$ 时，$S_t=S_\infty$

根据沉降观测资料，点绘 $\frac{t'}{S_t}\sim t'$ 的关系，如图 4.3-15 所示。

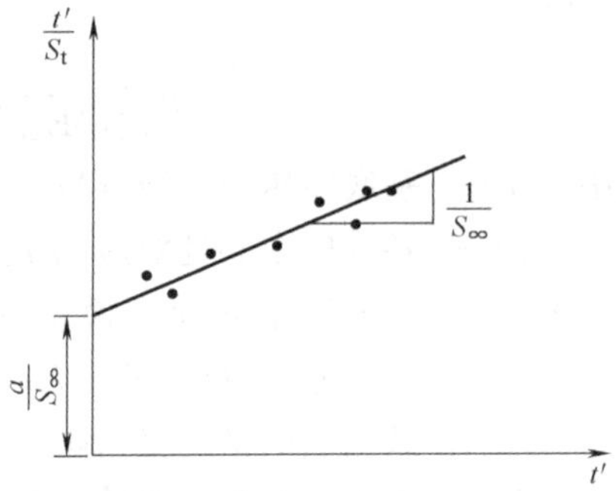

图 4.3-15　$\frac{t'}{S_t}\sim t'$ 关系曲线

将以上双曲线变换为线性化方程：

$$\frac{t'}{S_t}=\frac{a}{S_\infty}+\frac{1}{S_\infty}\cdot t' \tag{4.3-22}$$

则由 $\frac{t'}{S_t}\sim t'$ 线性化方程可知，$\frac{t'}{S_t}\sim t'$ 直线的截距为 $\frac{a}{S_\infty}$，直线的斜率为 $\frac{1}{S_\infty}$，由这两个数可求得 a 和 S_∞，也有采用指数函数来拟合沉降曲线的：

$$S_t=(1-Ae^{-Bt})S_\infty \tag{4.3-23}$$

依据拟合实测数据求得 A、B 和 S_∞。

软土堤基一般沉降较大，涉及软土的非线性、固结和次固结，要较准确地计算沉降难度还是较大的；但工程通常关心的是工后沉降。依据土的基本原理，结合沉降观测，研究科学预测软土的工后沉降意义较大，包括工程中涉及的超载预压等，也有采用沉降速率指标来控制工后沉降的研究。同时软土筑堤还有施工过程的稳定性问题，为保证填筑有一个合理的工期而又满足稳定性要求，通常需要合理控制填土速率。而控制填土速率的安全保障措施就是通过监测和控制沉降速率，这就要研究沉降速率与土的有效强度关系。软土的沉降还有很多值得进一步研究的课题。

4.4　现代土力学的地基沉降计算

4.4.1　引言

土是一种复杂的、非线性变形的材料，但由于过去计算手段的限制，传统土力学中地基的沉降都是按线性或简单的方法进行计算。如采用 Boussinesq 解计算弹性变形，或把土体看作一种可压缩材料，用 e-p 曲线计算地基的沉降变形，很难考虑土体的真实受力条件下的变形特性，因而只能采用经验系数对计算结果进行修正，以使其与实际接近一些。

现代土力学已发展了非线性和弹塑性的土体本构模型，也可以进行大型复杂的非线性计算，计算手段取得了很大进步，发展了有限元、离散元等各种计算方法；但在如何促进这些现代技术为工程服务，提高计算精度，改进工程计算方法上还需做很多的工作，也是大有可为之处。

4.4.2　土的非线性变形特性

了解土的变形特性是研究变形计算的前提，对沉降变形计算影响较大的主要是土的非线性、压硬性和弹塑性。本构模型中 Duncan-Chang 模型较好地反映了土的主要变形特性。对土样进行常规的三轴试验，如图 4.4-1（b）所示。可以得到其应力-应变曲线如图 4.4-1（a）所示。

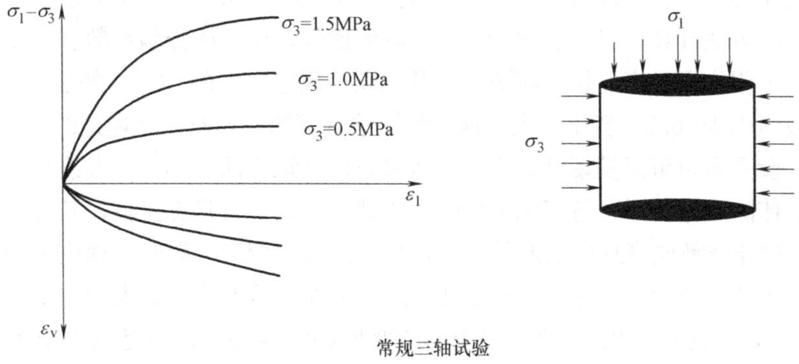

(a)　　(b)

图 4.4-1　土的常规三轴试验及应力应变曲线

由图可见，土的变形具有压硬性和剪软性这两大特点。压硬性就是随着围压的增加，土的变形模量会变大、土变硬。剪软性就是随着剪切应力水平（$\sigma_1-\sigma_3$）的增加，土的变形模量会变小、土变软，接近破坏时变形模量趋近于零，变形无限增大。Duncan-Chang 把应力-应变曲线（$\sigma_1-\sigma_3$）～ε_1 近似用双曲线函数表示，最后得到土的切线模量表达式为：

$$E_t=\left(1-R_f\frac{(\sigma_1-\sigma_3)}{(\sigma_1-\sigma_3)_f}\right)^2\cdot k\left(\frac{\sigma_3}{p_0}\right)^n \tag{4.4-1}$$

$$(\sigma_1-\sigma_3)_f=\frac{2c\cos\varphi+2\sigma_3\sin\varphi}{1-\sin\varphi} \tag{4.4-2}$$

定义 $s=\dfrac{(\sigma_1-\sigma_3)}{(\sigma_1-\sigma_3)_f}$ 为应力水平。

则由式（4.4-1）可见，当应力水平 s 越大时，表现为图 4.4-1 的竖向应变 ε_1 越大，此时土的切线模量 E_t 越小，反映了土的软化性；当围压 σ_3 越大，表现为图 4.4-1 在相同的竖向应变 ε_1 时土的切线模量 E_t 越大，反映了土的硬化性。这就是土的变形的两个最重要的特性。以前由于计算手段的落后，计算中较难很好地反映这两个特性。e-p 曲线在一定程度上反映了土体变形的压硬性，但不能反映土体的剪软性，因而用 e-p 曲线的压缩模量计算的沉降不能反映剪切引起的沉降。土体变形的第三个主要特性是弹塑性，即土体在卸荷再加荷时，其变形存在不可恢复的塑性变形 ε^p，如图 4.4-2 所示。且卸荷后再加荷时，其再加荷的变形路径与原来加荷的变形路径是不同的，相同的应力增量下沿着再加荷路径的变形量要小。土的沉降变形计算应能反映土的这三个特性，第三个特性可以用加卸荷准则判断来解决，前两个特性即为土的本构特性的主要部分。

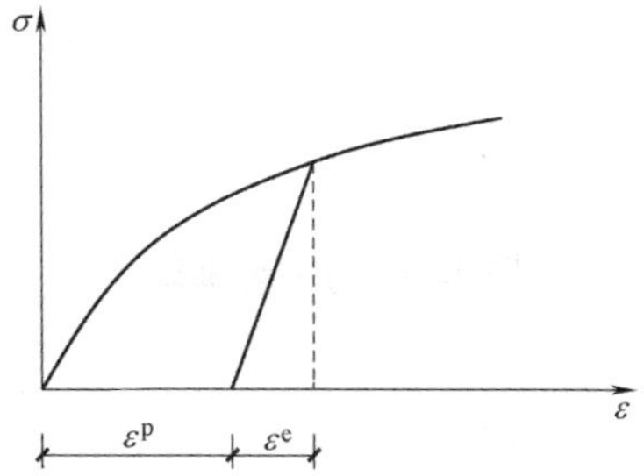

图 4.4-2　土的加荷卸荷的弹塑性变形特性

4.4.3 目前沉降计算不准的原因和发展方向

传统土力学由于计算手段有限，很难反映土体的真实变形特性，多是基于当时的计算条件，采用简化的方法计算，然后依据计算与实测的比较，用一些经验系数进行修正。最具代表性也是我国工程应用最广的是《建筑地基基础设计规范》中的方法，如表 4.3-1 所示，其修正经验系数为 1.4～0.2，变化较大。这反映了地基沉降变形及计算理论的真实情况。

从这个经验系数也可以发现计算方法的改进方向。该方法采用 e-p 曲线计算，其计算的是无侧限时土体的压缩变形，与实际工程的土体处于三向受力状态比较，其计算用的是压缩模量，不能反映土体侧向变形所引起的沉降，也就是剪切变形。因此，理论上用压缩模量计算的沉降是偏小的，经验系数应该大于 1 才合理，但对于压缩模量较大的硬土，经验系数为何小于 1？甚至最小的是 0.2，这就不是土体的变形特性问题了，而是由于土体取样扰动等原因，使试验所得模量偏小，计算沉降偏大，因而要乘以小于 1 的经验系数进行修正。因此，要改进地基的沉降计算，也应从两个方面考虑：一是采用能真实反映土体变形特性的本构模型，但模型要简单，方便工程应用；二是改进模型参数的确定方法，克服室内试验参数的不足，提高模型参数的准确性。为此对软土和砂土等硬土采用不同的研究策略。

当然，全面的计算可以采用数值方法结合本构模型，但通常由于模型复杂，参数难确定，实际工程应用不够，为此，需要发展能方便实用的计算方法。

4.4.4 软土非线性沉降的实用方法

1. 修正经验系数的简单确定方法

软土的沉降主要是土体的压缩沉降为主，需要考虑侧向变形引起的沉降。规范方法通常是通过计算压缩沉降，然后乘上一个大于 1 的修正经验系数来考虑，如建筑地基规范的修正经验系数依据土的软硬和荷载水平为 1.0～1.4，水利堤防规范为 1.3～1.6，路桥地基规范为 1.1～1.8。在工程实用上，为方便取定修正经验系数，杨光华提出了根据荷载水平取得修正经验系数的方法，以建筑地基为例，假设修正经验系数 ψ_s 与荷载 p_0 或荷载水平 r 符合双曲线模型，如图 4.4-3 所示。

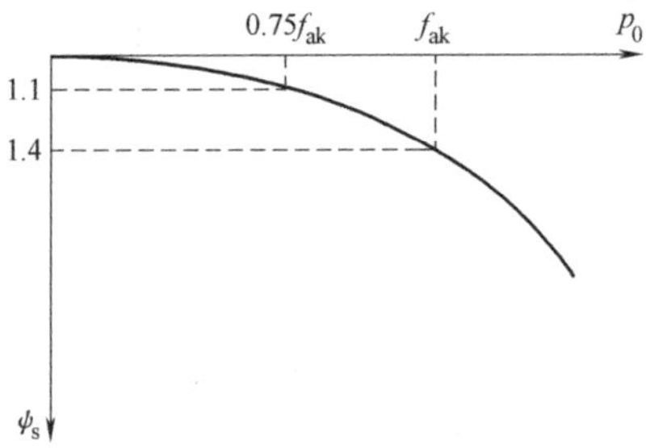

图 4.4-3 p_0-ψ_s 曲线

$$\psi_s=\frac{p_0}{a+bp_0} \tag{4.4-3}$$

取相对值荷载水平 $r=\dfrac{p_0}{f_{ak}}$

$$\psi_s=\frac{r}{a+br} \tag{4.4-4}$$

把 $r=0.75$，$\psi_s=1.1$；$r=1.0$，$\psi_s=1.4$ 代入，可得 $a=0.586$，$b=0.128$。这样，不同荷载水平时的修正经验系数按插值取定，可以避免人为取得，更有科学性。

2. 考虑侧向变形的软土地基非线性沉降计算

土的本构模型中，Duncan-Chang 模型是最为简单的，能较好地反映土的压硬性和剪软性，但这个模型的参数在实际工程中不好确定，应用不便。为此，杨光华等基于 Duncan-Chang 模型推导出由 e-p 曲线求取简易的切线模量 E_t 计算式，在广义胡克定律的基础上，把软土地基沉降分为有侧限的压缩沉降 S_c 和侧向变形产生的沉降 S_d 两部分，其中，有侧限的压缩沉降采用传统的 e-p 曲线分层总和法计算，侧向变形产生的沉降采用非线性切线模量 E_t 应用分层总和法计算，这样可以更好地计算软土的非线性沉降。

（1）侧限条件下的压缩沉降

侧限条件下的压缩沉降可直接利用 e-p 曲线采用分层总和法计算。第 i 级荷载下第 j 层土的压缩沉降表达式为：

$$\Delta S_{cij}=\frac{\Delta\sigma_{zij}}{E_s(\sigma_{zij})}\cdot\Delta h_{ij} \tag{4.4-5}$$

式中 ΔS_{cij}——第 i 级荷载下第 j 层土的压缩沉降；

$\Delta\sigma_{zij}$——第 i 级荷载下第 j 层土附加应力，采用均质体弹性解计算的附加竖向应力；

$E_s(\sigma_{zij})$——第 i 级荷载下第 j 层土竖向总应力对应的压缩模量；竖向总应力由初始竖向应力加上附加弹性竖向应力求得，由总应力根据 e-p 曲线确定对应的压缩模量。

这样第 i 级荷载下总压缩沉降为：

$$\Delta S_{ci}=\sum_{j=1}^{n}\Delta S_{cij} \tag{4.4-6}$$

（2）侧向变形引起的沉降计算

按广义胡克定律：

$$\Delta\varepsilon_1=\frac{1}{E_t}[\Delta\sigma_1-\mu(\Delta\sigma_2+\Delta\sigma_3)]=\frac{\Delta\sigma_1-k_0\Delta\sigma_1}{E_t}+\frac{k_0\Delta\sigma_1-\mu(\Delta\sigma_2+\Delta\sigma_3)}{E_t} \tag{4.4-7}$$

式中 ε_1——竖向应变；

k_0——土的侧压力系数；

μ——土的泊松比；对于饱和软土，为简化计算，假设 $\mu\approx0.5$，在竖向荷载下 $\Delta\sigma_2\approx\Delta\sigma_3$，则由式（4.4-7）有：

$$\Delta\varepsilon_1=\frac{\Delta\sigma_1-k_0\Delta\sigma_1}{E_t}+\frac{k_0\Delta\sigma_1-\Delta\sigma_3}{E_t} \tag{4.4-8}$$

式中 σ_1——第一主应力；

σ_3——第三主应力。

式（4.4-8）中等号右边的第一项为 k_0 状态下的竖向应变，相当于应力处于有侧限下的应力状态的压缩应变，其相应的沉降为有侧限的压缩沉降，可用 e-p 曲线求压缩模量进行计算；第二项相当于侧向变形引起的竖向应变，因此可以写为：

$$\Delta\varepsilon_1=\Delta\varepsilon_c+\Delta\varepsilon_d \tag{4.4-9}$$

式中 $\Delta\varepsilon_c$——竖向压缩应变；

$\Delta\varepsilon_d$——侧向变形引起的竖向应变。

当无侧向应变时，相当于 $k_0\Delta\sigma_1=\Delta\sigma_3$，也即处于 k_0 固结状态，此时，仅有压缩应变，由式（4.4-8）第二项可得 $\Delta\varepsilon_d=0$。

$\Delta\varepsilon_c$ 引起的沉降可由式（4.4-5）计算得到。因而第 i 级荷载下第 j 层土中由于侧向应变引起的竖向沉降由式（4.4-8）的第二项计算：

$$\Delta S_{dij}=\frac{k_0\Delta\sigma_{zij}-\Delta\sigma_{xij}}{E_t(\sigma_{czij})}\cdot\Delta h_{ij} \tag{4.4-10}$$

式中　ΔS_{dij}——第 i 级荷载下第 j 层土的侧向变形引起的沉降，当计算值小于 0 时取 0 计；

k_0——初始状态的静止土压力系数，对于黏性土可表示为 $k_0=0.95-\sin\varphi'$，φ' 为土的有效内摩擦角；

$E_t(\sigma_{czij})$——第 i 级荷载下第 j 层土中竖向应力对应的切线模量。

求侧向变形引起的沉降关键在于切线模量 E_t 的计算，可由 e-p 曲线通过 Duncan-Chang 模型来求得。假设切线模量 E_t 符合 Duncan-Chang 模型，则 E_t 的表达式为：

$$E_t=(1-R_f s)^2E_i \tag{4.4-11}$$

式中　R_f——破坏比，常规三轴试验用破坏时的偏应力与应变达到极限状态时的偏应力的比值；

s——对应应力状态下的应力水平：

$$s=\frac{(1-\sin\varphi)(\sigma_1-\sigma_3)}{(2c\cos\varphi+2\sigma_3\sin\varphi)} \tag{4.4-12}$$

c、φ——土体黏聚力及内摩擦角；

σ_1、σ_3——土体第一、第三主应力，按均质地基由弹性解求得。

对于压缩试验，对应的应力水平为 s_0，则切线模量为：

$$E_t'=(1-R_f s_0)^2E_i \tag{4.4-13}$$

压缩应力状态的应力水平 s_0 为：

$$s_0=\frac{(1-\sin\varphi')(\sigma_{10}-k_0\sigma_{10})}{(2c\cos\varphi'+2k_0\sigma_{10}\sin\varphi')} \tag{4.4-14}$$

式中　φ'——地基土慢剪内摩擦角；

σ_{10}——压缩试验的竖向应力，地基土体初始状态下的第一主应力。

侧限条件下，切线模量 E_t' 等于土的 e-p 曲线的压缩模量 E_s，则由式（4.4-13）可得初始切线模量 E_i 为：

$$E_i=\frac{1}{(1-R_f s_0)^2}E_s \tag{4.4-15}$$

将上式代入式（4.4-11）可得：

$$E_t=\left[1-\frac{R_f(s-s_0)}{(1-R_f s_0)}\right]^2E_s \tag{4.4-16}$$

式（4.4-16）提供了一种用 e-p 曲线求取切线模量 E_t 的计算式。

这样，第 i 级荷载作用下由于侧向变形地基产生的总沉降为：

$$\Delta S_{di}=\sum_{j=1}^{n}\Delta S_{dij} \tag{4.4-17}$$

第 i 级荷载下的总沉降则由压缩沉降 ΔS_{ci} 和由侧向变形产生的沉降 ΔS_{di} 之和而得，

ΔS_{ci} 由式（4.4-6）求得，ΔS_{di} 由式（4.4-17）求得。

在应用过程中，发现软土的切线模量 E_t 变化太快，易导致计算结果出现不稳定。为进一步改进，可采用割线模量法计算剪切变形沉降，以增加计算结果的稳定性，由相关推导，割线模量可表示为：

$$E_p=(1-R_f S)E_{si} \tag{4.4-18}$$

当应用割线模量 E_p 代替切线模量 E_t，用于求取地基由于侧向变形引起的竖向沉降时，需要应用全量的方法计算软土地基沉降，则有侧限的压缩沉降可采用下式计算：

$$\Delta S_{cij}=\frac{\sigma_{zij}}{E_{sij}}\cdot h_j \tag{4.4-19}$$

侧向变形沉降采用下式计算：

$$\Delta S_{dij}=\frac{k_0\sigma_{zij}-\sigma_{xij}}{E_{pij}}\cdot h_j \tag{4.4-20}$$

（3）e-p 曲线的简易求取方法

上述计算方法中，侧限条件下沉降计算和侧向变形引起的沉降计算都需要不同应力水平下的压缩模量 E_{si}，而求取此压缩模量需要完整的 e-p 曲线，而目前一些工程项目，其试验报告没有提供完整的 e-p 曲线，只提供了初始孔隙比 e_0 和压缩模量 $E_{s1\text{-}2}$。鉴于这两个参数是工程中常用的参数，相对稳定且可较好地反映软土的特性，可通过两种方法建立由 e_0 和 $E_{s1\text{-}2}$ 求出不同应力水平下的压缩模量 E_{si} 的方法，简要介绍如下：

方法一，根据 $E_{s1\text{-}2}$ 推导出压缩指数 C_c，通过 C_c 求出正常固结土的 e-lg$p$ 曲线，然后通过 e-lg$p$ 曲线求出不同应力水平下的压缩模量 E_{si}。

方法二，假设 e-p 曲线符合双曲线模型，根据 e_0 和 $E_{s1\text{-}2}$ 推导出 e-p 曲线，再由 e-p 曲线求出不同应力水平下的压缩模量 E_{si}。

由工程中常用的参数初始孔隙比 e_0 和压缩模量 $E_{s1\text{-}2}$ 即可进行软土地基的非线性沉降计算，而这两个参数确定简单，并且参数的可靠性易于判断，从而为实际工程提供很大的便利。

4.4.5 硬土地基的沉降计算-切线模量法

4.4.5.1 引言

硬土地基的沉降主要是剪切变形的沉降，其与软土地基的沉降不同。另外，由规范的经验系数可知，用压缩模量计算地基沉降时，其经验系数是小于 1 的，而理论上应该是大于 1 的，产生这种原因主要是硬土具有较强的结构性，取样扰动较大，取出的土样与原位土已发生变化，这样室内试验的参数不能反映原位土的真实特性，这就不是理论问题，而是参数获取的方法问题。也即对于硬土或砂土地基，室内土样的参数是不能反映现场原位土的特性的，因而国外大多是依据原位试验获取经验变形模量用于沉降计算，如前面的 Schmertmann 方法，就是用静力触探端阻力来经验估算地基土的弹性模量，还有其他一些方法，如采用标贯试验击数来经验确定土的变形模量，如 Poulus 用 $E=2N$（MPa）来估算砂土的弹性模量。广东地基规范用 $E_0=(2.0\sim3.0)N$（MPa）来估算残基土地基的变形模量，然后按弹性理论计算沉降。

实际基础在荷载作用下的沉降如图 4.4-4 所示。

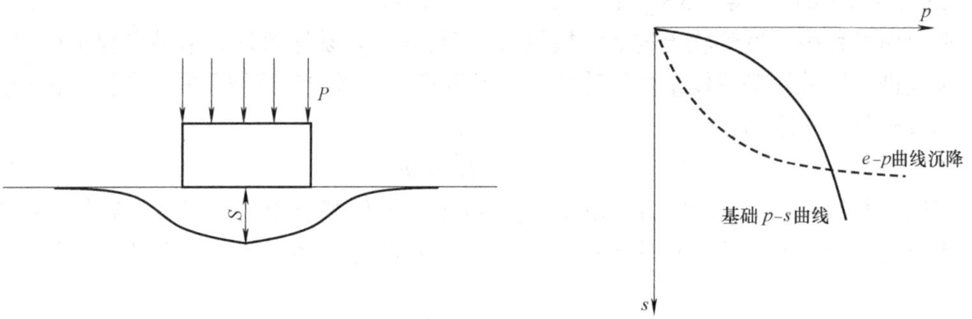

图 4.4-4　现场压板载荷试验的荷载-沉降曲线

显然，真实的基础荷载与沉降的关系是非线性的。如果采用 e-p 曲线计算基础的沉降，其只反映土的压缩变形，与实际基础的剪切变形显然是很不符合的。用 e-p 曲线永远无法计算基础沉降的真实过程。

因此，硬土地基的沉降用 e-p 曲线来计算是不合适的。要解决硬土地基的沉降，一是要符合土的变形特性，二是参数确定必须依赖于原位试验，室内试验是困难的。为此，基于压板载荷试验的切线模量法是一种有效的沉降计算的新方法。

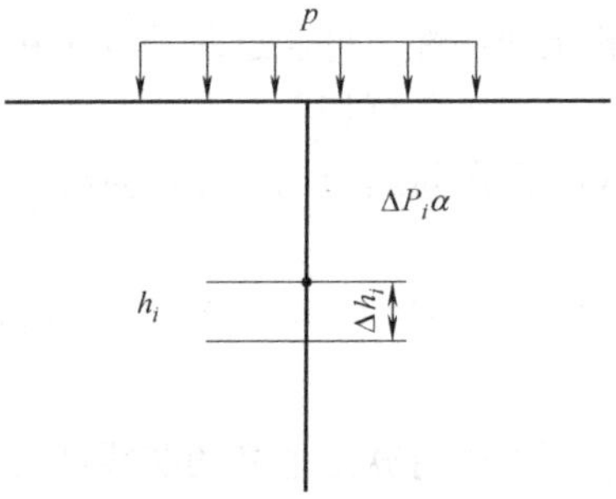

图 4.4-5　分层总和法计算简图

4.4.5.2　地基沉降计算的原位土切线模量法

1. 计算方法

用分层总和法计算基础的沉降。其计算简图见图 4.4-5。设一个基础所受荷载为 P，划分为各级荷载增量，每一级为 ΔP_i，在某一荷载 P_i 时增加增量荷载 ΔP_i，则某深度 h_j 处分层厚度为 Δh_j 的土层产生的沉降可近似计算为：

$$\Delta s_{ij}=\frac{\Delta P_i\alpha \cdot \Delta h_j}{E_{ij}} \tag{4.4-21}$$

式中　E_{ij}——对应 P_i 在 h_j 处原状土的等效切线模量；

α——应力分布系数，假设增量荷载 ΔP 过程中土体的变形是线性的，$\Delta P_i\alpha$ 表示 ΔP_i 在 h_j 处所产生的应力增量；

Δh_j——土层分层厚度。则 ΔP_i 所产生的沉降可按分层总和法思想为：

$$\Delta s_i=\sum_{j=1}^{n}\Delta s_{ij} \tag{4.4-22}$$

所有的 ΔP_i 产生的沉降增量相加，即为总沉降。该计算式问题的关键是 E_{ij} 的确定。根据土的本构特性，E_{ij} 应主要取决于该点处的应力水平，室内土样试验可按 Duncan-Chang 模型确定，但对于原状土，考虑从原位压板试验的 p-s 曲线来确定原状土的切线模量，这样可以反映原位土的特性，减少室内试验的扰动。但压板试验的 p-s 曲线是一个边值问题，而不是一个单元应力问题，要确定单元参数需要把边值问题与单元参数建立联系。

一般可假设土体的压板试验 p-s 曲线为一双曲线方程：

$$p=\frac{s}{a+bs} \tag{4.4-23}$$

该曲线任意点的切线导数为：

$$\frac{\mathrm{d}p}{\mathrm{d}s}=\frac{(1-bp)^2}{a} \tag{4.4-24}$$

由式（4.4-23）可知，当 $s\rightarrow\infty$ 时，$b=\frac{1}{P_u}$，P_u 为压板试验的极限荷载，由式（4.4-24），当 $p=0$ 时，压板曲线的初始切线斜率为：

$$k_0=\frac{\mathrm{d}p}{\mathrm{d}s}=\frac{1}{a} \tag{4.4-25}$$

设土的初始切线模量为 E_0，由 Boussinesq 解，则基础的初始线弹性沉降为：

$$s=\frac{Dp(1-\mu^2)}{E_0}\omega \tag{4.4-26}$$

基础沉降的初始刚度为：

$$k_0=\frac{p}{s}=\frac{E_0}{D(1-\mu^2)\omega} \tag{4.4-27}$$

则由式（4.4-25）和式（4.4-27）可到得，曲线的初始切线模量 a 为：

$$a=\frac{D(1-\mu^2)\omega}{E_0} \tag{4.4-28}$$

式中 D——试验的压板直径；

μ——土的泊松比；

ω——几何系数；

E_0——原状土的初始切线模量。式（4.4-24）的导数只是 p-s 曲线的切线模量，还不是土体的切线模量。假设在某一级荷载 ΔP 下为增量线性，见图 4.4-6，则对压板试验引起的沉降增量按半无限弹性体的 Bussinesq 解为：

$$\Delta s=\frac{D\cdot\Delta P\cdot(1-\mu^2)}{E_t}\cdot\omega \tag{4.4-29}$$

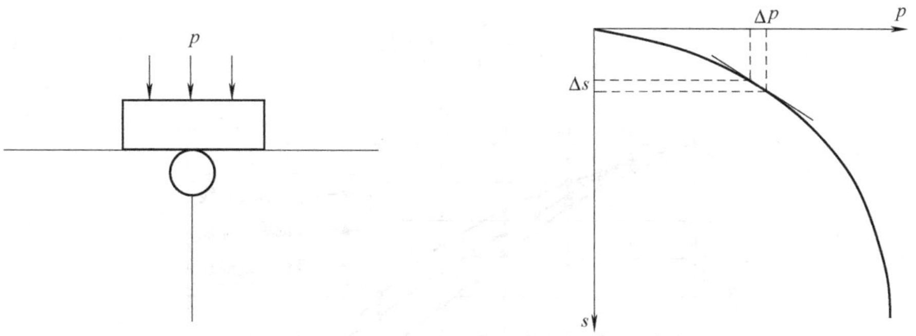

图 4.4-6 压板载荷试验曲线

E_t 为压板底土体对应某一荷载 P 处增加一增量荷载 ΔP 时的土体等效切线模量，则

$$E_t=\frac{\Delta P}{\Delta s}\cdot D(1-\mu^2)\cdot\omega \tag{4.4-30}$$

令 $\frac{\Delta P}{\Delta s}=\frac{\mathrm{d}P}{\mathrm{d}s}$，把式（4.4-24）和前面求得的 a、b 代入得压板底处土体的切线模量为：

$$E_t=\left(1-\frac{P}{P_u}\right)^2 \cdot E_0 \tag{4.4-31}$$

像邓肯模型一样，引入一个破坏比系数 R_f，则上式可改写为：

$$E_t=\left(1-R_f \cdot \frac{P}{P_u}\right)^2 E_0 \tag{4.4-32}$$

则式（4.4-32）中 P/P_u 一项是压板底面处所受压力 P 与基础底处地基极限荷载 P_u 的比值，反映了土体荷载水平对土体切线模量的影响。式（4.4-32）表明，土的切线模量取决于 P/P_u 比值，而不仅仅是取决于 P 值，该项相当于考虑了应力水平对土的切线模量 E_t 的影响。对于不同基础、不同深度，随着深度的增加，基底应力扩散后的附加应力越少，而极限荷载大，则相应的切线模量也就越大，因而随着深度的增加，沉降收敛会越快，从而考虑了土的非线性。这个土的切线模量 E_t 用于分层总和法计算基础的沉降，则可以考虑土的非线性变形，从而可以计算地基的非线性沉降。由于 P_u 可以由土的强度指标 c、φ 和基础尺寸、埋深计算得到，因此，切线模量法其实仅需要土的三个力学指标：c、φ、E_0。

2. 验证和应用

对切线模量法比较简单的验证是用于计算压板载荷试验曲线。由于压板试验的 p-s 曲线是一个边值问题，当采用分层总和法计算压板试验的 p-s 曲线时，关键是要合理确定土体不同深度位置处土体的切线模量，作为检验以上方法的正确性，可以根据压板试验 p-s 曲线确定 E_0、P_u 值，再由地基承载力公式，根据 P_u 值反算得到压板受力土层的 c、φ 值。这样，对具体基础或压板，则可以计算不同深度处的 P_u 值和分布应力 P 值，从而可以由式（4.4-31）得到反映不同荷载水平的土体切线模量，以其代替传统分层总和法不同深度处的压缩模量，采用分层总和法，如式（4.4-21）、式（4.4-22），计算压板荷载下的 p-s 曲线，与实测的 p-s 曲线进行比较，从而检验方法的可行性。

图 4.4-7 所示为某工程进行的三个压板试验所得的 p-s 曲线，压板直径为 $D=80\text{cm}$ 的圆形压板，为确定式（4.4-32）的 E_0 及 P_u 值，以 3 号试验点的曲线来确定有关参数。式（4.4-23）可改写为：

$$y=\frac{s}{p}=a+bs \tag{4.4-33}$$

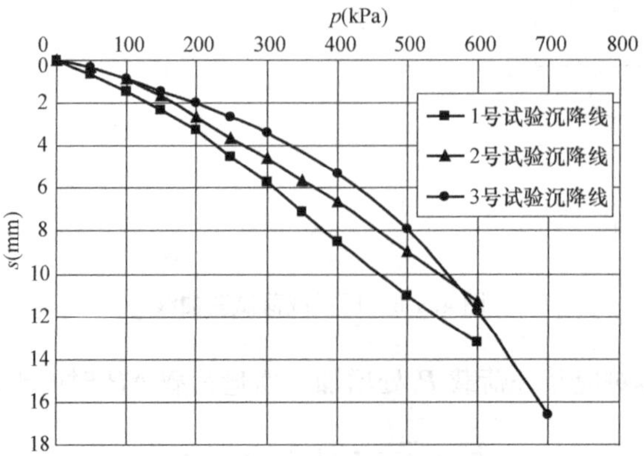

图 4.4-7　三个试验点的压板载荷试验 p-s 曲线

对 3 号试验点拟合得：

$$y=\frac{s}{p}=0.000987s+0.007795 \tag{4.4-34}$$

结果如图 4.4-8 所示，由此可得：$a=0.007795$，$b=0.000987$

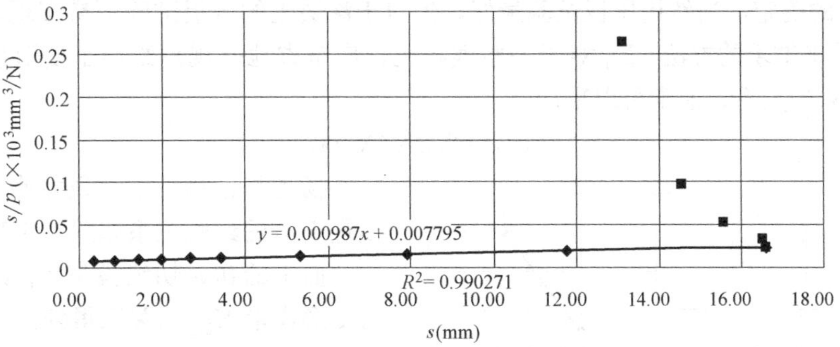

图 4.4-8　3 号试验点 p/s-s 关系线

$$E_0=\frac{D(1-\mu^2)\omega}{a}=\frac{0.8\times(1-0.3^2)\times0.79}{0.007795}=73.78\text{MPa}$$

$$P_u=\frac{1}{b}=1013\text{kPa}\approx1000\text{kPa}$$

根据 Prandtl 地基承载力公式，假设 $\varphi=25°$，可以反算土的 c 值：

$$P_u=\frac{1}{2}\gamma b\cdot N_r+qN_q+cN_c \tag{4.4-35}$$

$N_r=15.2$，$N_q=10.7$，$N_c=20.7$，$\gamma=20\text{kPa}$，$b=0.8\text{m}$，$q=0$。

把 $P_u=1000\text{kPa}$ 代入式（4.4-35），则可得 $c=42.4\text{kPa}$，对于不同深度处，P 值按圆形荷载下弹性应力分布求得，P_u 值按 c、φ 值用式（4.4-35）考虑埋深时 $q=\gamma h$ 的影响求得，分层土层厚度取为 0.5m，按式（4.4-32）确定不同深度处土体的切线模量，按分层总和法仅考虑竖向应力引起的沉降，即按式（4.4-21）计算各分层的增量沉降。对 3 号试验点，由式（4.4-32）分别取 $R_f=0.8$、0.9、1.0 进行计算比较，并对压板试验点取 $R_f=1.0$ 时的计算沉降与实测沉降进行比较，如图 4.4-9 所示。可见，计算与实测值是接

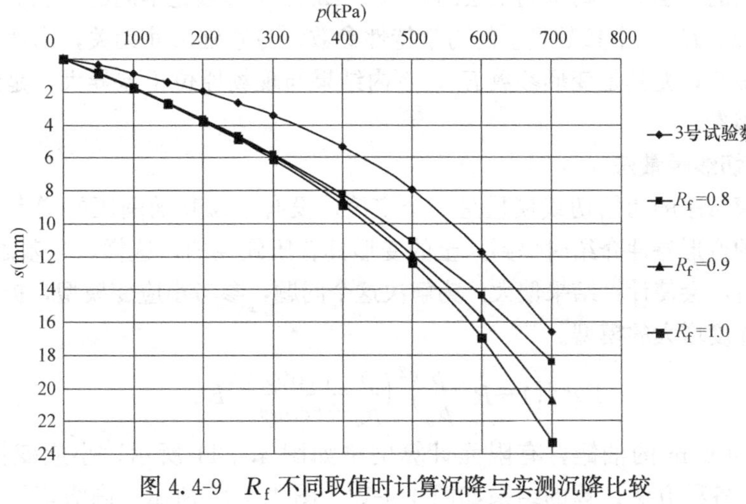

图 4.4-9　R_f 不同取值时计算沉降与实测沉降比较

近的，且计算荷载直至接近破坏的全沉降过程，可以反映非线性的沉降过程，从 3 号试验点求得的参数用于 3 号点的计算，计算值略大于实测值，说明方法是偏安全的。

该简化沉降本构模型只需要土的 c、φ、E_0 三个强度和变形参数，参数简单易确定。关键是 E_0 的确定，当然用压板试验最好，但对于深层土的压板试验不易实现，我们也采用旁压试验来推求的方法。E_0 对于一些残积土，广东省地基规范给出了变形模量 E_{50} 与标贯击数 N 的关系，通常可以采用：

$$E_{50}=2.2N(\text{MPa}) \tag{4.4-36}$$

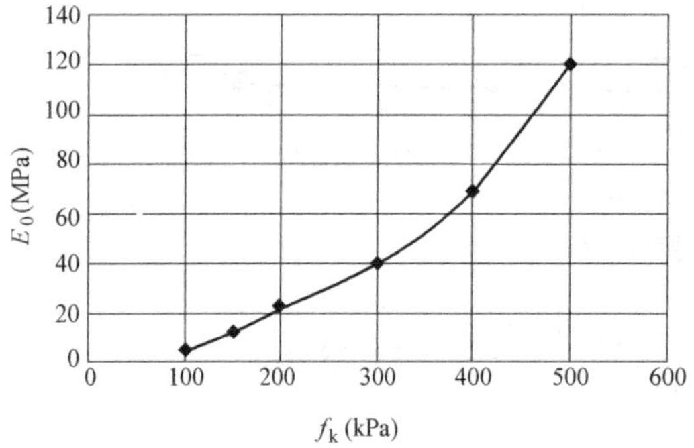

图 4.4-10　变形模量与承载力特征值经验关系

杨光华也总结了承载力特征值与变形模量 E_{50} 的经验关系如图 4.4-10 所示。

而土的初始切线模量 E_0 则可以由其与变形模量 E_{50} 的关系得到：

$$E_0=2E_{50} \tag{4.4-37}$$

这样就为实际工程应用的数值计算提供了一个简化的土的沉降本构模型，该模型虽简单，但反映了土的主要非线性变形特征，且参数少和物理意义明确，易于确定，用于地基的沉降计算具有较好的效果。

对于非饱和土和砂土地基，可以采用现场原位压板载荷试验曲线反求土的 c、φ、E_0 三个强度和变形参数，按切线模量法用于地基或基础的沉降计算。这种方法可以解决室内试验时土样扰动对参数的影响，同时可以进行地基或基础的非线性沉降计算。而目前国内规范方法采用室内压缩试验指标用分层总和法计算这种地基沉降时，采用一个 0.2～1.0 的经验系数进行修正，并不能适应所有的土，也不能考虑地基的非线性沉降。

以上可见，当我们获得了土的 c、φ、E_0 三个强度和变形参数后，即可以用分层总和法进行地基或基础的受力非线性全过程的计算，当同一层土不同深度位置时，这三个土的参数是一样的，但荷载水平或应力水平不同，则由式（4.4-32）可见其对应的切线模量是不同的，从而可以反映荷载水平或应力水平对变形参数的影响，符合土的变形特性。当基础以下存在不同的土层时，则不同土层的 c、φ、E_0 三个参数是不同的，从而可以考虑土的成层性。c、φ、E_0 三个参数是土的力学特性参数，与基础尺寸无关，当然最好是通过现场原位测试确定，尤其是变形参数 E_0，室内结果与现场原位土差异大，是影响沉降计算精度的主要因素。

4.4.5.3　高级切线模量法

常规切线模量法的初始切线模量是一个定值，没有考虑其随围压的增大而增大的情况，前面在土的变形特性介绍时提到，土的变形具有压硬性的，这样，当基础尺寸较大，计算深度较深时，会使计算结果偏大。为解决这个问题，参考小应变模型，提出了考虑初始切线模量随深度增大的模型。

$$E_t=\left(1-R_f\frac{p}{p_u}\right)^2\left(\frac{p+c\cot\varphi}{p_0+c\cot\varphi}\right)^m E'_{t0} \tag{4.4-38}$$

一个直径为 60m 的油罐，有限元计算网格如图 4.4-11 所示，小应变模型参数如表 4.4-1 所示，各种方法计算的结果如图 4.4-12、图 4.4-13 所示，高级切线模量法和切线模量法的初始切线模量沿深度变化如图 4.4-14 所示。显然，高级切线模量法考虑了深度对初始切线模量的影响，具有较好的结果。

小应变硬化土模型参数取值 **表 4.4-1**

土层	γ (kN/m³)	ν_{ur}	c (kPa)	φ (°)	K_0	p_{ref} (kPa)	m	G_{0ref} (MPa)	E_{oedref} (MPa)	E_{50ref} (MPa)	E_{urref} (MPa)	$\gamma_{0.7}$
粉质黏土	18.50	0.2	18.3	19.5	0.6662	100	0.8	63	14	14	42	2×10^{-4}
淤泥质黏土	17.60	0.2	7.5	5.8	0.8989	100	0.8	18.1	4.1	4.1	12.3	2×10^{-4}
砂质粉土	18.30	0.2	10	20	0.6580	100	0.5	63	14	14	42	2×10^{-4}

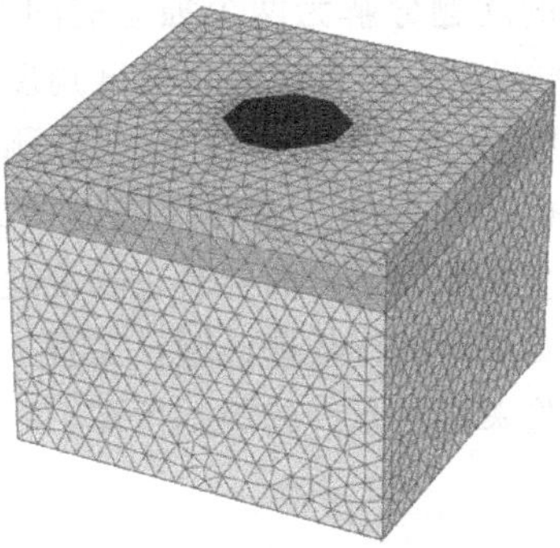

图 4.4-11 有限元模型图

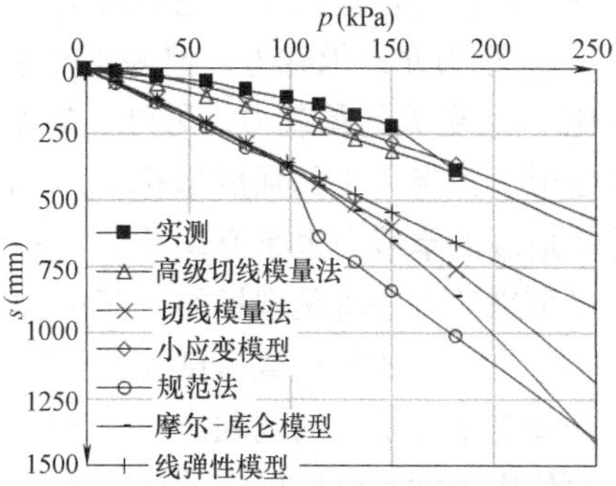

图 4.4-12 不同方法 p-s 曲线对比

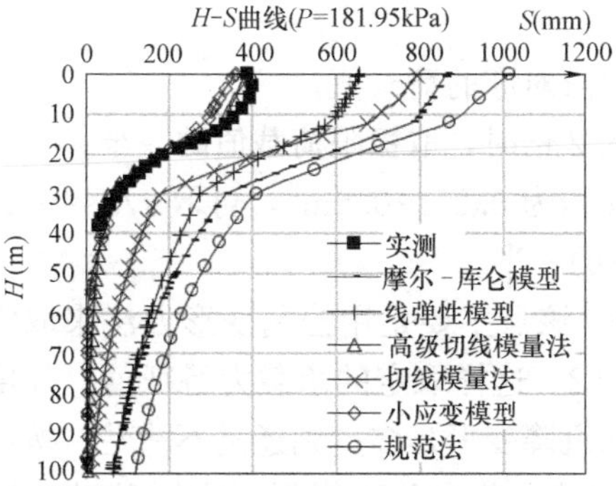

图 4.4-13 不同方法 H-S 曲线对比图

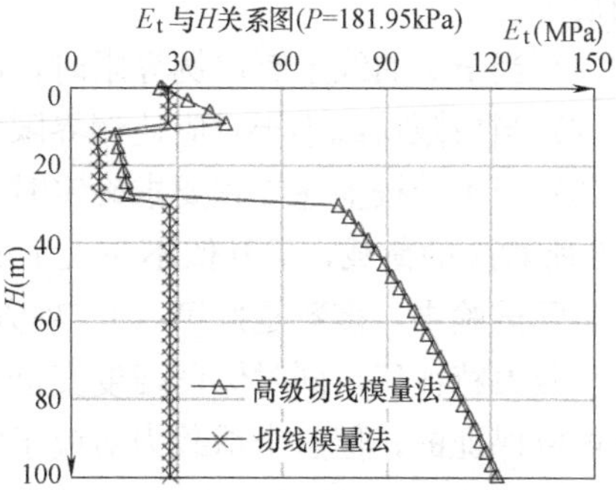

图 4.4-14 E_t-H 曲线对比图

4.5 按变形控制确定地基承载力的方法

4.5.1 地基承载力确定中存在的问题

地基允许承载力应满足强度安全和变形安全的要求，通常表达如下：

$$f_a=\frac{p_u}{K} \tag{4.5-1}$$

$$S_a<[S] \tag{4.5-2}$$

式中 f_a——允许地基承载力；

K——安全系数，一般为 2～3；

$[S]$——允许的基础变形；

S_a——对应 f_a 时基础的变形。

传统土力学通常是承载力或强度控制设计，即按照强度安全确定承载力，然后验算沉降变形，若不满足时，降低承载力取值，直到变形满足要求。而变形控制设计则直接依据变形控制值确定承载力，然后复核满足强度安全。通常中高压缩性土的承载力是变形控制，低压缩性土变形小，是由强度控制。

由于实际基础的沉降是非线性过程的，但传统土力学难以计算地基进入弹塑性应力后的非线性沉降变形。因此，传统土力学在确定允许地基承载力时，多数是用塑性理论解地基承载力，用弹性理论计算地基的沉降，把一个统一的问题分解为两个独立的问题求解。如用 $p_{1/4}$ 作为允许承载力，但并不知道 $p_{1/4}$ 时对应的沉降。有人建议从强度角度，还可以取比 $p_{1/4}$ 更大的承载力。另外，地基的塑性范围其实也是不可测的，直观能测的只有沉降变形。再者，土的强度指标 c、φ 值要测准其实也是不易的，这样用强度指标 c、φ 值计算地基的承载力也是有误差的，好在有足够的安全系数保证。而要真正验证地基承载力的最可靠的方法就是现场的载荷试验，但很难对真实基础进行载荷试验，工程上最常采用的就是小尺寸的压板载荷试验，但如何由小尺寸试验来取定允许的地基承载力，其实还是一个没有很好解决的问题。

原位压板载荷试验确定承载力方法：

我国《建筑地基基础设计规范》GB 50007—2011 对原位压板载荷试验确定地基承载力的规定为：

(1) 当 p-s 曲线上有比例界限时，取该比例界限对应的荷载值；

(2) 当极限荷载小于对应比例界限的荷载值的 2 倍时，取极限荷载值的一半；

(3) 当不能按上述二款要求确定时，当压板面积为 0.25～0.5m^2，可取 s/b＝0.01～0.015 所对应的荷载，但其值不应大于最大加载量的一半。

实际试验中，多数是按第 (3) 项方法确定的。该点主要是用控制变形方法来取定地基的承载力特征值，同时保证强度安全系数不小于 2。这样取定的承载力特征值，强度安全是可以保证的，但这个承载力对应于实际基础的沉降变形是多少则还是不清楚，按沉降比取定的承载力并不能保证实际基础的沉降满足要求。

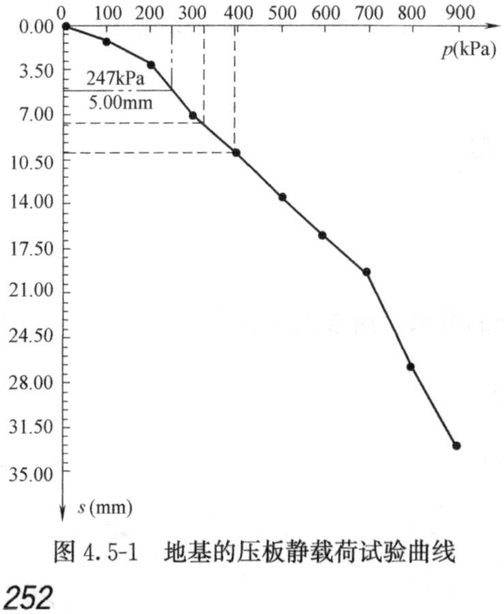

图 4.5-1　地基的压板静载荷试验曲线

以一个压板试验案例为例。

图 4.5-1 所示为一地基的压板静载荷试验曲线，压板为 0.5m 的方板，压力最大试验到 900kPa，按沉降比定承载力特征值，如按 s/b = 0.01，则为 5mm 对应的压力 247kPa；如按 s/b＝0.015，则为 7.5mm 对应的压力 310kPa；如按 s/b = 0.02，则为 10mm 对应的压力 400kPa。如基础宽少于 3m，埋深 0.5m，则承载力无深宽修正，此时，如基础基底应力为 300kPa，若按沉降比为 0.01 确定则承载力不够，需要进行地基处

理；若沉降比按 0.015 确定，则地基承载力足够，可以采用天然地基，不需要进行地基处理。因此，按沉降比的方法，还是不能取得合理的允许承载力值。

同时也有规范规定可以取 $s/b=0.015\sim0.02$ 所对应的荷载，如广东的规范，也有研究者认为可以取更大值，如宰金珉等认为对于中低压缩性土可以取沉降比 $s/b=0.03\sim0.04$。因此，按沉降比的取值方法尚有不同的观点。

4.5.2 地基承载力的正确确定方法及其应用

由以上的分析可见，地基承载力的确定虽然是土力学的基本问题，对工程设计影响极大，但目前的确定方法尚不够完善，最主要的问题是由此确定的承载力缺乏明确的安全系数和对应的沉降变形值，造成实际工程中一定程度的不确定性，或偏于保守而浪费，或因沉降变形过大而影响上部结构的安全使用，有必要改进地基承载力的确定方法，以提高地基的设计水平。

承载力确定的基础和依据以及验证的主要手段是现场载荷板试验，但要由现场载荷板试验直接确定承载力还是有困难的，原因在于试验的压板尺寸很难与实际基础的尺寸、埋深完全一致，因此规范才提出理论与经验结合的深宽修正方法，但这种修正方法还不能保证基础的沉降能满足要求。其实合理的方法应是通过试验求取土的强度参数和变形参数，然后计算实际基础下地基的极限承载力和承载力与沉降变形关系，按式（4.5-1）、式（4.5-2）的原则确定地基的承载力，这样可以获得对应承载力明确的安全系数和沉降值，取得合理的地基承载力，而不是由试验去直接给定一个经验的承载力。以一个工程实例进行说明。

1. 基本情况

某工程场地的基础持力层为：③层粉质黏土（Q_4^{al+pl}）：褐黄色，硬可塑。③层土物理力学指标如表 4.5-1 所示。

③层土物理力学指标　　表 4.5-1

土的物理力学参数	值	土的物理力学参数	值
含水量 w(%)	22.4	内摩擦角 φ(°)	19.2
重度 γ(kN/m^3)	19.5	压缩系数 $a_{1\text{-}2}$(MPa^{-1})	0.14
孔隙比 e	0.67	压缩模量 E_s(MPa)	11.92
塑性指数 I_p	14.3	标贯击数(击)	8.5
液性指数 I_L	0.2	地基承载力特征 f_{ak}	200
黏聚力 c(kPa)	73.5		

为更好地确定其承载力，检测单位在现场对持力层进行了 3 个点的载荷板试验，试验尺寸为方形板，边长 0.5m，3 个点试验的荷载-沉降关系结果如表 4.5-2 所示。

检测单位按沉降比 $s/b=0.01=5$mm 确定各试验点的承载力特征值。1 号点土承载力特征值 $f_{ak}=298$kPa；2 号点土承载力特征值 $f_{ak}=247$kPa；3 号点土承载力特征值 $f_{ak}=224$kPa。最后给出场地土承载力特征值 $f_{ak}=256.3$kPa。显然，如果不考虑深宽修正，地基承载力要求 300kPa 时，则地基的承载力是不够的。但试验可以达到 900kPa，为何承载力特征值这么低，这看起来是不太合理的。

地基的压板静载荷试验数据 表 4.5-2

1号试验点		2号试验点		3号试验点	
荷载 p (kPa)	沉降 s (mm)	荷载 p (kPa)	沉降 s (mm)	荷载 p (kPa)	沉降 s (mm)
0	0.00	0	0.00	0	0.00
48	0.62	100	1.30	100	1.84
100	1.46	200	3.10	200	4.11
148	2.69	300	7.14	300	7.79
200	3.38	400	10.16	400	10.76
248	4.23	500	13.48	500	15.15
300	5.03	600	16.57	600	19.03
348	5.83	700	19.62	700	23.65
400	6.75	800	26.96	800	30.40
448	8.08	900	33.14	—	—
500	8.94	—	—	—	—
548	9.73	—	—	—	—
600	11.59	—	—	—	—
648	13.54	—	—	—	—
700	16.54	—	—	—	—
748	19.19	—	—	—	—
800	22.36	—	—	—	—
848	28.16	—	—	—	—
900	31.70	—	—	—	—

2. 双曲线切线模量法确定土的参数

采用杨光华的切线模量法，假设试验的荷载-沉降 p-s 曲线符合双曲线方程，采取双曲线形式对数据进行拟合，公式为：

$$p=\frac{s}{a+bs} \tag{4.5-3}$$

式中 a、b——分别为拟合参数。

式（4.5-3）可以写成以下形式：

$$\frac{s}{p}=b\cdot s+a \tag{4.5-4}$$

对1号试验点，线性化拟合的结果如图 4.5-2 所示。

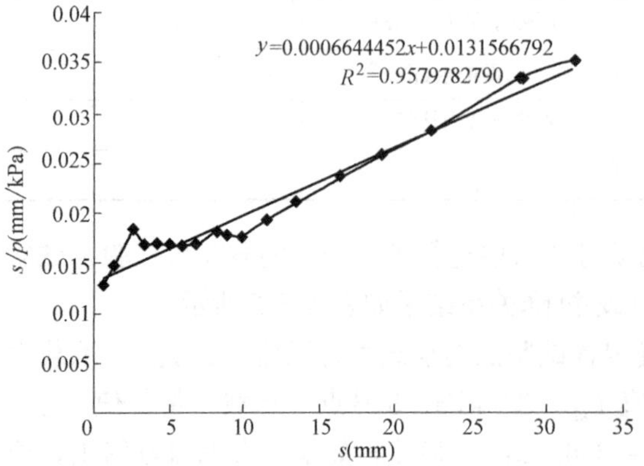

图 4.5-2 线性化拟合曲线

可得其线性化方程为：

$$\frac{s}{p}=0.0006644452s+0.0131566792 \tag{4.5-5}$$

因此：

$$a=0.0131566792$$
$$b=0.0006644452 \tag{4.5-6}$$

地基极限承载力为：

$$p_u=\frac{1}{b}=1505.02\text{kPa} \tag{4.5-7}$$

用魏锡克极限承载力对其进行反算，为方便计算，假设土体重度近似为 20kN/m^3，内摩擦角 $\varphi=20°$，可反算出黏聚力 $c=70.2$kPa，具体计算过程如下：

(1) 地基承载力系数 N_c、N_q、N_r 分别为：14.83471、6.39939、5.38632；

(2) 基础形状修正系数 S_c、S_q、S_γ 分别为：1.4313797、1.363970234、0.6；

(3) 荷载倾斜系数 i_c、i_q、i_γ 分别为：1、1、1；

(4) 荷载倾斜系数 d_c、d_q、d_γ 分别为：1、1、1；

当黏聚力 $c=70.2$kPa，可算得极限承载力 p_u：

$$\begin{aligned} p_u &= cN_cS_ci_cd_c+qN_qS_qi_qd_q+\frac{1}{2}\gamma bN_rS_ri_rd_r \\ &=70.2\times14.83471\times1.4313797\times1\times1 \\ &+0+0.5\times20\times0.5\times5.38632\times0.6\times1\times1 \\ &=1506.793\text{kPa} \end{aligned} \tag{4.5-8}$$

另外，其初始切线模量为：

$$E_{t0}=\frac{D(1-\mu^2)\omega}{a}=30.43\text{MPa}$$

同样，对另外两个试验点结果进行处理，得到地基土的强度和初始切线模量值、地基极限承载力如表 4.5-3 所示。

切线模量法计算所得的土的强度参数和变形参数　　　表 4.5-3

压板试验编号	E_{t0}(MPa)	p_u(kPa)	假定的 φ(°)	反算所得的 c(kPa)
1 号试点	30.43	1505	20	70.1
2 号试点	25.51	1468	20	68.4
3 号试点	21.10	1527	20	71.2
平均值	25.68	1500	20	69.93

3. 土的平均参数

上述三个试验在同一土层上进行的，可用三个试点强度和变形参数的平均值代表该土层的强度和变形参数，见表 4.5-3，此平均的强度参数为内摩擦角 $\varphi=20°$，黏聚力 $c=70$kPa，与地质报告统计试验提供的代表值内摩擦角 $\varphi=19.2°$，黏聚力 $c=73.5$kPa 是比较接近的。

以此平均参数运用切线模量法计算压板的沉降过程，并与三个试验点对比如图 4.5-3 所示。

可见，用平均参数和切线模量法计算的压板沉降曲线与试验曲线比较符合，说明理论方法和参数是合适的，可以用切线模量法和相应参数计算实际基础的沉降过程。

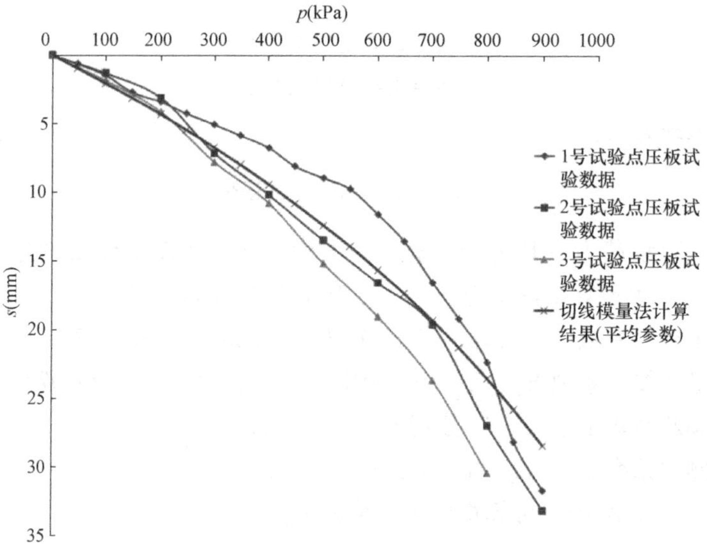

图 4.5-3　平均参数切线模量法计算结果与试验结果对比图

4. 按沉降控制的方法计算地基承载力

根据上述计算，可得出此土层的压板试验荷载和沉降的平均关系，如果按《建筑地基基础设计规范》GB 50007—2011，用压板试验确定地基承载力特征值时，采用沉降比 $s/b=0.01\sim0.015$ 并不大于试验荷载的 1/2 来确定。

当沉降控制值为基础宽度的 0.01 倍时（5mm），基础的承载力 $p_{0.01}$ 为：

$$p_{0.01}=\frac{5}{0.019660757+0.000413007\times5}=230.14\text{kPa}$$

当沉降控制值为基础宽度的 0.015 倍时（7.5mm），基础的承载力 $p_{0.015}$ 为：

$$p_{0.015}=\frac{7.5}{0.019660757+0.000413007\times7.5}=310.40\text{kPa}$$

当沉降控制值为基础宽度的 0.02 倍时（10mm），基础的承载力 $p_{0.02}$ 为：

$$p_{0.02}=\frac{10}{0.019660757+0.000413007\times10}=420.33\text{kPa}$$

而试验最大荷载为 900kPa，以上三个结果都符合规范要求。但对应不同的沉降比，地基的承载力是不同的，取用哪一个值作为真正的地基承载力特征值更科学合理呢？取不同值将影响到地基设计的方案、工程和造价。这就涉及其取定的标准了。

显然，如果基础与压板尺寸一样，按沉降比 0.02 时的压力 420kPa 作为承载力也是可以的，因为按试验最大压力 900kPa 考虑，其安全系数已大于 2，而沉降只有 10mm。按沉降比 0.01 的承载力 230kPa 则显然是过于保守的，会造成地基承载力的浪费，增加工程造价。

如果实际基础尺寸大于压板尺寸，假设地基是该层土的均质地基，如按压板试验取定承载力值，则实际地基强度安全系数将是增大的，但沉降也是增大的，但增大多少与基础尺寸有关。按压板试验是不能取定具体基础的地基承载力的，具体分析如下：

对于本工程，由于试验没有做到极限承载力，为安全起见，采用最大试验值 900kPa

作为极限承载力值，用魏锡克极限承载力对其进行反算，为便于计算，取土的重度 20kN/m^3，假设内摩擦角 $\varphi=20°$，反算得黏聚力 $c=59\text{kPa}$，小于试验按双曲线推算的极限值 $c=70.2\text{kPa}$。对于不同的基础，计算其安全系数时采用最大试验值 900kPa 反算的强度参数计算，这样偏于安全，这样，假定设计的基础分别为边长 2m 和 6m 的方形基础，无埋深，则对于 2m 基础的极限承载力为 982kPa，6m 基础的极限承载力为 1228kPa。我们可以用切线模量法计算确定其沉降，按以上确定地基承载力的双控准则来确定。

用切线模量法计算得到以上两个基础的 p-s 曲线如图 4.5-4 所示。

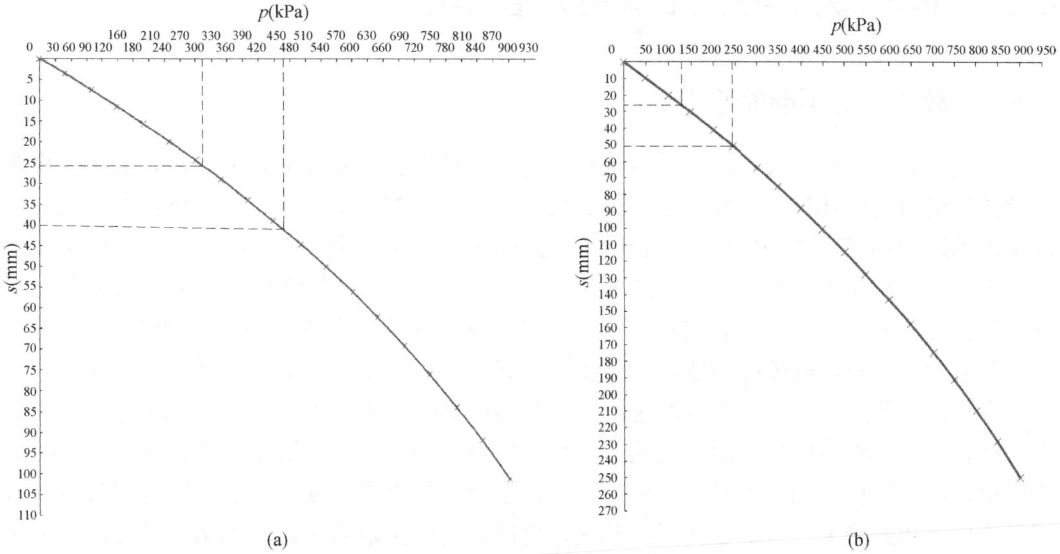

图 4.5-4 切线模量法计算所得的基础宽为 2m 和 6m 时的 p-s 曲线

（a）基础 2m 宽时的 p-s 曲线；（b）基础 6m 宽时的 p-s 曲线

由切线模量法计算所得 p-s 曲线可得，对于 2m 宽的基础，当沉降控制为 $s=25\text{mm}$ 和 $s=40\text{mm}$ 时，承载力分别为：315kPa 和 470kPa，对应的地基承载力安全系数为 3.1 和 2.1，这样，如果沉降控制 25mm 时，承载力特征值可以用到 315kPa，如果按规范的沉降比 0.01 确定的承载力特征值 247kPa 则显然是保守和不够合理了。

对于 6m 宽的基础，当沉降要求为 $s=25\text{mm}$ 和 $s=50\text{mm}$ 时，承载力由图 4.5-4（b）为：

$$p_{s=25\text{mm}}=130\text{kPa},\ p_{s=50\text{mm}}=245\text{kPa}$$

此时地基的安全系数为 9.4 和 5.0，显然，地基强度很安全，承载力特征值是由沉降变形控制确定。如控制沉降变形是 25mm，则按规范的沉降比方法确定的承载力是偏大的，基础的沉降超出控制值。

因此，实际基础的地基承载力由压板试验的沉降比方法是很难合理确定的。正确合理的确定方法应该是可以由原位压板试验反算地基的强度参数和变形参数，这些参数具有确定性和唯一性，对应基础的承载力则可以根据具体的基础尺寸计算地基的极限承载力，并应用切线模量法计算不同承载力下基础的沉降，再按强度安全和变形控制的原则确定其最大值作为地基的承载力特征值，由此可以得到承载力对应的明确的安全系数和沉降变形值，从而达到既可以保证工程的安全，又可以充分利用地基的承载力的设计方法。对于一般压板试验难以试验到极限荷载的情况，则可以用其最大试验荷载值来反算地基的强度参数，作为极限状态来计算安全系数，这是偏于安全的。

4.5.3 小结

现代土力学确定地基承载力允许值的方法，应该计算实际基础的荷载-沉降曲线，由基础的 p-s 曲线，按照强度和变形双控的方法确定合理的地基承载力允许值或特征值，这是比较科学合理的方法。

4.6 地基承载力与变形计算的数值方法

4.6.1 数值计算不准的原因

现代土力学理论发展了以土的本构模型为基础的数值计算方法，可以计算土的非线性以及基础受力到破坏的全过程，但实际工程中用于设计的还不普遍，误差还较大，工程规范中用的还是传统土力学中的半理论半经验的方法，原因何在？表 4.6-1 为 Poulus 在 2000 年的 Buchanan 讲座上做的报告《地基沉降分析——实践与研究》中对美国一套地基载荷试验各种方法计算结果的比较，由表可见，误差最大的是有限元法，预测值 75mm，而实测值为 14mm，最接近的是采用弹性模量 $E=2N$（MPa）（N 为标准贯入击数）的弹性解方法，预测为 18mm。之所以这样，主要是计算模型所用的参数问题。理论上，数值方法结合本构模型可以更全面地反映土的变形特性，但本构模型所用的参数通常是室内试验所得，由于取样扰动等因素影响大，对于砂土等结构性强的硬土，会使室内试验结果与现场原位土相差较大，这就是我国地基规范之所以对硬土取修正经验系数小于 1，最小达 0.2 的原因。因此，要提高数值方法的准确性，关键在于改进土的本构模型参数的准确性。

Poulos 提供的各种方法计算沉降值与实测值比较　　表 4.6-1

方法	s(mm)	方法	s(mm)
Terzaghi&Peck	39	Elastic Theory(PMT)	24
Schmertmann	28	Elastic Theory(strain-dependent modulus)	32
Burland&Burbridge	21	Finite element	75
Elastic Theory($E_s=2N$)	18	Measured	14

4.6.2 土的简化沉降本构模型

土的本构模型的研究从 1963 年的剑桥模型起，已历经半个多世纪，提出的模型也很多，但真正能用于工程设计的很少，几乎还没有，主要原因一方面是模型复杂，参数不好确定，另一方面是室内确定的参数与实际误差大，这样条件下计算的结果必然也是与实际差异大，所以理论虽然好，但工程中很难应用。对于沉降计算，由以上的计算可见，基于原位土的切线模量法可以克服室内试验获取模型参数的不足，获得较好的效果，针对单元体，可以参考切线模量法，杨光华等提出可以采用类似于 Duncan-Change 的简化沉降模型：

$$E_t=\left[1-R_f\frac{\sigma_1-\sigma_3}{(\sigma_1-\sigma_3)_f}\right]^2E_0 \tag{4.6-1}$$

$$(\sigma_1-\sigma_3)_f=\frac{2c\cdot\cos\varphi+2\sigma_3\cdot\sin\varphi}{1-\sin\varphi} \tag{4.6-2}$$

$$\mu_t=\mu_i+(\mu_f-\mu_i)\cdot\frac{\sigma_1-\sigma_3}{(\sigma_1-\sigma_3)_f} \tag{4.6-3}$$

式中 μ_i——初始泊松比，可取 $\mu_i=0.3$；

μ_f——破坏时的泊松比，可取 $\mu_f=0.49$；对一般土也可以直接取 $\mu_f=0.3$。

这样，该模型的参数就可以直接用前述的切线模量法的三个参数。

为检验该模型的效果，我们用数值方法计算了以上的压板载荷试验结果。根据压板试验曲线得到土的初始切线模量为 $E_i=74$MPa，c、φ 也通过压板试验反算得到：$c=42$kPa，$\varphi=25°$，采用三维 FLAC 程序和以上的模型方法，计算时取载荷试验的四分之一，即计算宽度（x、y 两个方向）为 12m，荷载板半径为 0.4m，计算深度（z 方向）为 8m，见图 4.6-1，土体密度 $\gamma=19\text{kN/m}^3$，施加荷载按实际试验取值。当 R_f 分别等于 0.8、0.9、1.0 时，计算与实测曲线比较如图 4.6-2 所示，同时按通常弹性模量不变化、屈服时按 Mohr-Coulomb 流动法则计算的结果比较也见图 4.6-2。可知，采用简化沉降本构模型的方法，可以较好地模拟原位压板试验的变形过程，$R_f=1.0$ 时的计算曲线与试验曲线较接近。而采用弹性模量不变的理想弹塑性模型的方法，当 $p=700$kPa 时其最大变形约 6.8mm，与实际沉降 16.3mm 有较大的差值，计算不能真实反映变形情况，而采用简化沉降本构模型的方法计算沉降为 14.5mm，与试验值较接近，可见效果是可以的。

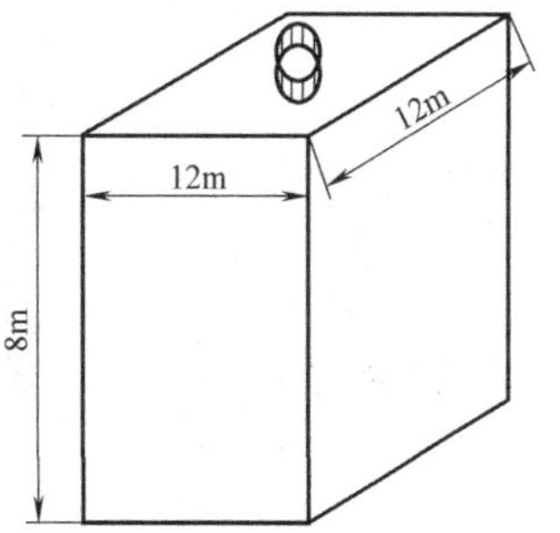

图 4.6-1 压板试验数值模拟模型

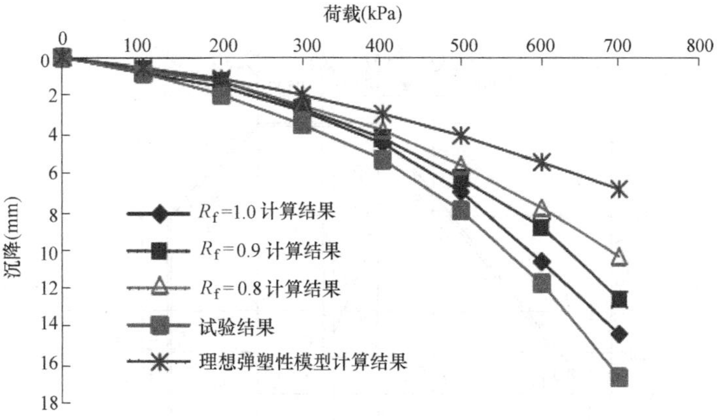

图 4.6-2 压板试验结果与数值计算结果对比

其实，当 $p=700$kPa 时，其弹性变形可按弹性力学计算为：

$$S=\frac{PD(1-\mu^2)}{E}\omega=\frac{700\times0.8\times(1-0.3^2)}{74000}\times0.79$$

$$=0.0054\text{m}=5.4\text{mm}$$

该值与理想弹塑性计算的值较接近，说明理想弹塑性模型数值计算反映的主要是弹性变形，而实际产生的非线性变形未能充分反映。

该简化沉降本构模型只需要土的 c、φ、E_0 三个强度和变形参数，参数简单易确定。关键是 E_0 的确定，当然用压板试验最好，但对于深层土的压板试验不易实现，我们也采用旁压试验来推求的方法。

4.6.3 工程应用

针对一个工程案例，其地质剖面如图 4.6-3 所示，建筑物地面以上 12 层，2 层地下室，采用筏板基础，筏板基础及观测沉降如图 4.6-4 所示，筏板基底持力层为粉质黏土，

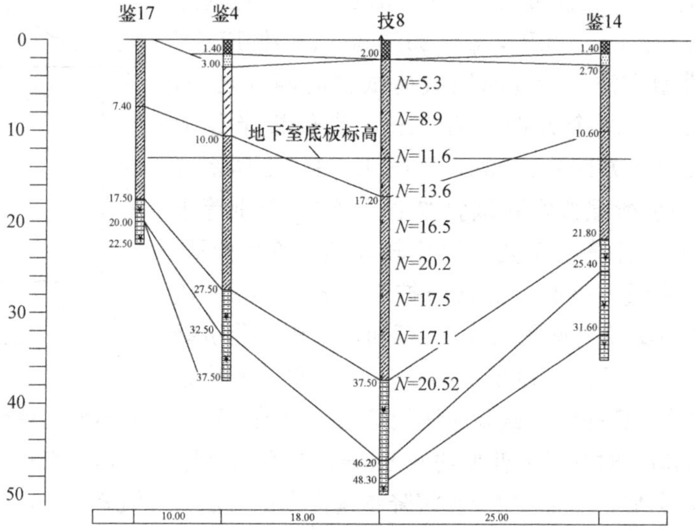

图 4.6-3 典型地质剖面

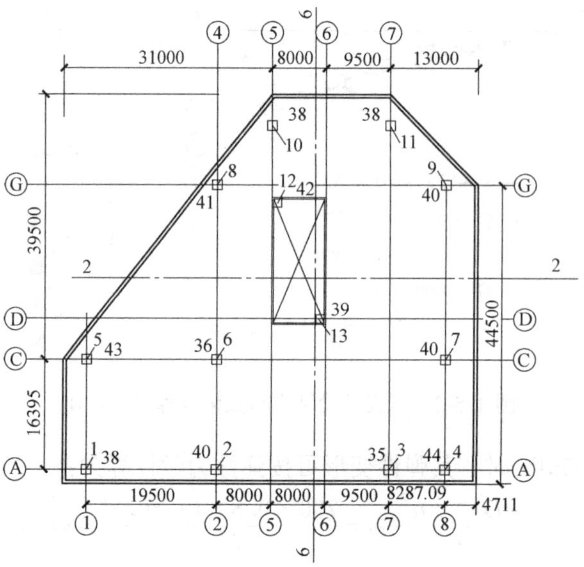

图 4.6-4 筏板基础平面图及各测点观测沉降（单位：mm）

压板试验曲线如图 4.4-7 所示，通过压板试验获得持力层土的切线模量法参数为 E_i=74MPa，c=42kPa，φ=25°，取 μ_f=0.3，用式（4.6-1）的简化模型，编入 FLAC 软件，采用三维数值计算，计算网格如图 4.6-5 所示，计算筏板基础的沉降与观测值比较如图 4.6-6 所示，可见计算与实测是比较符合的。之所以计算能比较符合实测值，关键在于土的本构模型比较符合实际，本构模型的参数是通过现场原位压板载荷试验确定，能反映原位土的真实情况。

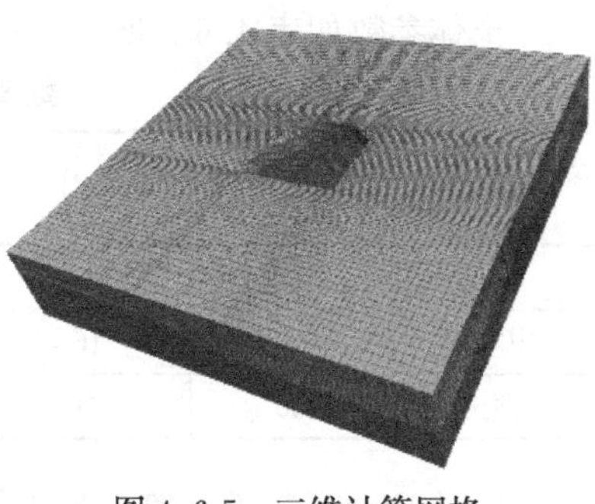

图 4.6-5　三维计算网格

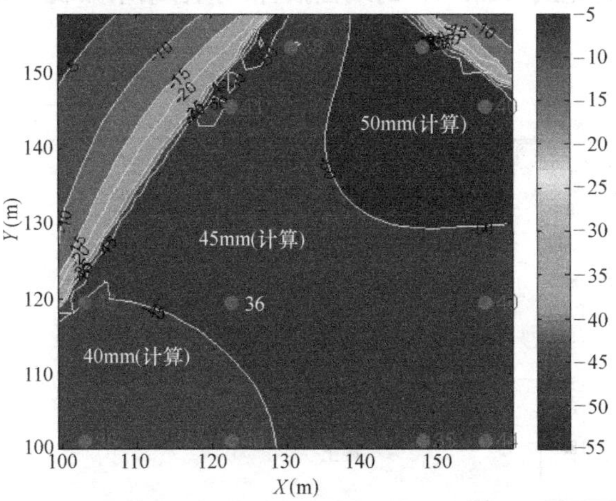

图 4.6-6　三维计算沉降与观测值比较（圆点为观测沉降值：mm）

4.6.4 不同地基承载力的数值计算

为研究数值方法计算地基的极限承载力，采用了以上简化的地基沉降本构模型，计算基础的沉降破坏过程。

为比较，采用三种土的指标，分别表示软土、中等土和硬土地基。取定基础为条形基础，宽 2m，无埋深，用 FLAC 计算基础的 p-s 曲线，然后采用双曲线拟合 p-s 曲线，计算其极限承载力，与太沙基地基极限承载力进行比较。

数值模型网格如图 4.6-7 所示。

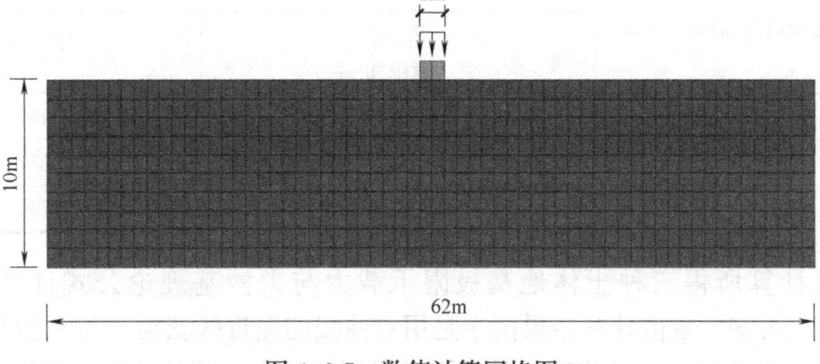

图 4.6-7　数值计算网格图

土体参数如表 4.6-2 所示。

数值计算土的简化本构模型参数表 **表 4.6-2**

土体类别	c(kPa)	φ(°)	弹性模量 E_0(MPa)	初始切线模量 E_{t0}(MPa)	γ (kN/m³)	泊松比	荷载增量 ΔP(kPa)
软土	12	8	12	24	17	0.4	10
中等土	20	16	20	40	18	0.35	50
硬土	30	24	40	80	18	0.3	50

通过 FLAC 软件计算三种土体的 p-s 曲线如图 4.6-8 所示，假设 p-s 曲线为双曲线方程，如式（4.5-3），转化式（4.5-4）的线性拟合，拟合结果如表 4.6-3 所示，拟合方差均在 0.95 以上。

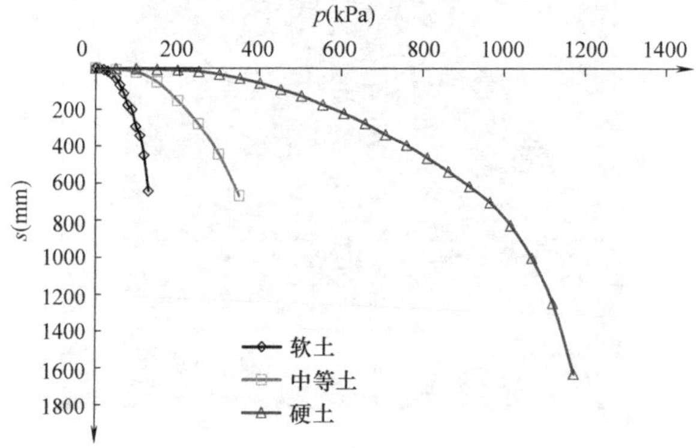

图 4.6-8　三种土体地基 p-s 曲线

双曲线拟合确定地基承载力结果表 **表 4.6-3**

		软土	中等土	硬土
双曲线拟合	a	0.65627376	0.31482997	0.12442084
	b	0.0071473	0.00234031	0.00084626
地基极限承载力(kPa) $P_u=1/b$		139.91	427.29	1181.67

三种土体地基极限承载力结果汇总 **表 4.6-4**

地基极限承载力(kPa)	无埋深	
	FLAC 有限元	太沙基公式
软土	139.91	104.94
中等土	427.29	287.39
硬土	1181.67	749.66

将有限元计算所得三种土体地基极限承载力与太沙基理论公式计算结果对比如表 4.6-4 所示。可知，数值计算结果由于是用双曲线的渐近线获得，与太沙基理论公式比较一般偏大，如果乘以 0.7 的修正系数，则结果接近于太沙基的结果。该算例说明，通过

数值计算结合合适的土的本构模型来计算地基极限承载力也是可行的，关键是要有可靠的本构模型和参数，而这里采用的简化沉降本构模型参数简单，物理意义明确，通过原位试验确定，这是一个比较好的实用模型。

4.7　结语和展望

地基的承载力与变形计算是土力学的经典问题，应用最为广泛，但也是土力学创立近百年还没有解决好的问题。现代土力学理论虽然发展了现代土的本构模型，利用现代计算技术也可以计算复杂的非线性问题，但工程实践中应用的还是半理论半经验的传统方法，关键是缺乏可靠的实用本构模型。要使现代土力学理论更好地应用于工程实际，应发展基于原位试验的实用本构模型，以反映土的主要变形特性，即土的压硬性、剪软性和原状性。采用合适的模型，可以较准确地计算地基直到破坏的全过程 p-s 曲线，依据 p-s 曲线由强度和变形双控确定合理的地基承载力，使地基承载力问题达到稳定和变形的统一求解，这是较科学的解决方法。依据原位试验的切线模量法应该是一个值得发展完善的破解方法，该方法参数少，模型参数物理意义明确，易判断，确定方法可靠，可进一步用于建立简化的地基沉降本构模型，用于数值计算，解决复杂的地基非线性计算问题，有望使地基承载力与沉降计算进入到现代土力学的新时期。

软土的沉降涉及排水固结和次固结，本构模型及参数相对较为复杂，仍需深入研究。

感谢研究生周沛栋同学和李卓勋同学协助整理了本章的内容和计算了部分内容。

参考文献

[1] 杨光华，现代地基设计理论的创新与发展 [J]. 岩土工程学报，2021，43 (1).

[2] H. F. 温特科恩，方晓阳 (美). 基础工程手册 [M]. 钱鸿，叶书麟等译校. 北京：中国建筑工业出版社，1983.

[3] 殷宗泽. 土工计算原理 [M]. 北京：中国水利水电出版社.

[4] 高大钊. 土力学与基础工程 [M]. 1版. 北京：中国建筑工业出版社，1998.

[5] 东南大学等. 土力学 [M]. 4版. 北京：中国建筑工业出版社，2016.

[6] 华南理工大学. 地基及基础 [M]. 3版. 北京：中国建筑工业出版社，1998.

[7] 中华人民共和国住房和城乡建设部建筑地基基础设计规范：GB 50007—2011 [S]. 北京：中国计划出版社，2012.

[8] 陆培炎，徐振华. 地基强度与变形的计算 [M]. 西宁：青海人民出版社，1978.

[9] 广东省住房和城乡建设部建筑地基基础设计规范：DBJ 15—31—2016 [S]. 北京：中国建筑工业出版社，2016.

[10] 李广信. 高等土力学 [M]. 北京：清华大学出版社，2002.

[11] 杨光华. 地基沉降计算的困难与突破 [J]. 岩土工程学报，2019，42 (10)：1893-1898.

[12] BRAJA D M. Shallow Foundations Bearing Capacity and Settlement [M]. 2nd ed. New York：CPC Press Taylor & Francis Group，2009.

[13] 国家技术监督局. 北京地区建筑地基基础勘察设计规范：DB J01—501—2009 [S]. 北京：中国计划出版社，2009.

[14] 杨光华. 地基非线性沉降计算的原状土切线模量法 [J]. 岩土工程学报，2006，28 (11)：

1927-1931.
[15] 杨光华. 地基沉降计算的新方法及其应用 [M]. 北京：科学出版社，2013.
[16] 杨光华. 地基沉降计算的新方法 [J]. 岩石力学与工程学报，2008，27 (4)：679-686.
[17] Briaud J L，Gibbens R M. Predicted and measured behavior of five spread footings on sand [C]. Proceedings of a Prediction Symposium Sponsored by the Federal Highway Administration，Settlement' 94 ASCE Conference，1994，Texas.
[18] 杨光华，张玉成，张有祥. 变模量弹塑性强度折减法及其在边坡稳定分析中的应用 [J]. 岩石力学与工程学报，2009，28 (7)：1506-1512.
[19] 杨光华，姚丽娜，姜燕，等. 基于 *e-p* 曲线的软土地基非线性沉降的实用计算方法 [J]. 岩土工程学报，2015，37 (2)：242-249.
[20] 杨光华，黄致兴，李志云，等. 考虑侧向变形的软土地基非线性沉降计算的简化法 [J]. 岩土工程学报，2017，39 (9)：1697-1704.
[21] 杨光华，姜燕，张玉成，等. 确定地基承载力的新方法 [J]. 岩土工程学报，2014，36 (4)：597-603.
[22] YANG Guang-hua，JIANG Yan，XU Chuan-bao，et al. New method for determining foundation bearing capacity based on plate loading test [C]. Proceedings of China-Europe Conference on Geotechnical Engineering，2018，Swwitzland.
[23] 刘陕南，黄绍铭，梁志荣，岳建勇，洪昌地，陈国民，侯胜男. 上海软土天然地基极限承载力的试验研究与分析 [J]. 建筑结构，2009，39 (S1)：746-749.

5 桩基工程计算与分析

高文生[1,2,3]，王涛[1,2,3]，朱春明[1,2,3]，赵晓光[1,2,3]
(1. 建筑安全与环境国家重点实验室，北京 100013；2. 中国建筑科学研究院有限公司地基基础研究所，北京 100013；3. 北京市地基基础与地下空间开发利用工程技术研究中心，北京 100013)

5.1 概述

桩作为基础的应用在我国约有6000年的历史。桩基础在工业与民用建筑、铁路与公路交通、水利、电力、港口及海洋工程等领域得到广泛应用。从20世纪70年代开始，随着我国国民经济的快速发展，桩基工程理论研究不断深入，桩基工程设计计算水平不断提高，桩基施工设备和施工工艺不断更新换代，桩基工程检测技术水平与工程管理能力不断提升，桩基工程标准规范不断制定完善。系统完整的桩基工程包括桩基工程勘察、桩基工作性状分析（桩基概念设计或方案设计）、桩基设计与计算、桩基施工、桩基检测及事故处理等不同工程阶段和内容。

随着工程建设对其使用功能（正常使用极限状态）要求的不断提升，对桩基工程计算与分析精度的要求也越来越高，尤其对桩基沉降和水平变形的计算与分析提出了新的挑战。桩基变刚度调平设计理论就是在为减小高大复杂结构桩筏基础差异沉降的背景下提出的。高层建筑桩筏基础采用传统的刚性承台假定，均匀布桩的设计理念，会因上部结构荷载分布的不均匀性和桩土相互作用导致的桩群竖向支撑刚度的不均匀性，而产生桩筏基础的碟形沉降和马鞍形反力分布，进而导致桩筏基础差异沉降和承台内力及上部结构的次应力增大。变刚度调平设计通过调整基桩的竖向刚度分布，可显著减小基础的差异沉降和降低承台及上部结构次应力，更好地满足建筑使用功能，改善承台和上部结构的受力状态。

桩基础除可承受较大竖向荷载外，有些工程或工况下往往需要承受较大水平荷载，如水平地震作用、风荷载、波浪力、船舶撞击力及行车的制动力等。桩基水平承载力与变形计算不仅与桩身材料强度和截面尺寸有关，主要受桩侧土的水平抗力影响，其受力计算与分析较之竖向更为复杂困难。

5.2 桩基变刚度调平设计与计算

我国每年的高层建筑建造量多达上亿平方米，其中，住宅建筑多采用剪力墙结构，办公楼等公共高层建筑主要采用框架-核心筒结构，部分采用框架-剪力墙、筒中筒结构、框支剪力墙结构。这两大类结构体系的力学特性有很大差别，第二类整体刚度较差，刚度与荷载分布不均，上部结构与地基、基础相互作用特性更复杂。就设计而言，第二类更为复杂，工程实际中由于设计不当而引发的问题更多。针对高层建筑桩筏桩箱基础传统设计方法带来的碟形差异沉降问题和主裙房的差异沉降问题，中国建筑科学研究院有限公司地基基础研究所（以下简称“建研院地基所”）通过系列试验研究最早提出变刚度调平设计新理念，并写入中华人民共和国行业标准《建筑桩基技术规范》JGJ 94—2008，其基本思路是：考虑地基、基础与上部结构的共同作用，对影响沉降变形场的主导因素——桩土支承刚度分布实施调整，“抑强补弱”，促使沉降趋向均匀，具体而言，包括高层建筑内部的变刚度调平和主裙房间的变刚度调平。对于前者，主导原则是强化中央，弱化外围。对于荷载集中、相互影响大的核心区，实施增大桩长（当有两个以上相对坚硬持力层时）或调整桩径、桩距；对于外围区，实施少布桩、布较短桩，发挥承台承载作用。调平设计过程就是调整布桩，进行共同作用迭代计算的过程。对于主裙房的变刚度调平，主导原则是强化主体，弱化裙房。裙房采用天然地基是首选方案，必要时采取增沉措施。当主裙房差异沉降小于规范容许值，不必设沉降缝，连后浇带也可取消。最终达到，筏板上部结构传来的荷载与桩土反力不仅整体平衡，而且实现局部平衡。由此，最大限度地减小筏板内力，使其厚度减薄变为柔性薄板。

5.2.1 影响沉降的因素

1. 荷载大小与分布

对于相同地质、基础尺寸和埋深条件，沉降量随荷载增大而增加，差异沉降随之增大。因此，对于高层建筑而言，其差异沉降问题较之多层建筑更为突出。

荷载分布的不均导致沉降分布不均，而且往往成为差异沉降发生的主因。

荷载的分布特征与高层建筑主体的结构形式及建筑体型有关，而且这两者是决定荷载分布的主要因素。体型的变化包含建筑主体的体型及主体与裙房相连形成主裙连体体型，而主裙连体是荷载差异最大的建筑体型。

建筑结构形式包含表 5.2-1 所列 6 种，其竖向荷载分布较均匀的是落地剪力墙体系，荷载分布最为不均的是框架-核心筒和筒中筒结构体系。后两者由于核心筒墙体密集，除其自重较大外还承受外围框架约 1/2 跨范围的楼盖荷载，因而荷载集度约为外围的 3～4 倍，成为这类建筑出现显著碟形沉降乃至基础开裂的基本因素。这也是我们设计应予关注的重点。

2. 上部结构刚度

上部结构刚度主要指结构的整体刚度，对制约差异沉降起到一定作用，也就是所谓对基础刚度的贡献。落地剪力墙体系（简称剪力墙结构）由于其刚度大且分布均匀连续，对基础刚度的贡献也最大。框架-核心筒（简称框筒）体系，虽然核心筒的刚度很大，但外围框架的刚度相对较小，因而对制约基础内外差异变形的刚度贡献不大。筒中筒结构体系，其外筒为密集框架（间距不大于 4m）构成，主要目的在于增强结构的抗侧力性能，适用于超高层建筑，对于基础的刚度贡献略大于框筒结构。

总的来说，如表 5.2-1 所列上部结构刚度对于制约基础差异沉降的贡献因结构形式而异，除剪力墙体系以外，其余结构体系对制约差异沉降的贡献以框筒、框剪结构最差。

不同结构体系对基础差异沉降的影响 **表 5.2-1**

结构体系	竖向荷载特征	结构刚度特征	结构刚度对基础的贡献
框架	柱网均匀条件下，角边柱荷载小于内柱，电梯楼梯间荷载大	整体刚度小	结构刚度贡献小
框架-剪力墙	与框架结构类似	电梯楼梯间和剪力墙集中区刚度大	结构刚度贡献略大于框架
落地剪力墙（简称剪力墙）	线形荷载，较均匀，电梯楼梯间荷载集度约大1倍	整体刚度大	结构刚度对基础的贡献大
框支剪力墙	以柱集中荷载为主，电梯楼梯间荷载集度约大1.5～2倍	刚度比框架-剪力墙略大	结构刚度对基础的贡献略大于框架-剪力墙
框架-核心筒	核心筒荷载集度为外围的3～4倍	核心筒刚度大，外围框架刚度小	结构刚度对基础的贡献较小
筒中筒	与框架-核心筒类似	内外筒刚度大，整体刚度小	结构刚度对基础的贡献略大于框筒结构

3. 地基、桩基条件

对于天然地基上筏板基础，地基的均匀性是制约差异沉降的关键因素，地基土的压缩性是影响沉降量和差异沉降的主要因素。天然地基承载力满足建筑物荷载要求的条件下，沉降变形不见得满足要求，因而在这种情况下变形控制分析十分重要。桩基是高层建筑的主要基础形式，然而，不是采用桩基就能圆满解决差异沉降问题。桩基础优化设计是变刚度调平设计的核心内容，因为桩是调整支承刚度分布的灵活有效的竖向支承体。

4. 相互作用效应

承台-桩-土的相互作用效应导致：均布荷载下桩、土反力分布呈内小外大的马鞍形分布；基础应力场随面积增大而加深；群桩沉降随桩距减小和桩数增加而增大；基础或承台的沉降呈中部大外围小的碟形分布；相邻基础因相互影响而倾斜；核心筒不仅因荷载集度高而且因受外围框架区基础应力场的相互影响而导致沉降加大，等等。

5.2.2 桩基变刚度调平设计计算原理

高层建筑地基（桩土）作为上部结构-基础-地基（桩土）体系中的组成部分，其沉降受三者共同作用的制约。共同作用的总体平衡方程为：

$$([K_{st}]+[K_F]+[K_{s(p,s)}])\{U\}=\{F_{st}\}+\{F_F\} \tag{5.2-1}$$

式中 $[K_{st}]$——凝聚于基础（承台）顶面的上部结构刚度矩阵；

$[K_F]$——凝聚于基础（承台）底面的基础（承台）刚度矩阵；

$[K_{s(p,s)}]$——凝聚于基底的地基土（桩土）支承刚度矩阵；

$\{U\}$——基础（承台）底节点位移向量；

$\{F_{st}\}$、$\{F_F\}$——凝聚于基底的上部结构、基础（承台）荷载向量。

显然，对于某一特定的上部结构、基础和地基，其刚度矩阵 $[K_{st}]$、$[K_F]$、$[K_s]$ 是确定的，相应的荷载、位移向量 $\{F_{st}\}$、$\{F_F\}$、$\{U\}$ 也随之确定。要使沉降趋于均匀，对于天然地基而言，唯有加大基础的刚度 $[K_F]$，但如前所述理论分析和工程实例表明，这样做的效果并不明显，对于非坚硬地基而荷载大而不均的情况是不可取的。因此，要使沉降趋于均匀，唯有依靠调整桩土支承刚度 $[K_{sp}]$，使之与荷载分布和相互作用效应匹配。这也是优化高层建筑地基基础设计、减少乃至消除差异沉降的有效、可行而又经济的途径。

5.2.3 桩基变刚度调平设计计算原则

总体思路：以调整桩土支承刚度分布为主线，根据荷载、地质特征和上部结构布局，考虑相互作用效应，采取增强与弱化结合，减沉与增沉结合，刚柔并济，局部平衡，整体协调，实现差异沉降、承台（基础）内力和资源消耗的最小化。

（1）根据建筑物体型、结构、荷载和地质条件，选择桩基、复合桩基、刚性桩复合地基，合理布局，调整桩土支承刚度分布，使之与荷载匹配。对于荷载分布极度不均的框筒结构，核心筒区宜采用常规桩基，外框架区宜采用复合桩基；中低压缩性土地基，高度不超过 60m 的框筒结构，高度不超过 100m 的剪力墙结构可采用刚性桩复合地基或核心筒区局部刚性桩复合地基；并通过变化桩长、桩距调整刚度分布。

（2）为减小各区位应力场的相互重叠对核心区有效刚度的削弱，桩土支承体布局宜做到竖向错位或水平向拉开距离。采取长短桩结合、桩基与复合桩基结合、复合地基与天然地基结合以减小相互影响，优化刚度分布。

（3）考虑桩土的相互作用效应，支承刚度的调整宜采用强化指数进行控制。核心区强化指数宜为 1.05～1.30，外框为二排柱者应大于一排柱，满堂布桩者应大于柱下和筒下布桩，内外桩长相同者应大于桩长不同、桩底竖向错位、水平间距较大的布局。外框区的弱化指数宜为 0.95～0.85，增强指数越大，相应的弱化指数越小。在全筏总承载力特征值与总荷载标准值平衡的条件下，只需控制核心区强化指数，外框区弱化指数随之实现。

核心区强化指数 ξ_s 为核心区抗力比 λ_R^c 与荷载比 λ_F^c 之比：

$$\xi_s=\lambda_R^c/\lambda_F^c$$

$$\lambda_R^c=R_{ak}^c/R_{ak}$$

$$\lambda_F^c=F_k^c/F_k$$

式中 R_{ak}^c、R_{ak}——核心区（核心筒及核心筒边至相邻框架柱跨距的 1/2 范围）的承载力特征值和全筏基承载力特征值；

F_k^c、F_k——核心区荷载标准值和全筏荷载标准值。当桩筏总承载力特征值与总荷载标准值相同时，核心区增强指数 ξ_s 即为核心区的抗力/荷载比。

（4）对于主裙连体建筑，应按增强主体，弱化裙房的原则设计，裙房宜优先采用天然地基、疏短桩基；对于较坚硬地基，可采用改变基础形式加大基底压力、设置软垫等增沉措施。

（5）桩基的基桩选型和桩端持力层确定，应有利于应用后注浆增强技术，应确保单桩承载力具有较大的调整空间。基桩宜集中布于柱、墙下，以降低承台内力，最大限度发挥承台底地基土分担荷载作用，减小柱下桩基与核心筒桩基的相互作用（图 5.2-1）。

（6）宜在概念设计的基础上进行上部结构-基础（承台)-桩土的共同作用分析，优化细化设计；差异沉降控制宜严于规范值，以提高耐久性可靠度，延长建筑物正常使用寿命。

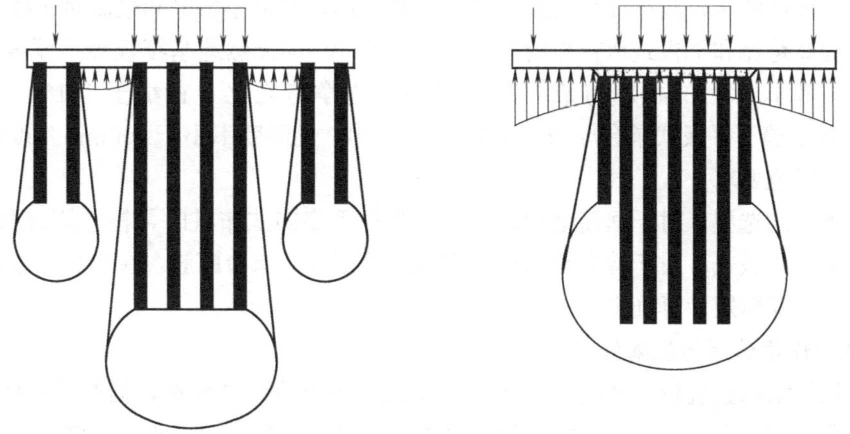

图 5.2-1 框筒结构变刚度优化模式

(a) 桩基；(b) 刚性桩复合地基

5.2.4 桩基变刚度调平设计计算细则

1. 框筒结构

核心筒和外框柱的基桩宜按集团式布置于核心筒和柱下，以减小承台内力和减小各部分的相邻影响。荷载高集度区的核心筒，桩数多桩距小，不考虑承台分担荷载效应。对于非软土地基，外框区应按复合桩基设计，既充分发挥承台分担荷载效应，减少用桩量，又可降低内外差异沉降。当存在 2 个以上桩端持力层时，宜加大核心筒桩长，减小外框区桩长，形成内外桩基应力场竖向错位，以减小相互影响，降低差异沉降。

以桩筏总承载力特征值与总荷载效应标准组合值平衡为前提，强化核心区，弱化外框区。核心区强化指数，对于核心区与外框区桩端平面竖向错位或外框区柱下桩数不超过 5 根时，宜取 1.05～1.15，外框架为一排柱取低值，二排柱取高值；对于桩端平面处在同一标高且柱下桩数超过 5 根时，核心区强化指数宜取 1.2～1.3，一排柱取低值。外框区弱化指数根据核心区强化指数越高，弱化指数越低的关系确定；或按总承载力特征值与总荷载标准值平衡，由单独控制核心区强化指数，使外框区相应弱化。

对于框剪、框支剪力墙、筒中筒结构形式，可按照框筒结构变刚度调平原则布桩，对荷载集度高的电梯井、楼梯间予以强化，其强化指数按其荷载分布特征确定。

2. 剪力墙结构

剪力墙结构不仅整体刚度好，且荷载由墙体传递于基础，分布较均匀。对于荷载集度较高的电梯井和楼梯间应强化布桩。基桩宜布置于墙下，对于墙体交叉、转角处应予以布桩。当单桩承载力较小，按满堂布桩时，应适当强化内部弱化外围。

3. 桩基承台设计

由于按前述变刚度调平原则优化布桩，各分区自身实现抗力与荷载平衡，促使承台所受冲切力、剪切力和整体弯矩降至最小，因而承台厚度可相应减小。按传统设计理念，桩筏基础的筏式承台往往采用与天然地基上筏式基础相同要求确定其最小板厚、梁高等。对变刚度调平设计的承台应按计算结果确定截面和配筋，其最小板厚和梁高对于柱下梁板式承台，梁的高跨比和平板式承台板的厚跨比，宜取 1/8（天然地基筏板最小厚度 1/6×3/4）；梁板式筏式承台的板厚与最大双向板格短边净跨之比不宜小于 1/16，且不小于 400mm；对于墙下平板式承台厚跨比不宜小于 1/20，且厚度不小于 400mm。筏板最小配筋率应符合规范要求。

筏行承台的选型，对于框筒结构，核心筒和柱下集团式布桩时，核心筒宜采用平板，外框区宜采用梁板式；对于剪力墙结构，宜采用平板式。承台配筋，在实施变刚度调平布桩时，可按局部弯矩计算确定。

4. 共同作用分析与沉降计算

对于框筒结构宜进行上部结构－承台－桩土共同作用计算分析，据此确定沉降分布、桩土反力分布和承台内力。当计算差异沉降未达到最佳目标时，应重新调整布桩直至满意为止。

当不进行共同作用分析时，应按规范规定计算沉降，据此分析检验差异沉降等指标。变刚度调平设计中常见单柱单桩、单排桩、疏桩复合地基等各种情况，对其应按《建筑桩基技术规范》JGJ 94—2008 的相应规定计算沉降。

5.2.5 变刚度调平设计计算——上部结构-基础-桩（土）共同作用计算

桩基变刚度调平设计中的上部结构-基础-地基（桩土）共同工作计算因手算工作量庞大而无法实现。现有的数值计算软件 MAC、ANSYS、FLAC、PLAXIS、SAP、ABAQUS 等也因为参数选择的准确性和耗用机时过大而无法用于实际的工程。此外，现有的有限元分析软件大多基于连续介质下弹性或弹塑性模型，这就使得其无法反映土体非连续性介质的特性。基于此，对上部结构采用子结构法进行刚度凝聚、对基础筏板应用 Mindlin 中厚板理论进行求解、对桩-土部分采用 Mindlin 解-有限压缩层修正模型。桩-土部分解决了与上部结构 SATWE 的接口问题，可以进行地基（桩土)-基础-上部结构作用的迭代计算。

1. 共同作用分析方程

上部结构-基础-地基（桩土）共同工作分析方程通常表达为：

$$([K_{st}]+[K_F]+[K_{s(p,s)}])\{U\}=\{F_{st}\}+\{F_F\} \tag{5.2-2}$$

式中 $\{F_{st}\}$ ——上部结构荷载；

$[K_{st}]$ ——上部结构刚度凝聚；

$\{F_F\}$ ——厚筏或其他形式基础的荷载；

$[K_F]$ ——厚筏或其他形式基础的刚度；

$[K_{s(p,s)}]$ ——地基或桩土的刚度凝聚；

$\{U\}$——基础位移。

2. 上部结构刚度与荷载凝聚法

本简化计算方法是利用中国建筑科学研究院有限公司 TAT 或 SATWE 软件计算上部结构的成果，将上部结构刚度与荷载凝聚到与下部基础相接的节点上，在基础计算时只需要叠加上部结构凝聚刚度和荷载向量，其计算结果对于下部基础而言是上下部共同作计算的理论解。

3. Mindlin 中厚板理论

在筏板计算中采用 Mindlin 理论，它属于厚板理论。以往常用的薄板理论是基于以下的 Kirvhhoff 假定：

（1）法线假定：变形前的中面法线在变形后仍为弹性曲面的法线；

（2）薄板弯曲时，中面不产生应变，即中面是中性面；

（3）忽略板厚度的微小变化，忽略应力 σ_z 对变形的影响。

在上述假定中，如果略去法线假定即为 Mindlin 板理论假定，两者最主要差别是薄板理论忽略了剪应力 τ_{xz}、τ_{yz} 所引起的形变，而 Mindlin 板理论考虑了它们的影响。

基于 Mindlin 假定的有限元优于基于经典薄板理论的有限元。Mindlin 单元对于独立变量 w、ψ_x、ψ_y 只需 C（0）连续，而经典 Kirvhhoff 薄板理论有限元需 $C(1)$ 连续，即 $\dfrac{\partial w}{\partial x}$、$\dfrac{\partial w}{\partial y}$ 和 w 都应连续。

典型的 Mindlin 板单元见图 5.2-2，板的变形可以表示为：

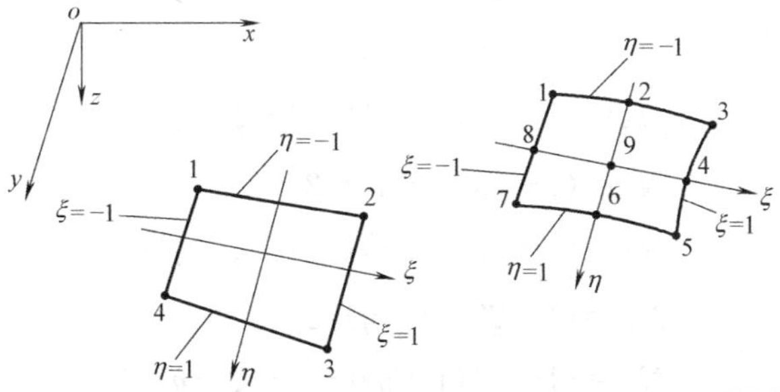

图 5.2-2 整体坐标与局部坐标

$$\begin{aligned} u(x,y,z)&=Z\theta_x(x,y)\\ v(x,y,z)&=Z\theta_y(x,y)\\ w(x,y,z)&=w(x,y)\end{aligned} \tag{5.2-3}$$

$$\{u\}=\begin{Bmatrix} w\\ \theta_x\\ \theta_y\end{Bmatrix} \tag{5.2-4}$$

板的应变可分为弯曲引起的应变 $\{\varepsilon_b\}$ 和剪切引起的应变 $\{\varepsilon_s\}$：

$$\{\varepsilon_b\}=\begin{Bmatrix} \theta_{x,x}\\ \theta_{y,y}\\ \theta_{x,y}+\theta_{y,x}\end{Bmatrix} \tag{5.2-5}$$

$$\{\varepsilon_s\}=\begin{Bmatrix} w_x+\theta_x\\ w_x+\theta_x\end{Bmatrix} \tag{5.2-6}$$

相应的弯曲力矩向量 $\{\sigma_b\}$ 和剪力向量 $\{\sigma_s\}$ 分别是：

$$\{\sigma_b\}=\begin{Bmatrix} M_x\\ M_y\\ M_x\end{Bmatrix}=[D_b]\{\varepsilon_b\} \tag{5.2-7}$$

$$\{\sigma_s\}=\begin{Bmatrix}Q_x\\Q_x\end{Bmatrix}=[D_s]\{\varepsilon_b\} \tag{5.2-8}$$

其中：
$$[D_b]=\frac{Et^3}{12(1-v^2)}\begin{bmatrix}1 & v & 0\\ v & 1 & 0\\ 0 & 0 & (1-v)/2\end{bmatrix}$$

$$[D_b]=\frac{Et}{2(1+v)}\begin{bmatrix}0 & r\\ r & 0\end{bmatrix}$$

式中 E、v——板材料的弹性模量和泊松比；

t——板的厚度；

r——考虑截面翘曲的剪力修正系数。

有限元计算中采用的八节点等参元，单元边界是二次曲面，能与曲面边界吻合，而不需要分得很细的办法去适合曲线边界。八节点等参元的形函数为：

$$\begin{aligned}
N_1&=(1-\zeta)(1-\eta)(-1-\zeta-\eta)/4\\
N_2&=(1-\zeta^2)(1-\eta)/2\\
N_3&=(1+\zeta)(1-\eta)(-1+\zeta-\eta)/4\\
N_4&=(1+\zeta)(1-\eta^2)/2\\
N_5&=(1+\zeta)(1+\eta)(-1+\zeta+\eta)/4\\
N_6&=(1-\zeta^2)(1+\eta)/2\\
N_7&=(1+\zeta)(1-\eta)(-1+\zeta-\eta)/4\\
N_8&=(1-\zeta)(1-\eta^2)/2
\end{aligned} \tag{5.2-9}$$

$$\begin{Bmatrix}x\\y\end{Bmatrix}=\sum_{i=1}^{8}\begin{bmatrix}N_i & 0\\ 0 & N_i\end{bmatrix}\begin{Bmatrix}x_i^e\\y_i^e\end{Bmatrix} \tag{5.2-10}$$

式中 $(x_i^e,\ y_i^e)$ ——节点 i 的坐标。

$$\{a_i^e\}=\{w_i^e,\theta_{xi}^e,w_{yi}^e\}^T$$

$$\{u_b^e\}=\sum_{i=1}^{8}[N_{bi}^e]\{a_i^e\}$$

$$\{\varepsilon_b^e\}=\sum_{i=1}^{8}[B_{bi}^e]\{a_i^e\}$$

$$\{\varepsilon_s^e\}=\sum_{i=1}^{8}[B_{bi}^e]\{a_i^e\}$$

其中：
$$[B_{bi}^e]=\begin{bmatrix}0 & N_{i,x}^e & 0\\ 0 & 0 & N_{i,y}^e\\ 0 & N_{i,y}^e & N_{i,x}^e\end{bmatrix}$$

$$[B_{si}^e]=\begin{bmatrix}N_{i,x}^e & N_i^e & 0\\ N_{i,y}^e & 0 & N_i^e\end{bmatrix}$$

根据有限元变分原理，可推出单元的刚度方程式：

$$([K_{\mathrm{b}}^{\mathrm{e}}]+[K_{\mathrm{s}}^{\mathrm{e}}])\cdot\{a_i^{\mathrm{e}}\}=\{f_i^{\mathrm{e}}\} \tag{5.2-11}$$

式中 $[K_{\mathrm{b}}^{\mathrm{e}}]$——与弯曲变形能有关项对总刚度的贡献；

$[K_{\mathrm{s}}^{\mathrm{e}}]$——与剪切变形能有关项对总刚度的贡献；

$\{f_i^{\mathrm{e}}\}$——荷载向量，可表示为：

$$[K_{\mathrm{b}}^{\mathrm{e}}]=[B_{\mathrm{b}i}^{\mathrm{e}}]^{\mathrm{T}}[D_{\mathrm{b}}][B_{\mathrm{b}j}^{\mathrm{e}}]\det J\,\mathrm{d}\zeta\mathrm{d}\eta \tag{5.2-12}$$

$$[K_{\mathrm{s}}^{\mathrm{e}}]=[B_{\mathrm{s}i}^{\mathrm{e}}]^{\mathrm{T}}[D_{\mathrm{s}}][B_{\mathrm{s}j}^{\mathrm{e}}]\det J\,\mathrm{d}\zeta\mathrm{d}\eta \tag{5.2-13}$$

J——雅可比矩阵，$J=\begin{bmatrix}\dfrac{\partial x}{\partial\zeta} & \dfrac{\partial y}{\partial\zeta}\\ \dfrac{\partial x}{\partial\eta} & \dfrac{\partial y}{\partial\eta}\end{bmatrix}$。

为了保证相邻单元的共用节点的 w、ψ_{x}、ψ_{y} 的 $C(0)$ 连续，有时在所考虑区域内的不同位置上使用不同次数的基函数是有利的。这可通过使用混合四边形单元实现。在这种单元的每一边上可使用不同的基函数，因此它相当于一种过渡单元。通过增加混合四边形单元，使单元网格实现自动化，有效地实现了（桩）筏基计算的前处理。

4. 地基变形计算模型——Mindlin 解-有限压缩层修正模型[1]

高层建筑基础一般设有地下室，另考虑到当前勘察试验提供的土压缩性指标为侧限压缩模量，因此采用 Mindlin 解-有限压缩层修正模型计算地基沉降。将基底平面划分为与筏板一致的网格单元（图 5.2-3），对于任一单元成层土第 K 层及以下的压缩量按分层总和法计算为：

$$w_{\mathrm{k}}=\sum_{k=1}^{n}\frac{A_{\mathrm{k}}}{E_{\mathrm{sk}}} \tag{5.2-14}$$

$$A_{\mathrm{k}}=\frac{h_{\mathrm{k}}}{12}[\sigma_1+\sigma_5+4(\sigma_2+\sigma_4)+2\sigma_3] \tag{5.2-15}$$

式中 E_{sk}——第 K 层土的压缩模量（对应应力值下）；

h_{k}——K 层土厚度；

A_{k}——Simpson 公式求出的附加应力特征点的 Mindlin 解积分竖向应力。

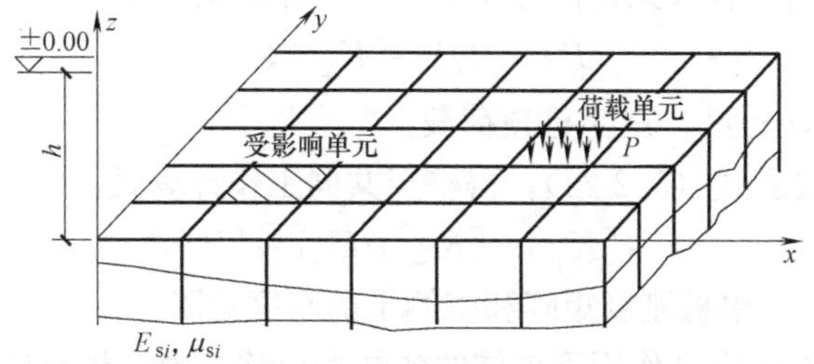

图 5.2-3 地基沉降计算网格单元

求出图 5.2-3 所示某单元 i 作用均布力 $1/A_i$（A_i 为单元面积），按式（5.2-14）求出单元 i 自身的沉降 w_i 和相邻单元对其影响产生的沉降 w_{ij}，由此计算各单元的相互作用影响系数 $\alpha_{ij}=w_{ij}/w_{ii}$，形成柔度矩阵 $[\delta_{\mathrm{s}}]=[\alpha_{ij}]$，然后求逆得式（5.2-2）中地基土刚度矩阵 $[K_{\mathrm{s}}]=[\delta_{\mathrm{s}}]^{-1}$。最后，采用本章提出的土-土相互作用影响系数修正模型对连续介质弹性理论进行修正：

$$\zeta_i = 0.45\ln\frac{D_e}{S_a} \tag{5.2-16}$$

5. 桩土变形计算模型——弹性理论法-有限压缩层混合修正模型[1]

(1) 单桩分析

桩侧土单元圆柱侧面积 A_i 作用剪应力 $\tau_j(Q_j/A_j)$ 对压缩层范围内 K 点产生的竖向应力为：

$$\sigma_{skj} = I_{kj}\tau_j = I_{kj}\frac{Q_j}{A_j} \tag{5.2-17}$$

式中 I_{kj}——单元 j 上剪应力 $1/A_j$ 在 k 点处产生的 Mindlin 解竖向应力系数，用分层总和法求得桩周 i 点土的位移为：

$$u_{sij} = \sum_{k=1}^{m}\frac{\sigma_{skj}}{E_{sk}}h_k \tag{5.2-18}$$

式中 m——计算竖向位移层数；

E_{sk}——压缩模量；

h_k——计算土层分层厚。

单桩 n 个单元桩侧剪应力及桩端竖向应力在单元 i 引起的桩周土位移为：

$$u_{si} = \sum_{j=1}^{n}\sum_{k=1}^{m}\frac{I_{kj}h_kQ_j}{E_{sk}A_j} + \sum_{k=1}^{m}\frac{I_{kb}h_kQ_b}{E_{sk}A_b} \tag{5.2-19}$$

式中 I_{kb}——桩端竖向应力 $\sigma_b = 1/A_b$ 在任一点 k 处产生的竖向应力系数。

对于其他单元和桩端单元可写出类似的表达式，于是，桩周围所有的单元土位移可表述为：

$$\{U_s\} = [I_s]\{Q\} \tag{5.2-20}$$

式中 $[I_s]$——单桩周边土柔度矩阵；

$\{U_s\}$——单桩周边及桩端土结点位移矢量。

由上式有：

$$\{Q\} = [I_s]^{-1}\{U_s\} = [K_s]\{U_s\} \tag{5.2-21}$$

单桩按一维（轴向）有限元杆件考虑桩、土位移协调，$\{U\}=\{U_p\}=\{U_s\}$，则：

$$\{P\} - \{Q\} = [K_p]\{U_s\} \tag{5.2-22}$$

式中 $\{P\}=\{P,0,0,\cdots 0\}^T$，$P$ 为桩顶荷载。

将式（5.2-21）代入式（5.2-22），得桩土共同工作计算式：

$$([K_p]+[K_s])\{U_s\} = \{P\} \tag{5.2-23}$$

式中 $[K_p]$、$[K_s]$——单桩刚度矩阵和桩侧土的刚度矩阵。

由此，可计算桩顶荷载 P 作用下单桩的各结点位移、力及桩测应力分布。不同土层极限侧阻 τ_u，当桩侧应力达到 τ_u（图 5.2-4b）后，位移增加，应力不再增长，可通过 2~3 次迭代计算来实现。

(2) 群桩分析

采用 Poulos 提出的相互作用影响系数法分析群桩，包括桩顶荷载和表面荷载（承台土反力）作用下引起的桩-桩、土-桩、土-土的相互作用，可大大压缩计算工作量（图 5.2-5）。

将 i 桩或土柱体各单元与 j 桩或土柱体中各单元的相互作用综合为桩顶或土柱体表面结点荷载效应的相互影响。第 j 桩桩顶荷载或第 j 土表面结点分布力引起第 i 桩或第 i 土表面结点的沉降为：

$$u_i=\alpha_{ij}F_j \quad i,j=1\sim n$$

$$\alpha_{ij}=\frac{\delta_{ij}}{\delta_{ii}} \tag{5.2-24}$$

式中 α_{ij}——相互作用影响系数；

δ_{ij}——j 桩桩顶结点作用单位力引起 i 桩或 i 结点沉降；

δ_{ii}——i 桩桩顶或 i 表面结点作用单位力引起自身的沉降；

n——基础板结点数。

将桩-桩、桩-土、土-桩、土-土对基底任一结点 i 的位移影响系数叠加，得到相互作用影响系数 $n\times n$ 矩阵即柔度矩阵 $[I_G]$，从而得到桩土凝聚于基底的总刚度矩阵 $[K_{p,s}]=[I_G]^{-1}$。

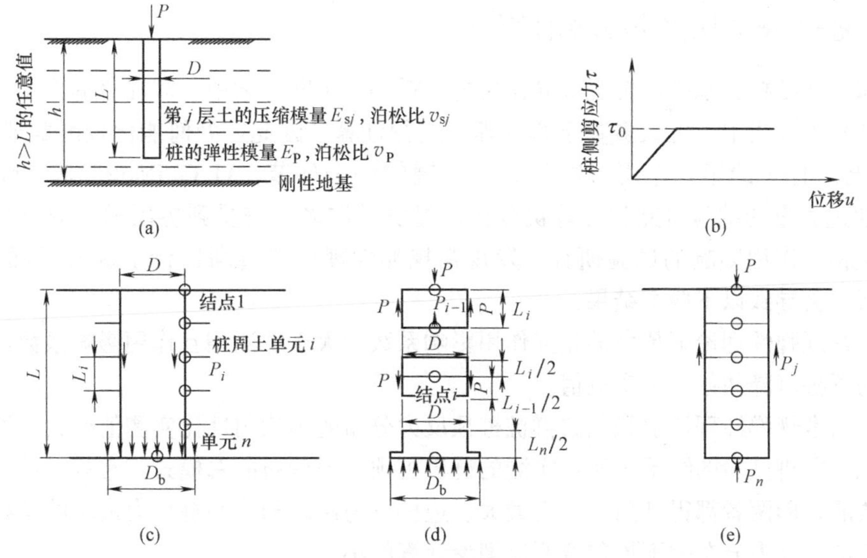

图 5.2-4 单桩分析

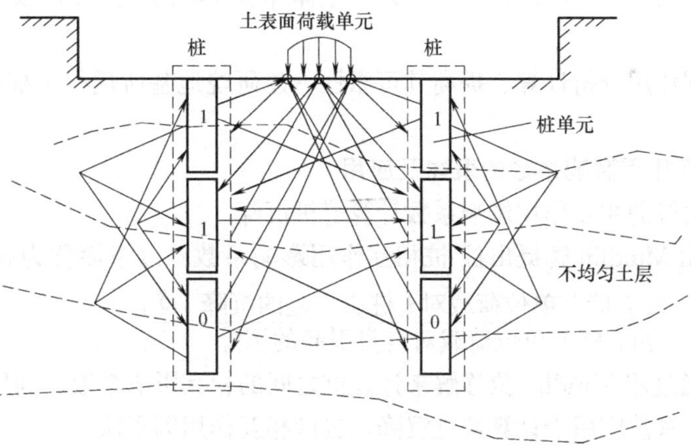

图 5.2-5 群桩分析

(3) 桩-桩、桩-土相互作用影响系数的修正

采用桩-桩、桩-土相互作用影响系数修正模型：

$$\zeta_i = 0.47\ln\frac{D_e}{S_a}$$
$$D_e = D_1 + \frac{L}{2}\tan\frac{\varphi}{4} \tag{5.2-25}$$

考虑相互作用影响系数修正，群桩桩土平衡方程可表示为如下关系式：

$$([K_{p,s}][\zeta]^{-1})\{U\} = \{P\} \tag{5.2-26}$$

式中 $[\zeta]$——相互作用影响的修正矩阵；

$[K_{p,s}]$——凝聚于基础板结点的桩土刚度矩阵；

$\{U\}$、$\{P\}$——板结点的位移和荷载矢量。

将桩土刚度矩阵 $[K_{p,s}]$、基础板刚度矩阵 $[K_F]$ 和上部结构刚度矩阵 $[K_{st}]$ 代入式 (5.2-2) 叠加，便可进行共同工作计算。

5.2.6 桩-土-桩相互作用影响计算[3]

考虑上部结构、基础和桩土共同作用的分析还在不断探索中，现在普遍采用的有限元等数值计算手段当中，也大多基于弹性理论进行计算。因此，如何能比较准确地计算桩-桩、桩-土、土-土的相互作用影响系数是关键的一个环节。H. G. Poulos 基于弹性理论解[4]，通过大量的试验研究和计算机分析，提供了许多图表受到各国学者的重视。本节通过桩土相互作用影响的试验研究，发现常规弹性理论解过高估计了桩-土-桩的相互影响，这通常会导致以下两个结果：

(1) 常规弹性理论解预估的相互作用影响系数远大于实测相互作用影响系数，这将导致预估的群桩沉降往往大于实测值。

(2) 由常规弹性理论解预估的群桩桩顶反力分布的不均匀性比实测值要大。群桩模型试验和现场群桩试验的结果表明：实测的群桩桩顶反力分布的总模式与常规弹性理论的分析是一致的，即两者都得到角桩反力最大、边桩反力次之和中心桩反力最小的总趋势；但是实测的群桩反力分布的不均匀度要比理论计算的小。

笔者认为导致上述现象的根本原因是：土体碎散介质的非连续性以及土的应力变形的弹塑性造成的。

为改进共同作用分析计算、提高其可靠性，建研院地基所进行了桩-土-桩相互作用影响的试验研究。

1. 关于相互作用影响系数的表述及应用

(1) 利用两桩的相互作用影响系数计算群桩沉降

Poulos 应用 Mindlin 解提出桩-桩相互作用影响系数（以下简称为相互影响系数）的定义为[4]：

$$\alpha_{ij} = \frac{\text{由 } j \text{ 桩上单位荷载对 } i \text{ 桩所引起的沉降}}{\text{由 } i \text{ 桩上单位荷载对自身引起的沉降}} = \frac{\delta_{ij}}{\delta_{ii}} \tag{5.2-27}$$

Poulos 等通过用 Mindlin 位移解来计算桩之间的相互影响系数，利用叠加原理，把两根桩的相互影响系数应用于计算群桩沉降，也即相互作用因子法。

由 n 根桩组成的群桩基础，其中 i 桩的沉降为：

$$s_i = \delta_{ii} \sum_{j=1}^{n} \alpha_{ij} Q_j \tag{5.2-28}$$

式中　α_{ij}——二桩相互影响系数，根据 Mindlin 解求得，按桩的长径比 l/d、距径比 S_a/d、桩土刚度比 $K(K=E_P/E_s)$、土层厚度比 h/l 及均匀无限厚土层的 α_{ij} 理论值列成表；

Q_j——j 桩桩顶荷载；

δ_{ii}——i 桩受单位荷载时的桩顶沉降即柔度系数，根据静载试验结果取工作荷载 Q_a 下沉降 S_a，按 $\delta_{ii}=S_a/Q_a$ 确定；对于相同条件的桩 δ_{ii} 相等。

工程应用时，可根据式（5.2-28）和总荷载 P 与各桩反力平衡条件 $P=\sum Q_j$，并利用刚性承台受轴心荷载时，$S=S_i$；柔性承台受轴心荷载时，$Q_j=P/n$，各为 $n+1$ 个方程求得 $n+1$ 个未知量。

上述相互作用因子法，对于成层土中的大面积群桩基础的沉降计算，显然是不适用的。更为重要的问题是要考虑按弹性理论计算的桩的相互影响系数值与实际不符所带来的影响。故应对相互影响系数予以修正。H. G. Poulos 在 GeoShanghai 2006 会议上也提出了这一问题。

（2）关于共同作用计算分析中桩土刚度矩阵

考虑上部结构-基础-地基（桩土）共同作用计算的基本方程为：

$$([K_{st}]+[K_F]+[K_{s(p,s)}])\{u\}=\{F_{st}\}+\{F_F\} \tag{5.2-29}$$

式中　$[K_{s(p,s)}]$——地基或桩土刚度矩阵，系由 Mindlin 解求得的柔度系数矩阵求逆而得，即：

$$[K_{s(p,s)}]=[\Delta]^{-1} \tag{5.2-30}$$

式中　$[\Delta]$——地基或桩土（对于桩基）柔度矩阵。

其中包含 4 个元素：①桩-桩相互影响柔度系数 $\delta_{pp,ij}$，为桩 j 受单位荷载时引起桩 i 桩顶的沉降，当 $i=j$，即桩 i 自身受单位荷载引起桩顶的沉降 $\delta_{pp,ii}$（即前述 δ_{ii}）；②桩-土相互影响柔度系数 $\delta_{ps,ij}$，桩 j 受单位荷载时引起土结点 i 处的沉降；③土-桩相互影响柔度系数 $\delta_{sp,ij}$，为土结点 j 相应面积 $\overline{A_j}$ 上作用均布荷载 $P_j=1/\overline{A_j}$ 时引起桩 i 桩顶的沉降；由互等定理，可得 $\delta_{sp,ij}=\delta_{ps,ij}$；④土-土相互影响柔度系数 $\delta_{ss,ij}$ 为土结点 j 相应面积 $\overline{A_j}$ 上作用均布荷载 $P_j=1/\overline{A_j}$ 时引起土结点 i 处的沉降。由式（5.2-27）可知，上述相互影响柔度系数 δ_{ij} 与相互影响系数 α_{ij} 之间的关系为：

$$\left.\begin{aligned}\delta_{pp,ij}&=\delta_{pp,ii}\cdot\alpha_{pp,ij}\\ \delta_{ps,ij}&=\delta_{ps,ii}\cdot\alpha_{ps,ij}\\ \delta_{sp,ij}&=\delta_{sp,ii}\cdot\alpha_{sp,ij}\\ \delta_{ss,ij}&=\delta_{ss,ii}\cdot\alpha_{ss,ij}\end{aligned}\right\} \tag{5.2-31}$$

通过试验研究桩土相互作用性状时，通常可由单桩、平板加载试验对桩、土沉降测试得到桩土相互影响系数。由于 $S_{ij}/S_{ii}=\delta_{ij}/\delta_{ii}$，故可由荷载 Q 作用下的沉降量之比得到单位荷载下沉降量（柔度）之比。因此，桩-桩相互影响系数：

$$\alpha_{pp,ij}=\frac{\text{桩 } j \text{ 受单位荷载时引起桩 } i \text{ 的沉降量 } \delta_{pp,ij}}{\text{桩 } i \text{ 受单位荷载时引起桩 } i \text{ 自身的沉降量 } \delta_{pp,ii}} \tag{5.2-32}$$

桩-土相互影响系数：

$$\alpha_{ps,ij}=\frac{\text{桩}\ j\ \text{受单位荷载时引起土结点}\ i\ \text{处的沉降量}\ \delta_{ps,ij}}{\text{土结点}\ i\ \text{相应面积}\overline{A_i}\ \text{受单位荷载时引起土结点}\ i\ \text{处的沉降量}\ \delta_{ps,ii}}\tag{5.2-33}$$

土-桩相互影响系数：

$$\alpha_{ps,ij}=\frac{\text{土结点}\ j\ \text{相应面积}\overline{A_j}\ \text{受单位荷载时引起桩}\ i\ \text{的沉降量}\ \delta_{sp,ij}}{\text{桩}\ i\ \text{受单位荷载时引起桩}\ i\ \text{自身的沉降量}\ \delta_{sp,ii}}\tag{5.2-34}$$

土-土相互影响系数：

$$\alpha_{ss,ij}=\frac{\text{土结点}\ j\ \text{相应面积}\overline{A_j}\ \text{受单位荷载时引起土结点}\ i\ \text{处的沉降量}\ \delta_{ss,ij}}{\text{土结点}\ i\ \text{相应面积}\overline{A_j}\ \text{受单位荷载时引起土结点}\ i\ \text{处的沉降量}\ \delta_{ss,ii}}\tag{5.2-35}$$

由式（5.2-31）可知，桩-土-桩相互影响柔度系数的变化规律与桩土相互影响系数（由于相互影响系数由等式两边分别除以 $\delta_{pp,ii}$，$\delta_{ps,ii}$，$\delta_{sp,ii}$，$\delta_{ss,ii}$ 得到）的变化规律是相同的。因此，可通过试验实测相互影响系数来评估弹性理论计算结果，据此对桩土刚度矩阵进行修正。

2. 土-土相互影响系数试验研究及分析

为了测定土-土相互作用影响，在载荷试验平板（长×宽×高＝0.707m×0.707m×0.15m）一侧距板边 150mm、300mm、450mm、600mm、750mm、900mm、1050mm、1200mm 布置地表浅层标点，测定各点的沉降及土-土相互作用影响范围[2]。布置情况如图 5.2-6 所示。

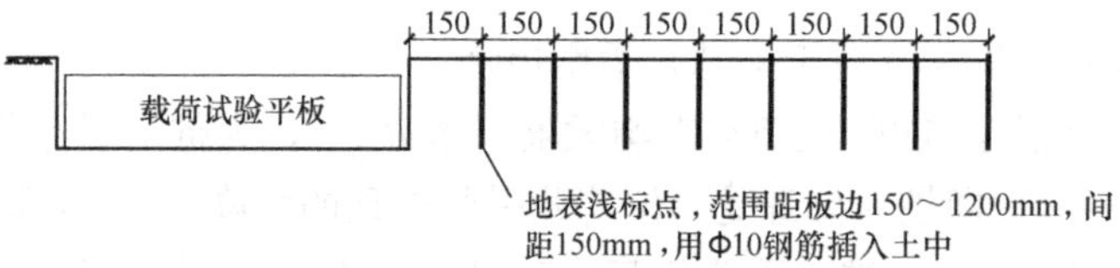

图 5.2-6　土-土相互作用影响试验示意

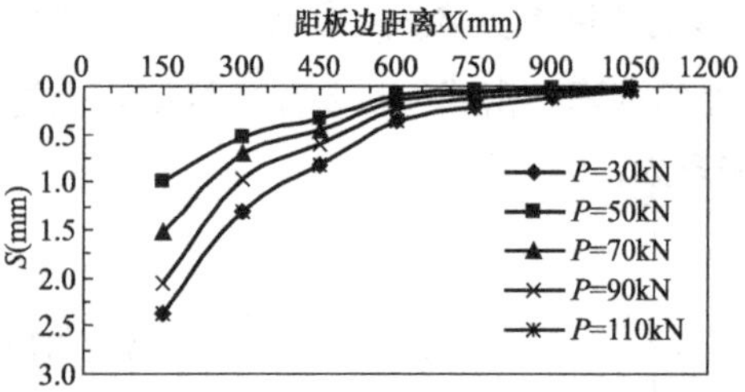

图 5.2-7　承压平板沉降影响水平范围

距压板边 150～1200mm 处地表的沉降影响如图 5.2-7 所示。可以看出，周边地表土沉降影响范围随着与板边距离的增大而减小，在不同荷载水平下，减小的趋势大体相同。当板顶为地基土特征值相应的荷载时，板顶的沉降为 6.04mm，距板边 150～1050mm（1200mm 处百分表飘值过大，故剔除）的沉降依次为 1.0mm、0.53mm、0.33mm、0.1mm、0.05mm、0.03mm、0.02mm，距板边 1050mm 处沉降值不及板顶沉降的 1%。

将板侧各点沉降除以板顶沉降则可以得到相应的土-土相互影响系数 $\alpha_{ss,ij}$，如图 5.2-8 所示。

可以看出：虽然周边地表沉降的影响范围随板顶的荷载水平增加而加大，但土-土相互影响系数随板顶的荷载水平提高而减小，这说明板底及周围地基土存在塑性区，弱化了

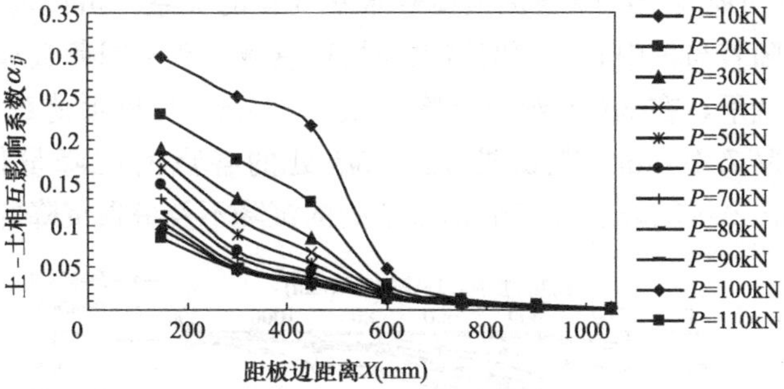

图 5.2-8 土-土相互影响系数与板边距离的关系

土-土相互作用影响。在与土的承载力特征值相应的板顶荷载 50kN 下，距板边 150～1050mm 处土-土相互影响系数依次为 0.166、0.088、0.055、0.016、0.008、0.004、0.002；而在与土的承载力极限值相应的板顶荷载 100kN 下，距板边 150～1050mm 处土-土相互影响系数依次为 0.094、0.047、0.030、0.013、0.007、0.003、0.002。可以看出，本次试验得到的土-土相互作用影响范围比较小，仅局限在板边 1.5 倍板宽的范围内。

从图 5.2-9 中可以看出，理论值与实测值的大体趋势基本是一致的。参照刘金砺经过大量不同土质中的实测结果在文献［3］中提出的修正模型，回归分析出土-土相互影响系数修正模型如下：

$$\zeta_i = 0.45\ln\frac{D_e}{S_a} \qquad (5.2\text{-}36)$$

式中 S_a——土表面结点间距；

D_e——有效最大影响距离，由表 5.2-2 确定。

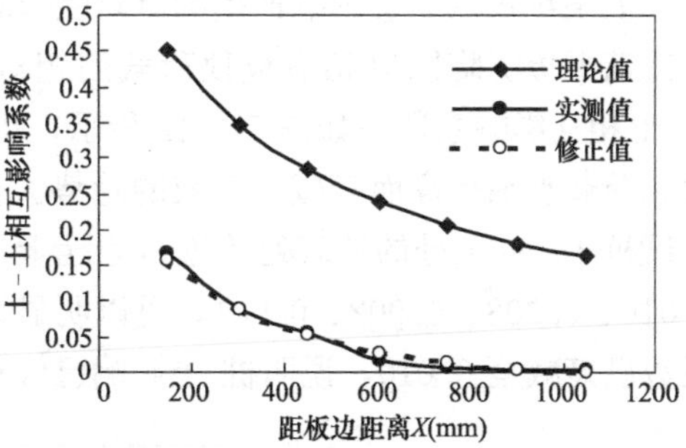

图 5.2-9 土-土相互影响系数理论值与实测值对比

D_e 值 **表 5.2-2**

压缩模量 E_s(MPa)	≤4	10	20	≥30
影响范围 D_e(m)	4D	6D	8D	10D

3. 桩-土相互影响系数试验研究及分析

为了测出桩-土相互影响系数，采用模型桩（桩长 4.5m、桩径 150mm）进行加载，在距桩中心轴线 1d～8d 范围内埋设沉降标点如图 5.2-10 所示。

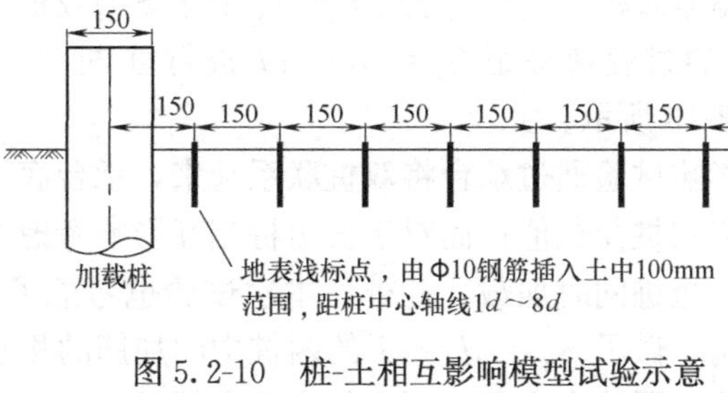

图 5.2-10 桩-土相互影响模型试验示意

图 5.2-11 为桩周地表土沉降随桩顶荷载水平变化的关系。可以看出：单桩受荷对桩周地表沉降的影响随着与桩中心间距的增大而快速衰减，在不同荷载水平下，衰减的趋势基本一致。极限荷载下，在 $6d$ 处绝对沉降不及 0.5mm。当桩顶荷载加至承载力特征值 R_a 时，桩顶沉降为 7.49mm，距试桩 $1d \sim 5d$ 处的各点的沉降量依次为：1.46mm、0.89mm、0.56mm、0.41mm、0.18mm，$5d$ 处的沉降不及桩顶沉降的 3%。

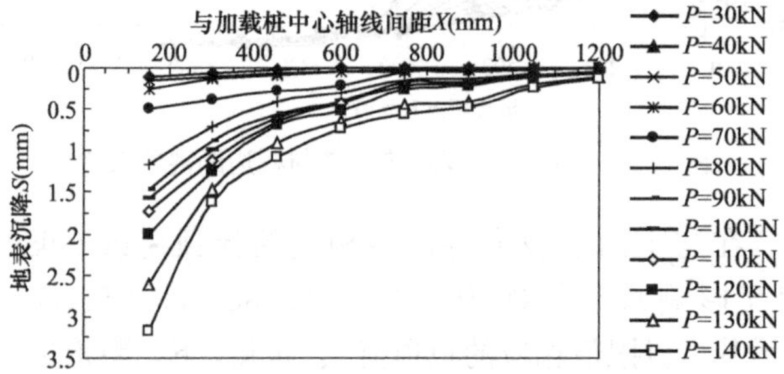

图 5.2-11　P-1 桩对桩周土地表沉降影响

如果将各点受桩影响产生的沉降除以相应荷载水平下的桩顶荷载与各点相应荷载水平下载荷平板沉降除以相应板顶荷载的相对值表示，也即 $\alpha_{ps,ij}=\delta_{ps,ij}/\delta_{ps,ii}$，则 $\alpha_{ps,ij}$ 为桩-土相互影响系数。如图 5.2-12 所示，可以看出桩-土相互影响系数随着与桩中心距离增大和荷载水平提高而衰减，衰减的趋势大体一致。当桩顶荷载加至承载力特征值 R_a 时，距试桩 $1d \sim 8d$ 处的地表处的桩-土相互影响系数依次为：0.058、0.045、0.034、0.020、0.010、0.008、0.002、0.001，可以明显地看出，当距桩中心轴线 $5d$ 时，桩-土相互影响系数已衰减至 0.010，说明桩-土影响已经很弱。

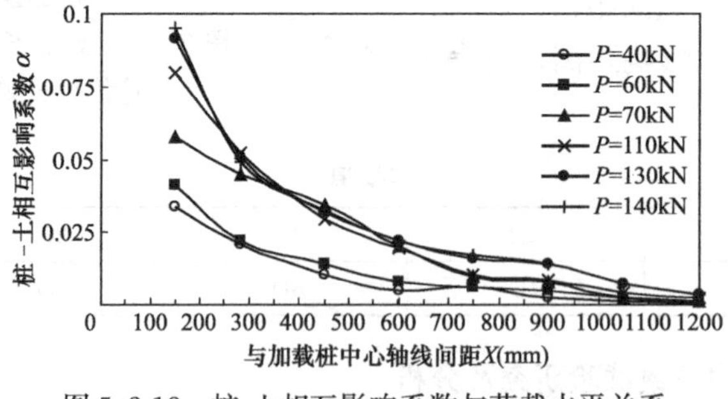

图 5.2-12　桩-土相互影响系数与荷载水平关系

4. 桩-桩相互影响系数试验研究及分析

本次试验分别对 P-1 类型双桩（长径比 $l/d=30$）、P-2 类型双桩（长径比 $l/d=15$）、P-1 与 P-2 混合型长短双桩通过变换桩距 $S_a=2d \sim 6d$ 进行桩-桩相互影响若干组平行试验，试验加载示意如图 5.2-13 所示。

对于等长度双桩相互影响试验通过承台将双桩联系起来，承台底面与土表面分离，在承台中心点处加两倍于相应双桩荷载值；而对于长短桩相互影响考虑偏心因素，无法将二者统一起来，所以采用对长短桩同时加载。此外，本次试验也考虑了“遮帘和加筋效应”对双桩相互影响系数的影响，做了 $S_a=2d \sim 4d$ 的两桩中间加筋的相互影响试验，但其结果离散，未能采用。本试验试图缩小在理论研究与实践之间已产生的某些差距。

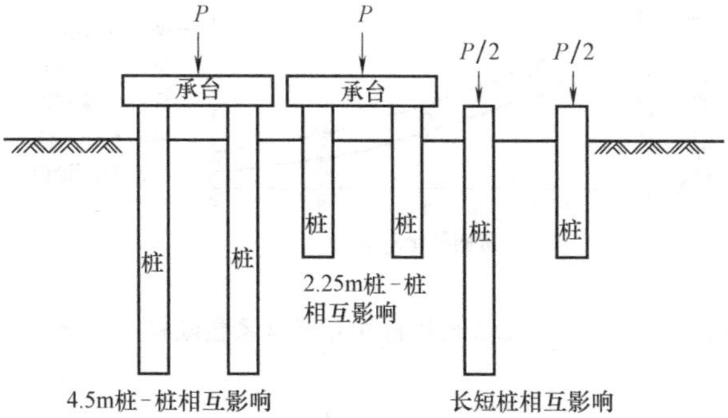

图 5.2-13 桩-桩相互影响试验示意

根据单桩、双桩试验所得荷载-沉降曲线可求得实际的相互影响系数。承台厚度为150mm，可以认为是刚性承台，此刚性承台下双桩的沉降由双桩相互影响系数定义可表示为 $S=\delta_{11}(\alpha_{11}Q_1+\alpha_{21}Q_2)$。由于 $\alpha_{11}=1$，$Q_1=Q_2=P/2$，故 $S=\frac{\delta_{11}\cdot P}{2}(1+\alpha_{21})$。实测相互影响系数为：

$$\alpha_{12}=\alpha_{21}=\frac{2S_a}{\delta_{11}\cdot P_a}-1 \tag{5.2-37}$$

式中 P_a——双桩基础工作荷载，$P_a=P_u/2$；

S_a——荷载 P_a 下的沉降；

δ_{11}——单桩允许承载力状态单位荷载下的沉降，$\delta_{11}=S_a/Q_a$。

本次试验 P-1 型双桩、P-2 型双桩、P-1 与 P-2 混合型长短桩相互影响系数试验结果与 Poulos 弹性理论相互影响系数对比见图 5.2-14～图 5.2-16。根据本次若干组平行试验中桩-桩相互影响系数实测值与理论值之间的关系，借鉴文献 [1] 中提出的修正模型，回归分析出桩-桩相互影响系数修正模型如式（5.2-38）。修正后的弹性理论相互影响系数可见图 5.2-14、图 5.2-15。

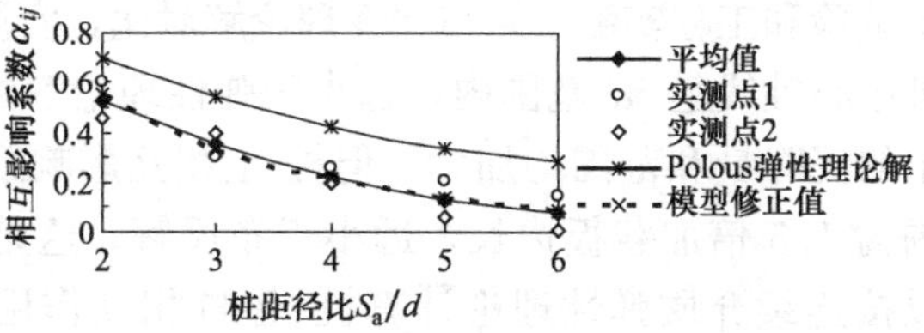

图 5.2-14 P-1 型双桩相互影响系数随桩距径比变化

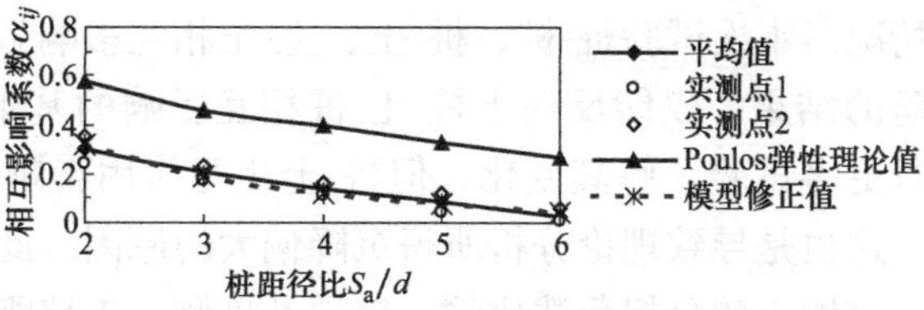

图 5.2-15 P-2 型双桩相互影响系数随桩距径比变化

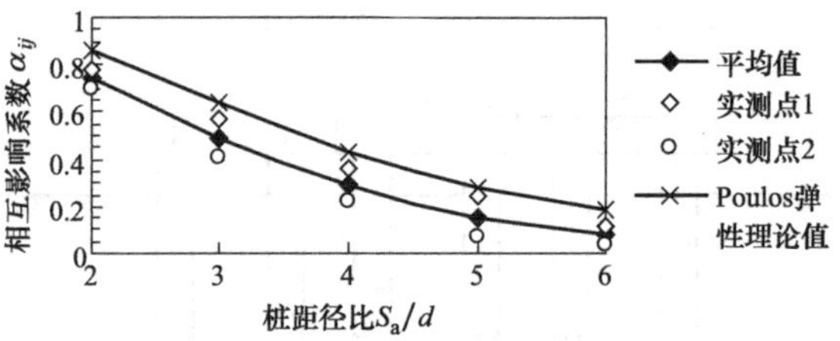

图 5.2-16　P-1、P-2 长短桩相互影响系数随桩距径比变化

$$\zeta_i = 0.47\ln\frac{D_e}{S_a}$$

$$D_e = D_1 + \frac{L}{2}\tan\frac{\varphi}{4} \tag{5.2-38}$$

式中　S_a——桩与土表面结点间距；

L——桩长；

φ——桩长范围内土内摩擦角加权平均值；

D_1——按桩长范围内土的压缩模量 E_s 加权平均值，由表 5.2-3 确定。

E_s 值　　**表 5.2-3**

压缩模量 E_s(MPa)	≤4	10	20	≥30
影响范围 D_1(m)	$6d$	$8d$	$10d$	$12d$

注：d 为桩直径；可根据 E_s 值内插求 D_1。

5. 土-桩相互影响系数试验研究及分析

为了测出土-桩的相互影响系数，采用在距加载平板边缘不同距离（板边缘距桩中心轴线 $1d$～$8d$）处设置模型桩（桩长 4.5m/2.25m、桩径 150mm），但实测结果未能测出和真实地反映出土-桩的相互影响系数，故本节分析中，根据互等定理以桩-土相互影响系数代替土-桩相互影响系数，即 $\alpha_{sp,ij}=\alpha_{ps,ij}$。

6. 结论

通过大比尺的模型试验和工程实测结果与弹性理论解对比，实测工作荷载下桩周地表土变形影响范围为自桩中心轴线起 $5d$ 范围内，远小于弹性理论解的影响范围。随荷载水平的提高，桩周地表土的沉降量和范围均加大，但桩-土相互影响系数却降低。加载平板周围地表变形影响范围为 1.5 倍加载板边长，远小于布氏解。这是由于土体系非理想弹性、非连续介质，所以按连续介质弹性理论计算桩-土-桩相互作用影响会导致偏大的结果，沉降值也偏大，同时也会过高地估计桩顶反力的不均匀性。笔者认为只有通过大量试验和工程实测总结分析出其变化特征和规律，对弹性理论解在不同类别和性质的土中进行修正，使其接近真实情况。本次试验桩-桩、桩-土、土-土相互影响系数仅代表某一特定区域内的有限次平行试验的结果，仅能反映出桩-土-桩相互影响的基本规律，尚不能定量。对于不同类别土应进行更多试验了解其变化。但桩-土相互作用影响范围小于连续介质弹性理论结果是肯定的，这也是导致理论分析所得沉降偏大的原因。此外，此次试验相互影响系数未能考虑桩端、桩侧土的分担荷载比例、桩端及桩侧土支撑刚度、荷载水平、下卧层土层等因素。目前，不少学者也曾提出了一些修正模型，但对不同类别土很难采用一个统一的修正模型进行修正。所以，运用弹性理论或有限元等数值方法进行共同作用分析和沉降计算时，尚应依靠岩土工作者的经验和大量实测结果回归和反分析，因地制宜找出其中的规律。

5.2.7 基于侧阻概化和基桩附加应力均化的桩基沉降计算方法

桩基沉降计算一直是受设计人员关注的一个焦点，因为工程设计人员对此接触颇多，岩土科研人员对其中的相关问题也热衷研讨。《建筑桩基技术规范》JGJ 94—2008 列入了等效作用分层总和法计算桩基沉降。该方法是于 25 年前研发出台并列入规范，在当时的历史条件下，相对于传统的实体深基础计算法是一个进步。但要客观地分析等效作用法，其最大缺陷是未考虑桩侧阻力对附加应力场的实际贡献。在 20 世纪 90 年代要取得大量长桩、超长桩试桩的侧阻测试资料可以说是不可能的。近 10 年来，建研院地基所桩基规范研究小组围绕桩基沉降计算的相关问题进行了有意义的探索研究。

1. 关于桩侧阻力概化研究

2013～2014 年，收集 24 组 51 根桩的侧阻力、端阻力、沉降测试资料开展“不同条件下桩侧阻力、端阻力性状及侧阻力分布概化分布与应用”研究[5,6]。将不同地质条件、不同长径比试验桩在工作荷载（特征值）下的侧阻分布曲线按“避繁就简，作用等效”的原则进行概化，所谓作用等效就是概化拆线包络图与实测曲线包络图外形相似、形心相近，等代面积与桩侧荷载相等。对不同地层结构侧阻分布的概化模式归纳为 6 种：正梯形、倒梯形、蒜头形、峰谷形、橄榄形、灯笼形。将每种概化模式分解为 2～3 个桩长为 l、kl 的矩形、正三角形分布单元，另外按端阻比确定的端阻单元。根据 Mindlin 解附加应力系数表可逐一确定供桩基沉降计算的附加应力。综合各试桩的端阻测试结果和桩端持力层性质、桩长径比、平均侧阻诸因素给出工作荷载下的端阻比。由端阻比（参考值）表可看出，建筑桩基绝大部分为摩擦桩，其沉降变形决定因素是侧阻力形成的附加应力场。2015 年至今，借助前面课题成果桩基规范课题组进一步开展了 103 根桩侧阻力、端阻力、沉降测试，将不同特色土层结构中的基桩侧阻力分别概化为正梯形、锥头形、蒜头形、凹谷形 4 种模式。分析具体工程时，将桩侧土层柱状图与之比对，综合判定其属于何种概化模式，进而将其分解为 2～3 个基本单元，并确定相关参数；根据相关参数和上述均化附加应力系数计算桩端平面以下任一点的附加应力。上述均化端阻、矩形分布及正三角形分布侧阻附加应力系数均编成表格和程序，可手算又可机算。2019 年，针对基桩侧阻力概化模式给出了正梯形、锥头形、蒜头形、凹谷形桩身压缩计算公式[7]。

2. 关于桩基附加应力场均化研究

2000 年初，关于桩径影响，《建筑桩基技术规范》JGJ 94—2008 给出了沿桩身轴线的竖向应力影响系数解析角和轴线以外的数值解。2014 年，改进 Minlin-Geddes 的附加应力计算式，由原物理意义不明晰的 Q/l^2、I_p、I_{sr}、I_{st} 为因子表述的计算式改造为作用力（q_p，q_{sr}，q_{st}）与附加应力系数（k_p，k_{sr}，k_{st}）相乘的计算表达式：$\sigma_p=q_p \cdot k_p$，$\sigma_{sr}=q_{sr} \cdot k_{sr}$，$\sigma_{st}=q_{st} \cdot k_{st}$；原考虑桩径影响的 Mindlin 解沿桩身轴线的竖向应力影响系数解析式相应调整为附加应力系数以深径比 z/d、距径比 S_a/d 为自变量的函数，即表述为：$k_p(\mu,d,l,z)$，$k_{sr}(\mu,d,l,z)$，$k_{st}(\mu,d,l,z)$ 解析式。这样使得描述任一点应力场其物理意义清晰，应用方便[5]。

2015 年至今，中国建筑科学研究院地基所在北京市自然基金和住建部课题支助下，开展了“基于桩侧阻力不同概化模式的 Mindlin 解计算桩基沉降及应用”[7]。该研究是基于半无限弹性体内外力作用下按 Mindlin 解计算附加应力的理论，包括附加应力系数考虑桩径问题、附加应力系数考虑均化问题。对于前者，将集中力解析式改进为考虑桩径的解析式，桩径之外采用数值分析法并兼顾桩径影响；对于后者，考虑桩自身荷载和相邻桩影响下产生的侧阻力附加应力系数，在桩端平面下 $4d$ 深度、桩身投影截面范围内存在较大差异，而 $4d$ 深度恰是基桩主要压缩变形区域，对最终沉降计算影响较大；对于端阻，在桩自身荷载和相邻桩影响下产生的端阻附加应力系数，在桩端平面下 $2d$ 深度、桩身投影截面范围内存在一定差异，而 $2d$ 深度恰是基桩主要压缩层，对沉降计算影响较大。基于以上原因，对基桩自身投影截面范围内的附加应力系数和受影响范围的基桩附加应力系数进行均化处理，以均化附加应力系数（即曲面的平均矢高）取代轴线上的值[7]。

3. 桩基沉降计算细则

采用基于桩侧阻力分布不同概化模式的 Mindlin 解计算桩基沉降。该计算方法有如下特点：一是桩侧土层性质与分布对附加应力场的影响得到反映；二是考虑基桩侧阻、端阻附加应力在桩自身及相邻影响桩桩端以下 $2\sim4d$ 深度投影截面内的非均匀分布，附加应力系数（单位荷载下的附加应力）以桩身投影截面内的均化值取代桩轴线上的值；三是按整体模式计算桩基沉降时，其压缩层厚度采用以桩群包络线围成面宽度和桩长径比为参数的经验计算式确定。沉降计算可采用查表手算或利用既有程序机算。

(1) 承台底地基土不分担荷载的桩基。桩端平面以下地基中由基桩引起的附加应力，按考虑实际桩侧阻概化模式的 Mindlin 均化应力解计算确定。将沉降计算点水平面影响范围内各基桩对应力计算点产生的附加应力叠加，采用单向压缩分层总和法计算土层的沉降，并计入桩身压缩 s_e。桩基的最终沉降量可按下列公式计算：

$$s=\psi\sum_{i=1}^{n}\frac{\sigma_{zi}}{E_{si}}\Delta z_i+s_e \tag{5.2-39}$$

$$\sigma_{zi}=\sum_{j=1}^{m}(q_{p,j}\cdot k_{p,ij}+q_{sr,j}\cdot k_{sr,ij}+\bar{q}_{st,j}\cdot k_{st,ij}) \tag{5.2-40}$$

式中 m——以沉降计算点为圆心，水平面影响范围内的基桩数；

j——水平有效影响半径范围内第 j 根基桩；

$q_{p,j}$、$q_{sr,j}$、$\bar{q}_{st,j}$——第 j 根基桩的端阻、均匀分布侧阻、正三角形分布平均侧阻；

$k_{p,ij}$、$k_{sr,ij}$、$k_{st,ij}$——第 j 根基桩对被影响基桩第 i 分层的端阻、矩形分布侧阻、正三角形分布平均侧阻均化附加应力系数。

(2) 对于桩与承台底共同承载的复合桩基沉降采用复合应力分层总和法计算。将承台底土压力对地基中某点产生的附加应力按布辛奈斯克解计算，与基桩产生的附加应力叠加，采用与常规桩基相同方法计算沉降。其最终沉降量可按下列公式计算：

$$s=\psi\sum_{i=1}^{n}\frac{\sigma_{zi}+\sigma_{zci}}{E_{si}}\Delta z_i+s_e \tag{5.2-41}$$

$$\sigma_{zci}=\sum_{k=1}^{u}\alpha_{ki}\cdot p_{ck} \tag{5.2-42}$$

式中 n——沉降计算深度范围内土层的计算分层数；分层数应结合土层性质，分层厚度不应超过计算深度的 0.3 倍；

σ_{zi}——水平面影响范围内各基桩对应力计算点桩端平面以下第 i 层土 1/2 厚度处产生的附加竖向应力之和；应力计算点应取与沉降计算点最近的桩中心点；

σ_{zci}——承台压力对应力计算点桩端平面以下第 i 计算土层 1/2 厚度处产生的应力；可将承台板划分为 u 个矩形块，可按《建筑桩基技术规范》JGJ 94—2008 附录 D 采用角点法计算；

Δz_i——第 i 计算土层厚度（m）；

E_{si}——第 i 计算土层的压缩模量（MPa），采用土的自重压力至土的自重压力加附加压力作用时的压缩模量；

p_{ck}——第 k 块承台底均布压力，可按 $p_{ck}=\eta_{ck}\cdot f_{ak}$ 取值，其中 η_{ck} 为第 k 块承台底板的承台效应系数，按《建筑桩基技术规范》JGJ 94—2008 表 5.2.5 确定；f_{ak} 为承台底地基承载力特征值；

α_{ki}——第 k 块承台底角点处，桩端平面以下第 i 计算土层 1/2 厚度处的附加应力系数，可按《建筑桩基技术规范》JGJ 94—2008 附录 D 确定；

s_e——计算桩身压缩[7]；

ψ——沉降计算经验系数，无当地经验时，可取 1.0。

对于孤立单桩或独立承台（其下桩数小于 4 根）、单排桩、疏桩复合桩基础的最终沉降计算深度 z_n，可按应力比法确定，即 z_n 处由桩引起的附加应力 σ_z、由承台土压力引起的附加应力 σ_{zc} 与土的自重应力 σ_c 应符合下式要求：

$$\sigma_z+\sigma_{zc}=0.2\sigma_c \tag{5.2-43}$$

对于桩中心距不大于 6 倍桩径的群桩基础的最终沉降计算深度 z_n，可按下式计算确定[2]：

$$z_n=B\left(1.3-0.3\ln\frac{B}{10}+0.2\ln\frac{l/d}{50}\right) \tag{5.2-44}$$

式中 z_n——桩端平面以下的压缩层计算厚度（m）；

B——桩群包络线围成面宽度（m），$1.3B$ 为基宽对压缩层厚度的基本影响值；

$0.3\ln\frac{B}{10}$——基宽对压缩层厚度影响的修正值；当 $B=10$m 时，不修正；当 $B<10$m 时，导致 z_n 大于 $1.3B$；当 $B>10$m 时，导致 z_n 小于 $1.3B$；

$0.2\ln\frac{l/d}{50}$——长径比对压缩层厚度影响的修正值；当 $l/d=50$ 时不修正；当 $l/d<50$ 时，导致 z_n 减小；当 $l/d>50$ 时，导致 z_n 增大。

基于考虑桩径影响的 Mindlin 解，采用数值分析方法求得基桩由端阻、不同分布形态侧阻在桩端平面下任一点 z/d 处桩身投影截面范围内附加应力系数均化值（应力分布曲面的平均矢高），包括端阻均化附加应力系数 k_p、矩形分布侧阻均化附加应力系数 k_{sr}、正三角形分布平均侧阻均化附加应力系数 k_{st}；并求得不同水平距离 S_a/d 基桩对计算基桩相互影响的端阻、矩形分布侧阻、正三角形分布平均侧阻的均化附加应力系数。已将上述均化附加应力系数随 l/d、z/d、S_a/d（$\mu=0.35$）的变化值编列成表[6]。

基桩引起的桩端阻和侧阻在桩自身投影截面任一深度 z 处产生的均化附加应力 σ_z 为

端阻均化附加应力$\sigma_{z,p}$与侧阻均化附加应力$\sigma_{z,s}$之和，应根据考虑实际桩侧阻概化模式的Mindlin均化应力解按下列公式计算：

$$\sigma_z=\sigma_{z,p}+\sigma_{z,sr}+\sigma'_{z,sr}+\sigma_{z,st}+\sigma'_{z,st} \tag{5.2-45}$$

$$\sigma_{z,p}=\frac{4\alpha Q}{\pi d^2}k_p \tag{5.2-46}$$

$$\sigma_{z,sr}=\frac{Q_{srl}}{\pi dl}k_{sr} \tag{5.2-47}$$

$$\sigma'_{z,sr}=\frac{Q_{srkl}}{\pi dkl}k'_{sr} \tag{5.2-48}$$

$$\sigma_{z,st}=\frac{Q_{stl}}{\pi dl}k_{st} \tag{5.2-49}$$

$$\sigma'_{z,st}=\frac{Q_{stkl}}{\pi dkl}k'_{st} \tag{5.2-50}$$

式中 $\sigma_{z,p}$——端阻力在应力计算点引起的附加应力（kPa）；

$\sigma'_{z,sr}$——l桩长均匀分布侧阻力在应力计算点引起的附加应力（kPa）；

$\sigma'_{z,sr}$——kl桩长均匀分布侧阻力在应力计算点引起的附加应力（kPa）；

$\sigma_{z,st}$——l桩长正三角形分布侧阻力在应力计算点引起的附加应力（kPa）；

$\sigma'_{z,st}$——kl桩长正三角形分布侧阻力在应力计算点引起的附加应力（kPa）；

Q——基桩在荷载效应准永久组合作用下（对于复合桩基应扣除承台底土分担），桩顶的附加荷载（kN）；当地下室埋深超过5m时，取荷载效应准永久组合作用下的总荷载为考虑回弹再压缩的等代附加荷载；

Q_{srl}、Q_{srkl}、Q_{stl}、Q_{stkl}——分别为基桩在荷载效应准永久组合作用下，l桩长均匀分布侧阻下、kl桩长均匀分布侧阻下、l桩长正三角形分布侧阻下、kl桩长正三角形分布侧阻下桩顶的等效附加荷载（kN）；当地下室埋深超过5m时，取荷载效应准永久组合作用下的总荷载为考虑回弹再压缩的等代附加荷载；

k_p——考虑侧阻概化模式的端阻均化附加应力系数；

k_{sr}、k'_{sr}、k_{st}、k'_{st}——分别为考虑侧阻概化模式的l桩长均匀分布侧阻均化附加应力系数、kl桩长均匀分布侧阻均化附加应力系数、l桩长正三角形分布侧阻均化附加应力系数、kl桩长正三角形分布侧阻均化附加应力系数；

k——侧阻力局部分布长度与桩长之比；

α——桩端阻力比；

l——桩长（m）；

d——桩径（m）。

考虑实际桩侧阻概化模式的Mindlin均化应力解法应综合考虑桩群密度和布桩参数、

基础形式不同，以及上部结构和桩基承台的刚度效应差异，采用以下两种方法之一计算桩基础最终沉降。

（1）整体均化分层总和法。此法适用于布桩密度大、上部结构整体刚度大的桩基，如核心筒、剪力墙、电梯楼梯间等的桩基。

首先，采用综合判定方法确定的侧阻概化分布模式和端阻比，继而确定计算域内各基桩桩端平面以下各计算分层 1/2 厚度处基桩自身端阻、侧阻均化附加应力系数和受诸邻桩影响的端阻、侧阻均化附加应力系数，并自桩端平面起分层（计算压缩层范围按压缩模量、厚度分层）叠加，求得各桩侧阻、端阻各分层附加应力 σ_{zi}、$\Delta\sigma_{zi}$，将其在计算域之和除以桩数得分层均化附加应力，按式（5.2-39）、式（5.2-40）计算桩基最终平均沉降。

（2）离散式分层总和法：本法适用于布桩稀疏、上部结构和承台整体刚度弱的桩基，如框架、贮罐等的桩基。

首先，采用综合判定法确定侧阻概化分布模式和端阻比，继而确定计算域坐标原点，将各编号基桩的 x，y 坐标列出，计算各基桩自身和受相邻桩影响的端阻、侧阻分层均化附加应力系数分别在各基桩桩身投影截面内叠加，求得各基桩桩端平面以下各分层 1/2 厚度处的均化附加应力。按应力比法确定压缩层厚度 z_{n}（附加应力与土自重应力之比为 0.2 处为压缩层层底），采用分层总和法逐一计算基桩最终沉降。

5.3 桩基水平承载力与变形计算

对于承受水平荷载显著的建（构）筑物，根据其受荷方式的不同可以分为几类：一类是以长期水平荷载为主的构筑物，例如挡土墙、拱结构、堆载场地等构筑物桩基受到的水平力；另一类是以周期荷载或循环荷载为主的建筑物，例如地震或风产生的建（构）筑物水平力、吊车等产生的制动力、海洋平台工程或岸边工程等波浪产生的水平力。对于一般建筑物，当水平荷载较大且桩基埋深较浅时，桩基的水平承载力设计应成为重点。

5.3.1 单桩水平承载特性与计算

单桩在水平荷载下的承载特性是指桩顶在水平荷载下产生水平位移和转角，桩身出现弯曲应力、桩前土体受侧向挤压，产生桩身结构和地基的破坏情况。影响单桩水平承载力和位移的因素包括桩身截面抗弯刚度、材料强度、桩侧土质条件、桩身入土深度、桩顶约束条件等。

5.3.1.1 水平受荷单桩的破坏机理研究

单桩在低水平荷载区域时基本表现为由线性到非线性区段的过渡过程，在达到极限荷载后，即使不继续增加荷载，水平位移也会急剧增加，会出现水平荷载下降的特征，即到达了极限状态。这种单桩水平承载的非线性特性是随着水平位移的增大，不仅会和桩周边地基的非线性特性一起从地表面延伸到地基深部产生渐进性破坏，还会相继出现处于弹性状态的桩体向出现塑性铰转化的情况，见图 5.3-1。

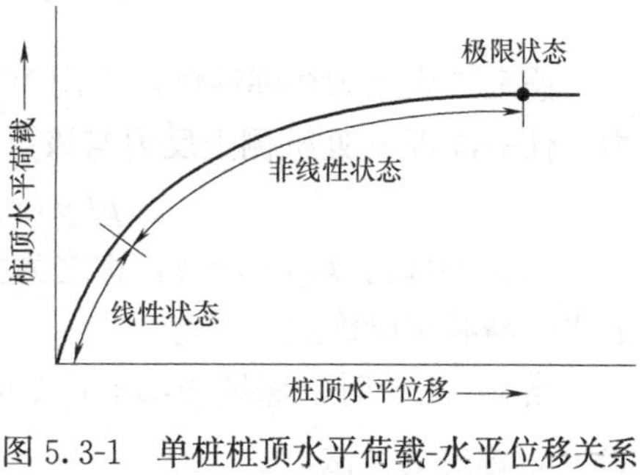

图 5.3-1 单桩桩顶水平荷载-水平位移关系

在桩身结构出现破坏到形成极限状态时，一般包含两种破坏情况：①地基土在桩长范围内产生破坏；②桩头固定时，桩顶和桩身地下部分形成两个塑性铰（桩头自由而地下部分为铰）的状态，并且这两个断面间的地基土也有发生破坏。

总的说来，单桩水平承载力主要是由桩身抗弯能力和桩侧地基土强度（稳定性）控制。对于低配筋率灌注桩，通常是由桩身先出现裂缝，随后断裂破坏；此时，单桩水平承载力由桩身强度控制。对于抗弯性能强的单桩，如高配筋率的灌注桩、混凝土预制桩和钢桩，桩身虽未断裂，但由于桩侧土体塑性隆起、桩顶水平位移大大超过使用允许值，也认为桩的水平承载力达到极限状态；此时，单桩水平承载力是由位移控制。

另外，竖向荷载对灌注桩水平承载力的影响较为显著，特别是对于配筋率较低的灌注桩而言，其水平承载力以桩身强度控制为主，竖向下压荷载的压应力会抵消很大一部分弯曲拉应力，使桩身由受弯状态转变为偏压状态，从而提高桩的水平临界荷载和水平极限荷载。

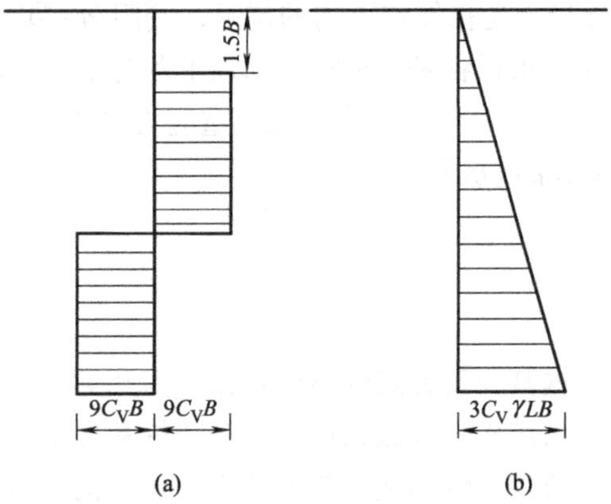

图 5.3-2　Broms 地基土反力分布模型

(a) 短桩在黏性土中地基土反力分布；

(b) 短桩在砂土中地基土反力分布

5.3.1.2　水平受荷桩基的分析计算理论

关于桩基础水平承载特性的理论研究方法除了有限元数值计算方法外，主要有极限地基反力法、弹性地基反力法、弹性理论法、p-y 曲线法。

(1) 极限地基反力法

极限地基反力法假定桩为刚性，不考虑桩身变形，根据土的性质预先设定一种地基反力形式，仅为深度的函数，主要有直线形和抛物线形两种分布模式，以 Broms 法应用最为广泛，Broms 反力分布形式见图 5.3-2。这种方法计算简单，但是忽略了桩身的变形性能。

(2) 弹性地基反力法

设置于土中的弹性桩，地面处承受水平荷载（水平力 H 和弯矩 M），由于荷载作用桩将发生挠曲，桩周土将产生连续分布的反力。假定桩上任一点 y 处单位桩长上的土反力 p 为深度 y 与该点桩挠度 x 的函数，即 $p=\overline{p}(y,x)$。若忽略由于桩挠曲引起的竖向摩阻力，则各截面仅有水平向地基土反力。其挠曲微分方程为：

$$EI\frac{\mathrm{d}^4x}{\mathrm{d}y^4}+\overline{p}(y,x)=0 \tag{5.3-1}$$

假定桩周土为线弹性体，采用 Winkler 离散性弹簧，不考虑桩土之间的黏着力和摩阻力，任一深度 y 处桩侧土反力与该点水平位移 x 成正比，表示为：

$$\overline{p}(y,x)=k_{\mathrm{h}}(y)xd=k_{\mathrm{h}}y^nxd \tag{5.3-2}$$

当 $n=0$ 时，$k_{\mathrm{h}}(y)=k$，称之为张氏法（常数法）；地基土反力系数 k 一般宜通过桩的水平静载试验确定。

当 $n=0.5$ 时，深度 $y\leqslant 4.0/\lambda$ 时，$k_{\mathrm{h}}(y)=cy^{0.5}$，$y>4.0/\lambda$ 时，$k_{\mathrm{h}}(y)=c(4.0/\lambda)^{0.5}$，称之为 c 法。

当 $n=1$ 时，$k_h(y)=my$，称之为 m 法。

我国建筑、交通、铁道、水利部门现行规范多用 m 法，国际上应用情况也多如此。弹性地基反力法能根据弹性地基梁的挠曲线微分方程用无量纲系数求解桩身内力和变形。但当桩变形较大时，土的非线性特性将变得非常突出，弹性地基反力法将不再适用。

(3) 弹性理论法

该方法将地基土体视为弹性半空间，假定桩周土体为各向同性的半无限体，假定该半无限体的弹性系数随着桩身按一定规律变化，引入了弹性模量和泊松比作为土体受力基本参数，解决了地基反力法中仅能用地基水平反力系数来表达土体变形特性的弊端，但弹性理论法的研究意味更重，应用在实际工程中过于复杂。

(4) p-y 曲线法

p-y 曲线法最早是由 Mcclelland 和 Focht 提出来的。他们认为试桩的实测反力与变位的关系曲线与室内进行的土的固结不排水三轴试验应力应变曲线存在相似关系，于是提出了一种求解非线性横向阻力的方法，其在海洋工程、港口工程等水平位移较大的桩基础应用较多。

5.3.1.3 建筑桩基中单桩水平承载力的计算

按照《建筑桩基技术规范》JGJ 94—2008 关于单桩水平承载力特征值的规定：对于桩身配筋率较低（小于 0.65%）的灌注桩，取单桩水平静载试验的临界荷载 H_{cr} 的 75% 为单桩水平承载力特征值，水平临界荷载为桩身开裂前对应的水平荷载，其规定主要是由于低配率的桩，桩身一旦开裂，由受拉区混凝土开裂导致桩身抗弯刚度将会明显降低，从而使桩的水平位移和受拉区钢筋应力增大，因而其 H_{cr} 临界荷载点一般能清楚地反映出来，此时临界荷载主要从桩身强度控制承载力的角度出发以确定单桩水平承载力特征值。

当缺少单桩水平静载试验资料时，《建筑桩基技术规范》JGJ 94—2008 按下列公式估算桩身配筋率小于 0.65%的灌注桩的单桩水平承载力特征值：

$$R_{ha}=\frac{0.75\alpha\gamma_m f_t W_0}{\nu_M}(1.25+22\rho_g)\left(1\pm\frac{\zeta_N\cdot N}{\gamma_m f_t A_n}\right) \tag{5.3-3}$$

此公式主要依据线弹性地基反力 m 法，计算桩顶自由与考虑桩顶嵌固的水平受荷桩，并按照混凝土抗裂（抗拉）设计其桩身抗弯强度，同时也可考虑竖向荷载对桩身受力特征的影响。

对于高配筋率灌注桩，受拉区混凝土开裂对桩身截面抵抗矩的影响并不明显，故桩的水平临界荷载在试验曲线上反映不明显，可以取设计要求的水平允许位移对应的荷载作为单桩水平承载力特征值。但在设计高配筋率灌注桩时，即使设计的允许水平位移较大，当桩顶水平位移较大时，也需考虑以下情形：

(1) 上部结构的水平位移要求。

(2) 水平位移很大时，桩侧土可能产生塑性较大变形。

一般建筑桩基中规定，水平位移允许值为 6～10mm。

当桩的水平承载力由水平位移控制，且缺少单桩水平静载试验资料时，可按下式估算预制桩、钢桩、桩身配筋率不小于 0.65%的灌注桩单桩水平承载力特征值：

$$R_{ha}=0.75\frac{\alpha^3 EI}{\nu_x}x_{0a} \tag{5.3-4}$$

以上对低配筋率桩和高配筋率桩（钢桩、预制桩），主要分为由桩身强度控制和桩顶水平位移控制两种组合，其均受桩侧土水平抗力系数的比例系数 m 的影响，但是，前者受影响较小，呈 $m^{1/5}$ 的关系；后者受影响较大，呈 $m^{3/5}$ 的关系。因此，地基水平反力系数的比例系数 m 值对计算桩基水平承载力的影响最为显著。

地基土水平抗力系数的比例系数 m 是反映水平受荷桩发生水平变位和桩身内力的特征参数，其不仅受地基土性质的影响，还受到桩或地下墙体刚度的影响，一般说来就某一类土，m 值并非常数，而是随着土面位移大小而变化，这实际反映了土抗力系数随桩或墙体变形而变化，在某种程度上是土的非线性特性和桩体抗弯刚度变化的综合反映。

《建筑桩基技术规范》JGJ 94—2008 根据数组现场试桩试验数据统计的 m 经验值见表 9.1.3-2。根据所收集到的具有完整资料参加统计的试桩，灌注桩 114 根，相应桩径 $d=300\sim1000$mm，其中 $d=300\sim600$mm 占 60%；预制桩 85 根。统计前，将水平承载力主要影响深度［2（$d+1$）］内的土层划分为 5 类，然后计算 m 值。表中预制桩、钢桩的 m 值系根据水平位移为 10mm 时求得，故当其位移小于 10mm 时，m 应予适当提高；对于灌注桩，当水平位移大于表列值时，则应将 m 值适当降低。

5.3.2 群桩基础水平承载特性

群桩中基桩表现出与单桩承载力明显不同的特性，群桩水平承载力会受到更多因素影响。现行的相关规范规定，在进行群桩基础水平承载设计时应考虑群桩效应问题。

5.3.2.1 群桩效应机理研究

大量研究试验表明，桩径、桩数、桩距、桩的布置方式、地基土性质等都是影响群桩水平承载力的主要原因，此外桩与承台连接的约束嵌固作用、承台底与地基土的摩擦作用以及承台侧面正向土抗力作用等也影响群桩水平承载力。水平荷载下的群桩效应主要表现在以下几方面：

1. 桩与桩的相互影响效应

(1) 桩的相互影响导致地基水平反力系数降低

由于群桩中桩与桩之间的相互影响，产生了土中的应力重叠现象，主要表现为地基水平反力系数降低，从而引起群桩的水平位移增大，水平承载力降低。桩距越小，桩数越多，桩与桩的相互干涉影响越显著，群桩效应也越明显。这种影响沿荷载方向远大于垂直于荷载方向。

(2) 桩的相互影响导致各桩桩身内力、挠度曲线的差异

如图 5.3-3，通过桩身内力的实测结果和破坏时各桩钢筋的断裂顺序，沿水平位移方向的最前面一排桩身受力最大，桩前地基土水平反力系数最大，位移最小，说明桩的相互影响还表现在桩的位移导致桩后地基土出现松弛，甚至在桩土间出现间隙，使后一排桩的桩前地基土丧失侧向约束，从而导致反力系数明显降低。桩距越小，沿荷载方向桩数越多，群桩整体削弱影响越大。

对于承受水平荷载的群桩中受力的不均匀性，主要设计问题通常是桩中相对于其结构强度产生的应力。在水平荷载作用下，桩间的相互作用随着群桩位移的增加而增大，这意味着群桩中前排桩的弯矩大于中间桩或后排桩，这种现象是由于同一排相邻桩之间的“屏蔽”或“遮蔽”效应。

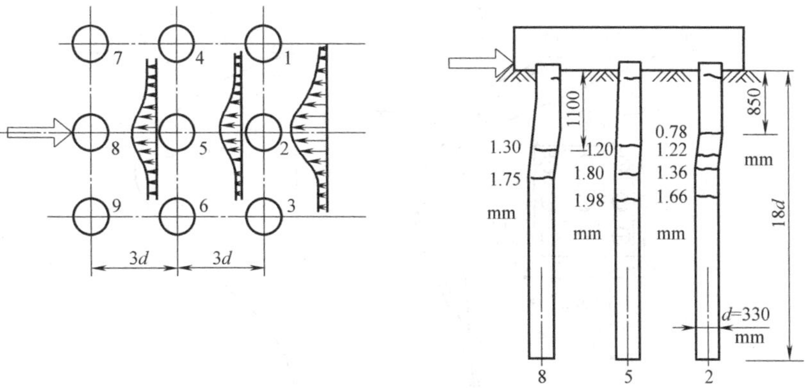

(a)　　　　　　(b)

图 5.3-3　群桩中各桩实测裂缝及土压力示意

对于受变向水平荷载（地震、风）的桩数较多的群桩基础，由于地基土水平反力系数在群桩中各基桩的差异，导致不同位置处的基桩会出现桩顶和沿深度方向的桩身内力以及位移的差异，施力方向最前列位置的桩，尤其是群桩的角落部分桩身弯矩较大。因此，在设计中应对群桩中的角桩、边桩的配筋予以加强。

2. 桩的嵌固影响

群桩中各桩桩顶若理想嵌固于承台中，当承台不发生偏转时，同桩顶自由（单桩静载试验时的状态）相比，在相同荷载下，其位移明显减小。对于群桩承载力以位移控制的情况，群桩的嵌固效应导致承载力提高。按照不同的地基土水平反力系数分布图式不同情况下，线弹性地基反力法的群桩承载力理论比值见表 5.3-1。

桩顶嵌固与自由条件下的位移比和强度比　　表 5.3-1

计算法	常数法	m 法	c 法
位移比 R_y	2.09	2.60	2.32
强度比 R_M	0.645	0.829	0.739

在相同位移情况下，按照 m 法计算，群桩中基桩水平承载力是桩顶自由的单桩水平承载力理论值的 2.60 倍。

以上为理想嵌固条件下的理论结果，实际上一般建筑桩基桩顶嵌入承台的深度较浅，为 5～10cm，实际约束状态介于铰接与固接之间。这种有限约束连接既能减小桩顶水平位移（相对于桩顶自由），又能降低桩顶约束弯矩（相对于桩顶固接），重新分配桩身弯矩，有利于群桩水平承载力。称此种效应为“桩顶约束效应”。

图 5.3-4 为实测群桩基桩弯矩与计算弯矩（临界荷载下，临界荷载为桩身开裂前的最大荷载）。从图 5.3-4（a）看出，由于桩顶的非完全嵌固导致桩顶弯矩降低至完全嵌固理论值的 40%左右，桩顶位移较完全嵌固增大约 25%，桩顶负弯矩与桩身正弯矩绝对值接近，桩身正弯矩最大值与计算值接近。图 5.3-4（b）表明，在相同荷载下，自由单桩最大弯矩计算值约为群桩实测值的 2.5 倍。

由此可见，桩顶与承台浅嵌固连接，实际上为有限约束，起到了减小桩顶弯矩，并沿桩身重分配的作用，其位移则略大于理想嵌固值，但小于桩顶自由情况，从而使群桩的横

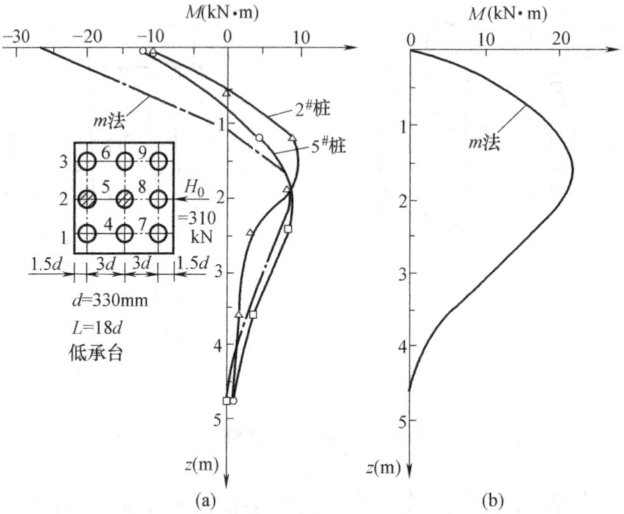

图 5.3-4　桩弯矩实测值与理论计算值比较

向承载力显著提高。

3. 承台侧向土抗力的影响

低承台群桩受水平荷载产生水平位移，在面对位移方向的承台侧面土体将产生弹性土抗力，但须注意承台侧向应考虑地基土的稳定性。当承台和地下墙体位移较小时，承台或地下墙体侧向土抗力可采用与桩相同的方法——线弹性地基反力系数法计算。

4. 承台底摩阻作用

对于工程中常见的低承台群桩，当地基土不至于因震陷、湿陷、自重固结而与承台脱离时，群桩在横向荷载作用下，承台底与地基土间将产生摩阻力，导致群桩承载力提高。对考虑地震作用且 $S_a/d \leqslant 6$ 时，一般为偏于安全，不计入承台底的摩阻效应。

5.3.2.2　群桩水平承载力计算

群桩水平承载力的设计确定，由于受承台、桩、土相互作用的影响而变得较为复杂，加之试验条件限制，大型原型试验资料有限，对其工作性状和破坏机理尚不完全清楚。目前一般按照《建筑桩基技术规范》JGJ 94—2008 中建议的群桩基础水平承载力简化计算方法进行分析，该方法是在水平荷载作用于承台底面的群桩基础试验结果为依据的基础上，采用群桩效应综合系数法得到的一种半理论半经验计算方法。

即采用单桩水平承载力计算群桩水平承载力，即群桩水平承载力为单桩承载力乘以桩数和群桩效率系数。群桩效应综合系数法，是以单桩水平承载力特征值 R_{ha} 为基础，考虑四种群桩效应，求得群桩综合效应系数 η_h，单桩水平承载力特征值 R_{ha} 乘以 η_h，即得群桩中基桩的水平承载力特征值 R_h，即：

$$R_h = \eta_h R_{ha} \tag{5.3-5}$$

对群桩水平承载力的确定除须考虑承台和地下室外墙侧面正面土抗力外，对于考虑地震作用且 $s_a/d \leqslant 6$ 时，考虑到地震作用承台底面与土的摩阻力不可靠，不计入承台底的摩阻效应；其他情况还应考虑承台底摩阻力作用。

本节主要对群桩的相互影响作用 η_i 和桩顶嵌固影响 η_r 的群桩效率问题进行分析，考虑承台和地下室外墙侧面正面土抗力 η_l，并推求其关系，即：

$$\eta_h = \eta_i \eta_r + \eta_l \tag{5.3-6}$$

其他情况还应考虑承台底的摩阻效应 η_b：

$$\eta_h = \eta_i \eta_r + \eta_l + \eta_b \tag{5.3-7}$$

$$\eta_b = \frac{\mu \cdot P_c}{n_1 \cdot n_2 \cdot R_h} \tag{5.3-8}$$

$$B_c' = B_c + 1(m) \tag{5.3-9}$$

$$P_c = \eta_c f_{ak}(A - nA_{ps}) \tag{5.3-10}$$

1. 桩顶约束效应系数 η_r

为确定桩顶约束效应对群桩水平承载力的影响，以桩顶自由单桩与桩顶固接单桩的桩顶位移比 R_x、最大弯矩比 R_M 基准进行比较，确定其桩顶约束效应系数为：

当以位移控制时：

$$\eta_r = \frac{1}{1.25} R_x \tag{5.3-11}$$

$$R_x = \frac{x_0^o}{x_0^r} \tag{5.3-12}$$

当以强度控制时：

$$\eta_r = \frac{1}{0.4} R_M \tag{5.3-13}$$

$$R_M = \frac{M_{max}^o}{M_{max}^r} \tag{5.3-14}$$

式中 x_0^o、x_0^r——单位水平力作用下桩顶自由、桩顶固接的桩顶水平位移；

M_{max}^o、M_{max}^r——单位水平力作用下桩顶自由的桩，其桩身最大弯矩；桩顶固接的桩，其桩顶最大弯矩。

将 m 法对应的桩顶有限约束效应系数 η_r 列于表 5.3-2。

桩顶有限约束效应系数 η_r 表 5.3-2

换算深度 αh	2.4	2.6	2.8	3.0	3.5	≥4.0
位移控制	2.58	2.34	2.20	2.13	2.07	2.05
强度控制	1.44	1.57	1.71	1.82	2.00	2.07

2. 桩的相互影响效应系数 η_i

《建筑桩基技术规范》JGJ 94—2008 中根据 23 组双桩、25 组群桩的水平荷载试验结果的统计分析，得到相互影响系数 η_i，即如下经验式：

$$\eta_i = \frac{\left(\frac{s_a}{d}\right)^{0.015n_2 + 0.45}}{0.15n_1 + 0.10n_2 + 1.9} \tag{5.3-15}$$

桩的相互影响随桩距减小、桩数增加而增大，沿荷载方向的影响远大于垂直于荷载作用方向。

《建筑桩基技术规范》JGJ 94—2008 依据的试验数据主要是小群桩试验（最大为 4×4 群桩，黄河洛口试验），此后建研院地基所开展室内模型，分别进行了 5×5、6×6 群桩水平推力试验（2018 年），并将以往试验的群桩效应系数，加上本次试验的群桩效应系数数据，一并进行统计归纳，并与规范的公式进行对比，列入图 5.3-5。

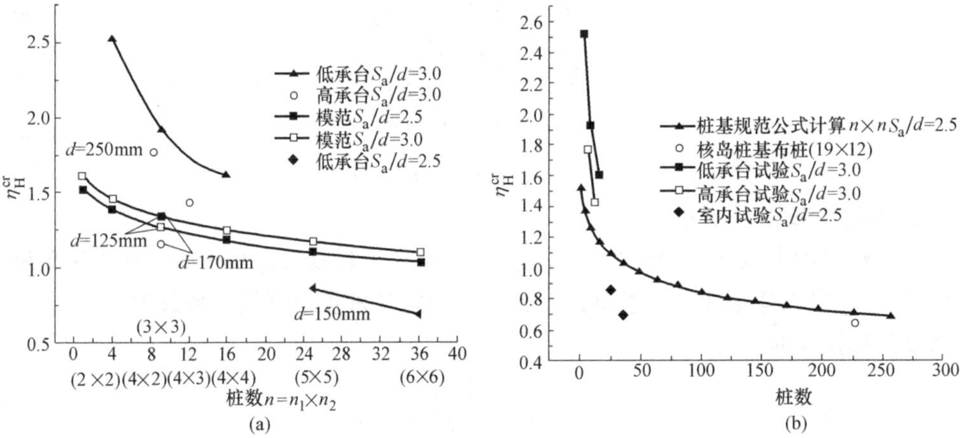

图 5.3-5　群桩效率系数随基桩数量的关系

结合既往试验数据，群桩效率系数基本随基桩数量的增加而降低，与《建筑桩基技术规范》JGJ 94—2008 规定的经验公式的规律基本一致。

3. 承台侧抗效应系数 η_l

桩基发生水平位移时，面向位移方向的承台侧面将受到土的弹性抗力。由于承台位移一般较小，不足以使其发挥至被动土压力，因此承台侧向土抗力应采用与桩相同的方法——线弹性地基反力系数法计算。该弹性总土抗力为：

$$\Delta R_{hl}=x_{0a}B'_c\int_0^{h_c}K_n(z)\mathrm{d}z$$

按 m 法，$K_n(z)=mz$（m 法），则

$$\Delta R_{hl}=\frac{1}{2}mx_{0a}B'_ch_c^2$$

$$\eta_l=\frac{m\cdot x_{0a}\cdot B'_c\cdot h_c^2}{2\cdot n_1\cdot n_2\cdot R_{ha}} \tag{5.3-16}$$

$$x_{0a}=\frac{R_{ha}\cdot \nu_x}{\alpha^3\cdot EI} \tag{5.3-17}$$

4. 承台底摩阻效应系数 η_b

规范规定，考虑地震作用且 $s_a/d\leqslant 6$ 时，不计入承台底的摩阻效应，即 $\eta_b=0$；其他情况应计入承台底摩阻效应。

$$\eta_b=\frac{\mu\cdot P_c}{n_1\cdot n_2\cdot R_h} \tag{5.3-18}$$

$$B'_c=B_c+1(m) \tag{5.3-19}$$

$$P_c=\eta_c f_{ak}(A-nA_{ps}) \tag{5.3-20}$$

5.3.2.3　考虑承台（地下侧墙）-桩-土共同作用计算

对于承受水平荷载较大、基础埋深大的桩基础，承台或地下室侧墙的水平抗力贡献不能忽视。关于承台和地下室侧墙的正面土抗力的确定，目前各国及国内各行业的做法不一。

1. 承台和地下室侧墙的水平抗力研究

日本《建筑基础结构设计指针》(2001) 中说明，对于有地下室具有埋深的建筑物桩基础，地基的振动会成为地下墙壁的动土抗力，可以考虑地下结构埋深部分的地震相互作用，以合理评价地震时作用于桩上的水平荷载。但是，这种水平荷载会根据上部结构、桩和地基相互之间的条件不同，基础埋深部分产生的影响难以统一决定。关于基础埋入部分的桩基础，根据试验测定基础埋深部分和桩基础的分担荷载等必要的数据是很困难的，由于将基础-桩基-地基的整体系统化为解析上的模型是很困难，研究上留下了很多未解明的地方。日本有早期经验公式：桩承担的水平力 H_p 按下式计算：

$$H_p=F_E\frac{0.2\sqrt{h_b}}{\sqrt[4]{d_f}} \tag{5.3-21}$$

此式源自高度10层左右塔式建筑的计算统计，允许水平位移10mm。F_E 为总的水平地震作用；h_b 为建筑地上部分高度 (m)，d_f 为基础埋深。H_p 之值为 $(0.3\sim0.9)F_E$，小于 $0.3F_E$ 时取 $0.3F_E$，大于 $0.9F_E$ 时取 $0.9F_E$。但也并指出，对于建筑物高度和埋深更大的情况该式不适用。

我国台湾《高速铁路设计规范》规定，扩展基础或桩承台因周围土壤被动土压产生的侧向阻抗力在设计中必须加以考虑。由于桥梁基础的桩承台尺寸大，且深埋于地层中，在其承受水平力时，其桩承台前缘将推挤土壤，使土壤产生被动阻抗，与此同时，桩承台后缘将有土壤推挤桩承台，此推挤力为主动土压力。因此考虑桩承台因土壤被动土压产生的侧向阻抗显得更为合理。我国台湾《高速铁路设计规范》规定其侧向阻抗力为 $(P_p-P_a)/1.7$，其中 P_p 为土壤被动土压产生的阻抗力，而 P_a 为土壤主动土压产生的作用力，系数1.7为考虑水平力作用时可能无法产生足够位移使得被动土压及主动土压完全发挥的修正系数。考虑承台侧向阻抗的同时，亦需考虑桩承台的惯性作用力以及桩承台上覆土的静荷重，且在地震作用时，宜采用动态被动土压及动态主动土压。桩承台侧向阻抗的做法为于桩承台前缘垂直面上提供侧向劲度即设置水平土壤弹簧（类似 p-y 曲线）。

《建筑桩基技术规范》JGJ 94—2008 中指出当建（构）筑物设有地下室且具有一定埋深时，可以考虑地下室外墙侧的被动土压与桩共同承担水平地震作用。考虑地下室侧墙的被动土抗力需满足以下要求：(1) 承台和地下室侧墙与基坑坑壁间隙应采用灰土、级配砂石、压实性较好的素土分层夯实（压实系数不宜小于0.94）；当间隙较小时，应灌注素混凝土或搅拌流动性水泥土。(2) 当承台周围为液化土或软土时，可将承台外每侧1/2承台边长范围内的土进行加固。

《上海市地基基础设计规范》DGJ 08—11—2010 对于非液化土中低承台桩基水平承载力验算，当承台或地下室外侧土体抗力发挥有保证时，可由承台或地下室正侧面土体与桩共同承担水平地震作用，承台或地下室正侧面土体的水平抗力可取被动土压力值的1/3。对于中震作用下的桩基水平抗震验算，可取基础正侧面土抗力为被动土压力、单桩水平承载力不考虑0.75的折减系数。

当前准确分析水平作用下承台、桩、土体系的内力和变形，仍存在较大困难；特别是在考虑具有埋深的地下室建筑物桩基础，水平荷载作用于桩上时，随上部结构、桩和地基相互之间的条件不同，地下结构埋深部分产生的影响会难以统一决定。目前关于具有较大埋深的地下室桩基础，想要根据试验测定地下室（承台）和桩基础的分担荷载以得到必要的数据是很困难的，同时研究承台（地下室侧墙）-桩基础-地基的整体系统进行解析计算也存在诸多问题。

2. 共同作用计算方法

核岛厂房基础承受的水平地震作用极大，水平力验算应考虑承台（地下室外墙）的水平抗力作用，水平荷载应由承台（地下室外墙）侧面土抗力、承基桩共同分担。本节根据《建筑桩基技术规范》JGJ 94—2008 中附录 C 考虑承台（包括地下墙体）、基桩协同工作和土的弹性抗力作用计算受水平荷载的桩基计算方法，采用“桩身内力及承台位移计算-共同作用”计算方法，在竖向力、水平力及弯矩作用下，计算各基桩的作用效应、桩身内力。

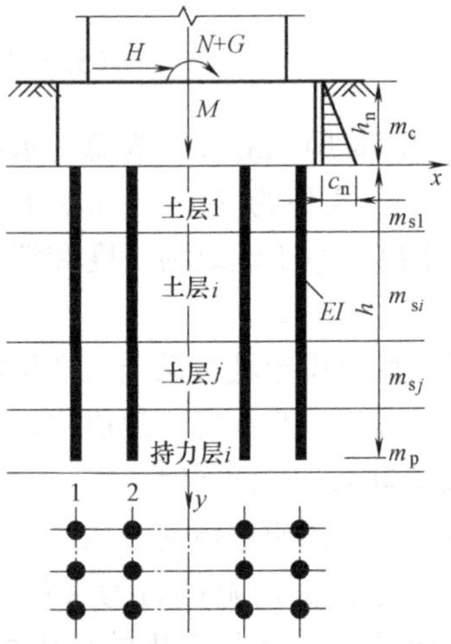

图 5.3-6　共同作用计算示意图

这种方法是考虑承台、桩、土共同作用，按地基反力系数随深度线性增长的线弹性地基反力法（m 法）计算水平荷载下的群桩基础，具有以下优点：一是计算的理论系统比较完整严密；二是考虑的因素比较全面，包括承台侧面和底面抵抗水平荷载的作用，特别是对于本工程承台埋深较大且具有地下墙体的情况，承台和地下侧墙的承载作用可得到分析考虑。这是符合实际的，并能取得明显的技术经济效果。因此，这一方法用于计算设计地震作用极高的抗震桩基是较为合适的（图 5.3-6）。

考虑承台（包括地下侧墙）、桩、土共同作用按线弹性地基反力法计算群桩内力和变位的方法，是将桩视为埋设于弹性介质中的弹性杆件，视承台刚度为无穷大，桩与承台刚性连接，承台侧面承受水平弹性土抗力，承台底面承受竖向弹性土抗力和切向土抗力（本工程未考虑切向土抗力）。承台、桩、土形成一个共同承受竖向、水平和弯矩荷载的结构体系，群桩则相当于设置在温克尔弹性介质中的框架。运用位移法并考虑土的弹性抗力求解超静定结构体系的承台变位、承台土抗力以及各基桩桩顶荷载，并采用 m 法计算单桩的内力和位移。具体计算假定如下：

（1）将土体视为弹性变形介质，其水平抗力系数随深度线性增加（m 法），地面处为零。对于低承台桩基，在计算桩基时，假定桩顶标高处的水平抗力系数为零并随深度增长。

（2）在水平力和竖向压力作用下，基桩、承台、地下墙体表面上任一点的接触压力（法向弹性抗力）与该点的法向位移成正比。

（3）忽略桩身、承台、地下墙体侧面与土之间的黏着力和摩擦力对抵抗水平力的作用。

（4）桩顶与承台刚性连接（固接），承台的刚度视为无穷大。

具体计算步骤可参照《建筑桩基技术规范》JGJ 94—2008 附录 C。

5.4　工程案例

5.4.1　案例一：昆明春之眼

1. 工程概况

昆明春之眼项目（图 5.4-1）由建筑高度 407m 的主塔、308m 的副塔和 8 层裙楼组成，是昆明首个建筑高度超过 400m、地下 5 层的城市中心地标建筑。项目净用地面积 31594.14m^2，总建筑面积 592572.08m^2。其中地上总建筑面积 459921.97m^2，地下建筑面积 132650.11m^2。项目地处高原地震带（抗震设防烈度 8 度、设计地震分组第三组），毗邻盘龙江和多条地铁线，地质条件较复杂，从设计到施工都面临诸多困难和挑战。

(1) 结构体系与基础形式

昆明春之眼塔楼结构总高度 407m（主屋面结构高度 381.8m），采用外部巨型斜撑框架-钢筋混凝土核心筒的结构体系。外框架由钢管混凝土柱＋钢梁＋钢斜撑组成，塔楼核心筒由钢筋混凝土剪力墙组成，呈以六角形为中心的 Y 字形。在塔楼外围布置巨型斜撑。三维结构示意图与平面图分别见图 5.4-2 和图 5.4-3。

图 5.4-1 春之眼项目效果图

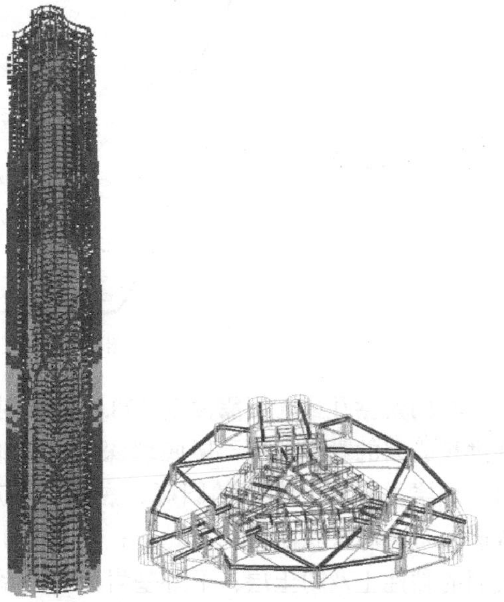

图 5.4-2 主塔楼及底层结构示意图

该建筑物的基础形式为桩筏基础（基础平面见图 5.4-4），筏板厚度 5.5m，筏板底面相对标高 −23.1m（± 0.00 对应的地质资料标高是 1893.20m），桩端落在⑩$_1$ 粉砂层或⑩$_2$ 粉质黏土层中，采用桩端后压浆进行处理，总桩数 485 根，桩径 1m，桩长 76.1m，局部（左上角）桩长 75.1m。

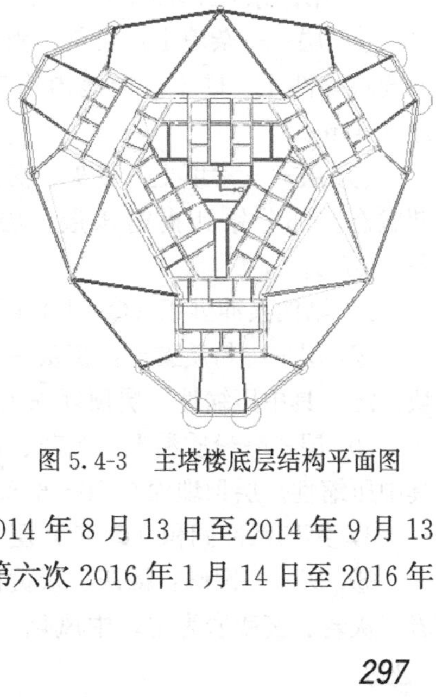

图 5.4-3 主塔楼底层结构平面图

(2) 场地地质情况

受场地施工条件限制、勘察范围变化补孔、塔楼筏板基础扩大补孔等原因，勘察野外工作分六次完成：第一次 2013 年 4 月 15 日至 2013 年 5 月 10 日，第二次 2013 年 11 月 14 日至 2013 年 11 月 23 日，第三次 2014 年 5 月 19 日至 2014 年 5 月 25 日，第四次 2014 年 8 月 13 日至 2014 年 9 月 13 日，第五次 2015 年 12 月 3 日至 2015 年 12 月 10 日，第六次 2016 年 1 月 14 日至 2016 年 1 月 29 日。

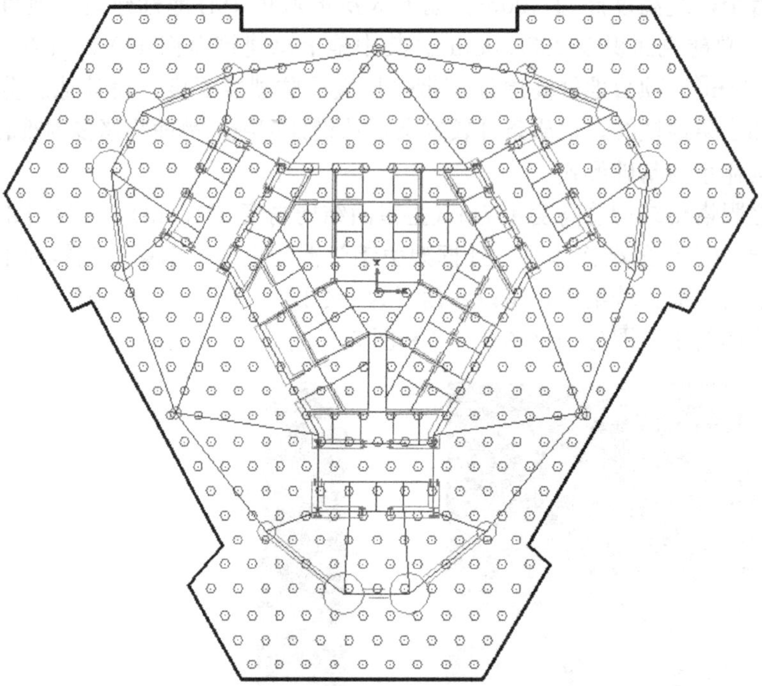

图 5.4-4　主塔楼基础平面图

在勘察钻孔最大揭露深度 193.8m 范围内，场地表层为人工填土，向下为厚薄不均的冲洪积成因的黏土地层，层底埋深多在现地表下 10m 以内；其下在最深 150m 以上范围内，地层主要为冲湖积的圆砾、黏土、粉质黏土、粉砂（土）互层，其间在 55m 以下，普遍分布有薄层状的泥炭质黏土；在深部 130m 以下，多数孔段均揭露灰岩风化后坡残积成因的黏性土及粉土层；下卧基岩为石炭系威宁组灰岩。根据土（岩）的成因、物理力学性质的差异，将场地地层划分为 13 个大层及相应亚层，现对场地地层分别描述如下：

1）第四系人工堆积（Q_4^{ml}）层

①$_1$ 层——杂填土：杂色。稍湿。以建筑垃圾为主，夹混凝土块、碎石、碎砖等，其间充填黏性土、砂土。场地内均有分布，均分布于地表。层厚 0.50～12.00m，平均层厚 3.45m。

①$_2$ 层——素填土：黄灰、褐黄、灰色。稍湿。黏性土为主，夹少量碎石、砖块。可塑状态。部分钻孔揭露该层，层顶埋深 0.00～4.70m，层厚 0.80～6.20m，平均层厚 3.07m。

2）第四系冲洪积（Q^{al+pl}）层

②$_1$ 层——粉质黏土：黄灰～黄褐色。可塑-硬塑状态。局部混有少量砾石及粉土团块。湿。具中压缩性。层顶埋深 1.20～7.30m，层厚 0.50～4.50m，平均层厚 1.83m。

②$_2$ 层——粉质黏土：黄灰、灰色。可塑状态。局部夹粉土团块或粉土薄层。饱和。具中压缩性。层顶埋深 0.80～6.80m，层厚 0.50～3.90m，平均层厚 1.79m。

3）第四系冲湖积（Q^{al+l}）层

③$_1$ 层——圆砾：褐灰、灰黄色。稍密～中密。粉质黏土、粉土充填。砾石成分以砂岩、灰岩、玄武岩为主，中风化，磨圆度好。砾石含量不均，密实度差异大，局部夹卵

石。具低压缩性。层顶埋深 4.10～14.00m，层厚 0.60～9.70m，平均层厚 4.53m。

③$_2$ 层——粉砂：灰、褐灰、浅灰色。稍密～中密。饱和。该层部分粉、黏粒含量高，渐变为粉土。该层局部间夹薄层砾砂、粗砂。具中压缩性。层顶埋深 3.80～26.30m，层厚 0.40～10.40m，平均层厚 3.03m。

③$_3$ 层——粉质黏土：蓝灰、褐灰色。硬塑状态为主，局部可塑状态。饱和。该层含钙质结核块，局部夹薄层粉土、粉砂。具中压缩性。层顶埋深 5.10～25.40m，层厚 0.50～10.80m，平均层厚 3.02m。

③$_4$ 层——黏土：灰色。可塑状态。饱和，该层夹粉土团块，局部含少量有机质。具中压缩性。层顶埋深 6.80～23.30m，层厚 0.60～4.80m，平均层厚 1.70m。

④$_1$ 层——粉质黏土：蓝灰、褐灰色。硬塑状态。饱和。该层含钙质结核块，局部夹薄层粉土、粉砂。具中压缩性。层顶埋深 17.80～36.50m，层厚 0.50～13.30m，平均层厚 3.33m。

④$_2$ 层——粉砂：灰、褐灰、浅灰色。中密。饱和。夹腐草等腐殖物。该层部分粉、黏粒含量高，渐变为粉土。具中压缩性。多以薄层或透镜体状分布于④层中。层顶埋深 20.40～36.40m，层厚 0.40～10.40m，平均层厚 2.16m。

④$_3$ 层——泥炭质黏土：深灰、黑灰色。可塑状态。饱和。含有较多有机质，孔隙大，质量轻。具中～高压缩性。该层仅少量钻孔揭见。层顶埋深 24.00～31.50m，层厚 0.70～2.30m，平均层厚 1.38m。

⑤$_1$ 层——粉砂：灰、褐灰、浅灰色。中密-密实。饱和。夹腐草等腐殖物。该层部分粉、黏粒含量高，渐变为粉土。该层局部间夹薄层砾砂、粗砂。具中压缩性。层顶埋深 30.00～42.50m，层厚 0.50～9.40m，平均层厚 3.88m。

⑤$_2$ 层——粉质黏土：蓝灰～褐灰色。硬塑状态为主，局部可塑状态。饱和。该层含钙质结核块，局部夹薄层粉土、粉砂。具中压缩性。多以薄层或透镜体状分布于⑤$_1$ 层中。层顶埋深 30.7～41.50m，层厚 0.50～7.80m，平均层厚 1.64m。

⑥$_1$ 层——粉质黏土：蓝灰～褐灰色。硬塑状态。饱和。该层含钙质结核块，局部夹薄层粉土、粉砂。具中压缩性。层顶埋深 34.00～59.20m，层厚 0.50～19.00m，平均层厚 4.25m。

⑥$_2$ 层——粉砂：灰、褐灰、浅灰色。密实。饱和。具中压缩性。该层多以层状或透镜体状分布于⑥层中。层顶埋深 36.20～60.30m，层厚 0.50～11.10m，平均层厚 2.44m。

⑦$_1$ 层——粉质黏土：蓝灰～褐灰色。硬塑状态。饱和。该层含钙质结核块，局部夹薄层粉土、粉砂。具中压缩性。该层与⑦$_2$ 层粉土、⑦$_3$ 层泥炭质黏土呈互层分布。层顶埋深 50.30～78.20m，层厚 0.40～13.80m，平均层厚 2.71m。

⑦$_2$ 层——粉土：灰、褐灰、浅灰色。密实。湿。局部相变为粉砂。具中压缩性。该层与⑦$_1$ 层粉质黏土、⑦$_3$ 层泥炭质黏土呈互层分布。层顶埋深 53.00～76.80m，层厚 0.20～8.80m，平均层厚 2.16m。

⑦$_3$ 层——泥炭质黏土：深灰、黑灰色。可塑～硬塑状态。饱和。该层局部有机质富集，渐变为泥炭。具中压缩性。该层与⑦$_1$ 层粉质黏土、⑦$_2$ 层粉土呈互层分布。层顶埋深 49.30～79.60m，层厚 0.50～5.30m，平均层厚 1.64m。

⑧$_1$ 层——粉砂：灰、褐灰、浅灰色。密实。饱和。颗粒级配较差，均匀性较好。夹腐草等腐殖物。具中压缩性。层顶埋深 70.20～81.50m，层厚 0.80～9.30m，平均层厚 3.71m。

⑧$_2$ 层——粉质黏土：蓝灰～褐灰色。硬塑～坚硬状态。饱和。该层夹钙质结核块，局部夹薄层粉土。具中压缩性。层顶埋深 71.30～88.50m，层厚 0.60～7.50m，平均层厚 2.64m。

⑨$_1$ 层——粉质黏土：蓝灰～褐灰色。硬塑～坚硬状态。饱和。该层夹钙质结核块，局部夹薄层粉土。具中压缩性。层顶埋深 77.00～101.0m，层厚 0.50～11.00m，平均层厚 3.18m。

⑨$_2$ 层——粉土：灰、褐灰、浅灰色。密实。稍湿。夹腐草等腐殖物，局部相变为粉砂层。具中压缩性。层顶埋深 80.10～98.60m，层厚 0.40～9.40m，平均层厚 2.63m。

⑨$_3$ 层——泥炭质黏土：深灰、黑灰色。硬塑状态。饱和。该层局部有机质富集，渐变为泥炭。具中压缩性。层顶埋深 77.00～102.5m，层厚 0.40～4.80m，平均层厚 1.80m。

⑩$_1$ 层——粉砂：灰、褐灰、浅灰色。密实。饱和。颗粒级配较差，均匀性较好。夹腐草等腐殖物。具中压缩性。层顶埋深 81.60～111.20m，层厚 1.60～14.70m，平均层厚 7.28m。

⑩$_2$ 层——粉质黏土：蓝灰～褐灰色。硬塑～坚硬状态。饱和。该层夹钙质结核块，局部夹薄层粉土。具中压缩性。层顶埋深 94.50～110.30m，层厚 0.60～5.20m，平均层厚 1.83m。

⑪$_1$ 层——粉质黏土：蓝灰～褐灰色。硬塑～坚硬状态。饱和。该层夹钙质结核块，局部夹薄层粉土。具中压缩性。层顶埋深 100.70～143.00m，层厚 0.50～20.80m，平均层厚 3.88m。

⑪$_2$ 层——粉土：灰、褐灰、浅灰色。密实。稍湿。夹腐草等腐殖物，局部相变为粉砂层。具中压缩性。层顶埋深 101.60～139.00m，层厚 0.50～5.20m，平均层厚 1.91m。

⑪$_3$ 层——泥炭质黏土：深灰、黑灰色。硬塑状态。饱和。该层局部有机质富集，渐变为泥炭。具中压缩性。层顶埋深 98.10～140.20m，层厚 0.50～8.40m，平均层厚 2.53m。

4）第四系坡残积（Q^{dl+el}）层

⑫$_1$ 层——粉质黏土：黄褐、黄、浅灰色。硬塑～坚硬状态。饱和。该层含少量风化砾石。具中压缩性。层顶埋深 115.70～147.80m，层厚 1.30～20.90m，平均层厚 9.33m。

⑫$_2$ 层——粉土：黄褐、黄、浅灰色。密实。稍湿。该层含少量风化砾石。具中压缩性。层顶埋深 114.20～150.00m，层厚 1.30～4.50m，平均层厚 2.33m。

5）石炭系威宁组灰岩（$C_2{}^w$）层

⑬$_1$ 层——石灰岩：青灰、浅灰色。隐晶结构，块状构造，中～厚层状，中～微风化。节理、裂隙稍发育，岩体较完整，岩溶现象表现多为溶蚀孔及细小溶蚀裂隙。岩芯多呈柱状，一般大于 10cm，局部受钻具扰动破碎至碎块状。岩芯采取率大于 60%。RQD=50，岩体基本质量等级为Ⅲ级。

⑬$_2$ 层——石灰岩：青灰、浅灰色，局部夹浅黄灰。隐晶结构，中风化为主，局部强风化，节理及裂隙很发育，岩体破碎～极破碎，岩溶不发育。岩芯多呈碎块状～短柱状。岩芯采取率约 10%～20%。岩体基本质量等级为Ⅴ级。

地质剖面图详见图 5.4-5，岩面等值线图详见图 5.4-6。

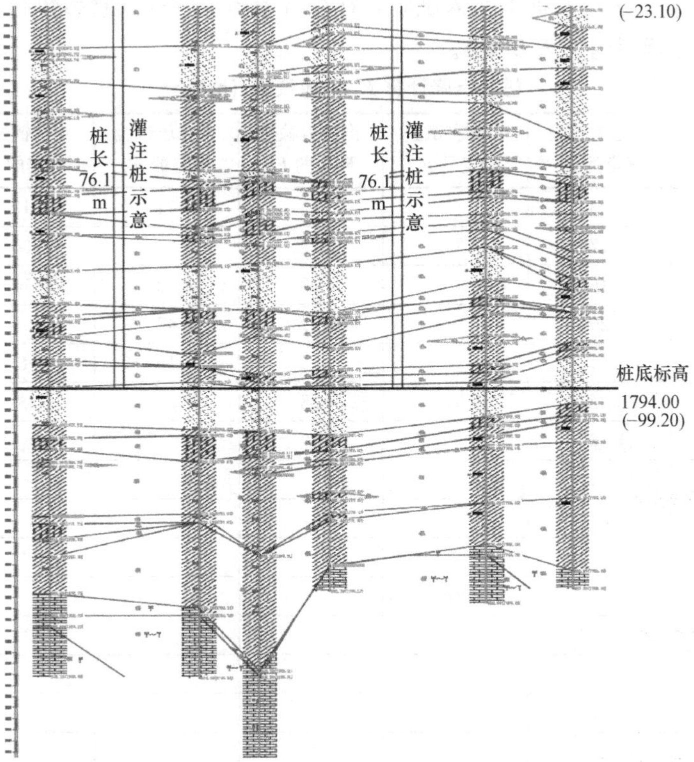

图 5.4-5　地质剖面图

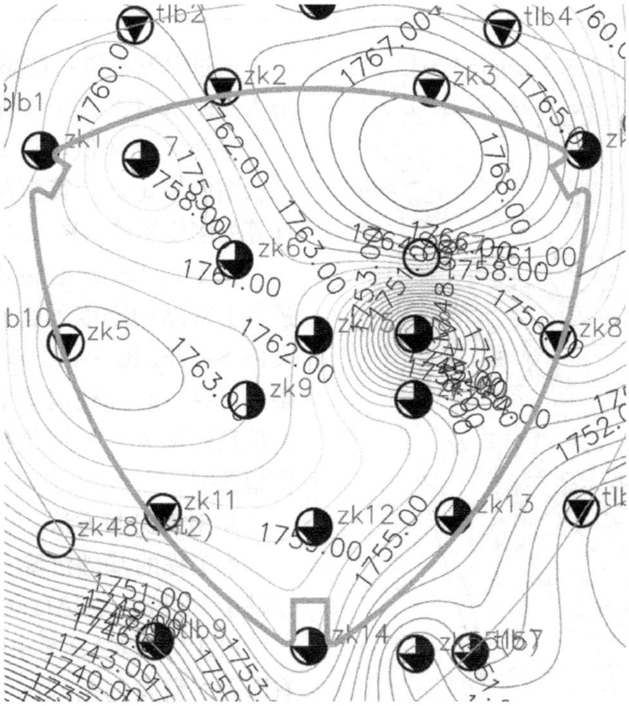

图 5.4-6　岩面等值线图

本工程勘察中，在桩端压缩层范围内均采取土样进行固结试验，同时进行了静力触探、旁压试验、扁铲试验及标准贯入试验，在综合考虑了各种试验参数后，对沉降计算所需的压缩模量 E_s 建议值见表 5.4-1。

桩基沉降计算 E_s 值建议表（MPa） **表 5.4-1**

地层编号	地层名称	由土工试验确定的 E_s	由标贯试验确定的 E_s	由静力触探确定的 E_s	由旁压试验确定的 E_s	由扁铲试验确定的 E_s	建议值 E_s
⑥$_1$	粉质黏土	13		14	11	13	13
⑥$_2$	粉砂	17	39	27	29	30	17
⑦$_1$	粉质黏土	16		22	12	14	16
⑦$_2$	粉土	20	46	29	47	55	20
⑦$_3$	泥炭质黏土	11		14	10	8	13
⑧$_1$	粉砂	22	54	28			22
⑧$_2$	粉质黏土	16		20			16
⑨$_1$	粉质黏土	25					25
⑨$_2$	粉土	27	68				35
⑨$_3$	泥炭质黏土	21					21
⑩$_1$	粉砂	31	87				40
⑩$_2$	粉质黏土	26					26
⑪$_1$	粉质黏土	26					26
⑪$_2$	粉土	37	94				45
⑪$_3$	泥炭质黏土	26					26
⑫$_1$	粉质黏土	27					27
⑫$_2$	粉土	39					45

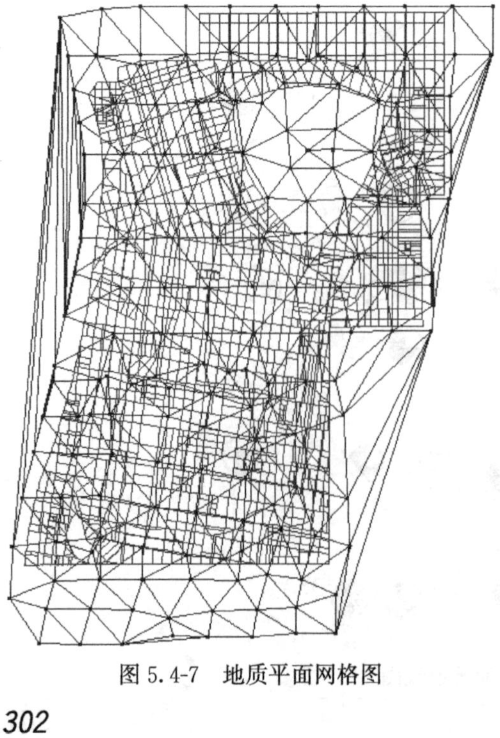

图 5.4-7 地质平面网格图

通过对勘察资料的整理，将土层分层，输入 PKPM-JCCAD 软件，在后续计算中进行平面线性插值，将工程中的各点进行柱状图的确定，计算沉降、刚度及有限元计算的刚度矩阵（图 5.4-7、图 5.4-8）。

将 ETABS 数据转换成 PKPM 数据，进行上部结构刚度的自动凝聚，生成刚度文件 SATFDK.SAT，参与以后的桩筏有限元计算。通过桩位图的自动导入，实现桩信息的输入，补加筏板信息，形成基础模型数据。

2. 计算分析方法

本工程的基础沉降分析及设计计算工作基于 PKPM-JCCAD 软件进行。

PKPM-JCCAD 是中国建筑科学研究院有限公司研发的基础沉降分析及设计计算软件。地基计算模型比较复杂，对于不同

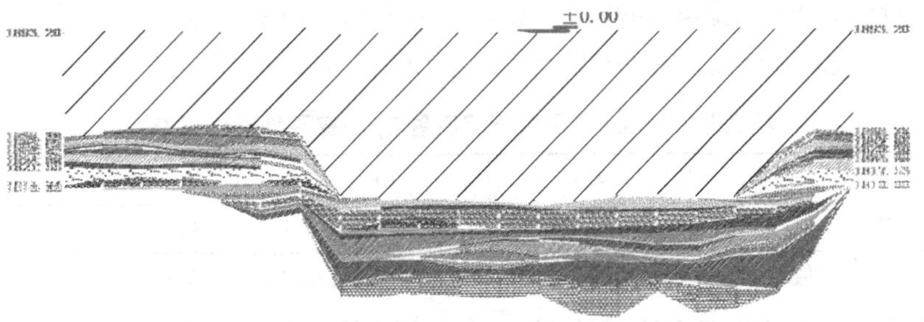

图 5.4-8 地质剖面图

的结构形式和基础类型应选取不同的地基计算模型。JCCAD 程序提供了三种典型模型：第一种是弹性地基梁板模型，它是一种简化模型，在计算中将土与桩假设为独立的弹簧；第二种是单向压缩分层总和法（弹性解）模型，假设土与桩为弹性介质，采用 Mindlin 应力公式求取压缩层内的应力，利用分层总和法进行单元节点处沉降计算并求取柔度矩阵，根据柔度矩阵可求桩土刚度矩阵；第三种是单向压缩分层总和法（弹性解）改进模型，与模型三不同的是对土应力值进行修正，即乘 $0.5\ln(D_e/S_a)$，其中 S_a 为土表面结点间距，D_e 为有效最大影响距离。JCCAD 提供多种计算模型使解决复杂的地基计算问题更加有效。

（1）桩基沉降计算

相关规范主要采用以弹性理论为基础的单向压缩分层总和法计算桩基沉降，并通过经验系数进行修正。目前有两大类：一类是按实体深基础计算模型，采用弹性半空间表面荷载下 Boussinesq 应力解计算附加应力，用分层总和法计算沉降；另一类是以半无限弹性体内部集中力作用下的 Mindlin 解为基础，按叠加原理，求得群桩桩端平面下各单桩附加应力和，按分层总和法计算群桩沉降。

（2）单向分层压缩总和法改进模型

由于地基土是天然形成的三相（或二相）多孔物质，并不完全符合连续介质的力学理论分析结果，而对于土的力学本构的研究还较难应用于普通工程中，因此利用工程地质勘察中常用基本力学物理参数并对弹性理论分析结果进行修正，乃是计算的关键所在。现场试验表明桩、土的相互影响小于弹性理论值。经过试验与大量试算对比，确定下式由桩径 d、桩长 L 和桩长范围加权平均内摩擦角来修正按弹性计算的桩对桩、桩对土相互影响系数 α_{ij}，其修正系数为：

$$\xi_i=\frac{1}{2}\ln\frac{D'}{S_a}$$

$$D'=D_1+\frac{L}{2}\tan(\varphi/4)$$

式中 S_a——两桩间距，或桩与土表面结点间距，或表示单元高斯点与结点间距；

D_1——按表 5.4-2 确定。

根据桩长范围内压缩模量 E_s 加权平均值确定 D_1 **表 5.4-2**

压缩模量	≤4	10	20	≥30
影响范围 D_1(m)	$6d$	$8d$	$10d$	$12d$

注：可根据 E_s 值插值求 D_1。

对于土对桩、土对土影响的修正系数，可根据 0.5 倍基础宽度 B 深度范围内土的加权平均 E_s 值来确定，修正系数公式，影响范围 D'按表 5.4-3 确定。

根据基底 0.5B 范围内压缩模量 E_s 加权平均值确定 D'　　　表 5.4-3

压缩模量	≤4	10	20	≥30
影响范围 D'(m)	$4d'$	$6d'$	$8d'$	$10d'$

注：可根据 E_s 值插值求 D'，其中 d'为同时参与计算的基础等效直径的 1/10，单元等效直径≥1m。

按上述影响系数的修正方法，桩-桩、土-土相互影响的实测值比较如图 5.4-9 所示。

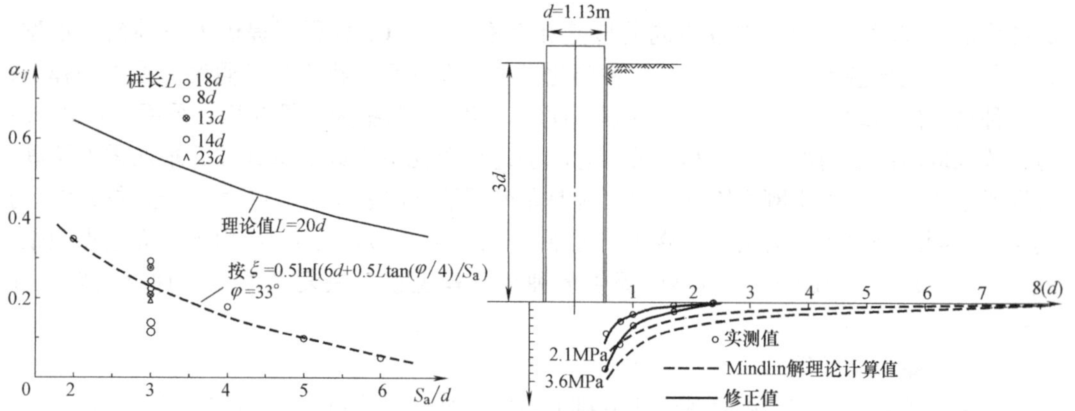

图 5.4-9　粉土中桩-桩及软土中土-土相互影响系数实测值及修正值比较

由于工程中提供的最基本、最成熟参数是土的压缩模量 E_s、黏聚力 c、内摩擦角 φ，因此依据这几个参数并利用以上修正计算可以既保证计算的准确性又能直接用于普通工程中。土按竖向压应力 σ_z 水平确定土的压缩模量 E_s。通常群桩计算经 2～3 次迭代可以满足工程需要，由于压缩模量是排水固结试验结果，因此计算结果反映的是最终沉降。因此，桩土相互影响系数形成对于基础板的总刚矩阵并经修正可表示为如下关系式：

$$([K_{\text{soils(piles)}}][\xi]^{-1})\{u\}=\{P\}$$

式中　$[\xi]$——相互影响的修正矩阵；

$[K_{\text{soils(piles)}}]$——向基础板结点凝聚的桩土刚阵；

$\{u\}$、$\{P\}$——板结点的位移和荷载矢量，桩土刚阵与上部结构和基础板刚度叠加即可进行共同工作计算。

3. 计算结果及分析

（1）桩基规范等效作用分层总和法

行业标准《建筑桩基技术规范》JGJ 94—2008 采用了等效作用分层总和法，该法实质上是对实体深基础法的改进，通过等效沉降系数的引入，纳入了按 Mindlin 位移解计算桩基础沉降时，附加应力及桩群几何参数的影响，以此对不考虑群桩侧面剪应力和应力不扩散实体深基础 Boussinesq 解进行修正。该方法考虑了桩距、桩径、桩长等因素，能够综合反映桩基工作性能。根据相关超高层建筑群桩沉降计算值与实测值的对比，该方法计算结果更接近实测。采用 PKPM-JCCAD 软件筏板中心点沉降 183.46（mm）。

（2）Mindlin 法

以半无限弹性体内部集中力作用下的 Mindlin 解为基础，按叠加原理求得群桩桩端平面下各单桩附加应力和，按分层总和法计算群桩沉降。采用 PKPM-JCCAD 软件可以计算每根桩的沉降，由于没有考虑桩反力分布差异性，计算结果只是一个参考，不同地基规范的修改系数差异会引起计算结果差异，采用上海规范 Mindlin 方法对应的修正系数。计算结果见图 5.4-10。

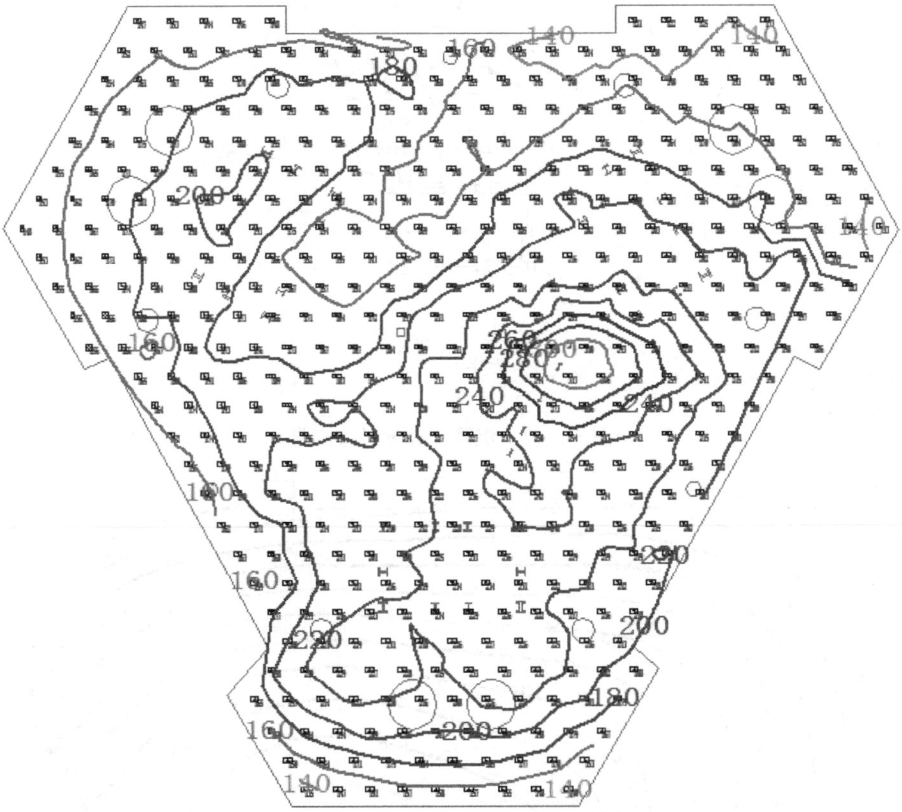

图 5.4-10　Mindlin 法沉降图

（3）桩筏有限元计算

图 5.4-10 与图 5.4-11 是规范提供的沉降计算方法，没有考虑基础板的刚度、上部结构荷载分布及刚度差异的影响。为了将这些因素统一考虑，进行更加复杂的计算很有必要，通过 PKPM-JCCAD 桩筏有限元计算，沉降结果见图 5.4-12～图 5.4-14。表 5.4-4 反映了不同层数上部结构刚度贡献，层数越多刚度越大，差异沉降越小，倾斜率也越小。14 层与 30 层的差异性已很小，可以得知影响的层数是有限的，后面的桩筏有限元计算都采用 30 层刚度计算结果。按照国家规范及地方规范须进行沉降计算及整体倾斜计算，整体倾斜主要是考虑上部结构 $P\text{-}\Delta$ 效应，层数越高要求越严，本工程以沉降小于 20cm、整体倾斜率小于 0.1%作为控制条件。整体倾斜是对上部结构来说的，所以按图 5.4-11 中沉降计算参考点位进行数据的提取并计算最大整体倾斜率。

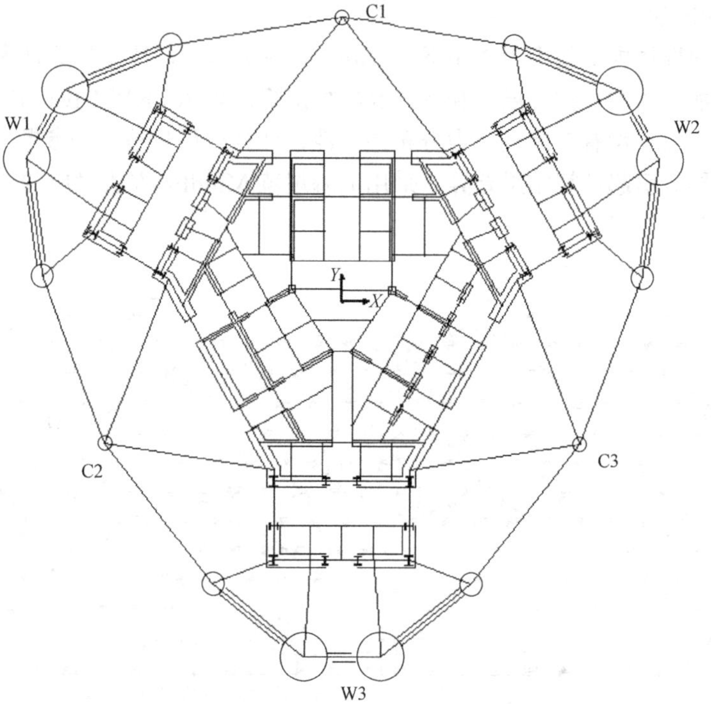

图 5.4-11　沉降计算参考点位图

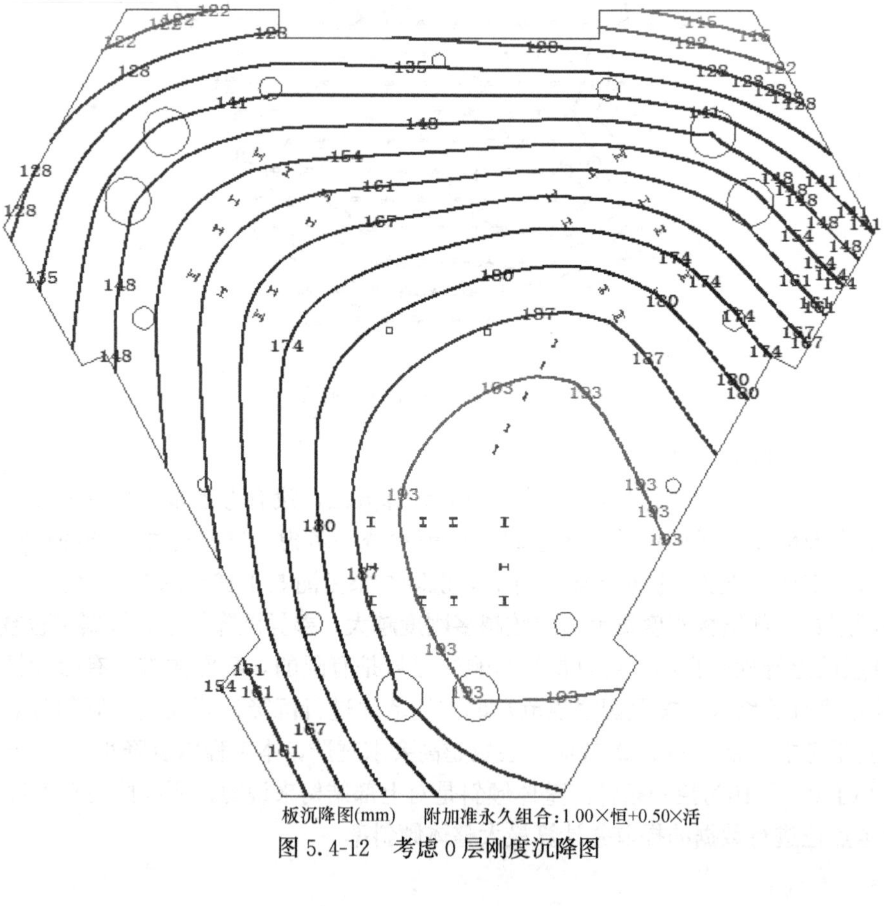

板沉降图(mm)　附加准永久组合:1.00×恒+0.50×活

图 5.4-12　考虑 0 层刚度沉降图

沉降与倾斜率计算值 **表 5.4-4**

上部结构刚度	0 层刚度	14 层刚度	30 层刚度
最大沉降(mm)	199	196	196
最小沉降(mm)	109	117	117
柱 C1 沉降(mm)(0.000,25.335)	133	135	136
柱 C2 沉降(mm)(−21.941,−12.668)	160	163	163
柱 C3 沉降(mm)(21.941,−12.668)	192	185	184
墙 W1 沉降(mm)(−27.356,15.794)	145	144	144
墙 W2 沉降(mm)(27.356,15.794)	152	155	155
墙 W3 沉降(mm)(0.000,−31.589)	190	193	193
最大倾斜率	0.134%	0.114%	0.109%
方向	(C1-C3)	(C1-C3)	(C1-C3)

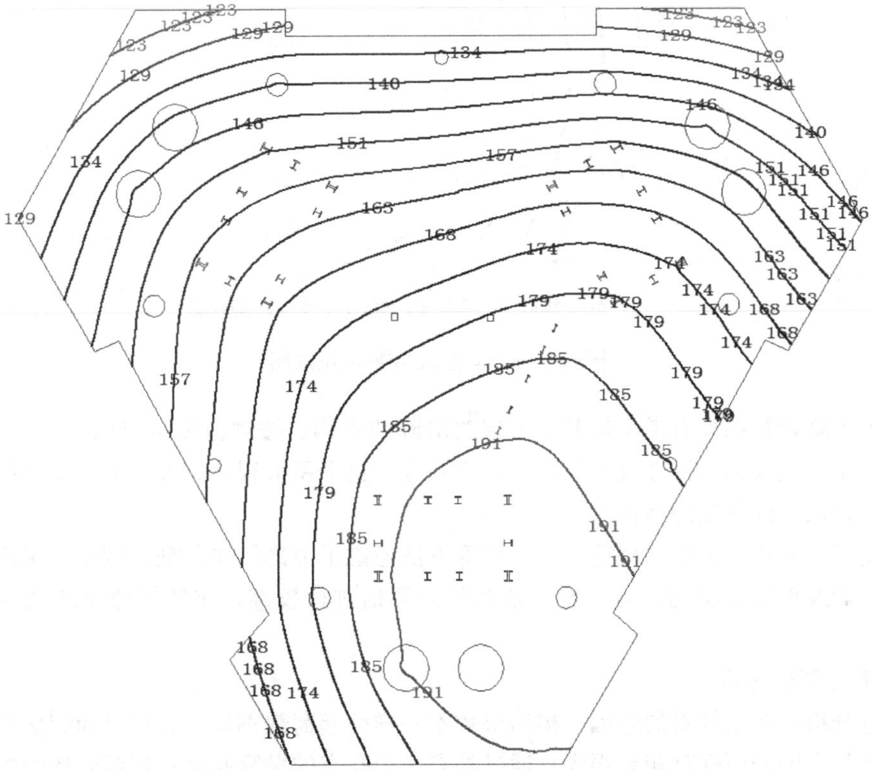

图 5.4-13 考虑 14 层刚度沉降图

通过分析，原设计方案主塔楼沉降值满足规范要求，但是倾斜不满足规范要求。三种方法计算汇总见表 5.4-5。

主塔楼沉降及最大倾斜率 **表 5.4-5**

桩基规范等效作用分层总和法(mm)	Mindlin 法最大值/最小值(mm)	有限元法最大值/最小值(mm)	有限元法最大倾斜率(%)
183	313/133	196/117	0.109

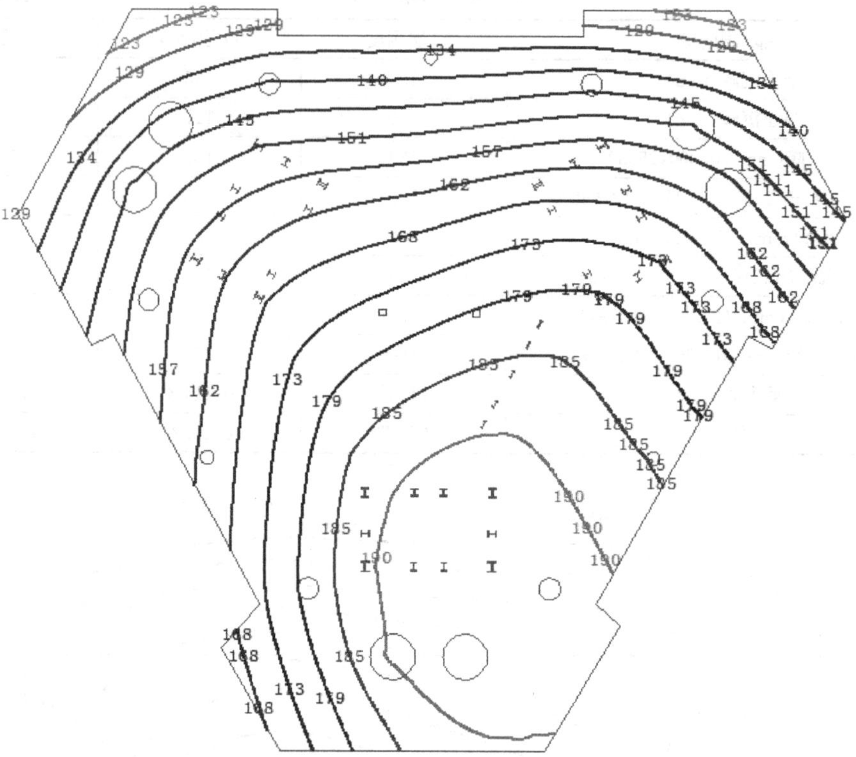

板沉降图(mm)　附加准永久组合:1.00×恒+0.50×活

图 5.4-14　考虑 30 层刚度沉降图

以上沉降计算都没有考虑桩基后压浆对沉降的影响。按规范要求可取 0.7～0.8 的系数，由于压浆效果的差异性及压缩层厚度不一致，这个系数很难定准。为了安全起见没有考虑这个系数，计算结果会偏大。

相比三种方法，采用的桩筏有限元计算方法考虑了上部结构荷载、刚度，考虑桩与桩的相互影响及地质土层的差异，按规范沉降计算值进行校准，比较好地反映地基的变形特点。

4. 调整基础方案

通过分析，造成倾斜的原因是裙房层数不一样引起荷载不均，岩层表面起伏很大，且第 8 孔点与周围岩面标高相差很大。通过补充 3 个孔点的勘察验证，证明起伏的规律与勘察一致。为了解决倾斜不满足规范要求的问题，通过多个方案的比对及专家论证，与设计单位沟通，提出了在南边空余地方补桩作为可选方案。提出以下四个调整方案：

方案一是在左下角、右下角分别补打 2 根和 15 根桩来调整沉降倾斜，平面见图 5.4-15，计算结果见表 5.4-6 及图 5.4-16。

方案二是在左下角、右下角分别补打 4 根和 15 根桩来调整沉降倾斜，平面见图 5.4-17，计算结果见表 5.4-6 及图 5.4-18。

方案三是在右下角补打 9 根桩来调整沉降倾斜，平面图见图 5.4-19，计算结果见表 5.4-6 及图 5.4-20。

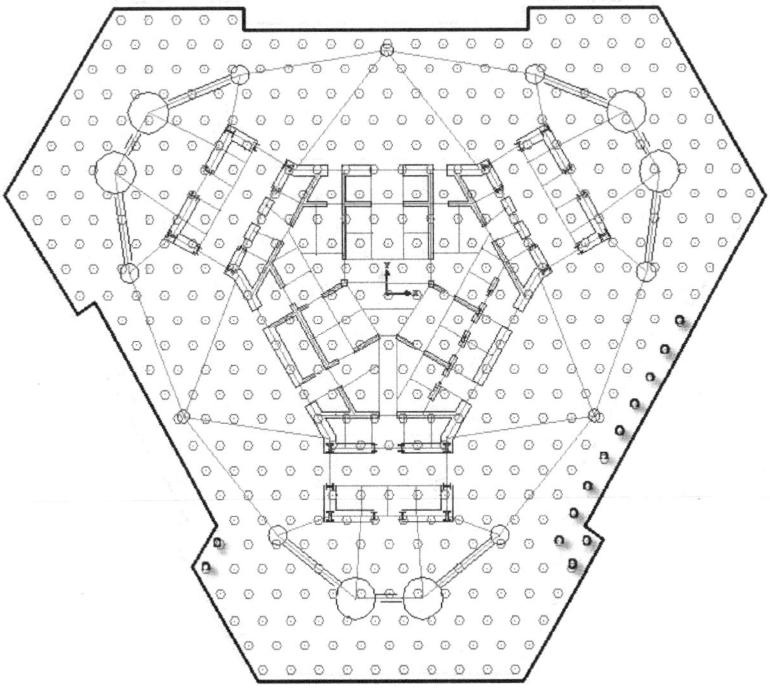

图 5.4-15 方案一桩位平面图（双圆为增加的桩）

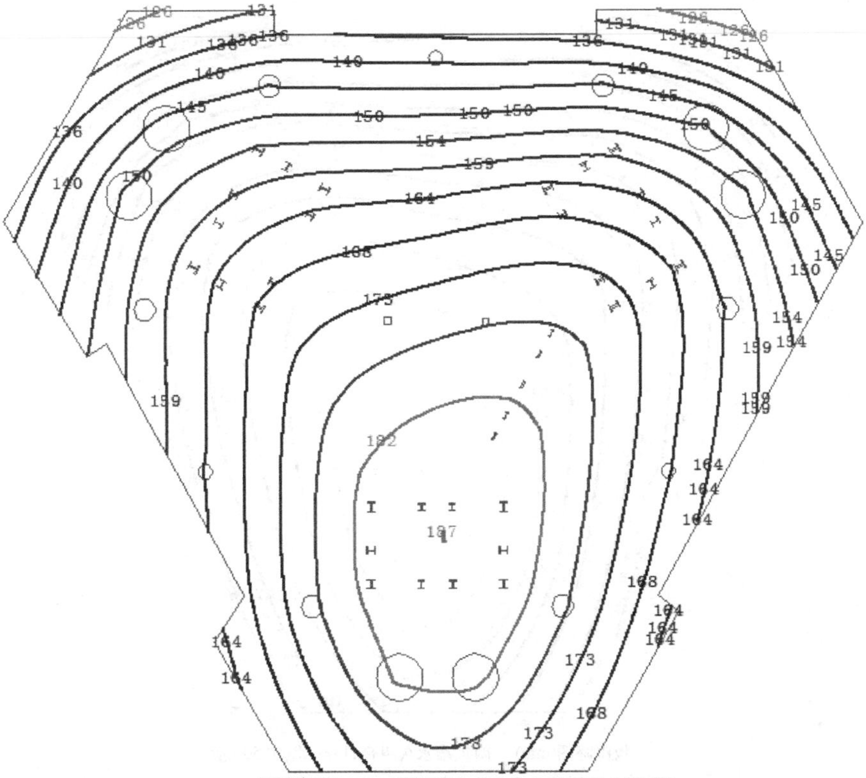

板沉降图(mm) 附加准永久组合:1.00×恒+0.50×活

图 5.4-16 方案一沉降图

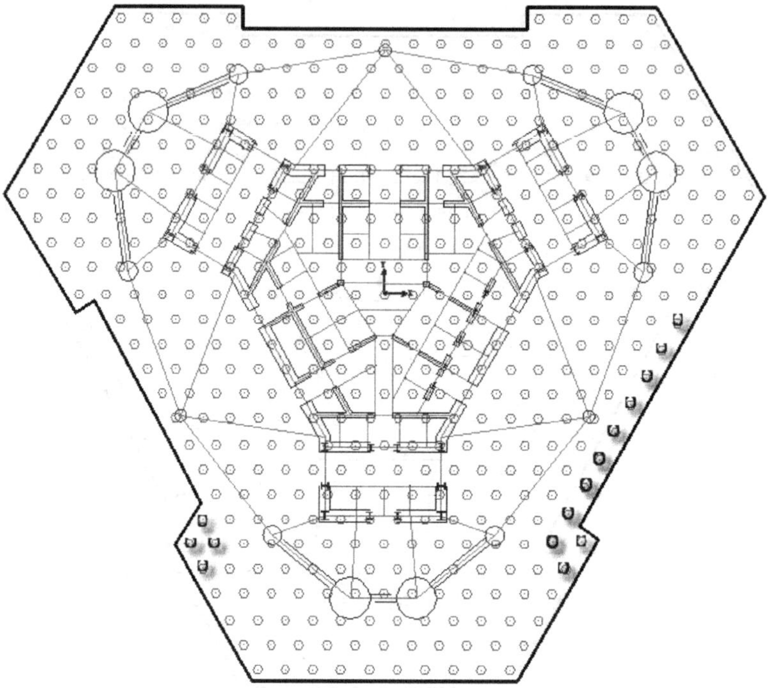

图 5.4-17　方案二桩位平面图（双圆为增加的桩）

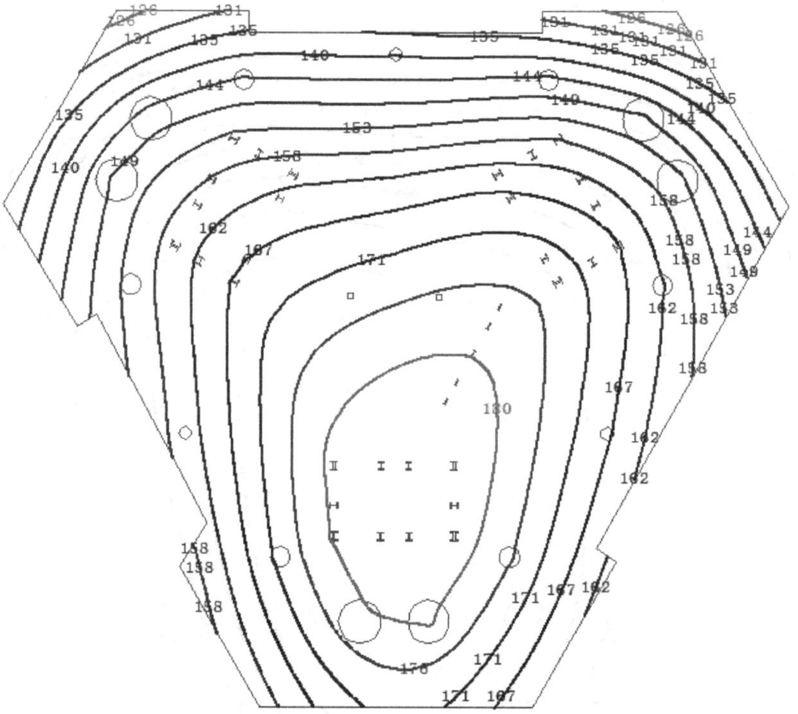

板沉降图(mm)　附加准永久组合:1.00×恒+0.50×活

图 5.4-18　方案二沉降图

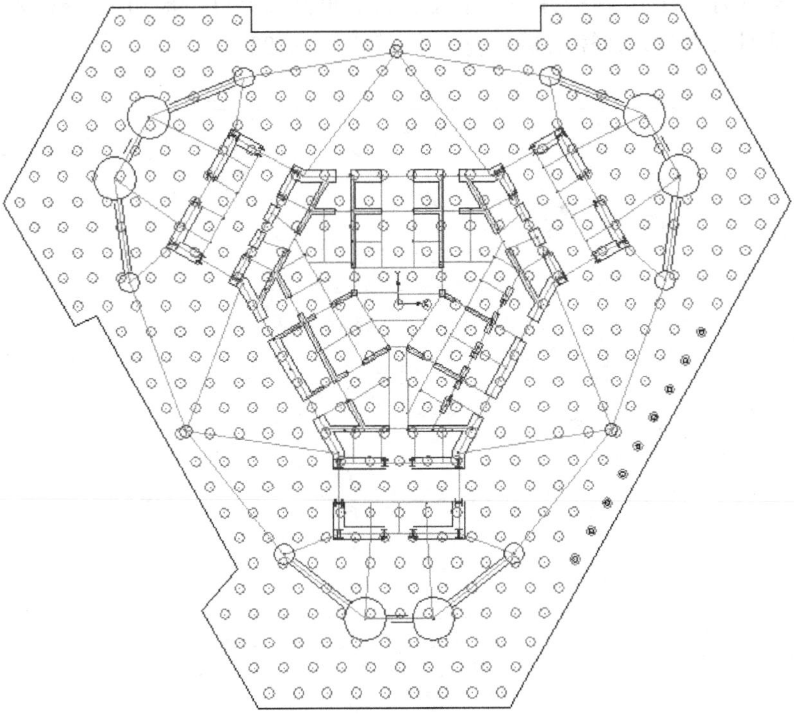

图 5.4-19 方案三桩位平面图（双圆为增加的桩）

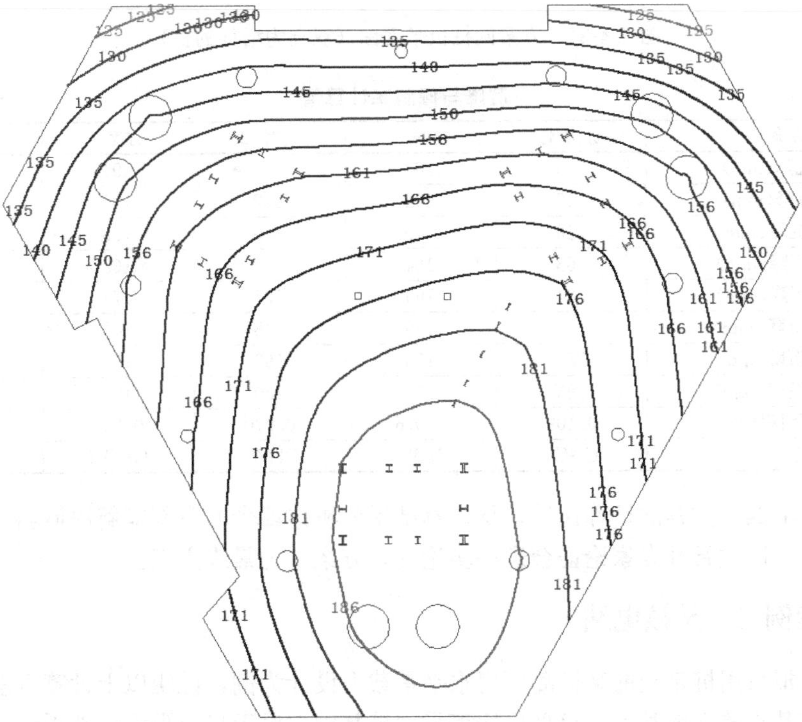

板沉降图(mm) 附加准永久组合:1.00×恒+0.50×活

图 5.4-20 方案三沉降图

方案四是取消上方10根桩并在左下角、右下角分别补打4根和15根桩来调整沉降倾斜，平面图见图5.4-21，计算结果见表5.4-6及图5.4-22。

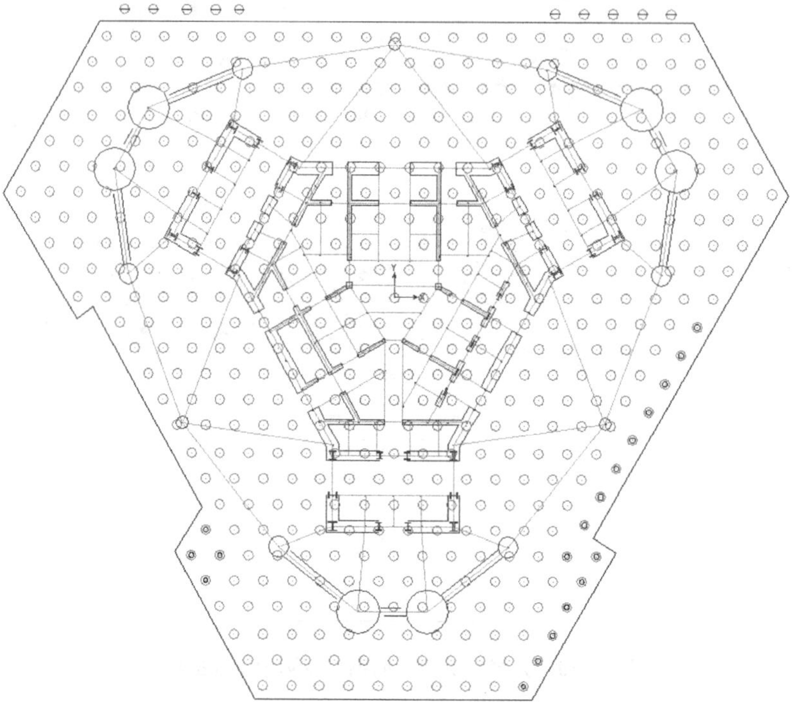

图5.4-21　方案四桩位平面图（双圆为增加的桩）

沉降与倾斜率计算值　　**表5.4-6**

方案	原方案	方案1	方案2	方案3	方案4
最大沉降(mm)	196	187	187	191	183
最小沉降(mm)	117	122	122	120	133
柱C1沉降(mm)	136	140	140	138	146
柱C2沉降(mm)	163	164	160	165	158
柱C3沉降(mm)	184	169	167	174	166
墙W1沉降(mm)	144	149	148	147	152
墙W2沉降(mm)	155	153	152	152	157
墙W3沉降(mm)	193	183	180	190	177
最大倾斜率(%)	0.109	0.076	0.070	0.098	0.059
方向	C1-C3	C1-W3	C1-W3	C1-W3	C1-W3

通过以上四个方案的计算比较，从计算结果分析这四个方案都能解决倾斜不满足规范要求的问题。通过召开专家论证会进一步论证，方案一为最终方案。

5.4.2　案例二：某核电站

本节以拟采用桩基础的某核岛厂房水平承载力设计为例，说明以上计算方法。某核电厂选址在非基岩软土地基上，核岛厂房需采用桩基础。对于将极限安全地震动（设计基准期中年超越概率为0.1‰的地震震动）作为抗震设计基准的核岛厂房，核岛基础承受的地震作用极大（水平地震作用最大约为竖向荷载的40%），其基础的水平承载能力成为关键控

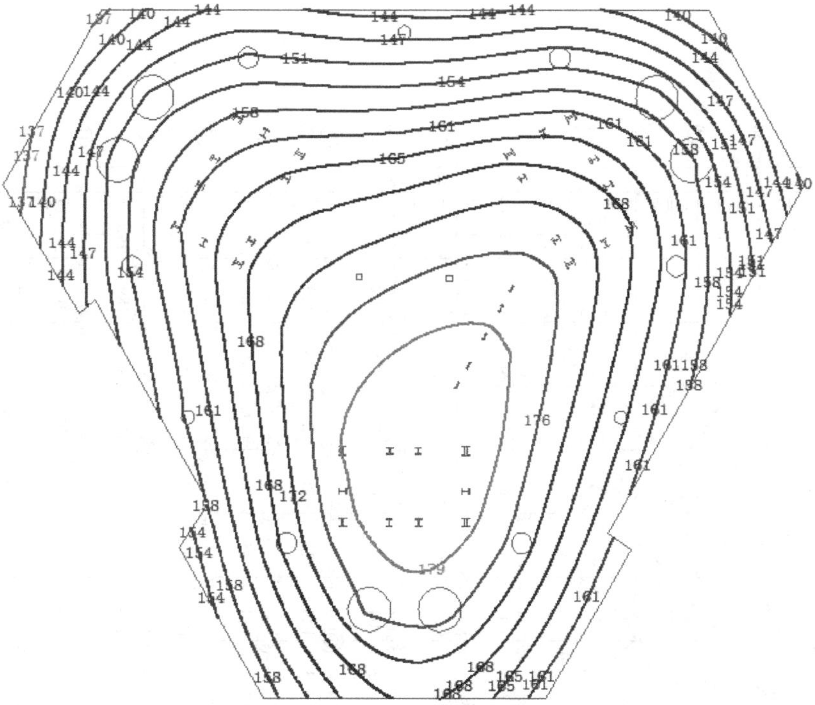

板沉降图(mm)　　附加准永久组合：1.00×恒+0.50×活

图 5.4-22　方案四沉降图

制因素。基础设计上需通过增加基础埋置深度，采用钢管混凝土桩，以及采用考虑承台侧面（包括地下墙体）与群桩共同承担水平力的方法，以满足核岛厂房的设计水平荷载要求。

该方案基桩拟全部采用钢管混凝土桩，基础埋置深度 13.9m，核岛基础底面处为③粉土和粉砂互层、淤泥质粉质黏土。基础形式为桩筏基础，筏形基础高度为 3.0m，桩径 1.5m，桩长约为 34.5m，桩端持力层为$⑧_1$玄武岩层。单桩竖向承载力特征值为 22000kN，单桩水平承载力特征值为 700kN。桩基设计方案剖面示意图见图 5.4-23，桩基平面布置见图 5.4-24。土的物理力学性质参数见表 5.4-7。

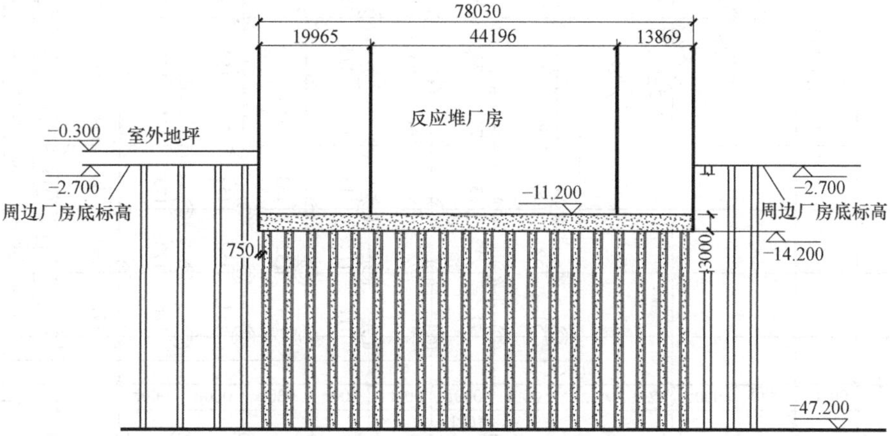

图 5.4-23　桩基设计方案剖面示意图

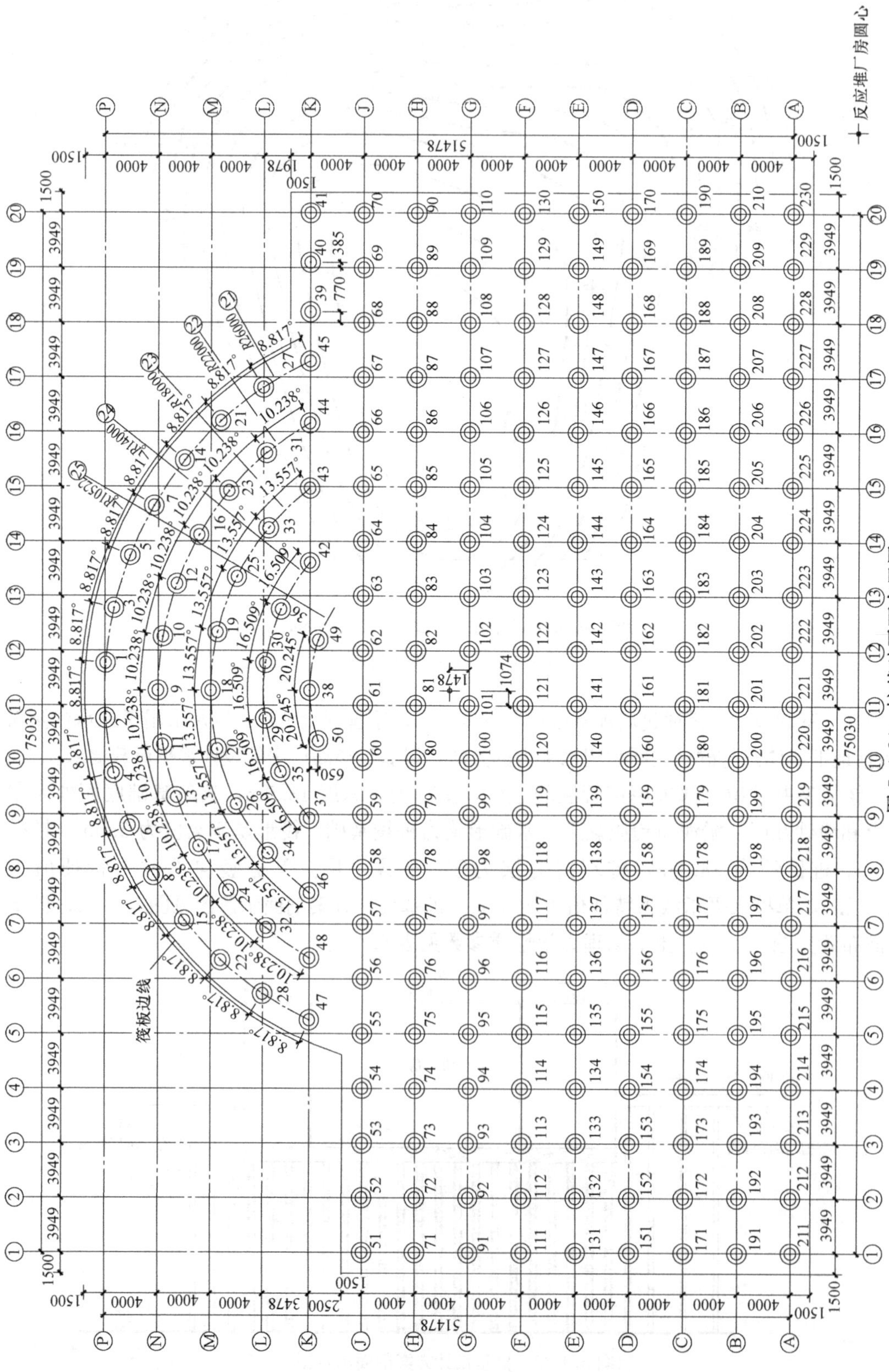

图 5.4-24 桩基础平面布置图

土的物理力学性质参数　　表 5.4-7

层号	土层名称	天然重度 (kN/m³)	黏聚力 c (kPa)	内摩擦角 φ (°)	桩的极限侧阻力(kPa)	岩石饱和抗压强度(kPa)
②	粉质黏土	19.2	15.0	23.6		
③	粉土与淤泥质粉黏土	20.1	26.2	26.5	34	
④	粉质黏土	19.8	15.0	22.9	98	
⑤	粉质黏土	18.9	11.6	16.5	59	
⑥	粉质黏土	20	25.6	20.3	60	
$⑧_1$	玄武岩	—			—	28550

为提高承台（地下外墙）侧面的土抗力作用，采用水泥土搅拌桩处理地下外墙周围的地基土，见图 5.4-23。

根据以上条件，对该工程在水平地震作用下的基础水平承载力进行验算，验算按照《建筑桩基技术规范》JGJ 94—2008 中 5.7 节相关规定进行计算，并在考虑承台（含地下墙体)-桩-土共同作用下进行分析，计算其在水平地震作用下桩基承台位移、桩身内力等。

1. 基础水平承载力验算

(1) 基桩水平承载力验算

根据上节得到的桩径 d 为 1.50m，配筋率大于 0.65%的钢筋混凝土灌注桩的地基水平反力系数的比例系数 m 值，按照《建筑桩基技术规范》JGJ 94—2008 推荐的 m 法按桩顶水平位移控制估算混凝土灌注桩的单桩水平承载力特征值：

$$R_{ha}=0.75\frac{\alpha^3 EI}{\nu_x}x_{0a} \tag{5.4-1}$$

$$\alpha=\sqrt[5]{\frac{mb_0}{EI}} \tag{5.4-2}$$

式中　EI——桩身抗弯刚度，对于钢筋混凝土灌注桩，$EI=0.85E_cI_0$；其中 $E_c=3.25\times10^4$MPa，桩身换算截面惯性矩 $I_0=0.25\text{m}^4$；

x_{0a}——桩顶允许水平位移，为 10mm；

ν_x——桩顶水平位移系数，为 2.441；

b_0——桩身的计算宽度 (m)；直径 $d=1.5$m，$b_0=0.9(d+1)=2.25$m。

对于钢管混凝土桩，桩径 d 为 1.50m，钢管直径 1400mm，壁厚 $t=35$mm，同时配置钢筋 35⌀28，$E=0.85E_sI_s+E_cI_c$，其中钢管 $E_s=20\times10^4$MPa，钢管 $I_s=0.03498\text{m}^4$，混凝土 $E_c=3.25\times10^4$MPa，混凝土 $I_c=0.25\text{m}^4$。

根据现场试验结果，针对钢管混凝土桩，取水平位移 10mm 所对应的荷载的 75%作为单桩水平承载力特征值进行估算，桩侧土水平抗力系数的比例系数 m 取 15MN/m⁴ (10mm 位移对应的 m 值)，其对应的计算单桩水平承载力特征值为 1150kN。

(2) 群桩基础的基桩水平承载力验算

本工程除已经考虑承台侧向土抗力因素外，不考虑承台底摩阻效应，单桩水平承载力特征值 R_{ha} 乘以 η_h，得到群桩中基桩的水平承载力特征值 R_h，即按下列公式确定：

$$R_h=\eta_h R_{ha} \tag{5.4-3}$$

考虑地震作用且 $s_a/d \leqslant 6$ 时：

$$\eta_h = \eta_i \eta_r + \eta_l \tag{5.4-4}$$

$$\eta_i = \frac{\left(\frac{S_a}{d}\right)^{0.015n_2+0.45}}{0.15n_1+0.10n_2+1.9} \tag{5.4-5}$$

式中 η_h——群桩效应综合系数；

η_i——桩的相互影响效应系数；

η_r——桩顶约束效应系数 2.05（桩顶嵌入承台长度 50～100mm 时）；

η_l——承台侧向土抗力效应系数（取 $\eta_l=0$）；

S_a/d——沿水平荷载方向的距径比；

n_1、n_2——沿水平荷载方向与垂直水平荷载方向每排桩中的桩数。

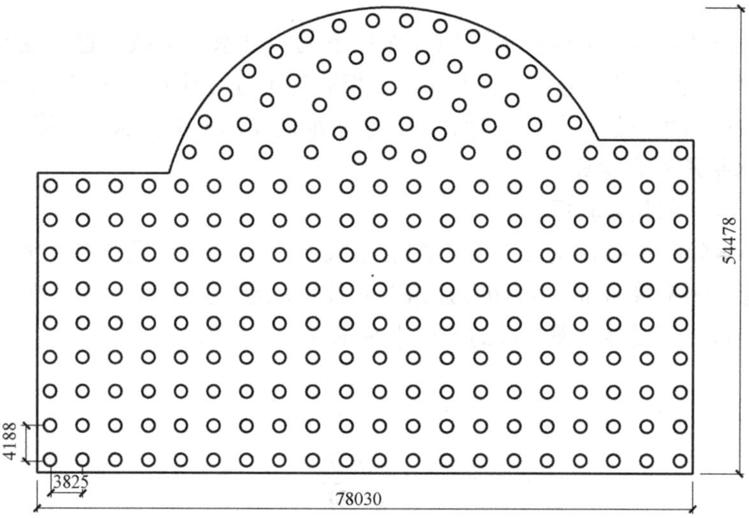

图 5.4-25 核岛实际布桩形式

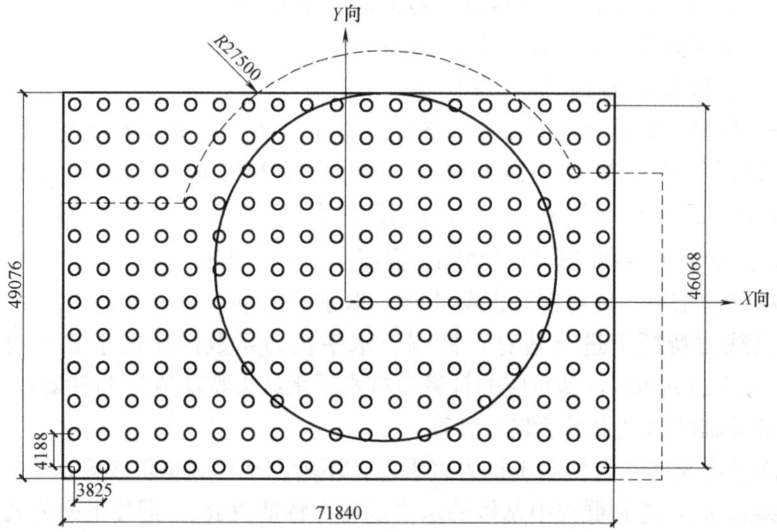

图 5.4-26 等效简化计算形式

按照规范经验值计算群桩效应系数，将平面布置方案等效为矩形布桩形式计算（图5.4-25、图5.4-26），主要以承台（地下室外墙）侧向投影面积等效为主（表5.4-8）。

桩的相互影响系数计算 **表5.4-8**

水平荷载方向	η_i 桩的相互影响系数				
	沿水平荷载方向每排桩中的桩数 n_1（根）	垂直水平荷载方向每排桩中的桩数 n_2（根）	沿水平荷载方向的桩间距 S_a(m)	沿水平荷载方向的桩径 d(m)	桩的相互影响系数 η_i
X 向	19	12	3.825	1.50	0.30
Y 向	12	19	4.188	1.50	0.38

群桩效应系数 X 向：$\eta_h = \eta_i\eta_r = 2.05\times0.30 = 0.615$

群桩效应系数 Y 向：$\eta_h = \eta_i\eta_r = 2.05\times0.38 = 0.780$

则在水平位移10mm所对应的荷载的75%作为单桩水平承载力特征值 R_{ha} 基础上，考虑群桩效应的基桩水平承载力特征值为715kN。

2. 考虑承台（含地下外墙）-桩-土共同作用，计算桩身内力与桩顶水平位移

核岛厂房基础承受的水平地震作用极大，水平力验算应考虑承台（地下室外墙）的水平抗力作用，水平荷载应由承台（地下室外墙）侧面土抗力、承基桩共同分担。本节根据《建筑桩基技术规范》JGJ 94—2008 中附录C考虑承台（包括地下墙体）、基桩协同工作和土的弹性抗力作用计算受水平荷载的桩基计算方法，采用"桩身内力及承台位移计算-共同作用"计算方法，在竖向力、水平力及弯矩作用下，计算各基桩的作用效应、桩身内力。

计算中，考虑土的弹性抗力时，为保证土体稳定性，承台的弹性抗力不超过被动土压力，承台前方正面土抗力上限取被动土压力的75%，基桩桩顶水平剪力不超过考虑群桩效应的基桩水平承载力特征值。具体计算步骤可参照《建筑桩基技术规范》JGJ 94—2008附录C，基本计算参数如下：

（1）地基土水平抗力系数的比例系数 m_s，其值根据试桩结果，取10mm对应位移的 m_s 值。当基桩侧面为几种土层组成时，应求得主要影响深度 $h_m=2(d+1)$ 米范围内的 m_s 值作为计算值，具体取值为 $15MN/m^4$（10mm位移对应的 m 值）

（2）承台侧面地基土水平抗力系数 C_n：

$$C_n = m_c h_n \tag{5.4-6}$$

式中 m_c——承台埋深范围地基土的水平抗力系数的比例系数（MN/m^4）；

h_n——承台埋深（m）。

承台（地下室外墙）侧面地基土水平抗力系数的比例系数，由于未有实测数据，承台侧壁 m_c 值参照桩基建议 m 值参数设计，具体见表5.4-9。

地下墙体（承台）建议的 m_c 值 **表5.4-9**

层号	土层名称	水泥搅拌处理地基
②	粉质黏土	40
③	粉土与淤泥质粉黏土	50

（3）地基土竖向抗力系数 C_0、C_b 和地基土竖向抗力系数的比例系数 m_0：

① 桩底面地基土竖向抗力系数 C_0

$$C_0 = m_0 h \tag{5.4-7}$$

式中 m_0——桩底面地基土竖向抗力系数的比例系数（MN/m^4），近似取 $m_0 = m$；

h——桩的入土深度（m），当 h 小于 10m 时，按 10m 计算。

② 承台底地基土竖向抗力系数 C_b

$$C_b = \eta_c m_0 h_n \tag{5.4-8}$$

式中 h_n——承台埋深（m），当 h_n 小于 1m 时，按 1m 计算；

η_c——承台效应系数。

③ 岩石地基的竖向抗力系数 C_R，不随岩层埋深增加而增长。

（4）桩身抗弯刚度 EI：对于钢筋混凝土桩，$EI = 0.85E_c I_0$，其中 I_0 为桩身换算截面惯性矩：圆形截面为 $I_0 = W_0 d_0/2$，矩形截面为 $I_0 = W_0 b_0/2$。

（5）桩身轴向压力传递系数 0.5～1.0。

（6）核岛厂房基底存有淤泥质软土、液化土，深度处存有欠固结土，而承台底面与其下地基土可能发生脱离时（承台底面以下有欠固结、自重湿陷时），不考虑承台底地基土的竖向弹性抗力和摩阻力，只考虑承台侧面土体的弹性抗力。计算承台单位变位引起的桩顶、承台侧壁土体的反力时，应考虑承台侧面土体弹性抗力的影响。

计算结果以 L1 荷载组合（X 向地震起控制作用的荷载组合）的验算分析为例说明。采用桩筏基础，筏板基础高度 3.0m，基础埋深 13.90m，基础底面位于第③层，桩端嵌入第⑧$_1$ 层 1.5m，桩长 34.5m。采用水泥土搅拌桩处理承台（地下室墙体）周围。

按照共同作用计算（表 5.4-10），X 向承台侧壁承担总水平荷载的 73%，Y 向承台侧

受水平荷载群桩计算 **表 5.4-10**

共同作用计算				备注
设计参数		基础埋置深度(m)	13.9	
		桩型	钢管混凝土桩	
		桩长(m)	34.5	
		承台(地下墙体)埋深范围 m 值(MN/m^4)	40	水泥搅拌地基处理
		桩周地基土 m 值(MN/m^4)	15	原状土
		X 向承台侧壁被动土压力合力(kN)	537900	水泥搅拌地基处理
		Y 向承台侧壁被动土压力合力(kN)	784900	水泥搅拌地基处理
计算结果	X 向	承台侧壁土抗力(kN)	394588	<75%被动土压力合力
		桩顶水平力(kN)	626	<基桩水平承载力 R_h
		桩身最大弯矩(kN・m)	1774	
	Y 向	承台侧壁土抗力(kN)	152119	<75%被动土压力合力
		桩顶水平力(kN)	114	<基桩水平承载力 R_h
		桩身最大弯矩(kN・m)	269	
	Z 向	桩顶最大竖向反力(kN)	13609	<基桩竖向抗压承载力
		桩顶最小竖向反力(kN)	803	

壁承担总水平荷载的 85%；X 向受力下的桩身最大剪力 678kN，桩身最大弯矩 1990kN·m；Y 向受力下的桩身最大剪力 126kN，桩身最大弯矩 311kN·m。

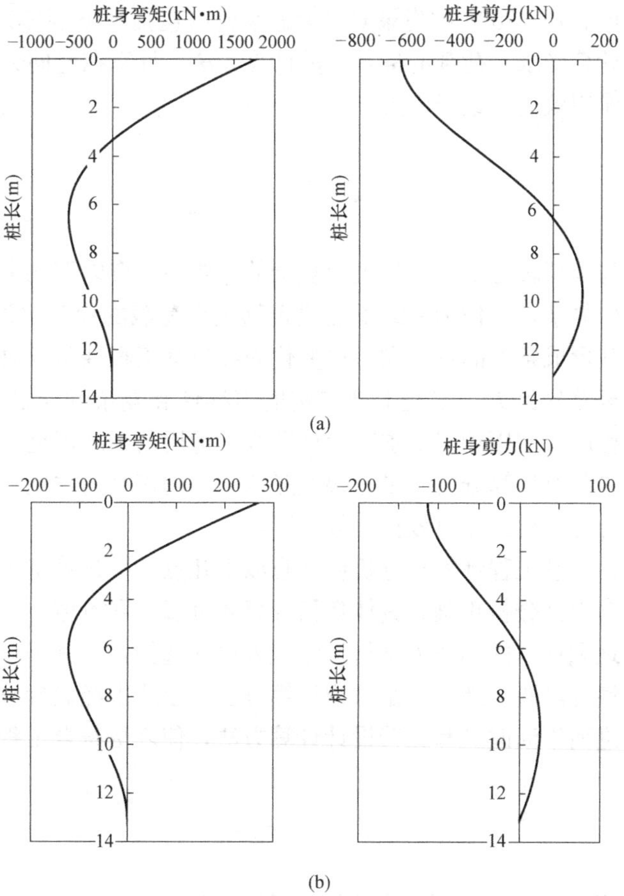

图 5.4-27 桩身内力计算

(a) X 向；(b) Y 向

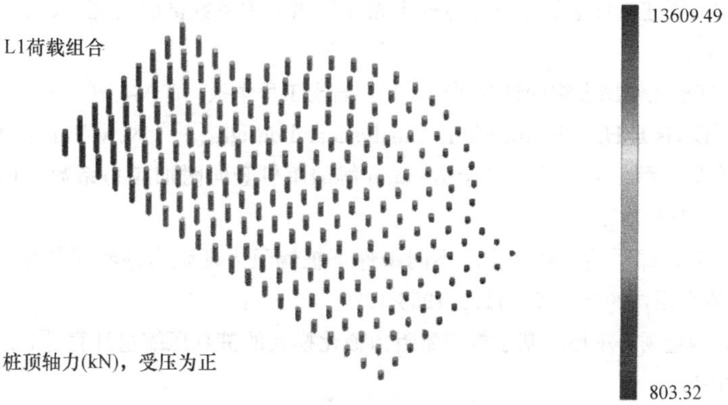

图 5.4-28 群桩桩身内力结果

从计算结果看（图 5.4-27、图 5.4-28），核岛桩基础的群桩水平承载力按照《建筑桩基技术规范》JGJ 94—2008 规范的方法进行估算是适用的。核岛基础承受的水平地震作用除由基桩承担水平力外，在地下外墙（承台）周围的地基土及其与基坑侧壁间隙回填处理满足设计要求时，可以考虑承台（包括地下外墙）侧面的土抗力分担作用，可按照《建筑桩基技术规范》JGJ 94—2008 中附录 C“考虑承台（包括地下墙体）、基桩协同工作和土的弹性抗力作用计算受水平荷载的桩基”的计算方法，计算在竖向力、水平力及弯矩共同作用下各基桩的作用效应、桩身内力。

5.5 小结

桩基工程计算与分析较之上部结构更为复杂的主要因素有以下几个方面：一是建筑场地的地质环境与条件复杂，即作为最终承受建筑物全部荷载的地基（地质体）复杂多样，构成地基的岩土因其形成条件的不同和历史变化而导致其工程性质及对建筑物的承载性状迥然不同，有时甚至差异巨大；二是上部结构的多样性和复杂性对桩基设计要求越来越高。建筑物的重要程度、使用功能要求、设计等级、适用的标准规范、结构形式、荷载分布及布桩方案等因素都对计算分析结果有很大影响；三是桩基的类型、施工工艺及施工质量有些情况下会对计算分析方法有效性有较大影响。

基于以上因素，桩基工程计算与分析应注意以下几点：一是桩基计算应以概念设计分析为前提，只有概念设计分析正确，具体数值计算才有意义和价值；二是充分重视计算方法及与之相关的场地和地基的物理力学指标测试方法的选择，尤其是对计算与测试结果准确性的复核及合理性的经验判断；三是重视计算方法和公式中经验参数的选择与取值；四是重视经验积累，进而不断改进和完善设计计算方法，使之更符合工程实际。

参考文献

[1] 史佩栋. 桩基工程手册 [M]. 北京：人民交通出版社，2008.

[2] 刘金砺，高文生，邱明兵. 建筑桩基技术规范应用手册 [M]. 北京：中国建筑工业出版社，2010.

[3] 刘金砺. 桩土变形计算模型和变刚度调平设计 [J]. 岩土工程学报，2000，22 (2)：151-157.

[4] 王涛. 带裙房高层建筑桩基优化设计与桩土相互作用影响系数试验研究 [D]. 北京：中国建筑科学研究院，2007.

[5] 王涛. 桩-土-桩相互作用影响的试验研究 [J]. 岩土工程学报，2008，30 (1)：100-105.

[6] Poulos H G，Davis E H. Pile foundation analysis and design [J]. New York：Wiley，1980.

[7] 邱明兵，刘金砺，秋仁东，等. 基于 Mindlin 解的单桩竖向附加应力系数 [J]. 土木工程学报，2014，47 (3)：130-137.

[8] 刘金砺，秋仁东，邱明兵，高文生. 不同条件下桩侧阻力端阻力性状及侧阻力分布概化与应用 [J]. 岩土工程学报，2014，36 (11)：1953-1970.

[9] 王涛，褚卓，刘金砺，王旭. 基于桩侧摩阻力概化模式的桩身压缩量计算 [J]. 建筑结构，2019，49 (17)：130-135.

[10] 王涛，刘金砺，王旭. 基于桩侧阻概化模式的基桩均化附加应力系数研究 [J]. 岩土工程学报，2018，40 (4)：665-672.

[11] 王涛，刘金砺，王旭. Mindlin 解均化应力法计算桩基沉降及工程应用 [J]. 土木工程学报，2019，52 (2)：78-85.

[12] 刘金砺，迟铃泉，张武，等. 高层建筑地基基础变刚度调平设计方法与处理技术 [R]. 北京：中国建筑科学研究院，2007.
[13] 朱春明，刘金砺，邵弘，等. 基础设计中上部结构刚度贡献解决方案探讨 [J]. 建筑科学，2002，18 (1)：45-48，52.
[14] 朱春明. 桩筏基础筏板实用计算方法探讨 [C]，中国建筑学会地基基础学术委员会 1992 年论文集（桩基础专辑）. 太原：山西高校联合出版社，1992：381-387.
[15] 刘金砺，迟铃泉，朱春明，等. 带裙房高层建筑地基基础与上部结构共同工作计算方法 [R]. 北京：中国建筑科学研究院研究报告，1996.
[16] 独基、条基、钢筋混凝土地基梁、桩基础与筏板基础设计软件 JCCAD [CP]. 北京：中国建筑科学研究院，2012.
[17] 中华人民共和国住房和城乡建设部. 建筑桩基技术规范 JGJ 94—2008 [M]. 中国建筑工业出版社，2008.
[18] 日本建筑学会. 建筑基础构造设计指南 [M]. 丸善出版株式会社，2001.
[19] B. B. Broms. Lateral Resistance of Piles in Cohesive Soils [J]. ASCE Journal of the Soil Mechanics and Foundations Division，1964，90 (2)：27-63.
[20] 刘金砺. 桩基础设计与计算 [M]. 北京：中国建筑工业出版社，1990.
[21] 刘金砺. 群桩横向承载力的分项综合效应系数计算法 [J]. 岩土工程学报，1992，14 (3)：9-19.
[22] 黄河洛口桩基试验研究组，黄河洛口桩基试验研究报告-水平承载力分析 [R]. 1983.
[23] 台湾交通技术标准规范（铁路类）. 铁路桥梁耐震设计规范 [S]. 2005.
[24] 上海市工程建设规范. 地基基础设计规范 DGJ 08-11-2010 [S]. 上海：同济大学出版社，2010.
[25] 林皋. 核电工程结构抗震设计研究综述 [J]. 人民长江，2011，42 (19)：1-6.

6　复合地基计算与分析

龚晓南
（浙江大学滨海和城市岩土工程研究中心，浙江 杭州 310085）

6.1　发展简况

20 世纪 60 年代，国外有人将采用碎石桩加固的地基称为复合地基。改革开放过程中，我国引进碎石桩等多种地基处理新技术，同时也引进了复合地基的概念。复合地基的优点是可以较充分利用天然地基和桩体两者各自承担荷载的潜能，具有较好的经济性。在设计中，可以通过调整复合地基中的桩体刚度、长度和复合地基置换率等设计参数来满足地基承载力和控制沉降量的要求，具有较大的灵活性，特别是可有效控制沉降和沉降差。我国土木工程建设规模大，又是发展中国家，建设资金短缺，这给复合地基技术的应用和发展提供了良好的机遇。

复合地基技术在我国土木工程建设中得到重视和发展，经过几代人的努力，目前在我国应用的复合地基类型主要有：由多种施工方法形成的各类砂石桩复合地基、水泥土桩复合地基、各类刚性桩复合地基、组合桩复合地基、长短桩复合地基、桩网复合地基、加筋土地基等。复合地基技术在房屋建筑（包括高层建筑）、高等级公路、铁路、堆场、机场、堤坝等土木工程建设中得到了广泛应用，产生了良好的社会效益和经济效益。

现在复合地基已成为一种常用的地基基础形式，在我国已形成较完善的复合地基理论和复合地基技术工程应用体系。

6.2　复合地基承载力计算

桩体复合地基承载力由桩对承载力的贡献和桩间土对承载力的贡献两部分组成，如何合理估计两者对复合地基承载力的贡献是桩体复合地基计算的关键。

桩体复合地基承载力的计算思路通常是先分别确定桩体的承载力和桩间土的承载力，然后根据一定的原则叠加这两部分承载力得到复合地基的承载力。复合地基的极限承载力 p_{cf} 可用下式表示：

$$p_{cf}=k_1\lambda_1 m p_{pf}+k_2\lambda_2(1-m)p_{sf} \tag{6.2-1}$$

式中　p_{pf}——单桩极限承载力（kPa）；

p_{sf}——天然地基极限承载力（kPa）；

k_1——反映复合地基中桩体实际极限承载力与单桩极限承载力不同的修正系数；

k_2——反映复合地基中桩间土实际极限承载力与天然地基极限承载力不同的修正

系数；

λ_1——复合地基破坏时，桩体发挥其极限强度的比例，称为桩体极限强度发挥度；

λ_2——复合地基破坏时，桩间土发挥其极限强度的比例，称为桩间土极限强度发挥度；

m——复合地基置换率。

桩体复合地基中，散体材料桩、柔性桩和刚性桩荷载传递机理是不同的。桩体复合地基上基础刚度大小，是否铺设垫层，垫层厚度等都对复合地基受力性状有较大影响，在桩体复合地基承载力计算中都要考虑这些因素的影响。

下面先依次介绍散体材料桩、柔性桩、刚性桩的承载力计算，然后介绍天然地基极限承载力计算。

散体材料桩单桩极限承载力可通过计算桩间土可能提供的侧向极限应力计算。散体材料桩极限承载力一般表达式可用下式表示：

$$P_{\mathrm{pf}}=\sigma_{\mathrm{ru}}K_{\mathrm{p}} \tag{6.2-2}$$

式中 σ_{ru}——桩侧土体所能提供的最大侧限力（kPa）；

K_{p}——桩体材料的被动土压力系数。

计算桩侧土体所能提供的最大侧向极限力常用方法有 Brauns（1978）计算式，圆筒形孔扩张理论计算式，Wong H. Y.（1975）计算式、Hughes 和 Withers（1974）计算式以及被动土压力法等。

柔性桩的承载力取决于由桩周土和桩端土的抗力可能提供的单桩竖向抗压承载力和由桩体材料强度可能提供的单桩竖向抗压承载力，二者中应取小值。

由桩周土和桩端土的抗力可能提供的柔性桩单桩竖向极限抗压承载力的表达式为：

$$P_{\mathrm{pf}}=[\beta_1\sum fS_{\mathrm{a}}L_i+\beta_2A_{\mathrm{p}}R]/A_{\mathrm{P}} \tag{6.2-3}$$

式中 f——桩周土的极限摩擦力；

β_1——桩侧摩阻力折减系数，取值与桩土相对刚度大小有关，取值范围 1.0～0.6；

S_{a}——桩身周边长度；

L_i——按土层划分的各段桩长，当桩长大于有效桩长时，计算桩长应取有效桩长值；

R——桩端土极限承载力；

β_2——桩的端承力发挥度，取值与桩土相对刚度大小有关，取值范围 1.0～0.0。当桩长大于有效桩长时取零；

A_{P}——桩身横断面积。

由桩体材料强度可能提供的单桩竖向极限抗压承载力的表达式为：

$$P_{\mathrm{pf}}=q \tag{6.2-4}$$

式中 q——桩体极限抗压强度。

由式（6.2-3）和式（6.2-4）计算所得的二者中取较小值为柔性桩的极限承载力。

刚性桩的承载力取决于由桩周土和桩端土的抗力可能提供的单桩竖向抗压承载力和由桩体材料强度可能提供的单桩竖向抗压承载力，二者中应取小值。

由桩周土和桩端土的抗力可能提供的单桩竖向极限抗压承载力的表达式为：

$$P_{\mathrm{pf}}=[S_{\mathrm{a}}\sum f_iL_i+\beta_2A_{\mathrm{pb}}R]/A_{\mathrm{P}} \tag{6.2-5}$$

式中 f_i——桩周土的极限摩擦力；

S_a——桩身周边长度；

L_i——按土层划分的各段桩长；

R——桩端土极限承载力；

β_2——桩的端承力发挥度；

A_p——桩身横断面积；

A_{pb}——桩底端桩身实体横断面积，对等断面实体桩，$A_{pb}=A_p$。

由桩体材料强度可能提供的单桩竖向极限抗压承载力的表达式为：

$$P_{pf}=q \tag{6.2-6}$$

式中 q——桩体极限抗压强度。

由式（6.2-5）和式（6.5-6）计算所得的二者中取较小值为刚性桩的极限承载力。

复合地基承载力计算式中的天然地基极限承载力可通过载荷试验确定，也可根据土工试验资料和相应规范确定。

若无试验资料，天然地基极限承载力常采用 Skempton 极限承载力公式进行计算。Skempton 极限承载力公式为：

$$P_{sf}=c_u N_c\left(1+0.2\frac{B}{L}\right)\left(1+0.2\frac{D}{L}\right)+\gamma D \tag{6.2-7}$$

式中 D——基础埋深；

c_u——不排水抗剪强度；

N_c——承载力系数，当 $\varphi=0$ 时，$N_c=5.14$；

B——基础宽度；

L——基础长度。

水平向增强体复合地基承载力和桩网复合地基承载力这里不作介绍，如需要可参考《复合地基理论及工程应用》第三版（龚晓南，2018，中国建筑工业出版社）。

6.3 复合地基沉降计算

在各类实用计算方法中，通常把复合地基沉降量分为两部分，复合地基加固区压缩量和下卧层压缩量。复合地基加固区的压缩量记为 S_1，地基压缩层厚度内加固区下卧层压缩量记为 S_2。于是，在荷载作用下复合地基的总沉降量 S 可表示为这两部分之和，即：

$$S=S_1+S_2 \tag{6.3-1}$$

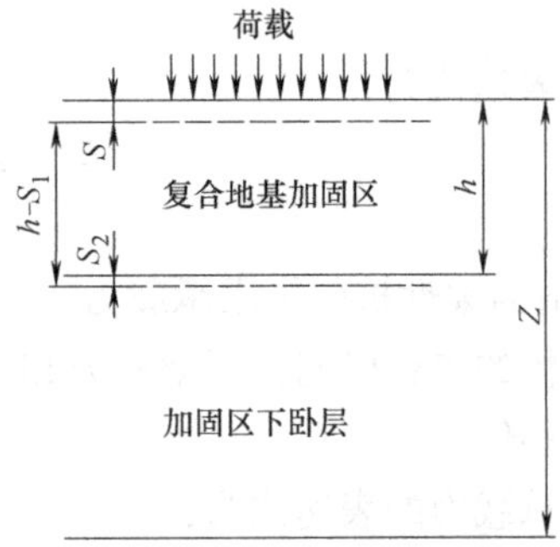

图 6.3-1 复合地基沉降

若复合地基设置有垫层，通常认为垫层压缩量很小，且在施工过程中已基本完成，故可以忽略不计。

至今提出的复合地基沉降实用计算方法中，对下卧层压缩量 S_2 大都采用分层总和法计算，而对加固区范围内土层的压缩量 S_1 则针对各类复合地基的特点采用一种或几种计算方法计算（图 6.3-1）。

加固区土层压缩量 S_1 的计算方法主要有复合模量法、应力修正法和桩身压缩量法，详细介绍可参考《复合地基理论及工程应用》第三版（龚晓南，2018，中国建筑工业出版社）。

下卧层土层压缩量 S_2 的计算常采用分层总和法计算，即：

$$S_2=\sum_{i=1}^{n}\frac{e_{1i}-e_{2i}}{1+e_{1i}}H_i=\sum_{i=1}^{n}\frac{a_i(p_{2i}-p_{1i})}{(1+e_i)}H_i=\sum_{i=1}^{n}\frac{\Delta p_i}{E_{si}}H_i \tag{6.3-2}$$

式中 e_{1i}——根据第 i 分层的自重应力平均值 $\frac{\sigma_{ci}+\sigma_{c(i-1)}}{2}$（即 p_{1i}）从土的压缩曲线上得到的相应的孔隙比；

σ_{ci}、$\sigma_{c(i-1)}$——分别为第 i 分层土层底面处和顶面处的自重应力；

e_{2i}——根据第 i 分层自重应力平均值 $\frac{\sigma_{ci}+\sigma_{c(i-1)}}{2}$ 与附加应力平均值 $\frac{\sigma_{zi}+\sigma_{z(i-1)}}{2}$ 之和（即 p_{2i}），从土的压缩曲线上得到相应的孔隙比；

σ_{zi}、$\sigma_{z(i-1)}$——分别为第 i 分层土层底面处和顶面处的附加应力；

H_i——第 i 分层土的厚度；

a_i——第 i 分层土的压缩系数；

E_{si}——第 i 分层土的压缩模量。

在计算复合地基加固区下卧层压缩量 S_2 时，作用在下卧层上的荷载是比较难以精确计算的。目前在工程应用上，常采用压力扩散法、等效实体法和改进 Geddes 法进行计算。压力扩散法、等效实体法和改进 Geddes 法的详细介绍可参考《复合地基理论及工程应用》第三版（龚晓南，2018，中国建筑工业出版社）。

随着岩土工程数值分析计的发展，有限单元法在土工问题分析中得到愈来愈多的应用。根据在分析中所采用的几何模型分类，复合地基有限单元分析方法大致可以分为两类：一类是采用增强体单元+界面单元+土体单元进行分析计算；另一类是将加固区视为一等效区采用复合土体单元+土体单元进行计算。前一类可称为分离式分析方法，后一类可称为复合模量分析方法。

在分离式分析方法中，对桩体复合地基，可采用桩体单元、界面单元和土体单元三种单元形式。在桩体复合地基中，桩体材料相比地基土体一般刚度较大，在分析中常采用线弹性模型，桩间土一般可采用非线弹性模型或弹塑性模型，有时也采用线弹性模型。在分离式分析方法中，无论是三维有限元分析还是二维有限元分析，一般都对桩体几何形状作等价变化。在三维分析中，常将圆柱体等价转换为正方柱体，有时也采用管单元。在二维分析中，需将空间布置等价转化为平面问题。几何形状经等价转化后，桩体单元和土体单元可采用平面三角形单元或四边形单元。界面单元可根据需要设置。当桩体和桩周土体不会产生较大相对位移时，可不设界面单元，在分析中考虑桩侧和桩周土变形相等。若桩体和桩周土体可能产生较大相对位移时，桩侧和桩周土体之间应设界面单元。

6.4 复合地基稳定分析

国家标准《复合地基技术规范》GB 50783—2012 在一般规定中指出："复合地基设计应进行承载力和沉降计算，其中用于填土路堤和柔性面层堆场等工程的复合地基除应进行承载力和沉降计算外，尚应进行稳定分析；对位于坡地、岸边的复合地基均应进行稳定分析。"

在复合地基稳定分析中，所采用的稳定分析方法、计算参数、计算参数的测定方法和稳定安全系数取值应相互匹配。

国内外学者提出的稳定分析方法很多，复合地基稳定分析方法宜根据复合地基类型合理选用。

对散体材料桩复合地基，稳定分析中最危险滑动面上的总剪切力可由传至复合地基面上的总荷载确定，最危险滑动面上的总抗剪切力计算中，复合地基加固区强度指标可采用复合土体综合抗剪强度指标，也可分别采用桩体和桩间土的抗剪强度指标；未加固区可采用天然地基土体抗剪强度指标。

对柔性桩复合地基可采用上述散体材料桩复合地基稳定分析方法。在分析时，应视桩土模量比对抗力的贡献进行折减。

对刚性桩复合地基，最危险滑动面上的总剪切力可只考虑传至复合地基桩间土地基面上的荷载，最危险滑动面上的总抗剪切力计算中，可只考虑复合地基加固区桩间土和未加固区天然地基土体对抗力的贡献，稳定安全系数可通过综合考虑桩体类型、复合地基置换率、工程地质条件、桩持力层情况等因素确定。稳定分析中没有考虑由刚性桩承担的荷载产生的滑动力和刚性桩抵抗滑动的贡献。由于没有考虑由刚性桩承担的荷载产生的滑动力的效应可能比刚性桩抵抗滑动的贡献要大，稳定分析安全系数可适当提高。

6.5 复合地基固结分析

在荷载作用下，复合地基中会产生超孔隙水压力。随着时间发展复合地基中超孔隙水压力逐步消散，土体产生固结，复合地基发生固结沉降。在软黏土地基中形成的复合地基固结沉降过程历时较长，应予以重视。对工后沉降要求比较高的更要重视。

在荷载作用下复合地基固结性状的影响因素较多，不仅与地基土体的物理力学性质、增强体的几何尺寸、分布有关，还与增强体的刚度、强度、渗透性有关。在空间上，复合地基分加固区和非加固区。加固区中增强体与地基土体三维相间，非加固区又分加固区周围区域和加固区下卧层。复合地基增强体有散体材料桩、柔性粘结材料桩和刚性粘结材料桩三大类。散体材料桩一般具有较好的透水性能，粘结材料桩一般可认为不透水，但具有透水性能的粘结材料桩也在发展中。不同类型复合地基增强体的刚度和强度性能差异性很大。所以，在荷载作用下复合地基固结性状非常复杂。在工程分析中应抓主要矛盾，采用简化分析方法。

复合地基发生固结沉降过程中，复合地基的桩土荷载分担比会产生调整。一般情况下，桩土荷载分担比会随着固结过程进展逐步增大，直至固结稳定而达到新的平衡状态。复合地基沉降随着固结发展会增大，复合地基承载力随着固结发展也会增大，直至固结稳定而稳定。采用复合地基加固软黏土地基，桩土模量比较大时，设计应考虑复合地基在固结过程中桩土荷载分担比会产生调整的情况。

对于具有较好透水性能的某些竖向增强体形成的复合地基，如碎石桩复合地基、砂桩复合地基等，可采用常用的砂井固结理论计算复合地基的沉降与时间关系。一般情况下，可采用 Biot 固结有限元分析法计算。

采用 Biot 固结理论有限单元法分析复合地基固结过程理论上是可行的，但实施过程中会遇到一些困难。复合地基在空间上分布复杂，是复杂的三维问题，简化成二维问题就会带来较大误差。复合地基中增强体一般为圆柱体，土体几何形状则很复杂。在有限单元法分析中，往往需要对增强体几何形状作等价转换，采用简化几何模型，也会带来不确定的误差。复合地基中增强体与土体刚度差别较大，在分析中也会带来不确定的误差。还有增强体与土体间的界面性状合理描述也很困难。因此，采用 Biot 固结理论有限单元法分析复合地基固结过程目前主要还处于研究阶段。研究结果用于定性参考。

在采用 Biot 固结理论有限单元法分析复合地基固结过程中，也可采用一些简化的计算方法。如将复合地基加固区视为一复合土体区，采用复合土体复合参数分析法，确定复合土体的竖向和水平向复合模量、复合泊松比、复合渗透系数。用一般地基 Biot 固结理论三维有限元法分析复合地基固结问题。

6.6 复合地基设计与计算中应重视的几个问题

6.6.1 复合地基的形成条件

复合地基的优点是可以较充分利用天然地基和桩体两者各自承担荷载的潜能。需要重视的问题是，在荷载作用下，桩体和地基土体是否能够共同直接承担上部结构传来的荷载是有条件的，也就是说在地基中设置桩体能否与地基土体共同形成复合地基是有条件的。这在复合地基的应用中特别重要，需要引起重视。

如何保证在荷载作用下，增强体与天然地基土体能够共同直接承担荷载的作用？在图 6.6-1 中，$E_p > E_{s1}$，$E_p > E_{s2}$，其中 E_p 为桩体模量，E_{s1} 为桩间土模量，图 6.6-1 (a)、(d) 中 E_{s2} 为加固区下卧层土体模量，图 6.6-1（b）中 E_{s2} 为加固区垫层土体模量。散体材料桩在荷载作用下产生侧向鼓胀变形，能够保证增强体和地基土体共同直接承担上部结构传来的荷载。因此当增强体为散体材料桩时，图 6.6-1 中各种情况均可满足增强体和土体共同承担上部荷载。然而，当增强体为粘结材料桩时情况就不同了。在图 6.6-1 (a) 中，在荷载作用下，刚性基础下的桩和桩间土沉降量相同，这可保证桩和土共同直接承担荷载。在图 6.6-1（b）中，桩落在不可压缩层上，在刚性基础下设置一定厚度的柔

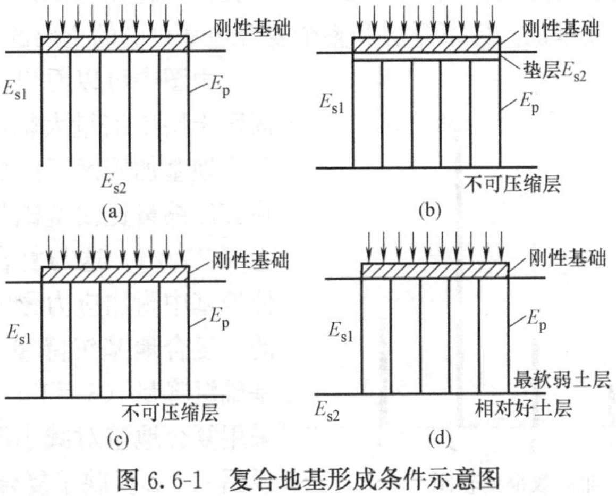

图 6.6-1 复合地基形成条件示意图

性垫层。一般情况在荷载作用下，通过刚性基础下柔性垫层的协调，也可保证桩和桩间土两者共同承担荷载。但需要注意分析柔性垫层对桩和桩间土的差异变形的协调能力和桩和桩间土之间可能产生的最大差异变形两者的关系。如果桩和桩间土之间可能产生的最大差异变形超过柔性垫层对桩和桩间土的差异变形的协调能力，则虽在刚性基础下设置了一定厚度的柔性垫层，在荷载作用下，也不能保证桩和桩间土始终能够共同直接承担荷载。在图 6.6-1（c）中，桩落在不可压缩层上，而且未设置垫层。在刚性基础传递的荷载作用下，开始时增强体和桩间土体中的竖向应力大小大致上按两者的模量比分配，但是随着土体产生蠕变，土中应力不断减小，而增强体中应力逐渐增大，荷载逐渐向增强体上转移。若 $E_p \gg E_{s1}$，则桩间土承担的荷载比例极小。特别是若遇地下水位下降等因素，桩间土体进一步压缩，桩间土可能不再承担荷载。在这种情况下增强体与桩间土体两者难以始终共同直接承担荷载的作用，也就是说桩和桩间土不能形成复合地基以共同承担上部荷载。在图 6.6-1（d）中，复合地基中增强体穿透最薄弱土层，落在相对好的土层上，$E_{s2} > E_{s1}$。在这种情况下，应重视 E_p、E_{s1} 和 E_{s2} 三者之间的关系，保证在荷载作用下通过桩体和桩间土变形协调来保证桩和桩间土共同承担荷载。因此采用粘结材料桩，特别是对采用刚性桩形成的复合地基需要重视复合地基的形成条件的分析。

在实际工程中设置的增强体和桩间土体不能满足形成复合地基的条件，而以复合地基理念进行设计是不安全的。把不能直接承担荷载的桩间土承载力计算在内，高估了承载能力，降低了安全度，可能造成工程事故，应引起设计人员的充分重视。

6.6.2 合理分析复合地基位移场特点，有效控制复合地基的沉降

曾小强（1993）采用有限元法比较分析了采用浅基础和采用搅拌桩复合地基两种情况下地基沉降情况。工程背景为场地位于宁波甬江南岸的一工程。详细介绍可参考《复合地基理论及工程应用》第三版（龚晓南，2018，中国建筑工业出版社）。

采用浅基础时，场地简化为均质地基。搅拌桩复合地基设计参数为：水泥掺入量 15%，搅拌桩直径 500mm，桩长 15.0m，复合地基置换率为 18.0%，桩体模量为 120MPa。复合地基加固区采用复合模量。图 6.6-2 表示采用浅基础和采用水泥土桩复合地基的沉降情况，图中 1′、2′、3′分别表示复合地基加固区压缩量、复合地基加固区下卧层压缩量和复合地基总沉降量。图中 1，2，3 分别表示浅基础情况下（地基不加固）与复合地基加固区、复合地基加固区下卧层和整个复合地基对应的土层的压缩量。

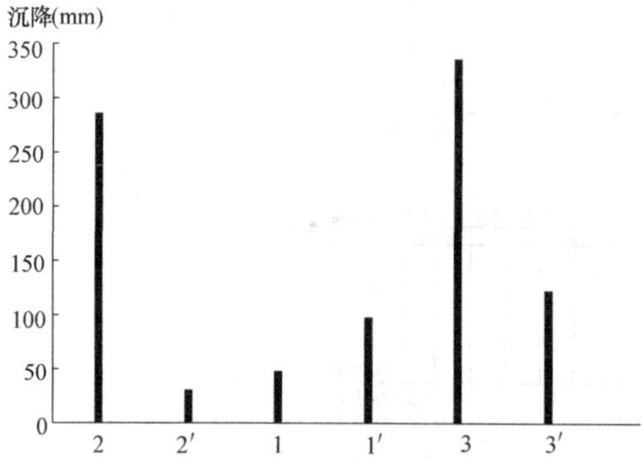

图 6.6-2　加固效果比较图

由图中可以看出，经水泥土加固后加固区土层压缩量大幅度减小（1′<1），而复合地基加固区下卧层土层由于加固区存在其压缩量比浅基础相应的土层压缩量要大（2′>2）。这与复合地基加固区的存在使地基中附加应力影响范围向下移是一致的。复合地基沉降量（3′=1′+2′）比浅基础沉降量（3=1+2）明显减小，说明采用复合地基对减小沉降是有效的。可以说图 6.6-2 反映了复合地基的位移场特性。

由于附加应力影响范围加深，较深处土层压缩量增大。图 6.6-2 表明，要进一步减小复合地基沉降量，依靠提高复合地基置换率，或提高桩体模量来增大加固区复合土体模量以减小复合地基加固区压缩量 1′的潜力是很小的。进一步减小复合地基沉降量的关键是减小复合地基加固区下卧层的压缩量。减小下卧层部分的压缩量最有效的办法是增加加固区厚度，减小下卧层中软弱土层的厚度。

复合地基位移场特性为复合地基合理设计或优化设计提供了基础，指明了方向。

6.6.3 重视复合地基技术的适用条件，合理选用复合地基形式

采用复合地基可以较充分利用天然地基和桩体承担荷载的潜能，具有较好的经济性，可以通过调整复合地基设计参数满足控制沉降量的要求，具有较大的灵活性，特别是可有效控制沉降量和沉降差。复合地基已成为常用的地基基础形式，但也要重视复合地基技术的适用条件，合理选用复合地基形式。

笔者认为，复合地基中的桩体和地基土体在荷载作用下共同直接承担荷载在变形过程中完成的，也就是说在复合地基在荷载作用下一定会产生一定量的沉降。对于沉降控制特别严格的建筑物需要考虑复合地基的适用性。还有软弱土层厚薄不一，如在坡地上的建筑物也需要考虑复合地基的适用性。笔者认为前面两种情况，采用桩基础要明显优于采用复合地基。

参考文献

[1] 龚晓南. 广义复合地基理论及工程应用 [J]. 岩土工程学报，2007，(01)：1-13.

[2] 龚晓南. 形成竖向增强体复合地基的条件 [J]. 地基处理，1995，6 (3)：48.

[3] 中华人民共和国住房和城乡建设部. 复合地基技术规范 GB/T 50783—2012 [S]. 北京：中国计划出版社，2012.

[4] 龚晓南. 复合地基理论和技术应用体系形成和发展 [J]. 地基处理，2019，1 (1)：1.

[5] 龚晓南. 复合地基理论及其工程应用 [M]. 3 版. 北京：中国建筑工业出版社，2018.

7　岩体隧道稳定三维精细化数值计算与分析

朱合华，蔡武强，武威
（同济大学土木工程学院，上海 200092）

7.1　概述

随着“交通强国”战略的实施和“十四五”规划的推进，国家高速公路网络和铁路规划向西部拓深，交通隧道的需求和建设力度逐渐增大，隧道的设计、施工水平也取得了长足的进步。截至 2020 年，我国规划的 10km 以上特长铁路隧道超过 360 座、总长达 5000km，在建的超过 100 座。准确描述隧道工程的力学行为极为困难，设计和施工一直过多地依赖经验，造成工程建设的安全状态、投入费用难以精准控制。如何精细化模拟和分析复杂地质条件下隧道工程的力学行为，是隧道工程数值计算长期面临的挑战性任务。

隧道围岩作为重要的工程材料与承载结构，其力学特性主要受到岩体结构面参数的影响，而结构面同时也是数值分析方法（连续-非连续方法）选用的重要参考依据，对隧道围岩稳定性具有决定性作用。隧道工程建设具有地质条件复杂、岩体参数不确定和空间变异程度大等特点，这些问题大大增加了工程建设的难度，同时给精确数值计算带来了挑战。工程中常采用的反演分析设计法难以做到实时、准确、动态地为现场工程服务，隧道工程的计算分析和动态设计依赖于精确可靠的三维理论模型和现场岩体参数。随着数字化原位测试技术和现场高效探测技术的不断进步，原位确定岩体参数得以很好的解决，结合精细化三维连续-非连续分析理论模型，可实现隧道工程的精确三维动态设计分析。

7.1.1　隧道岩体结构面及尺度效应

岩体介质是由岩石和岩体结构面组成的，岩石分硬岩（花岗岩、石英岩、玄武岩等）和软岩（页岩、泥岩、粉砂岩、石灰岩等），其种类繁多、岩性多样；岩体结构面包括节理、裂隙、层理、断层等，其从产状、分布到结构面的嵌入物，存在着显著的非均匀性和不确定性，在复杂地形、地质构造、地下水等环境作用下将变得更加复杂。故在岩体地层中修建隧道工程，因其赋存介质的隐蔽性和不可预见性而难以准确预测其力学性态和工程状态，隧道的设计和施工都异常困难。

目前岩体隧道建设仍然是以工程经验类比为主，并结合物理与数值模拟、理论分析和现场监控等手段。其设计现状是：按规范设计方法给出的支护系统安全系数偏大，数值计算结果一般是作为“定性”的规律来利用而无法“定量”。低精度的数值计算结果给不出隧道围岩的破坏形式，进一步地无视隧道围岩的可能破坏形式而沿隧道全周设计系统锚杆的做法本身就是一种浪费，导致施工时少施做一排甚至几排锚杆后隧道依然是安然无恙。究其原因，存在的主要问题在于：对于复杂的围岩地质体来说，岩体介质特性不确定，特别是在隧道开挖前岩体本身的结构面不能准确描述；隧道前方和周边岩体破坏范围、规模随着隧道开挖面的向前推进动态发展，围岩破坏的发生时机也是随机的，围岩破坏的位置也不能及时、准确地得到；复杂的连续—非连续介质的破坏模拟问题难以用现有的连续介质数值模拟方法解决。而建立在隧道围岩信息精细化采集基础之上的连续—非连续分析方法，可准确地描述隧道围岩的真实破坏状况，从而实现支护结构的精准设计。

隧道围岩本质上属于非连续介质，但它在特定工程条件下可被描述为等效连续体，因此，岩体可分别被视为连续介质和非连续介质进行分析（图 7.1-1）。

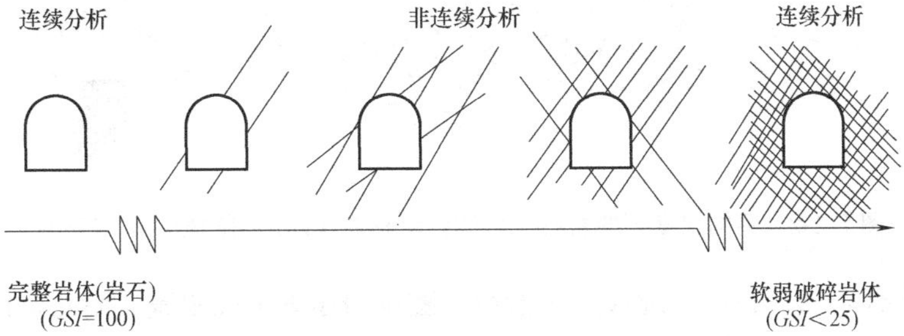

图 7.1-1 连续和非连续岩体示意（Barton，1998）

岩体的破坏过程是一个非常复杂的动态过程，需要考虑时间与空间两方面的因素，而目前对围岩稳定性分析和松动圈的形成模拟，主要采用有限单元、有限差分等连续性模型数值分析方法。Hoek-Brown 强度准则作为迄今为止应用最为广泛、影响最大的岩体强度准则，且经章连洋和朱合华（Zhang&Zhu，2007；Zhang，2008）对其进行三维扩展，使其可以考虑中间主应力对岩体强度的影响并且应用于岩石和破碎岩体，亦称为广义 Zhang-Zhu 岩体强度准则，可以准确地反映岩石（体）的破坏状况，而广泛应用于隧道围岩的模拟分析之中。Hoek 和 Brown 指出 Hoek-Brown 强度准则适用于完整岩石、多不连续面和较破碎的多节理面岩体，但不适用于以几条主节理主导的各向异性明显的岩体，如图 7.1-2 所示。针对各向异性岩体，目前的处理思路是：考虑节理面的强度特性，或改进 Hoek-Brown 强度准则中的岩石和岩体参数，使其直接反映各向异性的影响。此外，可采用非连续变形分析（DDA）方法模拟各向异性岩体。

DDA 方法是美籍华裔科学家石根华博士于 1988 年提出的，用以模拟岩体非连续变形行为的一类数值方法。DDA 方法可以很好地模拟被节理切割的岩石块体间的相互作用和位移情况，分析岩体裂隙对整个岩体的力学行为和稳定性的影响。以离散的块体集合为模拟对象，引入刚体动力学分析和时步积分技术，基于最小势能原理建立总体平衡方程，将刚体位移和块体变形集合在一起，全部块体同步进行求解，对时步的依赖性更小，计算精度高。DDA 方法严格遵循经典力学规则，它可用来分析块体系统的力和位移的相互作用，对各块体允许有位移、变形和应变。对整个块体系统，允许滑动和块体界面间张开或闭合。DDA 方法自提出以后，由于其所得结果非常接近实际，能够很好地模拟块体间的滑

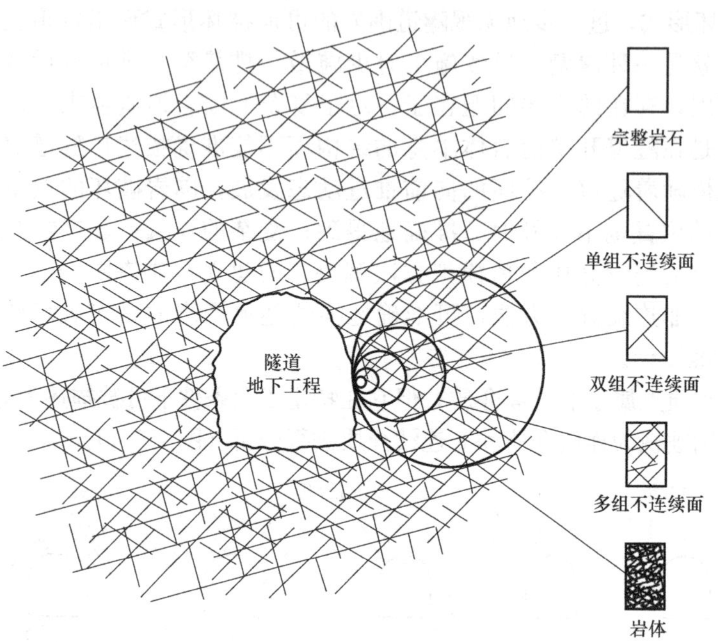

图 7.1-2 不同尺度下的岩石—岩体各向异性（Hoek 和 Brown，1980）

动、张开和闭合，已日益广泛地应用于滑坡、隧洞坍塌等工程领域。因此，针对具有各向异性的隧道围岩，对应于图 7.1-2 中连续分析模型不太实用的情况，则可采用非连续变形分析（DDA）模型对隧道围岩的稳定进行分析，并进行“有的放矢”的支护设计。

7.1.2 岩体隧道工程计算与设计方法的发展

隧道工程计算理论和设计方法的发展经历了经验类比法、收敛—约束法（结构设计法）和反演分析法等阶段，这些方法在隧道及地下工程动态设计分析中占有举足轻重的地位。

(1) 经验类比法

经验类比法又叫工程类比法，我国目前的隧道及地下工程的设计和施工，从选取支护类型、确定设计参数到安排施工工艺，都主要依赖于工程类比法。经验类比法是建立在已有工程的成功经验上，在工程规模、地质条件及施工工艺等因素基本一致的情况下，根据工程师的经验和判断，选定待建工程支护类型和参数。

国外的经验类比法主要以太沙基围岩分级方法（1946）的诞生为标志，分类方法有：①普氏分级法；②太沙基（K. Terzaghi）分类法；③美国 RQD 分类法。我国以 1954～1975 年将“岩体综合分级法”确定为国内隧道设计方法，并以围岩分级在隧道中的应用为标志。我国自 20 世纪 70 年代以来，铁路隧道、冶金矿山、煤矿、水利水电等部门，经过大量的调查研究先后提出了各自领域的围岩分类方法，主要有：①铁路隧道围岩分类规范；②喷锚围岩分类；③围岩松动圈分类法；④国家标准《岩土锚杆与喷射混凝土支护工程技术规范》GB 50086—2015。

目前，人们对围岩的认识还不充分，还不能完全地揭示地质条件与地下工程之间的内在联系，故隧道及地下工程的设计和施工，很大程度上还处在“经验设计”和“经验施工”阶段。因此，地下工程围岩分类方法为地下工程设计和施工提供了依据。但是，不同地下工程遇到的地质条件差异较大，地质构造、岩性、地下水空间变异性很大，不可避免地造成了地下工程的设计和施工的盲目性。围岩分类涉及许多复杂的因素，主要有围岩地质特征、岩体力学特征、地应力、地下水、地下工程的特征和使用条件、地下工程施工等因素的影响。

（2）收敛—约束法

与地面建筑结构设计相比，隧道的计算理论存在着许多不同之处。隧道结构埋置于地下，其周围的岩体不仅仅作为载荷作用于衬砌上，而且约束着隧道的变形和移动，使得隧道结构所承受的荷载比地面结构更加复杂且难以确定。地面结构设计中经常采用的荷载—结构法在地下结构设计中存在很大的不足，而地层—结构法能考虑地下结构与周围岩体的共同作用。这类方法主要为理论分析法或解析法，如承压拱理论、组合梁理论、锚杆悬吊理论等，这些方法针对几何边界规则、岩体参数变异性小的岩体结构具有一定的适用性，但由于围岩地层的不确定性和空间变异性很大，结构设计方法往往难以满足精细化设计的要求，力学上的简化处理方法大大限制了它在实际隧道工程中的应用。

而收敛-约束法（特征曲线法）作为一种特殊的理论设计法，可以结合数值计算方法对复杂边界和复杂载荷进行动态设计，在隧道及地下工程设计中被广泛采用。收敛—约束法，以1978年由法国隧协在法国巴黎召开的“收敛—约束”专题讨论会为起点，该方法打破了过去一直沿用结构力学计算模式的传统，其基本原理是利用围岩特征曲线（也称围岩收敛曲线）和支护特征曲线（也称支护结构的约束曲线）交会的方法来确定支护体系的最佳状态及围岩压力，可实现对支护结构的优化设计。该方法的关键是可靠而准确地确定两条特征曲线，以及由两者相互作用所决定的最佳平衡状态。

（3）反演分析法

有限元、边界元等数值计算方法的发展为隧道的计算提供了便利，隧道设计不再局限于严格的理论解析方法和简单的边界条件，数值计算方法的可靠性主要依赖于三维地质模型（工程地质条件）准确性、理论模型的适用性和岩体参数的可靠性。但数值计算主要采用理想的模型，计算采用的岩体参数主要来自室内试验，因此大大降低了计算结果的可靠性。

与此同时，利用现场监测信息反演确定隧道围岩力学模型和参数的隧道工程设计方法也得到了很好的发展，相关文献和代表性著作集中出现在1990年前后，1990～2010年是岩土（隧道）反演分析设计方法的主要研究阶段，且以两维反演分析为主。虽然反演分析法在一定程度上可以用于指导隧道设计和施工，但由于地层变异性和随机性很大、计算效率低，反演分析法难以做到实时、动态、准确地进行设计和指导施工。由于模型的误差、变形和应力响应采集的系统误差和偶然误差等，通过反演得到的岩体参数是概化的参数，与岩体实际参数必然存在很大的差异，因此，两维反演分析法无法适应隧道开挖面附近真实三维空间效应和动态施工状态变化过程。

反演分析法由线弹性发展到了弹塑性、黏弹性、黏塑性等非线性，以及有关量测误差的处理、优化、校验等技术。基于现场位移量测的反演分析法因其简便、实用而为较多研究者和工程人员所采用。反演分析的目的是期望通过位移量测进行参数反演以规避试验得到计算参数困难与可靠度低的难题，求得更可靠更能反映真实状态的参数，因而在误差分析、优化方法、解的唯一性方面做出了许多努力。在多数情况下，反演分析都是采用较简单的模型，在这些简化模型情况下，要进一步讨论优化和解的唯一性问题。在岩体中通常都存在的节理、裂隙、软弱夹层等结构面，在反演分析的模型中应尽量加以考虑。如果试图为反演分析建立能考虑更多因素的复杂的模型，将使问题变得复杂化，增加计算难度，需要进一步研究解决。

7.1.3 隧道三维动态设计分析方法

随着隧道工程大规模建设的不断推进，由复杂围岩地质条件引发的一系列设计与施工的难题也不断显现。隧道工程处于非均匀岩体、不稳定介质中，这类介质的特点是勘察结果的精确性低、试验得到物理力学指标的变异性高和预测未勘探区域介质所处力学状态的难度大。由于构造运动或外营力作用，岩体之间存在大小、产状和间距不同的结构面，常规的连续介质分析方法难以精细化预测围岩稳定性。岩体结构面作为岩体的薄弱面，破坏了岩体的完整性，其在空间上的展布形态和分布位置决定了围岩整体的稳定性，直接影响了隧道及地下工程在施工期间的安全性。岩体的不确定性和空间变异程度高，预设计无法做到精细化要求，这需要在隧道工程施工过程中实时、快速更新岩体参数，及时反馈做到动态设计。

在精细化三维设计分析法研究方面，有限元、边界元等数值方法的发展，为求解复杂岩体工程问题提供了有力的手段。然而，由于岩体的非均质性和工程地质条件的复杂多变，致使通过室内试验为数值分析提供可靠的计算参数变得十分困难，因此需要利用现场量测信息为数值分析提供实用的“计算参数”，由此产生了“反演分析”。反演分析法立足于参数的反演计算，一般都是由岩石工程的位移量测为基础，对岩体介质进行参数反演。无疑在岩石工程弹性范围内，一般只能得到弹性模量及相关参数，要想得到更多的参数，尤其是超越了弹性范围的参数，则必须根据弹性范围的结构变形数据，如岩体松动圈、岩坡滑坡及地下硐室的塌动变形，以分析岩石材料的塑性破坏参数等。由于岩体工程的复杂性和随机不确定性，在众多不定因素和未知因素的情况下，采用简单模型得到的参数只是一种“等效参数”，或称“综合参数”“概化参数”。其物理概念并不清晰，但包含了不同岩层、节理、地质特征及工程施工等众多因素的影响，利用这种模型所得参数可求得到同工程量测值相一致的分析结果，但是泛化性较差。同时，针对多参数的岩体反演分析，很难得到全局最优解，更无法考虑到岩体参数的实际物理力学意义。

由于测量方法和计算机技术的不断进步和广泛应用，地下工程结构的信息化设计方法和施工技术也发展迅速，通过利用施工过程中产生的大量信息指导设计和施工，不断优化方案，以期获得最优的地下工程结构。反演分析法的局限性逐步体现出来，直到现在，随着岩土体高效探测技术（地应力精细化测量分析、岩体结构面三维重构、三维地质建模、基于 5G 的远程诊断技术、精细连续-非连续分析方法）的不断进步，隧道远程实时、动态设计分析方法已发挥出巨大的优势，实现了隧道工程从定性到定量发展的跨越。隧道工程远程诊断技术将岩体工程分析和信息反馈设计方法相融合，采用现场高效原位数字化探测技术和快速传输服务，为隧道设计与施工的快速、动态、精确化分析服务提供了可能。

7.2 岩体隧道参数高效探测技术

7.2.1 岩体隧道远程无线诊断系统

7.2.1.1 基础设施智慧服务系统（iS3）

数字化管理方法已广泛应用于基础设施，随着数据爆炸性增长与信息技术的飞快发展，“数字化”正逐渐向“智慧化”方向发展。国内外在基础设施的数据采集和分析技术方面研究较多，现已实现利用无线传感器、激光扫描、数字照相等技术，对基础设施相关数据的实时、快速、高精度的获取，再利用大数据分析技术，可提取出海量数据中有价值的部分。如今，大量投入使用的基础设施，在全寿命数据监测、海量数据处理分析、工程云分析服务等方面，提出了更多且更高标准的需求，单一数字化技术难以满足工程需要。同时，工程信息系统行业中存在着一些普遍问题：统一数据标准缺乏、工程数据获取难、系统不兼容、数据交互不畅、各环节间信息丢失严重等。

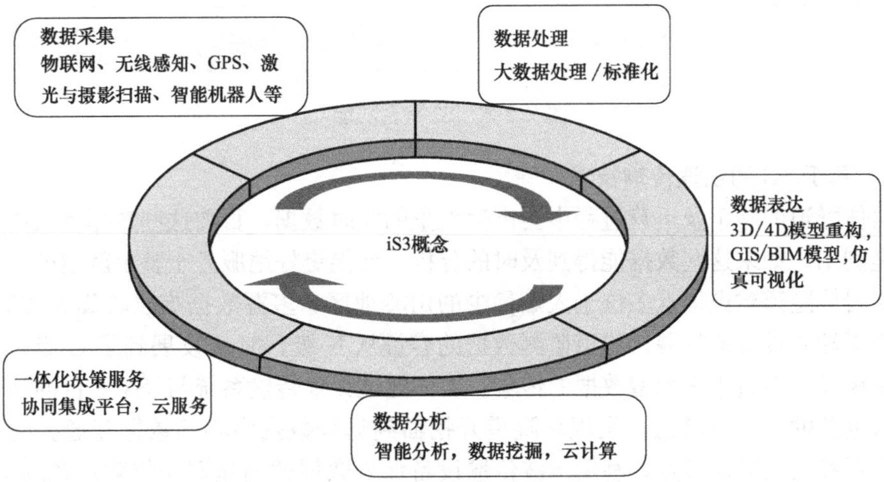

图 7.2-1 基础设施智慧服务系统（iS3）概念图

本章作者带领的团队自 1998 年起开展地下空间数字化研究，于 2013 年提出并构建了基础设施智慧服务系统（infrastructure Smart Service System，iS3）（图 7.2-1），该系统可以实时、高效、完整地整合工程中的信息流，实现基础设施全寿命数据采集、处理、表达、分析的一体化决策服务（朱合华，2018）。iS3 整合现有 BIM 和 GIS 平台的图形数据和工程数据，融合先进、高效、准确的数据采集技术和强大、快速、稳定的数据处理技术，实现工程数据分析、应用和决策功能，进而可以推进工程大数据的共享和挖掘，最终完成全寿命周期内工程信息流的完整畅通。在基础设施方面，iS3 借鉴了 GIS 和 BIM 在数据存储、数据管理、空间分析等功能，为集成其他建模软件（如 GoCAD、GeoModeller 等地质建模软件）提供开放式接口，从信息流的角度扩展了数据采集、数据处理、统一数据模型和信息共享平台，从而能够在 iS3 上实现各种分析和一体化决策服务，如图 7.2-2 所示。

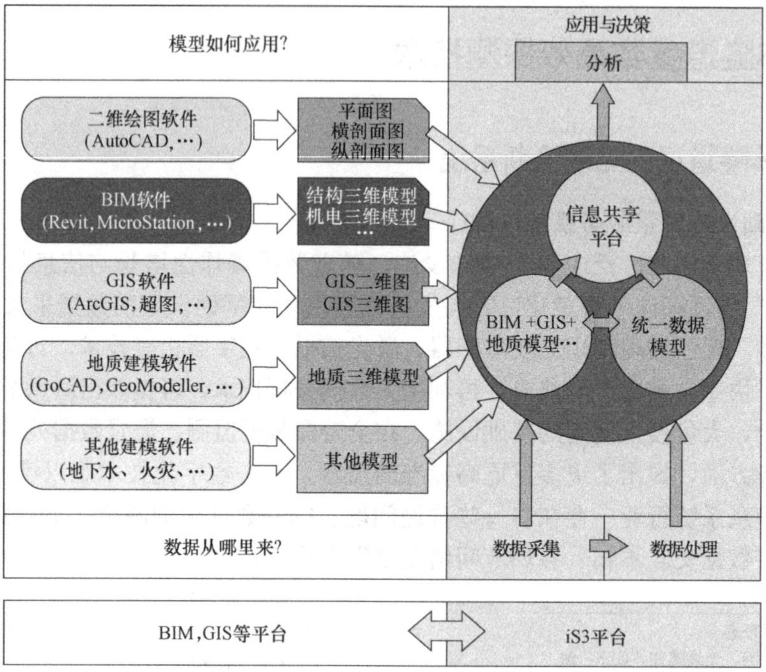

图 7.2-2 iS3 平台功能

7.2.1.2 基于 5G 的快速传输技术

在岩体隧道的施工及运营过程中会产生大量的实时数据，目前这些数据绝大部分没有被很好地利用。如果这些数据能得到及时的分析，便能更好地服务于整个隧道的建设和运营。由于岩体隧道建设地点多位于人烟稀少的山岭地区，多源数据难以收集和实时传输；同时，由于硬件设备的发展，隧道监测数据的容量从 K 级、M 级发展到了 G 级，传统的数据传输模式已不适用于大型数据的传输。岩体隧道无线传输系统与 iS3 平台的结合打通了整个数据链的上下行通道，实现从隧道开挖面到远程数据中心的数据互通。在隧道内部，布置可移动式通信节点，利用微波传输设备保证数据的高速双向传输；在隧道外部，考虑结合第五代移动通信（5G）技术，实现隧道内网络与公网的互通。隧道建设产生的多源数据由无线传输系统发送至 iS3 平台，平台根据不同数据类型按照相应标准进行处理，处理结果在平台上共享、展示（图 7.2-3）。前方数据经过平台自动化分析与各方会诊后，对设计方案进行针对性调整优化，并将优化方案通过数据传输系统反馈至施工一线，从而提高了隧道建设的效率与安全性。

采用 iS3 和 5G 远程诊断技术为实时、准确的动态设计提供了可能性，它有机集成了隧道开挖面信息采集、传输、建模、分析和支护设计等系统，攻克了隧道开挖面信息实时获取、快速围岩分级、动态支护设计和快速反馈的关键难题。实现了岩体隧道工程施工现场与实验室的数字化融合。

7.2.2 原位地应力精细化测试技术

7.2.2.1 地应力对隧道工程的意义

在广大中西部的崇山峻岭地区，修建大深埋的隧道工程越来越不可避免。如四川乐

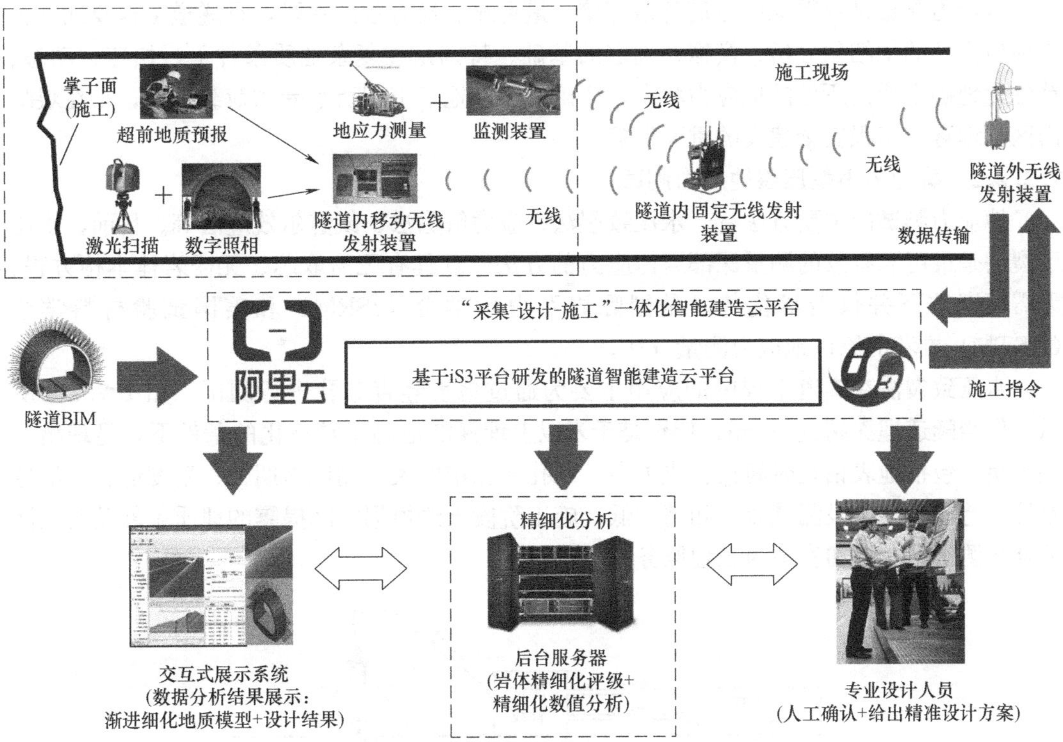

图 7.2-3 岩体隧道远程无线诊断系统

(山)—汉（源）高速公路大峡谷隧道，最大埋深达 1944m，是世界目前最大埋深的公路隧道；川藏铁路雅安—林芝段，隧道总计 75 座，全长约 789km，隧线比高达 82%，包括了一批史无前例的超深埋隧道群，最大埋深达到了 2000m 量级，如拉月隧道最大埋深 2096m、多木格隧道最大埋深 2094m、巴玉隧道最大埋深 2080m 等，埋深超过 1000m 已是常态化。

地应力是地壳和岩石圈的重要特性之一，是隧道及地下工程所承受外部荷载的主要来源，深度越大，地应力的量级和复杂程度越高。随着隧道工程的建设不断走向深地，埋深由数百米跃增至千米以上，由高地应力引发的岩爆、围岩大变形灾害频发（图 7.2-4、图 7.2-5），地壳深部复杂的高地应力环境对隧道工程的规划、建设和运营提出新的挑战。

图 7.2-4 川藏铁路巴玉隧道岩爆

图 7.2-5 川藏铁路藏噶隧道围岩大变形

地应力测量是获得地应力信息最直接、最可靠、最有效的手段，是隧道工程及地下工程地应力场的精细化分析、模拟、确定的基础。特别是在复杂地质条件下，快速、动态、精细化地确定隧道所处的地应力状态，明确隧道及地下工程所承受的荷载条件，是在艰险山区深埋隧道工程安全建设的重要保障。

7.2.2.2 隧道内小型压裂地应力测试

地应力测试的主要方法有：水压致裂法、应力解除法、凯瑟尔效应法等。目前，水压致裂法是最可靠有效的测量深部岩体应力的方法，且具有无需取芯、无需岩体本构方程、无需精密的下井仪器等优势，是国际岩石力学学会（ISRM）和美国试验材料学会（ASTM）推荐的原位地应力测量方法。

水压致裂法在隧道工程中的应用主要为通过地表竖直钻孔进行测试，如图 7.2-6 所示，但当隧道埋深超过 500m，特别是千米以上埋深隧道趋于常态化的条件下，显现出一些不足，包括地表钻孔时间长、成本高、深孔成孔难度大、测试周期长、精度低、灵活性差等，造成勘察阶段测试效率和精度低，施工阶段无法根据实际揭露的地质条件及时灵活地补充测试，难以切实地为工程服务。

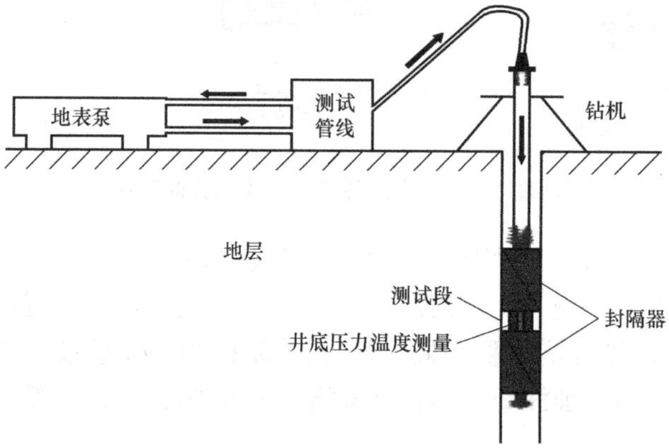

图 7.2-6 水压致裂法地表测试系统示意

隧道内小型水压致裂（小型压裂）地应力测试，即在隧道内部向围岩中钻孔进行水压致裂测试（图 7.2-7），钻孔及设备尺寸均远小于地表测试，使得洞内测试在灵活性、精度、时间和成本等方面显著优于地表测试。隧道内小型压裂地应力测试主要步骤包括：

图 7.2-7 隧道内小型压裂地应力测试

（1）选择测试断面：根据隧道开挖揭露的围岩条件、地质构造、围岩变形相应情况等隧道内获得的地质信息，结合勘察提供的区域地应力、隧址区构造格架等宏观信息，确定需要测试的断面位置；

（2）施工测试钻孔：在测试断面不同位置不同方向设置 1～3 个钻孔，如在隧道底板设置竖直向下、倾斜向下的钻孔，在侧壁设置水平或倾斜钻孔，在开挖面设置向前方的水平孔或斜孔。钻孔孔径以主流钻孔尺寸 30～100mm 为宜，结合钻机条件确定。钻孔深度需超过隧道洞径 3～5 倍，确保达到未受开挖扰动的初始应力区，以两车道高速公路隧道为例，钻孔深度可取 40～50m。

（3）确定测试层位：通过钻孔岩芯编录分析，或钻孔成像、钻孔波速测试等方法，查对完整岩心所处的深度位置作为压裂测试段，一个钻孔应选取 3～4 段测试段。

（4）检查测量系统：在正式压裂前，要对测试所使用的封隔器及压裂系统进行检漏试验。

（5）安装井下测量设备：通过钻杆将一对可膨胀的橡胶封隔器（图 7.2-8），送至钻孔内的测试深度，由深至浅依次测试。

（6）座封：通过钻杆注入流体，给两个封隔器胶桶同时增压，使其膨胀并与孔壁紧密接触，即可将压裂段隔离，形成一个密闭空间，即压裂测试段。

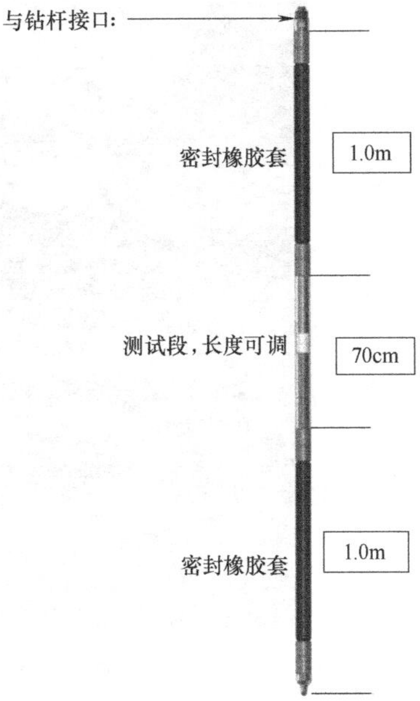

图 7.2-8　跨式封隔器

（7）压裂测试：通过小型高压水泵以恒定速率向测试段注水直到地层压裂，小型高精度无线压力、流量传感器和采集仪实时记录试验数据（图 7.2-9、图 7.2-10），地层压裂时在压力-时间曲线上能看到明显的压力下降，继续注入加压将破裂扩展到远离钻孔影响范围的原始地层中，然后停止注入，裂缝将随着压力下降而闭合。实时的压降曲线分析（图 7.2-11），获得主要特征压力：地层开裂压力、瞬时关井压力、裂缝闭合压力，其中裂缝闭合压力等于最小主应力。每个压裂段进行 5～6 次加卸压循环。

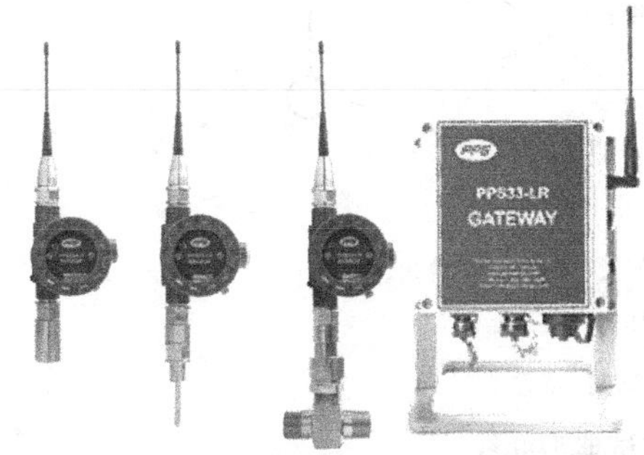

无线压力/流量/温度传感器　　无线数据采集盒

图 7.2-9　小型高精度无线传感器和采集仪

（8）完成本层位测试，封隔器卸压移到下一个测试层位。

（9）在完成钻孔内所有层位的地应力测试后，进行裂缝印模测试或钻孔成像、钻孔波速测试，获取压裂裂缝的方向，即最大主应力方向，如图 7.2-12 所示。

隧道内地应力移动测试平台（图 7.2-13）集成了自行走底盘、钻机系统、测试系统，进一步提升了地应力测试效率和智能化水平。

隧道内地应力测试，钻孔浅、周期短、成本低、易成孔、测试方案灵活、测试效率和测试效果均有所提高，特别适用于地表环境复杂、地应力水平高的大埋深隧道。

7.2.2.3　隧道地应力场的分析预测

水压致裂测试中，裂缝闭合压力等于最小主应力，所以裂缝闭合压力的确定直接决定地应力测试的精度。考虑到地质条件的复杂性和不确定性，采用瞬态压力分析法、拐点法和切线法等 2～3 种分析方法，综合确定主应力值。其中，引入油开发测试中的瞬态压力

图 7.2-10　隧道内小型压裂地应力测试系统

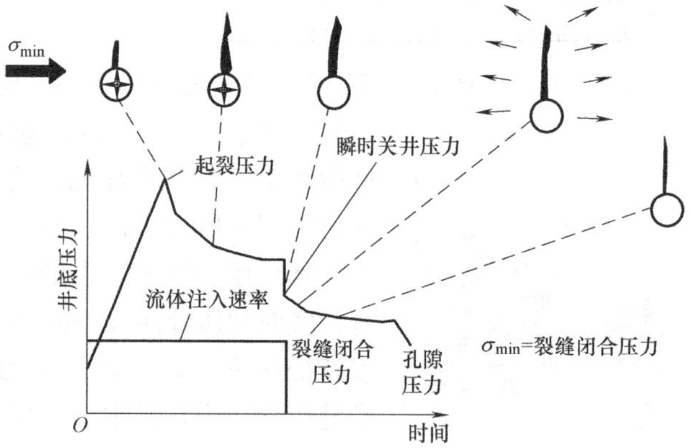

图 7.2-11　小型压裂测试典型曲线

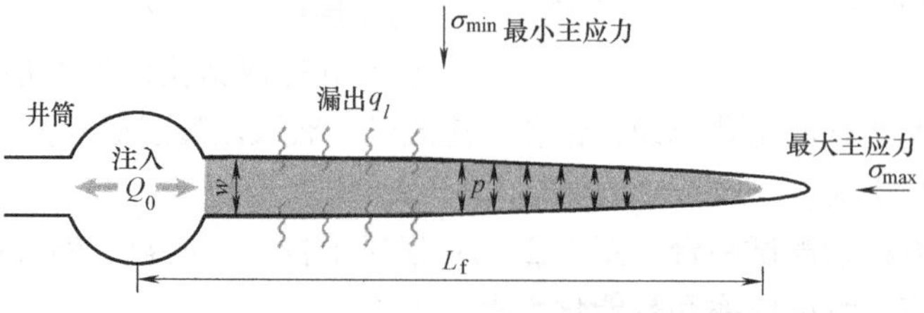

图 7.2-12　水压致裂裂缝方向与主应力的关系

分析法，在压力导数对数图中，可以直观地识别钻孔内液体的流态，通过流态分析将压裂段中的裂缝状态与液体流态一一对应，可以更加客观准确地确定裂缝闭合点和裂缝闭合压力。

水压致裂测试中，钻孔内流体在裂缝闭合过程中经历了四个流态：裂缝线性流、裂缝双线性流、地层线性流和拟径向流，如图 7.2-14 所示。停泵关井后、裂缝闭合之前的流体状态为裂缝线性流、裂缝双线性流或地层线性流之一。在地层渗透率较低，裂缝内存在一定的流体流动阻力时，存在裂缝线性流状态。在这种情况下，通过裂缝进入地层的流体可以被忽略。双线性流时，流体漏失的速度与进入裂缝内的流体速度是可以相比较的。如果地层具有较高的渗透率或者水力压裂时激活了裂缝附近存在的天然裂缝，此时流体漏失是裂缝闭合过程中的主导过程。这种情况下，流体状态为地层线性流。在裂缝逐渐闭合的过程中，可以观察到流体状态，从裂缝线性流到裂缝双线性流，最后到地层线性流状态的转变。

图 7.2-13 隧道内地应力移动测试平台

在裂缝线性流或地层线性流状态时，压降与无量纲关井时间的平方根成正比，即 $\Delta p \propto \sqrt{\Delta t_D}$；对于双线性流状态则是 $\Delta p \propto \sqrt[4]{\Delta t_D}$。绘制压力导数对数图 $\ln\partial(\Delta p)/\partial\ln(\Delta t_{\mathrm{D}}) \sim \ln(\Delta t_{\mathrm{D}})$，斜率为 0.5 的直线代表裂缝线性流或地层线性流的状态。斜率 0.25 的直线则是双线性流状态。最后的拟径向流状态，此时裂缝已经闭合，所有的流体都进入地层，在压力导数图中为斜率为 0 的直线。因此，从理论上讲，在压力导数图中，裂缝是在斜率为 0.5 或 0.25 的直线与斜率为 0 的直线之间闭合的，如图 7.2-15 所示。

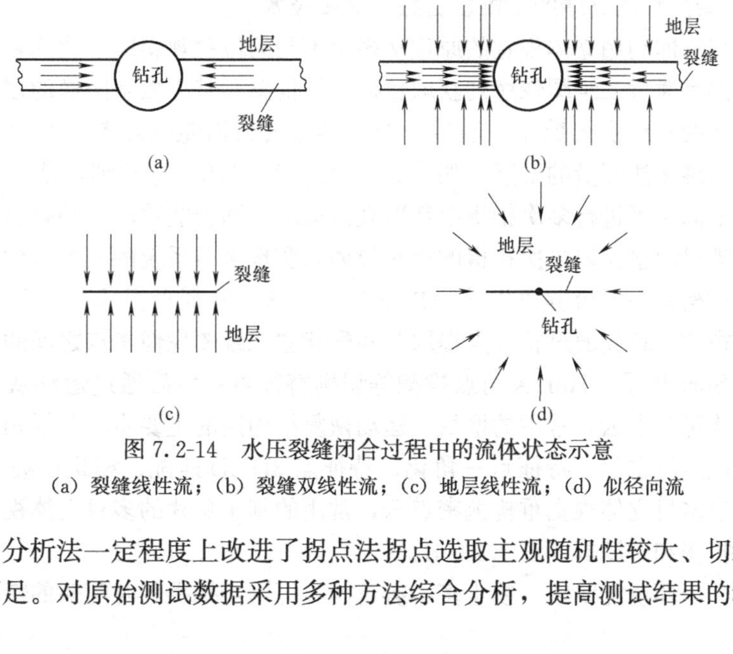

图 7.2-14 水压裂缝闭合过程中的流体状态示意

(a) 裂缝线性流；(b) 裂缝双线性流；(c) 地层线性流；(d) 似径向流

瞬态压力分析法一定程度上改进了拐点法拐点选取主观随机性较大、切线法裂缝闭合压力高估等不足。对原始测试数据采用多种方法综合分析，提高测试结果的精确性。

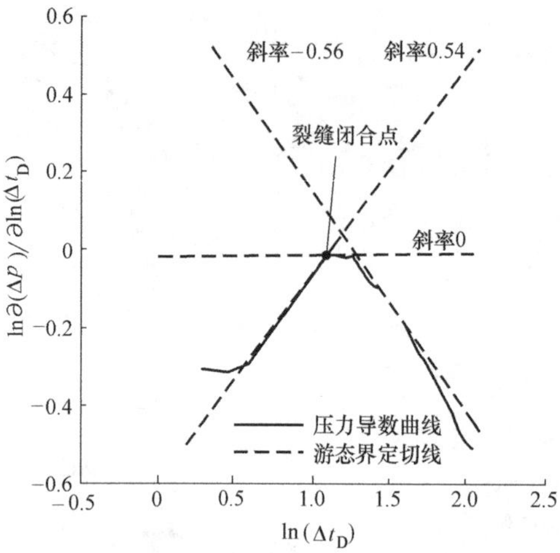

图 7.2-15　在压力导数对数图中确定裂缝闭合点

在地应力测量的基础上，采用解析法或数值模拟方法预测确定隧道地应力场。数值模拟方法以实测结果为约束条件，反演模型边界荷载，在此基础上进行正演模拟，得到隧道地应力场的空间分布状态。解析法考虑岩体的物理力学性质及主应力间的换算关系，预测测点邻近区域的地应力状态，如 Sheorey 模型，考虑不同深度岩体弹性模量、泊松比和岩体密度等参数，推导了三向主应力的换算公式。

7.2.3　隧道围岩体三维重构

隧道围岩地层参数的精细化采集是进行连续、非连续精细化分析与应用的基础，隧道围岩地层参数有：围岩力学参数和几何参数。隧道围岩力学参数包含岩石的单轴抗压强度、不连续面的接触刚度、杨氏模量等信息，相关参数的确定可以采用点荷载仪和施密特锤，进行简易快捷的现场点荷载试验、岩体表面动力冲击试验，并通过经验公式快速准确地得到隧道围岩的力学参数。随钻技术也是准确确定隧道围岩力学参数的主要手段之一。

隧道围岩几何参数包含不连续面的分组、倾向、倾角和位置，不连续面的粗糙度、间距，迹线的长度、张开度和位置等信息，其精细化采集主要采用三维多目数字照相技术和三维激光扫描技术，在现场自动化采集岩体表面信息，通过自动化的岩体信息提取算法，可以高效地获取高精度的岩体几何结构信息。采用基于智能移动终端拍照的多目三维重构技术和三维激光扫描技术进行不连续面信息采集，具有快速高效、非接触测量、数据便于保存等诸多优点，并且为实现自动化测量提供了可能性。

7.2.3.1　基于智能移动终端的三维多目数字照相技术

多目立体视觉即利用立体视觉的原理从多个不同的位置观察同一物体，获取物体的二维图像信息，然后通过二维图像序列获取目标三维信息。基于数字图像的多目三维重构技术可以获得岩体的三维点云数据。通过分析三维点云数据能有效考虑有阴影、遮挡的问题，并可测量二维无法测量的要素（如产状），可实现岩体信息精细地获取。使用智能移动终端于多个不同位置进行多次拍摄以获取立体像对，即智能移动终端多目系统，通过对立体像对的处理以间接获取多次拍摄的相对位姿来实现多目系统的三维重构过程。

多目三维重构的一般流程可以分为以下几个步骤：特征点提取与匹配、运动恢复结构、多目立体视觉。首先通过特征点提取与匹配建立二维图像像素点之间的匹配关系，常用 Sift 算子、Surf 算子、Harris 角点检测等识别特征点；然后通过运动恢复结构从二维图像序列中重构稀疏点云，常用的增量式运动恢复结构法的主要步骤包括相机标定、图像序列匹配、基础矩阵求解、特征点三角化、特征点 3D-2D 匹配、相机位姿和三维坐标优化等；最后通过多目立体视觉重构稠密点云，常用的基于贴片的多目立体视觉法的主要步骤包括匹配、扩张和过滤等（图 7.2-16）。

针对隧道施工环境光线暗、粉尘多、有遮挡、可用于拍摄的时间短的特殊环境，通过

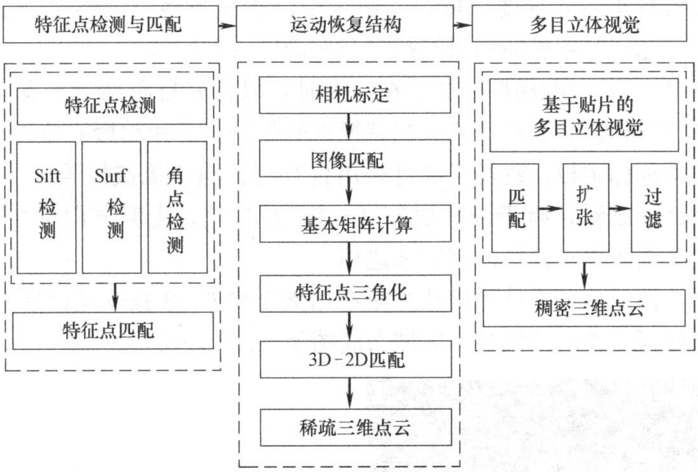

图 7.2-16 基于智能移动终端的多目三维重构流程图

手机相机拍摄多张图像获得三维点云模型。此项技术具有的优点：①图像获取速度快、存储方便、存储容量大；②便于处理，有成熟的图像处理技术；③手机相机发展迅速，易便携、成本较低等。基于智能移动终端的三维多目数字照相技术的隧道围岩几何信息精细化采集过程及注意事项如下：

比例参照物选用：为了确定重构尺寸与真实尺寸的比例系数，需要选用尺寸已知的比例参照物。比例参照物可以采用图像范围内的现场尺寸已知的器械（如钢拱架、台车柱框等），也可采用自带的标定板。本文选用的标定板以 Halcon 软件的专用标定板如图 7.2-17 所示为例，板左上角黑色区域较其余角凸出。根据需要标定板有从 2500μm 到 800mm 的不同尺寸，若有特殊需求也可自制标定板。

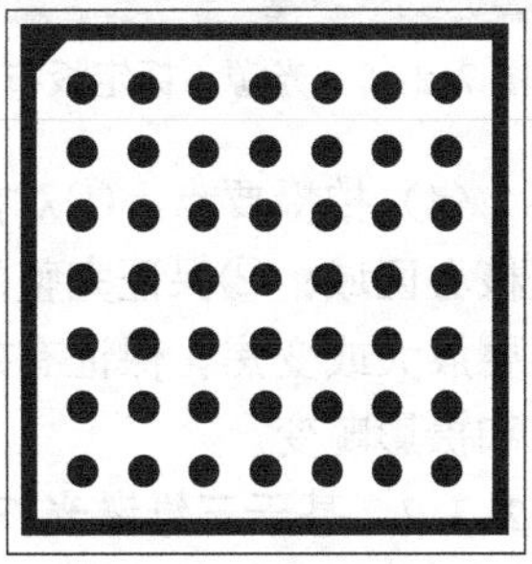

图 7.2-17 Halcon 专用标定板及标定方法

在隧道开挖每次爆破、出渣、排险等工序结束后，台车靠近开挖面之前是最好的拍摄时机，待开挖面尽量清洁干净时对整个隧道开挖面进行完整的拍摄。具体步骤如下：

(1) 目测确定拍照核心区域：拍照核心区域按现场情况一般分为三种（图 7.2-18），分别根据目测确定：①无台车遮挡时的全断面开挖面区域；

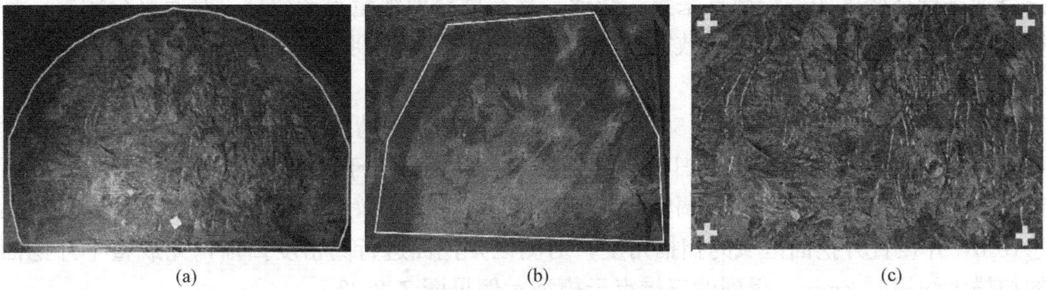

(a) (b) (c)

图 7.2-18 拍照核心区域

(a) 无遮挡全断面；(b) 台车内区域；(c) 局部区域

②有台车遮挡时的台车内开挖面区域；③由于现场拍摄场地空间不足、手机相机视角不够、机械设备人员遮挡等各种原因只能拍摄开挖面的局部区域。

对于图 7.2-18（c）中的局部区域，在拍摄时可以首先目测确定具有明显特征的特征点，然后在不同位置拍摄时通过目测寻找特征点确保每张照片拍摄的核心区域相同。

（2）放置光源和标定板：现场光源可采用台车灯、施工机械探照灯、施工探照灯等。以施工探照灯为例，放置光源于开挖面前 2～3m 左右处，光源方向尽量垂直于开挖面，尽可能减小或避免拍照核心区域的阴影和遮挡。

（3）拍摄开挖面照片：手持手机从左至右拍摄至少 6～8 张开挖面照片（图 7.2-19），拍摄位置应尽量保证完整的拍照核心区域布满图像（图 7.2-20）。

图 7.2-19　光源、标定板布置和拍摄位置示意

图 7.2-20　手机拍照

（4）拍摄要点：①对拍摄同一开挖面的一组照片，每张照片应包含标定板和相同的拍照核心区域；②保证完整的拍照核心区域布满照片；③手机相机建议选用最小放大倍率，不要放大或变焦，保证有效像素的数量；④拍摄方向平行于岩体法线方向，以消除表面遮挡和摄影畸变。

7.2.3.2　基于三维激光扫描技术的岩体信息采集技术

三维激光扫描技术利用激光测距原理，瞬时测得待测物体空间三维坐标值，利用获取的空间点云数据，可快速建立各种复杂场景的三维可视化模型。三维激光扫描技术相对于传统的测量技术，具有：①对物体表面无需进行任何处理，真实性高；②数据采样速率高（可达 10 万点/s）；③能主动发射扫描光源，扫描的进行可不受环境的限制；④可以对扫描目标进行高密度的三维数据采集，快速、高精度获取海量点云数据，具有高分辨率、高精度的特点；⑤全数字特征的数字化采集，有利于数据后期处理及输出，便于数据交换及共享，兼容性好等优点。

图 7.2-21 为 Z＋FImager® 5016 激光扫描仪，其测距精度≤1mm＋10ppm，测角精度可达 0.004°。进行隧道开挖面扫描时，将激光扫描仪架立于开挖面正前方 10m 左右，不断调整支架直至将三脚架顶部调整至水平，并使脚架固定好。设置其扫描精度为 1.6mm @10m，并设置开挖面区域的扫描角度，对测区开挖面进行高密度扫描，完成整个开挖面的扫描大约用时 2min，得到的三维点云模型示例见图 7.2-22。

7.2.3.3　基于三维点云的隧道围岩几何信息提取

利用基于智能移动终端的三维多目数字照相技术重构得到的，或者三维激光扫描技术

图 7.2-21 激光扫描仪

直接扫描获取的隧道围岩三维点云模型，对点云进行三角剖分生成面片模型，据此可以获得点云之间的拓扑关系（点和面之间的关系），通过此拓扑关系可以对点云进行聚类分析。由于初始获得的点云很密且含有很多的噪声并包含局部信息的丢失，若直接对此点云进行三角剖分，则三角网上将会产生很多空洞和重叠，因此需要对初始获得的点云模型进行点云去噪处理和重采样。

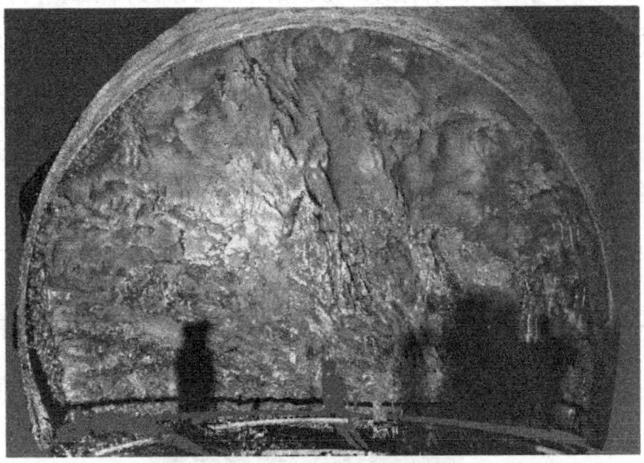

图 7.2-22 三维激光扫描 RGB 点云模型

基于点云模型表面法向量，提出快速 K-means++和快速 silhouette 的最优化聚类算法，实现独立不连续面的快速最优化分组（图 7.2-23b），并结合循环最优化聚类算法，提高独立不连续面的生成质量（图 7.2-23c）（Wu 等，2020）。该算法本质上提出一种基向量的生成方式，据此将原 K-means 和原 silhouette 中对大规模点云的计算转换为少量固定数目基向量的计算（图 7.2-24），有效降低了原算法的时间复杂度，适用于大规模点云的处理。将 Chen 等（2016）产状识别算法的

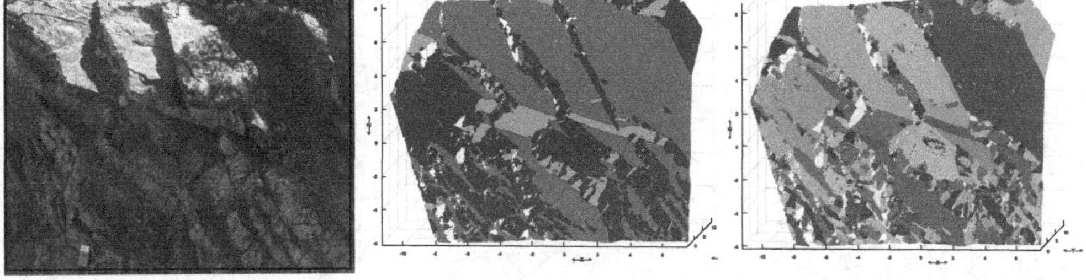

(a) (b) (c)

图 7.2-23 岩石边坡案例

(a) 原始点云；(b) 产状分组；(c) 独立不连续面

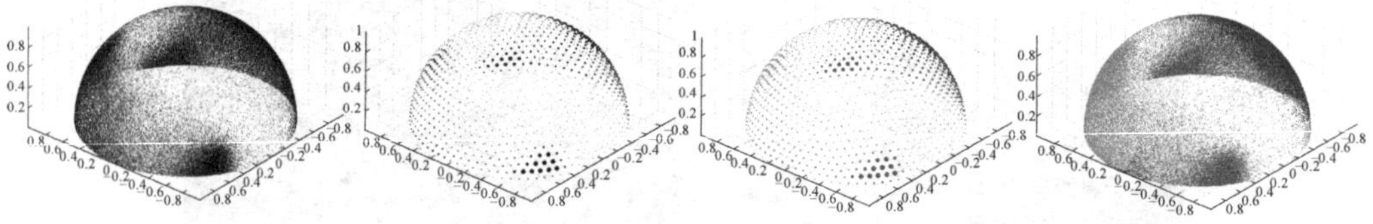

(a) (b) (c) (d)

图 7.2-24　产状分组流程

(a) 法向量投影；(b) 基向量；(c) 基向量聚类；(d) 基向量聚类

运行时间由数小时缩短为数十秒。此外该方法为全自动方法，处理时不需人工干预，且不需根据不同模型人工调参。

根据迹线在三角网格曲面上表现为尖锐的边点和角点的特征，首先采用基于张量投票理论的特征提取的鲁棒性算法，在三角网格上提取组成迹线的初始特征点（图 7.2-25）；然后基于拉普拉斯点云收缩算法提取特征点骨架（图 7.2-26）；对相邻特征点进行定向连接生成迹线段；基于主成分分析对迹线段进行线性分割；最后通过考虑轴向、径向距离和角度的迹线段连接生成符合真实延伸趋势的迹线（图 7.2-27）。该算法效率为原 Chen 等（2016）算法的 1.5～4 倍，且生成的迹线更为平滑、延展，更符合真实迹线的延伸趋势（图 7.2-28）。

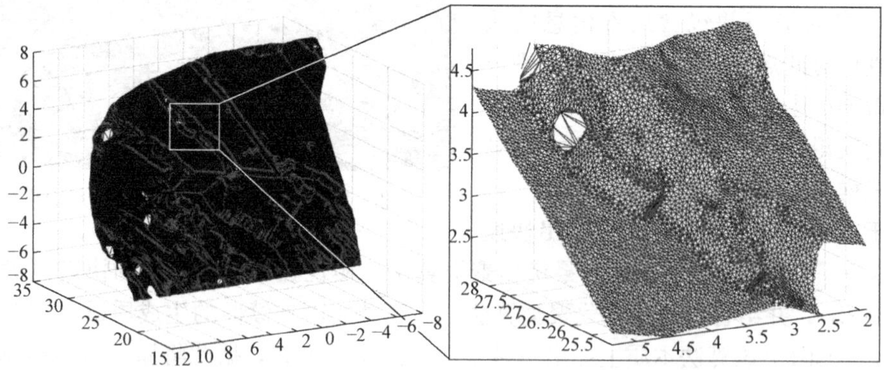

图 7.2-25　特征点识别

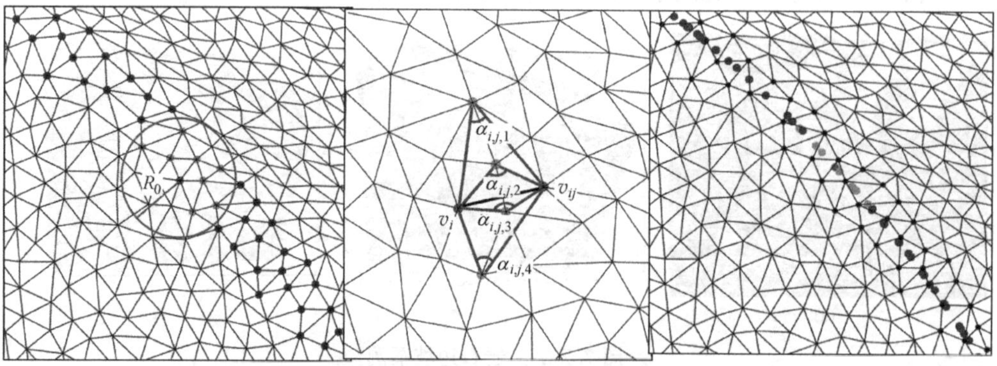

图 7.2-26　拉普拉斯点云收缩

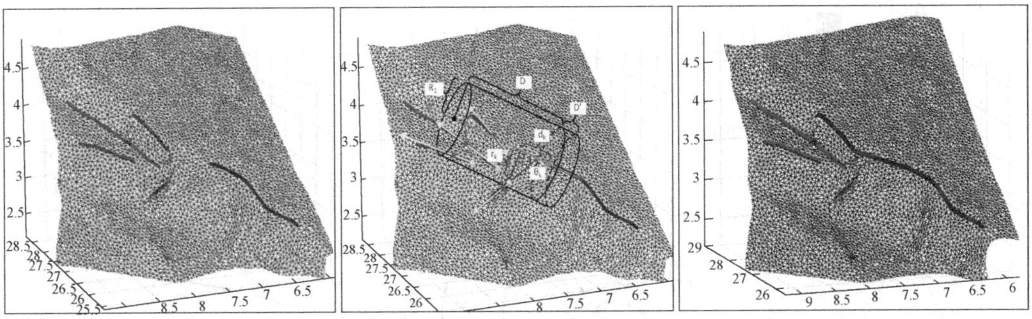

图 7.2-27 迹线段连接

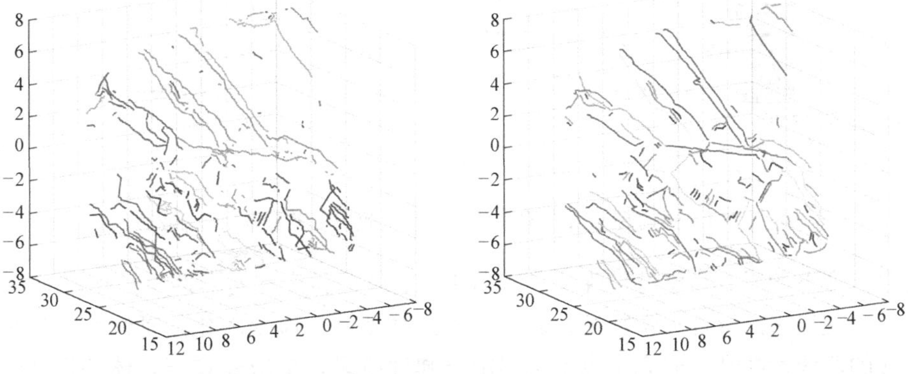

(a) (b)

图 7.2-28 结果对比

(a) 原算法（Chen 等，2016）；(b) 改进算法（Zhang 等，2020）

基于得到的隧道围岩迹线分布特征，对其进行分组并通过确定同一组不连续面法线方向上两相邻不连续面的平均距离，实现不同分组不连续面间距的测量。采用亚像素边缘提取算法提取两侧不连续面的边缘并在边缘线上采用平均最小宽度法计算间隙在不连续面露头处的宽度，实现张开度的测量。此外，根据三维点云模型和结构面分组信息，通过将均方根法估算的二维曲线与标准轮廓线进行比对，可实现任意不连续面粗糙度的测量。

7.3 隧道围岩连续分析模型与方法

7.3.1 岩体强度理论

岩石强度理论研究至今已有超过百年的历史，至今仍未找到一种对各类岩石和岩体具有普适性的强度理论。强度理论和本构模型均具有明显的尺度效应，如图 7.3-1 所示。细观尺度上，矿物颗粒间的错移滑动特性可能服从简单的颗粒接触或摩擦本构，研究的重点主要是细观断裂力学；实验室尺度的岩石力学特性是细观岩石力学的宏观表现，岩石服从弹脆性和 Mohr-Coulomb 材料的线性强度特征，研究的核心是弹性变形阶段；而工程尺度的岩体力学反映了节理、裂隙等软弱结构面性质，其力学强度远低于基质岩石，使得细观

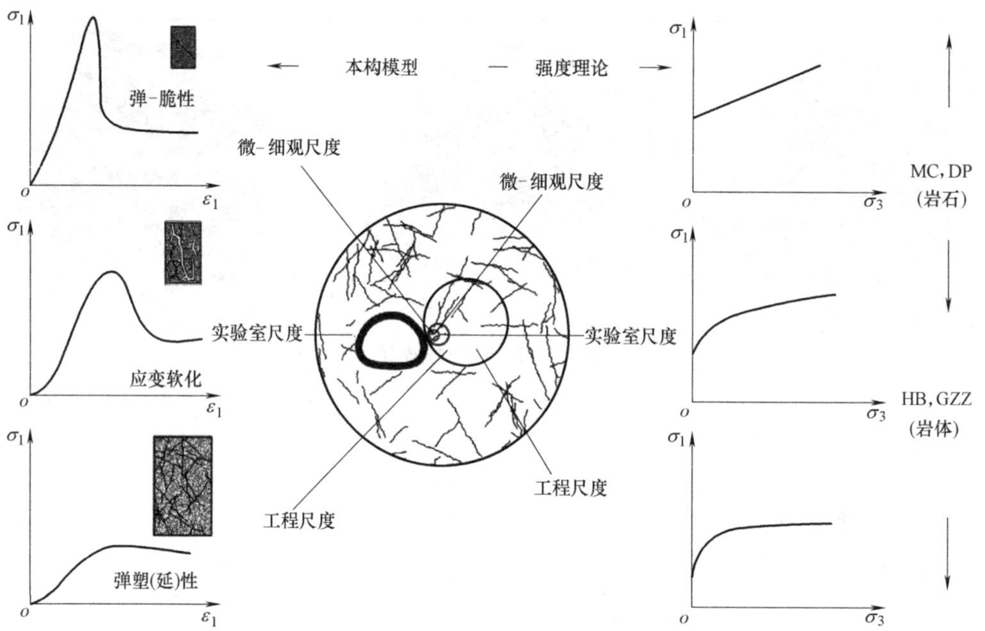

图 7.3-1　强度理论（本构模型）的尺度效应（蔡武强等，2021）

和实验室尺度下的岩石力学特性无法表现出来，岩体的强度和变形性质是软弱结构面在宏观尺度上表现出来的统计力学特征，岩体呈现出弹塑性、应变软化的延性变形破坏特征，具有明显的非线性特性，研究重点不再局限于弹性阶段，更应聚焦于岩体塑性变形阶段，而屈服准则是弹塑性分界点和判断围岩稳定性及岩石受力状态的标准，对深埋围岩稳定性分析和精准化控制至关重要。

如图 7.3-2 所示，Mohr-Coulomb（MC），Drucker-Prager（DP）、Hoek-Brown（HB）强度准则和弹塑性本构模型被广泛应用于各类岩体工程稳定性设计，其中 MC 准则为二维线性强度准则，HB 为二维非线性强度理论。

(1) MC 和 DP 强度准则

MC 准则主要应用于岩石材料的强度计算，其表达形式为：

$$|\tau| = c + \sigma_n \tan\varphi \tag{7.3-1}$$

式中　τ、σ_n——分别表示破坏面上的剪切应力和正应力；用主应力表示的显式准则为：

$$\sigma_1 = \frac{2c\cos\varphi}{1-\sin\varphi} + \frac{1+\sin\varphi}{1-\sin\varphi}\sigma_3 \tag{7.3-2}$$

在进行有限元弹塑性计算时，便于对不同强度和弹塑性本构模型进行统一处理，往往需要将准则和本构以不变量的形式表示，应力张量与应力不变量之间关系为：

$$\begin{bmatrix}\sigma_1\\ \sigma_2\\ \sigma_3\end{bmatrix} = \frac{2}{\sqrt{3}}\sqrt{J_2}\begin{bmatrix}\sin\left(\theta_\sigma + \frac{2}{3}\pi\right)\\ \sin(\theta_\sigma)\\ \sin\left(\theta_\sigma - \frac{2}{3}\pi\right)\end{bmatrix} + \begin{bmatrix}\frac{I_1}{3}\\ \frac{I_1}{3}\\ \frac{I_1}{3}\end{bmatrix} \tag{7.3-3}$$

式中　θ_σ——应力 Lode 角，反映了中主应力 σ_2 对岩石强度的影响，其表达式为：

$$\theta_{\sigma}=\tan^{-1}\left[\frac{2\sigma_2-(\sigma_1+\sigma_3)}{\sqrt{3}(\sigma_1-\sigma_3)}\right] \tag{7.3-4}$$

θ_{σ} 与应力不变量之间的关系为：

$$\begin{cases}\sin3\theta_{\sigma}=-\dfrac{3\sqrt{3}}{2}\cdot\dfrac{J_3}{J_2^{3/2}}\\ I_3=-\dfrac{2}{3\sqrt{3}}J_2^{3/2}\sin3\theta_{\sigma}-\dfrac{1}{3}I_1J_2+\dfrac{1}{27}I_1^3\end{cases} \tag{7.3-5}$$

将式（7.3-3）代入式（7.3-2）得到以不变量表示的MC强度准则为：

$$\frac{1}{3}I_1\sin\varphi+\left(\cos\theta_{\sigma}-\frac{1}{\sqrt{3}}\sin\varphi\sin\theta_{\sigma}\right)\sqrt{J_2}-c\cos\varphi=0 \tag{7.3-6}$$

该准则主要用于实验室尺度下岩石材料的强度和变形稳定性分析，岩石与岩体受限于尺度效应的影响，室内参数与原位岩体参数存在巨大的差异，如黏聚力 c 的室内测试参数与岩体等效 c 存在数量级的差异，而地勘资料给出的岩体参数往往是模糊和半定性的，并未针对参数进行埋深的修正，其可靠度受到质疑，此外，MC准则是线性强度理论，而工程岩体强度与围压存在非线性关系，应用该理论分析深部岩体强度性质并不适合。

采用应力不变量表示的DP准则为：

$$\sqrt{J_2}-aI_1-k=0 \tag{7.3-7}$$

根据与MC准则的位置关系，外角外接圆锥取 $a=\dfrac{2\sin\varphi}{\sqrt{3}\ (3-\sin\varphi)}$，$k=\dfrac{6c\cos\varphi}{\sqrt{3}\ (3-\sin\varphi)}$，外角内接圆锥取 $a=\dfrac{2\sin\varphi}{\sqrt{3}\ (3+\sin\varphi)}$，$k=\dfrac{6c\cos\varphi}{\sqrt{3}\ (3+\sin\varphi)}$；与MC准则采用相同参数体系（$c$、$\varphi$）的DP准则在岩石强度理论研究中也得到了广泛的应用，在工程应用中同样存在参数可靠性问题，同时，DP准则在 π 平面是一个标准圆（图7.3-2)，与大量的岩石真三轴强度数据存在较大的差异。

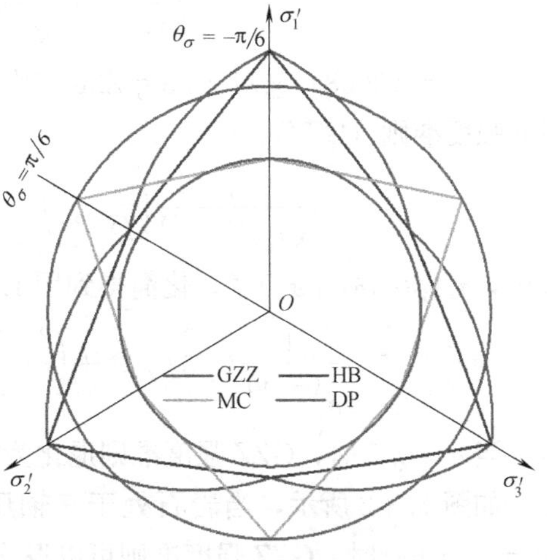

图7.3-2 不同强度准则在π平面的包络线形态

（2）HB（二维）准则和广义Zhang-Zhu强度准则（GZZ）

在进行隧道围岩稳定性分析时，当隧道围岩节理发育、比较破碎或者相对完整的条件下，通常将隧道围岩考虑为连续介质，采用连续分析模型和有限元进行隧道围岩稳定性分析与判别。而当隧道围岩在工程尺度范围内具有一组或少量几组不连续面时，如果进行连续分析，则需要考虑不连续面强度或者通过岩石和岩体参数直接反映隧道围岩的各向异性。

为表征岩石强度破坏条件，需要在进行隧道围岩稳定性分析时引入岩石强度准则。HB强度准则作为迄今为止应用最为广泛、影响最大的岩石强度准则，是基于试验数据和工程经验提出的，是经验强度准则的代表。HB

强度准则可以反映岩石的固有非线性破坏的特点，以及结构面、应力状态对强度的影响，而且能解释低应力区、拉应力区和最小主应力对强度的影响，表达式为（Hoek 等，2002）：

$$\sigma_1=\sigma_3+\sigma_c\left(m_b\frac{\sigma_3}{\sigma_c}+s\right)^a \tag{7.3-8}$$

式中 m_b，s，a——反映岩体特征的经验参数，m_b 为针对不同岩体的无量纲经验参数；s 反映岩体破碎程度，取值范围 0～1，对于完整的岩体（即岩石），$s=1$；当 $a=0.5$ 时，广义 Hoek-Brown 强度准则退化为原 HB 强度准则。

将式（7.3-3）代入广义 Hoek-Brown 强度准则，化简整理得到用应力 Lode 表示的强度准则形式：

$$\frac{1}{(\sigma_c)^{(1/a-1)}}(2\cos\theta_\sigma\sqrt{J_2})^{1/a}+\left(\cos\theta_\sigma+\frac{\sin\theta_\sigma}{\sqrt{3}}\right)m\sqrt{J_2}-m\frac{I_1}{3}-s\sigma_c=0 \tag{7.3-9}$$

该准则在岩体工程中被广泛采纳，它能充分反映围压对岩石强度的影响。但是，与 MC 准则相同，HB 准则是一个二维的强度准则，没有考虑 σ_2 对岩石强度和变形的影响，大量资料表明，中间主应力对岩石强度和变形存在较大的影响。

为精细化分析岩体（岩石）在不同应力条件下的强度特性，众多学者将 HB 准则三维化，从而发展了不同的三维 Hoek-Brown 强度准则。在这些准则中，GZZ 强度准则对真三轴试验数据具有较高的拟合精度，更重要的是，在三轴压缩和三轴拉伸应力状态下将退化为 HB 准则，因此可以直接引用 Hoek 等建立的准则参数获取方法，且具有较高的可靠度（Zhang 和 Zhu，2007；Zhang，2008；Cai 等，2021）。

Mogi 在对大量三轴压缩试验数据进行拟合分析时发现，τ_{oct} 和 $\sigma_{m,2}$ 之间具有良好的拟合对应关系，因而提出了有重要影响力的 Mogi 强度准则，基于该思想，Zhang 和 Zhu（2007）将 HB 强度准则与 Mogi 准则相结合，提出了 Zhang-Zhu 强度准则：

$$\frac{9}{2\sigma_c}\tau_{oct}^2+\frac{3}{2\sqrt{2}}m\tau_{oct}-m\sigma_{m,2}-s\sigma_c=0 \tag{7.3-10}$$

Zhang（2008）又对 Zhang-Zhu 准则做进一步改善，得到能够描述岩体的广义 Zhang-Zhu 强度准则（GZZ）：

$$\frac{1}{(\sigma_c)^{(1/a-1)}}\left(\frac{3}{\sqrt{2}}\tau_{oct}\right)^{1/a}+\frac{m}{2}\left(\frac{3}{\sqrt{2}}\tau_{oct}\right)-m\sigma_{m,2}-s\sigma_c=0 \tag{7.3-11}$$

式中，$\sigma_{m,2}=(\sigma_1+\sigma_3)/2$，化简得到用 Lode 角 θ_σ 和应力不变量表示的 GZZ 强度准则：

$$\frac{1}{\sigma_c^{(\frac{1}{a}-1)}}(\sqrt{3J_2})^{\frac{1}{a}}+\left(\frac{3+2\sin\theta_\sigma}{2\sqrt{3}}\right)m_b\sqrt{J_2}-m_b\frac{I_1}{3}-s\sigma_c=0 \tag{7.3-12}$$

当 $a=0.5$ 时，GZZ 强度准则退化为 Zhang-Zhu 准则。

如图 7.3-2 所示，当岩石处于三轴压缩应力状态（$\theta_\sigma=\pi/6$）或三轴拉伸应力状态（$\theta_\sigma=-\pi/6$）时，GZZ 强度准则可以退化到 HB 准则。因此确保了 GZZ 强度准则可以采用已有的 HB 准则参数求取方法（Zhang 和 Zhu，2007），利用得到的参数进行岩石强度和岩体稳定性计算时，可靠性较高（Cai 等，2021）。

GZZ 岩体强度准则是一个广义三维非线性 Hoek-Brown 强度准则，对不同围压下的岩石强度三轴强度均具有非常高的预测精度，目前已发展成为国际岩石力学与工程学会

(ISRM)和中国岩石力学与工程学会(CSRME)推荐使用准则。GZZ 强度准则具有如下优点：①具有 Mogi(1971)强度准则表达式简洁的特点；②在三轴压缩和拉伸条件下可以退化到初始的广义 HB 岩体强度准则；③可以直接使用 HB 强度准则的参数；④已经通过大量的岩石和岩体真三轴数据的进行验证，具有较好的强度预测精度等(Prest，2013；冯夏庭，2020；Cai 等，2021)。且在进行隧道模型数值计算时，GZZ 强度准则模块计算结果明显比经典 HB 强度准则模块计算结果小，这是因为在 GZZ 强度准则模块中考虑了中主应力的影响，在强度计算中充分发挥了中主应力的作用。GZZ 强度准则模块计算结果不但更加贴近实际情况，而且较经典 HB 强度准则模块结果更为经济。

7.3.2 岩体强度参数

准确可靠的强度参数是稳定性精细化计算的基础，HB 和 GZZ 强度理论均采用 Hoek 等基于大量工程经验建立的参数体系。

(1) HB、GZZ 强度参数

HB、GZZ 强度准则参数主要有 m_{b}、s、a 或 m_i、GSI、D，其中 m_i 为室内岩石参数，可根据 Hoek 等的建议直接取值，m_{b} 为岩体参数，D 为工程扰动系数。两套参数可相互转换，其转化关系为：

$$\begin{cases} m_{\mathrm{b}}=m_i\exp\left(\dfrac{GSI-100}{28-14D}\right) \\ s=\exp\left(\dfrac{GSI-100}{9-3D}\right) \\ a=\dfrac{1}{2}+\dfrac{1}{6}\left[\exp(-GSI/15)-\exp(-20/3)\right] \end{cases} \tag{7.3-13}$$

GSI 作为 HB 和 GZZ 强度准则及弹塑性本构的关键参数，综合反映了工程水文地质和岩体的综合参数信息，其准确度对计算结果有直接且重要的影响。对于岩体连续有限元数值分析，在岩体破坏计算中采用三维非线性强度准则(GZZ)。GZZ 强度准则参数可以比较容易地从精细化采集结果中进行提取，将更精细化的现场试验和节理统计数据等岩体非连续参数等效化地在连续分析中进行考虑，更充分地利用了工程现场的信息，具有更高的精确度(Hoek 和 Brown，2019)。

参数 m_i 为室内岩石力学参数，主要反映了岩石拉压强度特性，可根据表 7.3-1 进行选用。

各类岩石的参数 m_i 值 **表 7.3-1**

岩石类型	分类	小类	质地			
			粗糙的	中等的	精细的	非常精细的
沉积岩	碎屑		砾岩(21±3) 角砾岩(19±5)	砂岩 17±4	粉砂岩 7±2 硬砂岩(18±3)	黏土岩 4±2 页岩(6±2) 泥灰岩(7±2)
	非碎屑	碳酸盐	结晶灰岩(12±3)	粉晶灰岩(10±2)	微晶灰岩(9±2)	白云岩(9±3)
		蒸发盐		石膏 8±2	硬石膏 12±2	
		有机物				白垩 7±2

续表

岩石类型	分类	小类	质地			
			粗糙的	中等的	精细的	非常精细的
变质岩	非片理化		大理岩 9±3	角页岩(19±4) 变质砂岩(19±3)	石英岩 20±3	
	轻微片理化		混合岩(29±3)	闪岩 26±6	片麻岩 28±5	
	片理化			片岩 12±3	千枚岩(7±3)	板岩 7±4
火成岩	深成类	浅色	花岗岩 32±3 花岗闪长岩(29±3)	闪长岩 25±5		
		深色	辉长岩 27±3 苏长岩 20±5	粗粒玄武岩(16±5)		
	半深成类		斑岩(20±5)		辉绿岩(15±5)	橄榄岩(25±5)
	火山类	熔岩		流纹岩(25±5) 安山岩 25±5	英安岩(25±3) 玄武岩(25±5)	黑曜岩(19±3)
		火山碎屑	集块岩(19±3)	角砾岩(19±5)	凝灰岩(13±5)	

地质强度指标（*GSI*）通过考虑岩体结构面分布特征及结构面状况（包括结构面粗糙程度、风化等级和充填物的性质），进而获得 *GSI* 评分值及相应评分区间。*GSI* 直接与 GZZ 强度准则相联系，可以通过现场岩体质量调查获得 GZZ 强度准则参数，为节理岩体的稳定性分析（数值模拟）提供岩体强度参数，并用于指导支护设计，*GSI* 评分表见图 7.3-3。

（2）MC 参数（岩体黏聚力 c 和内摩擦角 φ）

大部分深埋卸荷岩体处于屈服和塑性变形阶段，岩体强度参数的研究变得尤为重要，最重要的岩体强度参数是岩体黏聚力 c 和内摩擦角 φ 等，二者也是众多商业软件的重要输入参数。在浅部岩体工程的稳定性设计与控制理论中，往往将岩体强度参数（c、φ）假设为常数，而实际岩体强度参数会随着埋深发生变化。受限于原位测试的技术难题，目前岩体强度参数随埋深的变化规律，主要基于油气测井的经验模型方法，但是该方法在隧道工程中难以广泛采用。基于 Hoek 等的研究基础，提出如下经验方法建立岩体 c、φ 随埋深的变化规律。

针对岩体 c、φ，Hoek 和 Brown（2002）研究了 HB 与 MC 在主应力空间的几何对应关系，采用两者在主应力空间等效面积的假设，给出了岩体 c、φ 的等效计算方法：

$$\varphi=\sin^{-1}\left[\frac{6am_{\mathrm{b}}(s+m_{\mathrm{b}}\sigma_{3n})^{a-1}}{2(1+a)(2+a)+6am_{\mathrm{b}}(s+m_{\mathrm{b}}\sigma_{3n})^{a-1}}\right] \tag{7.3-14}$$

$$c=\frac{\sigma_{ci}\left[(1+2a)s+(1-a)m_{\mathrm{b}}\sigma_{3n}\right](s+m_{\mathrm{b}}\sigma_{3n})^{a-1}}{(1+a)(2+a)\sqrt{1+\dfrac{\left[6am_{\mathrm{b}}(s+m_{\mathrm{b}}\sigma_{3n})^{a-1}\right]}{(1+a)(2+a)}}} \tag{7.3-15}$$

式中　$\sigma_{3n}=\dfrac{\sigma_{3\max}}{\sigma_{ci}}$，$\sigma_{ci}$ 为岩石单轴抗压强度。

进一步地，Hoek 和 Brown 根据大量的工程实践经验，给出了最大围压上限 $\sigma_{3\max}$ 与

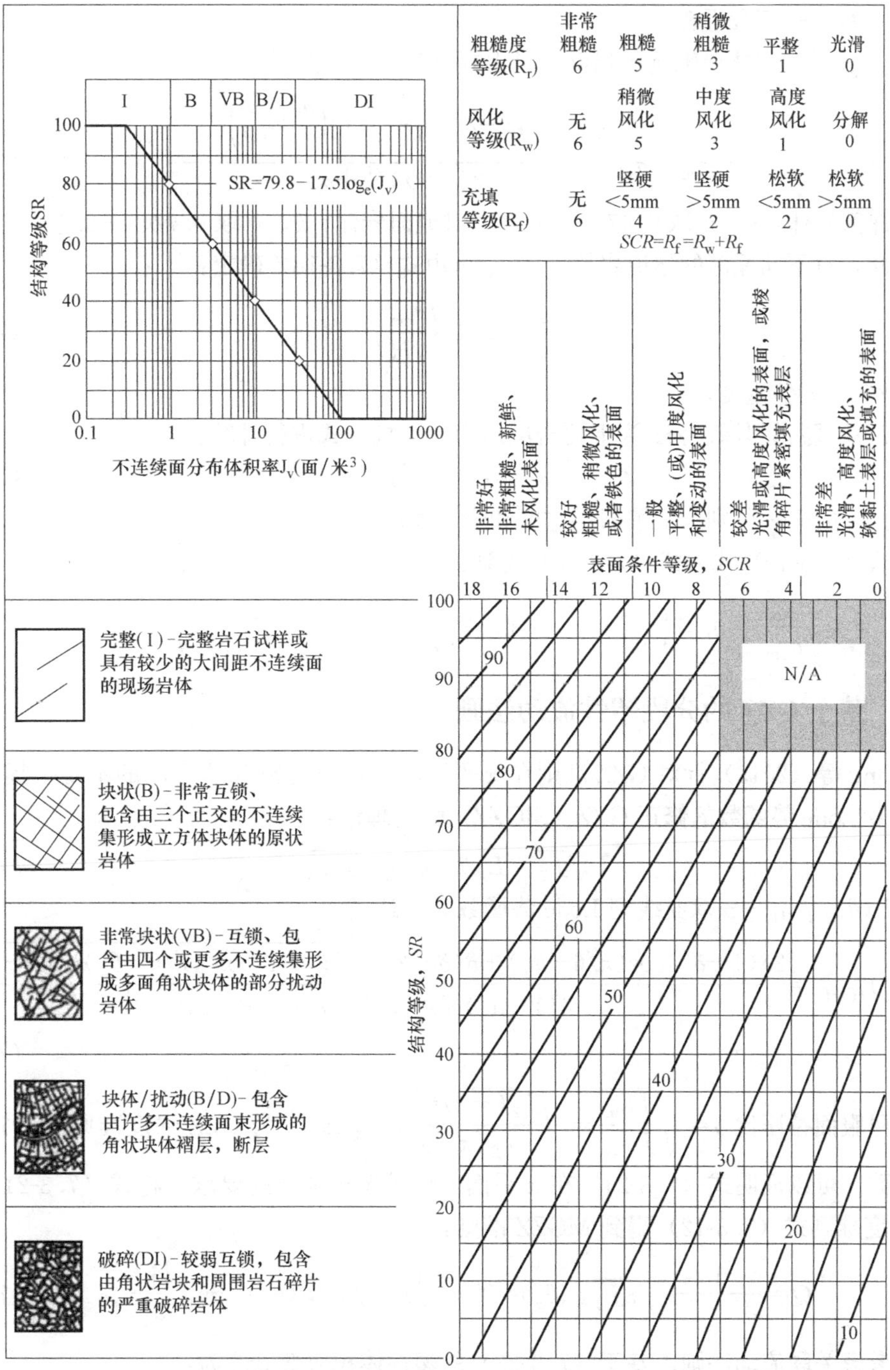

图 7.3-3 *GSI* 评分表（Sonmez 和 Ulusay，1999）

岩体强度 σ_{cm} 的经验关系式为：

$$\frac{\sigma_{3max}}{\sigma_{cm}}=k\left(\frac{\sigma_{cm}}{\gamma H}\right)^n \tag{7.3-16}$$

式中 k、n——经验参数；

γ——岩体的重度；

H——工程埋深；

σ_{cm}——岩体单轴抗压强度，可由式（7.3-17）得到：

$$\sigma_{cm}=\sigma_{ci}\frac{[m_b+4s-a(m_b-8s)]\left(\frac{m_b}{4}+s\right)^{a-1}}{2(1+a)(2+a)} \tag{7.3-17}$$

对深部岩体，k、n 取 0.47、−0.94，对地面岩体，k、n 取 0.72、−0.91。

因此，对不同埋深的隧道岩体，σ_{3max} 可由式（7.3-18）确定：

$$\frac{\sigma_{3max}}{\sigma_{cm}}=0.47\left(\frac{\sigma_{cm}}{\gamma H}\right)^{-0.94} \tag{7.3-18}$$

式中 γ——岩体重度；

H——隧道埋深。γH 为上覆岩层压力，可按下式进行计算：

$$\sigma_v=\gamma H=\sum\gamma_i h_i \tag{7.3-19}$$

式中 γ_i、h_i——分别为上覆岩层重度和岩层厚度。

将式（7.3-19）代入式（7.3-18）得到：

$$\frac{\sigma_{3max}}{\sigma_{cm}}=0.47\left(\frac{\sigma_{cm}}{\gamma H}\right)^{-0.94}=0.47\left(\frac{\sigma_{cm}}{\sigma_v}\right)^{-0.94}=0.47\left(\frac{\sigma_{cm}}{\sum\gamma_i h_i}\right)^{-0.94} \tag{7.3-20}$$

7.3.3 基于 GZZ 的分段塑性流动法则

Zhang 等（2013）针对 GZZ 准则在 π 平面上局部非光滑和非全凸的不足，提出基于双曲线型 Lode 势函数的修正 GZZ（MGZZ）强度理论：

$$\sqrt{J_2}=L(\theta_\sigma)_{X-D}\sqrt{J_{max}} \tag{7.3-21}$$

式中 $L(\theta_\sigma)_{X-D}$——双曲线型 Lode 势函数，表达式为：

$$L(\theta_\sigma)_{H-D}=\frac{2\delta(1-\delta^2)\cos(\pi/6-\theta_\sigma)+\delta(\delta-2)\sqrt{4(\delta^2-1)\cos^2(\pi/6-\theta_\sigma)+(5-4\delta)}}{4(1-\delta^2)\cos^2(\pi/6-\theta_\sigma)-(\delta-2)^2} \tag{7.3-22}$$

式中，屈服面拉压比 $\delta=\sqrt{\frac{J_{min}}{J_{max}}}=\sqrt{\frac{J_2(-\pi/6)}{J_2(\pi/6)}}$，$J_2(\theta_\sigma)$ 为 GZZ 强度准则式（7.3-12）的解函数。可以证明式（7.3-21）在 π 平面上满足光滑全凸的要求。将式（7.3-21）代入 GZZ 强度准则式（7.3-12）得到 MGZZ 准则：

$$Q=\frac{1}{\sigma_c^{(1/a-1)}}[\sqrt{3J_2}g(\theta_\sigma)]^{1/a}+\frac{\sqrt{3}}{3}m_b\sqrt{J_2}g(\theta_\sigma)-m_b\frac{I_1}{3}-s\sigma_c \tag{7.3-23}$$

若考虑关联流动法则，基于（7.3-23）的塑性体积应变 $d\varepsilon_v^p$ 为：

$$d\varepsilon_v^p=\lambda\frac{\partial Q}{\partial I_1}=-\lambda\frac{m_b}{3} \tag{7.3-24}$$

可见塑性体积应变仅由准则强度参数 m_b 决定。针对大多数强度准则，采用关联流动法则得到的塑性体积应变往往远大于实际值，因此，若要做到精细化变形计算的目的，则必须考虑采用相应的非关联联动法则。基于此，提出式（7.3-25）的非关联流动法则（Zhu 等，2017）：

$$Q^{\mathrm{c}}=\frac{1}{\sigma_{\mathrm{c}}^{(1/a-1)}}[\sqrt{3J_2}g(\theta_\sigma)]^{1/a}+\frac{\sqrt{3}}{3}m_{\mathrm{b}}\sqrt{J_2}g(\theta_\sigma)-\eta m_{\mathrm{b}}\frac{I_1}{3}-s\sigma_{\mathrm{c}} \tag{7.3-25}$$

该塑性势函数在各主应力方向的流动矢量为可表示为：

$$\frac{\partial Q^{\mathrm{c}}}{\partial\sigma_i}=\frac{\partial Q^{\mathrm{c}}}{\partial I_1}\frac{\partial I_1}{\partial\sigma_i}+\frac{\partial Q^{\mathrm{c}}}{\partial\sqrt{J_2}}\frac{\partial\sqrt{J_2}}{\partial\sigma_i}+\frac{\partial Q^{\mathrm{c}}}{\partial J_3}\frac{\partial J_3}{\partial\sigma_i} \tag{7.3-26}$$

式（7.3-26）也可写成：

$$\left[\frac{\partial Q^{\mathrm{c}}}{\partial\sigma_1}\ \frac{\partial Q^{\mathrm{c}}}{\partial\sigma_2}\ \frac{\partial Q^{\mathrm{c}}}{\partial\sigma_3}\right]=\left[\frac{\partial Q^{\mathrm{c}}}{\partial I_1}\ \frac{\partial Q^{\mathrm{c}}}{\partial\sqrt{J_2}}\ \frac{\partial Q^{\mathrm{c}}}{\partial J_3}\right][T]_{3\times3} \tag{7.3-27}$$

其中

$$\begin{cases}\dfrac{\partial Q^{\mathrm{c}}}{\partial I_1}=\dfrac{1}{3}\eta m_{\mathrm{b}}\\[2ex]\dfrac{\partial Q^{\mathrm{c}}}{\partial\sqrt{J_2}}=\dfrac{\sqrt{3}g(\theta_\sigma)}{a\sigma_{\mathrm{c}}^{(1/a-1)}}[\sqrt{3J_2}g(\theta_\sigma)]^{(1/a-1)}+\dfrac{\sqrt{3}}{3}m_{\mathrm{b}}g(\theta_\sigma)-\tan3\theta_\sigma\\[2ex]\qquad\left\{\dfrac{\sqrt{3}}{a\sigma_{\mathrm{c}}^{(1/a-1)}}[\sqrt{3J_2}g(\theta_\sigma)]^{(1/a-1)}+\dfrac{m_{\mathrm{b}}}{\sqrt{3}}\right\}\dfrac{\partial g(\theta)}{\partial\theta}\\[2ex]\dfrac{\partial Q^{\mathrm{c}}}{\partial J_3}=-\dfrac{\sqrt{3}}{2J_2\cos3\theta_\sigma}\left\{\dfrac{\sqrt{3}}{a\sigma_{\mathrm{c}}^{(1/a-1)}}[\sqrt{3J_2}g(\theta_\sigma)]^{(1/a-1)}+\dfrac{m_{\mathrm{b}}}{\sqrt{3}}\right\}\dfrac{\partial g(\theta)}{\partial\theta}\end{cases}$$

$$[T]_{3\times3}=\begin{bmatrix}1 & 1 & 1\\ S_1/2\sqrt{J_2} & S_2/2\sqrt{J_2} & S_3/2\sqrt{J_2}\\ S_2S_3+J_2/3 & S_1S_3+J_2/3 & S_1S_2+J_2/3\end{bmatrix}$$

而式（7.3-25）中的修正参数 η 主要与围压有关，可取 $\eta=1-\sigma_3/\sigma_3^{\mathrm{cv}}$，因此，处于压缩状态下的塑性体积应变为：

$$\mathrm{d}\varepsilon_{\mathrm{v}}^{\mathrm{p}}=\lambda\left(\frac{\partial Q^{\mathrm{c}}}{\partial\sigma_1}+\frac{\partial Q^{\mathrm{c}}}{\partial\sigma_2}+\frac{\partial Q^{\mathrm{c}}}{\partial\sigma_3}\right)=\begin{cases}-\lambda(1-\sigma_3/\sigma_3^{\mathrm{cv}})m_{\mathrm{b}} & 0\leqslant\sigma_3\leqslant\sigma_3^{\mathrm{cv}}\\ 0 & \sigma_3>\sigma_3^{\mathrm{cv}}\end{cases} \tag{7.3-28}$$

而拉伸状态下的塑性体积应变可表示为：

$$\mathrm{d}\varepsilon_{\mathrm{v}}^{\mathrm{p}}=\lambda\frac{\partial Q^{\mathrm{t}}}{\partial\sigma_i}=\lambda\bar{\xi}_i\frac{\partial Q}{\partial\sigma_i} \tag{7.3-29}$$

式中

$$\bar{\xi}_i=\sqrt{3}\xi_i/(\xi_1^2+\xi_2^2+\xi_3^2)^{1/2},\quad \xi_i=\begin{cases}1 & \sigma_i\geqslant0\\ 1/(1-\sigma_i/\sigma_t) & \sigma_i<0\end{cases}\quad(i=1,3)$$

以上即为基于GZZ强度准则的弹塑性本构模型，它考虑了岩石（岩体）应力状态或围压水平对岩石变形的影响，其计算结果与岩石实际变形值更加接近。

7.4 隧道围岩非连续分析模型与方法

隧道围岩中的不连续面对岩体的强度、刚度和稳定性具有重要的影响，因此对隧道围岩的非连续数值分析尤为重要。近年来的非连续变形分析（DDA）数值方法已取得了较多的发展，但是在应用DDA方法处理较大规模的工程问题时计算效率时间成本较高，而围岩不稳定性的分析受不连续面的几何分布较大，而关键块体理论根据拓扑几何学理论，采用静力学计算方法，识别块体模型中的关键块体，计算效率高，所以可在大规模岩体稳定性分析的过程中作为一种直接快速的方法进行利用。

结合三维非连续建模和块体切割技术，在进行隧道围岩稳定性分析的过程中，可先用效率较高的块体理论确定局部的危险区域，在该局部区域再用一些精度较高的数值方法进行分析，从而提高工程整体分析效率（图7.4-1）。

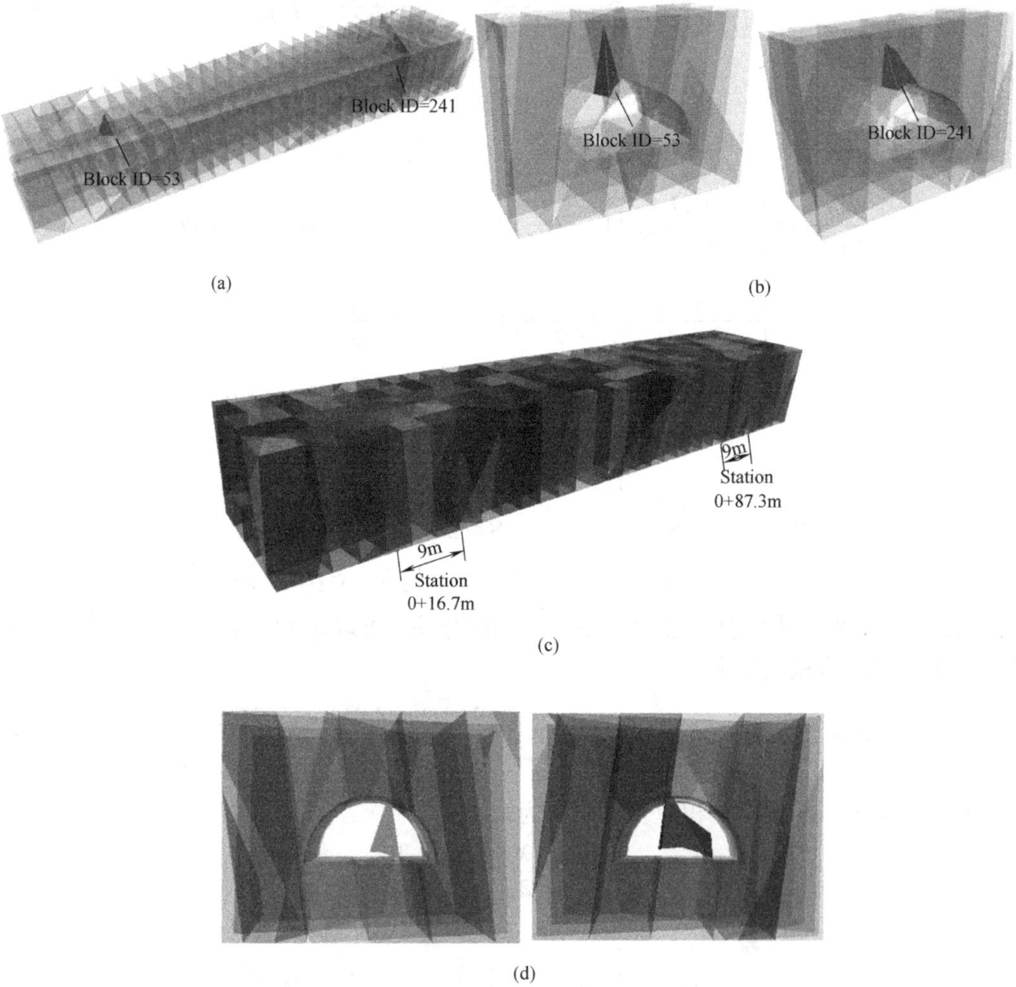

图7.4-1　三维关键块体和非连续变形集成分析

(a) 全范围隧道块体模型的关键块体分析；(b) 依据关键块体分析得到的高危险破坏区域；
(c) 根据关键块体分析结果对全范围模型进行切割；(d) 对切割后的子模型进行三维非连续变形分析

7.4.1　块体理论

块体理论认为，岩体是被断层、节理裂隙、层面以及软弱夹层等结构面切割许多坚硬岩块所组成的结构体而形成的非均质连续体。运用该理论对岩体进行稳定分析时，把岩体看作是刚性块体组成的结构体，破坏机理为刚性块体沿软弱结构面滑移，力学模型为刚性平移。其基本假设为：①结构面为平面；②结构面贯穿所研究的岩体（即结构面假设为无限延伸）；③结构体为刚体，不计块体的自身变形和结构面的压缩变形；④岩体的失稳是岩体在各种荷载作用下沿着结构面产生剪切滑移。

块体理论分析的关键是找出可动块体和关键块体（图 7.4-2），目前的方法主要有赤平投影法和矢量分析法。赤平投影法，将复杂、抽象的向量分析过程用直观的几何作图法来实现，将整个三维空间投影到它的赤平面上，可以通过平面内的几何作图找到全部几何可移动块体和关键块体。块体稳定性矢量分析方法，则利用块体棱边矢量与结构面法线矢量的关系，得到可动块体的结构面半空间组合形式，同时利用主动力矢量和不连续面法线矢量的关系，得到块体脱落、单面滑动和双面滑动三种失稳模式。

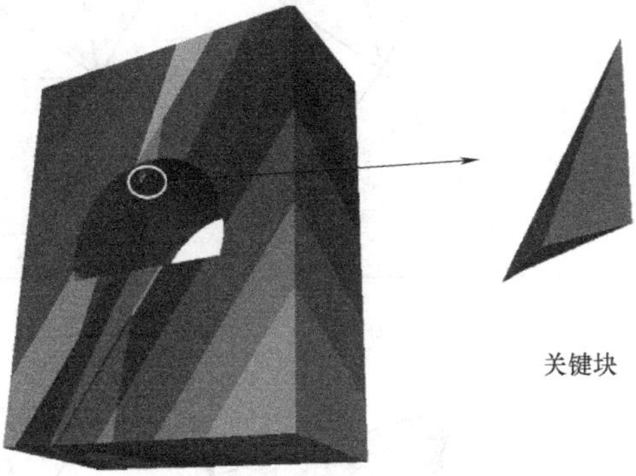

图 7.4-2 关键块体理论

7.4.2 非连续变形分析（DDA）

非连续变形分析（DDA）方法，主要研究对象是任意形状的弹性块体集合，由天然存在的不连续面切割形成，可以分析非连续块体系统在静态和动态分析中的非连续位移和变形。DDA 可以很好地模拟被节理切割的岩石块体间的相互作用和位移情况，分析岩体裂隙对整个岩体的力学特性和稳定性的影响。DDA 定义了任意形状块体在三维空间内的 12 个自由度，包括 X、Y、Z 三个坐标轴方向的平动位移和正应变，还有 XY、YZ、ZX 三个平面内的旋转位移和切应变。DDA 方法采用最小势能原理建立块体系统的基本方程，采用全局刚度矩阵、自由度矩阵和外力矩阵建立总体平衡方程，计算各个块体的自由度。

DDA 接触的判断包括两个部分：①通过块体间的几何关系初步确定块体间接触类型；②建立接触子矩阵，并通过开闭迭代确定计算中采用的实际类型。

在接触计算方面，采用基于距离和角度最先侵入理论的几何分析进行接触判断。在三维 DDA 分析中，首先找出两个块体间的两种基本接触模式——点面接触和交叉棱棱接触，然后根据基本接触模式的数量和拓扑关系，得到两块体间的接触模式。块体间的接触模式一共有七种（图 7.4-3），分别是点点接触、点棱接触、点面接触、交叉棱棱接触、平行棱棱接触、棱面接触和面面接触。

确定块体间接触类型的步骤包括临近块体搜索和接触几何模式判断，临近块体搜索主要是提前排除掉相距较远不可能发生接触的块体对，主要包括 Munjiza（2015）提出的 NBS（No Binary Search）算法、Perkins（2001）提出的 DESS（Double-Ended Spatial Sorting）算法及武威等（2017）提出的 MSC（Multi-Cell Cover）算法（图 7.4-4）。

相比于 NBS 和 DESS 在接触判断过程中的全范围搜索，MSC 方法是一种局部的临近搜索算法，缩小了参与接触判断计算的几何子元素范围，而局部几何覆盖间的临近计算量和复杂程度远小于几何子元素间的接触计算，所以 MSC 可以在一定程度上减少接触过程中的计算量。

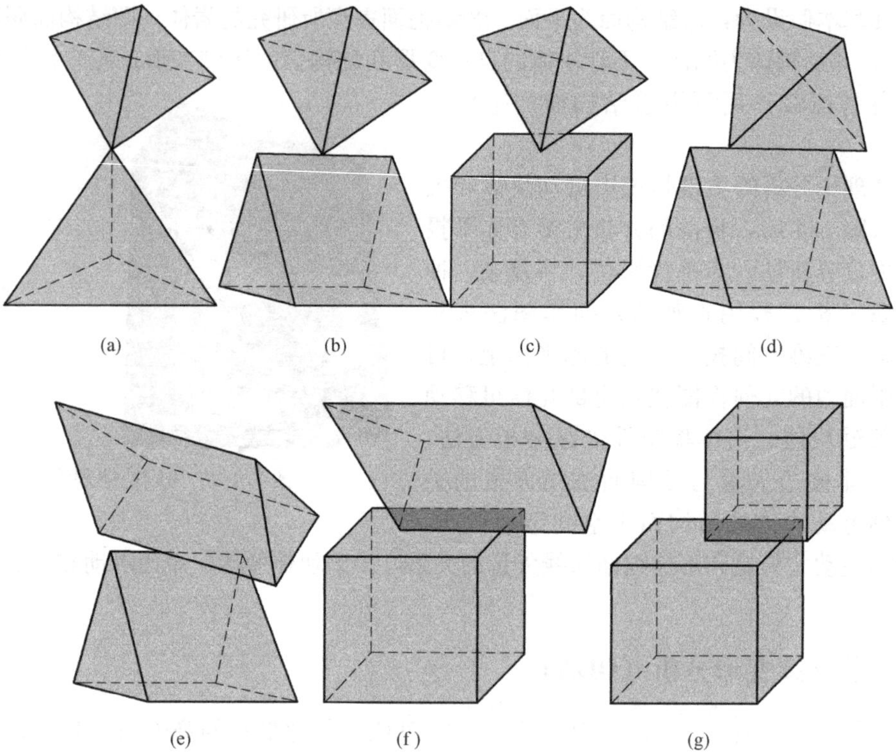

图 7.4-3　七种三维块体间的接触关系

（a）点点接触；（b）点棱接触；（c）点面接触；（d）平行棱棱接触；

（e）交叉棱棱接触；（f）棱面接触；（g）面面接触

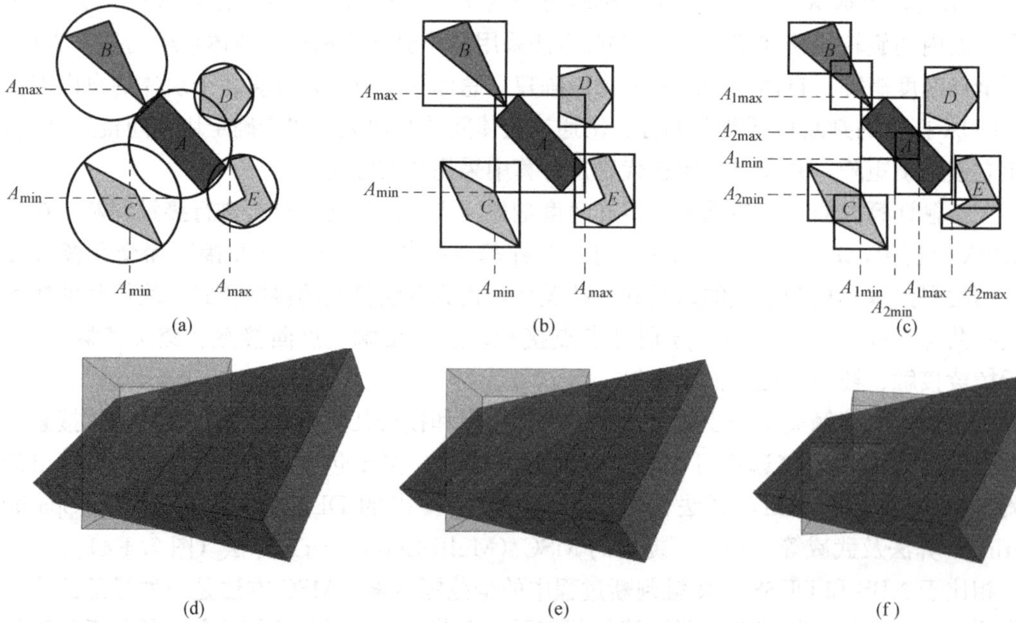

图 7.4-4　三种搜索算法的比较

（a）2D NBS；（b）2D DESS；（c）2D MSC；

（d）3D NBS；（e）3D DESS；（f）3D MSC

在确定块体间的接触模式后，在块体的接触位置施加法向和切向的接触弹簧，采用罚函数法计算接触力。弹簧的接触刚度一般取一个全局统一的较大值，接触力的值为接触刚度与侵入深度的乘积。接触刚度矩阵叠加到总体刚度矩阵，接触力矩阵叠加到外力矩阵参与总体平衡方程的求解。

（1）当法向接触力 R_n 为拉力时，为张开状态，此时不需要建立接触矩阵；

（2）当法向接触力 R_n 为压力，且切向接触力 R_s 足够大以致发生滑动时，为滑动状态，此时对法向施加弹簧阻止法向侵入，切向施加动摩擦力阻碍相对运动；

（3）当法向接触力 R_n 为压力，且切向接触力 R_s 小于最大的静摩擦力的时候，为锁定状态，此时在法向和切向均施加弹簧阻碍法向和切向的相对运动。

通过若干次迭代后满足无拉伸、无嵌入的条件，且相邻两次的接触状态不再发生变化或所有接触状态均为开时认为开闭迭代收敛。

DDA 中采用线弹性和常应力常应变等假设，三维情况下的块体自由度有 12 个：

$$[D_i]=[u,v,w,\alpha,\beta,\gamma,\varepsilon_x,\varepsilon_y,\varepsilon_z,\gamma_{xy},\gamma_{yz},\gamma_{zx}] \tag{7.4-1}$$

式中　u，v，w，α，β，γ——块体质心（x_0，y_0，z_0）沿 x，y，z 三个坐标轴的平动位移和转动角；

ε_{xy}，ε_{yz}，ε_{zx}，γ_{xy}，γ_{yz}，γ_{zx}——块体的常法向应变和剪切应变。

DDA 与有限单元法虽然都是通过最小势能原理建立整体平衡方程（式 7.4-2），但两者最大的不同是 DDA 对接触的判断。在 DDA 计算过程中，接触判断耗费了大量计算资源，同时也是非连续变形分析中不可或缺的重要部分。

$$\begin{bmatrix} k_{11} & k_{12} & \cdots & k_{1n} \\ k_{21} & k_{22} & \cdots & k_{2n} \\ \vdots & \vdots & \ddots & \vdots \\ k_{n1} & k_{n2} & \cdots & k_{nn} \end{bmatrix} \begin{bmatrix} D_1 \\ D_2 \\ \vdots \\ D_n \end{bmatrix} = \begin{bmatrix} F_1 \\ F_2 \\ \vdots \\ F_n \end{bmatrix} \tag{7.4-2}$$

式中　k_{ij}——12×12 的子矩阵，由系统最小势能原理得出；

D_i——如式（7.4-1）所示，为线弹性常应变假设下表征块体位移的 12 个自由度；

F_i——系统分配至块体 i 上的 12 个荷载。

7.5 基于数字照相模型重构与三维非连续分析的隧道塌方预测

岩体是一种非连续的工程对象，岩体工程中与非连续性相关的问题，往往是研究和工程本身的重点和难点。由于岩体工程中的非连续问题的复杂性，对于工程中的岩体稳定性等问题，需要采用基于非连续数值方法的模拟来进行评估。为了给岩体工程中的非连续问题提供有效的解决手段，本文在对接触理论和非连续数值方法研究的基础上，开发了二维和三维的非连续数值分析程序，并应用于岩体工程的稳定性分析之中。

三维数字照相机重构技术，可以在工程现场快速、高精度地采集复杂岩体的表面和节理几何信息，结合三维空间布尔算法和切割算法，实现了三维非连续建模和三维 DDA 的现场应用。

7.5.1 三维非连续工程建模

7.5.1.1 三维布尔运算与块体生成

三维非连续建模的核心是非连续几何模型的生成，包括二维几何体拉伸为三维几何体、三维布尔运算和三维块体切割等部分。

如图 7.5-1 所示，原始三维工程模型的生成，可以按照点→线→面→体的顺序分步生成。首先，在三维空间中生成模型的控制点。以图 7.5-1（a）中岩体隧道为例，控制点一般为整个模型界限的角点和隧道界限的角点。然后，连接相应的控制点，得到图 7.5-1（b）中的三维截面线框，再生成图 7.5-1（c）中垂直于隧道的截面。最后，通过输入隧道模型长度，将三维截面拉伸成为图 7.5-1（d）中三维原始隧道模型。

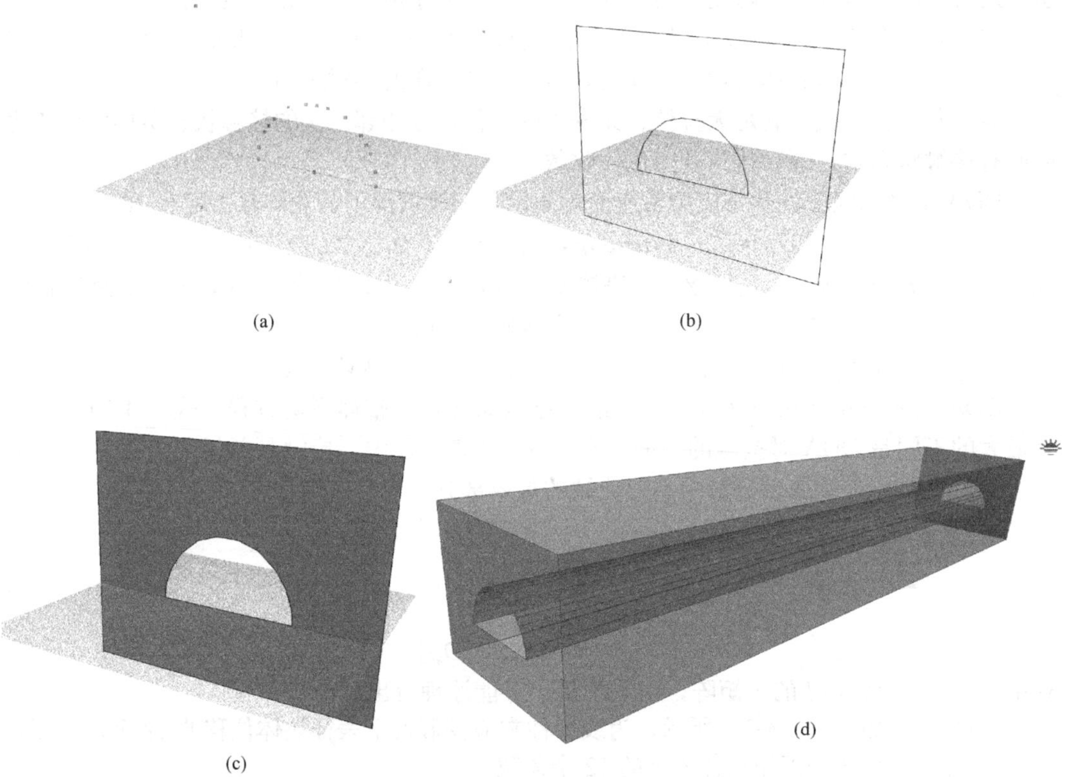

图 7.5-1　三维隧道原始块体的生成步骤

（a）截面控制点；（b）三维截面线框；（c）三维隧道截面；（d）三维隧道实体模型

如图 7.5-2 所示，三维块体间的布尔运算可以在程序界面使用按钮或者命令的方式直接进行，三维面切割是面与实体间的布尔运算。

如图 7.5-3 所示，三维节理面通过输入节理面的倾向、倾角、中心点坐标和面积生成，三维块体间的切割运算可以在程序界面使用按钮或者命令的方式直接进行。

图 7.5-4（a）所示为包含 387 个块体的三维边坡，由 37 条节理切割而成。图 7.5-4（b）为包含 2871 个块体的 20 层三维金字塔模型，除顶部块体和底板外，其余均为尺寸为 2m×2m×1m 的块体。

7.5.1.2　基于双目三维数字照相技术的节理岩体模型生成

三维数字照相技术可以通过图像识别、匹配与重构等过程，获得目标几何体的三维空间信息。对于岩体工程，节理面是影响岩体特性的重要因素。但是多数情况下，节理面的主要部分位于岩体内部，难以快速、直接地得到节理的倾向、倾角等几何信息。

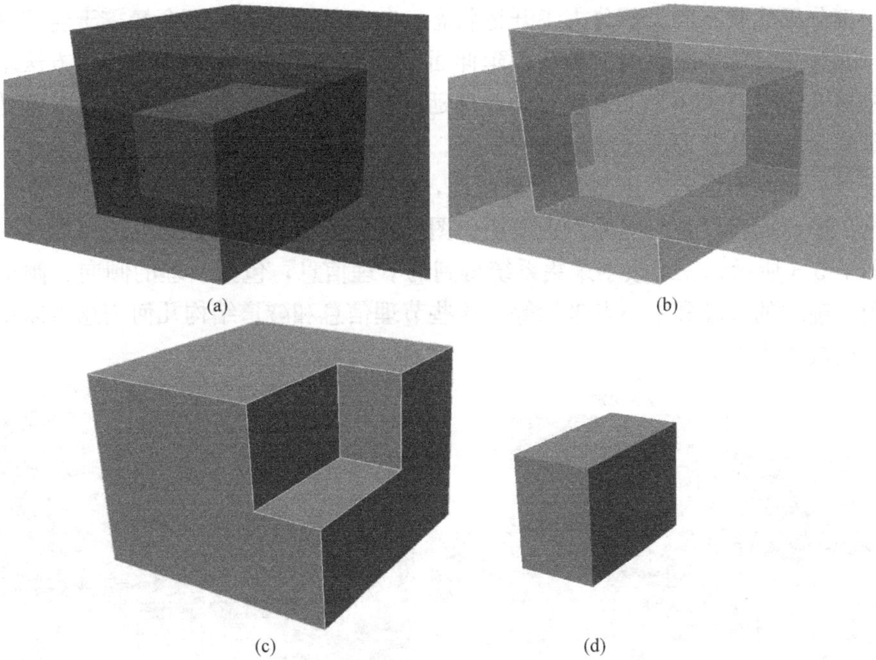

图 7.5-2　三维布尔运算

(a) 有重合部分的两个块体；(b) 布尔相加运算生成的块体；
(c) 布尔相减运算生成的块体；(d) 布尔相交运算生成的块体

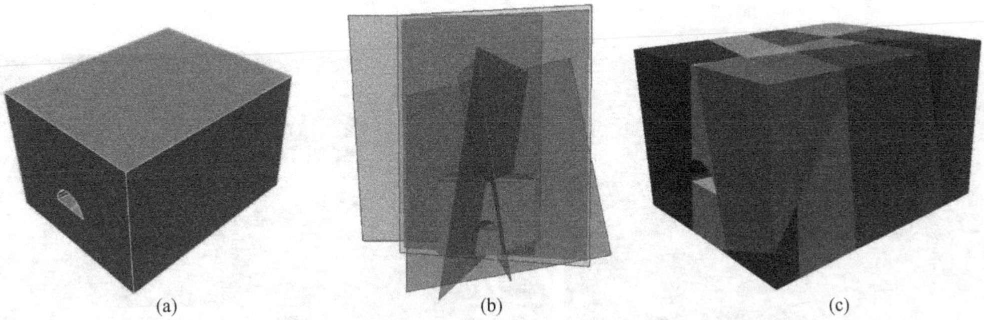

图 7.5-3　三维块体切割

(a) 原始块体；(b) 三维节理面；(c) 切割后的三维非连续模型

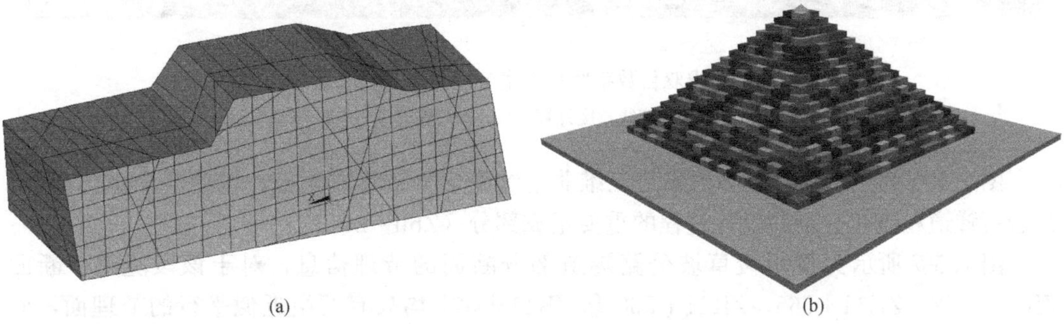

图 7.5-4　三维非连续模型

(a) 三维边坡模型；(b) 三维金字塔模型

对于部分天然状态和大部分人工开挖状态，节理的部分延伸面会暴露于岩体临空面外侧，可以通过测量位于临空面上的节理延伸面来推算节理的几何信息。传统方法基于地质罗盘等机械式设备，采用人工手段对于节理延伸面进行量测，具有成本高、效率低和对于测量人员难以触及的节理面无法量测的缺点。

基于双目照相系统的三维数字采集系统，包括基于单相机的双目照相设备、标定设备、数据传输与储存设备、图像识别模块、图像匹配模块、模型重构及信息提取模块等。

如图 7.5-5 所示，三维数字采集系统得到的节理信息，包括节理的倾向、倾角、张开度、间距、迹线的长度和中心点坐标等，这些节理信息和隧道结构几何信息可以用于建立三维非连续数值模型。

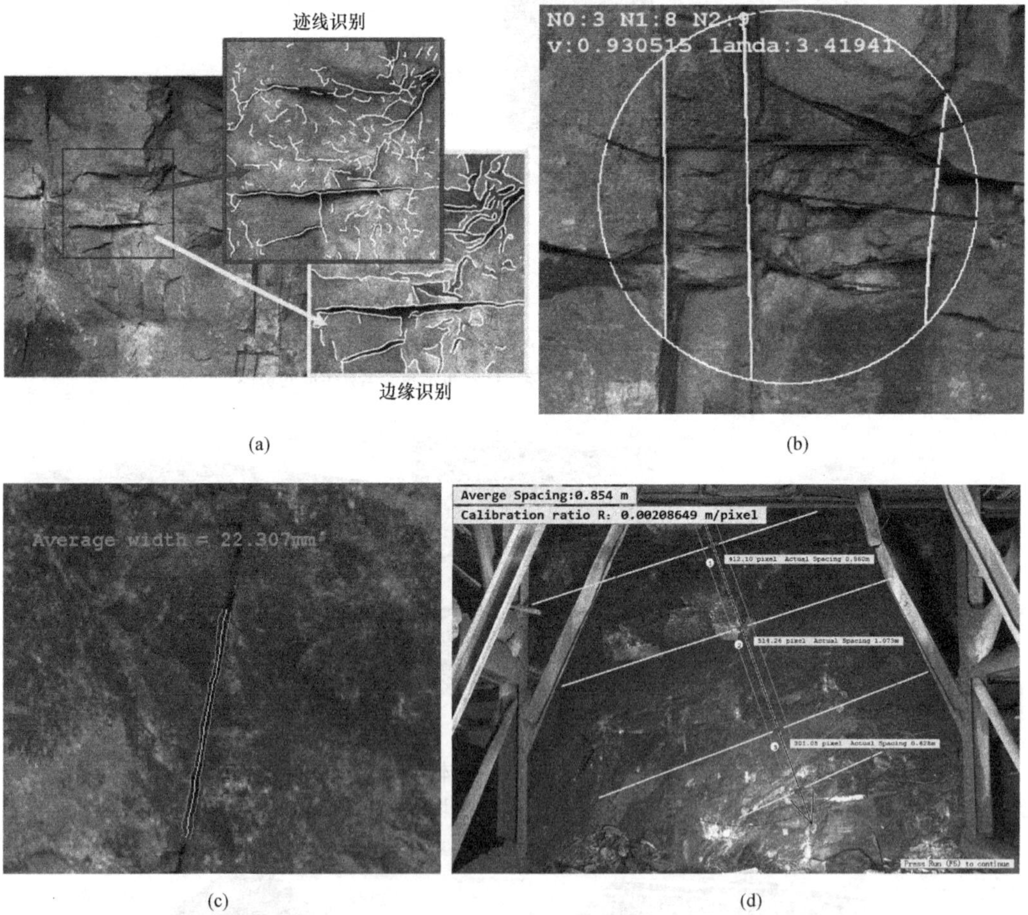

图 7.5-5　三维双目数字照相采集节理信息（周春霖，2010）

(a) 节理识别；(b) 迹线长度计算；(c) 节理张开度；(d) 节理间距

图 7.5-6 为三维双目数字采集与三维非连续变形分析集成流程，包括 5 个主要部分，是岩石隧道精细化分析和设计过程的重要组成部分（Zhu，2016）。

图 7.5-7 所示为贵州梭草坡公路隧道部分断面的节理信息，对于该段隧道，断面 ZK11＋562、ZK11＋565、ZK11＋568 和 ZK11＋571 均只有两组近似平行的节理面，而断面 ZK11＋574 包含三组主要节理面。所以，选择断面 ZK11＋574 进行三维非连续稳定性分析。

图 7.5-8 为梭草坡隧道断面 ZK11＋574 的非连续建模过程，根据隧道结构界限数据生成隧洞空间原始块体，然后根据三维数字采集系统得到的节理信息生成三维节理面，最后经过三维切割得到非连续模型。

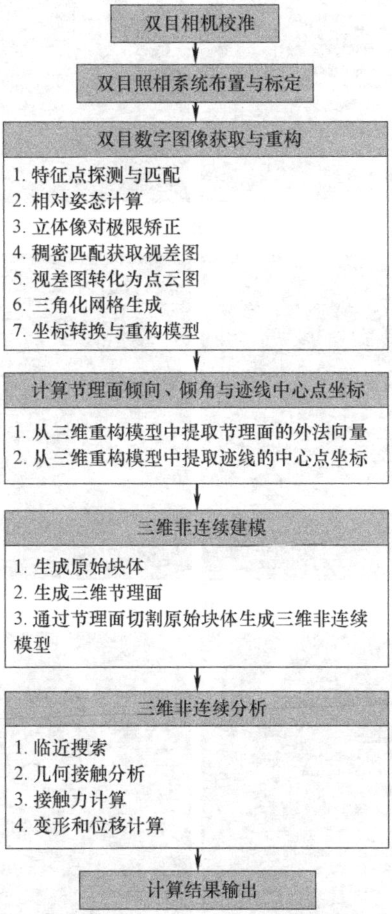

图 7.5-6　三维双目数字采集与三维非连续变形分析集成流程

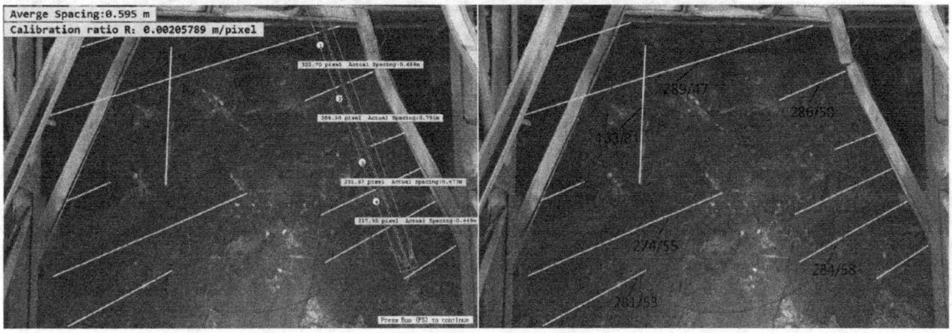

(a)

图 7.5-7　梭草坡隧道部分节理数据（一）

(a) 断面 ZK11＋562 的节理信息

(b)

(c)

(d)

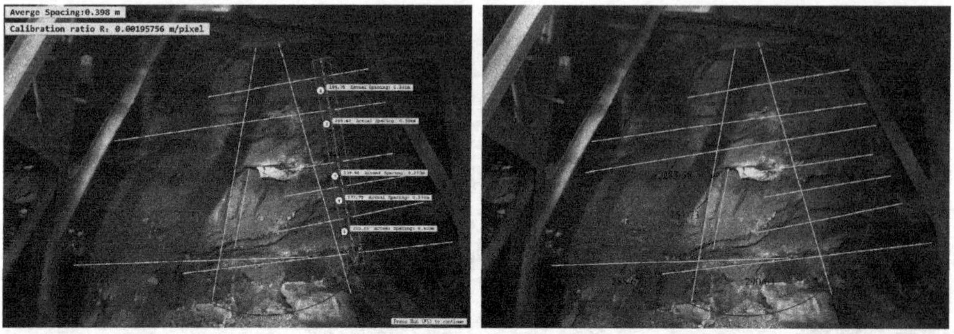

(e)

图 7.5-7 梭草坡隧道部分节理数据（二）

（b）断面 ZK11＋565 的节理信息；（c）断面 ZK11＋568 的节理信息；

（d）断面 ZK11＋571 的节理信息；（e）断面 ZK11＋574 的节理信息

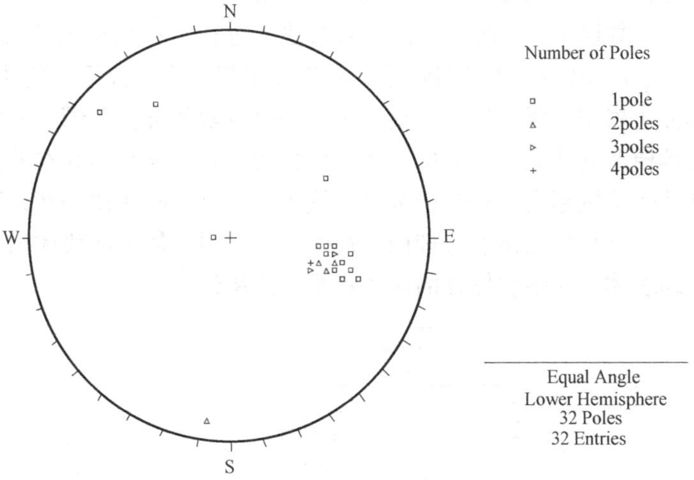

(f)

图 7.5-7　梭草坡隧道部分节理数据（三）

(f) 节理方位数据

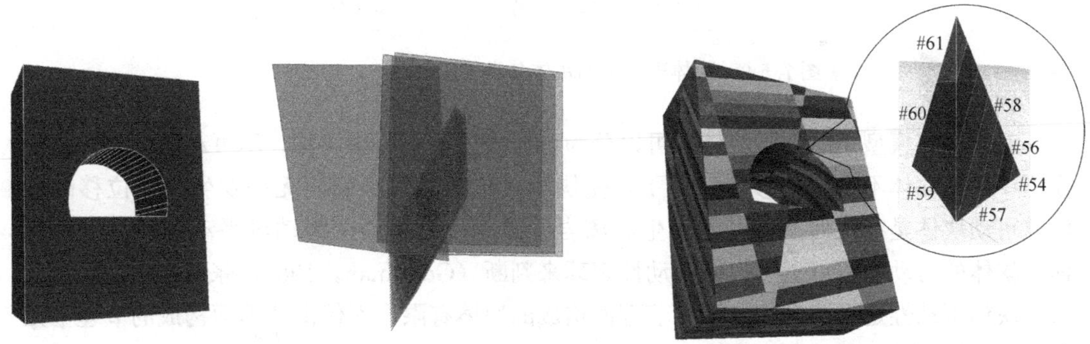

(a)　(b)　(c)

图 7.5-8　梭草坡隧道三维非连续建模

(a) 隧道原始块体模型；(b) 三维节理面；(c) 切割后的三维非连续模型

7.5.2　三维块体理论与三维非连续变形分析的集成应用

块体理论是一类基于几何学、拓扑学和静力学，针对非连续模型稳定性的计算分析理论。非连续问题经常涉及复杂的几何形状分析，非连续体内部或者非连续体之间的几何子元素（点、线和面）的拓扑关系对计算分析也非常重要。

由于岩体的复杂性，块体理论针对岩体的几何特性和失稳模式进行了基本假设 (Goodman，1985；张奇华，2010)：

(1) 岩体中的结构面为平面；

(2) 结构面为无限延伸的面，由结构面切割生成的块体为凸体；

(3) 忽略块体的变形，把块体作为刚体；

(4) 块体失稳模式为脱离岩体或者沿结构面的滑动等平动形式。

在块体理论中，如图 7.5-9 所示，针对岩石块体进行了一系列的定义与分类（Goodman，1985；张奇华，2010)。本节只讨论针对岩体工程计算与分析中的块体分类。首先，块体理论的计算分析根据工程情况，需要先确定一个有限的分析范围。然后，基于此分析范围，进行非连续模型的建立。实际中，无限体积的岩石块体是不存在的，但是，对于工程问题，可以把几何范围超出工程分析范围的块体认为是无限块体。在计算分析中，将与整个模型边界相邻，且相邻面是非节理面的块体作为无限块体。在块体稳定性分析中，无限块体都是不可动块体，无限块体外的块体都是有限块体。

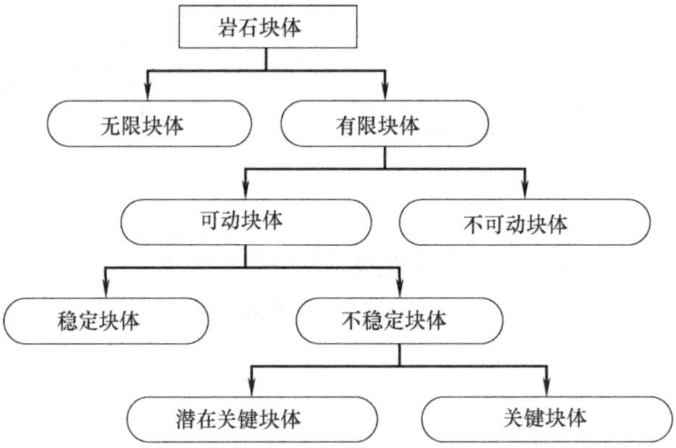

图 7.5-9　块体理论中的块体分类（Goodman，1985）

对于计算模型中的有限块体，可以分为可动块体和不可动块体。不可动块体是在整个模型中其他块体不发生位移的条件下，受块体系统的几何限制而无法发生整体位移的块体。可动块体是在几何上有可能发生脱离岩体或者沿结构面的滑动等平动位移的岩石块体。块体的可动性可以通过块体可动性定理来判断（Goodman，1985；张奇华，2010)。

块体可动性定理：由临空面和节理面构成的块体有限，而仅由节理面构成的节理锥无限，则块体可动。数学表达式为：

$$\begin{cases} JP \neq \varnothing \\ JP \cap EP = \varnothing \text{ 或 } JP \subset SP \end{cases} \tag{7.5-1}$$

式中　$\varnothing$——表示空集；

JP——节理锥；

EP——开挖锥；

SP——空间锥。

本文在拓扑几何上对块体可动性计算，采用了临空域（Free Domain，FD）和形心滑动锥（Centroid Sliding Pyramid，CSP）的概念。对于凸体，只通过与临空域连接的候选滑动面，直接生成形心滑动锥。此外，还给出了一种只需通过节理面组成的凹角对块体进行切割的凹块体分解方法。在实现二维和三维块体静力稳定性分析的基础上，对大规模块体模型，提出了采用块体理论确定三维非连续变形分析（DDA）计算模型范围的方法。

7.5.2.1　形心滑动锥法中凹块体的切割准则

在经典块体理论中，对于凹块体，需要通过沿组成凹角的两个面，将凹块体切割成多个子块体。如果所有的子块体都为可动，则原块体可动；如果至少存在一个子块体不可动，则原块体不可动。

如图 7.5-10 所示的四个二维块体都为不可动块体，具有相同的节理面和不同的临空面。其中，(a)～(c) 块体中都包含凹角，沿组成凹角的两个面，分别将凹块体切割成图 7.5-11 中所示的 5 个子块体。(a) 和 (b) 块体都有不可动的子块体，而 (c) 块体的所有子块体全部可动。由此表明，对于由两个或一个临空面形成的凹角，在凹块体的切割过程中可以排除。而且一组相互邻接的临空面，在其边界不变（即相邻的节理面不变）的条件下，其几何特征的变化不影响块体的可动性。

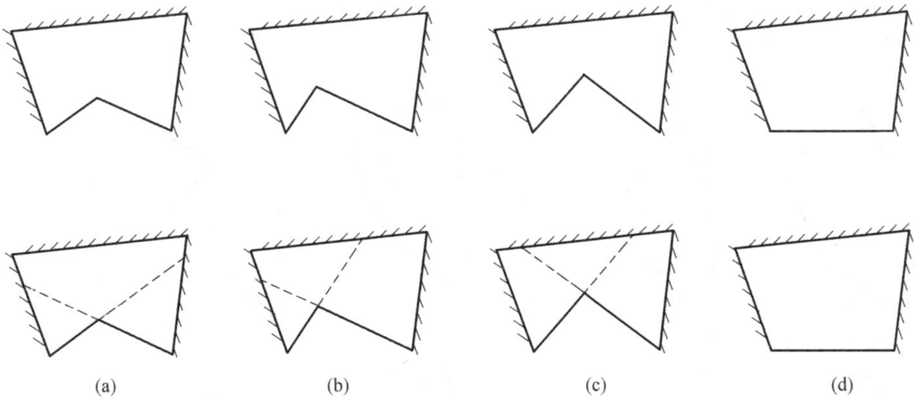

图 7.5-10　四个包含不同临空面的块体

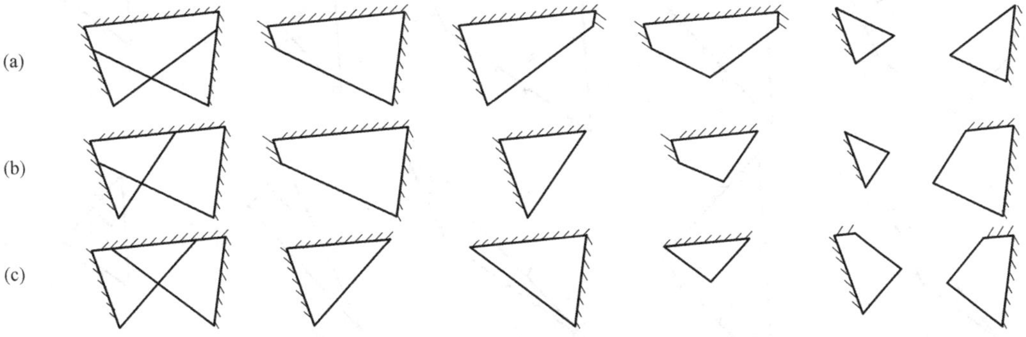

图 7.5-11　三个包含不同临空面的块体的分解

如图 7.5-12 (a) 所示，按照原始凹体切割方法，共有 4 个切割面，切割后得到 15 个子块体。图 7.5-12 (b) 中，按照形心滑动锥法中的凹体切割方法，只有 2 个切割面，切割后只得到 5 个子块体。如图 7.5-12 (c) 所示，对于每个二维子块体，将其一组相互邻接的临空面，用一条连接与这一组临空面相邻的节理面上的端点的线段代替，可以得到每个子块体的节理锥。

7.5.2.2　块体临空域

对于一组相互邻接的临空面，在其边界不变（即相邻的节理面不变）的条件下，其几何特征的变化不影响块体的可动性。在形心滑动锥法中，将一组相互邻接的临空面定义为

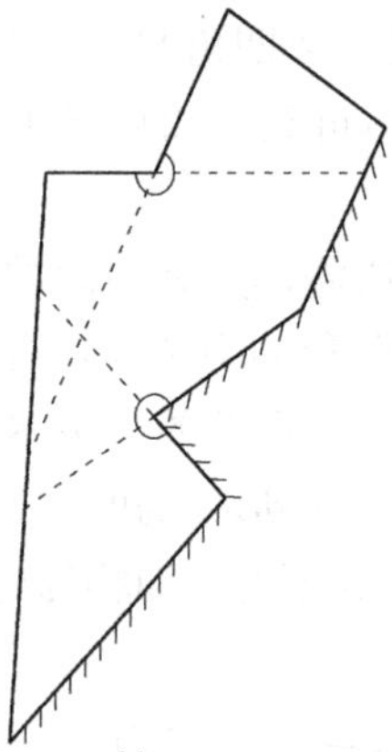

(a)

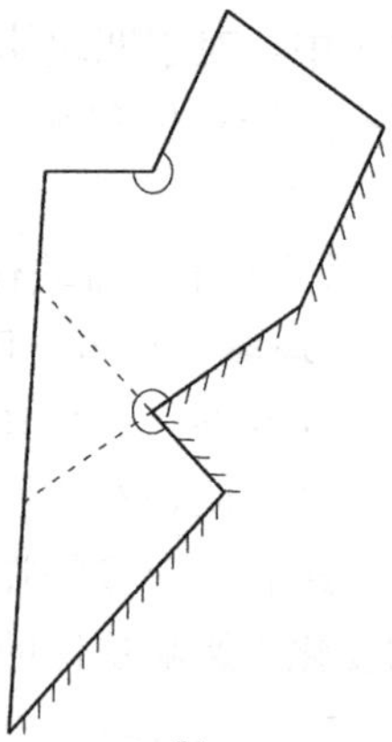

(b)

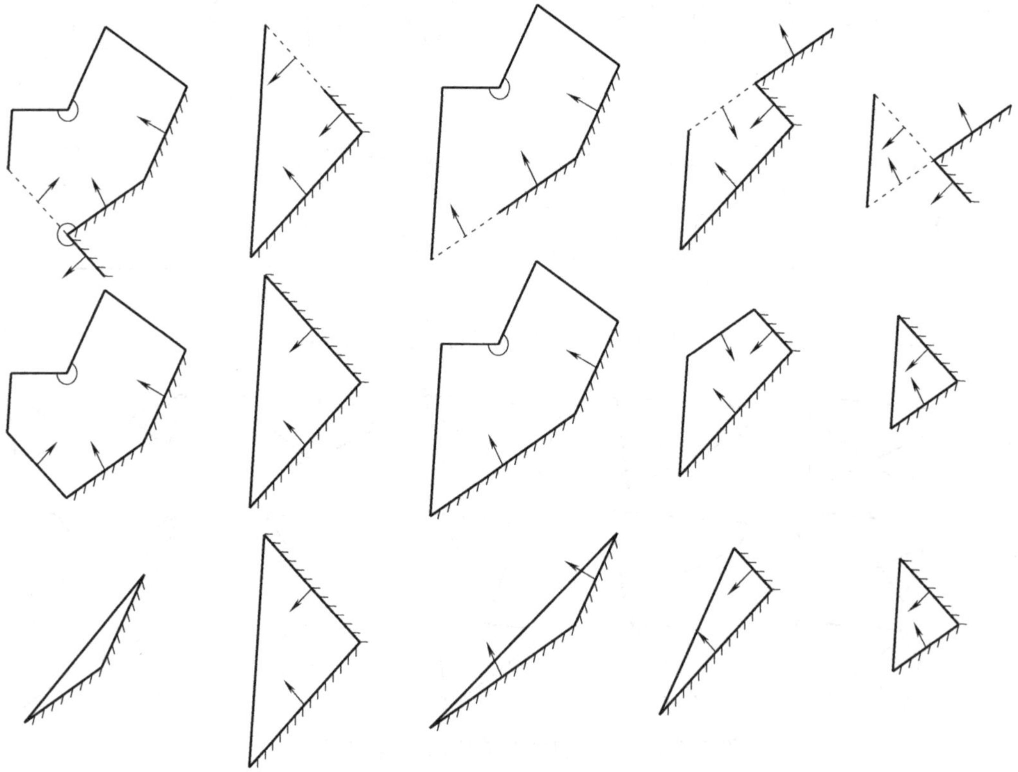

(c-1) (c-2) (c-3) (c-4) (c-5)

(c)

图 7.5-12 三个包含不同临空面的块体的分解

(a) 经典块体切割方法；(b) 本文的块体切割方法；(c) 本文方法切割块体得到的 5 个子块体及子块体的滑动锥

一个临空域，如图 7.5-13 所示。临空域是一组连续的临空面组成的在几何上连续的区域。包含多个临空面的二维临空域中，一个临空面与另一个相邻临空面存在公共点；包含多个临空面的三维空间中，一个临空面与另一个相邻临空面存在公共边。如图 7.5-14 所示，一个块体可以包含多个临空域，每个临空域都可以单独改变几何特征，而不改变块体的可动性。

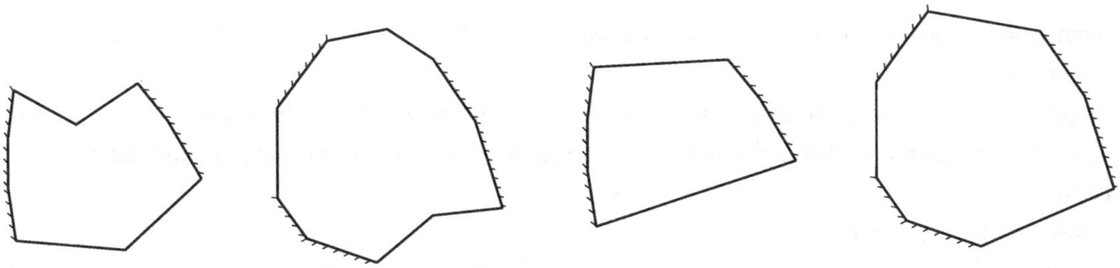

(a)　(b)　(a-1)　(b-1)

图 7.5-13　包含多个临空域的块体

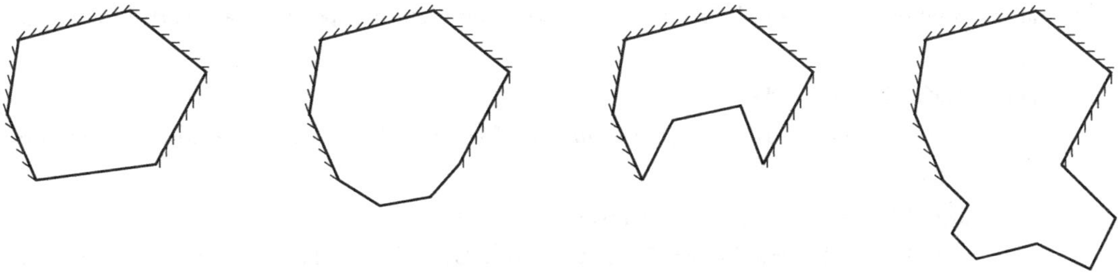

图 7.5-14　包含一个临空域的四个块体

对于有节理面形成的凹角的块体，通过上一节给出的凹角切割准则，将块体切割为多个无节理面形成的凹角的子块体。对于无节理面形成的凹角的块体，二维空间中，将与其临空域有公共点的节理面定义为候选滑动面；三维空间中，将与其临空域有公共边的节理面定义为候选滑动面。

对于二维块体，通过基于指向平面外法向的右手螺旋法则顺序，对块体的所有面进行循环，得到相互邻接的临空面，计算过程如图 7.5-15 所示。

对于三维块体，根据已给出的临空面，建立临空面间的相邻几何关系，首先找出有公共边的临空面对。然后，通过临空面间的几何相邻关系，将所有的临空面分组。从而得到组成临空域的临空面。

7.5.2.3　形心滑动锥

形心滑动锥定义为可动块体的形心在块体系统初始几何条件限制下，其形心可能的运动方向向量的集合。

如图 7.5-16 所示，二维凸块体 A 的临空域包含三个临空面 A_1A_2、A_2A_3 和 A_3A_1。与此临空域有公共点的两条节理面分别为 A_6A_1 和 A_4A_5。在两条节理面上指向与临空面的公共点的向量分别为 $\overrightarrow{A_6A_1}$ 和 $\overrightarrow{A_5A_4}$。将两向量的起点平移至块体的形心 O，则以形心 O 为起点的向量 $\overrightarrow{A_6A_1}$ 和 $\overrightarrow{A_5A_4}$ 形成了一个锥形的无限空间，即形心滑动锥。而以形心 O 为起点，形心 O 在块体几何约束下发生平动或滑动的所有运动方向向量，都属于组成形心滑动锥的向量集合。在块体理论中，失稳模式为脱离岩体或者沿结构面的滑动等平动形式的假设下，形心滑动锥可表示块体内部任意一点可能的运动方向。

```
Input: index of the block: k, number of free surfaces of block k: B[k].nf, number of joint faces of block k. B[k].nj.
Output: number and indexes of all free domain in block k: B[k].nd and B[k].fd[h]. for each free domain B[k].fd[h]: number and indexes of free surface contained, coordinates of starting point and end point.
Begin
  for(i←1) to B[k].nf do
    if (fs[i].id==B[k].firstface_id && face_type[B[k].lastface_id]==joint face) | | (fs[i].id >B[k].firstface_id && face_type[B[k].fs[i].id−1]==joint face), then
      number of free domain: B[k].nfd+=1;
      number of free surfaces in domain: D[B[k].nfd].nfs←1;
      m=0; the first face of the free domain: D[B[k].nfd].fs[++m]←face i: B[k].fs[i];
      starting point of free domain: D[B[k].nfd].stratpoint←starting point of face i: B[k].fs[i].stratpoint;
      for(j←1) to(B[k].nf−j) do
        if (fs[i+j−1].id==B[k].lastface_id && face_type[B[k].firstface_id]==free surface), then
          number of free surfaces in free domain: D[B[k].nfd].nfs+=1;
          the m-th face of the free domain: D[B[k].nfd].fs[++m]←face i+j: B[k].fs[B[k].firstface_id];
        else if (fs[i+j−1]).id<B[k].lastface_id && face_type[B[k].fs[i+j].id]==free surface), then
          number of free surfaces in free domain: D[B[k].nfd].nfs+=1;
          the m-th face of the free domain: D[B[k].nfd].fs[++m]←face i+j: B[k].fs[i+j];
        else, then
          end point of free domain: D[B[k].nfd].endpoint←end point of face i+j−1: B[k].fs[i+j−1].endpoint;
          break;
End
```

图 7.5-15　二维块体的临空面生成过程

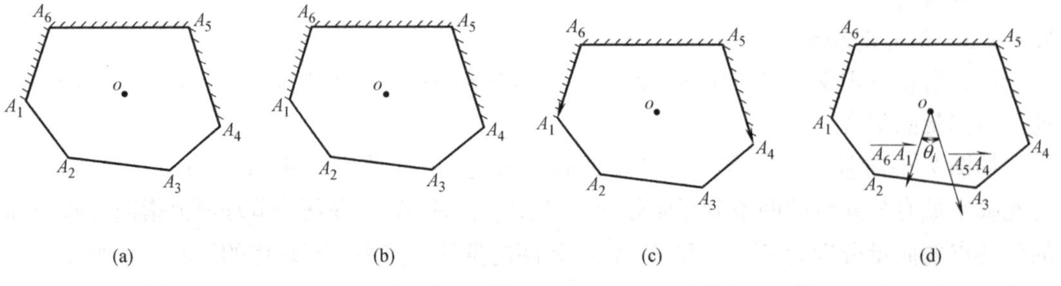

图 7.5-16　二维块体的形心滑动锥生成过程

对于二维块体，按照基于外法向的右手螺旋准则定义二维临空域的起点和终点，指向起点的候选滑动面向量为起点候选滑动面向量，指向终点的候选滑动面向量为终点候选滑动面向量。由起点候选滑动面向量指向终点候选滑动面向量的空间角定义为形心滑动锥的锥角。对于图 7.5-16 中的块体，临空域的起点为 A_1，终点为 A_4，起点候选滑动面向量为 $\overline{A_6A_1}$，终点候选滑动面向量为 $\overline{A_5A_4}$，锥角为 θ。

形心滑动锥的锥角 θ 的值定义为 $-\pi$ 到之前 π，其计算公式如下：

$$\sin\theta'=\frac{(x_1-x_6)(y_4-y_5)-(x_4-x_5)(y_1-y_6)}{\sqrt{(x_1-x_6)^2+(y_1-y_6)^2}\sqrt{(x_4-x_5)^2+(y_4-y_5)^2}} \tag{7.5-2}$$

$$\cos\theta'=\frac{(x_1-x_6)(y_4-y_5)+(x_4-x_5)(y_1-y_6)}{\sqrt{(x_1-x_6)^2+(y_1-y_6)^2}\sqrt{(x_4-x_5)^2+(y_4-y_5)^2}} \tag{7.5-3}$$

如果 $\sin\theta'\geqslant 0$，则 $0\leqslant\theta\leqslant\pi$，　　$\theta=\arccos(\cos\theta)$　　(7.5-4)

如果 $\sin\theta'<0$，则 $-\pi\leqslant\theta\leqslant 0$，$\theta=-\arccos(\cos\theta)$　　(7.5-5)

图 7.5-17 为几种形心滑动锥的特殊情况。其中，如图 7.5-17（a)，两条候选滑动面向量平行且反向，块体的形心滑动锥是边界平行于节理面 A_1A_4 的半空间区域。如图 7.5-17（b)，两条候选滑动面向量平行且同向，块体的形心滑动锥是一条同向的射线。如图 7.5-17（c)，不可动块体的形心滑动锥锥角 $-\pi<\theta<0$。

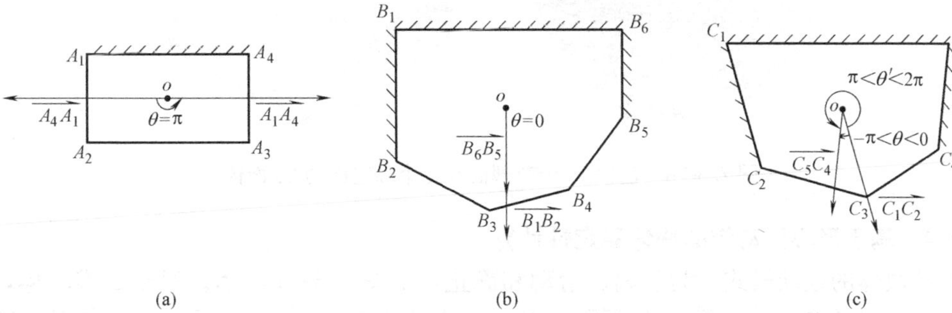

图 7.5-17　几种形心滑动锥的特殊情况

对于有多个临空域的二维无节理面形成凹角的块体，其各个临空域对应的锥角分别为 θ_1，θ_2，$\cdots\theta_n$，则凸块体的形心滑动锥角 θ 为各个临空域对应的形心滑动锥角的并集：

$$\theta=\bigcup\{\theta_1,\theta_2,\cdots\theta_n\} \tag{7.5-6}$$

对于二维有节理面形成凹角的块体，其子块体的形心滑动锥角分别为 θ_{s1}，θ_{s2}，$\cdots\theta_{sn}$，则原始块体的形心滑动锥角 θ 为各个子块体对应的形心滑动锥角的交集：

$$\theta=\bigcap\{\theta_{s1},\theta_{s2},\cdots\theta_{sn}\} \tag{7.5-7}$$

三维块体的临空域至少有 3 个与其有公共边的节理面，即候选滑动面。对于无节理面形成凹角的块体，三维候选滑动面对应的包含块体内部空间的半空间的交集即为三维形心滑动锥。因为基于节理锥的可动性定理，表示的是块体理论中块体可动的充分必要条件，所以形心滑动锥表示的空间范围与节理锥表示的空间范围是相同的。形心滑动锥与节理锥的主要不同在与其生成方式的不同，形心滑动锥与节理锥只需要与临空面有公共边的节理面（候选滑动面）生成，而节理锥需要块体所有的节理面生成。

Goodman 等（1985）介绍了向量法中通过矩阵运算块体的可动性：

$$I_{C_n^2 \times n} D_{n \times n} = T_{C_n^2 \times n} \tag{7.5-8}$$

式中，位置参量矩阵 I 和判别矩阵 T 为 $C_n^2 \times n$ 矩阵，而块体空间参量矩阵为 n 阶矩阵，n 为块体节理面和临空面的数量之和。而在形心滑动锥法中，计算三维块体的稳定性，n 为块体的候选滑动面与临空面的数量之和。候选滑动面的数量小于等于节理面的数量。

如图 7.5-18 所示的 20 面体，包含 19 个节理面和 1 个临空面。在原始块体理论的向量法中，n 为 20，需要用尺寸为 190×20 的位置参量矩阵 I 和尺寸为 20×20 的空间参量矩阵 D 进行计算。而在形心滑动锥法中，候选滑动面数量为 6，n 为 7，只需要用尺寸为 21×7 的位置参量矩阵 I 和尺寸为 7×7 的空间参量矩阵 D 进行计算。

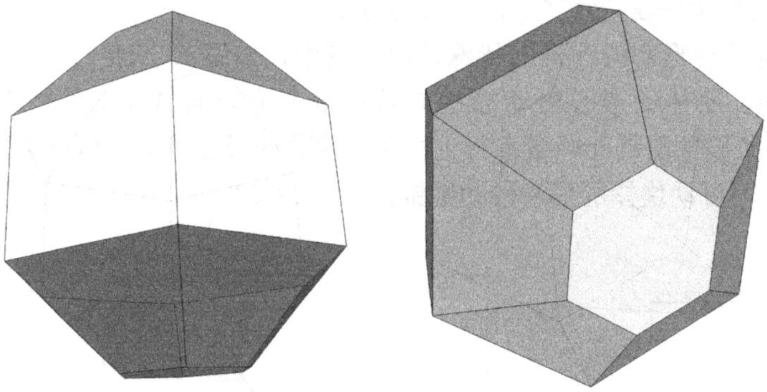

图 7.5-18　包含 19 个节理面和 1 个临空面的 20 面体

7.5.2.4　基于形心滑动锥的块体稳定性计算

可动块体的运动模式分为脱离、滑动和静止，如图 7.5-19 所示。对于二维块体，可以通过候选滑动面向量（$\overrightarrow{SE}_1$ 和 $\overrightarrow{SE}_2$）及其单位外法向量（$\vec{v}_1$ 和 $\vec{v}_2$），与重力向量 $\vec{g}$ 的关系，判断块体在重力作用下的运动模式。

对于二维块体，如果重力向量、候选滑动面向量及其单位外法向量的关系满足式（7.5-9），则块体的运动模式为脱离；如果重力向量、候选滑动面向量及其单位外法向量的关系满足式（7.5-10）或者式（7.5-11），则块体的运动模式为滑动，而且滑动面为满足式中的候选滑动面；如果重力向量、候选滑动面向量及其单位外法向量的关系满足式（7.5-12），则块体的运动模式为静止。

$$\vec{g} \cdot \vec{v}_1 \geqslant 0 \&\& \vec{g} \cdot \vec{v}_2 \geqslant 0 \tag{7.5-9}$$

$$\vec{g} \cdot \vec{v}_1 < 0 \&\& \vec{g} \cdot \overrightarrow{SE}_1 \geqslant 0 \tag{7.5-10}$$

$$\vec{g} \cdot \vec{v}_2 < 0 \&\& \vec{g} \cdot \overrightarrow{SE}_2 \geqslant 0 \tag{7.5-11}$$

$$\vec{g} \cdot \overrightarrow{SE}_1 < 0 \&\& \vec{g} \cdot \overrightarrow{SE}_2 < 0 \tag{7.5-12}$$

在只考虑重力和滑动面上的切向黏聚力，在滑动运动模式下，下滑力表示为：

$$F = g\sin\alpha - g\cos\alpha\tan\varphi - f_c \tag{7.5-13}$$

如图 7.5-20 所示的二维块体，包含两个临空域 A_4A_6 和 A_7A_1，同时存在一个由节

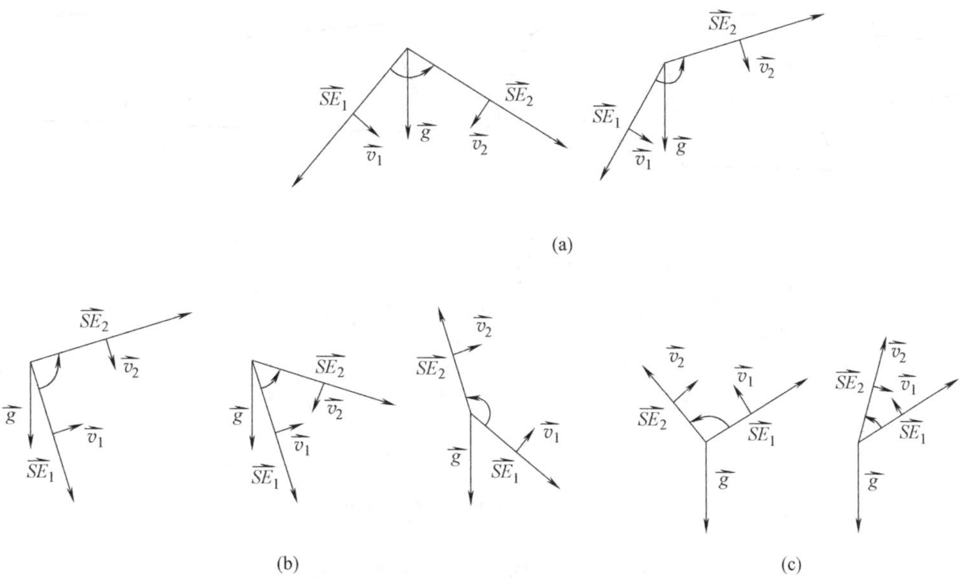

图 7.5-19 块体的三种运动模式

（a）脱离；（b）滑动；（c）静止

理面 A_2A_3 和 A_3A_4 形成的凹角，通过两个节理面的扩展面对原始块体进行切割，可以得到如图 7.5-21 所示的 5 个子块体及对应的形心滑动锥。原始块体的形心滑动锥为图 7.5-22 所示的 5 个子形心滑动锥的交集，原始块体的运动模式为沿节理面 A_4A_3 的滑动运动。

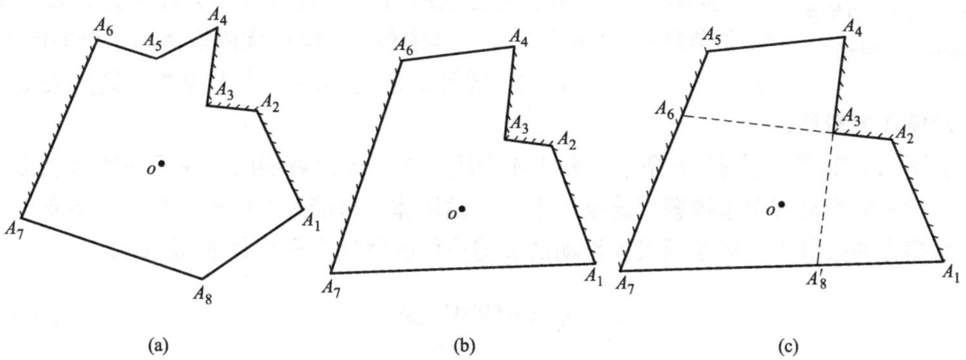

图 7.5-20 块体的简化和切割

（a）原始块体；（b）简化的临空域；（c）块体切割

二维块体形心滑动锥法计算步骤：

（1）块体有限性判断；

（2）识别块体中两个节理面形成的凹角，并对其进行切割；

（3）识别块体的临空域及对应的候选滑动面；

（4）生成形心滑动锥并通过锥角计算块体可动性；

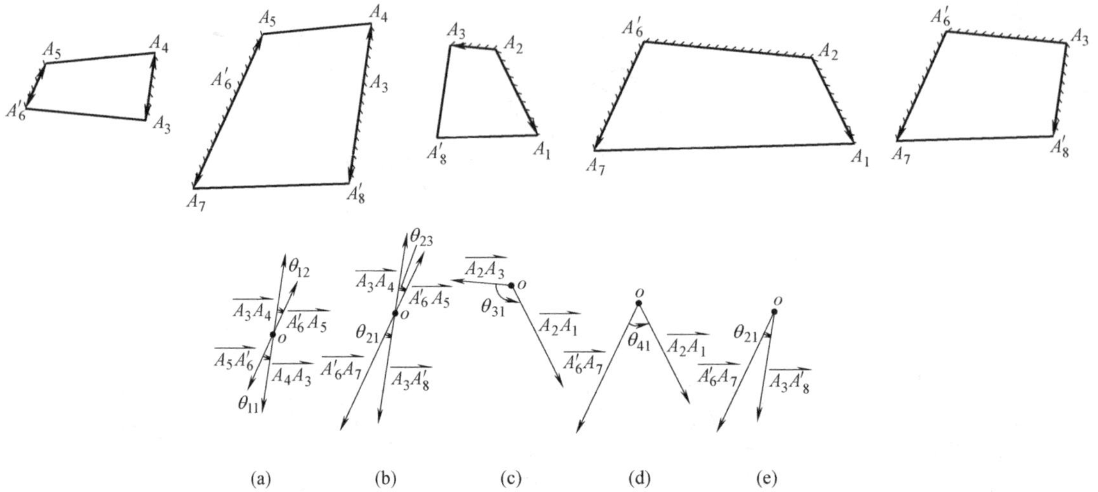

图 7.5-21　块体的简化和切割

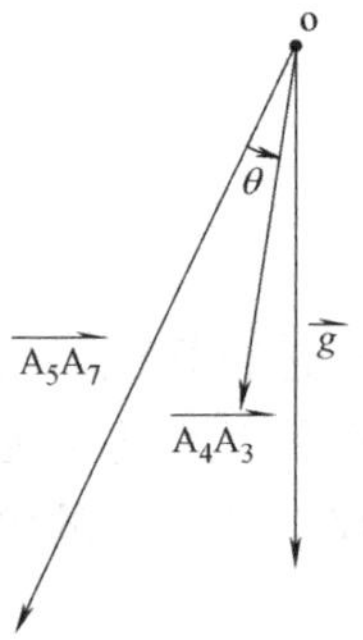

图 7.5-22　原始块体的形心滑动锥

（5）通过向量不等式判断块体的运动模式。

为了验证形心滑动锥法的可行性和准确性，基于 C++语言和同济曙光数值平台，开发了同济曙光二维形心滑动锥计算程序，实现了二维非连续建模和关键块体稳定性分析。

如图 7.5-23 所示为有两组近似平行节理的公路隧道剖面，共有 58 条节理和 380 个块体，包括 105 个无限块体和 2 个关键块体。图 7.5-23（c）中，顶部关键块体的运动模式为脱离，右上方关键块体的运动模式为滑移。

如图 7.5-24 所示为有三组近似平行节理的公路隧道剖面，共有 81 条节理和 1058 个块体，其中包括 132 个无限块体和 4 个关键块体。图 7.5-24（c）中，顶部关键块体的运动模式为脱离，侧壁关键块体的运动模式为滑移。

如图 7.5-25 所示为有 16 条节理和 144 个块体的岩体边坡剖面，在不同的滑动面的摩擦角和设定的滑动安全系数警戒值条件下的关键块体和可能失稳区域。在只考虑重力和滑动面摩擦力的条件下，运动模式为滑动的关键块体的滑动安全系数 K 定义为：

$$K=\frac{g\cos\alpha\tan\varphi}{g\sin\alpha} \tag{7.5-14}$$

式中　φ——滑动面的摩擦角；

α——滑动面的倾角。

K_c 为设定的滑动安全系数警戒值。当 $K>K_c$ 时，认为块体是稳定的；当 $1.0\leqslant K\leqslant K_c$ 时，认为块体是可能不稳定的；当 $K\leqslant 1.0$ 时，认为块体是不稳定的。

图 7.5-26 和图 7.5-27 为贵州某高速公路隧道剖面数字照相及节理提取结果，及在不同的滑动面的摩擦角和设定的滑动安全系数警戒值条件下的关键块体和可能失稳区域。

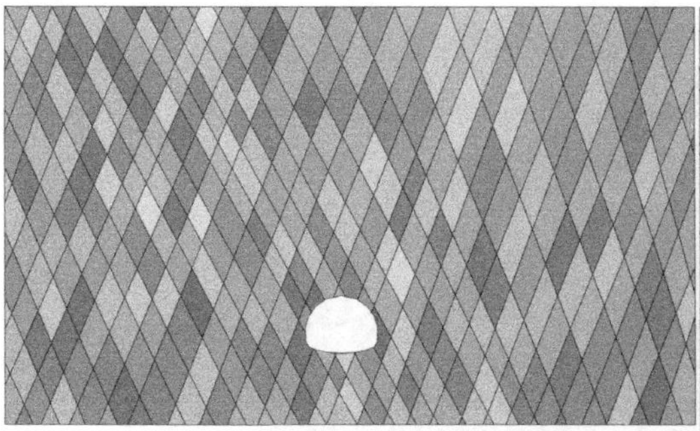

(a)

(b)

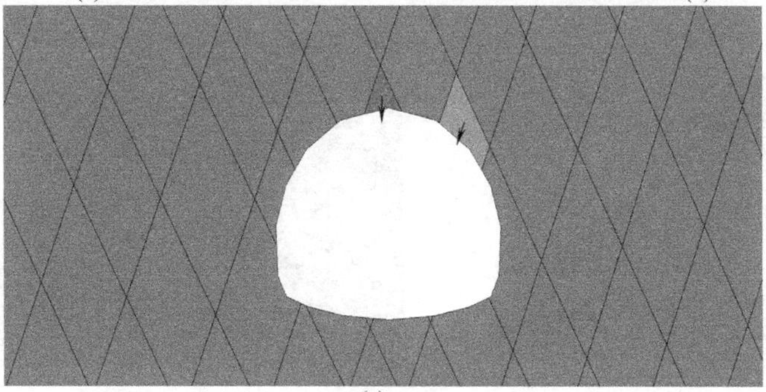

(c)

图 7.5-23　有两组节理面的公路隧道二维分析

(a) 有两组节理面的公路隧道二维模型；(b) 无限块体与关键块体；(c) 关键块体的初始运动方向

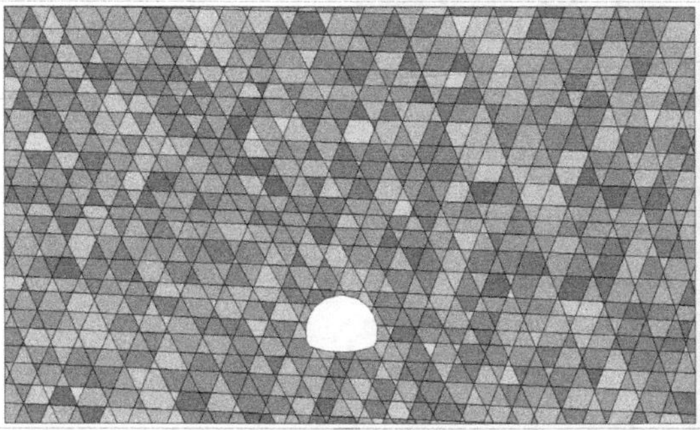

(a)

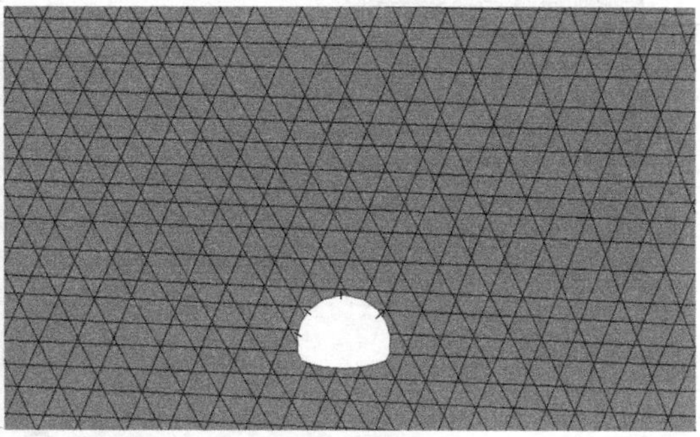

(b)

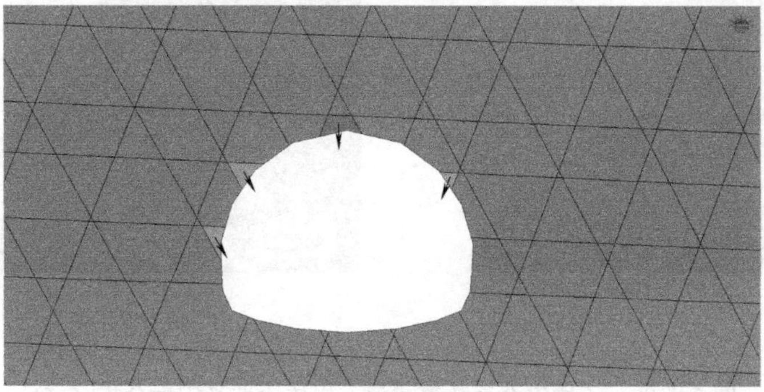

(c)

图 7.5-24　有三组节理面的公路隧道二维分析

(a) 有三组节理面的公路隧道二维模型；(b) 无限块体与关键块体；(c) 关键块体的初始运动方向

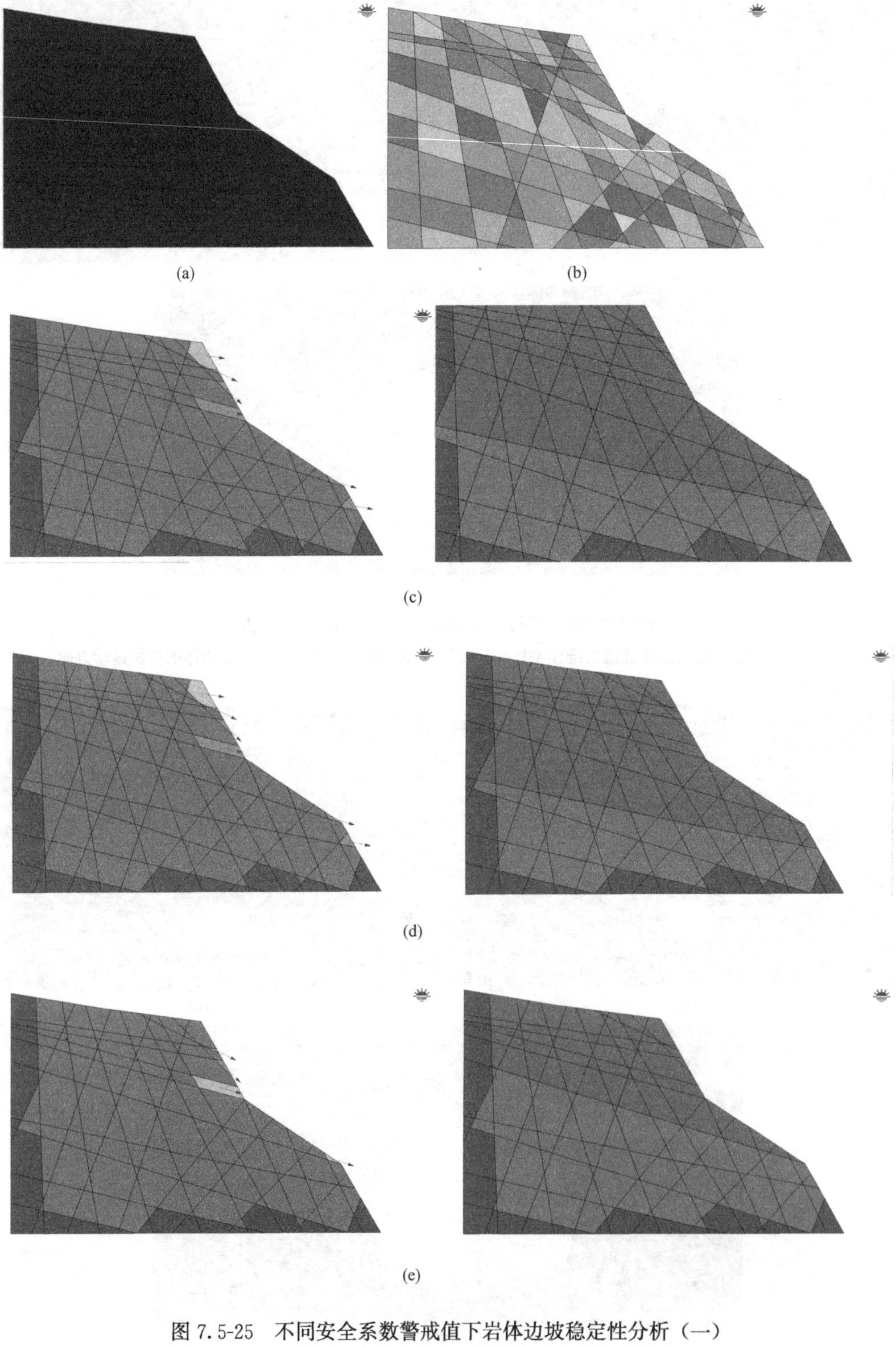

图 7.5-25　不同安全系数警戒值下岩体边坡稳定性分析（一）

(a) 原始边坡模型；(b) 非连续边坡模型；(c) 关键块体及可能失稳区域（$\varphi=10°$，$K_c=1.5$）；(d) 关键块体及可能失稳区域（$\varphi=10°$,$K_c=2.0$）；(e) 关键块体及可能失稳区域（$\varphi=20°$，$K_c=1.5$）

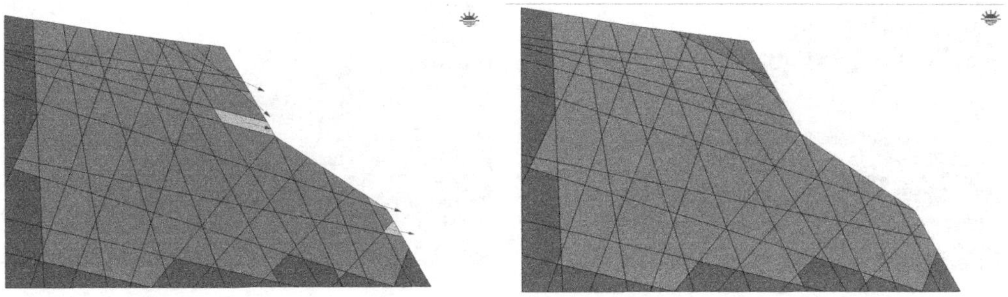

(f)

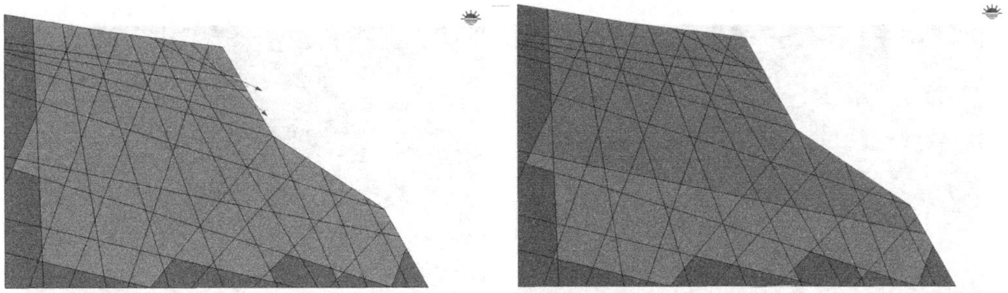

(g)

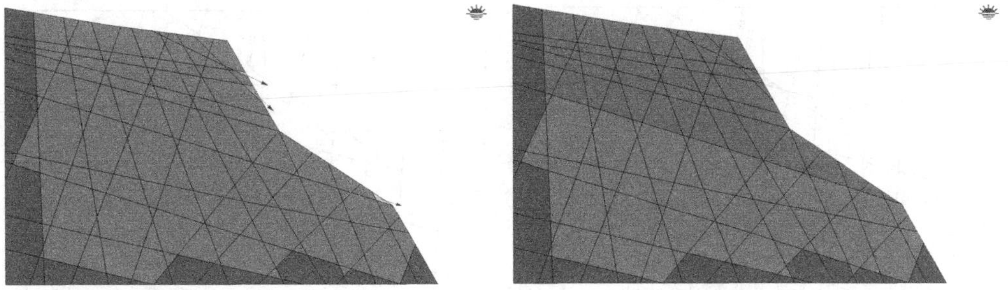

(h)

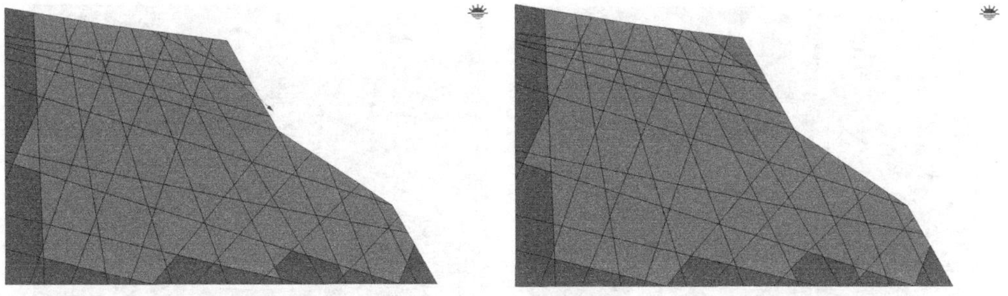

(i)

图 7.5-25 不同安全系数警戒值下岩体边坡稳定性分析（二）

(f) 关键块体及可能失稳区域（$\varphi=20°$，$K_c=2.0$）；(g) 关键块体及可能失稳区域（$\varphi=30°$，$K_c=1.5$）；(h) 关键块体及可能失稳区域（$\varphi=30°$，$K_c=2.0$）；(i) 关键块体及可能失稳区域（$\varphi=40°$，$K_c=1.5$）；

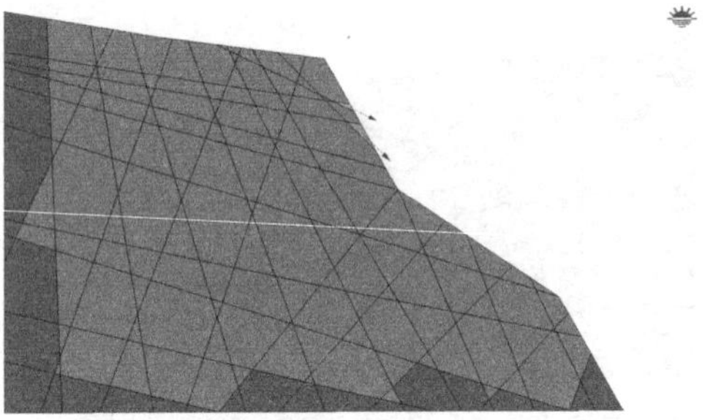

(j)

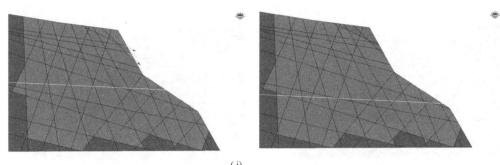

图 7.5-25　不同安全系数警戒值下岩体边坡稳定性分析（三）

(j) 关键块体及可能失稳区域（$\varphi=40°$,$K_c=2.0$）

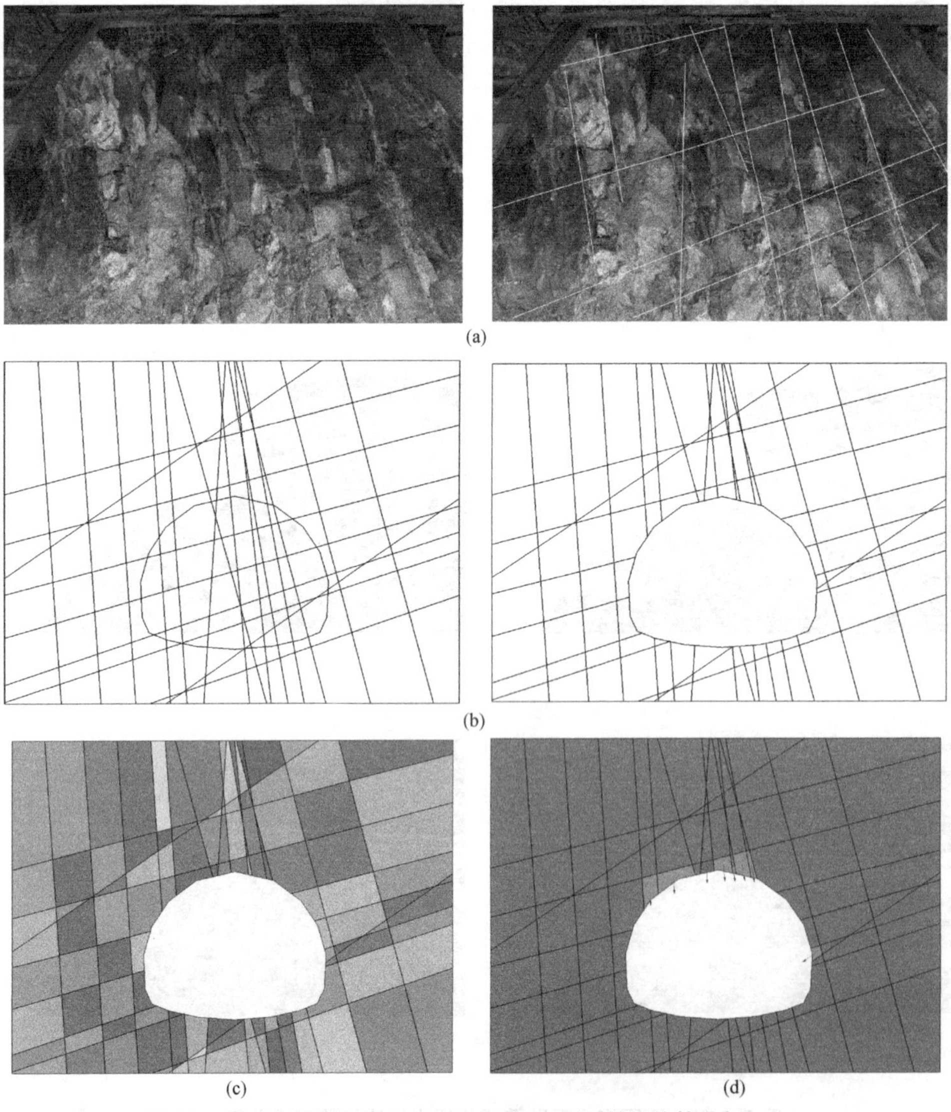

(a)

(b)

(c)　　(d)

图 7.5-26　某公路隧道（ZK21＋681.2）断面关键块体分析（一）

(a) 隧道断面（ZK21＋681.2）节理数字照相；(b) 二维隧道剖面轮廓和节理分布图；

(c) 二维非连续模型；(d) 关键块体分析（$K_c=1.0$）；

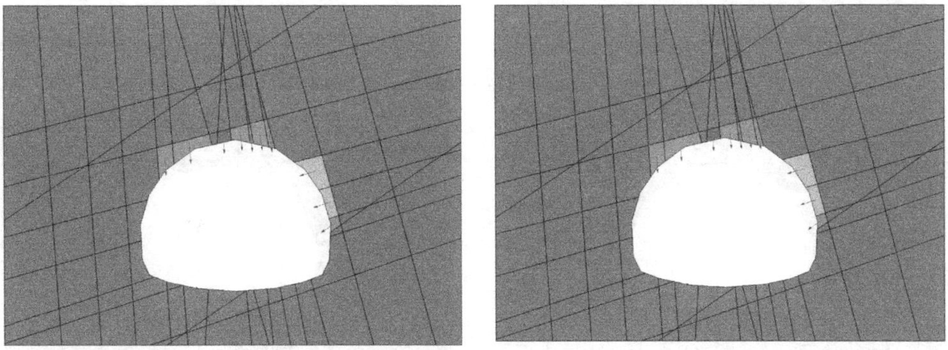

(e)　　(f)

图 7.5-26　某公路隧道（ZK21+681.2）断面关键块体分析（二）

(e) 关键块体分析（K_c=2.0）；(f) 关键块体分析（K_c=3.0）

三维形心滑动锥法与二维情况类似，主要不同在于三维情况下，无法采用滑动锥角直接判断块体的可动性。所以，本节采用上一节中的矩阵运算块体可动性。与经典块体理论方法的主要不同在于节理锥只通过候选滑动面生成，位置参量矩阵 I 和空间参量矩阵 D 只包含候选滑动面和临空面的信息。

三维块体形心滑动锥法计算步骤：

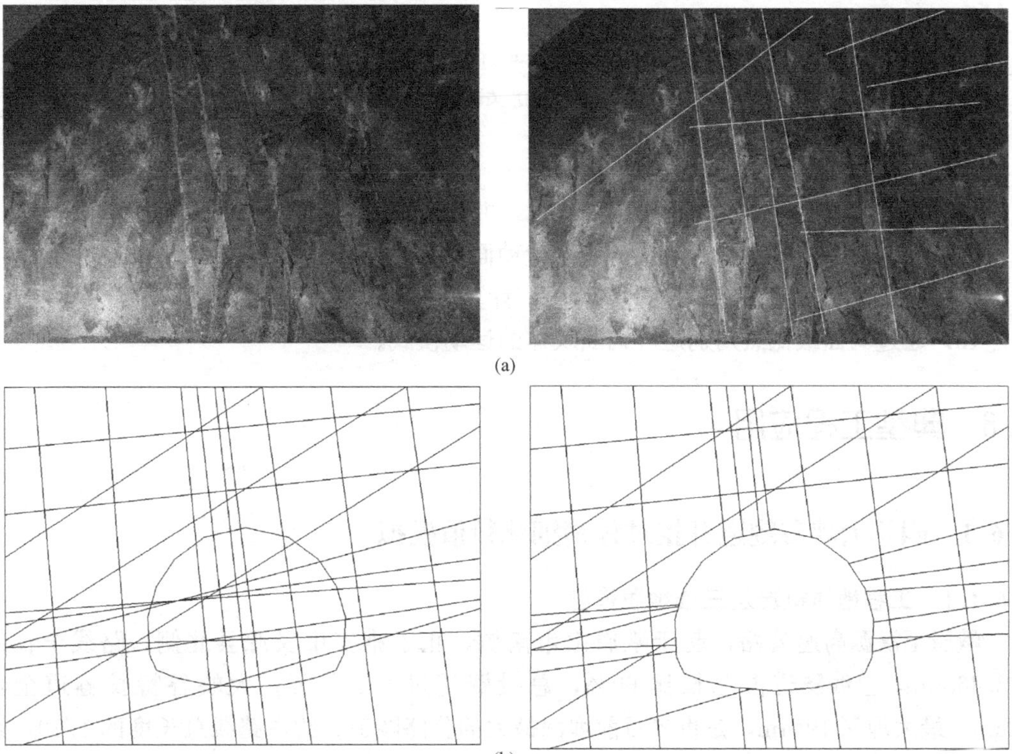

(a)

(b)

图 7.5-27　某公路隧道（ZK21+694.5）断面关键块体分析（一）

(a) 隧道断面（ZK21+694.5）节理数字照相；(b) 二维隧道剖面轮廓和节理分布图

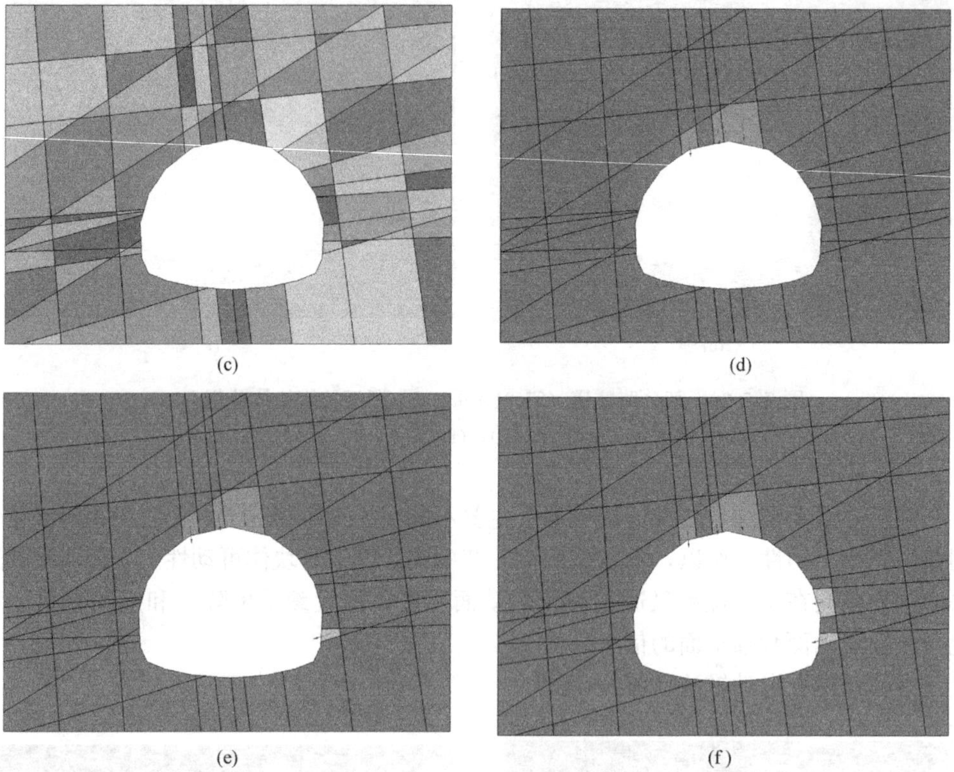

图 7.5-27 某公路隧道（ZK21+694.5）断面关键块体分析（二）

(c) 二维非连续模型；(d) 关键块体分析（K_c=1.0）；(e) 关键块体分析（K_c=2.0）；(f) 关键块体分析（K_c=3.0）

(1) 块体有限性判断；

(2) 识别块体中两个节理面形成的凹角，并对其进行切割；

(3) 识别块体的临空域及对应的候选滑动面；

(4) 生成形心滑动锥并通过式（7.5-1）计算块体可动性；

(5) 通过弱面最低点判别矩阵判断块体的运动模式。

7.6 典型工程应用

7.6.1 四川大峡谷隧道开挖过程精细化数值模拟

7.6.1.1 工程地质概况及三维地质模型

峨眉至汉源高速公路，起于峨眉山市南侧，止于雅安市汉源县北侧，路线全长约 123.468km，全线隧道占总长比 60%，总投资超过 220 亿元。大峡谷特长隧道全长 12km，最大埋深 1944m，是世界目前埋深最大的公路隧道，约占路线总长度的 1/10，是制约峨汉高速按时完工的关键瓶颈工程。大峡谷特长隧道围岩条件较差，以近水平层状结构的碳质板岩与白云岩为主，大量分布软弱夹层与空腔，裂隙水充分发育，岩体破碎程度高，地应力水平较高，塌方、掉块、岩爆频发。

隧道工程地质条件复杂，地形起伏大（图 7.6-1），隧址区地形高差超过 2000m，地形对隧道埋深处的地应力有重要的影响，为达到精细化建模和计算的要求，将考虑地形的影响。完整白云岩属硬质岩类，且隧道轴线与区域构造线小角度相交，极易存在高地应力现象，以弱～中等岩爆为主，局部可能出现强岩爆，白云岩饱和单轴抗压强度 R_c = 140.17MPa，完整性系数 K_v=0.65，采用 BQ 围岩分级系统，BQ=518，[BQ]=358。

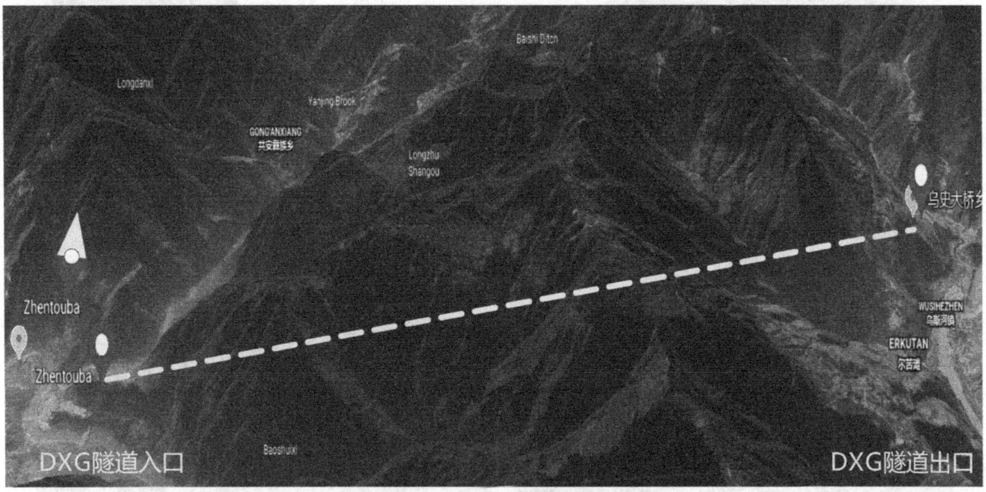

图 7.6-1　大峡谷隧道地形图

根据岩石强度，岩体结构，完整程度等将洞身段围岩划分为Ⅲ～Ⅴ级围岩：隧道洞身主要为Ⅲ、Ⅳ级围岩；岩体较完整～较破碎，但断裂破碎带和影响带，岩体极破碎，可能存在突水、突泥和围岩大变形；在Ⅲ级围岩段可能存在岩爆；在白云岩段，特别是可溶岩与非可溶岩接触带、断层破碎带附近、可能有岩溶发育。白云岩段主要为Ⅲ级段，但岩层产状近水平状，洞顶易出现沿层面剥落掉块现象。图 7.6-2 为计算区域的区域地形图。数值计算模型选取标准计算段：大峡谷隧道 K80+000～K81+000。

7.6.1.2　三维地质及隧道模型

数值计算模型尺寸为：长×宽×高=380m×(150+150)m×2822.5m，2822.5m 为该计算区域地形最高点海拔。基于以上信息，在同济曙光 GeoFBA3D 有限元软件中建立三维地质模型，如图 7.6-3 所示，采用埋深的相对概念，即浅埋、中埋和深埋来表征和标记不同埋深的隧道。

其中，真实隧道埋深为 1672m，浅埋和中埋隧道为两条虚拟隧道，用于与深埋隧道的计算结果进行对比。数值计算中，模型底端施加固定约束，模型侧面载荷作用地勘报告给定的地应力，上部边界采用自由地形边界。

对隧道进行网格剖分，图 7.6-4 为隧道网格模型，为保证计算精度要求，隧道模型网格尺寸为 0.6m，隧道外圆形过渡区模型网格尺寸为 4m，其他地层模型网格尺寸为 20m，地层埋深及网格信息见表 7.6-1。

隧道几何参数设置完全按照设计资料给定，地层和岩体参数参考大峡谷隧道地勘资料，开挖计算长度为 100m，循环进尺为 2.0m，每循环进尺分 2 个施工步（开挖和支护）。初衬锚喷混凝土厚度为 15cm，锚杆长 250cm，120cm×120cm 环形等距布置。图 7.6-5 为隧道实体模型。

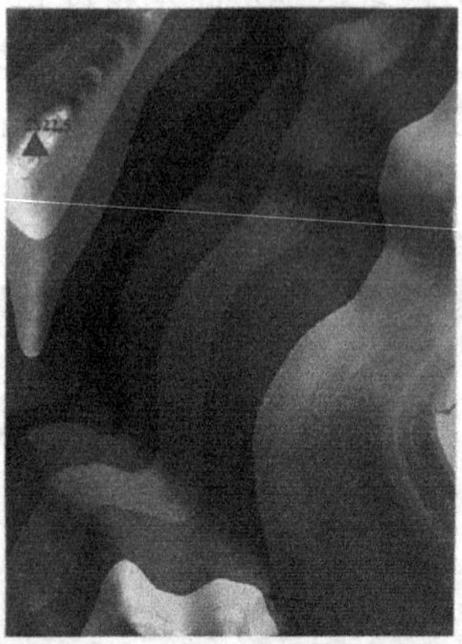
图 7.6-2　计算域地形图

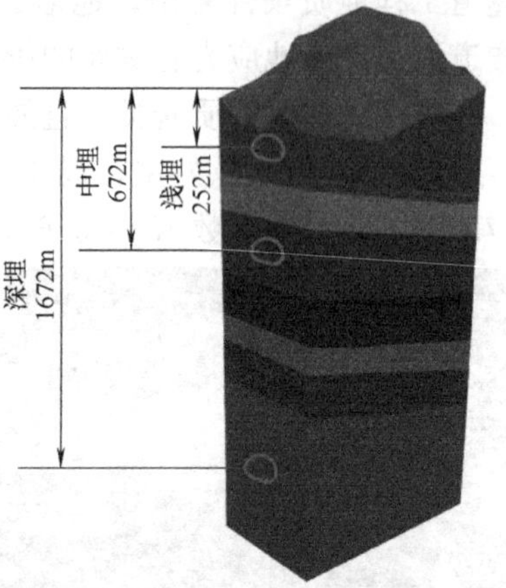

图 7.6-3　三维地层（数值计算模型）模型

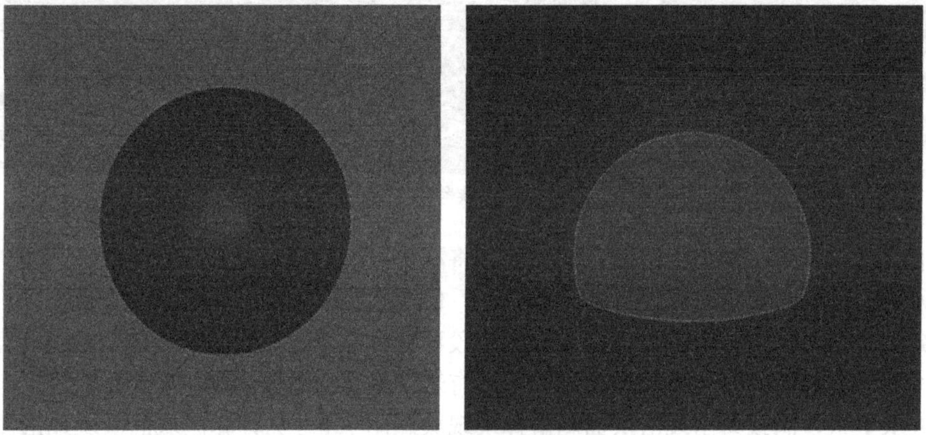
图 7.6-4　隧道网格模型

不同埋深隧道网格模型尺寸　　**表 7.6-1**

隧道计算模型	埋深	节点数	单元数
深埋	2472－800＝1672m	176691	1046938
中埋	2472－1800＝672m	158770	953648
浅埋	2472－2220＝252m	151596	915265

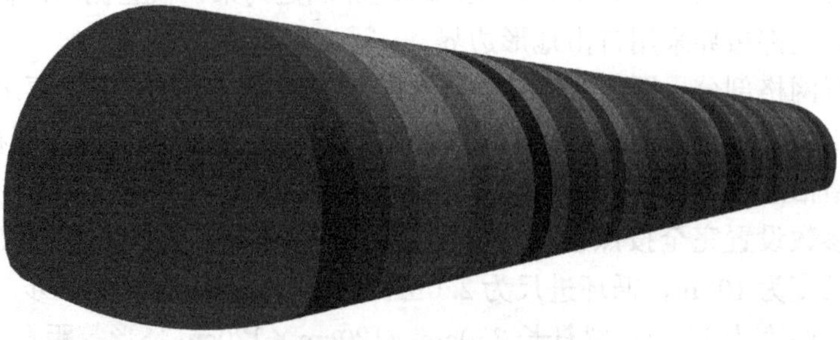
图 7.6-5　隧道实体模型

7.6.1.3 方案设置和计算参数

基于已建立的三维地质模型和隧道计算模型，分别采用 MC、HB 和 GZZ 强度理论及弹塑性本构，对三种不同埋深（浅埋、中埋、深埋）的岩体隧道进行开挖计算。准确的岩体结构面信息是获取 HB 强度参数的重要支撑数据，图 7.6-6 为大峡谷隧道开挖面典型断面信息及相应数字化处理流程，提取的节理裂隙等结构面的三维迹线产状和分布形态可用于精细化获取 HB 准则强度参数（地质强度指标 *GSI* 和扰动系数 *D*）。

采用 HB 和 GZZ 弹塑性本构模型进行计算时，参数设置如表 7.6-2 所示。隧道下方岩层对隧道开挖应力和变形没有影响，隧道上方岩层主要传递上覆岩层重力（垂向应力），其变形参数对隧道开挖无影响，因此，为控制计算时间，隧道所在地层以上的地层本构模型采用弹性本构模型。

图 7.6-7 为 c、φ 随地层深度的变化曲线。随着埋深增加，岩体 c 呈现近似线性的变化规律；φ 值随埋深呈现出负指数变化规律。

根据图 7.6-7 和不同埋深的隧道计算模型，提取岩体 c、φ，如表 7.6-3 所示。

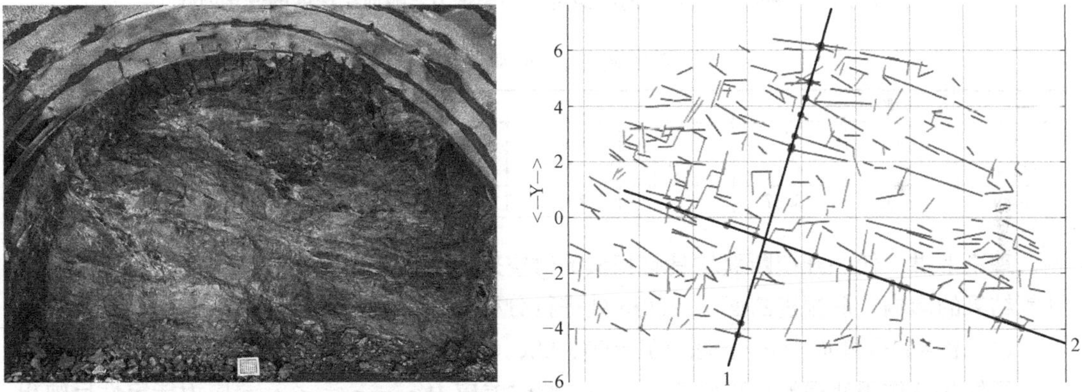

(a) (b)

图 7.6-6 隧道开挖面三维激光扫描并提取裂隙、节理信息

(a) 三维激光扫描；(b) 提取三维迹线信息

围岩体物理力学参数和强度准则参数 **表 7.6-2**

地层代号	物理力学参数			强度准则参数			
	密度 (kg/m³)	弹模 (MPa)	泊松比	抗压强度 (MPa)	*GSI*	*D*	m_i
S_{11}	2450	2500	0.3	弹性（隧道外其他地层）			
$O_{1\text{-}2q}$	2500	3000	0.3				
O_{1h}	2550	3000	0.3				
E_{3e}	2600	3190	0.28				
E_{2x}	2650	3190	0.28				
$E_{1c\text{-}1d}$	2700	3190	0.28				
E_{1q}	2786	3190	0.28				
$Z_b{}^d$(隧道)	2905	6270	0.28	140.17	46	0.35	11

7.6.1.4 应力演变规律

各向同性均值地层的隧道可近似看成平面应变模型，若忽略地形和模型边界效应的影

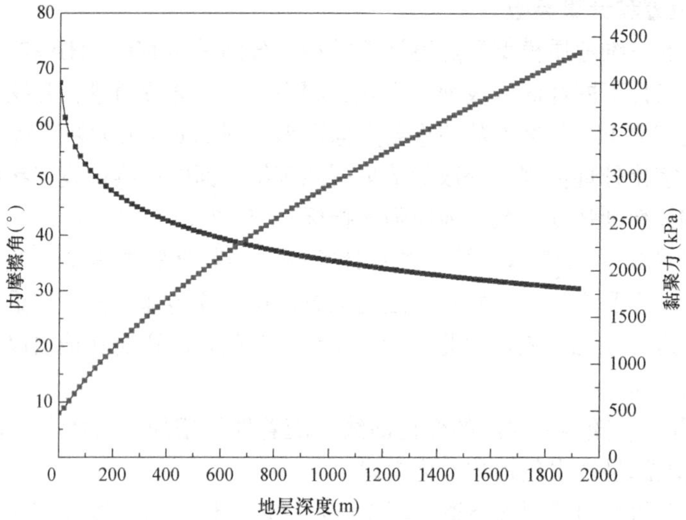

图 7.6-7 大峡谷隧道岩体内摩擦角 φ 和黏聚力 c 随地层深度的变化曲线

等效法求取 MC 强度参数 **表 7.6-3**

浅埋			中埋			深埋		
c (kPa)	φ (°)	ψ (°)	c (kPa)	φ (°)	ψ (°)	c (kPa)	φ (°)	ψ (°)
1089	48.67	48.67	2140	39.51	39.51	3890	31.77	31.77

响，理论上讲，任一开挖断面均具有相似的时空效应。为最大限度地减小模型边界效应对计算结果的影响，取掘进断面 $Y=50\text{m}$ 处进行分析。

(1) $Y=50\text{m}$ 断面处 σ_1 云图（$T=50$、52、60、100）

开挖卸荷作用使得洞周凌空面 $\sigma_3=0$，此时差应力 $\sigma_1-\sigma_3=\sigma_1$，差应力能定性反映出围岩体受到的最大剪切力，因此，可用 σ_1 云图来定性反应围岩稳定性。受限于篇幅，仅列出深埋隧道在不同施工步处观测断面 $Y=50\text{m}$ 采用 GZZ 计算得到的 σ_1 云图（图 7.6-8）。

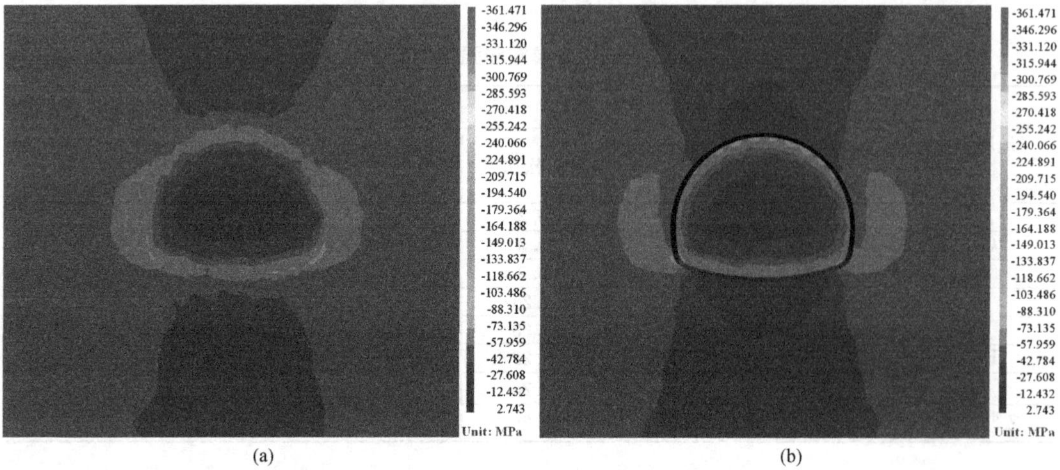

图 7.6-8 深埋 $Y=50\text{m}$ 断面处 σ_1 云图（GZZ）（一）

（a）$T=50$；（b）$T=52$；

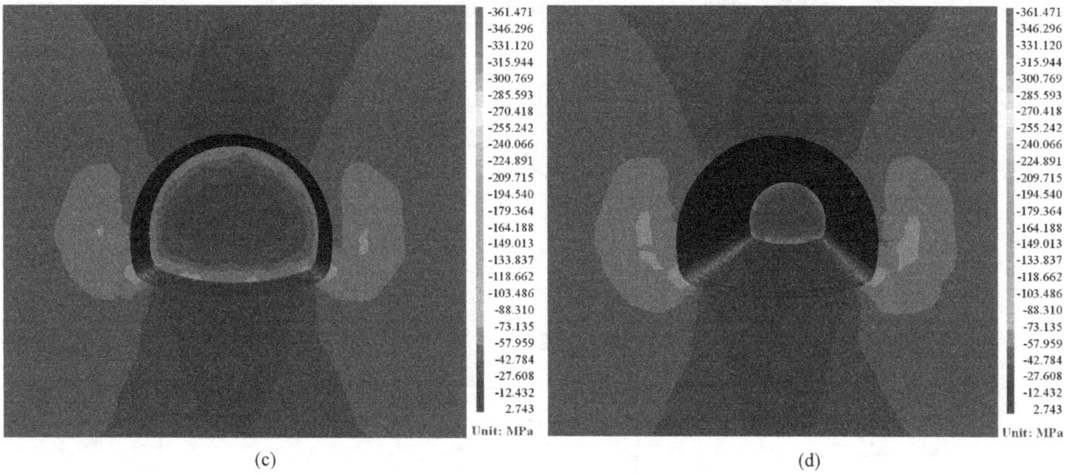

图 7.6-8 深埋 Y=50m 断面处 σ_1 云图（GZZ）（二）

（c）T=55；（d）T=100

T=50 时，开挖面位置为 Y=50m；T=55 时（开挖面向前推进了 6m），此时 Y=50 断面处的 σ_1 已趋于稳定。

（2）围岩体应力时程曲线

图 7.6-9、图 7.6-10、图 7.6-11 分别为拱顶、隧道左侧、拱底中心位置处的 σ_1 时程曲线。其中，拱顶和拱底时程曲线在不同埋深和不同本构模型计算下的曲线形态差异较小，主要反映了埋深对最大主应力的影响，其影响几乎是线性的，主要为垂向应力 σ_v。而隧道拱腰两侧 σ_1 则出现了明显的差异和不合理性，主要表现为：①MC 计算得到的浅埋和中埋 σ_1 差异较大，中埋和深埋差异较小，浅埋和中埋最终 σ_1 均大于初始值，而深埋

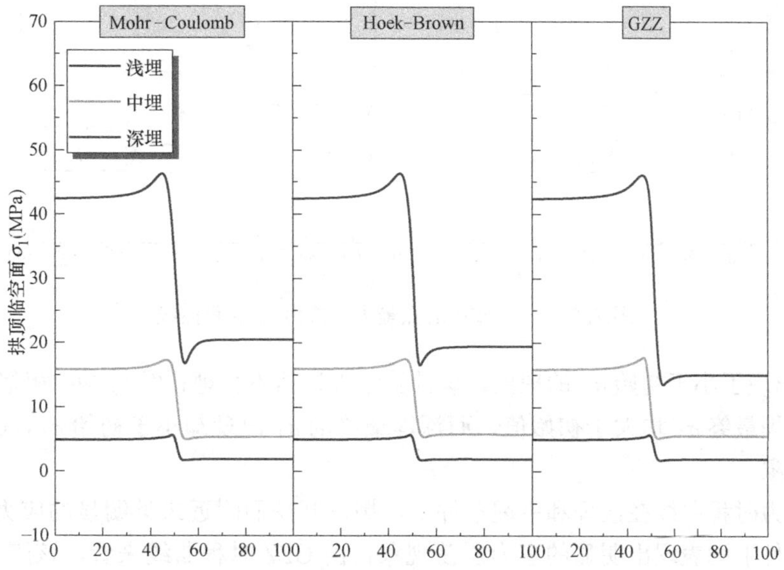

图 7.6-9 拱顶临空面最大主应力 σ_1 时程曲线

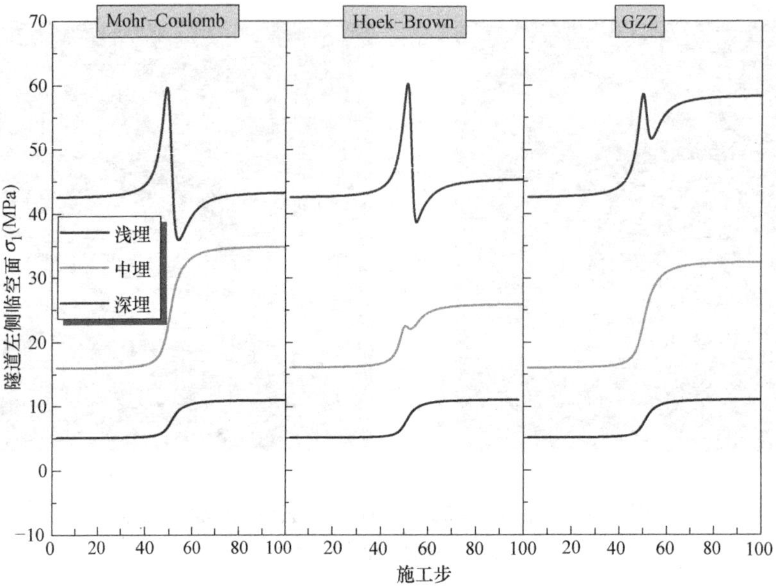

图 7.6-10 隧道左侧凌空面最大主应力 σ_1 时程曲线

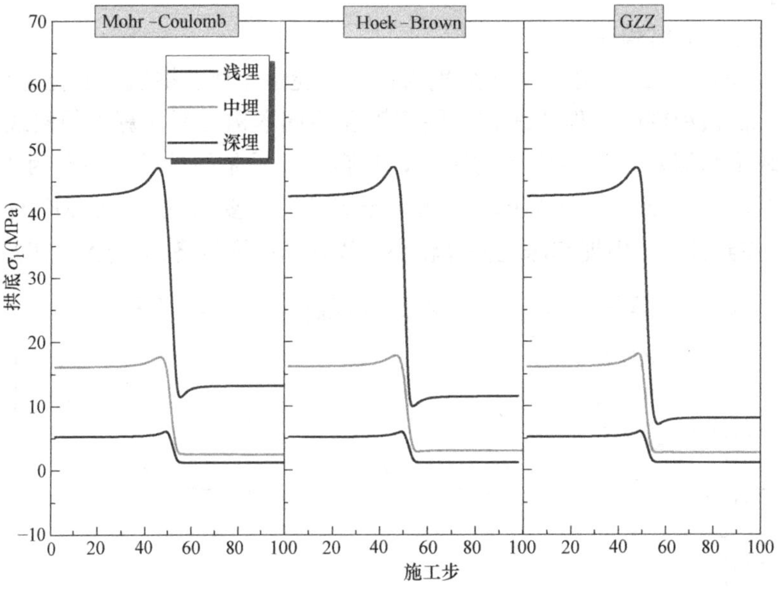

图 7.6-11 拱底中心点最大主应力 σ_1 时程曲线

最终的 σ_1 出现了小于初始 σ_1 的现象，该计算结果显然不合理；②与 MC 相似，HB 计算的浅埋和中埋最终 σ_1 均大于初始值，而深埋最终的 σ_1 出现却小于初始 σ_1，GZZ 则并未表现出该现象。

洞周应力时程曲线在浅埋和中埋条件下，掘进开挖面附近未见明显的应力波动现象，而在深埋条件下则表现出明显的应力震荡现象；由 GZZ 时程曲线来看，该震荡现象只是瞬时波动，对整体应力时程曲线的最终分布没有影响，与 HB 的中埋计算结果类似。GZZ 在深埋隧道中呈现出的该现象与顾金才等在高地应力模型试验中发现的应力应变震荡现象和相应结论相一致，证明了 GZZ 用于深埋隧道计算的适用性。

7.6.1.5　变形演变规律

（1）$Y=50\text{m}$ 断面处位移曲线 U_z 和 U_x（$T=50$、52、60、100）

由应力时程曲线已知，观测断面位置选择为开挖掘进方向 $Y=50\text{m}$ 处。其中，模型坐标系 Z 方向为地层深度方向，U_z 可用于计算隧道拱顶沉降和底鼓变形；模型坐标系 X 方向为隧道两侧方向，U_x 可用于计算隧道水平收敛变形。

图 7.6-12 和图 7.6-13 分别为 GZZ 计算的深埋隧道在断面 $Y=50\text{m}$ 处的 U_z 和 U_x 位移云图，可以看出，在 $T=55$ 时，收敛变形已基本趋于稳定。

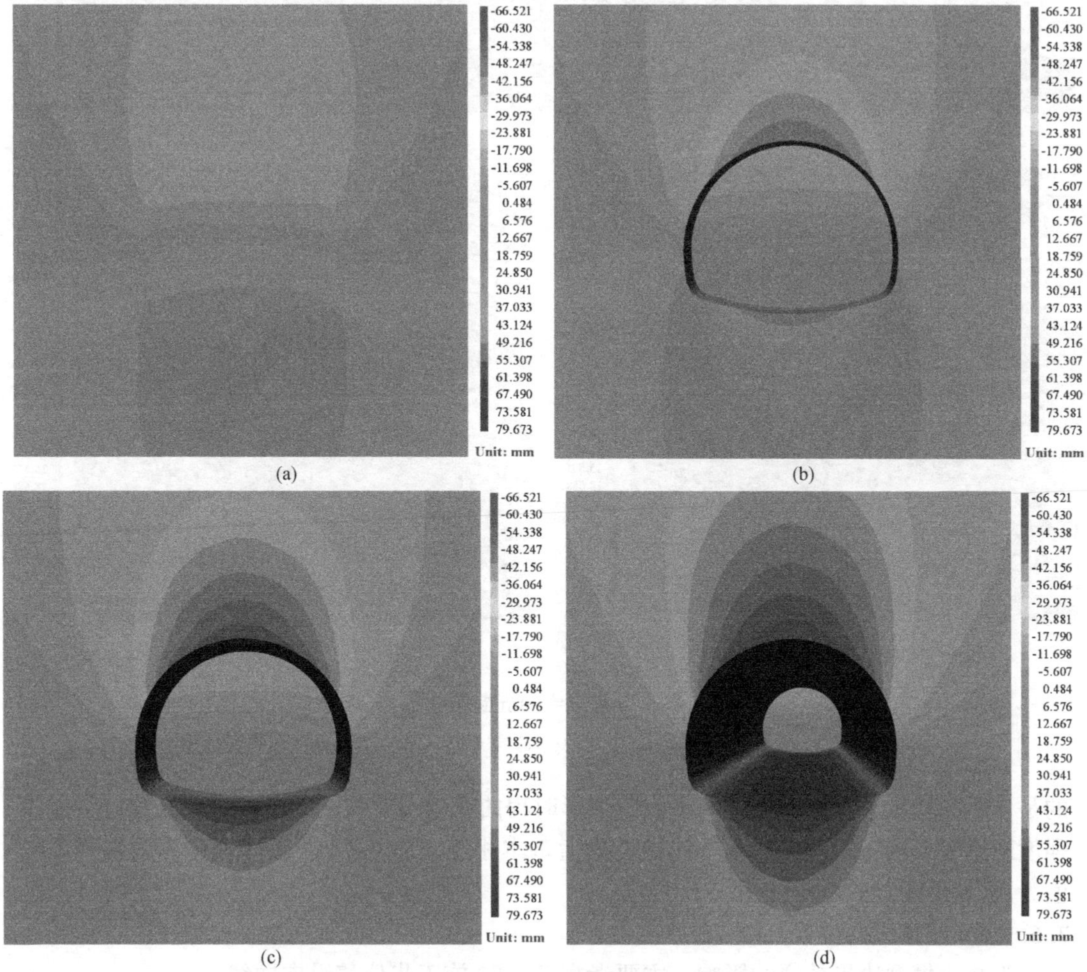

图 7.6-12　深埋 $Y=50\text{m}$ 断面处 U_z 云图

(a) $T=50$；(b) $T=52$；(c) $T=55$；(d) $T=100$

（2）围岩位移时程曲线

图 7.6-14、图 7.6-15、图 7.6-16 分别为拱顶沉降、隧道水平收敛和底鼓变形的位移时程曲线。

分析结果与应力时程曲线具有相似之处，拱顶沉降和底鼓变形在不同本构计算下的结果基本相似，而水平收敛变形出现了较大差异，主要变现在：①与应力 σ_1 时程曲线不同

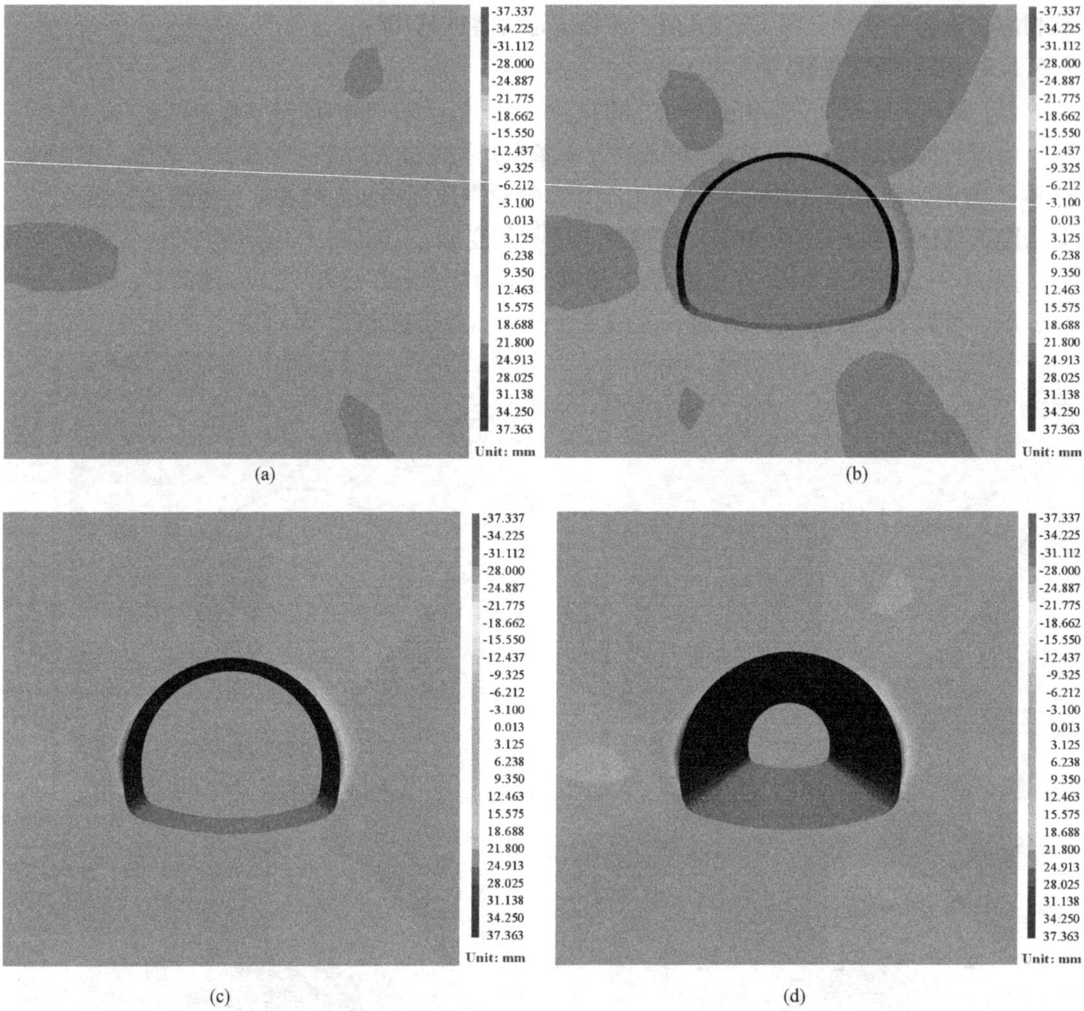

图 7.6-13　深埋 $Y=50$m 断面处 U_x 云图

(a) $T=50$；(b) $T=52$；(c) $T=55$；(d) $T=100$

的是，不同埋深、不同本构的水平收敛变形时程曲线均没有观测到位移震荡现象；②二维强度理论 MC 和 HB 预测的水平收敛变形值基本相等，而 GZZ 强度理论计算的水平收敛值为 MC 和 HB 的 50%左右。

7.6.1.6　隧道纵向位移曲线

为减小模型边界效应的影响，主要考察 $T=50$ 施工步位移纵向曲线。

（1）拱顶沉降、底鼓变形纵向位移曲线

图 7.6-17 和图 7.6-18 分别为施工步 $T=50$ 拱顶沉降纵向位移曲线，此时开挖面位置为 $Y=50$。两者曲线形态具有相似之处，均呈现出“S”形曲线形态。

从图 7.6-19 和图 7.6-20 得到，浅埋和中埋条件下，从初始开挖 $Y=0$ 到当前开挖面 $Y=50$ 处，拱顶沉降位移 U_z 先增加后逐渐趋于稳定，接近开挖面位置处，U_z 快速减小，开挖面处 U_z 减小速率最快。几何规则的均值地层可看成平面应变模型，理论上讲，远离开挖面 $Y=50$ 处的拱顶沉降 U_z 应该是一稳定值，不应出现“先增后稳”的曲线特征，究

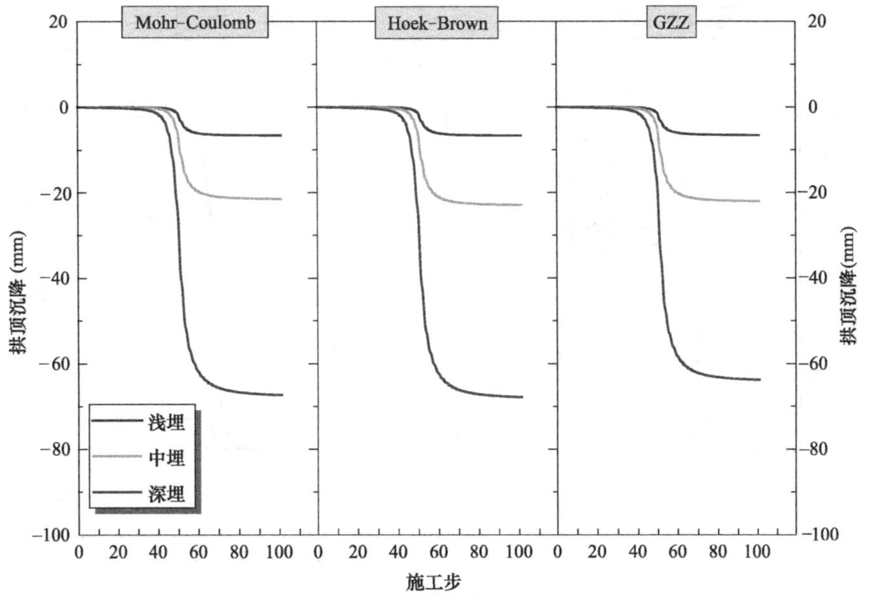

图 7.6-14 拱顶沉降

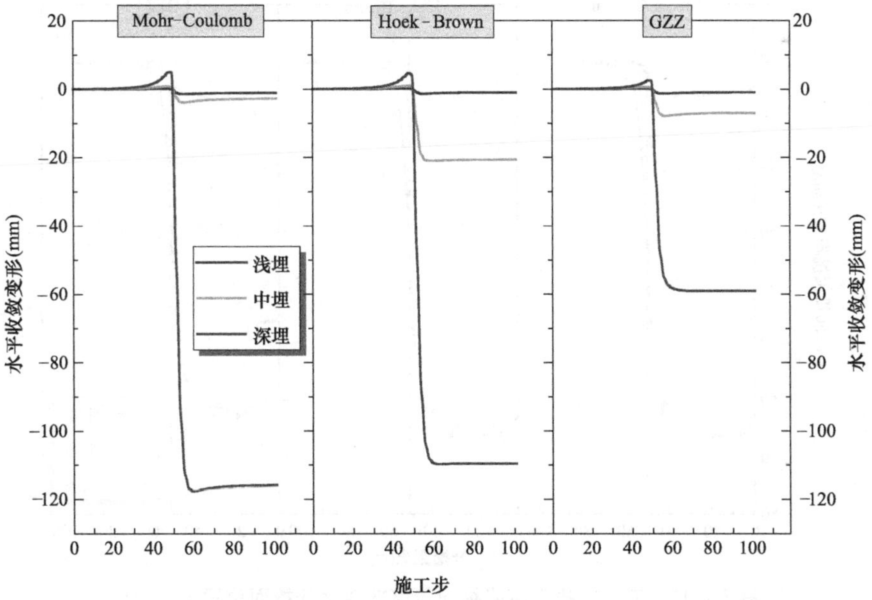

图 7.6-15 水平收敛变形

其原因，本数值计算模型地形高差较大，为几何不规则地层，地形高差对浅中埋隧道影响较大，计算结果同时受到模型边界效应的影响，但浅、中埋隧道“先增后稳”的曲线特性仅反映该隧道模型的真实变形状态，并非普遍变形规律。

深埋隧道在 $Y=0 \sim Y=40$ 区间，拱顶沉降 U_z 相对稳定，未表现出浅、中埋隧道“先增后稳”的特性，可认为的地形起伏、模型尺度及边界效应等因素对深埋隧道的 U_z 影响较小。深埋隧道出现了明显的应力变形震荡现象，表现为已开挖稳定段呈现出上下波动的

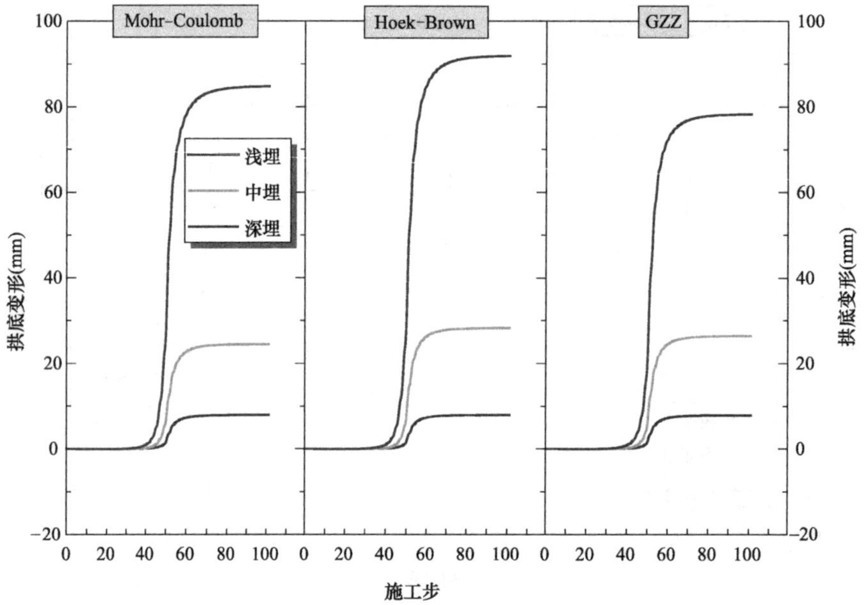

图 7.6-16　底鼓变形

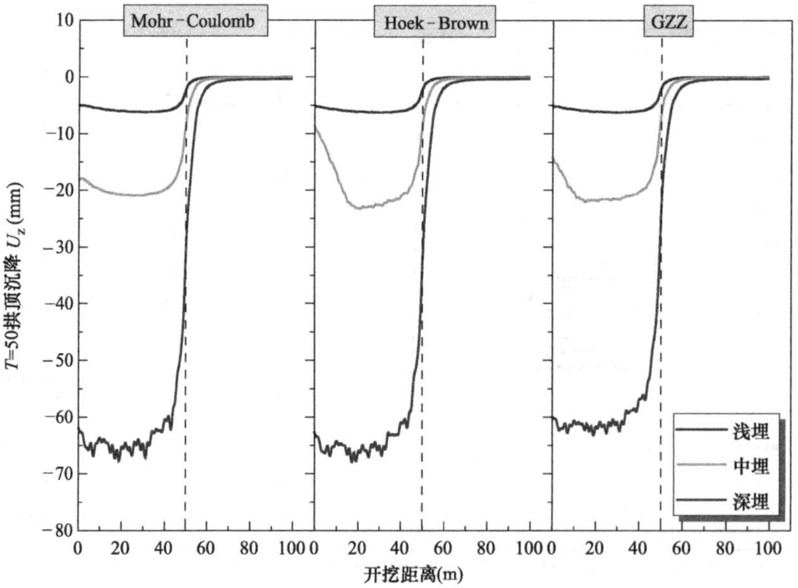

图 7.6-17　$T=50$ 拱顶沉降纵向位移曲线（开挖面位置 $Y=50$）

曲线性态，同时也可认为，深埋隧道的开挖及支护方法对隧道 U_z 的局部变形和短时稳定性具有明显的影响。

(2) 水平收敛位移曲线

图 7.6-19 为施工步 $T=50$ 水平收敛位移曲线，开挖面位置 $Y=50$。

相比于拱顶沉降和底鼓变形的纵向位移曲线的“S”形，水平收敛变形在开挖面处的变化率更快，开挖对开挖面前方影响范围更小，曲线形态为“Z”形。浅埋隧道水平收敛变形很小，随着埋深的增加，收敛变形呈现出显著的非线性增加趋势，传统用于控制水平

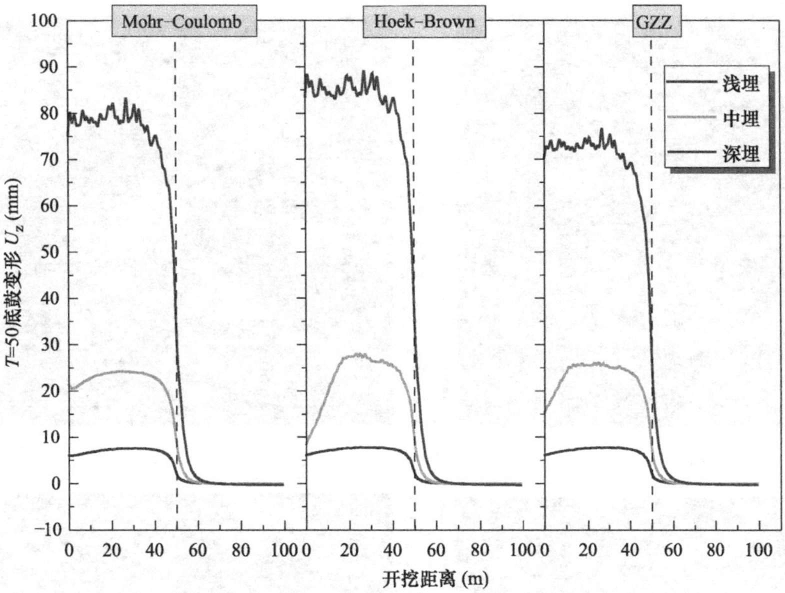

图 7.6-18　T=50 底鼓变形（开挖面位置 Y=50）

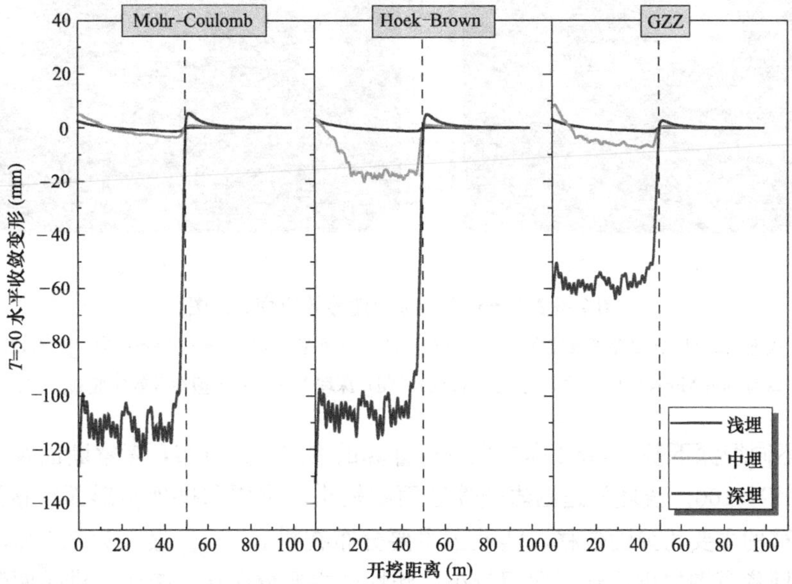

图 7.6-19　T=50 水平收敛纵向位移曲线（开挖面位置 Y=50）

收敛的支护方法及支护参数的设计不能简单依赖于线性设计的参考经验；与浅、中埋隧道相比，深埋隧道的水平收敛具有明显的波动，其原因与拱顶沉降变形相同，主要反映了深埋岩体隧道显著的应力应变震荡现象及开挖支护过程的交替进行过程；GZZ 计算的水平收敛变形为 HB 和 MC 的 50%左右，体现了 σ_2 对水平收敛变形具有明显的“抑制作用”。

7.6.1.7　塑性区分布

采用 Von Mises 塑性等效应变（ε_{pm}）评价不同埋深下的围岩塑性区分布。图 7.6-20

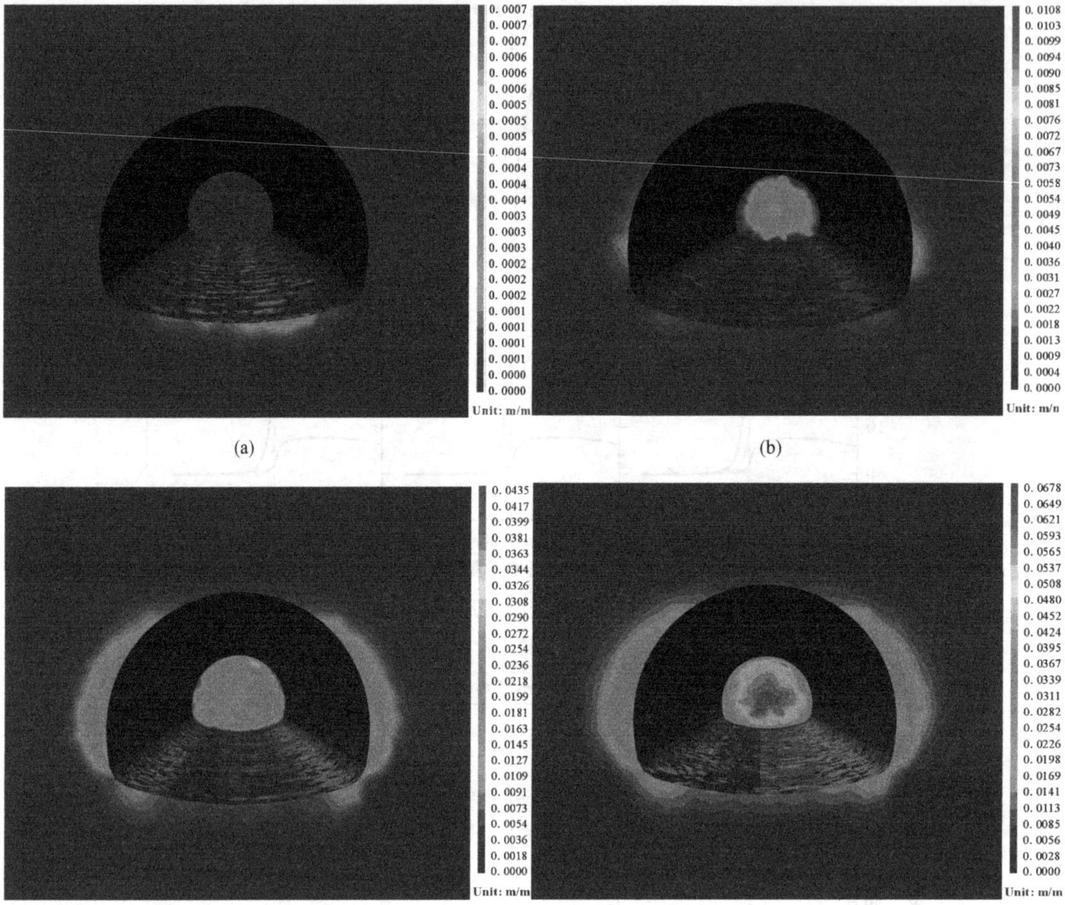

(c) (d)

图 7.6-20 von Mises 塑性等效应变 ε_{pm} 图

(a) 浅埋 von Mises 塑性等效应变 ε_{pm}（GZZ）；(b) 中埋 Von Mises 塑性等效应变 ε_{pm}（GZZ）；
(c) 深埋 von Mises 塑性等效应变 ε_{pm}（GZZ）；(d) 深埋 Von Mises 塑性等效应变 ε_{pm}（HB）

(a)-(c) 为不同埋深下基于 GZZ 弹塑性本构计算的围岩 ε_{pm} 分布，考察断面及施工步分别为 $Y=50$ 和 $T=100$。浅埋隧道围岩塑性区面积较小，拱腰和拱顶塑形面积接近于 0，开挖引起的位移的主要为弹性位移，塑性区主要分布在拱底，ε_{pm} 最大为 0.7%，整体稳定性较好；中埋隧道围岩拱顶塑形面积较小，塑性区主要分布在开挖面、拱腰两侧及拱脚位置，ε_{pm} 最大为 1.08%，开挖面中心塑性区最大，中心点向洞周方向塑性变形递减；深埋隧道围岩拱顶塑形面积较小，塑性区集中分布在开挖面和拱腰两侧位置，ε_{pm} 最大为 4.35%，整个开挖面呈现出较大的塑性变形。

深埋隧道 ε_{pm} 最大为浅埋隧道的 6.2 倍、中埋隧道的 4 倍，一定程度上，ε_{pm} 数值大小同样反映了塑性区面积分布，因此，随着埋深的增加，塑性区面积和塑性变形均呈现出非线性变化趋势，同时，塑性区集中分布位置从浅埋隧道的拱脚处逐渐向深埋的开挖面和拱腰处发展，而深埋隧道开挖面处的塑性变形相比于洞周变形更加突出。因此，深埋高地应力隧道除了对洞周围岩进行支护外，开挖面的加固控制也显得非常重要。

图 7.6-20（c）～（d）分别为 GZZ 和 HB（2D）计算下的深埋隧道塑性应变分布，可以得出，深埋隧道塑性区主要集中在开挖面和洞周两侧位置，以开挖面塑性变形更为突出。HB 计算的 ε_{pm} 为 6.78%，是 GZZ 的 1.56 倍，因此，中主应力 σ_2 对围岩塑性屈服和变形存在很大的影响。

7.6.2 四川大峡谷隧道三维非连续分析隧道塌方预测

工程中的很多问题都与岩体的非连续性有着密切联系，比如部分块状围岩隧道塌方、岩爆、滑坡、落石和大变形破坏等，这些灾害不仅破坏工程结构体，损坏生产设备，而且严重威胁人身安全。

对于复杂岩体的非连续问题，需要集成采集、建模、提取、分析与反馈的成套方法来解决，包括几何与力学信息采集及提取、数字孪生与数值模型建立、非连续参数获取与数值分析、结果反馈与工程措施等方面。下面以峨汉高速大峡谷隧道工程为实例，详细介绍本节的理论技术与工程应用情况。

图 7.6-21 峨汉高速大峡谷隧道渗水及岩爆

研究团队针对大峡谷隧道工程问题，提出了一套集成采集、建模、提取、分析与反馈的远程诊断与分析方法，在隧道左洞进行了测试与应用。图 7.6-21～图 7.6-24 所示为 2020 年 10 月 31 日在隧道左洞（桩号：K78+062.8）分别通过三维激光扫描与基于手机的虚拟多目数字图像采集开挖面几何信息，采用施密特锤采集围岩力学信息。

(a)

(b)

图 7.6-22 大峡谷隧道左洞（桩号：K78+062.8）开挖面照片（2020 年 10 月 31 日排险前后）

(a) 排险前；(b) 排险后

图 7.6-23　三维激光扫描与手机虚拟多目数字照相

图 7.6-24　施密特锤动力测试

采集过程基于手机的虚拟多目数字照相 2min 完成，三维激光全断面扫描 15min 完成。将采集的图像与力学数据，采用本章作者研究团队开发的微信小程序（图 7.6-25），通过智能手机与隧道洞内无线高速网络上传到云服务器，40s 上传完成。

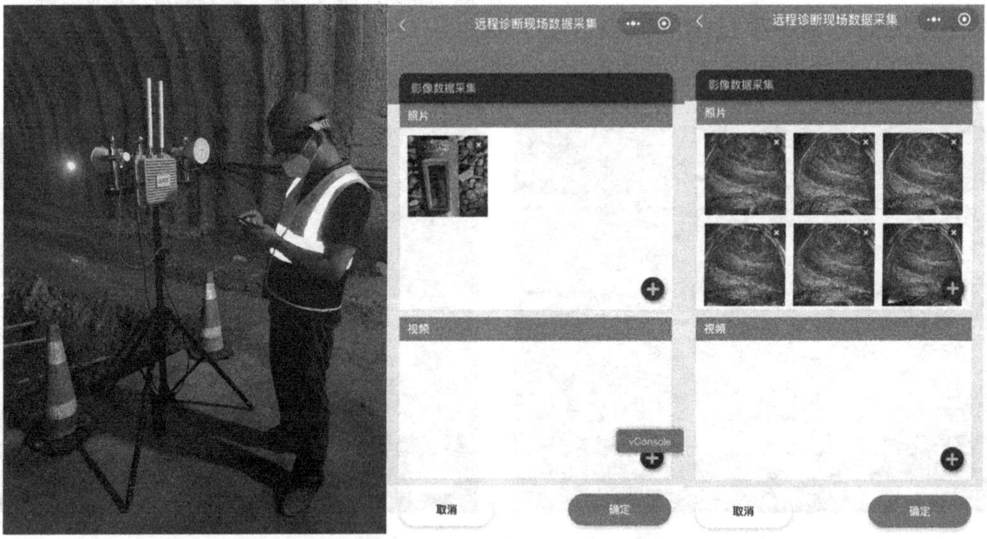

图 7.6-25　隧道内数据无线传输设备

在云端由高性能计算机，通过多目视差分析算法，重构开挖面表面的数字孪生三维点云模型（图 7.6-26），并通过程序自动提取开挖面结构面信息，包括露头产状、迹线、间距等数据（图 7.6-27）。通过施密特锤测量的回弹刚度，得到岩体单轴抗压强度 R_c。基于自动提取的几何和力学数据，通过程序计算开挖面的修正 BQ 值和质量分级（图 7.6-28）。

图 7.6-26　开挖面重构数字孪生三维模型

在数值分析放方面，本研究团队于 2020 年 10 月 31 日，首先根据大峡谷隧道轮廓设计图，首先建立隧道围岩连续模型（图 7.6-29）。再由自动提取的结构面信息生成三维切割面，通过空间布尔运算切割连续模型，得到隧道围岩三

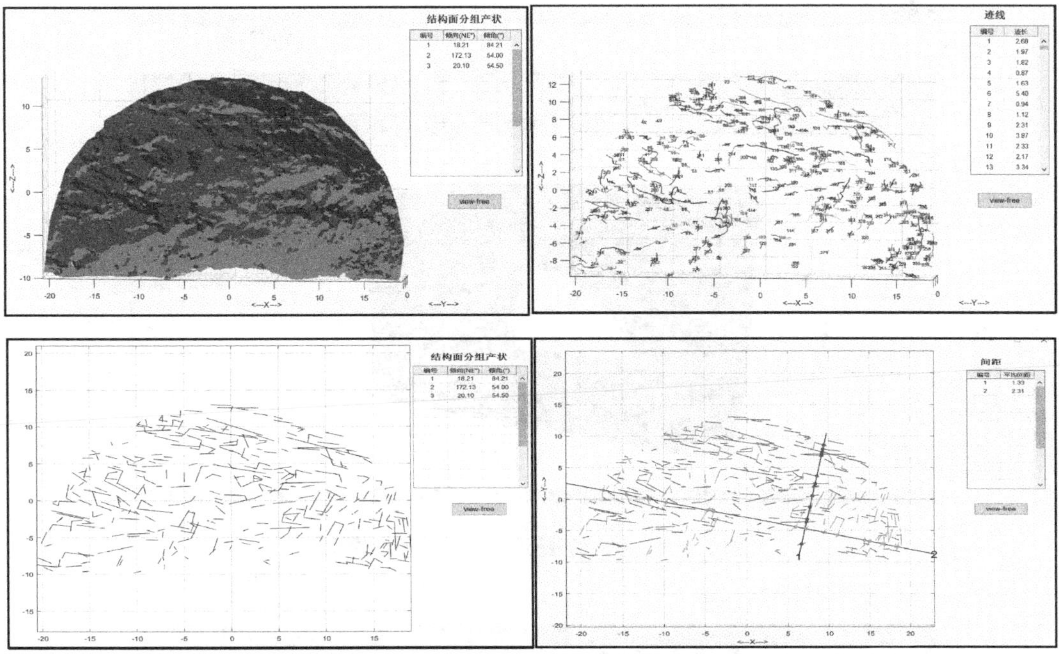

图 7.6-27　自动提取的开挖面空间地质几何信息

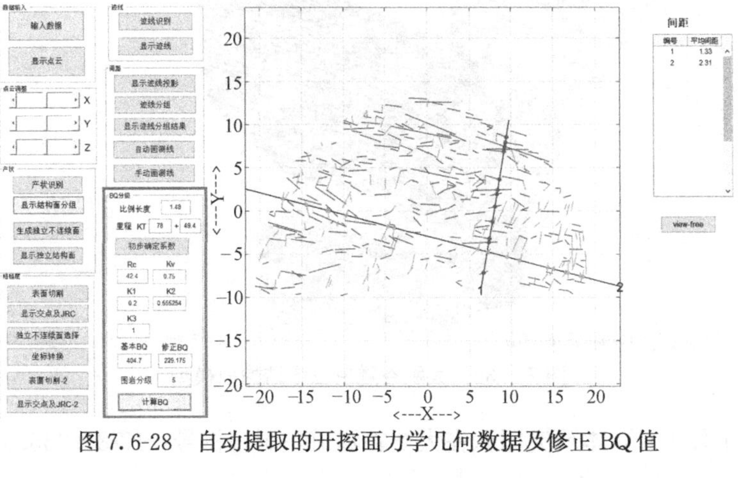

图 7.6-28　自动提取的开挖面力学几何数据及修正 BQ 值

维非连续模型（图 7.6-30），进行三维非连续分析得到关键块体计算结果（图 7.6-31）。

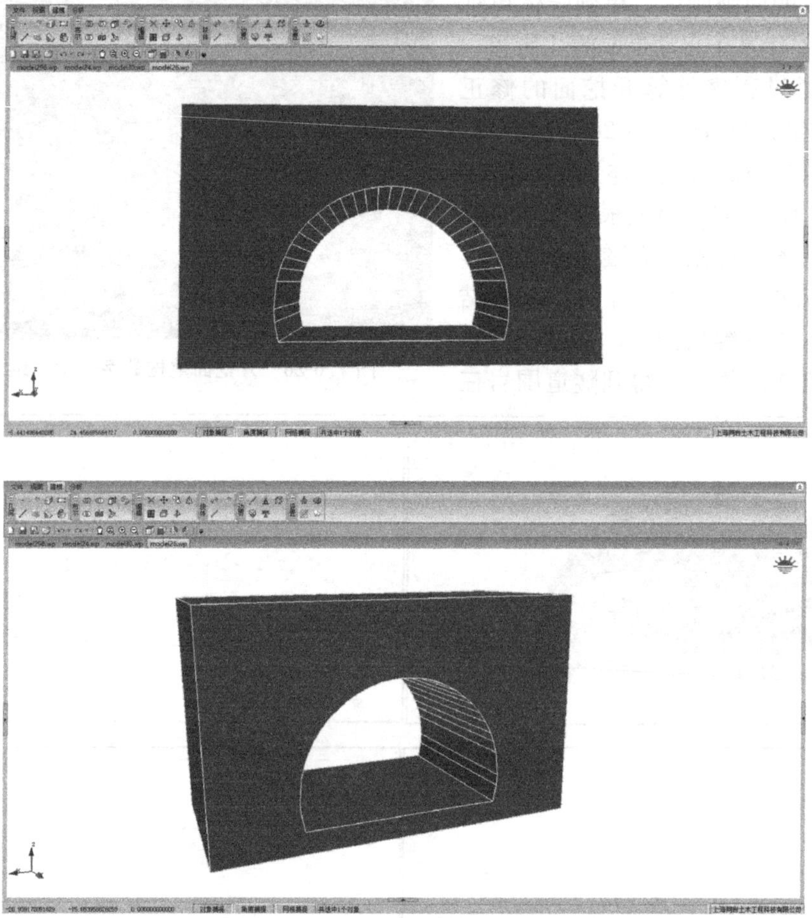

图 7.6-29　大峡谷隧道三维原始连续模型

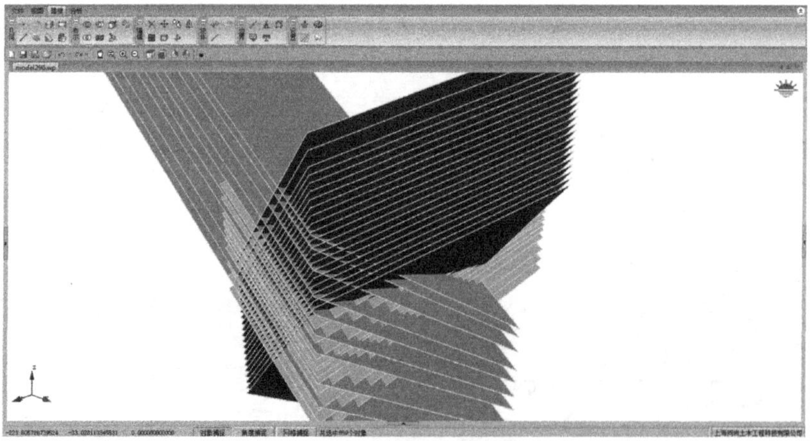

图 7.6-30　大峡谷隧道三维结构面模型

2020 年 11 月 1 日，本研究团队在大峡谷隧道左洞（桩号：K78＋065.5）出渣及排险完成后，于11点25分采集了开挖面图像（图7.6-32）。11点30分，施工单位初支作业班进场过程中，拱顶左侧发生塌方（图7.6-33）。塌方体位置与大小，与10月31日数值分析结果基本吻合（图7.6-34）。

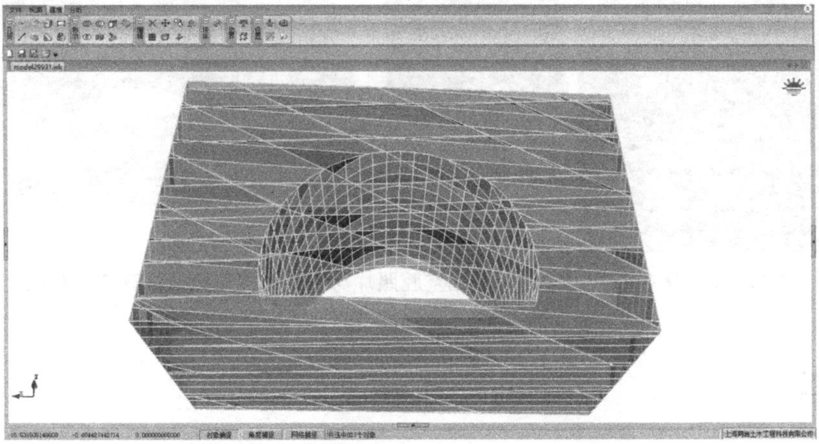

图7.6-31　大峡谷隧道三维非连续分析结果

图7.6-32　大峡谷隧道左洞（桩号：K78＋065.5）
开挖面（2020年11月1日塌方前）

图7.6-33　大峡谷隧道左洞（桩号：K78＋065.5）开挖面（2020年11月1日塌方后）

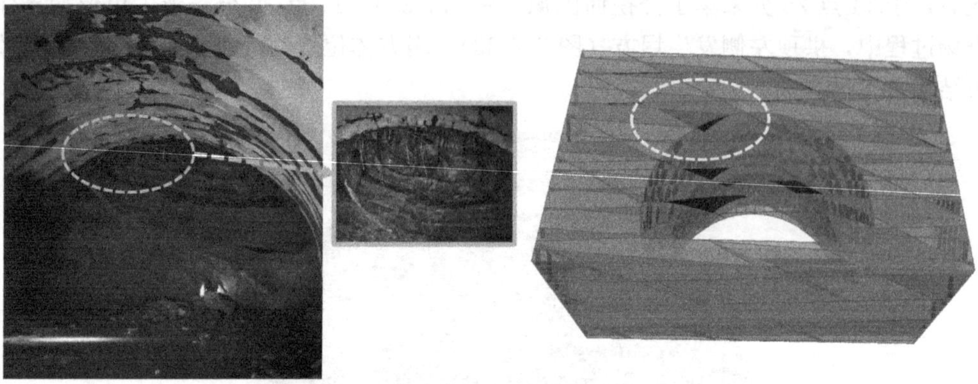

图 7.6-34　大峡谷隧道左洞现场塌空腔照片与三维非连续数值计算结果对比

参考文献

[1] Cai W Q, Zhu H H, Liang W H, et al. A new version of the generalized Zhang-Zhu strength criterion and a discussion on its smoothness and convexity [J]. Rock Mechanics and Rock Engineering, 2021, 54 (1): 4265-4281.

[2] Chen J Q, Zhu H H, Li X J. Automatic extraction of discontinuity orientation from rock mass surface 3D point cloud [J]. Computers & Geosciences, 2016, 95: 18-31.

[3] Edelbro C. Rock mass strength: a review [J]. Luleå Tekniska Universitet, 2003.

[4] Goodman R E, Shi G H, Block theory and its application to rock engineering [M]. New Jersey: Prentice Hall Inc., 1985.

[5] Hoek E, Carranza-Torres C. Hoek-Brown failure criterion—2002 Edition [J]. Proceedings of the Fifth North American Rock Mechanics Symposium, 2002, 1: 18-22.

[6] Hoek E, Brown E T. Practical estimates of rock mass strength [J]. International Journal of Rock Mechanics and Mining Sciences, 1997, 34 (8): 1165-1186.

[7] Hoek E, Guevara R. Overcoming squeezing in the Yacambú-Quibor tunnel, Venezuela [J]. Rock Mechanics and Rock Engineering, 2009, 42 (2): 389-418.

[8] Hoek E, Brown E T. The Hoek-Brown failure criterion and GSI - 2018 edition [J]. Journal of Rock Mechanics and Geotechnical Engineering, 2019, 11 (3): 445-463.

[9] Li X J, Chen J Q, Zhu H H. A new method for automated discontinuity trace mapping on rock mass 3D surface model [J]. Computers & Geosciences, 2016, 89: 118-131.

[10] Mogi K. Fracture and flow of rocks under high triaxial compression [J]. J Geophys Res, 1971, 76 (5): 1255-1269.

[11] Munjiza A, Andrews K R F. NBS contact detection algorithm for bodies of similar size [J]. International Journal for Numerical Methods in Engineering, 2015, 43 (1): 131-149.

[12] Perkins E, Williams J R. A fast contact detection algorithm insensitive to object sizes [J]. Engineering Computations, 2001, 18 (1/2): 48-62.

[13] Sonmez H, Ulusay R. Modifications to the geological strength index (GSI) and their applicability to stability of slopes [J]. International Journal of Rock Mechanics & Mining Sciences, 1999, 36 (6): 743-760.

[14] Zhang L Y, Zhu H H. Three-dimensional Hoek-Brown strength criterion for rocks [J]. Journal of Geotechnical & Geoenvironmental Engineering, 2007, 133 (9): 1128-1135.

[15] Zhang L Y. A generalized three-dimensional Hoek-Brown strength criterion [J]. Rock Mechanics & Rock Engineering, 2008, 41 (6): 893-915.

[16] Zhu H H, Wu W, Chen J Q, et al. Integration of three dimensional discontinuous deformation analysis (DDA) with binocular photogrammetry for stability analysis of tunnels in blocky rockmass [J]. Tunnelling & Underground Space Technology, 2016, 51: 30-40.

[17] Zhu H H, Zhang Q, Huang B Q, et al. A constitutive model based on the modified generalized three-dimensional Hoek-Brown strength criterion [J]. International Journal of Rock Mechanics & Mining Sciences, 2017, 98: 78-87.

[18] Zhang Q, Zhu H H, Zhang L Y. Modification of a generalized three-dimensional Hoek-Brown strength criterion [J]. International Journal of Rock Mechanics and Mining Sciences, 2013, 59: 80-96.

[19] 陈建琴. 基于非接触测量的岩体不连续面精细化描述及应用研究 [D]. 上海：同济大学，2018.

[20] 冯夏庭. 深埋硬岩隧洞动态设计方法 [M]. 北京：科学出版社，2020.

[21] 石根华. 数值流形方法与非连续变形分析 [M]. 裴觉民译. 北京：清华大学出版社，1997.

[22] 汪斌，朱杰兵，邬爱清，等. 高应力下岩石非线性强度特性的试验验证 [J]. 岩石力学与工程学报，2010，29 (3)：542-548.

[23] 武威. 三维接触计算新方法及在非连续变形分析中的应用研究 [D]. 上海：同济大学，2017.

[24] 夏才初，徐晨，刘宇鹏，等. 基于 GZZ 强度准则考虑应变软化特性的深埋隧道弹塑性解 [J]. 岩石力学与工程学报，2018，37 (11)：2468-2477.

[25] 薛守义. 论连续介质概念与岩体的连续介质模型 [J]. 岩石力学与工程学报，1999，18 (2)：230-230.

[26] 张琦. 广义三维 Hoek-Brown 岩体强度准则的修正及其参数多尺度研究 [D]. 上海：同济大学，2013.

[27] 张奇华，邬爱清. 三维任意裂隙网络渗流模型及其解法 [J]. 岩石力学与工程学报，2010，29 (4)：720-730.

[28] 郑颖人，朱合华，方正昌，等. 地下工程围岩稳定分析与设计理论 [M]. 北京：人民交通出版社，2012.

[29] 周春霖，朱合华，赵文. 双目系统的岩体结构面产状非接触测量方法 [J]. 岩石力学与工程学报，2010，29 (1)：111-117.

[30] 周小平，钱七虎，杨海清. 深部岩体强度准则 [J]. 岩石力学与工程学报，2008，27 (1)：117-123.

[31] 中国岩石力学与工程学会. 岩体真三轴现场试验规程（T/CSRME 004—2020）[S]. 北京：中国水利水电出版社，2020.

[32] 朱合华，黄伯麒，张琦，等. 基于广义 Hoek-Brown 准则的弹塑性本构模型及其数值实现 [J]. 工程力学，2016，33 (2)：41-49.

[33] 朱合华，李晓军，林晓东. 基础设施智慧服务系统（iS3）及其应用 [J]. 土木工程学报，2018，51 (1)：1-12.

[34] 朱合华，武威，李晓军，等. 基于 iS3 平台的岩体隧道信息精细化采集、分析与服务 [J]. 岩石力学与工程学报，2017，36 (10)：2350-2364.

[35] 朱合华，张琦，章连洋. Hoek-Brown 强度准则研究进展与应用综述 [J]. 岩石力学与工程学报，2013，32 (10)：1945-1963.

[36] 蔡武强，梁文灏，朱合华．深埋岩体隧道开挖面三维非线性挤出效应分析［J］．岩石力学与工程学报，2021，40（9）：1868-1883.
[37] Barton N. Quantitative description of rock masses for the design of NMT reinforcement［C］. International Conference on Hydropower Development in Himalayas，1998：20-22.
[38] Hoek E. Brown E T. Underground excavations in rock［M］. CRC Press，1980.

8　基坑工程计算与分析

王卫东[1,2]，徐中华[1,2]
（1. 华东建筑设计研究院有限公司上海地下空间与工程设计研究院，上海 200002；2. 上海基坑工程环境安全控制工程技术研究中心，上海 200002）

8.1　概述

8.1.1　基坑支护结构类型及计算分析内容

1. 常用基坑支护结构类型

基坑工程中应用的支护形式较多，常用的基坑支护结构分类如图 8.1-1 所示。

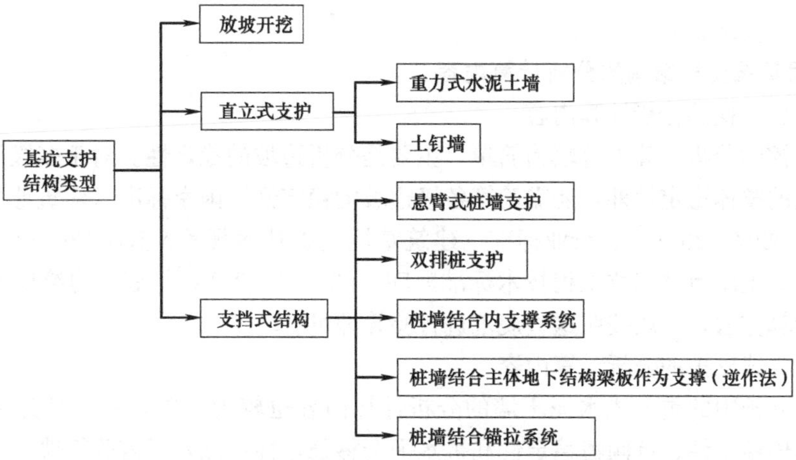

图 8.1-1　常用基坑支护结构类型

（1）放坡开挖

放坡开挖一般适用于浅基坑。由于基坑敞开式施工，因此工艺简便、造价经济、施工进度快。但这种施工方式要求具有足够的施工场地与放坡范围。

（2）直立式支护

直立式支护包括重力式水泥土墙和土钉墙。直立式支护经济性较好，由于基坑内部开敞，土方开挖和地下结构的施工均比较便捷。但自立式围护体需要占用较宽的场地空间，因此设计时应考虑红线的限制。此外设计时应充分研究工程地质条件与水文地质条件的适用性。

（3）支挡式结构

支挡式结构类型较多，其中悬臂式桩墙支护采用具有一定刚度的排桩或地下连续墙作为围护墙，可用于必须敞开式开挖但对围护墙占地宽度有一定限制的基坑工程。单排悬臂式桩墙支护通常用于浅基坑，一般变形较大，且材料性能难以充分发挥。双排桩支护适用于中等开挖深度且对围护变形有一定控制要求的基坑工程。

桩墙结合内支撑系统在基坑周边环境条件复杂、变形控制要求高的软土地区应用广泛。围护墙的种类较多，包括地下连续墙、排桩、型钢水泥土搅拌墙、钢板桩及钢筋混凝土板桩等。内支撑可采用钢支撑或钢筋混凝土支撑。当基坑面积不大时，桩墙结合内支撑系统技术经济性较好。但当基坑面积达到一定规模时，由于需设置和拆除大量的临时支撑，因此经济性较差。

桩墙结合主体地下结构梁板作为支撑形式一般采用逆作法施工，这种支护形式的围护墙一般采用地下连续墙，也可采用排桩。由于采用主体地下结构梁板作为支撑，可以节省常规顺作法中大量临时支撑的设置和拆除，经济性好，且有利于降低能耗、节约资源。此外，采用主体地下结构梁板作为支撑，支撑刚度大，基坑开挖的安全度高，且有利于基坑变形控制。

桩墙结合锚拉系统采用锚杆来承受作用在围护墙上的侧压力，它适用于大面积且土层条件较好的基坑工程。基坑敞开式开挖，为挖土和地下结构施工提供了极大便利，可缩短工期，经济效益良好。锚杆需依赖土体本身的强度来提供锚固力，因此土体强度越高，锚固效果越好，反之越差。

2. 常用基坑支护结构的分析计算内容

（1）放坡开挖的分析计算内容

放坡开挖的分析计算内容较为简单，主要是分析边坡的稳定性。对于多级放坡，除了要验算边坡的整体稳定性外，还需验算各级边坡的稳定性。国家标准《建筑地基基础设计规范》GB 50007—2011[1]、行业标准《建筑基坑支护技术规程》JGJ 120—2012[2] 及各地方标准，如上海市《基坑工程技术标准》DBJ 08—61—2018[3] 等，均给出了放坡开挖的稳定性验算方法，一般按照这些规范进行验算即可。

（2）直立式支护的分析计算内容

直立式支护中的重力式水泥土墙的分析计算内容也较为简单，主要是分析各项稳定性，包括整体稳定性、抗倾覆稳定性和抗水平滑移稳定性；此外还需验算墙体正截面的应力是否满足要求。

土钉墙分析计算内容包括稳定性验算和土钉承载力计算。其中稳定性除了验算整体滑动稳定性外，当基坑底面有软土层时尚需验算土钉墙隆起稳定性。土钉承载力计算包括单根土钉的极限抗拔承载力验算及土钉杆体的受拉承载力验算。

行业标准《建筑基坑支护技术规程》JGJ 120—2012[2] 给出了重力式水泥土墙的稳定性验算方法及墙体正截面应力验算方法，也给出了土钉墙的稳定性验算方法及土钉承载力计算方法，一般按照标准规定进行验算即可。

（3）支挡式结构的分析计算内容

支挡式结构分析计算内容较多，包括各项稳定性验算以及支护结构的受力和变形分析，当基坑周边存在有需要保护的环境时，尚需分析基坑开挖对周边环境的影响。

悬臂式桩墙支护和双排桩支护的稳定验算主要是验算抗倾覆稳定性。桩墙结合内支撑系统（包括水平结构梁板作为支撑系统）、桩墙结合锚拉系统的稳定验算内容包括整体稳定性验算、抗倾覆稳定性验算和坑底抗隆起稳定性验算。同样，国家标准《建筑地基基础设计规范》GB 50007—2011[1]、行业标准《建筑基坑支护技术规程》JGJ 120—2012[2]及各地方标准如上海市《基坑工程技术标准》DBJ 08—61—2018[3] 等均给出了支挡式结构的相关稳定性验算方法，一般可按照这些规范的规定进行验算。

支挡式结构的受力和变形分析及对周边环境影响的分析较为复杂，也是工程设计中需重点关注的内容。支挡式结构首先需进行挡墙的受力和变形分析。其次，对于桩墙结合内支撑系统（包括主体地下结构梁板作为支撑），还需进行内支撑系统的受力和变形分析；对于桩墙结合锚拉系统，则还需进行锚杆的极限抗拔承载力计算和锚杆杆体的受拉承载力计算。锚杆的极限抗拔承载力计算和锚杆杆体的受拉承载力计算相对简单，可按国家标准《建筑地基基础设计规范》GB 50007—2011[1] 和行业标准《建筑基坑支护技术规程》JGJ 120—2012[2] 的相关规定进行计算。因此本章主要论述受力和变形分析较为复杂的桩墙结合内支撑系统（包括主体地下结构梁板作为支撑）的受力和变形分析，以及基坑开挖对周边环境影响的分析。

基坑工程除了稳定性验算、支护结构受力和变形计算及基坑开挖对周边环境的影响分析计算以外，对于高地下水地区的基坑往往还涉及地下水的渗流、承压水分析计算等内容，限于篇幅，本章不包括地下水计算方面的内容。

8.1.2 支挡式基坑受力和变形分析概述

本章针对桩墙结合内支撑系统（包括主体地下结构梁板作为支撑）的支挡式基坑分析，由简单到复杂介绍三种分析方法（图 8.1-2），并介绍这些分析方法在具体基坑中工程中的应用。

(1) 基坑围护墙与水平支撑体系相分离的分析方法

这种分析方法是将基坑围护墙与水平支撑体系分别进行分析的方法。其中基坑围护墙采用平面竖向弹性地基梁法，该方法以基坑围护墙作为研究对象，坑内开挖面以上的内支撑点用弹性支座模拟；坑外土体产生的土压力作为已知荷载作用在弹性地基梁上；而坑内开挖面以下土体作用在围护墙面上的弹性抗力以水平弹簧支座模拟。该方法可根据基坑的施工过程分阶段进行计算，能较好地反映基坑开挖中土压力的变化、加撑等多种复杂因素对围护结构受力的影响。本章后续介绍了平面竖向弹性地基梁法的基本原理，由于该方法涉及土压力计算方法、土的水平抗力比例系数 m 值的取值等关键问题，因此还特别介绍了基于工程实测反演分析 m 值的方法。

对于采用杆系内支撑的顺作法基坑，可将平面竖向弹性地基梁方法计算得到的弹性支座反力作用在由水平杆件组成的支撑系统上，采用杆系有限元分析各杆件的内力和变形。而对于采用主体地下结构梁板作为支撑的逆作法基坑而言，可建立考虑水平结构梁和板共同作用的分析模型，同理将平面竖向弹性地基梁法计算得到的弹性支座反力作用在梁板支撑系统上，采用考虑梁和板共同作用有限元分析梁、板的内力和变形。本章后续介绍了临时内支撑体系计算分析方法和采用主体地下结构梁板作为支撑的分析方法。

(2) 基坑支护体系的三维 m 法

事实上，基坑支护结构包括围护墙、水平支撑体系和竖向支承系统，更合理的分析方

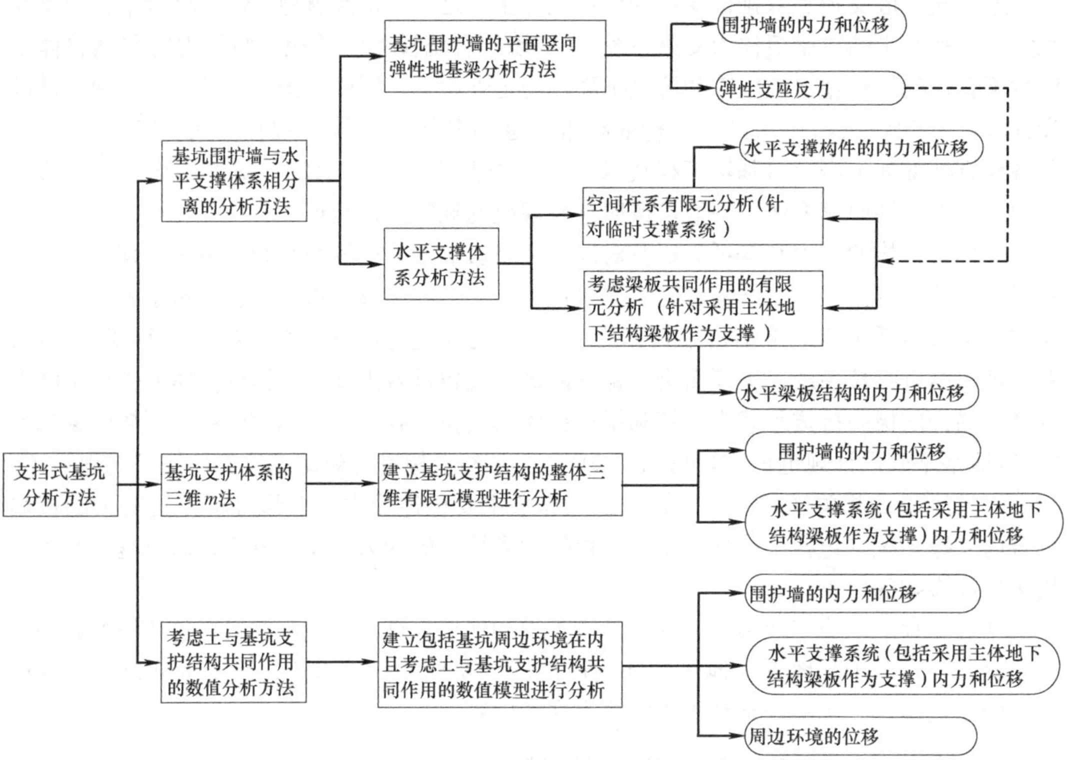

图 8.1-2　支挡式基坑的分析方法

法应建立考虑围护墙、水平支撑体系和竖向支承系统共同作用的模型进行整体分析。由平面竖向弹性地基梁法发展而来的基坑支护体系三维 m 法[4] 就是一种整体分析方法，该方法完全继承了平面竖向弹性地基梁法的计算原理，建立围护墙、水平支撑与竖向支承系统共同作用的三维计算整体模型并采用有限元方法求解，计算原理简单明确，同时又克服了传统平面竖向弹性地基梁法模型过于简化的缺点。本章后续章节介绍了基坑支护体系的三维 m 法的分析原理。

（3）考虑土与基坑支护结构共同作用的数值分析方法

平面竖向弹性地基梁法和由该方法发展而来的基坑支护体系三维 m 法只能分析支护结构的变形，无法分析墙后土体的沉降和坑底土体的隆起变形，也无法分析基坑开挖对周边环境的影响。要同时分析基坑支护结构与土体的变形，需采用考虑土与基坑支护结构共同作用的分析方法。考虑土与基坑支护结构共同作用的分析方法是一种模拟基坑开挖的有效方法，它能考虑复杂的因素如土层的分层情况、土的性质、支撑系统分布、土层开挖和支护结构支设的施工过程等，并能考虑基坑与周边既有建（构）筑物之间的相互影响，能评价基坑本身的受力和变形及对周边环境的影响。Clough[5] 首次采用有限元方法分析了基坑开挖问题之后，经过近 50 年的发展，该方法目前已经成为复杂基坑设计的一种重要分析方法。随着有限元技术、计算机软硬件技术和土体本构关系的发展，考虑土与基坑支护结构共同作用的分析方法在基坑工程中的应用取得了长足的进步。本章后续部分介绍了考虑土与基坑支护结构共同作用的数值分析方法的基本原理、分析中需要考虑的关键问题、土体本构模型的选择、HS-Small 本构模型及参数的确定方法等。

8.2 基坑围护墙与水平支撑体系相分离的分析方法

8.2.1 分析流程

实际基坑工程设计中一般采用基坑围护墙与水平支撑体系相分离的分析方法，即将基坑的围护结构与水平支撑体系相分离，分别进行分析。对于基坑围护结构，通常采用规范规定的平面竖向弹性地基梁法，该法于 20 世纪 90 年代初首先在上海地区得到工程应用，后来成为桩墙式基坑支护结构分析的主要方法。平面竖向弹性地基梁法在 1999 年纳入《建筑基坑支护技术规程》JGJ 120—99[6] 及后续更新版的 JGJ 120—2012[2]，并取名为弹性支点法。该方法简单便捷，各地均积累了较成熟的计算分析经验。

水平支撑体系的分析需考虑两种情况，当采用临时水平支撑体系时，采用空间杆系有限元进行分析；当采用主体地下结构梁板作为支撑时（逆作法），其内力和变形分析需采用考虑梁板共同作用的模型。后者是先建立水平结构梁板支撑体系的有限元模型，将在围护结构计算中得到的各道支撑反力（平面竖向弹性地基梁方法得到的弹性支座反力）作用在各层水平支撑的围檩或环梁结构上，进而分析得到水平支撑构件的内力和变形。

上述基坑围护墙与水平支撑体系相分离的分析方法的流程如图 8.1-2 所示。该方法概念明确、方法简单，易于被工程设计人员掌握，是一种便于工程应用的简化方法。在采用上述分析方法得到围护墙和水平支撑的内力后，就可以按所得结果进行相关配筋。

8.2.2 基坑围护墙的平面竖向弹性地基梁分析方法

1. 平面竖向弹性地基梁法分析原理

基坑围护墙的平面竖向弹性地基梁法原理如下：假定围护结构为平面应变问题，将围护结构看作一竖向放置的弹性地基梁，坑外主动侧土体对围护结构的作用用已知的分布力来代替；坑内开挖面以下土体对围护墙的作用用一系列的 Winkler 弹簧来模拟，水平支撑对围护墙的支撑作用用弹性支座模拟。图 8.2-1 为设置 2 道水平支撑的典型基坑开挖过程的计算模型图。取长度为 b 的围护墙作为分析对象，建立弹性地基梁的变形微分方程如下：

$$EI\frac{d^4y}{dz^4}-e_a(z)=0 \qquad (0\leqslant z\leqslant h_n) \tag{8.2-1}$$

$$EI\frac{d^4y}{dz^4}+mb(z-h_n)y-e_a(z)=0 \qquad (z\geqslant h_n) \tag{8.2-2}$$

式中 EI——围护墙的抗弯刚度；

y——围护墙的侧向位移；

z——深度；

$e_a(z)$——z 深度处的主动侧土压力；

m——地基土水平抗力比例系数；

h_n——第 n 步的开挖深度。

考虑土体的分层、地下水位、水平支撑位置、每次开挖深度等实际情况，需沿着竖向将弹性地基梁划分成若干单元，建立每个单元的上述微分方程，然后采用杆系有限元方法求解。分析多道支撑分层开挖时，根据基坑开挖、支撑情况划分施工工况，按照工况的顺序进行支护结构的变形和内力计算，计算中需考虑各工况下边界条件、荷载形式等的变化，并取上一工况计算的围护结构位移作为下一工况的初始值。

弹性支座的反力可由下式计算：

$$T_i = K_{Bi}(y_i - y_{0i}) \tag{8.2-3}$$

式中 T_i——第 i 道支撑的弹性支座反力；

K_{Bi}——第 i 道支撑弹簧刚度；

y_i——由前面方法计算得到的第 i 道支撑处的侧向位移；

y_{0i}——由前面方法计算得到的第 i 道支撑设置之前该处的侧向位移。

平面弹性地基梁法目前已经有很多程序可以求解，如同济启明星深基坑支挡结构分析计算软件、北京理正深基坑支护结构设计软件等均在基坑工程中得到了较多的应用。

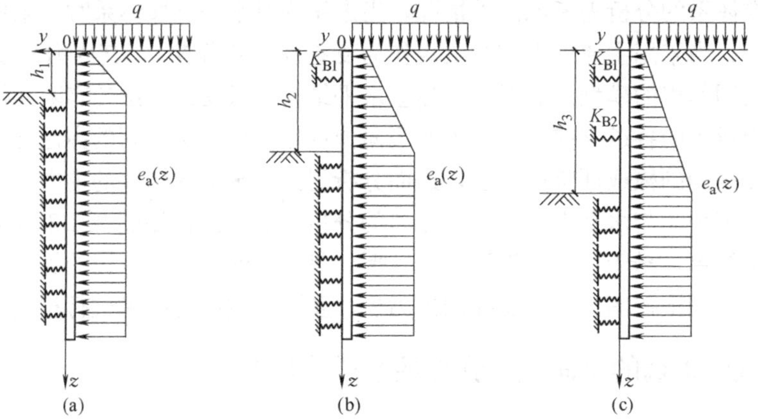

图 8.2-1 平面竖向弹性地基梁法计算简图

(a) 工况 1；(b) 工况 2；(c) 工况 3

2. 平面竖向弹性地基梁法分析实例

(1) 工程简介

中山南路 B4 地块项目位于上海黄浦区，基坑面积约 1 万 m^2，裙楼普遍区域挖深 14.2m，塔楼挖深 15.2m。场地周边环境条件十分复杂（图 8.2-2），四周均紧邻市政道路，其中东侧的中山南路是交通主干道，道路下方均埋设有大量市政管线，管线距离基坑最近约为 7m。基坑周边存在既有建（构）筑物，其中北侧 3 层浅基础建筑与基坑最近距离仅为 13m。此外，基坑东侧邻近外滩隧道出入口位置，其结构为半封闭的混凝土箱形结构，与基坑最近距离约 30.2m。

(2) 支护设计方案

基坑采用两墙合一地下连续墙结合三道钢筋混凝土支撑的支护形式。基坑普遍区域支护结构剖面如图 8.2-3 所示，采用 800mm 厚地下连续墙围护，地下连续墙在基底以下插入深度为 14.9m，墙底进入⑤$_3$ 粉质黏土夹黏质粉土层。本工程浅层土体粉性较重，地下连续墙成槽时易发生坍孔，因此采用 ϕ850@600 三轴水泥土搅拌桩进行槽壁加固，以保证地下连续墙的顺利实施，并加强围护结构止水的可靠性。槽壁加固深度为 19.8m，进入基底以下 5.4m。结合基坑形状特点，采用双半圆环撑的形式（图 8.2-4），且在两个半圆之间设置对撑，双半圆环支撑方案避开塔楼区域。

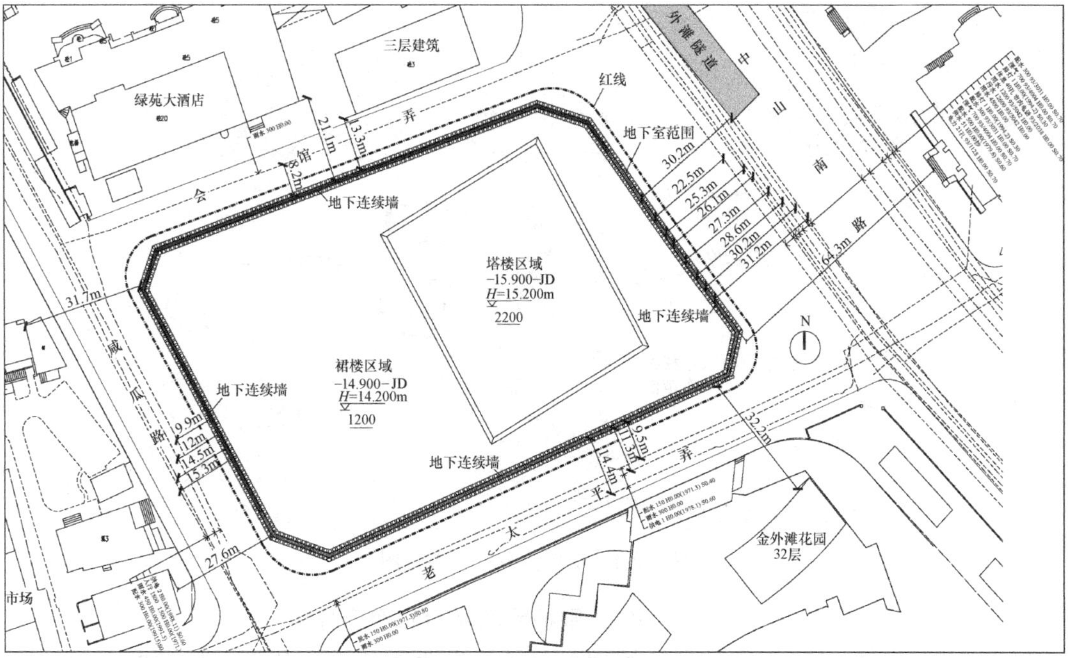

图 8.2-2 基坑环境平面图

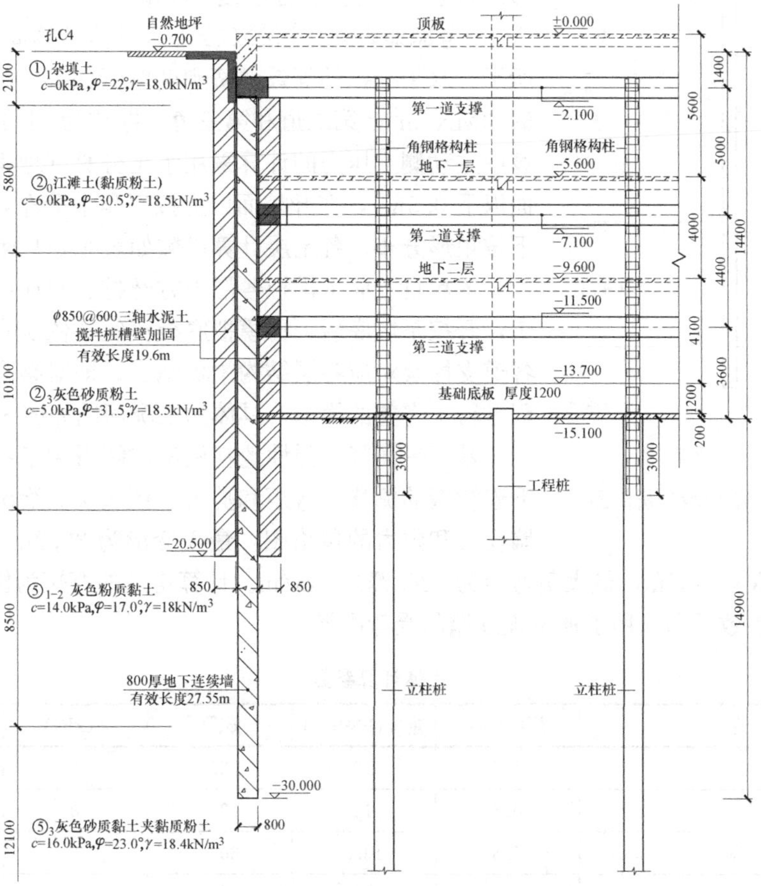

图 8.2-3 普遍区域基坑支护结构剖面图

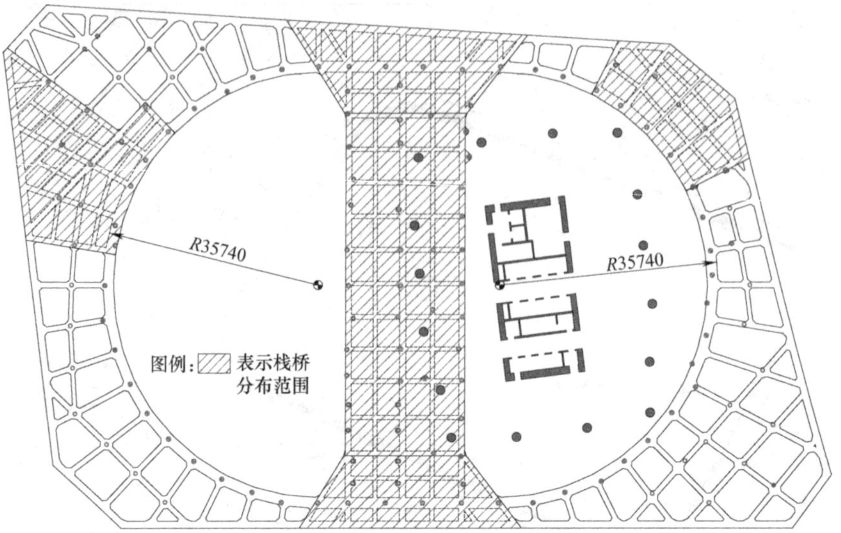

图 8.2-4 支撑体系平面布置图

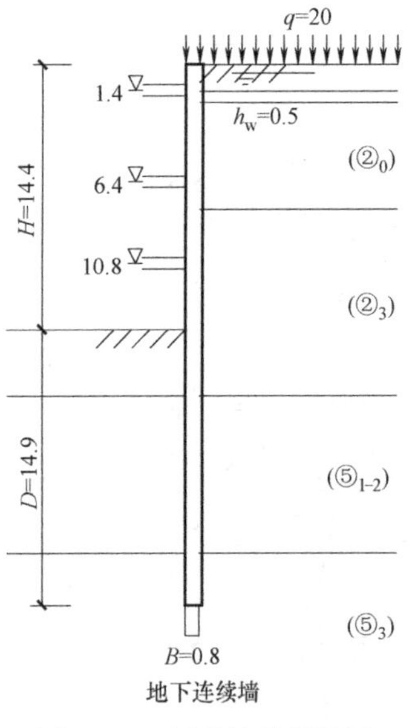

图 8.2-5 围护墙分析简图

(3) 围护墙的受力和变形分析

采用平面竖向弹性地基梁法分析围护墙的受力和变形。普遍区域连续墙厚度 800mm，混凝土强度等级为 C30，考虑地表均布超载 20kPa，具体计算简图如图 8.2-5 所示。水平支撑的等效弹簧刚度取值如下：第一道支撑为 59.3MN/m^2，第二道和第三道支撑均为 71.1MN/m^2。计算中主动侧土压力的计算采用水土分算（地下水埋深取地面以下 0.5m），在开挖面以上按三角形分布，在开挖面以下按矩形分布。各土层计算参数如表 8.2-1 所示。

依次自上而下模拟各层土方开挖、对应的各道支撑施工，开挖至坑底后，再模拟底板浇筑、依次自下而上拆除各道支撑及对应各层结构梁板施工，即对整个基坑施工过程进行了完整的模拟，具体的工况简图如图 8.2-6 所示。

基于平面竖向弹性地基梁法求解得到了各个工况下地下连续墙的侧移、弯矩和剪力。图 8.2-7 给出了地下连续墙变形和内力的包络图，最大变形为 32.2mm，最大正弯矩为 1109.5kN・m/m，最大负弯矩为 426.7kN・m/m。计算得到的弯矩为标准值，乘以相应的分项系数后即可用于地下连续墙的受弯配筋。

土体计算参数 **表 8.2-1**

土层	层厚(m)	重度(kN/m^3)	φ(°)	c(kPa)	m(kN/m^4)
①$_1$ 杂填土	1.5	18	22	0	1500
①$_2$ 素填土	0.6	18	22	0	1500
②$_0$ 黏质粉土(江滩土)	5.8	18.5	30.5	6	3500
②$_3$ 砂质粉土	10.1	18.5	31.5	5	4000

续表

土层	层厚(m)	重度(kN/m^3)	φ(°)	c(kPa)	m(kN/m^4)
⑤$_{1\text{-}2}$ 粉质黏土	8.5	18	17	14	3000
⑤$_3$ 粉质黏土夹黏质粉土	12.1	17.6	21	38	6000
⑦$_2$ 粉砂	18.3	18.9	34.5	4	8000

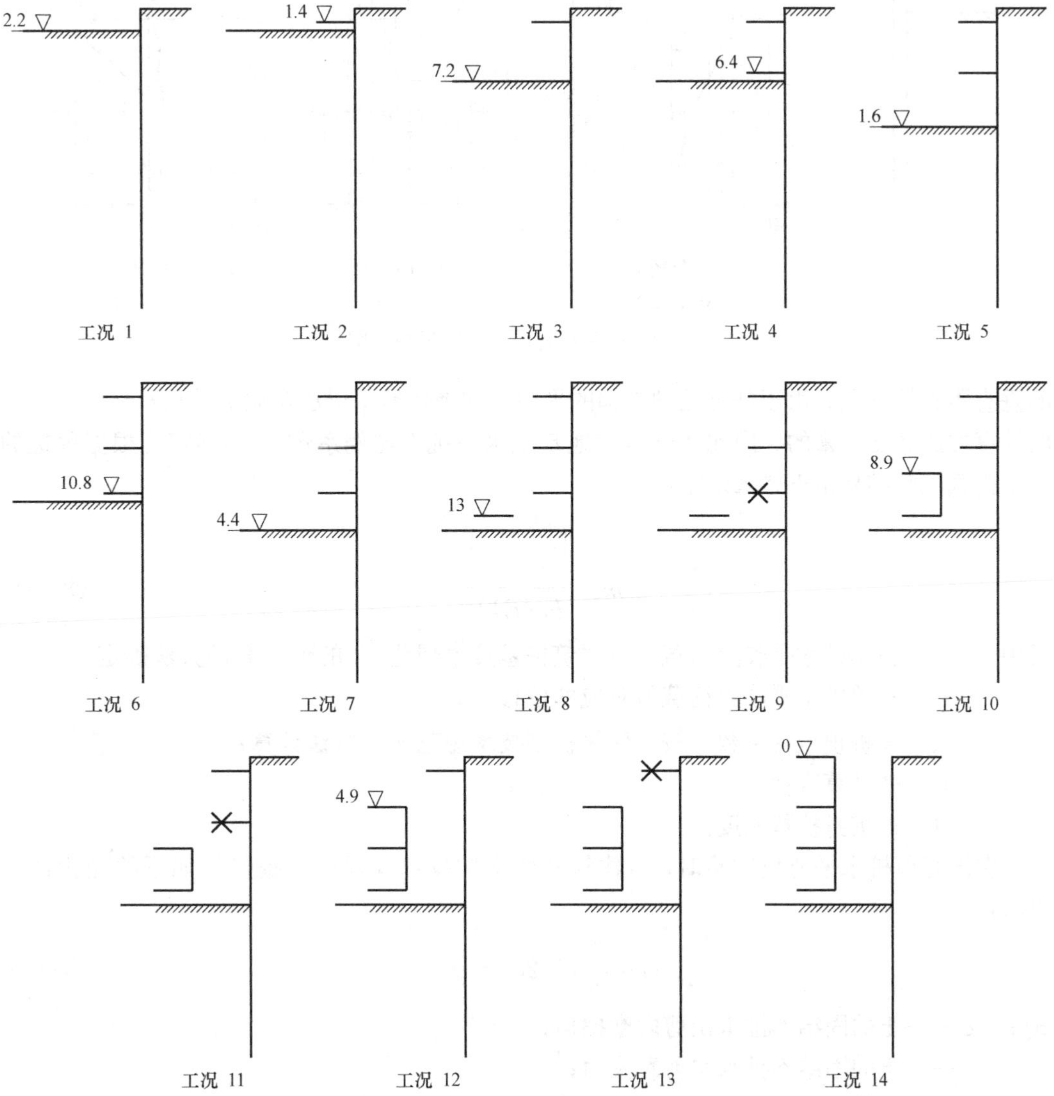

图 8.2-6　基坑各施工工况模拟简图

8.2.3　平面竖向弹性地基梁分析方法中 m 值的确定方法

1. 土的水平抗力比例系数 m 值的确定方法

平面竖向弹性地基梁法中的一个关键参数是土体的 m 值。m 值为坑内土的水平抗力比例系数，竖向弹性地基梁法中假定土体的水平抗力系数等于 m 值与计算点到基坑底部

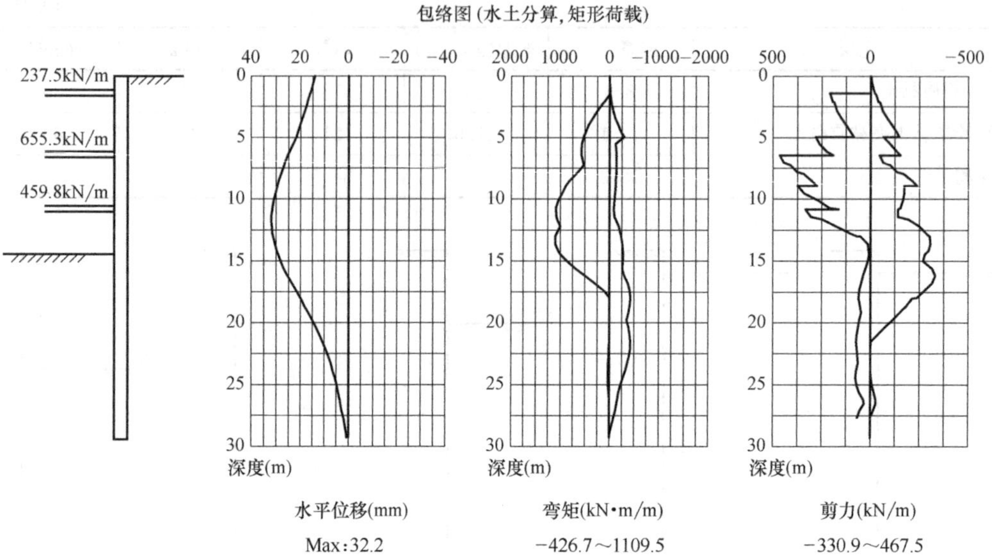

图 8.2-7 基坑各施工工况模拟简图

的垂直距离的乘积。由于基坑围护结构的平面竖向弹性地基梁法实质上是从水平向受荷桩的计算方法演变而来的，因此严格地讲地基土水平抗力比例系数 m 的确定应根据单桩的水平荷载试验结果由下式来确定：

$$m=\frac{\left(\frac{H_{cr}}{x_{cr}}v_x\right)^{5/3}}{b_0(EI)^{2/3}} \tag{8.2-4}$$

式中 H_{cr}——单桩水平临界荷载，按建筑桩基技术规范[7] 的附录 E 的方法确定；

x_{cr}——单桩水平临界荷载所对应的位移；

v_x——桩顶位移系数，按《建筑桩基技术规范》[7] 方法计算；

b_0——计算宽度；

EI——桩身抗弯刚度。

在没有单桩水平荷载试验时，《建筑基坑支护技术规程》[6] 提供了如下的经验计算方法：

$$m=\frac{1}{v_b}(0.2\varphi^2-\varphi+c) \tag{8.2-5}$$

式中 φ——土的固结不排水快剪内摩擦角；

c——土的固结不排水快剪黏聚力；

v_b——围护墙在基坑底面处的水平位移量，可按地区经验取值，当无经验时可取 10mm。

式 (8.2-5) 是通过开挖面处桩的水平位移值与土层参数来确定 m 值，式中的 v_b 取值难以确定，计算得到的 m 值可能与地区的经验取值范围相差较大。《建筑桩基技术规范》[7] 根据试桩结果的有关统计分析亦给出了各种土体 m 值的经验值。上海市《基坑工程技术标准》[3] 根据上海地区的工程经验，对各类土建议了如表 8.2-2 所示的 m 值范围，可以作为软土地区 m 值的参考。

在实际基坑工程中，m 值受诸多因素的影响，例如基坑开挖深度、坑内土体加固、开挖过程中土体的卸载、施工对土体的扰动等。规范（表 8.2-2）对于 m 值只给出了一个相对较大的经验取值范围，因此 m 值的选取具有较大的随机性和不确定性。从上海软土地区的工程经验来看，采用平面竖向弹性地基梁 m 法计算得到的围护墙变形一般较实测值偏小，说明 m 值的确定值得深入研究。

上海地区 m 值经验范围[3] **表 8.2-2**

地基土分类		m(kN/m^4)
流塑的黏性土		1000～2000
软塑的黏性土、松散的粉砂性土和砂土		2000～4000
可塑的黏性土、稍密～中密的粉性土和砂土		4000～6000
坚硬的黏性土、密实的粉性土、砂土		6000～10000
水泥土搅拌桩加固，置换率>25%	水泥掺量<8%	2000～4000
	水泥掺量>12%	4000～6000

2. 土的水平抗力比例系数 m 值的反演分析

（1）基于位移的反分析方法

位移反分析是根据基坑开挖引起的围护墙或土体位移实测值反算工程设计所需计算参数的一种分析方法。杨敏、熊巨华等[8] 建立了以弹性地基梁 m 法为基础的位移反分析模型，给出了单纯形优化算法，并讨论了解的收敛性和计算时间等问题。龚晓南、冯俊福等[9] 采用加速单纯形法专门对杭州地区土层的 m 值进行反演分析，并给出了当地的经验取值范围。Finno[10] 曾用 Ucode 反分析软件与 PLAXIS 软件相结合，反分析 HS 模型的计算参数，取得了较好的效果。

这里将 Ucode 反分析软件与 ABAQUS 有限元软件相结合，根据围护墙实测变形，对基坑平面竖向弹性地基梁法中的土层参数 m 值进行反演分析。

（2）反分析原理

反分析就是通过不断改变计算模型参数使得计算结果与实测数据尽量接近，直到计算模型能够反映实际体系的主要特征。可以应用于土层地质参数优化的方法主要有最速下降法、逐个修正法、模式探索法、Gauss-Newton 法、Powell 方法、单纯形法、共轭方向法、线性规划法、二次规划法和拟线性化方法等[11]。

针对基坑工程平面弹性地基梁法 m 值的反演分析，采用 Ucode 反分析软件和 ABAQUS 有限元软件对各土层的 m 值进行反分析。Ucode 软件由 US Army Corps of Engineers Waterways Experiment Station 和 International Ground Water Modeling Center 联合开发。它的主要特点是可以与各种有限元分析软件相结合，并利用修正 Gauss-Newton 法对非线性问题中的计算参数进行反演分析。修正 Gauss-Newton 法相比于其他反分析方法有以下优点：（1）对非线性问题的适应性强；（2）在求解局部最优解时，如果参数初值选取适当，收敛速度快，收敛精度高。

（3）反分析流程

图 8.2-8 给出了反分析的基本流程。首先通过目标函数将 ABAQUS 有限元软件计算得到的围护墙变形与实测变形进行对比。在 Ucode 软件中，利用最小二乘法建立一个目

标函数 $S(b)$：

$$S(b)=[y-y'(b)]^{\mathrm{T}}\omega[y-y'(b)] \tag{8.2-6}$$

式中 b——待估参数（这里是 m 值）向量；

y——围护墙水平位移的现场实测值向量；

$y'(b)$——围护墙水平位移的计算值向量；

ω——各测点对应的权重矩阵（每个实测值的权重 ω_{ii} 可根据测量误差 σ_i 来计算，$\omega_{ii}=1/\sigma_i^{\ 2}$）。

接下来就是找到使目标函数最小的一组待估参数值，可用迭代的方法求得最优解。迭代之前需要进行参数敏感度分析。敏感度矩阵 X 等于围护墙水平位移的计算值向量 $y'(b)$ 对待估参数的偏微分。参数敏感度反映了各待估参数对计算结果影响程度的大小，同时它也是寻找待估参数最优解的一个必不可少的条件。

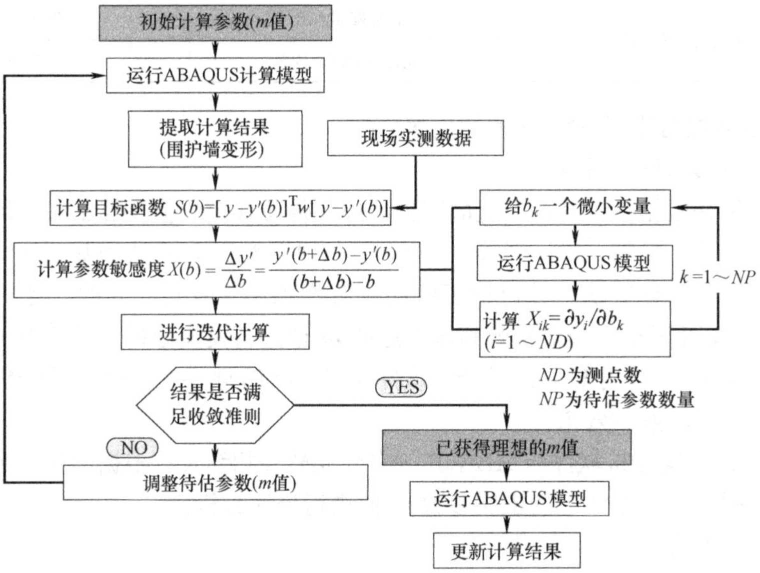

图 8.2-8　反分析流程图

接下来就是采用修正 Gauss-Newton 法来寻找参数的最优解，迭代算法如下：

$$(C^{\mathrm{T}}X_{\mathrm{r}}^{\mathrm{T}}\omega X_{\mathrm{r}}C+Im_{\mathrm{r}})C^{-1}d_{\mathrm{r}}=C^{\mathrm{T}}X_{\mathrm{r}}^{\mathrm{T}}\omega[y-y'(b_{\mathrm{r}})] \tag{8.2-7}$$

$$b_{\mathrm{r}+1}=\rho_{\mathrm{r}}d_{\mathrm{r}}+b_{\mathrm{r}} \tag{8.2-8}$$

式中 d_{r}——待估参数在迭代过程中的调整量向量；

r——迭代次数；

X_{r}——参数的敏感度矩阵（$X_{ij}=\partial y_i/\partial b_j$）；

C——对角线标度矩阵（对角线上的元素 $c_{jj}=\sqrt{(X^{\mathrm{T}}\omega X)_{jj}}$）；

I——单位 θ 矩阵；

m_{r}——一个提高迭代效率的参数（由程序自行计算）；

ρ_{r}——阻尼系数，ρ_{r} 的取值范围为 0～1。

当迭代过程满足收敛准则时，Ucode 就会判断已经收敛，跳出迭代循环，而此时的待估参数值就是要找的 m 值最优解。得到最优解后，将最后一次迭代的输入参数输入有限元模型中计算，得到最终的围护墙体位移等计算结果。

（4）待估参数的选择

Ucode 软件可以同时反分析多个参数。这些参数的相对重要性，即对计算结果影响程度的大小可以用复合标度敏感度 ccs_j 来表示，其定义如下：

$$ccs_j=\left[\sum_{j=1}^{ND}\left[\left(\frac{\partial y'_i}{\partial b_j}\right)b_j\omega_{ii}{}^{1/2}\right]^2/ND\right]^{1/2} \tag{8.2-9}$$

式中 ND——测点数量。其余参数的定义同前。

当同时反分析的参数过多时，不仅会降低迭代效率，而且可能会得不到理想的反分析结果。适合同时进行反分析的参数的数量取决于计算模型和所用的实测数据。复合标度敏感度可以帮助确定待估参数的数量。当一组参数的复合标度敏感度值相差很大时，证明其对计算结果的影响程度也有很大差异。当它们同时进行反分析时，敏感度较小的参数就可能收敛到不合理的范围，同时也会影响到其他参数反分析结果的准确性。因此在反分析之前应首先进行参数敏感度分析，将敏感度较小的参数取为常量，以保证反分析结果的合理准确。

3. 土的水平抗力比例系数 m 值的反分析实例

（1）工程概况

以上海银行大厦基坑工程实例为背景，反分析 m 值。首先利用 ABAQUS 软件建立分析模型，再将这一模型与 Ucode 反分析软件相结合，以实现对 m 值的反演分析。上海银行大厦基坑面积为 7454m^2，主楼区域开挖深度为 17.15m，裙楼开挖深度 14.95m。支护结构采用地下连续墙结合三道钢筋混凝土内支撑。南侧主楼部分地下连续墙厚 1m，北侧裙楼部分地下连续墙厚 0.8m，沿基坑周围共布置了 10 个测斜管（J1～J10）来监测连续墙的变形。该基坑的具体资料可以参考文献［12］。

（2）ABAQUS 计算模型

利用 ABAQUS 软件采用平面竖向弹性地基梁法分析基坑的开挖过程。地下连续墙采用梁单元 B21 模拟，其抗弯刚度 EI 等于 1.28×10^6kN·m^2。钢筋混凝土支撑采用弹簧单元 SPRING2 模拟。在基坑内侧采用土弹簧单元 SPINGA 来模拟土的水平抗力，弹簧单元一端固定，一端与地下连续墙单元节点耦合。计算过程共设置 4 个工况来模拟基坑的开挖过程，各工况内容如表 8.2-3 所示。

开挖过程中，土弹簧刚度随工况的变化通过另编制的 ABAQUS 用户子程序 UFIELD 实现，土弹簧在基坑内侧开挖面以下起作用。各个工况下坑外水土压力的变化则由另编制的 ABAQUS 用户子程序 DLOAD 实现。水土压力按水土分算考虑，土压力按朗肯主动土压力计算，开挖面以下土压力值保持不变。计算中考虑 20kPa 的坑外地表超载。水压力按静水压力计算，坑外水位为地表以下 0.5m，坑内地下水位为基底以下 1m，内外水压力平衡后在围护墙底部水压力值保持不变。

对于支撑弹簧，其刚度会随着基坑周边位置的变化而变化。根据已知的围檩和水平支撑尺寸建立杆系有限元模型。在水平支撑的围檩上施加与围檩相垂直的单位分布荷载 $p=1$kN/m，计算围檩上各结点处的水平位移 δ（与围檩方向相垂直的位移），则支撑弹簧的刚度为 $K=p/\delta$。表 8.2-4 是各土层的参数信息，其中 m 值的初始值参照上海市《基坑工程技术标准》DBJ 08—61—2018[3] 中的建议取值确定。

基坑开挖顺序　　表 8.2-3

工况	模拟内容
工况 1	基坑开挖至地表以下 2.7m
工况 2	施工第一道水平支撑，并开挖至地表以下 8.5m
工况 3	施工第二道水平支撑，并开挖至地表以下 13.5m
工况 4	施工第三道水平支撑，并开挖至基底

土层计算参数　　表 8.2-4

土层	重度(kN/m^3)	φ(°)	c(kPa)	m 初始值(MN/m^4)
1-1 杂填土	18.8	31	6	1.5
2-3 砂质粉土夹黏质粉土	18.8	31	6	3
4 淤泥质黏土	17.2	12	14	2
5 粉质黏土	18.5	22	15	3
6 粉质黏土	20	19	51	5
7-1 砂质粉土夹粉砂	18.9	22.8	3	6

(3) 反分析前后水平位移比较

选取了分别位于基坑四边的 J2、J3、J6、J10 四个具有代表性的测孔进行反演分析。它们所处的位置比较符合二维弹性地基梁法的平面假定，而且监测数据完整。用于对比分析的实测值为开挖至坑底时的水平位移。ABAQUS 计算模型中所用 m 值的初始值如表 8.2-4 所示。

图 8.2-9 是开挖至坑底时由初始值和反分析得到的 m 值计算的围护墙变形曲线与实测值的比较。可以看出实测数据整体上比用初始值计算的位移大很多，在地下连续墙最大变形处最大有 30mm 的偏差，实测值比初始值大 70%左右。这说明计算模型中土体 m 值初始值取值偏大。用反分析之后所得 m 值计算的围护墙体变形与实测数据的吻合程度有了大幅提升，所有测点的偏差小于 3%。

(4) m 值反分析结果

表 8.2-5 是 m 值的反分析结果，可看出各土层 m 值的反分析结果存在一定差异但相差不大。各测孔反分析结果存在差异的主要原因是受土体开挖过程的影响。施工过程中土体开挖存在先后次序，这就使得不同位置的围护墙在开挖过程中的无支撑暴露时间不同。由于软土具有流变性，如果无支撑暴露时间较长，围护墙变形就会相对较大，使得 m 值的反分析结果偏小。从表中可以看出各组反分析结果的极差与平均值的比值均小于 40%，因此可以认为各组反分析结果的平均值能够代表各层土的抗力水平。与规范所给 m 值的经验取值范围相比，反分析得到的 m 值明显偏小。

4. 上海软土地区 m 值的反分析统计分析

(1) 上海地区实际基坑工程案例数据收集

收集了 20 个上海地区典型的基坑工程的数据，用于 m 值的反演分析。这 20 个基坑的面积、挖深、支护结构形式等信息如表 8.2-6 所示。可以看出，基坑挖深范围为 5.7～21.9m；围护结构形式包括地下连续墙、钻孔灌注桩等上海地区最常用的板式支护结构；

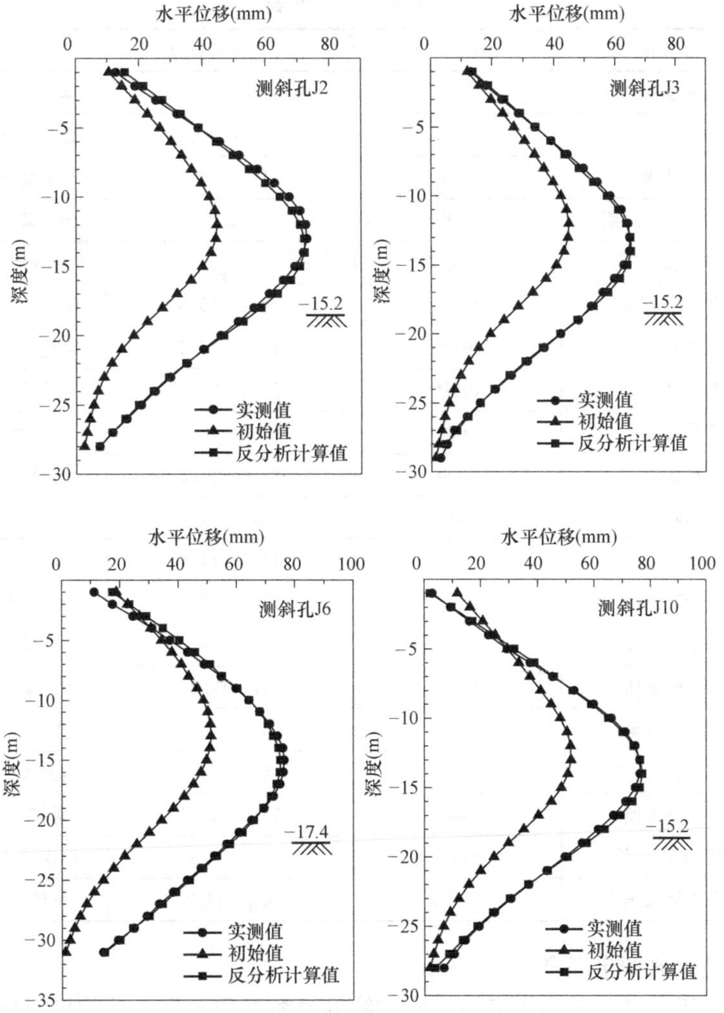

图 8.2-9 各测点水平位移比较

支撑数量从单道撑至 5 道支撑；从施工的工法来看，既包括顺作法也包括逆作法。总体而言，所收集的工程案例具有较好的广泛性。

m 值反分析结果（MN/m^4） **表 8.2-5**

各土层 m 值	m_2	m_4	m_5	m_6
J2	2.51	0.99	1.33	1.98
J3	2.05	1.14	1.48	2.36
J6	3.00	1.28	1.13	1.75
J10	3.06	0.97	1.22	1.76
极差 l	1.01	0.31	0.35	0.61
平均值 a	2.66	1.10	1.29	1.96
l/a	38.0%	28.3%	27.1%	31.1%
规范参考值	2～4	1～2	2～4	4～6

反分析工程概况表　　表 8.2-6

序号	项目名称	面积(m^2)	开挖深度(m)	支护结构形式
1	上海银行	7454	15～17.2	地连墙+3 道混凝土支撑
2	长峰大酒店	7000	12～13.5	地连墙+3 道混凝土支撑
3	鼎鼎外滩	20000	19.5～21	地连墙+5 道混凝土支撑
4	王宝和大酒店二期	5000	14.6	地连墙+3 道混凝土支撑
5	上海南站北广场	40000	12.5	地连墙+2 层逆作梁板
6	南京西路 1788	10305	14.2～15.5	地连墙+3 道混凝土支撑
7	宝矿国际广场	20000	15.7～16.2	地连墙+3 道混凝土支撑
8	外滩金融中心	40075	20.5～21.9	地连墙+5 道混凝土支撑
9	海光大厦	5660	17.2～18.2	地连墙+4 层逆作梁板
10	胸科医院	4900	10.1～10.6	排桩+2 道混凝土支撑
11	由由国际广场	30000	10～12	排桩+2 层逆作梁板
12	兴业大厦	7800	13.6～14.6	地连墙+3 层逆作梁板
13	静安交通枢纽	15816	14.5～17.2	地连墙+3 层逆作梁板
14	世博绿谷一期	38000	11.4～15.1	地连墙+3 道混凝土支撑
15	外滩 596 街坊	7726	17～17.2	地连墙+4 道混凝土支撑
16	彩虹湾医院	45400	5.7～8.65	排桩+1 道混凝土支撑
17	黄浦江 E04 地块	21000	5.9～7.1	地连墙+1 道混凝土支撑
18	太平金融大厦	6400	16.5～19.2	排桩+3 道混凝土支撑
19	黄浦江 E18 地块	30000	15～15.8	地连墙+3 道混凝土支撑
20	上海东方渔人码头	33600	9.6～14.7	排桩+3 道混凝土支撑

(2) 上海地区典型土层概况

上海市区属于长江三角洲入海口东南前缘的滨海平原地貌，地貌形态单一，地形较为平坦。基坑挖深范围内土层主要为软塑～流塑黏性土，含水量和压缩性均较大，力学性质相对较差。对于上海地区常规地下室开挖深度小于 20m 的基坑工程，所涉及土层主要为②黏土层、③淤泥质粉质黏土层、④淤泥质黏土层和⑤黏土层。上海地区典型土层特性如表 8.2-7 所示，表 8.2-6 中的 20 个工程案例都是典型上海土层，因此可通过统计方法研究各土层反分析的 m 值范围。

上海地区典型土层特性表　　表 8.2-7

土层名称	层厚(m)	状态	土层特征
②$_1$ 黏性土	1.5～2.0	可塑～软塑	俗称“硬壳层”，中压缩性，干强度高，韧性高
③淤泥质粉质黏土	5.0～10.0	软塑～流塑	含云母，夹薄层粉砂，有机质等
④淤泥质黏土	5.0～10.0	流塑	含云母，有机质等，高压缩性、高灵敏度、低强度、低渗透性
⑤$_1$ 黏性土	5.0～15.0	软塑～可塑	含云母，有机质、腐殖物、钙结核，夹泥，高压缩性
⑤$_2$ 粉砂	5.0～10.0	稍密～中密	含云母、天然气，夹薄层黏土，有交错层理
⑤$_3$ 黏性土	9.0～15.0	可塑	含云母、有机质

（3）上海典型土层 m 值取值范围统计分析

通过反分析过程中的参数敏感度分析，可以得到对于上海地区常规地下室开挖深度小于 20m 的基坑工程，对围护结构内力变形影响较大的土层主要为③淤泥质粉质黏土层、④淤泥质黏土层和⑤$_1$ 黏土层。图 8.2-10 给出了 m_3、m_4、$m_{5\text{-}1}$ 的值在各数值区间内的分布情况。以③淤泥质粉质黏土为例，m 值在［0.9 ，1.5］区间上的反分析结果共有 29 组，占反分析结果总数的 66%，m 值在［0.6 ，1.8］区间上的反分析结果共有 39 组，占结果总数的 88.6%。可以看出 m 值还是较为集中地分布在某一特定区间内，④淤泥质黏土和⑤$_1$ 黏土的反分析结果也呈现类似的规律，因此可假定 m 值结果近似服从正态分布。我们可以求解出各层土 m 值反分析结果的概率密度函数的特征值。如图 8.2-10 所示，虚线为代入 μ、σ 计算结果后的 m 值概率密度函数曲线，实线的是用 m 值分布柱状图拟合的 m 值分布曲线。可以看出二者的形状和集中分布的区间还是较为一致的，证明了将土层 m 值反分析结果假定为正态分布的合理性。表 8.2-8 是 m 值在 95%置信水平下的置信区间，并且可以认为该区间是各土层 m 值的一个较为合理的取值范围。

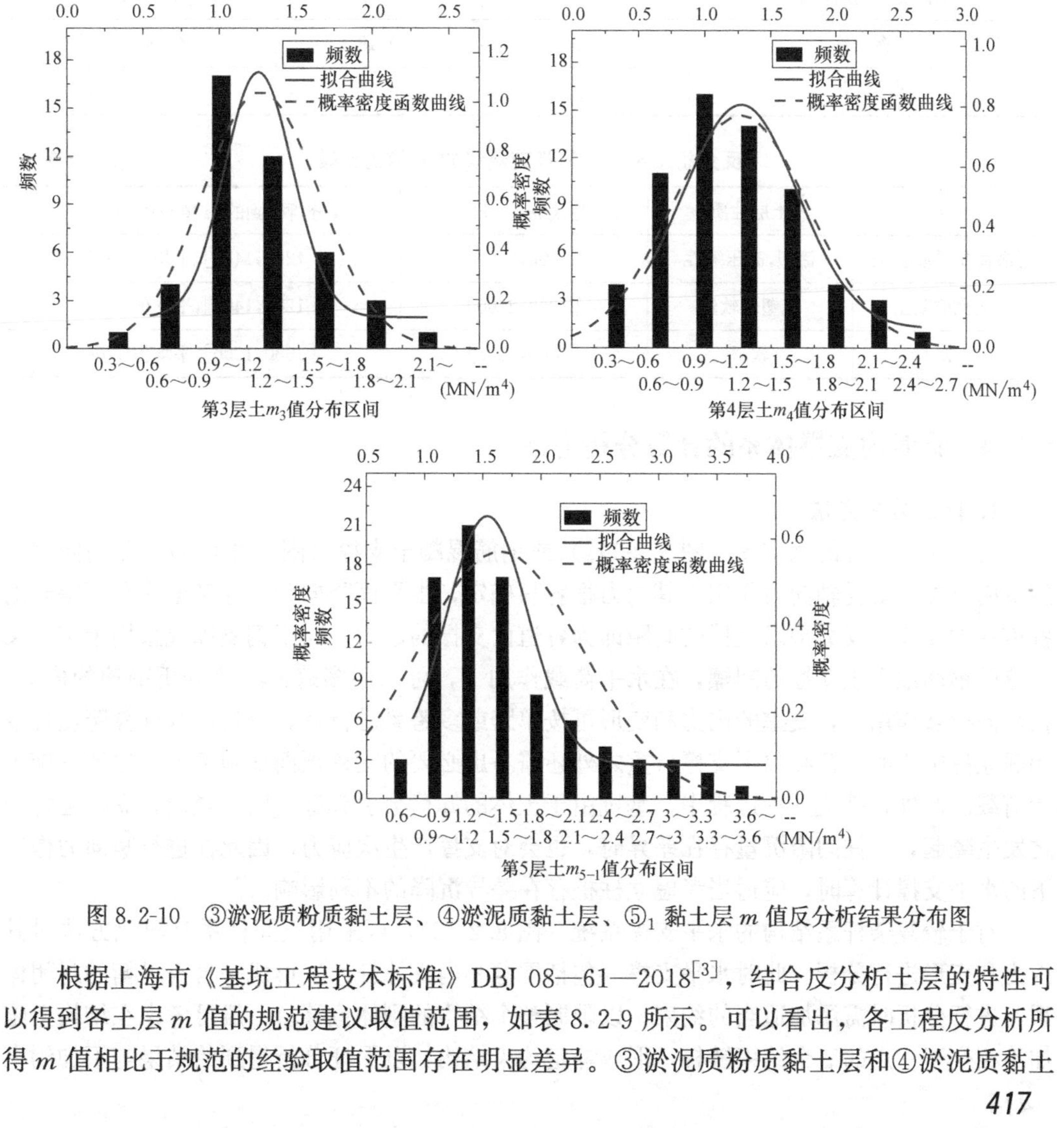

图 8.2-10 ③淤泥质粉质黏土层、④淤泥质黏土层、⑤$_1$ 黏土层 m 值反分析结果分布图

根据上海市《基坑工程技术标准》DBJ 08—61—2018[3]，结合反分析土层的特性可以得到各土层 m 值的规范建议取值范围，如表 8.2-9 所示。可以看出，各工程反分析所得 m 值相比于规范的经验取值范围存在明显差异。③淤泥质粉质黏土层和④淤泥质黏土

层的反分析结果与规范建议取值相比下限偏大，上限偏小，其区间范围较规范的建议值也要小。⑤$_1$ 黏土层反分析得到的取值上限和下限以及区间范围均明显小于规范的建议值。分析原因，由于 m 值是一个综合反映施工工法、开挖条件、施工过程等复杂因素的综合参数，施工过程中的时间效应和施工扰动等均会对 m 值产生影响。上海地区软土具有流变性，基坑施工过程往往会持续较长时间，土体的流变性很大程度上增大了围护墙体的变形；反分析工程的基坑开挖深度大部分在 10～20m 范围内，坑内⑤$_1$ 黏土层一般处于基底或基底以下一定范围内，在基坑开挖的整个阶段都会起作用，时间效应对变形的影响更加显著，而且开挖到基底时坑内土体受到的扰动也较大，从而导致⑤$_1$ 黏土层 m 值反分析结果比规范建议取值要小很多。总体而言，所得各土层的 m 值范围较规范建议值更窄，意味着其取值的不确定性远小于规范的建议范围，更方便工程师确定合理的 m 值。

各土层 m 值统计分析结果（MN/m^4） **表 8.2-8**

土层	平均值 μ	方差 σ	置信区间
③淤泥质粉质黏土	1.28	0.38	[1.16 ,1.40]
④淤泥质黏土	1.30	0.49	[1.18 ,1.42]
⑤$_1$ 黏土	1.75	0.85	[1.52 ,1.88]

反分析结果与上海规范建议的 m 值的比较 **表 8.2-9**

土层	土层性质	规范建议 m 值(kN/m^4)	反分析得到的 m 值范围(kN/m^4)
③淤泥质粉质黏土	流塑,高压缩性	[1000,2000]	[1200,1400],平均值 1300
④淤泥质黏土	流塑～软塑	[1000,2000]	[1200,1400],平均值 1300
⑤$_1$ 黏土	软塑	[2000,4000]	[1500,1900],平均值 1700

8.2.4 临时内支撑体系的计算分析方法

1. 计算分析方法

对于十字正交的钢支撑（图 8.2-11a）或钢筋混凝土支撑（图 8.2-11b），在侧向力作用下内支撑主要受轴向力作用，其内力很容易确定，由平面竖向弹性地基梁法分析得到的各道弹性支座的反力乘以支撑的间距即为各道内支撑的轴力。对于钢支撑或采用十字交叉对撑的钢筋混凝土支撑的围檩，在水平荷载作用下，可采用多跨连续梁分析围檩的内力。在竖向荷载作用下，支撑的内力和变形可按单跨或多跨梁进行计算分析，其计算跨度可取相邻立柱中心距，荷载除了支撑自重之外还需考虑必要的支撑顶面如施工人员通道的施工活荷载。此外，基坑开挖过程中，基坑由于土体的卸荷会引起基坑回弹隆起，立柱也将随之发生隆起，立柱间隆沉量存在差异时，也会对支撑产生次应力，因此在进行竖向力作用下的水平支撑计算时，应适当考虑立柱桩存在差异沉降的不利影响。

对于较复杂杆系结构的水平支撑系统（图 8.2-12），可采用空间杆系有限元方法对其内力和变形进行分析。此时水平支撑（包括围檩和内支撑杆件）形成一自身平衡的封闭体系，进行分析时需添加适当的约束，以限制整个结构的刚体位移。一般可考虑在结构上施加不相交于一点的三个约束链杆，形成静定约束结构，以保证分析得到的结果与不加约束

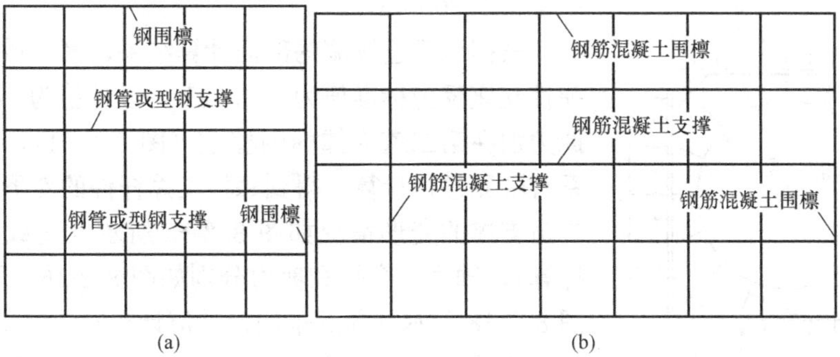

图 8.2-11 十字正交支撑

(a) 钢支撑；(b) 钢筋混凝土支撑

链杆时得到的结果一致。将由平面竖向弹性地基梁法计算得到的弹性支座的反力作用在空间杆系结构的周边（图 8.2-13），采用杆系有限元的方法即可求得各支撑杆件的内力和位移。

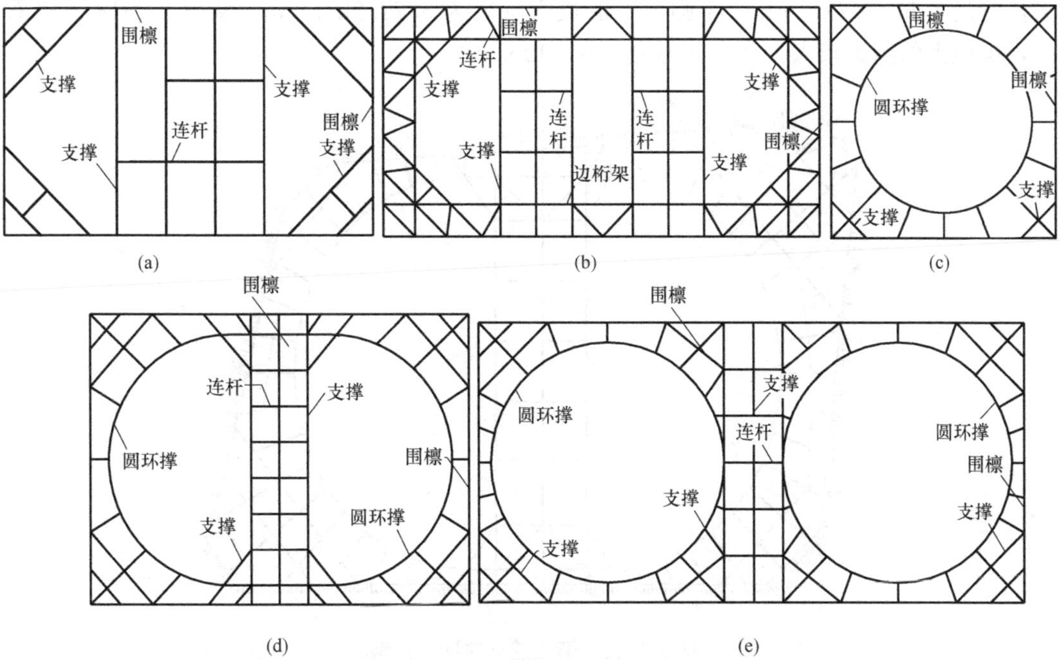

图 8.2-12 钢筋混凝土复杂布置支撑体系

(a) 对撑结合角撑；(b) 对撑、角撑结合边桁架支撑；(c) 圆环支撑；

(d) 双半圆环支撑；(e) 多圆环支撑

2. 计算分析实例

仍以 8.2.2 节中的中山南路 B4 地块项目为例，分析第二道支撑的受力和变形情况。该道支撑的标高为－7.100m，混凝土强度等级为 C35。围檩和中部对撑的截面尺寸为 1200mm×800mm，角撑和径向杆件的截面尺寸为 1000mm×800mm，半圆环支撑的截面尺寸为 2000mm×1000mm，八字撑的截面尺寸为 900mm×800mm，连杆的截面尺寸为

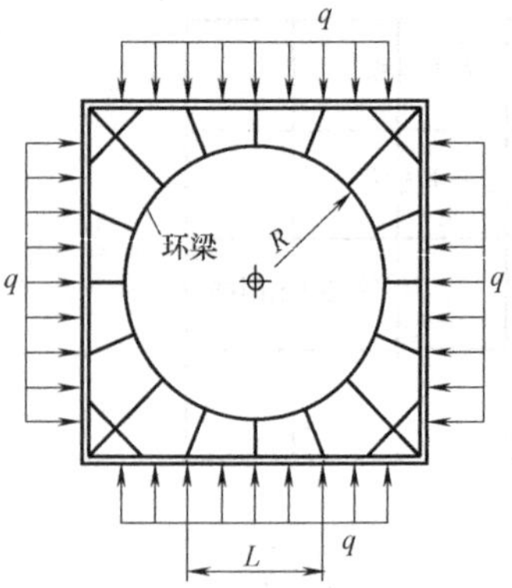

图 8.2-13　复杂布置支撑体系的内力分析模型

800mm×800mm。

根据地下连续墙的剖面计算结果，第二道支撑的最大弹性支座反力标准值为 701.1kN，设计值为 876.4kN。将此力加在第二道支撑的围檩上（图 8.2-14），然后采用杆系有限元进行计算，得到每根支撑杆件的变形和内力。第二道支撑的变形情况如图 8.2-15 所示（荷载采用标准值计算），轴力、弯矩和剪力分别如图 8.2-16、图 8.2-17 和图 8.2-18 所示（荷载采用设计值计算）。

从图 8.2-15 可以看出，最大变形发生于支撑系统的右边中部，最大变形为 27.7mm。从图 8.2-16 可以看出，半圆环上的轴力最大，放射状的杆件轴力相对较小；半圆环上的最大轴力达到 25403.5kN；中部对撑最大轴力达到 11549.3kN，角撑最大轴力为 9371.9kN。从图 8.2-17 可以看出，围檩和半圆环上的弯矩较大，中部对撑上的弯矩很小；其中围檩杆件跨中最大弯矩为 3227.1kN·m，支座处最大负弯矩为 5280.2kN·m；半圆环上的最大弯矩为 5872.9kN·m。从图 8.2-18 可以看出，围檩上的剪力较大，最大剪力为 3300.9kN。

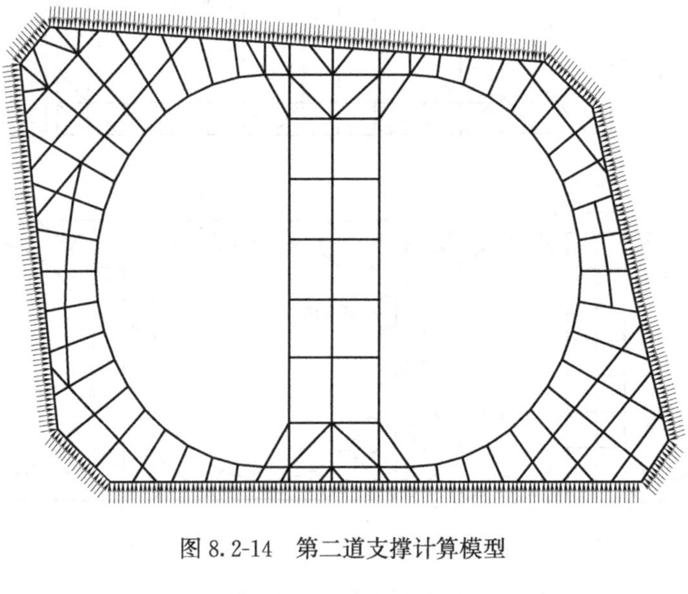

图 8.2-14　第二道支撑计算模型

8.2.5　采用主体地下结构梁板作为支撑的分析方法

1. 分析方法

当采用主体地下结构梁板作为支撑时，对水平支撑体系的受力和变形分析必须考虑梁板的共同作用，根据实际的支撑结构形式建立考虑围檩（边梁）、主梁、次梁和楼板的有限元模型，设置必要的边界条件并施加荷载进行分析。当有局部临时支撑时，模型中尚需考虑这些临时支撑的作用。一般可采用大型通用有限元程序如 ANSYS、ABAQUS 等进行分析。

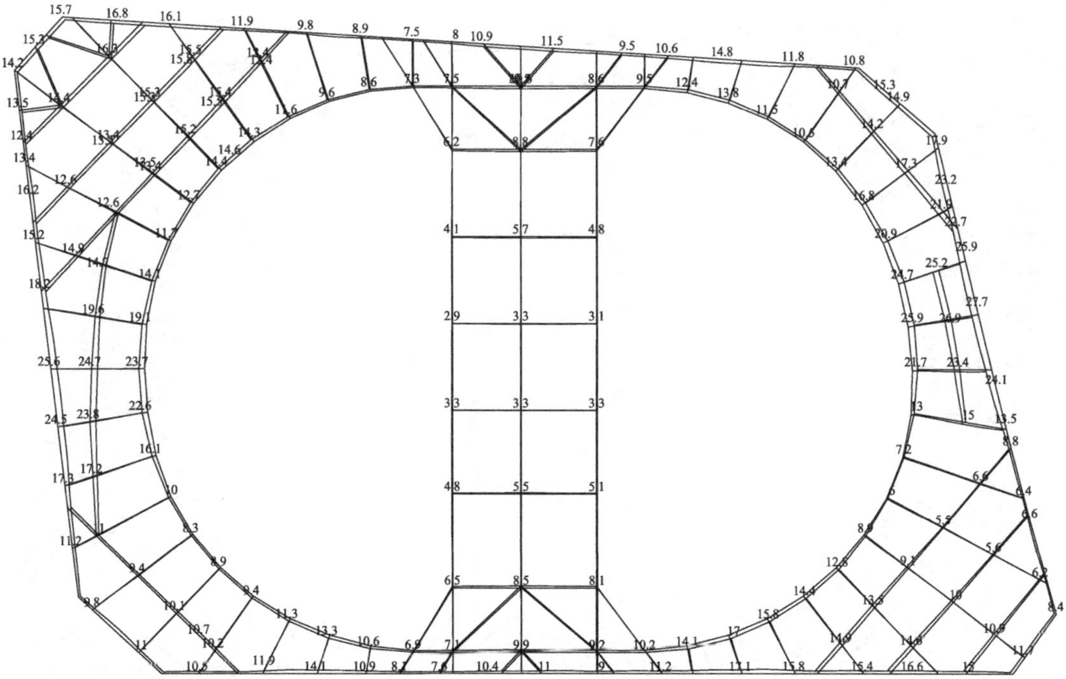

图 8.2-15 第二道支撑变形分布情况

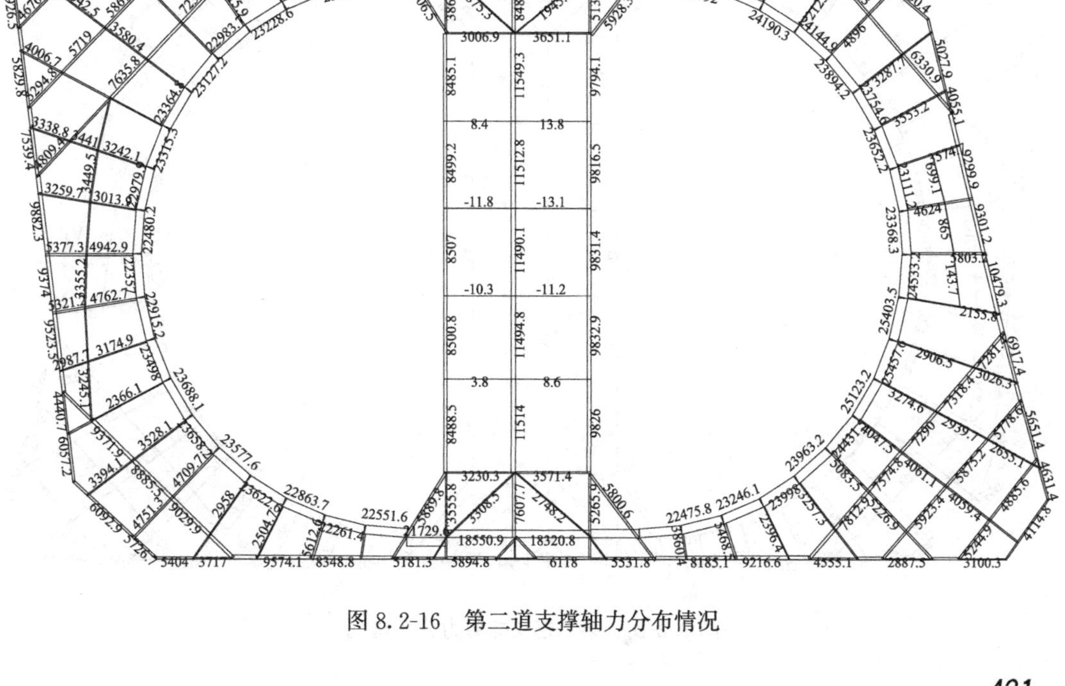

图 8.2-16 第二道支撑轴力分布情况

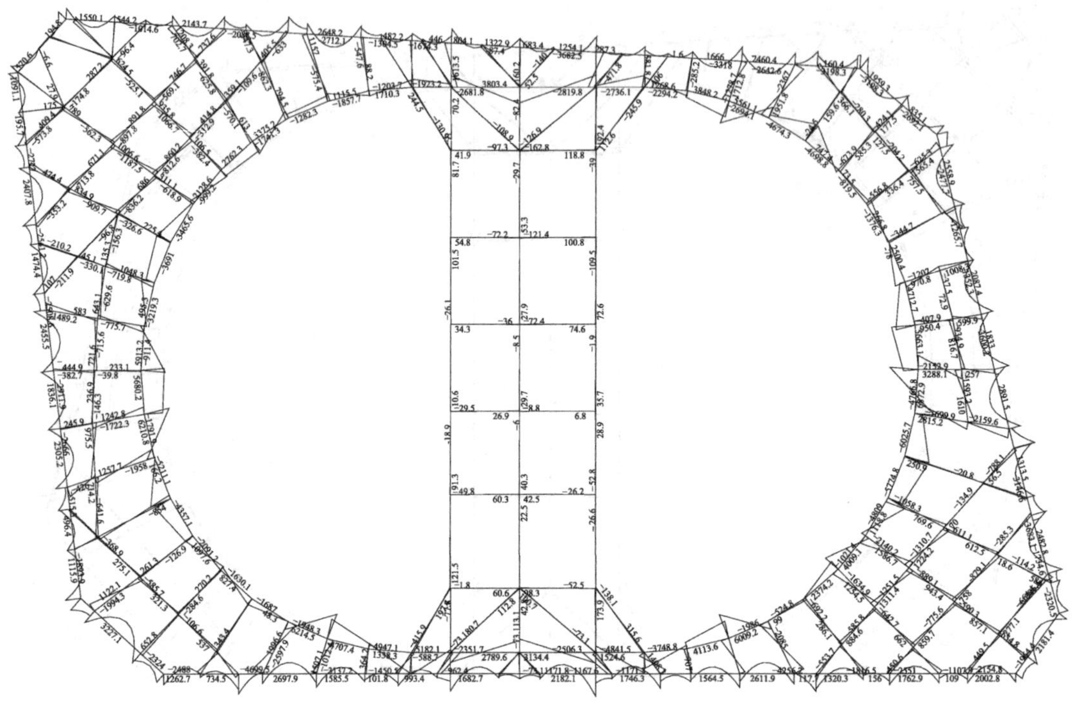

图 8.2-17　第二道支撑弯矩分布情况

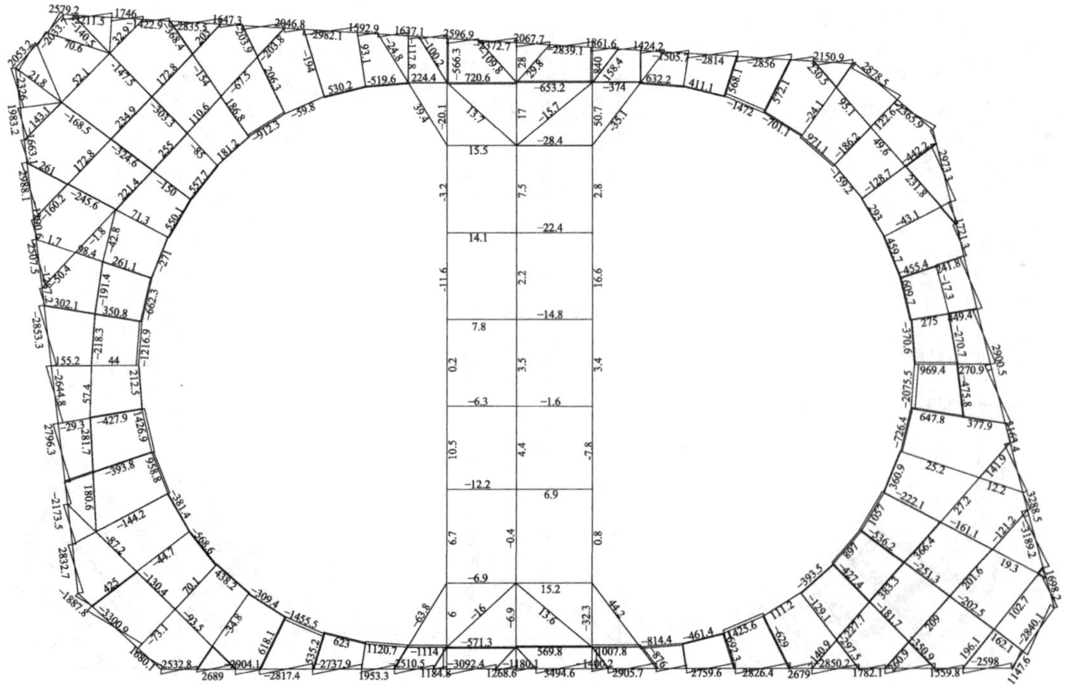

图 8.2-18　第二道支撑剪力分布情况

以采用 ANSYS 软件分析为例，水平支撑体系中的主梁、次梁和局部临时支撑采用可考虑轴向变形的 BEAM188 号弹性梁单元模拟，该单元基于铁木辛柯梁结构理论，并考虑了剪切变形的影响，适合于分析从细长到中等粗短的梁结构。钢筋混凝土楼板结构采用 SHELL63 号板单元模拟，该单元既具有弯曲能力又具有膜力，可以承受平面内荷载与法向荷载。在分析模型中梁单元和楼板单元采用共用相同节点的耦合处理方法，以保证梁单元和楼板单元可以在交界面上进行有效的内力传递。有限元模型中梁单元的截面尺寸和楼板的厚度均应按照设计的实际尺寸建模参与计算。

荷载分为两类，一类是由围护墙传来的水平向荷载。采用平面竖向弹性地基梁法计算得到的弹性支座的反力即为围护结构传来的水平荷载，将其作用在水平支撑体系的围檩上，一般可将该反力均匀分布于围檩上，且与围檩相垂直。另一类是竖向施工荷载和结构自重。采用主体地下结构梁板作为支撑时，首层梁板一般还需作适当加强，作为施工栈桥或材料堆场承受竖向施工荷载，因而首层楼板处于双向受力状态，有限元计算中尚需考虑这部分荷载，为简便起见可考虑施加作用在楼板上的竖向均布荷载。其他各层地下室梁板体系通常只需考虑只承受自重及由围护墙传来的侧向荷载。

复杂水平支撑体系受力分析中，由于基坑四周与围檩长度方向正交的水平荷载往往为不对称分布，计算时，为避免模型整体平移或者转动，须设置必要的边界条件以限制整个模型在其平面内的刚体运动。约束的数目应根据基坑形状、尺寸等实际情况来定。约束数目太少，会出现部分单元较大的整体位移；约束数目太多，也会与实际情况不符，使支撑杆的计算内力偏小而不安全。在梁板结构与立柱相交处，由于立柱的竖向位移较小，可考虑约束这些点的竖向位移，或采用竖向弹性支座，否则模型将不能承受竖向荷载。围檩一般与围护墙连在一起，也可考虑约束围檩的竖向位移或采用竖向弹性支座。

2. 计算分析实例

南昌大学第二附属医院医疗中心大楼主体结构设置二层地下室，基坑面积约 6500m^2，挖深 11.65～13.05m。基坑周边采用直径 800mm 钻孔灌注桩结合直径 1000mm 高压旋喷桩隔水帷幕形成的围护体，利用地下两层结构楼板作为支撑并采用地上地下同步逆作施工的方案。

采用大型通用有限元软件 ANSYS 对逆作阶段首层地下结构梁板的受力状态进行分析。楼板采用 4 节点空间板单元模拟，圈梁、主梁、临时支撑、围檩等均采用 2 节点空间梁单元模拟。主要结构构件截面如下：压顶梁截面 1200mm×800mm；内部结构边环梁截面 900mm×700mm；主梁截面 350mm×900mm；楼板厚度 200mm，周边楼板落低 1200mm；内部梁板与压顶梁之间的临时支撑为 H400×400×13×21 型钢。图 8.2-19 和图 8.2-20 分别为有限元分析的总体模型图和局部模型图。计算中，钢筋混凝土材料的弹性模量为 3.0×10^{10}Pa，钢材的弹性模量为 2.1×10^{11}Pa，泊松比均取 0.15。边界条件考虑为约束模型角点的位移。根据围护结构剖面计算结果，取作用于周边压顶梁的水平荷载标准值为 175kN/m，荷载分项系数取 1.35。

有限元分析得到了整个水平支撑体系的位移和内力。图 8.2-21 为总位移云图，可以看出整个结构最大位移仅为 7.8mm。图 8.2-22 为梁的轴力图，其中压顶梁最大轴力为 1560kN，内部楼板的边环梁最大轴力 1160kN，结构主梁最大轴力 1240kN，出土口处边梁最大轴力 2360kN，内部楼板与压顶梁之间的临时型钢支撑最大轴力为 1920kN。

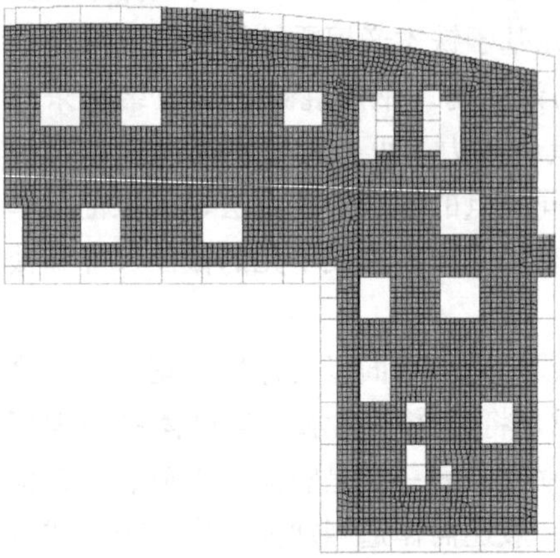

图 8.2-19　首层梁板结构的整体计算模型

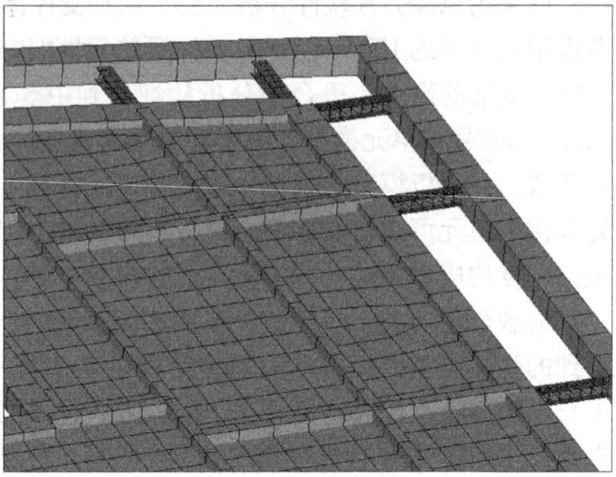

图 8.2-20　首层梁板结构的局部模型

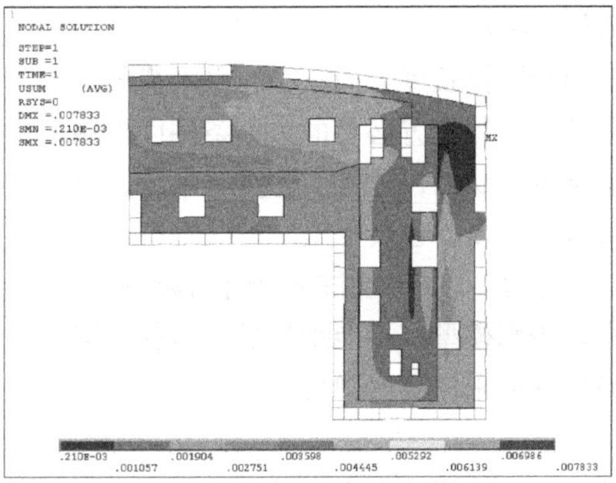

图 8.2-21　首层梁板结构总位移云图

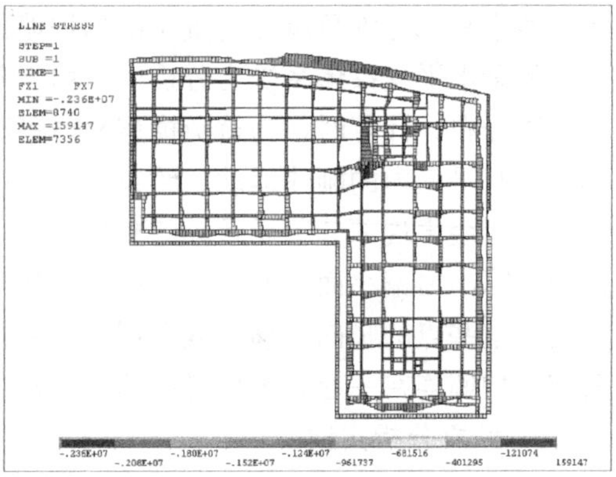

图 8.2-22　首层梁板结构的梁轴力图

图 8.2-23 为梁的弯矩图，其中压顶梁最大弯矩为 1270kN・m，内部楼板的边环梁最大弯矩为 359kN・m，结构主梁最大弯矩为 162kN・m，出土口处边梁最大弯矩为 705kN，内部楼板与压顶梁之间的临时型钢支撑最大弯矩为 95kN。

图 8.2-24 为楼板 X 向应力云图，最大压应力为 7.8MPa，最大拉应力为 4MPa，压应

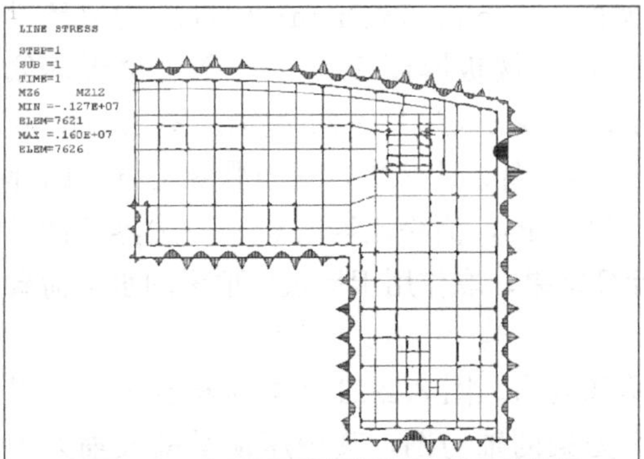

图 8.2-23　首层梁板结构的梁弯矩图

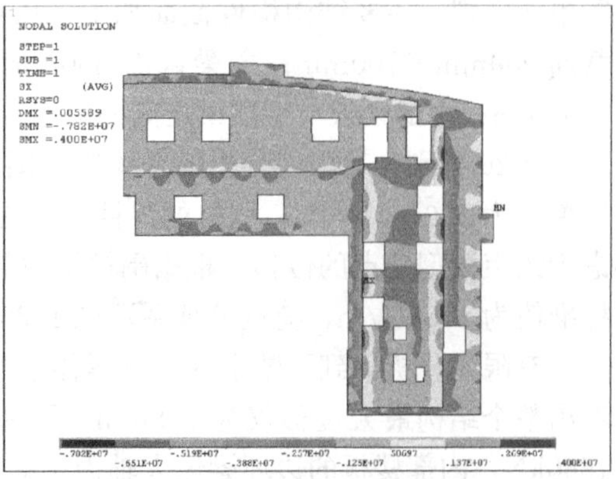

图 8.2-24　首层梁板结构 X 向应力云图

力未超过混凝土抗压强度设计值，但拉应力超过了混凝土抗拉强度设计值。楼板拉应力主要是在变标高处的应力集中，因此设计后来考虑在变标高处设置了斜板或对梁作加腋处理使得楼板满足受力要求。

8.3 基坑支护体系的三维m法分析方法

平面竖向弹性地基梁法较适合用于基坑中部或长条形基坑接近于平面应变假定的断面的分析，该方法应用于有明显空间效应的深基坑工程时，无法反映实际基坑的空间受力和变形性状。对于具有明显空间效应的深基坑工程，支护结构的计算宜采用空间分析方法。基坑支护体系的三维 m 法是在平面竖向平面弹性地基梁法的基础上发展出来的，该方法完全继承了竖向平面弹性地基梁法的计算原理，建立围护结构、水平支撑与竖向支承系统共同作用的三维计算模型，采用三维有限元方法求解，其计算原理简单明确，同时又克服了传统竖向平面弹性地基梁法模型过于简化的缺点。三维分析有助于从整体上把握基坑结构的受力和变形特性，同时相对于考虑土与结构共同作用的三维有限元分析工作量大大减少，因而易于为工程师掌握并应用于具体的设计中。

8.3.1 分析方法

1. 计算模型

图 8.3-1 为基坑支护体系的三维 m 法模型示意图（以矩形基坑为例，取 1/4 模型表示），按实际基坑支护结构的设计方案建立三维有限元模型，模型包括围护墙、水平支撑体系、竖向支承系统和土弹簧单元。对采用地下连续墙的围护结构可采用三维板单元来模拟；对采用灌注桩的围护结构可采用梁单元来模拟，也可采用刚度等代的板单元来近似模拟。对采用临时水平支撑的情况，水平支撑体系仅包括支撑杆件，此时可以采用梁单元来模拟；对采用结构梁板替代支撑的情况，采用梁单元和板单元来模拟水平支撑构件，同时尚需考虑梁和板的共同作用。竖向支承体系包括立柱和立柱桩，一般也可用梁单元来模拟。

基坑围护墙外侧的水土压力作为已知荷载作用在围护墙上，坑内开挖面以下的土体采用土弹簧模拟，模拟具体的施工顺序，由此分析支护结构的内力与变形。

2. 土弹簧刚度系数

基坑开挖面以下，土弹簧单元的水平向刚度可按下式计算：

$$K_{\mathrm{H}}=k_{\mathrm{h}}\cdot b\cdot h=m\cdot z\cdot b\cdot h \tag{8.3-1}$$

式中 K_{H}——土弹簧单元的刚度系数；

k_{h}——土体水平向基床系数；

z——土弹簧距离开挖面的距离；

b、h——分别为三维模型中与土弹簧相连接的挡土结构单元（板单元）的宽度和高度；

m——比例系数，其意义和取值方法与平面竖向弹性地基梁方法中的 m 相同。

3. 土压力计算方法

土压力的计算方法与平面竖向弹性地基梁的方法相同，具体可按相关规范的规定计算，只是在平面竖向弹性地基梁中土压力为作用在挡土结构上的线荷载，而在三维 m 法中

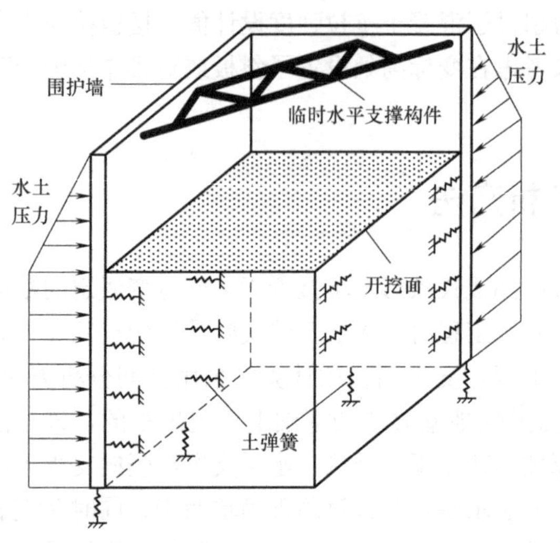

图 8.3-1 基坑支护结构的三维 m 法分析模型示意图

土压力则是作用在挡土结构上的面荷载。

4. 施工过程模拟

应对基坑的开挖过程作全过程的模拟，对于有 n 道支撑的支护结构，考虑先支撑后开挖的原则，具体分析过程如下：

(1) 首先挖土至第一道支撑底标高，计算简图如图 8.3-2 (a) 所示，施加外侧的水土压力计算此时支护结构的内力及变形；

(2) 第一道支撑施工（有预加轴力时应施加轴力），计算简图如图 8.3-2 (b) 所示，此时水土压力增量为 0，只需计算在预加轴力作用下支护结构的内力及变形等；

(3) 挖土至第二道支撑底标高，计算简图如图 8.3-2 (c) 所示，施加水土压力增量，并计算支护结构在新的水土压力作用下的变形及内力等；

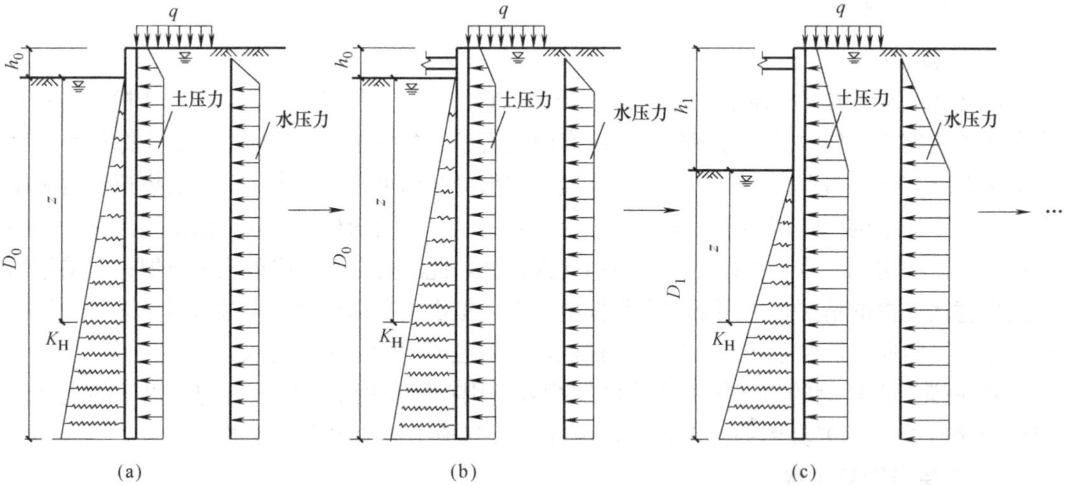

图 8.3-2 三维 m 法的计算流程图

(4) 依次类推，施加第 n 道支撑及开挖第 n 层土体，直至基坑开挖至基底。

由于三维分析模型一般较复杂，通常可采用大型通用有限元软件如 ANSYS、ABAQUS 等进行建模分析。计算过程中，通过有限元软件中的“单元生死”功能模拟土体的开挖以及支护结构的施工。由于每个开挖步的开挖深度不同，因此开挖面以下土弹簧到开挖面的距离发生变化，因而式 (8.3-1) 中的 z 值在不同开挖步中是变化的，所以在不同开挖步之间应改变开挖面以下土弹簧单元的刚度系数。

8.3.2 分析实例

1. 工程概况

上海世博 500kV 地下变电站为全地下四层筒型结构，地下建筑外径为 130m，地下结构埋置深度约 34m。地下各层结构标高如下：顶板−2.000m，地下一层−11.500m，地下二层−16.500m，地下三层−26.500m，地下四层−31.000m。工程位于上海市静安区，处于北京西路、成都北路、山海关路和大田路所围的地块内。邻近道路下存在大量管线，其中山海关路下的管线与基坑的最近距离为 16.6m；成都北路下的管线与基坑的最近距离为 23m；大田路和北京西路侧下的管线与基坑的最近距离较远，超过了 50m。北侧隔山海关路与本工程相对的是采用浅基础的 1～2 层老式民房。西侧成都北路中部为城市交通主干道之一的南北高架路，城市高架路下设置了桩基础。基地周边道路下众多市政管线、山海关路侧天然地基的老式民房和作为交通要道的南北高架路等都处于本基坑工程的影响范围之内，均为本工程需要重点进行保护的对象。总体而言，本工程周边环境条件较为复杂。

根据勘察报告[13]，浅层 30m 深度范围以上主要为压缩性较高、强度较低的软黏土层，30m 以下为土性相对较好的粉砂层和黏土层互层。场地内地基土自上而下可以分为：$①_1$ 人工填土、②灰黄色粉质黏土、③灰色淤泥质粉质黏土、④灰色淤泥质黏土、$⑤_{1\text{-}1}$ 灰色黏土、$⑤_{1\text{-}2}$ 灰色粉质黏土、$⑥_1$ 暗绿～草黄色粉质黏土、$⑦_1$ 草黄～灰色砂质粉土、$⑦_2$ 灰色粉砂、$⑧_1$ 灰色粉质黏土、$⑧_2$ 灰色粉质黏土与粉砂互层、$⑧_3$ 灰色粉质黏土与粉砂互层、$⑨_1$ 灰色中砂、$⑨_2$ 灰色粗砂及⑩青灰色黏质粉土。浅层地下水属潜水类型，补给来源主要为大气降水、地表径流，静止地下水埋深一般 0.5～1.0m。场地承压水分布于$⑦_1$ 砂质粉土（含粉砂）、$⑦_2$ 粉砂层、$⑧_3$ 灰色粉质黏土与粉砂互层和⑨层砂性土中。

2. 基坑支护设计

本工程采用主体结构与支护结构全面相结合、地下结构由上往下施工的圆筒形结构全逆作法设计方案[14,15]，即“地下连续墙两墙合一 ＋ 结构梁板替代水平支撑 ＋ 临时环形支撑”的逆作法总体方案。利用主体地下结构四层梁板作为开挖阶段的内支撑体系，另外在梁板竖向跨度大的跨中位置设置三道临时环形内支撑。逆作阶段设置一柱一桩作为各层地下结构、临时支撑以及施工荷载的竖向支承系统。基坑支护剖面如图 8.3-3 所示。

两墙合一地下连续墙厚度为 1.2m，开挖深度 34m，插入深度 23.8m，插入比为 0.69[16]，混凝土设计强度等级为 C35。利用四层地下水平结构梁板作为水平支撑系统，四层结构均采用双向受力的交叉梁板结构体系。图 8.3-4 为逆作阶段首层结构的平面图。考虑到逆作阶段地下一、二层之间的跨度为 9.5m，地下三、四层之间的跨度为 10.0m，地下四层、基底之间的跨度为 7.5m，为确保基坑安全以及严格控制基坑变形，分别在以上三跨的跨中设置了一道单环（直径为 125.6m）和两道双环（外环直径为 125.6m，内环直径为 105.6m）临时钢筋混凝土水平支撑系统。临时双环支撑的平面如图 8.3-5 所示。单环和双环的截面尺寸如图 8.3-3 所示。

逆作施工阶段一柱一桩竖向支承系统在最不利工况时承受四层结构梁板自重以及施工超载等荷载。一柱一桩竖向支承系统由钢立柱和立柱桩组成，钢立柱有钢管混凝土柱和角钢格构柱两种形式。钢管混凝土柱采用Φ550×16 钢管内充填 C60 高强混凝土浇筑形成，抗压设计承载力不小于 10000kN。角钢格构柱分布在荷载相对较小的第二、三道双环支撑位置，为选用 4L140×14 的角钢与缀板拼接而成 460mm×460mm 截面的钢格构柱。立柱桩采用钻孔灌注桩，桩径 950mm，设计桩长 55.8m，桩身混凝土设计强度 C35。

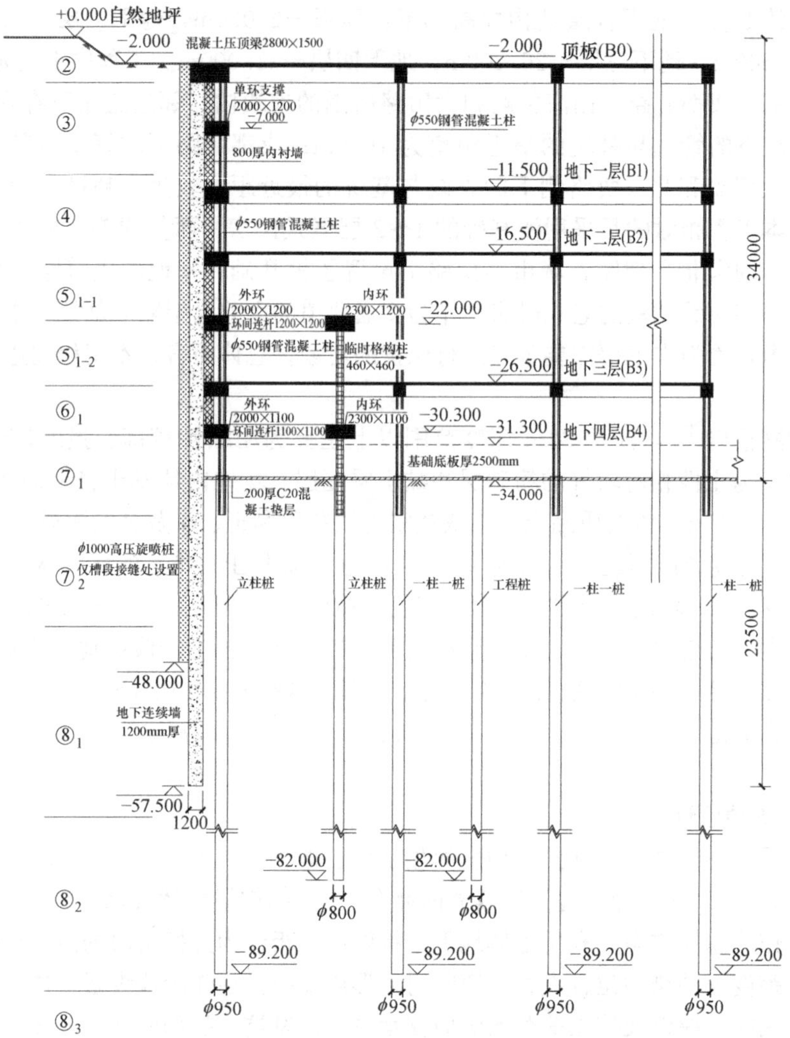

图 8.3-3 上海世博 500kV 地下变电站工程逆作阶段剖面图

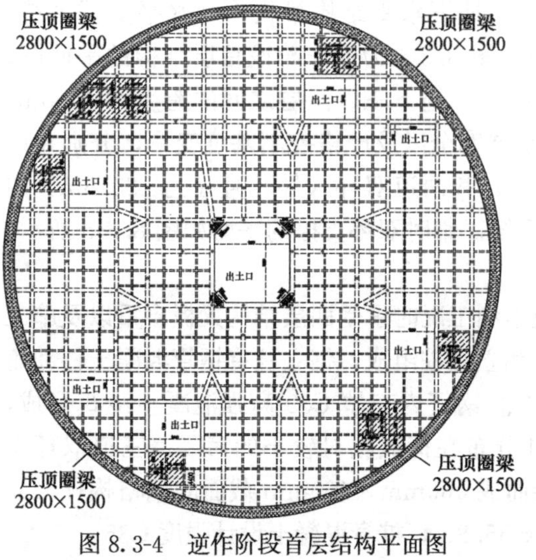

图 8.3-4 逆作阶段首层结构平面图

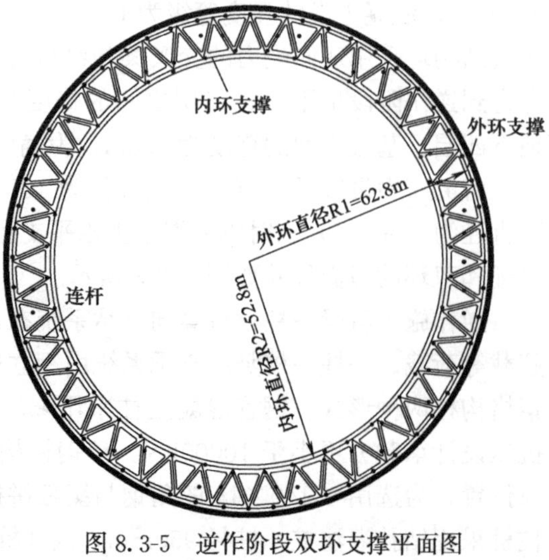

图 8.3-5 逆作阶段双环支撑平面图

3. 基坑支护结构的三维 m 法分析

(1) 计算模型

采用三维 m 法进行分析，通过 ANASYS 有限元软件根据实际情况建立三维模型，地下连续墙、各道逆作楼板采用 Shell43 板单元模拟；梁采用 Beam4 梁单元模拟，开挖面以下土体采用 Combin14 弹簧单元模拟。模型总单元数 137994，总节点数 137137。有限元计算模型如图 8.3-6～图 8.3-9 所示。

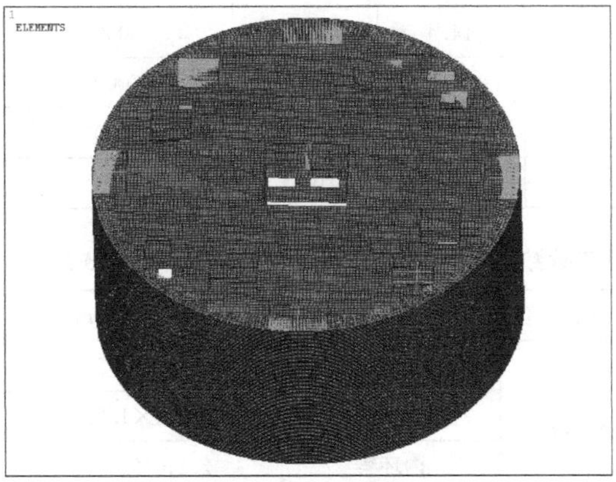

图 8.3-6　整体有限元网格

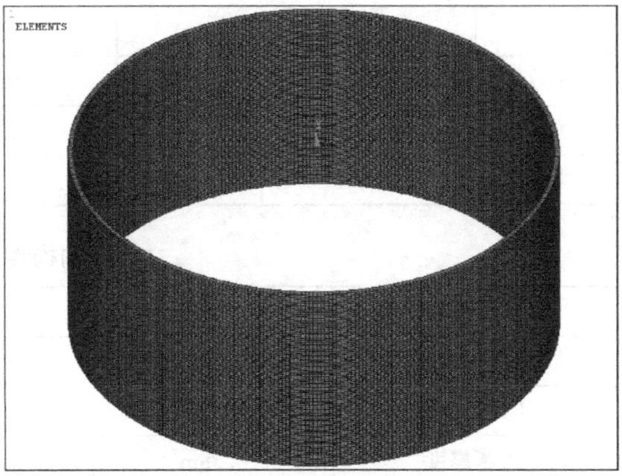

图 8.3-7　地下连续墙网格

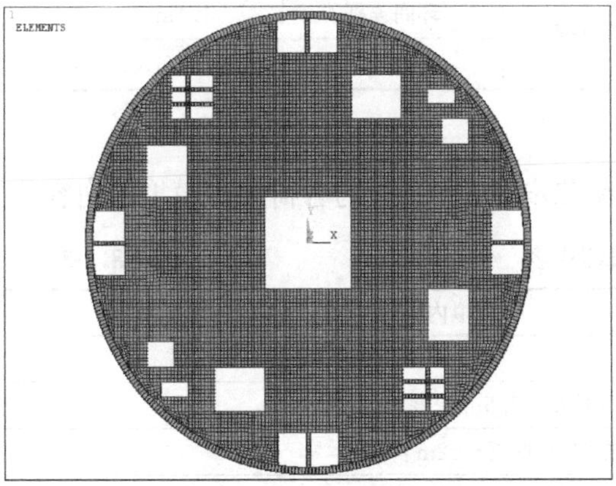

图 8.3-8　压顶圈梁、B0 板及临时支撑网格

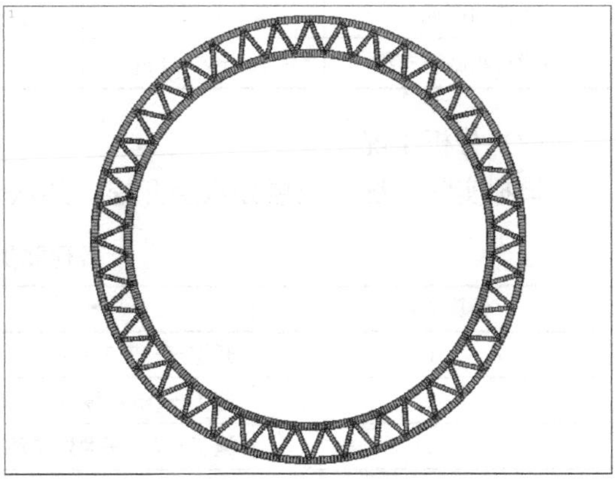

图 8.3-9　第二、三道双环梁有限元网格

(2) 计算参数

由于地下连续墙墙底插入土层⑧$_1$，所以计算过程中只需⑧$_1$ 层及其上部各土层的参数。各土层的分析参数参见考勘察报告，水平向基床系数 m 的取值参考规范结合经验选取，如表 8.3-1 所示。各道地下室楼板按梁板体系折算，折算厚度及各道支撑截面见表 8.3-2。由于结构构件均为钢筋混凝土结构，刚度较大，可以假定其为线弹性材料，取弹性模量 $E=3\times10^{10}$Pa，泊松比 $\upsilon=0.15$。

土层物理力学参数表　　**表 8.3-1**

土层	层底标高(m)	层厚(m)	重度(kN/m^3)	φ(°)	c(kPa)	m(kN/m^4)
①$_1$	−3.2	3.2	18	22	0	1500
②	−3.4	0.2	19.1	16.8	21.7	2500

续表

土层	层底标高(m)	层厚(m)	重度(kN/m^3)	φ(°)	c(kPa)	m(kN/m^4)
③	−10.5	7.1	17.8	16.3	10.1	2000
④	−17.5	7	17.2	14.2	6.7	1500
⑤$_{1-1}$	−21.3	3.8	18.2	11	12	3000
⑤$_{1-2}$	−27.5	6.2	18.2	19.7	8.4	3000
⑥$_1$	−31.6	4.1	19.6	14.4	43.3	6000
⑦$_1$	−37.5	5.9	19.1	31.2	5	7000
⑦$_2$	−45.3	7.8	19.3	31.5	4	8000
⑧$_1$	−60.8	15.5	18.4	26.3	19.1	4000

结构构件基本参数 **表 8.3-2**

<table>
<tr><td>B0 板厚度</td><td>0.55m</td><td colspan="2">第一道单环梁支撑</td><td>2.2m×1.2m</td></tr>
<tr><td>B1 板厚度</td><td>0.45m</td><td rowspan="3">第二道
单环梁支撑</td><td>外环梁</td><td>2.0m×1.2m</td></tr>
<tr><td>B2 板厚度</td><td>0.38m</td><td>环间连杆</td><td>1.2m×1.2m</td></tr>
<tr><td>B3 板厚度</td><td>0.38m</td><td>内环梁</td><td>2.2m×1.2m</td></tr>
<tr><td>地下连续墙厚度</td><td>1.2m</td><td rowspan="3">第三道
单环梁支撑</td><td>外环梁</td><td>2.0m×1.1m</td></tr>
<tr><td>压顶圈梁</td><td>2.0m×1.5m</td><td>环间连杆</td><td>1.1m×1.1m</td></tr>
<tr><td>各道楼板临时支撑</td><td>1.0m×0.8m</td><td>内环梁</td><td>2.2m×1.1m</td></tr>
</table>

(3) 分析工况

模拟实际工况，土层分八层开挖，共八个荷载步。表 8.3-3 为各荷载步模拟的内容。

各荷载步模拟内容 **表 8.3-3**

计算荷载步	模拟内容
1	开挖至−2.5m 深度
2	施工−2m 深度处 B0 板，开挖至−7.5m 深度
3	施工−7m 深度处单环梁支撑，开挖至−12m 深度
4	施工−11.5m 深度处 B1 板，开挖至−17m 深度
5	施工−16.5m 深度处 B2 板，开挖至−22.5m 深度
6	施工−22m 深度处双环梁支撑，开挖至−27m 深度
7	施工−26.5m 深度处 B3 板，开挖至−31m 深度
8	施工−30.3m 深度处双环梁支撑，开挖至−34m 深度

(4) 分析结果

1) 地下连续墙侧向变形

基坑开挖到底时连续墙的侧移云图如图 8.3-10 所示，整个圆筒形连续墙体的变形呈中间大、两端小的分布，最大侧移为 32.1mm，发生在深度 27.5m 处。地下连续墙的最大侧移与开挖深度的比值仅为 0.1%，这个比值远小于常规的方形或长条形基坑的变形[17]，这说明连续墙的环向拱作用大大增强了围护结构的刚度，因此可有效地控制基坑的变形。

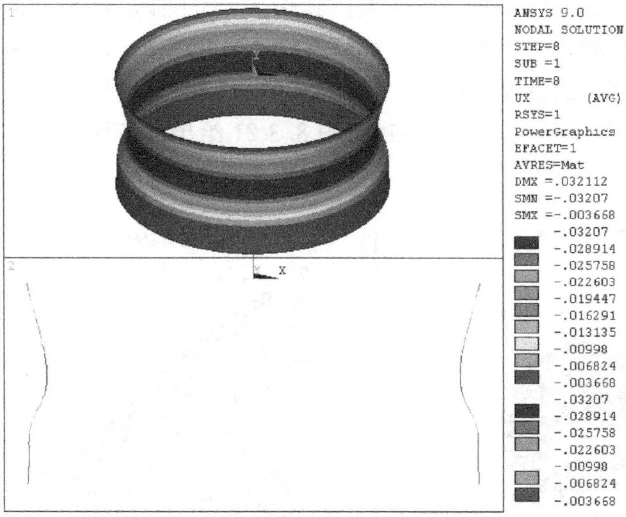

图 8.3-10 开挖至坑底连续墙的侧移云图（m）

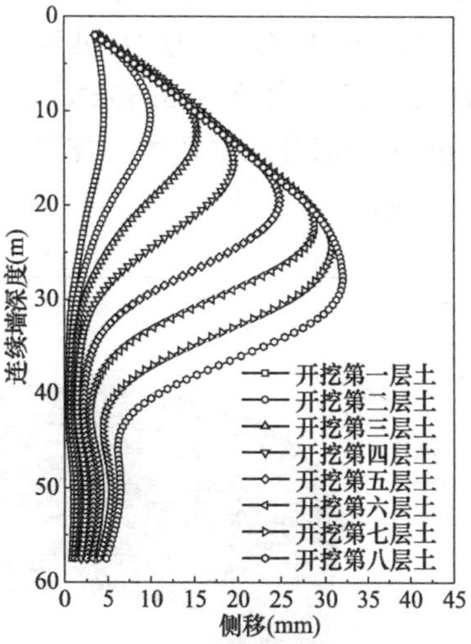

图 8.3-11 地下连续墙在各工况下的侧移情况

图 8.3-11 给出了各个工况下地下连续墙侧移的发展情况。可以看出，随着基坑开挖深度的增大，地下连续墙的变形逐渐增大，并且发生最大侧移的位置也随之下移。从图中还可以看出，施加了水平支撑之后，在后续开挖中，该道支撑以上部分的地下连续墙变形基本保持不变，变形主要向支撑以下的部位发展。开挖至坑底时，地下连续墙底的计算变形仅为 5mm，表明地下连续墙插入的这个深度，能给墙体较好的约束。

2）地下连续墙环向轴力

图 8.3-12 为开挖至坑底时地下连续墙环向轴力云图，可以看出地下连续墙内产生较大的环向轴力。轴力沿竖向呈条带分布，即在某一标高，连续墙沿环向轴力基本相同，符合圆环在受均匀围压下各截面轴力相等的特性。在深度方向上，环向轴力呈中间大、两端小的分布规律，最大环向轴力为 17779kN/m，发生在－26.5m 处。图 8.3-13 为连续墙的环向轴力在各个工况下的变化情况，可以看出，连续墙的环向轴力随着开挖深度的增大而逐渐增大。对比图 8.3-13 和图 8.3-11 可以看出，连续墙的环向轴力与连续墙的侧向变形密切相关，侧移越大，连续墙的环向轴力越大。

3）地下连续墙弯矩

图 8.3-14 为开挖至坑底时地下连续墙的弯矩云图，其大小与分布也是沿轴向对称。图 8.3-15 为各个工况下地下连续墙的弯矩包络图，可以看出最大正弯矩为 1857.5kN·m，发生在标高－27.0m 处，最大负弯矩为 1656.4kN·m，发生在标高－41.0m 处。从图 8.3-15 还可以看出，开挖至坑底时，连续墙的弯矩大致可分为四段：上部弯矩较小段（－2.0～－16.5m 标高段），中部较大正弯矩段（－16.5～－37.0m 标高段），中下部较大反弯矩段（－37.0～47.0m 标高段），下部较小弯矩段（－47.0～－57.5m 标高段）。从各工况弯矩图可知，下部的弯矩始终较小，表明这段连续墙体受上部土体开挖的影响较小，同时也证明了插入深度的合理性。

4）支撑体系内力

表 8.3-4 为各道支撑轴力的汇总表。可以看出，施工过程中，第一道单环梁支撑的轴力在基坑开挖至地下二层板（标高－16.5m）时最大，为 3690kN。第二道双环梁支撑的

轴力在基坑开挖至地下底板顶（标高－31.0m）时最大；其中内环的轴力较大，达9110kN；外环次之，为7180kN；连杆较小，为948kN。第三道双环梁支撑中，内环的轴力为7500kN，外环为5860kN，连杆为7210kN。可见，由于地下连续墙的环向拱作用直接抵抗了一部分水平压力，支撑的轴力并不大。图 8.3-16～图 8.3-21 给出了各环梁的轴力分布情况。

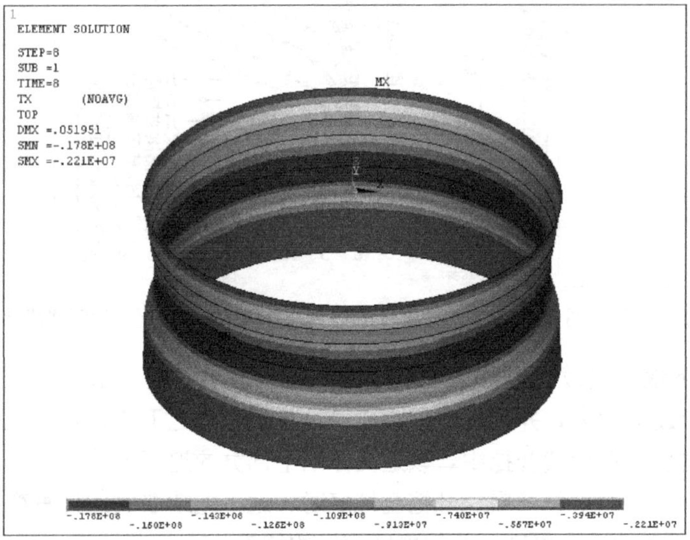

图 8.3-12 开挖至坑底时地下连续墙环向轴力云图（N/m）

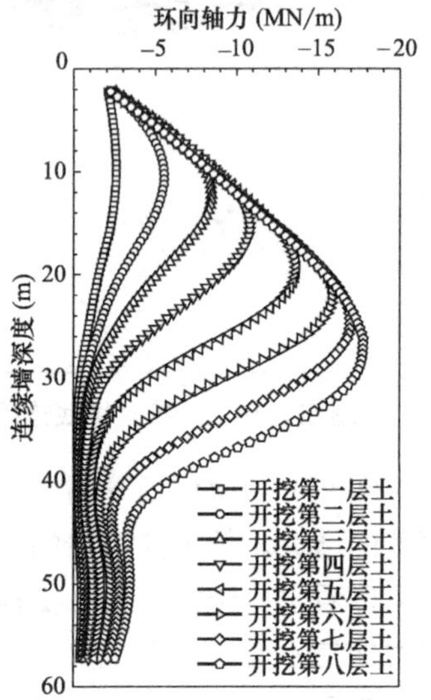

图 8.3-13 各工况下连续墙环向轴力

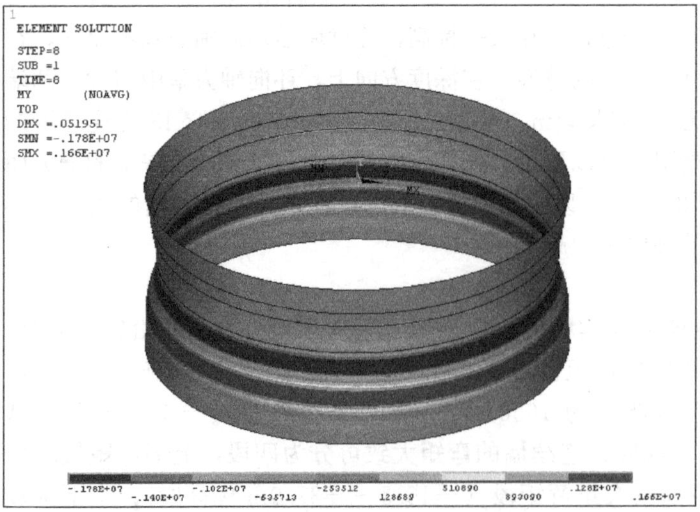

图 8.3-14 开挖至坑底连续墙的弯矩云图（N・m）

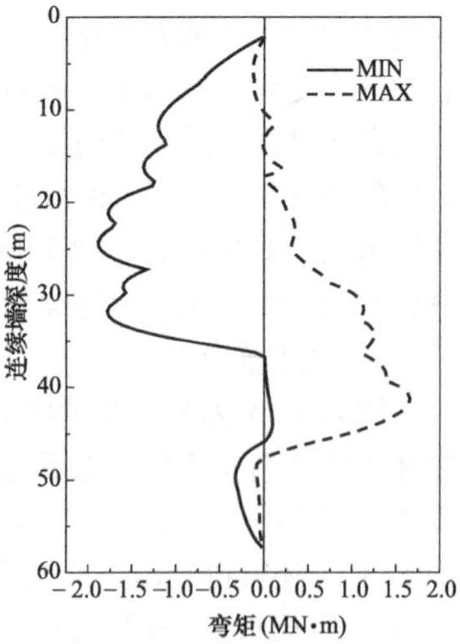

图 8.3-15 连续墙的弯矩包络图

各道支撑轴力汇总表（kN） **表 8.3-4**

荷载步	1	2	3	4	5	6	7	8
开挖标高(m)	−2.5	−7.5	−12.0	−17.0	−22.5	−27.0	−31.0	−37.0
压顶圈梁	5130	6320	6110	5460	5170	5140	5170	5200

续表

第一道单环梁		—	—	3520	3690	3030	2650	2580	2590
第二道双环梁	外侧	—	—	—	—	—	5810	7180	7070
	连杆	—	—	—	—	—	684	948	928
	内侧	—	—	—	—	—	7430	9110	8960
第三道双环梁	外侧	—	—	—	—	—	—	—	5860
	连杆	—	—	—	—	—	—	—	721
	内侧	—	—	—	—	—	—	—	7500

图 8.3-22 和图 8.3-23 分别给出了 B0 板的径向应力和环向应力分布情况，可以看出，在各出土口角部出现了应力集中，但总体而言，楼板的应力并不大，最大压应力 0.67MPa，最大拉应力 0.57MPa，均小于混凝土的压应力或拉应力设计值。计算得到的上述地下连续墙的内力、支撑的内力、楼板的内力等为基坑支护的结构构件设计提供了直接依据。

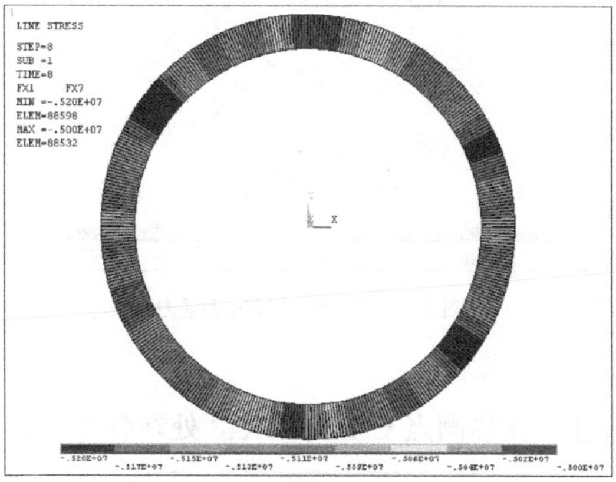

图 8.3-16 压顶圈梁轴力（N）

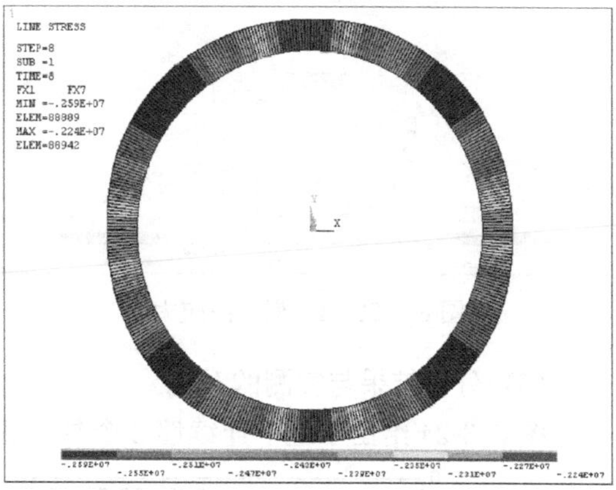

图 8.3-17 第一道单环梁轴力（N）

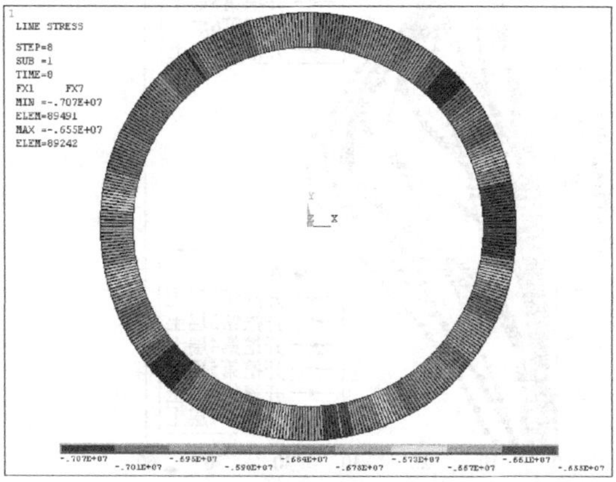

图 8.3-18 第二道双环梁外圈支撑轴力（N）

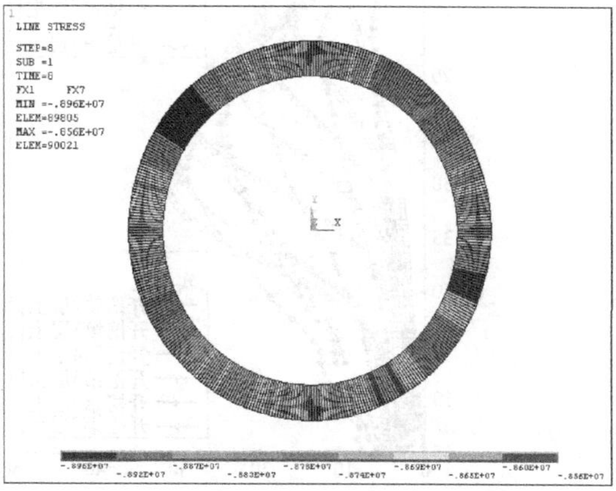

图 8.3-19 第二道双环梁内圈支撑轴力（N）

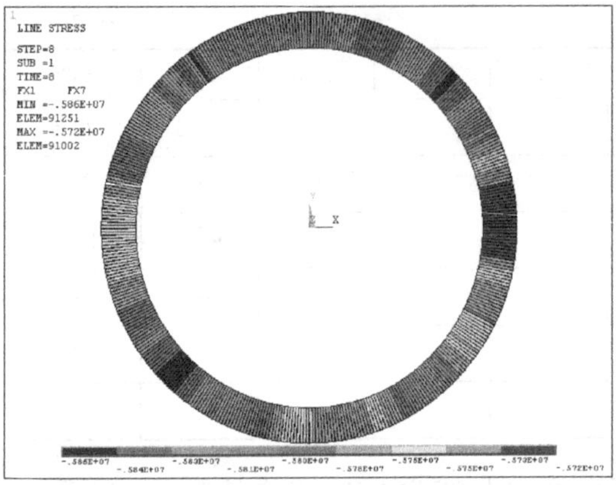

图 8.3-20 第三道双环梁内圈支撑轴力（N）

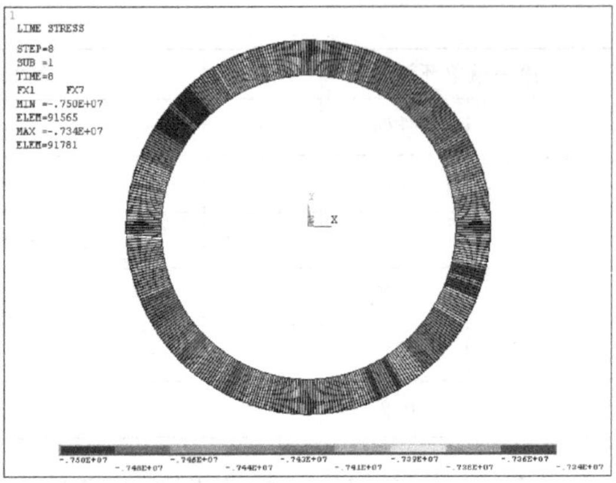

图 8.3-21 第三道双环梁外圈支撑轴力（N）

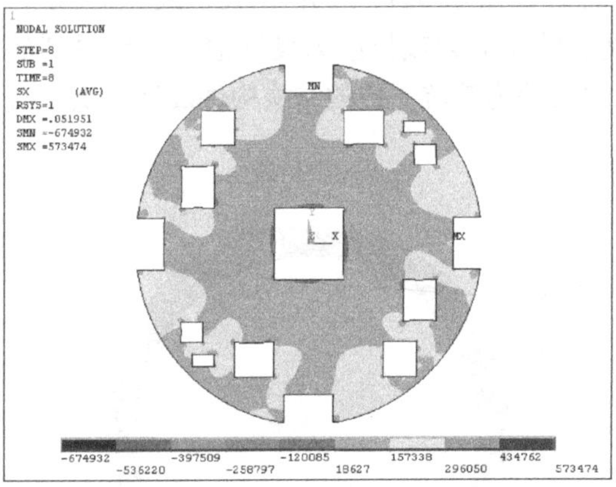

图 8.3-22 B0 板径向应力

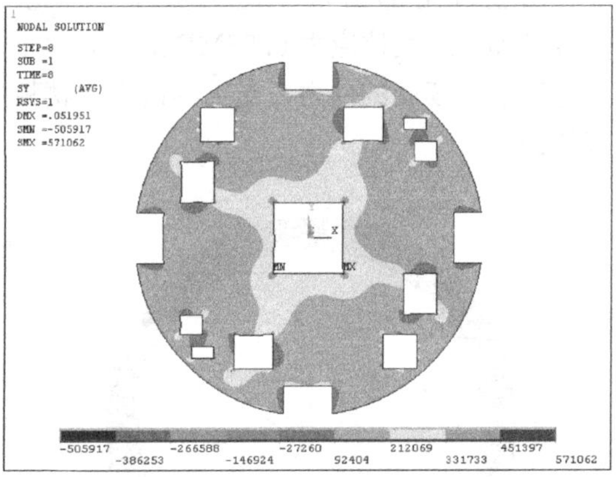

图 8.3-23 B0 板环向应力

（5）分析结果与实测的对比

图 8.3-24 给出了地下连续墙 2 个具有代表性的侧移测点 CX43、CX48 处在各个工况

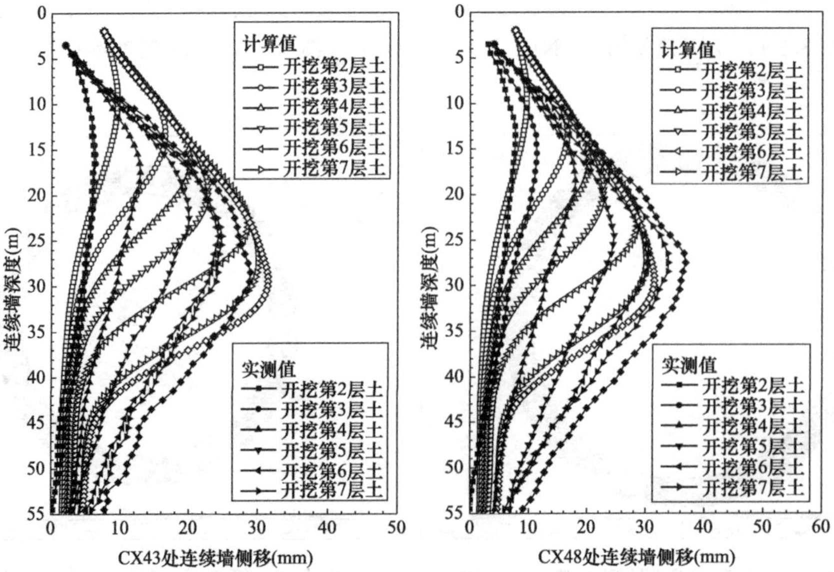

图 8.3-24 地下连续墙实测曲线与计算结果的比较

下的实测变形曲线和计算变形曲线的对比情况。从图中可以看出，除了连续墙下部的计算位移略小于实测位移外，总体而言，各个工况下计算得到的连续墙变形性态基本与实测结果吻合得较好，且计算得到的变形的大小也基本与实测值相吻合，表明采用三维 m 法的全过程模拟分析能较好地预测基坑的变形。

8.4 考虑土与基坑支护结构共同作用的数值分析方法

8.4.1 分析方法

1. 基本原理

前面介绍的围护结构分析方法都是结构荷载方法，无论是平面竖向弹性地基梁分析方法还是三维 m 法，都是以支护结构为对象，墙后土体对支护结构作用用水土压力模拟，开挖面以下土体的作用用土弹簧来模拟，采用有限元来求解围护结构的受力和变形。这两种分析方法都没有考虑土与结构共同作用。事实上，基坑工程是一个复杂的土与结构共同作用系统，可以采用考虑土与结构共同作用的数值方法来分析。数值方法能模拟复杂的土层特征和开挖过程，能处理复杂的边界条件，能给出特定基坑随开挖进程的变形过程。随着有限元技术、计算机软硬件技术和土体本构关系的发展，数值分析在基坑工程中的应用取得了长足的进步，并已成为分析复杂深基坑工程的重要技术手段。

考虑土与结构共同作用的数值分析包括平面分析方法和三维分析方法。对于一般方形基坑的平面分析而言，通常是在整个基坑中寻找具有平面应变特征的断面进行分析。对于长条形基坑或边长较大的方形基坑，一般可选择基坑中心断面。以中心断面为主，将开挖影响范围内的土体与支护结构离散，划分为许多单元网格，这些单元按变形协调条件相互联系，组成有限元体系。每个单元由一系列结点组成，每个结点有一系列自由度，对变形有限元而言，结点自由度为结点的位移分量。单元内任何一点的位移可以用单元结点的位移来表示，根据应变与结点位移的关系可以求出单元内各点的应变。再由材料的本构关系（即物理方程），得到单元弹性矩阵，从而单元中任一点的应力可由结点的位移表示。根据虚功原理，可推得单元的刚度矩阵。建立每个单元的刚度矩阵，然后将所有单元的刚度矩阵组装成总刚度矩阵，再计算开挖等引起的外力，并将其转换成结点外力向量，利用平衡条件建立表达结构的力-位移的关系式，即结构刚度方程。考虑几何边界条件后，采用数值方法求解结构刚度方程组，得到所有的未知结点位移。然后可据此得到单元内任一点的位移、应变及应力，从而进一步可得到整个模型内围护结构的位移和内力、地表的沉降、坑底土体的回弹等。

考虑土与结构共同作用的三维有限元分析时应力包括全部六个分量，分析时所用的有限元理论、土的本构模型、求解过程等均与平面连续介质有限元方法相同。与平面有限元方法不同的是，三维有限元方法需采用三维单元，例如土体需用三维的六面体单元、四面体单元等；围护结构与支撑楼板等需采用板单元，立柱与梁支撑等需采用三维梁单元来模拟。三维有限元分析能充分考虑基坑的空间效应，可以更全面地掌握基坑本身的受力和变形以及基坑开挖对周边环境影响的规律。

2. 分析中需要考虑的关键问题

(1) 平面分析与三维分析

对于长条形基坑的长边采用平面有限元分析一般是合适的，但对于基坑短边的断面，或靠近基坑角部的断面，围护结构的变形和地表的沉降具有明显的空间效应，若采用平面有限元法分析这些断面，将会高估围护结构的变形和地表的沉降。当基坑形状复杂或基坑周边的建（构）筑物本身也不满足平面应变的条件时，采用平面分析的模型将会使计算结果的可靠度降低。在这种情况下，要想更全面地掌握基坑本身的变形及基坑开挖对周边环境的影响，宜采用三维有限元分析方法。

(2) 边界条件及全过程模拟

基坑开挖涉及围护结构施工、土体开挖、支撑施工等复杂过程，要准确地分析基坑的变形和受力情况以及基坑开挖对周边环境的影响，必须合理地模拟基坑的实际施工工况。因此，在建模时需综合考虑土层的分层情况、周边建（构）筑物的存在、开挖及支护结构的施工顺序等。一般采用单元的“生”“死”功能来模拟具体施工过程中有关结构构件的施工以及土体的挖除，并采用分步计算功能来模拟具体的施工工况。

当基坑的围护结构、支撑结构、土层条件、施工工况等对称时，可考虑利用对称性取模型的一半进行分析，此时对称面上应采用约束水平位移的边界条件。另外需考虑的是模型的下边界和侧向边界需延伸多远的问题。模型的下边界延伸的深度主要根据地层条件决定，当下部有坚硬的土层时，则可将该土层作为模型的下边界。由于土的刚度随着深度的增加而增大，因此一般而言，只要下边界不是不合理地靠近基坑的底部，其对计算结果的影响就相对较小。下边界采用约束竖向位移或同时约束水平和竖向位移的边界条件均可。大量工程实测表明，软土地层条件下基坑围护墙后影响范围可达 4 倍开挖深度，因此侧向边界应至少放置在围护墙后 4 倍的开挖深度之外，侧向边界一般可采用约束水平位移的边界条件。

(3) 分析方法、本构模型及计算参数

基坑开挖数值分析方法包括排水分析法、不排水分析法和部分排水分析法。其中排水分析法是指在分析过程中，假设超静孔压完全消散，适用于模拟砂土的行为及黏性土的长期行为；需采用有效应力法进行分析，所采用的输入参数应为有效应力参数。不排水分析法是指在分析过程中，超静孔压完全无法消散，其体积变化为零，适合于模拟黏性土的短期行为；不排水分析法既可采用总应力也可采用有效应力分析，其对应的输入参数分别为总引力参数和有效应力参数。有些情况下，黏性土的行为既不属于完全排水，也不是完全不排水，而是介于两者之间，即为部分排水行为，此时可以采用耦合分析方法进行分析，其对应的输入参数为有效应力参数。分析时应根据实际的工程地质条件、水文地质条件及施工的时间因素等选择合适的分析方法。

基坑开挖数值分析中，支护结构的材料如钢筋混凝土结构和钢结构可采用弹性模型，其参数可根据具体材料来取值，是比较明确的。而土体本构模型的选择和计算参数的确定是决定基坑开挖数值分析结果合理性的最关键因素，将在后节中论述。

(4) 接触面设置

基坑工程中，围护墙或其他结构与土体存在相互作用。围护墙与土体的接触面性质对围护墙的变形和内力、坑外土体的沉降和沉降影响范围、坑底土体回弹及基坑开挖对周围建（构）筑物的影响等均会产生一定程度上的影响。有限元法是在连续介质力学理论的基础上推导出来的分析方法，这种方法无法有效地评估材料间发生相对位移的受力和变形性态。因此基坑的有限元分析中，为使分析结果更加符合实际，有必要考虑围护墙与土体的界面接触问题，一般可采用接触面单元来处理。

(5) 初始地应力场模拟

当基坑周边存在已有的结构如隧道、地下室、桩基或浅基础时，这些结构的存在会引起初始地应力场的改变。在基坑施工之前，这些已经存在的结构就已经引起了土体中加载或卸载过程，因而在对基坑的开挖过程进行分析时，必须考虑这些既有结构对初始地应力场的影响。正确模拟既有周边环境对初始地应力场影响对于分析基坑本身的变形以及分析对周边环境的影响具有重要的意义。

8.4.2 土体本构模型的选择及 HS-Small 本构模型

1. 土体本构模型的选择

数值分析中的一个关键是要采用合适的土体本构模型。虽然土的本构模型有很多种，但广泛应用于商业岩土软件的仍只有少数几种，从简单到复杂或从低级到高级大致可以分为如下几大类[18]。第一类是弹性模型，典型的如线弹性模型、横观各向同性模型、Duncan-Chang（DC）模型，其中 DC 模型是非线性弹性模型，DC 模型采用双曲线函数来描述土体应力-应变关系的非线性，通过弹性参数的调整来近似地模拟土体的塑性变形，但所用的理论仍然是弹性理论而没有涉及任何塑性理论。第二类是弹-理想塑性模型，典型的如 Mohr-Coulomb（MC）模型、Drucker-Prager（DP）模型。第三类是硬化类弹塑性模型，典型的如修正剑桥（MCC）模型、Plaxis Hardening Soil（HS）模型。第四类是小应变弹塑性本构模型，典型的如 MIT-E3 模型、HS-Small 模型等。

线弹性模型由于对拉应力没有限制而无法较好地模拟基坑的主动侧土压力和被动侧土压力，一般不适合于基坑开挖的数值分析。弹-理想塑性的 MC 或 DP 模型由于考虑了塑性，虽然能较好地模拟土压力，但由于模型不能区分加荷和卸荷，且其刚度不依赖于应力历史和应力路径，应用于基坑开挖数值分析时往往会得到不合理的很大的坑底回弹，虽然这两个模型在有些情况下能获得一定满意度的墙体变形结果，但难以同时给出合理的墙后土体变形性态。能考虑软黏土硬化特征、能区分加荷和卸荷的区别且其刚度依赖于应力历史和应力路径的硬化类弹塑性模型如 HS 模型和 MCC 模型，相对而言能给出较为合理的墙体变形及墙后土体变形情况，但由于不能考虑土体小应变的特性，因此所得出的地表沉降影响范围往往偏大。目前人们已意识到小应变范围内的应力-应变关系对预测土体的变形起着十分重要的作用，能反映土体在小应变时的变形特征的弹塑性模型如 HS-Small 模型应用于基坑开挖分析时具有更好的适用性，因此建议采用小应变弹塑性模型来分析基坑开挖问题。

2. HS-Small 本构模型

HS 模型（Hardening Soil Model）是 Schanz 等[19] 在 Vermeer 的双硬化模型基础上提出的，其基本思想是源于 Duncan-Chang 模型的一种弹塑性模型。该模型假设三轴排水试验的偏应力 q 与轴向应变 ε_a 成双曲线关系（图 8.4-1）；弹性部分采用变模量的非线性弹性关系表达；塑性部分采用双屈服面表达（图 8.4-2），其中剪切屈服面描述土体的剪切硬化特性，帽盖屈服面描述土体的压缩硬化特性；强度准则采用 Mohr-Coulomb 破坏准则。

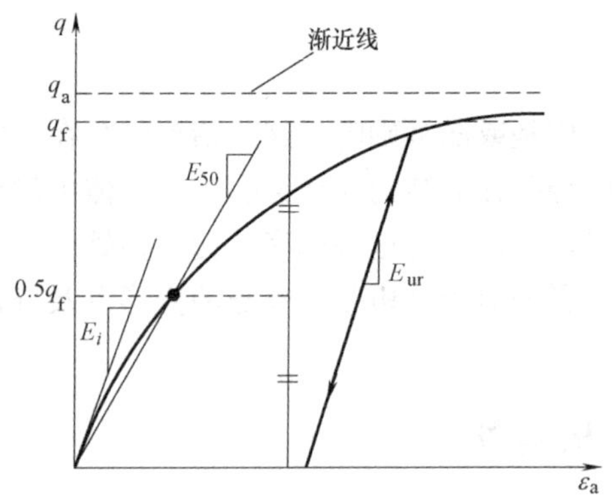

图 8.4-1　三轴排水试验中的应力-应变关系

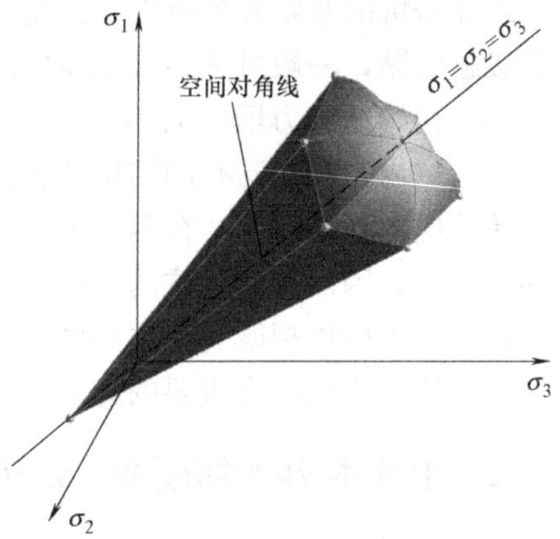

图 8.4-2　主应力空间中的 HS 模型屈服面

HS-Small 模型是由 Benz[20] 在 HS 模型等向硬化模型的基础上提出的。HS-Small 模型继承了 HS 模型采用双刚度（主加载刚度模量、卸载再加载模量）反映应力路径影响、双屈服面描述土体剪切硬化和压缩硬化特性的优点，并在此基础上增加了小应变水平下土体剪切模量随应变衰减行为的表达，可以模拟小应变水平下土体的模量和非线性特性。HS-Small 模型的剪切模量计算方法如下：

$$\frac{G}{G_0}=\frac{1}{1+\frac{3}{7}\left|\frac{\gamma}{\gamma_{0.7}}\right|} \tag{8.4-1}$$

其中，

$$G_0=G_0^{\text{ref}}\left(\frac{c'\cos\varphi'-\sigma_3'\sin\varphi'}{c'\cos\varphi'+p^{\text{ref}}\sin\varphi'}\right)^m \tag{8.4-2}$$

式中　G_0——初始剪切模量；

G_0^{ref}——在参考围压 p^{ref} 时的参考初始剪切模量；

$\gamma_{0.7}$——当割线剪切模量衰减到 0.7 倍的初始剪切模量 G_0 时对应的剪应变（图 8.4-3）。

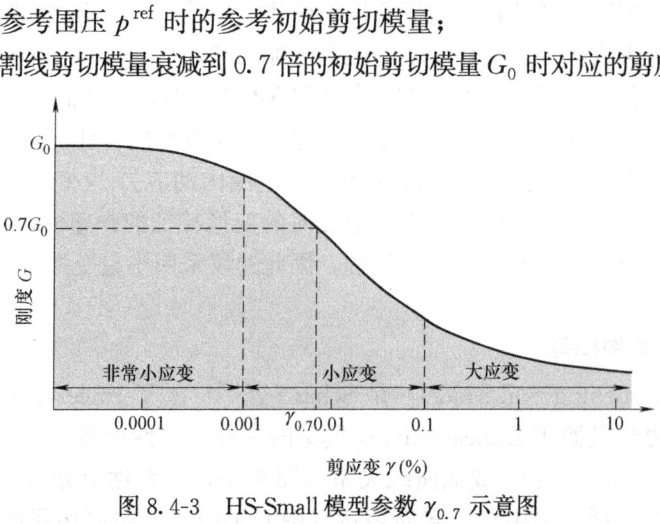

图 8.4-3　HS-Small 模型参数 $\gamma_{0.7}$ 示意图

3. HS-Small 本构模型参数及确定方法

HS-Small 本构模型参数包含了 11 个 HS 模型参数和 2 个小应变参数。HS 模型的 11 个参数分别为：有效内聚力 c'、有效内摩擦角 φ'、剪胀角 ψ、三轴固结排水剪切试验的参考割线模量 E_{50}^{ref}、固结试验的参考切线模量 $E_{\mathrm{oed}}^{\mathrm{ref}}$、与模量应力水平相关的幂指数 m、三轴固结排水卸载-再加载试验的参考卸载再加载模量 $E_{\mathrm{ur}}^{\mathrm{ref}}$、卸载再加载泊松比 ν_{ur}、参考应力 p^{ref}、破坏比 R_{f}、正常固结条件下的静止侧压力系数 K_0。2 个小应变参数分别为：小应变刚度试验的参考初始剪切模量 G_0^{ref}、当割线剪切模量 G_{secant} 衰减为 0.7 倍的初始剪切模量 G_0 时对应的剪应变 $\gamma_{0.7}$。

笔者团队为了确定 HS-Small 模型全套参数，采用薄壁取土器在上海软土地区多个场地钻取了典型黏土（②黏土、③淤泥质粉质黏土、④淤泥质黏土、⑤粉质黏土、⑥黏土）的土样，并开展了各层土的固结试验、三轴固结排水试验、三轴固结不排水（带测孔压）试验、三轴固结排水加载-卸载-再加载试验、共振柱试验等大量室内土工试验[21-27]。根据试验结果确定了 HS-Small 模型的各参数，并开展了参数的统计分析，在此基础上，结合国内外研究及工程应用校验[28-34] 给出了上海软土地区典型黏土 HS-Small 模型全套参数的取值方法，如表 8.4-1 所示，可作为数值分析时的参考。

上海地区典型土层 HS-Small 模型参数取值方法　　表 8.4-1

<table>
<tr><th rowspan="2">土层</th><th>$E_{\mathrm{oed}}^{\mathrm{ref}}$</th><th>$E_{50}^{\mathrm{ref}}$</th><th>$E_{\mathrm{ur}}^{\mathrm{ref}}$</th><th>$c'$</th><th>$\varphi'$</th><th>$\psi$</th><th>$K_0$</th><th>$G_0^{\mathrm{ref}}$</th><th>$\gamma_{0.7}$</th><th>$\nu_{\mathrm{ur}}$</th><th>$m$</th><th>$p^{\mathrm{ref}}$</th><th>$R_{\mathrm{f}}$</th></tr>
<tr><th>(kPa)</th><th>(kPa)</th><th>(kPa)</th><th>(kPa)</th><th>(°)</th><th>(°)</th><th>—</th><th>(kPa)</th><th>($\times 10^{-4}$)</th><th>—</th><th>—</th><th>(kPa)</th><th>—</th></tr>
<tr><td>②黏土</td><td rowspan="5">$0.9E_{\mathrm{s1-2}}$</td><td rowspan="5">$1.2E_{\mathrm{oed}}^{\mathrm{ref}}$</td><td>$6E_{\mathrm{oed}}^{\mathrm{ref}}$</td><td rowspan="5">0～5</td><td rowspan="5">22～32</td><td rowspan="5">0</td><td rowspan="5">$1-\sin\varphi'$</td><td rowspan="5">$2.5E_{\mathrm{ur}}^{\mathrm{ref}}$～$4.9E_{\mathrm{ur}}^{\mathrm{ref}}$</td><td rowspan="5">1.5～9.0</td><td rowspan="5">0.2</td><td rowspan="5">0.8</td><td rowspan="5">100</td><td>0.9</td></tr>
<tr><td>③淤泥质粉质黏土</td><td rowspan="2">$8E_{\mathrm{oed}}^{\mathrm{ref}}$</td><td>0.6</td></tr>
<tr><td>④淤泥质黏土</td><td>0.6</td></tr>
<tr><td>⑤粉质黏土</td><td rowspan="2">$6E_{\mathrm{oed}}^{\mathrm{ref}}$</td><td>0.9</td></tr>
<tr><td>⑥黏土</td><td>0.9</td></tr>
</table>

注：表中 $E_{\mathrm{s1-2}}$ 为压缩模量。

8.4.3 分析实例一

1. 工程概况

某大厦位于上海市浦东新区陆家嘴地区，是由一栋 3 层裙楼和 46 层框筒结构的主楼组成的主体结构。其基础形式采用筏板式，底板面设计标高均为－14.000m。主楼底板厚度设计为 3.2m，裙楼部分底板厚设计为 1m。主楼的基坑开挖深度为 17.15m，裙楼挖深为 14.95m，整个基坑面积约 7454m^2。基坑平面布置图及监测点布置如图 8.4-4 所示。

本工程场地位于长江三角洲冲积平原上，地貌类型属于滨海平原。地质勘察所揭露的 120m 深度范围内的地基土均属于第四系河口～滨海相、滨海～浅海相沉积层，其主要由饱和黏性土、粉砂土和砂土组成。根据土的成因、结构和物理力学特性共分为 9 层，其中缺失上海地区通常存在的第②层褐黄色粉质黏土、第③层淤泥质粉质黏土和第⑧层黏性

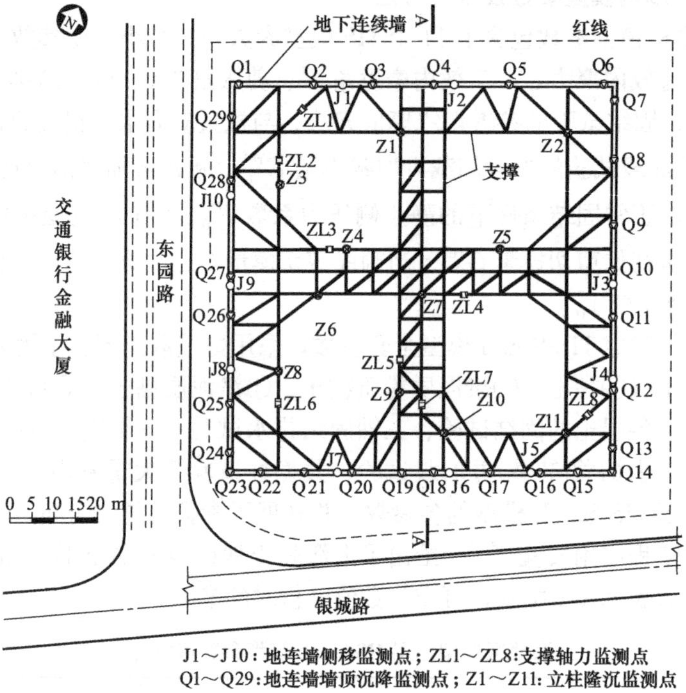

图 8.4-4　围护结构平面布置及监测点布置

土。开挖所涉及的土层主要是①、②$_3$、④和⑤，其中第④层为淤泥质黏土，极为软弱。场地浅部地下水属潜水类型，其主要补给来源为大气降水。水位随季节变化而变化，稳定地下水位埋深为 0.2～0.65m，⑦$_1$ 和⑦$_2$ 层为上海地区第一承压含水层，勘察测得其承压水位为 10.8～13.1m。

基坑整体采用顺作法方案，采用地下连续墙作为围护结构，竖向设置三道钢筋混凝土支撑。地下连续墙采用两墙合一的形式，混凝土强度等级为 C30。开挖深度为 14.95m 的裙楼部分地下连续墙厚 0.8m，有效长度 26.15m。开挖深度为 17.15m 的主楼部分地下连续墙厚 1m；东、西侧采用直形槽段，有效长度 30.15m；靠银城路一侧地下连续墙由于需直接承受上部结构柱的竖向荷载，该侧地下连续墙由直形槽段改为 T 形槽段，其有效长度为 32.3m。基坑内竖向设置三道水平钢筋混凝土支撑，其布置为对撑、角撑结合边桁架形式。竖向支承采用型钢立柱和柱下钻孔灌注桩的形式，型钢立柱截面为 480mm×480mm，插入立柱桩中不少于 3m，立柱桩直径为 800mm。支撑的平面布置如图 8.4-4 所示，基坑支护剖面如图 8.4-5 所示。

2. 基坑开挖的三维有限元分析

(1) 三维有限元模型

采用 PLAXIS3D 软件建立基坑的三维有限元模型进行分析，计算模型包括土体、围护墙、临时支撑及立柱。三维计算模型如图 8.4-6 和图 8.4-7 所示，土体采用 10 节点楔形体实体单元模拟，基坑围护墙体采用 6 节点三角形 Plate 壳单元模拟，临时支撑采用 3 节点 beam 梁单元模拟，立柱采用 Embedded 桩单元模拟。整个模型共划分 146763 个单元、234485 个节点。模型水平向边界距离基坑约取 5 倍的基坑开挖深度，模型深度约为 3 倍

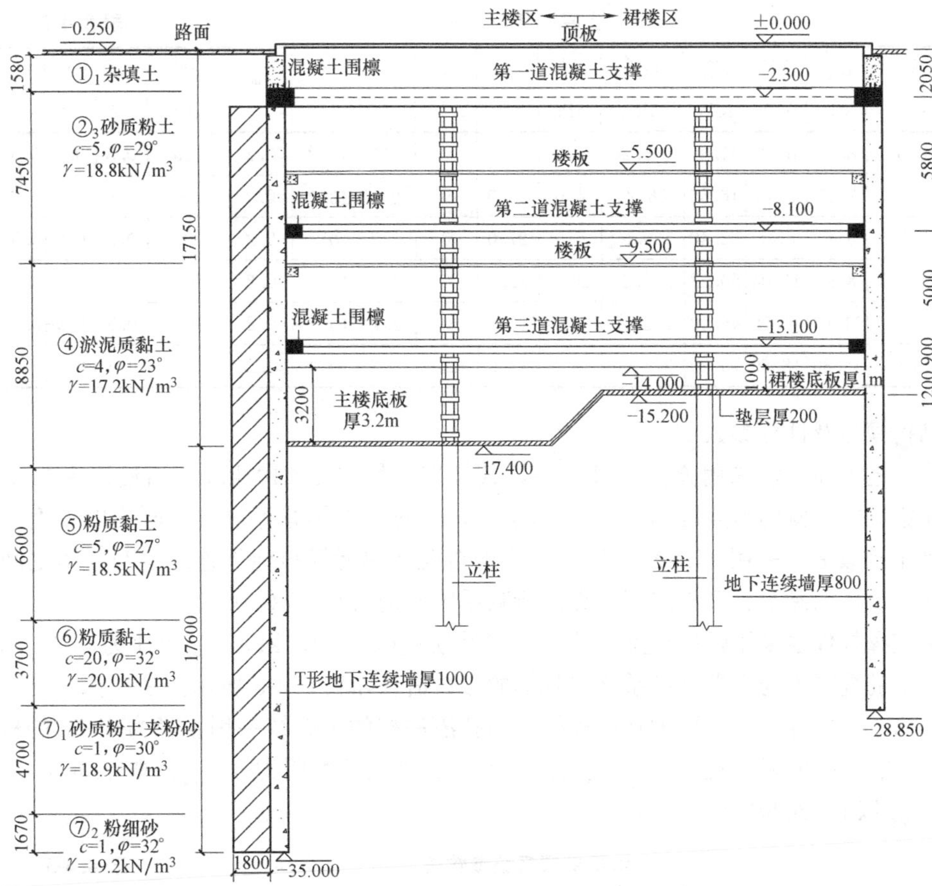

图 8.4-5　围护结构剖面图（A-A 剖面）

开挖深度，足够囊括基坑外土体变形影响范围。

（2）土体计算参数

为了准确地分析基坑开挖中的受力与变形，采用能够考虑土体小应变特性的 HS-Small 本构模型，从而可以刻画土体剪应变逐渐增大过程中剪切刚度随之衰减的规律，准确模拟基坑工程中土体在不同应变下的土体力学性质。HS-Small 本构模型各参数如表 8.4-2 所示。此外，在具体模拟过程中黏土采用不排水分析，而砂土采用排水分析。

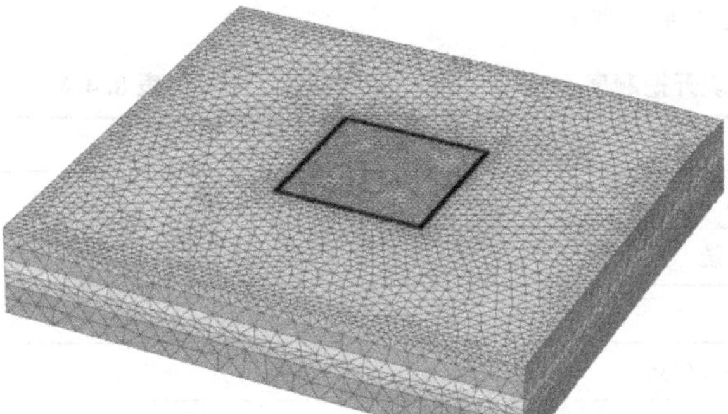

图 8.4-6　三维有限元计算模型图

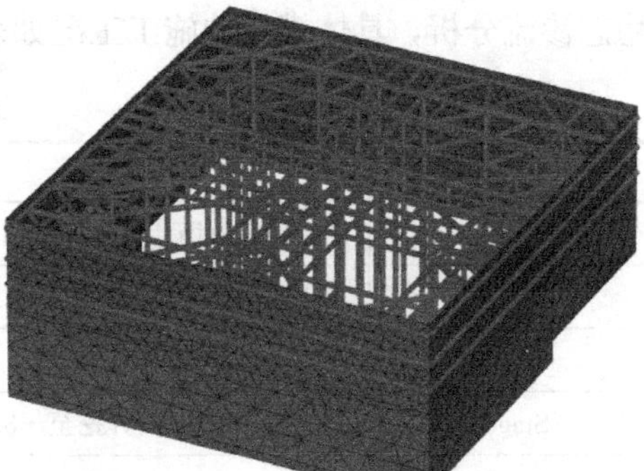

图 8.4-7　支护结构整体模型示意图

土层参数信息表 **表 8.4-2**

土层	重度 γ	E_{oed}^{ref}	E_{50}^{ref}	E_{ur}^{ref}	G_0^{ref}	c'	φ'	ψ	$\gamma_{0.7}$	ν_{ur}	p^{ref}	m	R_f	K_0
	$kN\cdot m^{-3}$	MPa	MPa	MPa	MPa	kPa	°	°	—	—	kPa	—	—	—
②$_3$	18.8	8.55	10.26	51.30	205.20	5.0	29.0	0	2.7×10^{-4}	0.2	100	0.8	0.9	0.52
④	17.2	2.07	2.48	16.56	66.24	4.0	23.0	0	2.7×10^{-4}	0.2	100	0.8	0.6	0.61
⑤	18.5	5.40	6.48	32.40	129.60	5.0	27.0	0	2.7×10^{-4}	0.2	100	0.8	0.9	0.55
⑥	20.0	8.37	10.04	50.22	200.88	20.0	32.0	0	2.7×10^{-4}	0.2	100	0.8	0.9	0.47
⑦$_1$	18.9	11.60	11.60	46.40	232.00	1.0	30.0	0	2.7×10^{-4}	0.2	100	0.5	0.9	0.50
⑦$_2$	19.2	18.80	18.80	75.20	376.00	1.0	32.0	2	2.7×10^{-4}	0.2	100	0.5	0.9	0.47

(3) 结构模型及计算参数

基坑周边地下连续墙采用弹性模型模拟，其弹性模量取 3×10^7kPa，泊松比为 0.2。主楼部分靠银城路一侧的地连墙体采用 T 形槽段，其简化为具有等效抗弯刚度的厚度为 1.16m 的地下连续墙。采用 PLAXIS3D 软件中的接触面单元模拟地下连续墙与土体之间的接触界面，墙体与黏土、砂土之间的界面折减系数分别为 0.65 和 0.7。

计算中支撑杆件也采用弹性模型模拟，其弹性模量取 3×10^7kPa，泊松比为 0.2。基坑采用三道钢筋混凝土为水平支撑系统，具体的参数信息如表 8.4-3 所示。在模拟竖向支承结构中，为了简化计算，把型钢立柱和柱下钻孔灌注桩的组合统一用直径为 0.8m 的桩单元模拟，其轴向桩顶侧摩阻力 $T_{top,max}$ 取 50kN/m、桩端侧摩阻力 $T_{bot,max}$ 取 200kN/m；桩端反力 F_{max} 取值 1260kN。

水平支撑系统参数表 **表 8.4-3**

支撑	围檩高×宽(m×m)	主撑高×宽(m×m)	连杆高×宽(m×m)
第一道	1.2×0.8	0.9×0.7	0.7×0.7
第二道	1.4×0.8	1.3×0.7	0.8×0.7
第三道	1.3×0.8	1.3×0.7	0.8×0.7

(4) 模拟工况

通过有限元软件的“单元生死”功能模拟基坑工程地下连续墙施工、土体的分层开挖以及各道支撑的施工过程。在每次开挖过程中都将水位控制在开挖面以下 0.5m，并进行稳态渗流分析，具体模拟的施工工况如表 8.4-4 所示。

基坑开挖顺序 **表 8.4-4**

工况	模拟内容
Stage0	初始地应力场计算
Stage1	施工地下连续墙及竖向支承系统
Stage2	开挖至−2.7m 标高
Stage3	浇筑第一道支撑,开挖至−8.5m 标高
Stage4	浇筑第二道支撑,开挖至−13.5m 标高
Stage5	浇筑第三道支撑,开挖至基底标高(主楼−17.4m,裙楼−15.2m)

3. 分析结果及与实测数据对比

（1）地下连续墙的侧向位移

图 8.4-8 为地下连续墙在开挖至基底工况下的变形云图，可以看出由于受空间效应的影响，连续墙的整体变形呈现中间大、角部小的特点。连续墙水平侧移呈顶端和底部小、中间大的鼓胀形态。计算所得的地下连续墙最大侧移发生在裙楼区域北侧附近的中部位置，最大水平位移为 72.03mm，与开挖深度的比值为 0.47%。而主楼区域计算所得的地下连续墙最大侧移发生在西侧邻近中部位置，最大水平位移为 65.87mm。图中可以看出，由于对撑的存在，每侧地连墙中间的变形量相比于两侧普遍偏小。

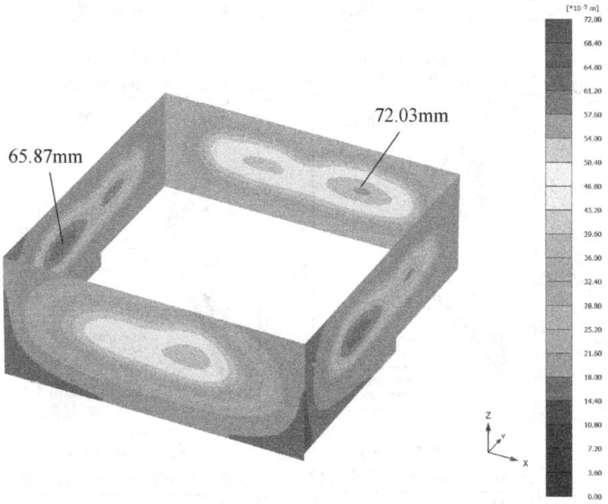

图 8.4-8　开挖至基底阶段围护体变形云图

图 8.4-9 是连续墙各个测孔在第二（stage3）、第三（stage4）和第四（stage5）次三个开挖工况下水平位移的计算值与实测值的对比。对所有的测点而言，随着开挖深度的加大，计算和实测的地下连续墙的侧移均逐渐增大，发生最大水平位移的位置也慢慢下移，在 stage3 和 stage4 工况下，最大侧移基本位于开挖面附近；后续的 stage5 开挖工况下，裙楼区域各测点最大侧移的位置基本保持不变（大致在−13.0m 标高附近），而主楼区域各测点的最大侧移则进一步下移至−15.0m 标高附近（略高于开挖面），这可能与坑底以下土层进入较好的⑤层有关。

裙楼部分的开挖深度比主楼要小，但 J1、J2 和 J10 的最大水平位移比主楼的各测点的侧移要大，这是由于裙楼区域连续墙的厚度只有 0.8m，比主楼区域的连续墙薄的缘故。在主楼的地下连续墙测点中，J5、J7 测点的变形明显小于 J3、J4、J8 及 J9 测点的变形，这是由于 J5 和 J7 位于南侧的 T 形槽段，其刚度较其余测点处的地连墙刚度大的缘故。位于南侧中部的 J6 测点变形大于 J5 和 J7，一部分由于 J6 位于基坑中部，受空间效应影响较大，另一个原因是 J6 测点位于栈桥区域，超载影响导致其变形也较大。

各测点在各工况下的最大水平位移计算值与实测值之间的误差范围 0.7%～23.3%，平均误差仅约为 8.8%。总体而言，各个工况下计算的墙体侧移与实测值吻合得很好；说明采用 HS-Small 土体本构模型的三维有限元分析能够较好地模拟和预测围护结构的水平变形。

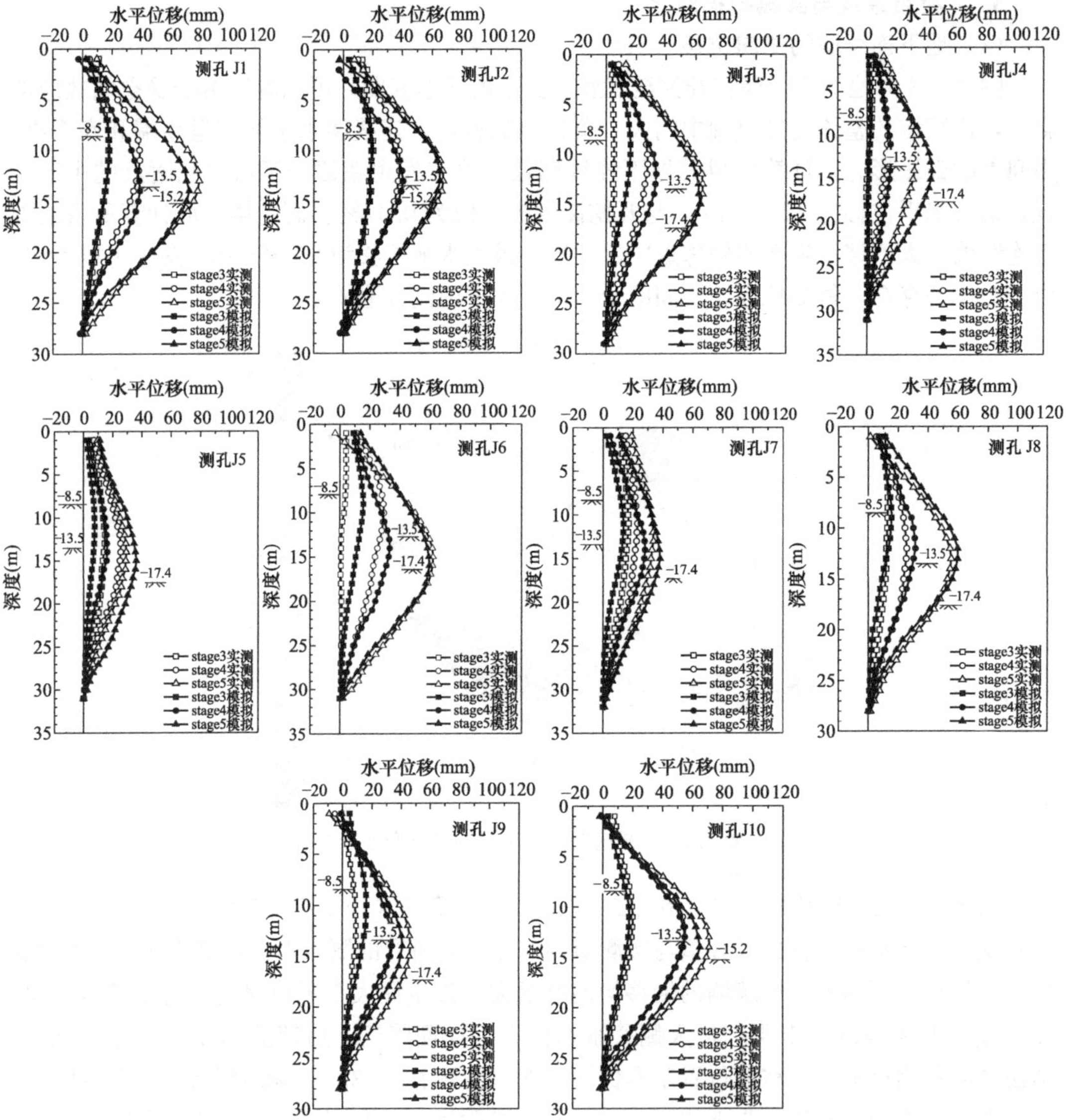

图 8.4-9　地下连续墙各阶段水平位移计算结果与实测对比

（2）墙后土体变形

图 8.4-10 为开挖至基底阶段基坑的墙后土体竖向变形云图。可以看出，受空间效应影响，靠近基坑角部的地表沉降明显偏小而中部沉降大。其中由于裙楼北侧地连墙侧向变形最大，所以其墙后土体也呈现出最大沉降值，土体最大沉降量约为 53.35mm，与开挖深度的比值为 0.35%，最大沉降发生在距坑边约 12m 的位置。

图 8.4-11 为裙楼北侧中部剖面处计算得到的各工况的地表沉降分布情况。可以看出，随着挖深的加大，地表沉降逐渐加大，地表沉降的影响范围也逐渐增加，且发生最大沉降的位置也逐渐后移。图中还给出了根据上海市标准《基坑工程技术标准》[3] 的经验方法预估的地表沉降，其中最大沉降取 0.8 倍的最大地下连续墙侧移确定。从图中可以看出，计算所得到的墙后地表沉降曲线与规范建议的经验方法确定的沉降曲线吻合较好。

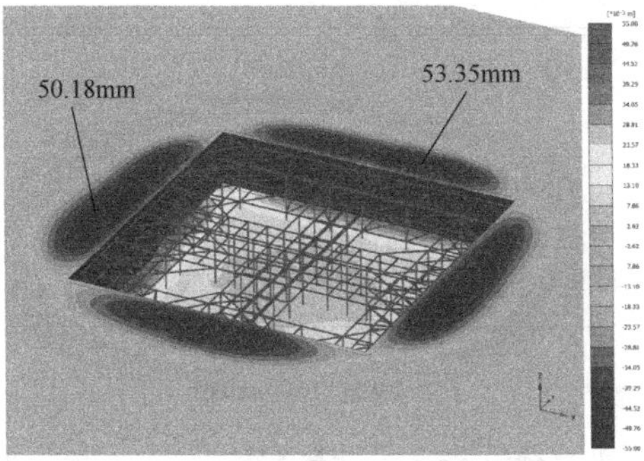

图 8.4-10 最终工况下基坑竖向变形云图

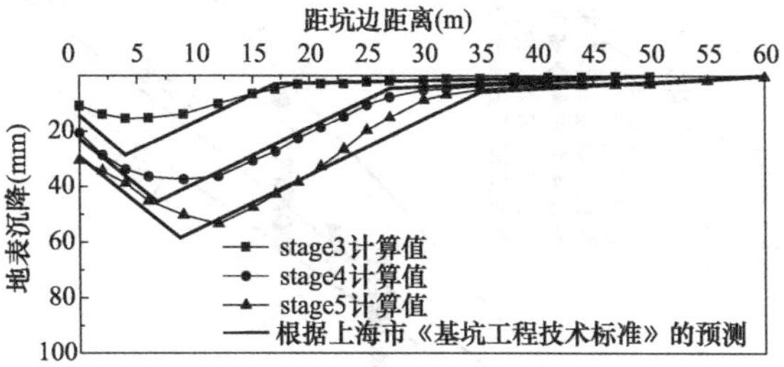

图 8.4-11 墙后地表沉降对比图

图 8.4-12 是 A-A 剖面主楼部分开挖至坑底时的土体剪应变等值线图，可以看出剪应变较大区域主要集中在基坑底部附近的区域，在基坑影响范围内土体的最大剪应变均小于 0.7%，所以土体应变都处于小应变的范围（<1%）之内，从而论证了采用小应变模型的必要性。

（3）立柱竖向位移

随着开挖深度的逐渐增大，开挖引起土体的回弹也随之增加，从而带动所有的立柱发生向上的位移，图 8.4-13 可以看出立柱竖向位移的计算值和实测值都反映了这一特点。在 stage3（挖深 8.5m）中，各个测点的回弹量很小，实测最大值为 3.5mm。在 stage4（挖深 13.5m）中，由于开挖的加深，使得立柱的回弹迅速地增大，测点 Z7 的回弹最大，实测值最大值为 11.2mm，与计算值的误差为 4.0%。在开挖至坑底的工况下中，立柱的回弹进一步加大，最大值位于测点 Z5，最大值为 20.8mm，此阶段各测点竖向位移的计算值与实测值之间的误差平均值为 9.6%，说明计算得到的立柱竖向位移与实测值之间吻合度较好。为了进一步分析立柱竖向位移的规律，统计了开挖至坑底工况下立柱竖向位移 δ_v 的计算值和实测值与开挖深度 h 之间的比值关系，如图 8.4-13 所示，立柱竖向位移变化范围为 0.087%h～0.135%h，均值为 0.104%h，与文献 [17] 的统计规律基本一致。

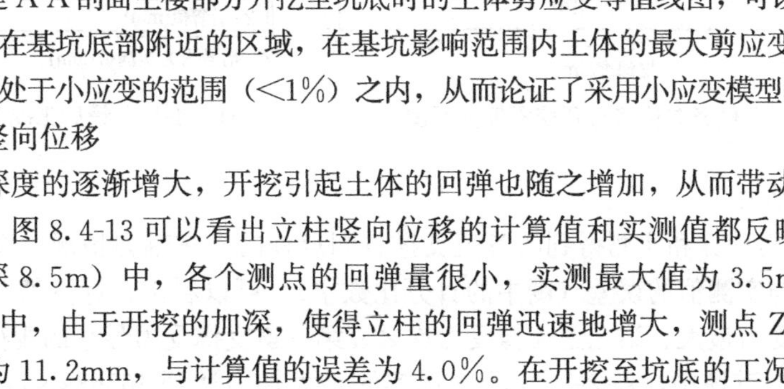

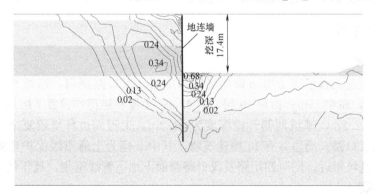

图 8.4-12 土体剪应变等值线图

图 8.4-14 为计算和实测得到的最后工况下各测点立柱竖向位移情况。首先可以看出，主楼区域测点的回弹要普遍大于裙楼区，而由于主楼区域中部测点 Z6、Z7 位于栈桥部分，承受了较大的荷载，所以其回弹量小于裙楼区域中部测点 Z4、Z5；其次，从测点分布情况来看，靠近基坑的周边或角隅的测点 Z1、Z2、Z3、Z8、Z11，其回弹要小于分布于基坑中部的测点 Z4、Z5、Z6、Z7，这说明了立柱的回弹也具有很明显的空间效应。

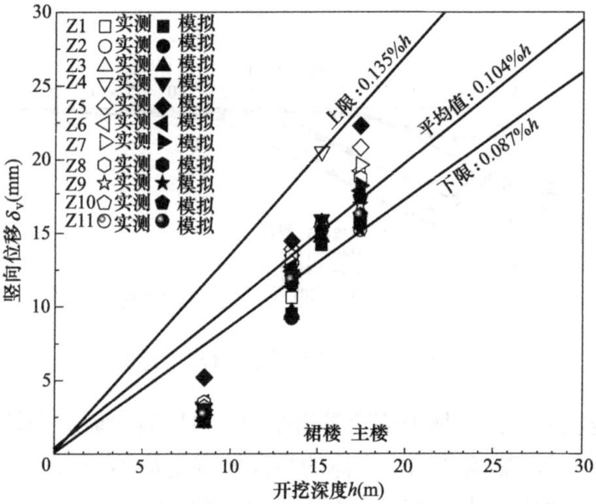

图 8.4-13 立柱竖向位移与开挖深度关系图

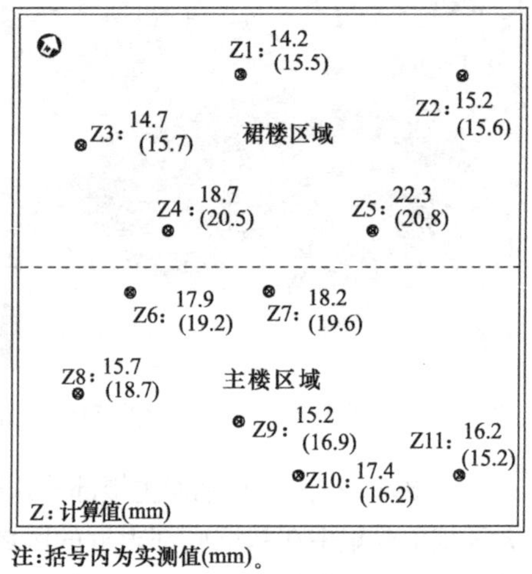

注:括号内为实测值(mm)。

图 8.4-14 最后工况的立柱竖向位移

(4) 支撑轴力

图 8.4-15 为计算和实测得到的各道支撑各测点处的支撑轴力情况，图中也给出了实测值及计算值与实测值的误差（图中的百分比数字）。可以看出，计算值和实测值均揭示了第二道支撑受力最大、第三道支撑受力次之、第一道支撑受力最小的规律；且角撑轴力最大（例如第二道撑中，ZL2-1、ZL2-8 的实测最大轴力达到 16568kN），对撑轴力其次（例如第二道撑中，ZL2-3、ZL2-4、ZL2-5、ZL2-7 的实测最大轴力达到 13550kN），边桁架轴力最小（例如第二道撑中，ZL2-6 的实测最大轴力仅为 2611kN）。各测点轴力计算值与实测值的误差范围为 2.4%～35.5%，平均误差仅为 15.6%，总体而言，计算值与实测值吻合得较好，说明采用基于小应变土体本构模型的三维有限元分析不仅能较好地模拟基坑的变形，还能较好地模拟基坑的受力状况。

8.4.4 分析实例二

1. 工程概况

兴业银行大厦工程位于上海市黄浦区四川中路、汉口路路口，基坑面积约 6200m^2。工程主楼 19 层，高 82.5m；裙房 10 层，高 42m；主楼和裙房均设置 3 层地下室，基坑东侧开挖深度为 12.2m，基坑西侧开挖深度为 14.2m。工程周边环境较复杂。基坑东临四川中路，北靠汉口路。周边共有 11 幢建筑物，其中 8 幢为上海市级保护建筑，保护等级均较高且距离基坑很近。同时四川路及汉口路路面下地下管线密集，且年代久远。基坑环境保护要求较高。

本工程采用全逆作法的设计方案。围护结构采用两墙合一地下连续墙，靠近建筑 A、建筑 B 一侧墙厚 1m、深 31.2m；靠近建筑 C 一侧墙厚 1m、深 29.2m；汉口路、四川中路侧墙厚 0.8m、深 25.2m。采用地下三层结构梁板作为围护结构水平支撑体系，在局部楼板空缺处另设置临时支撑进行水平力的传递，基坑西侧在－10.700m 标高处增加一道临时混凝土支撑。采用一柱一桩承担施工期间的荷载及同时施工的上部结构荷载。框架柱部位的支承柱结合主体结构的 ϕ609 钢管混凝土柱，其下为 ϕ900 钻孔灌注桩。在地下室

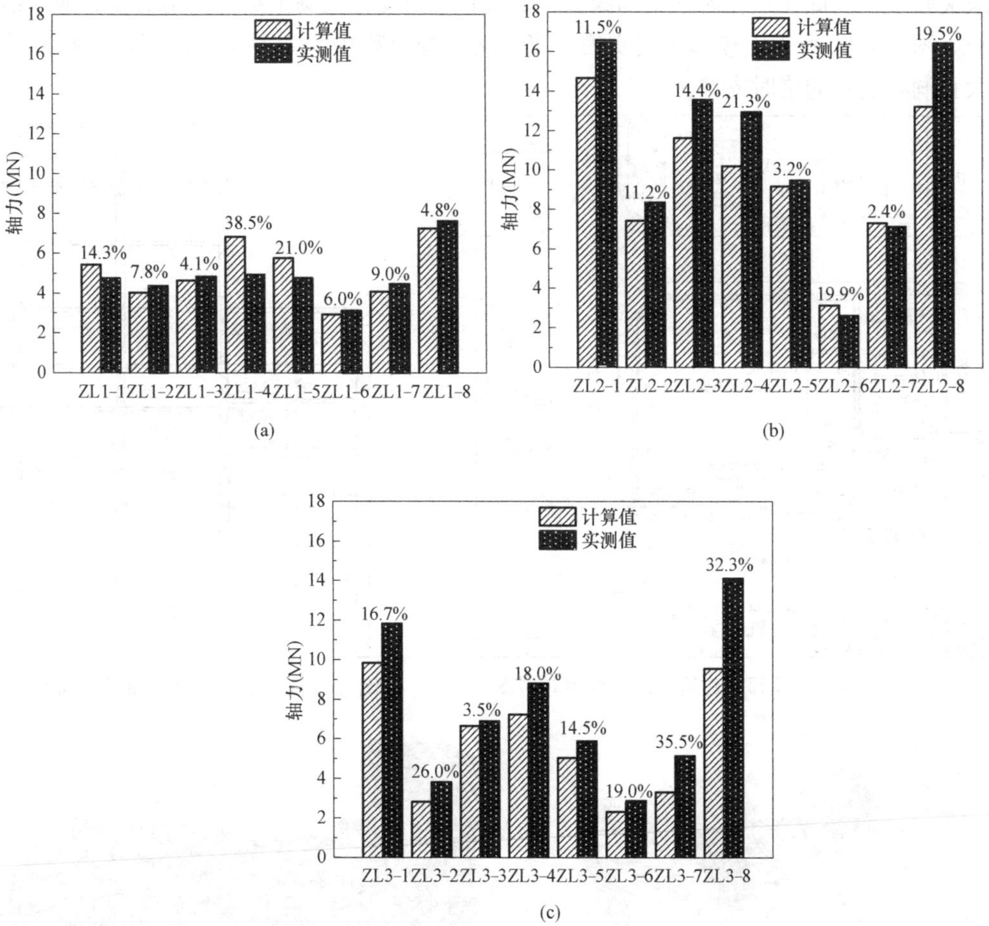

图 8.4-15　支撑轴力的计算值与实测值的对比

(a) 第一道支撑；(b) 第二道支撑；(c) 第三道支撑

逆作施工完成时，上部结构可以同时施工至第三层。基坑围护结构的平面布置与监测点布置如图 8.4-16 所示，邻近建筑 A 侧（西侧）支撑系统的剖面如图 8.4-17 所示。

2. 基坑开挖对周边建筑物影响的三维有限元分析

（1）分析模型

为分析基坑开挖对邻近建筑物的影响，采用 PLAXIS3D 有限元分析软件建立三维模型进行模拟。图 8.4-18 为本工程的三维计算模型，包括了土体、围护结构、逆作结构梁板、临时支撑体系、隔离桩、邻近 A 大楼的地下结构及下部桩基（图 8.4-19）。模型侧边约束水平位移，底部同时约束水平和竖向位移。土体采用 10 节点楔形体实体单元模拟，上部建筑结构和基坑支护墙体采用 6 节点三角形 Plate 壳单元模拟，基础梁和结构柱采用 3 节点 beam 梁单元模拟。桩基础采用 Embedded-pile 模型模拟。整个模型共划分 55894 个单元、95474 个节点。

逆作施工过程中，在地下室各层楼板，利用结构永久开口位置预留空间较大的出土口。并根据结构楼板缺失的情况，设置临时支撑。本工程地下一层、地下二层由于结构梁板缺失较多，因此在逆作阶段结构缺失区域设置临时支撑以满足结构传力需要。逆作结构梁板如图 8.4-20 所示，模型中真实模拟了基坑开挖过程中为方便出土而留设的孔洞及在较大孔洞处设置的临时支撑。

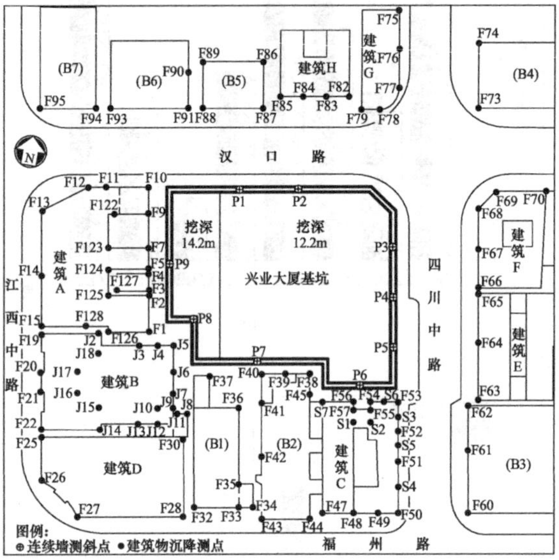

图 8.4-16　基坑平面及邻近建筑物沉降测点布置图

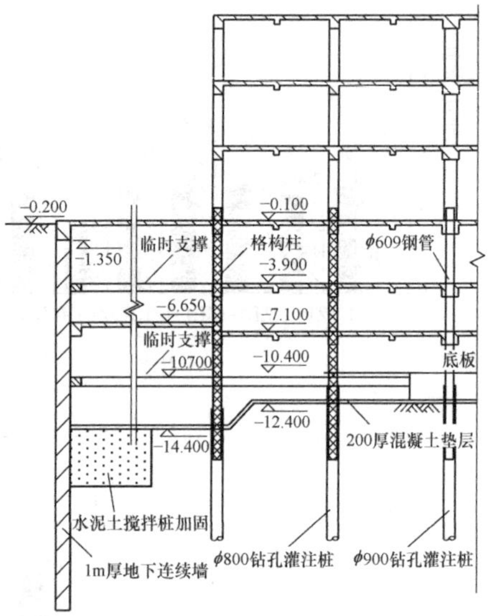

图 8.4-17　基坑西侧支撑系统剖面图

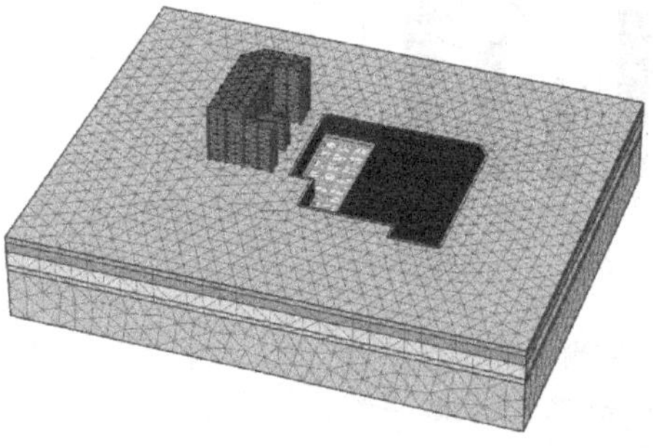

图 8.4-18　整体模型网格图

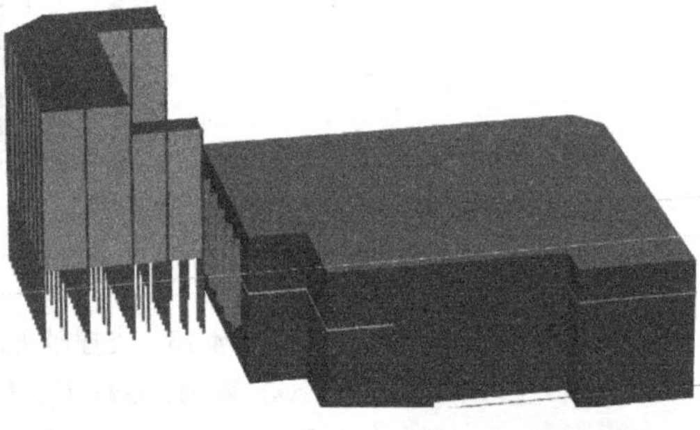

图 8.4-19　基坑支护结构及邻近建筑物模型图

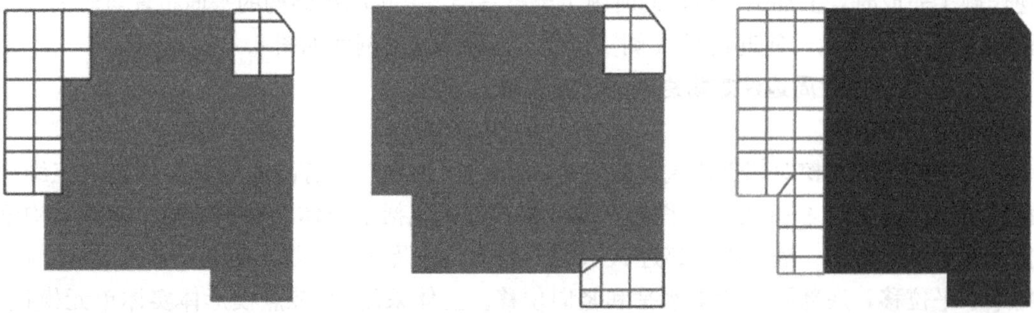

(a)　(b)　(c)

图 8.4-20　各层楼板及支撑示意图

(a) B1 板；(b) B2 板；(c) 底板及临时支撑

(2) 计算参数

土体采用 HS-small 模型，利用有效应力下的强度指标进行计算，HS-small 模型参数如表 8.4-5 所示。在模拟计算过程中只考虑了逆作梁板中出土口的设置及出土口位置临时支撑的作用，忽略了次梁等对于结构受力影响较小的次要杆件的作用。结构构件的计算参数如表 8.4-6 所示。

土层计算参数 **表 8.4-5**

土层名称	②黏土	③淤泥质粉质黏土	④淤泥质黏土	$⑤_{1a}$ 黏土	$⑤_{1b}$ 黏土
γ(kN/m^3)	18.2	17.9	16.8	17.9	18.1
k_H(m/d)	2.9×10^{-4}	1.2×10^{-2}	2.2×10^{-4}	1.0×10^{-3}	4.3×10^{-5}
k_V(m/d)	2.6×10^{-4}	2.7×10^{-3}	1.5×10^{-4}	8.6×10^{-4}	8.6×10^{-4}
E_{oed}^{ref}(MPa)	3.28	5.10	2.03	4.18	5.99
E_{50}^{ref}(MPa)	3.93	6.12	2.43	5.01	7.18
E_{ur}^{ref}(MPa)	22.93	35.72	14.18	29.23	41.90
G_0^{ref}(MPa)	91.73	142.88	56.70	116.93	167.58
c'(kPa)	6	2	3	4	5
φ'(°)	26.0	23.0	22.0	23.3	28.0
ψ(°)	0.0	0.0	0.0	0.0	0.0
$\gamma_{0.7}$	2×10^{-4}	2×10^{-4}	2×10^{-4}	2×10^{-4}	2×10^{-4}
ν_{ur}	0.2	0.2	0.2	0.2	0.2
p^{ref}(kPa)	100	100	100	100	100
m	0.8	0.8	0.8	0.8	0.8
R_f	0.9	0.6	0.6	0.9	0.9
K_0	0.56	0.61	0.63	0.60	0.53

逆作结构梁板参数 **表 8.4-6**

逆作楼板	弹性模量(kN/m^2)	板厚(m)	边梁		临时支撑	
			高(m)	宽(m)	高(m)	宽(m)
B1 板	3.15×10^7	0.3	0.7	1.2	0.6	0.9
B2 板	3.15×10^7	0.3	0.7	1.3	0.6	1.1
B3 板	3.15×10^7	0.3	0.7	1.4	0.7	1.2

(3) 分析工况

通过有限元软件的“单元生死”模拟基坑工程地下连续墙施工、各层土体的分层开挖以及各道支撑体系的施工过程，具体模拟的施工工况如表 8.4-7 所示。

有限元计算步骤 **表 8.4-7**

荷载步	工况
Stage0	初始地应力场计算，邻近华东建筑设计研究院大楼对初始地应力场的影响
Stage1	激活地下连续墙
Stage2	激活首层结构梁板，基坑开挖至地下一层结构梁板底标高
Stage3	激活地下一层结构梁板，基坑开挖至地下二层结构梁板底标高
Stage4	激活地下二层结构梁板，基坑开挖至浅坑区域基底标高
Stage5	激活浅坑区域底板及深坑区临时支撑，深坑区开挖至基底标高

3. 分析结果及与实测对比

（1）地下连续墙变形

图 8.4-21 为开挖到坑底时地下连续墙变形云图，可以看出受空间效应影响，连续墙呈现中间变形大，角部变形小的特点。最大变形均发生在各边中点开挖面标高处。最终工况下连续墙的最大水平位移约为 33mm。同时，连续墙的最大变形同样与基坑的边长相关，长边方向的连续墙最大水平位移要明显大于短边方向。图 8.4-22 为地下连续墙最终工况下的变形曲线与实测位移曲线的对比结果，可以看出各组曲线均能较好地吻合，说明利用 HS-small 模型能够较为真实的模拟基坑的开挖过程。

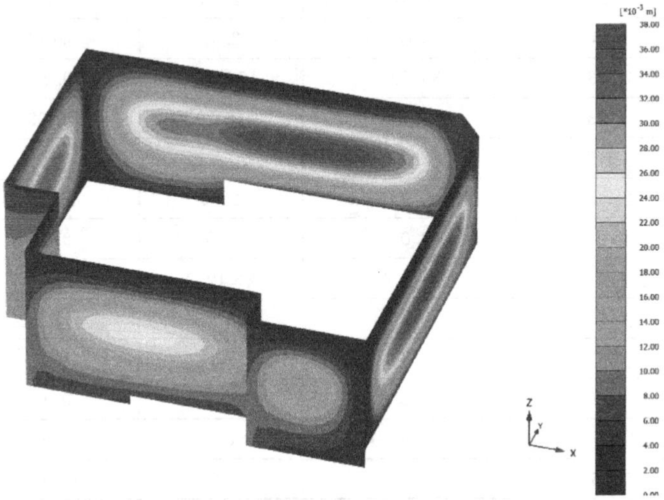

图 8.4-21　地下连续墙变形云图

（2）邻近建筑物沉降

图 8.4-23 为分析得到的基坑邻近 A 大楼基础底板的竖向位移分布云图，建筑物近基坑侧最大沉降为 15.83mm，远离基坑侧变形趋近于零。图 8.4-24 为 A 大楼在最终工况下

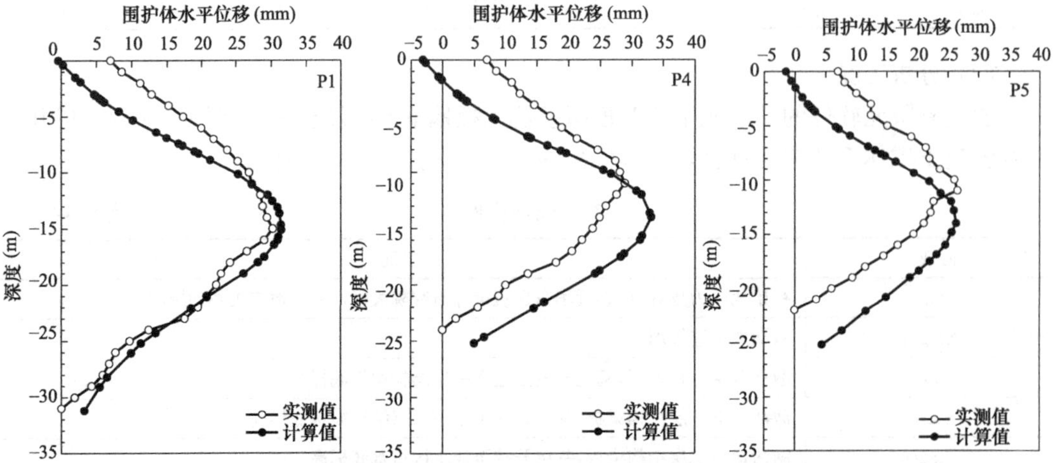

图 8.4-22　开挖至基底实测和计算墙体水平变形对比曲线（一）

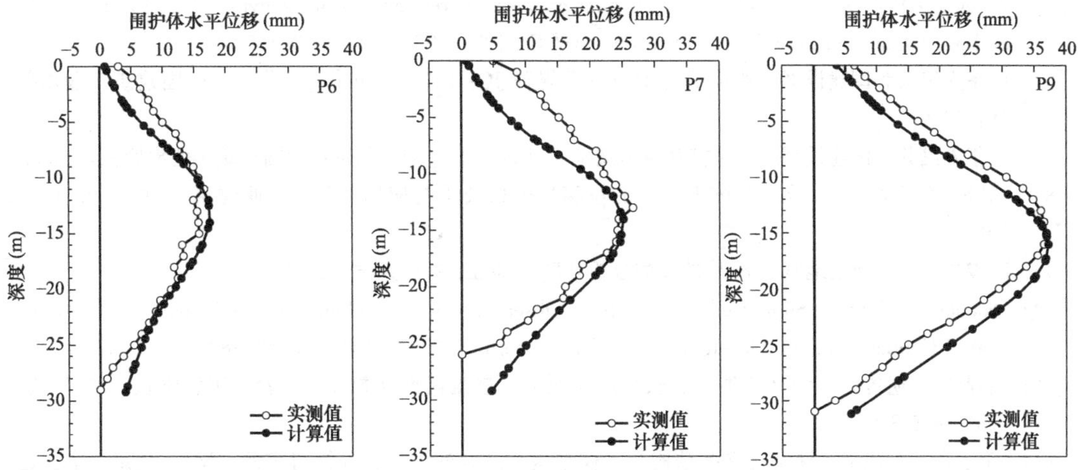

图 8.4-22 开挖至基底实测和计算墙体水平变形对比曲线（二）

实测的沉降等值线分布图，可以看出，A 大楼的沉降并不均匀；在东-西方向，紧邻基坑的东侧墙体尤其是突出的部分沉降最大，随着离开基坑距离的增大建筑物沉降减小；在南-北方向，南侧的墙体由于靠近基坑的中部而沉降较大，而北侧墙体由于靠近基坑的角部因而沉降较小。对比图 8.4-23 和图 8.4-24 可以看出，二者反映的沉降规律基本相同，整体均呈现出随着与基坑距离的增大建筑物沉降减小的趋势。

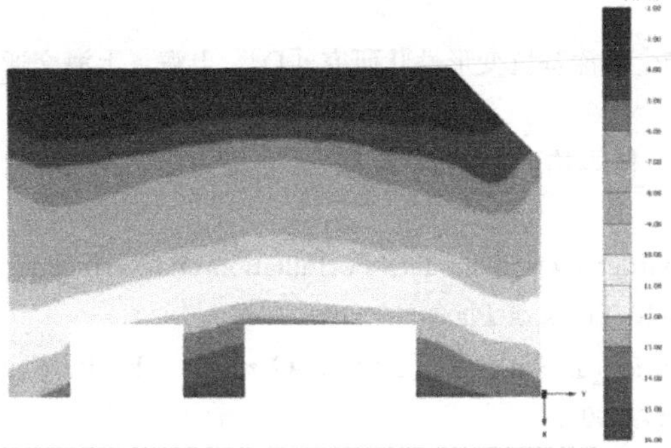

图 8.4-23 计算得到的邻近建筑沉降变形云图

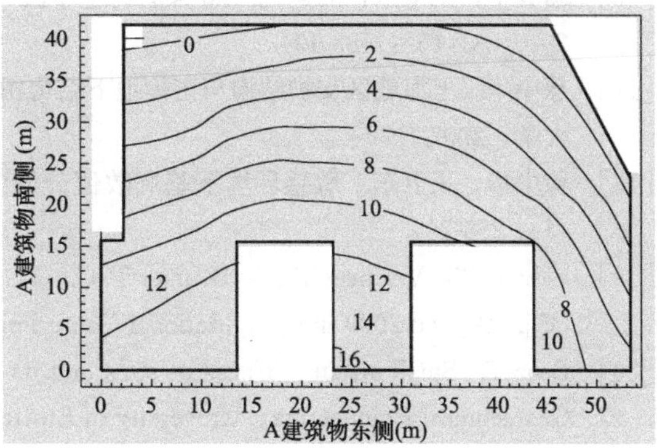

图 8.4-24 实测最终工况下的沉降等值线图

参考文献

[1] 中华人民共和国住房和城乡建设部. 建筑地基基础设计规范 GB 50007—2011 [S]. 北京：中国建筑工业出版社，2011.

[2] 中华人民共和国住房和城乡建设部. 建筑基坑支护技术规程 JGJ 120—2012 [S]. 北京：中国建筑工业出版社，2012.

[3] 上海市工程建设规范. 基坑工程技术标准 DBJ 08—61—2018 [S]. 上海：同济大学出版社，2018.

[4] 王建华，范巍，王卫东，沈健. 空间 m 法在深基坑支护结构分析中的应用 [J]. 岩土工程学报，2006，28 (B11)：1332-1335.

[5] Clough G W, Duncan J M. Finite element analyses of retaining wall behavior [J]. Journal of the Soil Mechanics and Foundations Division, ASCE. 1971, 97 (12): 1657-1673.

[6] 中华人民共和国建设部. 建筑基坑支护技术规程 JGJ 120—1999 [S]. 北京：中国建筑工业出版社，1999.

[7] 中华人民共和国建设部. 建筑桩基技术规范 JGJ 94—94 [S]. 北京：中国建筑工业出版社，1995.

[8] 杨敏，熊巨华，冯又全. 基坑工程中的位移反分析技术与应用 [J]. 工业建筑，1998，28 (9)：1-6.

[9] 冯俊福. 杭州地区地基土 m 值的反演分析 [D]. 浙江：浙江大学，2004.

[10] Richard J. Finno. Supported Excavations: Observational Method and Inverse Modeling [J]. Journal of Geotechnical and Geoenvironmental Engineering, 2005, 131 (7): 826-836.

[11] 姚磊华. 遗传算法和高斯牛顿法联合反演地下水渗流模型参数 [J]. 岩土工程学报，2005，27 (8)：885-890.

[12] 王卫东，王建华. 深基坑支护结构与主体结构相结合的设计、分析与实例 [M]. 北京：中国建筑工业出版社，2007.

[13] 中国电力工程顾问集团华东电力设计院，上海华东电力设计岩土工程有限公司. 500 千伏世博输变电工程初步设计岩土工程勘测报告 [R]. 上海，2005.

[14] 王卫东，徐中华. 深基坑支护结构与主体结构相结合的设计与施工 [J]. 岩土工程学报，2010，32 (z1)：191-199.

[15] 王卫东，徐中华，王建华. 基坑工程支护结构与主体结构相结合的设计与分析方法 [C]. 2009 海峡两岸地工技术/岩土工程交流研讨会论文集（大陆卷），北京：中国科学技术出版，2009.

[16] 翁其平，王卫东，周建龙. 超深基坑逆作法“两墙合一”地下连续墙设计 [J]. 建筑结构学报，2010，31 (5)：188-194.

[17] 徐中华. 上海地区支护结构与主体地下结构相结合的深基坑变形性状研究 [D]. 上海：上海交通大学，2007.

[18] 徐中华，王卫东. 敏感环境下基坑数值分析中土体本构模型的选择 [J]. 岩土力学，2010，31 (1)：258-264.

[19] Schanz T, Vermeer P A, Bonnier P G. The hardening soil model: Formulation and verification [C]. Beyond 2000 in Computational Geotechnics-10 Years of Plaxis, 1999.

[20] Benz T. Small-strain stiffness of soils and its numerical consequence [D]. Germany, Institute of Geotechnical Engineering, University of Stuttgart, 2007.

[21] 王卫东，王浩然，徐中华. 上海地区基坑开挖数值分析中土体 HS-Small 模型参数的研究 [J]. 岩土力学，2013，34 (6)：1766-1774.

[22] 李青，徐中华，王卫东，张娇. 上海典型黏土小应变剪切模量现场和室内试验研究 [J]. 岩土力学，2016，37 (11)：3263-3269.

[23] 张娇，张雁，李青，徐中华. 上海黏性土的初始剪切模量试验研究 [J]. 地下空间与工程学报，2017，13 (2)：337-343.

[24] 张娇，王卫东，徐中华，李青. 上海典型黏土小应变特性的试验研究 [J]. 岩土力学，2017，38 (12)：1001-1008.

[25] 王浩然. 上海软土地区深基坑变形与环境影响预测方法研究 [D]. 上海：同济大学，2012.

[26] 张娇. 上海软土小应变特性及其在基坑变形分析中的应用 [D]. 上海：同济大学，2017.

[27] Wang W D, Li Q, Xu Z H, Zhang J. Determination of parameters for hardening soil small strain model of Shanghai clay and its application in deep excavations [C]. Proceedings of the 19th International Conference on Soil Mechanics and Geotechnical Engineering, Soul 2017, 2065-2068.

[28] 徐中华，李靖，张娇，王卫东. 基于小应变土体本构模型的逆作法深基坑三维有限元分析 [C]. 第九届全国基坑工程研讨会学术论文集. 郑州：郑州大学出版社，2016.

[29] 张娇，王卫东，李靖，徐中华. 分区施工基坑对邻近隧道变形影响的三维有限元分析 [J]. 建筑结构，2017，47 (2)：90-95.

[30] 李靖，徐中华，王卫东. 基础托换对基坑周边建筑物变形控制作用的三维有限元分析 [J]. 岩土工程学报，2017，39 (z2)：157-161.

[31] Li Q，Wang W D，Xu Z H，Dai B. Field and Laboratory Investigation on Non-linear Small Strain Shear Stiffness of Shanghai Clay [C]. Springer Series in Geomechanics and Geoengineering-Proceedings of China-Europe Conference on Geotechnical Engineering，Vienna，2018.

[32] Zong L D，Xu Z H，Chen Y C，Wang W D. Three-dimensional finite element analysis of a deep excavation constructed by top-down method using HS-Small model [C]. The 16th Asian Regional Conference on Soil Mechanics and Geotechnical Engineering，Taibei，2019.

[33] 宗露丹，徐中华，翁其平，王卫东. 小应变本构模型在超深大基坑分析中的应用 [J]. 地下空间与工程学报，2019，15 (S1)：231-242.

[34] 顾正瑞，徐中华，杨涛. 基于小应变本构模型的深基坑受力与变形性状三维有限元分析 [J]. 施工技术，2021，50 (1)：42-48.

9 边坡工程计算与分析

殷跃平[1]，卢应发[2]，梁志荣[3]，王文沛[1]，赵瑞欣[4]，张晨阳[5]，高敬轩[4]
(1. 中国地质环境监测院，北京 100081；2. 湖北工业大学，湖北 武汉 430068；3. 上海申元岩土工程有限公司，上海 200063；4. 长安大学，陕西 西安 710054；5. 中国地质大学（武汉），湖北 武汉 430074)

9.1 概述

我国是世界上边坡灾害最为严重的国家之一，历史上曾造成特大人员伤亡和经济损失。例如，2001 年重庆武隆“5・1”建筑边坡失稳，导致 79 人死亡；2015 年深圳光明新区渣土受纳场“12・20”特大滑坡事故，73 人不幸罹难；2020 年 3 月 30 日，由于边坡失稳造成京广铁路湖南郴州段火车脱轨，导致 1 人死亡、4 人重伤、120 余人受伤。在国外，边坡灾害也频繁发生。2020 年 3 月 5 日法国斯特拉斯堡到巴黎的 TGV 高速列车就曾因边坡滑塌导致脱轨，造成 21 人受伤。2020 年 9 月 7 日巴基斯坦开普省莫曼德地区大理石矿山边坡发生垮塌，至少有 11 人丧生。

随着我国基础工程建设活动日益强烈，加之水电开挖、铁路公路建设等工程不断向西南重大地震和地质灾害高风险地区深入，边坡开挖失稳，甚至诱发滑坡崩塌等地质灾害问题日益突出。尤其是我国西藏南部和东部山区位于东亚、南亚和青藏高原三大地理区域的交汇处，是现今地球表面地貌和地质构造演化最复杂、构造活动最强烈的地区之一，边坡防治难度极大。因此，针对边坡工程的计算与分析的理论、技术及实践的总结与创新将助力保障我国各项工程建设的顺利实施和运营安全。

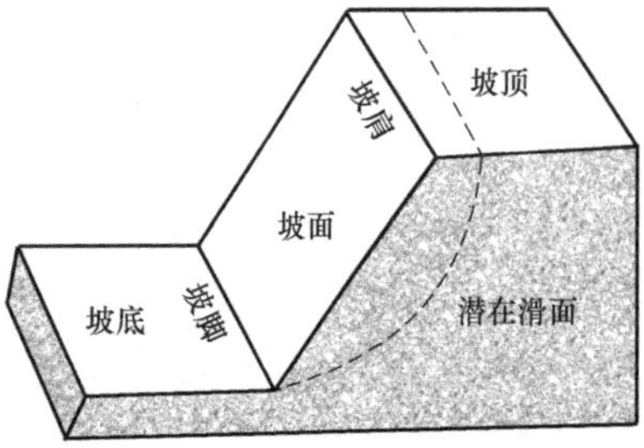

图 9.1-1 边坡示意图

边坡一般指由于在工程活动中人工开挖或填筑的斜坡，结构类型较多。典型边坡一般包括：坡顶、坡底、坡面、坡肩、坡脚（趾）（图 9.1-1）。边坡失稳的主要形式为滑坡，即在重力作用下，边坡沿着潜在滑面发生滑动的过程。边坡的稳定性计算是对边坡进行安全性评估和施加加固手段时必须首先考虑的。

目前，边坡稳定分析方法众多，传统的主要可分为定性方法、定量方法、非确定性方法三大类，其中，极限平衡法与强度折减法是最常见评价边坡稳定性的计算方法（陈祖煜，2003；郑颖人等，2010）。极限平衡法因其理论成熟、操作简单，强度折减法因其适用于复杂滑坡，均已经广泛运用于实际工程。本章将选择道路、水库、采矿、深坑及填土等典型边坡工程进行具体介绍。当然，影响边坡稳定性的各种因素相当复杂，除上述方法外，部分强度折减条分法、全过程剪应力-应变本构模型条分法、临界状态滑面边界法等新型边坡稳定性计算理论也将在本章中进行介绍。

边坡失稳破坏演化过程往往从小变形开始，若及时进行治理，能有效避免边坡变形过大而引起的失稳破坏。目前，常见的治理方法有抗滑支挡工程、锚固工程、排水工程等，这些防治工程的设计计算方法也将在本章中得以体现。

9.2 边坡工程结构类型

边坡工程按不同的分类指标有很多种分类方法，常见的有按照边坡的成因、地层岩性、高度、用途、使用年限、结构特征及破坏模式等进行划分。

9.2.1 按边坡成因分类

根据施工特点主要分为挖方边坡和填筑边坡。

挖方边坡是由山体开挖而形成的边坡，如路堑边坡、露天矿边坡等。边坡挖方，使原来位于地壳内部的岩土体暴露出来，破坏了边坡岩土体内部的初始应力平衡。边坡表面临空岩体在自重和次生应力场作用下，易向临空方向移动。

填筑边坡则是由填方经压实形成的边坡，主要指填方经压实形成的边坡，如路堤填方边坡、机场坪高填方边坡、建筑基础填方边坡及填埋场边坡等。其中，填埋场边坡是一类主要集中于城市周边，用于堆填大量生活、建筑垃圾的场地边坡。这些填埋场的选址、建设和运行过程中存在大量岩土工程风险，若不能进行长效精准管控，易导致填埋场边坡失稳或滑坡灾难，是近些年来城市岩土工程安全需要高度关注的问题（Yin 等，2016）。

9.2.2 按地层岩性分类

按照地层岩性，可大致将边坡划分为土质边坡、岩质边坡和岩土混合边坡三类。

1. 土质边坡

土质边坡指整个坡体由土体构成的边坡，土层结构决定了边坡的稳定性。按组成边坡土体的种类又可分为：黏性土边坡、碎石土边坡、黄土边坡、膨胀土边坡、堆积土边坡等类型。土质边坡由于土体强度较低，故在形态上保持不了高陡的边坡，一般都在 20m 以下，只有黄土边坡因其特殊的垂直节理结构，可相对保持较高陡的边坡。

2. 岩质边坡

岩质边坡主要由岩石构成，其稳定性决定于岩体主要结构面与边坡倾向的相对关系、岩层或土岩界面的倾角等。按岩体的强度可分为硬岩边坡、软岩边坡和风化岩边坡等；按岩体结构则可分为整体状边坡、块状边坡、层状边坡、碎裂状边坡和散体状边坡。

3. 岩土混合边坡

岩土混合边坡指边坡下部为岩层，上部为土层，即所谓的二元结构边坡。此类边坡是目前最常见，也是极易发生变形破坏的边坡。

9.2.3 按边坡的高度分类

按照边坡的高度一般可分为两种：中低边坡和高边坡。

1. 中低边坡

岩质边坡的总高度大概在 30m 以下，土质边坡的总高度一般在 15～20m 以下。

2. 高边坡

高边坡是一类工程地质体，是指那些具有一定高度的被赋予工程和环境含义的天然斜坡或由人类活动所形成的人工斜坡。岩质边坡的总高度大于 30m，土质边坡的总高度一般大于 15～20m。

9.2.4 按坡体的结构特征分类

边坡按坡体的结构特征可分为以下几类（图 9.2-1）。

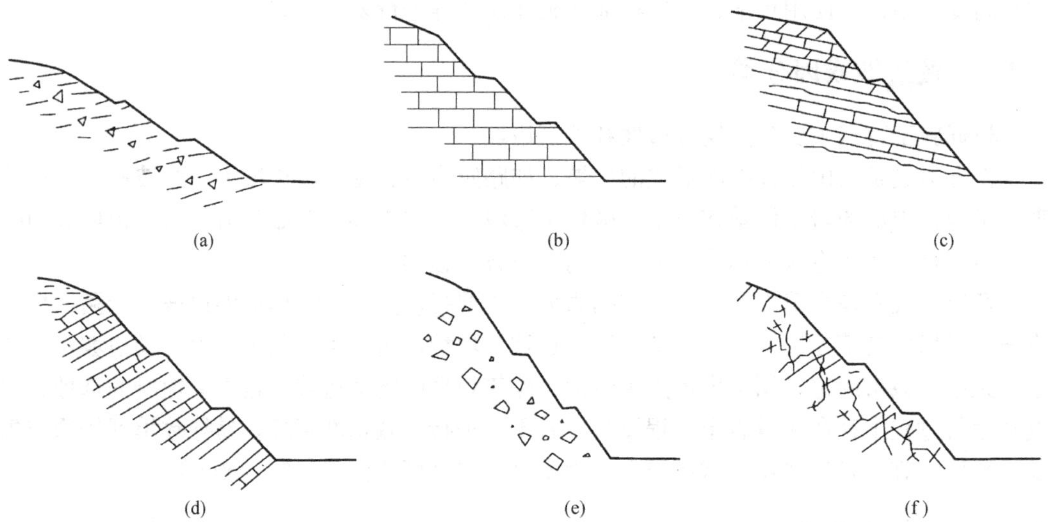

图 9.2-1 不同坡体结构的边坡示意图（郑颖人等，2010）

（a）类均质土边坡；（b）近水平层状边坡；（c）顺倾层状边坡；

（d）反倾层状边坡；（e）块状岩体边坡；（f）碎裂状岩体边坡

1. 类均质土边坡

类均质土边坡指由均质土体构成的边坡。

2. 近水平层状边坡

近水平层状边坡指由近水平层状结构岩土体（如沉积岩或区域变质岩）构成的边坡，层理面或片理面控制着边坡的滑移破坏。

3. 顺倾层状边坡

顺倾层状边坡指岩土层倾向与坡向一致的边坡，一般为岩质边坡。

4. 反倾层状边坡

反倾层状边坡指岩土层倾向与坡向相反的边坡，一般为岩质边坡。

5. 块状岩体边坡

块状岩体边坡指由厚层块状结构岩体构成的边坡，倾向坡外的一组结构面或两组产状不同的结构面组合而成楔形面控制着边坡的滑移破坏。

6. 碎裂状岩体边坡

碎裂状岩体边坡指边坡由碎裂状岩体构成，或为断层破碎带，或为节理密集带。

7. 散体状边坡

散体状边坡指由破碎块石、砂构成的边坡，如强风化层等。

9.2.5 按边坡的用途分类

在露天矿山，边坡可分为上下盘边坡和端帮边坡；在铁路，公路等交通领域，边坡可分为路堑边坡和路堤边坡，前者为山体开挖形成的边坡，后者为低洼地填筑形成的边坡；水工领域边坡则分为坝基边坡和坝肩边坡。

9.2.6 按边坡的使用年限分类

按照《建筑边坡工程技术规范》GB 50330—2013 规定，将边坡分为临时边坡（设计使用年限不超过 2 年的边坡）和永久边坡（设计使用年限超过 2 年的边坡）。

9.2.7 按边坡的破坏模式分类

20 世纪 90 年代国际工程地质协会（IAEG）滑坡委员会建议将边坡分类作为国际标准方案，该分类综合考虑了边坡的物质组成和运动方式，按物质组成分为岩质和土质边坡，按运动方式分为崩塌类、倾倒类、滑动类、侧向扩展和流动类 5 种基本类型，及多种组合的复合类型（表 9.2-1）（郑颖人等，2010）。

边坡运动简要分类表 **表 9.2-1**

<table>
<tr><td colspan="3" rowspan="3">运动形式</td><td colspan="3">物质种类</td></tr>
<tr><td rowspan="2">岩质</td><td colspan="2">土质</td></tr>
<tr><td>粗粒为主</td><td>细粒为主</td></tr>
<tr><td colspan="3">崩塌类</td><td>岩石崩落</td><td>碎屑崩落</td><td>土崩落</td></tr>
<tr><td colspan="3">倾倒类</td><td>岩石倾倒</td><td>碎屑倾倒</td><td>土倾倒</td></tr>
<tr><td rowspan="3">滑动类</td><td>旋转滑动</td><td rowspan="2">一单元</td><td>岩石转动滑动</td><td>碎屑转动滑动</td><td>土转动滑动</td></tr>
<tr><td rowspan="2">平移滑动</td><td>岩石块体滑动</td><td>碎屑块体滑动</td><td>土块体滑动</td></tr>
<tr><td>多单元</td><td>岩石滑坡</td><td>碎屑滑坡</td><td>土滑坡</td></tr>
<tr><td colspan="3">侧向扩展</td><td>岩石扩展</td><td>碎屑扩展</td><td>土扩展</td></tr>
<tr><td colspan="3">流动类</td><td>岩石流(深部蠕动)</td><td>泥石流(土石蠕动)</td><td>泥流(土蠕动)</td></tr>
<tr><td colspan="3">复合移动类</td><td colspan="3">两个或两个以上主要运动形式的组合</td></tr>
</table>

除此之外，国际上还有 SMR 法根据岩体质量好坏、边坡稳定性好坏对边坡进行定性分类；国内学者孙广忠（1988）也提出包括楔形滑动、圆弧形滑动、顺层滑动、倾倒变形、溃屈破坏、复合型滑动、岸坡或斜坡开裂变形体、堆积层滑坡、崩塌碎屑流滑坡的 9 级分类法。

9.3 边坡工程计算方法

9.3.1 边坡稳定性计算方法

9.3.1.1 定量计算方法

定量计算方法本质上仍然是一种半定量的方法，表现为量化数值与人为分析判断的结合。目前，几乎所有定量分析都需在定性分析的基础上进一步分析。常见的定量分析方法有极限平衡分析方法、强度折减法和数值分析方法。

极限平衡方法是将有滑动趋势范围内的边坡土体沿某一滑动面切成若干竖条或斜条，在分析条块受力的基础上建立整个滑动土体的力或力矩平衡方程，并以此为基础确定边坡的稳定安全系数。常用的方法有瑞典条分法、Bishop 法、Janbu 法、Spencer 法、Morgenstem-Price 法、Sama 法、不平衡推力传递法等（图 9.3-1）。这些方法均假设土体沿着一个潜在的滑动面发生刚性滑动或转动，滑动土体是理想的刚塑性体，完全不考虑土的应力-应变关系。各方法为消除超静定性而对条间力或滑动面上相互作用力所做的假设以及推求安全系数所用的方法各不相同。由于各种极限平衡方法具有模型简单、公式简捷、便于理解等优点，因此在工程中得到了较为广泛的应用。

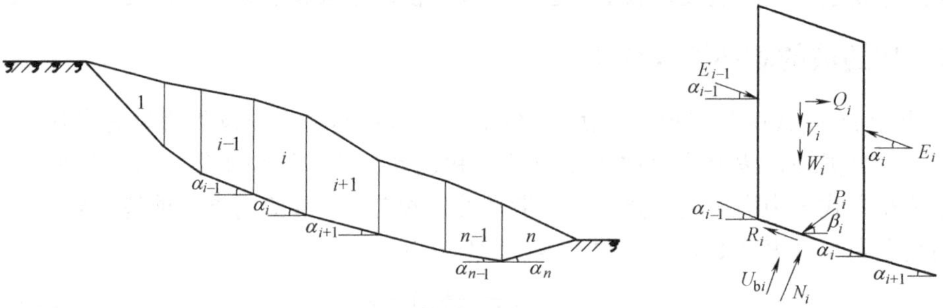

图 9.3-1 不平衡推力传递法计算简图

强度折减法是在数值计算中，通过不断折减土体强度参数，当计算不收敛时的临界折减系数即认为是边坡的安全系数，按照折减方式和发展阶段可分为单折减系数法、强度储备法和双折减系数法等。该方法能自动生成滑裂面的形状和位置，并与实际情况较为符合(郑颖人等，2010)。

9.3.1.2 非确定性计算方法

由于边坡种类繁多、岩土体物理力学性质较为复杂，加之取样和试验的误差等大量不确定因素的影响，造成边坡工程判断上存在不准确性，因此，引进随机理论、可靠度理论、模糊数学、分形几何、神经网络、人工智能等技术，提升边坡工程质量判断的准确性。例如，可靠度理论在边坡非确定性指标（地质结构、岩土体性质、分析模型）有了基础认识后，通过可靠度指标和失效概率来评价边坡的稳定状态，有利于对边坡失稳风险和治理工程进行全量化评估。

9.3.1.3 动力计算方法

永久边坡工程需确保地震作用下的稳定性，常见的方法主要有拟静力法、Newmark 法和动力时程分析法三种。拟静力方法是将地震作用简化为一个惯性力系附加在滑坡体上，通常与极限平衡方法结合，用以求得稳定系数。该方法目前仍是边坡地震分析的常用方法。

Newmark 法一般是将边坡岩体视作刚体，不发生任何变形，且不考虑边坡岩体动静态形状变化差异，以地震作用下的永久位移来判断边坡是否失稳，而不是以边坡稳定系数进行评判。目前该方法分为刚塑性滑块法、多滑块耦合法、简化 Newmark 法等。该方法工程实践中通常用于区域上地震滑坡危险性评价。

动力时程分析法能充分反映地震作用时的动力过程，考虑了振幅、持时、频率对边坡稳定性的影响，能较好地反映边坡的动力特性。该方法基于有限元、离散元等多种数值方法，不仅能得到地震作用过程中边坡损伤甚至破坏的动态演化过程，还能获得边坡沿各方向地震加速度分布系数。地震加速度分布系数在拟静力法中属于预设条件，且很难获得，即使在众多工程技术规范中，也是值得讨论的部分（殷跃平等，2014）。目前，由于动力时程分析计算过程中滑面随时间不断变化，所以往往不能直接获得边坡随时间稳定系数，常需利用数值方法与条分法耦合的方式或者与强度折减法结合的方式获取，图 9.3-2 是通过输入水平向和竖向强震动记录，采用动力时程分析法，获得四川省北川县城西滑坡稳定系数幅值在 0.7～2.3 左右浮动。如果只考虑输入水平向强震动记录，稳定系数幅值只在 0.8～1.4 左右浮动。

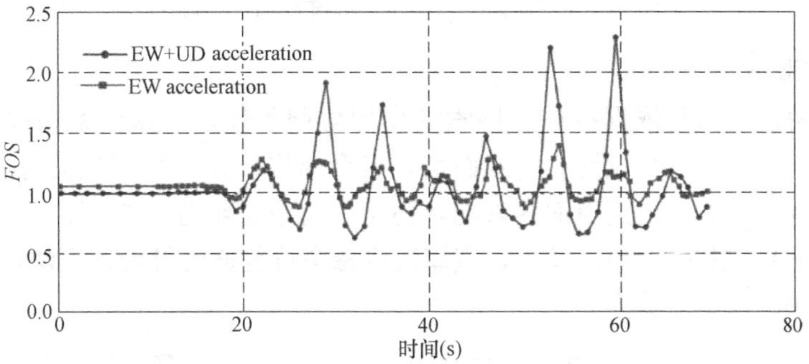

图 9.3-2　汶川地震中四川省北川县城西滑坡稳定系数随时间的变化（殷跃平等，2014）

9.3.2 边坡抗滑支挡工程计算方法

9.3.2.1 抗滑桩工程计算方法

抗滑桩工程一般是指在滑床中通过开挖浇筑钢筋混凝土形成的构件（桩体），具有抵抗滑坡变形滑动功能的支挡工程。抗滑桩由于抗滑能力强，支护效果好而被广泛应用，单桩、排桩是抗滑桩常用的基本结构形式，一般分矩形桩和圆形桩两大类。在此基础上若考虑优化抗滑桩内力、抗滑桩的结构截面、位置和兼顾排水功能等，则可以进一步划分锚索抗滑桩、箱形抗滑桩、埋入式抗滑桩、小口径组合桩群等，详见《滑坡防治设计规范》GB/T 38509—2020。

1. 普通抗滑桩

作用于抗滑桩的外力，应计算滑坡推力（包括地震地区的地震作用）、桩前滑体抗力（滑面以上桩前滑体对桩的反力）和嵌固段岩层的抗力（图 9.3-3）。

抗滑桩上滑坡推力的分布图形应根据滑体的性质和厚度等因素确定，可采用三角形、梯形或矩形。

滑面以上桩前的滑体抗力，可通过极限平衡时桩前抗滑力或桩前被动土压力确定，设计时选用其中的小值。当桩前滑坡体可能滑动时，不应计其抗力。

滑面以上的桩身内力，应根据滑坡推力和桩前滑体抗力计算。滑面以下的桩身变位和内力，应根据滑面处的弯矩、剪力和地基的弹性抗力进行计算。

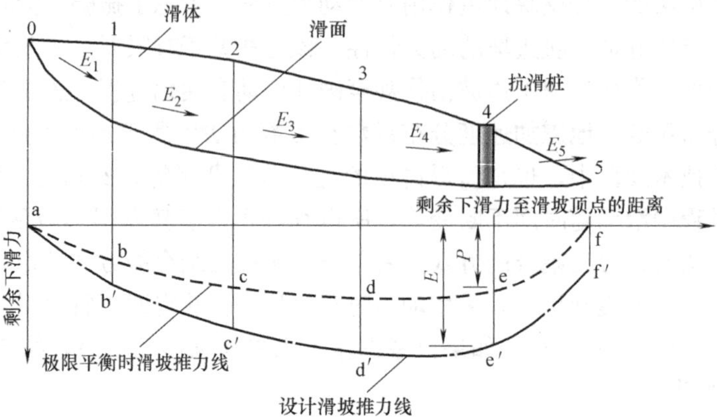

图 9.3-3 滑坡推力计算及抗滑桩设计示意图

2. 锚索抗滑桩

锚索抗滑桩的内力是依据桩体和锚索的变形协调条件，计算锚索和抗滑桩分担的载荷，并分项进行锚索和桩身设计。一般而言，组合结构设计计算首先应将其拆分为锚索、抗滑桩等构件计算，若考虑到滑面的影响，还可将抗滑桩细分为嵌固段（滑面以下）、自由段（滑面以上）（图 9.3-4a）。其中，嵌固段可参考抗普通滑桩设计方法，即在桩顶施加由上部传递下来的弯矩、剪力。

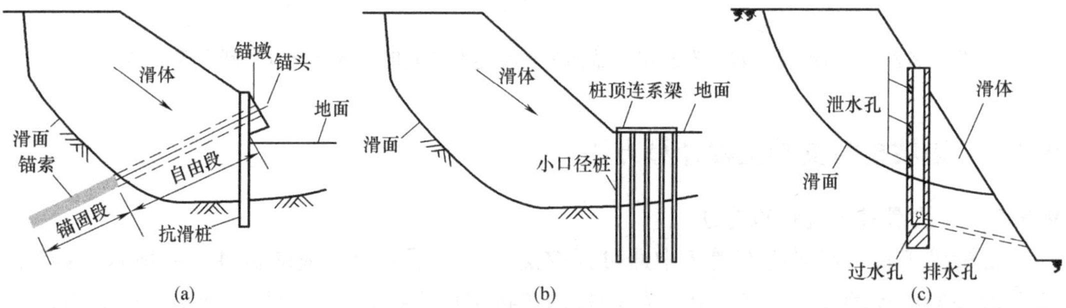

图 9.3-4 三种主要类型抗滑桩设计示意图

（a）锚索抗滑桩设计示意图；（b）小口径组合桩群设计示意图；（c）排水抗滑桩设计示意图

3. 小口径组合桩群

小口径组合桩群是由小于 500mm 的小口径桩与桩间岩土体共同构成的新的加固体，而不是简单地把岩土体看作荷载的支挡措施。小口径组合桩群可采用垂直或倾斜布置，当采用垂直布置时，宜采用多排布置方式，单桩桩间应成“品字形”错开布置，间距不宜小于 5 倍桩径，且应在桩顶设置连系梁等连接构件。将各单桩连成整体，使其共同受力及变形（图 9.3-4b）。桩顶连系梁可近似按照两端固定单跨超静定梁计算。

4. 排水抗滑桩群

排水抗滑桩桩身由空心段和实心段组成，其中，上部应为空心段且为排水抗滑桩主体部分。下部宜为实心段且为排水抗滑桩嵌固段，长度为不小于 0.5m。排水抗滑桩中空井部分宜为圆形或矩形断面（图 9.3-4c）。配筋计算时应在剪力最大的两个剖面处进行抗剪验算和在滑面附近处进行抗滑抗弯拉验算。

9.3.2.2　抗滑挡墙工程计算方法

目前，抗滑挡墙工程主要分为重力式抗滑挡墙、扶壁式抗滑挡墙、桩板式抗滑挡墙以及石笼式抗滑挡墙等。主要计算抗滑稳定安全系数；抗倾覆稳定安全系数；墙基底合力的偏心距；基底平均压应力；墙身截面强度等。扶壁式挡墙应按悬臂的“T”形梁计算，将墙面板视为梁的翼缘，扶壁视为梁的腹板。桩板式挡墙桩间挡土板所承受的压力可根据桩间岩土体的稳定情况和挡土板的设置方式，采用全部岩土体压力或部分岩土体压力进行计算（图 9.3-5）。石笼式抗滑挡墙应按重力式抗滑挡墙验算整体稳定性。

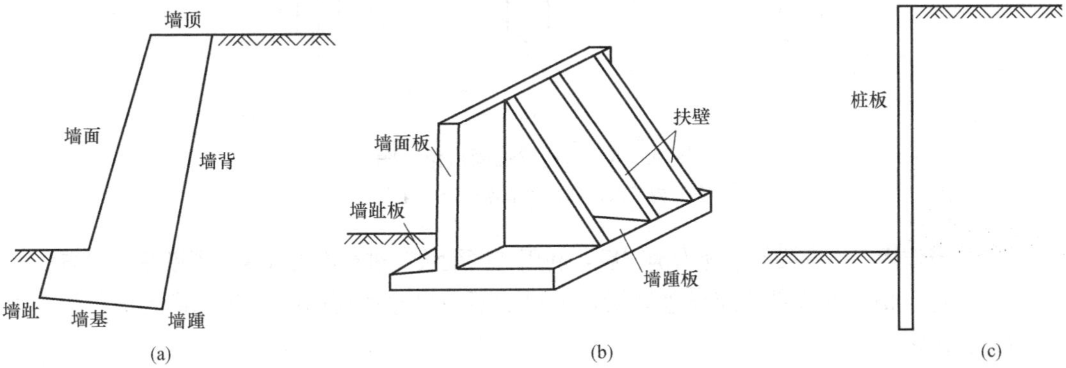

图 9.3-5　三种主要类型抗滑桩设计示意图

(a) 重力式抗滑挡墙；(b) 扶壁式抗滑挡墙；(c) 桩板式抗滑挡墙

9.3.3　边坡锚固工程计算方法

目前在边坡工程支护领域当中，锚固技术在实际工程中也得到了非常广泛的应用。通过造孔将钢绞线或钢筋（束）等受拉杆件穿过不稳定地层安放到稳定地层中，利用注浆等方式固定杆体，并将孔口段杆体与格构梁等工程结构物相联结，采取主动加载平衡地层压力的方法，或被动承受地层压力的方法来维持岩土体的稳定。

锚固技术包括预应力锚固和非预应力锚固，前者通过张拉杆体对岩土体进行主动加载，后者通过岩土体的变形被动承载。当边坡表面岩土体易风化、剥落且有浅层崩滑、蠕滑等现象，以及需要对坡面进行绿化美化时，宜采用格构锚固进行综合治理。当不稳定边坡为堆积层或土质，预应力锚索应与抗滑桩、钢筋混凝土格构或钢筋网喷射混凝土组合使用。

9.3.3.1　锚索工程计算方法

锚索计算应包括以下主要内容：

（1）根据工程实际情况合理选择锚索结构形式；

（2）注浆体与孔壁界面锚固长度的计算；

（3）注浆体与锚索界面锚固长度的计算；

（4）确定锚索的间距和排距；

（5）确定锚索锚固段长度、自由段长度及锚索的总长度；

（6）确定锚索材料类型、强度级别和钢绞线数量。

9.3.3.2　格构锚固工程计算方法

格构锚固设计包括格构设计和锚索设计，锚索和格构梁设计使用年限应相同，并不低于所保护的建（构）筑物的设计使用年限。

（1）计算格构梁内力时，须考虑作用于格构纵横梁上的锚固力，主要有内、外、角节点三种类型（图 9.3-6）。

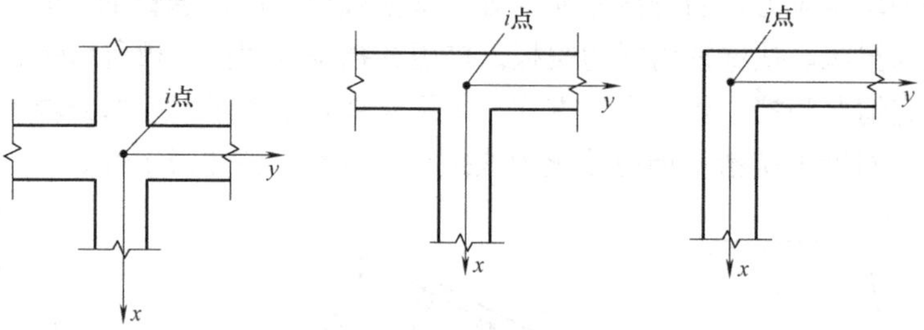

图 9.3-6　格构梁锚固点位置图

（a）内节点；（b）边节点；（c）角节点

（2）当作用于格构梁的锚固力确定后，利用"倒梁法"进行内力计算（殷跃平，2005）。

（3）每级格构的底部均应设置地梁，地梁的断面尺寸和配筋应根据地基承载力及地梁内力计算确定。

9.3.4　边坡排水工程计算方法

水是产生边坡失稳的主要原因之一，要防止岩土体的抗剪强度降低及坡内水压力增高，就必须控制地表水和地下水。

9.3.4.1　地表截排水

地表排水工程水力设计，应首先对排水系统各主、支沟段控制的汇流面积进行分割计算，并根据设计降雨强度分别计算各主、支沟段汇流量和输水量；在此基础上，确定排水沟断面和过流能力。

9.3.4.2　地下排水

地下排水工程可采用排水孔、隧洞、盲沟、排水带、集水井等或组合措施。对于浅层边坡失稳，宜采用支撑盲沟排除滑坡体内地下水，并抗滑支挡。边坡若存在大型或大型以上的滑坡，地下水丰富且对滑坡稳定影响较大时，宜采用排水隧洞排出地下水。

9.3.5　边坡其他防治工程计算方法

1. 削方减载工程

削方减载包括边坡后缘减载、表层滑体或变形体的清除、削坡降低坡度及设置马道等。削方减载对于边坡抗滑稳定安全系数的提高值应作为设计计算依据。

2. 回填压脚工程

回填体应经过专门设计计算，其对于边坡抗滑稳定安全系数的提高值可作为工程设计依据。未经专门设计的回填体，其对于安全系数的提高值不宜作为设计依据，但可作为安全储备加以考虑。

3. 抗滑键工程

抗滑键可用于边坡滑体完整性好且无浅层滑面，仅需通过对滑带及周围岩土体加固即可提高整体稳定的情况。抗滑键在边坡治理中可单独使用，也可与其他抗滑支挡结构联合使用。

4. 植物防护工程

植物防护工程可用于边坡表层土体溜塌和景观美化，不宜单独使用，且不应作为提高边坡稳定性计算。

9.4 典型边坡工程

9.4.1 高速公路路基边坡工程

9.4.1.1 G342 陵沁高速 K6 路基边坡概述

受极端降水天气影响，山西省晋城市陵（川）—沁（水）高速公路 K5＋820～K6＋190 段路基边坡发生失稳，直接造成右侧半幅路基变形，路面沉陷，开裂变形处宽达 10m，半幅公路无法使用。经现场勘察，区域有发生滑坡的可能，若不及时处置，极有可能造成公路断道并破坏上方转盘景观，带来较大经济损失及负面社会影响（图 9.4-1）。

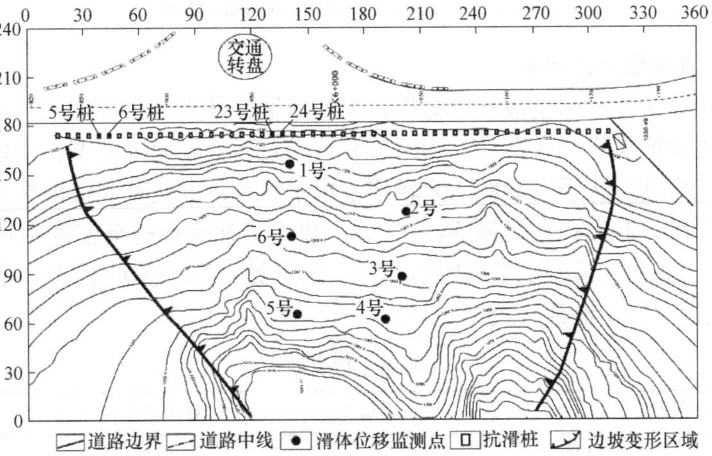

图 9.4-1 K5 路基边坡平面图

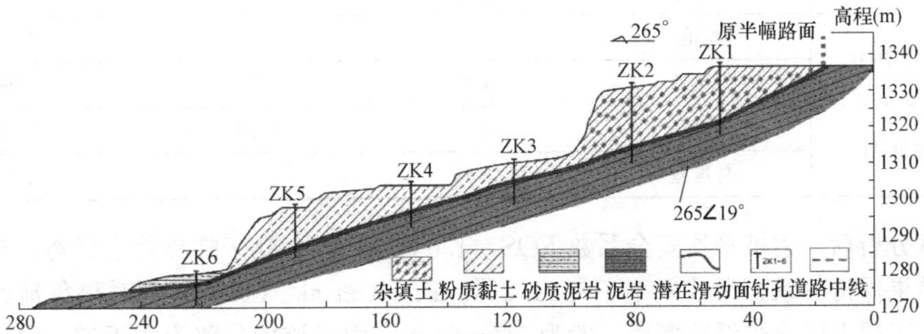

图 9.4-2 K5 路基边坡工程剖面图

9.4.1.2 路基边坡变形情况

边坡所在区域黄土地层厚 18～22m，南北两侧发现部分出露基岩，主要为石炭系泥岩，产状为265°∠19°。基岩整体风化严重，稳定性差。根据现场调研结果，边坡南北长360m，东西宽240m，滑体平均厚度为10.5m，主滑方向为SW265°，与下部岩层倾向基本保持一致（图9.4-2）。边坡后缘位于陵川县标东侧，滑体两侧发现多处张拉裂缝（图9.4-3a），且前缘已形成滑坡鼓丘，路面发生沉陷、开裂变形（图9.4-3b）。

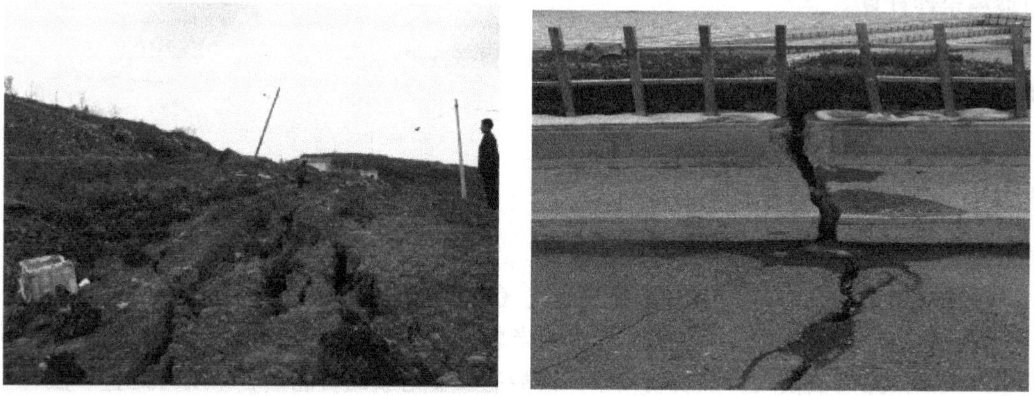

(a)　　(b)

图9.4-3　边坡变形及对道路损毁情况

9.4.1.3　路基边坡稳定性分析

根据现场调研结果，路基边坡失稳模式为受地形、基岩风化、降雨等因素影响而产生沿强风化基岩面的顺层推移式滑动，判断边坡暂时处于临界稳定状态，受诱发因素影响可能发生滑坡。考虑到场区诱发滑坡因素较多采用蒙特卡洛方法开展滑坡概率分析，结合相关文献（陈祖煜等，2004；宫凤强等，2013），选用正态分布概率密度函数使岩土黏聚力 c、内摩擦角 φ、重度 γ 值处于不同置信区间。根据钻孔勘探及前相关文献成果（付宏渊等，2019），获得滑带土参数（表9.4-1）。

滑带土层参数　　**表9.4-1**

滑带土层		杂填土	粉质黏土	砂质泥岩
重度(kN/m^3)	均值	18.3	20.2	24.2
	标准差	0.25	0.2	0.05
黏聚力(kPa)	均值	7.5	15	101.3
	标准差	0.5	1	2.26
内摩擦角(°)	均值	10	13.7	22.5
	标准差	1.1	1	1.5

计算分析后，边坡平均安全系数 $FOS=1.036<1.05$，处于临界稳定状态，与现场调研判断结果保持一致，滑坡概率 $P=21.2\%$。Priest et al.（1983）等对秘鲁地区边坡研究结果，工程上可接受滑坡概率一般为5%～10%，由于该段公路为主干道，发生滑坡将会造成交通断道，取可接受破坏概率为5%，分析得到的滑坡概率远大于工程可接受范围，为不可接受风险，需对边坡进行处置工程加固。

9.4.1.4　路基边坡处置工程

由于现场已经封闭道路，风险调控主要从降低边坡危险性角度考虑，通过改变边坡坡率、设置锚固支挡结构，降低滑坡发生的破坏概率。

依据调研结果提出三种不同滑坡处治方案，方案 1 针对边坡上部滑体，采用刷方减重、预应力锚索抗滑桩支挡及坡面锚索框架梁支护结合的处治措施；方案 2 考虑在边坡坡顶及坡脚分别设置重力式挡土墙，对坡面采用刷方减载和锚索框架梁支护；方案 3 主要着眼于下部滑体，在坡脚设置抗滑挡土墙，并对坡面削方减载及设置框架梁锚索支护。

9.4.1.5 处置效果分析

根据上文三种不同边坡处治方案，参照对应设计参数及岩土体参数分别建立模型计算（表 9.4-1），不同方案模拟得到边坡危险性分析结果（表 9.4-2）。

不同方案边坡危险性分析结果 表 9.4-2

处治方案	平均安全系数	滑坡发生概率(%)
方案 1	1.25	3.25
方案 2	1.28	0.83
方案 3	1.19	6.33

从分析结果可以看出（表 9.4-2），各处治方案均较大幅度提升边坡稳定性，方案 1、2 计算边坡平均安全系数均满足规范要求（$FOS \geqslant 1.25$），且滑坡发生概率也都处于本工程可接受 5%范围以内。而方案 3 由于平均安全系数及边坡破坏概率均不满足要求，对比后将其淘汰。根据成本估算，方案 1 治理费用为 3025.5 万元，方案 3 治理费用高达 5655.7 万元，故治理工程选择方案 1 为最终方案。

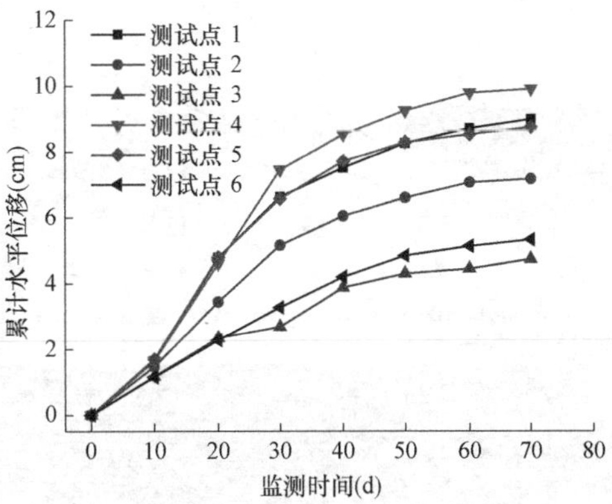

图 9.4-4 下部滑坡体水平位移

完工后在下部滑体及抗滑桩处布置测试点，监测下部滑体及桩顶水平位移变化情况，位移变化情况，并对 24 号抗滑桩进行了锚索张拉测试，得到相关结果（图 9.4-4、图 9.4-5）。

其中下部滑体位移监测时长为 70d，至 60d 滑体变形基本稳定；桩顶位移监测时长为 90d，至 60d 抗滑桩变形趋于稳定；桩后预应力锚索经 240d 监测，至 120d 锚索拉力不再变化。边坡处治效果良好，边坡范围内生态环境及时得到恢复，且由于处治方案充分考虑现场施工难度及造价，施工单位在节约工程费用同时提前三个月实现通车（图 9.4-6）。

9.4.2 水库边坡工程

9.4.2.1 三峡库岸特大水力型滑坡——塔坪滑坡概况

重庆市巫山县塔坪滑坡位于三峡库区长江左岸临江岸坡上，为一古滑坡，其平面形态呈圈椅状（图 9.4-7）。古滑坡中前部发育两个老滑坡体塔坪 H1 滑坡及塔坪 H2 滑坡，其中塔坪 H1 滑坡后缘高程约 300m，前缘剪出口高程 145～160m，滑舌直抵三峡水库蓄水前的长江枯水位，高程 70m，东侧与 H2 滑体交汇于沙湾子沟，西侧以绞滩沟东侧山脊为界。该滑体平面形态呈矩形，长 530～580m，宽 480～550m，分布面积约 $28.3\times10^{4}m^{2}$，滑体平均厚度 45m，总方量约 $1270\times10^{4}m^{3}$。

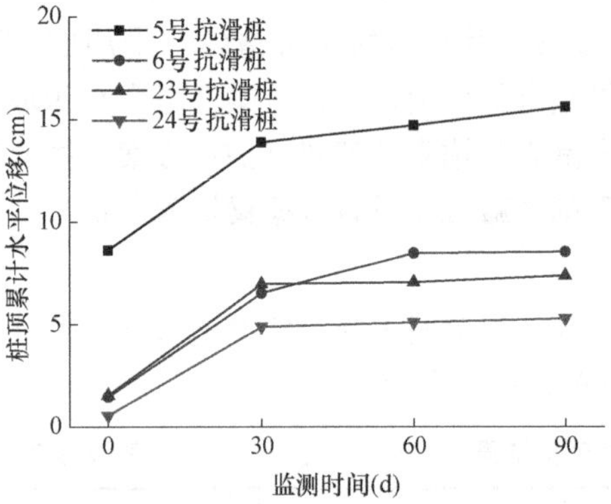

图 9.4-5　抗滑桩桩顶水平位移

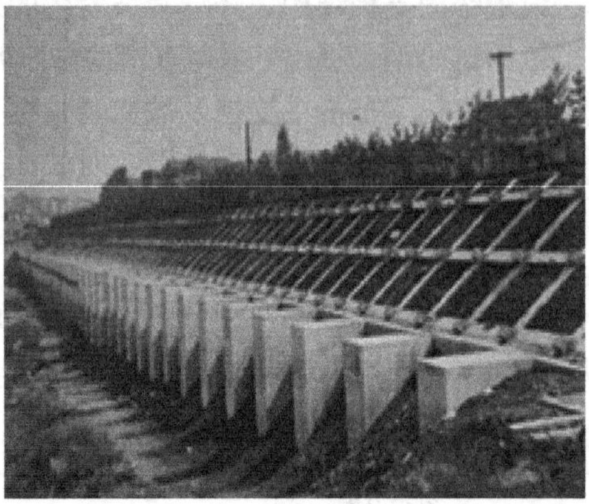

图 9.4-6　K5 路基边坡治理后全貌

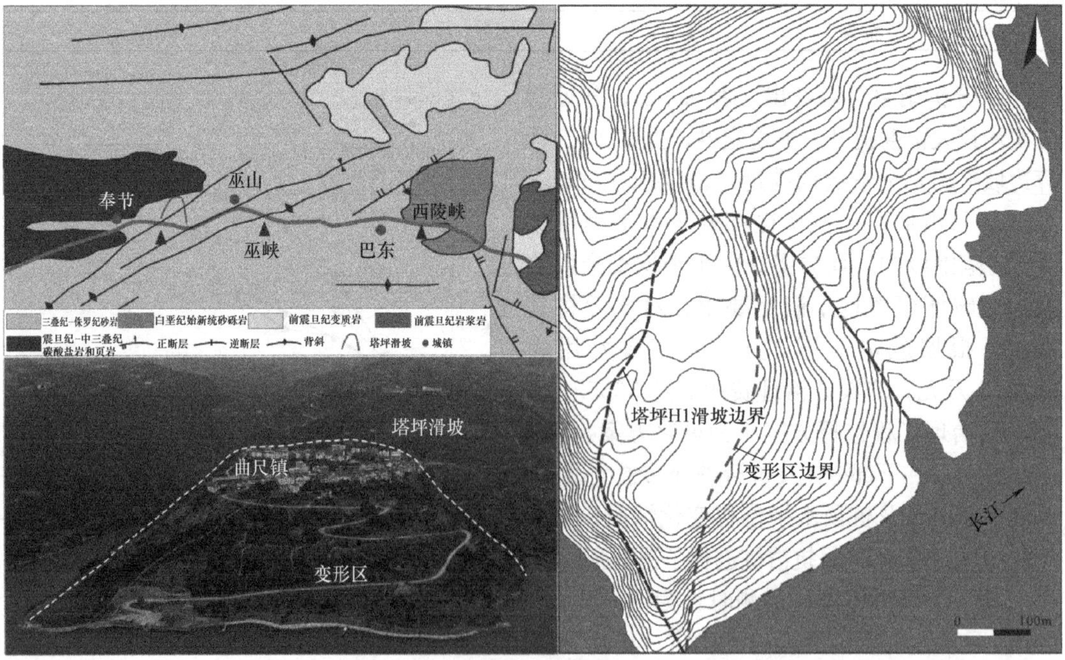

图 9.4-7　塔坪滑坡全貌和平面图

9.4.2.2　库水位波动作用下滑坡浸润线和稳定性计算

浸润线计算使用有限元数值模拟软件 Geo-studio 中 SEEP/W 模块。根据塔坪滑坡的地质模型，可建立数值模型，模型滑坡前缘施加多年平均水位边界条件。初始的地下水位分布，由勘察资料可获取。滑体材料的渗透系数设置为 2m/d。将 Geostudio 中计算获取的库水位波动工况下不同时步的地下水浸润曲线，耦合进 FLAC3D 软件中，并使用强度折减法计算塔坪滑坡在多年平均库水位波动工况下不同时步的安全系数。

多年平均库水位波动工况下，塔坪滑坡在不同时步下的孔隙水压力、位移及安全系数的计算结果（图 9.4-8）。

由图可知，库水位在高位运行阶段（时步 2、3 和 4），滑坡主要以浅层滑体失稳为主，且安全系数 *FOS* 可达 1.18。当库水位转入低位运行时（时步 5、6 和 7），深层滑体也会出现较大的位移，且坡脚靠近长江的滑体出现明显的圆弧形滑动，滑坡呈现前缘牵引式变形破坏模式。且在第 5 时步，库水位降至 145m 时，滑坡的安全系数 *FOS* 降至最低，为 1.08。

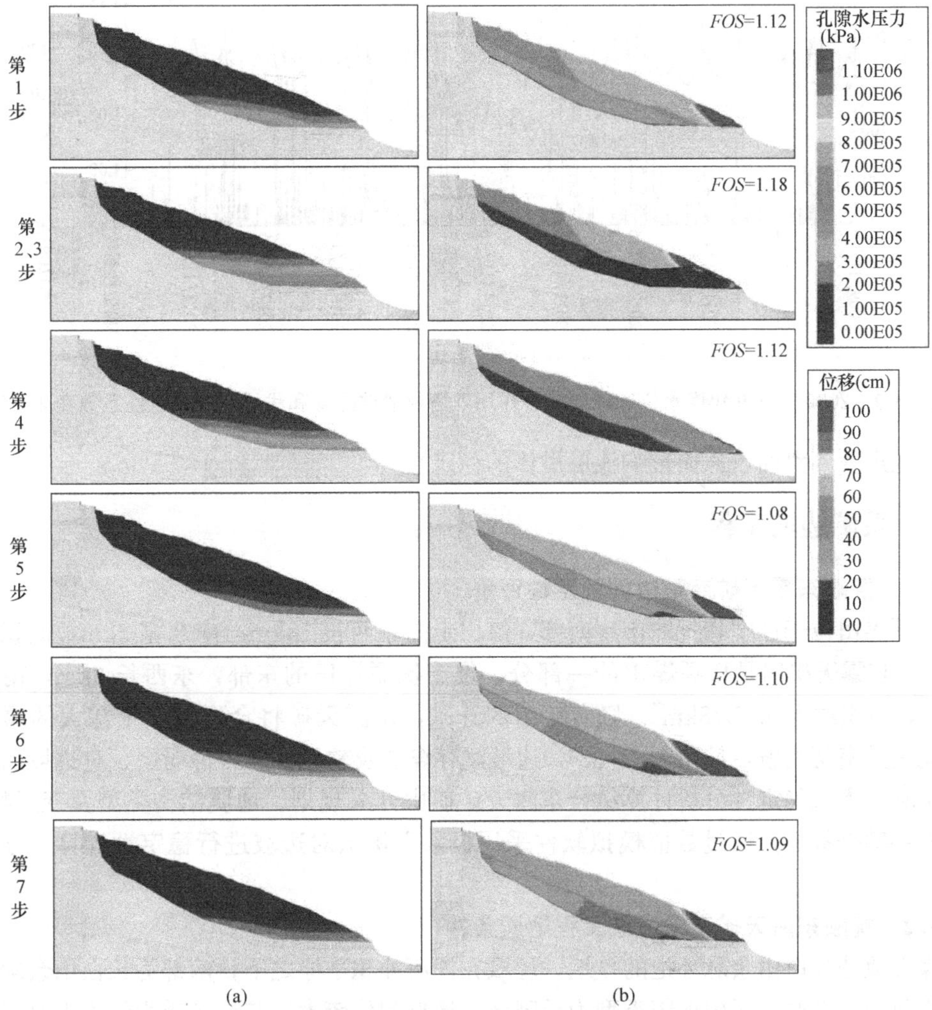

图 9.4-8 多年平均水位波动工况下塔坪滑坡位移和安全系数

(a) 孔隙水压力；(b) 位移云图

9.4.2.3 降雨和库水位共同作用下塔坪滑坡长期稳定性计算

使用 2009～2019 年降雨和库水位变化数据进行塔坪滑坡十年的渗流场和稳定性计算。计算采用 Geo-studio 软件，稳定性计算采用极限平衡法中的 M-P 法。降雨曲线设置为滑坡地表的水力边界条件，库水位曲线设置为滑坡右侧边界的水力边界条件，获得相关计算结果（图 9.4-9）。

在考虑库水位波动和降雨联合作用下，塔坪滑坡浅层和深层滑体的稳定性系数变化较为复杂。由图 9.4-9 可知，浅层滑体的稳定性系数主要变化区间为 1.00～1.15，深层滑体的稳定性系数大于浅层滑体，主要变化区间为 1.05～1.125。深层滑体主要受到库水位波动的影响，而浅层滑体受到降雨的影响更大，这可能是由于浅层滑面的深度较浅，雨水可

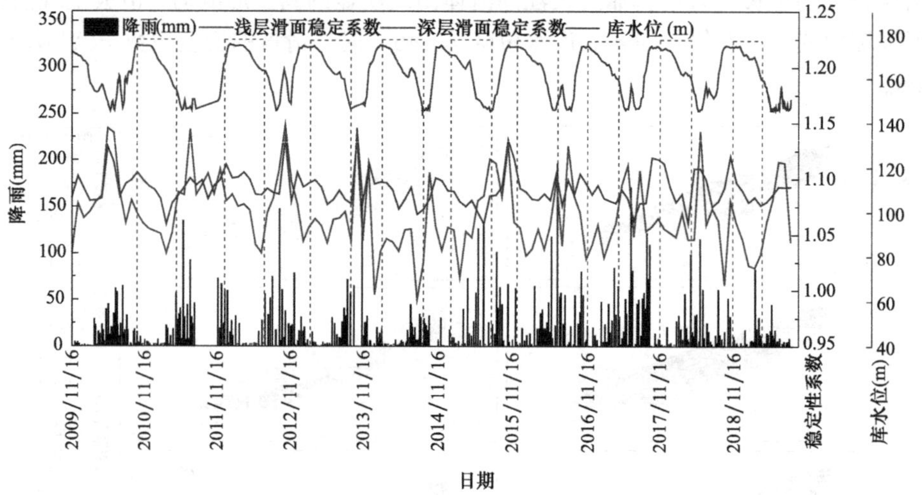

图 9.4-9　2009～2019 年库水位和降雨联合作用下塔坪滑坡深层和浅层滑坡稳定性系数变化曲线

以更快地进入到滑面，从而影响浅层滑体的稳定性。

9.4.3　采矿边坡工程

9.4.3.1　抚顺东露天矿南帮边坡稳定性评价

抚顺煤田位于辽宁省抚顺市区南部，煤田走向东西长 18km，南北宽 3km，面积约为 $36km^2$。东露天矿田是抚顺煤田的一部分，位于抚顺煤田的东部，东西长 6km，南北宽 1.9km，面积约为 $9.2078km^2$。随着矿山的开采，东露天矿将会形成一个深大的露天矿坑，尤其是南帮边坡，坡角 29°～33°，边坡赋存煤层及软质凝灰岩等弱层，对边坡的稳定极为不利。本次稳定性分析计算结合东露天矿矿山开采规划、地质结构类型及变形特征，利用地层勘查资料，通过数值模拟软件采用极限平衡法对边坡进行稳定性计算、分析与评价。

9.4.3.2　抚顺东露天矿南帮边坡工程地质条件

煤田地处长白山余脉环抱的盆地，埋藏在浑河冲积平原之下，南部为长白山余脉，中部为浑河冲积平原，区内地貌类型为丘陵区，地形起伏较大，矿坑区域为经人工改造形成的台阶地形。抚顺地区属温带半湿润大陆性季风气候，冬季漫长寒冷，夏季炎热多雨。煤田的水系干流流水方向与煤田走向大致相同，由东向西经抚顺流往沈阳，河床曲折。东露天矿位于抚顺煤田东段，呈单斜构造，倾向南北。煤系地层为湖泊相沉积，地层岩性有：太古界花岗片麻岩、砾岩、砂岩、玄武岩、凝灰岩、砂岩层、煤层、油页岩、泥岩和第四系土层。地质构造比较复杂，断层多，并有大折曲，地震动峰值加速度为 0.1g，动反应谱特征周期为 0.35s，抗震设防烈度为Ⅶ度。

9.4.3.3　边坡整体稳定性分析

利用 FLAC3D 软件和 Geo-studio 软件中 SLOP/W 模块，基于已设定的潜在滑动面，模拟现边坡在天然、饱和以及地震三种工况下的变形破坏状况，计算其稳定系数（图 9.4-10）。

通过表 9.4-3 可知，四条剖面所处的现边坡稳定性良好，稳定系数较高，不会发生边坡整体滑动破坏的情况，均能满足安全储备的要求。

稳定系数计算结果 **表 9.4-3**

工况	稳定系数				
	E5400	E6800	E8800-01	E8800-02	E9600
天然工况	2.65	4.84	2.98	2.96	2.94
饱和工况	2.06	4.71	2.39	1.64	2.02
地震工况	2.65	4.82	2.58	1.61	2.19

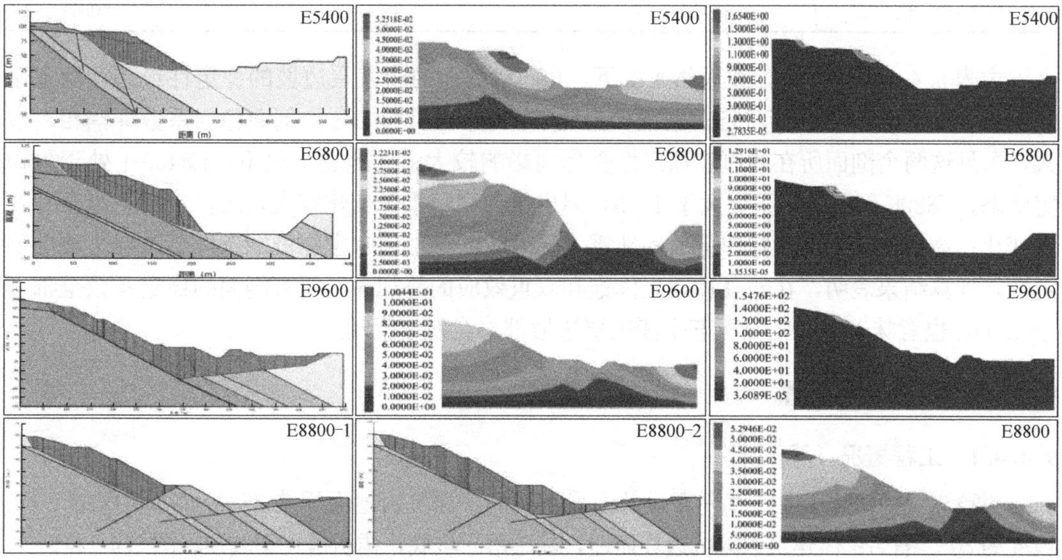

图 9.4-10 整体稳定性计算结果

9.4.3.4 浅表层边坡局部稳定性分析

利用 Geo-studio 软件中 SLOP/W 模块，设定天然、饱和、地震以及“地震+饱和”四种工况，材料参数与先前所用参数相同，工况设定也与前文所述相同，最后计算其稳定系数（图 9.4-11）。

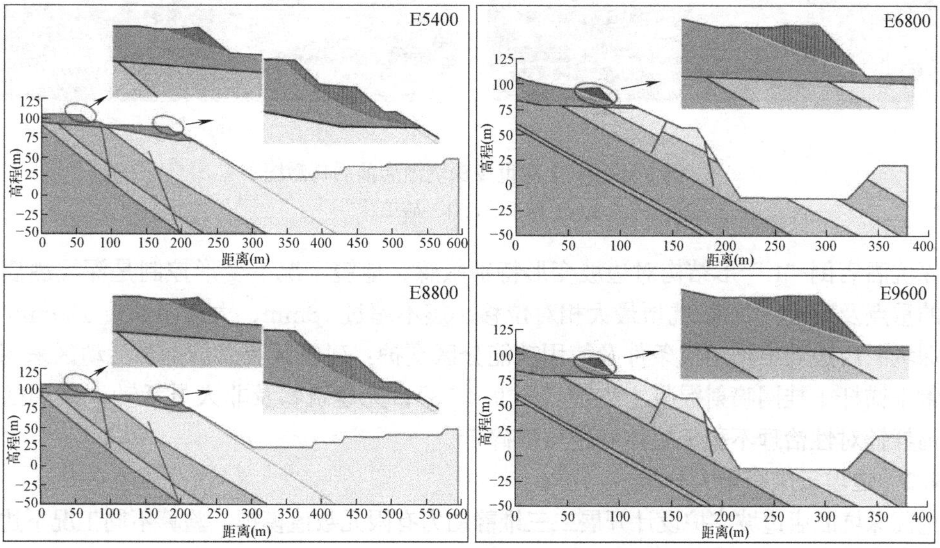

图 9.4-11 浅表层边坡局部稳定性计算结果

稳定系数计算结果　　表 9.4-4

工况	稳定系数				
	E5400-1	E5400-2	E6800	E8800	E9600
天然工况	1.45	1.15	1.28	1.53	1.00
饱和工况	1.13	0.90	1.00	1.01	0.78
地震工况	1.07	0.90	0.97	1.16	0.78
"地震＋饱和"工况	0.84	0.70	0.76	0.79	0.61

由表 9.4-4 可以看出，在天然工况下，E9600 剖面的浅表层边坡的稳定性最差，稳定系数为 1.00，处于极限平衡状态；在饱和工况下，E5400-1 和 E8800 剖面稳定系数降幅相对较大，可见这两个剖面所在的边坡稳定性受降雨影响较大；在地震工况下，E5400-1 处于欠稳定状态，E8800 剖面稳定系数大于 1.15，但由于其稳定系数变化较大，故稳定状态也会有较大变化；最后一个工况为饱和工况和地震工况效应的叠加，考虑在极端条件下浅层边坡的稳定性，计算结果表明，在地震和岩土体饱和双重效应的叠加下，所有剖面的稳定系数全都小于 1.00，也意味着在此工况下五个浅表层边坡都将会发生滑动。

9.4.4 深坑边坡工程

9.4.4.1 工程概况

世茂深坑酒店建于上海市废弃天马山采石坑内，深坑占地面积约 $36800m^2$，坑深约 70m，坡度约 80°。酒店主体建筑依深坑边坡而建，基础落于坑底，裙房搭建于坡顶（图 9.4-12）。

(a)

(b)

图 9.4-12　上海世茂深坑酒店前后鸟瞰图

(a) 施工前；(b) 施工后

深坑酒店倒"L"形结构对边坡变形特别敏感，地震工况下变形控制是深坑酒店边坡支护的重点及难点：坑底-坑顶最大相对位移小震不超过 18mm、大震不超过 120mm。

深坑酒店边坡根据地质条件及使用功能分区支护：建筑区及人员主要活动区采用预应力锚索＋锚杆＋挂网喷射混凝土支护（图 9.4-13）；无建筑物及非人员活动区采用随机预应力锚杆针对性治理不稳定块体和断层破碎带。

9.4.4.2 边坡三维有限元分析

世茂深坑酒店边坡支护设计开展二三维静动力有限元数值模拟，验算不同工况下边坡稳定性及变形。这里以大震（50 年超越概率 2%）工况下三维动力有限元分析为例进行介绍。

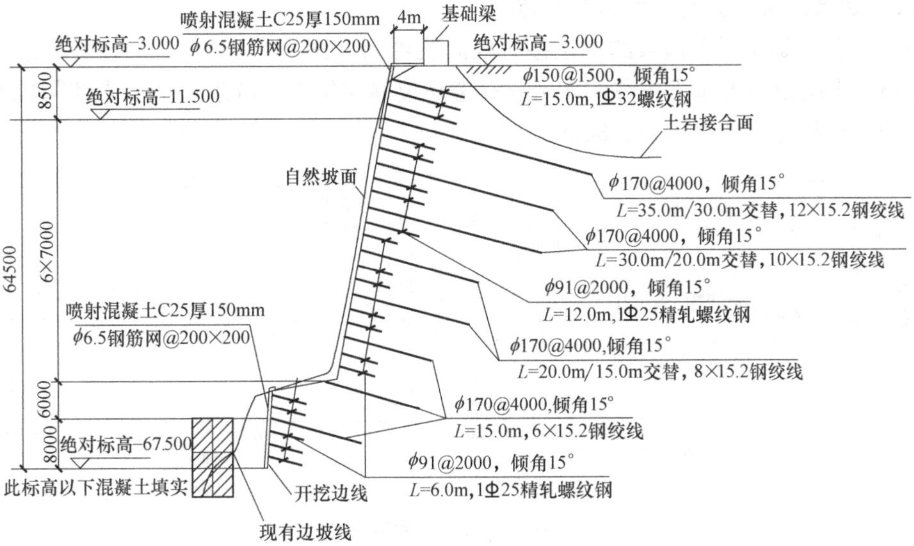

图 9.4-13　上海世茂深坑酒店边坡支护典型剖面

1. 三维有限元模型

三维有限元分析对整个深坑酒店边坡建立有限元模型，模型高 130m，坑深 70m。岩土体采用六面体等参单元模拟，边界条件采用 CIN3D8 无限元模拟，锚杆（索）采用杆单元模拟。网格划分时坑周单元加密，加密区单元尺寸不超过 2m×2m×2m，共有 240793 个单元（图 9.4-14）。

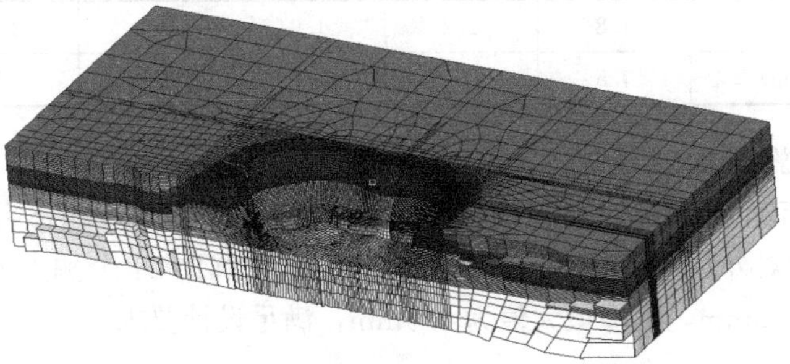

图 9.4-14　上海世茂深坑三维有限元分析模型

2. 荷载输入

有限元分析输入荷载包括静力荷载与地震作用。静力荷载包括：(1) 坑顶裙房基底标高－2.95m，基底荷载为 130kPa；(2) 地面超载 30kPa；(3) 坑口及坑底结构荷载，根据结构提资确定。地震波选取大震作用下基岩的加速度时程曲线（图 9.4-15）。

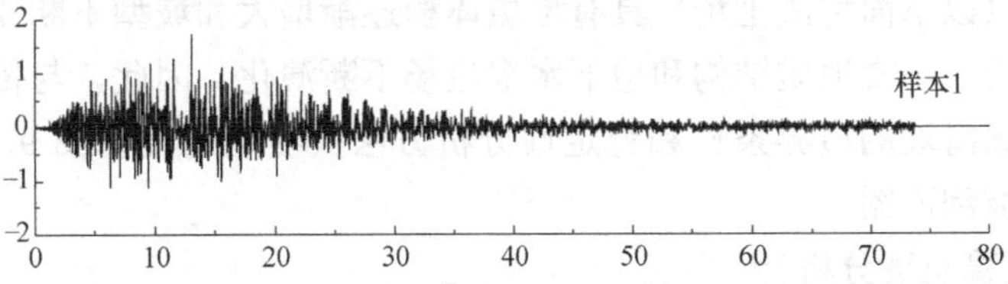

图 9.4-15　大震作用下基岩加速度时程曲线

9.4.4.3 边坡三维动力有限元分析结果

由加固后大震作用下边坡的动位移时程曲线可知（图 9.4-16）：岩层顶最大水平位移约 15mm，土层顶最大水平位移约 70mm；考虑位移相位差，坑顶岩体、土体与坑底的最大水平相对位移分别约 20mm、80mm。

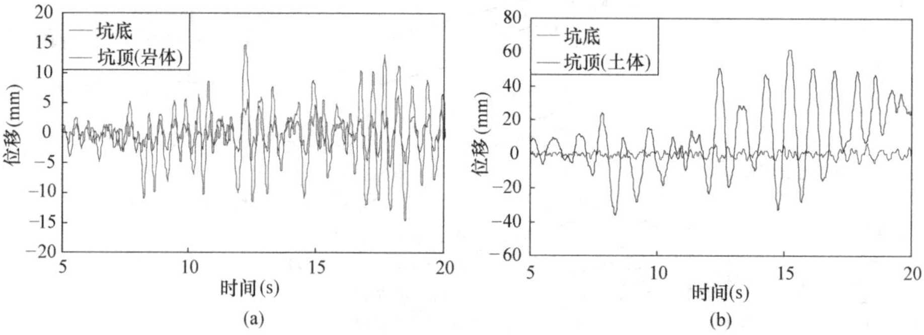

图 9.4-16 边坡动位移时程曲线

(a) 未考虑相位差；(b) 考虑相位差

深坑酒店边坡三维有限元分析结果表明（表 9.4-5)：支护后边坡稳定性安全系数提高，坑顶-坑底相对位移显著降低，满足稳定性及边坡变形控制要求，加固效果良好。

上海世茂深坑酒店边坡三维有限元分析结果汇总表 表 9.4-5

计算工况	加固前			加固后		
	静力	小震	大震	静力	小震	大震
稳定性安全系数	1.8	1.2	1.0	2.0	1.6	1.4
最大相对位移(mm)	4.5	15	150	1.2	8	80

9.4.4.4 工程实施效果

世茂深坑酒店于 2008 年立项，2013 年 3 月酒店正式动工，2016 年 12 月结构封顶，2018 年 11 月正式对外营业。监测显示：深坑酒店边坡坑顶 24 个测点的水平位移最大值为朝向坑内位移 2.6mm，沉降最大值为 4.6mm，满足设计要求。

9.4.5 填土边坡工程

2015 年 12 月 20 日，广东省深圳市光明新区红坳建筑渣土填埋场（即“余泥渣土受纳场”）发生滑坡，滑坡体积约 273 万 m^3，滑坡前后缘长达 1100m，是目前世界上最大的渣土场滑坡。由于滑坡发生于深圳市光明新区工业园区，造成 77 人遇难，33 栋房屋被毁（图 9.4-17)。

渣土填埋场（以下简称渣土场）具有堆填体积逐渐增大和坡型不断变化的特征，导致坡体物理力学性质、水文地质结构和地下水渗流场不断演化，因此，与传统自然滑坡分析方法不同，渣土场滑坡的边界条件和稳定性分析方法具有动态性。图 9.4-18 为深圳市光明新区渣土场滑坡剖面图。

9.4.5.1 边坡失稳机理分析

理论上讲，对渣土场的堆填速率和地下水特性的研究，可以采用叠加法以希望的任何

图 9.4-17 深圳市光明新区渣土场滑坡发生的地理位置

精度来进行计算。本节将根据渣土堆放过程，分为 5 阶段，采用考虑瞬态流模拟的 Morgenstern-Price 法进行计算分析（Yin et al.，2016）。

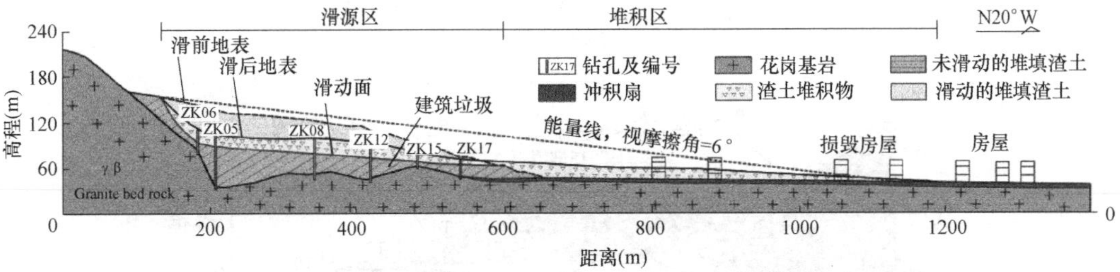

图 9.4-18 深圳市光明新区渣土场滑坡剖面图

(1) 第一堆放阶段（台阶成型阶段）

2014 年 5 月 1 日至 2015 年 4 月 30 日之前为第一堆放阶段，堆渣量约 485.6 万 m^3。T0～T6 级台阶和边坡基本成型，地形坡度约 20°。2015 年 4 月 30 日之前的第一阶段，降雨直接汇流到呈封闭地形的基岩凹槽，总汇入量约为 14.38 万 m^3，平均每天汇入体积为 393.96m^3/d。由于未设置地下水排水设施，故高程 63m 之下凹槽内汇集的地下水不能排泄。稳定性计算表明，由于 T6 级台阶以下的边坡坡度约 20°，相对较缓，地下水对渣土场前缘坡体的稳定性影响不大，滑坡安全系数 $FOS=1.401$，稳定性良好（图 9.4-19a）。

(2) 第二至第五堆放阶段（后部堆放阶段）

2015 年 5 月 1 日至 12 月 20 日为第二至第五堆放阶段，其中，第二至第三阶段虽然边坡安全系数略有下降，整体稳定性良好，第四阶段由于堆渣场中部地下水位由 75m 升高到 81m，与后缘入渗区高程存在 40m 的水头差，从而形成了超孔隙水压力，边坡安全系数明显下降，$FOS=1.075$，稳定性变差，接近临界状态（图 9.4-19b）。第五阶段由于在滑坡中部和前缘，超孔隙压力明显增加，前缘坡体阻滑力降低，导致了渣土场滑动。计算结果表明，此时滑坡安全系数 $FOS=0.918$，说明滑坡已发生整体滑动（图 9.4-19c）。

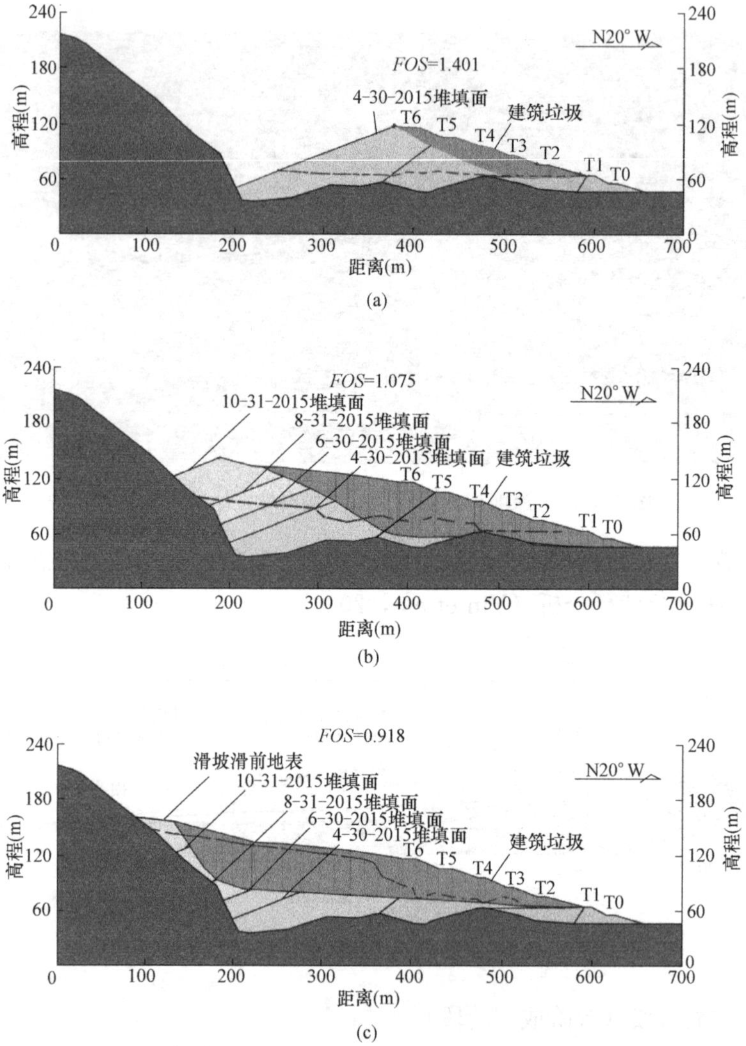

图 9.4-19　渣土场堆放阶段边坡稳定性模拟结果

(a) 第一堆放阶段完成；(b) 第四堆放阶段完成；(c) 第五堆放阶段完成

9.4.5.2　治理后边坡状态

滑坡发生后，相关单位对滑坡残留体进行了综合整治，主要整治内容包括环坑体高边坡整治、剪出口位置加固、坑体及坝体排水系统修建、植被防护、水土保持工程，目前边坡处于稳定状态（图 9.4-20）。

图 9.4-20　深圳光明新区渣土受纳场边坡治理后状态

9.5 边坡工程计算新进展

边坡计算分析的目的就是探讨其破坏模式、评价其稳定性、提出相对应的防治方法等。本节针对边坡计算提出了一些新方法。

9.5.1 问题提出

经过上百年研究，观察到边坡变形破坏过程中不同位置位移和应力均不相同，且边坡破坏是渐进变形过程（黄润秋，2007；殷跃平，2001），并提出了边坡临界状态整体稳定性分析强度折减法、刚体极限平衡法等（Janbu，1954），将整体破坏后运动形式划分为不同类型（Hungr et al.，2001）；但缺乏从一点起裂，滑面扩展、连通、贯穿等直至整体破坏全过程描述（Lu et al.，2015），相应的研究不足表现为：

（1）现行边坡稳定分析理论采用的是临界状态法，没有考虑其渐进破坏过程，且稳定性评价的破坏模式单一（主要是压剪破坏模式）；（2）边坡变形破坏过程实质是岩土体破坏，是滑面逐渐向前（或向后）移动过程，破坏紧密相关于不同的边界条件和地质特征，不同边界条件和地质特征将产生不同的破坏模式；（3）边坡稳定性与变形紧密相关的，临界状态法获得的整体稳定系数与变形不相关；边坡数值模拟多采用理想弹塑性模型，建立与变形相关的稳定性评价体系是实施边坡渐进破坏预警和控治设计的依据；（4）基于力分析，边坡在破坏后区，滑面上的驱动剪应力与摩阻剪力不相等，且在破坏后区驱动剪力大于摩阻剪应力，推动边坡沿滑面向前移动，在破坏后区位移（或剪应变）也不连续的，而剪应力和剪应变两者均不连续的求解法现行没有解决；（5）传统稳定性系数定义为沿滑面临界摩阻力之和除以下滑力之和，而沿滑面的临界摩阻力同时起作用的概率小，甚至不真实，但临界摩阻应力除以下滑应力对一点而言是具有实际意义的，如何建立边坡的稳定性评价指标等。

9.5.2 理论研究新进展

传统的强度折减法是以强度折减表征岩土体破坏后区软化行为，该折减系数实质为边坡整体稳定系数。边坡稳定性是一个与众多因素相关的复杂课题，当局部处于破坏后区应力状态时，整体并不一定发生破坏，这种由破坏区和非破坏区组成坡体实质为非稳定力学系统，难以用连续介质力学获得真实解。本节提出了描述边坡点、面（滑面）和体（滑体）多参量稳定性评价指标，以期对点破坏、滑面扩展、连通等实施全方位过程描述。并充分利用部分强度折减法、理想弹塑性和全过程本构模型等揭示点、面及体多参量随位移和力变化规律。以推广传统不平衡推力条分法和提出滑面边界法为例，利用多参量描述边坡渐进破坏过程。

9.5.2.1 边坡状态描述

1. 点描述

边坡在渐进变形破坏过程中，在不同边界条件下，不同部位将处于不同应力状态，有必要将边坡沿滑面破坏状态进行描述；当沿滑面某点的驱动剪应力（或驱动剪应变）大于该点临界摩阻应力（或临界剪应变）时，该点实质已发生破坏。对于某点而言，定义应力破坏率（$f^{\sigma}_{r,i}$）和应变破坏率（$f^{\varepsilon}_{r,i}$）（卢应发等，2021）。

2. 滑面描述

在边坡渐进破坏过程中，为了描述沿滑面的破损状态，定义应力破坏面积比（$f^{\sigma}_{s,i}$）、应变破坏面积比（$f^{\varepsilon}_{s,i}$）、应力破坏比（$f^{\sigma}_{f,i}$）、应变破坏比（$f^{\varepsilon}_{f,i}$）、摩阻力变化系数（F_{ff}）、驱动下滑力变化系数（F_{df}）、正压力变化系数（F_{nf}）、切向位移变化系数（F_{sd}）、法向位移变化系数（F_{nd}）（卢应发等，2021）。

9.5.2.2 渐进破坏表征

众多研究指出了现行临界状态稳定分析方法的优缺点：如：(1) 临界应力状态凝聚力和内摩擦角难以在整个滑面同时呈现。(2) 有限元强度折减法在折减系数不等于 1 时，所得的应力场和应变场不是边坡真实力学行为等。采用传统稳定性分析方法，选取临界应力状态参数计算所得稳定系数最大，利用残余应力状态计算所得稳定系数最小，边坡渐进变形过程中真实应力状态是一部分处于残余应力状态，一部分处于峰值应力前状态，这种状态计算所得稳定系数介于两种特殊状态之间。(3) 边坡随变形的增加，其主滑方向也发生变化等。下面提出边坡主滑方向和几种边坡整体稳定性评价方法。

1. 主滑方向和破坏定义

许多文献对边坡渐进破坏全过程及机制已作详细分析，对于主滑方向的定义还没有明确的概念，本书提出主滑方向定义为：主滑方向所指的对象为潜在滑动的坡体，滑动方向为坡体最大下滑力矢量和方向，当然也可以取最大位移矢量和方向。从该定义可以看出，坡体的主滑方向将随位移和应力的变化而变化。边坡破坏分力学破坏和工程破坏，力学破坏定义为：当边坡滑面只有一点处于临界状态，其余均处于破坏后区应力状态时定义为“力学破坏”；工程破坏定义为：当边坡上存在构筑物，且边坡变形达到构筑物所要求的控制位移或应力时，这种破坏定义为“工程破坏”。

2. 三维稳定性描述

基于边坡破坏机理分析，定义边坡整体稳定系数如下（卢应发等，2021）：

(1) 综合下滑力——抗滑力稳定系数（CSRM）

X 轴方向的稳定系数定义为：$F^{x}_{CSRM}=T^{xT}/P_{xs}$ (9.5-1)

Y 轴方向的稳定系数定义为：$F^{y}_{CSRM}=T^{yT}/P_{ys}$ (9.5-2)

Z 轴方向的稳定系数定义为：$F^{z}_{CSRM}=T^{zT}/P_{zs}$ (9.5-3)

驱动力方向稳定系数定义为：$F^{s}_{CSRM}=T\cos\phi_{c}/P$ (9.5-4)

式中 T^{xT}、T^{yT}、T^{zT}——在 X、Y、Z 方向的抗滑力，其合矢量为 T；

P_{xs}、P_{ys}、P_{zs}——现状边坡沿滑动面在 X、Y 和 Z 方向的驱动下滑力矢量和，其合矢量为 P；

φ_{c}——驱动力矢量和 P 与抗滑力矢量和 T 组成的夹角。

(2) 主推（或拉）力法稳定系数（MTM 或 MPM）

X 轴方向主推力稳定系数定义为：$F^{x}_{MTM}=T^{xp}/P_{xp}$ (9.5-5)

Y 轴方向主推力稳定系数定义为：$F^{y}_{MTM}=T^{yp}/P_{yp}$ (9.5-6)

Z 轴方向主推力稳定系数定义为：$F^{z}_{MTM}=T^{zp}/P_{zp}$ (9.5-7)

主推力方向稳定系数定义为：$F^{s}_{MTM}=T^{p}\cos\phi_{m}/P^{p}$ (9.5-8)

式中　P_{xp}、P_{yp}、P_{zp}——在 X、Y、Z 方向的剩余下滑力矢量和，其合矢量为 P^p；

T^{xp}、T^{yp}、T^{zp}——现状边坡沿滑动面在 X、Y 和 Z 方向的剩余摩阻力矢量和，其合矢量为 T^p；

α_m——剩余摩阻力矢量和与剩余下滑力矢量和组成的夹角。相似于推移式边坡，利用主拉力法评价牵引式边坡稳定性，其计算方法与主推力法一致，只是剩余拉力产生于边坡前缘至临界状态，而剩余阻力产生于临界状态至后缘，分别定义：在 X、Y、Z 轴和主拉力方向的稳定系数（F^x_{MPM}，F^y_{MPM}，F^z_{MPM}，F^s_{MPM}）。

（3）富余摩阻力法稳定系数（SFM）

X 轴方向富余摩阻力稳定系数定义为：$F_{SFM}{}^x=T^{xp}/P_{xf}$　(9.5-9)

Y 轴方向富余摩阻力稳定系数定义为：$F_{SFM}{}^y=T^{yp}/P_{yf}$　(9.5-10)

Z 轴方向富余摩阻力稳定系数定义为：$F_{SFM}{}^z=T^{zp}/P_{zf}$　(9.5-11)

下滑力方向富余摩阻力稳定系数为：$F^s_{SFM}=T^p\cos\phi_{pf}/P_f$　(9.5-12)

式中　P_{xf}、P_{yf}、P_{zf}——在 X、Y、Z 方向的破坏时下滑力矢量和，其合矢量为 P_f；

ϕ_{pf}——剩余摩阻力矢量和与破坏时下滑力矢量和组成的夹角。

（4）综合位移法稳定系数（CDM）

X 轴方向综合位移稳定系数定义为：$F^x_{CDM}=S^{xd}/S_{xd}$　(9.5-13)

Y 轴方向综合位移稳定系数定义为：$F^y_{CDM}=S^{yd}/S_{yd}$　(9.5-14)

Z 轴方向综合位移稳定系数定义为：$F^z_{CDM}=S^{zd}/S_{zd}$　(9.5-15)

主滑方向综合位移稳定系数定义为：$F^s_{CDM}=S^d\cos\phi_d/S_d$　(9.5-16)

式中　S^{xd}、S^{yd}、S^{zd}——在 X、Y、Z 方向破坏时位移矢量和，其合矢量为 S_d；

S_{xd}、S_{yd}、S_{zd}——现状在 X、Y 和 Z 方向的位移矢量和，其合矢量为 S^d；

α_m——破坏时位移矢量和与现状矢量和组成的夹角。

（5）富余位移法稳定系数（SDM）

X 轴方向富余位移稳定系数为：$F_{SDM}{}^x=S^{xs}/S^{xd}$　(9.5-17)

Y 轴方向富余位移稳定系数为：$F_{SDM}{}^y=S^{ys}/S^{yd}$　(9.5-18)

Z 轴方向富余位移稳定系数为：$F_{SDM}{}^z=S^{zs}/S^{zd}$　(9.5-19)

在位移主滑方向富余位移稳定系数为：$F_{SDM}{}^s=S^s\cos\alpha_s/S^d$　(9.5-20)

式中　S^{xd}、S^{yd}、S^{zd}——在 X、Y、Z 方向破坏时位移矢量和，其合矢量为 S_d；

S^{xs}、S^{ys}、S^{zs}——破坏与现状在 X、Y 和 Z 方向的位移差矢量和，其合矢量为 S^s；

ϕ_s——两位移矢量和组成的夹角。

9.5.2.3　计算模型

边坡是由地质材料组成，边坡特征研究必须应用地质材料本构模型，现行理想弹塑性模型得以广泛应用；由于在破坏后区强度下降，在理想弹塑性本构模型上以强度折减表征破坏后区应力特征，但建立全过程本构模型是非常必要的。其理想弹塑性模型和全过程本构模型详见文献（卢应发等，2021）。

9.5.2.4 计算方法

传统的边坡计算方法包含条分法和有限单元法，针对两种传统边坡数值方法，提出相对应改进的数值方法如下：

1. 部分强度折减条分法

针对一般性的边坡，按照条分法进行条块划分，并将 $1\sim n$ 条块一起考虑在计算公式中，从而计算获得该边坡的稳定系数，该稳定系数为边坡整体稳定系数，计算实质为最后一个条块的下滑力等于临界摩阻力，本书提出部分强度折减法，详细计算步骤见文献（卢应发等，2021）。从而获得不同临界状态条块边坡的富余稳定系数 f_{zs}^{i}、边坡的强度折减整体稳定系数 f_n 和第 i 临界状态条块的强度折减稳定系数 f_i。

2. 临界状态滑面边界法（SBM）

边坡稳定性数值分析法广泛采用的是有限单元法，针对推移式边坡，借用传统方法，采用部分强度折减法或全过程本构模型，利用现行有限单元法等连续介质力学方法解决不连续问题，其详细计算步骤见文献（卢应发等，2017）。

9.5.3 实例——建筑边坡

2016 年 7 月以来，湖北省恩施市红土乡稻池村黄堰塘进行拆迁改造，同年 7 月 4 日，由于连降暴雨，岩土体发生了垮塌，垮塌的坡体平均宽度 240m，长约 200m，方量约 $72\times10^4 m^3$，后缘紧连茅平公路，该公路双向二车道，是连接恩施市至建始县、鹤峰县的主要通道，威胁后缘 3 户、茅平公路及前缘 10 户人家。

9.5.3.1 地质概况

黄堰塘边坡地处鄂西南构造剥蚀低山丘陵区，岩层走向北偏东，为一单斜边坡，边坡倾向北偏西，剖面形态呈曲线形，地形坡度 30°～38°，坡体植被茂密，坡脚为黄堰塘，为岩土质边坡，坡面高程为 780.30～816.11m，边坡垂直高差约 32.35～35.81m（图 9.5-1）。

据地质钻探，勘查区内出露地层为人工填土（Q^{ml}）及三叠系下统大冶组（T_{1d}），由

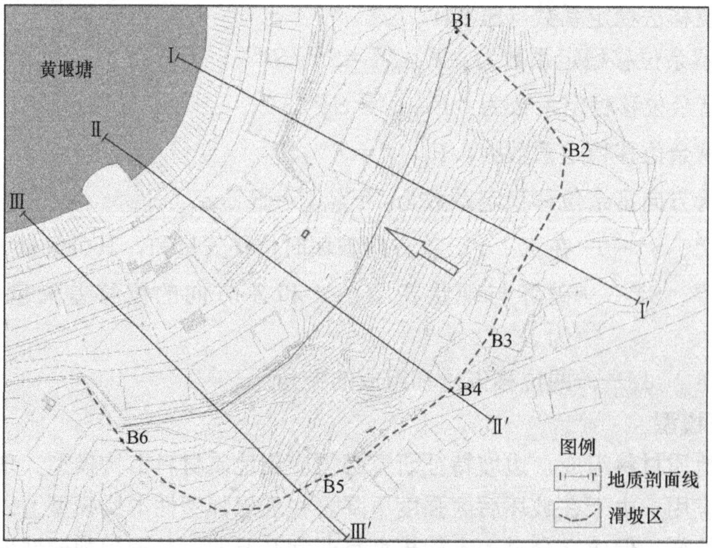

图 9.5-1 恩施州黄堰塘边坡平面图

新至老分述如下：(1) 人工填土（Q^{ml}）：岩性呈黄褐色，松散，稍湿，主要物质成分以粉质黏土等组成。(2) 三叠系下统大冶组（T_{1d}）强风化灰岩：产状为 290～310°∠25°～35°，呈黄褐色、泥质结构、质软、完整性差、强度低、土体具吸水饱和等特性，属强透水层；以强风化灰岩为主，呈风化残积块状。(3) 三叠系下统大冶组（T_{1d}）中风化灰岩：灰～浅灰色，分布较为均匀、完整，室内饱和单轴抗压强度标准值 73.92MPa。

9.5.3.2 计算分析

按平面图（图 9.5-1）上 I-I′剖面图可得条分法计算图，边坡滑体重度取 18kN/m³，获得条块划分、条块底边角度和长度（图 9.5-2）。

根据室内试验及现场经验，模型参数取值为：凝聚力 $c=24\text{kPa}$，摩擦角 $\varphi=24°$，剪切模量 $G=3000\text{kPa}$，$\rho_{i,0}=-0.9999$，$\rho_{i,c}=-2.96$，$\sigma_i^{n,c}=600\text{kPa}$，$a_1^0=0.008$，$\zeta_i=0.3$，$a_1^0=0.0001\text{kPa}^{-1}$，$b_1=50$，$b_2=0\text{kPa}^{-1}$。

1. 条块法分析

针对黄堰塘边坡，根据条分法划分条块，按照传统临界状态法 TCM（Traditional Critical Method)，在饱和状态下，其稳定系数为：1.50，处于稳定状态，且获得各条块驱动力、摩阻力和剩余下滑力与条块号 *SN*（Slice Number）的对应关系（图 9.5-3）。

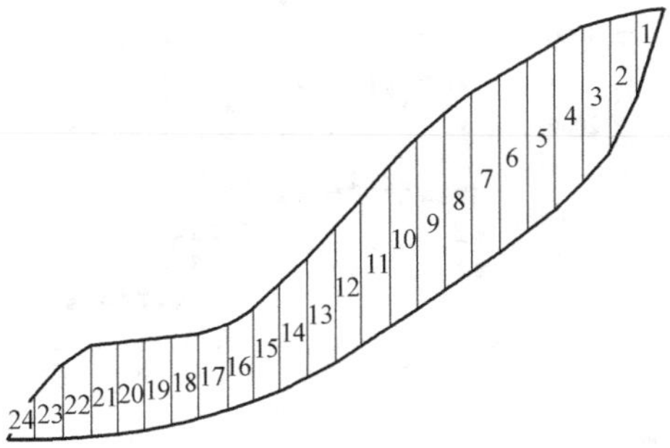

图 9.5-2 黄堰塘边坡条块划分图

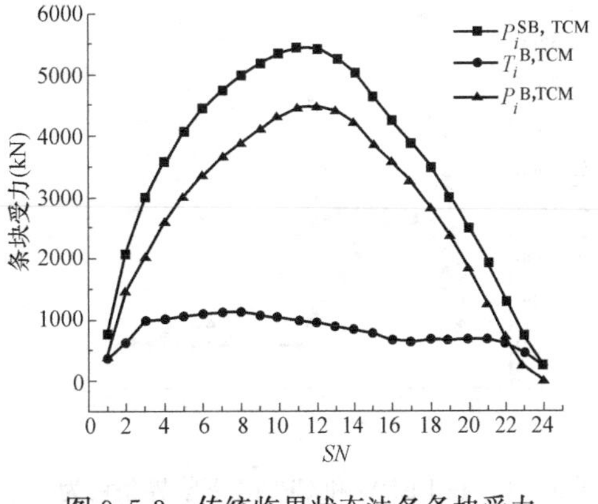

图 9.5-3 传统临界状态法各条块受力

根据临界状态部分强度折减法，当稳定系数等于 1 时，其临界状态条块为第 10 条块。随着临界状态一点一点向前移动，滑坡的临界状态部分强度折减稳定系数越来越大，当最后一个条块处于临界状态时，此时的临界状态部分强度折减稳定系数等于传统强度折减稳定系数，获得其临界状态部分强度折减稳定系数随临界条块号 *CSN*（Critical Slice Number）的变化（图 9.5-4)，及不同临界状态部分强度折减法的富余稳定系数（f_{zs}^i）(图 9.5-5)。

基于理想弹塑性模型（简称 PEPM）进行部分强度折减法的渐进破坏计算，初始临界状态条块为第 10 条块；基于新的全过程剪应力-应变本构模型（简称 CPCM）进行渐进破坏计算，所获得的初始临界状态条块为第 11 号条块。随着临界状态一点一点向前移动，边坡的临界状态一步一步向前移动，当最后一个条块处于临界状态时，此时边坡整体处于破坏状态，在这个渐进破坏过程中，选取 3 个临界状态条块对应的驱动力、摩阻力和剩余下滑力（图 9.5-6～图 9.5-8）；获得相对应各条块应力破坏率（点描述）(图 9.5-9)；各临界状态条块对应的应力破坏面积比、应力破坏比、摩阻力变化系数、驱动下滑力变化系数、正压力变化系数和切向位移变化系数（面描述）（图 9.5-10～图 9.5-15）；随临界状态条块的改变，五种稳定系数（$F^{\mathrm{B}}_{\mathrm{CRSM}}$，$F^{\mathrm{B}}_{\mathrm{MTM}}$，$F^{\mathrm{B}}_{\mathrm{CDM}}$，$F^{\mathrm{B}}_{\mathrm{SDM}}$，$F^{\mathrm{B}}_{\mathrm{SFM}}$）的变化规律（体描述）（图 9.5-16～图 9.5-20）。

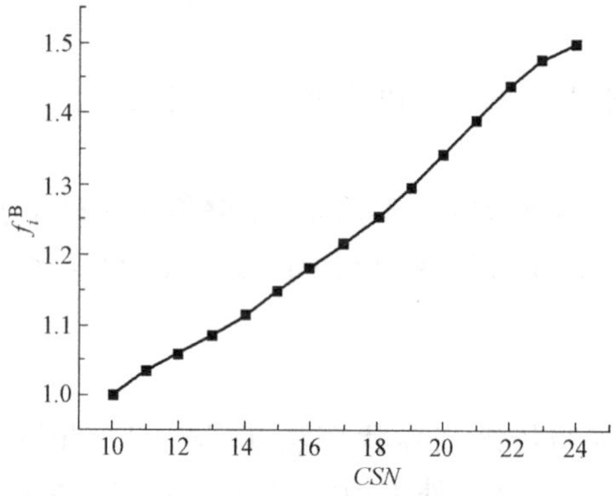

图 9.5-4　部分强度折减法稳定系数

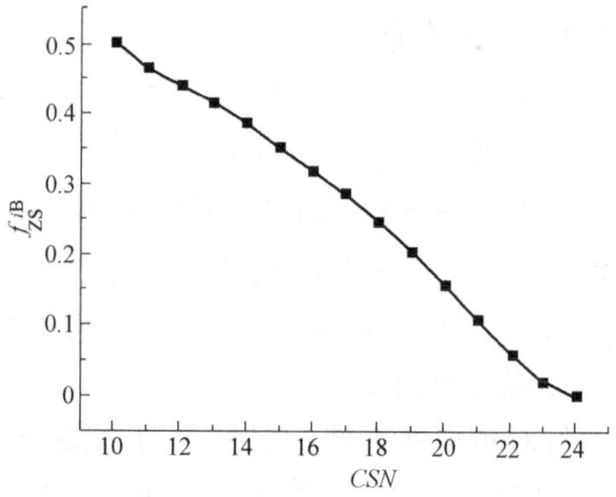

图 9.5-5　部分强度折减法的富余稳定系数

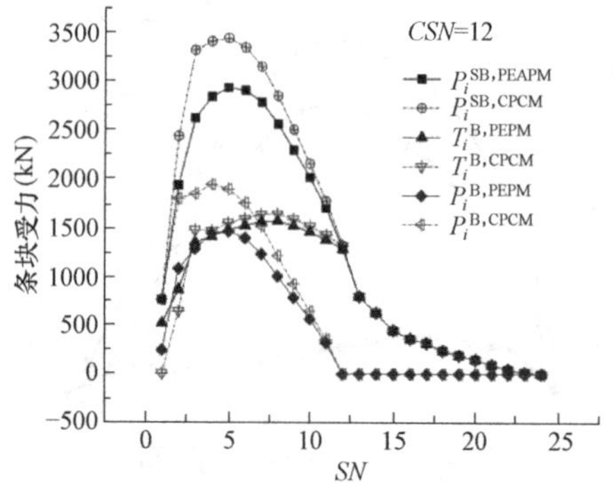

图 9.5-6　在 PEPM 和 CPCM 下临界条块为第 12 块时各条块受力分布

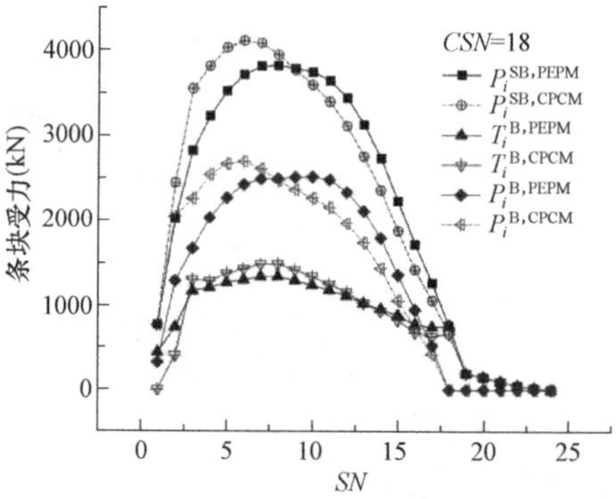

图 9.5-7　在 PEPM 和 CPCM 下临界条块为第 18 块时各条块受力分布

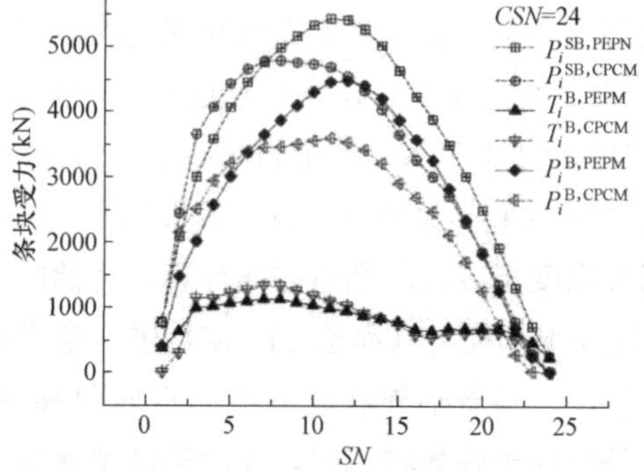

图 9.5-8　在 PEPM 和 CPCM 下临界条块为第 24 块时各条块受力分布

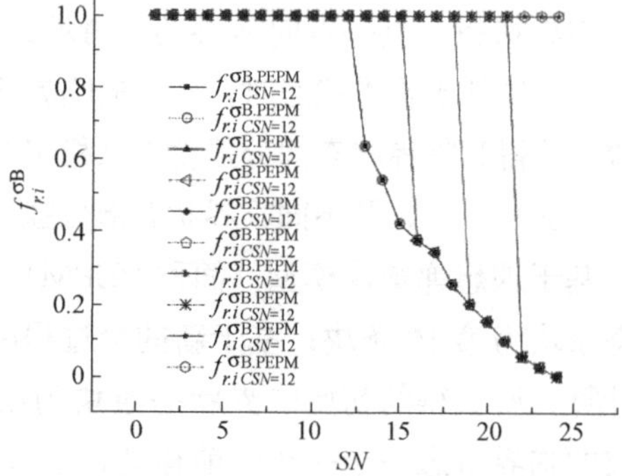

图 9.5-9　在 PEPM 和 CPCM 下各条块应力破坏率

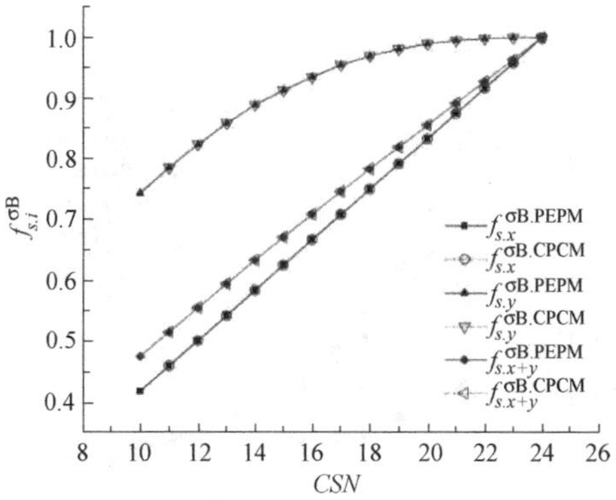

图 9.5-10 在 PEPM 和 CPCM 下应力破坏面积比

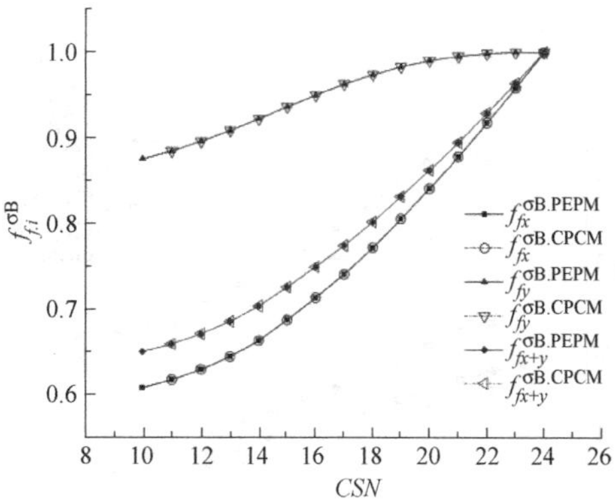

图 9.5-11 在 PEPM 和 CPCM 下应力破坏比

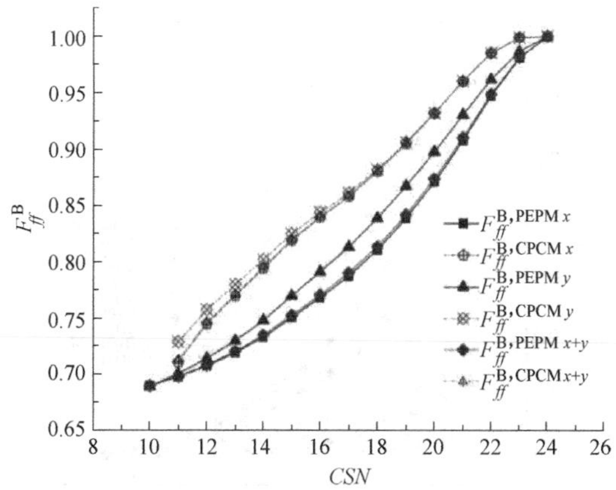

图 9.5-12 在 PEPM 和 CPCM 下摩阻力变化系数

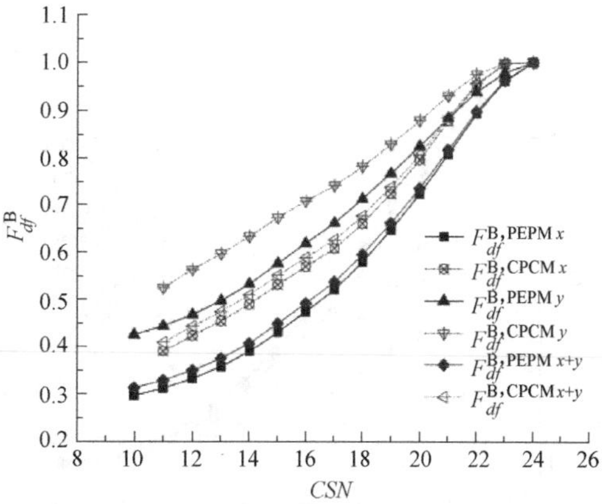

图 9.5-13 在 PEPM 和 CPCM 下驱动下滑力变化系数

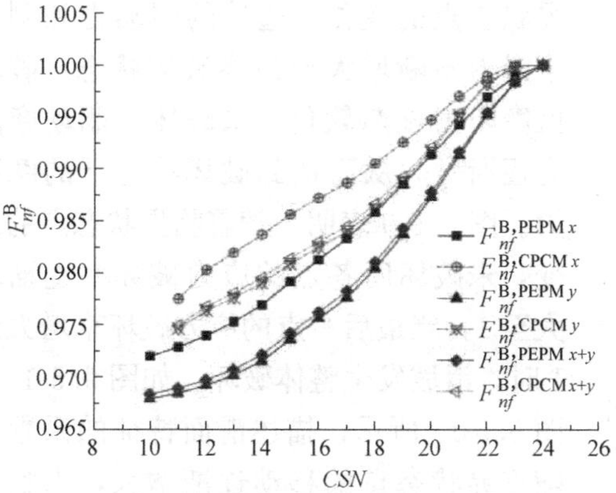

图 9.5-14 在 PEPM 和 CPCM 下正压力变化系数

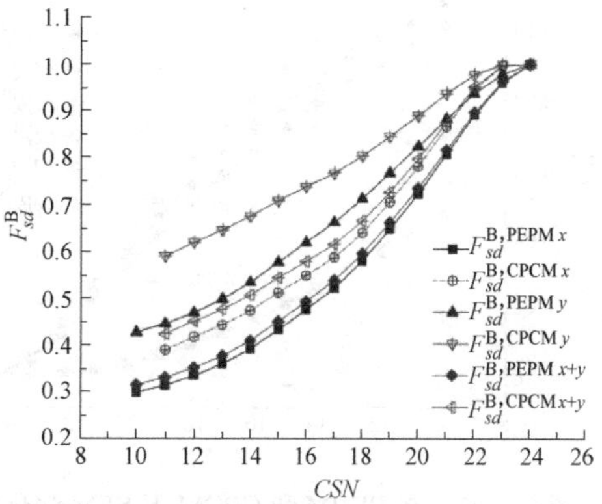

图 9.5-15 在 PEPM 和 CPCM 下切向位移变化系数

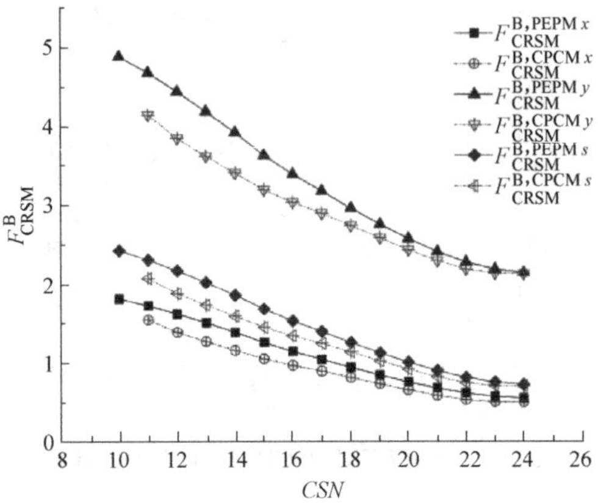

图 9.5-16　在 PEPM 和 CPCM 下 CRSM 演化曲线

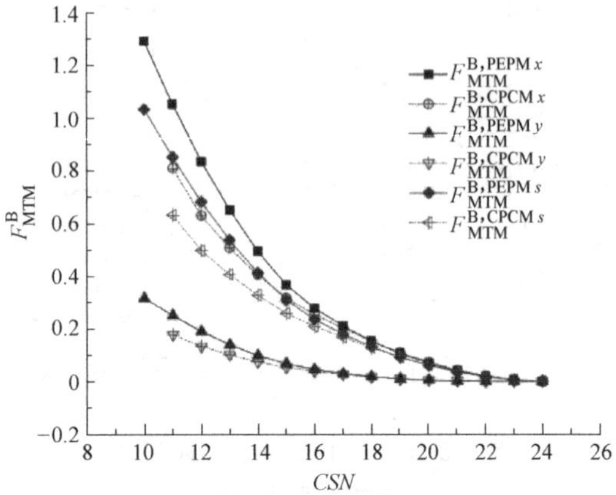

图 9.5-17　在 PEPM 和 CPCM 下 MTM 演化曲线

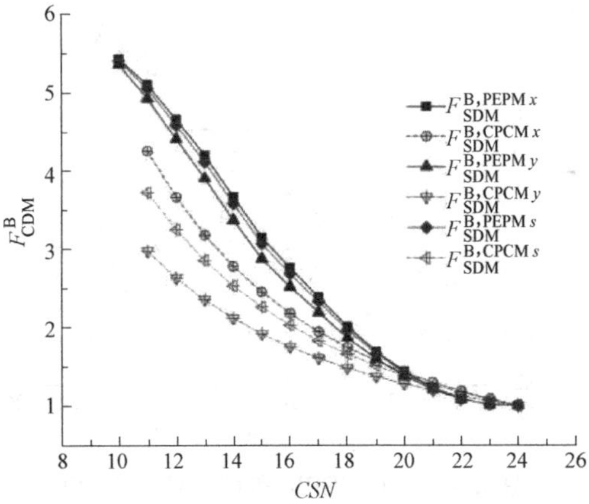

图 9.5-18　在 PEPM 和 CPCM 下 CDM 演化曲线

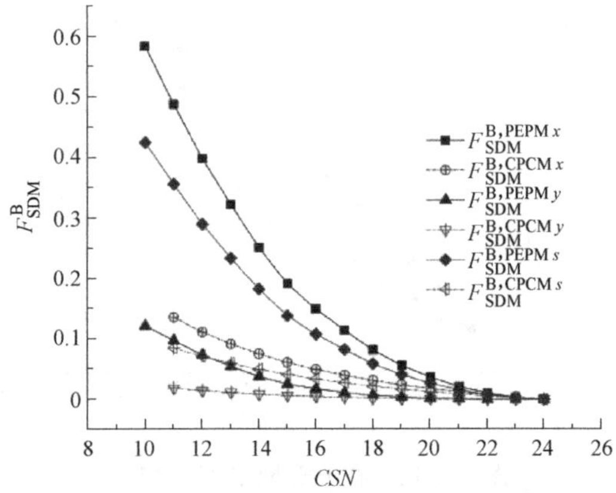

图 9.5-19　在 PEPM 和 CPCM 下 SDM 演化曲线

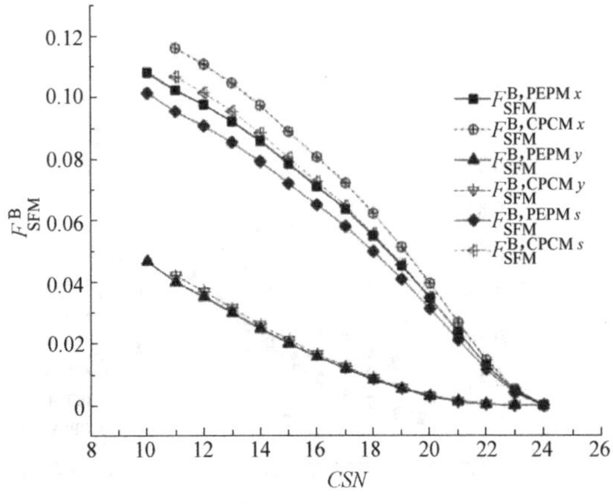

图 9.5-20　在 PEPM 和 CPCM 下 SFM 演化曲线

由图 9.5-4～图 9.5-8 可知，随着临界状态点的变化，边坡的驱动力和剩余下滑力不断增大至最终破坏状态；破坏区摩阻力逐渐软化，未破坏区驱动摩阻力逐渐增大从而达到破坏状态下的摩阻力。图 9.5-9 表明，随着临界状态点的改变，未破坏区各点的应力破坏率逐渐增大至 1，当最后一点的应力破坏率增大到 1 时，滑坡发生整体破坏。如图 9.5-10～图 9.5-15 所示，描述滑面特征的系数均随临界状态点的移动逐渐增大，当临界状态点移至滑坡前缘时面描述系数均增大至 1，此时滑面贯穿。从图 9.5-16～图 9.5-20 可以看出，随着临界状态一点一点向前移动，其稳定程度越来越小；其中图 9.5-18～图 9.5-20 显示，当最后一点处于临界状态时，其稳定程度为零，边坡处于整体破坏状态。针对理想弹塑性模型和全过程剪应力-应变模型，其全过程剪应力-应变模型对应的边坡稳定程度更小。

2. 有限单元法分析

基于 9.5.2.4 节的临界状态滑面边界法，对恩施州黄堰塘边坡实施有限元分析，采用四边形单元，滑面边界上单元长度与条分法一致，泊桑比取 0.21；利用理想弹塑性模型，采用部分强度折减法，其有限元计算结果与理想弹塑性模型部分强度折减条分法一致，这是由于理想弹塑性模型决定了相应变形不会有所区别，当然滑面应力区别也很小，这个结果和现行报道的理想弹塑性有限元计算结果一致，相应计算曲线在此不加叙述。但滑面采用全过程本构模型，其有限元计算结果有些不相同。基于新的全过程剪应力-应变本构模型进行有限元渐进破坏分析，所获得的初始临界状态为与条块法为第 12 条块对应的滑面单元。随着变形的增加，临界状态一点一点向前移动，当最后一个滑面单元处于临界状态时，此时边坡整体处于破坏状态，在这个渐进破坏过程中，为了进行对比，利用 CPCM 模型条块分析法（SM）和滑面边界有限单元法（SBM），选取 3 个临界状态滑面单元对应的驱动力、摩阻力和剩余下滑力（图 9.5-21～图 9.5-23）；相对应的各应力破坏率（点描述）（图 9.5-24）；各临界状态滑面单元对应的应力破坏面积比、应力破坏比、摩阻力变化系数、驱动下滑力变化系数、正压力变化系数和切向位移变化系数（面描述）（图 9.5-25～图 9.5-30）；随临界状态滑面单元的改变，五种稳定系数（F^{F}_{CRSM}，F^{F}_{MTM}，F^{F}_{CDM}，F^{F}_{SDM}，F^{F}_{SFM}）的变化规律（体描述）（图 9.5-31～图 9.5-35）。

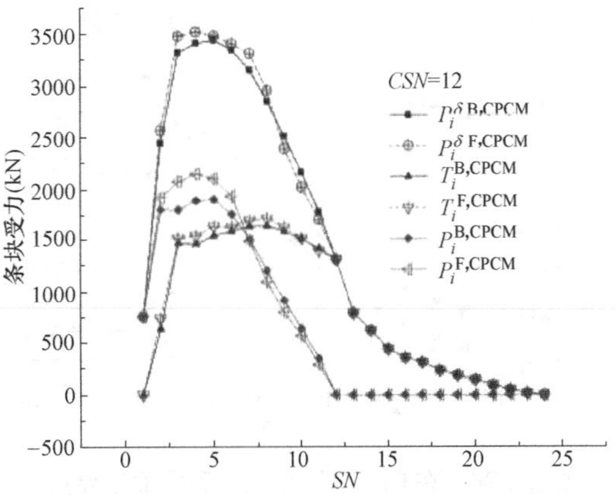

图 9.5-21 在 CPCM 下临界条块为第 12 块时条块法和滑面边界法各条块受力分布

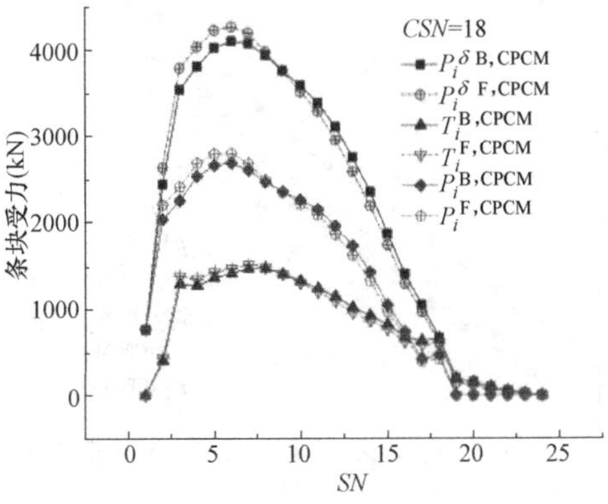

图 9.5-22 在 CPCM 下临界条块为第 18 块时条块法和滑面边界法各条块受力分布

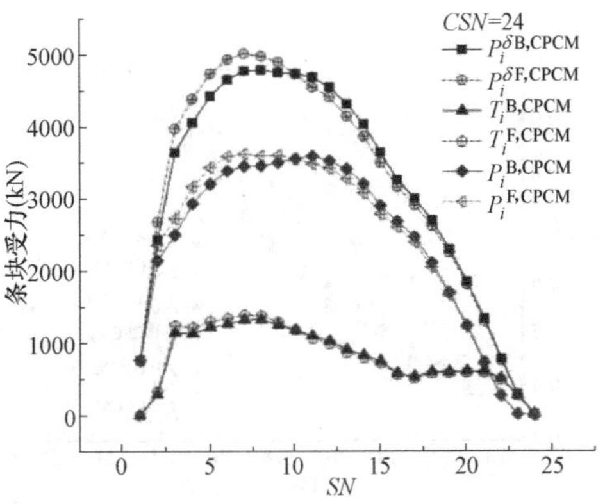

图 9.5-23 在 CPCM 下临界条块为第 24 块时条块法和滑面边界法各条块受力分布

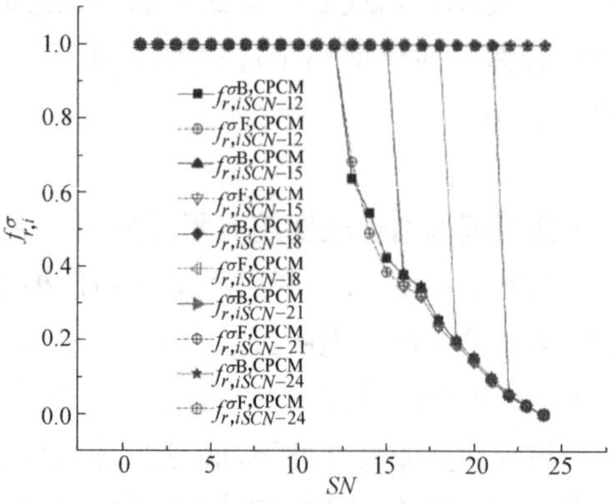

图 9.5-24　在 CPCM 下条块法和滑面边界法各滑面单元应力破坏率比较

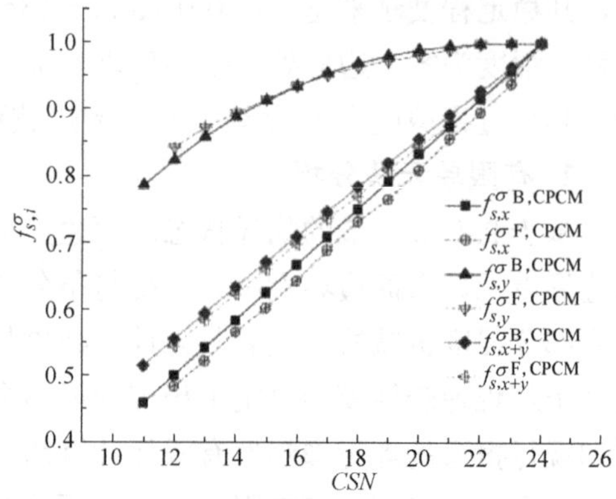

图 9.5-25　在 CPCM 下条块法和滑面边界法各滑面单元应力破坏面积比

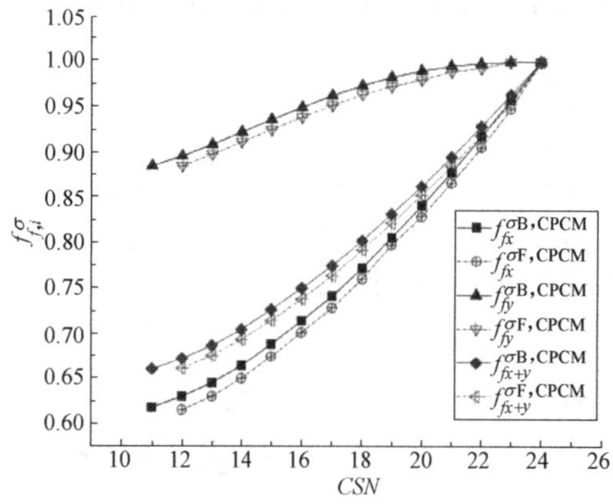

图 9.5-26　在 CPCM 下条块法和滑面边界法各滑面单元应力破坏比

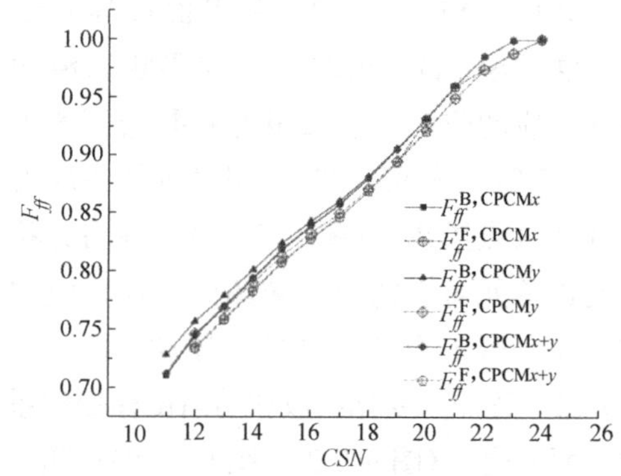

图 9.5-27　在 CPCM 下条块法和滑面边界法各滑面单元摩阻力变化系数比较

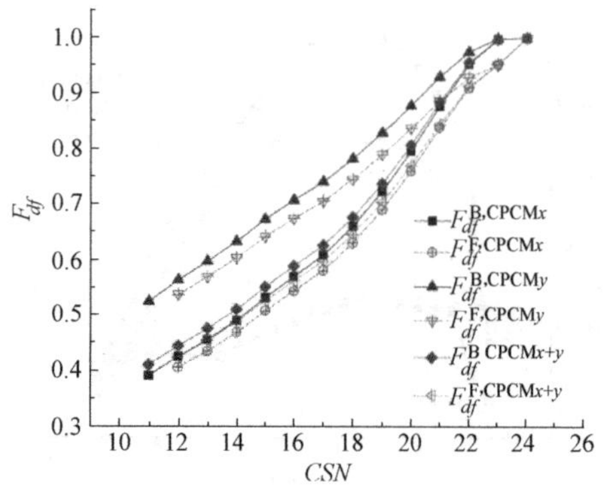

图 9.5-28　在 CPCM 下条块法和滑面边界法各滑面单元驱动下滑力变化系数比较

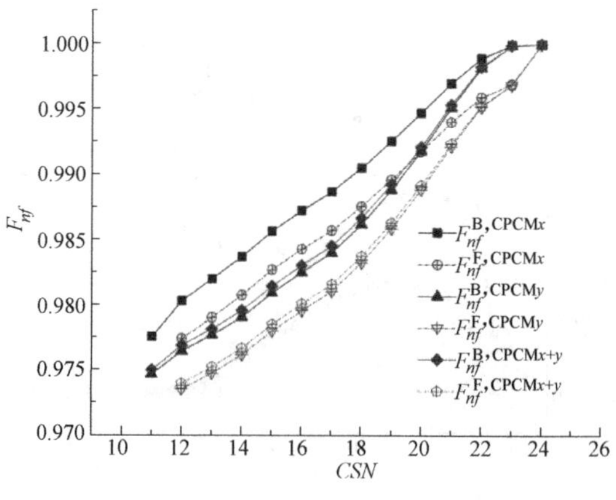

图 9.5-29　在 CPCM 下条块法和滑面边界法各滑面单元正压力变化系数比较

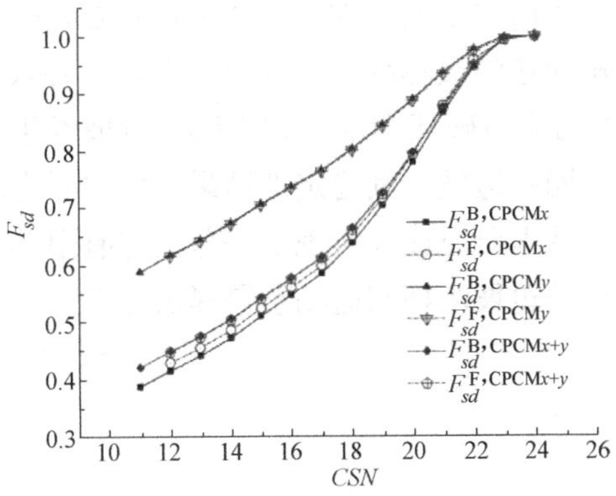

图 9.5-30 在 CPCM 下条块法和滑面边界法各滑面单元切向位移变化系数比较

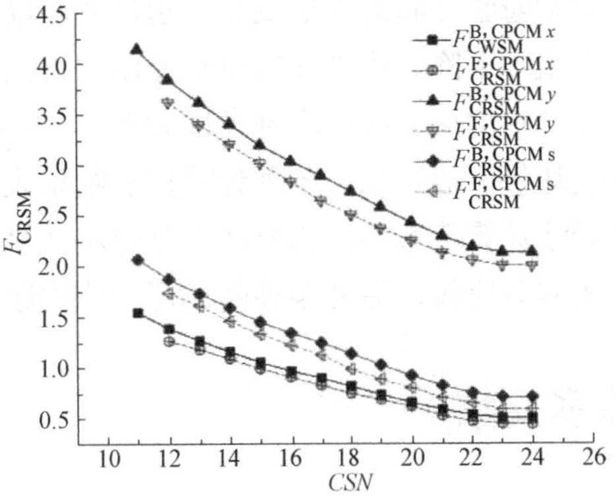

图 9.5-31 在 CPCM 下条块法和滑面边界法 CRSM 稳定系数比

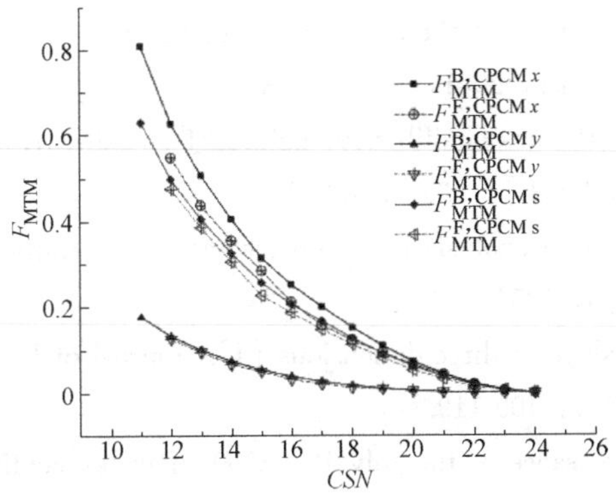

图 9.5-32 在 CPCM 下条块法和滑面边界法 MTM 稳定系数比较

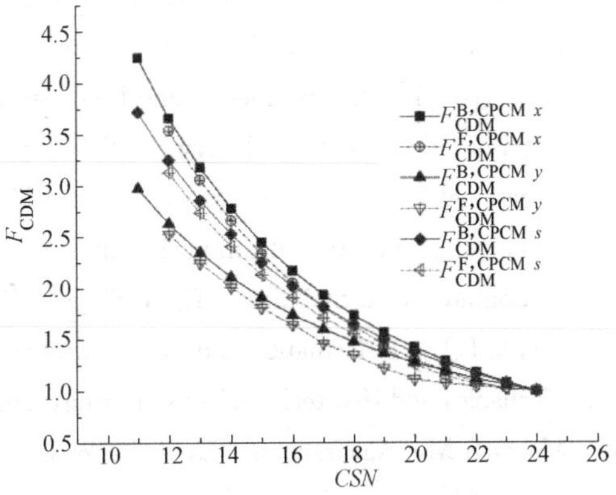

图 9.5-33 在 CPCM 下条块法和滑面边界法 CDM 稳定系数比较

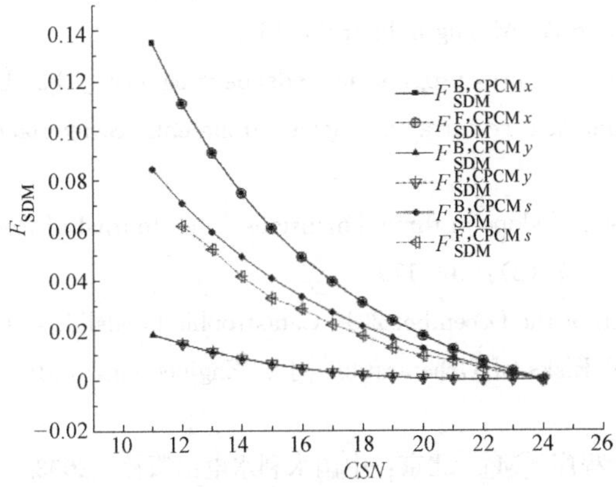

图 9.5-34 在 CPCM 下条块法和滑面边界法 SDM 稳定系数比较

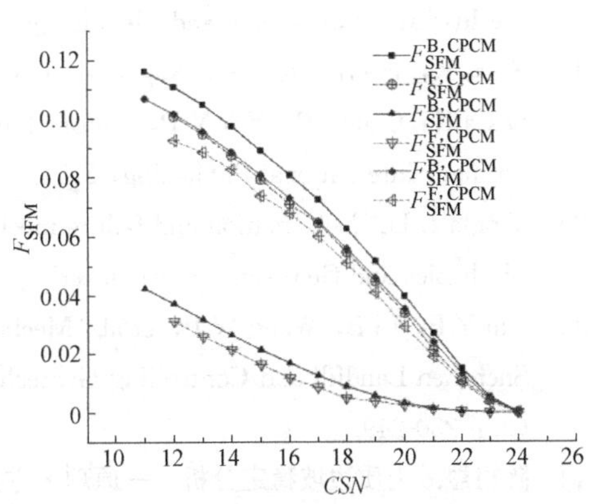

图 9.5-35 在 CPCM 下条块法和滑面边界法 SFM 稳定系数比较

以滑面边界有限单元法计算的结果和利用 CPCM 模型条分法计算结果趋势基本一致，亦即随着临界状态点的变化，边坡的驱动力和剩余下滑力不断增大至最终破坏状态；破坏区摩阻力下降，未破坏区驱动摩阻力逐渐增大，从而达到破坏状态下的摩阻力，同时未破坏区各点的应力破坏率逐渐增大至 1，当最后一点的应力破坏率增大到 1 时，滑坡发生整体破坏等。通过以上各种计算方法结果表明：对于同一边坡，其稳定性结果滑面边界有限单元法计算值最小，临界状态条分法计算值最大。从本研究成果实现了条分法与有限单元法的实质比较，另外各种图形可为非连续变形分析及边坡治理和监测预警提供参考。

参考文献

[1] David J Varnes. Slope Movement [M]. Rotterdam：A. A. Balkema，1993.

[2] Duncan J M . Slope Stability Then and Now [C]. Geo-congress. 2013.

[3] GEO-SLOPE International Ltd. Seepage modeling with SEEP/W 2007 version：an engineering methodology [M]. 3rd ed. Calgary：GEO-SLOPE International Ltd，2008.

[4] Hungr O，Evans S G，Bovis M，Hutchinson J N. Review of the classification of landslides of the flow type [J]. Environmental and Engineering Geoscience，2001，7：221-238.

[5] Jafari N H，Stark T D，Merry S. The July 10 2000 Payatas landfill slope failure [J]. ISSMGE International Journal of Geoengineering Case Histories，2013，2 (3)：208-228.

[6] Janbu N. Application of composite slip surface for stability analysis [C]. Proceedings of the European Conference on Stability of Earth Slopes，Stockholm，1954，43-49.

[7] Yingfa L U，Deformation and failure mechanism of slope in three dimensions [J]. Journal of Rock Mechanics and Geo-technical Engineering，2015，7 (2)：109-119.

[8] Merry S M，Kavazanjian J E，Fritz W U. Reconnaissance of the July 10，2000，Payatas landfill failure [J]. Journal of Performance of Constructed Facilities，2005；19 (2)：100-107.

[9] Reddy K R，Basha B M. Slope stability of waste dumps and landfills：state-of-the-art and future challenges [C]. In：Proceedings of Indian Geotechnical Conference，2014.

[10] Priest S D，Brown E T. Probabilistic stability analysis of variable rock slopes [C]. Transactions of the Institution of Mining and Metallurgy (Section A：Mining industry)，1983.

[11] Sassa K，He B，Dang K，Nagai O，Takara K. Plenary：progress in landslide dynamics [M]. In：Sassa K，Canuti P，Yin Y P，editors Landslide science for a safer geoenvironment. Switzerland：Springer International Publishing；2014.

[12] Yingfa L U. Deformation and failure mechanism of slope in three dimensions [J]. Journal of Rock Mechanics and Geo-technical Engineering，2015，7 (2)：109-119.

[13] Yin Y P，Li B，Wang W P，et al. Mechanism of the December 2015 Catastrophic Landslide at the Shenzhen Landfill and Controlling Geotechnical Risks of Urbanization [J]. Engineering，2016，2 (2)：230-249.

[14] 陈祖煜. 土质边坡稳定分析——原理・方法・程序 [M]. 北京：中国水利水电出版社，2003.

[15] 中华人民共和国住房和城乡建设部. 建筑边坡工程技术规范 GB 50330—2013 [S]. 北京：中国建筑工业出版社，2013.

[16] 付宏渊，陈小薇，陈镜丞，等. 温、湿度对粉砂质泥岩边坡岩体抗剪强度的影响 [J]. 长安大学

学报（自然科学版），2019，52（1）：89-97.
[17]　中华人民共和国自然资源部. 滑坡防治设计规范 GB/T 38509—2020 [S]. 北京：中国标准出版社，2020.
[18]　宫凤强，侯尚骞，岩小明. 基于正态信息扩散原理的 Mohr-Coulomb 强度准则参数概率模型推断方法 [J]. 岩石力学与工程学报，2013，32（011）：2225-2234.
[19]　黄润秋. 20 世纪以来中国的大型滑坡及其发生机制 [J]. 岩石力学与工程学报，2007，26（3）：433-454.
[20]　黄昌乾，丁恩保. 边坡工程常用稳定性分析方法 [J]. 水电站设计，1999（01）：54-59.
[21]　李同录，罗世毅，何剑，等. 节理岩体力学参数的选取与应用 [J]. 岩石力学与工程学报，2004，23（13）：2182-2186.
[22]　卢应发，张凌晨，等. 边坡渐进破坏多参量评价指标 [J]. 工程力学，2021，38（3）：132-147.
[23]　卢应发，石峻峰，刘德富. 一种边坡稳定性计算的滑面边界法：201410025081. 0 [P].，2017.
[24]　梁志荣. 既有深坑地下空间开发利用岩土工程技术与工程实践 [M]. 上海：同济大学出版社，2018.
[25]　吕庆，孙红月，尚岳全. 强度折减有限元法中边坡失稳判据的研究 [J]. 浙江大学学报：工学版，2008，42（1）：83-87.
[26]　孙广忠. 岩体结构力学 [M]. 北京：科技出版社，1988.
[27]　王恭先. 滑坡学与滑坡防治技术 [M]. 北京：中国铁道出版社，2004.
[28]　吴顺川，金爱兵，刘洋. 边坡工程 [M]. 北京：冶金工业出版社，2017.
[29]　殷跃平，中国地质灾害减灾回顾与展望 [J]. 国土资源科技管理，2001，18（3）：26-29.
[30]　殷跃平. 三峡库区边坡结构及失稳模式研究 [J]. 工程地质学报，2005（02）：145-154.
[31]　殷跃平. 滑坡钢筋混凝土格构防治"倒梁法"内力计算研究 [J]. 水文地质工程地质，2005（06）：52-56.
[32]　殷跃平，王文沛. 论滑坡地震力 [J]. 工程地质学报，2014，22（4）：586-586.
[33]　赵尚毅，郑颖人，时卫民等，用有限元强度折减法求边坡稳定安全系数 [J]. 岩土工程学报，2002，24（3）：343-346.
[34]　郑颖人，陈祖煜，王恭先. 边坡与滑坡工程治理 [M]. 2 版. 北京：人民交通出版社，2010.
[35]　郑颖人，赵尚毅. 有限元强度折减法在土坡与岩坡中的应用 [J]. 岩石力学与工程学报，2004（19）：3381-3388.

10 海洋岩土工程中的数值模拟

王栋
（中国海洋大学环境科学与工程学院，山东 青岛 266100）

10.1 概述

过去50年，国内外的基础设施建设与资源开发逐步由近岸推进到浅海与深海。典型的海洋设施包括港口与岸堤、跨海桥梁与隧道、海洋油气和风能开采系统等，岩土勘察与设计是海洋工程建设中必不可少的一环。与陆上相比，海洋岩土工程学术界和工程界面临更严峻的挑战：（1）确定地形与地层参数困难。海洋工程地质勘察需要地球物理、钻孔、原位试验等方面的专业装备，作业难度与经济成本远高于陆上，勘察单位能够提供的数据有限，增大了设计不确定性。（2）海洋环境荷载复杂。风、浪、流与结构相互作用，导致基础承受单调、循环和持续荷载的多种组合，且经常以“竖向力-水平力-弯矩-扭矩”的复合加载形式出现。（3）海洋基础特殊的就位方式影响作业阶段的承载力与位移。自升式平台桩靴基础的长距离贯入、沉箱与桩基础的负压沉贯、深海管线的自埋等就位过程严重扰动周围土体，进而影响地基的承载力极限状态与正常使用极限状态设计。（4）施工与设计经验不足。国际上大规模的离岸工程建设始于20世纪60年代的浅水油气开发，80年代才进入水深超过500m的深水区。我国海洋油气开采起步于20世纪80年代，商业化的海上风电场建设更晚至2010年之后。国内外海洋岩土工程界积累的经验相对有限，表现为设计规范不成熟，且经常面临无规范可依的困境。

目前海洋岩土设计中应用最广泛的仍是基于极限平衡、极限分析或地基弹簧的各种简化分析方法（Randolph和Gourvenec，2011）。本质上，这些简化分析方法属于传统岩土计算理论的推广，但需要适应海洋环境荷载特点和结构物服役要求。简化分析法易于工程师掌握、计算效率高，不足之处在于难以处理复杂地质条件与复杂地基变形或破坏模式。以浅基础为例，Hanson或Vesic的承载力公式关注的是竖向承载力，假定水平荷载大小不会显著影响地基破坏模式；但海底浅基础经常承受复合加载，土体破坏模式不同于只有竖向力作用时。

总体来说，先进数值模拟方法在海洋岩土的科研与实践中扮演了不可或缺的角色，几乎所有大型工程都会或多或少用到。与一般固体力学分支类似，最常使用的数值方法为有限元法，近年来，光滑粒子流体动力学法和无单元伽辽金法等无网格方法、物质点法等新型数值方法也得到一定程度的应用。这些数值方法的基本原理、实施步骤与结果提取在海洋和陆地分析中没有本质区别，海洋岩土模拟的特点集中体现在：

（1）特殊海洋土的物理力学性质及其本构模型。大部分实际工程中的海洋黏土、粉土或砂土，其行为完全可以在常规饱和土力学框架下解释。但也有一些特殊海洋土，如生物成因的钙质砂和钙质粉土、高有机质含量黏土、含甲烷气土、深海含水合物土等，超出了经典土力学范围，合理的数值模拟首先需要构建特殊土本构模型。

(2) 循环荷载处理。固定式平台或浮式平台在 15～35 年的设计寿命内经受连续不断的波浪作用，在地基内造成百万次以上的循环荷载（Andersen 等，2015）。循环荷载处理面临两大挑战：常规土动力本构模型难以追踪高循环次数下的响应；全寿命周期常规数值模拟的计算成本几乎不可接受，即使能够实施，计算误差累积也会导致结果不可信。在过去 40 年，海洋岩土界发展了一整套处理循环荷载的半经验性方法。

(3) 不同类型海底结构物与土的相互作用。海底结构物包括海洋基础（如浅基础、桩基、桩靴、沉箱、锚泊基础等)、原位测试设备（如静力触探仪、球形仪、自由下落贯入仪)、油气管道等。结构物的就位及服役稳定性分析中频繁遭遇土体大变形（如桩靴长距离贯入就位)、动力冲击（如海底滑坡冲击管道)、部分排水条件（如粉土中大直径单桩的响应）等问题，数值模拟面临新的挑战与机遇。

以下章节将分为两部分，第 10.2～10.4 节讨论海洋岩土分析中多个典型问题的最新进展，第 10.5～10.8 节给出海底浅基础、沉箱基础、桩基础和桩靴基础的地基承载力与位移分析流程，展示不同简化方法和有限元为代表的数值模拟方法在实际应用中的优缺点。

10.2 海洋特殊土本构

海底沉积物大多为饱和黏性土或砂土，它们的力学特性与陆上沉积物没有本质区别，只是一些特殊应用场景中必须考虑土的应变软化或应变速率相关特性，例如位移显著的桩靴贯入使得密砂的内摩擦角由峰值下降到稳态值、动力贯入锚的冲击就位导致周围黏性土的不排水强度依赖应变速率。除此以外，海底还存在特殊成因土，如钙质砂和含浅层气土（以下简称为“含气土”)，其力学性质难以用常规本构模型描述，必须结合土工试验针对性地发展模型。

10.2.1 钙质砂模型

钙质砂由珊瑚、贝壳、有孔虫等海洋生物残骸通过物理与生物化学作用形成，富含碳酸钙等难溶碳酸盐类物质。钙质砂多分布在南纬 30°和北纬 30°之间的大陆架或海岸线，我国的钙质砂主要分布在南海海域。早在 1968 年伊朗 Lavan 石油平台建设过程中，一根桩穿过胶结程度良好的钙质土层后发生约 15m 的溜桩，但由于当时缺乏经验，人们并未深入关注钙质土的特殊性。直到越来越多的油气平台（如澳大利亚 Bass Strait 平台、North Rankin A 平台和巴西 Garoupa 油田平台）发生地基事故，海洋岩土界才意识到钙质土不同于一般的陆上沉积物。近年来，随着岛礁建设和“一带一路”倡议的推进，国内设计和施工单位多次遇到钙质砂场地。

相比于石英砂，钙质砂最大的特点是颗粒易破碎，原因在于：(1) 钙质砂中 $CaCO_3$ 的矿物组成主要为莫氏硬度只有 3.0 与 3.5 的方解石及文石，而石英的莫氏硬度为 7。(2) 钙质砂颗粒形状不规则，多为纺锤状、片状、棒状、枝状等，颗粒磨圆程度低，在常应力下易破碎，造成土体剪缩；(3) 由于特殊的生物成因，珊瑚和贝壳的原生孔隙得到了很好保留，颗粒内部内孔隙发育（吕海波等，2001），图 10.2-1 为钙质砂内孔隙结构；(4) 钙质砂颗粒易胶结，但剪应力作用下颗粒的胶结可能断开。钙质砂的三轴排水剪切试验显示，低围压下剪胀性对强度的影响占主导，随着围压增大，颗粒被压碎，剪胀性的影响减小，颗粒破碎的影响增大，并且这种影响随围压的增大而增大，当破碎达到一定程度后颗粒破碎渐趋减弱，其影响也渐趋于稳定（张家铭等，2009）。三轴试验中观察到的临界状态是一个短暂的体积恒定的状态，是破碎与剪胀的平衡（Coop 等，2004）。钙质砂的压缩也观察到类似的现象：松砂和密砂的压缩曲线相似，前段坡度小、后段坡度大；当压力超过某一值时，颗粒破碎对压缩性起主导作用，达到屈服后的压缩特性与初始孔隙比无关，变形以不可恢复的塑性变形为主（Coop 等，1990）。

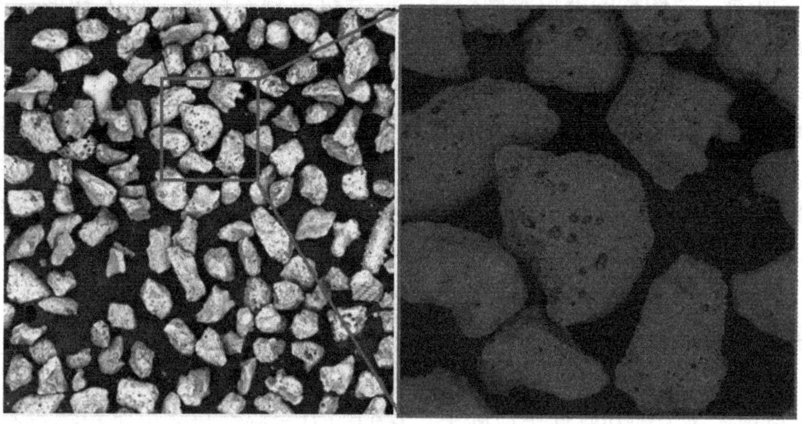

图 10.2-1　钙质砂内孔隙结构（吕海波等，2001）

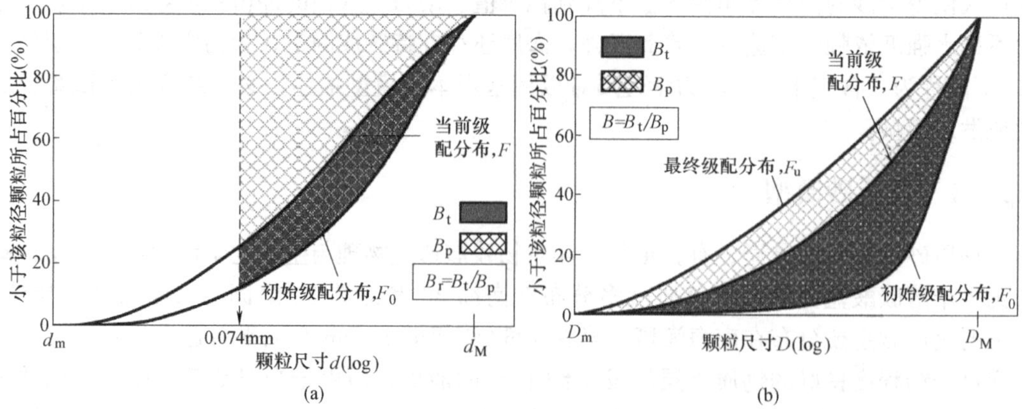

图 10.2-2　颗粒相对破碎指数（Einav，2007a）

(a) B_r 的定义；(b) B_r^* 的定义

为定量描述颗粒破碎，Hardin（1985）提出相对破碎指数 B_r，并假设小于 0.074mm 的颗粒不再破碎，如图 10.2-2 (a) 所示，$B_r=B_t/B_p$。随后 Einav（2007a）将 B_r 修正为 B_r^*，见图 10.2-2 (b)。钙质砂本构模型大多基于传统弹塑性力学框架，但引入颗粒破碎对屈服面及塑性势函数的影响。下面介绍两个典型的钙质砂本构模型。

1. 单屈服面模型

基于连续介质损伤理论，Einav（2007a）构建了破碎能量及相关损伤因子，规定弹塑性材料的塑性功增量 δW 由两部分组成：

$$\delta W = \mathrm{d}\Psi + \delta\Phi \tag{10.2-1}$$

式中 $\mathrm{d}\Psi$——Helmholtz 自由能增量；

$\delta\Phi$——破碎过程中的能量耗散增量。

Einav（2007a）引入修正后的相对破碎率 B_r^*，采用线弹性破碎模型将 Ψ 简化为：

$$\Psi = (1-\theta B_r^*)\left(\frac{1}{2}K\varepsilon_v^{e\,2} + \frac{3}{2}G\varepsilon_s^{e\,2}\right) \tag{10.2-2}$$

式中 θ——描述由破碎引起的级配曲线变化的常数；

G、K——剪切模量和压缩模量；

ε_v^e、ε_s^e——体应变和剪应变的弹性部分。结合式（10.2-1）和式（10.2-2），得到：

$$p = \frac{\partial\Psi}{\partial\varepsilon_v^e} = (1-\theta B_r^*)K\varepsilon_v^e \tag{10.2-3}$$

$$q = \frac{\partial\Psi}{\partial\varepsilon_s^e} = 3(1-\theta B_r^*)G\varepsilon_s^e \tag{10.2-4}$$

$$E_B = -\frac{\partial\Psi}{\partial B_r^*} = \frac{\theta}{2}(K\varepsilon_v^{e\,2} + 3G\varepsilon_s^{e\,2}) = \frac{\theta}{2(1-\theta B_r^*)^2}\left(\frac{p^2}{K} + \frac{q^2}{3G}\right) \tag{10.2-5}$$

式中 p——平均有效应力；

q——偏应力；

E_B——破碎前到破碎终态释放的 Helmholtz 总能量，$E_B = \Psi_0 - \Psi_u$；产生破碎时 $E_B(1-\theta B_r^*)/E_c = 1$，$E_c$ 为临界破碎能常数，可由达到破碎所需的压力 p_c 求得，$p_c = \sqrt{2KE_c/\theta}$。

因此 $f = E_B/E_c(1-\theta B_r^*)^2 + (q/Mp)^2 - 1 \leqslant 0$ 可代表屈服面方程，代入式（10.2-3）～式（10.2-5）可得屈服面方程：

$$f = \frac{\theta}{2E_c}\left(\frac{p^2}{K} + \frac{q^2}{3G}\right)\left(\frac{1-B_r^*}{1-\theta B_r^*}\right)^2 + \left(\frac{q}{Mp}\right)^2 - 1 \leqslant 0 \tag{10.2-6}$$

式中 $M = 6\sin\phi/(3-\sin\phi)$。

Einav 的模型采用单屈服面，根据 Dog's Bay 钙质砂参数获得的 p-q-B_r^* 空间中的屈服面如图 10.2-3（a）所示，其在 p-q 空间中的投影见图 10.2-3（b），随着破碎的增加，屈服面外扩，完全破碎时（$B_r^*=1$）对应的屈服面在 q-p 空间的投影恰好为临界状态线。随着剪切的进行，破碎指数呈不可逆地增大。

2. 双屈服面模型

基于 Hardin（1985）和 Einav（2007a）的破碎量化研究，Hu 等（2011）构建了相对破碎指数 B_r 随塑性功 W_p 的演化：

$$W_p = \int p\,\mathrm{d}\varepsilon_v^p + q\,\mathrm{d}\varepsilon_d^p \tag{10.2-7}$$

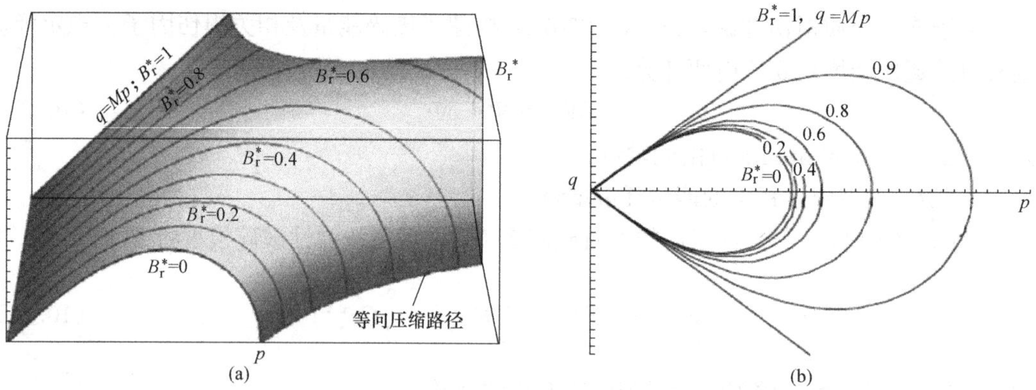

图 10.2-3 Einav（2007b）模型的屈服面

（a）p-q-B_r^* 空间；（b）p-q 空间投影

$$B_r=\frac{W_p}{\alpha+W_p} \tag{10.2-8}$$

式中 α——常数，控制颗粒破碎随塑形功的变化速度。

Yin 等（2016）引入式（10.2-8）定义的 B_r，构建了双屈服面模型，剪切屈服面 f_1 和压缩屈服面 f_2 表达式为：

$$f_1=\frac{q}{p}-\frac{M_p\varepsilon_d^p}{(M_p p)/(G_p G)+\varepsilon_d^p}=0 \tag{10.2-9}$$

$$f_2=\frac{1}{2}\left(\frac{q}{pM_p}\right)^3 p+p-p_m,\left(\frac{q}{p}\leqslant M_p\right) \tag{10.2-10}$$

$$p_m=p_{m0}\exp\left(\frac{1+e_0}{\lambda-\kappa}\varepsilon_v^p\right)\exp(-bB_r) \tag{10.2-11}$$

式中 M_p——峰值应力比；$M_p=(6\sin\phi_p)/(3-\sin\phi_p)$，$\phi_p$ 为峰值内摩擦角；

ε_d^p、ε_v^p——塑性剪应变和体应变；

G_p——控制硬化速率；

λ、κ——压缩和回弹系数；

p_{m0}——$\varepsilon_v^p=0$ 和 $B_r=0$ 时的压缩屈服应力值；

b——控制临界状态线漂移的常数。

剪切采用非关联流动法则，对应的势函数为：

$$g_1=\frac{q}{M_{pt}p}+\ln p \tag{10.2-12}$$

式中 M_{pt}——相位转换点应力比，$M_{pt}=(6\sin\phi_{pt})/(3-\sin\phi_{pt})$，$\phi_{pt}$ 为相位转换角。压缩采用关联流动法则。

利用式（10.2-13）～式（10.2-16）表征剪切屈服面和塑性势面中的颗粒破碎：

$$e_{ref}=e_{refu}+(e_{ref0}-e_{refu})\exp(-\rho B_r) \tag{10.2-13}$$

$$e_c=e_{ref}\exp[-\lambda(p/p_a)^{\xi}] \tag{10.2-14}$$

$$\tan\varphi_{pt}=\left(\frac{e_c}{e}\right)^{-n_d}\tan\varphi_u \tag{10.2-15}$$

$$\tan\varphi_p=\left(\frac{e_c}{e}\right)^{n_p}\tan\varphi_u \tag{10.2-16}$$

式中　n_d、n_p——系数；

e——孔隙比；

e_c——临界状态孔隙比；

e_{ref}——参考临界孔隙比；

e_{ref0}——初始参考临界孔隙比；

e_{refu}——极限参考临界孔隙比；

ρ——控制临界状态线随颗粒破碎变化的速率的参数。

表征颗粒破碎的 B_r 影响 e_{ref}，进而影响 e_c，而 e_c 决定了峰值和相位转换点的应力比，从而间接通过 B_r 影响剪切屈服面。式（10.2-11）的 p_m 是 B_r 的函数，表征颗粒破碎对压缩屈服面的影响。

10.2.2　含气土模型

浅层气广泛分布于全世界的滨海地区和深海海底，通常以含气沉积物或高压气囊的形式存在。含气沉积物中的气体来自厌氧条件下被微生物分解的有机质、热解成因甲烷或火山喷发，主要成分为甲烷、二氧化碳、氨气，多以溶解气体或离散气泡形式赋存于孔隙中。气泡在细粒土和粗粒土中以不同的形式存在，构建含气土本构模型的关键是合理描述气泡与土骨架及孔隙水的相互作用。

1. 气泡存在形态

不同于一般意义上的非饱和土，含气土的饱和度通常大于85%，在这种较高饱和度的条件下，土中水相连续，气相则以离散气泡形式存在。根据气泡尺寸可将其分为两类：(1) 细粒土中的气泡远大于土颗粒和孔隙尺寸，使得土颗粒重新排列，从而形成新的土体结构形式，见图10.2-4 (a)。(2) 粗粒土中气泡小于土颗粒和孔隙尺寸，气泡赋存于孔隙中，改变了孔隙流体（气泡与水）的压缩性，但不对土体结构产生影响，如图10.2-4 (b) 所示（Wheeler，1988）。

从深水取得的土样经受较大的应力释放，导致土中的溶解气析出，可能使得强度下降，因此室内试验多采用人工制备的重塑含气土样：(1) 细粒土泥浆中掺入饱气沸石，沸石的良好亲水性导致水驱替其中的气体，气体释放进入土中。(2) 对于粗粒土，则用气饱和水替换试样中无气水的方法，保持反压不变、逐级降低围压，水中溶解气将被释放到土体中，形成闭塞小气泡（Wang等，2018）。试验结果表明，无论是粗粒还是细粒含气土，气泡的存在既可能增加也可能减小土体的抗剪强度（Hong等，2017）。

2. 细粒含气土模型

已有的细粒含气土本构模型多在剑桥模型基础上进行改进。早期Wheeler（1998）基于图10.2-4 (a) 所示的概念，将饱和基质（土颗粒与水）简化为理想刚塑性材料。分别考虑气泡的两种极限状态，即气泡被水充满或每个气泡为球形气腔，推导得出含气土不排水抗剪强度上下限。Wheeler发现几乎所有试验测得的含气土不排水抗剪强度都落在上下限之间，但无法准确计算含气土的不排水抗剪强度。Grozic等（2005b）将气泡与水简化为可压缩孔隙流体相，孔隙体积的变化依赖气泡的压缩和溶解，可由孔隙比变化 Δe 表示：

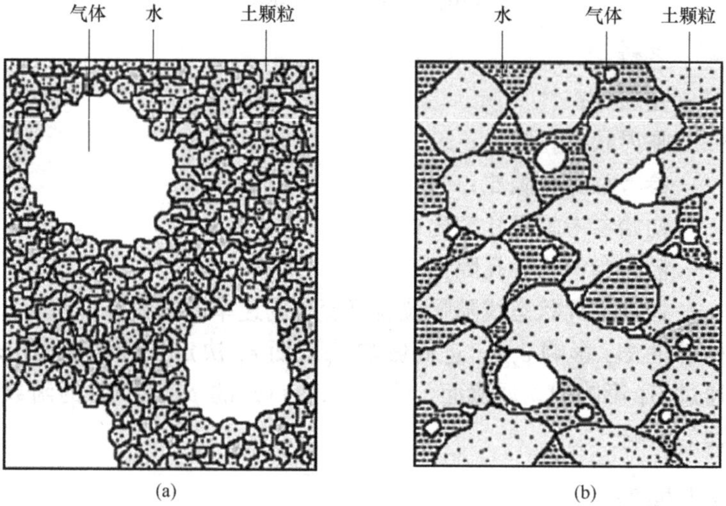

图 10.2-4 含气土的类型（Wheeler，1988）
(a) 细粒土中气泡尺寸大于颗粒粒径；(b) 粗粒土中气泡尺寸小于颗粒粒径

$$\Delta e=\left(\frac{\Delta\bar{u}_{\mathrm{g}}}{\bar{u}_{\mathrm{g0}}+\Delta\bar{u}_{\mathrm{g}}}\right)(1-S_0+k_{\mathrm{H}}S_0)e_0 \tag{10.2-17}$$

式中 $\Delta\bar{u}_{\mathrm{g}}$——孔隙气压变化量；

S_0——初始饱和度；

e_0——初始孔隙比；

k_{H}——气体摩尔分数溶解度；

$\bar{u}_{\mathrm{g0}}$——初始孔隙气压。

Grozic 等（2005b）定量模拟了气泡存在对细粒含气土不排水抗剪强度的增强效应，不足之处在于无法描述某些应力条件下气泡存在导致的强度衰减。将细粒含气土仅处理为土颗粒与可压缩流体并不符合图 10.2-4（a）所示概念，原因是气泡同时接触土颗粒和水，影响土体结构。

Sultan 和 Garziglia（2014）通过三轴试验探索不排水卸载应力路径下气体析出对土体先期固结压力的影响，引入一个与含气量相关的气相损伤参数，提出了气体析出量与土体先期固结压力的关系为：

$$\frac{p'_{\mathrm{c}}}{p'_0}=\exp(-\delta d) \tag{10.2-18}$$

式中 d——气相损伤参数，$d=n(1-S_{\mathrm{r}})$；

n——孔隙率；

S_{r}——饱和度；

p'_0——卸载前的固结压力；

p'_{c}——土体先期固结压力；

δ——形状参数。

他们提出了一个考虑气泡损伤效应的模型，定义的各向异性屈服面函数为：

$$q=\frac{2}{3}p'\frac{q_0}{p_0'}\pm\sqrt{M^2(p'p_c'-p'^2)+\frac{1}{9}\frac{p'}{p_c'}q_0^2} \tag{10.2-19}$$

式中 q、p'——偏应力和平均有效应力；

q_0、p_0'——q-p'空间中附加应力张量的投影；

M——临界状态线斜率。

采用非相关联流动法则。该模型较好地模拟了气体析出造成的含气土强度降低，但不能描述原位应力状态下气泡对含气土强度的加强效应。Gao 等（2020）进一步将细粒含气土视为三相介质，考察初始孔隙水压和初始含气量对含气土屈服、剪胀特性的影响，建立了一个临界状态模型，但无法预测不排水卸载响应与超固结特性。

3. 粗粒含气土模型

对于粗粒含气土，早期常通过计算孔隙水压与孔隙气压相同情况下“气泡-水”混合物的压缩性来构建本构模型，但这种假设未考虑气-水界面张力。Pietruszczak（1996）将含气土视为三相介质，将气-水界面张力引入孔压表达式中推导出粗粒含气土有效应力：

$$\sigma_{ij}=\sigma_{ij}'+u\delta_{ij} \tag{10.2-20}$$

式中 σ_{ij}——总应力；

σ_{ij}'——有效应力；

u——气-水混合物的平均孔压。

在此基础上发展的旋转硬化模型描述了气体存在对土层的加强效应。含气砂中压力增加使溶解气体增多，自由气体减少，饱和度变高。Grozic（2005a）同时考虑气体压缩性和溶解度，引入 Henry 定律及 Boyle 定律，推导出孔隙气压表达式：

$$\Delta\bar{u}_g=\left\{\frac{\Delta n}{[(1-S_0)n_0+hS_0n_0-\Delta n]}\right\}\bar{u}_{g0} \tag{10.2-21}$$

式中 n_0——初始孔隙率；

Δn——孔隙率变化；

h——体积溶解系数。

对于饱和度大于 85%的含气土，可不计基质吸力影响，孔隙气压变化等于孔隙流体（气-水混合物）压力变化。将式（10.2-5）纳入已有的饱和松砂模型，发现修改后的模型能较好地预测应变软化响应，但对应变硬化的预测并不准确。

Lü 等（2018）结合式（10.2-20）与 Henry 和 Boyle 定律，计算孔隙流体压力变化，发展了偏硬化塑性模型，能较好预测硬化，但不能考虑软化行为。Hong 等（2021）提出的临界状态模型规定，偏应力增量与塑性剪应变增量的比值既可以为正，也可以为负，因此能同时考虑硬化与软化。

10.3 循环加载处理

海洋工程中的循环荷载一般指由风、浪、流等引起的环境荷载，循环往复地作用于上部结构并传递到基础上，进而造成地基变形逐渐累积甚至破坏。循环荷载有着复杂性、随机性和无序性的特点，例如波浪荷载典型周期为 10～20s，而持续一天的风暴荷载能造成几千次循环，前后周期的荷载幅值也不相同。循环荷载幅值 τ_{cy} 和均值 τ_a 通常在加载过程中不断变化，陆上岩土实践中极少遇到类似问题。循环和静力荷载作用下基础的响应有显著区别，以黏性土为例，计算需要：(1) 土的静力参数，包括不排水抗剪强度、不排水条件下的应力-应变关系、初始剪切模量等；(2) 土的循环参数，包括循环应力-应变关系及平均应力-应变关系、刚度弱化、超静孔压累积、循环后的土体静力不排水强度。为反映静力和循环参数的各向异性，可采用三轴压缩、三轴拉伸及单剪试验分别标定各项参数。

如图 10.3-1 所示，循环荷载作用下，土体的强度和刚度弱化、塑性应变和超静孔压累积。常采用循环单剪和动三轴单元试验标定循环荷载效应。弹塑性或亚塑性框架内的先进动力本构模型虽然理论完备，但目前还难以处理几百万次或更多的循环加载，国际上大都采用半经验性的循环等值线图法。这种方法也是国际通用规范《DNVGL-RP-C212》推荐的循环荷载处理方法，最早由挪威土工所（Norwegian Geotechnical Institute）提出(Andersen，2015)，在过去四十年逐渐完善，其可靠性在欧洲北海和墨西哥湾的油气开发中得到了检验。该方法是针对循环荷载的一般性设计方法，并不局限于特定基础形式，已用于重力式基础、负压沉箱和大直径单桩等。以下针对黏性土，阐述等值线图法的主要流程。

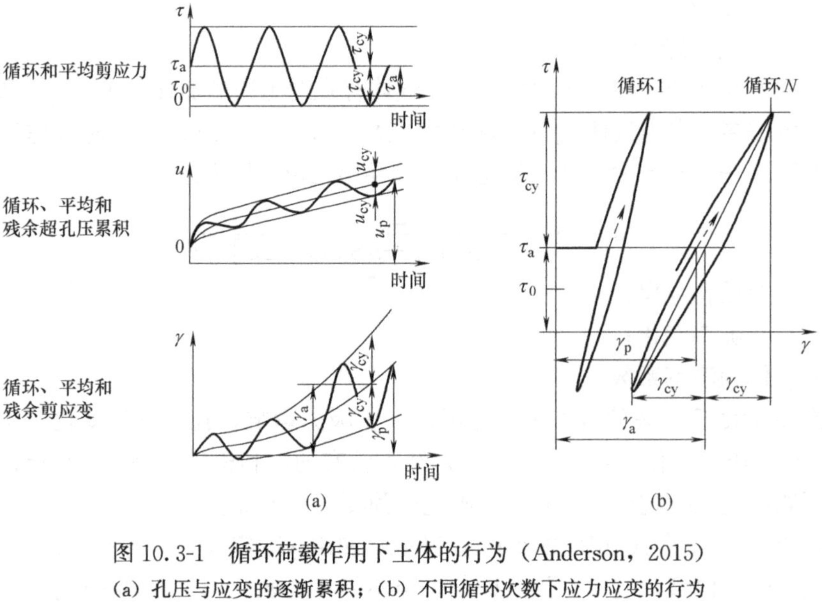

图 10.3-1 循环荷载作用下土体的行为（Anderson，2015）

(a) 孔压与应变的逐渐累积；(b) 不同循环次数下应力应变的行为

10.3.1 循环等值线图基本概念

循环等值线图法首先借助土工静、动力试验构造对应循环次数和应力幅值的应变等值线系列，如图 10.3-2 (a) 所示。然后将非等幅的实际荷载序列等效，保证实际荷载序列造成的应变等于序列中最大荷载在某一等效循环次数下产生的应变，见图 10.3-2 (b)。在等值线上插值，获得考虑循环加载效应的名义静“应力-应变”关系，并将其用于常规的静力简化分析或有限元模拟，得到基础循环承载力、瞬时位移或累积位移。

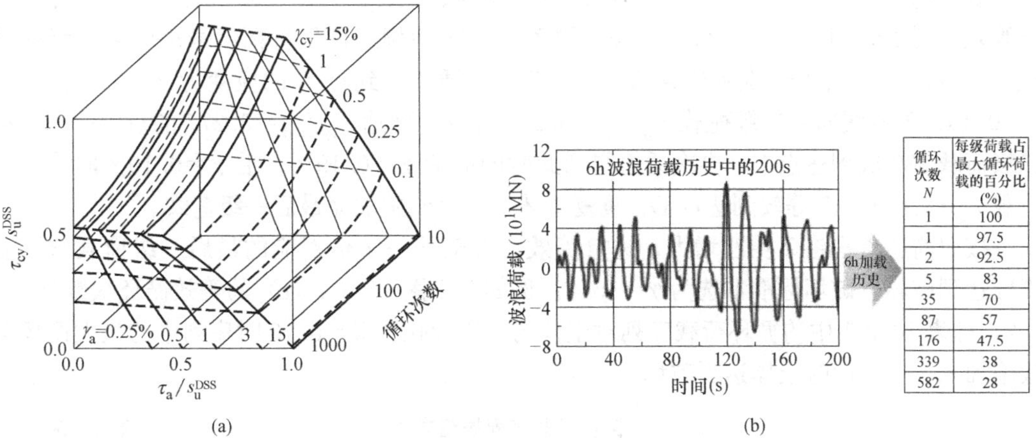

图 10.3-2　循环等值线图法组成部分（Anderson，2015）

（a）循环等值线图；（b）实际荷载序列的简化

构建一个对称加载（$\tau_a=0$）的循环等值线图通常需要 1 个静单剪试验与 3～4 个循环单剪试验，以图 10.3-3 所示的等值线图为例：绘制几组不同荷载幅值的循环试验结果（位于同一 τ_{cy}/s_u 水平线上的试验点）和一个静荷载试验结果（位于 $N=1$ 纵轴上的试验点），将应变相等的试验点相连成线，得到对应于不同应变值的等值线。等值线的表达形式可采用下式或其他拟合形式：

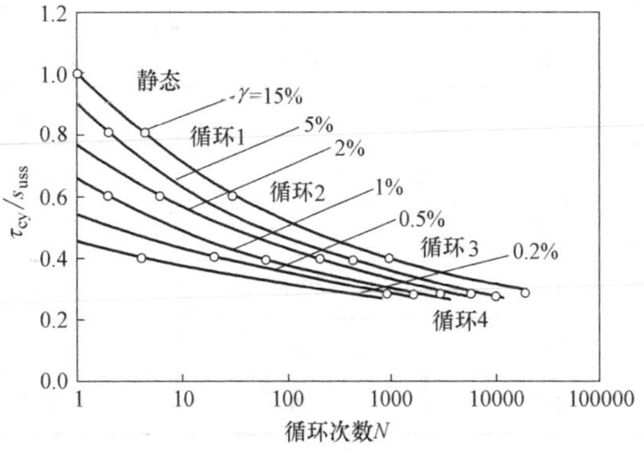

图 10.3-3　循环等值线图的构建（$\tau_a=0$，Randolph 和 Gourvenec，2011）

$$\frac{\tau_{cy}}{s_u}=\frac{\gamma}{a_1+(a_2+a_3\lg N+a_4\lg^2 N)\gamma} \tag{10.3-1}$$

式中　τ_{cy}/s_u——归一化的土的循环不排水强度；

γ——应变；

N——循环次数；

$a_1\sim a_4$——需要拟合确定的常数。

10.3.2　循环应变累积过程

如前所述，循环等值线图法包括三个主要步骤：荷载序列的统计与简化；循环应变累积过程；应力-应变曲线的插值确定。对于循环应变累积过程，以图 10.3-2（b）中得到的等效荷载序列和图 10.3-3 构建的等值线图为例进行说明。根据各级荷载幅值占最大荷载的比例 F/F_{max} 乘以一个从小值开始逐渐增大的系数 χ：

$$\frac{\tau_{cy}}{s_u}=\chi\frac{F}{F_{max}} \tag{10.3-2}$$

表 10.3-1 展示了 χ=0.42，0.6，0.73 三组荷载组合。将某一 χ 值对应的荷载序列进行等效（图 10.3-4），以图 10.3-4（c）的 χ=0.73 为例：首先将幅值最小的第一级荷载 τ_{cy}/s_u=0.204 施加 582 次到达点 A，应变等值线插值得到点 A 的应变为 γ=0.15%；沿 γ=0.15%等值线向第二级荷载 τ_{cy}/s_u=0.277 等效，到达 τ_{cy}/s_u=0.277 的点 B；施加第二级荷载 339 次到达点 C，再次插值得到此时的应变 γ=0.19%；沿 γ=0.19%向第三级荷载 τ_{cy}/s_u=0.347 等效到达点 D；重复上述过程直到施加完最后一级荷载。

按照前述流程将 χ 由小增大，进行等效，直至某一 χ 值对应的最后一级荷载施加后刚好达到破坏，破坏标准常选为 γ=15%。例如对于图 10.3-4（c）的等效循环次数 N_{eq}=8.2，即表 10.3-1 中的循环荷载序列对土体的作用简化为 χ=0.73 时序列中的最大循环荷载施加 8.2 次，此时土体达到破坏。

循环荷载序列的组成 **表 10.3-1**

N(循环次数)	F/F_{max}(%)	χ=0.42	χ=0.6	χ=0.73
1	100	0.42	0.6	0.73
1	97.5	0.410	0.585	0.712
2	92.5	0.389	0.555	0.675
5	83	0.349	0.498	0.606
35	70	0.294	0.42	0.511
87	57	0.239	0.342	0.416
176	47.5	0.2	0.285	0.347
339	38	0.160	0.228	0.277
582	28	0.118	0.168	0.204

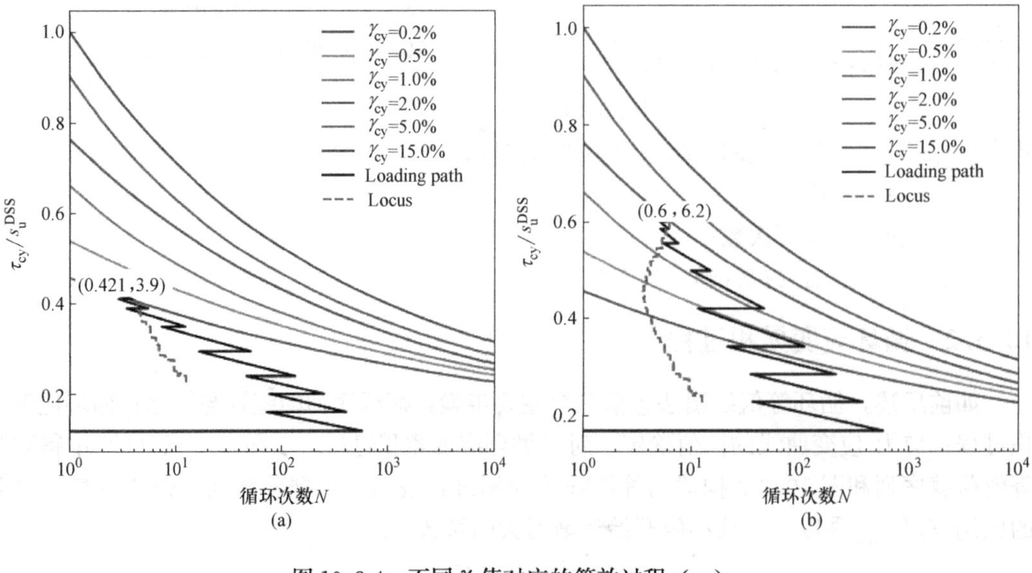

图 10.3-4 不同 χ 值对应的等效过程（一）

(a) χ=0.42；(b) χ=0.6

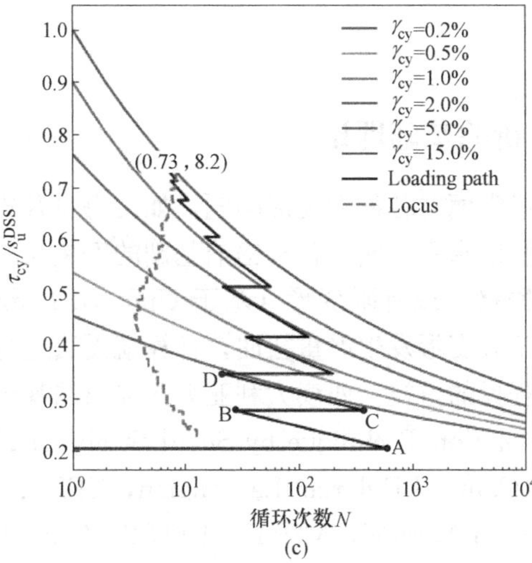

图 10.3-4 不同 χ 值对应的等效过程（二）

(c) χ=0.73

10.3.3 应力-应变曲线的插值确定

确定了等效循环次数 N_{eq} 后，需要求出土体循环弱化后的应力-应变关系。将所有 χ 值对应的加载路径的最后一个点相连（图 10.3-4 中的虚线），所得曲线记录了由小到大的荷载作用下土体的应变水平，即等效静力“应力-应变关系”。插值补充这条线上更多点的应力和应变，即可定量代表荷载组合（表 10.3-1）作用下土体的本构关系，见图 10.3-5。工程实践表明，这条“应力-应变”曲线用于静力有限元分析，得到的结果多偏于保守。

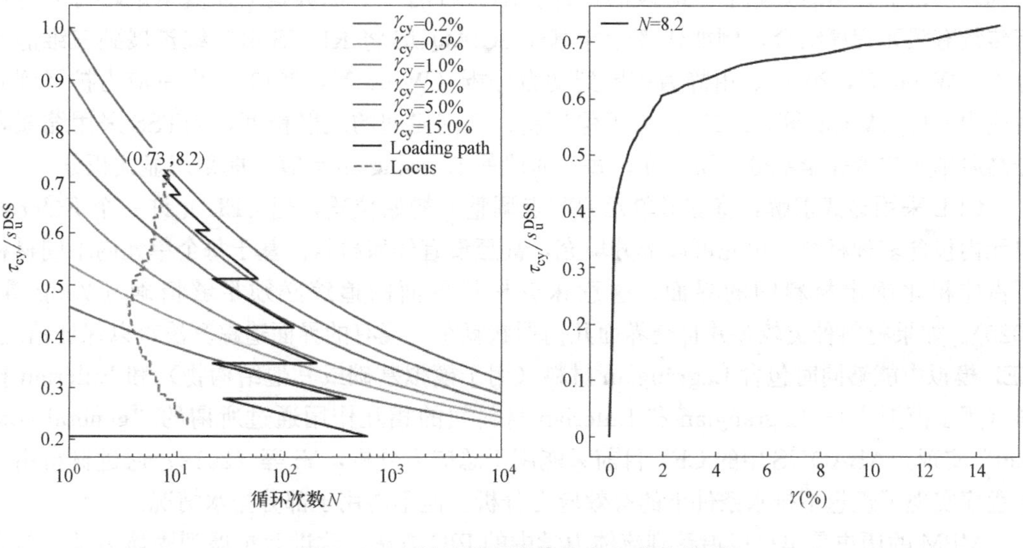

图 10.3-5 经过循环弱化的应力-应变关系

10.4 大变形模拟

10.4.1 大变形数值分析的基础理论

海洋岩土工程实践中经常面对各种大变形问题，如近海自升式平台桩靴基础的贯入安装、高温高压引起的深海管线水平屈曲、各种锚泊基础的安装与海底流滑等。常规有限元法仅在小变形（基于初始网格）或有限变形（基于 Updated Lagrangian 框架）条件下适用，一旦少量土体单元由于大变形发生严重扭曲，计算就无法进行下去。近年来，三种大变形方法受到海洋岩土工程界的重视：西澳大利亚大学提出的基于网格完全重分的有限元法（Remeshing and Interpolation Technique by Small Strain，RITSS)、商业有限元软件 ABAQUS 新增加的功能（Coupled Eulerian-Lagrangian，CEL)、介于有限元与无网格之间的物质点法（Material Point Method，MPM)。RITSS，CEL 和 MPM 都可以归结到解耦形式的 Arbitrary Lagrangian-Eulerian（ALE）框架中。ALE 框架允许材料和网格具有不同的速度，因此材料相对于网格的速度造成对流项。与常规有限元相比，ALE 编程复杂、计算量大，但能够在大变形计算过程中保持良好的单元形状。ALE 框架大都采用 Benson（1989）提出的解耦形式，即将每一时段的计算分解为两步：第一步与 Lagrangian 框架相同，网格跟随材料流动，得到材料速度；第二步调整变形网格的节点位置或者彻底重新生成网格，即改变网格的速度。网格速度改变造成了材料在新、旧网格间的相对流动，因此需要采用可靠的映射（也称为对流）技术保证应力等场变量的精度和动量守恒。

RITSS 是 Huand 和 Randolph（1998）提出的一种隐式方法，其基本原理是将整个分析分成若干时段，每一时段内任何土体单元的变形都必须足够小，因此 Lagrangian 计算可以进行下去；计算完成后重新剖分变形材料，并将应力和材料属性等场变量从旧网格映射到新网格上，然后开始下一时段的计算。RITSS 的一个优势是上述基本策略可以与任何传统有限元程序结合，例如作者近年基于 ABAQUS 将 RITSS 由二维扩展到三维静力分析（Wang 等，2010)、由静力扩展到动力分析（Wang 等，2013)、由总应力扩展到有效应力分析（Wang 等，2015)。为了保证新、旧网格间的映射精度，RITSS 采用缩减积分高阶单元或者完全积分一阶单元，每一时段的 Lagrangian 计算不能采用显式积分。

CEL 采用显式求解，将变形单元的节点调整回初始位置，但 CEL 允许一个 Eulerian 单元内包含多种材料，单元可以部分填充，甚至没有任何材料。基于每个单元内不同材料所占体积比确定材料间的界面，这意味着材料界面的追踪必须足够精确（Yang 等，2020)。如果材料种类较多并且交界面几何形状复杂，现有的界面追踪算法难以保证精度。CEL 模拟中能够同时包含 Lagrangian 材料（用于模拟基础或其他结构物）和 Eulerian 材料（用于模拟土），Lagrangian 和 Eulerian 材料间的相互作用通过所谓的“general contact”实现。ABAQUS 中的 CEL 目前只能用于总应力分析，Yi 等（2012）通过材料用户子程序实现了理想不排水条件下的有效应力分析，但不能用于部分排水情况。

MPM 的历史最早可以追踪到流体力学中的 PIC 方法，改进后扩展到固体力学。与有限元和强形式的无网格法不同，MPM 同时包含网格与物质点：每一时段的 Lagrangian 计算在网格上进行，变形后的网格调整回初始位置，同时用物质点的流动表征材料变形。物质点用于传递质量、速度和应力等场变量，但不参与 Lagrangian 计算，一个单元内允许多种材料的物质点并存。MPM 的基本步骤如图 10.4-1 所示，现有的 MPM 大都采用显式求解。为了达到与有限元接近的计算精度，MPM 必须采用更细的网格，CPU 或者 GPU 并行计算能显著缩短计算时间。MPM 天然包含无摩擦接触，但 Ma 等（2014）的研究表明，这种简单的接触计算可能导致难以容忍的计算噪声。如果刚度相差很大的两种材料，例如钢质构筑物与软黏土，发生摩擦接触，计算噪声更强烈。有效应力形式的 MPM 分析还很少见，其效果有待更多检验。

以下结合若干实际应用展示三种大变形方法各自的优缺点和适用范围。

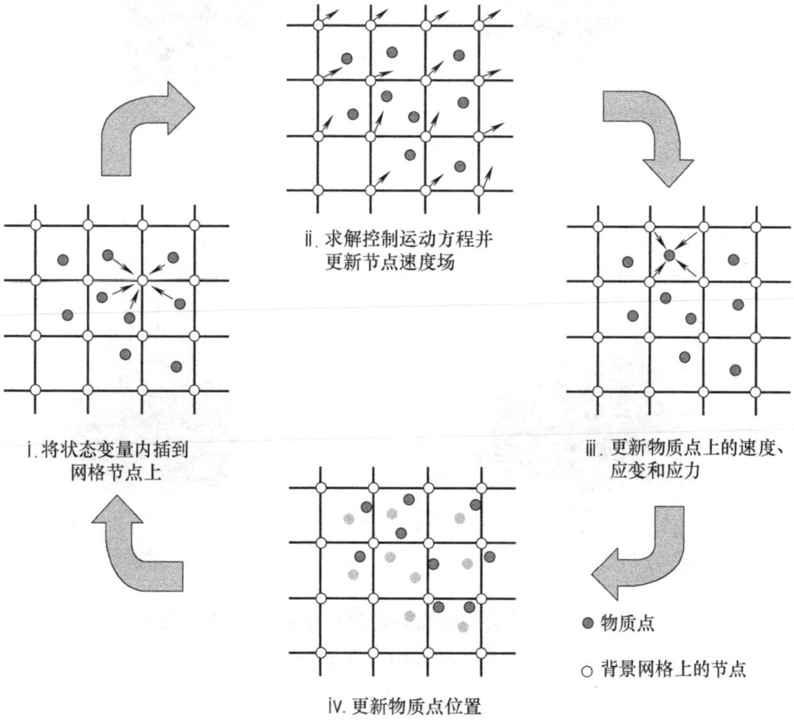

图 10.4-1 物质点计算流程（Ma 等，2014）

10.4.2 实例 1——平板锚旋转安装模拟

平板锚是一种平面为矩形、用于软黏土的深海锚泊基础，借助吸力式沉箱插入到预定深度，然后被锚链拉动在土中旋转直至平板与锚链大致垂直。转动过程中平板锚向上移动，而埋深减小直接导致正常固结软黏土中锚的抗拉承载力降低，因此需要准确估计旋转安装引起的丢失埋深。

平板锚旋转安装是一个典型的混合平动与转动的大变形问题，锚周围的土体单元尺寸足够小才能保证数值模拟的可靠性，但细网格很快就随锚的转动发生严重扭曲，使得常规的小变形计算无法进行下去。将 RITSS 用于平板锚旋转的二维和三维总应力分析，采用 Tresca 理想弹塑性模型描述软黏土在不排水条件下的应力-应变关系，预测的丢失埋深与离心模型试验结果吻合（Wang 等，2011）。旋转过程中平板周围土体的流动机理如图 10.4-2 所示。

与 CEL 或 MPM 相比，RITSS 更适合描述移动路径未知的平板锚旋转过程。CEL 和 MPM 都是采用 Eulerian 单元，平板锚可能经过的路径上需要事先布置足够细的局部网格才能取得与 RITSS 相似的精度。

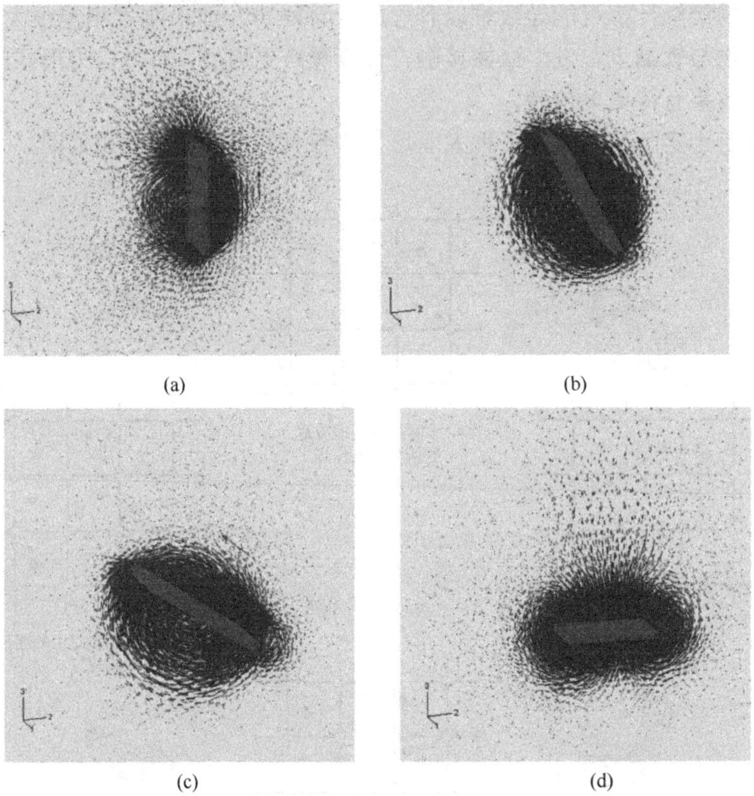

图 10.4-2　三维平板锚旋转过程中周围土体的流动

(a) $\beta=90°$；(b) $\beta=60°$；(c) $\beta=30°$；(d) $\beta=2°$

10.4.3　实例 2——桩靴贯入模拟

自升式平台的桩靴基础在“上硬下软”的多层土中连续贯入时，贯入阻力可能首先增大到峰值，然后迅速减小再逐渐恢复。由于桩靴贯入属于力控制模式，贯入阻力的降低意味着桩靴在土中不受控制的快速沉降，可能引起整个平台的失稳甚至完全倾覆，这种现象称为穿刺。

“砂-黏土”就是一种比较简单的、容易发生刺穿破坏的土层分布。RITSS 方法每一时段的 Lagrangian 计算采用隐式积分，不适合流动法则强烈非关联的本构模型，例如剪胀角远小于内摩擦角的 Mohr-Coulomb 模型。而 Mohr-Coulomb 恰恰是最常用的砂土本构模型。Hu 等（2014）因此采用 CEL 模拟桩靴在“砂-黏土”中的贯入。如果砂的相对密实度较高，考虑内摩擦角和剪胀角随塑性应变累积的渐变过程。与 71 组离心模型试验的对比表明，CEL 能够提供可靠的贯入阻力随深度变化曲线、破坏机理和压入黏土层中的封闭砂塞体积（图 10.4-3）。

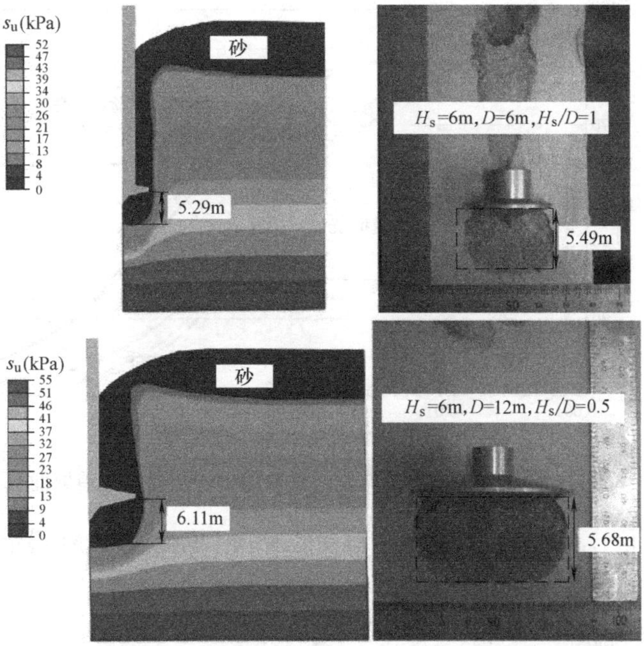

图 10.4-3 CEL 模拟（左）与离心机试验（右）得到的黏土层中砂塞形状

10.4.4 实例 3——原位孔压消散试验模拟

静力触探仪和球形仪被广泛应用于测试黏性土的原位强度和固结系数 c_v。原位试验的操作流程是将探头快速（保证近似不排水）压入到预定深度，进而保持位置不变，记录探头特定位置处孔压随时间的变化。对于静力触探仪，Teh 和 Houlsby（1991）根据 u_2 位置处的孔压消散曲线建议了名义固结系数 c_h，但没有给出 c_h 和 c_v 之间的关系。近 30 年的工程实践表明，c_h/c_v=3～ 10。对于球形仪，目前还没有广泛接受的测定固结系数的理论公式。

常规小变形计算无法模拟探头长距离贯入，更无法获得预定深度处的超静孔压分布。与 CEL 和 MPM 相比，RITSS 的有效应力分析功能更全面，可靠性也得到充分验证。Mahmoodzadeh 等（2015）将修正剑桥模型纳入到 RITSS 分析，模拟静力触探的贯入和孔压消散过程，借助大量变动参数分析给出 c_h 和 c_v 之间的关系表达式。通过类似的做法，Mahmoodzadeh 等（2015）建议了根据球形仪消散曲线推算 c_v 的公式和具体流程。RITSS 计算得到的无量纲超静孔压消散曲线与试验数据对比如图 10.4-4 所示。

10.4.5 实例 4——深海滑坡模拟

海底滑坡被触发后，可能发生长距离滑动，期间伴随滑动土体的软化和抗剪强度随应变速率的不断变化。动力形式的 RITSS 已经用于追踪长距离滑动，但计算效率不高，原因是高速滑动过程中土体几何形状的改变很快，间隔很短时间就需要重新划分网格。而 MPM 在模拟深海滑坡方面具备明显优势。Dong 等（2015）提出的并行算法已经能在家用 GPU 上实现 500 万个二维物质点的模拟，单精度和双精度的 GPU 计算效率分别是单

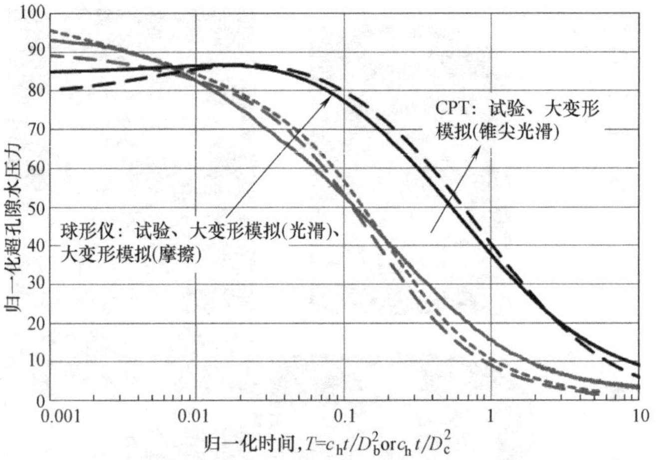

图 10.4-4　RITSS 模拟与离心试验得到的超静孔压消散曲线

CPU 的 25 和 20 倍，有助于实现长距离滑动的 MPM 模拟。MPM 揭示的一种海底滑动机理如图 10.4-5 所示。

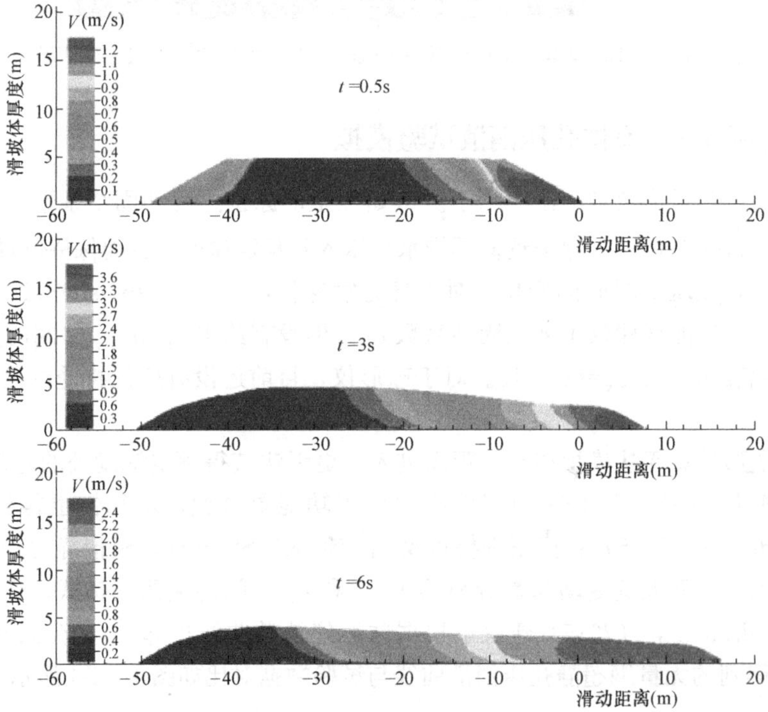

图 10.4-5　物质点法得到的滑动土体中速度分布

10.5　浅基础分析方法

海洋浅基础包括重力式基础、裙式基础和防沉板等，构造相对简单，制造和安装成本低。浅基础适用于持力层为硬黏土或密砂的地层条件，如果存在浅表层软土，陆上可以移走或加固，但海上多通过裙板将上部荷载传递到土层深部。当海洋基础的埋深与直径或边长之比小于 1，可视为浅基础。由于所支撑上部结构尺寸和恶劣的海洋环境，浅基础的面积通常较大：小型重力式基础即可达到 70m 高、截面 50m×50m，油气开发中裙式基础直径常在 10～30m 之间。浅基础承担上部结构传来的风、浪、流等荷载，对水平和抗弯承载力要求高，设计中通常需要考虑循环荷载，而且经常是控制性工况。目前有三种稳定性分析思路：(1) 整体安全系数法，也称为容许应力设计法，即将极限荷载乘以单一安全系数。美国石油协会（American Petroleum Institute）建议承载破坏的安全系数为 2，滑动破坏安全系数为 1.5。安全系数的大小是为了考虑地质条件的不确定性及固定荷载与活荷载的设计值。(2) 分项安全系数法，也称为荷载阻力系数设计法，使用单独的安全系数分别处理土体强度和设计荷载。国际标准化组织 ISO 建议将抗剪强度除以材料系数（International Standardization Organization，2016），并将固定荷载和活荷载分别乘以 1.1 和 1.35 倍。(3) 概率方法，将土体强度和施加载荷的不确定性量化，用于确定破坏概率，破坏概率应小于预定值。

尽管海洋构筑物及荷载条件与陆上存在显著差异，但多数国际通用规范推荐的常规设计方法与陆地基础设计没有本质差别。这些方法都是基于经典承载力公式，引入荷载方向（倾斜度和偏心距）、基础形状与埋深、土体强度不均匀性等因素的修正。以下首先介绍常规地基承载力设计理论，然后展示目前发展迅速的破坏包络面法。

10.5.1 经典承载力计算方法

1. 不排水条件下竖向承载力

对于不排水条件下的黏性土，极限平衡方法给出的竖向承载力为：

$$V_{\mathrm{ult}}=A'\left[s_{\mathrm{u0}}(N_{\mathrm{c}}+kB'/4)\frac{FK_{\mathrm{c}}}{\gamma_{\mathrm{m}}}+p_0'\right] \tag{10.5-1}$$

式中 V_{ult}——竖向极限承载力；

A'——基础有效受力面积；

s_{u0}——基础底面处土体的不排水抗剪强度；

N_{c}——承载力系数，对条形基础取 5.14；

k——不排水强度随深度的增长斜率；

γ_{m}——材料系数；

F——考虑强度不均匀性的修正系数，为无量纲非均质因子 $\kappa=kB'/s_{\mathrm{u0}}$ 的函数，见图 10.5-1；

B'——基础有效宽度；

p_0'——基础深度处的有效上覆土压力；

K_{c}——考虑荷载方向、基础形状和埋深的修正系数，可表达为：

$$K_{\mathrm{c}}=1-i_{\mathrm{c}}+s_{\mathrm{c}}+d_{\mathrm{c}} \tag{10.5-2}$$

式中 i_{c}——倾斜因子，$i_{\mathrm{c}}=0.5\left(1-\sqrt{1-H/A's_{\mathrm{u0}}}\right)$，$H$ 为水平荷载；

s_{c}——形状因子，$s_{\mathrm{c}}=s_{\mathrm{cv}}(1-2i_{\mathrm{c}})B'/L$；

d_{c}——埋深修正系数，$d_{\mathrm{c}}=0.3e^{-0.5kB'/s_{\mathrm{u0}}}\arctan(d/B')$。

系数 s_{cv} 考虑了土的非均质性，为 $\kappa=kB'/s_{u0}$ 的函数，由表 10.5-1 确定。

s_{cv} 随非均质因子的变化

表 10.5-1

无量纲非均质因子 $\kappa=kB'/s_{u0}$	s_{cv}
0	0.20
2	0.00
4	−0.05
6	−0.07
8	−0.09
10	−0.10

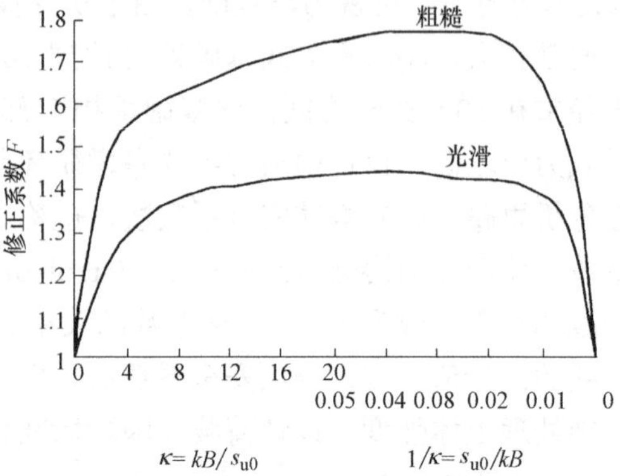

图 10.5-1 不排水强度随深度线性变化的土体承载力修正系数 F

2. 排水条件下竖向承载力计算

由于有效应力增大，排水条件下的基础承载力通常大于不排水时。但对于不排水条件下的高剪胀土体，剪切引起较高的负孔隙水压力，有利于提高基础承载力。排水条件下浅基础承载力的经典计算公式：

$$V_{ult}=A'[0.5\gamma'B'N_\gamma K_\gamma(p_0'+a)N_qK_q-a] \tag{10.5-3}$$

式中 N_γ、N_q——自重部分的承载力系数和超载部分的承载力系数；

K_γ、K_q——考虑基础形状、考虑埋深和荷载方向的修正系数；

a——系数，与黏聚力 c 相关，$a=c\cdot\cot\varphi$，φ 为土体有效内摩擦角。承载力系数 N_q 和 N_γ 与材料系数 γ_m 有关：

$$N_q=\tan^2\left[\frac{\pi}{4}+0.5\tan^{-1}\left(\frac{\tan\varphi}{\gamma_m}\right)\right]\frac{\exp(\pi\tan\varphi)}{\gamma_m} \tag{10.5-4}$$

$$N_\gamma=1.5(N_q-1)\tan\left(\frac{\tan\varphi}{\gamma_m}\right) \tag{10.5-5}$$

式（10.5-4）给出了在单向竖向荷载作用下 N_q（存在超载且不考虑自重的土体）的下限精确解。由于 φ 位于 N_q 表达式的指数上，N_q 对 φ 的变化很敏感。特征线法给出了 N_γ 理论解，N_γ 与 φ 有如下拟合关系：

$$N_\gamma=0.1054^{9.6\varphi}\text{（粗糙基础）} \tag{10.5-6}$$

$$N_\gamma=0.0663^{9.3\varphi}\text{（光滑基础）} \tag{10.5-7}$$

修正系数 K_q 和 K_γ 表示为：

$$K_q=s_qd_qi_q \tag{10.5-8}$$

$$K_\gamma=s_\gamma d_\gamma i_\gamma \tag{10.5-9}$$

$$s_q=1+i_q\frac{B'}{L}\sin\left[\tan^{-1}\left(\frac{\tan\varphi}{\gamma_m}\right)\right] \tag{10.5-10}$$

$$d_q=1+2\frac{d}{B'}\left(\frac{\tan\varphi}{\gamma_m}\right)\left\{1-\sin\left[\tan^{-1}\left(\frac{\tan\varphi}{\gamma_m}\right)\right]\right\}^2 \tag{10.5-11}$$

$$i_q=\left[1-0.5\left(\frac{H}{V+A'a}\right)\right]^5 \tag{10.5-12}$$

$$s_\gamma=1-0.4i_\gamma\frac{B'}{L} \tag{10.5-13}$$

$$d_\gamma=1 \tag{10.5-14}$$

$$i_\gamma=\left[1-0.7\left(\frac{H}{V+A'a}\right)\right]^5 \tag{10.5-15}$$

通过修正系数可扩大经典承载力方法的应用范围，使其从简单工况（均质土地基上的条形基础在竖向荷载作用下的破坏）扩展到复杂的工况（非均质土、三维基础形式、一般荷载条件）。

3. 水平承载力计算

不排水条件下，极限水平荷载 $H_u=s_{u0}A$，与基础几何形状无关。当水平荷载达到土体不排水强度能够提供的抗剪力时，土体滑动破坏。排水条件下，极限水平荷载 $H_u=V_u\tan\varphi$，V_u 为发生滑动破坏时的竖向力。

在经典承载力方法中，分别计算水平荷载 H 或弯矩 M 对竖向承载力 V 的影响，进而耦合 VH 和 VM 两种工况，得到竖向、水平及弯矩荷载共同作用下土体的响应。对于均质土体，经典承载力方法可较准确预测基础在偏心荷载或施加在中心处倾斜荷载情况下的承载力，但 VHM 同时作用时的预测偏保守（Randolph 和 Gourvenec，2011）。对于非均质土体，即使仅有偏心荷载作用，经典方法预测精度也不高。海洋环境中，正常固结沉积物强度随深度变化，而且基础承受较大的水平荷载及弯矩，更适合采用下述的破坏包络面法确定复合承载力。

10.5.2 破坏包络面法确定承载力

破坏包络面是为了判断在水平、竖向和弯矩荷载复合加载作用下，基础承载力是否满足安全要求。包络面的表达方式有两种：①保持竖向、水平和弯矩荷载中的某一项恒定，另外两项之间的关系用包络线表示；②构建完全的竖向、水平和弯矩荷载（V、H、M）三维变化曲面。图 10.5-2 为两种包络面表达方式示意图，位于包络面内的设计荷载组合是安全的，而包络面外的荷载组合将导致地基失稳。包络面的形状取决于各种条件，例如排水条件、土体抗剪强度的分布、接触面粗糙度、土体抗拉强度、基础形状和埋深等。经典承载力理论通过引入修正系数考虑基础形状、埋深和土体非均匀程度，实际上改变相应的竖向极限荷载而不改变包络面形状，但竖向、水平和弯矩荷载共同作用下的真实包络面比经典承载力理论复杂得多，利用包络面直接评估更准确。

破坏包络面的确定方法主要有三种：试验、解析解的理论推导和数值模拟。早期多通过模型试验确定包络面，目前则频繁采用数值模拟构建包络面，尤其是针对不排水条件下的黏性土。数值模拟能够再现地基真实的受力情况和破坏模式，通过大量变动参数分析，能够给出包络面表达式。主要步骤如下：

（1）确定单一荷载作用下极限承载力，即 V_{ult}、H_{ult} 和 M_{ult}（分别在 $H=M=0$、$V=M=0$ 和 $V=H=0$ 条件下），也可由经典承载力理论获得，从而确定包络面的各个顶点。

（2）采用有限元法，进行大量的 Swipe 和 Probe 加载方式模拟。Swipe 加载方式为：施加一定的基础竖向位移 v，然后保持竖向位置不变，改变水平位移 u 和转角 θ，对应的荷载路径即为包络面。Probe加载方式则是保持某一竖向荷载值，取 $u/\theta D$ 为定值，D 代表基础长度或直径，加载路径的终点落在包络面上，连接不同竖向荷载条件下的终点获得包络面。总结一种或两种加载方式模拟结果，通过 V_{ult}、H_{ult} 和 M_{ult} 将包络面方程标准化（V/V_{ult}，H/H_{ult} 和 M/M_{ult}），得到不同条件下包络面的统一表达式。

（3）确定设计荷载组合（V，H，M）是否落在包络面内。如果落在包络面外，需要增加基础面积、增大埋入比或减少设计荷载，然后重复上述步骤。

在进行定量计算时，图10.5-2所示的三维包络面形状复杂，有时难以直接使用，可将三维包络面投影到某一平面进行分析。

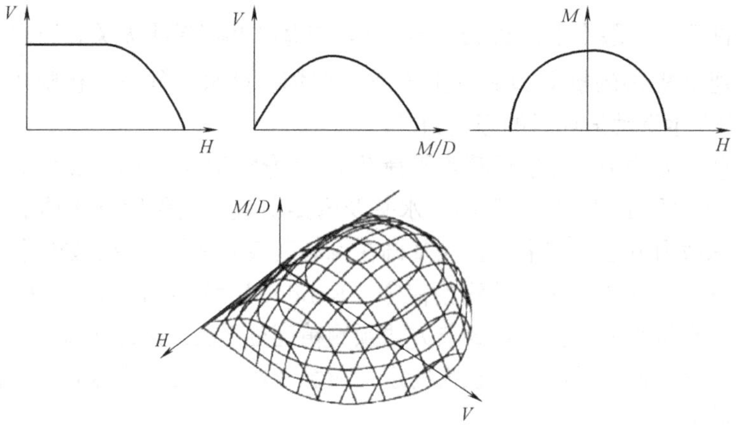

图10.5-2　二维和三维空间中的破坏包络面

10.5.3　变形分析

1. 地基变形类型

为满足正常使用要求，需要预测基础在整个服役期的竖向、水平位移和转角。根据弹性理论能够简单估计基础位移，但准确度不高，更合理的解决方案是结合数值计算与物理模型试验，综合考虑土层特性、基础形状和荷载条件。

基础的竖向位移包括静力荷载引起的瞬时沉降和固结沉降、循环荷载导致的累积沉降。瞬时沉降是施加荷载引起的土体瞬时变形，该变形通常也不是弹性的，但多利用弹性理论求解。固结沉降由孔隙水排出引起，根据沉降速率的不同又分为主固结沉降与次固结沉降。主固结沉降速率由孔隙水排出速率决定，而次固结沉降由土骨架本身的压缩决定。循环荷载导致的沉降计算则需将第10.3节得到的等效应力-应变关系纳入静力有限元分析。

基础水平位移和转动通常只考虑瞬时变形，但在高渗透性土中发生固结沉降，此时风、浪、流作用下可能产生永久的基础水平位移和倾斜。设计中需要做专门的有限元模拟。

2. 变形计算方法

现有的变形计算方法大致可以分为两类：弹性理论推导、以有限元法为代表的数值模拟。

（1）基于弹性理论

对于单纯竖向荷载作用下基础的沉降，计算方法与陆上浅基础类似。竖向、水平和弯矩荷载共同作用下的圆形基础位移可参考 Poulos 和 Davis（1974），他们假定土体为线弹性体，给出了复合加载引起的基础位移计算公式。弹性理论预测变形的可靠性不仅受限于土体实际为非弹性介质，而且受到合理选择弹性参数的限制。所谓的等效线弹性参数大小随应力水平改变，计算结果对参数选择很敏感。土体参数宜根据已有的现场试验确定，当缺乏现场数据时，可经验性地依靠室内土工试验。

（2）基于有限元分析

有限元方法计算变形分析时，需重点关注：有限元模型的简化、本构模型选择、循环荷载的实现、有效应力分析还是总应力分析等。理论上，有限元分析能够再现复杂荷载和边界条件，当选择的本构模型合理时，能获得比弹性解更准确的土体变形结果。

10.6　负压沉箱分析方法

负压沉箱又称为负压锚、吸力锚，是一种底端敞开、顶部封闭的裙式基础，外形类似倒扣的圆桶，长径比多在 0.5～7 之间，长径比小于 1 的沉箱可视为浅基础。负压沉箱安装就位时，通过顶部的小孔向外抽水，形成箱体内的负压，从而将沉箱压入土中。负压沉箱具有施工快捷环保、可回收等优点，被广泛用作海底管道终端的支撑基础、浮式平台的锚泊基础、固定式风机的支撑基础等。沉箱的岩土设计包括沉贯安装、承载力和变形计算。

10.6.1　负压沉贯计算

负压沉贯计算提供沉箱贯入时侧壁摩阻力、达到目标深度需要施加的负压、最大容许负压等。比较需求负压与引起土塞失效的压力，当二者相等时，得到负压安装的极限深度。为确保安全沉贯，负压沉箱安装过程中需要实时监测贯入阻力。实际沉贯计算几乎都采用简化分析方法，但大变形有限元模拟能够探索箱体结构加强构件对贯入阻力的影响（Zhou 等，2015）。

1. 黏土中的沉贯

（1）贯入阻力计算

图 10.6-1 为负压沉箱安装过程中的受力。对于内外侧壁无突起的简单情况，基础总贯入阻力 Q 由侧壁抗剪力、刃脚处的端阻力和上覆土压力三部分提供：

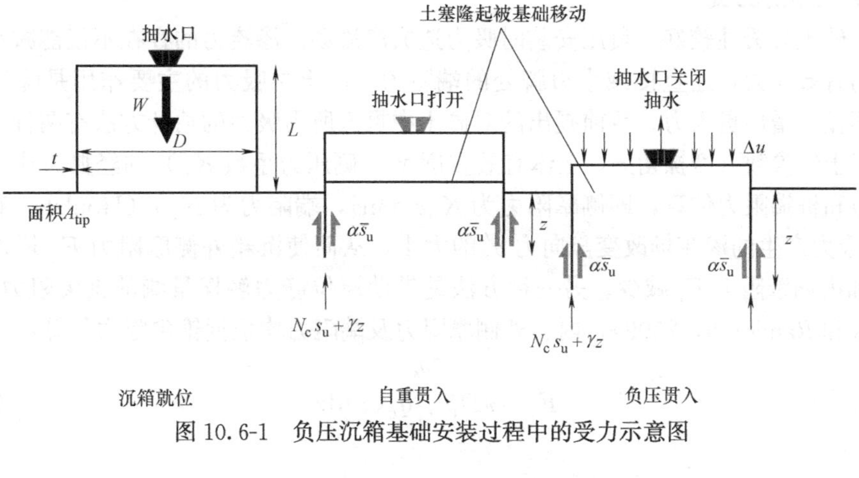

图 10.6-1　负压沉箱基础安装过程中的受力示意图

$$Q=A_{s}\alpha\overline{s_{u}}+A_{tip}(N_{c}s_{utip}+\gamma' z) \tag{10.6-1}$$

式中 A_s——负压沉箱内外侧壁表面积之和；

A_{tip}——端部截面积；

α——黏附系数，等于灵敏度的倒数；

$\overline{s_u}$——贯入深度范围内的土体平均不排水抗剪强度，采用单剪试验得到的不排水强度；

s_{utip}——刃脚处土体的不排水强度，建议采用三轴压、三轴拉和单剪试验得到的平均值；

γ'——土体有效重度；

z——刃脚贯入深度；

N_c——平面应变条件下承载力系数（粗略估算时可取 7.5）。

（2）需要施加的负压

沉箱首先在自重作用下持续贯入，直到贯入阻力等于基础有效自重。如果要进一步贯入，则需施加额外贯入力。有负压作用时的基础贯入阻力同样采用式（10.6-1）计算，需要施加的负压为：

$$\Delta u_{req}=\frac{Q-W'}{A_i} \tag{10.6-2}$$

式中 Δu_{req}——需要施加的负压大小；

W'——基础有效自重；

A_i——基础内部截面积。

（3）避免失效的容许负压

容许负压 Δu_a 是指不引起沉箱内土塞失效所能施加的最大吸力。土塞自重、沿侧壁内部的侧摩阻力、土塞底部的端承力有助于抵抗土塞失效，而上覆土压力的作用相反。容许压力值由下式计算：

$$\Delta u_{a}=\frac{A_{i}N_{c}s_{utip}+A_{si}\alpha\overline{s_{u}}}{A_{i}} \tag{10.6-3}$$

式中 N_c——承载力系数，取决于基础贯入深度与直径之比，在 6.2～9 之间变化；

A_{si}——裙板内表面积。

2. 砂土中的沉贯

由于砂土渗透性较好，负压安装时吸力造成渗流场。渗流力的存在不仅能减小基础内部土体的有效应力，还直接减小刃脚处的端阻力。砂土中吸力的主要作用是降低贯入阻力，并不显著增加贯入力。目前提出的对砂土中贯入所需吸力的估计方法有两种。一种方法是基于土体参数（摩擦角 φ，土体有效重度 γ'，侧压力系数 K_0）的经典方法，类似桩侧摩阻力和桩端阻力估算，即侧摩阻力为 $K_0\sigma'_v\tan\delta$，端阻力为 $N_q\sigma'_v$（Houlsby 和 Byrne，2005）。吸力产生的渗流场改变竖向力 σ'_v 的大小，从而使沉箱外侧摩阻力 F_o 增加、端阻力 Q_{tip} 和内侧摩阻力 F_i 减少。另一种方法是借助原位静力触探量测的锥尖阻力 q_c 计算（Senders 和 Randolph，2009），内、外侧摩阻力及端阻力均根据锥尖阻力估算：

$$F_{i}=\pi D_{i}k_{f}\int_{0}^{L}q_{c}(z)\mathrm{d}z \tag{10.6-4}$$

$$F_o = \pi D_o k_f \int_0^L q_c(z)\mathrm{d}z \tag{10.6-5}$$

$$Q_{tip} = A_{tip} k_p q_c(L) \tag{10.6-6}$$

式中 D_i、D_o——基础的内外直径；

k_f、k_p——摩擦系数和端部承载力系数，k_f 取值范围为 0.001～0.003，k_p 范围为 0.3～0.6；

L——贯入深度。

在自重贯入阶段，贯入的侧摩阻力及端阻力由式（10.6-4）～式（10.6-6）计算。负压沉贯阶段，内外侧壁摩阻力及端阻力随负压的增加而线性减小，竖向力平衡方程为：

$$W' + 0.25\pi D_i^2 p = F_o + (F + Q_{tip})\left(1 - \frac{p}{p_{crit}}\right), \text{当 } p \leqslant p_{crit} \tag{10.6-7}$$

式中 p——实际施加的负压大小；

p_{crit}——p 的临界值。

10.6.2 沉箱承载力计算

1. 单向承载力

单向荷载作用下，竖向承载力不足导致沉箱地基的局部或整体剪切破坏，而水平和弯矩承载力不足引起沉箱较大平移与倾倒。负压沉箱的长径比大于 1 时，土体破坏场受众多因素影响，很难给出单向承载力理论解。比较可行的方案是建立三维有限元模型，模拟沉箱与土体的相互作用，通过变动参数分析，建立多种因素耦合的承载力简化表达式。以下以黏土中的负压沉箱为例，展示有限元分析确定承载力的流程。

讨论单向承载力必须针对特定的荷载施加位置，一般规定荷载施加在沉箱顶部中心。有限元分析发现：竖向极限承载力 V_0 由侧壁摩擦阻力和端阻力组成，见图 10.6-2（a）。在水平荷载作用下，沉箱前后两侧楔形土体被激发平动，桶底截面下一定深度范围内的土体也被带动旋转，如图 10.6-2（b）所示，沉箱的转动中心出现在箱体中心轴附近。弯矩作用下的破坏模式与在水平荷载下类似，如图 10.6-2（c）所示。结合图 10.6-2，竖向、水平和抗弯极限承载力可分别表示为：

$$V_0 = \alpha\pi DLs_{ua} + As_{utip}N_{cV} \tag{10.6-8}$$

$$H_0 = DLs_{utip}N_{cH} \tag{10.6-9}$$

$$M_0 = D^2Ls_{utip}N_{cM} \tag{10.6-10}$$

式中 N_{cV}、N_{cH}、N_{cM}——分别为竖向、水平和抗弯承载力系数；

D、A——分别为沉箱直径与截面积。

N_{cV} 依赖于单桶长径比，土体强度分布对 N_{cV} 影响不大；N_{cH} 和 N_{cM} 同时依赖沉箱长径比和土体强度分布。假定沉箱与背面土体不发生脱离，拟合有限元结果得到的一组典型承载力公式为（程健等，2021）：

$$N_{cV} = 9.73 + 0.4(L/D - 1) \tag{10.6-11}$$

$$N_{cH} = n_H(m_H kL/s_{utip} + 1) \tag{10.6-12}$$

$$n_H = 4.27(0.22(L/D)^2 - 0.76(L/D) + 1.8) \tag{10.6-13}$$

$$m_{H}=0.05(L/D)^{2}-0.32(L/D)-0.29 \tag{10.6-14}$$

$$N_{cM}=n_{M}(m_{M}kL/s_{utip}+1) \tag{10.6-15}$$

$$n_{M}=2.76[0.18(L/D)^{2}+0.16(L/D)+0.8] \tag{10.6-16}$$

$$m_{M}=0.04(L/D)^{2}-0.32(L/D)-0.12 \tag{10.6-17}$$

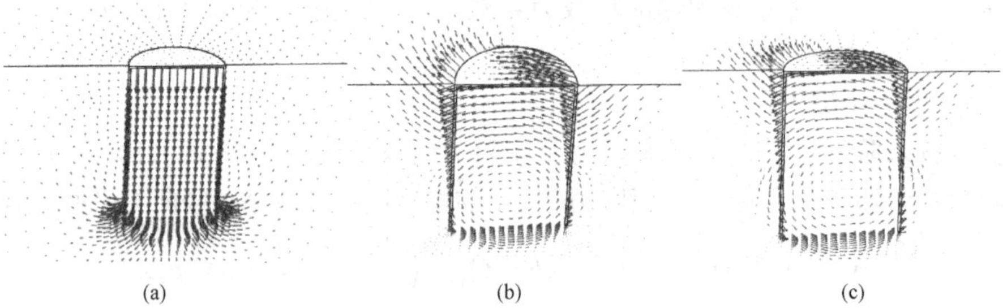

图 10.6-2 单向荷载下的土体位移矢量

(a) 竖向荷载；(b) 水平荷载；(c) 弯矩荷载

2. 复合承载力

与浅基础类似，采用 Swipe 和 Probe 加载模式进行有限元模拟，可建立复合加载包络面。负压沉箱的典型包络面表达式为（Bransby 和 Randolph，1998；Gourvenec 和 Barnett，2011）：

$$\left(\frac{H}{H_0h^*}\right)^2+\left(\frac{M}{M_0m^*}\right)^2+n\left(\frac{H}{H_0h^*}\right)\left(\frac{M}{M_0m^*}\right)=1 \tag{10.6-18}$$

式中　n——系数，决定了包络面的形状；

h^*、m^*——描述 VH 及 VM 相互作用的函数，可采用 Vulpe 等（2014）建议的幂函数：

$$h^*=1-v^q \tag{10.6-19}$$

$$m^*=1-v^p \tag{10.6-20}$$

式中　$v=V/V_0$。程健等（2021）根据大量有限元变动参数模拟结果，拟合得到 $q=4.6$，$p=4.4$，$n=2$。

以上的单向和复合承载力计算仅针对单沉箱基础，工程实践中也会遇到上部结构由多个沉箱联合支撑，例如近年出现的风机导管架平台的三沉箱基础。多沉箱基础的单向承载力系数与包络面表达式不仅取决于沉箱的几何尺寸和土体强度，还依赖各沉箱之间的距离。然而，数值模拟确定表达式的基本步骤与单沉箱基础没有实质区别。

10.6.3 沉箱变位分析

沉箱的破坏位移为沉箱达到最大承载力时的位移，一般在基础直径的 10%～30%之间。沉箱的沉降包括瞬时沉降、固结和次固结沉降、循环荷载导致的永久沉降。某些情况下，如用于支撑风机的负压沉箱，还需要计算水平位移和倾斜等。

与浅基础类似，静力荷载作用下负压沉箱的瞬时和固结沉降计算大致分为两类：(1) 经典方法。按照弹性理论和一维固结理论分别计算瞬时和固结沉降。(2) 纳入先进本构模型的有限元分析。本构模型应能反映特定加载条件下土体的主要变形特征，例如修正剑桥模型和砂土硬化模型。另外，沉箱侧壁与土体之间的摩擦力随固结时间增大，沉箱底部分担的荷载减小，固结沉箱预测中也需要予以合理考虑（Andersen 和 Jostad，2002）。

循环荷载导致沉箱永久沉降、水平位移和倾斜，实际工程设计多基于半经验的等值线图法，利用有限元模拟得到地基的残余与瞬时变形。具体步骤与浅基础变位技术类似。

10.7 桩基分析方法

国内普遍采用规范《APIRP 2GEO》（2014）进行海洋桩基的承载力和位移设计：将桩视为连续梁，采用一系列的竖向或水平非线性弹簧，简化描述静力或循环荷载作用下“桩-地基”相互作用，并假定轴向和水平荷载不存在交互影响。如图 10.7-1 所示，轴向荷载作用下的弹簧由桩侧的 t-z 曲线（计算摩阻力）和桩端的 Q-z 曲线（计算端阻力）表示，水平荷载作用下的弹簧则服从 p-y 曲线。获得沿桩体不同深度处的 t-z 和 p-y 曲线、桩端的 Q-z 曲线后，求解桩的力平衡方程，即可获得桩的沉降、倾斜和弯矩分布。因此，可靠设计的关键是 p-y、t-z 和 Q-z 曲线的合理性。API 规范提供的各曲线表达式主要基于细长桩的现场试验数据，对于长径比不超过 10 的风机大直径单桩仍需更深入研究。

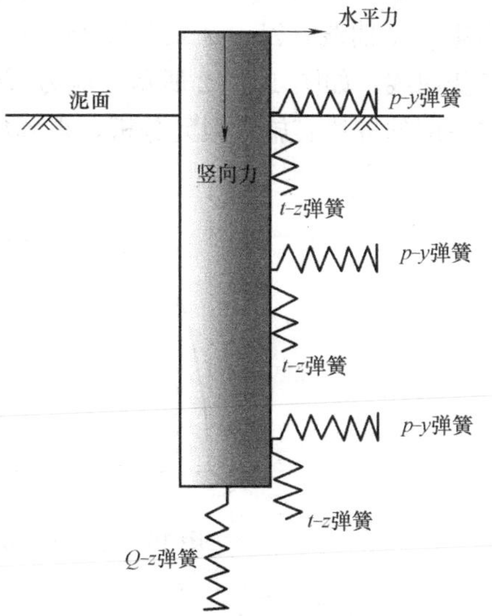

图 10.7-1 桩基受力分析

10.7.1 *p-y* 曲线

1. 黏土中 *p-y* 曲线

API 规范建议单调水平荷载作用下，黏土中桩段受到的归一化侧阻力与归一化侧向位移呈幂函数关系：

$$\frac{p}{p_u}=0.5\left(\frac{y}{y_c}\right)^{1/3} \tag{10.7-1}$$

式中 p——水平力；

p_u——极限水平承载力；

y——水平位移；

$y_c=2.5\varepsilon_c D$——ε_c 为原状土三轴不排水试验得到的 50%最大偏应力对应的轴向应变，经验值取 0.005～0.02，D 为桩径。极限水平承载力 p_u 与不排水抗剪强度 s_u 有关，当弹簧所处深度 z 较浅时，桩径范围内的承载力 p_uD 从 $3s_uD$ 增加至 $9s_uD$：

$$p_uD=3s_uD+\gamma' zD+Js_uz \tag{10.7-2}$$

式中 γ'——土体有效重度；

J——无量纲系数；

当 z 大于参考深度 z_R 时，p_uD 不再随深度增加：

$$p_u D = 9 s_u D \tag{10.7-3}$$

z_R 可通过下式进行计算：

$$z_R = \frac{6D}{\frac{\gamma' D}{s_u} + J} \tag{10.7-4}$$

式（10.7-1）～式（10.7-4）来自于有限的试桩数据，为了更好体现不同场地中的土体强度和刚度，可采用应力-应变比拟法获得针对工程场地土层条件的 p-y 曲线。比拟法认为在平面应变条件下，单位长度桩段的 p-y 曲线与土体的应力-应变曲线都呈现出幂函数的关系（Bransby et al. 1999），因此可结合土工试验数据和变动参数有限元分析，直接构建 p-y 曲线（Zhang and Andersen，2017）。比拟法首先通过单剪试验获得的土体应力-应变曲线，如图 10.7-2 所示，应力-应变曲线上的一点总是对应 p-y 曲线上的一点，对单位厚度的桩片实施有限元分析，得到如下对应关系：

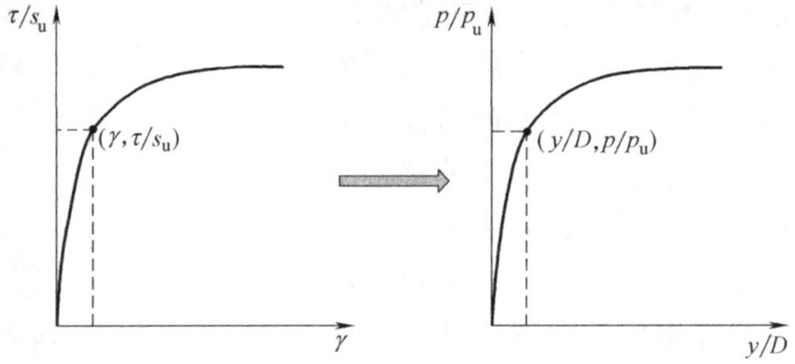

图 10.7-2　比拟法原理（Zhang 和 Andersen，2017）

$$\frac{p}{p_u} = \frac{\tau}{s_u} \tag{10.7-5}$$

$$\frac{y}{D} = \xi_1 \gamma^e + \xi_2 \gamma^p \tag{10.7-6}$$

$$\gamma^e = \frac{\tau}{G_{10}} \tag{10.7-7}$$

$$\gamma^p = \gamma - \gamma^e \tag{10.7-8}$$

式中　γ^e、γ^p——土体的弹性剪应变和塑性剪应变；

ξ_1、ξ_2——拟合系数，$\xi_1 = 2.6$，桩土界面完全光滑时 $\xi_2 = 1.35$，桩土界面完全粗糙时 $\xi_2 = 1.6$；

G_{10}——剪应力 $\tau = 0.1 s_u$ 时的割线模量。

对于承受循环荷载作用的黏土中桩基，API 规范（2014）推荐对静力荷载的 p-y 曲线进行折减，并提供了经验性的折减系数。折减系数取值不依赖循环荷载幅值及次数，即完全不考虑循环加载的具体过程，所得结果绝大多数情况下偏于保守。

2. 砂土中 p-y 曲线

静力荷载作用下，API 规范推荐的砂土中桩基 p-y 曲线为双曲正切函数：

$$p = A p_u \times \tanh\left(\frac{kz}{A p_u} y\right) \tag{10.7-9}$$

式中　A——参数，$A = (3.0 - 0.8z/D) \geqslant 0.9$；

k——初始地基反力模量，取值依赖砂土内摩擦角。

浅部与深部的极限水平承载力 p_u 取值分别为 p_{us} 和 p_{ud}：

$$p_{us}=(c_1z+c_2D)\gamma' h \tag{10.7-10}$$

$$p_{ud}=c_3D\gamma' h \tag{10.7-11}$$

式中　c_1、c_2、c_3——系数，取决于砂土内摩擦角。

对于砂土中承受循环荷载的桩基，类似于黏土工况，API 规范建议在静力 p-y 曲线的基础上乘以折减系数，该折减系数 A 为 0.9。

10.7.2　*t-z* 曲线

桩身与周围土体之间的侧摩阻力按照 t-z 曲线估算，t 表示单位桩长上的侧摩阻力，此处 z 代表对应深度处桩的轴向位移。API 规范基于 Kraft 等（1981）的实测数据，建议了图 10.7-3 所示的砂土与黏土的 t-z 曲线，图中 t_{max} 表示最大侧摩阻力，z_{peak} 为达到最大侧摩阻力所需的轴向位移。

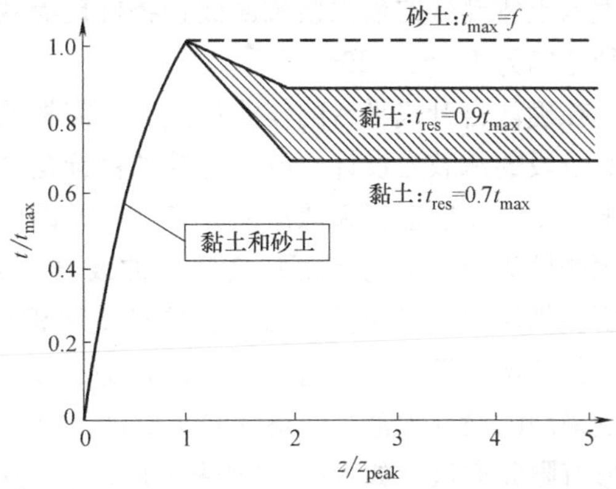

图 10.7-3　t-z 曲线（Kraft 等，1981）

对于黏土，t_{max} 的取值与不排水抗剪强度 s_u 相关：

$$t_{max}=\alpha s_u \tag{10.7-12}$$

参数 α 由地区经验确定，或按下式大致估计：

$$\Psi\leqslant 1：\alpha=0.5\Psi^{-0.5} \tag{10.7-13}$$

$$\Psi>1：\alpha=0.5\Psi^{-0.25} \tag{10.7-14}$$

$$\Psi=s_u/p_0' \tag{10.7-15}$$

式中　p_0'——对应深度处的垂直有效压力。

对于砂土，t_{max} 的取值为：

$$t_{max}=\beta p_0'(h) \tag{10.7-16}$$

对于松砂、中密砂、密砂和极密砂，建议参数 β 分别取 0.29、0.37、0.46 和 0.56。

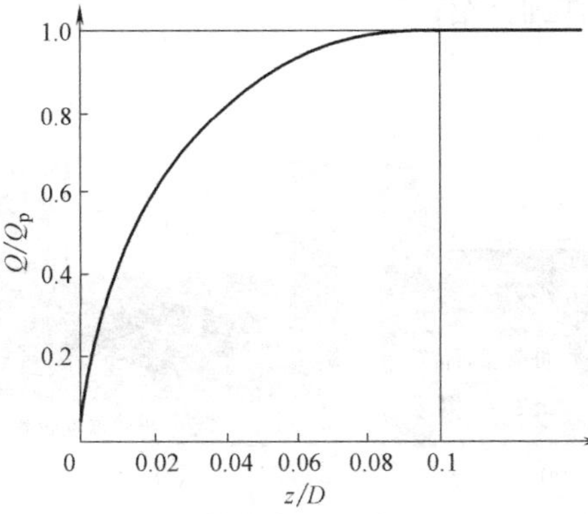

图 10.7-4　Q-z 曲线（API，2014）

10.7.3　*Q-z* 曲线

Q-z 曲线用来估算桩端能够提供的端承力，Q 表示端承力，此处 z 代表桩底端位移。API 规范（2014）建议了黏土和砂土中桩基的 Q-z 曲线，见图 10.7-4，其中 Q_p 为桩端极限端承力。对于黏土，$Q_p=9s_u$，s_u 为桩端处的黏土不排水抗剪强度。对于砂土，Q_p 取值为：

$$Q_p=N_q p_0' \tag{10.7-17}$$

式中　p_0'——桩端处的垂直有效压力；

N_q——承载力系数，对于松砂、中密砂、密砂和极密砂，可分别取承载力系数 N_q 为 12、20、40 和 50。

10.8 桩靴基础设计

自升式平台的工作水深一般不超过 120m，结构主要由船体、桩腿以及安装于桩腿底部的桩靴基础构成。平台达到指定施工地点后，需要进行安装就位操作：桩靴在平台自重作用下进入海床中，达到稳定后上升船体使其离开海面，在船体底面和海面之间形成一定高度的空隙；接着将海水抽至船体的压载舱进行预压载，使得桩靴贯入到预定深度。桩靴基础的平面形状大多为多边形或近似圆形，底部为扁平锥体。进行承载力设计时，一般按照埋入土体部分的最大横截面面积将桩靴等效为圆形。对于完全埋入的桩靴，常见的等效直径范围为 $D=3\sim20$m。

在确认自升式平台的作业地点后，需根据工程勘察资料进行桩靴基础安装就位阶段和作业阶段的承载力设计。就位计算的目标是准确预测桩靴的贯入阻力和最终插桩深度。由于平台就位一般选择无风浪的天气进行，因此桩靴在贯入过程中主要受竖向荷载作用，仅需预测桩靴的“竖向承载力-深度”曲线（即贯入阻力曲线）。而作业阶段的桩靴基础不仅需要提供足够的竖向承载力，还要抵抗风浪流与平台上吊装施工造成的巨大水平力和弯矩，必须保证极端工况造成“竖向力-水平力-力矩”联合作用下的桩靴稳定。当前国际上广泛采用的设计规范是《ISO 19905-1》，但现有国内外规范都远未达到成熟。近年来，大变形有限元方法，如 RITSS 法和 CEL 法，被用于探索桩靴与土的相互作用，取得了较好效果。

10.8.1 安装就位阶段桩靴贯入阻力计算

1. 贯入阻力计算基本步骤

如图 10.8-1 所示，桩靴连续贯入过程中在深度 d 处所受贯入阻力为：

$$q_u=q_v+\frac{\gamma' V_{spud}}{A}-\gamma'\max(d-H_{cav},0) \tag{10.8-1}$$

式中 q_v——桩靴上部完全开口（无回填土）时地基破坏对应的竖向承载力，不同土层条件下 q_v 的计算公式将在下文进行详细介绍；

γ'——地基土的有效重度；

V_{spud}——被土体掩盖部分桩靴的体积；

H_{cav}——桩靴上部孔洞的极限深度，即孔洞所能达到的最大深度值。

式（10.8-1）第二项代表了土体对被掩盖桩靴的浮力，第三项代表了桩靴上部回填土对桩靴施加的竖向荷载。

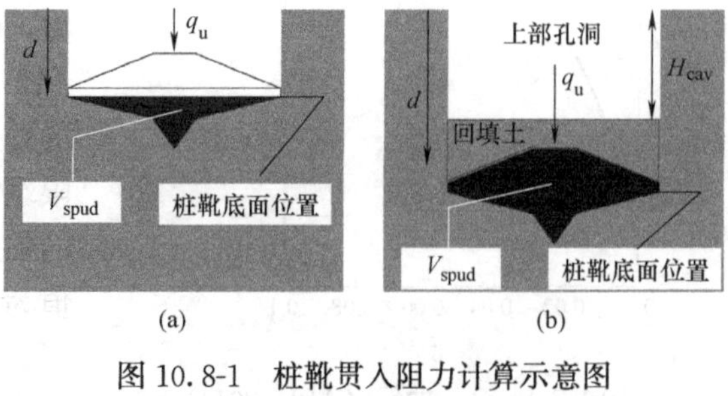

图 10.8-1 桩靴贯入阻力计算示意图
(a) $d\leqslant H_{cav}$；(b) $d>H_{cav}$

桩靴上部孔洞极限深度 H_{cav} 的计算，代表性工作见西澳大利亚大学完成的研究（Hossain 等，2005；Hossain 和 Randolph，2009）。基于离心机模型试验和大变形有限元分析中观察到的孔洞深度，他们提出了不排水抗剪强度 s_u 随深度线性增加的单层黏土地基（即 $s_u=s_{um}+kz$，s_{um} 是泥面处的不排水强度，k 是不排水强度沿深度的变化梯度）中 H_{cav} 的计算公式：

$$\frac{H_{cav}}{D}=S^{0.55}-\frac{S}{4}$$

式中

$$S=\left(\frac{s_{um}}{\gamma' D}\right)^{\left(1-\frac{k}{\gamma}\right)} \tag{10.8-2}$$

对于多层黏土地基，ISO 规范推荐采用下式预测 H_{cav}：

$$\frac{H_{cav}}{D}=\left(\frac{s_{uH}}{\gamma' D}\right)^{0.55}-\frac{1}{4}\left(\frac{s_{uH}}{\gamma' D}\right) \tag{10.8-3}$$

式中 s_{uH}——$z=H_{cav}$ 深度处对应的不排水抗剪强度，因此需要进行迭代计算确定 H_{cav}。

对于复杂的成层黏土地基，可在 H_{cav}-z 坐标系上分别绘制式（10.8-3）和 $z=H_{cav}$ 对应的曲线，两者的交点即为预测得到的 H_{cav} 值。若两条曲线存在多个交点，一般取最小 H_{cav} 值。除此之外，Zheng 等（2015，2018）通过大变形有限元分析结果，分别总结了桩靴在“硬-软-硬”和“软-硬-软”两种三层黏土地基中贯入时 H_{cav} 的预测公式。但对于其他土层条件，目前尚且没有可靠的预测公式。

桩靴贯入阻力曲线预测的关键在于 q_v 的计算，设计时应根据实际土层条件选用不同的计算模型。考虑桩靴的典型尺寸以及位移速度，一般假定砂土处于完全排水条件，黏土处于完全不排水条件。以下将介绍完全排水或不排水条件下桩靴贯入阻力曲线计算方法，考虑的土层条件包括单层黏土和砂土地基、上弱下强双层土地基、上强下弱双层土地基，以及多层土（三层及以上）地基。

2. 单层土地基预测模型

（1）单层黏土

欧洲北海以及美国墨西哥湾广泛分布着厚度较大的表层黏土，计算中可视为典型的单层黏土地基。图 10.8-2 为离心机试验中观察到的桩靴在单层黏土地基中连续贯入造成的土体破坏模式的演变：图 10.8-2（a）地基表现为浅基础破坏模式，土体向外向上移动，桩靴上部形成孔洞并保持完全开口；图 10.8-2（b）土体开始发生回流，由桩靴底部移动至桩靴顶部；图 10.8-2（c）地基表现为深基础破坏模式，桩靴周围土体在一定范围内发生局部回流，桩靴上部孔洞深度保持 H_{cav} 不变。随着破坏模式发生改变，桩靴受到的贯入阻力也随之变化。单层黏土地基的承载力的计算可表达为：

$$q_v=N_c s_u+p'_0 \tag{10.8-4}$$

式中 N_c——与黏土不排水抗剪强度相关的承载力系数，取值可参考 Skempton 或 Houlsby 和 Martin 给出的解答（ISO，2016）；

p'_0——桩靴贯入深度处，即最大截面最低点深度处的有效上覆压力，$p'_0=\gamma' d$。

墨西哥湾工程实例的反分析表明，Skempton 的承载力系数总体上可以较为准确地预估桩靴的贯入阻力曲线，Houlsby 和 Martin 的承载力系数则提供了下限预测。Hossain 和 Randolph（2009）利用有限元分析，总结了 $d<H_{cav}$ 和 $d \geqslant H_{cav}$ 情况下浅基础和深基础承载力系数的计算公式。但他们将地基土视为理想弹塑性材料，预测的贯入阻力偏高，

如果进一步考虑黏土不排水强度的应变软化，可以极大改善预测效果。

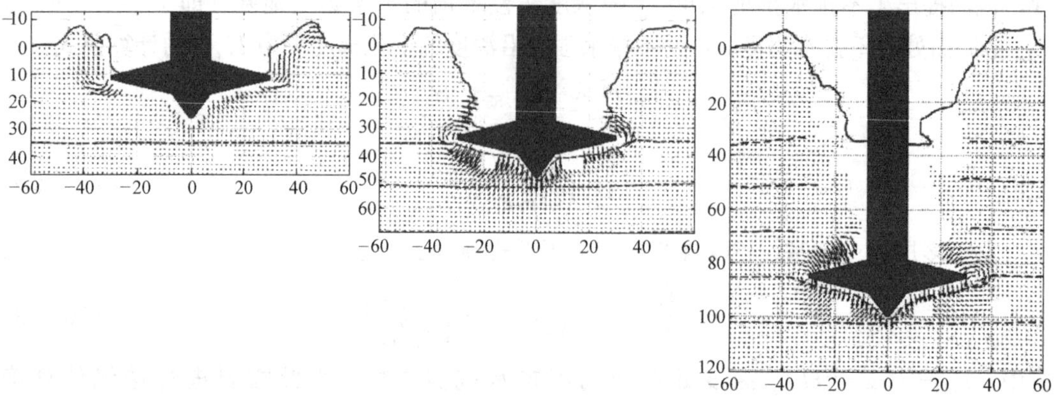

(a) (b) (c)

图 10.8-2 单层黏土中桩靴贯入造成土体破坏模式的演变（Hossain 等，2014）

（2）单层砂土

当海床表面为厚度较大的砂土层时，可按照单层砂土计算桩靴贯入阻力。由于排水条件下砂土强度较高，在预压荷载作用下桩靴一般仅停留在海床表面。甚至当桩靴未完全贯入地基时，承载力就已满足要求。因此，设计中更为重要的是考虑桩靴部分埋入的情况，此时可按下式计算单层砂土的承载力：

$$q_v = N_\gamma \frac{\gamma' D}{2} + N_q \left[1 + 2\tan\varphi'(1-\sin\varphi')^2 \arctan\left(\frac{d}{D}\right)\right] p_0' \tag{10.8-5}$$

式中 N_γ、N_q——与地基土重和上覆压力相关的竖向承载力系数；

φ'——砂土有效内摩擦角。

已有研究提供了多个 N_γ 和 N_q 的计算公式，例如 Martin（2003）通过特征线法分析得到的粗糙圆板基础理论解。

3. 上弱下强双层土地基预测模型

当桩靴在“弱土-强土”地层中贯入时，随着桩靴靠近强土层，桩靴附近的土体表现为挤压破坏模式：桩靴底面和强土层顶面之间的土体受到挤压，从而向远离桩靴中心的外侧流动，此时桩靴贯入阻力急剧上升。在挤压破坏发生前，地基表现为单层土破坏模式，可采用之前介绍的公式计算桩靴贯入阻力。实际设计时一般仅需考虑黏土层的挤压破坏，包括软黏土叠置硬黏土或黏土叠置砂土。两种情况下的贯入阻力计算公式相同，当桩靴基础底面和下部强土层顶面的距离 h 满足下式时，认为土体发生挤压破坏：

$$\frac{h}{D} \leqslant \frac{1}{3.45(1+1.025d/D)} \tag{10.8-6}$$

挤压破坏模式下的承载力通过式（10.8-7）确定：

$$q_v = \left[6\left(1+0.2\frac{d}{D}\right) + \frac{D}{3h} - 1\right] s_u + p_0' \geqslant 6\left(1+0.2\frac{d}{D}\right) s_u + p_0' \tag{10.8-7}$$

式中不等式意味着挤压破坏提供的承载力不得低于同一深度处单层土破坏模式下的承载力。此外，式（10.8-7）计算得到的承载力也不得大于下部强土层顶面的承载力。

4. 上强下弱双层土地基预测模型

上强下弱土层中桩靴贯入阻力的预测是安装就位分析的重点，这是因为当上部土层的强度显著高于下卧土层时，桩靴在上部土层的贯入阻力可能增加到某一峰值后迅速减小或接近恒定，但已施加的预压荷载无法立即卸除，桩腿会不受控制地快速下沉，直到重新增加的贯入阻力和船体入水所增加的浮力的合力与预压荷载平衡，这个过程称为穿刺，如图 10.8-3 所示。不受控制的穿刺可能导致平台桩腿屈曲、上部结构倾斜、甚至整个平台的倾覆。

上强下弱土层包括硬黏土叠置软黏土和砂土叠置黏土两种土层条件，计算竖向承载力时均假定冲剪破坏模式：强土层在桩靴底面形成土塞，土塞由贯穿整个上部土层的剪切面包围。然而，两种土层条件下的承载力预测公式略有不同。

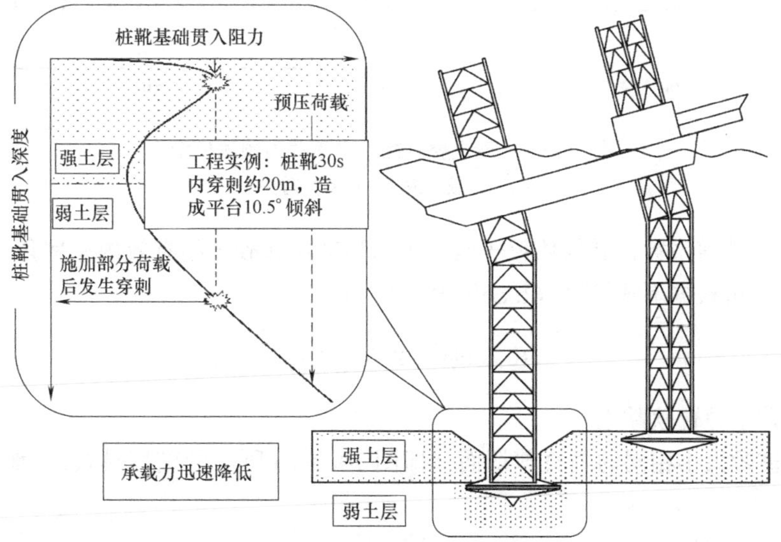

图 10.8-3 上强下弱土层中的桩靴穿刺

(1) 砂土叠置黏土

ISO 规范建议了两种桩靴在砂土叠置黏土地层中竖向承载力的计算方法，即荷载扩散法和冲剪法。荷载扩散法如图 10.8-4 (a) 所示，上部砂土承受的荷载传递到黏土层顶面形成一个等效圆形基础，等效基础的直径为 $D+2h/n_s$，其中 n_s 是荷载扩展因子，规范建议 $n_s=3\sim5$，一般根据地区经验取值。桩靴基础在砂土中的贯入阻力等于等效圆形基础的竖向承载力减去桩靴与等效圆形基础之间砂土的重量：

$$q_v=\left(1+2\frac{h}{n_sD}\right)^2\left[6\left(1+0.2\frac{d+h}{D}\right)s_{ub}+\gamma_s'(d+h)\right]-\left(1+2\frac{h}{n_sD}\right)^2\gamma_s'h$$
$$=\left(1+2\frac{h}{n_sD}\right)^2\left[6\left(1+0.2\frac{d+h}{D}\right)s_{ub}+p_0'\right] \tag{10.8-8}$$

式中 γ_s'——砂土的有效重度。

冲剪法如图 10.8-4 (b) 所示，与硬黏土叠置软黏土的预测模型相同，假定荷载沿与桩靴大小相同的垂直剪切面传递至黏土层顶面，贯入阻力由黏土层顶面的承载力和沿砂土层破坏面的摩擦力组成：

$$q_v=6\left(1+0.2\frac{d+h}{D}\right)s_{ub}+2\frac{h}{D}(\gamma'h+2p_0')K_s\tan\varphi'+p_0' \tag{10.8-9}$$

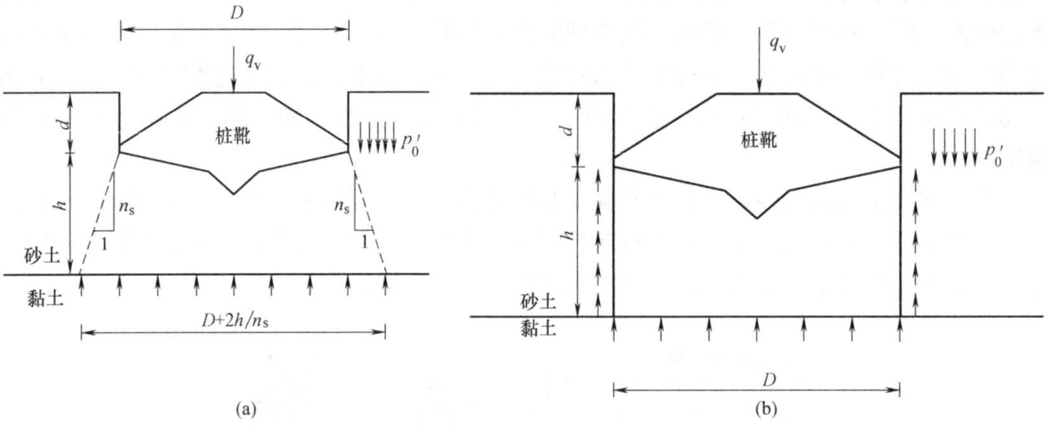

图 10.8-4　砂土叠置黏土中承载力预测模型

(a) 荷载扩散法；(b) 冲剪法

式中　K_s——冲剪系数，其值依赖于两层土的强度比和砂土的有效内摩擦角。简便起见，可根据下式计算（InSafeJIP，2011）：

$$K_s \tan\varphi' = 2.5\left(\frac{s_u}{\gamma_s' D}\right)^{0.6} \tag{10.8-10}$$

(2) 硬黏土叠置软黏土

假定与桩靴大小相同的垂直剪切面（即图 10.8-4b 所示的破坏模式），承载力的计算公式为：

$$q_v = \frac{4h}{D}0.75 s_{ut} + 6\left(1+0.2\frac{d+h}{D}\right)s_{ub} + p_0' \leqslant 6\left(1+0.2\frac{d}{D}\right)s_{ut} + p_0' \tag{10.8-11}$$

式中　s_{ut}——上部硬黏土的不排水抗剪强度；

s_{ub}——下部软黏土的不排水抗剪强度。

式（10.8-11）第一项代表了土塞周围剪切面提供的摩擦阻力，其中 0.75 是考虑黏土软化效应的折减系数；第二项则代表了土塞底面由软黏土层剪切破坏提供的剪切抗力。式（10.8-11）意味着冲剪破坏提供的竖向承载力不得高于同一深度处单层土破坏模式下的竖向承载力。

(3) 规范方法评价及最新研究进展

最新研究表明（Hu 等，2014，2015；Zheng 等，2018），规范推荐的计算方法难以全面考虑上强下弱双层土地基的真实破坏模式，特别是未能充分考虑桩靴底部土塞对承载力的贡献，可能严重低估桩靴的贯入阻力。针对这些设计方法的不足，Zheng 等（2015）和 Hu 等（2015）结合大变形有限元模拟和离心试验，分别提出了硬黏土叠置软黏土和砂土叠置黏土的新设计方法，充分考虑了地基的真实破坏模式，有效提高了预测精度。

5. 多层土地基预测模型

ISO 规范建议采用“bottom-up”方法计算三层或更多层土中桩靴的贯入阻力，即使用前述的单层土和双层土地基预测模型自下而上计算桩靴的贯入阻力曲线。以三层土为例：首先使用单层土模型计算底层（第三层）土的竖向承载力；随后根据第二、三层土的组合条件使用上述双层土模型计算中间层（第二层）土的竖向承载力；最终，基于计算得到的中间层土顶面的承载力，将中间层和底层合并等效为双层土模型中的下部土层，再根据第一层土和等效下部土层的组合条件使用双层土模型对顶层土承载力进行计算。可见，“bottom-up”方法假定桩靴贯入至某深度时，上部土层不会对地基破坏模式产生影响。然而，这与实际情况并不相符。离心机试验中发现桩靴穿过上部土层以后总会拖动一部分土体形成土塞，土塞对挤压破坏发生的临界厚度和桩靴贯入阻力都有很大的影响，由于“bottom-up”方法忽略了这些影响，因此计算得到的贯入阻力曲线多偏于保守。

针对“bottom-up”方法的不足，国内外开展物理模型试验和大变形有限元数值模拟研究，提出改进的贯入阻力预测方法（如 Zheng 等，2015，2018），考虑了土体真实的破坏模式，尤其是桩靴底部累积的土塞对贯入阻力的贡献。然而，这些改进的预测方法还不能用于任意土层组合，而“bottom-up”方法虽然偏于保守，却适用于任意土层数量和组合。

10.8.2 作业阶段基础承载力设计

在自升式平台作业阶段，桩靴基础需要抵抗极端工况引起的 *VHM* 复合加载，通常选取桩靴底端最大截面中心点作为参考点。对于复合荷载工况，ISO 规范建议采用复合承载力包络面进行基础承载力设计。桩靴的安装就位改变了土层原有分布和强度，影响作业阶段的复合承载力（Zhang 等，2014），现有规范中还没有予以考虑。

桩靴在单层砂土或黏土地基中的复合承载力包络面可统一表达为：

$$\left(\frac{H}{Q_{\mathrm{H}}}\right)^2+\left(\frac{M}{Q_{\mathrm{M}}}\right)^2-16(1-a)\left(\frac{V}{Q_{\mathrm{V}}}\right)^2\left(1-\frac{V}{Q_{\mathrm{V}}}\right)^2-4a\left(\frac{V}{Q_{\mathrm{V}}}\right)\left(1-\frac{V}{Q_{\mathrm{V}}}\right)=0 \quad (10.8\text{-}12)$$

式中 Q_{V}、Q_{H}、Q_{M}——地基的竖向极限承载力、水平极限承载力和抗弯极限承载力，其中 $Q_{\mathrm{V}}=Aq_{\mathrm{v}}$ 可根据之前介绍的相关公式计算；

$a=0\sim1$——决定包络面形状的系数，与桩靴基础埋深有关；当 $a=0$ 时包络面为抛物面，而当 $a=1$ 时为椭圆体。因此，复合承载力设计需要确定桩靴的单向承载力以及 a 值。

对于处在成层土地基中的桩靴，很难总结类似式（10.8-12）的简化表达式，建议通过有限元等数值方法确定特定场地中的桩靴复合承载力；或针对桩靴周围最弱的土层，利用单层土地基的复合承载力预测公式，即式（10.8-12），进行保守估算。

1. 单层黏土地基的包络面

物理模型试验和数值模拟结果表明，随着埋深的增加，桩靴在单层黏土地基中的复合承载力包络面逐渐由抛物面转化为椭圆体。因此对于黏土地基，式（10.8-12）中的 a 值为：

$$a=\frac{d}{2.5D}\leqslant 1.0 \quad (10.8\text{-}13)$$

黏土地基中桩靴的水平承载力和抗弯承载力可分别表达为：

$$Q_{\mathrm{H}}=C_{\mathrm{H}}Q_{\mathrm{Vnet}}=C_{\mathrm{H}}AN_{\mathrm{c}}s_{\mathrm{u}} \quad (10.8\text{-}14)$$

$$Q_{\mathrm{M}}=[0.1+0.05a(1+b/2)]DQ_{\mathrm{Vnet}}=[0.1+0.05a(1+b/2)]DAN_{\mathrm{c}}s_{\mathrm{u}} \quad (10.8\text{-}15)$$

式中 Q_{vent}——土体剪切提供的净竖向承载力，$Q_{Vnet}=Q_V-Ap'_0=AN_c s_u$，可根据之前介绍的方法计算；

C_H——关联竖向承载力和水平承载力的系数：

$$C_H=C_{Hshallow}+(C_{Hdeep}-C_{Hshallow})\frac{d}{D} \quad (d<D)$$
$$=C_{Hdeep} \quad (d\geqslant D) \tag{10.8-16}$$

其中

$$C_{Hshallow}=[s_{u0}A+(s_{u0}+s_{u,1})A_s]/Q_{Vnet} \tag{10.8-17}$$

$$C_{Hdeep}=\left(1.0+\frac{s_{u,a}}{s_{u0}}\right)\left(0.11+0.39\frac{A_s}{A}\right) \tag{10.8-18}$$

式中 s_{u0}——桩靴贯入深度处对应的地基不排水抗剪强度；

$s_{u,1}$——桩靴基础桩尖处（即桩靴基础最低端）对应的不排水抗剪强度；

$s_{u,a}$——覆盖在桩靴上部回流土体的平均不排水抗剪强度；

A_s——桩靴埋入土体部分的横向投影面积。

式（10.8-15）中 b 为考虑桩靴上部回流土体对抗弯承载力贡献的系数：

$$b=\frac{d_b s_{u,a}}{d s_{u0}} \tag{10.8-19}$$

式中 d_b——上部回流土体的高度，即 $d_b=\max(d-H_{cav},0)$。

式（10.8-12）~式(10.8-20）表示的包络面示例如图 10.8-5 所示，当竖向荷载 $V=0$ 时，桩靴的水平承载力和抗弯承载力均为 0。然而，由于黏土存在黏聚力，且在不排水条件下桩靴与土体接触面可以产生吸力，因此当竖向荷载较小时，桩靴仍然可以抵抗一定大小的水平力和力矩荷载。ISO 规范建议当设计荷载 $V<0.5Q_V$ 且 $V/Q_V<(V/Q_V)_t$ 时，复合承载力包络面表达为：

$$\left(\frac{H}{f_1Q_H}\right)^2+\left(\frac{M}{f_2Q_M}\right)-1.0=0 \tag{10.8-20}$$

其中

$$f_1=\alpha+m_\alpha\left(\frac{V}{Q_V}\right) \tag{10.8-21}$$

考虑吸力，则 $f_2=f_1$

$$\text{不考虑吸力，}f_2=\sqrt{16(1-a)\left(\frac{V}{Q_V}\right)^2\left(1-\frac{V}{Q_V}\right)^2+4a\left(\frac{V}{Q_V}\right)\left(1-\frac{V}{Q_V}\right)} \tag{10.8-22}$$

式中 α——考虑不排水强度发挥程度的系数；

m_α——式（10.8-20）表示的包络面的斜率。

基于式（10.8-20）~式（10.8-22）得到的包络面与式（10.8-20）表示的包络面在 $V/Q_V=(V/Q_V)_t$ 位置处相切，如图 10.8-6 所示。进行承载力设计时，需要根据土层性质以及土与桩靴间的摩擦特性判断系数 α 的大小。α 值在 0.5~1.0 间变化，对于 $s_u=(25\sim40)$ kPa 的软黏土，建议取 $\alpha=1.0$；对于 $s_u=(75\sim150)$ kPa 的硬黏土，建议取 $\alpha=0.5$；当 $s_u=40\sim75$kPa 时，可通过插值确定 α。若判断 α 小于 0.5，则按照式（10.8-20）预测整个包络面的大小。

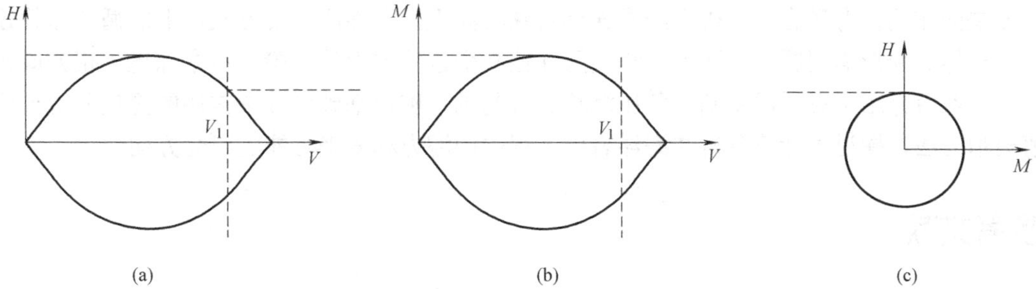

图 10.8-5 桩靴复合承载力包络面剖面

(a) H-V 平面；$M=0$；(b) M-V 平面；$H=0$；(c) H-M 平面；$V=V_1$

确定 α 值后，可进一步确定 m_α 和 $(V/Q_V)_t$ 的大小，两者均为 a 和 α 的函数。

当 $a=0$ 时，

$$m_\alpha=4(1-\sqrt{\alpha}) \tag{10.8-23}$$

$$\left(\frac{V}{Q_V}\right)_t=\sqrt{\frac{\alpha}{4}} \tag{10.8-24}$$

当 $a=1$ 时，

$$m_\alpha=\frac{1-\alpha^2}{\alpha} \tag{10.8-25}$$

$$\left(\frac{V}{Q_V}\right)_t=\frac{\alpha^2}{\alpha^2+1} \tag{10.8-26}$$

当 a 介于 0 到 1 之间时，可通过插值确定 m_α 和 $(V/Q_V)_t$ 的大小。

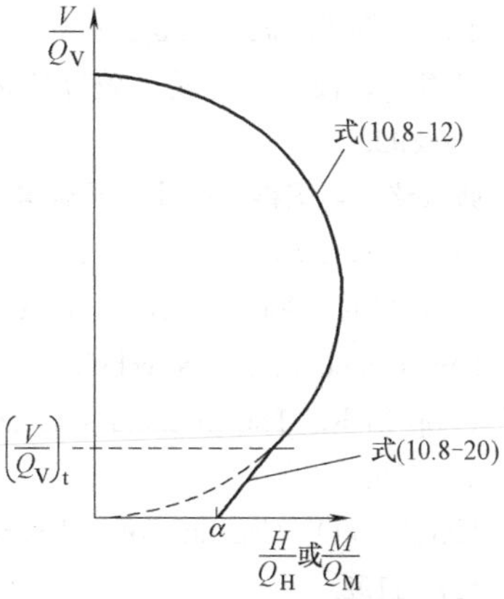

图 10.8-6 黏土地基中 $V/Q_V<(V/Q_V)_t$ 时的包络面

2. 单层砂土地基的包络面

对于砂土地基，桩靴的复合承载力包络面为抛物面，即 $a=0$，因此式（10.8-20）简化为：

$$\left(\frac{H}{Q_H}\right)^2+\left(\frac{M}{Q_M}\right)^2-16\left(\frac{V}{Q_V}\right)^2\left(1-\frac{V}{Q_V}\right)^2=0 \tag{10.8-27}$$

其中，桩靴在砂土地基中的水平承载力为：

$$Q_H=0.12Q_{Vnet} \tag{10.8-28}$$

式中 $Q_{Vnet}=Q_V-Ap'_0$，砂土地基的 Q_V 大小可根据之前介绍的方法计算。

对于桩靴最大直径 D_{max} 对应截面已完全埋入（即 $D=D_{max}$）以及桩靴部分埋入但 $V/Q_V\leqslant0.5$ 的情况，其抗弯承载力为：

$$Q_M=0.075DQ_{Vnet} \tag{10.8-29}$$

对于桩靴部分埋入且 $V/Q_V>0.5$ 的情况，可以考虑桩靴旋转时增加的接触面对抗弯承载力的有利影响，此时 Q_M 可根据下式确定：

$$Q_M=\min[0.075DQ_{Vnet}(D_{max}/D)^3, 0.15DV] \tag{10.8-30}$$

10.9 结论

极限平衡、极限分析和有限元为代表的数值模拟方法在海洋岩土工程实践中发挥着不可或缺的作用。海洋岩土分析中经常遇到特殊海洋土力学性质、百万次以上的循环加载处理、土体大变形等问题，而陆上工程实践往往缺少这些方面的经验。本章综述了相关最新进展，然后介绍了海洋浅基础、负压沉箱、桩基础、桩靴基础设计中常用的简化分析与数值模拟方法，探讨了计算分析在海洋岩土工程中的潜力和未来可能的研究方向。

参考文献

[1] Randolph M，Gourvenec S. Offshore Geotechnical Engineering [M]. Spon Press，2011.

[2] Andersen K H. Cyclic soil parameters for offshore foundation design [C]. In Meyer，V.，editor，Proceedings of the 3rd International Symposium on Frontiers in Offshore Geotechnics，2015，5-82. Taylor & Francis Group.

[3] 吕海波，汪稔. 钙质土破碎原因的细观分析初探 [J]. 岩石力学与工程学报，2001，(a01)：890-892.

[4] 张家铭，蒋国盛，汪稔. 颗粒破碎及剪胀对钙质砂抗剪强度影响研究 [J]. 岩土力学，2009，30 (7)：2043-2048.

[5] Coop M R，Sorensen K K，Freitas T B，Georgoutsos G. Particle breakage during shearing of a carbonate sand [J]. Geotechnique，2004，54 (3)：157-163.

[6] Coop M R. The mechanics of uncemmented carbonate sands [J]. Géotechnique，1990，40 (4)：607-626.

[7] Hardin B O. Crushing of soil particles [J]. Journal of Geotechnical Engineering，1985，111 (10)：1177-1192.

[8] Einav I. Breakage mechanics—Part I：Theory [J]. Journal of the Mechanics and Physics of Solids，2007a，55 (6)：1274-1297.

[9] Einav，I. Breakage mechanics—Part Ⅱ：Modelling granular materials [J]. Journal of the Mechanics and Physics of Solids，2007b，55 (6)：1298-1320.

[10] Hu W，Yin ZY，Dano C，Hicher P Y. A constitutive model for granular materials considering particle crushing [J]. Science in China Series E，2011，54 (8)：2188-2196.

[11] Yin Z Y，Hicher P Y，Dano C，et al. Modeling mechanical behavior of very coarse granular materials [J]. Journal of Engineering Mechanics，2016，143 (1)：1-11.

[12] Wheeler S J. A conceptual model for soils containing large gas bubbles [J]. Geotechnique，1988，38 (3)：389-397.

[13] Wang Y，Kong L，Wang Y，Wang M，Wang M. Liquefaction response of loose gassy marine sand sediments under cyclic loading [J]. Bulletin of Engineering Geology and the Environment，2018，77 (3)：963-976.

[14] Hong Y，Wang L Z，Ng C W W，Yang B. Effect of initial pore pressure on undrained shear behaviour of fine-grained gassy soil [J]. Canadian Geotechnical Journal，2017，54 (11)：1592-1600.

[15] Grozic J L H，Nadim F，Kvalstad T J. On the undrained shear strength of gassy clays [J]. Computers and Geotechnics，2005b，32 (7)：483-490.

[16] Sultan N，Garziglia S. Mechanical behaviour of gas-charged fine sediments：model formulation and calibration [J]. Geotechnique，2014，64 (11)：851-864.

[17] Gao Z，Hong Y，Wang L. Constitutive modelling of fine-grained gassy soil：A composite approach [J]. International Journal for Numerical and Analytical Methods in Geomechanics，2020，44 (9)：

1350-1368.
[18] Hong Y, Wang X, Wang L, et al. A state-dependent constitutive model for coarse-grained gassy soil and its application in slope instability modelling [J]. Computers and Geotechnics, 2021, 129: 103847.
[19] Pietruszczak S, Pande G N. Constitutive relations for partially saturated soils containing gas inclusions [J]. Journal of Geotechnical Engineering, 1996, 122 (1): 50-59.
[20] Grozic J L H, Imam S M R, Robertson P K, Morgenstern N R. Constitutive modeling of gassy sand behaviour [J]. Canadian Geotechnical Journal, 2005a, 42 (3): 812-829.
[21] Lü X, Huang M, Andrade J E. Modeling the static liquefaction of unsaturated sand containing gas bubbles [J]. Soils and foundations, 2018, 58 (1): 122-133.
[22] DNVGL-RP-C212. Offshore soil mechanics and geotechnical engineering [S]. Oslo, Norway, 2017.
[23] Benson D J. An efficient, accurate and simple ALE method for nonlinear finite element programs [J]. Computer Methods in Applied Mechanics and Engineering, 1989, 72: 305-350.
[24] Hu Y, Randolph M F. A practical numerical approach for large deformation problems in soil [J]. International Journal for Numerical and Analytical Methods in Geomechanics, 1998, 22 (5), 327-350.
[25] Wang D, Hu Y, Randolph M F. Three-dimensional large deformation finite element analysis of plate anchors in uniform clay [J]. Journal of Geotechnical and Geoenvironmental Engineering, 2010, 136 (2): 355-365.
[26] Wang D, Randolph M F, White D J. A dynamic large deformation finite element method based on mesh regeneration [J]. Computers and Geotechnics, 2013, 54: 192-201.
[27] Wang D, Bienen B, Nazem M, Tian Y, Zheng J, Pucker T, Randolph M F. Large deformation finite element analyses in geotechnical engineering [J]. Computers and Geotechnics, 2015, 65: 104-114.
[28] Yang Z X, Gao Y Y, Jardine R J, Guo W B, Wang D. Large deformation finite-element simulation of displacement-pile installation experiments in sand [J]. Journal of Geotechnical and Geoenvironmental Engineering, 2020, 146 (6): 04020044.
[29] Yi J T, Lee F H, Goh S H, Zhang X Y, Wu J F. Eulerian finite element analysis of excess pore pressure generated by spudcan installation into soft clay [J]. Computers and Geotechnics, 2012, 42: 157-170.
[30] Ma J, Wang, D, Randolph M F. A new contact algorithm in the material point method for geotechnical simulations [J]. International Journal for Numerical and Analytical Methods in Geomechanics, 2014, 38: 1197-1210.
[31] Wang D, Hu Y, Randolph M F. Keying of rectangular plate anchors in normally consolidated clays [J]. Journal of Geotechnical and Geoenvironmental Engineering, 2011, 137 (12): 1244-1253.
[32] Hu P, Wang D, Cassidy M J, Stanier S A. Predicting the resistance profile of a spudcan penetrating sand overlying clay [J]. Canadian Geotechnical Journal, 2014, 51: 1151-1164.
[33] Teh C I, Houlsby G T. An analytical study of the cone penetration test in clay [J]. Géotechnique, 1991, 41 (1): 17-34.
[34] Mahmoodzadeh H, Wang D, Randolph M F. Interpretation of piezoball dissipation testing in clay [J]. Geotechnique, 2015, 65 (10): 831-842.
[35] Dong Y, Wang D, Randolph M F. A GPU parallel computing strategy for the material point method [J]. Computers and Geotechnics, 2015, 66: 31-38.

[36] API. RP 2GEO: Geotechnical and foundation design considerations [S]. American Petroleum Institute, 2014.

[37] Poulos H G, Davis E H. Elastic solutions for soil and rock mechanics. John Wiley, 1974.

[38] Zhou M, Hossain M S, Hu Y, Liu, H. Installation of stiffened caissons in nonhomogeneous clays [J]. Journal of Geotechnical and Geoenvironmental Engineering, 2015, 142 (2): 04015079.

[39] Houlsby G T, Byrne, B W. Design procedures for installation of suction caissons in sand [J]. Geotechnical Engineering, 2005, 158 (3): 135-144.

[40] Senders M, Randolph M F. CPT-based method for the installation of suction caissons in sand [J]. Journal of Geotechnical and Geoenvironmental Engineering, 2009, 135 (1): 14-25.

[41] 程健，姜君，王栋. 考虑侧壁-土体脱离影响的桶基承载力 [J]. 土木与环境工程学报，2021，43 (4)：52-57.

[42] Bransby M F, Randolph M F. Combined loading of skirted foundations [J]. Geotechnique, 1998, 48 (5): 637-655.

[43] Gourvenec S, Barnett S. Undrained failure envelope for skirted foundations under general loading [J]. Geotechnique, 2011, 61 (3): 263-270.

[44] Andersen K H, Jostad H P. Shear strength along outside wall of suction anchors in clay after installation [C]. Proceedings of the 12th International Society of Offshore and Polar Engineers Conference, Kyushu, 2002: 26-31.

[45] Bransby M F. Selection of p-y curves for the design of single laterally loaded piles [J]. International Journal for Numerical and Analytical Methods in Geomechanics, 1999, 23 (15): 1909-1926.

[46] Kraft L M, Focht J A, Amarasinghe S F. Friction capacity of piles driven into clay [J]. Journal of Geotechnical Engineering, 1981, 107 (11): 1521-1541.

[47] Hossain M S, Hu Y, Randolph M F, White D J. Limiting cavity depth for spudcan foundations penetrating clay [J]. Géotechnique, 2005, 55 (9): 679-690.

[48] Hossain M S, Randolph M F. New mechanism-based design approach for spudcan foundations on single layer clay [J]. Journal of Geotechnical and Geoenvironmental Engineering, 2009, 135 (9): 1264-1274.

[49] Zheng J, Hossain M S, Wang D. New design approach for spudcan penetration in nonuniform clay with an interbedded stiff layer [J]. Journal of Geotechnical and Geoenvironmental Engineering, 2015, 141 (4): 04015003.

[50] Zheng J, Hossain M S, Wang D. Estimating spudcan penetration resistance in stiff-soft-stiff clay [J]. Journal of Geotechnical and Geoenvironmental Engineering, 2018, 144 (3): 04018001.

[51] ISO. ISO 19905-1: Petroleum and natural gas industries-Site specific assessment of mobile offshore units-Part 1: Jackups [S]. International Organization for Standardization, 2016.

[52] Hossain M S, Zheng J, Menzies D, Meyer L, Randolph M F. Spudcan penetration analysis for case histories in clay [J]. Journal of Geotechnical and Geoenvironmental Engineering, 2014, 140 (7): 04014034.

[53] Martin C M. User guide for ABC-Analysis of Bearing Capacity [D]. Department of Engineering Science, University of Oxford, 2013.

[54] InSafeJIP. Improved guidelines for the prediction of geotechnical performance of spudcan foundations during installation and removal of jack-up units, Joint Industry Funded Project [J]. Woking, UK: RPS Energy, 2011.

[55] Zhang Y, Andersen K H. Scaling of lateral pile p-y response in clay from laboratory stress-strain

curves [J]. Marine Structures, 2017, 53: 124-135.

[56] Vulpe C, Gourvenec S, Power M. A generalised failure envelope for undrained capacity of circular shallow foundations under general loading [J]. Geotechnique Letters, 2014, 4 (3): 187-196.

[57] Hu P, Wang D, Stanier S A, Cassidy M. J. Assessing the punch-through hazard of a spudcan on sand overlying clay [J]. Géotechnique, 2015, 65 (11): 883-896.

[58] Zhang Y, Wang D, Cassidy M J, Bienen B. Numerical analysis of the bearing capacity of a spudcan in soft clay under combined loading accounting for installation effects [J]. Journal of Geotechnical and Geoenvironmental Engineering, 2014, 140 (7): 04014029.

11 发展展望

龚晓南
（浙江大学滨海和城市岩土工程研究中心，浙江 杭州 310085）

岩土工程计算和分析如何发展是这次岩土工程西湖论坛关心的议题，与会专家学者发表了许多很好的意见。展望岩土工程计算和分析如何发展是很困难的，也是很有意义的。思考再三，笔者谈几点思考，供读者展望岩土工程计算和分析如何发展时参考。抛砖引玉，不妥之处请批评指正。

11.1 土力学发展阶段的不同划分

笔者在给学生介绍土力学发展阶段的划分时，会介绍三种划分方法。(1) 分三个发展阶段：古代（又称奠基时期），1925 年以前；近代（又称发展时间），1925 年至 1963 年左右；现代（又称新时期），1963 年以后。(2) 也分三个发展阶段：第一时期，至 1773 年；第二时期，至 1925 年；第三时期，1925 年以后。(3) 分两个发展阶段：土力学学科诞生前，1925 年以前；土力学学科诞生后，1925 年以后。按时间顺序，三种划分方法的第 1 个节点的标志是：法国的 Coulomb 于 1773 年提出并且后来由 Mohr 发展形成的著名的 Mohr-Coulomb 抗剪强度理论，为土体稳定分析奠定了基础。这是人类最早采用现代科学理论进行岩土工程计算和分析。值得一提的还有：法国的 Darcy 通过室内渗透试验研究于 1856 年提出著名的 Darcy 渗流定律，建立了渗透理论；1857 年英国的 Rankine 提出了土体极限平衡理论；1885 年 Boussinesq 提出了在均质各向同性半无限空间表面上作用一竖向集中力，如何求解形成的应力场和位移场；1920 年 Prandtl 提出了条形基础极限承载力公式；1922 年 Fellenius 在处理铁路滑坡问题时提出的土坡稳定分析方法等。三种划分方法的第 2 个节点的标志是：1925 年土耳其的 Terzaghi 出版《土力学》（"Erdbaumechanik auf Bodenphysikalischer Grundlage"）一书标志土力学学科的诞生。随着三轴试验等土工试验设备和测试技术的进步和理论研究的发展，土的抗剪强度理论、蠕变理论、多维固结理论和应力应变关系理论等得到不断发展，土力学知识得到不断普及和提高，土力学得到发展。1942 年 Terzaghi 出版专著《理论土力学》，1948 年 Terzaghi 与他的学生佩克合著了《工程实用土力学》，进一步完善了经典土力学理论。三种划分方法的第 3 个节点的标志是：英国的 Roscoe 于 1963 年建立剑桥模型，发展了临界状态土力学理论。对土力学发展阶段的不同划分也反映了对土力学以后如何发展的看法。

11.2 岩土工程发展动力及主要影响因素

展望岩土工程的发展需要综合考虑岩土工程研究对象岩土材料的特性、社会发展和工程建设对岩土工程发展的要求，以及相关学科发展对岩土工程的影响。上述几个方面相互影响，共同促进岩土工程的发展。

岩土体是自然、历史的产物。岩土的种类繁多，形态各异，区域性强、个性强，而且结构成分十分复杂。地基中初始应力场也很复杂。岩土体的应力-应变关系十分复杂，而且影响因素多。这些特性确定了不可能只依靠力学分析求解岩土工程中的稳定问题、变形问题和渗流问题，还要依靠试验研究和工程经验的积累。岩土工程研究对象岩土材料的特性对岩土工程的发展的影响一定要重视。

国内外岩土工程的发展史说明土木工程建设中出现的岩土工程问题促进了岩土工程的发展。回顾我国近七十多年来岩土工程的发展，可以发现它是紧紧围绕我国土木工程建设中出现的岩土工程问题而发展的。在改革开放以前，水利工程、矿井工程和交通工程建设中岩土工程问题较多，遇到较多的是稳定和渗流问题。工作在这些领域的岩土工程专家比较多，研究成果也比较多。改革开放以后，随着高层建筑、高速公路和城市地下空间利用的发展，建筑工程和交通工程中岩土工程问题较多。除稳定和渗流问题外，如何控制工后沉降和土体变形成为重要问题。土木工程功能化、城市立体化、交通高速化以及改善综合居住环境成为现代土木工程建设的特点。人类将不断拓展新的生存空间，建造摩天大楼，开发地下空间，修建高速公路和高速铁路，修建跨海大桥、海底隧道，改造沙漠，填海造地等。展望岩土工程发展，不能脱离对我国现代化土木工程建设发展趋势的分析。

岩土工程的发展还受科技水平及相关学科的发展影响。电子技术和计算机技术的发展，计算分析能力和测试技术的提高，使岩土工程计算机分析能力和室内外测试技术得到提高和进步，从而促进岩土工程发展。

总之，要综合考虑岩土工程研究对象土的特性、工程建设对岩土工程发展的要求，以及相关学科发展对岩土工程的影响，去展望岩土工程的发展。

11.3 土力学与岩土工程

先介绍笔者给的土力学与岩土工程的定义：

土力学是土木工程学的一个分支，是应用理论力学、材料力学、流体力学等基础知识研究土的工程性质以及研究与土有关的工程问题的工程技术学科，其主要任务是研究、分析地基承载能力、土体的变形和稳定问题，以及土中渗流问题。土力学也被认为是工程力学的一个分支，但它与其他工程力学分支不同。土力学研究对象土是自然、历史的产物。不仅土类不同，土的工程性质不同，而且同一类土，但在不同区域，其工程性质也可能有较大差别。研究对象的特殊性决定了土力学学科的特殊性。土力学奠基人太沙基认为“土力学是门应用科学，更是一门艺术。”

20世纪60年代末至70年代，将土力学及基础工程学、工程地质学、岩体力学应用于工程建设和灾害治理的统一称为岩土工程。岩土工程包括工程勘察、地基处理及土质改良、地质灾害治理、基础工程、地下工程、海洋岩土工程、地震工程等。岩土工程译自Geotechnical Engineering，在我国台湾译为大地工程。

从定义可了解土力学与岩土工程的差别。最近我在“中心”暑期工作会议上作了“几点思考”的发言。其中谈到：我最近问自己，是土力学教授？还是岩土工程教授？我的专业是岩土工程，学位是岩土工程博士。聘书上也是岩土工程教授。我说我要当好土力学教授，更要当好岩土工程教授。土力学学不好是当不好岩土工程教授的。土力学学好了，不重视学习岩土工程，也当不好岩土工程教授。我们是浙江大学滨海和城市岩土工程研究中心的教授，不是土力学研究中心的教授。这些问题也是值得我们思考的。同时我还谈到：理论力学和材料力学要学好，不学好理论力学和材料力学，土力学也是学不好的，而且也当不好岩土工程师。

11.4 如何发展岩土材料本构理论

Janbu 认为，反映作用与效应之间的关系称为本构关系，力学中的胡克定律、电学中的欧姆定律、渗流学中的达西定律等都是最简单的本构关系。岩土材料是自然、历史的产物。岩土体性质区域性强，即使同一场地同一层土，沿深度和水平方向变化也很复杂；岩土体中的初始应力场复杂且难以测定；土是多相体，一般由固相、液相和气相三相组成，土体中的三相有时很难区分，而且处不同状态时，土的三相之间可以相互转化。土中水的状态又十分复杂；土体具有结构性，与土的矿物成分、形成历史、应力历史和环境条件等因素有关，十分复杂；土的强度、变形和渗透特性测定困难。岩土的应力-应变关系与应力路径、加荷速率、应力水平、成分、结构、状态等有关，土还具有剪胀性、各向异性等，因此，岩土体的本构关系十分复杂。至今人们建立的土体的本构模型类别有弹性模型、刚塑性模型、非线性弹性模型、弹塑性模型、黏弹性模型、黏弹塑性模型、边界面模型、内时模型、多重屈服面模型、损伤模型、结构性模型等。已建立的本构模型多达数百个，但得到工程界认可的极少，或者说还没有。从 20 世纪 60 年代初起，对土体本构模型研究逐步走向高峰，然后进入现在的低谷状态，从满怀信心进入迷惑不解的状态。本构模型是采用连续介质力学求解岩土工程问题的关键，回避它是不可能的。岩土材料工程性质复杂，建立通用的本构模型看来也不可能。怎么办？怎么走出困境？这是我们必须面对的难题。

笔者认为，对土体本构模型研究应分为两大类，科学型模型的研究和工程实用性模型的研究。科学型模型重在揭示、反映某些特殊规律，如土的剪胀性、主应力轴旋转的影响等。该类模型也不能求全面，一个模型能反映一个或几个特殊规律即为好模型。工程实用性模型更不能求全面、通用，工程实用性模型应简单、实用，参数少且易测定，能反映主要规律，能抓住主要矛盾，参数少且易测定即为好模型。工程实用性模型重在能够应用于具体工程分析，多数人应从事工程实用性模型研究。研究中应重视工程类别（基坑工程、路堤工程、建筑工程等）、土类（黏性土、砂土和黄土等）和区域性（上海黏土、杭州黏土和湛江黏土等）的特性的影响，如建立适用于基坑工程分析的杭州黏土本构模型，适用于道路工程沉降分析的陕西黄土本构模型和适用建筑工程沉降分析的上海黏土本构模型等。工程实用性模型研究还要重视地区经验的积累。

发展考虑工程类别、土类和区域性特性影响的工程实用本构模型，应用连续介质力学理论，并结合地区经验进行岩土工程数值分析可能是发展方向。

11.5 岩土工程与结构工程有限元分析误差来源比较分析

结构工程所用材料多为钢筋混凝土、钢材等，材料均匀性好，由此产生的误差小，而岩土工程材料为岩土体，均匀性差，由此产生的误差大。在几何模拟方面，对结构工程的梁、板和柱进行单独分析，误差很小，但对复杂结构，节点模拟处理不好可能产生较大误差。对岩土工程，若存在两种材料的界面，界面模拟难，误差较大。在本构关系方面，结构工程所用材料的本构关系较简单，可用线性关系，可能产生的误差小，而岩土材料的本构关系很复杂，合理选用很困难，由此所用本构模型产生的误差大；在模型参数测定方面，结构工程所用材料的模型参数少，而且容易测定，由此产生的误差小，而岩土工程材料的模型参数多，而且不容易测定，由此产生的误差大。结构工程中一般初始应力小，某些特殊情况，如钢结构焊接热应力，影响范围小；岩土工程中岩土体中初始应力大且测定难，对数值分析影响大，特别对非线性分析影响更大。结构工程分析常采用线性本构关系，线性分析误差小。岩土工程分析常采用非线性本构关系，非线性分析常需要迭代，迭代分析可能产生的误差大。在结构工程和岩土工程分析中，若边界条件较复杂，均可能产生较大误差。相比较而言，多数结构工程边界条件不是很复杂，而多数岩土工程边界条件复杂。

由以上的分析可知，结构工程有限元分析误差来源少，可能产生的误差小，而岩土工程有限元分析误差来源多，可能产生的误差大。笔者认为，对结构工程，处理好边界条件和节点处几何模拟，有限元数值分析可用于定量分析；对岩土工程，有限元数值分析目前只能用于定性分析。岩土工程设计要重视概念设计，重视岩土工程师的综合判断。岩土工程数值分析结果是岩土工程师在岩土工程分析过程中进行综合判断的重要依据之一。

11.6 岩土工程误差主要来源分析

处理一个岩土工程项目，首先对项目建设场地进行工程勘察，然后根据项目要求和工程勘察报告提供的工程地质条件和水文地质条件进行工程项目设计，再是进行工程施工。完成一个岩土工程项目主要包括三个部分：工程勘察、工程设计和工程施工。岩土工程误差主要来源是来自工程勘察？还是来自工程设计？还是来自工程施工？有没有规律可循？结论是没有规律。我们只能作一些分析，工作尽量做得好一点，减小可能产生的误差。工程勘察过程中产生误差的原因有主观的，也有客观的，有的是不可避免的。工程设计过程中产生误差的原因也很复杂，有的来自采用计算模型和计算方法的合理性，更多的来自计算参数选用的合理性。也是有主观的，客观的，不可避免的。工程施工过程中产生误差的原因与前两者比较可能还简单一点。坚持精心施工，坚持“边观察，边施工”，由施工过程中产生的误差还是比较好控制的。一般情况下，做到充分掌握岩土工程项目场地工程地质条件和工程水文条件，坚持岩土工程分析四匹配原则（详细介绍见下一节）和合理选用设计参数，可有效减少岩土工程误差。

11.7 岩土工程分析四匹配原则

以岩土工程稳定分析为例，工程手册和工程标准中推荐可用的分析方法很多。土的抗剪强度可用不排水抗剪强度表示，也可以用抗剪强度指标表示。抗剪强度指标又分总应力抗剪强度指标和有效应力抗剪强度指标。在测定抗剪强度参数时，可用直接剪切试验、三轴剪切试验和十字板剪切试验等测定。直接剪切试验又可分别选用快剪、固结快剪、慢剪试验等；三轴剪切试验又可分别选用不固结不排水剪切试验（UU 试验）、固结不排水剪切试验（CIU 试验）、固结排水剪切试验（CID 试验）。抗剪强度参数测定还与土样取土方法和试验设备类型有关。因此要求在岩土工程稳定分析中，采用的稳定分析方法，分析中采用的计算参数，计算参数的测定方法，以及稳定性安全系数取值四者应相互匹配。在工程手册编写和工程标准制定中要重视岩土工程分析四匹配原则。

岩土工程稳定分析要重视岩土工程分析四匹配原则，岩土工程变形分析也要重视。岩土工程变形分析中，要重视变形分析方法，分析中采用的计算参数，计算参数的测定方法，对变形计算结果的影响，合理选用变形控制量。

坚持岩土工程分析四匹配原则可有效减少岩土工程误差。坚持岩土工程分析四匹配原则需要工程经验的积累。

采用较简单的计算分析方法，常用的土工测试技术，合理选用计算分析参数，坚持岩土工程分析四匹配原则，也许是提高岩土工程计算和分析水平的努力方向。

11.8 努力提高岩土工程计算与分析能力，为工程建设服务

提高岩土工程计算与分析能力要重视社会发展和工程建设发展的需要，要重视岩土工程研究对象岩土体的特性和学科特点的影响，要重视利用岩土工程试验技术和测试技术的发展以及岩土工程数值计算分析能力的提高等因素。社会发展和工程建设发展的需要是提高岩土工程计算与分析能力的动力，有需求才能有发展。重视岩土工程研究对象岩土体的特性和学科特点的影响才能有效提高岩土工程计算与分析能力。偏离岩土工程研究对象岩土体的特性和学科特性要提高岩土工程计算与分析能力也是不可能的。这两条特别重要，特别是后一条。近年来，我常说，经常想想土是自然、历史的产物，岩土工程水平可能会提高快一点。

岩土工程研究坚持室内外试验研究，包括原位测试、工程经验总结，特别是典型工程案例分析、与理论分析三者的结合。岩土工程研究强调与工程建设需求相结合，解决各类岩土工程中的问题。

岩土工程问题分析要求详细了解场地工程地质和水文地质条件，了解土层形成年代和成因，掌握土的工程性质，运用土力学基本概念，结合工程经验，运用经验公式、数值分析方法和解析分析方法进行多种计算分析。在计算分析中强调定性分析和定量分析相结合，抓住问题的主要矛盾。宜粗不宜细，宜简不宜繁。在计算分析的基础上进行工程判断。在工程判断时进行工程类比分析，强调综合判断。岩土工程中计算信息的不完全，单纯依靠力学计算不能解决实际问题，需要岩土工程师综合判断。在正确的工程判断基础上

完成岩土工程设计。

Terzaghi 在《工程实用土力学》的序中曾写道："工程师们必须善于利用一切方法和所有材料，包括经验总结、理论知识和土工试验。但是除非这些材料加以细心地有区别地应用，否则这些材料都是无益的。因为几乎每一个有关土力学的实际问题都是至少有某些特点是没有先例的。"这段话也有助于我们如何去努力提高岩土工程计算与分析能力，为工程建设服务。

参考文献

[1] 龚晓南. 21 世纪岩土工程发展展望 [J]. 岩土工程学报，2000，22 (2)：238.
[2] 龚晓南，杨仲轩. 岩土工程测试技术 [M]. 北京：中国建筑工业出版社，2017.
[3] 龚晓南，杨仲轩. 岩土工程变形控制设计理论与实践 [M]. 北京：中国建筑工业出版社，2018.
[4] 龚晓南，杨仲轩. 地基处理新技术、新进展 [M]. 北京：中国建筑工业出版社，2019.
[5] 龚晓南，沈小克. 岩土工程地下水控制理论、技术和工程实践 [M]. 北京：中国建筑工业出版社，2020.